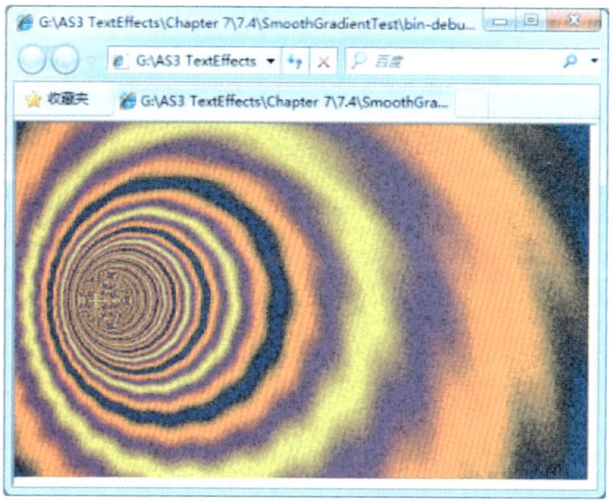

加入杂色后的抖动渐变(第8章)

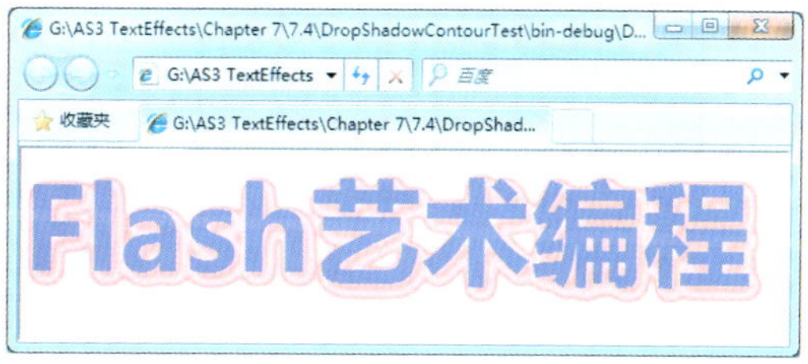

用ActionScript模拟Photoshop的投影等高线，制作荧光灯字体(第10章)

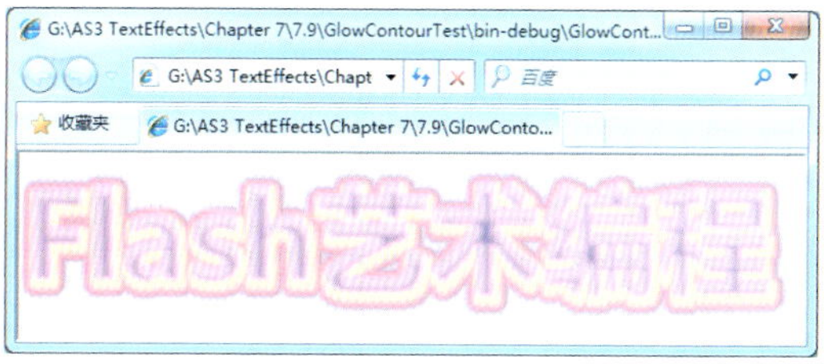

用ActionScript模拟Photoshop的发光等高线，制作草莓蛋糕字体(第11章)

用ActionScript模拟Photoshop的发光等高线，制作椰蓉蛋糕字体(第11章)

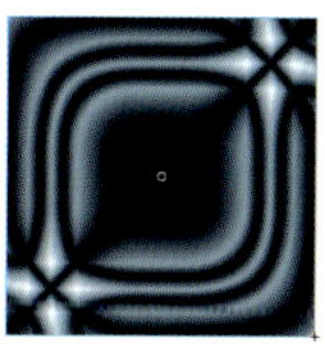

用ActionScript模拟Photoshop的光泽等高线(第12章)

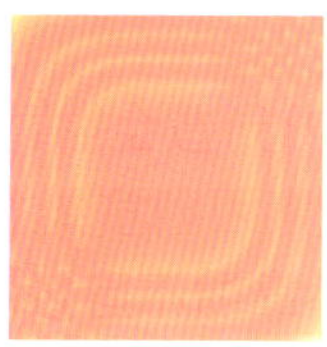

用ActionScript模拟Photoshop的光泽等高线(第12章)

用ActionScript模拟Photoshop的斜面等高线(第13章)

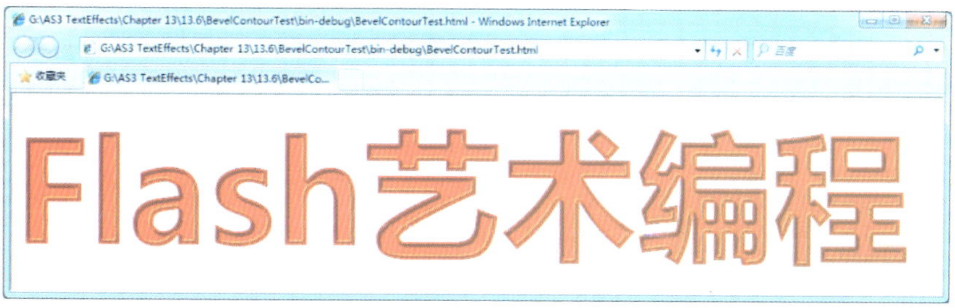

用ActionScript模拟Photoshop的斜面等高线(第13章)

基于自定义图层算法制作的Q版字体(第14章)

基于自定义图层算法制作的水晶高光字体(第14章)

基于自定义图层算法制作的不均匀描边效果(第14章)

应用了两次外侧渐变发光后的效果(第15章)

内外侧渐变发光联合打造的塑料质感字(第15章)

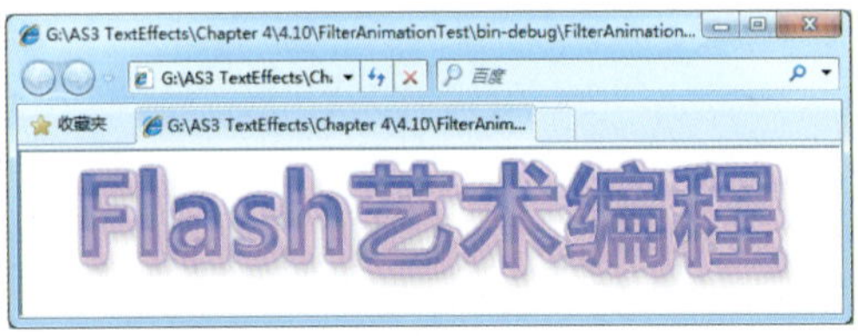

等高线循环流动的效果(第15章)

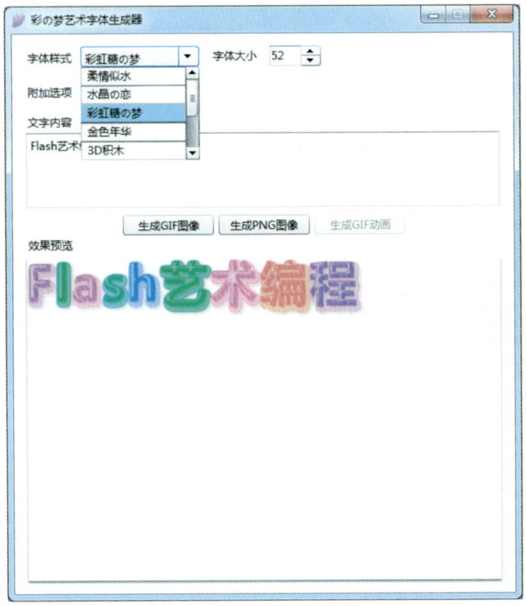

制作基于Photoshop算法的彩字生成器(第16章)

基于Photoshop斜面等高线的蓝光金属字体(第17章)

基于双投影的水滴字体(第17章)

基于Photoshop斜面等高线的蓝光金属字体(第17章)

基于Photoshop斜面和投影等高线的彩虹糖字体(第17章)

基于自定义图层样式的高光字体(第17章)

基于HSB混合的琥珀字体(第17章)

基于Flash简单滤镜的水晶字体(第3章)

基于Flash简单滤镜的塑料字体(第3章)

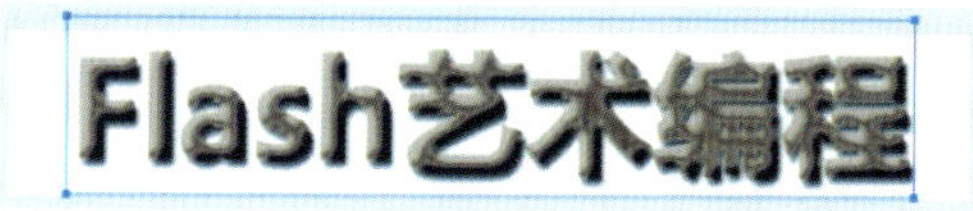

基于Flash简单滤镜的巧克力字体(第3章)

基于Flash简单滤镜的云彩纹理字体(第3章)

基于Flash简单滤镜的大理石字体(第3章)

基于Flash复杂滤镜的彩虹糖字体(第4章)

多图层混合模拟较复杂的Photoshop图层效果（第5章）

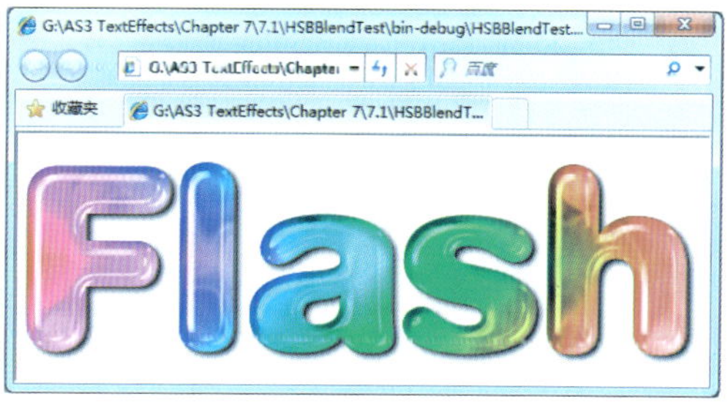

基于HSB混合的彩色琥珀字体(第6章)

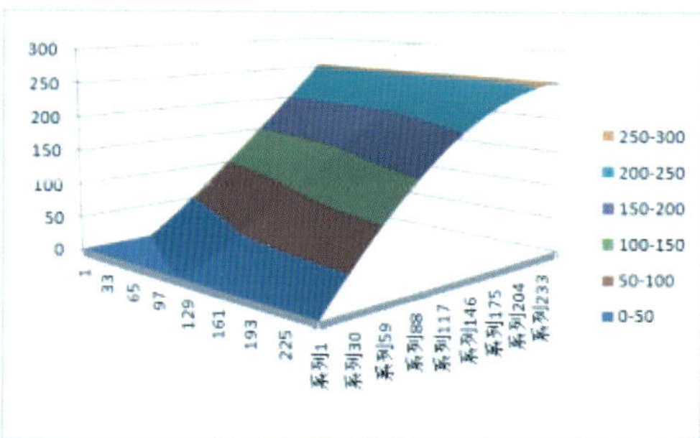

用三维图表分析混合模式的作用原理(第6章)

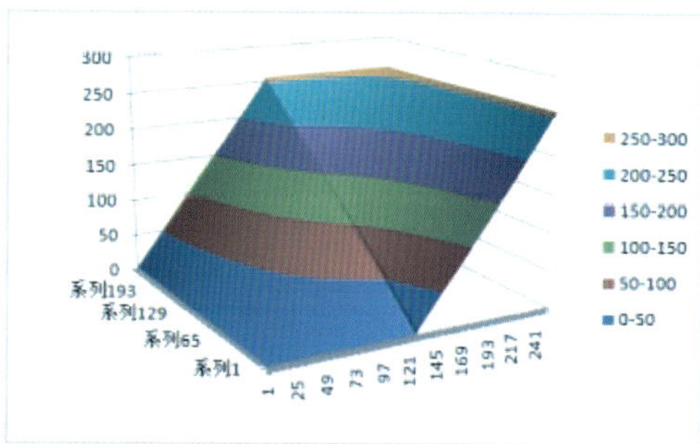

用三维图表分析混合模式的作用原理(第6章)

用混合模式查找边缘(第6章)

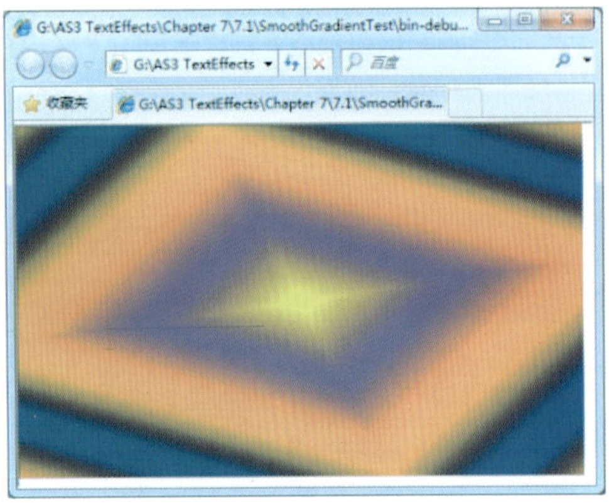

用ActionScript模拟Photoshop的菱形渐变(第8章)

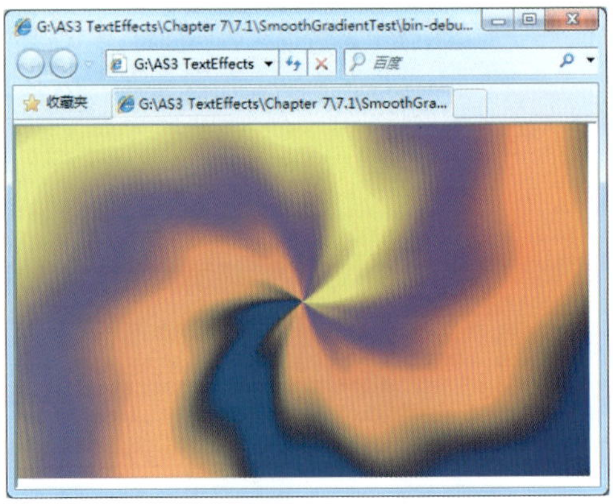

基于Photoshop渐变算法的抖动螺旋渐变(第8章)

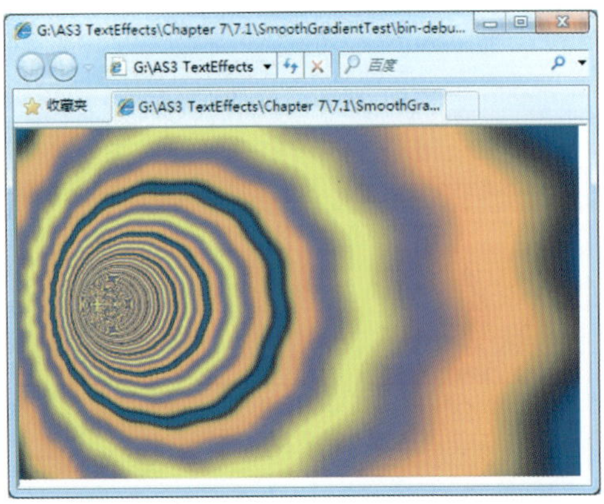

模拟焦点偏移的抖动放射渐变(第8章)

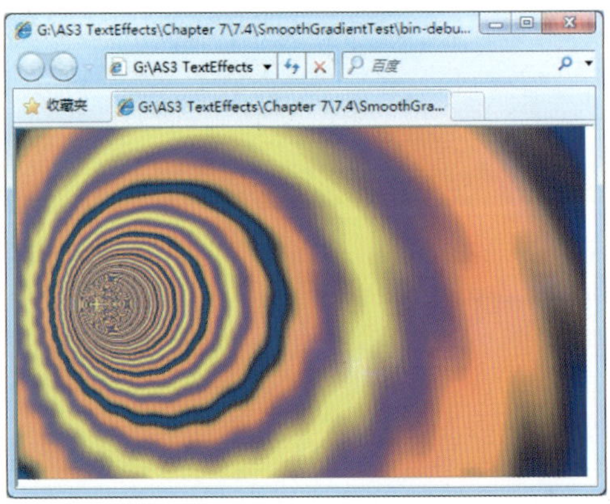

风火轮放射渐变效果(第8章)

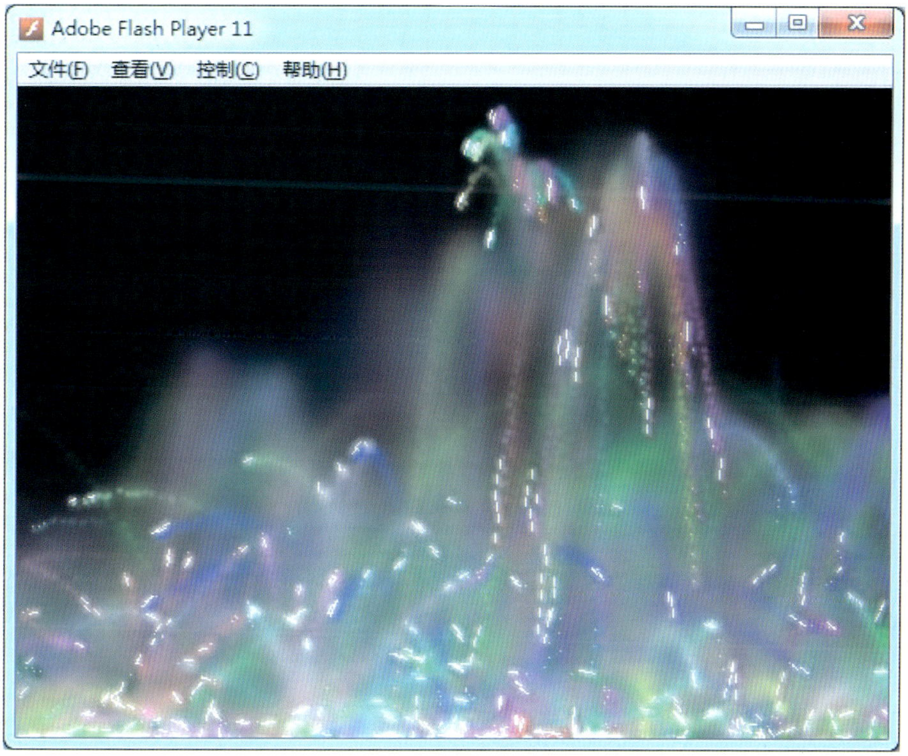

基于BitmapData滤镜的烟花雨效果(第18章)

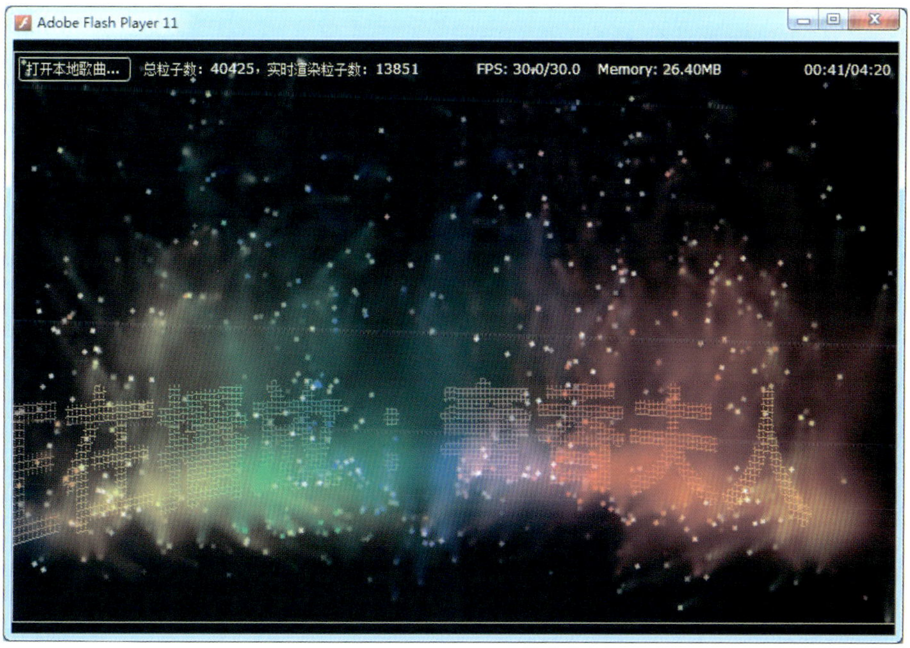

随音乐跳动的喷泉粒子效果(第18章)

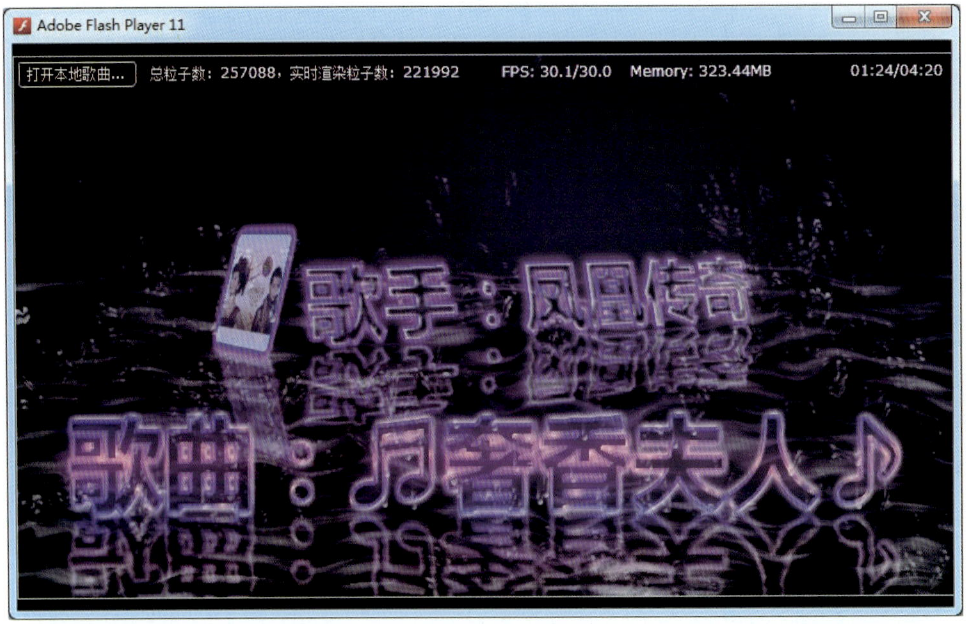

综合运用了Photoshop和Flash各种图像技术和特效技法的音乐浪花效果(第18章)

《看你有多溅》游戏中用自定义图层算法生成与界面风格相统一的Q版字体(第19章)

《看你有多溅》游戏中的道具效果(第21章)

同样基于Photoshop图像技术的音乐休闲游戏《High歌溅舞》(第18章)

同样基于Photoshop图像技术的音乐休闲游戏《High歌溅舞》(第18章)

同样基于Photoshop图像技术的音乐休闲游戏《High歌溅舞》(第18章)

游戏设计与开发

点睛 ActionScript 3.0 游戏互动编程

游志德 著

人民邮电出版社
北京

图书在版编目（CIP）数据

点睛 : ActionScript3.0游戏互动编程 / 游志德著
. -- 北京 : 人民邮电出版社, 2015.9
ISBN 978-7-115-39428-6

Ⅰ. ①点… Ⅱ. ①游… Ⅲ. ①动画制作软件 Ⅳ.
①TP391.41

中国版本图书馆CIP数据核字(2015)第160952号

内容提要

ActionScript 3.0 是一种强大的面向对象编程语言，它还是一种适合快速构建效果丰富的互联网应用程序的语言，它所构建的应用程序已经成为 Web 体验的重要部分。

本书分 3 个部分，第一部分介绍可视化软件在图像处理方面的一些特性；第二部分介绍各种图像处理技术的工作原理；第三部分结合书中所讲的知识点，帮助读者构建各种有趣的应用、游戏或者交互动画效果。

本书属于进阶类的指南，适合有一定 ActionScript 3.0 编程基础的读者。通过阅读本书，读者将对艺术编程有更加深入细致的了解和体验。

◆ 著　　游志德
责任编辑　陈冀康
责任印制　张佳莹　焦志炜

◆ 人民邮电出版社出版发行　　北京市丰台区成寿寺路 11 号
邮编　100164　　电子邮件　315@ptpress.com.cn
网址　http://www.ptpress.com.cn
固安县铭成印刷有限公司印刷

◆ 开本：787×1092　1/16　　彩插：4
印张：42.75　　2015 年 9 月第 1 版
字数：1009 千字　　2024 年 7 月河北第 3 次印刷

定价：99.00 元

读者服务热线：(010)81055410　印装质量热线：(010)81055316
反盗版热线：(010)81055315

序

我自小就酷爱手工制作，也对各种古怪的科学问题很感兴趣，所以在拥有电脑之前，房间里总是堆满各种自认为很有“技术含量”的手工艺品。它们都跟爱因斯坦小时候做的那两张板凳一样，难看得让人无法直视，也没几个人看得懂这其中所蕴含的“价值”。购买电脑之后，我的爱好一直没变，所以很快就迷上了可以制作和拼接简单动画的 PowerPoint。

随着学习的逐步深入，我发现 PPT 开始不能满足自己日益增长的制作需求，于是开始尝试转到更为专业的 Flash 软件中。但受设计和审美水平所限，我的作品依然丑陋不堪，为此我选择一头扎入 ActionScript 的海洋中。在学习了最基本的 gotoAndPlay 等语句后，我发现 ActionScript 非常适合制作各种交互程序，从网站到游戏乃至视频互动，Flash 似乎都无所不能。这点从 Macromedia 的第一件作品——迪士尼公司形象展示网站也能看得出来。于是我铁了心要把 Flash 和 ActionScript 学好，制作出真正拿得出手的作品来。

Flash 自诞生至今已经走过了 20 多个春秋，发展方向也逐步趋于多元化，这让越来越多的人认识 Flash 并加入到这一行列，从这点上说确实是一件好事。但与此同时，这让 Flash 在自己原来所擅长的领域——交互设计方面开始停滞不前，在同类产品中呈现出“逆水行舟，不进则退”的尴尬局面，并且在市场的牵制和开发者的呼声下，不得不尝试在网页游戏和移动端等方面寻求出路，却屡屡碰壁。回过头看下 Flash 的老本行，在新生的 HTML5 面前，它的优势似乎也不再像以前那么明显了。

但无论如何，Flash/ActionScript 还是在一次次的市场冲击下成功生存了下来。我们也很庆幸地看到，Flash 从未放弃互动程序和交互设计等传统领域，也一直坚持在这方面推出 Starling、增强版粒子系统、异步位图解码、svg 解析、矢量数据实时读取、Kuler 社区等振奋人心的新功能，使 Flash 互动程序和游戏等应用继续占有很高的市场份额。

所以我也一直坚守 Flash 和 ActionScript 的阵地，并为了实现自己制作出优秀作品的梦想，而一直努力提高自己在编程和设计方面的水平。然而，理工细胞较丰富的我，前者的进步速度远高于后者，导致我至今都未能做出一款完整的、赏心悦目的作品。大家总喜欢用“蛮漂亮”、“还不错”、“挺好的”这类比“一般”稍好一点的词汇对我的作品进行评价。

当然了，现在是团队合作的时代，只要大家齐心协力，发挥各自的专长，就一定能制作出创意策划、设计技术俱佳的互动程序产品。但作为一名程序员，工作久了以后，我便逐渐产生厌烦的情绪——3 年来，我都在别人的安排下做事，虽然产品是做出来了，开发人员里也有我的名单，但我总觉得缺少了一些什么……没错，缺少的是自己的思想和情感，留给大家的，只剩一个没有灵魂的空壳。ActionScript 似乎已沦落为程序员们赚钱的一个工具，它已经失去了 Flash 本来的意义。

此外，国内的游戏质量也在呈现直线下滑的趋势，玩家们几乎都吐槽美术和策划，认为是这两方面的水平拉低了整款游戏的档次。但站在一名开发人员的角度去审视这一问题，我认为程序员也有责任。审美水平、制作态度以及对美术人员的理解，很大程度上都受自身美术修养的影响。

某天，QQ 群里有位网友问我们如何用程序给文字实现描边，群友们很快就给出了答案。没错，文字描边对于 ActionScript 来说不是一个难题，业界已经有比较成熟的解决方案。但就在那一瞬间，我的思维突然变得发散了：描边是不是只能有这一个方法？它的算法本质是什么？如果转到别的程序语言上，还能实现吗？描边的边缘略显粗糙了，有办法修饰它的细节吗？描边的样式过于单一，是否可以制作出更多更丰富的样式呢？

围绕着这些问题，我以 Photoshop 的效果为目标，以 ActionScript 3.0 为基本工具，开始了图像处理方面的深入研究，力求让做出来的作品源于 Photoshop、高于 Photoshop，让科技和艺术来一场美丽的邂逅！

部分研究成果发布到 QQ 群以后，网友们对我的作品都表示出高度的认可，也终于用“很漂亮”一词来给我评价了，并且表示很期待我发布研究成果的那一天。最最关键的是，这引起了他们的共鸣——原来，跟我同行的朋友也都渴望着有自己拿得出手的作品，能够在艺术方面也有所造诣，而做美术的朋友们也被 ActionScript 的交互效果所深深震撼。与此同时，网友们的强烈反响再次勾起了我小时候的教师梦，虽然现在我已经基本定型，想当上教师的难度很大，但我还是希望把自己的作品分享给朋友，把自己的研究成果以图书的形式传授给大家。

不得不说，这本书的诞生是一个非常艰难的过程。我从 2012 年年初就开始规划本书的创作，到 2013 年年底书稿结构成型，期间多个始料未及的技术难题阻挡着我前进的道路。有时为了不到 50 页的一章，我要花费将近半年的时间去查阅各种资料，请教各路高手，在确保每个实现步骤都准确无误之后，才敢写进书稿里，否则对不起自己，更对不起购买本书的每位读者。

在此非常感谢网名为“博图轩”的编辑，他给我传授了很多宝贵的经验，并且为我提供了丰富的读者资源，让更多有需要的朋友读到这本书。可以说，正是他，一位优秀的伯乐编辑，让这本凝聚了我多年心血的书捧在你们的手上。

感谢为本书劳心劳力的出版社编辑和工作人员，是你们成就了本书的诞生！

感谢在出版方面和 IT 领域有着丰富经验的前辈朋友们，你们对我的指导让我顺利攻克各种难题，在创作的过程中少走了很多弯路！

感谢一路以来支持和关注我的网友们，是你们多次让我重拾自信，坚持完成本书的创作！

感谢 20 多年来为我无偿付出的父母，你们对我的悉心照顾和无微不至的关怀让我可以把更多的精力投入到写书的工作上！

受笔者水平所限，书中错误和疏漏之处在所难免，恳请广大读者批评指正。

前言

本书的读者对象

追溯至 1946 年，计算机在第三次工业革命的推动下得以诞生并发展，从此地球上多了一类人，他们的世界很简单，每天不是和 0 接触，就是跟 1 来往。他们低调做人、高调做事，他们务实为民、不求名利，他们就是可爱可人、可歌可泣的 IT 工作者——程序员！

都说程序员不善表达，没错，离开 0 和 1，程序员就几乎不会说话了。与此同时，程序员也恰恰是最善于表达的人，他们只用 0 和 1 这两个数字，就可以准确无误地将用户的需求传达给电脑并使其正确运行，其语言之简练，其算法之精准，其逻辑之严谨，其结果之准确，试问除了程序员，还有谁可以做得到？因此，与其说程序员不善表达，还不如说是外行人没读懂程序员的世界。

对于程序员来说，255 是个神圣的数字，是一个 8 位二进制字节可以表示的最大整数，它代表了饱满，象征着完美，是程序员至高无上的追求。曾经有不知多少个夜晚，255 这个数字让我辗转反侧，彻夜难眠。但每当别人问起我最近在忙啥，我都会愣住，为 255 翻滚的思绪总是难以言表。因为我心里很明白，在他们眼里，255 只是个再普通不过的数字而已，真要说给他们听，不是换来朋友的不解就是招来旁人的嘲讽。

然而，让我感到欣慰的是，随着数字图像技术的日益发展，代码已经不再是程序员的专利，255 也逐渐走上艺术的舞台为人所知。它既可以描绘漫天飘雪的北国风光，也可以抒发樱花绽放的浪漫情怀，既能让你驰骋在一马平川的绿野平原，也能使你陶醉于宁静深邃的碧海蓝天……所有这些梦境般的画面，都有着一个共同点：至少有一种颜色的光会 100%地反射到我们的眼球。而在计算机图像领域，用于表示 100%的，正是这个代表完美的数字——255！

就这一点而言，无论是对美术一窍不通的程序员，还是对程序涉足尚浅的设计师，乃至与这两个行业都绝缘的同胞们，都应拥有“艺术家”这一称号，因为不懈地追求完美，正是艺术家生活态度的重要体现，而本书更是艺术与科学完美结合的产物。

因此，本书面向的读者群比较广泛，只要您热爱生活，或者喜欢艺术，抑或拥有一颗追求完美的心，就一定可以在本书中找到适合自己的内容。而且本书的重点在于讲解艺术编程的思想，无论是站在艺术的角度来诠释，还是从科学的层面来解读，本书都经得起时间的考验和世俗的漂染。它不会因为手游市场的异军突起而备受冷落，不会因为 HTML5 的横空出世而迷失自我，更不会因为软件的更新换代而销声匿迹。它就像一杯绿茶，香久益清、味久益醇，每个时代都赋予它不同的气息，弥散于地球的每一个角落，给这个浮躁的社会开辟一片又一片的净土。

可见，艺术是一个很广泛的话题，我不可能通过一本书就涉及到艺术编程的方方面面，因此，先选定一个合适的领域，再围绕相关的技术点逐一展开进行讨论，对我和大家而言，思路都会更加清晰。所以本书会从交互程序中较为关键的技术点出发，讲述自已对艺术编程的一些不太深入的理解，以求抛砖引玉，让更多的读者加入到该领域，共同探讨程序的精妙与艺术的真谛所在。

本书主要面向传统 FlashPlayer（即 Stage3D 以前的版本）进行开发，同时会介绍 FlashPlayer11 的部分新功能对艺术编程的影响及其应用领域。大家不必担心旧版的功能可能会被淘汰，本书的重点是艺术编程的思想，在艺术的字典里，只有对经典的诠释，没有对过时的遗弃。

虽然交互程序种类繁多，形式也不尽相同，但无论是网站、游戏，还是视频应用、在线软件，其界面中的大部分美术元素都可以通过导入美术设计师制作好的素材，然后使用程序控制其显示隐藏、播放暂停等，来实现产品需求中的交互效果。然而，并非所有的美术素材都适合直接导入到程序中，尤其在中国这片沉淀了五千多年汉字文化的土地上，将数以千计、笔划复杂的字符全部嵌入其中，对于网速尚未发达的中国来说，将是一个相当致命的举措。

大多数情况下，开发人员都通过调用操作系统自带的字体（设备字体）来显示界面中的文本内容。然而，这仅有的几种字体在大多数情况下都过于古板，与绚丽精致的网站界面、活泼生动的游戏场景往往不太搭调；而且在目前的电脑操作系统中，设备字体往往会出现各种较为刺眼的锯齿，从而对交互产品的美观性造成不同程度的破坏。

因此，调用到设备字体以后，我们一般都需要对其进行一些美化处理，比如消除锯齿、描边、变形等，以提高设备字体与整个产品的融合度。本书就以设备字体的处理为中心，和大家一起探讨图像艺术编程的点点滴滴。

在 Windows 系统里，比较常用的有宋体、黑体、楷体、隶书等，宋体过于单薄；而楷体和隶书艺术感稍强；相比之下，字型浑厚有力且没有太多修饰的黑体就比较合适了，但是黑体也有一些不足，比如边缘过于生硬，整体感略显呆板。几经纠结，我决定使用稍加修饰过的、Windows 7 年代才开始在中国普及的微软雅黑设备字体来进行图形处理和特效制作。

言归正传，本书属于中高级编程书籍，所以我会假设大家已经具备一定的 ActionScript3 编程基础，掌握了 ActionScript3 的基本语法并熟悉常用的 API，不会就这些方面再进行详细而深入的讲解。所以，对 ActionScript3 尚没有太多了解的设计师朋友或者之前使用其他程序语言的开发者们，在阅读本书之前，我建议您先购买 到两本讲解基础的书以便随时查阅。

我个人比较推荐的几本书有：《ActionScript 3.0 Cookbook》、《ActionScript 3.0 权威指南》、《Flash ActionScript 3.0 从入门到精通》、《ActionScript 3.0 溢彩编程》（该书非常适合设计师阅读）、《ActionScript 3.0 图像处理基础教程》。

此外，在开始阅读本书之前，我建议大家先配置好开发的环境，以确保书中的代码在您的计算机上可以正常编译与运行，对开发环境配置不太熟悉的朋友可以参阅本书的附录。

一切准备就绪，艺术编程之旅正式启航！

本书内容及编排

全书共分为三部分。

第一部分介绍色彩的相关知识及 Flash、Photoshop 等可视化软件在图形图像处理方面的一些特性，包括常用的色彩模式、Photoshop 图层效果、ActionScript 滤镜、混合模式等知识，并指出这些特性在不同软件下的异同。

第二部分以应用数学为思想，以 BitmapData、像素为工具，深入剖析各种图像处理技术的工作原理，让大家可以深入到算法的层面上认识图像处理，在 ActionScript 乃至其他支持像素级编程的语言中实现与 Photoshop 等专业图像软件相媲美的图形效果。

第三部分将充分发挥程序在交互、随机等方面的优势，运用以上学过的知识制作各种有趣的应用、游戏或者交互动画效果，让大家的程序作品以艺术的形式走进千家万户，让与您互动的每一位观众都为之感染。

本书的几个约定

在本书中，大家会看到不同样式的文字，它们有各自的含义，下面就本书用到的几种样式列举如下。

正文内容：与使用 TextField.appendText() 方法相比，使用 += 将文本追加到 TextField 要慢许多倍。

代码片段如下所示。

代码清单 0-0

```
package{
    import flash.display.*;
    import flash.text.*;
    public class TextFieldSelectionTest extends Sprite{
        private var _bold_btn:Sprite;              //加粗按钮
        private var _input_txt:TextField;          //输入文本框
        private var _bold_format:TextFormat;       //粗体文本格式
        public function TextFieldSelectionTest(){
            init();
        }
    }
}
```

受篇幅所限，代码中的 import 部分可能会被省略，大家可以按书中的代码正确输入完以后，通过软件的自动补全功能把 import 部分补上。此外，部分 asdoc 注释也将简化为普通注释，大家可以打开配套源码中的源代码自行查阅方法中的 asdoc 注释。

小提示 文件夹（包括完整路径）最好都用英文来命名，中文名在 Flash Builder 的某些版本里会报出“导出的项目不支持双字节字符”的警告。

开发环境的配置

本书主要用到的制作工具有 Flash CS6/5.5（也可称作 Flash IDE）、Flash Builder

4.6/FlashDevelop 4.0.0 RTM 和 Photoshop CS5（版本都不会太高），如无特别说明，书中在提到 PS 的时候，指的就是 Photoshop CS5。大家可以使用这些软件的更高版本。在开始本书的学习之前，请大家先安装好上述软件并熟悉它们的使用方法和基本操作。

另外，笔者还用到了下列辅助软件：Microsoft Office Excel/WPS 表格和 ColorPicker。

为了让大家的艺术之旅不受外界环境的干扰，我建议大家创建一个专用的目录，里面包含 FlashProject、FBProject 和 PSProject 3 个子文件夹，此外再新建一个名为“PublicClasses”的目录，各种常用的工具类均可添加到里面，以便让多个项目重用。

接下来大家要在代码编写软件（Flash CS6/5.5 和 Flash Builder4.6）的首选参数里指定公共库的文件夹路径。

配置 Flash CS6/5.5 的环境

打开 Flash CS6/5.5，选择菜单项【编辑】|【首选参数】，在弹出的对话框中选择“ActionScript”系列。

单击【ActionScript 3.0 设置】按钮，在弹出的对话框中把 PublicClasses 的目录添加到源路径列表中，如图 0-1 所示。

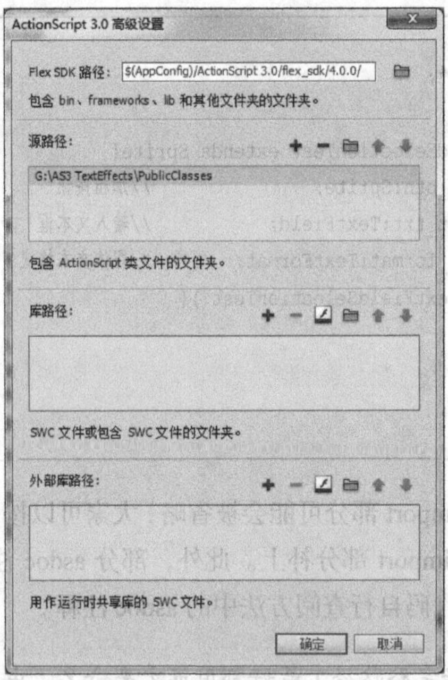

图 0-1　添加源路径

配置 Flash Builder 4.6 的环境

打开 Flash Builder 4.6，选择菜单项【窗口】|【首选项】，在弹出的对话框里定位到“常规”-“工作空间”-“链接的资源”，按照图 0-2 所示的对话框添加一个路径变量。

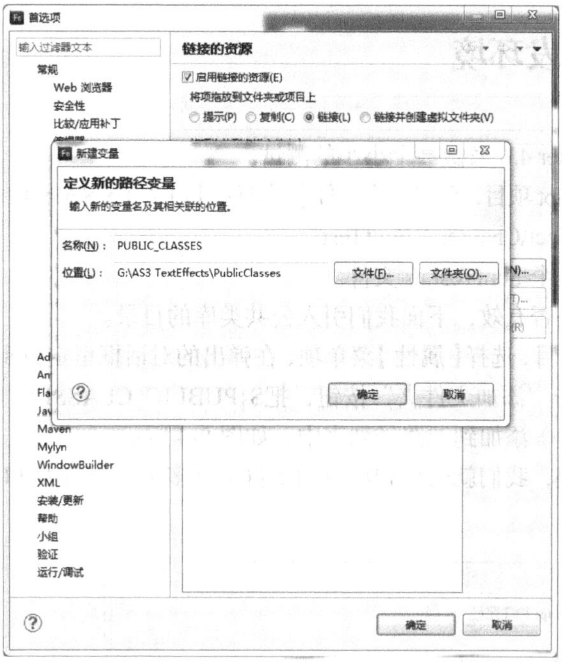

图 0-2　Flash Builder 的路径变量

配置 Photoshop CS5 的环境

作为一名“开发者”，我没有太深入地去学习这款设计软件，所以用到的功能大都比较简单，只要确保软件能正常启动，可以打开图片，新建 psd，就好了。

Photoshop 默认会在系统目录创建虚拟内存，有需要的读者可以自行选择菜单项【编辑】|【首选项】|【性能】打开如图 0-3 的窗口进行设置。

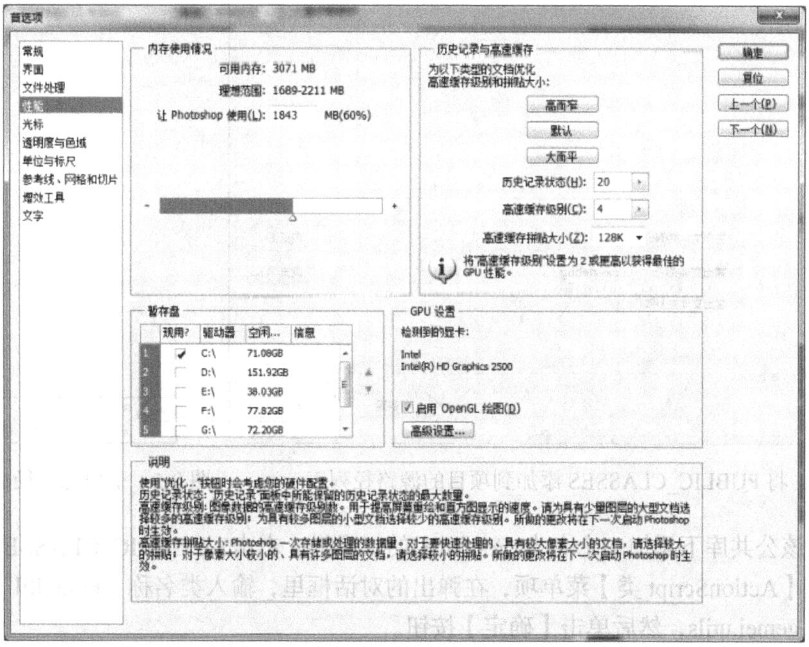

图 0-3　Photoshop 虚拟内存（暂存盘）的设置

测试配置好的开发环境

我们用 Flash Builder 4.6 来做一个小小的测试。

新建一个 ActionScript 项目，路径为【文件】|【新建】|【ActionScript 项目】，项目名为 FontTest，文件夹定位在“FBProject\Chapter 1\FontTest”。

软件会自动生成一个 FontTest.as 文件。

为了验证公共库是否有效，下面我们引入公共类库的目录。

右击“FontTest”项目，选择【属性】菜单项，在弹出的对话框里定位到“资源”-“ActionScript 构建路径”系列，单击“添加文件夹”按钮，把${PUBLIC_CLASSES}目录（在链接的资源里已经指定好了具体位置）添加到源路径列表中，如图 0-4 所示。

单击“确定”按钮，我们就会看到项目的子目录下多了一个名为 PUBLIC_CLASSES 的文件夹，如图 0-5 所示。

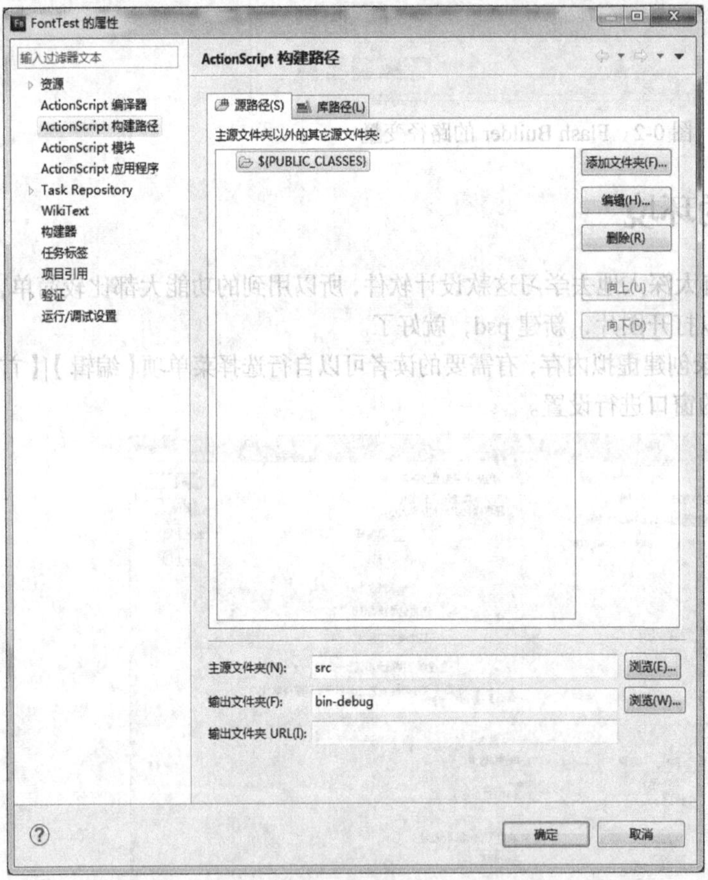

图 0-4　将 PUBLIC_CLASSES 添加到项目的源路径列表

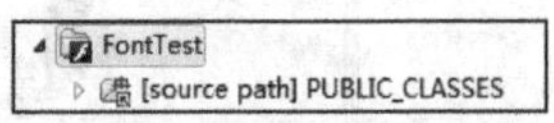

图 0-5　引用源路径后的项目结构

我们在该公共库下添加一个名为 FontUtil 的工具类，右击${PUBLIC_CLASSES}目录，选择【新建】|【ActionScript 类】菜单项，在弹出的对话框里，输入类名称“FontUtil”，包路径一栏输入 com.gemei.utils，然后单击【确定】按钮。

我们把 FontUtil.as 的代码修改如下所示。

代码清单 0-1

```
package com.gemei.utils{
    public class FontUtil{
        /*判断当前系统是否已经安装了指定名称的字体
          @param fontName 要查找的字体名称*/
        public static function hasFont(fontName:String):Boolean{
            var fontList:Array = Font.enumerateFonts(true);//获取当前已安装字体的列表
            for each(var item:Font in fontList){
                if(item.fontName == fontName){ //如果列表里出现字体名称相匹配的项
                    return true;
                }
            }
            return false;
        }
    }
```

我给 FontUtil 工具类创建了一个判断指定字体是否已经安装到系统的方法，大家暂时不用纠结这当中的运行效率有多么差，我会在后续的章节中逐步地优化它。下面我们先试着在 FontTest 项目里使用它。

FontTest.as 的代码调整如下。

代码清单 0-2

```
package{
    public class FontTest extends Sprite{
        public function FontTest(){
            var fontName:String = "微软雅黑";
            if(FontUtil.hasFont(fontName)){
                trace("您的系统已经安装了" + fontName + "字体");
            }else    {
                trace("您的系统尚未安装" + fontName + "字体");
            }
        }
    }
}
```

至此，全部代码均已书写完成，按 F11 键欣赏一下自己的劳动成果吧！

因为这段代码没有创建任何显示对象，所以浏览器将是一片空白。不用担心，控制台已经把运行结果告诉大家了。把浏览器最小化，大家将看到 Flash Builder 的控制台打印出“您的系统已经安装了微软雅黑字体”或者“您的系统尚未安装微软雅黑字体”这样的一句话，如图 0-6 所示。

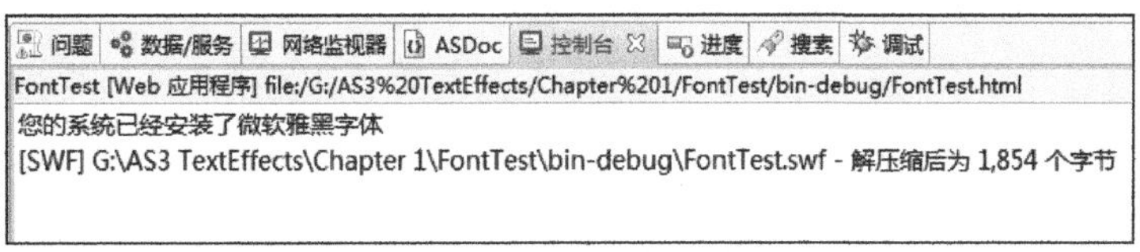

图 0-6　测试第一个项目

如果大家电脑上的效果跟作者预期的一致，没出任何意外，那么恭喜您，Flash Builder 的开发环境已经配置成功！

安装微软雅黑字体

本书大部分实例都将使用微软雅黑的设备字体来进行创作，所以，如果 FontTest 在大家电脑上的运行结果是“微软雅黑尚未安装”，那么请您把配套源码中的“微软雅黑.ttf”复制到控制面板的字体文件夹下以完成微软雅黑字体的安装，或者复制到您的素材目录，以快捷方式的形式进行安装（Win7/8 在右键菜单中选择该操作项，WinXP 用粘贴快捷方式的方法）。

欢迎加入本书读者 QQ 群：371259465。

目录

第 1 章

趣解色彩——江南美景与艺术编程

唐代著名诗人白居易的《忆江南》一诗中，一句“日出江花红胜火，春来江水绿如蓝”就把苏杭一带秀丽明艳的的江南风光描绘得细致传神，从科学的角度看，其精华之处就在于诗人仅以红绿蓝 3 种颜色，就把蓝天白云下花红水绿的景观刻画得淋漓尽致。

本诗用词浅显易懂，诗句朗朗上口，因此被多次收录到各地的小学语文教材中作为基础的写景诗进行讲解。同理，我们也将以诗中所提到的红、绿、蓝 3 种颜色开启本书的艺术编程之旅。

1.1 RGB 模式、ARGB 模式及其运算

1.1.1 RGB 模式及其运算

R、G、B 是色光三原色（Red 红、Green 绿，Blue 蓝）的简写，物理学上，自然界的所有颜色都可以分解为这 3 种色光。不同的颜色，色光的值会有所差别。反过来，任何颜色都可以通过红、绿、蓝三种色光合成出来。白色把任何色光都反射出来了，所以它的红、绿、蓝成分都等于 100%、黑色不反射任何色光，三原色的成分都等于 0%；红色只反射红光，所以红色光等于 100%，另外两种色光值为 0%。

计算机软件习惯将色光称作“通道”，并将该概念扩展到其他的色彩模式中。同时，计算机为每个色彩通道分配一个 8 位的存储空间（在某些场合同，具体位数还跟显示设置有关，但本书不对此作展开讨论），每个通道的取值范围为 0～255（0 代表 0%，255 代表 100%）。红、绿、蓝 3 个通道混合为一种颜色，在内存就要占用 24 位的空间，即 3 个字节。

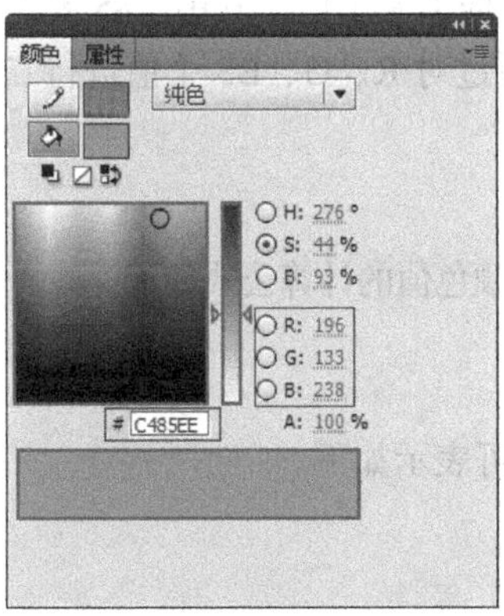

图 1-1 Flash CS5.5 的调色工具

要解释颜色值和通道之间的关系，二进制运算总是在所难免，这对于学习美术但是没有计算机编程基础的朋友而言，无疑是件很头疼的事，要深入剖析，恐怕要花一章的篇幅来论述。所以，如果接下来的内容大家阅读起来觉得困难，那建议您找一本介绍计算机基础知识的书来进行同步阅读。

Flash CS 5.5 里，在确保有文档打开并且选项卡定位在 fla/xfl 文件标签的情况下，我们选择菜单项【窗口】|【颜色】（Alt+Shift+F9），就会弹出如图 1-1 的颜色面板。

我们给面板上方的下拉列表框选择了“纯色”一项后，下方就会出现一个调色板。用户可以通过拖动左侧的圆圈以及中间的滑块来选取颜色，也可以通过右侧或下方的文本框直接输入或调整颜色的值。

本节讲的是 RGB/ARGB 模式，所以我们先把焦点集中在红色标注的区域上。右下方的 R、G、B、A 分别代表红、绿、蓝和不透明度 4 个通道。此处暂时忽略 A 部分。

左下方的数值，乍一看似乎跟右侧的 RGB 值完全扯不上关系。但实际上，两者的关系相当密切。左下方数值的 6 个字符，每两个就对应右侧的一个通道。图 1-1 所示 Flash CS 5.5 的调色工具中，C4 代表 R（红）通道值 196，85 代表 G（绿）通道值 133，EE 代表 B（蓝）通道值 238。

我们可以写一小段代码测试一下。

代码清单 1-1

```
trace(parseInt("C4",16));
trace(parseInt("85",16));
trace(parseInt("EE",16));
trace(Number(196).toString(16));
trace(Number(133).toString(16));
trace(Number(238).toString(16));
```

测试结果如下所示。

```
196, 133, 238, C4, 85, EE
```

很显然，左侧的颜色值就是个 16 进制形式的数字，把字符两两取出来各自转成 10 进制以后，就刚好等于右侧的 RGB 数值。那么，C485EE 是什么呢？是简单拼接的字符串还是具有真正意义的 16 进制数呢？

下面我们来看看 0～15 的整数，它们的 2 进制、10 进制和 16 进制写法分别如下。

10 进制	0	1	2	3	4	5	6	7
2 进制	0	1	10	11	100	101	110	111
16 进制	0	1	2	3	4	5	6	7

10 进制	8	9	10	11	12	13	14	15
2 进制	1000	1001	1010	1011	1100	1101	1110	1111
16 进制	8	9	A	B	C	D	E	F

不难看出，16 进制里面显示的 1 个“位”（字符）恰好代表了 2 进制的 4 个位，所以，代表蓝色的 EE 占了 8 个位，而代表绿的 85 和代表红的 C4 也分别占据了 8 个位，其中，85 要左移 8 位，而 C4 则要左移 16 位，于是 16 进制数 0xC485EE 可以通过对 R、G、B3 个值进行二进制位运算得出以下结果。

```
0xC485EE = 0xC4 << 16 | 0x85 << 8 | 0xEE
```

AS3 的颜色值一般以 0xC485EE 这样的十六进制数表示，所以，颜色值的计算公式如下。

```
color = red << 16 | green << 8 | blue
```

反之，如果要从 color 值取得各个通道的成分，那么运算过程可表示如下。

```
0xEE = 0xC485EE & 0xFF
0x85 = 0xC485 & 0xFF = (0xC485EE >> 8) & 0xFF
0xC4 = 0xC485EE >> 16 & 0xFF
```

于是有以下结果。

```
blue = color & 0xFF
green = (color >> 8) & 0xFF
red = (color >> 16) & 0xFF
```

如果您认为我说得还不够明白，就可以阅读《ActionScript 3.0 动画教程》一书的“第 4 章：渲染技术”中关于颜色方面的介绍，Keith Peter 在 RGB 颜色运算这个要点上的讲解比我要详细得多。

RGB 模式通过三原色光的成分确定一种颜色，每个通道的值代表它对应的色光所反射的比例。假如 R=127（0x7F），则代表这种颜色反射了 50%的红光，所以，0x7F0000 所呈现的就是一种亮度中等的红色。

至于同时反射多种光会得到什么样的颜色，那就是物理学家所钻研的问题了。对于我这种光学白痴而言，在这问题上可谓十窍通了九窍——一窍不通，比如，为什么把红光和绿光全反射出来（0xFFFF00）会得到黄色，我没办法站在科学的角度上给出一个合理的解释。

美术人员往往不用关注这些，他们只要打开调色板，就可以随心所欲地抽取自己喜欢的颜色（当然他们所做的事情没我想象中那么简单，少点审美细胞，我想大家在那儿点个老半天都不可能调出让自己满意的色彩来）。

而像我这种没有美术功底、物理又学得一般的程序员，通常情况下很难判断出 RGB 模式的数字（一些很特征性的数值如 0x000000/0xFFFFFF 等除外）代表我们感官认知里的哪种颜色（如褐色、紫色、橙色等）。正因这种学术性太强的模式不够直观，诸如 HSB 那样更为感性的色彩模式便应运而生，我们将在 1.2 节提到它。但不管大家使用何种模式，在 AS3 里，最终都得转换成 RGB 模式才可以运用到显示对象上。

下面我们开始介绍 ARGB 模式。

1.1.2　Flash 中的 ARGB 模式与不透明度的关系

ARGB 是 Flash、SVG 等矢量处理软件特有的一种色彩模式，事实上我觉得它有点不可思议，A（alpha）不应该作为一个通道存在于色彩模式中，它更适合作为一个独立的属性从色彩模式中抽离出来并应用到其他的色彩模式（如 HSB、CMYK、LAB 等）中。Alpha 之所以被 Flash 定义为通道，个人认为有 3 个原因。

1）Flash 并非专业的图形软件，将它与 RGB 一视同仁，可以帮助 AS3 程序员更方便地使用颜色，实践证明，易用性确实比单独抽离出来要高。

2）AS3 只有 RGB 这一种内置的色彩模式，加上去可让开发者感觉到颜色的功能不会过于单一。但 Photoshop 那样的软件就免了，搞完 ARGB，还得弄 AHSB、ACMYK、ALAB 之类，模式的数量一下子就翻倍了，给模式的切换带来各种不便，同时也体现出了结构僵硬、不易扩展等缺点。在 Photoshop 里，我们可以粗略地把蒙板理解为 alpha 通道。

3）颜色在 AS3 里面以 uint 的形式存在，它可以包含 32 位数值，RGB 各占了 8 位以后，刚好剩下 8 位给 A 通道使用。

虽然在 Flash IDE 里调色板显示的 A 范围为 0%～100%，但是，在 ARGB 模式中，A 的取值范围也调整为 0～255。假设上面所说的颜色（0xC485EE）带上了 50%的不透明度，那么，它的 A=255 * 0.5= 127 = 0x7F，所以 ARGB 数值就等于 0x7FC485EE。同理，不透明度为 100%时，ARGB 值等于 0xFFC485EE；不透明度为 0%时，ARGB 值等于 0x00C485EE。

32 位的 ARGB 色彩很少直接应用在显示对象上。对于 DisplayObject 来说，它们依然通过一个独立的 alpha 属性来控制不透明度。ARGB 更多的是在 BitmapData 上做事，这里我们暂不展开讨论。

此外，由于通道的易用性和可控性较强，所以 Photoshop 也没有完全放弃掉 alpha 通道，我们依然可以在【通道】面板的三角菜单中找到【新建通道】的菜单项。

1.2 ColorTransform 对 RGB 数值的操作及应用

flash.geom.ColorTransform 是 Flash 内置的一个色彩变换类。它支持色彩通道值的线性变换。所谓线性变换，是指一次函数模式的变换：dst = src * multiplier + offset。我们可以将每个通道的值与常量进行四则运算。对于 ColorTransform 类而言，通道的原数值和变换后的数值存在如下关系。

```
red(dst) = red(src) * redMultiplier + redOffset
green(dst) = green(src) * greenMultiplier + greenOffset
blue(dst) = blue(src) * blueMultiplier + blueOffset
alpha(dst) = alpha(src) * alphaMultiplier + alphaOffset
```

这当中，dst 代表结果值，src 代表初始值。

这个运算看起来并不复杂，我们也能手工实现。但是，自己写的算式无法直接应用于显示对象或者 BitmapData 上，我们必须逐个像素点地去修改颜色（当然，ColorMatrixFilter、自定义滤镜、颜色表等方法也能实现），并且对于矢量图而言，处理前还不得不先转换成位图。而用 ColorTransform 的话则非常方便，我们只要对指定对象应用了它，每个像素点的颜色就会自动做出相应的变化，从而实现图形色调、亮度等属性的整体变换乃至反色效果，而且不会丢失矢量信息。

此外，ColorTransform 还支持通过 color 属性将对象的所有像素点设置成同一种颜色。假设 myColorTransform.color = 0xFFFF00，被应用了 myColorTransform 的对象就会呈现为单一黄色的状态，它跟下面的代码完全等价。

代码清单 1-2

```
myColorTransform.redMultiplier = myColorTransform.greenMultiplier = myColorTransform.blueMultipler = 0;
myColorTransform.redOffset = 255;
myColorTransform.greenOffset = 255;
myColorTransform.blueOffset = 0;
```

因为与 src 相乘的系数都被设置为 0，所以不管 src 是多少，dst 的值都不会受到任何影响，red(dst)和 green(dst)始终等于 255，blue(dst)始终等于 0，于是所有像素点的 RGB 色彩值都等于 0xFFFF00（黄色），而 alpha（不透明度）则不发生变化。

ColorTransform 最常用的地方有两处。

```
1 DisplayObject.transform.colorTransform = myColorTransform;
2 BitmapData.colorTransform(myColorTransform);
```

这里我们只测试第一项，第二项在 BitmapData 的相关章节再进一步深入讨论。

1.2.1　RGB 测试用例的书写

新建一个 ActionScript 项目，名为 ShapeColorTransformTest，我们在里面创建几个不同颜色的小圆，观察它们在应用了 colorTransform 之后的变化，代码如下。

代码清单 1-3

```
package{
   [SWF(width = "800", height = "600")]
    public class ShapeColorTransformTest extends Sprite{
        private var _testSprite_src:Sprite;    //用于测试的显示对象（变换前）
        private var _testSprite_dst:Sprite;         //用于测试的显示对象（变换后）
        private var _myColorTransform:ColorTransform;         //颜色转换对象
        public function ShapeColorTransformTest(){
            init();
        }
        private function init():void{
            _testSprite_src = getTestSprite();
            addChild(_testSprite_src);
            _testSprite_dst = getTestSprite();
            _testSprite_dst.x = 200;
            addChild(_testSprite_dst);
            applyTransform();
        }
        //创建用于测试的显示对象
        private function getTestSprite():Sprite{
            var _testSprite:Sprite = new Sprite();
            var _shape1:Shape = new Shape();  //添加一个黑色的矩形底
            _shape1.graphics.beginFill(0x000000);
            _shape1.graphics.drawRect(40, 30, 170, 290);
             shape1.graphics.endFill();
            _testSprite.addChild(_shape1);
            /*依次添加颜色分别为暗蓝、暗红、暗绿和纯白的 4 个圆*/
            _testSprite.addChild(new Circle(50, 0x0000CC, 100, 200, "add"));
            _testSprite.addChild(new Circle(50, 0xCC0000, 150, 200, "add"));
            _testSprite.addChild(new Circle(50, 0x00CC00, 125, 250, 1,"add"));
            _testSprite.addChild(new Circle(37.5, 0xFFFFFF,125,100,1,add"));
            return _testSprite;
        }
        private function applyTransform():void{
            _myColorTransform = _testSprite_dst.transform.colorTransform; //初始化颜色变换对象（从显
示对象里获取）
            _myColorTransform.redMultiplier = 1.5;
            _testSprite_dst.transform.colorTransform = _myColorTransform; //应用到显示对象上（变换后
必须重新赋值，否则变换效果不起作用，详情可查阅帮助文档）
        }
    }
```

在后续的章节中，我们会经常使用圆来表示一个点或者创建一个色块。为便于这一功能的重用，我们可以把这个可爱的圆封装成一个 Circle 类并放入到公共类库。

小提示 有的书喜欢用 Ball 来命名这样的类，这里统一取名为 Circle，因为纯色的圆并没有球的那种立体感。

代码清单 1-4

```
package com.gemei.display{
    public class Circle extends Sprite{
        //为节省本书篇幅，我把x, y, alpha, blendMode 这些基本属性都封装到Circle 类里面了，项目开发中不推荐这么做
        public function Circle(radius:Number = 50, color:uint = 0x000000, x:Number = 0, y:Number = 0,
alpha:Number = 1, blendMode:String = BlendMode.NORMAL){
            super();
            this.x = x;   this.y = y;    this.blendMode = blendMode;
            graphics.beginFill(color, alpha);
            graphics.drawCircle(0, 0, radius);
            graphics.endFill();
        }
    }
}
```

以上代码创建了两个外观一模一样的显示对象，然后添加到舞台上显示（使用 BlendMode 只是为了方便创建多个色块，后续章节笔者会给出详细的介绍），我们用 ColorTransform 对其中一个进行变换，从而跟不变换的那个进行比较。

1.2.2　初始效果及颜色属性的测试

按 F11/Ctrl+F11 测试，效果如图 1-2 所示。如果左右两组小圆色彩上看起来有所差别，那就请大家校对一下是否在输入代码的过程中出现了笔误，同时注意检查显示器是否因为老化、视角等问题而导致同一种颜色在不同的位置有不同的效果。因为现在的代码仅仅做了一次赋值，中途并没有对 ColorTransform 进行其他处理。

下面我们先从效果最明显的 color 开始测试。设置一下 _myColorTransform.color = 0xFFFF00 看看，如图 1-3 所示。

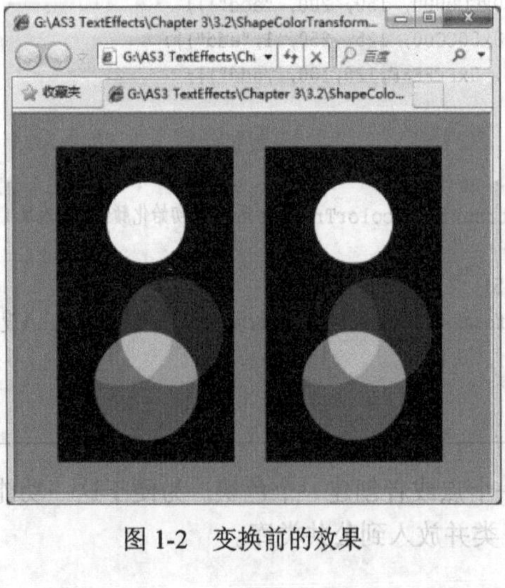

图 1-2　变换前的效果

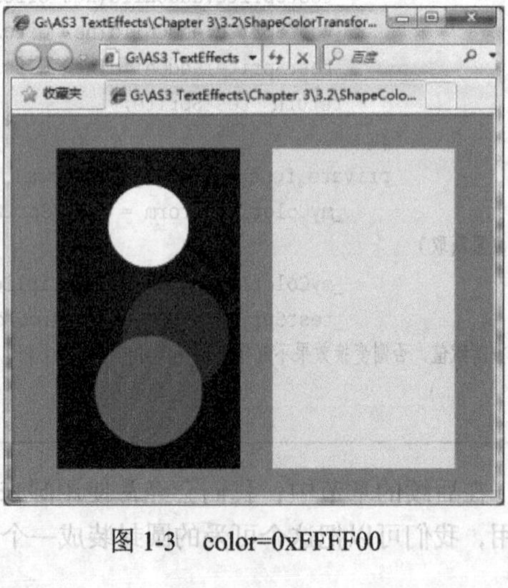

图 1-3　color=0xFFFF00

整个显示对象都变黄了。此外，我们用下面的代码也能实现同样的效果。

代码清单 1-5

```
_myColorTransform.redMultiplier = _myTransform.greenMultiplier = _myColorTransform.blueMultiplier = 0;
_myColorTransform.redOffset = _myColorTransform.greenOffset = 0xFF;
```

代码起作用了，我们尝试复杂一点的变换。

1.2.3　线性/倍乘提高降低亮度

线性提高亮度（见图 1-4）：_myColorTransform.redOffset = _myColorTransform.greenOffset = _myColorTransform.blueOffset = 100。

线性降低亮度（见图 1-5）：_myColorTransform.redOffset = _myColorTransform.greenOffset = _myColorTransform.blueOffset = −100。

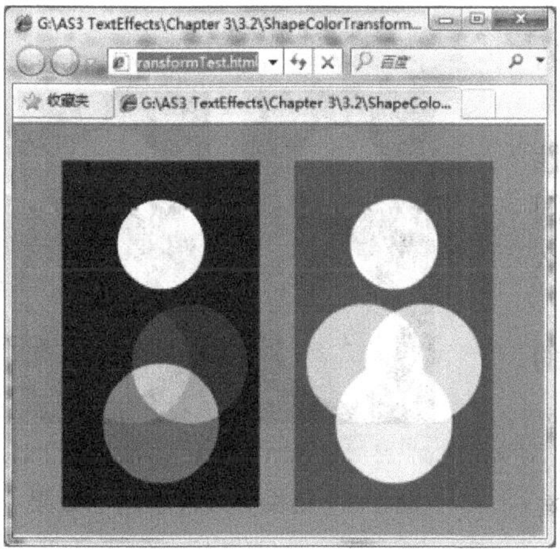

图 1-4　线性提高亮度

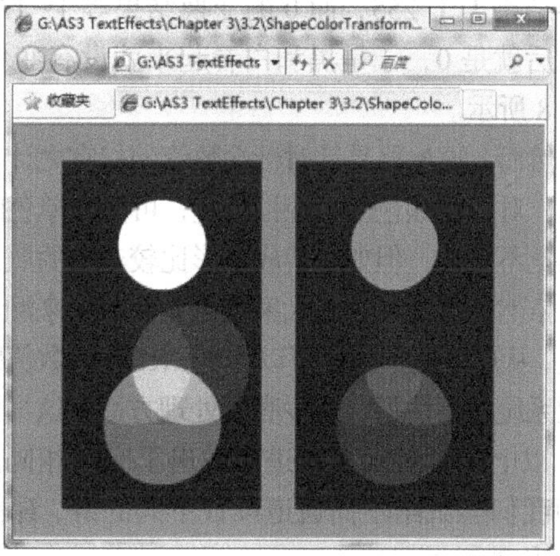

图 1-5　线性降低亮度

倍乘提高亮度（见图 1-6）：_myColorTransform.redMultiplier = _myColorTransform.greenMultiplier = _myColorTransform.blueMultiplier = 1.5。

倍乘降低亮度（见图 1-7）：_myColorTransform.redMultiplier = _myColorTransform.greenMultiplier = _myColorTransform.blueMultiplier = 0.7。

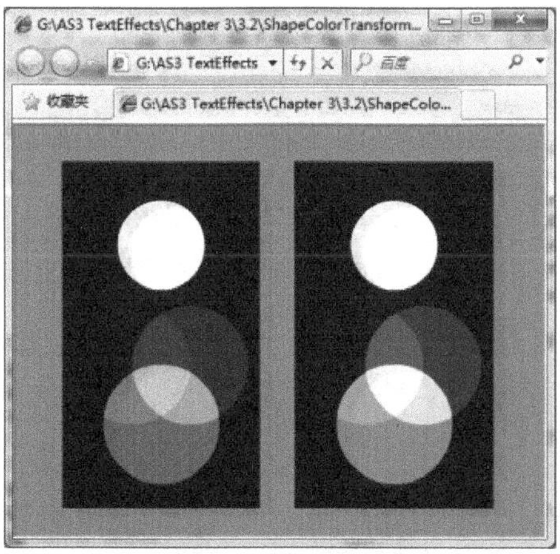

图 1-6　倍乘提高亮度

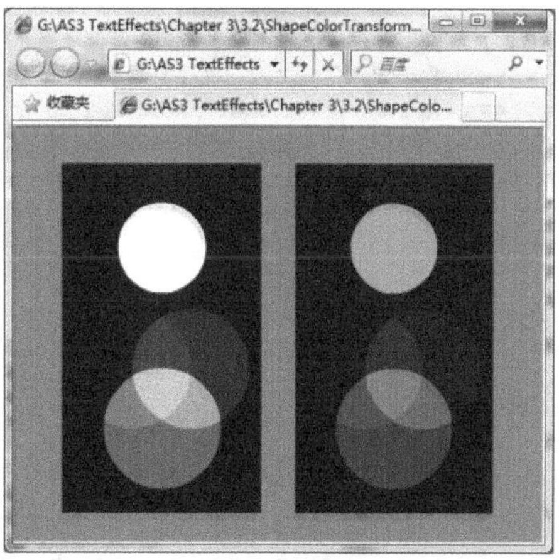

图 1-7　倍乘降低亮度

我们可以看到，通过 ColorTransform 增大 R、G、B 这三个通道的值，能够使所有色彩都变得明亮；相反，减小它们的值，色彩就变暗。然而，这种感觉多少有点别扭，它们看起来更像是给图形蒙上了一层灰，效果特别不自然。倍乘提高亮度的感觉稍好一点，因为黑色和白色在经过运算之后，通道值都没有发生变化，黑色的 RGB 均为 0，乘以 1.5 后不变；白色的 RGB 均为 255，乘以 1.5 后大于上限 255，于是结果仍为 255。

我们可以尝试将线性变化和倍乘变化结合在一起，让亮度变暗的效果舒服些，比如让黑色的 RGB 结果小于 0，而白色始终保持 255。

代码清单 1-6

```
_myColorTransform.redMultiplier = _myColorTransform.greenMultiplier = _myColorTransform.
blueMultiplier = 1.5;
    _myColorTransform.redOffset = _myColorTransform.greenOffset = _myColorTransform.blueOffset = - 127;
```

我们应用上了这个 ColorTransform 以后，255 的变换结果等于 255，而 0 的变换结果等于−127，取下限之后就是 0，于是黑和白看起来就没有变化了，如图 1-8 所示。

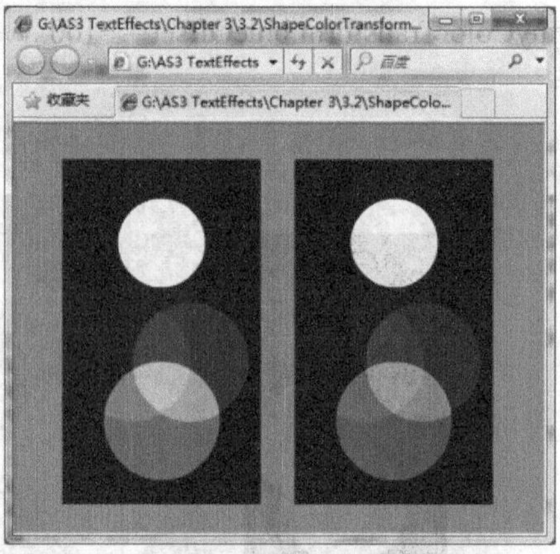

图 1-8　倍乘和线性合用的效果

然而，这始终是针对极端数值的权宜之计，局限性很大，对其他颜色的可控性较差，可能在单色的矢量图下感觉不明显，但如果换成色彩比较丰富的照片，那么效果依然不尽如人意，大家可以找些照片来测试一下。而且，从这些例子我们可以看出，RGB 的数值跟人类的视觉系统并不协调，至少亮度处理方面是这样的情况。

以上例子对每个通道都做出了完全相同的变换，下面我们尝试给不同通道设置不同的值，看看有没有新的发现。

1.2.4　单个通道的线性/倍乘变化

线性提高红色的成分（见图 1-9）：_myColorTransform.redOffset = 127。

线性减弱红色的成分（见图 1-10）：_myColorTransform.redOffset = −127。

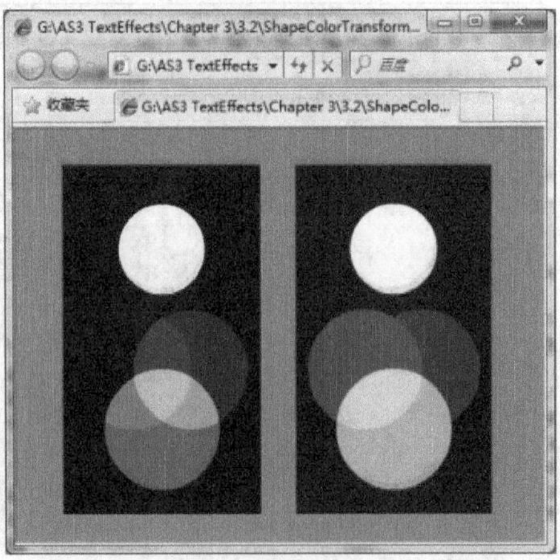

图 1-9　线性提高红色成分

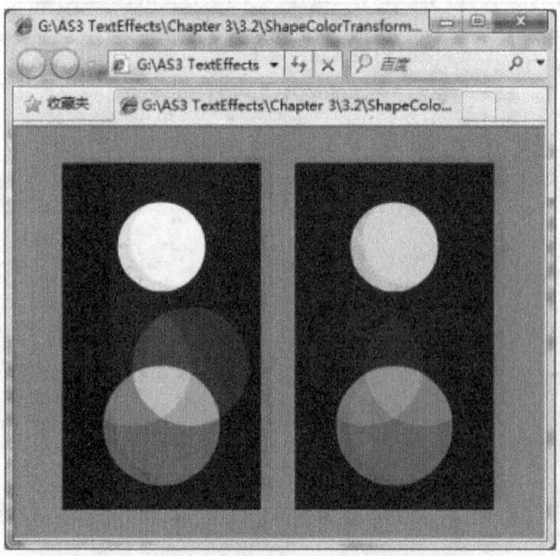

图 1-10　线性降低红色成分

倍乘提高红色的成分（见图 1-11）：_myColorTransform.redMultiplier = 1.5。

倍乘降低红色的成分（见图 1-12）：_myColorTransform.redMultiplier = 0.7。

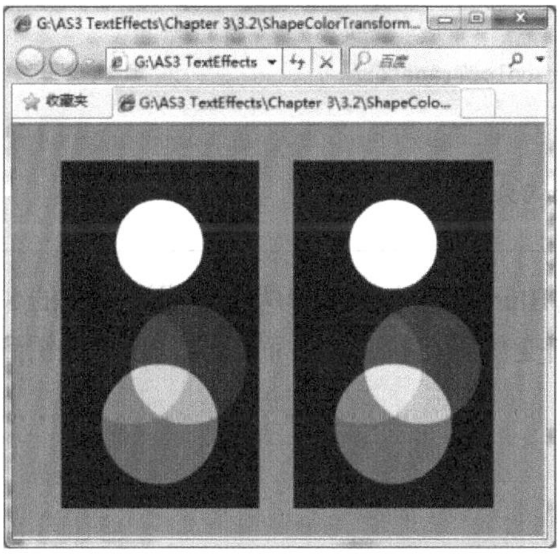

图 1-11 倍乘提高单通道

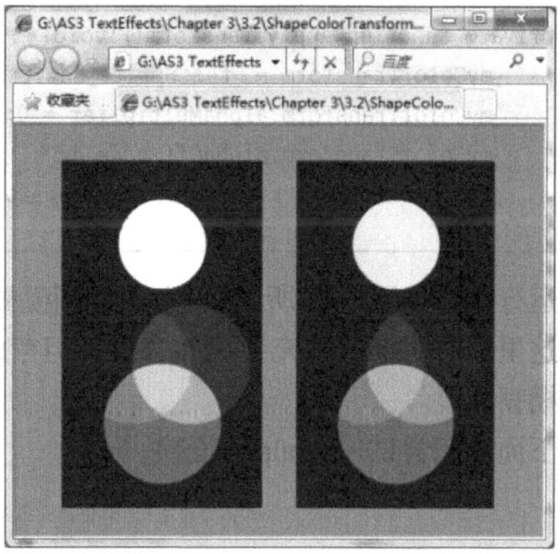

图 1-12 倍乘降低单通道

我们调整单个通道的值，图像的色彩发生了一些微妙的变化。因为现在只对单个通道进行计算，所以总的来说，反射出来的色光都会增多或者减少，如果想保持反射的色光总量不变，就应该多调整一个或者两个通道以抵消红色通道的改变。

1.2.5 ColorTransform 在色彩处理方面的不足

在以上的测试中，有些本来不同的颜色在经过 ColorTransform 的转换以后变得出奇的一致。如果想给图像做变色效果，那这样的情况往往是我们需要避免的。此时，ColorTransform 就有点心有余而力不足了。

归根到底，这还是因为 RGB 模式在人类的视觉体验方面做得不够友好。

接下来，我们看看之前没测试过的 alpha 变换。理所当然，之前的图像就不太适用了，因为图像里每个像素点的 alpha 都等于 1。

1.2.6 Alpha 测试用例的书写

我们把 ShapeColorTransformTest 复制为 ShapeColorTransform ForAlphaTest，然后对代码进行如下调整。

首先我们把 getTestSprite 修改为如下格式。

代码清单 1-7

```
//创建用于测试的显示对象
private function getTestSprite():Sprite{
    var _f:Array = [new BlurFilter(80, 80)];
    var _testSprite:Sprite = new Sprite();
    /*添加两个圆，颜色分别为白和黑*/
    _testSprite.addChild(new Circle(50, 0xFFFFFF, 100, 100)).filters = _f;
    _testSprite.addChild(new Circle(50, 0xFFFFFF, 100, 250)).filters = _f;
    return _testSprite;
}
```

而 applyTransform 函数则调整如下。

代码清单 1-8

```
private function applyTransform():void{
    _myColorTransform = _testSprite_dst.transform.colorTransform;
    _myColorTransform.alphaMultiplier = 0;
    _myColorTransform.alphaOffset = 127;
    _testSprite_dst.transform.colorTransform = _myColorTransform;
}
```

运行效果如图 1-13 所示。以上代码用模糊滤镜 BlurFilter 生成了带两个透明渐变圆的 Sprite。本来这里用透明渐变填充会更加合理，但考虑到渐变代码比较复杂，而且这里还没介绍到，就先用模糊滤镜。

下面我们尝试一下 alpha 变换。

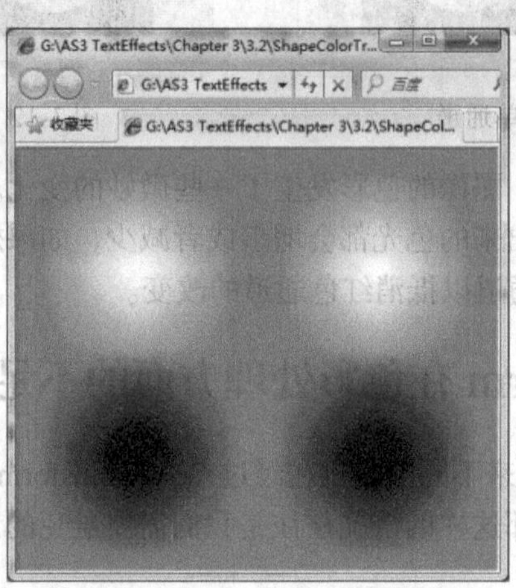

图 1-13　alpha 测试用例

1.2.7　线性提高或降低 alpha 值

提高 alpha 值（见图 1-14）：_myColorTransform.alphaOffset = 100。
降低 alpha 值（见图 1-15）：_myColorTransform.alphaOffset = -100。

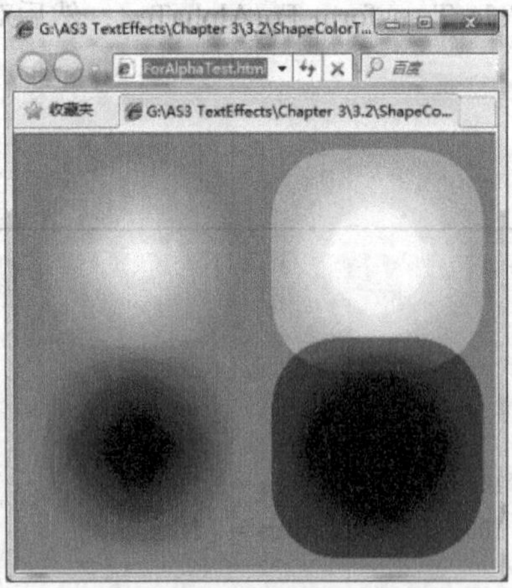

图 1-14　线性提高 alpha 值

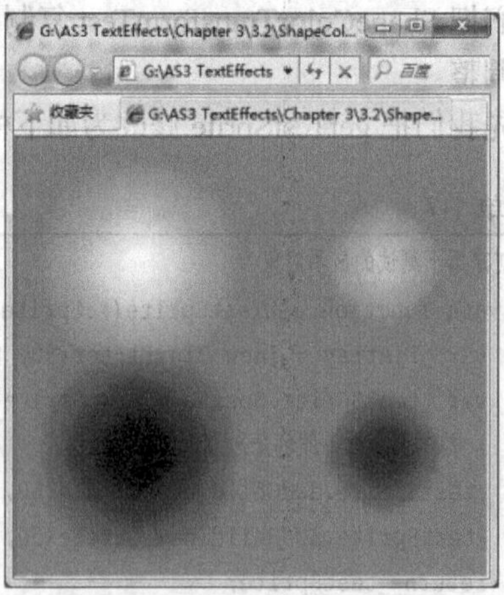

图 1-15　线性降低 alpha 值

粗略一看，它跟设置 alpha 似乎没什么两样，但仔细观察我们就会发现，当 alphaOffset 提高的时候，周边比较透明的像素会逐渐淡入到 1；相反，降低的时候，周边会慢慢淡出到 0。所以，虽然这仅仅是一个简单的线性变换，但是拿来做光圈或者黑洞的扩散/收缩效果将会相当不错。

下面，我们做个直接设置 alpha 的版本来对照一下效果。

1.2.8　设置 alpha 值

倍乘降低 alpha（见图 1-16）：_myColorTransform.alphaMultiplier = 0.7。

注意，设置 alpha 跟设置颜色不同，它要在原有像素的基础上设置倍率才符合 alpha 的概念，效果才跟设置 displayObject.alpha 一致。

倍乘提高 alpha（见图 1-17）：_myColorTransform.alphaMultiplier = 1.5。

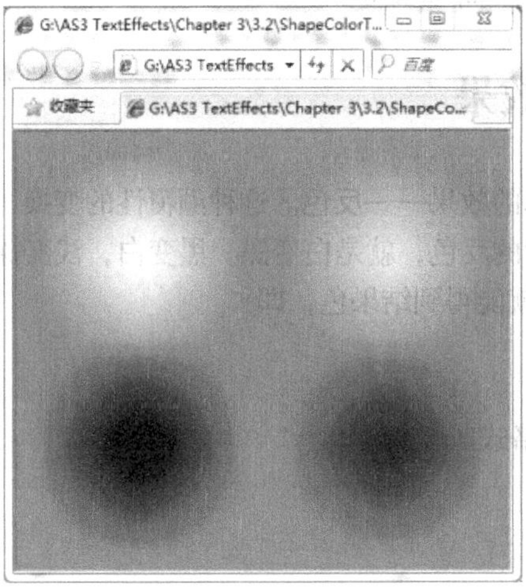

图 1-16　倍乘降低 alpha

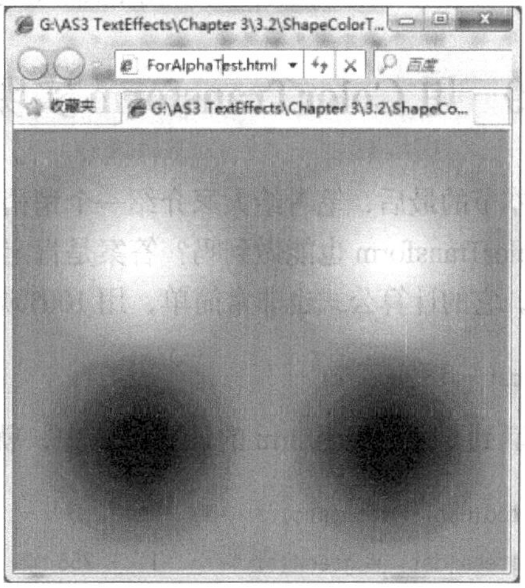

图 1-17　倍乘提高 alpha

我们可以看出，alpha 的变换呈现为整体性，因此没有扩散收缩的效果，如果大家有跟着我们一起测试的话，就不妨用补间引擎或者 enterFrame 来测试两种效果在渐入渐出时的差别。我们认为 alphaOffset 的效果要比 multiplier 漂亮多了。

如果我们像设置颜色那样，把 multiplier 弄成 0，像素点的透明度就统一起来了。这个效果虽然不甚美观，但是很适合用来做一些图像的预处理工作。

代码如下。

代码清单 1-9

```
_myColorTransform.alphaMultiplier = 0;
_myColorTransform.alphaOffset = 127;
```

效果如图 1-18 所示。

在 alpha 通道方面，ColorTransform 没让我们失望，毕竟它独立于色彩模式，而且只有一个值，所以运算的处理也相对容易把握一些。

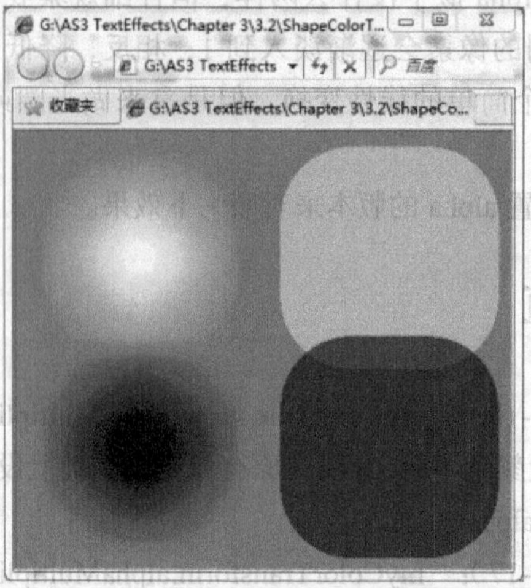

图 1-18 让每个像素点的 alpha 相等

1.2.9 用 ColorTransform 实现反色效果

本节的最后，笔者给大家介绍一个稍稍有点意思的效果——反色。这种颠覆性的变换，线性的 ColorTransform 也能做到吗？答案是肯定的！所谓的反色，就是白变黑，黑变白，浅变深，深变浅，它的计算公式也非常简单，用 100%减去原值就能得到结果色，即

```
dst = 255 - src;
```

套到 ColorTransform 的计算公式中，就有如下格式。

```
red(dst) = red(src) * (-1) + 255。
green(dst) = green(src) * (-1) + 255
blue(dst) = blue(src) * (-1) + 255
```

换而言之，只要把 offset 都设为 255、multiplier 都设成-1，就可以得到所谓的反色效果了（可能有的读者还没想过将 multiplier 设置为负数吧）。

代码清单 1-10

```
_myColorTransform.redMultiplier = -1;
_myColorTransform.greenMultiplier =-1;
_myColorTransform.blueMultiplier = -1;
_myColorTransform.redOffset = 255;
_myColorTransform.greenOffset = 255;
_myColorTransform.blueOffset = 255;
```

可出来的效果跟预期不一致，如图 1-19 所示。

经过将近两周的纠结，笔者终于找到了问题的症结所在——跟 BlendMode 发生冲突了。因为 BlendMode.ADD 也是像素运算，两者混合后的运算机制及其优先级规则有待作进一步的研究。

我们把 BlendMode.ADD 一句去掉之后，反色效果跃然屏上，如图 1-20 所示。

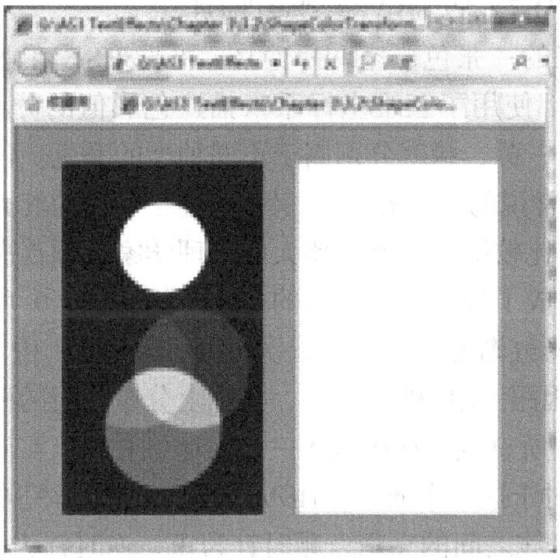

图 1-19　反色效果

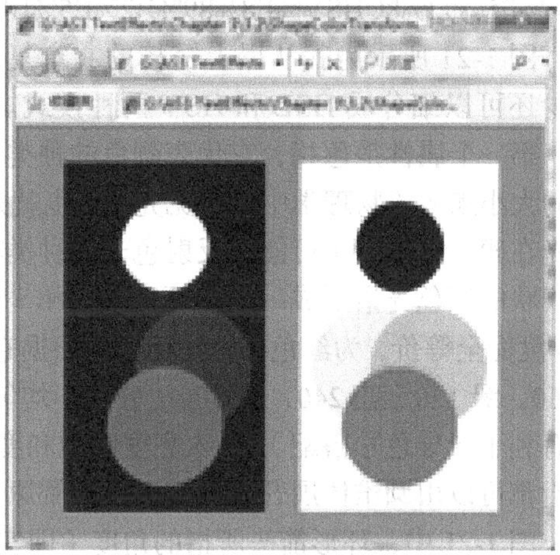

图 1-20　修正后的反色效果

1.3　HSB 模式及其与 RGB 间的转换

从前面的讨论可知，RGB 模式是一个数理性质较强的概念，对于大部分色彩来说，我们很难通过 RGB 的数值得知它代表什么颜色以及它的明暗和鲜艳程度如何。

《忆江南》中的景观之所以能直接用最简单的三原色来渲染，完全是因为它所描绘的江南美景足够的清澈纯净而且颜色的种类较少。

实际上，大多数情况下，颜色的种类远不止红绿蓝三种，例如北宋的苏东坡在以歌咏残秋季节景物为主题的《赠刘景文》一诗中就有这样的一句："一年好景君须记，最是橙黄桔绿时。"

类似的诗句举不胜举，例如韩愈的《晚春》中还提到了紫色："草树知春不久归，百般红紫斗芳菲。"

从以上的例子我们不难看出，单凭红绿蓝三种颜色远不能在感官认知上对万千世界中丰富的色彩给出较为准确的定义。此外，即使我们确定了颜色种类，颜色的明暗或者饱和程度也需要加以描述。"绿树阴浓夏日长，楼台倒影入池塘。"（高骈《山亭夏日》）中的"阴浓"就在亮度方面对绿色的深度进行了修饰。

作为 21 世纪的文艺程序员，我们也要在感性与理性之间寻找出属于自己的一片天。HSB 模式就帮了我们很大的忙。

HSB 通过 H（Hue，色相）、S（Saturation，饱和度）和 B（Brightless，亮度）来描述色彩的构成，与感官认知相当地吻合。同时让我们感到欣慰的是，HSB 模型的数学计算并没有想象中的复杂，而且很容易就能转换到计算机可以识别的 RGB 模式中，让科学与艺术再次擦出闪耀的火花！

笔者不希望像其他介绍 ActionScript 乃至美术的书一样寥寥几句就带过 HSB 模式，或者直接把公式贴上来，毕竟这是"百度一下你就知道"的知识，直接搬过来也没什么意义可言了。所以，我们会简单讲下自己的理解，但与此同时，书上会贴出一些百度回来的内容，毕竟受篇幅所限，不可能面面俱到。

1.3.1　HSB 模式的色彩空间模型及其分支

第一次接触 HSB 模式的原理，是从以下这个地址开始的：http://zh.wikipedia.org/wiki/

HSL%E5%92%8CHSV%E8%89%B2%E5%BD%A9%E7%A9%BA%E9%97%B4。

图 1-21 所示为我从以上链接的文章复制过来的一张色彩空间示意图，可见 HSB 在业界至少还可以细分成 HSL 和 HSV 两种模式。它们都使用了三维坐标系来描述色彩值的分布。

第一个属性是色相，它代表颜色的种类，如红、黄、绿就分别属于不同种类的颜色。色相值的大小来源于物理学中的可见光谱（也就是我们常说的七色彩虹），其中，位于两端的红光与紫光在颜色形态上（可能与反射色光的种类有关）比较接近。所以伟大的物理学家牛顿首次把直线状的颜色光谱围成一个圆环并将色相坐标轴做成了环状。在这样的一个色相环中，0 度和 360 度完全等价，为红色，其他颜色则根据它们在彩虹渐变中的顺序依次排列，分别为：橙 30，黄 60，绿 120，蓝 240，紫 300（分布不均匀的原因跟 RGB 处理有关，实际上分布均为的模式更有利于指导色彩搭配）。引入亮度和饱和度以后，所有颜色便组成了一个实心圆柱体（实质上它们都可以由圆锥体展开，详情可以查阅原文）。对于这一个属性，HSV 和 HSL 的理解完全一致。图 1-21 中，环形箭头所指的角度（即实线与虚线之间的夹角，顺时针为正，逆时针为负）就等于 Hue 的值。

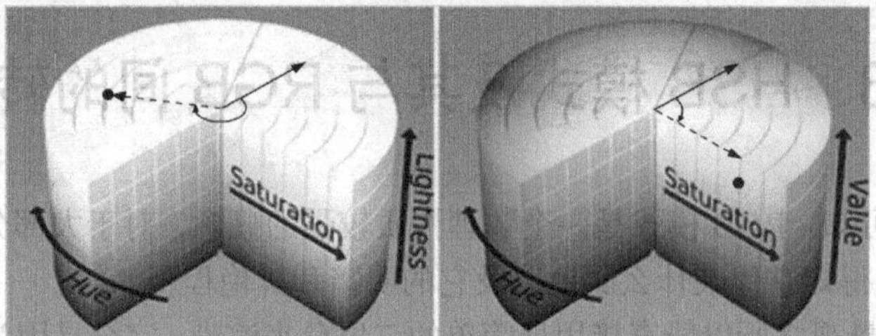

图 1-21　色彩空间示意图

Saturation 值在坐标系中表现为坐标点到圆心（圆柱中轴线）的距离，距离圆心越远，饱和度越高，色彩越鲜艳，取值范围为 0～100。

最后一个属性代表亮度，两种色彩模式用了不同的单词（Lightness 和 Value），坐标系里，它表示当前点到圆柱底部的距离，取值范围为 0～100。

图 1-22 中，左侧圆点所表示的是 H=240、S=67、L=100 的白色，右侧圆点则表示 H=90、S=67、V=83 的绿色。

我们无法用很简洁的语句概括它们之间的异同，但我们还是可以通过图 1-22 看出一些特征性的差别。

1）HSL 的亮度跟数学的概念非常吻合，亮度为 0 时必然全黑，亮度为 100 时必然全白；而 HSV 只有亮度等于 0 的时候为全黑，亮度为 100 时 RGB 可能只有一种颜色的光被全部反射出来。

2）两者对饱和度的理解不甚一致，HSL 认为很白的颜色也能代表饱和，但 HSV 认为很白就一定很不鲜艳。所以 HSV 模式里，只有当 S 等于 0 时才有可能全白。而 S=100、V=100 只相当于 HSL 模式中 L=50 的位置。

事实上，这两种色彩模式都存在一定的缺陷，如黄色比粉红往往要刺眼一些，但是 HSL 模式中，黄色的亮度还不如粉红的高；又比如淡紫比深蓝的感觉要鲜艳，HSV 模式却告诉我们，前者的饱和度比后者要低。

灰度值（1.4 节会讲述）可以在一定程度上解决以上问题，但是局限性依然很大。笔者曾经幻想过用纯数学手段来弥补自己美术细胞的不足，结果都以失败告终，直至某位美工给我笔者荐了几款配色软件以后我才如梦初醒。一个看起来不太起眼的 ColorPicker 也得占用十几兆的存储空间，查阅安装目录后发现，光数据表就接近 10MB，而且还是压缩过的。可见美学的知识还真不是区区几条数学公式就说了算。但无论如何，在此笔者还是代表全天下没有美术功底的程序员们，向设计出 HSB 模型的数理学家致以崇高的敬意。

一般涉及取色器的软件都会使用到 HSB 模式，而且 HSL 和 HSV 两者只选其一，比如 Windows 的系统颜色面板和 Microsoft Office 会使用 HSL，而 Adobe 系列的软件如 Flash、Photoshop 则倾向于选择 HSV。因为使用 HSV 的软件往往喜欢用 B 代替 V，所以导致笔者经常搞混 HSB、HSL 和 HSV 之间的关系，也让笔者在后续的日子里走了不少弯路。在此希望笔者的前车之鉴，可以让大家不会重蹈覆辙。在碰到类似问题的时候，建议先搞清楚别人所提到的 HSB 具体是指 HSL、HSV 还是广义上的色相模型。

1.3.2　软件中的拾色器如何实现 HSB 的色彩空间模型

阅读本书的朋友恐怕很少有机会接触到圆柱形的三维取色器，而 HSB 模式却是一个立体的空间。那么，软件里的颜色拾取器是如何在平面里体现出 3D 坐标系的呢？让我们从 Windows 调色板开始研究。

图 1-22 是 Windows 系统调色板的界面。抛开左侧的颜色列表不谈，我们可以把 Windows 调色板分为两个部分：一个二维的平面和一个一维的滑动条。乍一看似乎跟之前的圆柱体空间扯不上任何关系，不过大家有没发现，最右侧那个一维的条是不是跟圆柱体的母线很像，自上而下呈现出逐渐变暗的趋势吗？没错，它就相当于圆柱体的高度变化。一维条左边的色彩选取平面就相当于圆柱体的横截面了，只是被拉成了矩形而已。因为我们可以看到，左边缘跟右边缘都是红色，而底部始终为灰色，这足以证明它就是圆环的一个变体。

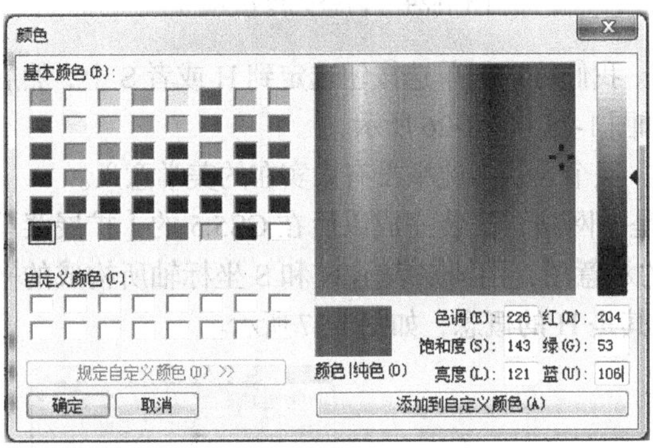

图 1-22　Windows 系统调色板

> **小提示**　在配套源码里，笔者给出了从圆形色盘展开为矩形的一个演示动画，有兴趣的读者可以自行查阅。

我们观察一下滑块拖动时 HSL 3 个值的变化，RGB 部分在这里就先忽略了，因为取色面板的构建原理都基于 HSL 模式。注意，这 3 个值的取值范围都被调整为 0～240。

我们只拖动右侧的滑块，HSL 3 个值当中只有 L 在变化，这跟色彩空间示意图相当吻合；小心翼翼地拖动二维面板上的十字准星，让它只在水平方向移动，则只有 H 值在变化（Windows 面板用了 E 这个字母）；而只作竖直方向移动的话，就只更改 S 的值了。

笔者不是美术专业人士，但有阅读过跟网页色彩搭配有关的书籍，里面曾提到过，要使整个页面的色彩比较协调，其中的一个办法就是让色相、饱和度跟亮度这三者之中至少有一项保持基本一致。所以这样的面板对于调出一套比较合理的配色方案还是会有一定帮助的。

当圆柱体被平面化以后，这 3 条坐标轴就可以随意组合了，不一定再是亮度占着一维空间。下面我们再来看看 Flash CS 5.5 软件里的颜色面板。

启动 Flash CS6/ 5.5，在确保有 fla 文档打开的前提下，选择菜单项【窗口】|【颜色】（Alt+Shift+F9），就能打开如图 1-23 所示的颜色面板。

我们确保下拉框选定的是纯色，在其下方的单选按钮选中的是 HSB 中的 B 选项，将会看到跟 Windows 系统调色板非常相似的界面。不同的是，一维滑动条最上方不再显示白色，因为 Flash CS6/5.5 使用的是 HSV 模式，即使把 B 拖到 100%，也还是呈现出紫色来。

拖动一维滑动条上的滑块，我们还可以看到，二维调色面的色彩也会随之更改，即圆柱截面实时更新。与 Windows 系统调色板相比，这绝对是个优势。它会根据当前点的高度实时截取圆柱的横截面，使我们可以第一时间观察到真实的颜色值，非常直观，如图 1-24 所示。

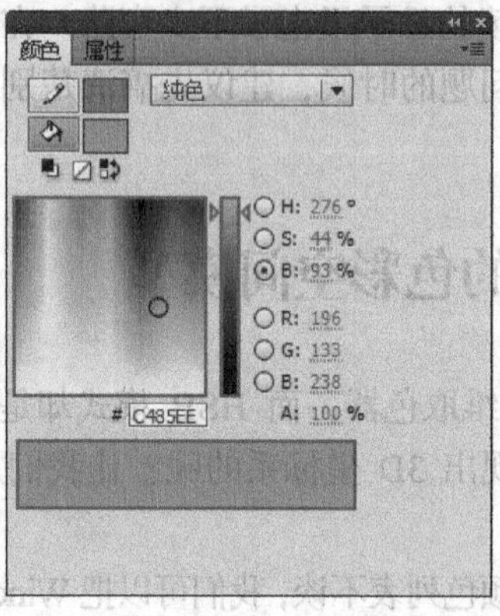

图 1-23 Flash 拾色器

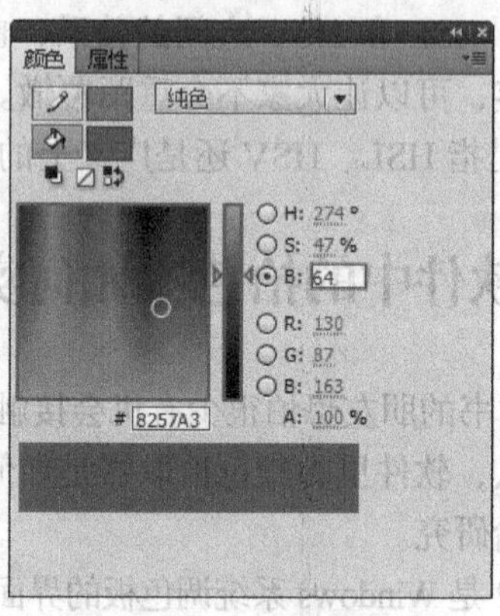

图 1-24 调整亮度滑块

与此同时，一维轴的属性还可以由用户指定。我们可以把单选按钮选定到 H 或者 S 上，然后左侧的平面就将由另外两个坐标轴进行构建，如图 1-25、图 1-26 所示。

我们甚至可以将一维轴设置为 R、G 或者 B，但个人认为此举没有太实在的美学意义。

Flash CS6 新增的 Kuler 面板（实际上它只是个网站，安装完成以后在 CS5.5 的【扩展菜单项】里也能找到）比较准确地还原了色彩空间的示意图，用圆来表示 H 和 S 坐标轴所构成的平面，从而更有助于我们理解 HSV 模式的原型尤其是 H 的概念，如图 1-27 所示。

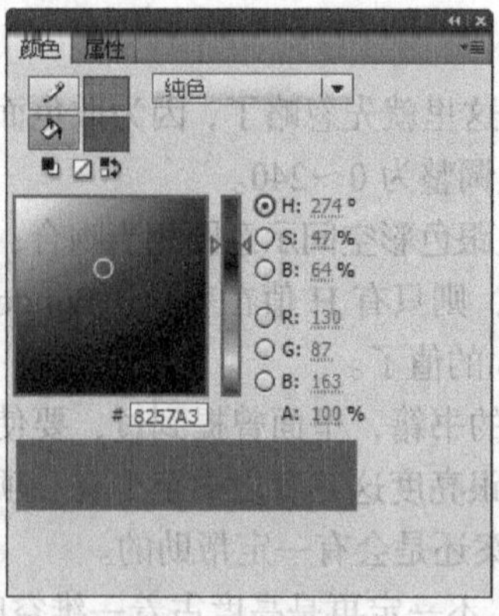

图 1-25 色相调整

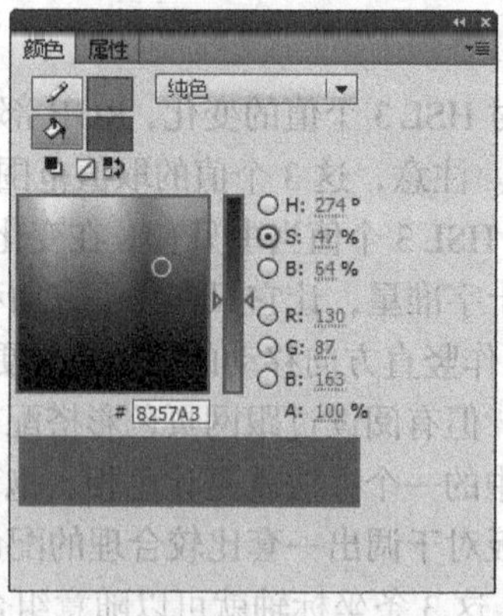

图 1-26 饱和度调整

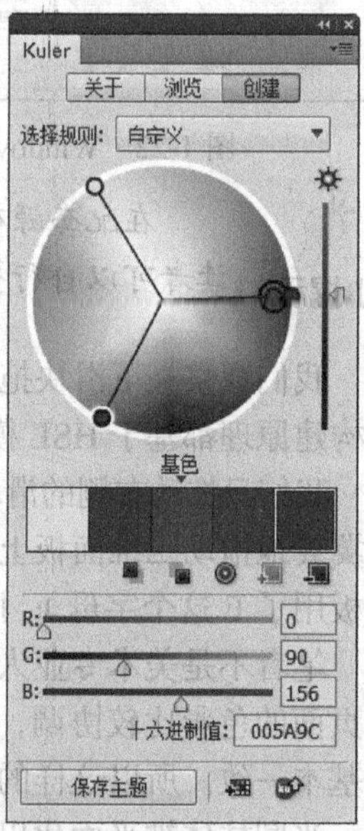

图 1-27 Kuler 面板

但需要注意的一点是，Kuler 的色环将红和黄的角度拉开了，跟 HSB 模型中的色环有所不同。因为这样的分布更符合美术上的色彩对比概念，对色彩搭配更有帮助。

与 RGB 模式相比，HSB 更直观地描述了人类对色彩的真实感知，为色彩的视觉变化提供了一套非常有指导意义的解决方案。诸如变色、明暗调整、对比度更改这一类的事儿，HSB 都能很完美地实现。虽说 RGB 也能通过色光反射量实现一些变换，但它对肉眼来说太不友好了，出来的效果也颇为生硬。

下面我们来研究下 HSB 和 RGB 之间的转换公式。

1.3.3　HSB 与 RGB 之间的互转公式及 HSL 和 HSV 对色彩属性理解的异同

首先，HSL 和 HSV 对 H 的定义一致，公式如下。

$$h=\begin{cases}0^\circ & \text{if } \max=\min\\ 60^\circ\times\dfrac{g-b}{\max-\min}+0^\circ, & \text{if } \max=r \text{ and } g\geqslant b\\ 60^\circ\times\dfrac{g-b}{\max-\min}+360^\circ, & \text{if } \max=r \text{ and } g<b\\ 60^\circ\times\dfrac{b-r}{\max-\min}+120^\circ, & \text{if } \max=g\\ 60^\circ\times\dfrac{r-g}{\max-\min}+240^\circ, & \text{if } \max=b\end{cases}$$

max=min 意味着 R、G、B 3 个值始终相等，只能呈现出黑白灰 3 种颜色。色相值在这种情况下没有任何意义，所以干脆让它等于 0。

然后，HSB 模式将色相环等分成 3 个长度均为 120° 的区间，如图 1-28 所示。

图 1-28　色相环的区间分布

[0,60]U[300,360]为红色区间，[60,180]为绿色区间，[180,300]为蓝色区间。判断 RGB 颜色的 H 值位于哪个颜色区间也非常简单，我们只要找出色光反射量最大的那个通道即可。

红色被划分到了两侧，所以当色相位于红色区间时要多加一个条件，但它并不复杂，因为 H 轴本身是环状结构，左侧与右侧实际上是重合的。所以这一步的判断仅仅是为了确保计算出来的角度始终落在[0, 360]的区间内而不至于出现负数。因此当 max=r 时，公式可以合并如下。

(60*(g−b)/(max−min)+360)%360

但是我们写程序的时候，一般都还是用逻辑判断来处理，因为取余数的执行效率比较差。

然后我们看看 HSL 里面 L 和 S 的计算方法。

$$l=\frac{1}{2}(\max+\min)$$

$$s=\begin{cases}0 & \text{if } l=0 \text{ or } \max=\min\\ \dfrac{\max-\min}{\max+\min}=\dfrac{\max-\min}{2l}, & \text{if } 0<1\leqslant\dfrac{1}{2}\\ \dfrac{\max-\min}{2-(\max+\min)}=\dfrac{\max+\min}{2-2l} & \text{if } l>\dfrac{1}{2}\end{cases}$$

可见，只有当 max 和 min 都取到通道的最大值，即 R=G=B=255 时，亮度才能达到 100%，换而言之，HSL 模式里，亮度最大的只有白色，这跟 HSL 的色彩空间示意图不谋而合。

max=min or l=0 意味着 R=G=B，这时候的颜色必然是黑白灰的其中一种，自然就没有饱和度了。

而 HSV 中，V 和 S 的计算公式如下。

$$v = \max$$

$$s = \begin{cases} 0, & \text{if } \max = 0 \\ \dfrac{\max - \min}{\max} = 1 - \dfrac{\min}{\max}, & \text{0therwise} \end{cases}$$

作为物理意义是亮度的 V，它达到最大值的要求比 HSL 模式低，RGB 3 个通道中只要有一个等于 255，亮度就达到最大值。这样的差异，可能导致两种颜色的明暗比较在不同的模式描述下出现不同的结果，即颜色 A 和颜色 B 之间存在 L（A）>L（B）但 V（A）<V（B）的关系。

饱和度为 0 的定义，两种模式没有差别，而饱和度的计算规则也都以 R、G、B 通道值的差作为主要的决定因素，再除以亮度从而得到标准化的结果。然后，因为亮度计算的差异，L 的色彩变化范围要比 V 大一倍，所以 HSL 模式的除数必须等于亮度的 2 倍才可以使被扩大的范围得以抵消，加上较明亮的颜色，HSV 和 HSL 在饱和度方面没有达成共识，HSL 模式的 S 公式就要写成分段函数了。

而 HSV/HSL 转 RGB 则是 RGB 转 HSV/HSL 的逆运算，虽然在一些极端条件下，这种运算并不可逆，但请放心，这些问题不会影响到我们对色彩的使用。

比如 H = 250，S = 60，L = 100 和 H = 300，S = 50，L = 100，它们的 RGB 数值都等于 255，这时候再转回 HSL，就是 H = 0，S = 0，L = 100，值是变了，不过结果都还是白色。这跟地球极点处的经纬度算法非常相似。

1.3.4 HSB 与 RGB 互转公式的 ActionScript 实现

为了让 HSB 转 RGB 这个通用的算法在后续的项目里可以重用，我们先把这个转换公式做成一个工具类并且放入到公共类库里。当然了，这样的类，网上也有很多现成的可以直接拿过来用（个人推荐 frocessing 工具包）。

类里的算法看起来跟上述的公式略有出入，一方面是因为我们借用了一些现成的代码，另一方面是因为我们把 S 和 L/V 的取值范围从 0～1 改成了 0～100。

受篇幅所限，我们就不在这里贴出实现的代码了，读者可自行查阅 PublicClasses 中的 ConvertColor 类。

代码清单 1-11

```
package com.gemei.geom {
    public class ConvertColor{
        //返回一个包含 h，s 和 b3 个属性的对象（色相 0～360，饱和度 0～100，亮度 0～100）
        public static function RGBToHSB(r:int,g:int,b:int):Object{
        }
        //返回一个包含 h，s 和 b 3 个属性的对象（色相 0～360，饱和度 0～100，亮度 0～100）
        public static function HSBToRGB(h:int,s:int,b:int):Object{
        }
        public static function RGBToHSL(r:int,g:int,b:int):Object{
        }
        public static function HSLToRGB(h:int, s:int, l:int):Object{
        }
    }
}
```

1.4　浅析亮度与灰度/明度的关系

进入正题之前，我们先来了解一下灰度/明度。

1.4.1　灰度/明度的概念及其与 HSB 亮度的异同

在很多场合，灰度与明度的概念完全等价。

“灰度”一词最初来源于摄影领域，在彩色显像技术问世以前，拍摄出来都是黑白照片，只有黑白灰 3 种颜色能完好无损地记录下来，其他颜色将根据其亮度呈现出不同深度的灰色。亮度越大灰色越浅，反之越深，把从黑到白的过渡区域划分为若干个级别，就会得到不同的“灰度等级”。能呈现的灰度等级愈多，画面的层次感就愈丰富。

所以，从彩色转黑白，就可以简单理解为去除色调并且把饱和度调整为 0 的过程。

从概念上看，灰度与亮度所表达的是同一个意思。那么，我们可以给两个术语直接划上等号吗？

为了更直观地分析以上问题，我制作了如图 1-29 的一幅图片。

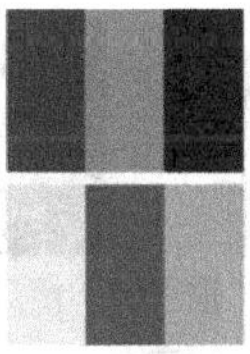

图 1-29　测试用图

这可不是某国家的三色旗，我们只是简单地绘制了 6 个色块，上面 3 种颜色分别为#FF0000，#00FF00 和#0000FF，即一个通道是 255，另外两个通道是 0；下面 3 种颜色恰好相反，两个通道是 255，一个通道是 0，即#FFFF00，#FF00FF 和#00FFFF。

我们尝试把这张图片转成黑白照。如果灰度与亮度等价，那么我们只需把这 6 种颜色的饱和度都设置为 0 就好了。

首先看看 HSV，根据转换公式，只要 RGB 其中一项达到最大值，亮度就是 100%。所以，我们把 S 都设置为 0 以后，6 种颜色都变成白色了。很显然 V 跟灰度在数理层面上的描述大相径庭，任何一种彩色都不可能在黑白照片里呈现为白色。

至于 HSL，它的亮度=(min+max)/2，以上 6 种颜色，min 均为 0，max 均为 255，所以计算结果均为 50%，灰度值跟白色是拉开距离了，但肉眼往往告诉我们，下面一排的颜色看着要刺眼一些，转成黑白照之后，下面的颜色应比上面的浅。

1.4.2　灰度的计算方法

我们回过头来看 RGB，站在科学的角度来解释，它们确实也有更明亮的理由，因为下面一排颜色反射出来的色光总量是上一排色的两倍。

图 1-30　笔者“自创”的灰度转换

为此，笔者曾自作聪明地发明了一条“原创”的灰度公式。

$$Gray=(r+g+b)/3$$

哈哈，用色光总量来表达颜色的灰度想必就比较准确了吧！沾沾自喜一番以后，我还试着用这条自创的定律来转换这张测试图片。上下色块的灰度果然拉开了，可是很不幸地，左右相邻、边界分明的色块依然粘连在一块，如图 1-30 所示。

显然此法生成的黑白照难登大雅之堂，色块之间的分界线全部丢失，而且同一行的颜色在我们人类的视觉系统里，亮度也不尽相同。比如视网膜会认为上排的绿色要比旁边的红和蓝明亮一些，而下排的粉红色则没有相邻的黄色与淡绿来得刺眼。

一项伟大的发明——灰度心理学公式诞生了！它汇聚了光学物理、眼球视光学、人类心理学、美术鉴赏等前沿学科之精华，集科技、艺术、社会科学于一身，高深莫测，唯美唯妙，堪称视觉科学史上最惊天地、泣鬼神之大作，没有之一。

灰度心理学公式并不复杂，它深入浅出地描述了各种颜色对肉眼刺激程度的差异，仅仅使用最简单的加法和乘法就完成了灰度的整个演算过程：

$$Gray = r*0.299 + g*0.587 + b*0.114$$

式中，r、g、b 的取值范围均为 0～1。

如果大家有阅读过 fl.motion.AdjustColor 类的代码，想必就会对这条公式有一种似曾相识的感觉。AdjustColor 里用到了公式里的 3 个系数（具体数值可能有一些微小的差异），而实际上，AdjustColor 正是用灰度代替了亮度。至于为什么，我们看看上面的黑白照转换结果就不言而喻了。令 r=g=b=1，灰度就刚好等于 100%，所以它实质上是对 RGB 3 个数值做了一个加权平均数的运算，其中 g 的权重（通俗点说叫比重）最大，红色次之，蓝色最小。因此，心理学公式认为，绿色最刺眼，它比红色要明亮 1 倍，反射一点绿光对视网膜的刺激相当于两点红光。

以上描述与肉眼的感知相当接近，但至于具体数值是如何测算出来的，我们就无从考究了。

笔者尝试运用灰度心理学公式对图 1-29 进行灰度转换，效果要比自己的“原创”定律有水平多了，如图 1-31 所示。

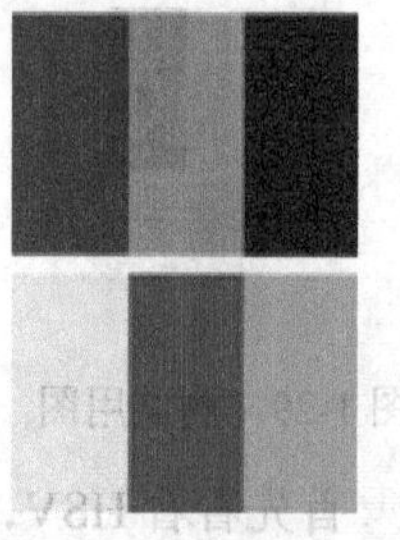

图 1-31　用心理学公式做灰度转换

至此，亮度跟灰度的关系已经比较明确了，它们都为量化色彩的明暗而生，本着“科技以人为本”的精神推动着人类社会精神文明的进步，其中，亮度着重对整体的把握，从颜色类别、鲜艳程度、明暗程度 3 个人类感知属性去描述被数理科学抽象过的色彩数值，而灰度则更强调对事物单项属性的深度探讨，有针对性地弥补 HSB 模式中亮度计算方法与视觉器官不够吻合的缺陷。

现在大概也不会有人去拍摄黑白照片了（纯粹抱着怀旧心态的除外），即使遇到真正需要使用黑白图像的场合（例如纪实片的录制与后期处理、汶川地震哀悼日播放的视频等），也不会专程从博物馆借用一台 19 世纪出厂的黑白相机来开展拍摄工作，而都通过 Photoshop 等软件对彩色图像进行去色处理。而灰度转换的算法，恰恰就来源于上述的心理学公式。

在艺术编程领域，灰度除了直接用来制作黑白效果（比如游戏按钮的禁用状态、玩家复活前的灰屏效果等）以外，还广泛应用于图像识别、色彩调整、边缘检测、光影预处理、模型上色等图像处理技术中（Photoshop 的颜色混合模式就是一个成功的典范）。它的专一性使图形的创作流程有章可循，让艺术不再只掌握在专业设计师的手上。

下面我们就借助灰度公式搭配出一套相对和谐的色系。

1.4.3　用灰度/明度指导色彩搭配

我们试着只通过调整不等于 0 的通道，让上一排的色彩在灰度上保持一致，把 3 个颜色分别代入到心理学公式，得

```
Gray(red) = r * 0.299
Gray(green) = g * 0.587
Gray(blue) = b * 0.114
```

让它们灰度相等，则

```
r * 0.299 = g * 0.587 = b * 0.114
```

可见，b 值一定最大，不妨让 b 取最大值 255，求得 r=97，g=50。把这两个值分别应用到红和绿两个色块上。

绿色不再显得刺眼，整体感也因为灰度的一致性而变得比之前柔和了，如图 1-32 所示。

图 1-32　适应蓝通道的色彩搭配

以上算法的局限性也显而易见，灰度永远无法冲破 0.114 这一关口，因为此时最暗的蓝色已经达到 255 这个上限，导致颜色的整体亮度不能超过 11.4%，明色系无法搭配出来。想要突破这一瓶颈，我们就不得不尝试给多个通道同时赋值了。

现在假设要将灰度等级调整为跟绿色（#00FF00）一致，用心理学公式算得 Gray=0.576 * 255 = 147。即对于 R 和 B，都有

```
R * 0.299 + G * 0.587 + B * 0.114 = 147
```

因为红色和蓝色都比绿色要暗，所以不妨让红色的 R 和蓝色的 B 都等于最大值 255。

于是对红色而言，有 255*0.299 + G * 0.587 + B * 0.114 = 147，简化得

```
G * 0.587 + B * 0.114 = 71
```

一条方程，两个未知数，无法求出唯一解。在 HSB 模型里，H 是我们需要拉开差距的值，而 B 已经为灰度所替代，所以只能试图从 S 下手多加一条方程了。

无论是 HSV 还是 HSL，饱和度的公式都有一个共同特征：max 和 min 的差值越大，饱和度就越高。因为#00FF00 的饱和度达到了满值，而 max 已经让 R 通道据为已有，所以 G 和 B 就只能去占 min 的位置了。

令 min=0，色彩的饱和度即达到最大值。

我们先试着让 G=0，则有 B * 0.114 = 71，求得 B = 623，数值彻底溢出了，无奈之下，只能让 B=0，此时 G * 0.587 = 71，求得 G = 121。

我们用同样的方法处理蓝色，得到蓝色的 RGB 数值为（0，201，255）。

图 1-33　适应绿通道的色彩搭配

我们把颜色值应用到色块上，明色系搭配出来啦，而且也蛮好看，如图 1-33 所示（当然这只是按笔者自己的审美标准来评价）。

同理我们尝试在不改红色的前提下搭配出一套中等明度的色系，就会发现，在要求饱和度达到满值的情况下，总要有一项的数值大于 255 才能使灰度的计算结果跟红色保持一致，色系搭配失败。这也从一定程度上解释了为什么一个色彩鲜艳而丰富的界面里很少会出现大面积的纯红色（GCD 类型的网站除外）。

图 1-34　等分色相环的配色方案

另外，根据色相环的构成，如果想让色调更加均匀，那选择三色系的时候，就最好对美学色环进行等分，比如取 0,120,240 这样的 3 个色相，搭配为红黄蓝三色，以达到对比的和谐统一，如图 1-34 所示。

灰度的另一个任务是给灰度图上色或者是彩图换色（实质上也是取了彩图的灰度之后再重新上色），但考虑到要用比较复杂的代码来实现，我们就先搁置一下。

1.5 小　结

本章主要介绍了色彩的基本组成以及 RGB、HSB 这两种最常用的色彩模式。

前者概念偏理性，计算方法和公式都相当明确，程序处理起来非常方便，但未能较为准确地反映出通道数值跟视觉感受的关系，无法指导色彩搭配。对于程序员来说，想要提高配色水平，除了使用配色软件以外，还可以参考一些现成的色码表如：http://www.toodoo.com /db/color.html。

后者则有效弥补了 RGB 模式的不足，但它本身偏感性，有种只可意会不可言传的特质。所以，能否用好 HSB，一定程度上取决于经验积累的多少。

这当中，数值没有明显大小意义的色相值 H 比较难以捉摸。在此我们提供一个小测试，它可以帮助大家提升对色相的观察和判断能力：http://www.xrite.com/online-color-test-challenge。

最后我们还指出 HSB 的一些不足之处并提出了灰度的概念。

以上都是色彩相关的基础知识，熟悉之后，我们就可以站在可视化的角度解读艺术编程，让艺术的探讨不再停留于码上谈兵的层次。

第 2 章

融会贯通——大话图层样式与滤镜

Photoshop 和 Flash 都是杰出的软件，前者静得从容，后者动得洒脱，它们以不同的方式诠释着计算机时代的艺术。下面我们就从 Photoshop 的图层样式开始我们的艺术创作之路吧！

2.1 Photoshop 图层样式初体验

我们打开 Photoshop CS5，新建一个尺寸为 600*100（单位：像素）的空白文档，使用【横排文字工具】T 在画布上拖出一个文本框，字体设置为微软雅黑并加粗（最好使用直接的粗体，而非仿粗），字号 80 号，字体颜色#0000FF，文字内容为“Flash 艺术编程”。

无法正确完成以上任务的初学者可自行查阅 Photoshop 的基础教程进行学习。

在图层面板（如果图层面板没打开，可以通过选择菜单项【窗口】|【图层】或者按 F7 调出来）右击文字所在的层，选择【混合选项】菜单项（或双击图层上 T 图标以右的区域）打开【图层样式】面板，如图 2-1 所示。

本章重点在于介绍图层样式，混合选项暂时略过。

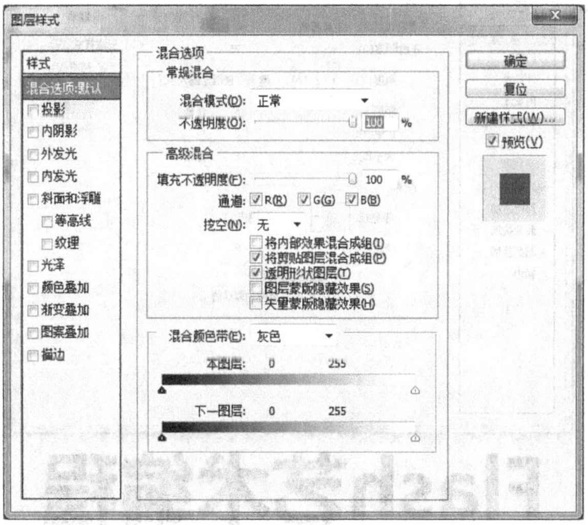

图 2-1　图层样式对话框

2.1.1 投影样式的制作

单击左侧列表的【投影】系列，在阴影的衬托下，图像的层次感呈现出来了（请确保右侧的【预览】复选框处于被勾选状态，否则编辑样式的时候无法实时观察图层的最终效果），如图 2-2 所示。

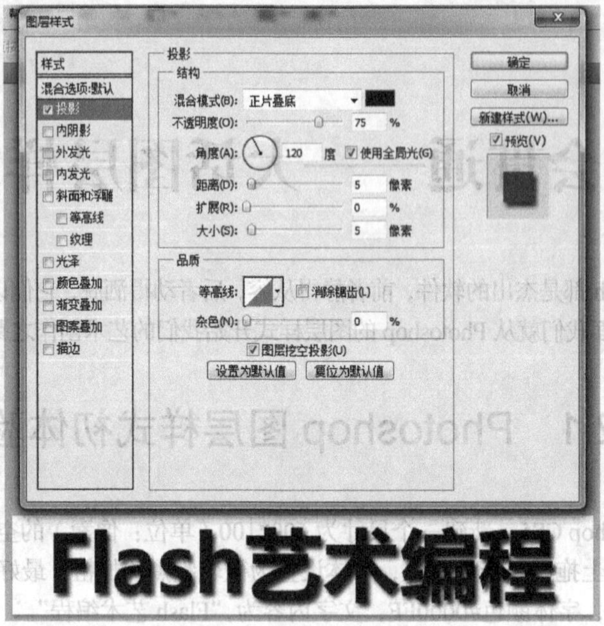

图 2-2　给文字添加投影样式

边缘似乎不太柔和，略显生硬，可能是文本字号过大所致，所以投影边缘也应随之扩大，从字面上看，大小最接近这个含义。我们把它调到 10，效果稍稍舒服了些，如图 2-3 所示。

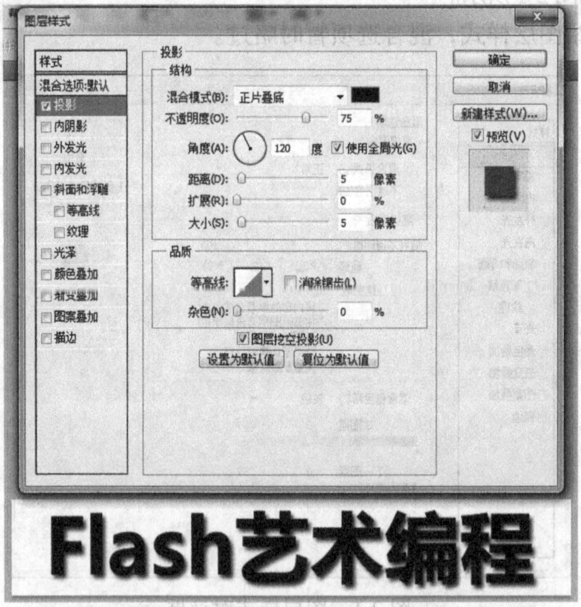

图 2-3　投影大小设置为 10 的效果

2.1.2　斜面和浮雕样式的制作

现在的文字看起来更像是一张漂浮于半空的纸片，略显单薄。下面的图层样式中，名字看起来比较有立体感的选项要数【斜面和浮雕】了，我们单击一下看看，如图 2-4 所示。

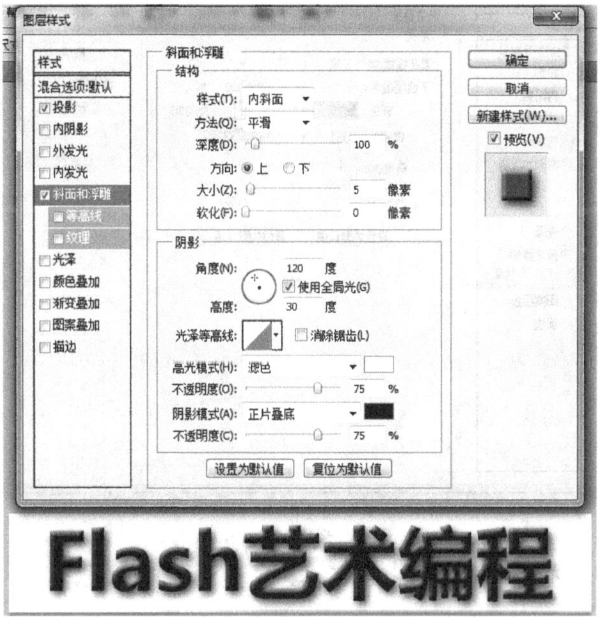

图 2-4　给文字添加斜面和浮雕样式

文字凸起来了，但是觉得有点厚，不美观，怎么办？从上往下看，“大小”这个属性似乎最容易理解，它大概代表斜面的尺寸。我们把【大小】调整到 3，文字确实变薄了，如图 2-5 所示。

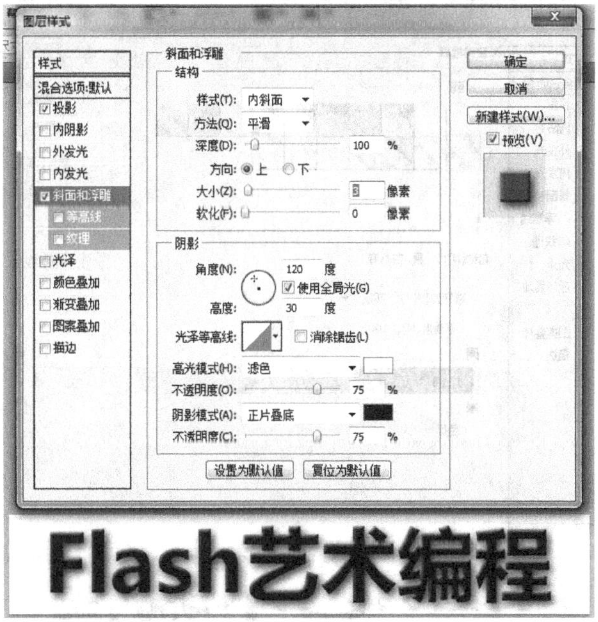

图 2-5　斜面大小设置为 3 的效果

2.1.3　添加渐变叠加样式

我们再给文字添加一个渐变填充来加强质感，单击【渐变叠加】项，效果如图 2-6 所示。

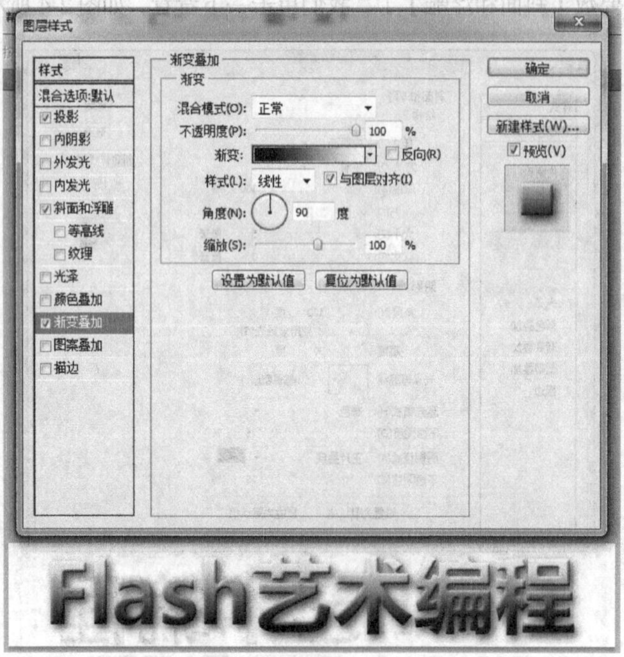

图 2-6　添加渐变叠加样式

有一点金属的味道了，我们再单击渐变效果预览图（【预览】复选框下方的图标）打开渐变编辑器，如图 2-7 所示。

图 2-7　渐变编辑器

自带的渐变效果里面，红色标注的渐变最像金属了，具有铜的光感和色泽。我们选定这种渐变，单击【确定】按钮，效果如图 2-8 所示。

图 2-8　铜色渐变编辑完成

在【图层样式】面板上单击【确定】按钮，图层样式编辑完成。

虽然出来的结果依然比较丑，但我们足以见识到 Photoshop 的图层样式是何其强大！简单设置了几个选项，一行质感强烈的艺术字便跃然纸上。

受篇幅所限，我就不把其他的模式一一展示出来给大家看了。之前没接触过 Photoshop 的读者，可以再玩一下其他的图层样式尝尝鲜。我们建议最好一次只勾选一个样式，这样可以在外界影响因素最小的情况下了解各种样式的作用，从而对它们所实现的效果有一个基本的认识。当然了，如果大家坚信"无心插柳柳成荫"，也可以随意捣鼓一下，没准能成就下一个艺术奇迹呢！

2.2　Photoshop 投影样式在 Flash 基本滤镜中的体现

作为上帝的另一个化身，Flash 在图层样式方面自然也不甘示弱，不过在 Flash 里面，它有另外一个名字—滤镜（仅仅从概念上说，Flash 的滤镜包含了 Photoshop 里的图层样式和滤镜）。

下面打开 Flash CS6/5.5，一起在滤镜里寻找 Photoshop 图层样式的影子，同时，我们先把 Photoshop 的图层样式暂时清除掉（把样式名称前面的复选框全部取消勾选即可）。

我们先新建一个文档（【文件】|【新建】或 Ctrl+N），类型选择"ActionScript 3.0"，尺寸为 600*100（与 Photoshop 的设置保持一致）。

我们用文本工具拖出一个文本框，文本格式（在属性面板里设置）与内容 2.1 节 Photoshop 文档中的一致，文本类型建议选择"静态文本"，消除锯齿选项为"可读性消除锯齿"。

【属性】面板下方有一个滤镜窗格，显示应用于文本框上的滤镜列表。对于一个新创建的文本，该列表默认为空。我们尝试单击列表左下方工具条的按钮添加滤镜，如图 2-9 所示。

我们找到了图层样式的一些影子，但跟 Photoshop 的样式面板相比，内容真心少得可怜，再选择【投影】一项看看，如图 2-10 所示。

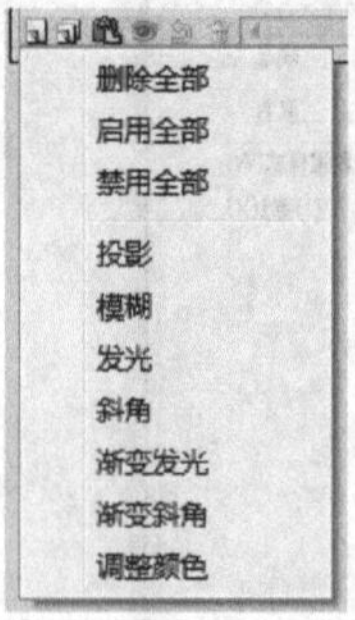

图 2-9 滤镜菜单

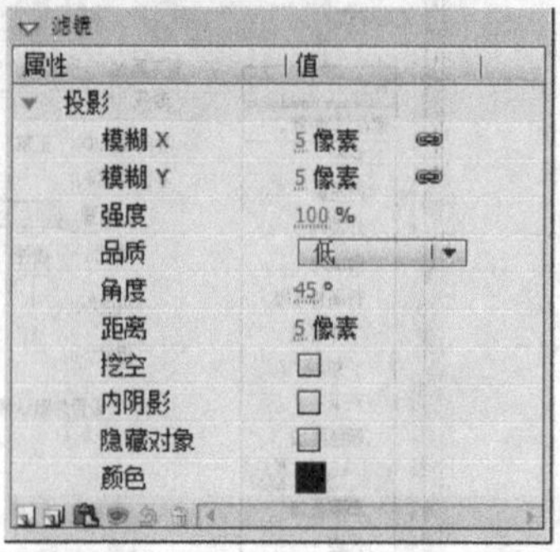

图 2-10 投影滤镜

与此同时，我们把 Photoshop 的投影样式重新打开。

显然单项样式的功能也比 Photoshop 的简单很多，其可控性和表现力自然就不如 Photoshop 强大，实现出来的效果也没有 Photoshop 那么细腻和丰富。

当然，现在下结论有点为时过早，所以稍后我们会继续测试其他滤镜，然后再作出总结性的评价。

2.2.1 投影颜色与透明度的模拟

默认的投影滤镜看着比 Photoshop 的投影样式浑浊，如图 2-11 所示，究其原因，似乎是颜色太深所致。

图 2-11 设置默认投影滤镜后的效果

下面我们回到 Photoshop 查看其默认的投影参数，如图 2-12 所示。

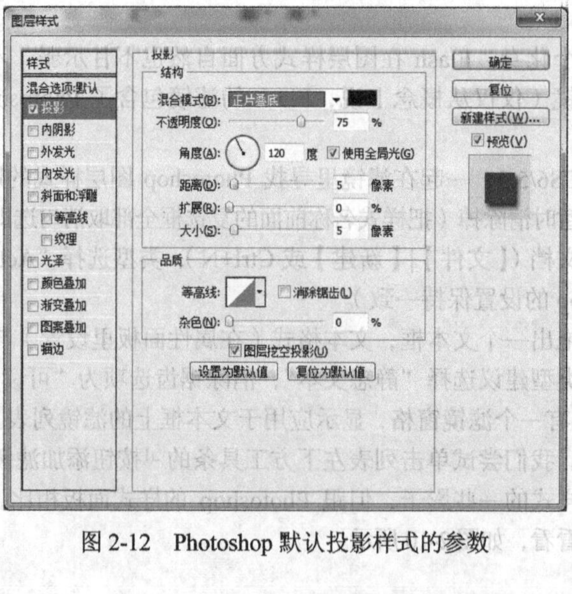

图 2-12 Photoshop 默认投影样式的参数

我们第一眼发现了颜色样本块。同是黑色，RGB 都等于 0，怎么差别还这么大？看来是A 通道——不透明度惹的祸。从图 2-12 中，我们看到 Photoshop 对阴影设置了 75%的不透明度，那 Flash 的不透明度选项在哪儿呢？Flash 里似乎找不到对应的选项……ARGB 模式！这个词儿顷刻浮现了出来，透明度跟颜色在 Flash 里是一体的。于是我立刻打开调色板，果然，alpha 就藏在这里面，如图 2-13 所示。

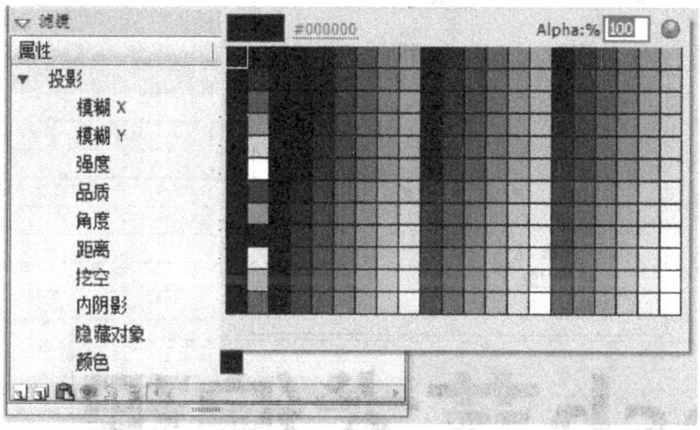

图 2-13 在 Flash 里设置投影的不透明度

我们试着把 alpha 调到跟 Photoshop 的默认设置一致，即 75%。效果如图 2-14 所示。

图 2-14 不透明度 75%的投影

2.2.2 Photoshop 投影大小的模拟

投影没有之前那么浓了，但是跟 Photoshop 的效果差别还很大，因为在 Photoshop 里我们还设置了另外一个属性：大小。

Flash 里似乎找不到对应的选项，我们用排除法来进行定位。Photoshop 投影样式的大小属性以像素为单位，Flash 投影滤镜的选项只有“距离”和那对被“手铐”扣住的“模糊”属性符合条件，而 Photoshop 里也有一个距离，所以我们定位到【模糊】属性，如图 2-15 所示。

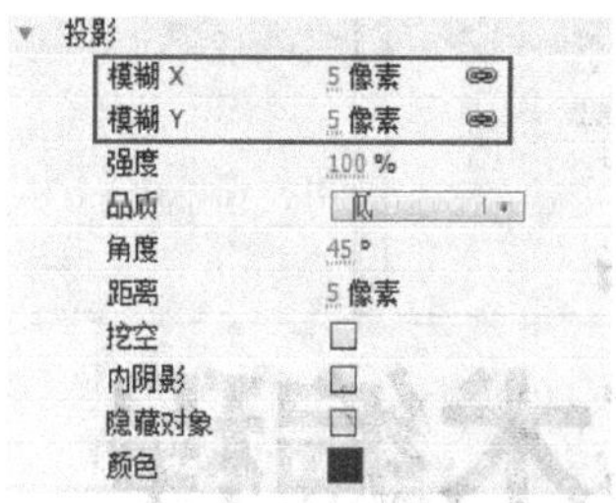

图 2-15 Flash 投影的模糊属性

我们分别调整 Photoshop 的“大小”和 Flash 的“模糊”参数，发现两者的功能相似，都用来调整投影边缘的模糊幅度；而且数值相同的情况下，被模糊的范围也大致相等；但当数值调得比较大的时候，Flash 的投影出现了比较明显的马赛克效果，没有 Photoshop 投影来得圆润。图 2-16、图 2-17 分别展示了数值均设置为 40 时 Photoshop 和 Flash 所呈现出来的效果。

图 2-16 大小等于 40 的 Photoshop 投影

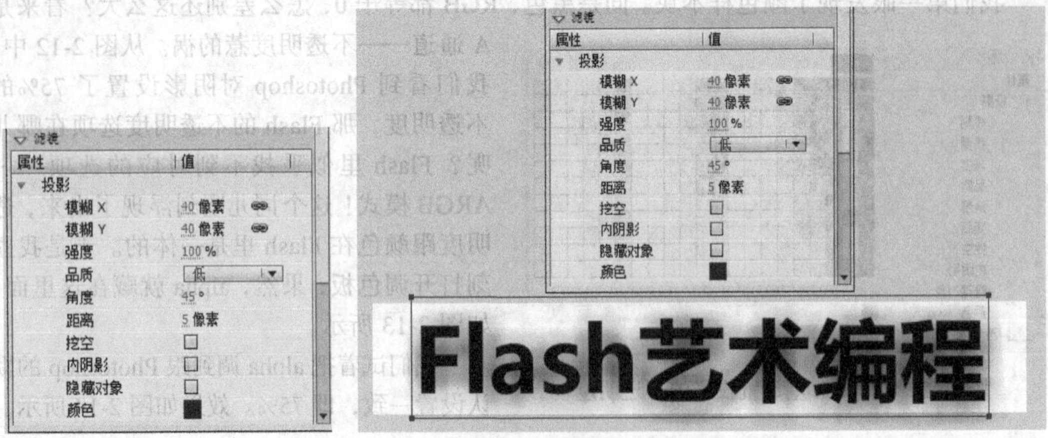

图 2-17　模糊值等于 40 的 Flash 投影

2.2.3　Flash 中的投影品质

与 Photoshop 不同，Flash 的滤镜在输出的作品中仍需通过 FlashPlayer 进行实时渲染，所以性能显得尤为重要，在迫不得已的情况下还要以牺牲品质作为代价。所以，Flash 的品质下拉列表框引起了我们的注意，我们试着把品质调整为“高”，效果就可以跟 Photoshop 的媲美了，如图 2-18 所示。

图 2-18　高品质的 Flash 滤镜

对于品质，Flash 的帮助文件也给出了解释，品质的高低在 FlashPlayer 内部由低品质模糊执行不同的次数来进行控制，低品质只模糊 1 次，高品质则模糊 3 次。

此外，解开手铐，我们还可以给模糊的两个方向分别设置不同的值，这点 Photoshop 的图层样式还无法直接实现，当然了，Photoshop 有更强大的滤镜功能实现这样的效果。而 Flash 之所以直接做在投影选项中，仅仅是为了给开发人员提供一个比较便捷的途径。总之 Flash 的投影模糊远没有 Photoshop 的复杂，没必要专门做一个独立的选项。

现在我们把【模糊 X】和【模糊 Y】都设置到 10（跟 Photoshop 里的设置一样），效果如图 2-19 所示。

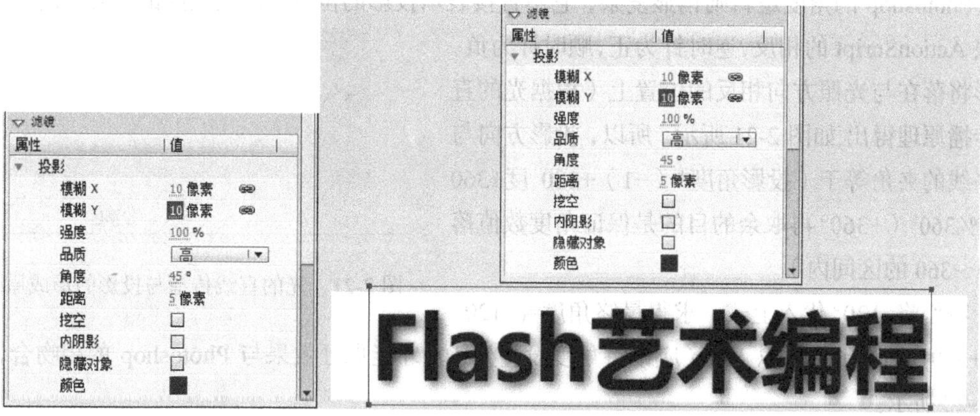

图 2-19　模糊值等于 10 的 Flash 投影

Photoshop 也有个“品质”选项，而且看起来比 Flash 的“品质”要复杂得多。它在 Flash 里找不到对应的选项，因为 Photoshop 没有必要像 Flash 那样针对性能和质量去做一个平衡。

确实，Photoshop 的品质跟 Flash 的完全不是一个概念，至少数理上是两码事。所以 Photoshop 的投影品质我们暂时跳过，讲到最后再回过头来研究。我们先继续挖掘这两个投影的共性。

2.2.4　Photoshop 转 Flash 的投影角度换算

我们继续往下看，Photoshop【不透明度】选项下面是【投影角度】，默认值是 120°，而 Flash 里的“角度”是 45°，两者相差将近 90°，然而效果却相近，为什么？我们不妨试着把 Flash 的投影滤镜也设置成 120°，如图 2-20 所示。

图 2-20　角度值等于 120 的 Flash 投影

投影跑左边去了，x 方向上与 Photoshop 里的投影位置截然相反。经过观察，Flash 投影的角度与 ActionScript 的坐标系完全一致，它等于当前方向与水平线（x 轴）的夹角，顺时针为正，逆时针为负。

我们并非单从这两个角度的表现就得出结论，这是我把 360 度都试验过之后才归纳出来的规律，只是不太可能把 360 个角度的结果都贴出来，否则 100 页都贴不完。读者可以自行尝试一番。

Photoshop 的角度逻辑则稍显复杂，它不直接表示投影的位置，而是光照的角度，而且坐标系跟 ActionScript 的相反，逆时针为正，顺时针为负。投影将落在与光照方向相反的位置上（根据光的直线传播原理得出，如图 2-21 所示。所以，投影方向与水平线的夹角等于（投影角度*（−1）+180 度+360 度）%360°（+360° 再取余的目的是保证角度数值落在 0～360 的区间内）。

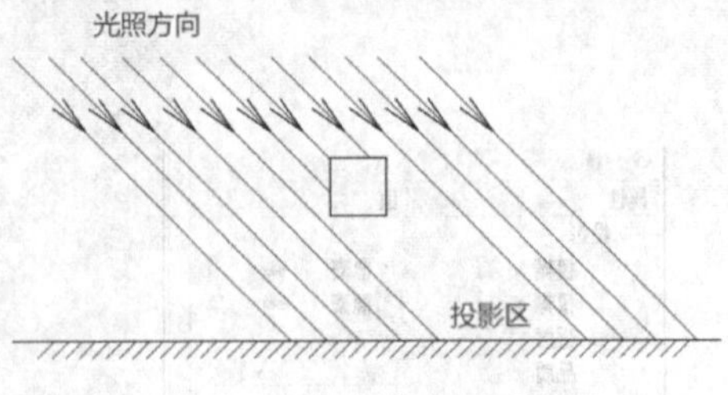

图 2-21　光的直线传播与投影的形成原理

我们将 120° 代入上式，求得最终角度=(−120+180+360)%360=60° 所以 Flash 应该将角度设置为 60° 才能保证效果与 Photoshop 的相吻合，如图 2-22 所示。

可见它们的实际角度仅相差 15 度，但这一微妙的差别，对美观度的影响也不小。调成 60 度以后，投影和文字在 y 方向上的差距拉大了，因此视觉上会显得文字更凸出，立体感更强。

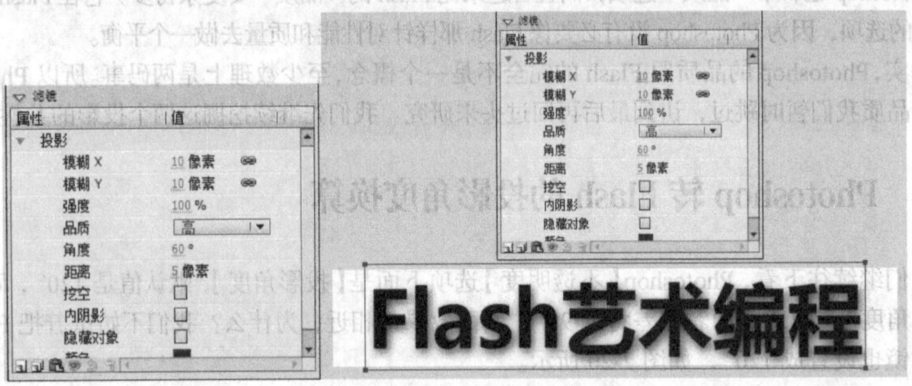

图 2-22　角度值等于 60 的 Flash 投影

Photoshop 有多种样式用于创建立体效果（比如投影、斜面浮雕、光泽等），它们最终输出的颜色均与灯光方向有关，所以 Photoshop 投影样式设置的右侧还有个名为【使用全局光】的复选框。如果勾选该选项，这些样式就会共用同一个角度的光照（随便修改其中一个，其他的都会自动同步），从而确保多个样式之间有更好的融合度。

2.2.5　投影距离的模拟

Photoshop 投影样式面板的下一个属性是“距离”，它也存在于 Flash 的投影滤镜选项中。两者初始值一致，经笔者测试，两者在效果实现和数值意义方面基本一致。Flash 不需要对默认参数进行更改。

下一项是“扩展”。乍一看，Flash 中并不存在对应的选项。但仔细观察，在 Photoshop 投影样式的基础选项里，除了 alpha 以外，就只剩该属性用了百分比，因此我们可以跟 Flash 唯一剩下的、以百分比形式表示的“强度”选项相对应。

2.2.6　Photoshop 投影扩展参数在 Flash 滤镜中的体现

分别拖动 Photoshop【扩展】项的滑块以及 Flash【强度】项的数值框，我们会发现它们所做的事情都一样，在于控制阴影扩展的强度，数值越大，强度越高，阴影色就越不透明，阴影被模糊的有效区域也越小。

然而，它们的取值范围让我感到相当地迷茫。Photoshop 的范围为 0%～100%，Flash 则是 0%～25500%，而且它们的变化规律也有点难以捉摸。在 Photoshop 里，我们匀速向右拖动滑块，投影变大的速度比较均匀（事实上受小数像素的影响，有时投影的大小在 5%～10%的范围内几乎不发生任何变化，导致投影放大的过渡略显突兀）。而 Flash 的变化就不均匀了，一开始数值在 100%附近的时候，投影变大的速度较快，但这个速度呈现急剧下降的趋势；到 500%以后，要拖很长的一段距离才能让投影变大那么一点点；至于 1000%以后，拖很久都看不到有明显的变化，无奈之下我们只好尝试直接输入一个很大的数（比如 10000%），才能看到投影的轻微放大。

考虑到扩展与强度的对应关系比较复杂，加上在不修改该参数的前提下，Photoshop 和 Flash 的表现就不尽相同，此处我暂且不展开讨论。

2.2.7　关于 Photoshop 的图层挖空投影

在 Photoshop 里面，不管【图层挖空投影】的复选框是否处于勾选状态，显示出来的效果都几乎没有任何差别。这个挖空的作用何在？不急，我们看看 Flash 里的【挖空】选项。

Flash 的“挖空”很明显，图 2-23 展示了挖空后的效果。

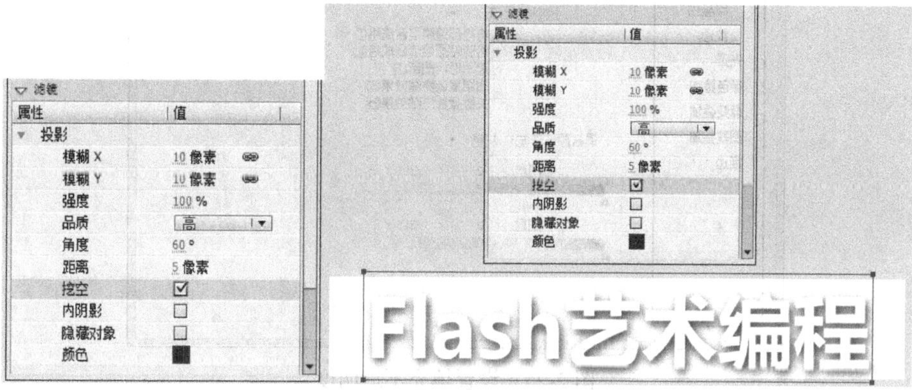

图 2-23　Flash 的挖空投影

该选项把正常状态下的不透明像素都掏空了。从挖空的现象和隐藏对象的字面意思来看，两者含义似乎一致，但结果却出乎我的意料，如图 2-24 所示。

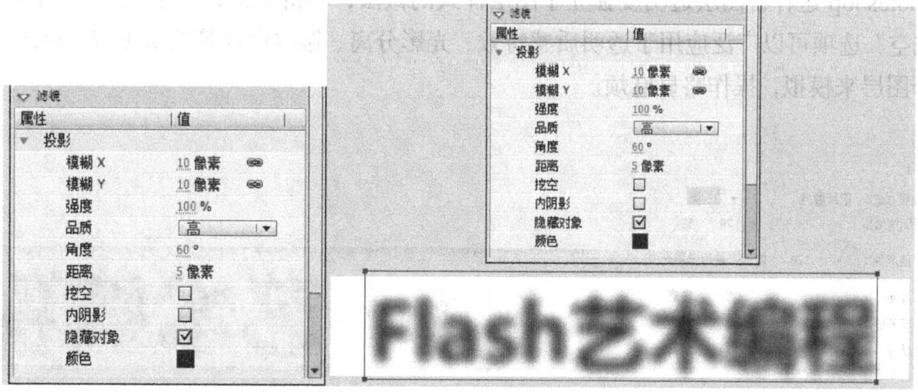

图 2-24　隐藏对象

可见，投影与文字本身具有重叠的部分，“挖空”与“隐藏对象”的最大不同在于，“挖空”会把投影跟原始图形重叠的像素全部剔除，而隐藏对象只把原始图层隐藏掉，没有把投影的部分挖空。

那么，Photoshop“挖空”选项有没勾上的差别是否也在于此呢？只是挖空的时候没隐藏对象而已？Photoshop 又该如何隐藏对象呢？

因为【图层挖空投影】仅针对投影进行挖空操作，所以我们回到最基本的混合选项中（选择【混合选项】系列，如图 2-25 所示）。

该界面有两个 alpha 选项，其中上面的【不透明度】代表整个图层的 alpha，【填充不透明度】仅修改原始图像的 alpha，而不对样式部分的 alpha 进行调整。出于对篇幅的考虑，我们就不把效果图贴出来了。

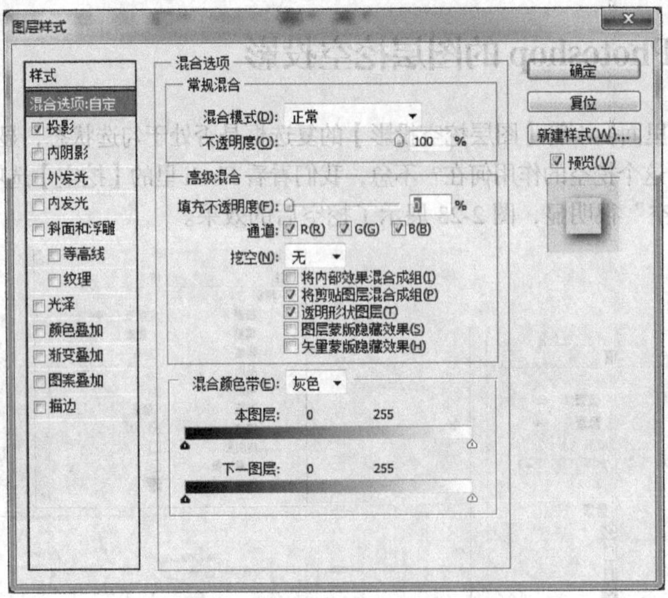

图 2-25　设置填充不透明度

我们将“填充不透明度”设置为 0 之后，回到【投影面板】，测试挖空前后的差别，结果跟 Flash 的如出一辙，如图 2-26、图 2-27 所示。

Photoshop 这种将图层透明度独立于图层样式的做法，丰富了样式的个性化艺术创作手法，使“挖空”选项可以广泛应用于透明质感特效、光影分离、镂空设计等艺术领域。Flash 里需要用多个图层来模拟，操作略显麻烦。

图 2-26　设置不透明度为 0 后的非挖空投影

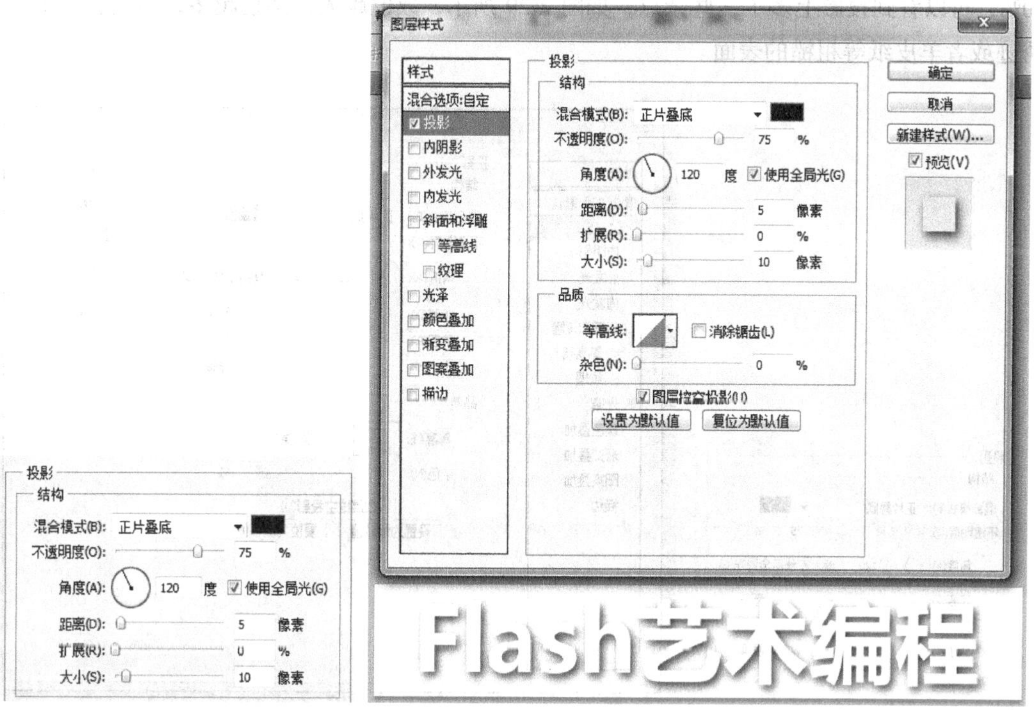

图 2-27　设置“填充不透明度”为 0 后的挖空投影

此外，“挖空”在 Photoshop 和 Flash 的差异还体现在挖空的强度上。Photoshop 的挖空强度不受 alpha 影响，而 Flash 的挖空则跟 alpha 有关，alpha 越大，挖空强度越高。所以，当我们把 Flash 的文字不透明度设置到 50%时，被挖空部分将保留部分残影，如图 2-28 所示。

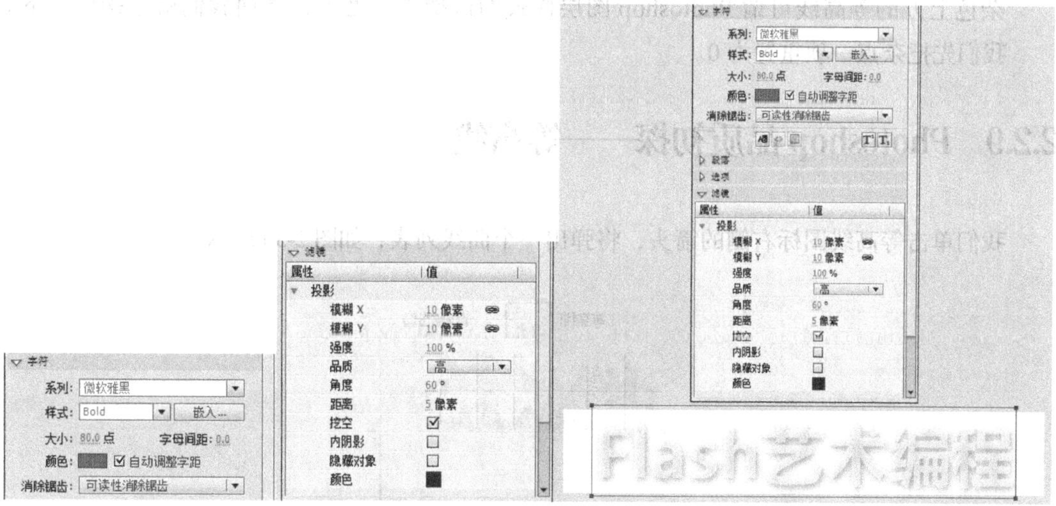

图 2-28　Flash50%的挖空效果

2.2.8　Photoshop 品质初探——杂色

我们重新回到 Photoshop 的品质选项。首先，【杂色】一项似乎更容易理解，我们尝试拖到

30%，可以看到投影上多了一些杂点，如图 2-29 所示，数值越大，杂色越多，很适合用来模拟锈迹或者羊皮纸等粗糙的表面。

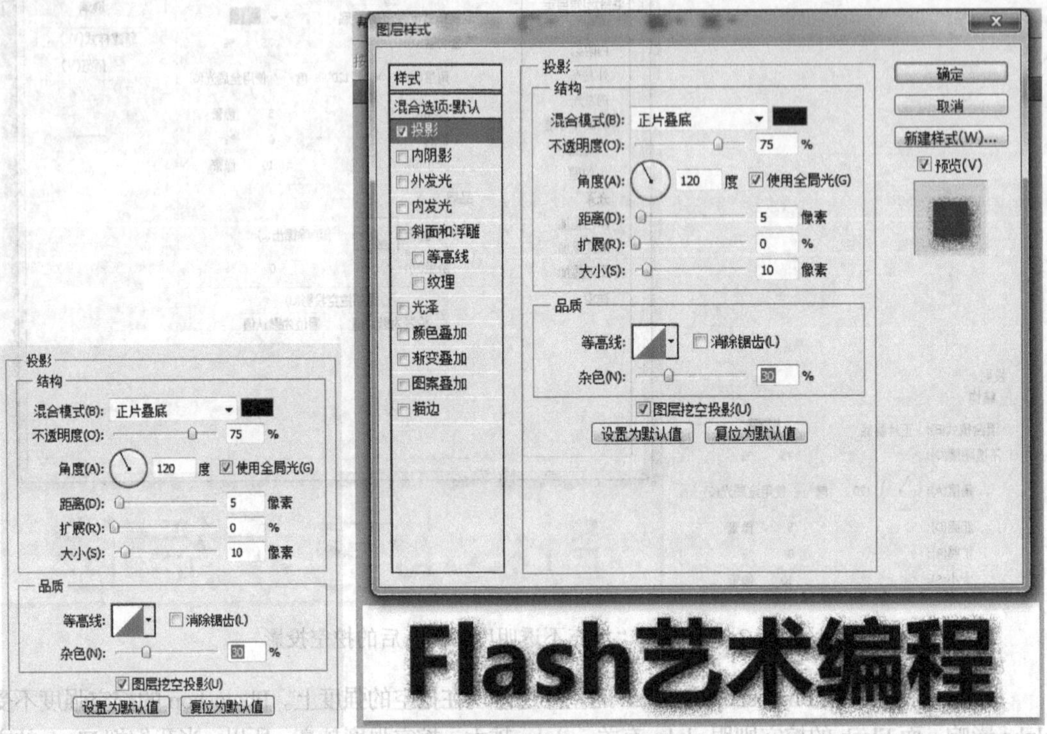

图 2-29　设置 30%的杂色

杂色上方的等高线可谓 Photoshop 图层样式的最精华之处了，下面我们就来探讨一下。我们先把杂点一项重置为 0。

2.2.9　Photoshop 品质初探——等高线

我们单击等高线图标右侧的箭头，将弹出一个曲线列表，如图 2-30 所示。

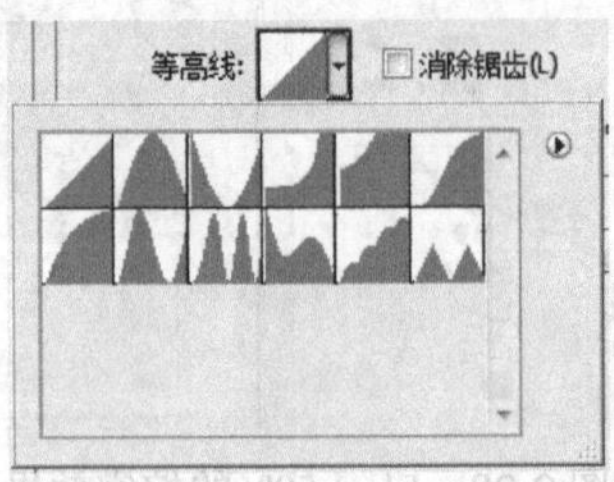

图 2-30　等高线下拉列表

再单击第二行第 4 个图标看看，如图 2-31 所示。一个逆天的浮雕式投影效果，很神奇吧！

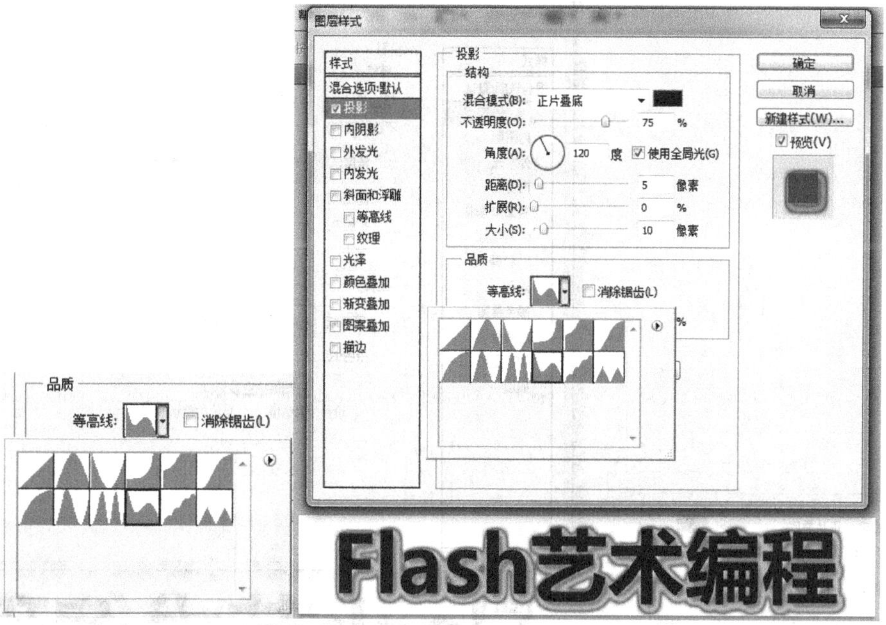

图 2-31　给投影样式设置等高线

下面我们不妨开一下小差，做点好玩的东西，比如给投影拉出一点杂色，再将文字调成灰色（#CCCCCC），填充不透明度 80%，同时把图层的【混合模式】设置为“溶解”（混合模式将在后续章节给出详细的介绍）并去掉投影的挖空选项，得到的效果就像雕刻在石碑上的文字，如图 2-32 所示。

我们也可以调整这个艺术字侧面的颜色，使其适应文本的正面，如图 2-33 所示。

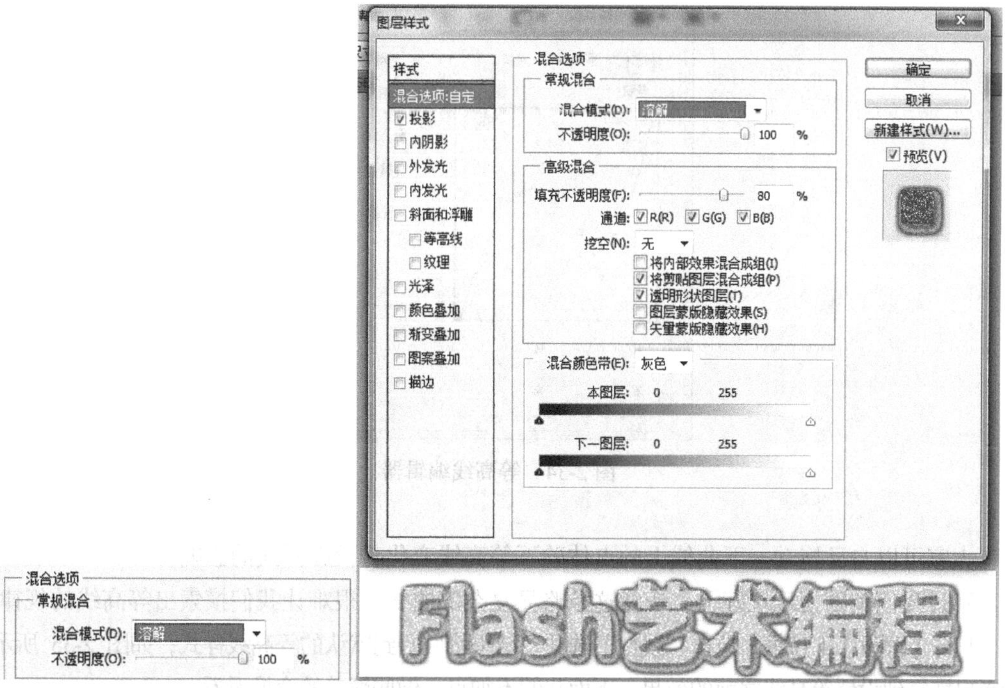

图 2-32　添加杂色并溶解后的效果

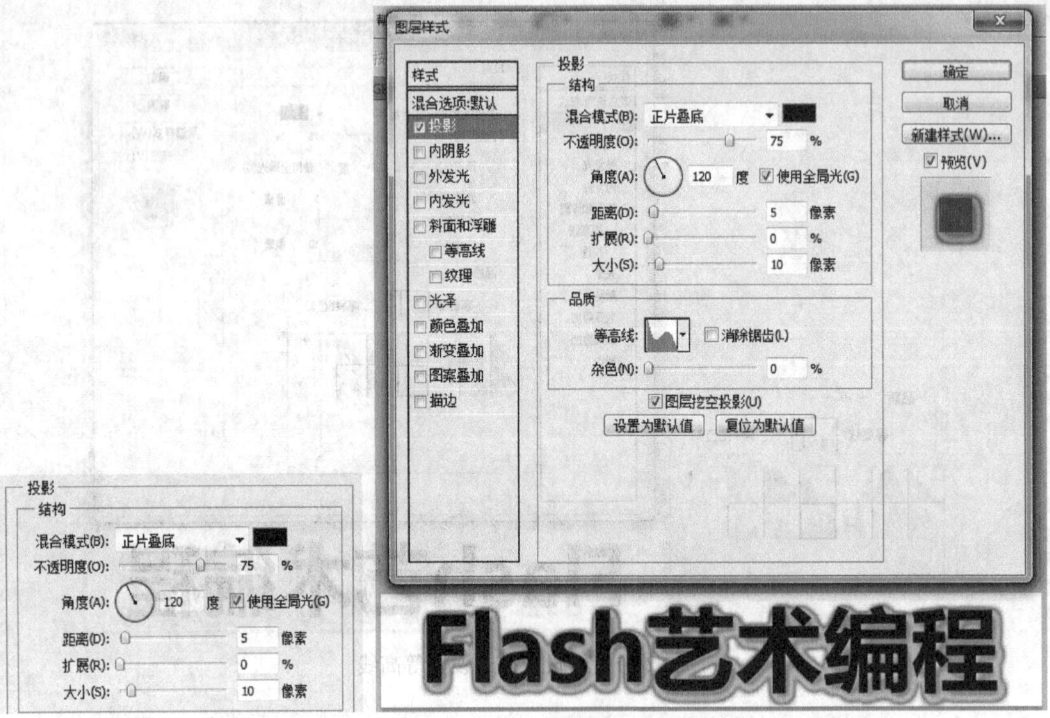

图 2-33　将投影设置为蓝色后，文本侧面隐约透出荧光灯的质感

小差开完了，我们把混合模式，字体颜色都恢复一下，继续探讨等高线。

我们直接单击【等高线】的图标，将弹出如图 2-34 的对话框。

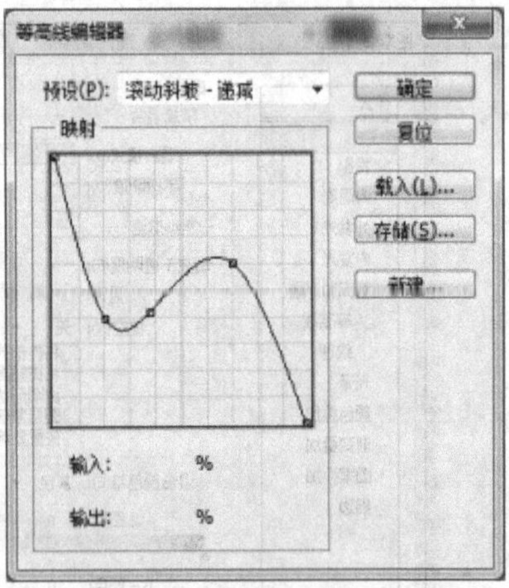

图 2-34　等高线编辑器

大家可以自己拖动一下曲线上的点体验下等高线变化对投影样式的影响。

不过我们就随便玩玩好了，毕竟这条略显复杂的曲线，很难让我们摸索出等高线的规律。

打开【预设】下拉框，单击“线性”选项，结果将回归到默认的等高线样式，如图 2-35 所示，投影也恢复到设置等高线之前的效果。下面我们不加点，做些简单的变换看看。

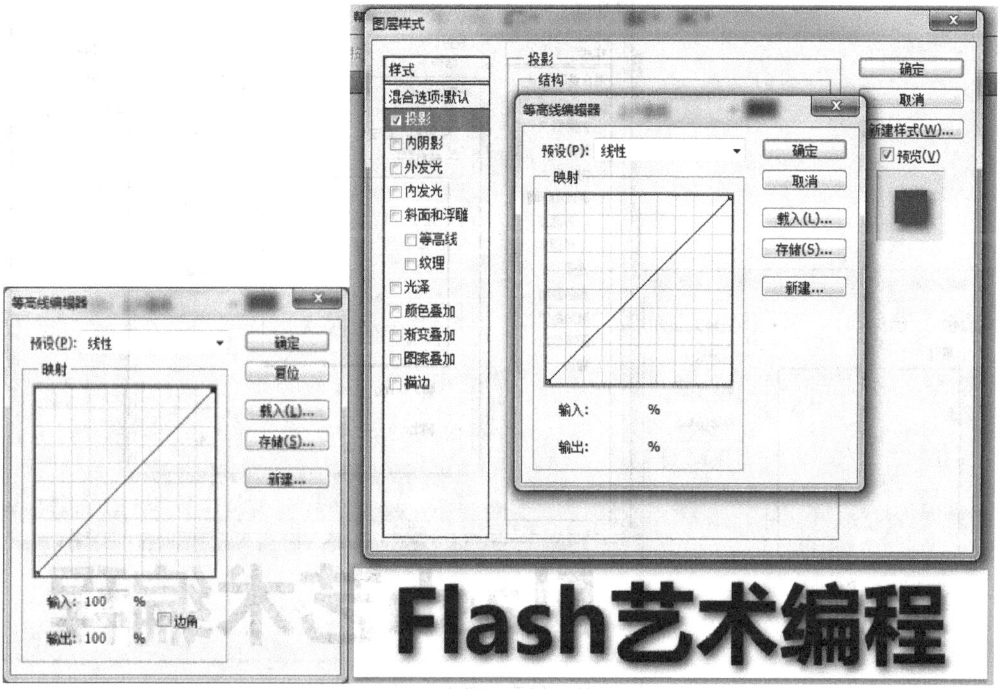

图 2-35　默认的线性等高线

两侧的点都拖到最顶，投影与背景的分界线变得清晰，淡出效果显著减弱，如图 2-36 所示。

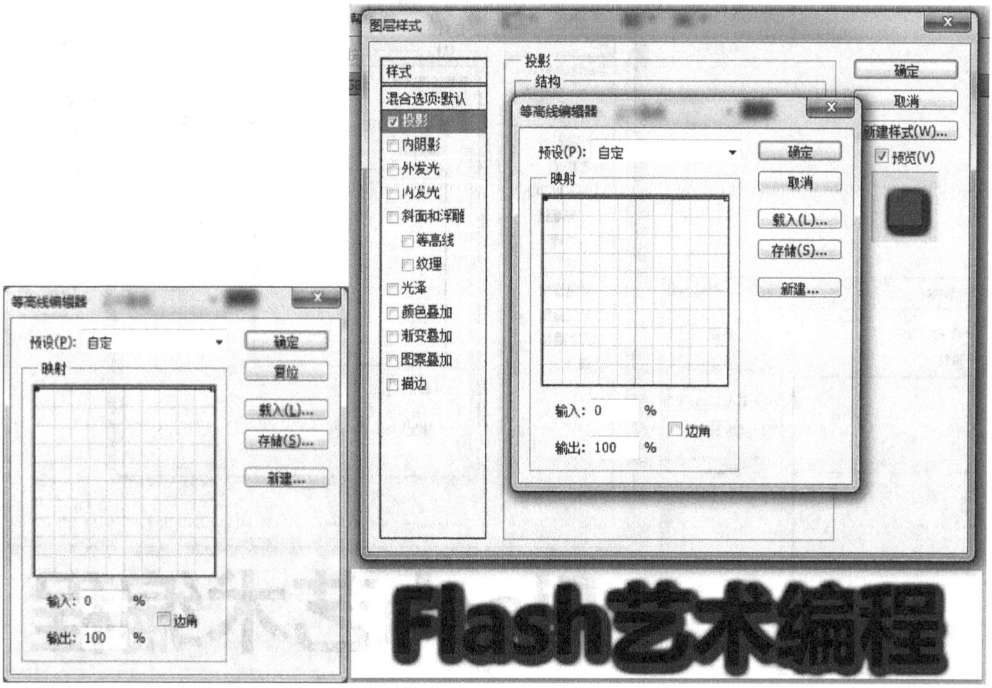

图 2-36　等高线输出恒为 100%

两侧的点都拖到最底时，投影彻底消失，如图 2-37 所示。

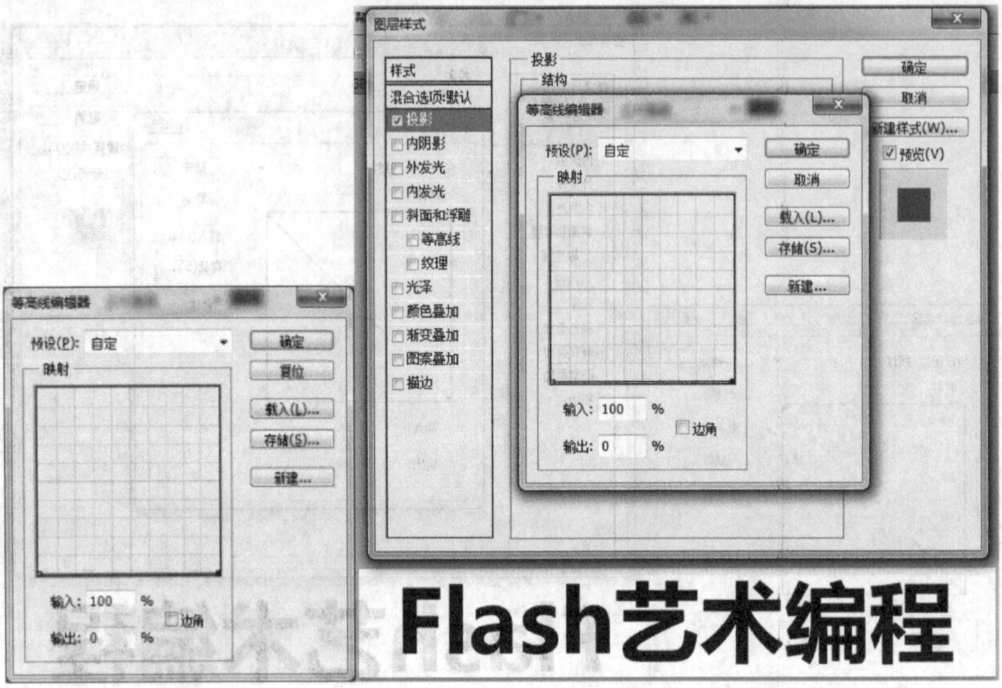

图 2-37　等高线输出恒为 0%

我们把两侧的点都拖到中心，投影呈现为较浅的纯灰色，如图 2-38 所示。

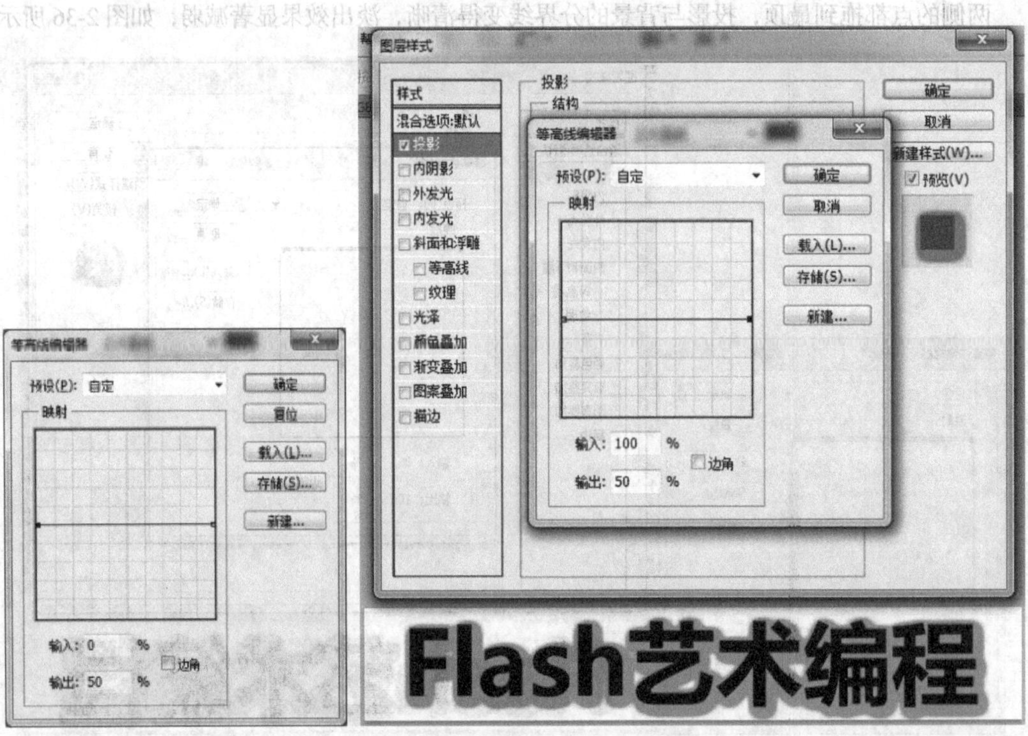

图 2-38　等高线输出恒为 50%

我们把左侧的点拖到最顶，右侧的点拖到最底，投影的淡出方向被翻转了，如图 2-39 所示。

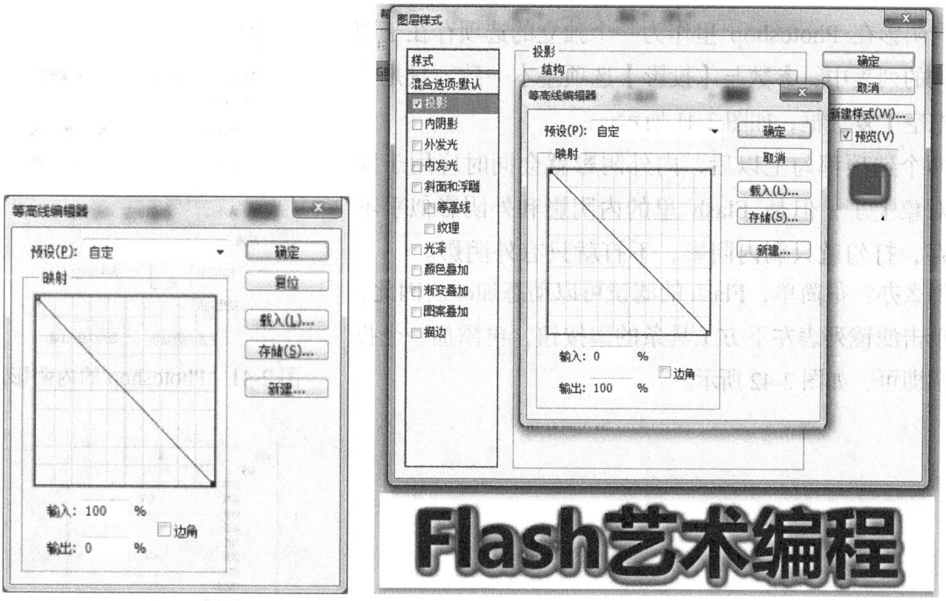

图 2-39　对线性等高线进行反相操作

从以上几种极端的情况来看，Photoshop 在【投影】选项中的等高线似乎就用于控制投影在不同位置的不透明度，而且方向相反的两条线得到的恰好是两个完全对立的效果。那么，它为什么会被命名为等高线呢？编辑器上的曲线与透明度的变化趋势又存在着什么微妙的关系？用 Flash 的滤镜能实现吗？

这些问题，涉及到比较高端的 Photoshop 理论和高中扩展的数学知识，我们会在后续章节作出更进一步的探讨。不过，对于简单的直线变化，我们会在第 3 章先给出一些操作简单并且实用性强的模拟方法，这当中也包括图 2-31 这类浮雕型的“投影”。

2.2.10　内阴影选项

最后检查一下有没漏网之鱼……嗯，Flash 里还有个【内阴影】被我们忽略了，勾选以后，投影将形成于文字内部（为了让阴影效果看得清楚一些，我们不妨暂时把文本调整为绿色 #00CC00），如图 2-40 所示。

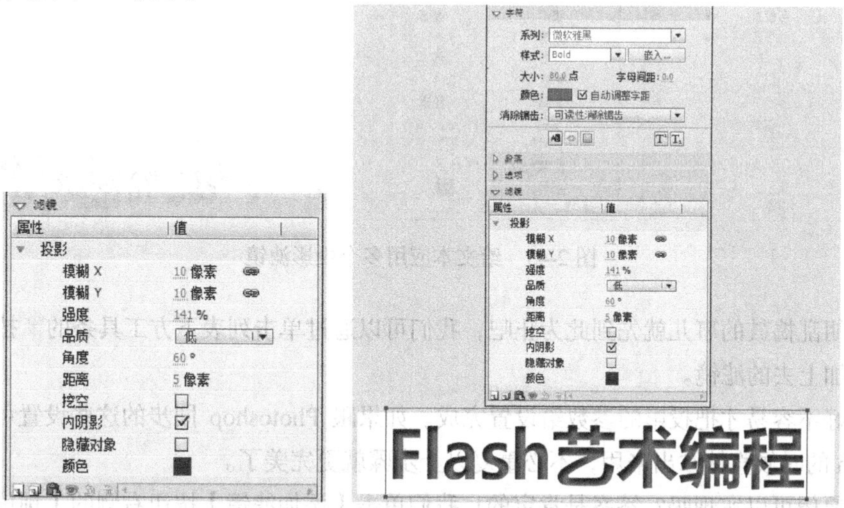

图 2-40　Flash 的内阴影

内阴影在 Photoshop 里作为一个独立的选项存在于图层样式的列表中，参数与【投影】选项基本一致，只是少了【挖空】复选框，如图 2-41 所示。

两个选项都勾上以后，内外阴影就会同时应用于同一个对象上了，但是 Flash 里的内阴影和外阴影似乎不能共存，打勾就只剩内阴影，不打就只有外阴影。

怎么办？很简单，Flash 的滤镜可以动态加减。因此，我们单击滤镜列表左下方工具条的按钮，再添加一个投影滤镜即可，如图 2-42 所示。

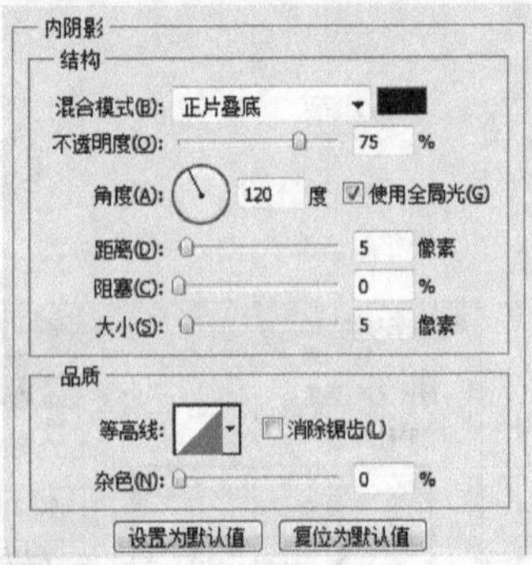

图 2-41　Photoshop 的内阴影选项

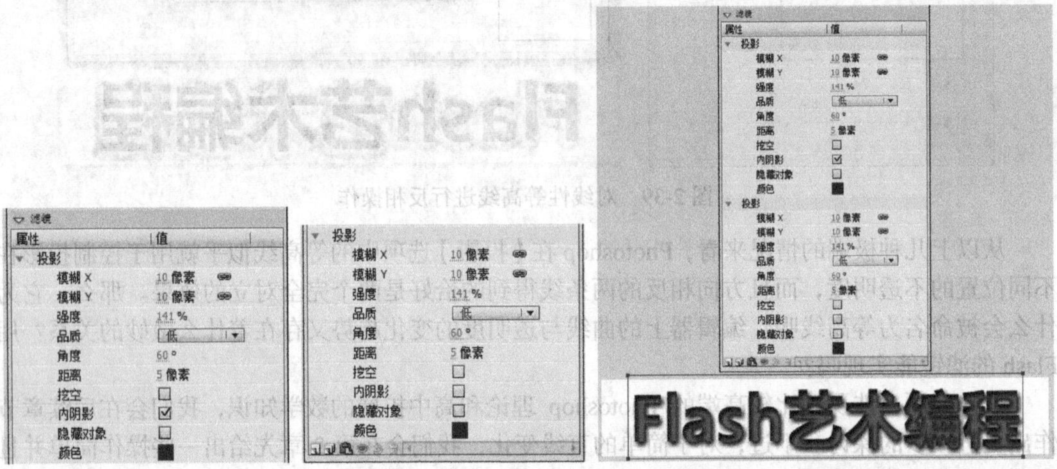

图 2-42　内外阴影合用

只要我们喜欢，加几十个外投影滤镜也无伤大雅，而且多个滤镜的顺序可以调整，还能因此而得到不同的效果。当然，下面的这个就难免有点恶搞的嫌疑了，如图 2-43 所示。

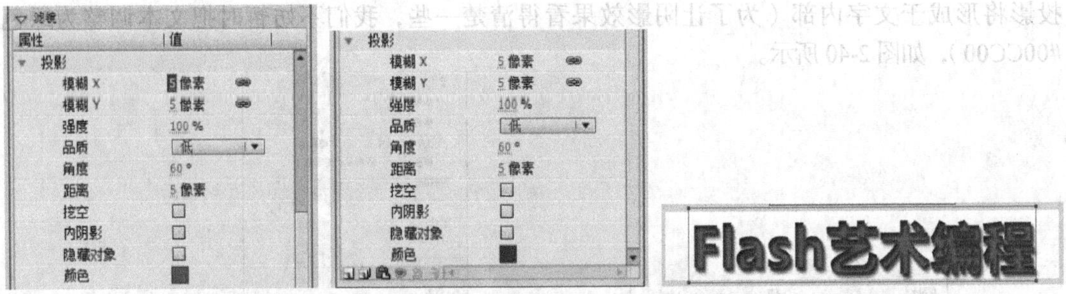

图 2-43　给文本应用多个投影滤镜

这种胡乱捣鼓的事儿就先到此为止吧，我们可以通过单击列表下方工具条的按钮来删掉那些手痒加上去的滤镜。

我们好不容易才把投影的参数给设置完成。如果跟 Photoshop 同步的这些设置可以在下次打开 Flash 的时候直接拿出来用，不必重复以上步骤就更完美了。

这个愿望可以实现吗？答案是肯定的！我们单击【添加滤镜】按钮右侧的【预设】按钮，

图 2-44　保存滤镜设置

即可保存当前设置，如图 2-44 所示。

另外我们还忽略了 Photoshop 投影样式的一个重要选项——混合模式。在本例中，该选项可以无视，不过它的重要性一点都不亚于其他参数，在某些场合，它的作用至关重要。但本章我们暂不探讨混合模式的用法。

我们继续模拟 Photoshop 的斜面样式。

2.3　使用斜角滤镜模拟 Photoshop 的斜面样式

滤镜列表中，【斜角】似乎最接近斜面的含义，我们不妨点出来看看，如图 2-45 所示。

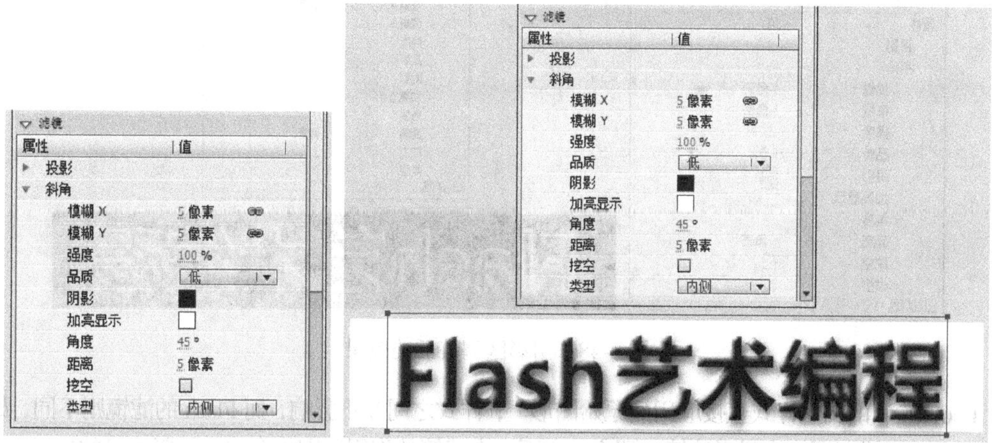

图 2-45　添加斜角滤镜

嗯，是这个效果了。现在把 Photoshop 的斜面样式重新打开，我们按之前对 Photoshop 的设置来修改 Flash 里的参数。“大小”参数我们没有使用默认值，而是从原来的 5 改成了 3。在 Flash 里我们也应用同样的设置，如图 2-46 所示。

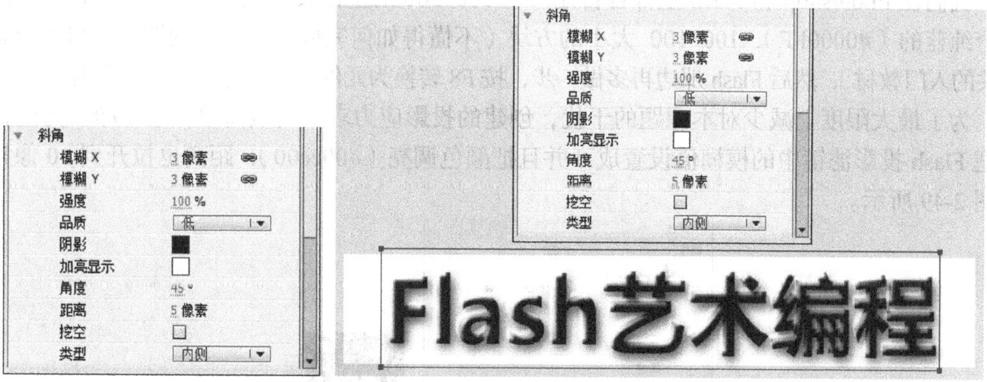

图 2-46　把斜角的模糊属性设置为 3

出来的效果并不好看。细心的读者应该不难发现，斜角滤镜加上以后，整个字好像带上了重影一样，第一眼看上去还以为是自己的眼睛出了问题。

我们把 Flash 舞台的背景颜色改深一点，各种越界的边缘便原形毕露，如图 2-47 所示。

图 2-47　用深色背景增加斜角边缘与底色的对比度

我们如果把斜角阴影区的颜色调亮，问题将会更加显著，如图 2-48 所示。

整个投影都被斜角的阴影部分覆盖了。

还记得之前提到的多滤镜的有序性吗？当一个显示对象被应用上了多个滤镜之后，它最终的效果会受到先后顺序的影响。

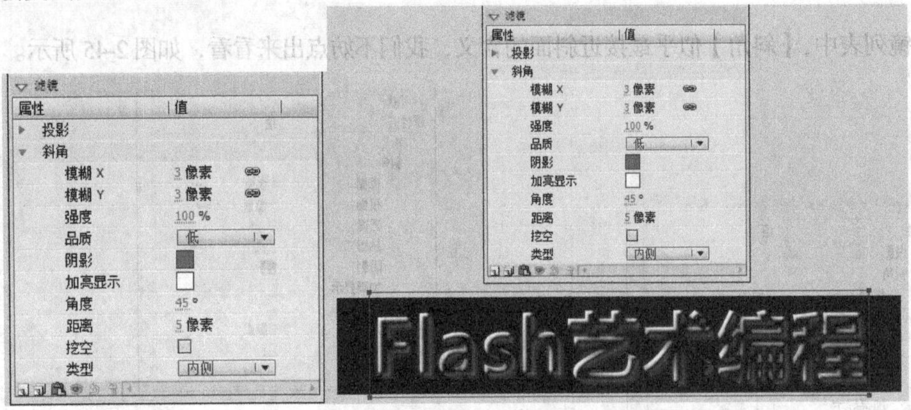

图 2-48　阴影区调亮后的效果

Photoshop 的图层样式直接应用到原始图形上，样式之间互不影响，而 Flash 的滤镜则不同，如果当前对象已经设置了一个投影滤镜，那么，它下一个滤镜的作用范围将会包含投影滤镜的显示区域。

为了让大家看得更清楚，我们决定用一个简单的方块作为试验的材料。

2.3.1　用方块观察斜面样式与斜角滤镜作用方法的差异

我们在 Photoshop 和 Flash 里都各自建一个 500*500 的空白文件，然后各自在画布中心绘制一个纯蓝的（#0000FF）、100*100 大小的方块（不懂得如何完成以上操作的朋友，可自行查阅相关的入门教材），然后 Flash 那边再多做一步，按 F8 转换为元件，类型选择“影片剪辑”。

为了最大限度上减少对本课题的干扰，创建的投影应力求做到最简单，最干净。为此，我们把 Flash 投影滤镜中的模糊值设置成 0 并且把颜色调亮（#00cc00），距离也拉开到 30 像素，如图 2-49 所示。

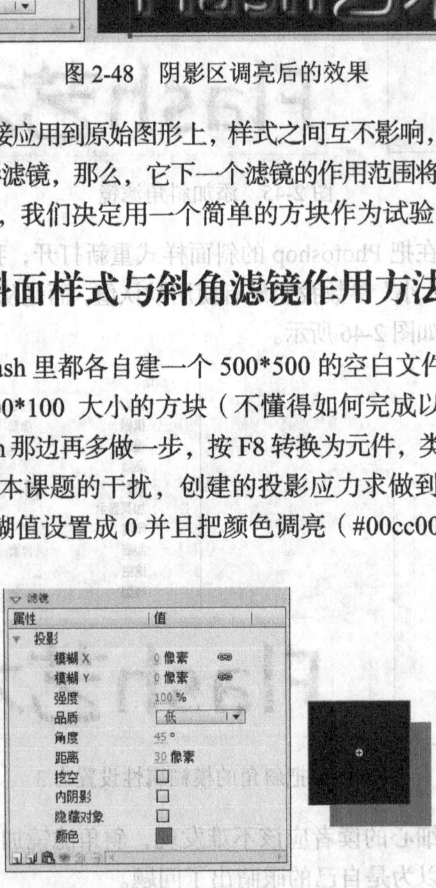

图 2-49　Flash 测试用例

在 Photoshop 里我们也制作这样的一个投影，如图 2-50 所示。

下面我们分别给这两个图形添加浮雕效果，Flash 用斜角滤镜，Photoshop 用斜面和浮雕，如图 2-51、图 2-52 所示。

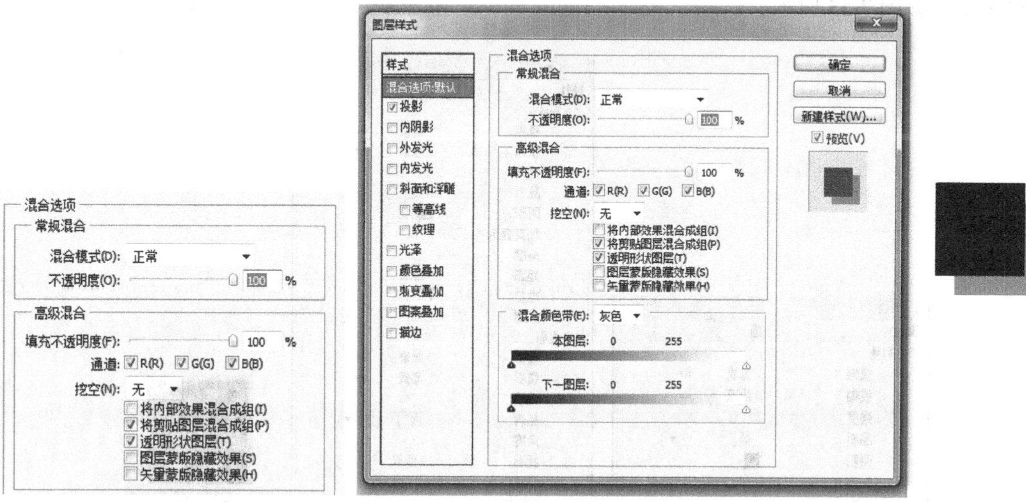

图 2-50 Photoshop 测试用例

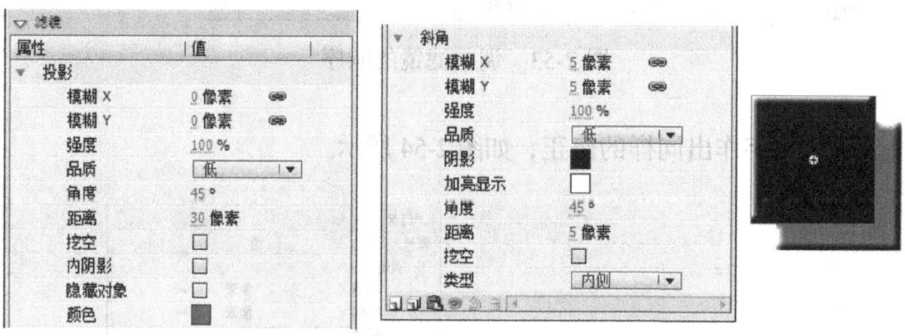

图 2-51 给 Flash 方块添加斜角滤镜

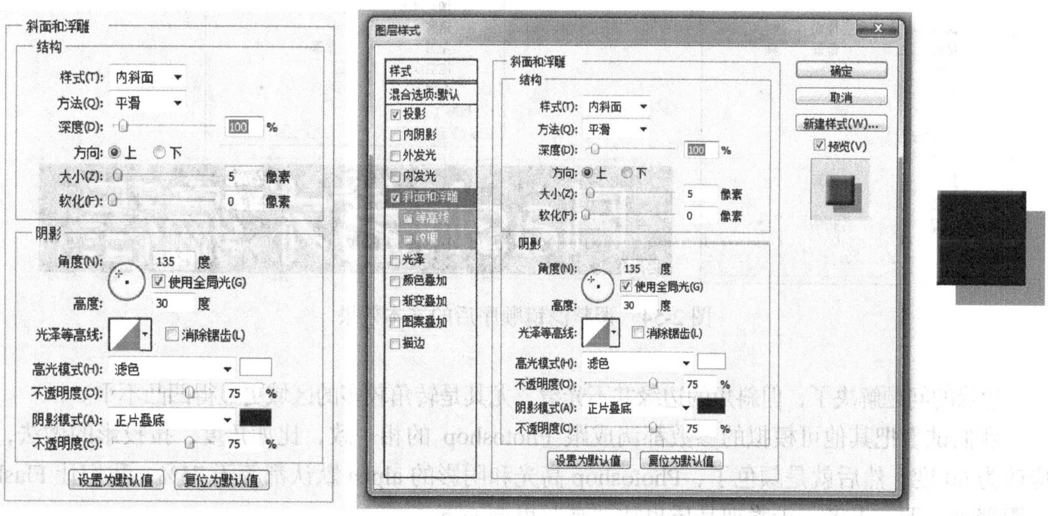

图 2-52 给 Photoshop 方块添加斜面和浮雕样式

可见，两者最大的差别在于，Flash 把投影部分都弄出斜面来了，但 Photoshop 的浮雕丝毫不影响投影样式的效果。

通过这样的一个试验，相信大家都能理解文字上的斜角滤镜为什么会越界了吧。

解决 Flash 斜角滤镜问题的方法很简单：只要把斜角滤镜拖到投影之前，斜角就不再作用于投影了，如图 2-53 所示。

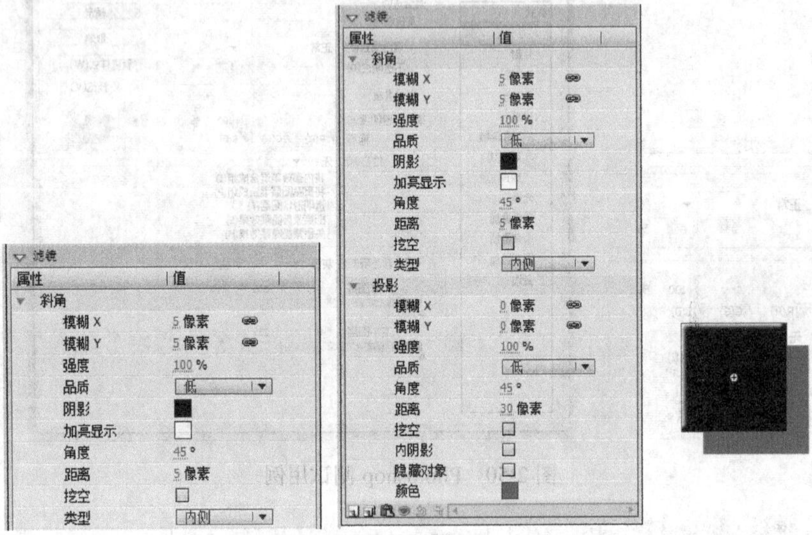

图 2-53　调整滤镜的顺序

我们回过头来给文字作出同样的修正，如图 2-54 所示。

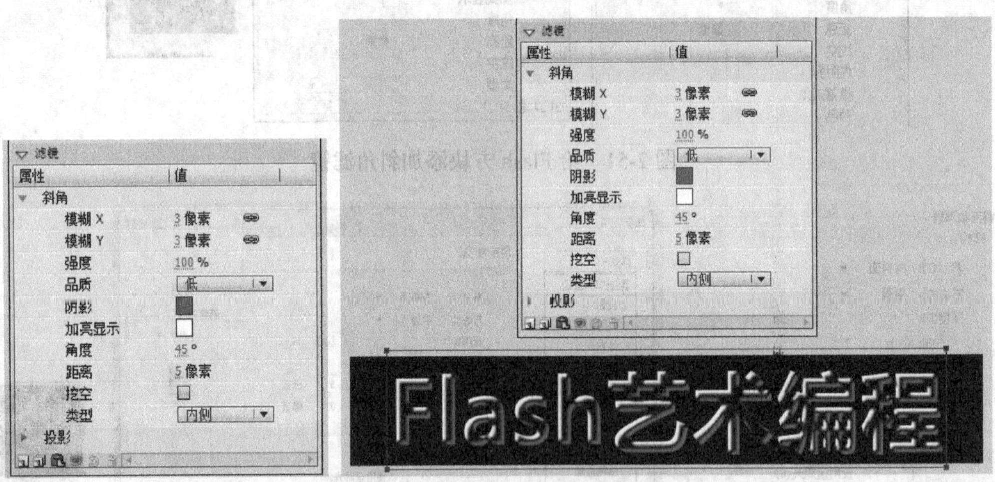

图 2-54　调整滤镜顺序后的文本效果

边缘的问题解决了，但斜角的边缘并不光滑，尤其是转角较多的区域更显得凹凸不平。

我们试着把其他可模拟的参数都调成跟 Photoshop 的相一致，比如角度，按投影的做法，应改为 60 度；然后就是颜色了，Photoshop 高光和阴影的 alpha 默认都等于 75%，我们让 Flash 也跟着改一下；再者，干脆把品质也往“高”里调一下。

修改以后的效果如图 2-55 所示。

没有明显的改善，浮雕的高光和阴影还是太重了，那么，差距还在哪里？

图 2-55　调整不透明度等参数后的效果

2.3.2　Photoshop 斜面样式的精雕细琢 VS Flash 斜角滤镜的粗制滥造

我们先把没对应上的参数一一列出来。

Photoshop：样式，方法，深度&方向，软化，阴影高度，（等高线）。

Flash：强度，距离，类型，（挖空）。

做到这一步，我们很纳闷，为什么 Flash 斜角滤镜的参数又是这些？看起来跟投影好像没什么两样。

括号部分的参数我们暂时先排除掉。等高线我们没有编辑过，它默认也用线性图，我们姑且认为它对效果没有任何影响；而挖空几乎与滤镜结构无关，也能排除。

Photoshop 的样式显示为“内斜面”，以下拉列表框的形式供用户选择，与 Flash 中的【类型】下拉框最为接近。我们分别展开这两个框看看余下的选项，如图 2-56、图 2-57 所示。

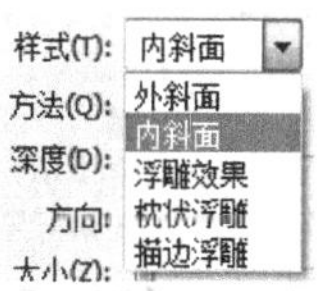

图 2-56　Photoshop 的斜面方法

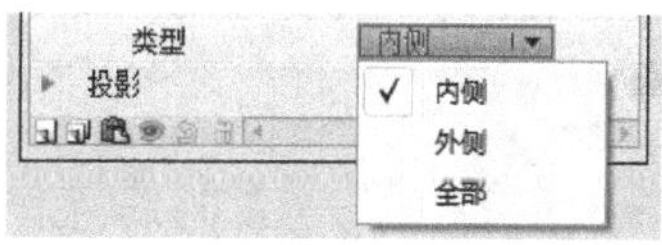

图 2-57　Flash 的斜角类型

两者都包含内外的选项，而且所要做的事情也基本一致。Photoshop 比 Flash 多了三类样式，效果也都相当细腻，是 Flash 简单滤镜所无法比拟的，鉴于篇幅所限，效果图我们就不贴上来了。而 Flash 则比 Photoshop 多了个“全部”，实际上它仅仅是内外斜角的总和，而非一个全新的样式，放在这里有凑数的嫌疑。

但至少我们看到了“内斜面”和“内侧”的含义基本一致，只是 Flash 处理得比较粗糙而已。因为切换到外侧后，浮雕效果也都跑到文字轮廓以外，切换前则出现在轮廓以内。

图 2-58、图 2-59 分别展示了 Photoshop 和 Flash 的外斜面效果。

图 2-58　Photoshop 外斜面样式

图 2-59　Flash 的外斜角滤镜

如果大家也在测试这个效果，那现在都还原为内斜面吧，我们继续探讨其他属性。

“方法”在 Flash 里找不到对应选项，难不成对应品质？我们不妨把品质设置为高，如图 2-60 所示。

图 2-60　Flash 的高品质斜角

我们可以看到，边缘稍稍模糊了一点（如果看不到明显效果，就试着把模糊的数值调大一些），这就是 Flash 传说中的“平滑”？我们来看看 Photoshop 的方法选项。

图 2-61 自上而下地展示了 Photoshop【方法】下拉框的 3 个选项的效果（平滑、雕刻清晰、雕刻柔和）。

图 2-61　对 Photoshop 斜面设置不同的方法参数

不管选用何种方法，其品质都是无可挑剔，所不同的是浮雕的清晰程度。大家可以把大小参数调高一点来欣赏 Photoshop 的细腻之美。

相比之下，Flash 的斜角就显得比较虚了，它对边缘的处理方式跟投影的做法很像。最终，这一猜想也得到了 Flash 帮助文件的证实，所谓的品质，也是指模糊的次数。

而 Photoshop 的做法则大相径庭，这一点可以从 Photoshop 的帮助文件得知。

帮助文件对这 3 种模式的描述分别如下。

平滑： 稍微模糊杂边的边缘，可用于所有类型的杂边，不论其边缘是柔和的还是清晰的。此技术不保留大尺寸的细节特征。

雕刻清晰： 使用距离测量技术，主要用于消除锯齿形状（如文字）的硬边杂边。它保留细节特征的能力优于“平滑”技术。

雕刻柔和： 使用经过修改的距离测量技术，虽然不如“雕刻清晰”精确，但对较大范围的杂边更有用。它保留特征的能力优于“平滑”技术。

从文字上看，只有“平滑”方法跟 Flash 的处理方式相似。也就是说，Flash 在这里只做了一件事，而且做得还不如 Photoshop 专业，即使把品质设置为高，也还没有 Photoshop 的“平滑”模式来得好看，有点投影模糊的味道。我们怀疑斜角和浮雕会不会就是同一套东西（第 3 章我会深入探秘这一问题）。

至于 Photoshop 的【方向】，不难理解，就是指定斜面的凹凸状态，将“上”改为“下”以后，阴影和高亮区的颜色将会对调，从而形成凹陷的效果。

我们暂且不追究该选项，继续看下去。

2.3.3　Photoshop 深度==Flash 强度?

下一项是【深度】，我们用排除法对应上了强度。这次跟投影的不一样，深度可以小于 100%。但不管如何，我们先试着把深度都调到一个很大的数值，比如 1000%，如图 2-62、图 2-63 所示。

在 Photoshop 里，浮雕的高度明显增大，而且棱角相当清晰。Flash 虽然也明显地凸了起来，但已经彻底失控了，又是数值过大所致?

图 2-62 强度 1000%的 Flash 斜角滤镜

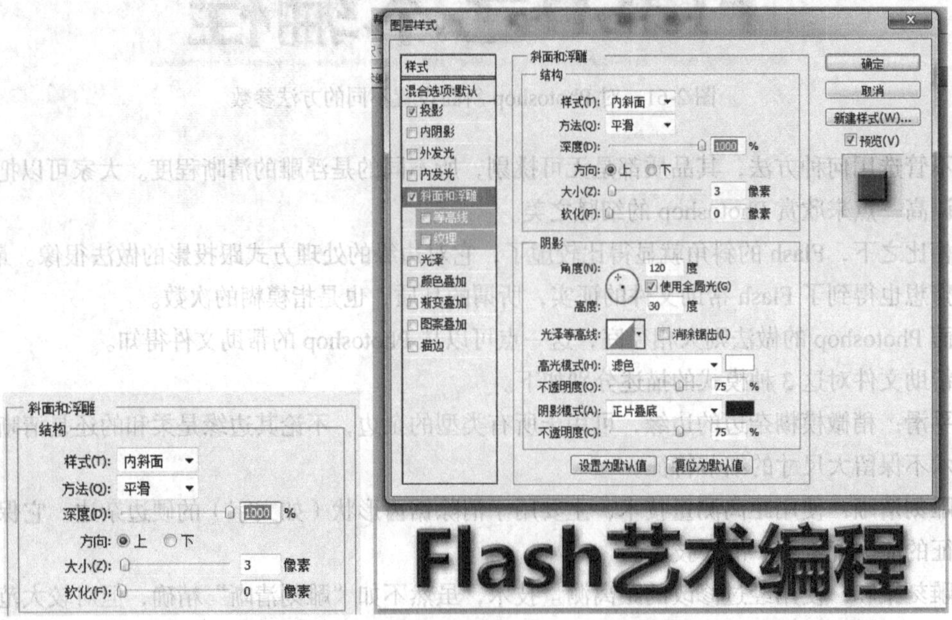

图 2-63 深度 1000%的 Photoshop 斜面

我们将数值调小点，150%？200%？效果始终没好看过，如图 2-64、图 2-65 所示。

图 2-64 强度 150%的 Flash 斜角

图 2-65 强度 200%的 Flash 斜角

从色彩的变化来看，强度似乎就是对边缘做了加强，其变化方式跟投影的强度也比较像，难道这两个滤镜的强度概念又是一样的？

就目前来说，我们还不能给强度和深度拟出一条关系式。

不过庆幸的是，强度不大于 100%的情况下，两者的表现尚算相似，至少色彩的浓度比较接近，如图 2-66 所示。

图 2-66 深度 50%的 Photoshop 斜面

图 2-67 强度 50%的 Flash 斜角

下一项是“软化”，难道该属性才对应强度的参数？

经测试，软化的确也降低了强度，但它会通过扩散的方式让浮雕变“软”，图 2-68 展示了软化 5 像素后的效果。

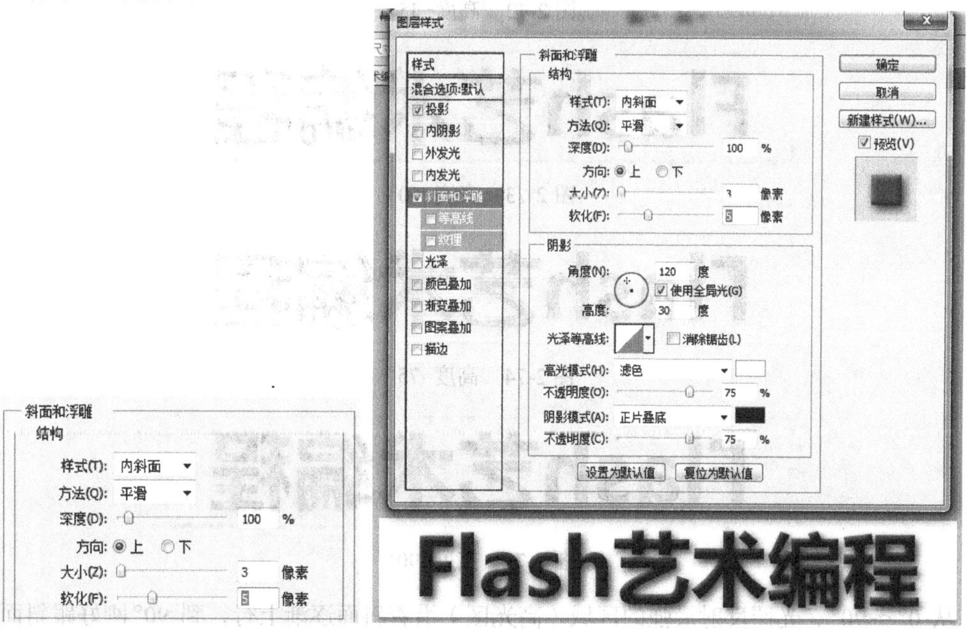

图 2-68 软化 5 像素的 Photoshop 斜面

2.3.4 Photoshop 高度==Flash 距离?

现在剩下“高度”一项了，跟“距离”相对应吗？

但是，高度以角度为单位，距离则是像素，两者似乎扯不上关系。不过我们照样做下试验。

我们先测试 Photoshop 的高度。在调整的过程中，我们发现，浮雕的厚度并没有随着高度的增加而变大，只感觉到光影往某个方向微妙地移动着。

图 2-69、图 2-70、图 2-71、图 2-72、图 2-73、图 2-74、图 2-75 展示了不同高度下的效果。

图 2-69　高度=0°

图 2-70　高度=15°

图 2-71　高度=30°

图 2-72　高度=45°

图 2-73　高度=60°

图 2-74　高度=75°

图 2-75　高度=90°

从 0°～90°，光照反射最强的区域（高光区）沿着斜面逐渐上行，到 90° 刚好跟斜面最高点重合。因为此时只剩一个像素，所以高光几乎不可见。

从这种现象来看，我们可以把它理解为光线与水平面的夹角。虽然我无法给出严格的数学证明，但通过图 2-76，我们仍可看出一些大致的趋势，其中标记为红色的光线与斜面垂直，光照最强。红线在斜面上的高度会随着光线角度的增大而提升。

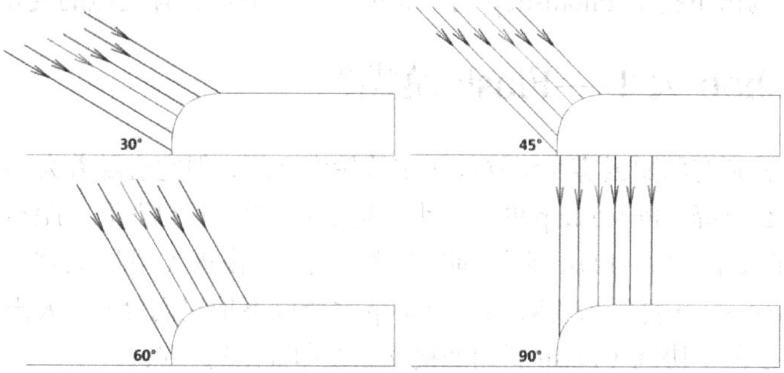

图 2-76　浮雕高度与光照原理

那么，Flash 里的距离呢？

调整一下，我们发现基本上就在平移，压根儿就没有光照的意思，如图 2-77、图 2-78、图 2-79、图 2-80 及图 2-81 所示。

图 2-77　距离=1

图 2-78　距离=2

图 2-79　距离=3

图 2-80　距离=4

图 2-81　距离=5

显然只是简单的移位（跟投影的距离是同一概念吗？），不过我们有了意外发现：距离等于 3 的时候，整体效果与 Photoshop 的斜面有点接近，而 3 又恰好等于模糊的值，难道这两者在 Photoshop 里面还有所关联？

笔者在拖动距离这项参数的时候，曾不经意地发现，距离变化的时候，有两团交错重叠的光影来回穿梭于文字之间。拖慢一点，我们就会发现它们各自的作用：白色那团用于构造高亮区，黑色层则用于生成阴影部分。

下面我们就来测试下拖动 Photoshop 的“大小”参数是否也有类似的变化。

2.3.5 Photoshop 大小==Flash 模糊?

确实我们也感觉到有两团云雾交错穿梭于字符轮廓之间，但它会随着大小参数的增大而逐渐消散。我们可以这么解释：Photoshop 的“大小”是 Flash 里“模糊”和“距离”合并的结果。在 Photoshop 里调整了大小以后，Flash 必须同时设置模糊 X、模糊 Y 和距离这 3 个属性，才能在这一参数上模拟出 Photoshop 斜面的效果。Photoshop 之所以不把它们分开，大概是考虑到两者不相等会给外观带来太多的不协调（Flash 斜角滤镜就已经印证了这一点）。

为进一步证实这一结论，我们再拿几个值测试一下，受篇幅所限，书上只给出大小等于 5 的效果，如图 2-82、图 2-83 所示。

图 2-82　距离模糊均为 5 的 Flash 斜角

图 2-83　大小等于 5 的 Photoshop 斜面

至此，斜面的样式给勉强模拟了出来。最后还剩一项——渐变叠加，它在 Flash 里无法用这些简单滤镜来模拟，我们将在后续章节再作介绍。

2.4 本 章 小 结

从投影和斜面样式的模拟过程，我们不难看出，跟 Photoshop 相比，Flash 滤镜的能力真是相当有限，而且，默认参数出来的效果也不如 Photoshop 的好看，毕竟 Flash 不是纯粹的设计软件，在规划默认数值的时候，往往会偏向于选择较为极端或者较具数学意义的值（如 45 度）。

另一方面，我们发现，Photoshop 样式的参数种类要比 Flash 丰富得多，而且不同样式的设置面板，内容也不尽相同。但是在 Flash 里面，两个看起来毫不相干的滤镜却频频出现属性名的重复，而且这些相同的属性在不同滤镜中的表现也极其相似。那么，为什么会出现这样的情况？Flash 的滤镜为什么有时无法把效果做得比较精细？事不宜迟，立即进入我们的第 3 章，对 Flash 简单滤镜进行真相大揭秘！

第3章

素食盛宴——揭秘 Flash 简单滤镜

在这个生活富足、人人都吃得起肉的年代(吃不起肉的估计也不会来阅读本书),由高脂肪、高胆固醇所引发的心脑血管、消化系统等疾病乃至癌症的发病率正呈现逐年上升的趋势。随着现代人健康意识的高涨,越来越多的人加入到素食主义者的行列当中,素食人群也趋于年轻化。然而,受口感、营养摄入等因素的影响,传统素食总让习惯于吃肉的朋友望而却步。

素食行业的专家历来都很重视这一问题。所以自第二次世界大战结束以后,他们就在素食中逐步引入豆腐、面筋、香菇、大豆蛋白等素食原料,利用它们胶状的特性,配以现代的食品工艺,仿制出诸如斋烧鹅、素腊肠、素鸡、素蛋糕等形神兼备的仿荤食品,保留素菜自然本色的同时,也让尝试往素食过渡的肉食者在口感上得到满足,营养的搭配也变得均衡,从而更容易接受素食。

尽管如此,他们所选用的食材仍不能跳出传统素食所限定的圈子,做出来的"肉"再怎么逼真都只是个仿制品,大家可以很明显地感觉到它跟真正肉食的不同之处。

从这点上说,Flash IDE 中的滤镜就跟现代的素食一样,品种看起来很丰富,但原料(参数选项)的种类却相当有限。样式完全不同的两款滤镜,参数都惊人地一致,与此同时,模拟出来的效果也不如 Photoshop 的细腻。

当然了,只根据滤镜对外开放的属性下此结论多少有点不科学。既然如此,本章我就和大家深入揭秘 Flash 简单滤镜的实现机制,看一下其组成是否真的只有几种简单的"素食原料"。

即便如此,大家也不必灰心。素食行家们都能把它们加工成一桌丰盛的素食宴,我们又何尝不行呢?

3.1 Flash 简单滤镜真相大揭秘

介绍本节内容之前,我们先明确一下简单滤镜的概念,在 ActionScript 中,滤镜可以分为两大类,简单滤镜和复杂滤镜。前者指可以通过 Flash IDE 直接设置的滤镜,后者指只能通过 ActionScript 创建的滤镜,其中,"调整颜色"滤镜是复杂滤镜 ColorMatrixFilter 的一个特例,不属于简单滤镜的范畴,需要从简单滤镜中排除。

3.1.1 Flash 简单滤镜的共性分析

在模拟 Photoshop 样式的过程中,我们发现两个毫不相干的滤镜居然有很多参数出奇地一致。实际上,好多简单滤镜都有重复,下面我把它们整理成表格供大家查看,如表 3-1 所示。

表 3-1　Flash 简单滤镜参数一览表（注：颜色包含透明度）

滤镜名称	模糊	强度	距离	颜色/渐变	品质	内外	挖空/隐藏
投影	√	√	√	√	√	√	√
发光	√			√	√	√	√
模糊	√				√		
斜角	√	√	√	√	√	√	√
渐变发光	√	√	√	√	√	√	√
渐变斜角	√	√	√	√	√	√	√

经过表格比对，结果一目了然了：各具特色的 6 个滤镜所用的参数几乎完全一样。

网上不少文章说，Flash 提供了非常丰富的滤镜供我们使用。但这里，我可以很负责任地告诉大家，以上 6 个功能各异的简单滤镜，它们由始至终都只在做两件事，一件是复制一个或多个图形轮廓，下一件是对图形轮廓进行变色以及模糊/锐化！

至于为什么要这么说，我们用之前用过的投影和斜角滤镜来说明这个问题。

投影滤镜（这里先不谈内阴影），我们基本上一眼就看得出来：先复制原始图形并转成黑色，然后对边缘进行模糊处理，再错开一定的像素，衬于图形的下方，即可得到预期的效果。

至于斜角，我们继续用之前的实例，先隐藏掉投影滤镜（单击滤镜工具条的按钮即可），同时将【品质】设置为“低”，减少模糊次数增加对结果造成的影响。

隐藏后的效果如图 3-1 所示。

图 3-1　只有斜角滤镜的效果

为了证明那两团云雾状的物体正是文字的轮廓，我再把模糊设成 0，距离拉大到 16，如图 3-2 所示。

大家是不是已经看出一些端倪来了？我们再把【类型】改成“外侧”，距离再拉大些，如图 3-3 所示。

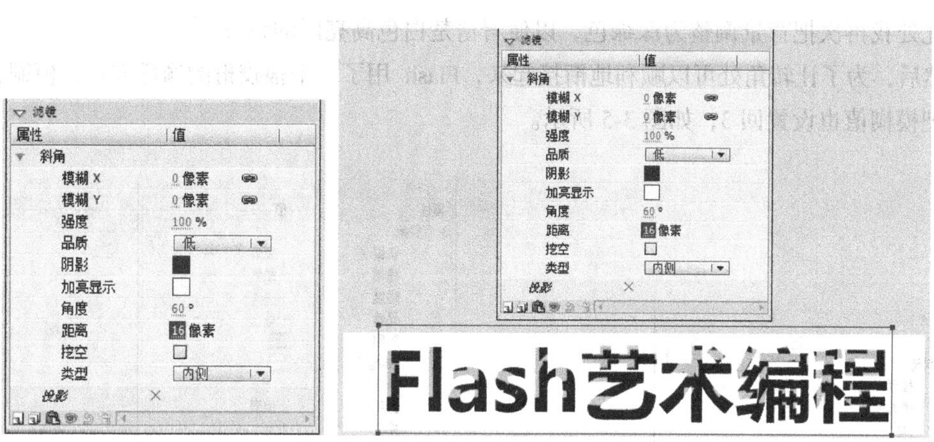

图 3-2　内侧斜角滤镜（距离被拉大后的效果）

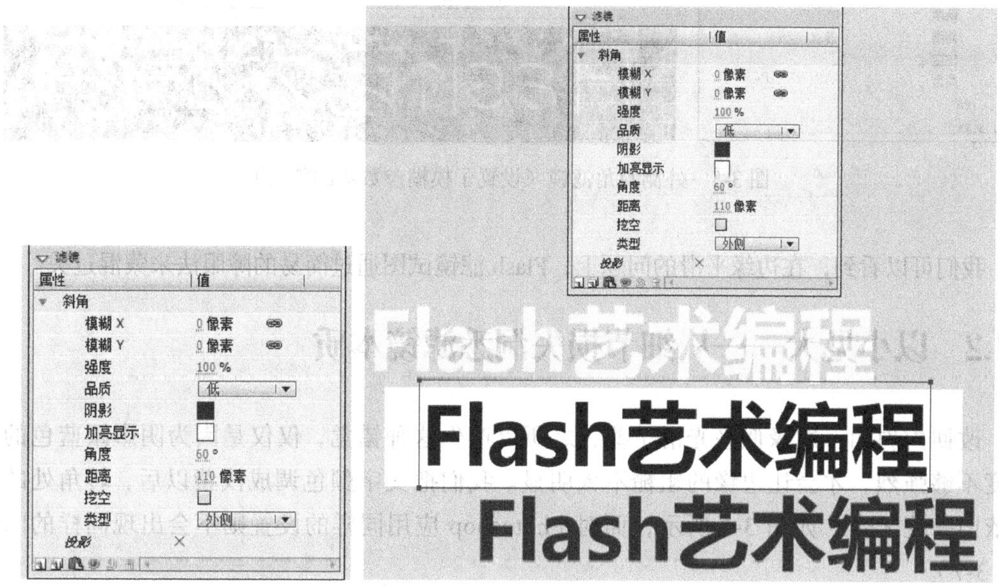

图 3-3　外侧斜角滤镜（距离被拉大后的效果）

至此，真相已被揭开，所谓的斜角，其本质不过是把原始图形复制两遍，进行上色以后，错位地叠放于原始文字之下。

所以，当我们把距离重新调小的时候，转角处的边缘必然不会圆滑，如图 3-4 所示。

图 3-4　外侧斜角滤镜（距离重新调小后的效果）

此处我再次把背景调整为深绿色，以便看清楚白色高亮区的轮廓。

然后，为了让转角处可以顺利地衔接起来，Flash 用了一个很狡猾的偷懒方式：模糊，我们不妨把模糊值也设置回 3，如图 3-5 所示。

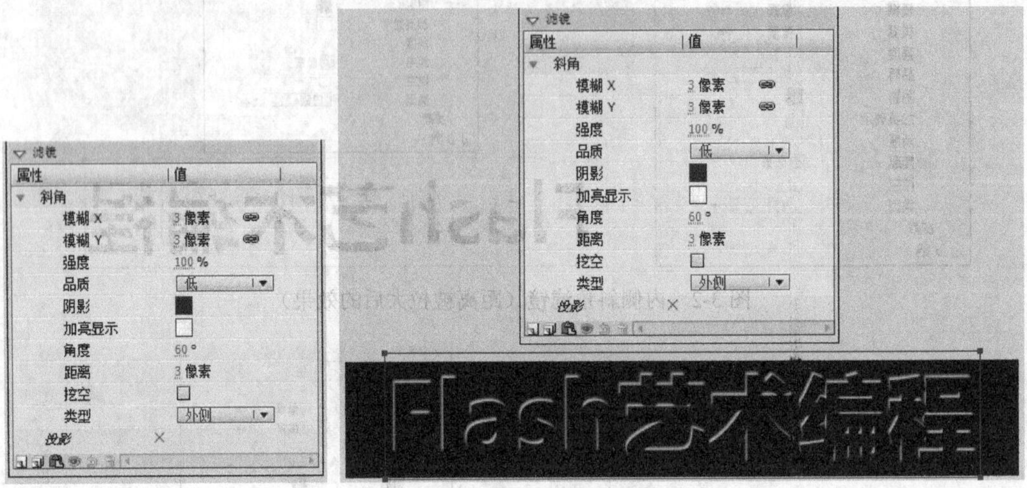

图 3-5　外侧斜角滤镜（设置了模糊参数后的效果）

我们可以看到，在边缘平滑的问题上，Flash 滤镜试图通过简易的障眼法来蒙混过关。

3.1.2　以小见大——从细节损失洞悉滤镜本质

改回内斜角，边缘似乎光滑了些，之所以产生这种错觉，仅仅是因为阴影跟蓝色的对比度不够强烈，才会让边缘的粗糙不太明显。我们把文字颜色调成浅紫以后，转角处的锯齿依旧一览无余，如图 3-6 所示，而对 Photoshop 应用同样的设置则不会出现同样的问题（图 3-7）。

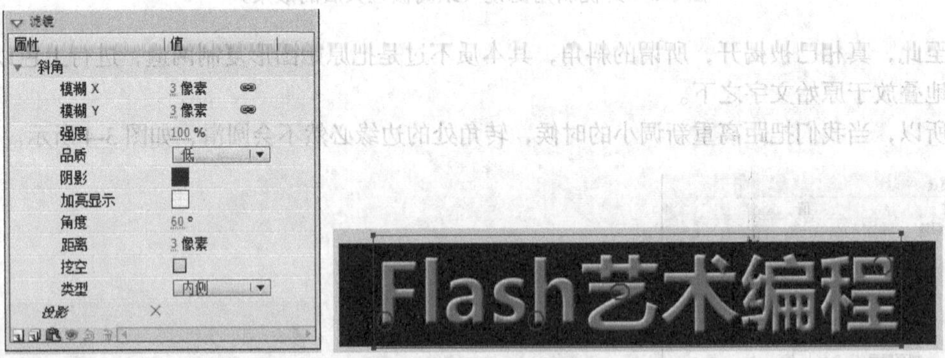

图 3-6　模糊值为 3 的内侧斜角滤镜

如果大家觉得这个斜面太小、看不清楚，那我们就改用一个方块来作比较吧，设置大小 100 × 100，浅紫色（#6633FF），斜面大小 30 像素，如图 3-8、图 3-9 所示。

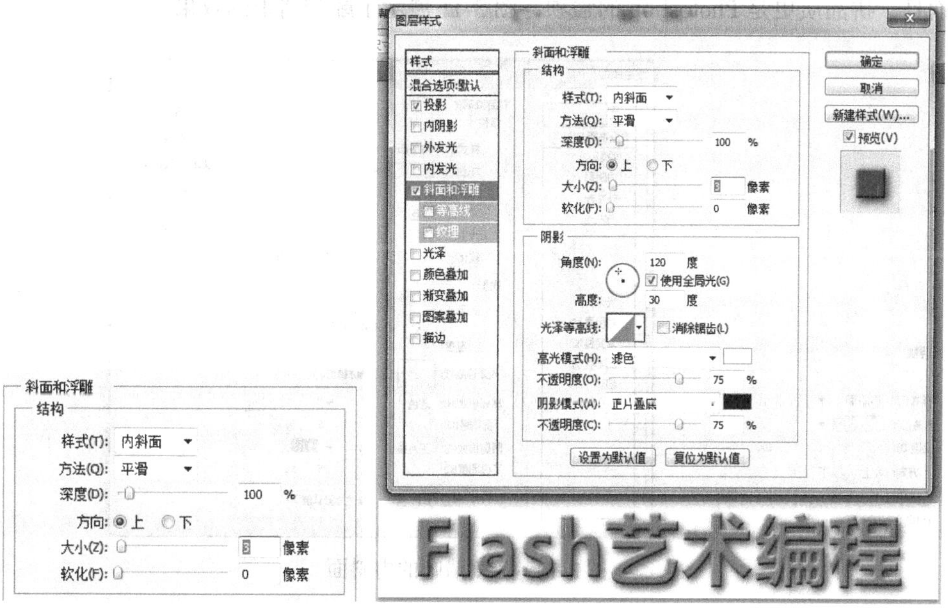

图 3-7　大小等于 3 的斜面样式

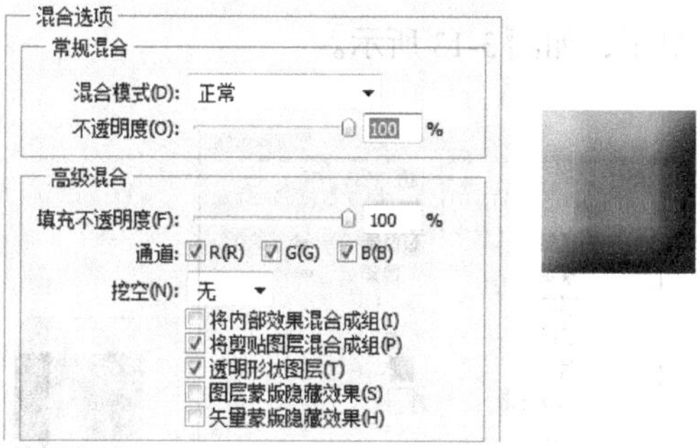

图 3-8　大小为 30 的斜面样式

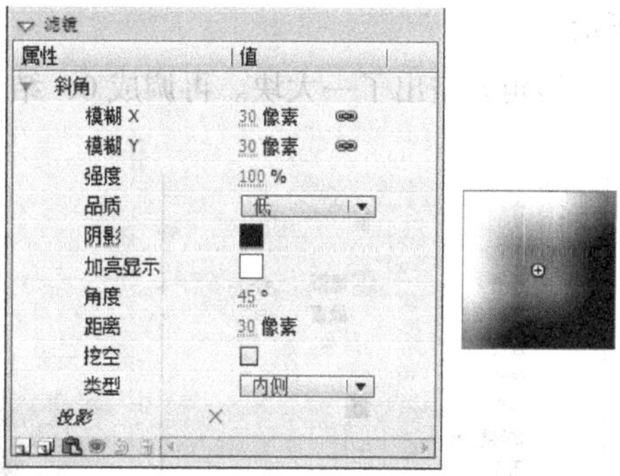

图 3-9　模糊值为 30 的斜角滤镜

显然，Photoshop 把斜面的质感与立体感都很完美地表现出来了，Flash 却只生成了两团比较虚的光影，是品质问题吗？我们把品质设为高，果然不虚了，呈现出来的就是真正意义上的两团云雾，如图 3-10 所示。

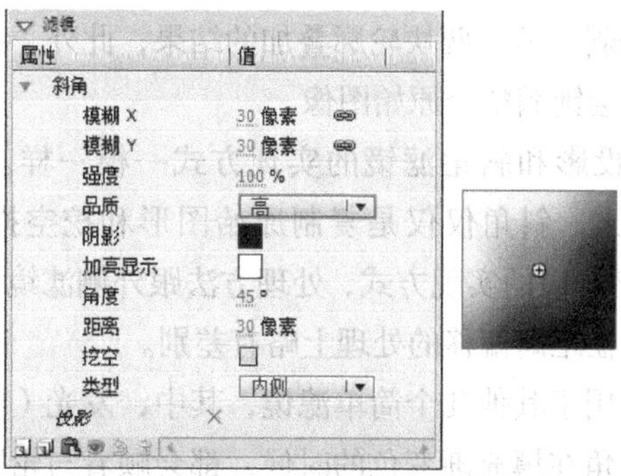

图 3-10　所谓的高品质斜角滤镜

而且，拼品质更是 Photoshop 的强项，图 3-11 展示了雕刻清晰的效果。

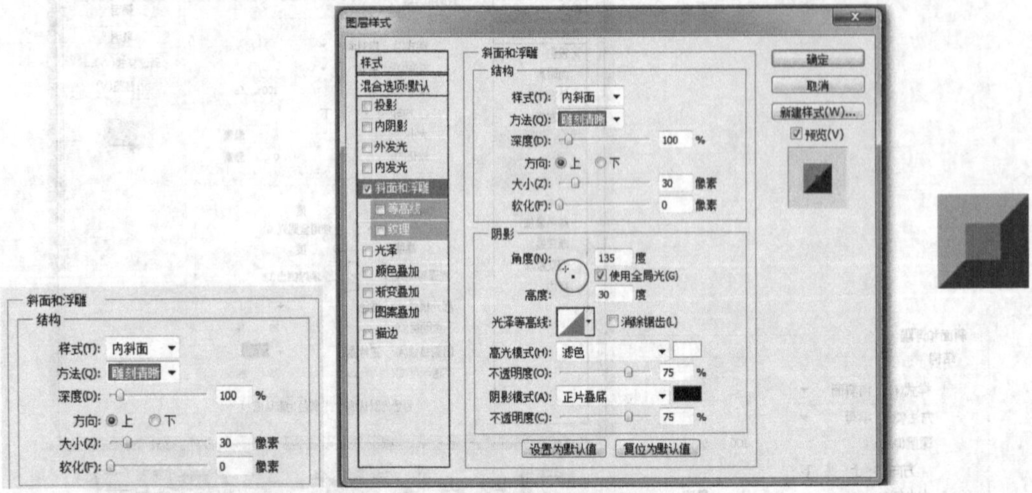

图 3-11　雕刻清晰的内斜面

如果是因为模糊过度而导致斜角变虚，那我们试着把模糊值调小到 10，则效果如图 3-12 所示。

转角处空出了一大块。再调成 0，结果就更明显了，如图 3-13 所示。

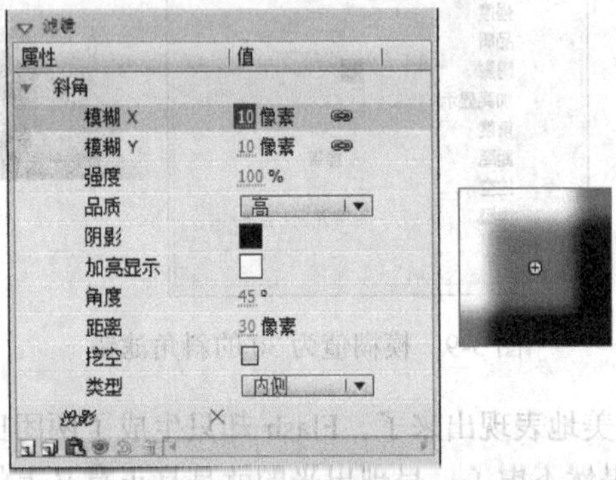

图 3-12　模糊值设置为 10 后的效果

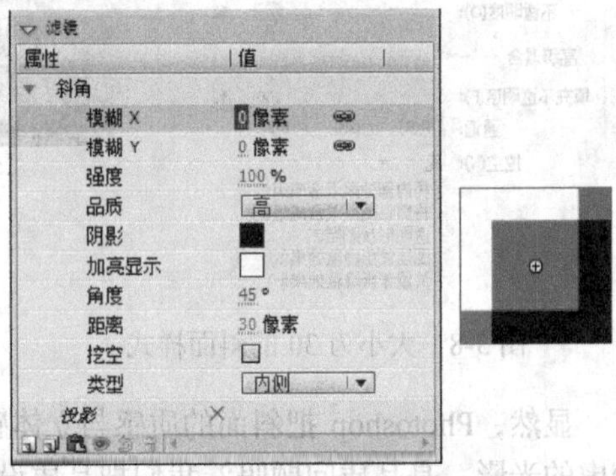

图 3-13　模糊值设置为 0 后的效果

这再次证明了 Flash 的斜角就是两块轮廓叠加的结果，此外，我们还看到相交的部分被挖空，否则高亮区和阴影区将会铺满整个原始图像。

所以，从本质上看，投影和斜角滤镜的实现方式一模一样。图 3-14 展示了外侧型滤镜的实现方式。与投影相比，斜角仅仅是复制原始图形和挖空操作各多一次而已。

图 3-15 则展示了内侧型滤镜的实现方式，处理方法跟外侧滤镜相似，所不同的只是需要创建一个镂空层（遮罩）以及在距离偏移的处理上略有差别。

以上实现过程，同样适用于其他几个简单滤镜，其中，发光（不含渐变发光）没有距离的偏移。而渐变发光和渐变斜角在填充渐变色的时候，都会顺着与轮廓垂直的方向进行色彩的过渡，其模糊值还用于控制渐变区域的大小。

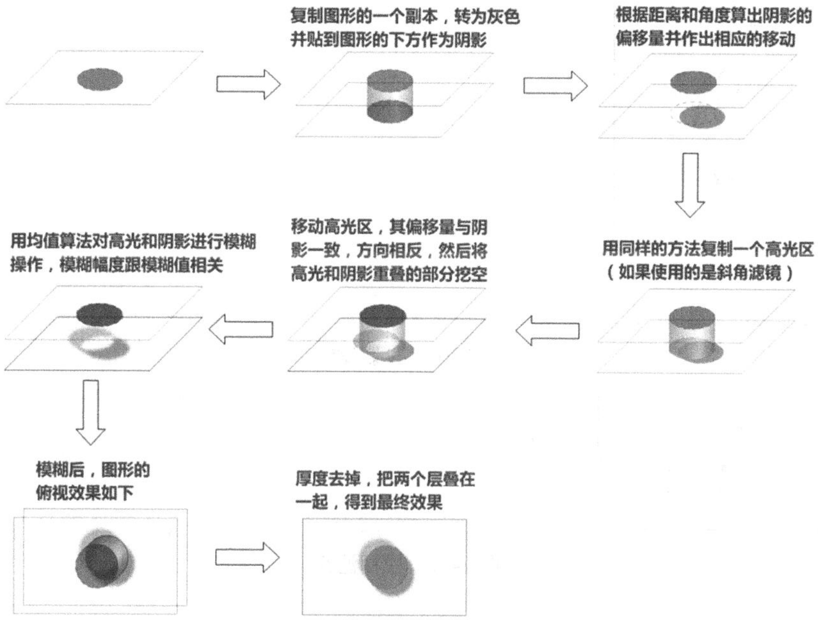

图 3-14　外侧型滤镜实现过程图解

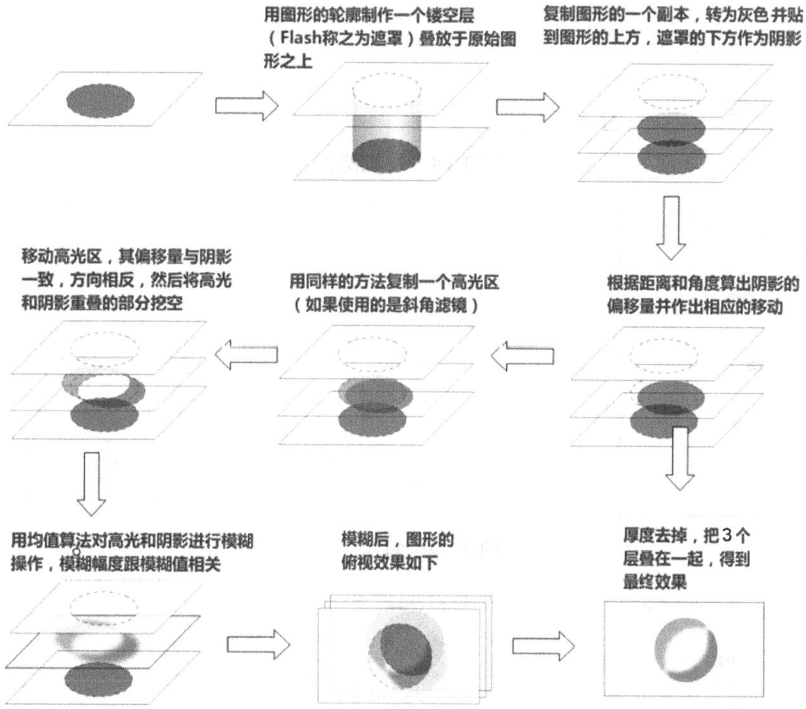

图 3-15　内侧型滤镜实现过程详解

复制后进行的变色操作，用 ColorTransform 即可轻松完成，至于模糊的实现及具体算法，我们会在后续章节跟大家作更进一步的探讨。

下面我分别用这 6 种简单滤镜对同一个文本进行设置，效果如图 3-16、图 3-17、图 3-18、图 3-19、图 3-20、图 3-21 所示。

图 3-16　投影滤镜

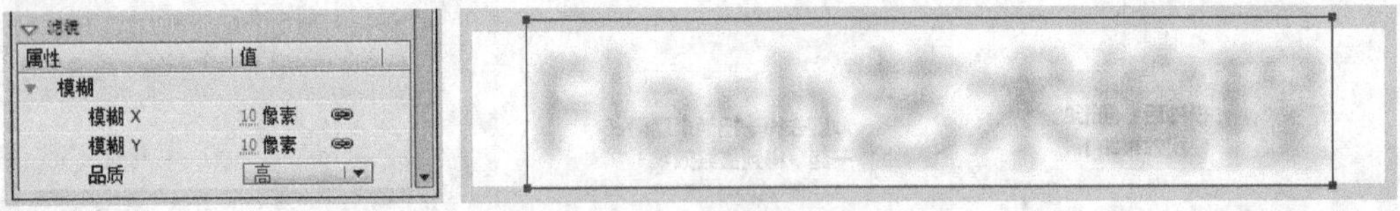

图 3-17　模糊滤镜

图 3-18　发光滤镜

图 3-19　斜角滤镜

图 3-20　渐变发光滤镜

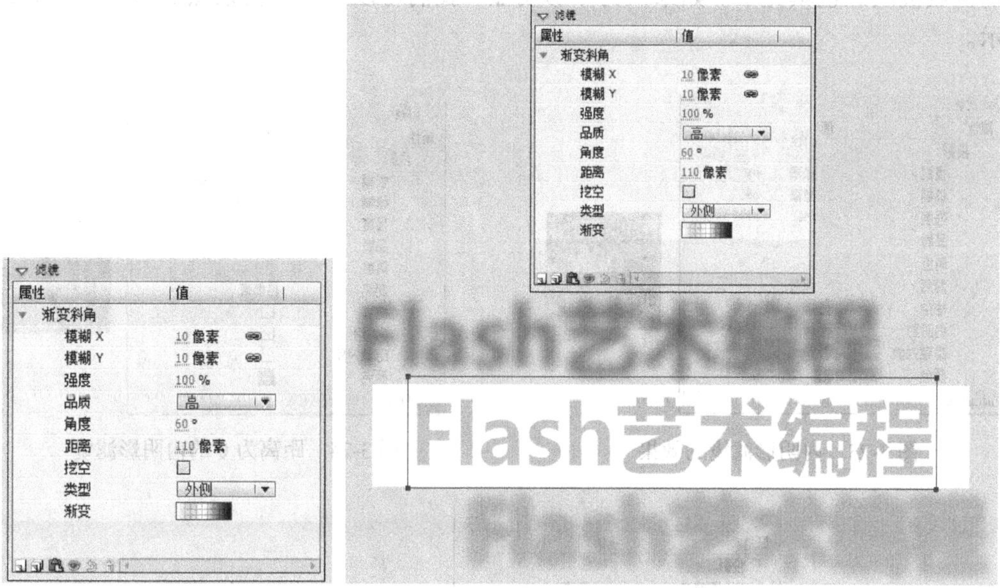

图 3-21 渐变斜角滤镜

不难看出，6 种滤镜的构造模式基本一致。注意，我们把文本的不透明度调至 50%，以便观察不能修改距离的发光滤镜。另外，我们还可以把投影滤镜的距离设置为 0，同时把颜色改成纯红来得到跟发光滤镜完全一样的效果，如图 3-22 所示。

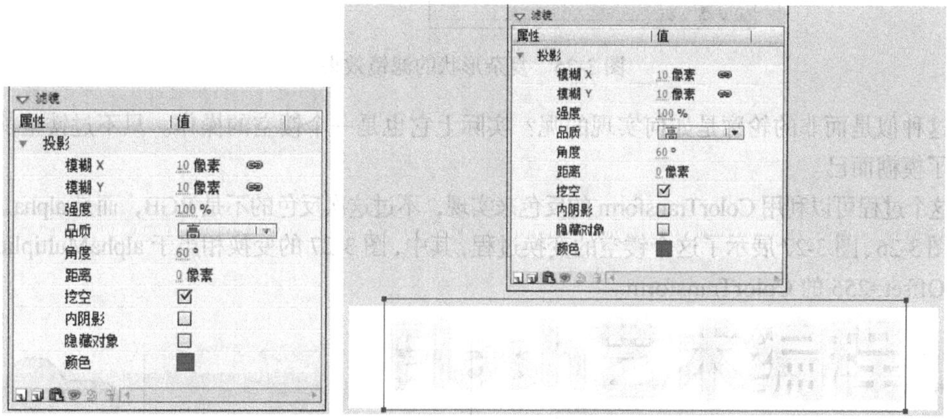

图 3-22 距离设置为 0 以后的投影滤镜跟发光滤镜如出一撤

3.1.3 用内侧滤镜验证 Flash 简单滤镜的实现原理

以上测试都在外侧进行，为了证实内侧滤镜的实现机制与外侧并无大异，我们再次使用方块，让内阴影滤镜在方块上移动，如图 3-23 所示。

阴影层似乎并非复制出来的轮廓，因为方块的边缘并不存在类似于转角的结构。但是，当我们把距离调回到 0 的时候，真相就浮出水面了，如图 3-24 所示。

是不是隐约感觉到一个矩形轮廓的存在了？只不过这个轮廓的边缘模糊方式并非由阴影色淡出到透明，而是恰恰相反，从透明淡入到阴影色。而图形本身被挖空了，图形以外的区域被阴影色填充了。如果认为不够明显，我们可以换一个复杂点的图形，如图 3-25 所示。

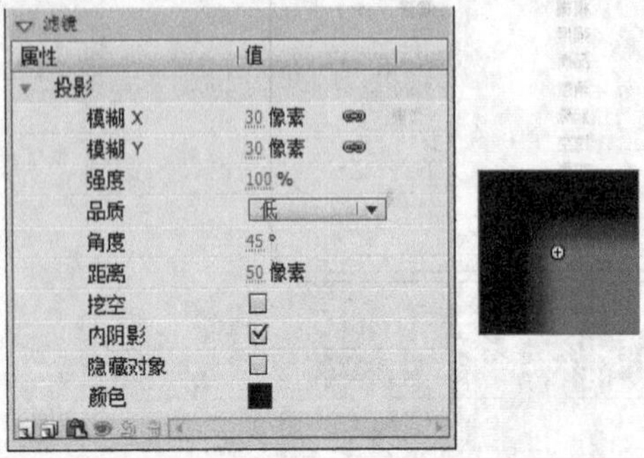

图 3-23　内阴影滤镜的效果

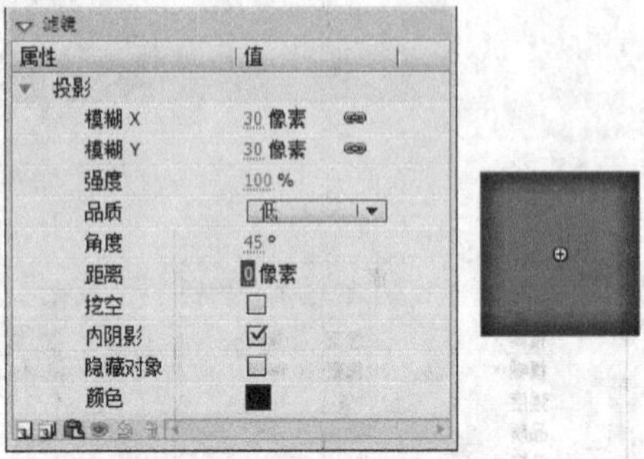

图 3-24　距离为 0 的内阴影滤镜

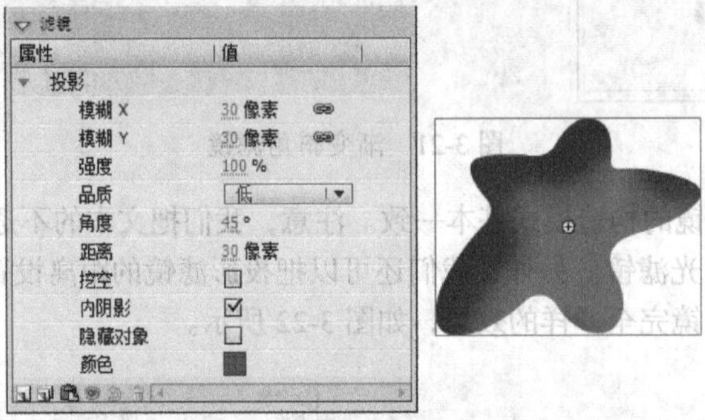

图 3-25　复杂形状的滤镜效果

这种似是而非的轮廓是如何实现的呢？实际上它也是一个镂空的操作。只不过镂空前，边缘做了模糊而已。

这个过程可以利用 ColorTransform 的反色来实现，不过这次反色的不是 RGB，而是 alpha。

图 3-26、图 3-27 展示了这个镂空的变换过程，其中，图 3-27 的变换相当于 alphaMultiplier=-1，alphaOffset=255 的 ColorTransform。

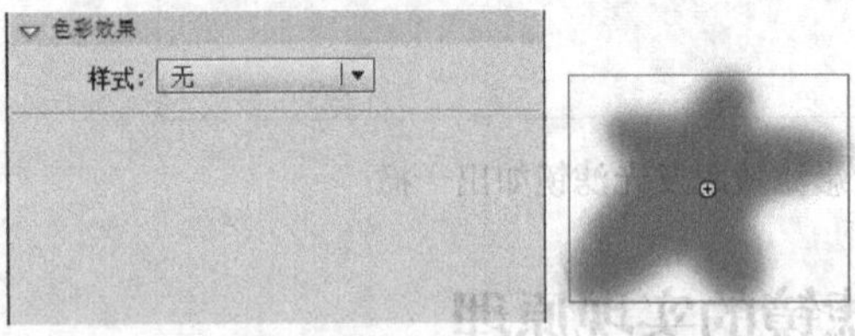

图 3-26　一个被模糊了的图形

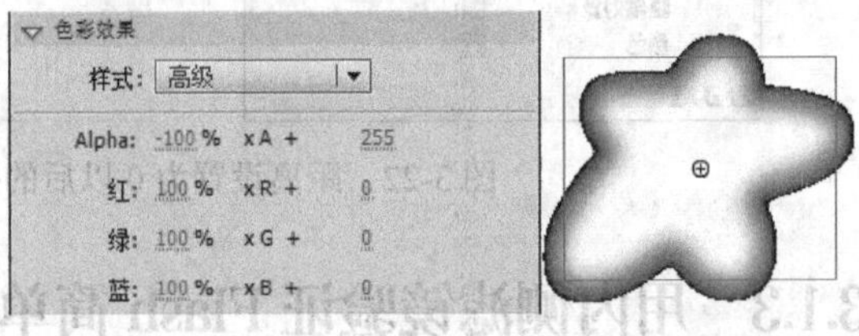

图 3-27　用 alpha 反色实现镂空效果

可见，内侧滤镜的实现原理仍是外侧的那一套，只是阴影多做了一次反色镂空的操作。

下面我们再来分析一下两个渐变滤镜。可以说，发光/斜角实质上就是渐变发光/渐变斜角的一个特例。以渐变发光为例进行分析，我们不难看出，发光跟渐变发光都在图形下方衬上了一个图形的影子。那么，现在我们就尝试把渐变发光的影子调到跟发光的一致。

首先，距离参数必须调整为 0；其次，因为渐变的另一端是白色，跟背景相同，所以为了加强对比，我们暂时把背景调成深绿色，如图 3-28 所示。

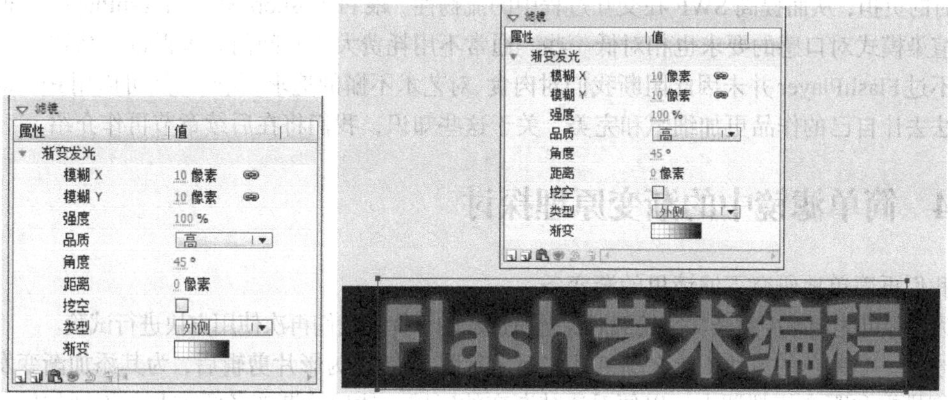

图 3-28　距离为 0 的渐变发光滤镜

看到了从黑到白扩散的发光效果，接下来，我们把渐变两端的颜色都调成纯红，同时将背景恢复为白色，如图 3-29 所示。

图 3-29　将渐变调为红色后的渐变发光滤镜

与发光和投影滤镜调出来的效果几乎完全一致，大家可以自行测试一下渐变斜角和斜角的这种关系，不过需要注意的一点是，渐变斜角的渐变条在 Flash IDE 里被划分成两个区域，右侧代表高光区，而左侧则用于控制斜角的阴影。

我们已经看到，发光和投影都是渐变发光的一个特例，其渐变模式都是从指定透明度到 0 的一个单色线性渐变。

所以，Flash 滤镜种类丰富的特点仅仅是表象，6 种简单滤镜实际上可以合并为 3 种：模糊、渐变发光和渐变斜角，而且 3 种滤镜的本质差异仅仅是图形的层数的不同，分别为 1,2,3，其实现的途径也完全一致。而 Photoshop 的图层样式虽然大多数也有经过类似的预处理（如我们之前看到的斜面和浮雕），但事后都会针对不同样式作出不同的个性化操作，使效果更为精细并趋于完美。

然而，我们也不能否认这 6 种简单滤镜的存在意义，毕竟投影、发光、斜角都给简单的 Flash 滤镜效果的制作提供了一个简易便捷的途径，在把它转为 ActionScript 的时候，不用被太多的渐变数组参数搞得晕头转向。

另一方面，由于 Flash 的滤镜需要实时渲染，也就是每帧都在进食，对 FlashPlayer 的消化系统来说是相当严峻的考验。所以由素食原料制作而成的 Flash 滤镜将会有效减少 FlashPlayer

运行时的负担，从而提高 SWF 在交互过程中的流畅性。跟 Photoshop 相比，FlashPlayer 这种快餐化的渲染模式对口感的要求也相对低一些，通常不用耗费大量时间而处理得过于精致。

不过 FlashPlayer 并未因此阻断我们对肉食、对艺术不懈的追求，我们依然可以用 BitmapData 等方法去让自己的作品更加细腻和完美。关于这些知识，我们将在后续章节再作介绍。

3.1.4 简单滤镜中的渐变原理探讨

我们再简单地研究下滤镜里的渐变条。

为了尽可能地减少复杂文字轮廓对课题所造成的干扰，我们再次使用方块进行试验。

绘制一个紫色的方块（什么颜色其实都无所谓），转换为影片剪辑后，为其添加渐变发光滤镜，把模糊和距离值都调大，以便看清楚渐变的区域，然后给渐变条添加几种不同的颜色，如图 3-30 所示。

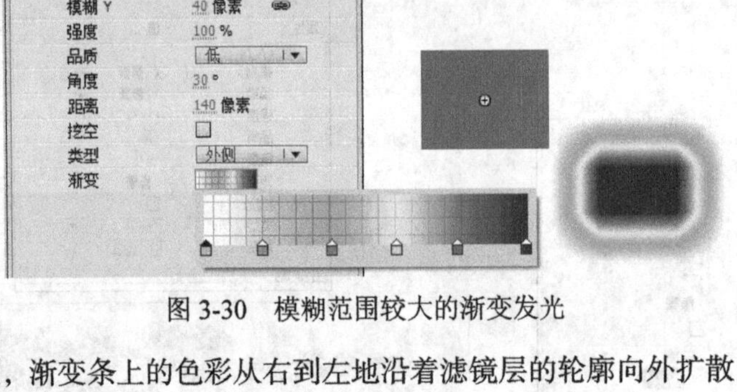

图 3-30 模糊范围较大的渐变发光

我们可以看到，渐变条上的色彩从右到左地沿着滤镜层的轮廓向外扩散，直到淡出舞台。渐变作用范围以外的区域（即图形的内部）被填充上最右侧的红色。那么问题来了，我们要如何确定渐变的作用范围呢?

我们想到了一个不太精确的做法：在尽可能靠近右侧的位置再添加一种颜色，如图 3-31 所示。

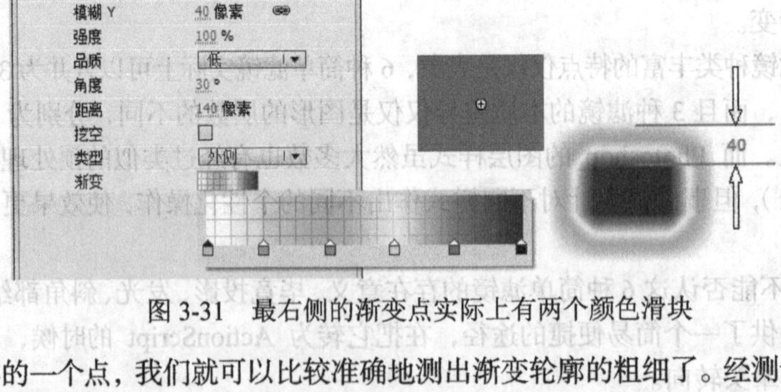

图 3-31 最右侧的渐变点实际上有两个颜色滑块

借助这样的一个点，我们就可以比较准确地测出渐变轮廓的粗细了。经测试，图 3-31 中两紫色横线的距离很接近 40 像素（误差在 1 像素以内）。

大家可以自行测试其他像素下的效果，也可以尝试让模糊 X 和模糊 Y 的值不一致，如图 3-32 所示。

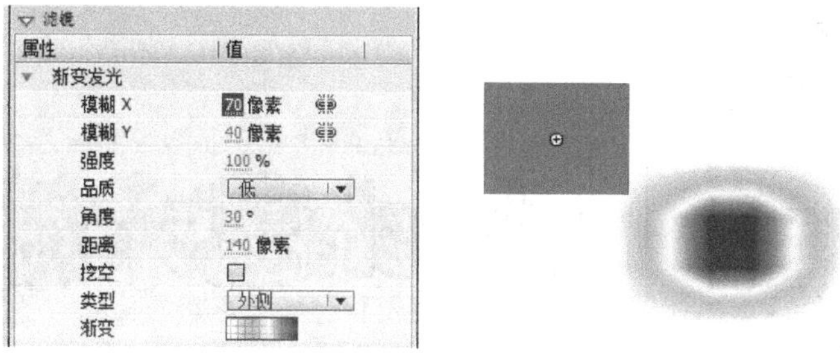

图 3-32　模糊 X 不等于模糊 Y 的情况

在模糊值不超出方块尺寸的前提下，渐变区的大小跟模糊值基本一致，误差均小于 1 像素。

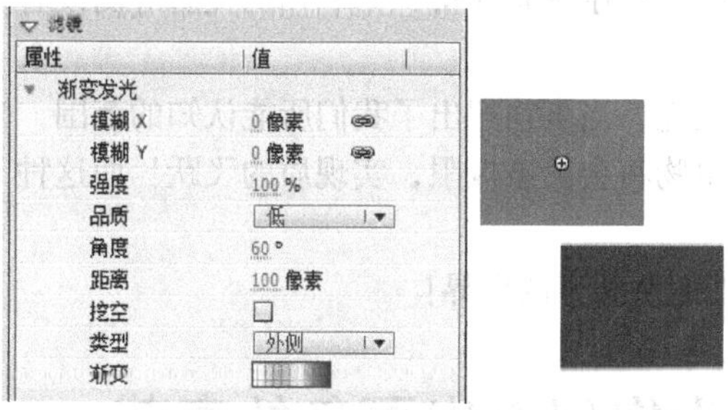

图 3-33　模糊值为 0 时，所有渐变色都被挤到了边缘，几乎不可见

另一个可以证明该结论的极端情况：当模糊值设置为 0 的时候，渐变区域被挤到了最外层一个粗细不足 1 像素的线框上，如图 3-33 所示。

另外，强度也具有控制渐变区域大小的作用，知道发光是渐变发光的特例以后，相信大家都不难理解了。

在这个渐变发光里，光圈从内而外呈现出一个淡出的趋势，这一趋势是必然的吗？当然不是！向外淡出仅仅是它的默认设置，也是发光、投影滤镜中用到的特例，我们完全可以打破这一常规！比如，把各种颜色的不透明度都改到 100%。最左侧的条虽然不能更改透明度（如图 3-34 所示），但我们可以用之前说到的那个方法——在尽可能靠近左侧的位置添加一个渐变点来完成这一操作，如图 3-35 所示。

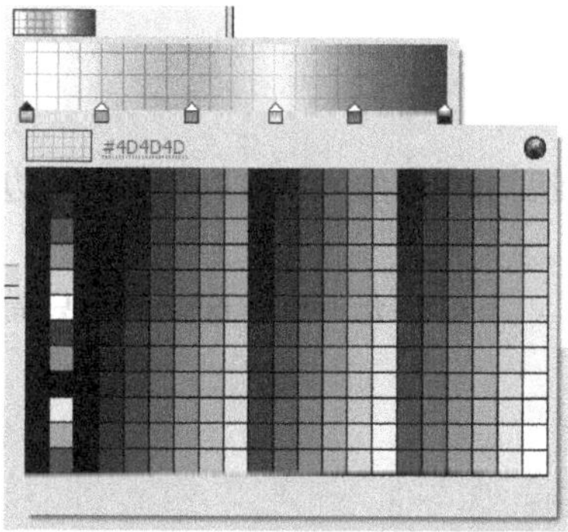

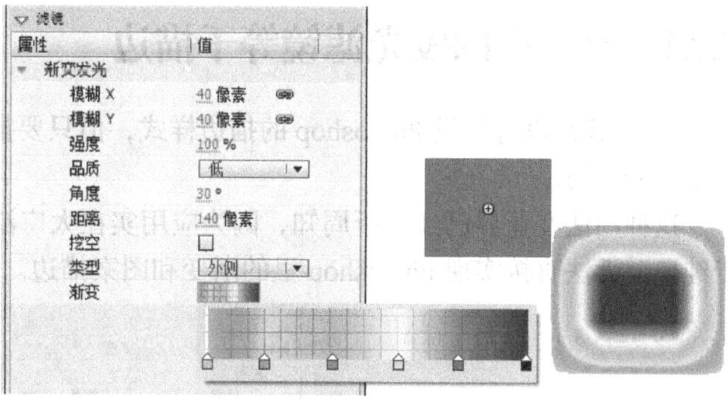

图 3-34　发光最外层的透明度不允许更改　图 3-35　用霸王硬上弓的办法让光圈的外边缘不淡出

已经没有模糊的感觉了，因为我们把最外侧的边缘也设置成了全不透明。实际上，Flash 滤镜（模糊滤镜除外）里的模糊参数所控制的就是渐变有效区的大小，当不透明度遵循从有到 0 的规则进行渐变时，渐变有效区的变大就可以使观众产生模糊的错觉了。

大概是因为最外围设置成不透明以后边缘有点生硬，所以 Flash IDE 不允许我们更改光圈最外层的不透明度。

我们甚至可以把透明度翻转过来，做出一个类似于浮雕的立体字，如图 3-36 所示。

图 3-36　用渐变发光实现浮雕效果

是不是有种似曾相识的感觉？没错，这跟我们当时在 Photoshop 里制作的投影等高线有几分相似了！

当各种参数可以颠覆传统，当发光不再只是发光，当事物超出了我们所能认知的范围，当量变发展到一定程度的时候，一切会何去何从？事物将会突破极限，实现质的飞跃！而这种飞跃往往非常人所能理解，我们谓之“奇葩”！

下面，就让我们进入 3.2 节，共同迈进这个奇葩朵朵开的世界！

3.2　诡异的滤镜参数值为您创造出更多的奇葩

从 3.1 节的讨论可知，Flash 简单滤镜就像一桌素菜，原料的组成（实现机制和算法）非常简单（至少比 Photoshop 的图层样式简单得多），很难把肉的质感模拟得十分真实。但是，只要加工和烹调技术到位，素菜一样可以做到色香味俱全，让食客味蕾大增。

本节我们就尝试通过颠覆 Flash 简单滤镜的各种参数，给这些素菜进行一下深加工，打造出不一样的视觉盛宴。

3.2.1　高强度的发光滤镜等于描边

Flash 滤镜没有提供 Photoshop 的描边样式，但只要把强度增大，发光就可以转化为描边，如图 3-37 所示。

这种用法在业界已经众所周知，因为应用实在太广泛了。不过补充一点，这个描边只局限于纯色，无法直接实现 Photoshop 里的渐变和图案描边。

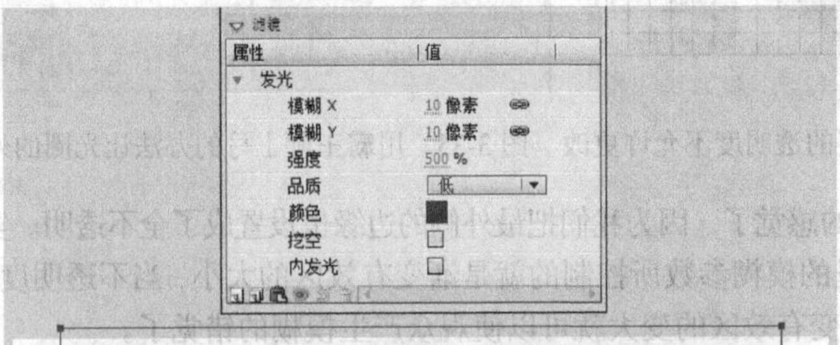

图 3-37　高强度的发光滤镜等于描边

3.2.2　高强度的斜角模拟所谓的“雕刻清晰”

不少 ActionScript 图书或者网上教程在介绍斜角滤镜时都喜欢以高强度参数作为例子来讲解雕刻清晰的实现方法，如图 3-38 所示。

实际上，这种做法经不起推敲。首先，两光面和两暗面之间并无分界；其次，实例中的图形恰好是矩形，如果换成轮廓复杂点的文字，这个所谓的清晰就显得比较突兀了，如图 3-39 所示。

而 Photoshop 在这两细节效果的处理上都远远优于 Flash，如图 3-40、图 3-41 所示。

图 3-38　用高强度的斜角滤镜实现雕刻清晰

图 3-39　用 Flash 模拟的雕刻清晰字母 O

图 3-40　用 Photoshop 绘制雕刻清晰的正方形

而且对于非 45 度的斜角而言，Flash 中的分界甚至会被扭曲，如图 3-42 所示。

图 3-41　Photoshop 制作的雕刻清晰字母 O

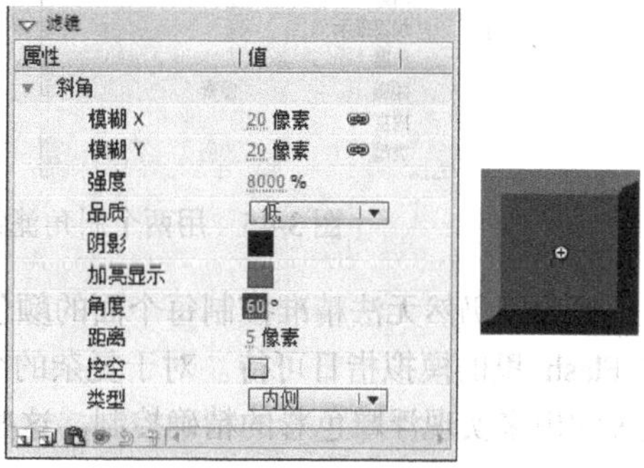

图 3-42　Flash 的 60 度斜角

如果雕刻清晰斜面的高度较小，或者形状不复杂，高强度斜角一般都能胜任。但如果高度较大并且必须要完善这类细节的话，则难度就比较高了，不过这里我们可以先给出一个比较简单的处理方法。

对于正方形来说，一个斜角滤镜最多只能在两个拐点处生成分界线，要么左上和右下（如图 3-43 所示），要么右上和左下，（如图 3-44 所示）。

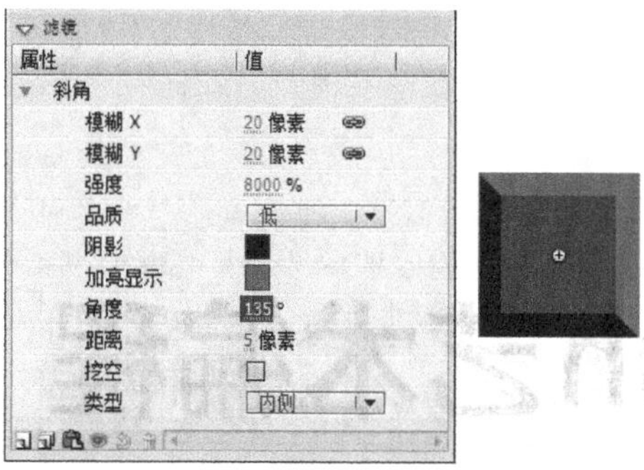

图 3-43　135 度，分界点在左上和右下

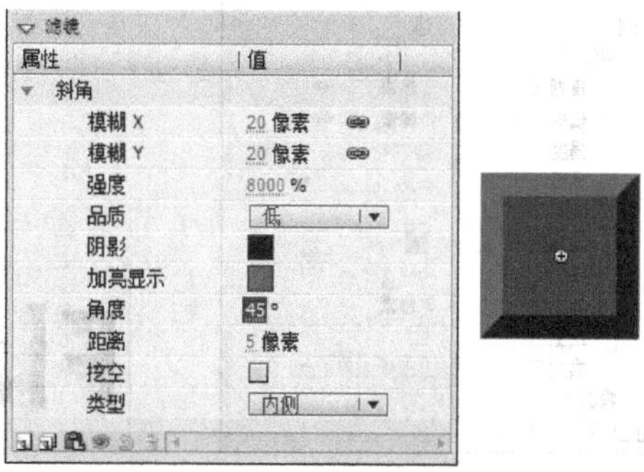

图 3-44　45 度，分界点在右上和左下

在同一个滤镜里，两个角度不能共存，但我们完全可以给显示对象赋予两个滤镜（前面已经提到过，在同一个显示对象里，同类型的滤镜可以设置多个）。

我们给方块应用上这两个斜角滤镜，同时把上层滤镜（即后加的那个）的高光及阴影的不透明度设置为 50%，效果如图 3-45 所示。

小提示 我们可以用复制滤镜的方法快速生成两个完全一样的滤镜，然后再更改其中一个的角度和 alpha。

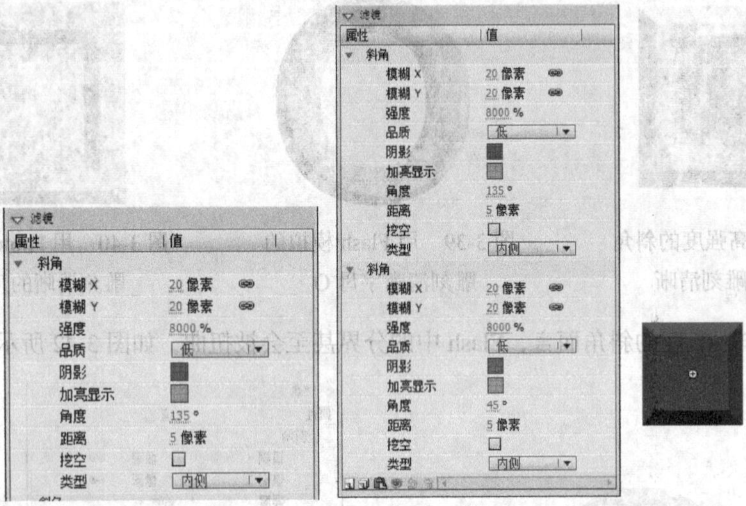

图 3-45　用两个斜角滤镜模拟出精度更高的雕刻清晰

虽然我们仍然无法精准控制每个面的颜色，但是此举至少给我们指了一条明路，细腻的雕刻在 Flash 里的模拟指日可待。对于复杂的图形，我们可以通过多复制一些图层然后运用混合模式等知识来实现浮雕色彩的精确控制。这些内容我们将在后续章节为大家逐一展开。

3.2.3　反向斜角实现凹陷的浮雕效果

Photoshop 的凹陷浮雕通过修改方向参数来设置，在 Flash 里面实现它也不难，只要把高亮显示和阴影的颜色交换一下，或者将角度、距离的其中一项设置成负数即可达到效果，如图 3-46、图 3-47、图 3-48 所示(注：此处加了个投影滤镜来打底)。

图 3-46　通过交换加亮和阴影的颜色来达到凹陷的效果

图 3-47　通过将距离设置为负数来达到凹陷的效果

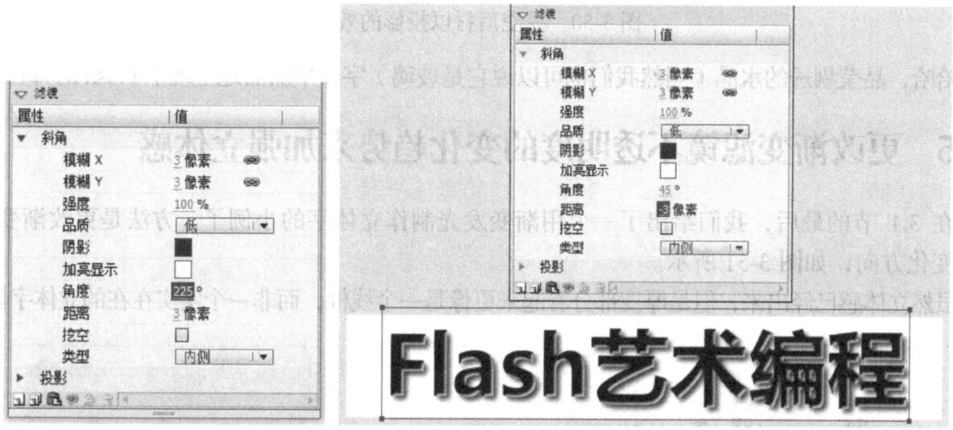

图 3-48　通过将角度设置为负数（225 度与-135 度等价）来达到凹陷的效果

3.2.4　利用斜角的双层叠加创建水晶感的高光

如果将斜角和阴影都调亮，高亮区的范围将明显扩大，为各种质感高光的制作创造了极为有利的条件，如图 3-49 所示。

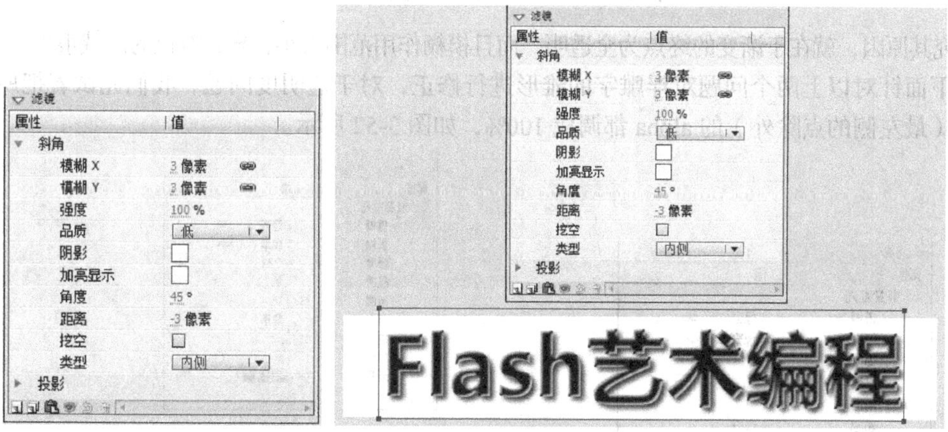

图 3-49　高亮和阴影都设置为白色的斜角滤镜

光感够强烈了，但是跟原始文字的蓝色并不协调。我们试着把蓝色挖空出来，再配以投影，效果又会怎么样呢？效果如图 3-50 所示。

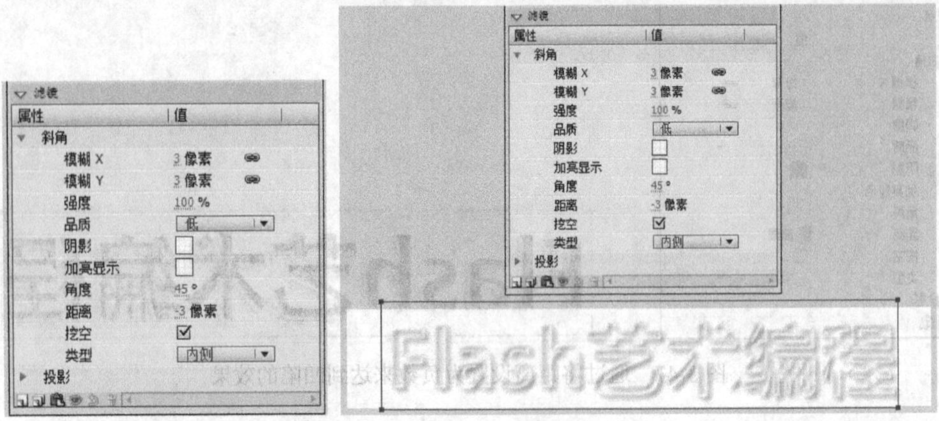

图 3-50　挖空后衬以投影的效果

哈哈，晶莹剔透的水晶（当然我们也可以说它是玻璃）字体华丽丽地呈现于 Flash 的舞台上。

3.2.5　更改渐变滤镜不透明度的变化趋势来加强立体感

在 3.1 节的最后，我们给出了一个用渐变发光制作立体字的小例子，方法是更改渐变的透明度变化方向，如图 3-51 所示。

虽然立体感已经出来，但是厚度部分看起来更像是一个线框，而非一个实实在在的立体字侧面。

图 3-51　利用渐变发光制作浮雕效果

究其原因，就在于渐变的终点为全透明，而且模糊作用范围太小，导致有色的区域很少。

下面针对以上两个问题对浮雕字的雏形进行修正，对于透明度问题，我们先试着把所有渐变点（最左侧的点除外）的 alpha 都调成 100%，如图 3-52 所示。

图 3-52　去掉透明渐变后的渐变发光效果

这样看起来像投影多一些，因为几乎没有任何渐变。所以接下来我们需要调整的是渐变区的颜色，比如改为从浅蓝到深蓝，如图 3-53 所示。

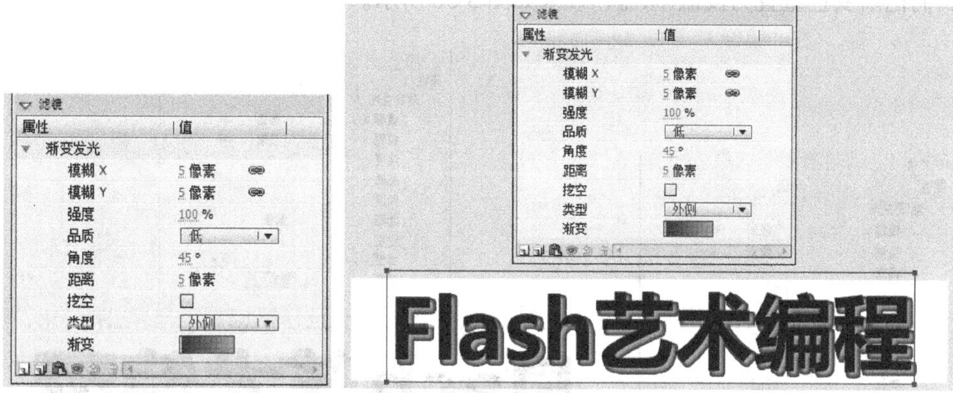

图 3-53 从浅蓝到深蓝的渐变发光效果

层次感来了，但过渡区不太柔和，渐变的过渡有点突兀，只有很少的两三个像素。究其原因，3.1 节已有提及，因为渐变的区域的大小等于模糊值，而我们只给模糊值设置了 5 像素。

经测试，80 号粗体微软雅黑在模糊值为 10 像素时表现最佳（模糊太大，超出字符粗细，会导致轮廓严重变形），此时我们再给渐变条添加几种颜色，效果如图 3-54 所示。

图 3-54 多色渐变发光

我们暂且不追究这一随性涂鸦作品的可观赏性，单看渐变范围，我们可调整的空间就有了很大程度的提升。如果模糊值等于 5，那么渐变就只能呈现为一条条很细的丝线，如图 3-55 所示。

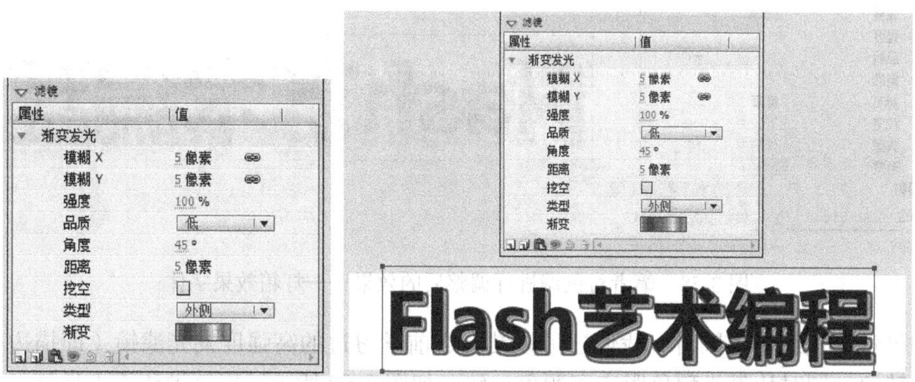

图 3-55 模糊值为 5 渐变点数量大于等于 5 时的渐变发光效果

当然，利用渐变点多和模糊值小这一矛盾，我们同样可以进行一些奇葩的创作，还可以用它来制作一些像素风格的图画。

我们把渐变色重置为浅蓝-深蓝，效果如图 3-56 所示。

图 3-56　模糊值等于 10 的浅蓝-深蓝渐变发光

一个侧面类似于球面的立体效果基本成型。大家可以自行调整里面的颜色，同时衬以投影进行美化。图 3-57、图 3-58 是我调整后的效果，让大家见笑了。

图 3-57　笔者对色调进行调整后的效果——塑料质感字体

图 3-58　笔者对色调进行调整后的效果——灯箱效果字体

如果觉得边缘不够圆滑，我们还可以结合之前学习过的高强度发光滤镜（即描边）柔化边缘的转角，同时让发光颜色跟文字颜色一致，如图 3-59 所示，但这做法不太地道，在讲到 BitmapData 的时候，我会给出一些相对高级的办法。

图 3-59　用发光滤镜柔化边缘

对于后一种灯箱字体，为了让灯光也能穿透字体的正面，我们可以再创建一个内侧的渐变发光（这里不建议用全部，因为内外侧的模糊值和距离不一样），如图 3-60 所示。

我们已经尝试了在外侧创建浮雕，那么内侧的可以实现吗？

下面我们就开始用内侧的渐变发光来做试验。

图 3-60　添加了内侧渐变发光的灯箱字体

我们把现有的滤镜全部删掉，重新添加一个渐变发光滤镜，将类型更改为“内侧”，如图 3-61 所示。

图 3-61　默认的内侧渐变发光滤镜

白色的高光配以灰暗的阴影，浮雕样式已崭露头角，但此时的高光效果偏弱，阴影效果较强，可能是白色不透明度过小、黑色不透明度过大所致，将白和黑的不透明度都调整为 75%之后便有所改善，如图 3-62 所示。

图 3-62　将渐变不透明度都改为 75%以后的效果

阴影区涵盖面仍然较大，甚至将文本原有的颜色完全覆盖了，而且高光区的边缘也出现较明显的杂边与切迹。我们尝试在渐变中间添加一个全透明色并且将白色渐变点稍稍往右拖一下，让高光更远离边缘的位置，如图 3-63 所示。

图 3-63　用全透明渐变点弱化发光和阴影区

再一次出现渐变被挤压成线框的现象了，吸取以往的经验教训，我们把模糊值调大一点并且相应缩小黑色渐变的区域，如图 3-64 所示。

图 3-64　模糊值调大后的效果

我们只调大了 3 像素，高光轮廓就已经严重变形，俨然即将熔化的金属，虽说这奇葩并非我们目前想要的，但可为日后的创作带来灵感的启迪。

从整体上来观察，越靠近边缘的位置变形越严重，所以我们不妨再将白色渐变往右拉一下，如图 3-65 所示。

图 3-65　白色渐变点再往右调一些

高光区的线条相对清晰了，但是渐变到透明的区域仍可看到变形，为了阻断这一渐变的发生，我在白色渐变点旁边添加一个全透明的渐变点，如图 3-66 所示。

图 3-66　在距离白色渐变点很近的地方再加一个白色透明点

白色光环再次被挤压，模糊值又无法调大，怎么办？我们只能打白色点右边的主意了。

我们把所有渐变点都往右移，再把黑白之间的透明点去掉，效果如图 3-67 所示。

图 3-67　白色点继续右移的效果

如果我们再继续拖，恐怕连黑色都要给拖没了，但仍未得到满意的结果，常规做法已山穷水尽，一定要把黑色也去掉吗？我们不妨试试，本节要做的就是打破常规！

我们把黑色渐变点改成白色，如图 3-68 所示。

图 3-68　把黑色渐变点改成白色

再次取得新的突破！高光区在得到清晰轮廓的同时，也争取到了更大的有效面积，发挥的空间从此更加广阔！

按平常的视觉习惯，高光应位于左上角，为此，我们用翻转法把距离设置成负数，如图 3-69 所示。

图 3-69 将高光调至人类习惯的角度

高光有点偏大了，我们可以调小点，把渐变点右移似乎是个不错的选择，如图 3-70 所示。

图 3-70　渐变点继续右移

我们发现高光区仍然偏大，继续右移将会再次出现被挤压的状况，引发恶性循环，这时就可以配合模糊值、距离等参数作出更细微的调整，如图 3-71 所示。

图 3-71　细调后的效果

搭配上投影后的效果如图 3-72 所示。

图 3-72　搭配上投影后的效果

立体效果成型以后，我们可以将渐变区域调大来创建更圆润的浮雕斜面，如图 3-73 所示。

图 3-73　更圆润的斜面效果

图 3-72 和图 3-73 在打造质感方面的能力各有千秋，图 3-72 适合于制作晶莹剔透的水晶字体，如图 3-74 所示，而图 3-73 则更倾向于表面比较粗糙的塑料、磨砂玻璃或者石砖材质，如图 3-75 所示。

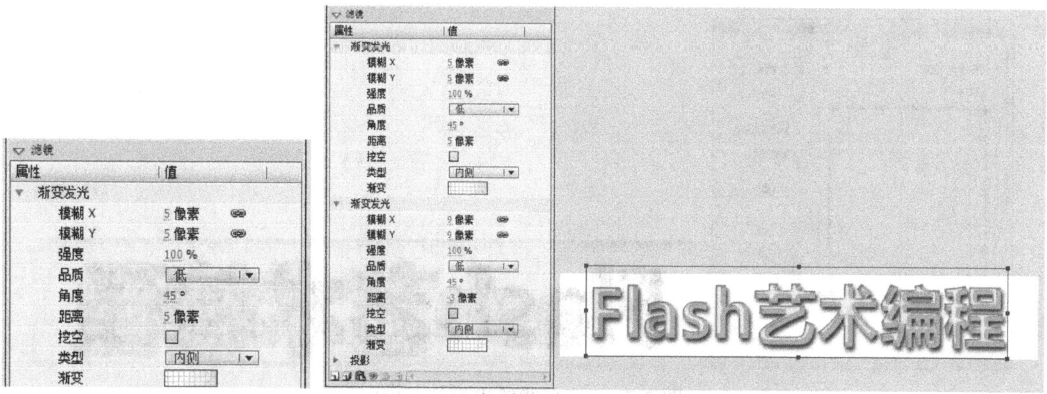

图 3-74　在图 3-72 基础上润色而成的水晶字体

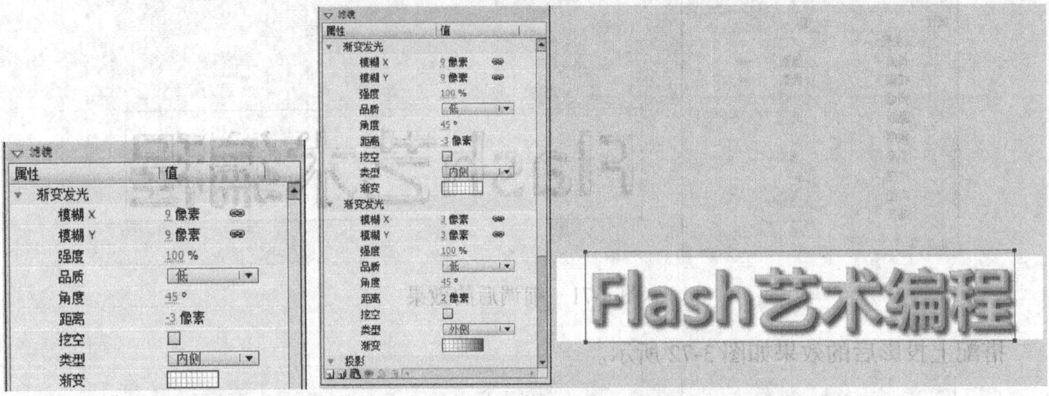

图 3-75　在图 3-73 基础上改造而成的塑料字体

3.2.6　渐变滤镜模拟简易等高线

等高线是 Photoshop 精华中之精华，在第 2 章中我们就已经初步领略过它的风采，也见识到它的强大之处了。不过在之前的介绍中，我们就有意无意地在 Flash IDE 的渐变发光滤镜中发现了等高线的身影，如图 3-76 所示。

图 3-76　利用渐变发光模拟出来的等高线效果

下面我们就试着根据表象来摸索等高线的一些规律。

我们首先重温一下之前在 Photoshop 里设置过的几种具有特殊意义的等高线，如图 3-77、图 3-78、图 3-79、图 3-80 所示。

图 3-77　等高线输出恒为 100%

图 3-78　等高线输出恒为 0%

我们可以看到，等高线在投影样式里影响的是 alpha 值，纵坐标（Photoshop 里称之为“输出”）代表 alpha（最低点为 0%，最高点为 100%），而横坐标（Photoshop 里称之为“输入”）代表该点到原始图形轮廓的距离，横坐标的左侧是投影的外边缘，而右侧代表的是模糊区域的内边缘，也可以粗略认为是与原始图形轮廓的交界处。

图 3-79　等高线输出恒为 50%

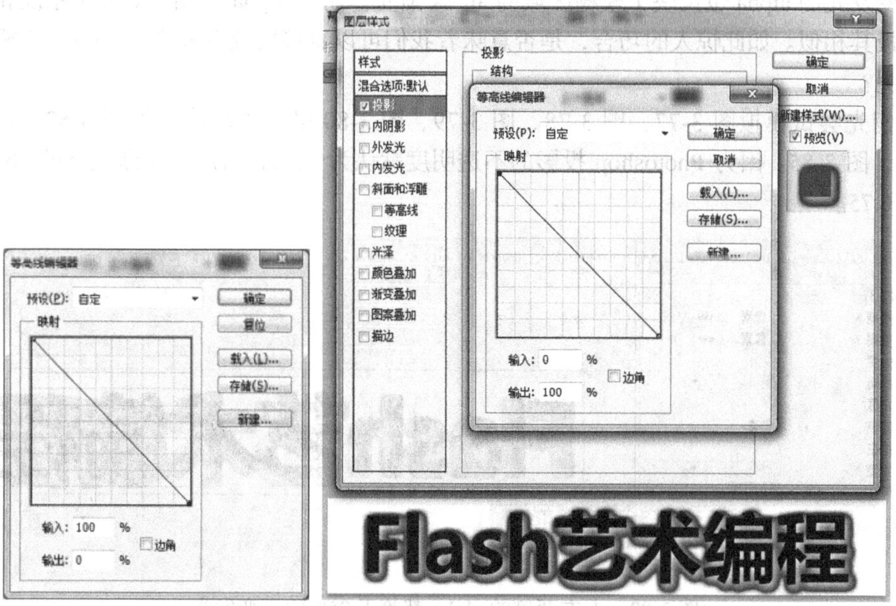

图 3-80　对线性等高线进行反相操作

至于原始图形的 alpha，它等于等高线最右侧点的值，我们取得这个值以后再乘以投影的不透明度 75%，便得到最终输出的不透明度。

此处我暂不能给出严格的数学证明，但至少这一推测可以比较完美地解释这几种特殊情况。

图 3-81 以图解的方式说明了图 3-80 中等高线与 alpha 的关系。在图 3-77 中，等高线的纵坐标恒为 100%，所以整个阴影的 alpha 都等于 100%，自然就看不到淡出的效果了；而图 3-78 的等高线，因为纵坐标恒等于 0%，所以整个阴影的 alpha 都为 0%，投影层被彻底隐藏掉了。

当然，等高线的效果还受大小、扩展等参数的影响，以上仅仅是理想模型下得出的结论，当外部条件增多、干扰因素变得复杂之后，等高线的效果将会更加丰富，输入输出关系也不再像以上几种极端情况那么简单。所以我们将在后续章节中对等高线算法进行更深入的探讨。

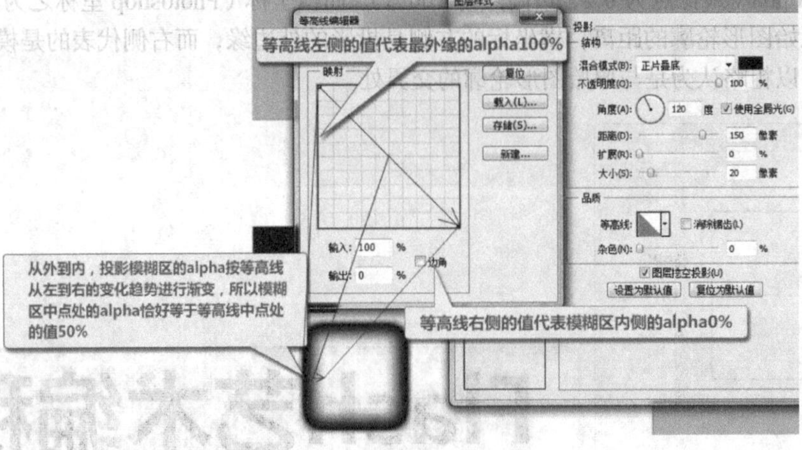

图 3-81　等高线作用方式图解

渐变发光的 alpha 也反映了模糊区域的 alpha 渐变，而且 alpha 反相的效果也跟反相等高线的表现极其相似。如此惊人的巧合，是否意味着我们可以直接用渐变发光的 alpha 来模拟等高线效果呢？

我们先尝试模拟图 3-77、图 3-78、图 3-79、图 3-80 里的等高线，如图 3-82、图 3-83、图 3-84、图 3-85。因为 Photoshop 投影的不透明度默认为 75%，所以每个渐变点的 alpha 值都要乘以 0.75。

图 3-82　左右两侧的 alpha 都等于 75%的渐变发光

图 3-83　左右两侧的 alpha 都等于 0%的渐变发光

图 3-84　左右两侧的 alpha 都等于 37-5%的渐变发光

图 3-85　左侧 alpha=75%、右侧 alpha=0%的渐变发光

如果不拘泥于细节，我们对这几种等高线的模拟可以说是相当地成功。大家可以自行与 Photoshop 的效果作一下对照。

下面我们尝试用渐变发光模拟两条稍复杂的等高线。

图 3-86 所示为一条包含多个转角点的折线，在 Flash 里，我们可以通过添加渐变点的方法实现，渐变点（位置，alpha 值）的列表如下。

（0%，0%），（25%，50%），（50%，0%），（75%，50%），（100%，0%）

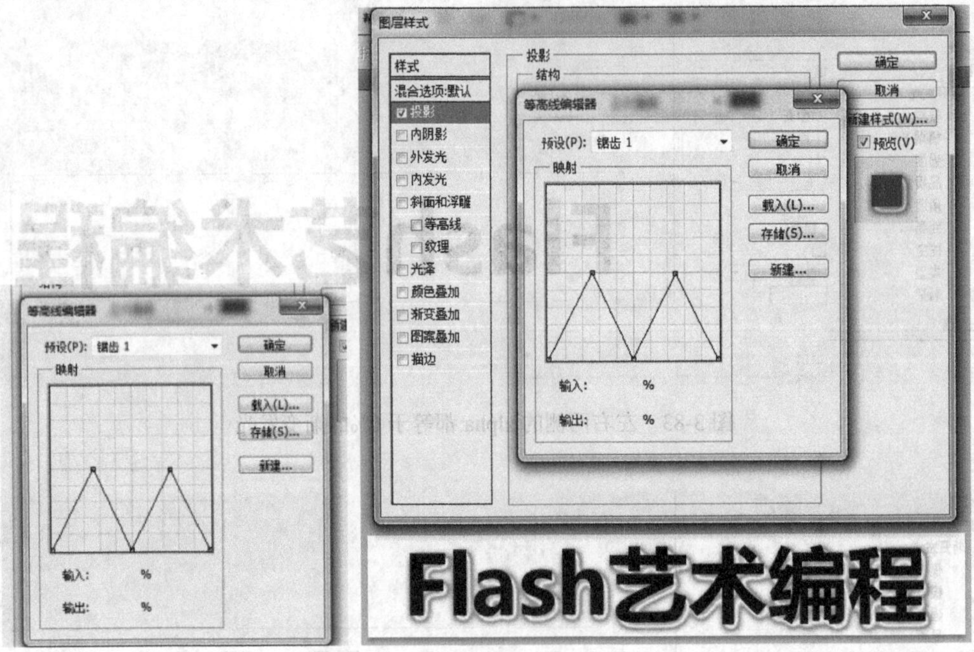

图 3-86　节点较多的折线型等高线

在 Flash 里，每个点的纵坐标（即 alpha）都需要乘以 0.75，得到的效果如图 3-87 所示，边缘出现了误差我们可以通过提高品质修正此问题，但此举会导致色彩变淡。

图 3-87　用 Flash 模拟锯齿状等高线效果

对于折线型的等高线，Flash 尚可勉强胜任（主要是边缘效果不佳）。下面我们再尝试模拟一条平滑的曲线，如图 3-88 所示。

如果按折线型等高线的方式去模拟，其结果必然不正确，但我们照例去测试一把，先将坐标点记录下来：（0%,100%），（21%,39%），（38%,42%），（70%,60%），（100%,0%）。

这些点在 Flash IDE 里很难精准定位，不过幸好渐变条在设置了透明点之后会透出一个 20*4 的网格，所以我们可以大致认为一格约占总长度的 5%。

我们把所有纵坐标都乘以 0.75 以后，设置到 Flash 发光滤镜的渐变条上，效果如图 3-89 所示。

误差相当大，等高线上清晰的纹理线条在 Flash 里面显得比较模糊，因为在渐变滤镜中，任意两个渐变点之间只能做线性匀速的渐变（这一点我会在后续的章节给出强有力的证明），所以，只要我们把 Photoshop 里的每个点都转为“边角”，Photoshop 等高线就跟 Flash 模拟出来的结果相当接近了，只是边缘比 Flash 的柔和一些，如图 3-90 所示。

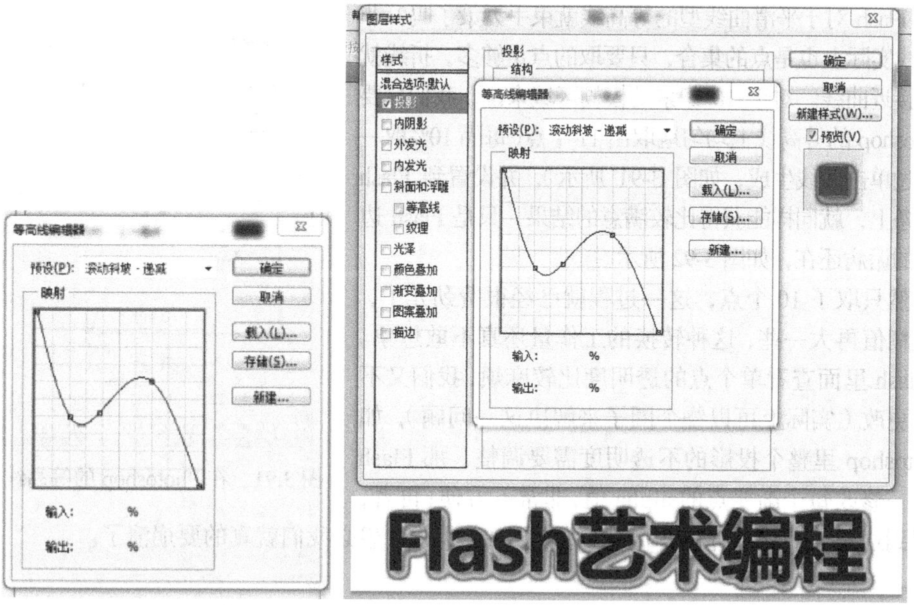

图 3-88 Photoshop 的曲线型等高线

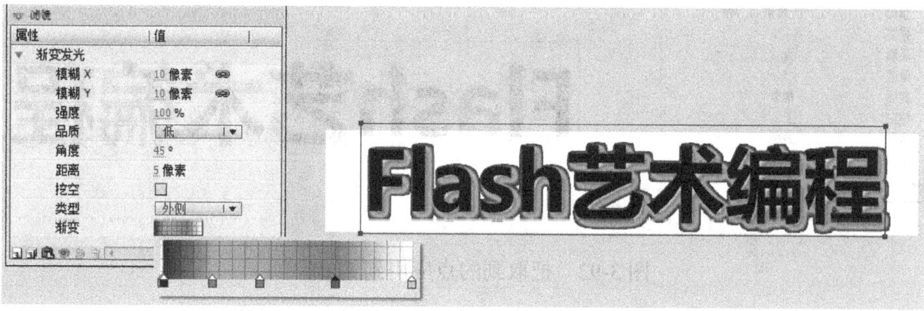

图 3-89 用 Flash 模拟平滑的等高线

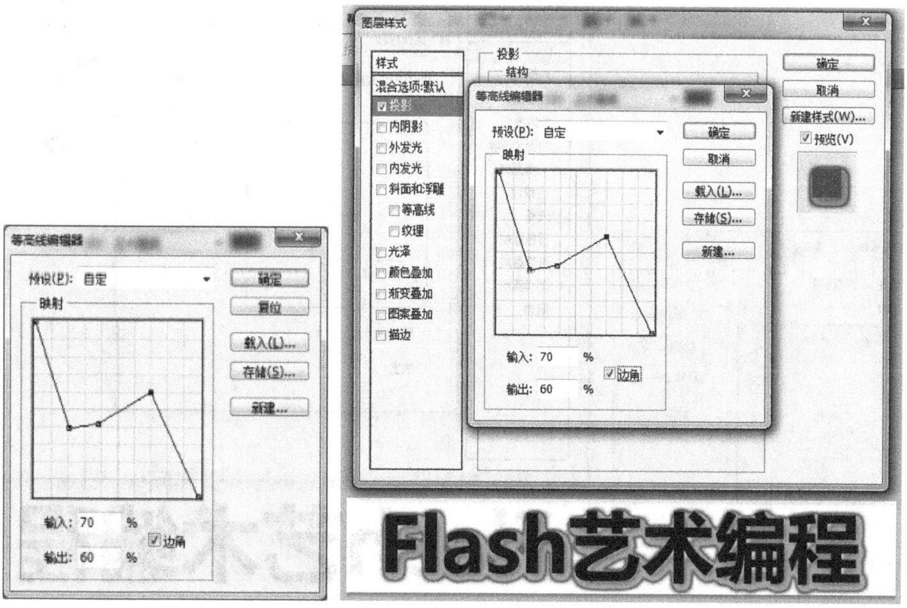

图 3-90 平滑曲线转锯齿后的效果

那 Flash 对于平滑曲线型的等高线就束手无策了吗？非也，曲线实际上也是点的集合，只要取的点足够多，折线就会无限接近曲线。对于 10 像素的模糊区域来说，我们只要在 Photoshop 的等高线上均匀地取出 11 个点（每隔 10%取一点，通过单击曲线生成，如图 3-91 所示），并设置到 Flash 的渐变条上，就同样能获得比较满意的结果，只是 Flash 边缘粗糙的诟病还在，如图 3-92 所示。

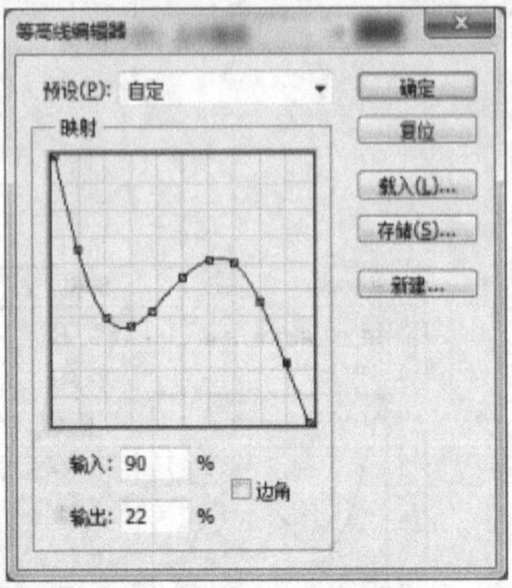

图 3.91　在 Photoshop 的等高线上取点

虽然只取了 10 个点，这一过程就已经很费劲儿了，如果模糊值再大一些，这种转换的工作量还真不敢想象。而且 Flash 里面查看单个点的透明度比较麻烦，我们又不能统一更改（实际上可以绕个圈子来解决这一问题），如果 Photoshop 里整个投影的不透明度需要调整，那 Flash 就要逐一修改每个渐变点的 alpha 值，非常不方便；再者，如果遇到边角与曲线共存的等高线，如图 3-93 所示，想必我们就真的要崩溃了。

图 3-92　把取到的点应用到 Flash 中

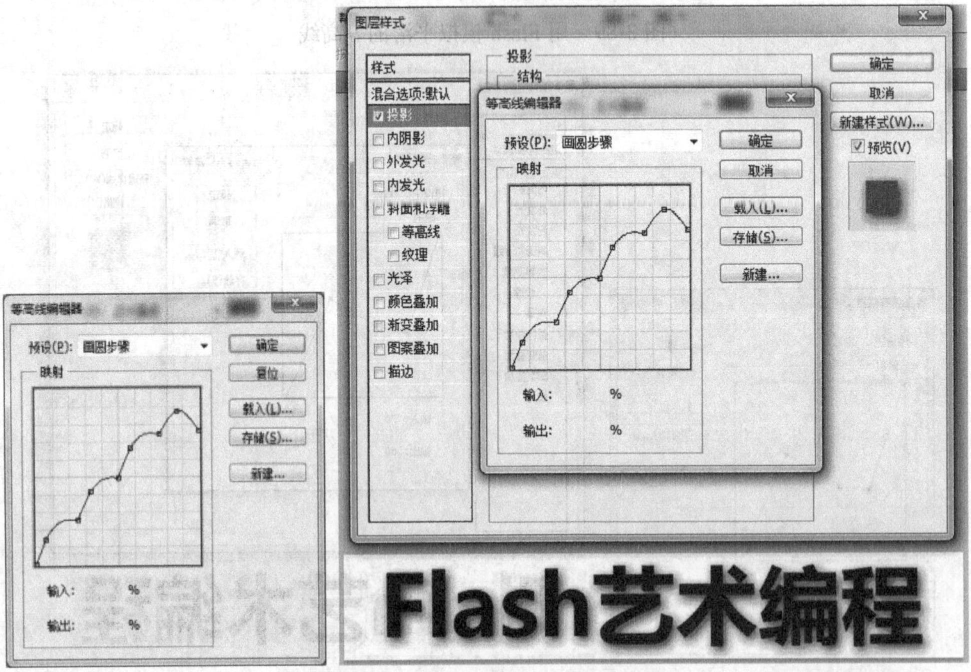

图 3-93　边角与平滑共存的等高线

至于不平滑的问题，我们看看图 3-94 的实例就知道了——等高线的变换实际上不仅仅是一条曲线那么简单。

但无论如何，我们还是很庆幸地看到了 Flash 模拟 Photoshop 等高线的一些曙光。尽管 Flash 渐变发光滤镜在复杂等高线方面的表现力跟 Photoshop 之间仍存在一定的差距，而且投影还仅仅是等高线一个很简单的应用，可是我坚信，只要能深入剖析 Photoshop 等高线的构成和原理，Flash 等高线的问题便可迎刃而解。

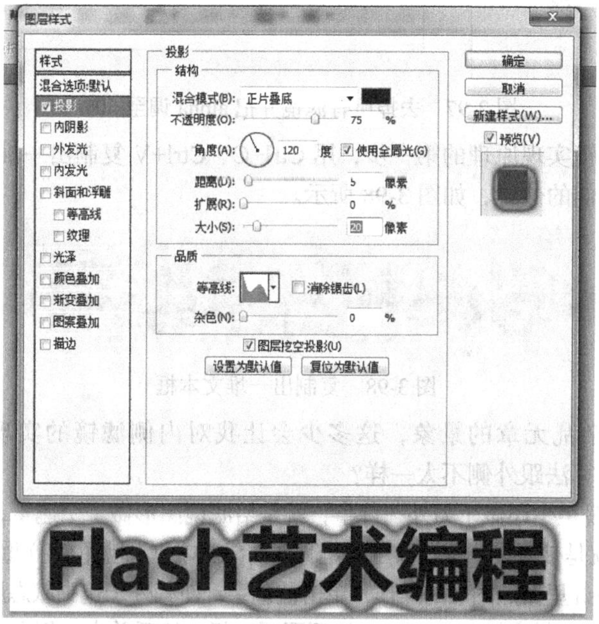

图 3-94　尽管等高线最外侧全不透明，但模糊值较大时边缘仍有被模糊过的痕迹

3.2.7　用冲破极限的数字打造图形纹理

Flash 滤镜的参数虽然简单，但它们已经被 Flash 从各种几何规则的约束中解放了出来，比如模糊 X 可以不等于模糊 Y，参数能容纳很大的数值，斜角的距离不再受大小的制约，内外效果可以并存，等等。这使得 Flash 的滤镜可以返璞归真，重获自由。开发人员和设计师都可以随性地发挥个人的创造力，让艺术编程界百花齐放，做出如图 3-95、图 3-96 的效果。

图 3-95　简单滤镜生成的纹理效果

图 3-96　简单滤镜打造的巧克力效果

下面我们先来回顾一下 Flash 滤镜的实现步骤：第一步，复制图形并叠加；第二步，对复

制出来的图形进行上色、模糊等基本操作。

先来看看复制图形，为了让整个操作过程更加公开透明，我们尝试不通过滤镜来完成这件事情。

首先把应用于文字上的所有滤镜删掉，然后把文本框的不透明度调整为 50%，如图 3-97 所示。

图 3-97　去掉所有滤镜并把 alpha 调至 50%

然后我们按照滤镜实现原理的第一步，用 Ctrl+C、Ctrl+V 复制出一堆文本框并且改成不同的颜色，同时错开它们的位置，如图 3-98 所示。

图 3-98　复制出一堆文本框

眼前尽是一片杂乱无章的景象，这多少会让我对内侧滤镜的实现机制产生一些质疑——难道内侧滤镜的算法跟外侧不太一样？

没错，内侧型滤镜至少还做了另外一件事，就是给滤镜图形做了个遮罩，镂空的部分跟原始图形重合，换而言之，就是被复制出来的文字只有跟原始文本框（即蓝色字）重叠的部分对用户可见。

所以我们要在 Flash 里做点图层的操作，单击蓝色字，使其处于选中状态后，按 Ctrl+C，然后选择菜单项【窗口】|【时间轴】（Ctrl+Alt+T）打开图层面板。然后单击面板左下方的【新建图层】按钮创建一个新图层，然后选择菜单项【编辑】|【粘贴到当前位置】（Ctrl+Shift+V），蓝色字就会在原地复制出一个副本，但是它跟原来的文本框不在同一个图层上，如图 3-99 所示。

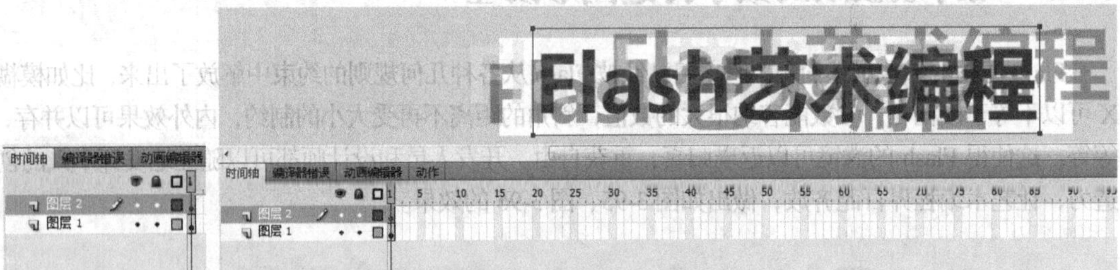

图 3-99　把原始文本框粘贴到新的图层（红框为新建图层按钮）

我们右击图层 2，在弹出的菜单中选择【遮罩层】选项，效果如图 3-100 所示。

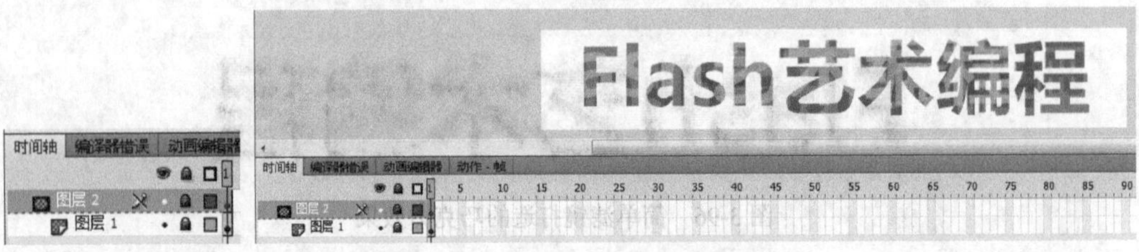

图 3-100　设置了遮罩以后的效果

怎么样？是不是让您眼前一亮？色泽艳丽的迷彩花纹图案如同神一般地浮现出来。实际上，从刚才的演示来看，我们可以知道其实现原理并不高深，它充分利用了文字轮廓复杂多变的特性。只要两个文字的错位达到一定的程度，其轮廓就必然很难吻合，造成各种不规则的交叠，我们再用遮罩裁剪一下边缘，文字就好像被填充上了花纹一样。

大家可以尝试只复制一个文本来体验这种天然的错位美。

尽管错位明显，我们还是能比较清楚地看见某些字符的轮廓，比如黄色的 a 和 s，分别被 F 和 l 裁切了也依然清晰可辨。

下面，就让模糊来弱化边缘的清晰度吧。

图 3-101 展示了对复制出来的文本框模糊 8 像素后的效果。

图 3-101　对复制出来的轮廓使用模糊后的效果

我们也可以用渐变发光来丰富色彩，扭曲轮廓，如图 3-102 所示。

图 3-102　对轮廓使用渐变发光后的效果

在上面的效果里，我们还没实现两个图形重叠部分的挖空，斜角滤镜就帮我们完成了这件事。下面我们改用纯滤镜的方法把挖空效果实现出来。

图 3-103、图 3-104 分别展示了用斜角及渐变斜角制作出来的纹理效果。

图 3-103　用斜角滤镜实现的纹理

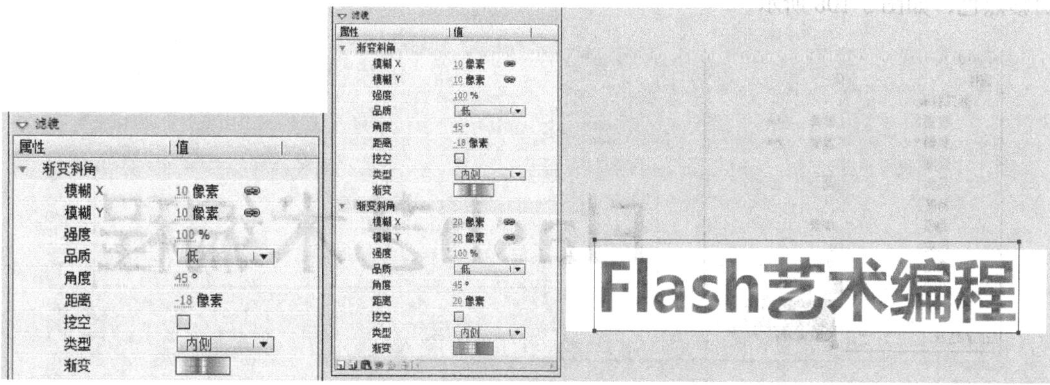

图 3-104　用渐变斜角滤镜实现的纹理

相比之下，渐变斜角更容易打造较线条复杂但明朗的纹理，比如天然木料，石面纹理等，如图 3-105 所示，因为渐变斜角可以做到在模糊值设置得比较大的情况下都不导致边缘变“软”，而纯色斜角只能实现透明度由有到无的渐变淡出，所以无法拉得很大，否则纹理不清晰（当然，可以用增大强度来弥补这一不足，如图 3-106 所示）。但我们可以利用这一特性来制作一些边缘柔和的效果，比如云彩、烟雾类的图案，如图 3-107 所示。

图 3-105　用渐变斜角制作大理石纹理

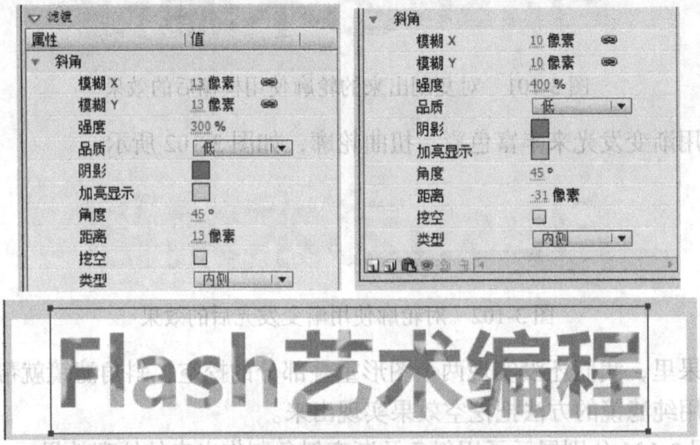

图 3-106　强度增大的斜角滤镜

图 3-107　透过文字窗花的云彩图案

奇葩的距离值已经让我们收获颇丰，如果换成让模糊值奇葩，会不会有更多的惊喜呢？

首先把当前的滤镜全部删除，文字恢复蓝色，添加一个渐变斜角并将渐变调为高光白色、阴影黑色，如图 3-108 所示。

图 3-108　基础的渐变斜角

我们把模糊值调到 15，有点云里雾里的感觉了，如图 3-109 所示。

图 3-109　模糊值增大后的渐变斜角滤镜

看起来还不错，但实现这样的效果，纯色斜角足以胜任。我们要充分发挥渐变斜角的长处，所以，不妨把渐变另一端的不透明度都调大到 100%，如图 3-110 所示。

图 3-110　拉取渐变后的效果

虽然难看了不少，但这个世界从来不缺乏美。如果您拥有一双善于发现美的眼睛，您就会察觉出，滤镜层已经严重变形了。您可以拿来做什么？饱经风霜的铜制雕塑，沉积千年的熔岩地貌，还是香气逼人的奶油蛋糕？只要您想象力足够丰富并且大胆地尝试各种数值，我相信这样的一些简单滤镜一定能为您的作品增色不少，如图 3-111 就展示了一款用渐变斜角滤镜制作出来的巧克力字体。

图 3-111　用渐变斜角实现巧克力字体

3.3　本 章 小 结

本章我们站在定性的角度对简单滤镜的实现机制进行了分析，得出了“简单滤镜确实很简单”一个结论。不过简单并不意味着简陋，只要理解了它们的作用机制，多做不同的尝试，我们也一样可以把简单滤镜玩得出神入化，利用有限的“食材”，制作出一桌丰盛的“素食宴”。

不过话说回来，之所以能用简单滤镜来实现奇葩效果，很重要的一个原因就是设置了超出滤镜算法承受能力的参数，才得以使滤镜形态发生一些预料之外的扭曲变形，这导致简单滤镜的可控性较差，毕竟极限以外的数字并不是那么容易掌握。

另一方面，从纹理的生成过程我们也不难看出，所谓的纹理，实际上就是字符轮廓的错位，因此它对字符本身的依赖性较强。

综上所述，简单滤镜的表现力比较有限，在需要精确控制某些细腻的效果时，我们仍然需要一些有规可循的算法作进一步的指导，这当中就包含第 4 章提到的复杂滤镜。而矩阵又是复杂滤镜的核心，所以第 4 章我会从矩阵数学开始，和大家共同探讨矩阵数学与复杂滤镜的那些事。

第 4 章

数学之美——探寻复杂滤镜与矩阵的奥秘

数学与艺术一样，都能使人感受到美，正如法国数学家、物理学家庞加莱所言：“数学家们从数学中得到乐趣，就像人们从绘画和音乐中得到的一样。他们欣赏数和形精美的和谐。他们惊奇地看到，新的发现向他们展示了意外的前景并因而给他们带来欢乐。”

美国数学家哈尔莫斯在《数学史和数学方法论》一书中说到：“数学是创造性的艺术，因为数学家创造了美好的新概念；数学是创造性的艺术，因为数学家像艺术家一样地生活，一样地工作，一样地思索；数学是创造性的艺术，因为数学家这样对待它。”

我们在前面的章节中已经体会到数学知识美的一面，比如HSB、灰度色彩、等高线、模糊滤镜、渐变过渡等，正是数和形精美和谐的体现。

许多数学家都谈到数学美，又如英国数学家哈代在《一个数学家的辩白》一书中所说：“数学家的造型与画家或者诗人的造型一样，必须美；概念也像色彩或语言一样，必须和谐一致，美是首要标准，不美的数学在世界上是找不到永久地位的。”尽管数学的美很难定义，但它却像任何形式的美一样真实地存在——我们都不知道什么才算是优美的诗、赏心悦目的色彩或者优雅的语言，但这丝毫不妨碍我们在鉴赏一首诗、品读一种色彩或者玩味一门语言时去欣赏它的美。

本章我们将站在审美的角度解读与滤镜相关的数学知识，力求让大家意识到，数学是一门艺术，而非枯燥乏味、束缚于数学教材枷锁之中的数字与运算符。

4.1 矩阵数学趣谈——从田忌赛马到矩阵的四则运算

4.1.1 田忌赛马故事中的矩阵及其加法

虽然矩阵属于高等数学的范畴，但早在春秋战国时期，矩阵数学的思想就已经在中国的土地上开始萌芽。

齐国的大将田忌，平时喜欢赛马。有一回，他和齐威王约定，要进行一场比赛。他们商量好，把各自的马分成上、中、下三等。比赛时，上马对上马，中马对中马，下马对下马。由于齐威王每个等级的马都比田忌的强一些，所以比赛了几次，田忌都失败了。

正当田忌打算换几匹实力更强的马跟齐威王再战一场的时候，一旁观战的朋友孙膑给他支招，表示在不用换马的情况下也能赢得比赛。于是田忌立即向齐威王再次发出挑战，齐威王答应了。

孙膑让田忌先用下等马对阵齐威王的上等马，然后用上等马对阵中等马，最后用中等马对阵下等马。就这样，田忌在孙膑的英明领导下，以两胜一负的成绩反败为胜。

这就是家喻户晓的成语故事《田忌赛马》，它通过马匹阵型的调整生动形象地阐述了计谋与策略在比赛和战斗中的重要性。

故事的开头，我们看到了一个马的布阵——【上，中，下】。

这样的布阵让田忌在与齐威王的赛事中屡战屡败，他尝试通过换马，我们姑且理解为提升布阵中各马匹档次的方法（我暂且假设上等马提升 1 个档次，中等马提升 3 个档次，下等马提升 2 个档次）来扭转局面。这一过程可以写成如下的表达式。

$$\begin{bmatrix}上\\中\\下\end{bmatrix} \to \begin{bmatrix}上+1\\中+3\\下+2\end{bmatrix}$$

我们把转换前后的差值部分抽离出来，得到如下表达式。

$$\begin{bmatrix}上\\中\\下\end{bmatrix} \& \begin{bmatrix}1\\3\\2\end{bmatrix} \to \begin{bmatrix}上+1\\中+3\\下+2\end{bmatrix}$$

因为 3 行都是加法运算，所以箭头左侧的两个方阵可以用“+”运算符连接起来，箭头也可以替换成等号。

$$\begin{bmatrix}上\\中\\下\end{bmatrix} + \begin{bmatrix}1\\3\\2\end{bmatrix} = \begin{bmatrix}上+1\\中+3\\下+2\end{bmatrix}$$

上式中的 3 个方阵都呈现为矩形状，所以数学上通常称之为矩阵。由此得出矩阵的加法运算法则如下。

$$\begin{bmatrix}a_1\\b_1\\c_1\end{bmatrix} + \begin{bmatrix}a_2\\b_2\\c_2\end{bmatrix} = \begin{bmatrix}a_1+a_2\\b_1+b_2\\c_1+c_2\end{bmatrix}$$

3 个矩阵都是 1 列 3 行，我们称之为 1*3 矩阵，它可以很容易推广到 n*m 矩阵，其加法的结果通过两矩阵中对应位置的数字相加而成。

$$\begin{bmatrix}a_{11} & a_{12} & a_{1n}\\a_{21} & a_{22} & a_{2n}\\ & & \\a_{m1} & a_{m2} & a_{mn}\end{bmatrix} + \begin{bmatrix}b_{11} & b_{12} & b_{1n}\\b_{21} & b_{22} & b_{2n}\\ & & \\b_{m1} & b_{m2} & b_{mn}\end{bmatrix} = \begin{bmatrix}a_{11}+b_{11} & a_{12}+b_{12} & a_{1n}+b_{1n}\\a_{21}+b_{21} & a_{22}+b_{22} & a_{2n}+b_{2n}\\ & & \\a_{m1}+b_{m1} & a_{m2}+b_{m2} & a_{mn}+b_{mn}\end{bmatrix}$$

4.1.2 矩阵加法的中性元素——零矩阵

如果第二个矩阵中的所有元素都等于 0，则第一个矩阵与之相加后不发生任何变化。

数学上，一般称第二个矩阵为零矩阵。

$$\begin{bmatrix} a_{11} & a_{12} & a_{1n} \\ a_{21} & a_{22} & a_{2n} \\ \\ a_{m1} & a_{m2} & a_{mn} \end{bmatrix} + \begin{bmatrix} 0 & 0 & 0 \\ 0 & 0 & 0 \\ \\ 0 & 0 & 0 \end{bmatrix} = \begin{bmatrix} a_{11} & a_{12} & a_{1n} \\ a_{21} & a_{22} & a_{2n} \\ \\ a_{m1} & a_{m2} & a_{mn} \end{bmatrix}$$

4.1.3 从田忌赛马的矩阵加法到矩阵的减法与数乘

对应地，矩阵也有它的减法，代入到赛马的故事中，可以理解为削弱马匹的实力。

$$\begin{bmatrix} a_{11} & a_{12} & a_{1n} \\ a_{21} & a_{22} & a_{2n} \\ \\ a_{m1} & a_{m2} & a_{mn} \end{bmatrix} - \begin{bmatrix} b_{11} & b_{12} & b_{1n} \\ b_{21} & b_{22} & b_{2n} \\ \\ b_{m1} & b_{m2} & b_{mn} \end{bmatrix} = \begin{bmatrix} a_{11}-b_{11} & a_{12}-b_{12} & a_{1n}-b_{1n} \\ a_{21}-b_{21} & a_{22}-b_{22} & a_{2n}-b_{2n} \\ \\ a_{m1}-b_{m1} & a_{m2}-b_{m2} & a_{mn}-b_{mn} \end{bmatrix}$$

如果不用加数值的方法来量化马匹实力的提升程度，而是用倍数，如实力提升到原来的两倍，则矩阵里的数需要做乘法的运算。

$$\begin{bmatrix} a \\ b \\ c \end{bmatrix} \rightarrow \begin{bmatrix} 2a \\ 2b \\ 2c \end{bmatrix}$$

把 2 抽取出来，就可以得到矩阵与实数相乘的法则——数乘。

$$\begin{bmatrix} a \\ b \\ c \end{bmatrix} \times 2 = \begin{bmatrix} 2a \\ 2b \\ 2c \end{bmatrix}$$

数乘同样可以表示实力的削弱。

$$\begin{bmatrix} a \\ b \\ c \end{bmatrix} \times 0.8 = \begin{bmatrix} 0.8a \\ 0.8b \\ 0.8c \end{bmatrix}$$

矩阵的加减法和数乘都有一个共同点，它们由始至终都没有更改 a、b、c 的位置。所以，这些运算与实数的四则运算没有太本质的区别，所不同的只是形式上把这些数字排到了一个方形的表格上而已，并未体现出表格中各数字之间的联系，计算过程比较死板。

从这点上说，比赛的规则也是死的，它可以表示为矩阵的减法。

$$\begin{bmatrix} 上_{田} \\ 中_{田} \\ 下_{田} \end{bmatrix} - \begin{bmatrix} 上_{齐} \\ 中_{齐} \\ 下_{齐} \end{bmatrix} = \begin{bmatrix} 上_{田}-上_{齐} \\ 中_{田}-中_{齐} \\ 下_{田}-下_{齐} \end{bmatrix} = \begin{bmatrix} a(<0) \\ b(<0) \\ c(<0) \end{bmatrix}$$

返回的矩阵【a，b，c】中如果有两个或以上的元素大于 0，则田忌胜，否则为负。田忌力求通过增大$上_{田}$、$中_{田}$和$下_{田}$的值来获得结果矩阵中更多的正数，但对于齐国大将田忌而言，无论从人力、物力还是财力的因素来分析，这些属性值都很难赶上作为春秋五霸之一的齐威王。

兵法和战术的精粹之一就在于如何通过巧妙的战略部署达到以卵击石、出奇制胜的效果。如果所有的竞争都可以通过简单的加减法得出战果，如果所有人都像田忌那样墨守成规、不善变通，那么当初农民们将永远无法翻身，共产党也难有出头之日。

4.1.4 田忌赛马中矩阵乘法的体现

下面我们再来看看孙膑对矩阵都做了哪些操作。

$$\begin{bmatrix}上_{田}\\中_{田}\\下_{田}\end{bmatrix}\rightarrow\begin{bmatrix}下_{田}\\上_{田}\\中_{田}\end{bmatrix}\longrightarrow\begin{bmatrix}a\\b\\c\end{bmatrix}\rightarrow\begin{bmatrix}c\\a\\b\end{bmatrix}$$

在这一变换中，马匹的总属性没有发生任何更改，孙膑不需要换马，也无需提升任何一匹马的档次即可反败为胜。

$$\begin{bmatrix}下_{田}\\上_{田}\\中_{田}\end{bmatrix}-\begin{bmatrix}上_{齐}\\中_{齐}\\下_{齐}\end{bmatrix}=\begin{bmatrix}下_{田}-上_{齐}\\上_{田}-中_{齐}\\中_{田}-下_{齐}\end{bmatrix}=\begin{bmatrix}a(<0)\\b(>0)\\c(>0)\end{bmatrix}$$

该变换一举打破了数乘与加减法的常规，运用矩阵布局的思想，充分调度了矩阵内的各个元素，奠定了比赛的胜局。孙膑的足智多谋让齐威王心悦诚服，赛后不久他便成为齐威王手下的一名得力军师。

调整位置无法用四则运算表示，但我们可以把结果中的数值都看作包含了系数 1。

$$\begin{bmatrix}1\times a\\1\times b\\1\times c\end{bmatrix}$$

我们再假设，如果齐威王也深谙矩阵之道，及时调整阵型，将上下等马的出场顺序对调一下，他就能守住胜局，而田忌则仍以失败告终。

$$\begin{bmatrix}下_{田}\\上_{田}\\中_{田}\end{bmatrix}-\begin{bmatrix}下_{齐}\\中_{齐}\\上_{齐}\end{bmatrix}=\begin{bmatrix}下_{田}-下_{齐}\\上_{田}-中_{齐}\\中_{田}-上_{齐}\end{bmatrix}=\begin{bmatrix}a(<0)\\b(>0)\\c(<0)\end{bmatrix}$$

齐威王的矩阵变换可表示如下。

$$\begin{bmatrix}a\\b\\c\end{bmatrix}\rightarrow\begin{bmatrix}1\times c\\1\times b\\1\times a\end{bmatrix}$$

从孙膑和齐威王的变换可以看出，布阵方法的灵活性很高，a、b、c 的位置应根据战况的不同及对手的实际布局进行有针对性的调整，它们的最终位置出现在哪一行都有可能。所以，只对单一元素进行运算，将无法把以上的布阵方法都表达出来。

我们将 a、b、c 写入到孙膑结果矩阵中的每一行，没有在对应行出现的元素附上系数 0。

$$\begin{bmatrix}上\\中\\下\end{bmatrix}\rightarrow\begin{bmatrix}0\times上+0\times中+1\times下\\1\times上+0\times中+0\times下\\0\times上+1\times中+0\times下\end{bmatrix}=\begin{bmatrix}下\\上\\中\end{bmatrix} —— \begin{bmatrix}a\\b\\c\end{bmatrix}\rightarrow\begin{bmatrix}0\times a+0\times b+1\times c\\1\times a+0\times b+0\times c\\0\times a+1\times b+0\times c\end{bmatrix}\rightarrow\begin{bmatrix}c\\a\\b\end{bmatrix}$$

而齐威王的调整策略则可表示如下。

$$\begin{bmatrix}上\\中\\下\end{bmatrix}\rightarrow\begin{bmatrix}0\times上+0\times中+1\times下\\0\times上+1\times中+0\times下\\1\times上+0\times中+0\times下\end{bmatrix}\rightarrow\begin{bmatrix}下\\中\\上\end{bmatrix} —— \begin{bmatrix}a\\b\\c\end{bmatrix}\rightarrow\begin{bmatrix}0\times a+0\times b+1\times c\\0\times a+1\times b+0\times c\\1\times a+0\times b+0\times c\end{bmatrix}\rightarrow\begin{bmatrix}c\\b\\a\end{bmatrix}$$

转换过程都出现了 3*3=9 个系数，我把它们抽取出来并排列成矩阵。

孙膑的布局矩阵如下。

$$\begin{bmatrix}0 & 0 & 1\\1 & 0 & 0\\0 & 1 & 0\end{bmatrix}$$

齐威王的布局矩阵如下。

$$\begin{bmatrix}0 & 0 & 1\\0 & 1 & 0\\1 & 0 & 0\end{bmatrix}$$

以孙膑为例，这一运算过程可表示如下。

$$\begin{bmatrix}上\\中\\下\end{bmatrix}\rightarrow\begin{bmatrix}0 & 0 & 1\\1 & 0 & 0\\0 & 1 & 0\end{bmatrix}=\begin{bmatrix}下\\上\\中\end{bmatrix}$$

我们把上面式子中的“→”连接符改为“×”，便抽象出矩阵的另一种运算——乘法。

$$\begin{bmatrix}a\\b\\c\end{bmatrix}\times\begin{bmatrix}r_{11} & r_{12} & r_{13}\\r_{21} & r_{22} & r_{23}\\r_{31} & r_{32} & r_{33}\end{bmatrix}=\begin{bmatrix}a\times r_{11}+b\times r_{12}+c\times r_{13}\\a\times r_{21}+b\times r_{22}+c\times r_{23}\\a\times r_{31}+b\times r_{32}+c\times r_{33}\end{bmatrix}$$

如果第一个矩阵包含多行，则每行都进行同样的运算。

$$\begin{bmatrix}a & d\\b & e\\c & f\end{bmatrix}\times\begin{bmatrix}r_{11} & r_{12} & r_{13}\\r_{21} & r_{22} & r_{23}\\r_{31} & r_{32} & r_{33}\end{bmatrix}=\begin{bmatrix}a\times r_{11}+b\times r_{12}+c\times r_{13} & d\times r_{11}+e\times r_{12}+f\times r_{13}\\a\times r_{21}+b\times r_{22}+c\times r_{23} & d\times r_{21}+e\times r_{22}+f\times r_{23}\\a\times r_{31}+b\times r_{32}+c\times r_{33} & d\times r_{31}+e\times r_{32}+f\times r_{33}\end{bmatrix}$$

与加减法相类似，矩阵乘法也可以推广到 m 行 n 列，但是，矩阵乘法要求第一个矩阵的行数与第二个矩阵的列数相等，否则计算无法进行。因为矩阵的乘法需要将第一个矩阵中第 n 行的数与第二个矩阵中第 n 列的数进行相乘，如图 4-1 所示，如果数量不匹配，运算将会失效。

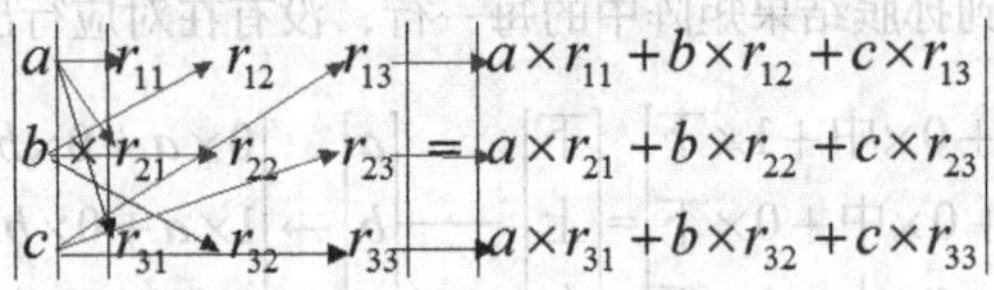

图 4-1　图解矩阵的乘法运算

有了矩阵这一工具以后，我们就可以表达任意的布阵转换了。比如，想要将 3 匹马布阵成【中，下，上】，则矩阵的变换过程可表示为：

$$\begin{bmatrix}上\\中\\下\end{bmatrix}\times\begin{bmatrix}0&1&0\\0&0&1\\1&0&0\end{bmatrix}=\begin{bmatrix}0\times上+1\times中+0\times下\\0\times上+0\times中+1\times下\\1\times上+0\times中+0\times下\end{bmatrix}=\begin{bmatrix}中\\下\\上\end{bmatrix}$$

大家可以这样理解，假如要把第 3 匹马摆放到第 2 位，我们就把变换矩阵第 2 行第 3 列的数值设置为 1，同时将该列的其他元素都设置为 0。

4.1.5　矩阵乘法的中性元素——单位矩阵

显然，当变换矩阵的第 1 行第 1 列，第 2 行第 2 列，……一直到第 n 行第 n 列的这些位于矩阵连接左上与右下的对角线上的元素都被设置为 1、其他元素被设置为 0 时，它将不会使原始矩阵发生任何变化。

$$\begin{bmatrix}上\\中\\下\end{bmatrix}\times\begin{bmatrix}1&0&0\\0&1&0\\0&0&1\end{bmatrix}=\begin{bmatrix}1\times上+0\times中+0\times下\\0\times上+1\times中+0\times下\\0\times上+0\times中+1\times下\end{bmatrix}=\begin{bmatrix}上\\中\\下\end{bmatrix}$$

像这种位于左上-右下对角线上的元素都等于 1，其他元素都等于 0 的矩阵，我们称之为单位矩阵。左上-右下对角线通常被称为主对角线。

因为单位矩阵本身不引发任何的转换，所以，在单位矩阵的基础上进行数值调整，可大大提高变换过程的可控性。

4.1.6　田忌赛马矩阵乘法的推广——资源的重组与分配

把变换矩阵抽象出来以后，矩阵乘法的应用将会更加广泛。它不再局限于简单的位置调整。如果把上述案例中的 3 匹马换成军队中的 3 个连，那么我们可以通过矩阵实现士兵的部分调度以及资源重整。例如，第 2 连的士兵在上一次战斗中损失惨重，需要第 1 连支援 30%的士兵，就可以通过如下矩阵来实现。

$$\begin{bmatrix}T_1\\T_2\\T_3\end{bmatrix}\times\begin{bmatrix}1-0.3&0&0\\0.3&1&0\\0&0&1\end{bmatrix}=\begin{bmatrix}0.7\times T_1+0\times T_2+0\times T_3\\0.3\times T_1+1\times T_2+0\times T_3\\0\times T_1+0\times T_2+1\times T_3\end{bmatrix}=\begin{bmatrix}0.7\times T_1\\0.3\times T_1+1\times T_2\\1\times T_3\end{bmatrix}$$

结合单位矩阵，我们可以更好地理解矩阵对士兵进行调度的过程。与单位矩阵相比，该矩阵只更改了第一列的两个元素，也就是说，只有第 1 连的士兵有调度的行为，第一列第一行的元素为 1-0.3，意味着第一连有 30%的士兵要离开；而第二列第一行从单位矩阵的 0 增加到 0.3，说明第二列有士兵增加，它恰好等于第 1 连士兵总数的 30%，也就是说，通过这一变换，第 1 连有 30%的士兵被调到了第 2 连。

从这一现象我们不难看出，矩阵的乘法一定不满足类似于实数乘法的交换律。假如一段时间之后，第 2 连的兵力得到了恢复，资源不再短缺，可以将 40%的士兵调回第 1 连，则整个调度过程可以表示为如下格式。

$$\begin{bmatrix} T_1 \\ T_2 \\ T_3 \end{bmatrix} \times \begin{bmatrix} 0.7 & 0 & 0 \\ 0.3 & 1 & 0 \\ 0 & 0 & 1 \end{bmatrix} \times \begin{bmatrix} 1 & 0.4 & 0 \\ 0 & 0.6 & 0 \\ 0 & 0 & 1 \end{bmatrix}$$

按常人的逻辑来推理，如果把这两个调度过程对调，即先从第 2 连调度 40%的士兵到第 1 连，然后再从第 1 连士兵中取出 30%调回第 2 连，就多半会得到不一样的结果。

实数的乘法交换律对矩阵不适用，可用矩阵乘法表示这一性质（读者可以自行代入证明）。

$$\begin{bmatrix} T_1 \\ T_2 \\ T_3 \end{bmatrix} \times \begin{bmatrix} 0.7 & 0 & 0 \\ 0.3 & 1 & 0 \\ 0 & 0 & 1 \end{bmatrix} \times \begin{bmatrix} 1 & 0.4 & 0 \\ 0 & 0.6 & 0 \\ 0 & 0 & 1 \end{bmatrix} \neq \begin{bmatrix} T_1 \\ T_2 \\ T_3 \end{bmatrix} \times \begin{bmatrix} 1 & 0.4 & 0 \\ 0 & 0.6 & 0 \\ 0 & 0 & 1 \end{bmatrix} \times \begin{bmatrix} 0.7 & 0 & 0 \\ 0.3 & 1 & 0 \\ 0 & 0 & 1 \end{bmatrix}$$

这一点在 ActionScript 的变换中也同样需要注意，矩阵的变换顺序不能随意更改，因为矩阵大部分的转换都基于乘法。

如果调度的是具体的士兵数量（比如 30 名），则可以用回之前的矩阵加减法。

$$\begin{bmatrix} T_1 \\ T_2 \\ T_3 \end{bmatrix} + \begin{bmatrix} -30 \\ 30 \\ 0 \end{bmatrix} = \begin{bmatrix} T_1 - 30 \\ T_2 + 30 \\ T_3 \end{bmatrix}$$

可见，虽然矩阵加减法并没有帮助田忌赢得比赛，但并不代表它一无是处。矩阵的使用相当灵活，只有掌握了逻辑学中的对策论，学会因势利导、统筹帷幄，才能把矩阵这一工具运用得恰到好处，才可以把它变换的优势发挥得淋漓尽致。

4.1.7　资源调度行为的撤销——逆矩阵

矩阵的加法有对应的减法，实数的乘法也有对应的除法。但数学家们发现，矩阵的除法很难定义。然而，加与减，乘与除都有一个共同点，它们都互为逆运算，两种运算叠加后会相互抵消，就好比没做过任何计算一样。所以，尽管没有对除法进行定义，数学家们仍然提出了具有逆运算意义的另一个概念——逆矩阵。

对逆矩阵我们有如下的定义：两个矩阵 A 和 B，如果满足行数与列数相等并且 A*B=B*A=单位矩阵，那么我们就称 A 与 B 互逆，B 是 A 的逆矩阵。

逆矩阵同样有它的实际意义，假设将 30%的士兵从第 1 连调到第 2 连之后不久便发现第 2 连的后方支援即将抵达，可以再将被调度的士兵带回到第 1 连，则此时需要执行一个逆矩阵 B 的运算，使得下列等式成立。

$$\begin{bmatrix} T_1 \\ T_2 \\ T_3 \end{bmatrix} \times \begin{bmatrix} 0.7 & 0 & 0 \\ 0.3 & 1 & 0 \\ 0 & 0 & 1 \end{bmatrix} \times \mathrm{B} = \begin{bmatrix} T_1 \\ T_2 \\ T_3 \end{bmatrix}$$

我们可以看到，原始矩阵【T1,T2,T3】经过两次运算以后结果仍为【T1,T2,T3】，即等同于乘以了一个单位矩阵，所以可得出如下结论。

$$\begin{bmatrix} 0.7 & 0 & 0 \\ 0.3 & 1 & 0 \\ 0 & 0 & 1 \end{bmatrix} \times \mathrm{B} = \begin{bmatrix} 1 & 0 & 0 \\ 0 & 1 & 0 \\ 0 & 0 & 1 \end{bmatrix}$$

小提示 虽然矩阵乘法不满足交换律，但在符合矩阵运算条件的前提下，乘法结合律仍然成立。

我把 B 矩阵的具体形式写出来，得到如下格式。

$$\begin{bmatrix} 0.7 & 0 & 0 \\ 0.3 & 1 & 0 \\ 0 & 0 & 1 \end{bmatrix} \times \begin{bmatrix} r_{11} & r_{12} & r_{13} \\ r_{21} & r_{22} & r_{23} \\ r_{31} & r_{32} & r_{33} \end{bmatrix} = \begin{bmatrix} 1 & 0 & 0 \\ 0 & 1 & 0 \\ 0 & 0 & 1 \end{bmatrix}$$

对左侧进行运算，结果将会相当长，为了简便起见，我们将矩阵化简为 2*2 的尺寸，因为在这个调度过程中第 3 连的士兵未发生任何改动。

$$\begin{bmatrix} 0.7 & 0 \\ 0.3 & 1 \end{bmatrix} \times \begin{bmatrix} r_{11} & r_{12} \\ r_{21} & r_{22} \end{bmatrix} = \begin{bmatrix} 0.7 \times r_{11} + 0.3 \times r_{12} & 0 \times r_{11} + 1 \times r_{12} \\ 0.7 \times r_{21} + 0.3 \times r_{22} & 0 \times r_{21} + 1 \times r_{22} \end{bmatrix} = \begin{bmatrix} 1 & 0 \\ 0 & 1 \end{bmatrix}$$

根据上面的矩阵运算，我们可以得出以下方程组。

$$\begin{cases} 0.7 \times r_{11} + 0.3 \times r_{12} = 1 \\ 0 \times r_{11} + 1 \times r_{12} = 0 \\ 0.7 \times r_{21} + 0.3 \times r_{22} = 0 \\ 0 \times r_{21} + 1 \times r_{22} = 1 \end{cases}$$

这是一个包含 4 个未知数的方程组，它有如下唯一解。

$$\begin{cases} r_{11} = \dfrac{10}{7} \\ r_{12} = 0 \\ r_{21} = -\dfrac{3}{7} \\ r_{22} = 1 \end{cases}$$

所以，求得的逆矩阵为 $\begin{bmatrix} \dfrac{10}{7} & 0 \\ -\dfrac{3}{7} & 1 \end{bmatrix} = \begin{bmatrix} 1 + \dfrac{3}{7} & 0 \\ -\dfrac{3}{7} & 1 \end{bmatrix}$。

拿它和单位矩阵作比较，我们可以发现这一矩阵相当于第 1 连从第 2 连拿回 3/7 的士兵。

用矩阵求解这一问题未免有点小题大做，但通过这一小实例，我们见证了逆矩阵回天得术之奇迹。

求解逆矩阵的方法有很多，本书就不一一列举了。有兴趣的读者可以自己找线性代数的教材慢慢研究。

逆矩阵在图形变换领域中也起到举足轻重的作用，主要用于变换行为的撤销、矩阵的对比等。

正因为矩阵变换的思想（尤其是矩阵的乘法与逆矩阵）充分调动了人类的主观能动性，体现了布阵的策略与战术，实现了资源的优化配置，所以，在艺术编程领域，矩阵数学也同样备受青睐。下面就让我们一同领略 ActionScript 矩阵的风采吧。

4.2 图形变换矩阵——Matrix

我们先从 Matrix 这个最常用而且最简单的矩阵入手。

4.2.1 矩阵数学实现点的基本变换

Matrix 用于实现二维平面图形的基本变换：移动、缩放、旋转和斜切。

一个平面由无数多个点组成，所以，要探讨平面内一个图形的变换，我们可以从点这个元素开始。因为在 Matrix 的变换中，平面图形内的所有点都会执行矩阵上的变换操作。

直角坐标系中的一个点用（x，y）表示，它相当于田忌赛马故事中的两匹马。

移动是最简单的变换：x+=tx，y+=ty，用矩阵加法完全可以胜任。

$$\begin{bmatrix} x \\ y \end{bmatrix} + \begin{bmatrix} tx \\ ty \end{bmatrix} = \begin{bmatrix} x+tx \\ y+ty \end{bmatrix}$$

缩放则需要乘法的配合：x *= scaleX，y*= scaleY。但如果是等比缩放，我们仍然可以用简单的数乘来完成。

$$\begin{bmatrix} x \\ y \end{bmatrix} \times scale = \begin{bmatrix} x \times scale \\ y \times scale \end{bmatrix}$$

但是，不等比的缩放就必须用矩阵乘法了，原矩阵有两列，所以我们创建一个 2*2 的矩阵进行变换。

$$\begin{bmatrix} x \\ y \end{bmatrix} \times \begin{bmatrix} a & c \\ b & d \end{bmatrix} = \begin{bmatrix} x \times a + y \times c \\ x \times b + y \times d \end{bmatrix}$$

根据 x *= scaleX，y*= scaleY 这一缩放算法，a，b，c，d 应满足以下关系。

x*a+y*c=x*scaleX

x*b+y*d=y*scaleY

由第一条等式，可得 a=scaleX，c=0，同理可得 b=0，d=scaleY。

所以缩放的变换过程可表示为以下格式。

$$\begin{bmatrix} x \\ y \end{bmatrix} \times \begin{bmatrix} scaleX & 0 \\ 0 & scaleY \end{bmatrix} = \begin{bmatrix} x \times scaleX \\ y \times scaleY \end{bmatrix}$$

而旋转就比较复杂了，它需要用到三角函数的知识。

大家可能会想到用极坐标（用距离和夹角来表示点位置的坐标系）快速解决旋转的难题，但此处我们没办法用上，因为原始点基于直角坐标构建，意味着我们暂时只能用直角坐标的方法，所以……先暂时忘记极坐标吧。

数学课本上教大家的坐标旋转以及三角函数公式的证明过程可能比较容易让人忘记，从而影响您对相关公式的记忆。为此，我们给出一个相对简单的证明方法。

如图 4-2 所示，将点 P(x,y)绕坐标原点 O 旋转角度 θ，得到点 P'，求 P'的坐标（x',y'）。

我们可以看到，x'=OB，y'=BP'。所以问题就转化为求 OB 和 BP'的长度。

首先，点在旋转的过程中，到 O 的距离始终不变，所以 OP=OP'。

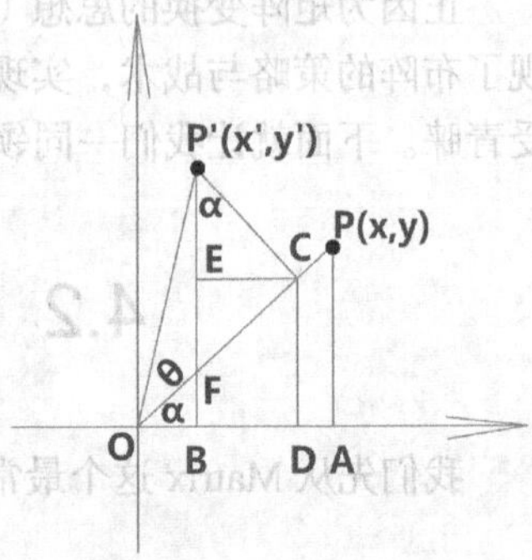

图 4-2 点的旋转变换

然后，我们考察△OBF 和△P'CF，有∠OFB=∠P'FC，∠FBO=∠P'CF=90°，由三角形内角和定理，得∠FP'C=∠FOB=α。

下面我们开始计算 OB，它等于 OD-BD，其中，OD=OCcosα，OC=OP'cosθ=OPcosθ，所以有 OD=OPcosθcosα。而 BD=EC=P'Csinα，P'C=OP'sinθ= OPsinθ，所以有 BD= OPsinθsinα。

所以 OB=OD-BD= OPcosθcosα - OPsinθsinα = OPcosα cosθ - OP sinα sinθ。

又因为 OPcosα=OA=x，OPsinα=AP=y，所以，代入上式，得到 x'=OB=xcosθ-ysinθ。

用类似的方法，可求得

y'=BP'=BE+BP=DC+EP

=OCsinα+P'Ccosα

= OP'cosθsinα+OP'sinθcosα

=ycosθ+xsinθ。

最终的变换结果为（xcosθ-ysinθ，ycosθ+xsinθ）。

因此，旋转的变换可用如下的矩阵表示。

$$\begin{bmatrix} x \\ y \end{bmatrix} \times \begin{bmatrix} a & c \\ b & d \end{bmatrix} = \begin{bmatrix} x \times a + y \times c \\ x \times b + y \times d \end{bmatrix} = \begin{bmatrix} x \times \cos\theta + y \times (-\sin\theta) \\ x \times \sin\theta + y \times \cos\theta \end{bmatrix}$$

显然有 a=cosθ，b=sinθ，c = −sinθ，d=cosθ。

所以，旋转的矩阵可表示如下。

$$\begin{bmatrix} \cos\theta & -\sin\theta \\ \sin\theta & \cos\theta \end{bmatrix}$$

最后要讨论的一个变换就是斜切。在 FlashPlayer10 诞生之前，不少人会用这个方法实现一些简单的假 3D 效果，如图 4-3 所示。

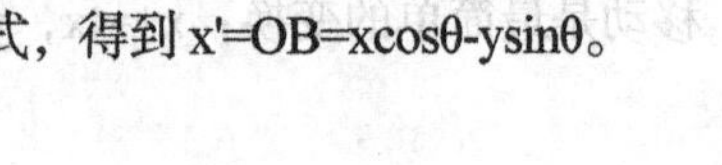

图 4-3 利用斜切矩阵实现的假 3D 效果

在图 4-3 的斜切变换中，图形上的所有点只在

x 方向上发生变化，但若两个点的 y 坐标一样，则它们在 x 方向上的偏移量一定相等。

$$\begin{bmatrix}x\\y\end{bmatrix}\times\begin{bmatrix}a & c\\b & d\end{bmatrix}=\begin{bmatrix}x\times a+y\times c\\x\times b+y\times d\end{bmatrix}$$

上式中，y 坐标不发生任何变化，所以 b 和 d 取单位矩阵中对应的数值即可，分别为 0 和 1。

而 x 坐标的偏移量只跟 y 有关，因此在 x 坐标的矩阵运算结果 x*a+y*c 中，a=1，我们唯独需要探究的就是与 y 相乘的系数 c。

图 4-3 中的图形在 x 方向倾斜了 θ 度。如果以 A 作为坐标原点，则 y=AC，B 点的偏移量为 BC，因为 tanθ=BC/AC，所以 BC=ACtanθ=ytanθ，换而言之，当倾斜的角度=θ 时，c=tanθ。

如果是沿着 y 轴斜切 θ 度，则可以用同样的方法得出 b=tanθ。

用 skewX 和 skewY 分别表示点在 x 轴和 y 轴方向上的斜切，则斜切矩阵可表示如下。

$$\begin{bmatrix}x\\y\end{bmatrix}\times\begin{bmatrix}1 & \tan(skewX)\\\tan(skewY) & 1\end{bmatrix}=\begin{bmatrix}\tan(skewX)\times y\\\tan(skewY)\times x\end{bmatrix}$$

至此，常用的变换矩阵已经学完，我们总算可以长呼一口气了。如果大家对这些长篇大论感到茫然不知所措，那我再次把这几种变换公式给列出来。

移动：$\begin{bmatrix}x\\y\end{bmatrix}+\begin{bmatrix}tx\\ty\end{bmatrix}=\begin{bmatrix}x+tx\\y+ty\end{bmatrix}$；

等比缩放：$\begin{bmatrix}x\\y\end{bmatrix}\times scale=\begin{bmatrix}x\times scale\\y\times scale\end{bmatrix}$；

缩放：$\begin{bmatrix}x\\y\end{bmatrix}\times\begin{bmatrix}scaleX & 0\\0 & scaleY\end{bmatrix}=\begin{bmatrix}x\times scaleX\\y\times scaleY\end{bmatrix}$；

旋转：$\begin{bmatrix}x\\y\end{bmatrix}\times\begin{bmatrix}\cos\theta & -\sin\theta\\\sin\theta & \cos\theta\end{bmatrix}=\begin{bmatrix}x\times\cos\theta+y\times(-\sin\theta)\\x\times\sin\theta+y\times\cos\theta\end{bmatrix}$；

斜切：$\begin{bmatrix}x\\y\end{bmatrix}\times\begin{bmatrix}1 & \tan(skewX)\\\tan(skewY) & 1\end{bmatrix}=\begin{bmatrix}\tan(skewX)\times y\\\tan(skewY)\times x\end{bmatrix}$。

4.2.2　矩阵变换的归纳及其在 Matrix 中的体现

虽然运算符和矩阵种类都比较多，但稍稍整理一下，我们便不难得出，这些变换都不外乎以下两类。

（1）与 1*2 矩阵相加：$\begin{bmatrix}x\\y\end{bmatrix}+\begin{bmatrix}tx\\ty\end{bmatrix}$

（2）与 2*2 矩阵相乘：$\begin{bmatrix}x\\y\end{bmatrix}\times\begin{bmatrix}a & c\\b & d\end{bmatrix}$

所以，Matrix 共包含 6 个变量，a，b，c，d，tx，ty。但是，Adobe 别具匠心地把它们合并成一个 3*2 的矩阵，仅保留乘法运算，从而减少矩阵的运算种类，方便矩阵运算的移植。要知道，ActionScript 中的矩阵远不止 Matrix 一个。

$$\begin{bmatrix}x\\y\end{bmatrix}\times\begin{bmatrix}a & c & tx\\b & d & ty\end{bmatrix}$$

合并以后，我们需要面临的两个问题出现了。

第一，3*2 矩阵已经不满足矩阵乘法的条件了，怎么办？

第二，如何在乘法里实现加法？

第一个问题，Adobe 采取了新增空白列的方法来进行补齐。

$$\begin{bmatrix}x\\y\\z\end{bmatrix}\times\begin{bmatrix}a & c & tx\\b & d & ty\\u & v & w\end{bmatrix}$$

u，v，w 完全充当占位的作用，所以按单位矩阵的数值填写即可。

$$\begin{bmatrix}x\\y\\z\end{bmatrix}\times\begin{bmatrix}a & c & tx\\b & d & ty\\0 & 0 & 1\end{bmatrix}$$

z 的值又该等于多少呢？我们先计算一下上面的矩阵。

$$\begin{bmatrix}x\\y\\z\end{bmatrix}\times\begin{bmatrix}a & c & tx\\b & d & ty\\0 & 0 & 1\end{bmatrix}=\begin{bmatrix}ax+cy+z\times tx\\bx+dy+z\times ty\\0+0+z\end{bmatrix}$$

可见 tx 和 ty 都分别加到了 x 和 y 上面，如果把 z 设置成 1，则恰好把第二个问题也解决了，可谓一举两得。

下面的矩阵表示了 Matrix 的运算过程。

$$\begin{bmatrix}x\\y\\1\end{bmatrix}\times\begin{bmatrix}a & c & tx\\b & d & ty\\0 & 0 & 1\end{bmatrix}=\begin{bmatrix}ax+cy+tx\\bx+dy+ty\\0+0+1\end{bmatrix}$$

至此，Matrix 的结构已经成型，它已经可以胜任 2D 图形的基本变换。不过一直让我百思不得其解的是 Adobe 的帮助文件里为什么没有把横向变量 a，c，tx 和纵向变量 b，d，ty 分别排到同一列上。我曾尝试把矩阵乘法套用进去，发现 Adobe 的排法似乎始终都解释不通，所以此处自作主张地给 Adobe 矩阵的 b 和 c 对调了一下位置。

这个细节虽然让我纠结了好一段时间，但是大家大可不必在乎，因为它丝毫不影响我们对 Matrix 类的使用。

4.2.3 使用 Matrix 类实现图形变换

我们在 ActionScript 里新建一个 Matrix，它将是一个单位矩阵，a 和 d 等于 1，其余 4 个属性都为 0。

$$\begin{bmatrix}1 & 0 & 0\\0 & 1 & 0\\0 & 0 & 1\end{bmatrix}$$

如果将这样的 matrix 应用到显示对象上，显示对象将不发生任何变化。

下面我们开始写实例来做测试，新建一个 ActionScript 项目，名为 MatrixTransform Test，代码如下。

代码清单 4-1

```
package{
    public class MatrixTransformTest extends Sprite{
        private var _shape:Shape;    //矩形形状
        public function MatrixTransformTest() {
            init();
        }
        private function init():void{
            stage.scaleMode = StageScaleMode.NO_SCALE;
            stage.align = StageAlign.TOP_LEFT;
            _shape = new Shape();
            /**绘制一个矩形**/
            _shape.graphics.beginFill(0, 1);
            _shape.graphics.drawRect(0, 0, 100, 50);
            _shape.graphics.endFill();
            /**********/
            /**画两条对角线**/
            _shape.graphics.lineStyle(1, 0x00CC00);
            _shape.graphics.moveTo(0, 0);
            _shape.graphics.lineTo(100, 50);
            _shape.graphics.moveTo(100, 0);
            _shape.graphics.lineTo(0, 50);
            /**********/
            var mt:Matrix = new Matrix();
            _shape.transform.matrix = mt; //应用变换矩阵
            addChild(_shape);
        }
    }
}
```

为了更清楚地观察矩阵的变换，这里我们就不用圆形了，而以矩形代之，同时绘制两条对角线以便准确查看中心点的位置。

运行以后，舞台左上角将显示出一个 100*50 的黑色矩形，如图 4-4 所示，它没有发生任何变换。

我们做最简单的平移变换看看。

代码清单 4-2

```
mt.tx = 30;
mt.ty = 60;
```

将以上两行代码置于_shape.transform.matrix = mt;一句的前面，将得到如图 4-5 所示的效果。

图 4-4　应用单位矩阵，矩形的形状没有发生变化

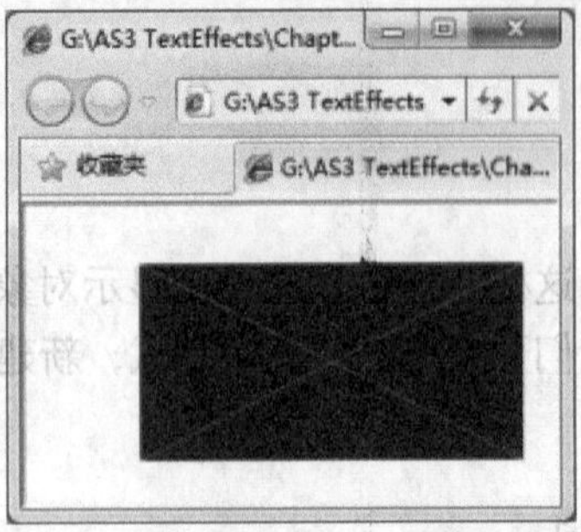

图 4-5　设置 tx 和 ty 的效果

可见，所有点都同时向右和向下偏移了 30 个像素，每个点之间的相对位置并没有发生变化，所以形状不变。

在这一过程中，每个点都做了如下的运算。

$$\begin{bmatrix} x \\ y \\ 1 \end{bmatrix} \times \begin{bmatrix} 1 & 0 & tx \\ 0 & 1 & ty \\ 0 & 0 & 1 \end{bmatrix} = \begin{bmatrix} x+tx \\ y+ty \\ 1 \end{bmatrix}$$

下面把 tx 和 ty 的变换去掉，我们尝试一下旋转 30°。

30° 的弧度值是 Math.PI/6，代入到以下旋转矩阵。

$$\begin{bmatrix} \cos\theta & -\sin\theta \\ \sin\theta & \cos\theta \end{bmatrix}$$——a=cosθ，b=sinθ，c=-sinθ，d=cosθ

即可得到如下代码。

代码清单 4-3

```
mt.a = Math.cos(Math.PI / 6);
mt.b = Math.sin(Math.PI / 6);
mt.c = -Math.sin(Math.PI / 6);
mt.d = Math.cos(Math.PI / 6);
```

我们替换掉代码里设置 txt 和 ty 的部分，效果如图 4-6 所示。

旋转是旋转了，但这似乎不是我们想要的，因为它没有绕矩形的中心点旋转。在 Matrix 中，旋转、缩放的参考点都是（0，0），在 FlashPlayer 的坐标系里就相当于舞台的左上角了。

至于如何修改参考点的位置，我一直苦寻未果（不过 fl 包中的 MatrixTransformer 类实现了这种算法，有兴趣的读者可以自行研究）。既然无法改变，那我们就试着去适应，把矩形的中心点对齐到参考点看看。

代码清单 4-4

```
mt.tx = -50;
mt.ty = -25;
mt.a = Math.cos(Math.PI / 6);
mt.b = Math.sin(Math.PI / 6);
mt.c = -Math.sin(Math.PI / 6);
mt.d = Math.cos(Math.PI / 6);
```

然而此举并未达到预期的效果，如图 4-7 所示。可见，先旋转再平移一定得不到正确的结果，因为绕左上角旋转后，矩形中心点坐标已经不再是（50，25）了。

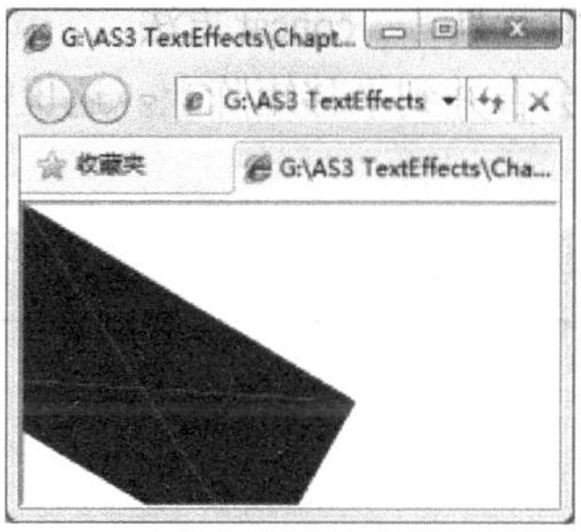

图 4-6　应用 30 度旋转矩阵的结果

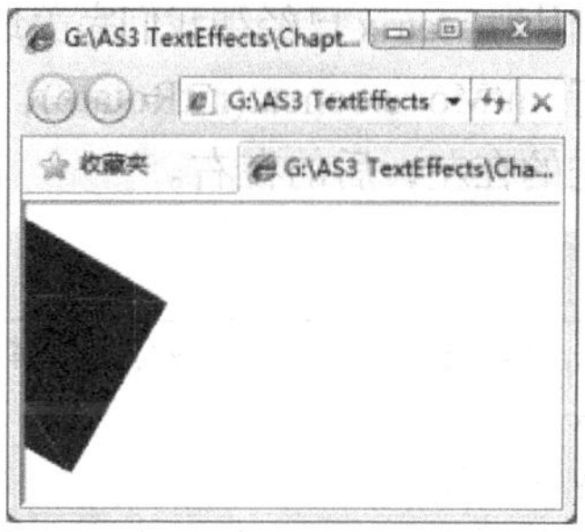

图 4-7　tx 和 ty 移向中心后再旋转

我们尝试把 tx 和 ty 放到后面。

代码清单 4-5

```
mt.a = Math.cos(Math.PI / 6);
mt.b = Math.sin(Math.PI / 6);
mt.c = -Math.sin(Math.PI / 6);
mt.d = Math.cos(Math.PI / 6);
mt.tx = -100;
mt.ty = -50;
```

很显然，尽管顺序调换了，但从设置属性的角度上看，这样的对调实际上没有任何意义，它的运行结果跟调换前完全一致。

怎么办呢？难道我们要自己手动计算中心点在矩形旋转之后的位置？如果真这样做，那矩阵的存在便形同虚设了。

矩阵变换的精髓就在于多个变换的合并以及乘法的不可逆性，我们应该把它的优势给充分发挥出来。

4.2.4　Matrix 中的矩阵乘法与变换合并

旋转和平移是两个相对独立的变换，应该拆分成两个矩阵。

代码清单 4-6

```
mtMove.tx = -50;
mtMove.ty = -25;
mtRotate.a = Math.cos(Math.PI / 6);
mtRotate.b = Math.sin(Math.PI / 6);
mtRotate.c = -Math.sin(Math.PI / 6);
mtRotate.d = Math.cos(Math.PI / 6);
```

两个矩阵如何应用到同一个对象上呢？从上面的讨论可知，矩阵变换的本质是乘法运算。所以，我们用乘法将它们合并一下即可。

$$\begin{bmatrix} a_1 & c_1 & tx_1 \\ b_1 & d_1 & ty_1 \\ 0 & 0 & 1 \end{bmatrix} \times \begin{bmatrix} a_2 & c_2 & tx_2 \\ b_2 & d_2 & ty_2 \\ 0 & 0 & 1 \end{bmatrix} = \begin{bmatrix} a_1a_2 + b_1c_2 & c_1a_2 + d_1c_2 & a_2tx_1 + c_2ty_1 + tx_2 \\ a_1b_2 + b_1d_2 & d_1b_2 + c_1d_2 & b_2tx_1 + d_2ty_1 + ty_2 \\ 0 & 0 & 1 \end{bmatrix}$$

怎么样？是不是有种剪不断理还乱的感觉？所幸的是，这个乘法公式我们不必记住，也不需要手动去写，因为 Matrix 已经帮我们完美地封装好了，它就是——concat 方法。

我们执行 mtMove.concat(mtRotate)，旋转矩阵将会合并到平移矩阵上。这里需要注意一下先后顺序，先的在左，后的在右。

代码清单 4-7

```
var mtMove:Matrix = new Matrix();//平移矩阵
mtMove.tx = -50;
mtMove.ty = -25;
var mtRotate:Matrix = new Matrix();//旋转矩阵
mtRotate.a = Math.cos(Math.PI / 6);
mtRotate.b = Math.sin(Math.PI / 6);
mtRotate.c = - Math.sin(Math.PI / 6);
mtRotate.d = Math.cos(Math.PI / 6);
/**通过矩阵乘法的API进行合并**/
mt.concat(mtMove);
mt.concat(mtRotate);
/**********/
```

我们很轻松地把两个独立的矩阵给合并起来了，如图 4-8 所示，大家可以自行验证 concat 方法是否与矩阵乘法的运算法则一致。

图 4-8　矩形中心和舞台左上角对齐了

小提示　用 trace(mt)即可把 6 个属性都输出到控制台。

这一方法很大程度上降低了矩阵的使用门槛，但这还不是 Matrix 的全部。像我这种数学白痴，一个旋转矩阵就可以把我搞得晕头转向。可想而知，如果再引入其他的矩阵，那想必要让我绕个九曲十八弯，最终只落得一脸茫然。

4.2.5 使用 Matrix 为我们封装的矩阵变换方法

所以，对于这些单一的变换矩阵，Adobe 给我们封装了一些方法。

平移：translate(tx, ty);

缩放：scale(scaleX, scaleY);

旋转：rotate(angle)。

所以，上述代码可精简为以下内容。

代码清单 4-8

```
var mtMove:Matrix = new Matrix();//平移矩阵
mtMove.translate(-50, -25);
var mtRotate:Matrix = new Matrix();//旋转矩阵
mtRotate.rotate(Math.PI / 6);
mt.concat(mtMove);
mt.concat(mtRotate);
```

直接对非单位矩阵执行这些方法，也是在原有矩阵的基础上进行合并，所以上述代码还有继续简化的空间。

代码清单 4-9

```
mt.translate(-50,-25);
mt.rotate(Math.PI / 6);
```

如前所述，矩阵的乘法不可逆。如果我们调换以上两句的顺序，效果将跟预期的不一致，如图 4-9 所示。

此外，Matrix 还提供了一键设置矩阵移动、旋转、缩放等变换的方法：createBox。

代码清单 4-10

```
public function createBox(scaleX:Number, scaleY:Number, rotation:Number = 0, tx:Number = 0, ty:Number
= 0):void
```

图 4-9　位移和旋转对调后的效果

方法的参数都很直观，此处不再解释，唯一需要注意的是执行的先后顺序，依次为：旋转、缩放、移动。具体用法大家可自行查阅帮助文档。

与 createBox 名字很像的还有个 createGradientBox 方法，它跟渐变填充有关，我们会在后续章节介绍它的算法原理。我个人认为该方法严重破坏了 Matrix 类的结构，但似乎除了这里，该方法没有别的容身之处了，定义一个新的类又显得功能过于单一，使用起来很不方便。

另一种简化的方案是：在属性值已知的情况下，可以通过构造函数直接传入。

代码清单 4-11

```
new Matrix(2, 0, 0, 3, 15, 18);
```

6 个参数分别为 a，b，c，d，tx，ty。

矩阵还提供了一个还原为单位矩阵的方法：identity。执行该方法后，矩阵的状态与 new Matrix()时一致。该方法使同一个矩阵可以复用，从而降低内存的占用率。这就好比处理一堆垃圾，与其直接焚烧，还不如循环再用，减少不必要的资源浪费。

4.1 节我们还给大家介绍了逆矩阵的概念并给出一个求逆矩阵的方法。我们可以看到，哪怕矩阵只有两行两列，计算的过程也不见得特别轻松。如果矩阵的行数和列数再多一些，或者变换再复杂点，其处理过程就更麻烦了。所以，Matrix 还提供了一个 invert 方法让我们一句话就能求得它的逆矩阵。

从 4.1 节士兵调度的例子可知，逆矩阵应具有还原图形的作用。所以，如果我们在代码清单 4-12 所示代码后面追加代码清单 4-13 所示代码，则矩阵被还原为单位矩阵，不再对图形实施任何变换。

代码清单 4-12

```
mt.translate(-50,-25);
mt.rotate(Math.PI / 6);
```

代码清单 4-13

```
var mtInvert:Matrix = mt.clone();
mtInvert.invert();
mt.concat(mtInvert);
```

逆矩阵还有撤销某步变换的作用，它主要应用于图形编辑软件等场合，如图 4-10 所示，但这些内容已经远远超出了本书的范围，所以我们不再展开讨论，有兴趣的读者可自行查阅相关资料。

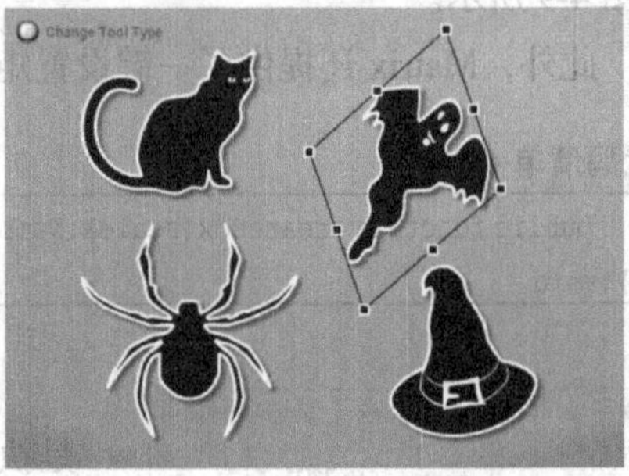

图 4-10　TransformHalloween 图形变换工具

然而，即使借助 Matrix 类提供的方法，我们也需对矩阵数学的计算非常熟悉才可以完美实现图 4-10 中所展示的功能，比如注册点的修改策略，如何通过当前矩阵获取当前对象的缩放比率、旋转角度、斜切角度，如何在操作控制框时记录矩阵的状态以进行准确的数值更新以及怎样判断矩阵是否发生了翻转，等等。

历史上有不少能人志士都在为推动这一领域的发展和进步而默默地奉献着，比如 GreenSock 的 TransformTool，senocular 的 MatrixTool，就连 Adobe 也不甘落后，推出了与 Flash IDE 配套的 MatrixTransformer 算法包，帮助我们更好地操作矩阵，这其中也包含了我们之前提到一些的修改旋转缩放参考点的方法。

可见这是一门高深的学问，要把每个技术细节都讲解清楚，恐怕得再出一本书了，所以我们不在这里继续和大家探讨这方面的问题了。

4.2.6　使用 Matrix 类实现点的变换

在上面的例子中，Matrix 操作的对象是一个完整的平面图形，如果要回归到点呢，那么 Matrix 类还可以胜任吗？

可能从面倒退到点会让人感觉有些荒谬，但是，有些时候，我们的确需要用到点的变换。

如图 4-11 所示，我们需要对这些排列整齐的点阵进行一个斜切变换，但是这些点在显示对象上呈现为一个圆，如果将这排点看作一个整体来变形，那势必会影响圆点的形状，导致圆点看起来就像被压扁了一样，如图 4-12 所示。

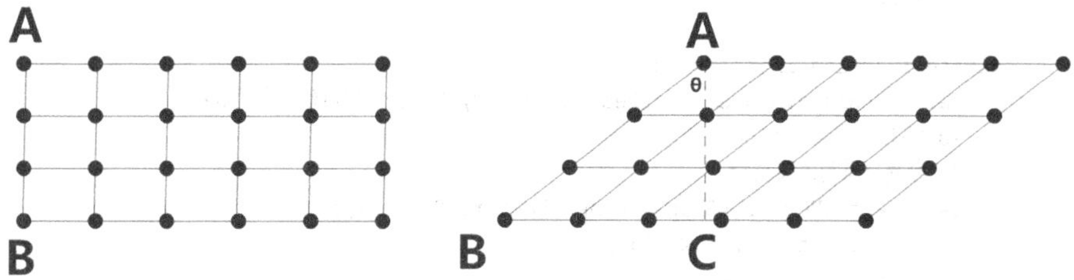

图 4-11　点的斜切排列

这往往不是我们想要的效果。我们希望圆点看起来还是个小球，因为做斜切更多的是要营造一种空间感（尽管这种空间感不太真实，也不符合透视原理）。

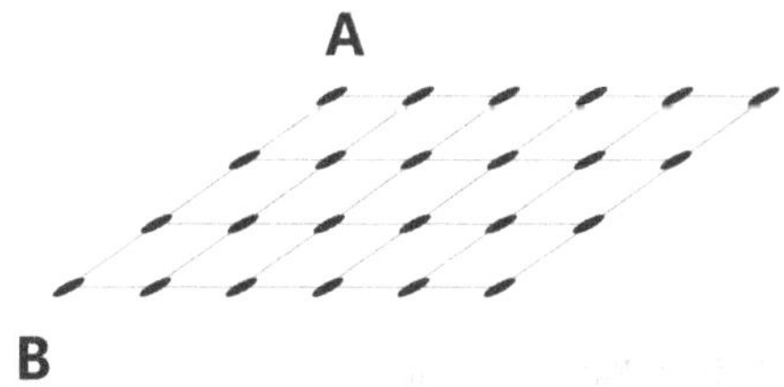

图 4-12　把所有点看作整体来进行斜切的效果

那么，我们需要自己用矩阵乘法来计算这些点的位置吗？

答案当然是否定的，Matrix 既然连图形变换都做了，怎么可能不把点变换的方法都公开给我们呢？

这个方法就是 Matrix 的 transformPoint/deltaTransformPoint 了。我们看一下它们的用法。

代码清单 4-14

```
public function transformPoint(point:Point):Point
public function deltaTransformPoint(point:Point):Point
```

两个方法都传入一个待转换的点，返回经过当前矩阵转换后的点。不同的是，deltaTransformPoint 忽略 tx 和 ty 这两个属性，所以我们只管第一个方法 transformPoint。

transformPoint 方法等价于矩阵乘法运算。

代码清单 4-15

```
public function transformPoint(point:Point):Point{
    return point.乘以(this);
}
```

其数学表达式如下。

$$\begin{bmatrix} x \\ y \\ 1 \end{bmatrix} \times \begin{bmatrix} a & c & tx \\ b & d & ty \\ 0 & 0 & 1 \end{bmatrix} = \begin{bmatrix} ax+cy+tx \\ bx+dy+ty \\ 0+0+1 \end{bmatrix}$$

所以，将点（x，y）传入到本方法后，返回的 Point 就等于（ax+cy+tx，bx+dy+ty）。

我们已经知道，Matrix 在操作平面图形的时候，用的就是这一算法。那么点是否也跟图形一致呢？下面写一段代码来测试。

我们新建一个 ActionScript 项目，名为 TransformPointTest，代码如下。

代码清单 4-16

```
package{
    [SWF(width = "800", height = "600")]
    public class TransformPointTest extends Sprite {
        public function TransformPointTest(){
```

```
            init();
        }
        private function init():void{
            var rectShape:Shape = getRectShape(400, 200); //创建一个矩形线框
            addChild(rectShape);
            /**创建一系列的圆点**/
            var shapes:Vector.<Shape> = new Vector.<Shape>();
            for(var i:int = 0; i < 21; i ++){
                for(var j:int = 0; j < 11; j ++){
                    var circleShape:Shape = new Circle(5, 0x009900);
                    circleShape.x = i * 20;
                    circleShape.y = j * 20;
                    addChild(circleShape);
                    shapes.push(circleShape);
                }
            }
            /**********/
        }
        //绘制一个矩形线框
        private function getRectShape(width:Number, height:Number):Shape{
            var rectShape:Shape = new Shape();
            rectShape.graphics.lineStyle(1, 0x999999);
            rectShape.graphics.drawRect(0, 0, width, height);
            rectShape.graphics.endFill();
        }
    }
}
```

getRectShape 方法用于创建矩形线框，具体代码如下。

代码清单 4-17

```
//绘制一个矩形线框
private function getRectShape(width:Number, height:Number):Shape{
    var rectShape:Shape = new Shape();
    rectShape.graphics.lineStyle(1, 0x999999);
    rectShape.graphics.drawRect(0, 0, width, height);
    rectShape.graphics.endFill();
}
```

运行效果如图 4-13 所示。程序创建了一个矩形线框，然后横向和纵向都每隔 20 像素摆放一个半径为 5 的圆点。

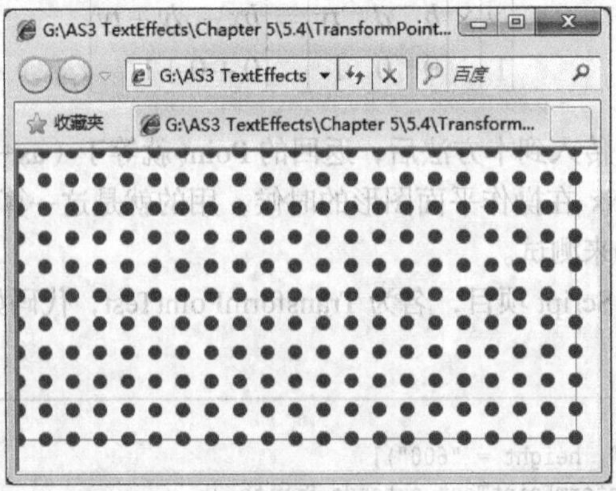

图 4-13　网格状排列的圆点

我们用同一个 Matrix，同时改变线框的形状和点的位置来看看效果，给 init 函数追加如下代码。

代码清单 4-18

```
var mt:Matrix = new Matrix();
mt.c = Math.tan(Math.PI / 3); //横向斜切 60 度
rectShape.transform.matrix = mt;
```

效果如图 4-14 所示。

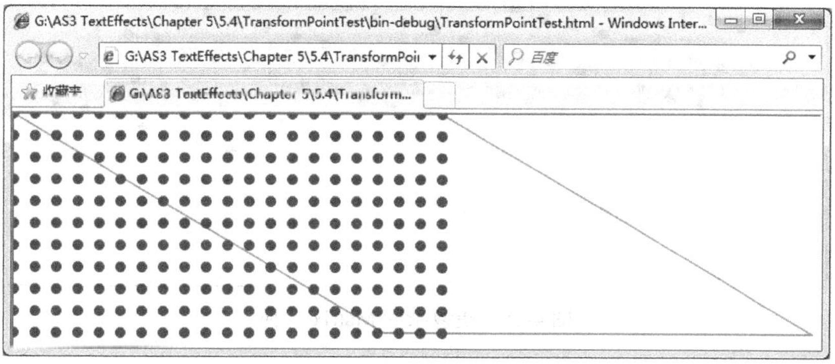

图 4-14　对线框进行斜切变换

下面我们用 transformPoint 方法让圆点对齐到线框上。

代码清单 4-19

```
for each(var shape:Shape in shapes){
    var pt:Point = new Point(shape.x, shape.y);
    var transformPt:Point = mt.transformPoint(pt);
    shape.x = transformPt.x;
    shape.y = transformPt.y;
}
```

效果非常让人满意，大家可以感觉到点跟着线框一起扭曲了，但仔细看每个圆点，它们是个球体，如图 4-15 所示。所以，在制作假 3D 乃至真 3D 效果时，这个转换点的思想相当有用。

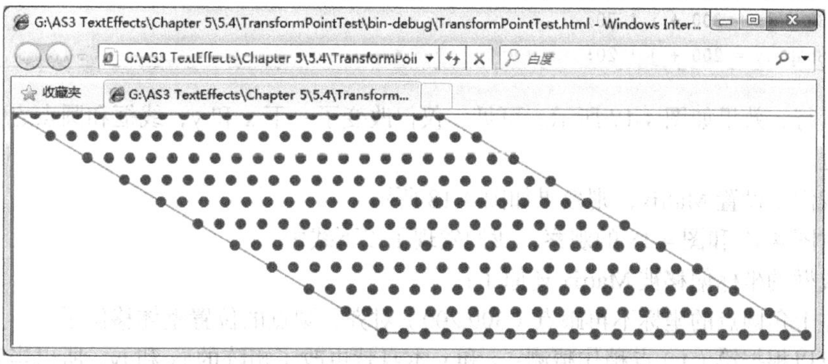

图 4-15　应用 transformPoint 后的圆点排列与线框同步

大家可以测试更多更复杂的 Matrix 看一下点的布局跟线框是否始终吻合。如图 4-16 所示，代码对线框和点同时应用了横向斜切、纵向斜切和旋转的变换。

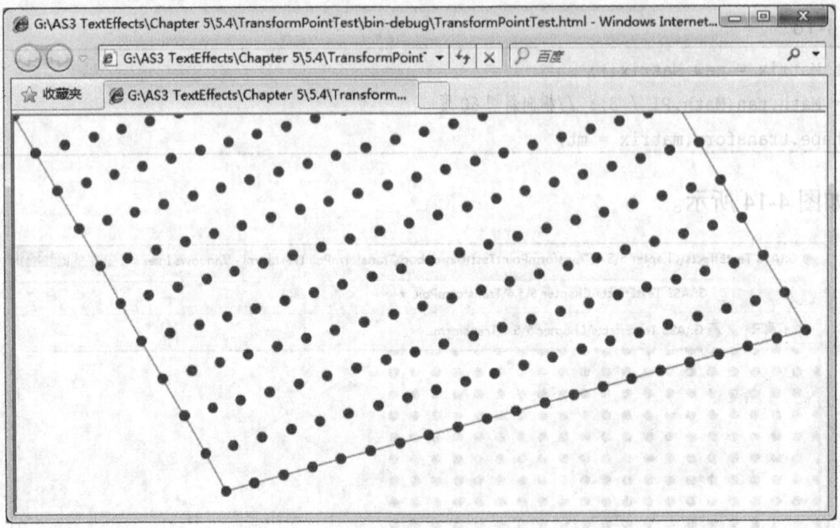

图 4-16　更复杂的 Matrix 变换

4.2.7　变换参考点的转移

不知道大家有没发现，我们一直都在做一件很蹩脚的事情，就是非要把顶点放在舞台左上角，很影响对运行效果的观察，为什么就不能往右下方向稍稍移动一下呢？

下面，我们尝试用设置 x，y 的方法对矩形线框和圆点进行偏移的操作。

首先我们在 addChild(rectShape);一句前追加代码。

代码清单 4-20

```
rectShape.x = 300;
rectShape.y = 200;
```

然后我们把循环内给 circleShape 设置 x 和 y 的那两句代码修改为以下内容。

代码清单 4-21

```
circleShape.x = 300 + i * 20;
circleShape.y = 200 + j * 20;
```

再次运行，效果如图 4-17 所示。可见，仅仅改变了一下 x 和 y，线框和圆点之间就出现了明显的错位。

如果我们不设置 Matrix，则效果如图 4-18 所示。

通过对图 4-17 和图 4-18 的观察，我们发现了以下线索：

（1）线框的坐标偏移被 Matrix 还原了；

（2）左上角圆点的坐标不再跟点（300,200）对齐，圆点的位置整体移位了。

我们可以根据第（1）点稍作猜测：x 和 y 本身就更改了矩阵的 tx 和 ty，所以当我们赋一个无 tx 和 ty 偏移的矩阵时，它的坐标自然就回到（0，0）上了。

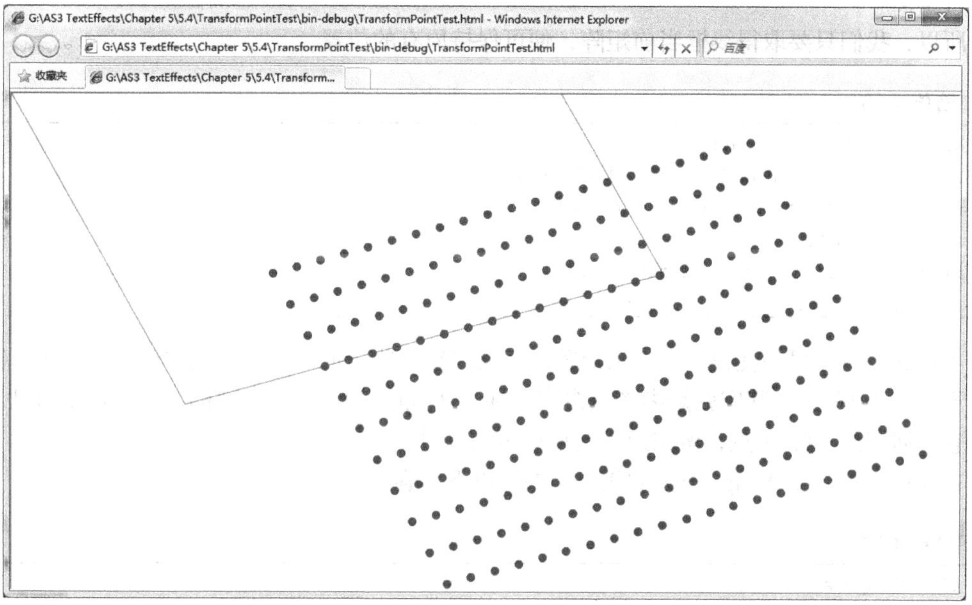

图 4-17　设置 x 和 y 后的效果

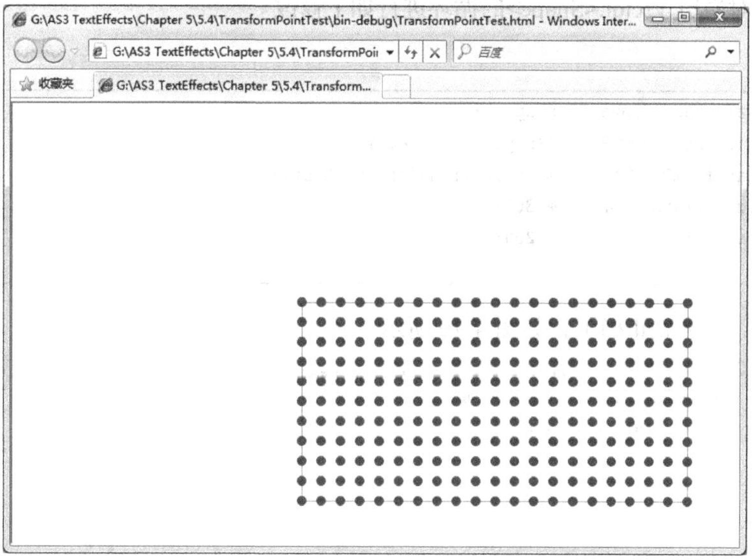

图 4-18　设置 x 和 y 但不应用变换矩阵的效果

我们可以在设置 x，y 之后输出一下线框的矩阵。

代码清单 4-22

```
trace(rectShape.transform.matrix);
```

我们会得到如下结果。

```
(a=1, b=0, c=0, d=1, tx=300, ty=200)
```

这一猜测得以证实。

实际上，除了 x，y 以外，scaleX、scaleY、rotation 这些属性也同样修改了 Matrix，大家可以自行验证。

所以，我们只要取得线框当前矩阵，便可保持原有的位置。

代码清单 4-23

```
var mt:Matrix = new Matrix();
mt.c = Math.tan(Math.PI / 3); //横向斜切 60 度
mt.b = - Math.tan(Math.PI / 4); //纵向斜切 45 度
mt.rotate(Math.PI / 6);
mt.concat(rectShape.transform.matrix);
rectShape.transform.matrix = mt;
```

不过这一方法局限性很大，如果矩阵的变换再复杂些，那么以上处理方法就有可能出错。

至于第（2）点，其实就是参考点没有落在点（300,200）上所导致的。所以解决方法就是先让它们回归到（0,0）点，做完矩阵变换后再恢复过来。

首先把设置 circleShape 坐标的代码调整为以下内容。

代码清单 4-24

```
circleShape.x =  i * 20;
circleShape.y =  j * 20;
```

然后我们对遍历 Vector.<Shape>的循环进行如下修改。

代码清单 4-25

```
for each(var shape:Shape in shapes){
    var pt:Point = new Point(shape.x, shape.y);
    var transformPt:Point = mt.deltaTransformPoint(pt);
    shape.x = transformPt.x + 300;
    shape.y = transformPt.y + 200;
}
```

再次运行，效果就正确了，如图 4-19 所示。

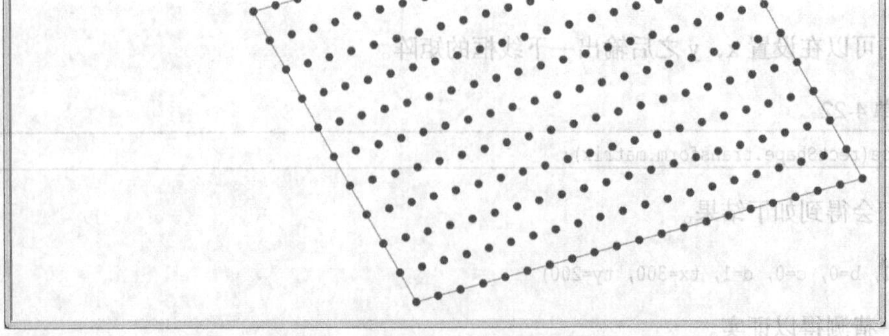

图 4-19　transformPoint 后再偏移位置

此举有点霸王硬上弓的感觉，而且点和线框的处理方式不尽相同，使得代码的通用性变差，无法胜任更复杂的变换。实际上，开始时我们并不应该为了矩阵变换而强行让圆点对齐到舞台左上角，而应该先获取被应用到线框上的矩阵和单位矩阵之间的差异并将这种差异扣除到圆点上，然后再进行扭曲、旋转等变换。

这个时候，逆矩阵就能发挥作用了。

4.2.8　用逆矩阵管理多种变换

将线框的逆矩阵应用到圆点上，就相当于抵消了线框的偏移，让圆点对齐到舞台左上角。

代码清单 4-26

```
var mtRect:Matrix = rectShape.transform.matrix; //获得线框的偏移矩阵
var mtInvert:Matrix = mtRect.clone();
mtInvert.invert(); //获得线框的抵消矩阵
var mt:Matrix = new Matrix();
mt.c = Math.tan(Math.PI / 3); //横向斜切 60 度
mt.b = - Math.tan(Math.PI / 4); //纵向斜切 45 度
mt.rotate(Math.PI / 6);
mt.concat(mtRect);
rectShape.transform.matrix = mt;
```

这时候，设置 circleShape 坐标的代码就可以把偏移量加回去了。

代码清单 4-27

```
circleShape.x = 300 + i * 20;
circleShape.y = 200 + j * 20;
```

与此同时，遍历 Vector.<Shape>的代码也要执行逆矩阵的相关操作。

代码清单 1-28

```
for each(var shape:Shape in shapes){
    var pt:Point = new Point(shape.x, shape.y);
    pt = mtInvert.transformPoint(pt); //先抵消掉线框的变换
    var transformPt:Point = mt.transformPoint(pt); //然后再应用旋转，斜切矩阵（还原抵消的处理已经在
mt.concat 里处理了）
    shape.x = transformPt.x;
    shape.y = transformPt.y;
}
```

我们暂时没有办法给出更有说服力的例子来证明 invert 的重要性，因为只在开发图形编辑工具时遇到过相关的问题，但图形编辑工具不在本书的讨论范围之内。所以我们只希望大家以后在矩阵处理方面遇到问题以及阅读到跟逆矩阵相关的章节时，还能想起曾经给大家苦口婆心地讲解过 invert 这个方法。

另一种做法是把线框和原点都放到同一个容器内，通过偏移容器实现整体的位移，方式较为直观，易于理解，而且 Matrix 不受容器的 x，y 影响，出错几率极小，但缺点在于需要多套一层容器，在复杂的场合中，可操作性会差一些。具体的实现方法相信大家都比较熟悉，本书

就不再详述了。

4.3 迷离的色彩矩阵——ColorMatrixFilter 与 DynamicMatrix

色彩矩阵虽不像 Matrix 那样可以给图形带来空间上的变化，但它能让每个像素变色，从而在有限的空间内创造出无限的可能。颜色变暗可以使空间变得深邃，提亮色彩可以让视野更加广阔。而色相的转换更是一种神奇的魔法，它为您呈现出一个全新的世界，带来不一样的视觉体验。

色彩包含 ARGB 共 4 个属性，按照 Matrix 的规矩，变换矩阵的尺寸应为 5*4，其中，最后一列的作用类似于 Matrix 的 tx 和 ty，对矩阵元素进行加减运算。与此同时，该矩阵要补上用于占位的一行，使矩阵乘法得以正常运作。

$$\begin{bmatrix} r \\ g \\ b \\ a \\ 1 \end{bmatrix} \times \begin{bmatrix} a_0 & a_1 & a_2 & a_3 & a_4 \\ a_5 & a_6 & a_7 & a_8 & a_9 \\ a_{10} & a_{11} & a_{12} & a_{13} & a_{14} \\ a_{15} & a_{16} & a_{17} & a_{18} & a_{19} \\ 0 & 0 & 0 & 0 & 1 \end{bmatrix} = \begin{bmatrix} ra_0 + ga_1 + ba_2 + aa_3 + a_4 \\ ra_5 + ga_6 + ba_7 + aa_8 + a_9 \\ ra_{10} + ga_{11} + ba_{12} + aa_{13} + a_{14} \\ ra_{15} + ga_{16} + ba_{17} + aa_{18} + a_{19} \\ 1 \end{bmatrix} = \begin{bmatrix} rResult \\ gResult \\ bResult \\ aResult \\ 1 \end{bmatrix}$$

我们之所以不使用 r11、r12、r21 等变量来表示矩阵中的元素，而以 a_0～a_{19} 代之，是因为 ColorMatrixFilter 中的 matrix 属性不是个矩阵类，而是个长度为 20 的数组。在帮助文件中，矩阵的元素以数组名[下标]的形式表示。为便于对照，此处我们也改用这种形式。

从帮助文件的计算公式看，它跟矩阵乘法得出的结果完全一致。

```
redResult = (a[0]*srcR) + (a[1]*srcG) + (a[2]*srcB) + (a[3]*srcA) + a[4]
greenResult = (a[5]*srcR) + (a[6]*srcG) + (a[7]*srcB) + (a[8]*srcA) + a[9]
blueResult = (a[10]*srcR) + (a[11]*srcG) + (a[12]*srcB) + (a[13]*srcA)+ a[14]
alphaResult = (a[15]*srcR) + (a[16]*srcG) + (a[17]*srcB)+ (a[18]*srcA) +a[19]
```

大家可以自行对照一下。

4.3.1 ColorMatrixFilter 与 ColorTransform 的功能比较

如果说 ColorTransform 是田忌的加减法，那么 ColorMatrixFilter 就是孙膑的乘法了。所以，ColorMatrixFilter 与 Matrix 变换和士兵调度的行为一样，都充分体现了矩阵中各元素之间的互动，使色彩的变换方式更加灵活，策略也趋于多元化，从而实现比 ColorTransform 更丰富的视觉效果。

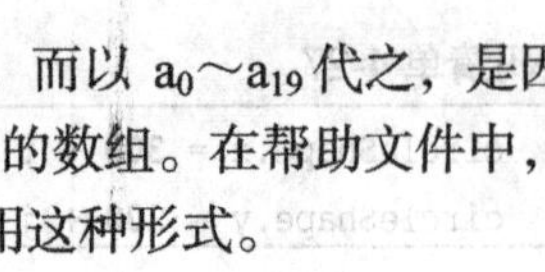

图 4-20 在 Flash IDE 里制作的鲜橙味水果糖字体

图 4-20 是我们在 Flash IDE 里制作的鲜橙味水果糖字体。

现在我们希望用变色的方法直接生成其他口味（颜色）的糖果，分别用 ColorTransform 和 ColorMatrixFilter 来实现，效果如图 4-21 和图 4-22 所示。

图 4-21　经 ColorTransform 处理过的彩虹糖字体

图 4-22　经 ColorMatrixFilter 处理过的彩虹糖字体

无论从色彩、光感还是纹理等角度来看，ColorMatrixFilter 调出来的版本都比 ColorTransform 要自然得多，不像 ColorTransform 的那么生硬（不过 ColorTransform 版本很有橡皮糖的感觉），而且 ColorMatrixFilter 几乎可以完美支持 ColorTransform 的所有变换。

小提示　之所以说“几乎”，是因为两者的原理虽然一致，但在处理方式上存在着微妙的差异，稍后大家将会看到。

我们以 redResult 为例，考察它们的运算公式。

```
redResult = (a[0] * srcR) + (a[1] * srcG) + (a[2] * srcB) + (a[3] * srcA)+a[4]
redResult  = redMultiplier * srcR + redOffset
```

通过对照我们便可得出，a[0]=redMultiplier，a[1]=a[2]=a[3]=0，a[4]=redOffset。

我们用同样的方法对照其他 3 个通道，即可得出 ColorTransform 的变换矩阵。

$$\begin{bmatrix} r \\ g \\ b \\ a \\ 1 \end{bmatrix} \times \begin{bmatrix} redMultiplier & 0 & 0 & 0 & redOffset \\ 0 & greenMultiplier & 0 & 0 & greenOffset \\ 0 & 0 & blueMultiplier & 0 & blueOffset \\ 0 & 0 & 0 & alphaMultiplier & alphaOffset \\ 0 & 0 & 0 & 0 & 1 \end{bmatrix} = \begin{bmatrix} redMultiplier \times r + redOffset \\ greenMultiplier \times g + greenOffset \\ blueMultiplier \times b + blueOffset \\ alphaMultiplier \times a + alphaOffset \\ 1 \end{bmatrix}$$

根据矩阵乘法的运算法则，第 1 个矩阵第 n 行的数会和第 2 个矩阵第 n 列的数进行相乘，所以 colorTransform 中的 multiplier 变量全都位于矩阵的第 n 行第 n 列，即都在主对角线上，而 offset 变量则全部位于最后一行。

废话少说，我们把 ColorTransform 的测试用例搬到这里来实践一下。

4.3.2　测试用例的调整

我们复制 ShapeColorTransformTest 项目并命名为 ShapeAdjustColorTest。

因为 AdjustColor 类并非由 FlashPlayer 本身提供，所以我们需要在 Flash Builder 的项目里引用它。

在确保安装了 Flash CS5.5 或更高版本以后，我们在项目的源路径里添加一个路径项：${FLASHPRO_APPCONFIG}\ActionScript 3.0\projects\Flash\src（具体添加方法可查阅附录）。

为了让稍后测试的饱和度变换效果更加明显，我们先把各种颜色的饱和度都调低，从原来的 0000CC、00CC00 和 CC0000 调整为 6666CC、66CC66 和 444422。

applyTransform 函数则调整如下。

代码清单 4-29

```
private function applyTransform():void{
    _testSprite_dst.filters = [new ColorMatrixFilter([1, 0, 0, 0, 0,
                                                      0, 1, 0, 0, 0,
                                                      0, 0, 1, 0, 0,
                                                      0, 0, 0, 1, 0])];
}
```

4.3.3 ColorMatrixFilter 与 ColorTransform 在底层处理机制上的差异

代码中最最关键的地方就在于红色标注的一句——设置 ColorMatrixFilter。我们注意到 matrix 是一个数组，但为了便于用矩阵的形式查看，我们一般都把它分成 4 行来写。上面的代码中，我用单位矩阵进行填充，所以输出结果与源图像一致。

下面，我们尝试用 ColorMatrixFilter 进行反色。

ColorTransform 的反色代码如下。

代码清单 4-30

```
_myColorTransform.redMultiplier = _myColorTransform.greenMultiplier =_myColorTransform.
blueMultiplier = -1;
_myColorTransform.redOffset = 255 = _myColorTransform.greenOffset = _myColorTransform.blueOffset = 255;
```

我们把它代入到 ColorMatrixFilter 的 Transform 矩阵中，得到如下结果。

$$\begin{bmatrix} redMultiplier & 0 & 0 & 0 & redOffset \\ 0 & greenMultiplier & 0 & 0 & greenOffset \\ 0 & 0 & blueMultiplier & 0 & blueOffset \\ 0 & 0 & 0 & alphaMultiplier & alphaOffset \\ 0 & 0 & 0 & 0 & 1 \end{bmatrix} = \begin{bmatrix} -1 & 0 & 0 & 0 & 255 \\ 0 & -1 & 0 & 0 & 255 \\ 0 & 0 & -1 & 0 & 255 \\ 0 & 0 & 0 & 1 & 0 \\ 0 & 0 & 0 & 0 & 1 \end{bmatrix}$$

前面提到，ColorTransform 在显示对象包含 BlendMode 的时候会出错，那么，改用 ColorMatrixFilter 之后的结果又会如何呢？我们改一下代码。

代码清单 4-31

```
_testSprite_dst.filters = [new ColorMatrixFilter([-1, 0, 0, 0, 255,
                                                   0, -1, 0, 0, 255,
                                                   0, 0, -1, 0, 255,
                                                   0, 0, 0, 1, 0])];
```

效果如图 4-23 所示。

可见，ColorMatrixFilter 并没有出现 ColorTransform 的那种错误，反色效果相当准确。究其原因，就在于 ColorTransform 的处理基于矢量，单个圆反色后再 ADD 的结果并不等于 ADD 后再整体反色。但作为 BitmapFilter 的子类，ColorMatrixFilter 则始终按照位图的方式进行处理，不管源对象是矢量还是位图。也就是说，在 ColorMatrixFilter 中，反色的优先级低于显示对象的混合模式，所以不会出错。

另一个可以证明该结论的例子，是透明度的设置，如图 4-24 和图 4-25 所示。

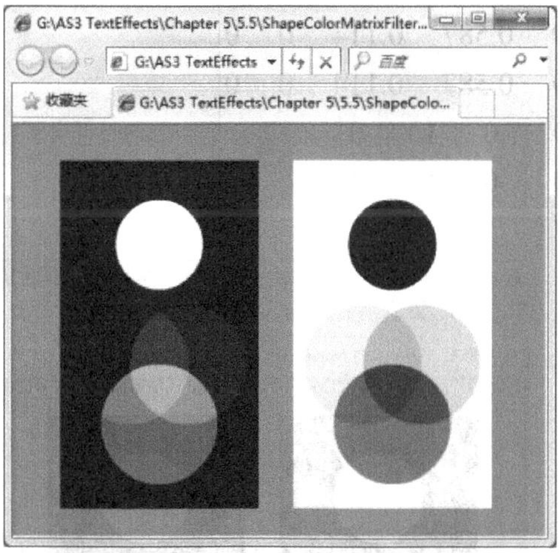

图 4-23　ColorMatrixFilter 的反色

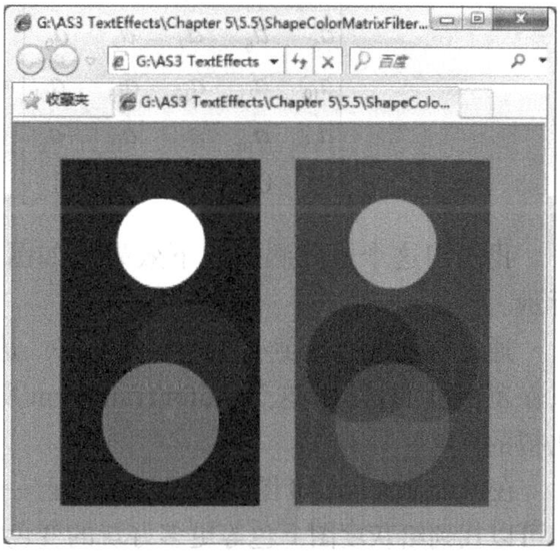

图 4-24　ColorTransform 设置透明度

此外，受矢量和位图处理模式差异的影响，给没有设置 cacheAsBitmap=true（包括滤镜）的设备字体应用 alphaMultiplier 将没有任何效果，但是 ColorMatrixFilter 的 alpha 却可以让设备字体透明。这一点相信大家都比较熟悉，此处不再赘述。

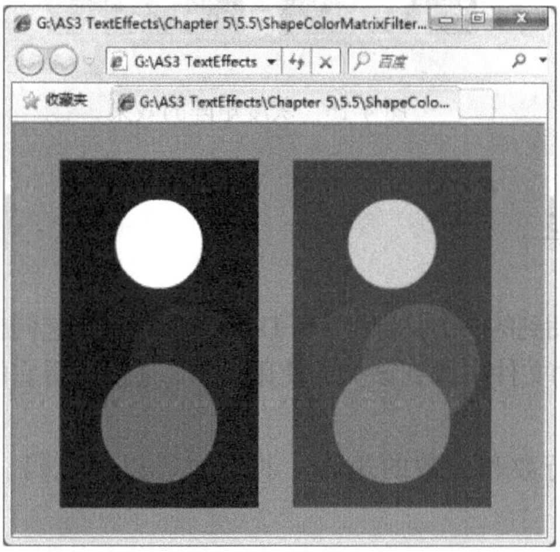

图 4-25　ColorMatrixFilter 设置透明度

关于可以用 ColorTransform 实现的颜色矩阵，此处不再继续展开讨论，因为笔者已经在 ColorTransform 的相关章节分析得足够详细了。我们在 ColorMatrixFilter 里要做的，仅仅是把数值代入到矩阵的相应位置中。

4.3.4　ColorMatrixFilter 精粹的体现——跨通道运算

用 ColorMatrixFilter 做 ColorTransform 的效果未免有点屈才了，没有把矩阵的精粹——资源重组及布阵策略体现出来。所以，我们还是把精力放在多通道的调度上吧。

最最典型的一个例子就是灰度处理。还记得第 1 章的灰度专题吗？里面我们提到一个著名的心理学公式，如下所示。

```
Gray = r*0.299 + g*0.587 + b*0.114
```

对于任何一种灰色，其 RGB 值都满足 R=G=B=Gray（灰度值）这一等式，可见 resultR、resultG 和 resultB 都等于灰度 Gray。

```
resultR= srcR*0.299 + srcG*0.587 + srcB*0.114 + srcAlpha*0 + 0
resultG= srcR*0.299 + srcG*0.587 + srcB*0.114 + srcAlpha*0 + 0
resultB= srcR*0.299 + srcG*0.587 + srcB*0.114 + srcAlpha*0 + 0
```

我们将它代入到矩阵公式中，可得如下矩阵。

$$\begin{bmatrix} a_0 & a_1 & a_2 & a_3 & a_4 \\ a_5 & a_6 & a_7 & a_8 & a_9 \\ a_{10} & a_{11} & a_{12} & a_{13} & a_{14} \\ a_{15} & a_{16} & a_{17} & a_{18} & a_{19} \\ 0 & 0 & 0 & 0 & 1 \end{bmatrix} = \begin{bmatrix} 0.299 & 0.587 & 0.114 & 0 & 0 \\ 0.299 & 0.587 & 0.114 & 0 & 0 \\ 0.299 & 0.587 & 0.114 & 0 & 0 \\ 0 & 0 & 0 & 1 & 0 \\ 0 & 0 & 0 & 0 & 1 \end{bmatrix}$$

我们用这个矩阵测试一下效果，如图 4-26 所示。

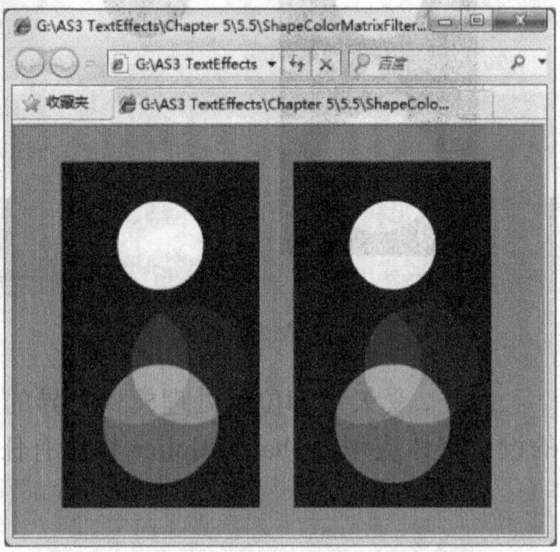

图 4-26　灰度矩阵的效果

通道被平均分配到了 R、G 和 B 中，达到了只保留明度的目的。这是 ColorTransform 所无法比拟的。

在《ActionScript 3.0 图像处理基础教程》一书中，您可以找到给灰度图上色等更多好玩的变色矩阵，这里就不再重复了。当然，ColorMatrixFilter 的上色能力比较有限，所以我们会在后续的章节给大家介绍功能更为强大的 HSB 混合。

下面，我们来探讨一下跟 Flash IDE 调整颜色滤镜相配套的类——AdjustColor，看看这个神奇的类如何通过矩阵的乘法巧妙地将 RGB 转换为更符合人类感官系统的 HSB 模式。

4.3.5 DynamicMatrix 中的矩阵数学

在进入 AdjustColor 类之前，我们先来了解里面用到的一个关键类——DynamicMatrix，它同样位于 fl.motion 包中。大家除了可以从 Adobe 的帮助文件中找到该类的使用说明，还能查看它的源代码，从而了解其实现过程。

与 Matrix 不同，DynamicMatrix 支持任意行数和列数的矩阵。我们执行以下代码。

代码清单 4-32

```
var mt:DynamicMatrix = new DynamicMatrix(5, 4);
```

程序就会为我们创建一个 5 行 4 列的矩阵。

我们可以用 GetValue 和 SetValue 方法获取和设置某个元素的值。

AdjustColor 类包含了色相、亮度、对比度和饱和度 4 个属性，每个属性都带有属于自己的变换矩阵，想要同时应用到同一个 ColorMatrixFilter 中，矩阵的运算自然必不可少。所以，在这个类里面，我们可以找到很多跟矩阵相关的数学运算。

```
public function LoadIdentity():void
```

用单位矩阵的数据进行填充，主对角线元素均设置为 1，其他元素都等于 0。

```
public function LoadZeros():void
```

用零矩阵的数据进行填充，所有元素都等于 0。

矩阵的加法运算：public function Add(inMatrix:DynamicMatrix):Boolean。

矩阵的数乘运算：public function MultiplyNumber(value:Number):Boolean。

矩阵的乘法运算：public function Multiply(inMatrix:DynamicMatrix, order:int = MATRIX_ORDER_PREPEND):Boolean。

加法、数乘、乘法等计算我们已经给出了很详细的讲解，结合 4.1 节的内容，相信大家都可以很容易理解它们的实现过程。这里需要注意的一点是乘法的 order 参数，order 等于 MATRIX_ORDER_PREPEND 时，执行 this × inMatrix；order 等于 MATRIX_ORDER_APPEND 时，执行 inMatrix × this，两者不等价，因为矩阵乘法不满足交换律。

让我们感到比较遗憾的一点是，DynamicMatrix 并没有给出逆矩阵的算法。不过在笔者查阅了线性代数的教材之后，就觉得不在 ActionScript 中提供逆矩阵的实现是情有可原的。随着矩阵行数和列数的增大，逆矩阵的运算过程越来越复杂，它涉及行列式、多元一次方程、高斯消元、矩阵置换等高等数学知识，不依赖于数学编程语言（如 MatLab、Mathemetica 等）将很难完成。而 ActionScript 本身又不是专攻数学的程序，如果真让 ActionScript 在这个地方深挖，就未免有点舍本逐末了。

以上运算仍然较为通用，真正应用到色彩变换中并不方便，因此 Adobe 在 DynamicMatrix 的基础上扩展了一个子类 ColorMatrix，里面封装了色彩矩阵的运算以供 AdjustColor 直接调用。

4.3.6　ColorMatrix 中的矩阵数学

ColorMatrix 是 DynamicMatrix 的子类，它一初始化就固定了矩阵的尺寸：5*5（为什么不是 5*4 呢？相信这个问题我不需要再次解释了）并且填入单位矩阵的数据。

$$\begin{bmatrix} 1 & 0 & 0 & 0 & 0 \\ 0 & 1 & 0 & 0 & 0 \\ 0 & 0 & 1 & 0 & 0 \\ 0 & 0 & 0 & 1 & 0 \\ 0 & 0 & 0 & 0 & 1 \end{bmatrix}$$

该类有 5 个方法，前 4 个分别对应 AdjustColor 的亮度、对比度、饱和度和色相属性，最后一个是 getFlatArray，它的唯一作用就是把矩阵中的有效数据（5*4 的部分）转换成一个长度为 20 的数组供 ColorMatrixFilter 使用。

下面我们来看看跟 AdjustColor 对应的 4 个矩阵计算函数。

4.4　色彩矩阵的应用——AdjustColor 类

与 ColorTransform 对应 RGB 调整相类似，AdjustColor 对应的是 HSB 调整（虽然这一对应关系不完全准确，实现该类的初衷在于给 Flash IDE 里的调整颜色滤镜提供一个配套的类），但 HSB 并非 AS3 内置的色彩模式，因此 AdjustColor 类也并非来源于 FlashPlayer 的底层，它由 Adobe 官方的 ActionScript3 开发人员编写，而且作为 Flash CS4 及更高版本的自带开源工具类存放于 Flash 的安装目录下。该类位于 fl.motion 包，大家可以自行查阅它的源代码。

在进入测试之前，我们先在 applyTransform 函数中引入 AdjustColor 类。

代码清单 4-33

```
    private function applyTransform():void{
        _adjustColor = new AdjustColor(); //创建 AdjustColor 实例
        /**四个属性都必须手动赋值，否则 AdjustColor 无法进行计算（具体原因稍候会解释）**/
        _adjustColor.hue = 0;
        _adjustColor.brightness = 0;
        _adjustColor.contrast = 0;
        _adjustColor.saturation = 0;
        /**********/
        testSprite_dst.filters = [new ColorMatrixFilter(_adjustColor.CalculateFinalFlatArray())];
//adjustColor 无法直接设置到显示对象上，它要将计算出来的矩阵传给 ColorMatrixFilter 后方可被显示对象使用
    }
```

代码创建了一个调整颜色类的实例并给 4 个属性都赋值为 0，代表不对图像做颜色调整。但这个类跟 ColorTransform 不同，它不能直接应用到 Sprite 上，必须转换为调整颜色滤镜 ColorMatrixFilter 才能对 Sprite 进行设置，所以最后还需要执行 CalculateFinalFlatArray 方法，算出要传递给 ColorMatrixFilter 的矩阵数组。

默认情况下，AdjustColor 不会执行任何变换，如图 4-27 所示。

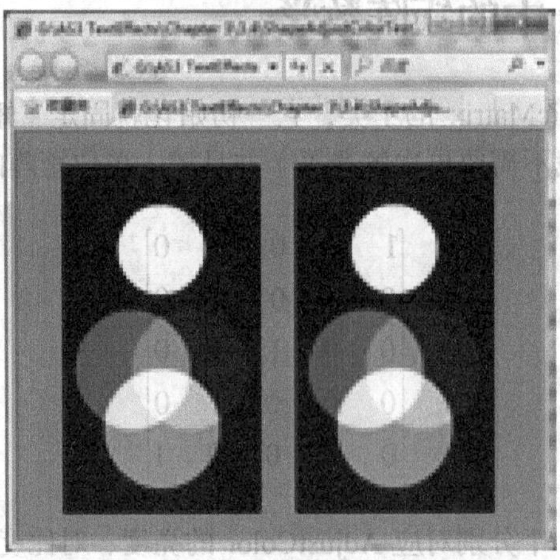

图 4-27　默认 AdjustColor 的效果

4.4.1　亮度矩阵 brightness 的算法及其与 Photoshop 亮度调整的异同

亮度函数为 SetBrightnessMatrix(value:Number):void。

该函数的实现不能再简单了，就是设置了 3 个通道的 offset。

代码清单 4-34

```
m_matrix[0][4] = value;
m_matrix[1][4] = value;
m_matrix[2][4] = value;
```

写到矩阵上的结果如下所示。

$$\begin{bmatrix} r \\ g \\ b \\ a \\ 1 \end{bmatrix} \times \begin{bmatrix} 1 & 0 & 0 & 0 & brightness \\ 0 & 1 & 0 & 0 & brightness \\ 0 & 0 & 1 & 0 & brightness \\ 0 & 0 & 0 & 1 & 0 \\ 0 & 0 & 0 & 0 & 1 \end{bmatrix} = \begin{bmatrix} r + brightness \\ g + brightness \\ b + brightness \\ a \\ 1 \end{bmatrix}$$

整个过程与ColorTransform增大offset的算法没有本质区别，甚至连数乘都没有。所以AdjustColor调整出来的亮度并不好看——基于 RGB 的数值加减并不能很好地反映出人类感官系统对亮度的理解，亮度的调整更像是给图形蒙上了一层灰，如图 4-28、图 4-29、图 4-30、图 4-31 所示。

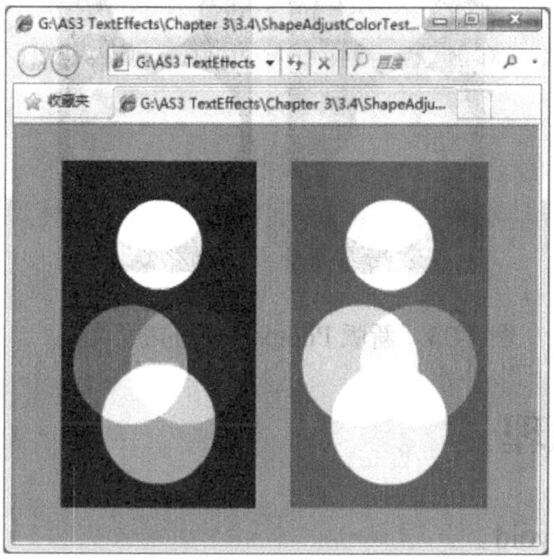

图 4-28　brightness=100

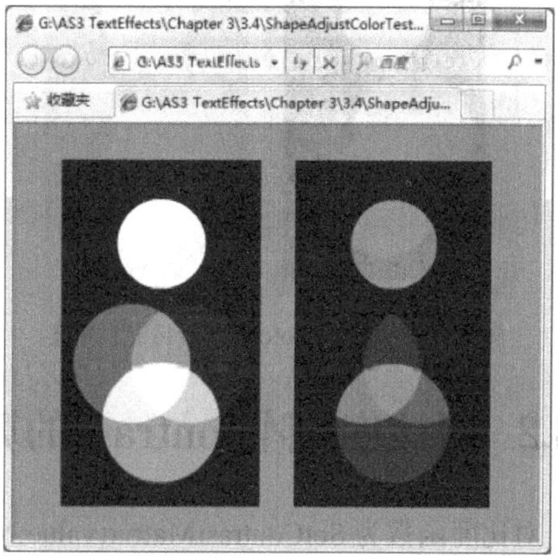

图 4-29　brightness=-100

想通过线性运算来处理亮度其实是相当困难的，因为从 RGB 转到 HSB 的运算过程很难用线性表达式来描述，而且在小幅度调整亮度值的时候，简单修改 RGB 数值的效果尚可接受，所以 ColorMatrix 在这个问题上作了简化。

实际上，其他软件或语言的亮度算法有时也会通过简单加减 RGB 来实现，比如旧版 Photoshop 的亮度调整，如图 4-32 所示。新版 Photoshop 则对此做了很大的改进，其效果比旧版 Photoshop 和 AdjustColor 都自然得多，因为新版采用了 HSB 模式，如图 4-33 所示。

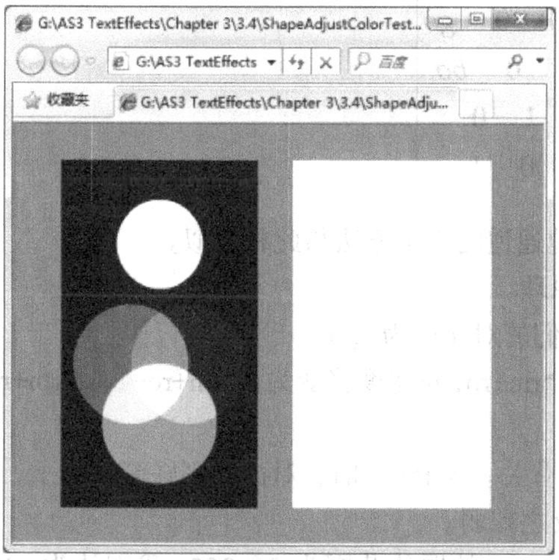

图 4-30　brightness=255

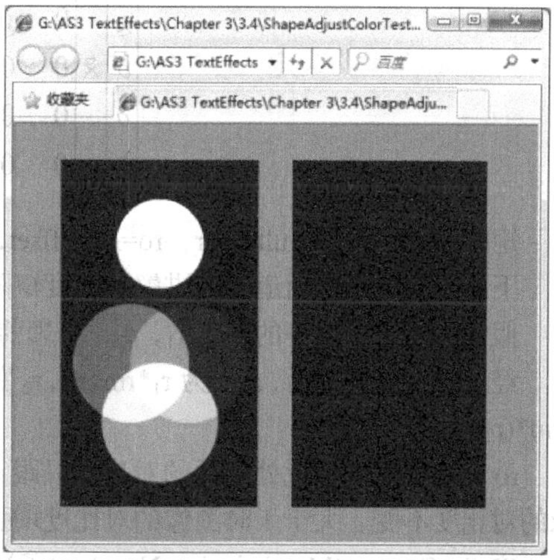

图 4-31　brightness=-255

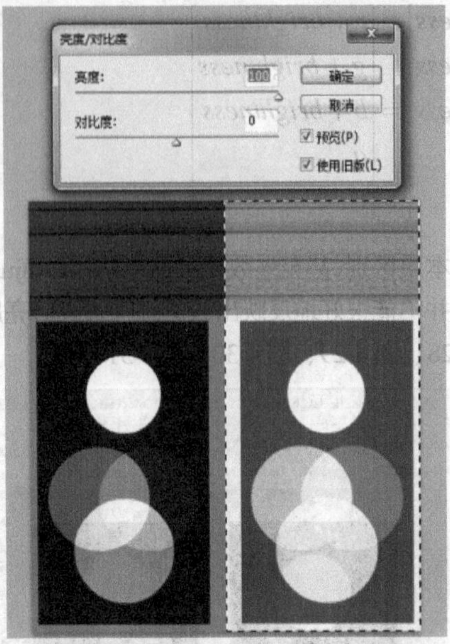

图 4-32　旧版 Photoshop 的亮度调整

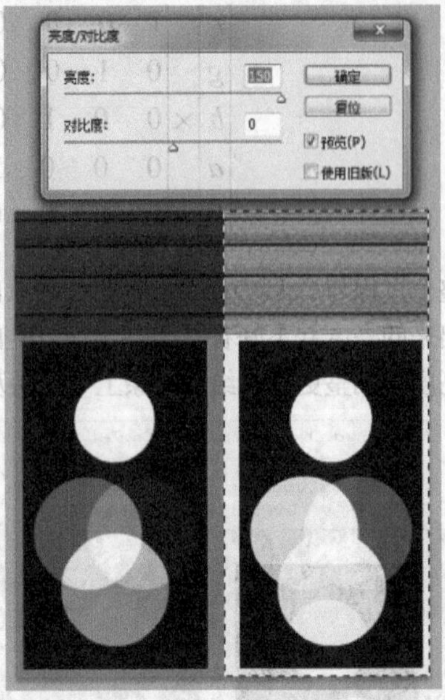

图 4-33　新版 Photoshop 的亮度调整

4.4.2　对比度矩阵 contrast 的算法原理

对比度函数为 SetContrastMatrix(value:Number):void。

对比度实际上就是亮度的对比，根据我本人的理解，对比度的含义就是数值越大时，亮色越亮，暗色越暗。其中，亮度大于 50%的为亮色，小于 50%的为暗色，而当对比度变小时，色彩的亮度则向 50%靠拢。

因为 AdjustColor 的亮度基于 RGB 模式，所以对比度也用 RGB 来实现了。换而言之，我们只需要改变主对角线以及最后一行的元素就能调出 RGB 模式的对比度来，所以算法完全可以用 ColorTransform 来实现，不过我们仍然看看矩阵的做法。

$$\begin{bmatrix} r \\ g \\ b \\ a \\ 1 \end{bmatrix} \times \begin{bmatrix} rm & 0 & 0 & 0 & ro \\ 0 & gm & 0 & 0 & go \\ 0 & 0 & bm & 0 & bo \\ 0 & 0 & 0 & 1 & 0 \\ 0 & 0 & 0 & 0 & 1 \end{bmatrix}$$

矩阵中，rm=redMultiplier，ro=redOffset，其他通道的表示方法与此相类似。

下面我们以红色通道为例讲解对比度矩阵的原理。

假设有两个不相等的颜色 r_1，r_2，处理前，它们的对比度为 r_2-r_1。

经过矩阵处理以后，r_1 变为 $r_1*rm+ro$，r_2 变为 $r_2*rm+ro$，对比度将变为 $r_2*rm+ro-$（$r_1*rm+ro$）$=rm*(r_2-r_1)$。

ro 被抵消了，因此处理后的对比度只跟 rm 值有关。当 rm=1 时，对比度刚好等于 r_2-r_1，图像的对比度不变，大于 1 时图像的对比度增强，反之减弱。

在 SetContrastMatrix(value:Number)函数中，value 的取值范围为 0～255，我们认为，127 为中间值，对比度不变，此时的 rm 等于 1。所以，我们只要把 value/127 传入到 rm 中，即可让 value=127 时的对比度跟处理前相等（严格来说 127 这个值需要用待定系数法来确定，此处从简）。

其他通道的 multiplier 值与红色的处理方法一致，所以得到如下矩阵结果。

$$\begin{bmatrix} r \\ g \\ b \\ a \\ 1 \end{bmatrix} \times \begin{bmatrix} value/127 & 0 & 0 & 0 & ro \\ 0 & value/127 & 0 & 0 & go \\ 0 & 0 & value/127 & 0 & bo \\ 0 & 0 & 0 & 1 & 0 \\ 0 & 0 & 0 & 0 & 1 \end{bmatrix}$$

至于 ro，我们已经知道它不影响对比度了，那是否就意味着可以随意填写呢？当然不是，从 brightness 属性我们可以知道，这个值影响着图像的整体亮度（虽然效果并不自然），所以我们至少要保证 value=127 的时候，颜色不发生任何改变。

所以，当 value=127 时，以下等式必须成立。

r*value/127+ro=r

单从这条公式来看，我们只要把 ro 设置为 0 即可达到效果。

$$\begin{bmatrix} r \\ g \\ b \\ a \\ 1 \end{bmatrix} \times \begin{bmatrix} value/127 & 0 & 0 & 0 & 0 \\ 0 & value/127 & 0 & 0 & 0 \\ 0 & 0 & value/127 & 0 & 0 \\ 0 & 0 & 0 & 1 & 0 \\ 0 & 0 & 0 & 0 & 1 \end{bmatrix}$$

但显然，这样的矩阵会影响整体的亮度。比如当 value=0 时，矩阵的运算结果 value/127+ro 将等于 0，图像变成全黑，这并不是我们想要的效果。我们希望 value=0 时，所有色彩的亮度都向 50%靠拢，因此 ro 还需要满足以下条件：当 r=0 时，等式 r*value/127+ro=0+ro=127 成立，此时 ro 值等于 127。

设 ro 是 value 的线性函数 a*value+b，则我们可以建立如下方程组。

$$\begin{cases} a*127+b=0 \\ a*0+b=127 \end{cases}$$

解得 $\begin{cases} a=-1 \\ b=127 \end{cases}$。

所以 ro 的值等于-value+127，其他通道的 offset 也用同样的算法来处理。至此，对比度矩阵的算法得以确定。

$$\begin{bmatrix} r \\ g \\ b \\ a \\ 1 \end{bmatrix} \times \begin{bmatrix} value/127 & 0 & 0 & 0 & 127-value \\ 0 & value/127 & 0 & 0 & 127-value \\ 0 & 0 & value/127 & 0 & 127-value \\ 0 & 0 & 0 & 1 & 0 \\ 0 & 0 & 0 & 0 & 1 \end{bmatrix} = \begin{bmatrix} r*value/127+(127-value) \\ g*value/127+(127-value) \\ b*value/127+(127-value) \\ a \\ 1 \end{bmatrix}$$

显然，当 value=0 时，有如下结果。

$$\begin{bmatrix} r \\ g \\ b \\ a \\ 1 \end{bmatrix} \times \begin{bmatrix} 0 & 0 & 0 & 0 & 127 \\ 0 & 0 & 0 & 0 & 127 \\ 0 & 0 & 0 & 0 & 127 \\ 0 & 0 & 0 & 1 & 0 \\ 0 & 0 & 0 & 0 & 1 \end{bmatrix} = \begin{bmatrix} 127 \\ 127 \\ 127 \\ a \\ 1 \end{bmatrix}$$

于是颜色全部变成中性灰(127, 127,127)，便出现了惨不忍睹的一幕：对比度设置到最小时，画面呈现为一片灰，如图 4-34 所示。

可见用 RGB 用来实现对比度很容易破坏色彩通道值原有的比例，牺牲了色相，影响了饱和度。

同样地，这种问题也出现在旧版的 Photoshop 对比度调整工具中，如图 4-35 所示。

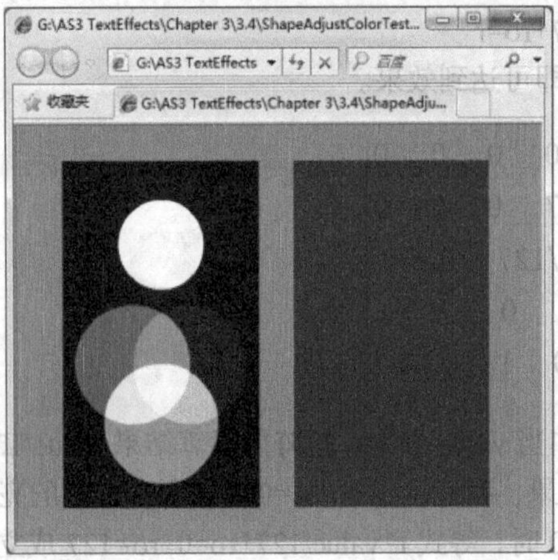

图 4-34　对比度最小时画面呈现出一片灰

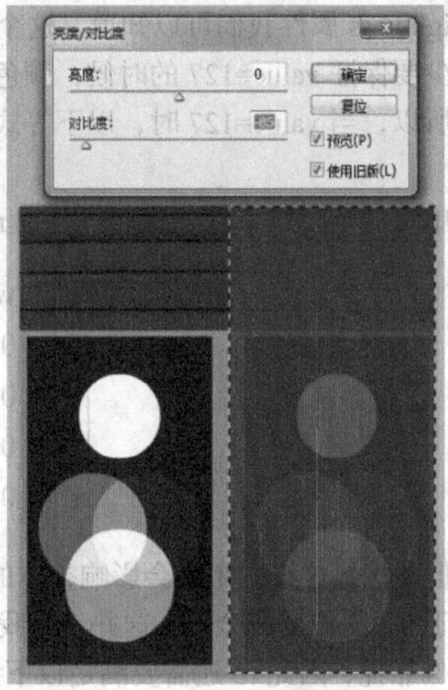

图 4-35　旧版 Photoshop 的对比度调整

我们注意到这当中还有一个细节：用 AdjustColor 调出来的灰色要比中性灰暗，这是因为 SetContrastMatrix 函数跟我们计算出来的矩阵相比整整少了 50%。

代码清单 4-35

```
var brightness:Number = 0.5 * (127.0 - value);
value = value / 127.0;
m_matrix[0][0] = value;
m_matrix[1][1] = value;
m_matrix[2][2] = value;
m_matrix[0][4] = brightness;
m_matrix[1][4] = brightness;
m_matrix[2][4] = brightness;
```

即

$$\begin{bmatrix} r \\ g \\ b \\ a \\ 1 \end{bmatrix} \times \begin{bmatrix} value/127 & 0 & 0 & 0 & 0.5*(127-value) \\ 0 & value/127 & 0 & 0 & 0.5*(127-value) \\ 0 & 0 & value/127 & 0 & 0.5*(127-value) \\ 0 & 0 & 0 & 1 & 0 \\ 0 & 0 & 0 & 0 & 1 \end{bmatrix} = \begin{bmatrix} r*value/127+0.5*(127-value) \\ g*value/127+0.5*(127-value) \\ b*value/127+0.5*(127-value) \\ a \\ 1 \end{bmatrix}$$

我们再把 value=127 和 255 分别赋值到对比度矩阵中计算一下。

value=127 时，有 $\begin{bmatrix} r\\ g\\ b\\ a\\ 1 \end{bmatrix} \times \begin{bmatrix} 1 & 0 & 0 & 0 & 0\\ 0 & 1 & 0 & 0 & 0\\ 0 & 0 & 1 & 0 & 0\\ 0 & 0 & 0 & 1 & 0\\ 0 & 0 & 0 & 0 & 1 \end{bmatrix} = \begin{bmatrix} r\\ g\\ b\\ a\\ 1 \end{bmatrix}$，颜色不发生任何变化。

value=255 时，有 $\begin{bmatrix} r\\ g\\ b\\ a\\ 1 \end{bmatrix} \times \begin{bmatrix} 2 & 0 & 0 & 0 & -63.5\\ 0 & 2 & 0 & 0 & -63.5\\ 0 & 0 & 2 & 0 & -63.5\\ 0 & 0 & 0 & 1 & 0\\ 0 & 0 & 0 & 0 & 1 \end{bmatrix} = \begin{bmatrix} 2r-63.5\\ 2g-63.5\\ 2b-63.5\\ a\\ 1 \end{bmatrix}$，任意两种颜色的色光差值达到了原来的两倍，对比度增强。经过这样的计算以后，结果色中将出现大于 255 或者小于 0 的情况，此时 FlashPlayer 会把它们设置为全白或者全黑。这就可以解释为什么当对比度调大时，白色的部分会明显增多，如图 4-36 所示。

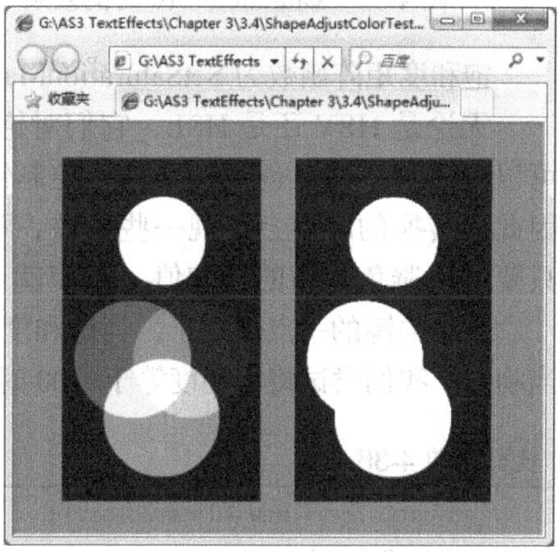

图 4-36　对比度增大后很多颜色都变白了

我们知道，AdjustColor.contrast 属性的取值范围是 −100～100，所以在进入到 ColorMatrix 之前，AdjustColor 会对传入的 contrast 值进行一些预处理，详情大家可自行查阅 AdjustColor 类的相关代码，其中对于对比度增强（value>0）的情况，Adobe 还写了一个数表以作出更细微的调整。但不管如何，基于 RGB 模式的对比度和亮度矩阵都无法调出令人满意的结果。所以，想要制作出更加自然的对比度变化，我们仍然需要依赖于 HSB 模式。

4.4.3　饱和度矩阵 saturation 的算法原理

饱和度是典型的 HSB 概念，基本上无法用纯粹的 RGB 思路来投机取巧。幸运的是，AdjustColor 也没让我们失望，图 4-37、图 4-38、图 4-39 及图 4-40 的结果都让我们比较满意。

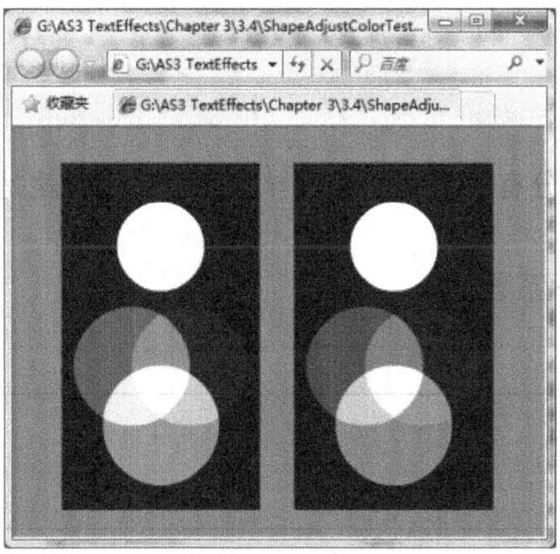

图 4-37　saturation=100 时的效果

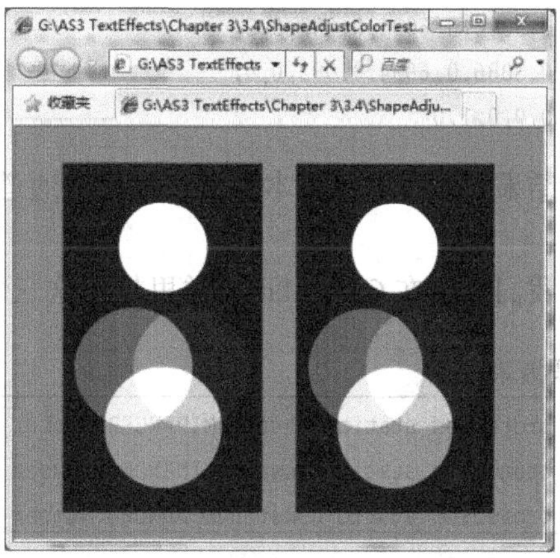

图 4-38　saturation=10 时的效果

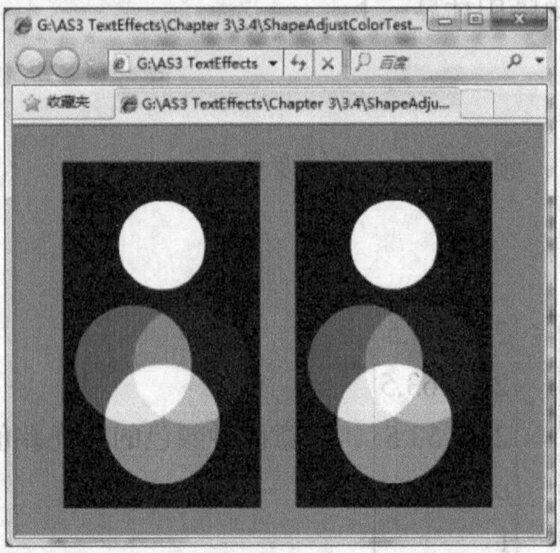

图 4-39　saturation=-10 时的效果

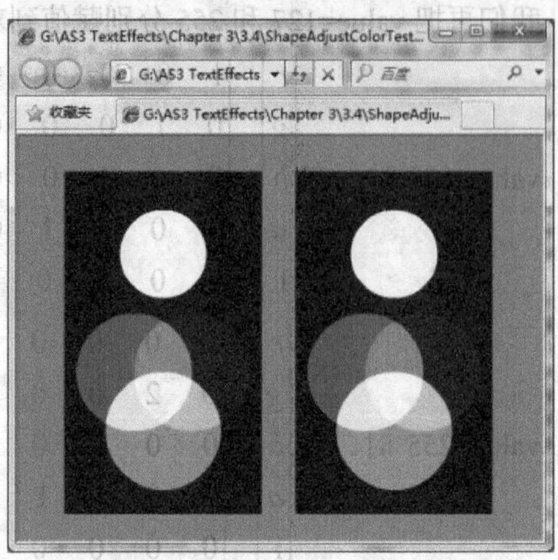

图 4-40　saturation=-100 时的效果

饱和度矩阵函数为 SetSaturationMatrix(value:Number):void。

无论是 HSV 还是 HSL，它们对饱和度的量化都基于通道的最大值与最小值之差。我们可以利用这一特性创建一个线性控制饱和度的变化矩阵。但 HSB 转 RGB 的过程并非线性，因此在转换的时候会出现一些误差，而且还比较大，在饱和度过高的时候可能不太美观。但只要适当避免过高的饱和值，我们就可以得到不错的结果。

最最关键的一点就在于，当饱和度达到最小值时，生成的灰度图像与源图像的实际亮度相当吻合。我们尝试将饱和度等于-100 时 AdjustColor 生成的矩阵。

代码清单 4-36

```
_adjustColor = new AdjustColor();
_adjustColor.brightness = 0;
_adjustColor.hue = 0;
_adjustColor.contrast = 0;
_adjustColor.saturation = -100;
trace(_adjustColor.CalculateFinalFlatArray());
```

将得到如下结果。

```
0.3086,0.6094,0.082,0,0,
0.3086,0.6094,0.082,0,0,
0.3086,0.6094,0.082,0,0,
0,0,0,1,0
```

结果与灰度滤镜基本一致，仅仅是通道色彩成分有一些微小的差异。实际上，它就是灰度滤镜。

我们可以在 ColorMatrix 类里找到这三个心理学系数。

代码清单 4-37

```
protected static const LUMINANCER:Number = 0.3086;
protected static const LUMINANCEG:Number = 0.6094;
protected static const LUMINANCEB:Number = 0.0820;
```

它被应用到了饱和度的函数中（其中，luminancer 代表明度，它跟灰度的概念一致）。

所以我们可以认为，饱和度函数的算法就是在灰度模式的基础上进行色值均衡的。饱和度从 0～1 的变化实际上就是灰度到单位矩阵的平滑过渡。下面我们就把这两个矩阵变动的部分列出来作一下比较。

$$\text{灰度矩阵：}\begin{bmatrix}0.299 & 0.587 & 0.114\\0.299 & 0.587 & 0.114\\0.299 & 0.587 & 0.114\end{bmatrix}\text{，单位矩阵：}\begin{bmatrix}1 & 0 & 0\\0 & 1 & 0\\0 & 0 & 1\end{bmatrix}$$

我们把矩阵中的每个元素都视为一个实数变量，设因变量 color 与自变量 saturation 的关系为 c(s)，则对于第一行第一列的元素，有

```
c(0) = 0.299
c(1) = 1
```

我们用最简单的线性关系式，设 c(s)=as+b，则有

```
b = 0.299
a + b = 1
```

解得 a=0.701，b=0.299，其中 a=1−0.299=1−luminancer，b=0.299=luminancer。

把解出来的 a，b 值代入到 c(s)=as+b，则 s 越接近 0，c(s)值就越接近灰度矩阵的值 0.299；s 越接近 1，c(s)就越往单位矩阵的数值 1 靠拢。所以，我们把 as+b 放入到矩阵的元素中便可实现色彩从灰度从彩色的平滑过渡。

我们用类似的方法求出矩阵的另外 8 个元素，得到的最终结果如下。

$$\begin{bmatrix}(1-lr)*s+lr & lg*(1-s) & lb*(1-s)\\lr*(1-s) & (1-lg)*s+lg & lb*(1-s)\\lr*(1-s) & lg*(1-s) & (1-lb)*s+lb\end{bmatrix}=\begin{bmatrix}0.701*s+0.299 & 0.587*(1-s) & 0.114*(1-s)\\0.299*(1-s) & 0.413*s+0.587 & 0.114*(1-s)\\0.299*(1-s) & 0.587*(1-s) & 0.886*s+0.114\end{bmatrix}$$

上式中，lr=luminancer=0.299 or 0.3086

lg=luminanceg=0.587 or 0.6094

lb=luminanceb=0.114 or 0.082

s=saturation

只要原图不是灰度图，RGB 通道的最大差值将随着 s 的降低而缩小。当 s=0 时，RGB 三通道值相等，差值为 0，图像呈现为黑白的状态；s>1 时，RGB 通道的最大差值将会比原图大，色彩变得更纯、更鲜艳，从而达到了增大饱和度的目的。

然而，用线性函数来表达饱和度的方法并不科学，因为它并不符合饱和度公式的变化趋势（饱和度公式并非线性）。不过，因为它对色相值的影响不会很大，而且色彩也确实随 saturation 的增大而趋于饱和，所以在精度要求不高的场合，饱和度矩阵的误差仍在可以接受的范围之内。

ColorMatrix 对饱和度的处理方法跟我们给出的矩阵基本一致。

代码清单 4-38

```
var subVal:Number = 1.0 - value;
var mulVal:Number = subVal * LUMINANCER;
m_matrix[0][0] = mulVal + value;
m_matrix[1][0] = mulVal;
m_matrix[2][0] = mulVal;
mulVal = subVal * LUMINANCEG;
m_matrix[0][1] = mulVal;
```

```
    m_matrix[1][1] = mulVal + value;
    m_matrix[2][1] = mulVal;
    mulVal = subVal * LUMINANCEB;
    m_matrix[0][2] = mulVal;
    m_matrix[1][2] = mulVal;
    m_matrix[2][2] = mulVal + value;
```

AdjustColor 中 saturation 的取值范围为-100～0,0～100。在该类中，它的取值范围会被处理成 0～1,1～4，之后才传入到 ColorMatrix 中。大家可以自行查阅这部分的代码。

4.4.4 色相矩阵 hue 的算法原理

我们尝试将 hue 设置为 60，效果如图 4-41 所示，可以看到，每种颜色都绕着色相环的圆心旋转了 60°，红偏移 60° 变成了黄，黄偏移 60° 变成了绿……，如图 4-42 所示，白色和黑色由于不受色相值影响，所以色值不变。

如果色相值为负数，则颜色会往相反的方向旋转。从−180° 到 180°，每个点都可以绕色相环转足一圈。换而言之，AdjustColor 可以将每种颜色都调整为任意的色相，只是任意两种颜色的色相差始终保持不变。

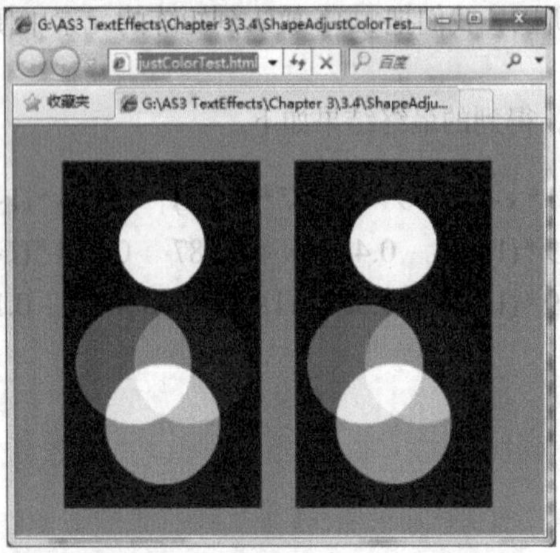

图 4-41　hue 设置为 60 后的效果

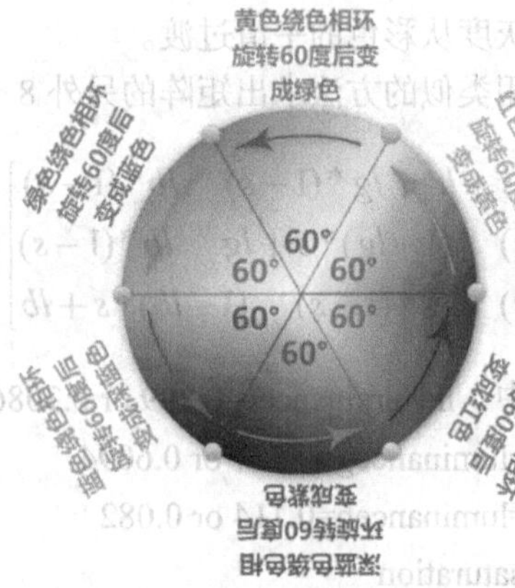

图 4-42　色相偏移 60 度

色相是一个角度值，它的大小既不像饱和度那样跟 RGB 差值有着明显的相关性，也没有 0 饱和度和 1 饱和度那样的极端矩阵供参考，但我们同样可以通过一些特征性的矩阵进行探讨。

首先，在色相转换的过程中，明度基本上保持不变，所以灰度矩阵仍然可以套用进来。

$$\begin{bmatrix} 0.299 & 0.587 & 0.114 \\ 0.299 & 0.587 & 0.114 \\ 0.299 & 0.587 & 0.114 \end{bmatrix}$$

不过色相转换中，灰度心理学公式的系数跟以上的矩阵不尽相同，如下所示。

$$\begin{bmatrix} 0.213 & 0.715 & 0.072 \\ 0.213 & 0.715 & 0.072 \\ 0.213 & 0.715 & 0.072 \end{bmatrix}$$

两个矩阵主要体现电子屏幕色彩与图纸色彩对肉眼刺激程度的差异，电子屏幕具有发光的特性，因此对于人眼来说，色彩的对比度会相对强烈一些，绿色显得更加刺眼，所以此处绿色的系数要比传统心理学系数稍大。

为了方便后续的讨论，我们把红绿蓝 3 个通道的系数分别表示为 lumR，lumG 和 lumB。

然后，单位矩阵也可以给我们提供一定的指导作用，因为当 hue=0 时，图像的颜色不发生任何改变，所以 hue=0 时的色相矩阵应与单位矩阵相等。

如果我们用饱和度矩阵的思想实现灰度与单位矩阵的转换，那么这个矩阵就可以表示如下。

$$\begin{bmatrix} (1-lumR)*s+lumR & lumG*(1-s) & lumB*(1-s) \\ lumR*(1-s) & (1-lumG)*s+lunG & lumB*(1-s) \\ lumR*(1-s) & lumG*(1-s) & (1-lumB)*s+lumB \end{bmatrix}$$

矩阵中 s 仍代表饱和度，s=1 时矩阵等于单位矩阵。我们要把它换成与色相相关的变量，而且当 hue=0 或 360 时，s 都等于 1（色相 360° 一个轮回，所以 360° 与 0° 等价）。

可以让 hue 在 360° 和 0° 处都等于 1，而且本身具有旋转特性的函数恐怕非余弦函数莫属，不过在使用 Math.cos 函数之前，我们需要将角度转换为弧度。

angle=hue*Math.PI/180

然后我们就可以把 s 全部替换为 cos(angle)。

$$\begin{bmatrix} (1-lumR)*\cos(angle)+lumR & lumG*(1-\cos(angle)) & lumB*(1-\cos(angle)) \\ lumR*(1-\cos(angle)) & (1-lumG)*\cos(angle)+lumG & lumB*(1-\cos(angle)) \\ lumR*(1-\cos(angle)) & lumG*(1-\cos(angle)) & (1-lumB)*\cos(angle)+lumB \end{bmatrix}$$

这又是一个超长的式子，不仅让我们看着眼疼，而且对计算机也不太友好，所以我们把上式整理一下，将灰度矩阵和变换的部分分离出来。

$$\begin{bmatrix} lumR+(1-lumR)*\cos(angle) & lumG-lumG*\cos(angle) & lumB-lumB*\cos(angle) \\ lumR-lumR*\cos(angle) & lumG+(1-lumG)*\cos(angle) & lumB-lumB*\cos(angle) \\ lumR-lumR*\cos(angle) & lumG-lumG*\cos(angle) & lumB+(1-lumB)*\cos(angle) \end{bmatrix}$$

然后根据矩阵加法的运算法则，我们可以把它拆分成两个独立矩阵相加的形式。

$$\begin{bmatrix} lumR & lumG & lumB \\ lumR & lumG & lumB \\ lumR & lumG & lumB \end{bmatrix}+\begin{bmatrix} (1-lumR)*\cos(angle) & -lumG*\cos(angle) & -lumB*\cos(angle) \\ -lumR*\cos(angle) & (1-lumG)*\cos(angle) & -lumB*\cos(angle) \\ -lumR*\cos(angle) & -lumG*\cos(angle) & (1-lumB)*\cos(angle) \end{bmatrix}$$

最后我们根据矩阵数乘法则，把 cos(angle)从矩阵中提取出来。

$$\begin{bmatrix} lumR & lumG & lumB \\ lumR & lumG & lumB \\ lumR & lumG & lumB \end{bmatrix}+\cos(angle)\times\begin{bmatrix} 1-lumR & -lumG & -lumB \\ -lumR & 1-lumG & -lumB \\ -lumR & -lumG & 1-lumB \end{bmatrix}$$

经过一番整理以后，整个矩阵的结构就清晰很多了。

很显然，如果我们直接用这样的矩阵进行色相变换，其结果一定会令人哭笑不得。当色相值=90° 即 value=Math.PI/2 时，cos(value)=0，也就是说，hue 在 0°～90° 范围内变化时，图像的饱和度将会随着色相值的增加而下降，最终变成一张黑白照片。

所以在 $\cos(angle)\times\begin{vmatrix}1-lumR & -lumG & -lumB\\ -lumR & 1-lumG & -lumB\\ -lumR & -lumG & 1-lumB\end{vmatrix}$ 不断下降的同时，我们需要再附加一个矩阵，它不仅要像余弦函数那样具有旋转的特性，而且要求在[0, Math.PI/2]区间内递增，从而抵消余弦函数矩阵的递减变化——众望所归，正弦函数是最合适不过的了。

$$\sin(angle)\times\begin{vmatrix}-lumR & -lumG & (1-lumB)\\ lumR & lumG & -(1-lumB)\\ -(1-lumR) & lumG & lumB\end{vmatrix}$$

上式中，与正弦函数相乘的 3*3 矩阵包含了 9 个未知变量，我们需要把它们逐一求出来。

为了更直观地展示 hue 值对 RGB 3 个通道的影响机制，我们把 S 和 B 都锁定为满值并绘制出 RGB 和 hue 的关系曲线，如图 4-43 所示。

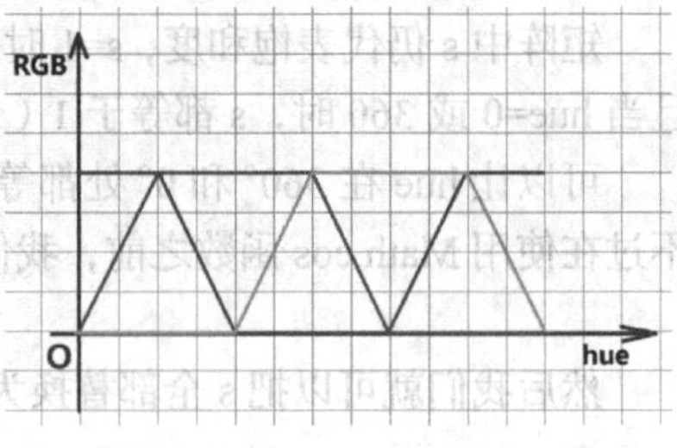

图 4-43　RGB-hue 关系曲线

我们可以看到，在 S 和 B 都等于 100%时，RGB 3 个通道呈现出此消彼长的关系，它们三者不会同时达到满值。

关系曲线看起来比较像锯齿状的正弦曲线，我们不妨让它们平滑一下，得到如图 4-44 的结果。虽然有一部分像素在 y 轴方向越界了，但是没关系，因为最终结果都会被限制在[0,255]的范围内，平滑处理只是为了方便我们观察其变化趋势。

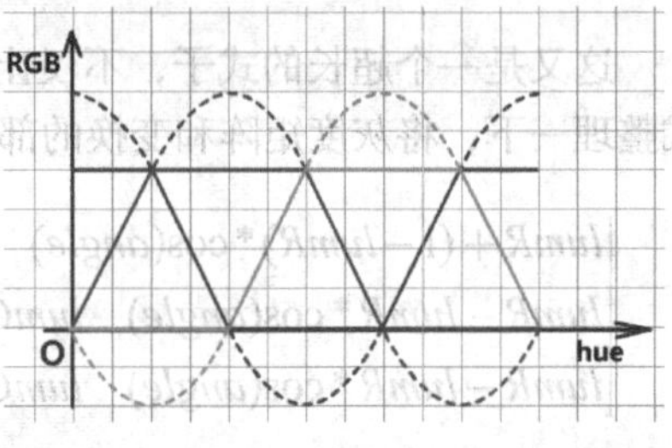

图 4-44　平滑后的 RGB-hue 关系曲线

下面我们尝试借助图 4-44 的曲线对正弦矩阵 $\begin{vmatrix}rr & gr & br\\ rg & gg & bg\\ rb & gb & bb\end{vmatrix}$ 内的元素进行推导。

rr：源像素的 R 通道与 rr 值相乘后附加到目标像素的 R 通道值，所以它反映的是 R 通道自身的变化。在 0～90 度的区间内，R 通道值呈现出递减的趋势，但 sin(angle)在该区间内单调上升。所以 rr 值是一个负数，与心理学系数相乘，得到结果-lumR。

gr：源像素的 G 通道与 gr 值相乘后附加到目标像素的 R 通道值，所以它反映的是 G 通道向 R 通道的转移。在 0～90 度的区间内，R 递减，G 递增，即 R 通道正在向 G 通道转移，与 sin(angle)的变化趋势恰好相反，所以 gr 值也是个负数，与心理学系数相乘得-lumG。

br：源像素的 B 通道与 br 值相乘后附加到目标像素的 R 通道值，所以它反映的是 B 通道向 R 通道的转移，在 0°～60° 的区间内，B 和 R 同时递减，而到了 60°～90° 这一区间，又出现 R 递减 B 递增的变化趋势，所以我们试着用 255-的方式对蓝通道进行反相，如图 4-45 所示。

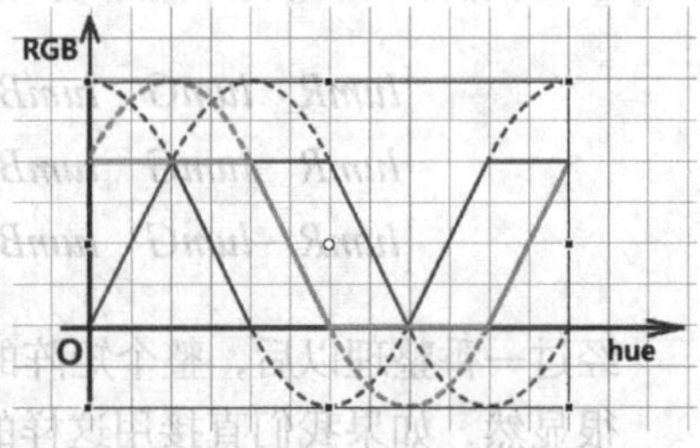

图 4-45　对蓝通道进行反相

变化趋势整齐了好多，虽然此时红蓝通道在 0°～60° 区间内的变化方向不一致，但因为数值均已向上越界，所以我们认为蓝通道在该区间内递减也无伤大雅。

蓝通道反相后，红蓝的曲线的变化趋势接近一致，所以 br 值应等于反相后的 lumB 值：1-lumB。

用类似的方法，我们可以算出该矩阵其他元素的值，得到的最终结果如下。

$$\begin{bmatrix} -lumR & -lumG & (1-lumB) \\ lumR & lumG & -(1-lumB) \\ -(1-lumR) & lumG & lumB \end{bmatrix}$$

我们把灰度矩阵、余弦矩阵和正弦矩阵进行合并，得到的色相矩阵如下。

$$\begin{bmatrix} lumR & lumG & lumB \\ lumR & lumG & lumB \\ lumR & lumG & lumB \end{bmatrix} + \cos(angle)\times\begin{bmatrix} 1-lumR & -lumG & -lumB \\ -lumR & 1-lumG & -lumB \\ -lumR & -lumG & 1-lumB \end{bmatrix} + \sin(angle)\times\begin{bmatrix} -lumR & -lumG & (1-lumB) \\ lumR & lumG & -(1-lumB) \\ -(1-lumR) & lumG & lumB \end{bmatrix}$$

我们用这样的矩阵测试色相 60° 时的色彩变化，效果如图 4-46 所示，发现部分颜色变得明亮了。经过统计我们发现，亮度变大的颜色主要集中在绿通道值较大的色彩中（白色除外）。也就是说，矩阵中与绿色相关的元素，即第 2 列的元素 rg、gg、bg 需要作一下修正（从理论上也能说得通，因为绿通道的心理学系数较大，是 1/3 的两倍多）。

下面我们尝试用更精确的方法计算 rg、gg 和 bg 的值。

为便于考察，我们把 RGB－hue 曲线整体下移 128 像素，使正弦波的中轴线与 hue 轴重合，如图 4-47 所示。

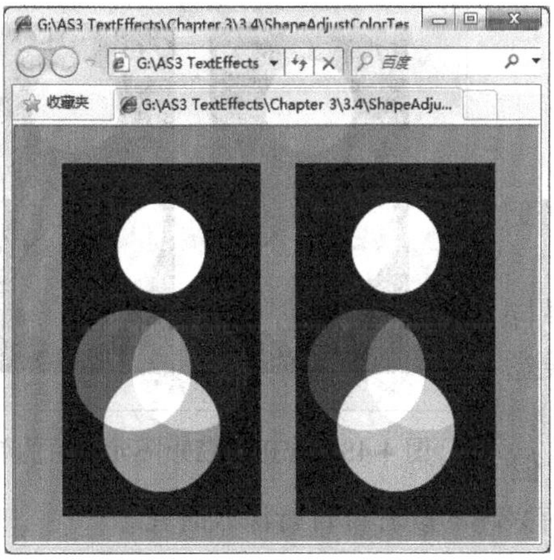

图 4-46　hue=60 时的效果

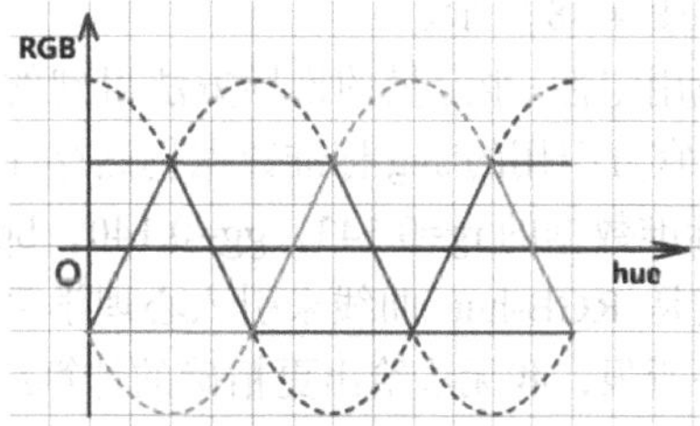

图 4-47　下移后的 RGB－hue 关系曲线

图 4-47 中，当 hue=270 度时，r 的值等于 0 且曲线位于上升的区间，所以 270° 处为正弦曲线的起点，于是 r 通道与色相的关系式可以表示为 r=sin(hue−270°)（忽略振幅系数 128）。

同理得 g=sin(hue−30°)，b=sin(hue−150°)。

从 r 转移到 g，其过程可表示为 r−g=sin(hue−270°) −sin(hue−30°)= −cos(hue) −sin(hue)cos(−30°)+cos(hue) sin(−30°)=1.5*cos(hue) −0.866*sin(hue)。

而在我们的矩阵中，红到绿的转移公式为以下格式。

lumR + cos(hue)*(−lumR) + sin(hue)*rg=0.213−0.213cos(hue)+rgsin(hue)

要保证矩阵的红到绿转移公式与上面推导的式子具有相同的变化趋势，我们要让 cos(hue)和 sin(hue)的系数比始终保持相等或接近，即 1.5/(−0.866)= −0.213/rg，解得 rg=0.123。

gg 则代表绿通道自身的变化，因此我们直接用 g=sin(hue−30°)进行推导。

sin(hue−30°)=sin(hue)cos(30°) −cos(hue)sin(30°)= −0.5cos(hue)+0.866sin(hue)

lumG+cos(hue)*(1−lumG)+sin(hue)*gg=0.715+0.185cos(hue)+ggsin(hue)

所以有 0.185/gg=−0.5/0.866，解得 gg=−0.107，与之前推导的 lumG 符号相反了，故取其绝对值，得 gg=0.107。

在与 sin(angle)相乘的这个矩阵中，每一列的 3 个元素之和都为 0，所以 bg 可以直接得出 −rg−gg=−0.123−0.107=−0.230。

修正后的正弦矩阵如下。

$$\begin{bmatrix} -lumR & -lumG & (1-lumB) \\ 0.123 & 0.107 & -0.230 \\ -(1-lumR) & lumG & lumB \end{bmatrix}$$

我们将其与灰度矩阵、余弦矩阵合并，得到如下公式。

$$\begin{bmatrix} lumR & lumG & lumB \\ lumR & lumG & lumB \\ lumR & lumG & lumB \end{bmatrix} + \cos(angle)\times\begin{bmatrix} 1-lumR & -lumG & -lumB \\ -lumR & 1-lumG & -lumB \\ -lumR & -lumG & 1-lumB \end{bmatrix} + \sin(angle)\times\begin{bmatrix} -lumR & -lumG & (1-lumB) \\ 0.123 & 0.107 & -0.230 \\ -(1-lumR) & lumG & lumB \end{bmatrix}$$

再次运行，色彩的亮度就没再发生明显的改变了，如图 4-48 所示。

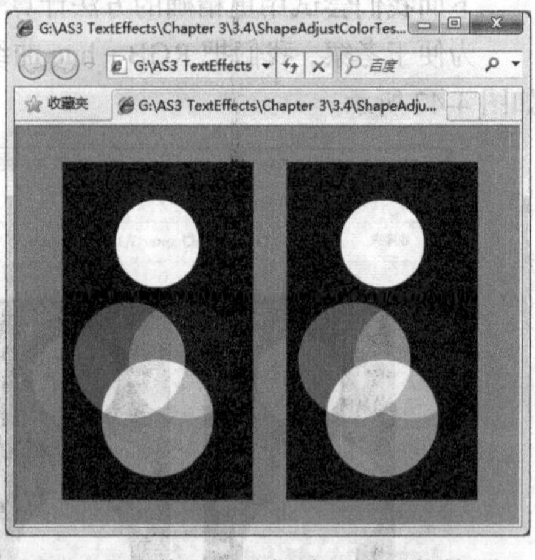

图 4-48　修正正弦矩阵元素后的效果

我用定性+半定量的推导方法得到的矩阵结果与 Adobe 官方引用的 svg 标准数据仍然存在着一些误差（svg 标准数据的 rg=0.143，gg=0.140，bg=−0.283），这可能是 RGB-hue 曲线未引入心理学系数所致。但受水平所限，我无法给出更精确的计算结果了，有兴趣的读者可自行深入研究。

4.4.5 AdjustColor 合并 4 个矩阵

单个属性的算法我们就先探讨到这里了，下面重点看一下矩阵的合并部分。

首先我们可以看到有 5 个矩阵类型的变量。

代码清单 4-39

```
private var m_brightnessMatrix:ColorMatrix;
private var m_contrastMatrix:ColorMatrix;
private var m_saturationMatrix:ColorMatrix;
private var m_hueMatrix:ColorMatrix;
private var m_finalMatrix:ColorMatrix;
```

前 4 个分别对应 AdjustColor 的 4 个属性， m_finalMatrix 自然就是以上 4 个矩阵合并的结果了。我们看一下实际应用中比较常用的那个方法：CalculateFinalFlatArray。

代码清单 4-40

```
public function CalculateFinalFlatArray():Array{
    if(CalculateFinalMatrix()){
        return m_finalMatrix.GetFlatArray();
    }
    return null;
}
```

首先，该方法会执行 CalculateFinalMatrix 函数计算最终矩阵，然后调用 ColorMatrix 的 GetFlatArray 函数得到一个长度为 20 的矩阵供 ColorMatrixFilter 使用。

所以，接下来的关键就在于 CalculateFinalMatrix 方法。从源码可知，它就是用矩阵乘法把 4 个矩阵合并到 m_finalMatrix 中，执行顺序为亮度、对比度、饱和度和色相，与 Flash IDE 中的排列顺序完全一致。

关于 AdjustColor 类，最后我们想提的一点是，在 CalculateFinalMatrix 计算前，函数先执行了一个 if，判断 4 个矩阵是否非空。因此在使用 AdjustColor 时，我们必须对 4 个属性都至少设置一次才能让矩阵正常输出为数组。

实际上完全没有必要这么做，因为 Adobe 已经在 DynamicMatrix 的操作里对空矩阵进行了判断，所以 AdjustColor 在计算前多判断一次实在有点多此一举了。再者，不在 AdjustColor 里作空矩阵判断还简化了 AdjustColor 使用者的调用流程，Adobe 加上去又何苦呢？

此外，我们还可以给 AdjustColor 的构造函数定义 brightness、contrast、saturation 和 hue 这 4 个参数，以减少外部调用的代码量。

代码清单 4-41

```
public function AdjustColor(brightness:Number = 0, contrast:Numer = 0, saturation:Number = 0,
hue:Number = 0){
        this.brightness = brightness;
        this.contrast = contrast;
        this.saturation = saturation;
        this.hue = hue;
}
```

AdjustColor 类还有很多可以完善的地方，此处我们就不再一一列举了。

4.4.6 AdjustColor 的优点与局限性分析

AdjustColor 给我们展示了一些优秀的矩阵算法示例（尽管这些算法已经被别的语言实现过不知多少次了），为物理 RGB 与视觉 HSB 搭建了又一座桥梁，成为艺术编程界的又一项标志性成果。

然而，我们依然可以从算法的推导过程中看到 AdjustColor 的一些不足。因为 AdjustColor 最终输出的结果需要适应 ColorMatrixFilter，所以，无论 AdjustColor 里再怎么努力去做 HSB 的算法，它最终都受限于 ColorMatrixFilter 的矩阵运算，如下所示。

resultR = a0 * srcR + a1 * srcG + a2 * srcB + a3 * srcA + a4

因为 a0～a4 最终传入矩阵的时候都是一个固定的实数，所以整个运算过程都很线性，很难表达 HSB 在 RGB 上的非线性变化。因此在以上 4 个属性的实现过程中，AdjustColor 只能通过一些增减趋势的特点来实现数值的过渡（如 saturation），或者利用 RGB 数值无法小于 0 且不能大于 255 的特性来模拟一些简单的曲线（如 contrast 和 hue），整个过程可以说吃力不讨好。

让我们感到欣慰的是，它用灰度算法弥补了 HSB 模式的不足，有效保证了色彩的柔和过渡和黑白处理的真实性。

在后续的章节中，我们会尝试摆脱 ColorMatrixFilter 的限制，通过真正的 HSB 算法实现精度较高的色相、亮度、对比度等属性的调整。

ColorMatrixFilter 加强了通道之间的互动，4.5 节我们将通过另一个滤镜实现像素之间的数据交互，从整体的角度把图像的色彩带动起来。

4.5 资源分配又一例——矩阵卷积与 ConvolutionFilter

4.5.1 矩阵卷积的社会学原型及算法原理

一滴墨水在宣纸上缓慢扩展，一股浓烟在空气中逐渐消散，一帮土豪遭人劫富济贫，一方有难自有八方支援。

从自然界到人类社会，世间万物的分布都会在无外力作用、或者外力作用很弱的条件下趋于均匀，形成一种动态的平衡，生物链就是一个最常见的学术例子。

从比较简单的烟雾弥漫效果来看，它的本质无非就是空气分子和烟雾分子相互进入的过程，最终空气和烟雾分子的密度处处相等。但这一过程并非一步到位，而是通过比较缓慢的持续行走逐步完成的。每一次分子交换主要发生在相邻位置之间，因此在两物质交界处，扩散的表现相当明显。

从人类社会行为的角度看，这样的行为就属于资源分配与交换的范畴了，除了上面的无偿抢劫与资助以外，商品买卖也体现出了交换的特点。所以，数学家们把这种资源分配的模式也做成了数学模型。

我们把图像看作一个空间，那么图像中的像素点就是组成空间的基本单位，色彩在像素之间可以相互扩散。

如果把图像中的色彩按照位置填成表格，那么它就是一个矩阵，在这个矩阵中，每个像素都会跟与其相邻的点进行色彩交换，然后应用到自身，就好像把周围的像素都卷到自己身上进行累积，所以称之为矩阵卷积。

它其实是扩散的一种体现，但出于对运行效率的考虑，计算时一般用扩散的目标代替扩散的源。所以卷积可理解为周围的多个点扩散到当前点后再进行叠加的结果。

它的数学公式如下。

$$c(n_1,n_2)=\sum_{k_1=-\infty}^{\infty}\sum_{k_2=-\infty}^{\infty}a(k_1,k_2)b(n_1-k_1,n_2-k_2)$$

它代表对当前点四周的像素以及自己进行求和并且乘以一个系数（一般是像素数量的倒数）以取得其平均值，然后赋值到当前点上。

这么说比较抽象，还是举例说明比较实在。

比如矩阵 $\begin{bmatrix}15 & 33 & 12\\37 & 11 & 16\\26 & 38 & 19\end{bmatrix}$ 的中心点 11 要跟周围 8 个像素点进行矩阵卷积，那么最简单的一个效果就是取每个点的 1/9（加上自己，所以要除以 9）。

```
value = 15 * (1/9) + 33 * (1/9) + 12 * (1/9) + 37 * (1/9) + 11 * (1/9) + 16 * (1/9) + 26 * (1/9)
+ 38 * (1/9) + 19 * (1/9) = 23
```

我们可以看到，经过与周边像素的卷积之后，像素间的差距变小了。图像上每个点都实施上述的变换，因此最终结果就是图像变模糊，形成色彩向四周扩散的效果。

与上述像素点进行卷积运算的矩阵可表示如下。

$$\begin{bmatrix}1/9 & 1/9 & 1/9\\1/9 & 1/9 & 1/9\\1/9 & 1/9 & 1/9\end{bmatrix}$$

我们可以把两个矩阵叠放在一起，然后让矩阵中心点对齐到需要变换的点上，让重合的部分两两相乘，最后将它们的乘积相加并把结果应用到当前需要变换的点上。

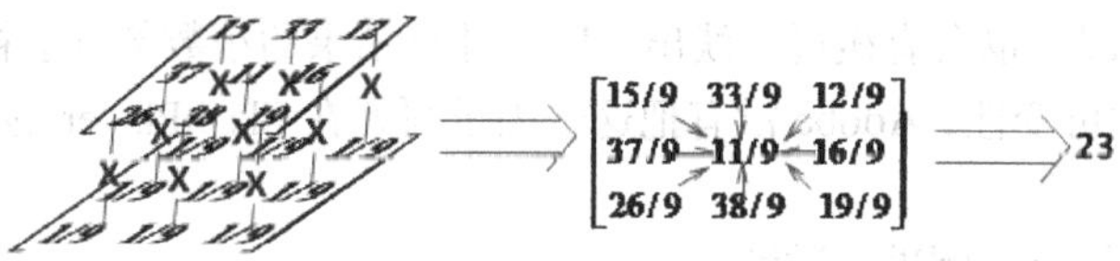

它代表每个点都乘以 1/9 并将其总和赋值到中间的点上。这样做不仅容易损失精度，而且书写、运行也容易变慢。再者，在不进行像素加强/减弱操作的情况下，我们都习惯于取平均值的方式，比如取 9 格的平均值就是让 9 个数相加后再除以 9。

$$value = (15 + 33 + 12 + 37 + 11 + 16 + 26 + 38 + 19) / 9 = 23$$

于是矩阵就变成了 $\begin{bmatrix}1 & 1 & 1\\1 & 1 & 1\\1 & 1 & 1\end{bmatrix}$，可见独立的因子 9 被提取出来之后，矩阵看起来就清爽多了。

可能有的人觉得，这样的模糊可能显得比较生硬、有点方了，四个角上的点不应该与上下左右一致，其距离比上下左右的要大一些，具体数值为 $\sqrt{2}$，按寻路算法中的习惯，就是 1.4。

$$\begin{bmatrix}1.0 & 1.4 & 1.0\\1.4 & 1.4 & 1.4\\1.0 & 1.4 & 1.0\end{bmatrix}$$

这时，9 个数的总和不是 9 而是 11 了，因此这个因子也要从 9 增大到 11，而模糊效果将呈现为圆形。

同时我们也不难得出以下结论：中心点等于 1、其他点等于 0 的矩阵不会对图像产生任何影响。

$$\begin{bmatrix}0 & 0 & 0\\0 & 1 & 0\\0 & 0 & 0\end{bmatrix}$$

4.5.2 矩阵卷积的 ActionScript 实现

下面我们就尝试着在 ActionScript 里实现它。哇！那岂不是要操作像素了吗？请放心，跟 ColorMatrixFilter 一样，ActionScript 也帮我们实现了卷积的滤镜——ConvolutionFilter。

代码清单 4-42

```
ConvolutionFilter(matrixX:Number = 0, matrixY:Number = 0, matrix:Array = null, divisor:Number = 1.0,
bias:Number = 0.0, preserveAlpha:Boolean = true, clamp:Boolean = true, color:uint = 0, alpha:Number = 0.0)
```

代码中，前 3 个参数与矩阵相对应，因为 matrix 是一个一维数组，如果直接传 9 个 1，那它可以是个 3*3 矩阵，也可以是 9*1 或者 1*9。为此我们需要 3 个参数，分别代表行数、列数及矩阵元素的具体数值。

而第 4 个参数 divisor 则对应上面所说的因子了，在绝对平均分配的那个矩阵里，divisor=9；而修正为按圆扩展的矩阵里，divisor=11。

divisor 的值不一定要跟矩阵内元素的总和相等。当 divisor 小于矩阵元素之和，颜色和 alpha 的成分就会增多，色彩会变明亮，或者呈现为淡入的状态；反之变暗，或透明度淡出；而对于相等的情况，通常情况下也会有缓慢的淡出，因为计算结果的小数部分会被丢弃掉。

考虑到 divisor 的可变性，Adobe 没有把这个因子写死在 FlashPlayer 的底层上，而是供我们自行设置。

其他参数我们将结合实例进行讲解。

本书制作的效果都尽可能不使用现成的素材（微软雅黑字体除外），所以此处我们依然用一个 TextField 进行测试。

新建一个 ActionScript 项目，名为 ConvolutionFilterTest，代码如下。

代码清单 4-43

```
package{
    [SWF(width = "800", height = "600")]
    public class ConvolutionFilterTest extends Sprite{
        private var _main_txt:TextField;
        public function ConvolutionFilterTest(){
            init();
        }
        private function init():void{
            initMainTxt();
        }
        private function initMainTxt():void{
            _main_txt = new TextField();
            _main_txt.autoSize = TextFieldAutoSize.LEFT;
            _main_txt.selectable = false;
            _main_txt.defaultTextFormat = new TextFormat("Microsoft YaHei", 80, null, true);
            _main_txt.text = "Flash 艺术编程";
```

```
            _main_txt.filters = [new ConvolutionFilter(3, 3, [1, 1, 1, 1, 1, 1, 1, 1, 1], 9)];
            addChild(_main_txt);
        }
    }
}
```

运行效果如图 4-49 所示，没什么特别嘛，跟设置滤镜前的状态没什么两样。

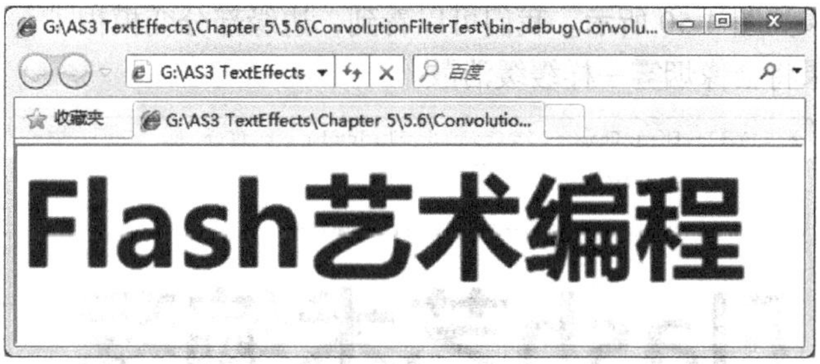

图 4-49　测试卷积滤镜

这也是可以理解的，毕竟只是个纯色文本，再怎么交换颜色都还是黑色，而且只跟周边的 1 像素进行卷积，效果不明显也在情理之中。

既然如此，我们不妨把卷积矩阵做大一点，扩充它的影响范围。

我们从 3*3 扩展到 5*5（之所以不考虑 4*4，是因为 4*4 没办法对齐到中心），矩阵数组的长度从 9 飙升到 25。如果我们再要测试 7*7，还这样一个个手动敲，那工作量可不少，而且容易出错。所以，在不考虑运行效率的情况下，我们更倾向于书写一个生成指定尺寸矩阵数组的方法。

代码清单 4-44

```
    private function getConFilter(matrixSize:int, bias:Number = 0, preserveAlpha:Boolean = true, 
clamp:Boolean = true, color:uint = 0, alpha:Number = 0):ConvolutionFilter{
        var amount:int = matrixSize * matrixSize;
        var arr:Array = [];
        for(var i:int = 0; i < amount; i ++){
            arr[i] = 1;
        }
        return new ConvolutionFilter(matrixSize, matrixSize, arr, amount, bias, preserveAlpha, clamp, 
color, alpha);
    }
```

有了这样的一个方法，我们就可以轻松地创建任意尺寸的方阵（行数与列数相等的矩阵叫方阵）了。如果在乎运行效率，大家就可以运用代码片断思想（在第 7 章我们会学到）去生成不需要运行时计算的代码，让开发运行两不误。

接下来把滤镜设置一句修改为。

代码清单 4-45

```
    _main_txt.filters = [getConFilter(5)];
```

现在我们只需要调整 getConFilter 内的参数，就可以随意设置滤镜的作用范围了（这当然还不包含小数的情况）。

但运行后我们发现也还没有任何效果，为什么呢？

此时我们就应该静下心来好好分析了。首先分析 RGB，它们的通道值全等于 0，而透明色，因为它全透明，所以无法携带 RGB 通道，通道值也等于 0，于是就无法交换了。所以整个文本里，只有 alpha 通道至少包含了 0 和 1 这两个值。那么，我们不妨看看该滤镜是否包含了与 alpha 通道相关的参数。

扫视一番之后，我们发现两个这样的参数：preserveAlpha 和 alpha，其中 alpha 显然是一个不透明度值，它看起来与通道设置不太相关。那我们看看 preserveAlpha，它意为是否要保留 alpha 通道使其不发生变化，默认为 true。而我们只有通过 alpha 通道可以实施变换，因此需要把该参数设置成 false。

设置以后，效果如图 4-50 所示。我们可以看到，边缘部分变模糊了，如果不断调大滤镜，或者重复使用，结果将会像烟雾一样缓缓消散。

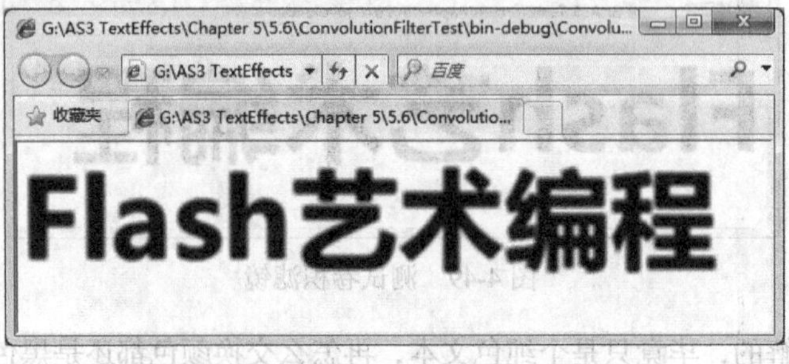

图 4-50　设置 preserveAlpha 为 false

找到问题的症结所在了，我们不妨把矩阵尺寸调整回 3*3，便得到如图 4-51 的效果。虽然整体字型没有发生太大的变化，但我们看到边缘变模糊了，这对于设备文本来说非常有用，用了它，边缘的大部分锯齿即可被消除。当然了，该方法在消除锯齿方面也不是万能的，比如小字号字体、轮廓较复杂的文字等，有兴趣的读者可以自行查阅相关资料进行学习。

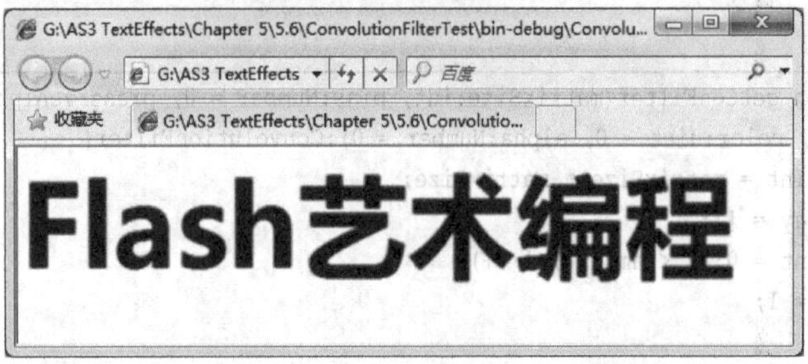

图 4-51　将矩阵尺寸设置为 3*3

如果说之前没看到滤镜效果是 RGB 通道之间无差异所引起的，如果说全透明色的 RGB 值都等于 0，那么我们把文本改成别的颜色，色彩就应该能发生交换了。如图 4-52 所示，我们把文本颜色改为纯红并且把滤镜的尺寸调为 5*5，文本边缘就被描上了一条暗红色的边线（为什么是暗红，这跟 alpha=0 时的 RGB 数值有关，等学到第 6 章大家就明白了）。

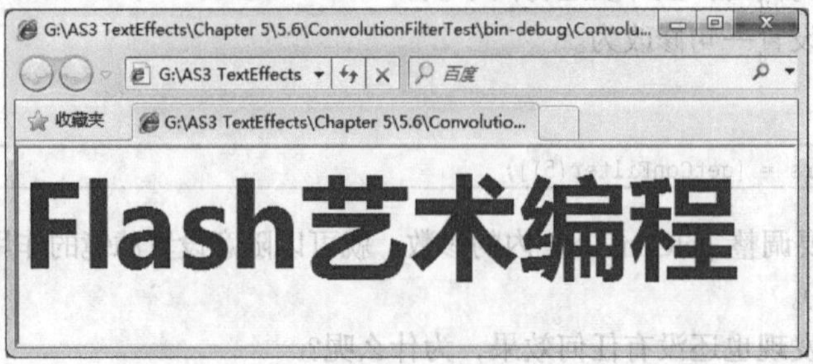

图 4-52　设置文本颜色为纯红

下面我们把模糊调大一点（比如 20）来看看效果，如图 4-53 所示。

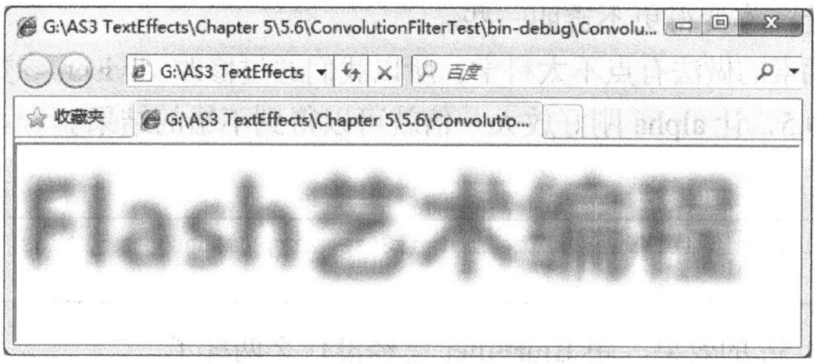

图 4-53　设置矩阵尺寸为 20*20

模糊出来的结果沾上了很多渣渣，而且出现了不少纵横交错的线条……似乎就是方形矩阵的副作用了。所以我们不妨尝试一下那种根据距离进行色彩分配的矩阵。

不过在进入之前，我们先让大家观察一下，是不是有种很熟悉的感觉？是不是跟之前模拟出来的某种渣渣有那么一些相似之处？没错，Flash 的简单滤镜也有同样的问题！那到底 Flash 滤镜里用到的模糊是不是也基于这种模式呢？我们不妨换成 BlurFilter 看看。

```
_main_txt.filters = [new BlurFilter(20, 20)];
```

效果如图 4-54 所示，渣渣果然掉了一地，而且掉渣程度比 ConvolutionFilter 还高；再者，方块的感觉也出来了，就是颜色深了一点。所以，我们不妨尝试通过修改某些参数让 ConvolutionFilter 达到与这个 BlurFilter 比较相似的效果。

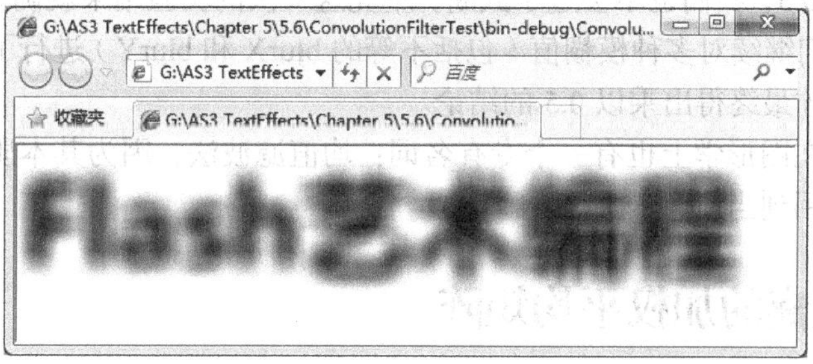

图 4-54　测试 BlurFilter 的效果

首先 BlurFilter 的掉渣程度比较严重，所以我们不妨把模糊值改到 10。因为 BlurFilter 的模糊值指的是模糊半径，而 ConvolutionFilter 的 20*20 矩阵中，我们将当前点置于变换矩阵的中心后，它也只与周边 10 像素范围内的矩形区域发生关系。

BlurFilter 调整为 10 后，效果如图 4-55 所示。此时掉渣程度及其轮廓都已经与 20*20 的卷积滤镜相当接近了，但颜色却比卷积滤镜深了好多。

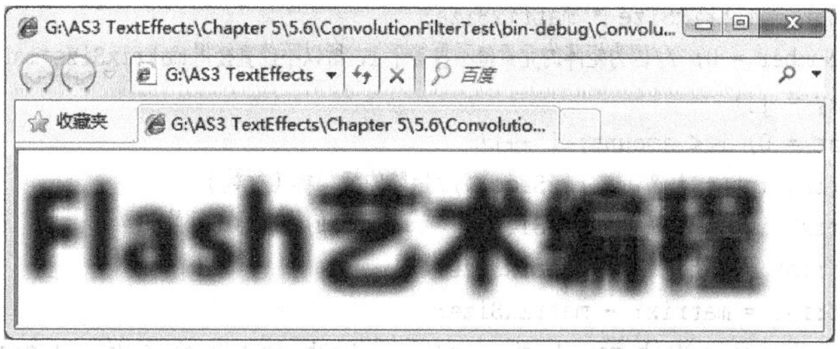

图 4-55　将 BlurFilter 的模糊值设置为 10

既然模糊已经定型，那我们就只能在 ConvolutionFilter 的颜色上作调整了。我们知道这是个纯黑的图像，RGB 不可能变大，所以颜色变淡肯定是 alpha 降低的结果，因此，我们要让计算的结果值增大，让文本变得更不透明一些。

逐个设置矩阵元素的做法有点不太科学，所以我们通过修改 divisor 参数对色彩进行整体调整。看起来，乘以 0.5，让 alpha 刚好放大一倍就可以得到不错的结果。

代码清单 4-46

```
return new ConvolutionFilter(matrixSize, matrixSize, arr, amount * 0.5, bias, preserveAlpha, clamp, color, alpha);
```

我们得到如图 4-56 的效果，跟 BlurFilter 已经没什么两样了。

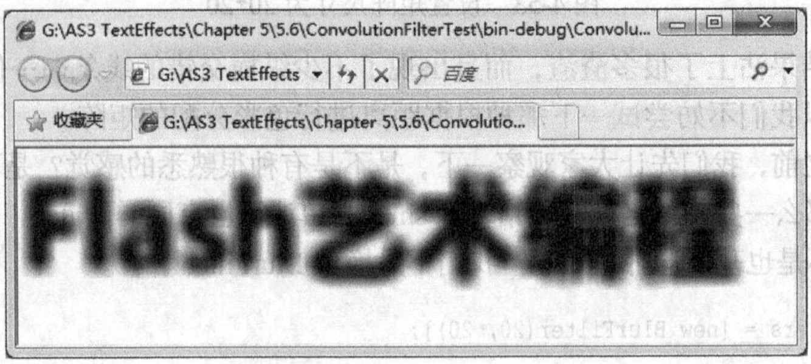

图 4-56　设置 divisor 等于矩阵元素总和的一半

由此可见，简单滤镜在实现模糊的过程中，用的就是 ConvolutionFilter 的矩阵卷积算法。至于这里面的系数 0.5，我们也不会过于武断，单凭这一次的实验结果就确定下来，因此，在接下来的时间里，我们继续对多种模糊值（包括不等的 blurX 和 blurY）进行了试验并查阅与模糊算法相关的资料，才最终得出乘以 0.5 的结论。

这种模糊矩阵在图形学上也有一个专有名词：均值滤波法，因为其本质就是取周围像素的平均值作为新值应用到当前像素上。

4.5.3　基于距离的加权平均矩阵

现在，我们再测试一下那种圆形模糊的矩阵。对于 3*3 的矩阵来说，上下左右以及中心这 5 个点均为 1.4，而矩阵四个角上的元素都等于 1，其计算依据是被卷积点到中心点的距离。这一规则对其他尺寸的矩阵仍然适用，所以我们在 getConFilter 的数组循环里实现这样的一个算法。

代码清单 4-47

```
private function getConFilter(matrixSize:int, bias:Number = 0, preserveAlpha:Boolean = true, clamp:Boolean = true, color:uint = 0, alpha:Number = 0):ConvolutionFilter{
    var amount:int = matrixSize * matrixSize;
    var divisor:Number = 0; //因为矩阵的元素值不再等于1，所以不能直接用matrixSize*matrixSize得到divisor
    var arr:Array = [];
    for(var i:int = 0; i < amount; i ++){
        var matrixX:int = i % matrixSize; //矩阵的横坐标（行数）
        var matrixY:int = i / matrixSize;       //矩阵的纵坐标（行数）
        var disX:int = matrixX - matrixSize;
        var disY:int = matrixY - matrixSize;
        var value:Number = Math.max(0, matrixSize - Math.sqrt(disX * disX + disY * disY)); //距离越大，要取的色彩数量越少，大于10的将不取色
        arr[i] = value;
```

```
            divisor += value; //累加到divisor上
        }
        return new ConvolutionFilter(matrixSize, matrixSize, arr, divisor * 0.5, bias, preserveAlpha,
clamp, color, alpha);
    }
```

因为大于 matrixSize 的边角点不再参与运算，所以最后的效果大家已经看不到边角处有明显的方块了，当然掉渣的现象依然存在，如图 4-57 所示。

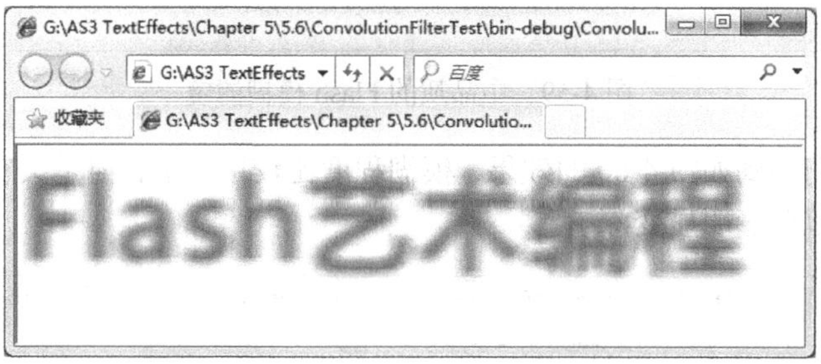

图 4-57　改用圆矩阵后的效果

这种渣渣其实也有专业术语可以描述，叫作振铃现象（就好比铃铛、音钗等发声体振动时的感觉）。

4.5.4　振铃现象的处理

振铃现象无法通过以上的修正矩阵方法来消除。但在 Flash IDE 中，我们曾通过提升品质的方法达到了优化滤镜细节的效果。根据帮助文件的描述，品质实际上就是模糊次数。所以我们也不妨用这样的方法进行处理。

我们首先把 getConFilter 方法中的 value 写死为 1，并用回绝对平均的矩阵，然后，设置滤镜的代码修改如下。

代码清单 4-48

```
var con:ConvolutionFilter = getConFilter(20, 0, false)
_main_txt.filters = [con, con];
```

我们把 ConvolutionFilter 的创建方法单独写出来，这样方便修改的同时也避免不必要的重复创建行为，效果如图 4-58 所示。

这与中品质的 BlurFilter 差距较大，如图 4-59 所示，模糊程度比较严重。确实，每模糊一次，其模糊范围都会放大一倍。因此，我们首先要把 ConvolutionFilter 的矩阵大小减半，然后才可以把两次模糊所带来的影响抵消回来，即把 getConFilter 的第一个参数调整为 10。

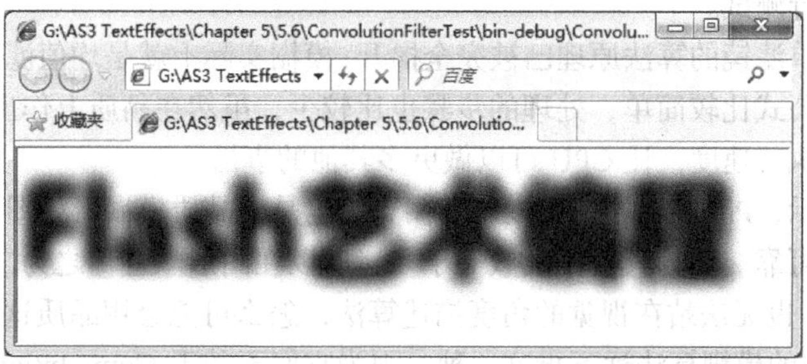

图 4-58　对文本进行两次卷积操作

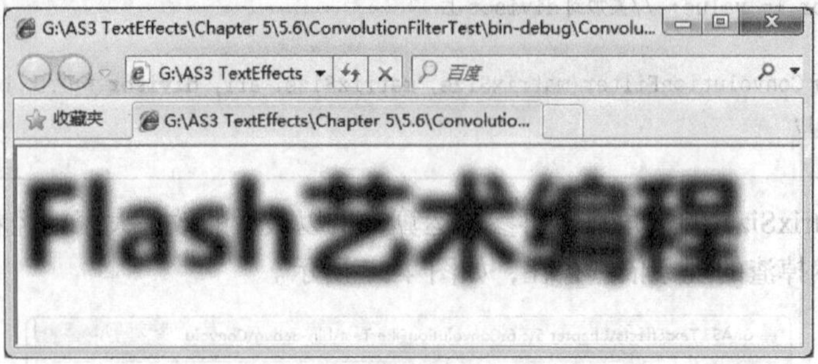

图 4-59　中品质的 Flash 模糊滤镜

再次运行，我们得到如图 4-60 的效果，模糊程度比较接近了，但是又有了新的问题：因为模糊范围变小，所以色彩明显变深了。

图 4-60　将矩阵尺寸减半

这时，我们自然而然就想到 divisor 的影响了，把乘以 0.5 去掉，让颜色变淡，结果就跟中品质的模糊滤镜比较吻合了，如图 4-61 所示。

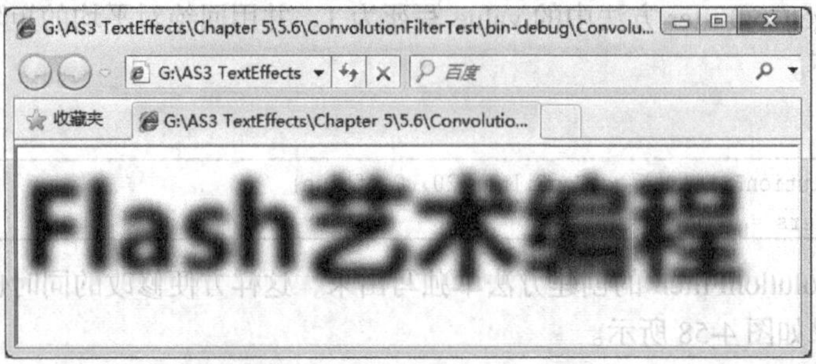

图 4-61　去掉因子 0.5 后的效果

受篇幅所限，高品质或者 blurX 不等于 blurY 时的效果就不在这里为大家逐一展示了，有兴趣的读者可以自行测试。

至此，Flash 简单滤镜的算法原理已被完全揭开，模糊实际上就是均值滤波矩阵作用的结果。总体上说，计算的公式比较简单，处理的步骤也比较少，虽然在品质上作出了一定的牺牲，但换来的则是较快的执行速度，让 CPU 可以做更多其他的事情。

据相关资料显示，Photoshop 中的投影模糊算法也是中品质模糊，如图 4-62 所示，该结论经我们测试，基本可靠。因为其模糊次数等于 2，所以在图形学上称之为二次均值滤波法（图形学与 Flash 无关，也无法站在视觉的角度描述算法，怎么可能会用品质这种感性词汇呢）。当然了，Photoshop 中的模糊算法远不止这一种，因为它们不基于 ConvolutionFilter，所以此处不展开讨论。

图 4-62　Photoshop 中的模糊投影

既然算法已经可以深入到每一个像素点，那么我们在拥有像素级工具——BitmapData 以后，就完全可以用数学公式实现滤镜的算法了。它除了可以帮助我们实现 Photoshop 更复杂的图层样式以外，还可以轻松移植到任何支持图像编程的高级语言上，而不必担心它是否已内置了相关的滤镜。

小提示　之所以说高级语言，是因为像汇编这样的低级语言，运算指令较少，实现起来相当有难度，例如 Starling 的模糊滤镜，其算法就部分采用了 AGAL 汇编语言，有兴趣的读者可自行查阅 Starling 的源文件研究其算法。

4.5.5　后卷积操作

顾名思义，后卷积操作就是卷积以后进行的操作。比如上面的 divisor，它并没有参与到矩阵卷积的运算当中（本节开头给出的公式），而是在卷积运算完成后再将结果与其相除，因此 divisor 就是一个后卷积操作。

divisor 实现了后卷积的乘除运算（乘以 4 可用除以 0.25 表示），但不能对结果进行加减法运算。于是，ConvolutionFilter 有另一个参数帮我们完成这样的事情：bias。

我们把 ConvolutionFilter 的 bias 参数（或者是 getConFilter 的第二个参数）设置为 20，得到如图 4-63 的效果。可以看到，全透明的像素也被填上了一层淡淡的灰色，同时字体的颜色也变浅了。如果要整体变深，则设置 bias 为负数即可。

从某种意义上说，它具有 ColorMatrixFilter 和 ColorTransform 的一些作用。

divisor 和 bias 都是在矩阵卷积完成之后再参与到色彩计算中的变量，因此统称为“后卷积操作变量”。

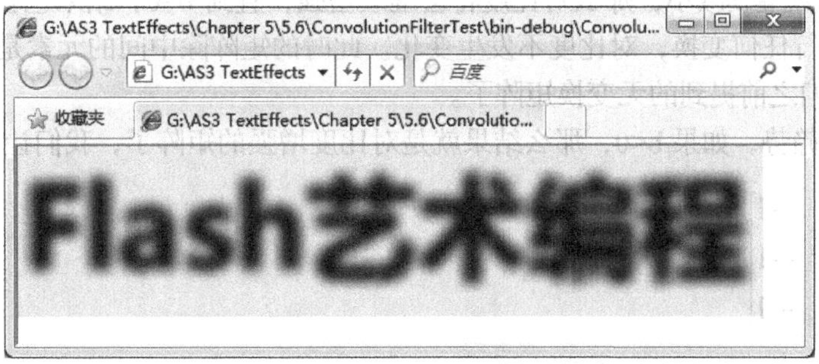

图 4-63　设置 bias=20

4.5.6 卷积运算对像素的影响机制

在外力影响较小的情况下，物质间会不断地均匀扩散着（固体也能扩散，只是固体分子的距离较小、引力较大，所以一般感觉不出来，比如煤炭放墙边一段时间后，墙也会慢慢变黑，哈，扯远了），而我们也知道，外力无时无刻不在影响着这个世界。比如人往高处走，水往低处流。而在社会学上，囤积居奇、劫贫济富这样的不道德行为我们也都司空见惯了。所以，处理图像像素间关系，实现色彩分配的卷积矩阵也同样具备着使颜色分布不均匀的本领，也就是增强对比度，使图像变得清晰的能力。

首先，我们来分析一下模糊矩阵为什么能让图像变得模糊。我们假设图像上有一个 3*3 的区域，里面 9 个点的颜色为：$\begin{bmatrix} b & b & b \\ b & a & b \\ b & b & b \end{bmatrix}$。那么，中间的像素点 a 与周边任何一个点的对比度都是(a−b)，下面我们用3*3的模糊矩阵$\begin{bmatrix} 1 & 1 & 1 \\ 1 & 1 & 1 \\ 1 & 1 & 1 \end{bmatrix}$对中间的点进行卷积运算，得到的结果是(8b+a)/9。

此时对比度就变成了(8b+a)/9−b = a/9−b/9 = (a−b)/9，比原来下降了 8/9，加上结果色融入了周边像素的数值，卷积以后的图像自然就变模糊了。

在结果式(8b+a)/9 中，a 和 b 是图像固有的颜色，所以不能修改；分母 9 是 divisor，在确保它等于矩阵元素总和的前提下最好也先别进行改动；而 8 是卷积矩阵中周边 8 个点的总和，可以随意修改；至于 a 前面的系数 1，它正好等于矩阵中心的那个元素，也允许修改，所以，我们把重点落到 b 和 a 前面的系数上。

从计算的过程来看，之所以导致对比度降低，是因为卷积后的结果中 b 所占的比例增大，导致与周边色彩 b 的差值变小。现在 a 和 b 在结果色中所占的比例为 1:8，我们要把 a 调大或者把 b 调小，比如让 b=4，那么结果将等于(4b+a)/5，与周边像素的对比度就从(a − b)/9 提升到(a − b)/5 了，这时候的矩阵看起来应该是下面这个样子。

$$\begin{bmatrix} 0.5 & 0.5 & 0.5 \\ 0.5 & 1.0 & 0.5 \\ 0.5 & 0.5 & 0.5 \end{bmatrix}$$（把 4 平均分配到周边 8 个点上）

如果 b 的系数继续减小，那么对比度将会继续增强，直到 b=0，结果色就刚好等于 a 了，它将不对图像进行任何变换，对比度不发生变化。此时的矩阵除中间的元素是 1 之外，其他都是 0，也就是我们之前提到的无变换矩阵了。

按照这样的趋势，如果 b<0，那么结果就是对比度增强的矩阵了，我们让 b=−8，卷积矩阵就等于$\begin{bmatrix} -1 & -1 & -1 \\ -1 & 1 & -1 \\ -1 & -1 & -1 \end{bmatrix}$。

用 for 循环实现这个矩阵的代码如下。

代码清单 4-49

```
    var value:Number = -1;
    if(Math.abs((matrixSize + 1) * 0.5 - matrixX) < 1 && Math.abs((matrixSize + 1) * 0.5 - matrixY) <
1){ //是否位于中心点（对于偶数矩阵，这样的点有 4 个，而奇数矩阵则只有 1 个）

        value = 1;
    }
```

如果对文本应用 getConFilter(5, 0, false)滤镜，我们就会得到如图 4-64 的效果。

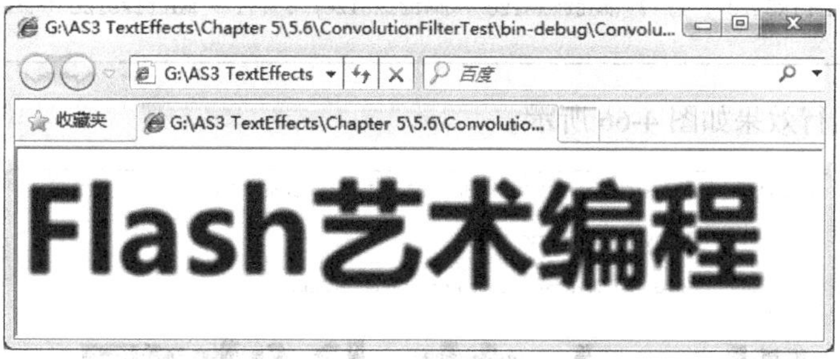

图 4-64　测试对比度增强矩阵

我们看到了一个类似于描边浮雕的效果，但总体来说，边缘还是变得比较模糊。如果把 matrixSize 调大，模糊的效果就更明显了，如图 4-65 所示。

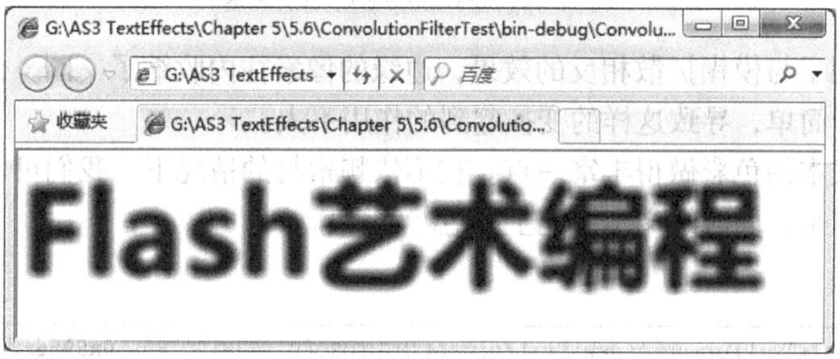

图 4-65　matrixSize 设置为 9 时的效果

是 matrix 被设置成负数 divisor 引起的吗？我们不妨计算一下。

这时，外面的 8 个点等于−1，所以结果色等于(−8b+a)/(−7)，对比度等于 (−8b+a)/(−7) −b 即 (b−a)/7，仍比原来的（a−b）减弱了不少。但这种对比是反向的，所以 a 和 b 的色彩有发生交换的趋势，于是形成了描边。

究其原因，就是负数系数的 b 除以负数的 divisor 之后得到了一个比较大的正数，于是结果色中 b 的成分仍然较大。

之前已经验证过，b>0 时，对比度一定减弱，b=0 时对比度不变，现在连 b<0 也无法让对比度增强，看来我们只能在 a 上做文章了。

现在的主要矛盾在于 b 系数与 divisor 总是同号，致使 b 始终是正数，无法与 a 拉开差距。所以，我们就要把 a 的系数调上去，比如 9，就得到矩阵 $\begin{bmatrix} -1 & -1 & -1 \\ -1 & 9 & -1 \\ -1 & -1 & -1 \end{bmatrix}$，此时的 divisor 等于 1。

9 刚好等于矩阵元素的数量，但对于行数为偶数的矩阵（如 4*4）来说，中心元素包含 4

个，所以这时候中心元素的值就不能简单地设置为 4*4=16 了，而应先算出周边元素的总和：−1*（4*4−4）=−12。于是中心元素的总和等于 13，再平均分配到 4 个中心元素中，得到 13/4。

对于偶数方阵，总的运算公式为(1 + (matrixSize*matrixSize−4)) / 4，因此核心算法应调整如下。

代码清单 4-50

```
var value:Number = -1;
if(Math.abs((matrixSize + 1) * 0.5 - matrixX) < 1 && Math.abs((matrixSize + 1) * 0.5 - matrixY) < 1){ //是否位于中心点（对于偶数矩阵，这样的点有4个，而奇数矩阵则只有1个）
    value = (matrixSize | 1) ? (matrixSize * matrixSize) : ((1 + matrixSize * matrixSize - 4) / 4);
}
```

修改以后，运行效果如图 4-66 所示。

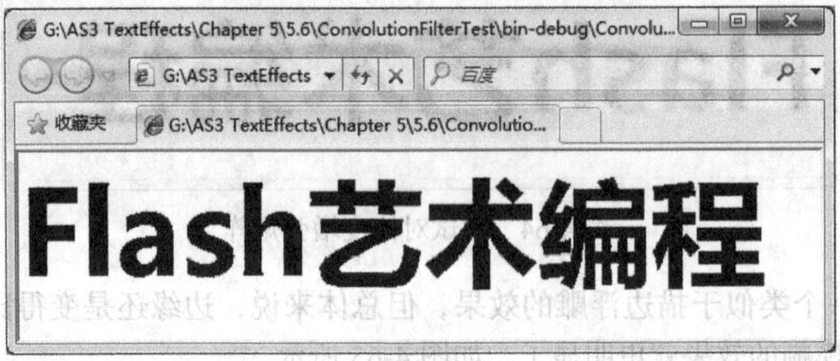

图 4-66　修正 divisor 后的效果

我们的确得到了与模糊扩散相反的效果，边缘的像素往内收缩了一圈，但不是很明显，可能是由于色彩过于简单，导致这样的变换起到的作用不大。

我们尝试把文本的色彩做得丰富一点。在不依赖素材的情况下，我们可以考虑将第 3 章的纹理滤镜搬到这里来，同时给文本填充上紫色#9966FF。

代码清单 4-51

```
_main_txt.defaultTextFormat = new TextFormat("Microsoft YaHei", 80, 0x9966FF, true);
var con:ConvolutionFilter = getConFilter(9, 0, false);
var bev:BevelFilter = new BevelFilter(-17, 205, 0xFFCC00, 1, 0x660000, 1, 10, 10);
_main_txt.filters = [bev];
```

在不使用 ConvolutionFilter 的情况下，斜角滤镜的运行效果如图 4-67 所示。

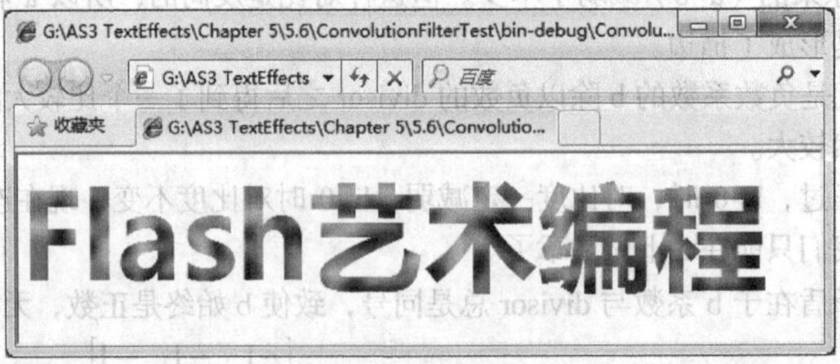

图 4-67　用滤镜填充纹理

我们对这个带纹理填充的文本应用 ConvolutionFilter，即把 con 滤镜追加到 bev 之后，将得到如图 4-68 的效果。

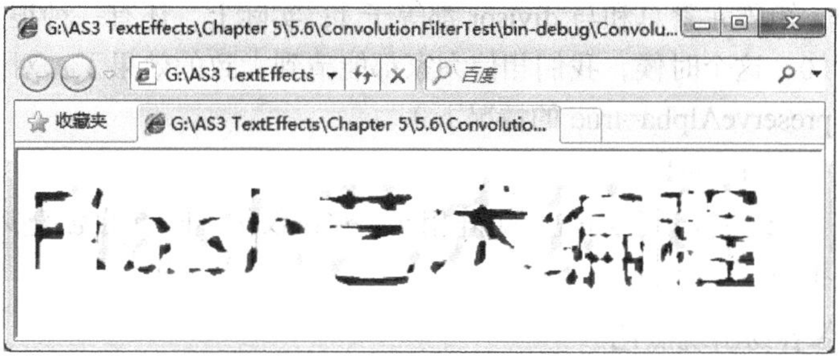

图 4-68　对纹理文本使用卷积滤镜

很多像素被挖空了，导致我们很难从中找到什么规律。不过此处我们可以把 preserveAlpha 改为 true，因为文本的色彩丰富了，不处理 alpha 通道也一样能看到比较明显的效果，如图 4-69 所示。

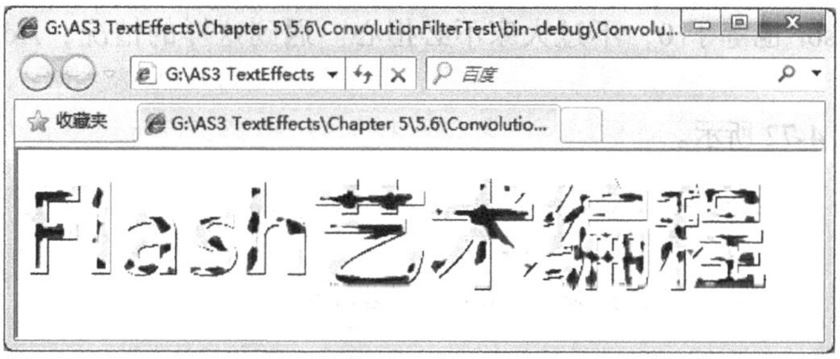

图 4-69　设置 preserveAlpha=true

很多像素变成了白色（这绝非透明，因为 preserveAlpha 不会影响 alpha 通道），与纹理的对比相当强烈，但似乎有点过度了，导致文本的底色彻底消失，所以我们不妨将矩阵的尺寸调小一点，比如 3*3（如图 4-70 所示）或者 5*5（如图 4-71 所示）。

显然，随着矩阵尺寸的增大，色彩之间的差距逐渐拉开，同时纹理边缘的清晰度也在不断提高，其作用跟模糊恰好相反，数学上通常称之为模糊矩阵的反卷积矩阵，而图形学上则称之为锐化。

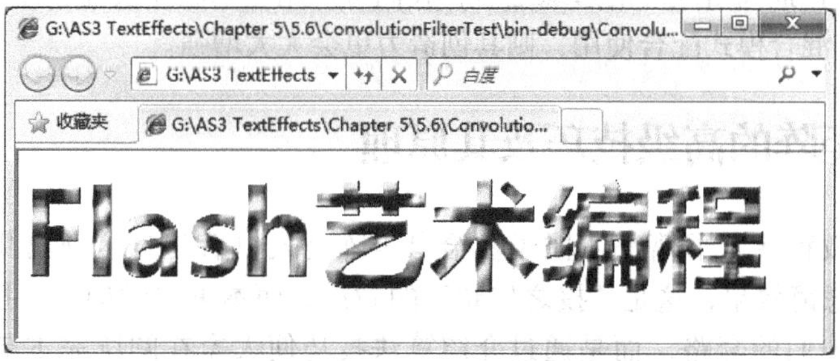

图 4-70　3*3 锐化矩阵的效果

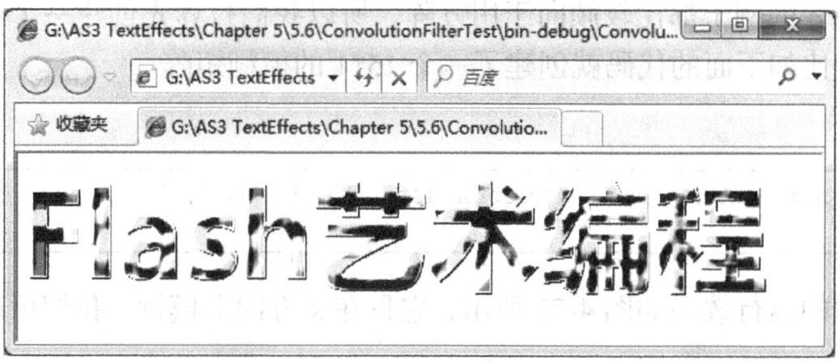

图 4-71　5*5 锐化矩阵的效果

在锐化矩阵中，矩阵元素总和与 divisor 都等于 1；实际上，还有一种很特殊的卷积矩阵，其元素的总和等于 0。这个时候，我们相信大家都能猜到大致的效果了：对比度较弱的地方，将会呈现为黑色（preserveAlpha=true 的情况下）。

这个矩阵是$\begin{bmatrix} -1 & -1 & -1 \\ -1 & 8 & -1 \\ -1 & 1 & -1 \end{bmatrix}$，与锐化矩阵相比，它仅仅是中间点的数值少了 1，所以元素的总和是 0，使得图像容易出现黑色。

getConFilter 的写法调整为如下所示。

代码清单 4-52

```
value = (matrixSize | 1) ? (matrixSize * matrixSize - 1) : ((matrixSize * matrixSize - 4) / 4);
```

这时候，divisor 也等于 0，不过大家不必担心。遇到这样的情况，Adobe 会自动按照 1 来处理。

运行效果如图 4-72 所示。

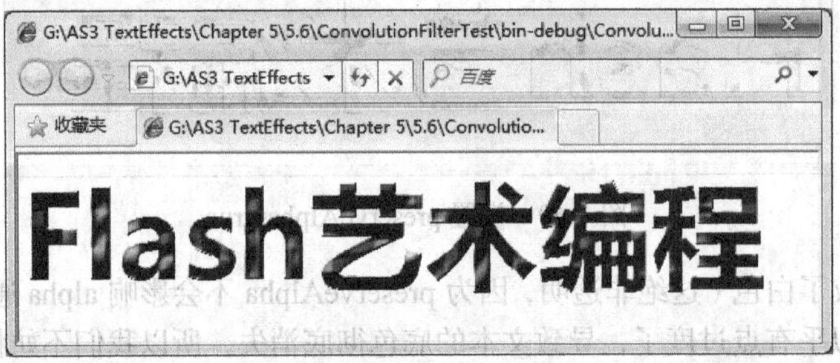

图 4-72　矩阵元素总和为 0

单从这一例子来看，把矩阵元素总和设置为 0 的意义似乎不是很大。而实际上，把色彩变成纯黑或者纯白并且抽离出纹理的边缘之后，我们可以用它来制作素描、浮雕等 Photoshop 滤镜效果，如果再与混合模式配合使用，则其创造力更会大大增强。

4.5.7　卷积矩阵的高级技巧及其原理

很多图形学教程或者书籍都习惯于在给出矩阵公式以后就直接列出几个常用的并且看起来比较有趣的滤镜效果，这是“授之以鱼”的做法，而本书更倾向于“授之以渔”。所以，我们不打算沿用他们的套路，而是通过介绍算法技巧使大家在阅读完本节之后可以学以致用、举一反三。

网上那些老掉牙的例子都比较倾向于用方阵，所以我们打算先创建一个行数跟列数不等的矩阵来制作效果，比如下面的代码就创建了一个 15*1 的模糊矩阵。

代码清单 4-53

```
var con:ConvolutionFilter = new ConvolutionFilter(15, 1, [1, 1, 1, 1, 1, 1, 1, 1, 1, 1, 1, 1, 1, 1, 1], 15, 0, false);
```

这个卷积滤镜的运行效果如图 4-73 所示，它只在 x 方向上模糊。我们可以看到比较明显的振铃现象。

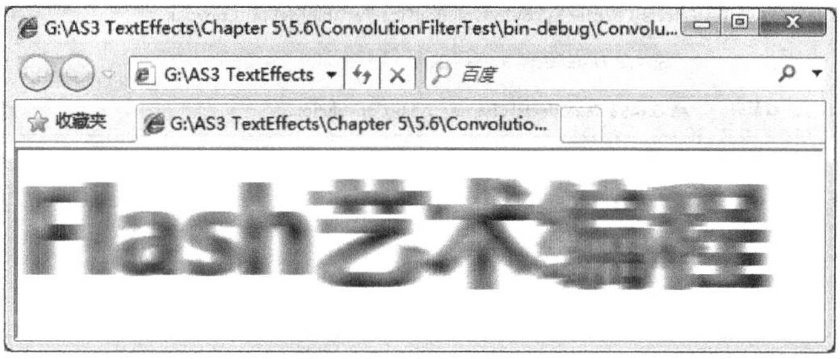

图 4-73 15*1 的矩阵

虽然它对模糊来说并不友好，但这并不代表它一无是处，而且有时我们反而希望振铃的感觉更加明显。

我们已经知道，振铃是模糊区域过大使像素点和轮廓线出现交叉所致。那么，我们可以利用这一点来加强这种振荡的效果。

代码清单 4-54

```
var con:ConvolutionFilter = new ConvolutionFilter(15, 1, [1, 0, 1, 0, 1, 0, 1, 0, 1, 0, 1, 0, 1, 0, 1], 8, 0, false);
```

交叉读取周边像素，会使像素之间产生跳跃式的融合，振铃现象得到进一步的增强，就像弹簧片或者橡皮条在振动一样，如图 4-74 所示。

这样的图虽然没什么美观度可言，但大家可以把它发布到一些趣味百科的专题网站、论坛或者微博上给网民们普及振铃方面的知识，因为这张静态图可以让肉眼产生振动的错觉，有一定的奇妙之处。

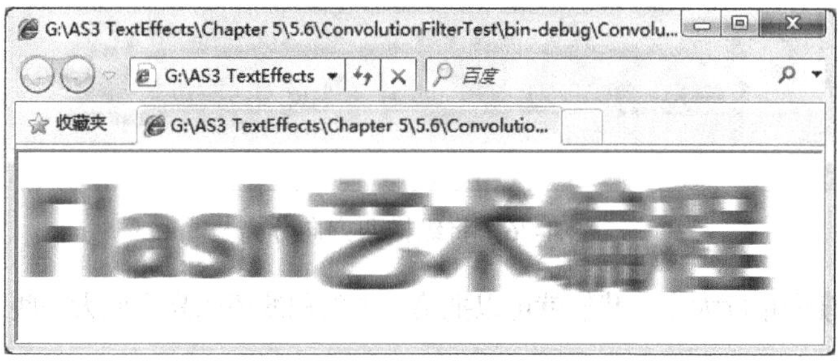

图 4-74 交叉融合的矩阵

言归正传，振动只引起 x 方向的模糊显得有点不自然，所以我们让 y 方向也有一定程度的模糊，比如上下 1 像素，这时候我们就可以在现有基础上将其扩展为 15*3 的矩阵。

代码清单 4-55

```
var con:ConvolutionFilter = new ConvolutionFilter(15, 3,
    [1, 0, 1, 0, 1, 0, 1, 0, 1, 0, 1, 0, 1, 0, 1,
    1, 0, 1, 0, 1, 0, 1, 0, 1, 0, 1, 0, 1, 0, 1,
    1, 0, 1, 0, 1, 0, 1, 0, 1, 0, 1, 0, 1, 0, 1],
    24, 0, false);
```

但可惜的是，我们并没有如愿实现 y 方向模糊的效果，如图 4-75 所示。

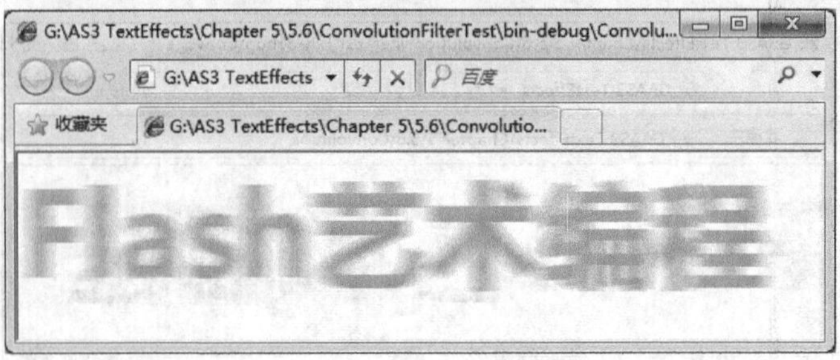

图 4-75　y 方向扩展到 3

原因很好找，因为中间的像素点与左上方、右下方等位置的像素也进行了融合，所以结果显示出来会比原来模糊。但如果我们不设置上下方的像素，又无法在 y 方向上进行模糊，怎么办？

遇到这种两者相互冲突的情况，我们最喜欢做的事情就是尽可能地把两个行为进行分离，避免让它们之间直接接触。此处我们继续沿用此法，具体的实现自然就是再定义一个纵向的卷积滤镜了。

代码清单 4-56

```
    var con:ConvolutionFilter = new ConvolutionFilter(15, 1, [1, 0, 1, 0, 1, 0, 1, 0, 1, 0, 1, 0, 1,
0, 1], 9, 0, false);
    var con2:ConvolutionFilter = new ConvolutionFilter(1, 3, [1, 1, 1], 3, 0, false);
    main_txt.filters = [bev, con, con2];
```

这次得到的结果非常干净，如图 4-76 所示。

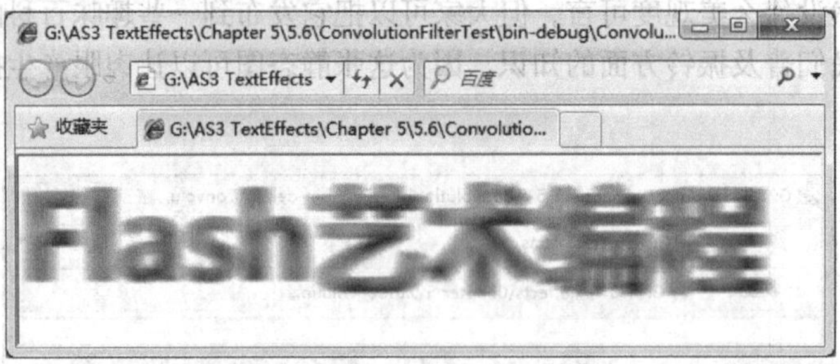

图 4-76　将纵横两方向分离

如果觉得纵向模糊幅度太小，我们就可以把第二个卷积滤镜的高度调大一些，比如 5。

代码清单 4-57

```
    var con2:ConvolutionFilter = new ConvolutionFilter(1, 5, [1, 1, 1, 1, 1], 5, 0, false);
```

得到的效果如图 4-77 所示。

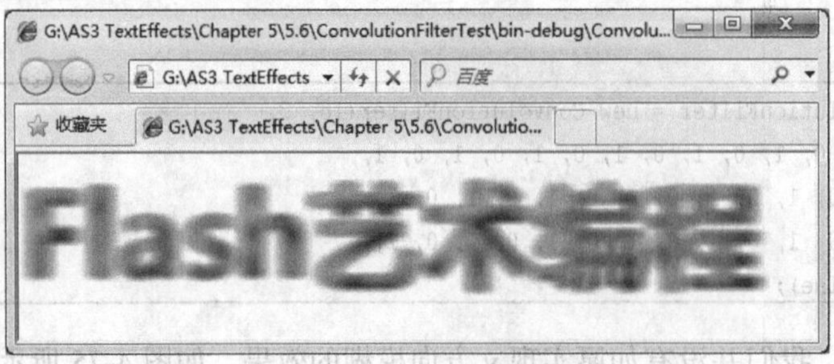

图 4-77　y 方向继续拉长

4.6　本章小结

矩阵的乘法将单像素通道间的数据有机结合在一起，而卷积更是充分调度了像素间的数据交互，增强了程序对色彩的可控性，给设计者提供了更广阔的发展空间，矩阵数学的艺术性再次得到了充分的体现。

无论是乘法还是卷积，矩阵运算的操作对象都是单个图像中的像素。想要建立多张图像间的关系，我们可以通过另一个跟矩阵一样强大的像素级算法——混合模式来实现。这就是我们第 5 章的重点，其中也蕴含着丰富的艺术元素。

第 5 章

南橘北枳——混合模式原理初探

据报载，有一位农民，听说某地培育出一种新的玉米，收成很好，于是千方百计买来一些。他的邻居们听说后，纷纷找到他，向他询问种子的有关情况和出售种子的地方。这位农民害怕大家都用这样的种子会使自己失去竞争优势，便拒绝回答。邻居们没办法，只好继续种植原来的玉米。

谁知，收获的时候，这位农民的玉米并没有获得丰收，与邻居家的玉米相比，也强不到哪里去。为了寻找原因，农民去请教一位专家。经专家分析，玉米减产的原因很快就被查出来了：他的优质玉米接受了邻居劣等玉米的花粉。

这一故事强调了环境的重要性，充分论证了事物之间相互联系而非孤立存在的观点。这跟成语南橘北枳所讲的是同一个道理。

同理，作为舞台元素的一部分，图形也受周边环境的影响，在不同的方位呈现出不同的视觉效果。在 Photoshop 和 Flash 中，混合模式就能很好地体现出显示对象之间的相互联系。

5.1　混合模式的基本原理及其应用场合

5.1.1　投影色彩与背景环境的关系

以比较简单的投影为例，假设物体被放在黑白相间的砖块所铺设的地面上，而物体的投影为暗红色。那么，投影的结果在平面上将如何呈现?

下面我们分别在 Photoshop 和 Flash 里新建一个图层并且各制作一个黑白相间的棋盘地面，如图 5-1 所示。受篇幅所限，我们就不给出绘制地面的详细过程了，有需要的读者可以自行学习。

接下来，我们把应用了暗红色投影的方块摆放到棋盘上方，在 Photoshop 和 Flash 里的效果分别如图 5-2、图 5-3 所示。

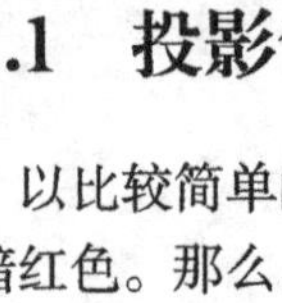

图 5-1　黑白相间的棋盘地面

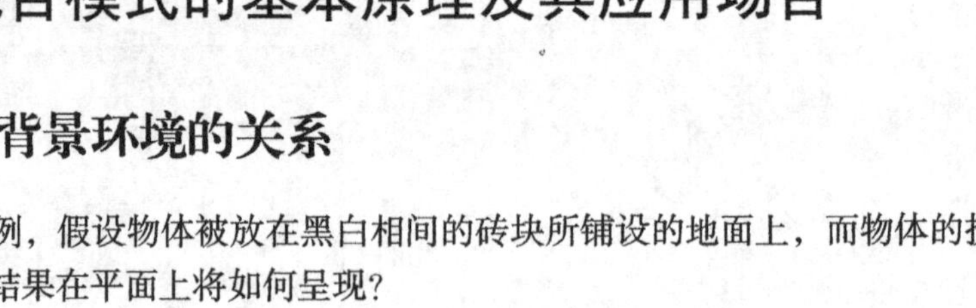

图 5-2　Photoshop 中的红色投影

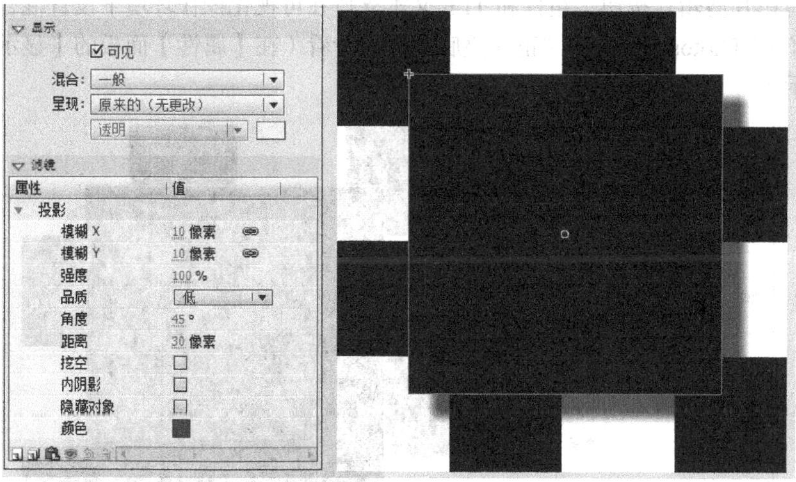

图 5-3　Flash 中的红色投影

很显然，Flash 中的投影并没有很好地融合到整个环境里。阴影是缺失光照的区域，理应比周边得到光线的地方要暗，现在的效果却截然相反，黑色格子跟阴影重合的部分反而比地板原来的颜色更明亮了，也就是阴影照亮了地板。该效果显然不合逻辑，而 Photoshop 做到了，它的阴影并没有让黑色的区域亮起来。

为了让多个对象在同一环境下的整体视觉效果更加协调，我们需要对重叠部分的色彩进行一些融合性的处理，这一过程称之为"混合"。不难看出，Flash 的物体完全孤立于舞台环境，地板的存在与否对它的最终效果没有任何影响。不过，它也符合广义混合的概念（有一种混合模式叫"正常"）。所以，想在 Photoshop 里用阴影样式制作出非阴影效果（就跟 Flash 出来的效果一样）的话，很简单，我们把混合模式改为"正常"即可，如图 5-4 所示。

此外，alpha 也属于广义混合的范畴。图 5-3 中，阴影在黑色区域呈现为深红色，在白色区域呈现为大红色。可见，正常的混合（或者说没混合）也一样受到环境的影响。

那么，Flash 里是否也能使用混合模式？

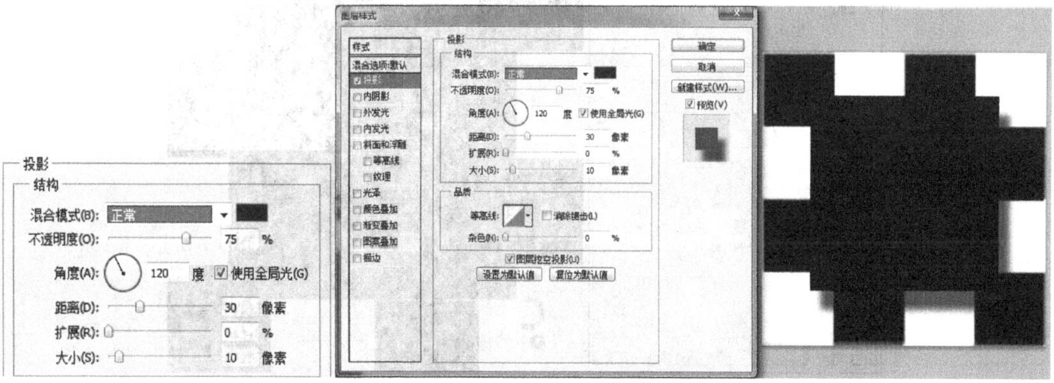

图 5-4　正常混合模式下的 Photoshop 投影

5.1.2　在 Flash 中使用混合模式

答案是肯定的。混合模式（blendMode）是显示对象（DisplayObject）基类的公共属性。任何能添加到舞台上显示的对象，都可以使用混合模式（被高手重写过的自然不算）。只不过，在 Flash

IDE 里，只有影片剪辑、按钮、组件和 TLF 文本支持在可视化操作环境下设置混合模式。

下面我们用 Photoshop 里的“正片叠底”模式看看（在【属性】面板的【显示】窗格内，如图 5-5 所示）。

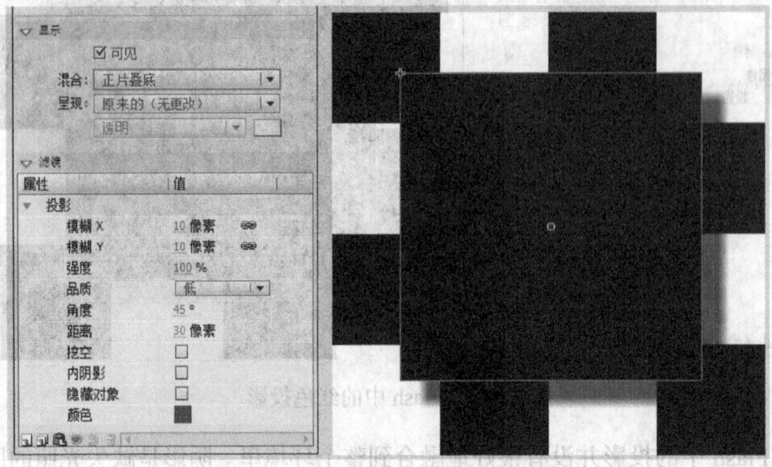

图 5-5　将 Flash 投影的混合模式修改为正片叠底

投影区已经达到 Photoshop 里的效果了，但原图像也受到牵连，一起被混合掉了。究其原因，是 Flash 不支持对单个滤镜设置混合模式。但我们只要懂得灵活变通，就可以很容易找到解决方案，具体做法我们会在后续章节展开详细的讨论。

既然原图像也被应用了混合模式，那我们干脆先把投影去掉，直接拿原图作为研究对象，如图 5-6 所示。

混合模式是 Photoshop/Flash 最强大的功能之一，它决定了当前图像中的像素如何与底层图像中的像素进行混合。使用混合模式可以轻松制作出许多特殊的效果，但是要真正掌握它却不是一件容易的事。

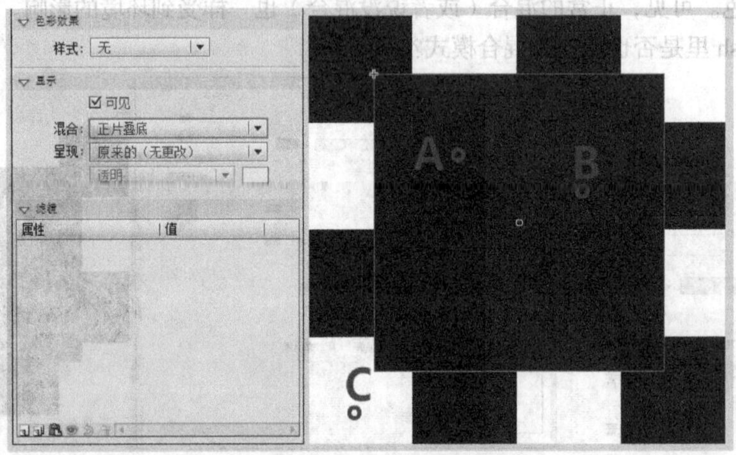

图 5-6　无滤镜的正片叠底

首先我们从专业的角度认识一下混合的概念。

5.1.3　混合的数学概念

所谓混合，就是指将两种输入颜色代入到模式中指定的数学函数进行计算并把算出的颜色值输出到结果上的过程，该过程称为像素混合。所以，将两个需要混合的图像/图层叠在一起，然后对重叠部分的每个像素都进行像素混合并替换到原始像素上，就是图像/图层的混合了。我们一般将图像/图层混合简称为混合，其中，叠放于上层的图像一般叫作混合层/前景层，而下层的图像则为基色层/背景层。

混合可用数学公式表示如下。

混合模式函数（混合色，基色）=结果色

例如在图 5-6 中，物体与背景的重叠区是绿色方框所指定的矩形区域。所以，绿色区域内的所有点都将进行像素混合，即点 A 和点 B 都是需要混合的像素点，而点 C 则不需要。

这当中，A 点的混合色为#0000FF（纯蓝），背景色为#000000（纯黑），经正片叠底混合后，输出的结果为黑色#000000，用以上的数学公式可表示为以下格式。

multiply（0x0000FF，0x000000）=0x000000

同理，B 点的混合可表示为以下格式。

multiply（0x0000FF，0xFFFFFF）=0x0000FF

5.2　alpha 与混合模式

5.2.1　alpha 混合的色彩算法

但是，以上公式并不能完全反映最终结果，在不更改 RGB 颜色的前提下，调整混合层的 alpha 值也会影响输出的颜色。（alpha 值的设置在属性面板的色彩效果窗格里，如图 5-7 所示）

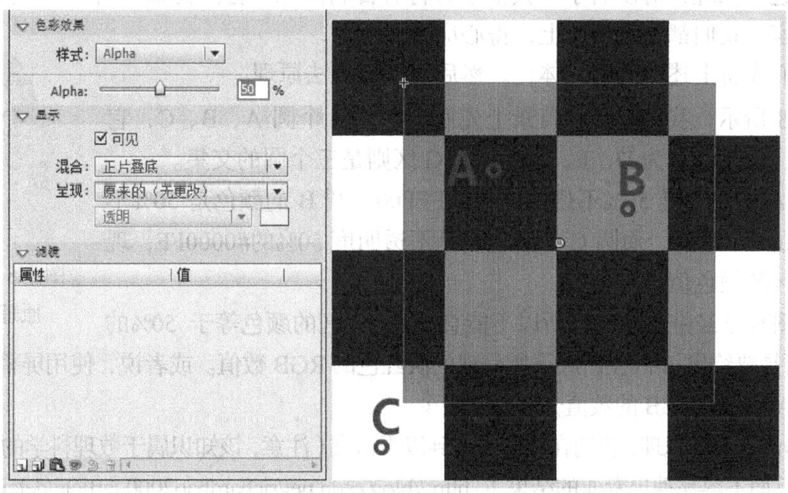

图 5-7　alpha 对混合结果的影响

所以，Photoshop 将 alpha 也归到了混合的范畴中，计算时至少要加入 alpha 通道并且让输出值也应包含 alpha 通道，即：

multiply（0xFF0000FF，#FFFFFFFF）=0xFF0000FF

事实上，大部分混合模式都受到 alpha 的影响，而且不少较深入的 Photoshop 教程在解释 alpha 实现原理的时候都只是轻描淡写地带过（稍负责任的文章会先给出一条 alpha 混合的公式，然后附上一句“alpha 是最简单的混合”，就草草收笔）。所以我们打算先重点讲解混合中的 alpha。

我们暂时把正片叠底这类的混合模式忽略掉，只探讨 alpha 的混合。

在 Flash 界，alpha 的诞生要远远早于狭义上的混合模式，直到 Adobe 收购 Macromedia 公司以后，Flash 才深得 Photoshop 的真传，收获混合模式这一法宝。但 Flash 目前只引入了 RGB 类型的混合模式并自创 A 通道混合，尚未能直接通过手工设置或者简单的 API 来实现 HSB 类型的混合模式（关于混合模式分型，我们稍后再详细讲解）。

正因为大家对 alpha 的含义和使用方法太熟悉了，所以不少开发人员对 alpha 都已经熟视无睹，认为 alpha 就是先把颜色变透明再直接叠上去就完事。因为颜色透明了可以让下层的一部分色光穿透出来，所以下面的就部分可见。

这样的理解很直观，对本质的描述也正确。但是，显示器屏幕并非真的像图层那样包含很多张透明纸。在显示器里，每个像素点都只能有一种颜色。也就是说，想要显示出一块叠放在白色背景上的纯蓝色块，我们就必须计算出 100%alpha 的#FFFFFF 和 50%alpha 的#0000FF 重叠后的颜色数值。

问题的抽象模型可以描述如下：在一张半透明的红纸上，贴上一张半透明的蓝纸，问这张纸最后会呈现出什么样的颜色？

这样的问题似乎有点钻牛角尖，而且吃力不讨好，毕竟 Flash 乃至操作系统都已经给出了直接操作的方法，而且我们又不是显示器的生产商，研究它的原理意义何在？

众所周知，ActionScript 是脚本语言，其运算效率目前尚不尽人意（虽然新版的 FlashPlayer 已经有了明显改善）。大面积地使用 alpha 进行图形绘制会对运行效率造成较为严重的影响，卡帧甚至丢帧的现象将频频发生，导致交互程序的流畅性大幅下降。所以有些时候，我们需要通过了解其原理，剖析运行速度受阻的原因。对问题的探索越接近底层，就越有可能从根本上理解其真正的运作机制，也就越能减轻代码对上层 API 的依赖，从而更容易地绕过性能的瓶颈以实现最大程度的优化。

另一方面，本书的重点在于传达思想。它源于程序，高于程序，已经升华到哲学的高度。所以，学好这些原理，对以后学习其他语言将有百利而无一害。再难的语言，只要是计算机程序的高级语言，我们都能迎难而上，得心应手。

下面我们先将上述的问题具体化，然后探讨其算法原理。

如图 5-8 所示，我们在白色背景上先后绘制了 3 个圆 A、B、C，它们两两相交，交集分别为 D，E，F 区，而 G 区则是三个圆的交集。

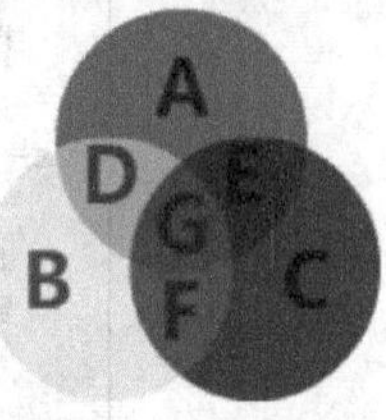

图 5-8　alpha 混合原理测试用图

已知圆 A 的颜色是 50%不透明度的#FFFF00，圆 B 的颜色是 50%不透明度 50%的#FFFF00，而圆 C 的颜色则是不透明度 50%的#0000FF，现在问 A～G 区的颜色值各是多少。

注意，图片已经带了白底，所以不能直接说 A 区的颜色等于 50%的#FF0000，而是要给出 A 区在白底下所呈现的淡红色的 RGB 数值。或者说，使用屏幕捕捉工具时，若鼠标移到 A 区上，RGB 的数值分别等于多少。

关于 alpha 的混合原理，我们在百度上搜到以下博文（注意，该知识属于数理科学的范畴，用 as3，ps 等关键词反而不容易搜出专业的结果）：http://blog.csdn.net/richardbao2000 /article/details/2682018。

文章较详细地阐述了两种或多种半透明色混合的算法。其原理源于色光的过滤，比如 alpha=30%就代表只能透过 70%的光线。至于具体的推导过程，读者可自行查阅光学物理或者分析化学的相关知识。

在帖子里，作者给出了两条关键性的公式：

$$\alpha=1-(1-\alpha_1)(1-\alpha_2)=\alpha_1+\alpha_2-\alpha_1\alpha_2$$

$$C=C_0(1-\alpha_1)+C_1\alpha_1$$

第一条公式用于计算混合后的不透明度，而第二条公式则计算混合后的 RGB 值。

之所以使用 1-，是因为 alpha 要根据透光度来计算，而非不透光度。至于乘法，也不难理解，因为光线按透光的百分比进行衰减。详情可参阅原帖的相关内容。

仅仅混合了两层，alpha 通道的运算就多达 4 步。我们不难算出，计算的次数刚好等于层数的两倍。

第二条公式则用于计算混合后的颜色（针对一个通道）。显然，这就是两层颜色的加权平均数。一个 60%的混合层，混合后的结果等于 40%的背景层加 60%的混合层。两层混合后，一个通道的运算次数为 6 次，至于 3 图层的混合，则有以下两种方法进行计算。

第一种是先混合不透明层和背景层，然后再将结果混合到混合层：

$$C_{012}=(C_0(1-\alpha_1)+C_1\alpha_1)(1-\alpha_2)+C_2\alpha_2$$

第二种是先混合背景层和透明层，然后再将结果混合到不透明层：

$$C_{012}=C_0(1-(\alpha_1+\alpha_2-\alpha_1\alpha_2))+C_{12}(\alpha_1+\alpha_2-\alpha_1\alpha_2)$$

实际应用中，我们可能还要直接计算两个透明色叠加的结果（比如输出 PNG 图像、绘制 BitmapData 等）。受混合后透光因素的影响，两透明层混合的公式不易直接推得。所以，我们联立以上两条公式，解出：

$$C_{12}=\frac{C_1\alpha_1(1-\alpha_2)+C_2\alpha_2}{\alpha_1+\alpha_2-\alpha_1\alpha_2}$$

5.2.2 alpha 混合公式测试及不透明度的性能分析

以上算法中出现了运行效率相当低的除法，而且步骤相当繁琐。不难想象，叠加两个或以上的透明图像，alpha 运算的工程量将是何其浩大！

所以，很多交互程序、动画广告等 Flash 文件都通过减少透明度的使用来达到性能优化的目的，因为当 alpha=100%时，1-alpha=0，很多计算就得以终止。网页中的 Flash 也尽可能少用 wmode=“transparent”来制作透明效果。那么，我们是否可以通过自行编写这个算法，替代 FlashPlayer 自身的 alpha 混合来实现优化呢？

我们给不出一个答案，因为这些运算在 FlashPlayer 底层是通过 C++一类的程序语言来完成的。我们在 ActionScript 层上写，本身就已经很吃亏了（即使用 FlasCC 也一样要走到脚本层运行）。不过在学习 BitmapData 以后，我们就可以通过自己的数学计算来绕开复杂的显示列表结构，避免设置过多的 alpha，从而直接对像素进行上色。

综上所述，自己实现 alpha 混合，利弊参半，具体要看应用的场合。但掌握了计算公式以后，在处理性能的时候，我们就多了一个路子可走，同时也为 alpha 和混合模式的合并、简化运算奠定了重要的基础。

有了以上的这些公式，我们就可以算出图 5-8 中每个区域的 alpha 值了，其中，alpha 一定等于 100%，因为背景始终不透明。

下面的算式中，A(r)中的 A 代表区域，r 代表通道。

```
A(r)=0xFF*(1-0.5)+0xFF*0.5=0xFF
A(g)=0x00*(1-0.5)+0xFF*0.5=0x80
A(b)=0x00*(1-0.5)+0xFF*0.5=0x80
A(rgb)=0xFF8080
```

即跟混合前的红色相比变浅了，同样地我们可以算出

```
B(rgb)=0xFFFF80
C(rgb)=0x8080FF
```

至于 D，它可以看作是半透明的#FFFF00 与背景色 A(rgb)的混合，所以有

```
D(r)=0xFF*(1-0.5)+0xFF*0.5=0xFF
D(g)=0x80*(1-0.5)+0xFF*0.5=0xC0
D(b)=0x80*(1-0.5)+0x00*0.5=0x40
D(rgb)=0xFFC040,
```

即混合出来的结果是个橙色，同理可得

```
E(rgb)=0x8040C0
F(rgb)=0x8080CC
```

最后的一个区域 G，它是半透明的#0000FF 与背景色 D(rgb)的混合，所以可求得

```
G(r)=0xFF*(1-0.5)+0x00*0.5=0x80
G(g)=0xC0*(1-0.5)+0x00*0.5=0x60
G(b)=0x40*(1-0.5)+0xFF*0.5=0xA0
```

三者的 RGB 较为接近，因此 G 区的饱和度较低，颜色看起来就比较灰了。

如果要将背景剔除掉，只考察三个圆叠加后的色彩，颜色值就能带上 alpha 通道。显然 A、B、C 三区仍为 50%，而 D、E、F 区则为 75%，至于G，就等于 87.5%了。

而颜色的计算就要运用带除法的那条公式了。鉴于公式过长，此处我们只给出 D 区的运算过程，其他的就不在这里逐一展开了，其中，分母部分一致，都等于混合后的 alpha。

```
D(alpha)= (1-(1-0.5)*(1-0.5))=0.75
D(r)=(0xFF*0.5*(1-0.5)+0xFF*0.5)/0.75 =0xFF
D(g)= (0x00*0.5*(1-0.5)+0xFF*0.5)/0.75=0xAA
D(b)= (0x00*0.5*(1-0.5)+0x00*0.5)/0.75=0x00
```

所以 D(rgb)=0xFFAA00，是一种不透明度为 75%的橙色。

我们可以用取色（Flash 内部也提供了这样的功能）或者抓屏工具对这些结果进行验证。可能会稍有误差，那是因为我们计算的时候对小数部分进行了四舍五入的处理，而有的软件会向下取整。

需要特别指出的是，两个半透明层混合，叠放次序也会影响到最终结果里的 RGB 数值，除非两个层的不透明度都是 50%。因为这个时候，1-alpha=alpha，所以在这种特殊情况下，公式的计算结果都等于 C0*0.5+C1*0.5，但混合后的 alpha 则与叠放次序无关。

至此，对 alpha 的讲解就暂告一段落了。

下面回归到狭义的混合模式中来。

5.3 混合模式的分类

Flash 和 Photoshop 都配备了看起来比较完善的混合模式，如图 5-9、图 5-10 所示。

从列表的长度来看，Photoshop 混合模式的种类要比 Flash 的多。但仔细观察下来，发现 Flash 还是有自己的一些特色。

我们不妨按照菜单分隔线将这些模式进行一下分组并且对齐（Flash 中的“一般”和“图层”合并为一组）。不难看出，混合模式按功能可以分为 6 大类：1）组合模式，2）加深模式，3）减淡模式，4）对比模式，5）比较模式，6）HSB 模式/透明度模式。

注　PhotoshopCS6 新增了通道模式，但该部分不在本书的讨论范围之内。

前面 5 大类型为 Photoshop 和 Flash 所共有，而第 6 种类型则各具特色，其中 Photoshop 给出了 4 种 HSB 混合模式，而 Flash 则给出了 3 种 ARGB 混合模式（反相放这里有点牵强附会了），它们都是在软件对特有色彩模式支持的基础上设计而成的个性化混合选项。

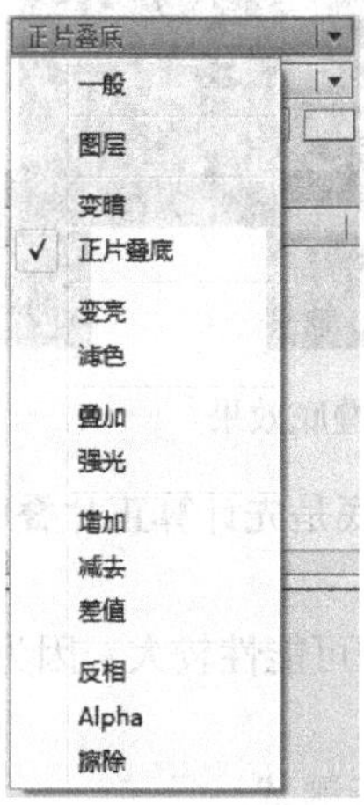

图 5-9　Flash 提供的混合模式

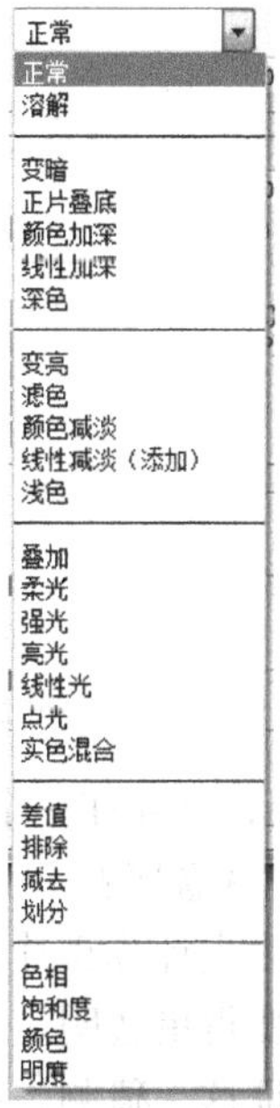

图 5-10　Photoshop 提供的混合模式

不得不承认，Flash 在公用模式方面依然略逊一筹。

公有的 2～5 类混合选项实际上都基于 RGB 模式，所以我们从色彩模式上给混合模式分成 3 类，分别是 RGB 模式、HSB 模式和 Alpha 模式。事实上，我们还可以使用其他色彩模式（如 LAB，CMYK 等）作为混合计算的工具。于是，我这种按色彩模式的分类方法就可以让混合模式的种类得到更大程度的扩展了。

下面我们以之前测试的正片叠底模式为例，讲解 RGB 混合模式的实现方法。

5.3.1　RGB 混合的基本运算模式及其优先级

帮助文件对正片叠底（MULTIPLY）模式的描述如下：将显示对象原色的值与背景颜色的值相乘，然后通过除以 0xFF 进行标准化，本质就是将两个色彩的百分比进行相乘，从而得到较暗的颜色。此设置通常用于制作阴影或深度效果。所以，计算公式等于 bg*blend/0xFF。

可见，正片叠底的计算还没有 alpha 来得复杂。

考察图 5-11，对 A 点进行正片叠底的运算，得到：

R=0x00*0x00/0xFF=0x00

G=0x00*0x00/0xFF=0x00

B=0x00*0xFF/0xFF=0x00

所以，最终结果=#000000，即为黑色。

而对于 B 点，则有

$$R=0x00*0xFF/0xFF=0x00$$
$$G=0x00*0xFF/0xFF=0x00$$
$$B=0xFF*0xFF/0xFF=0xFF$$

最终结果=#0000FF，显示为蓝色。

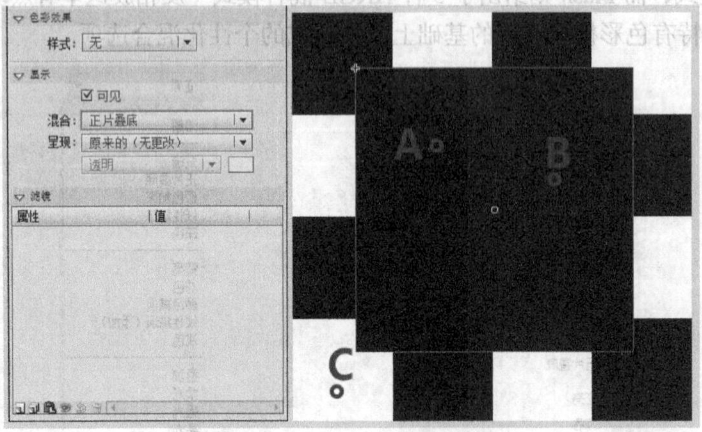

图 5-11　蓝色方块的正片叠底效果

我们再引入 alpha，就存在一个优先级问题了，到底是先计算正片叠底再处理 alpha，还是先处理 alpha 再计算正片叠底？

经测试，我们认为先计算正片叠底再处理 alpha 的可能性较大，因为像素点的颜色并没有在混合模式的影响下变得更透明。

为了从数学上验证这一猜测，我们用图 5-12 来进行测试。

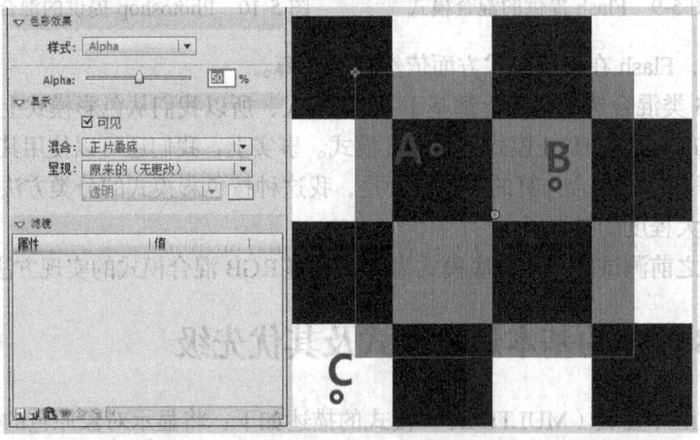

图 5-12　alpha 对混合结果的影响

首先，根据图 5-11 的计算结果，A 点的颜色是#000000，B 点的颜色是#0000FF。

然后我们用 alpha 公式进行混合。

对于 A 点，有：

$$alpha=1$$
$$R=(0x00*0.5*(1-1)+0x00*1)/1=0x00$$
$$G=(0x00*0.5*(1-1)+0x00*1)/1=0x00$$
$$B=(0x00*0.5*(1-1)+0x00*1)/1=0x00$$

混合后仍为黑色。

而 B 点则有：

alpha=1

R=(0x00*0.5+0xFF*(1−0.5))=0x80

G=(0x00*0.5)+0xFF*(1−0.5))=0x80

B=(0xFF*0.5)+0xFF*(1−0.5))=0xFF

所以 RGB=#8080FF。

计算出来的数值与取色软件得到的结果一致。但是，我们的这个环境过于理想化，全部用了纯色，混合的结果不是等于背景色就是等于混合色；alpha 都取 50%，不受叠放次序影响，所以很难保证我们的算法在颜色环境较为复杂的情况下仍然准确无误。

我们不妨把背景的颜色做得丰富一点，红橙黄绿蓝紫都各做一格，如图 5-13 所示。

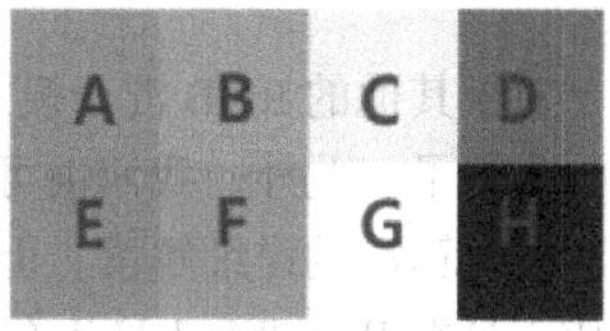

图 5-13　多填充几种颜色来测试

同时我们给蓝色设置得相对不那么纯（#1795EA），alpha 也改成 70%。最终的测试环境如图 5-14 所示。

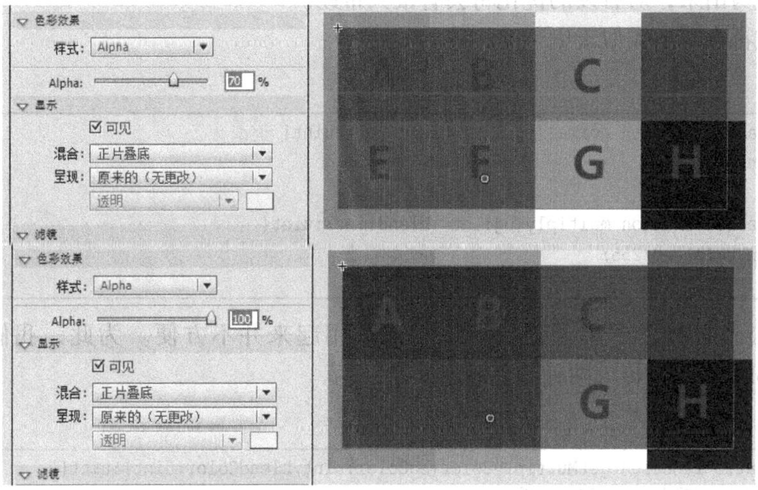

图 5-14　最后的测试环境

图 5-14 中，A 到 H 区的颜色分别为：#FF68A4，#FF9900，#FFFF00，#00CC00，#6699FF，#BE80FD，#FFFFFF，#000000。

下面我们分别计算这 8 种颜色跟半透明蓝色进行正片叠底混合后的 RGB 数值并检验它们是否跟取色器的结果一致。

受篇幅所限，此处只贴出 A 的演算过程。

A 点透明前有

```
R=0x17*0xFF/0xFF=0x17
G=0x95*0x68/0xFF=0x3C
B=0xEA*0xA4/0xFF=0x96
```

混合后的 RGB=#173C96，每个通道反射出来的色光都比混合前少，所以结果比两种颜色都暗一些（极端情况：通道反射 100%或者 0%光线的除外），因此，正片叠底很适合用来做阴影，也便成为了 Photoshop 投影的默认混合模式。

设置 70%的 alpha 后，

```
R=0x17*0.7+0xFF*(1-0.7)=0x5D
G=0x3C*0.7+0x68*(1-0.7)=0x49
B=0x96*0.7+0xA4*(1-0.7)=0x9A
```

即 70%的 Alpha 与背景混合所得的 RGB=#5D499A，跟取色工具给出来的数值一样。

大家可以自行计算其他色块跟半透明蓝色混合后的 RGB 值。

5.3.2 混合模式工具类的书写

对于其他的 RGB 混合模式，我们不打算给出太细致的讲解，毕竟网上教程、帮助文档都已经一大把了。此外，我们也可以在《ActionScript 3.0 图像处理基础教程》一书中找到这些公式及对它们算法的详细解读。但这里笔者依然会将这些公式（包括 Photoshop 的部分混合模式）写成工具类 BlendModeUtil 方便以后重用。代码里我们会给出足够详细的注释。

虽然 Flash 支持用代码设置混合模式，但毕竟种类有限，而且只能直接应用于 DisplayObject 及 BitmapData 的 draw 方法中；再者，无法与 alpha 运算进行合并，所以局限性很大。所以，我们把它的算法写出来，对后续的优化将会有很大帮助。

每种公式都会写成类似于以下的函数。

代码清单 5-1

```
public static function normal(bg:int, blend:int):uint{
    return blend;
}
public static function multiply(bg:int, blend:int):uint{
    return bg*blend/255;
}
```

因为该公式只操作了单通道，所以外部调用起来并不方便。为此，我们再封装一个 getMultiplyColor 方法，传入两种颜色并返回结果色。

代码清单 5-2

```
public static function getMultiplyColor(bgColor:uint,blendColor:uint):uint{
    /**利用位运算取出基色各通道的数值**/
    var bgR:int = (bgColor >> 16) & 0xFF;
    var bgG:int = (bgColor >> 8) & 0xFF;
    var bgB:int = bgColor & 0xFF;
    /**********/
    /**利用位运算取出混合色各通道的数值**/
    var blendR:int = (blendColor >> 16) & 0xFF;
    var blendG:int = (blendColor >> 8) & 0xFF;
    var blendB:int = blendColor & 0xFF;
    /**********/
    /**利用正片叠底函数计算出各通道的混合结果**/
    var resultR:int = multiply(bgR, blendR);
    var resultG:int = multiply(bgG, blendG);
    var resultB:int = multiply(bgB, blendB);
    /**********/
    return resultR << 16 | resultG << 8 | resultB; //最后利用位运算对通道值进行合并
}
```

类似地，screen 模式我们也可以作如下定义。

代码清单 5-3

```
public static function screen(bg:int, blend:int):uint{
    return (1-(1-bg)*(1-blend))/255;
}
public static function getScreenColor(bgColor:uint,blendColor:uint):uint{
    /**利用位运算取出基色各通道的数值**/
    var bgR:int = (bgColor >> 16) & 0xFF;
    var bgG:int = (bgColor >> 8) & 0xFF;
    var bgB:int = bgColor & 0xFF;
    /**********/
    /**利用位运算取出混合色各通道的数值**/
    var blendR:int = (blendColor >> 16) & 0xFF;
    var blendG:int = (blendColor >> 8) & 0xFF;
    var blendB:int = blendColor & 0xFF;
    /**********/
    /**利用滤色函数计算出各通道的混合结果**/
    var resultR:int = screen(bgR, blendR);
    var resultG:int = screen(bgG, blendG);
    var resultB:int = screen(bgB, blendB);
    /**********/
    return resultR << 16 | resultG << 8 | resultB;  //最后利用位运算对通道值进行合并
}
```

一段冗长的代码被再次复制。不难想象，BlendModeUtil 的代码量将随着混合模式种类的增加而急剧上升。纵观以上两函数，我们可以发现它们的差别不外乎就是模式函数的不同。所以，我们可以针对它们的共同之处，封装出如下的抽象函数。

代码清单 5-4

```
public static function getBlendResultColor(bgColor:uint,blendColor:uint,blendFunc:Function):uint{
    /**利用位运算取出基色各通道的数值**/
    var bgR:int = (bgColor >> 16) & 0xFF;
    var bgG:int = (bgColor >> 8) & 0xFF;
    var bgB:int = bgColor & 0xFF;
    /**********/
    /**利用位运算取出混合色各通道的数值**/
    var blendR:int = (blendColor >> 16) & 0xFF;
    var blendG:int = (blendColor >> 8) & 0xFF;
    var blendB:int = blendColor & 0xFF;
    /**********/
    /**利用指定的混合函数（blendFunc）计算出各通道的混合结果**/
    var resultR:int = blendFunc(bgR, blendR);
    var resultG:int = blendFunc (bgG, blendG);
    var resultB:int = blendFunc (bgB, blendB);
    /**********/
    return resultR << 16 | resultG << 8 | resultB;//最后用位运算对通道值进行合并
}
```

于是，getMultiplyColor 和 getScreenColor 便可简化为如下所示。

代码清单 5-5

```
public static function getMultiplyColor(bgColor:uint,blendColor:uint):uint{
    return getBlendResultColor(bgColor,blendColor,multiply);
}
public static function getScreenColor(bgColor:uint,blendColor:uint):uint{
```

```
    return getBlendResultColor(bgColor,blendColor,screen);
}
```

然后，我们还要加入 alpha 的混合。命名规则可以参考 BitmapData（第 6 章会讲到），里面的 getPixel 和 getPixel32 就分别对应不带 alpha 和带 alpha 的颜色。

代码清单 5-6

```
public static function getMultiplyColor32(bgColor:uint,blendColor:uint):uint{
    return getBlendResultColor32(bgColor,blendColor,multiply);
}
public static function getScreenColor32(bgColor:uint,blendColor:uint):uint{
    return getBlendResultColor32(bgColor,blendColor,multiply);
}
public static function getBlendResultColor32(bgColor:uint,blendColor:uint,blendFunc:Function):uint{
    /**利用位运算取出基色各通道的数值（含 alpha 通道）**/
    var bgA:Number = (bgColor >> 24 & 0xFF) / 0xFF;
    var bgR:int = (bgColor >> 16) & 0xFF;
    var bgG:int = (bgColor >> 8) & 0xFF;
    var bgB:int = bgColor & 0xFF;
    /**********/
    /**利用位运算取出混合色各通道的数值（含 alpha 通道）**/
    var blendA:Number = (blendColor >> 24 & 0xFF) / 0xFF;
    var blendR:int = (blendColor >> 16) & 0xFF;
    var blendG:int = (blendColor >> 8) & 0xFF;
    var blendB:int = blendColor & 0xFF;
    /**********/
    /**利用指定的混合函数（blendFunc）计算出各通道的混合结果（不包含 alpha 通道）**/
    var blendResultR:int = blendFunc(bgR, blendR);
    var blendResultG:int = blendFunc(bgG, blendG);
    var blendResultB:int = blendFunc(bgB, blendB);
    /**********/
    /**利用 alpha 混合函数计算各通道在 alpha 影响下的混合结果**/
    var alphaResultA:Number = (1 - (1 - bgA) * (1 - blendA));
    var alphaResultR:int,alphaResultG:int,alphaResultB:int;
    alphaResultR = (bgR * bgA * (1 - blendA) + blendResultR * blendA) / alphaResultA;
    alphaResultG = (bgG * bgA * (1 - blendA) + blendResultG * blendA) / alphaResultA;
    alphaResultB = (bgB * bgA * (1 - blendA) + blendResultB * blendA) / alphaResultA;
    /**********/
    return (alphaResultA * 0xFF) << 24 | alphaResultR << 16 | alphaResultG << 8 | alphaResultB;  //
最后利用位运算对通道值进行合并
}
```

尽管抽离了出来，我们还是看到有不少相似功能的代码片断出现多次重复，比如颜色通道的分离与合并、alpha 混合的计算等，因此可以作进一步的精简。考虑到此处可以有针对性地优化，我们就暂时不做太多的封装，毕竟这样的代码在添加混合模式的时候已经足够方便了。比如现在需要再加一个叠加模式（OVERLAY），则只需添加如下的定义。

代码清单 5-7

```
public static function overlay(bg:int, blend:int):uint{
    if(bg > 127){
        return screen(bg,blend);
    }else{
        return multiply(bg,blend);
    }
```

```
    }
    public static function getOverlayColor(bgColor:uint,blendColor:uint):uint{
        return getBlendResultColor(bgColor,blendColor,overlay);
    }
    public static function getOverlayColor32(bgColor:uint,blendColor:uint):uint{
        return getBlendResultColor32(bgColor,blendColor,overlay);
    }
```

代码中，overlay 函数的计算公式可以通过查阅帮助文档或者在百度上输入“Photoshop 混合模式 公式”进行搜索得知。

此外，AS3 还给出了一个名为 BlendMode.SHADER 的混合模式。在这里我们可以随心所欲地把各种混合模式的优势给发挥出来，甚至可以自创混合模式。不过这需要结合另一门语言——PixelBender 来配合完成。至于如何用 PixelBender 进行创作，我们就不在本书和大家讨论了，有兴趣的读者可自行查阅相关资料。

我们回过头来看看第一类：组合模式。

5.3.3 组合类混合模式简介

Flash 的“一般”模式指不与背景色进行任何的混合计算（alpha 部分除外）。它跟 Photoshop 的“正常”模式一致。

至于“图层”模式，其功能有二：一是针对透明度混合，二是实现 Photoshop 中的编组穿透，这方面的内容我们稍后将会详细介绍。

而 Photoshop 里的溶解模式就稍显复杂了，虽然混合的技术含量不高，但不可否认的是，它相当实用，给图片溶解和添加杂点提供了一个快捷的途径。

该模式与 alpha 有关，用了溶解模式以后，原来的 alpha 混合失效并替代成随机显示背景色或者混合色的其中一种，显示混合色的概率刚好等于图层的不透明度。alpha=100%时，混合色的概率为 100%，即全部显示混合色；而 alpha=0%时，混合色的概率为 0%，即全部显示背景色。

图 5-15 显示了 alpha=50%时的溶解效果，混合色的概率为 50%，即两种颜色约各占一半。

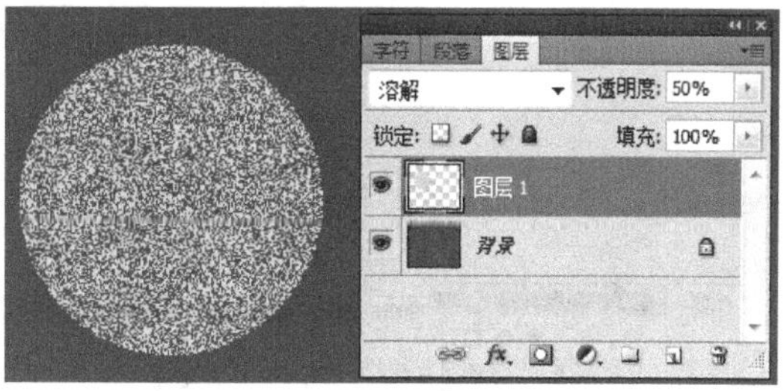

图 5-15　Photoshop50%的溶解效果

Flash 没有自带这样的混合模式，但我们可以用 BimapData.pixelDissolve 方法来实现类似的效果。

如果一定要给出该混合的算法，我们就可以这么写。

代码清单 5-8

```
public static function getDissolveColor(bgColor:uint,blendColor:uint):uint{
    var alpha:int = blendColor >> 24 & 0xFF; //取出 alpha 通道值
    /**这里就不用三目运算符来装 X 了**/
    if(Math.random() > alpha){
        return bgColor;
    }else{
        return blendColor;
    }
    /**********/
}
```

组合模式的内容基本上就这么多了，接下来是透明度模式。

5.3.4 透明度类混合模式及其用途

透明度是针对 ARGB 色彩体系而建立的混合模式类型，在 PhotoshopCS5.5 或以下版本里找不到直接的对应项（Photoshop 用蒙版来实现）。它跟后面讲的 HSB 有点像，只有属性的复制而几乎不包含任何数学计算（至少概念上是这样）。

我们给 2.2 节里用到的那个 flash 文档备份一下，然后把里面的滤镜删掉，文字颜色随意（跟背景拉开差距就行了），单击文字，按 F8 转换为元件，类型选“影片剪辑”，转换完成后，在【属性】面板的【显示】窗格中选择“图层”混合模式，如图 5-16 所示。

图 5-16 图层混合模式

我们双击或选择右键菜单项【在当前位置编辑】，进入元件编辑状态，在里面新建一个图层，在这 5 个字（Flash 这个单词算一个字）所占据的边框内依次画上 alpha 分别为 80%、60%、40%、20%、0%的五个矩形方块，如图 5-17 所示。

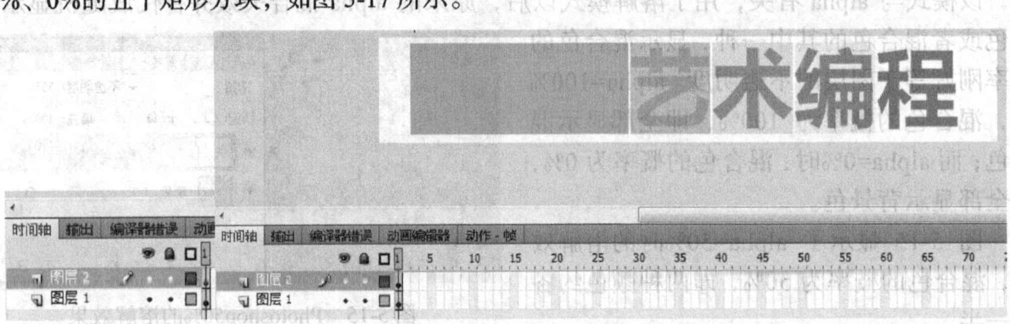

图 5-17 给每个字覆盖上 alpha 互不相等的矩形

然后，我们选中这 5 个矩形色块，按 F8 转换为元件，接着将混合模式设置为“Alpha”，如图 5-18 所示。

图 5-18 Alpha 混合模式

设置混合模式为“Alpha”后，整个色块不可见。之前我们已经提到，透明度类型的混合模式要求父级容器设置为“图层”混合模式，所以我们回到父级查看（双击舞台的空白区域即可，如图 5-19 所示）。

图 5-19　在父级容器（主场景）中查看 alpha 混合模式

效果已经出来了，RGB 所取的是背景层，alpha 则来自混合层，所以会看到文字的不透明度随着混合层的向右淡出而逐渐降低，直到最右边，文字将因 alpha=0%而完全消失。

我们再双击进去，把方块影片剪辑的混合模式改为擦除，再回到主场景查看，发现效果恰好跟 alpha 模式相反，如图 5-20 所示。

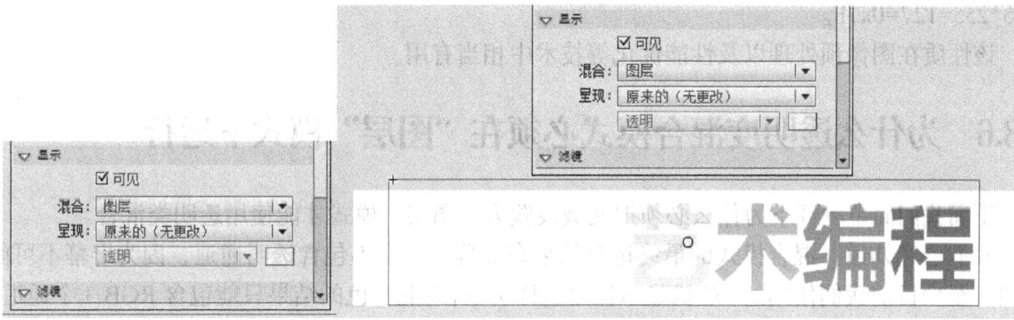

图 5-20　擦除模式的效果

擦除模式与 alpha 模式相互对立，它指定要擦除的 alpha 量，也就是要扣除多少不透明度。所以，从数学上说，擦除就是先将混合层的 alpha 反相为 1 – alpha，然后再用 alpha 模式进行混合的结果。

alpha 和擦除模式被广泛应用于渐变遮罩、羽化等图形处理程序中，大家可以在《ActionScript3.0 图像处理基础教程》一书中找到关于它们的一些实例。

5.3.5　反相混合模式

可能是因为擦除模式体现了反相的思想，所以反相也被归入到 Alpha 类混合模式所在的组别中。

反相仅操作背景色，它与混合色无关（当然 alpha 还是之前那套规矩）。

我们用回之前的图来作变换（注意要把 alpha 设置为 100%），反相后的效果如图 5-21 所示。

白色被翻转为黑，黑色被翻转为白。在被混合的 8 个区里，结果色的任意一个通道跟背景色对应通道的和都等于 255（这个读者可以自行验证，书上就不把各个颜色的数值列出来了），即结果色=色光总和 – 背景色，这一算法称为反相，其中，色光总和在这里等于 255。

一个很有意思的现象是：在反相模式下，如果将混合层的 alpha 设置为 50%，那它的结果色就一定等于中性灰#7F7F7F，如图 5-22 所示。这一点从数学上也可以证明它。

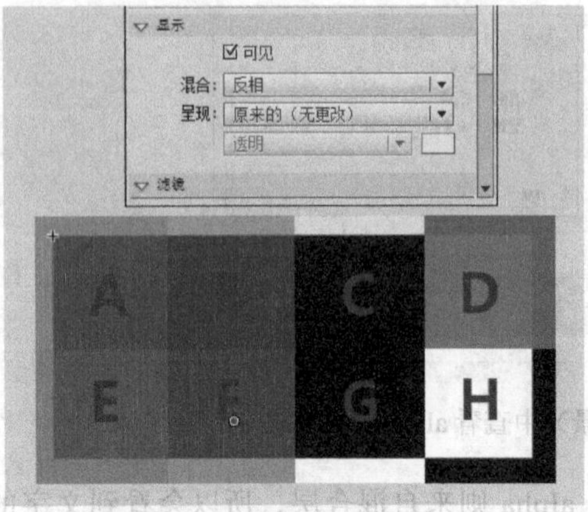

图 5-21　反相模式

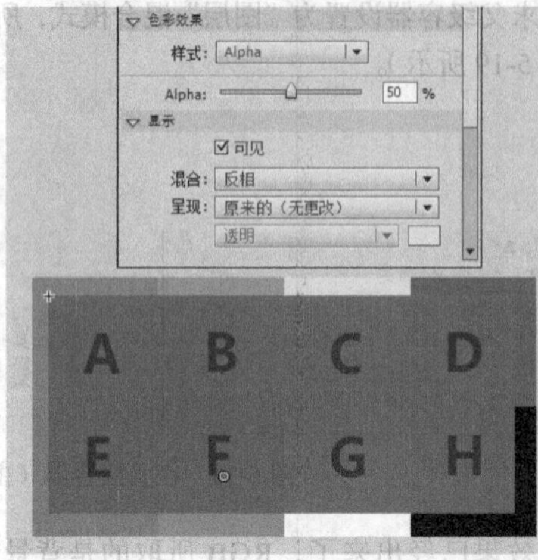

图 5-22　alpha=50%的反相结果一定等于中性灰

第一步，混合色=255－背景色。

第二步，alpha 混合色=0.5*混合色+(1−0.5)*背景色=0.5*（255−背景色）+0.5*背景色=0.5*255=127=0x7F。

该性质在图像预处理以及性能优化等技术中相当有用。

5.3.6　为什么透明度混合模式必须在“图层”模式下运行

下面我们简单解释下为什么必须把父级设置为“图层”模式才能使用透明类混合。

我们已经知道，混合模式的最终运算结果在屏幕上一定不包含透明通道，因为屏幕不可能透明（至少目前我们使用的 PC 机显示器是这样），所以混合色的结果只能包含 RGB 3 个通道。但是透明类的混合结果却带上了 alpha 通道，它总不能把屏幕给擦出个透明色来吧？

因此，为了让 alpha 生效，我们不得不把这些元素都包装到一个对象里进行操作，而且通过“图层”来激活该容器的透明混合模式。

除了将混合模式设置成“图层”以外，我们还有另外一个方法，就是开启容器的位图缓存（相当于设置 cacheAsBitmap=true），其机制结合“图层”模式的另外一个用途会更好理解。

5.3.7　Photoshop 的穿透模式在 Flash IDE 中的体现

上面我们已经讲解了“图层”模式的其中一项作用——针对 alpha 操作，而另一个用途则相当于解除 Photoshop 图层编组里的“穿透”模式。

可能不熟悉 Photoshop 的朋友会感到有点陌生，所以我们打算在 Flash IDE 里简单解释下何为“穿透”。

我们新建一个 fla 文档，将背景设置为深红色#990000，然后在舞台上绘制一个紫色（#9966FF）的小方块，转换为影片剪辑元件。转换完成后，在舞台上复制一个副本并让两个方块适当错开但保持相交，如图 5-23 所示。

然后我们对位于上层的影片剪辑设置“正片叠底”混合模式，得到如图 5-24 所示的效果，可以看到，不管当前位置是否跟下层元件重叠，其色彩都变深了。

接着我们同时选中这两个影片剪辑，再次转换为元件，发现效果并没有发生任何变化，如图 5-25 所示。也就是说，合并为同一个元件以后，元件内部的每个对象依然会各自与舞台进行混合，并未受到容器的约束，就像穿透了容器的外壳一样。这样的现象，在 Photoshop 中称之为“穿透”。不过 Photoshop 没有影片剪辑这样的容器概念，所以穿透模式就直接体现在图层编组上了。

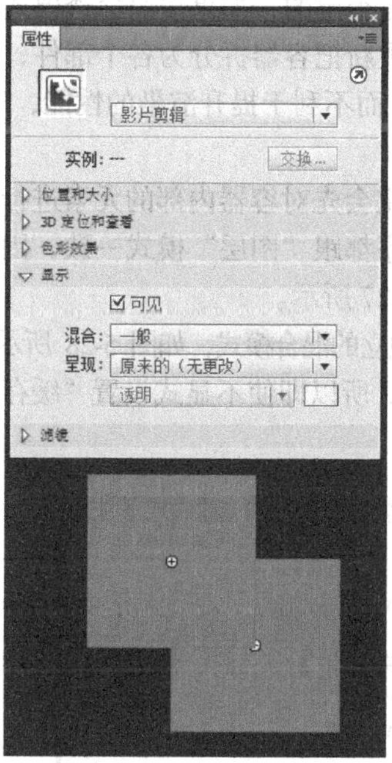

图 5-23　创建两个影片剪辑元件

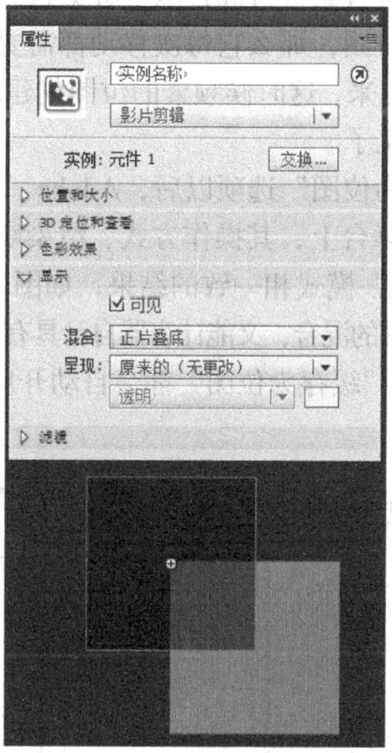

图 5-24　给上层影片剪辑设置“正片叠底”模式

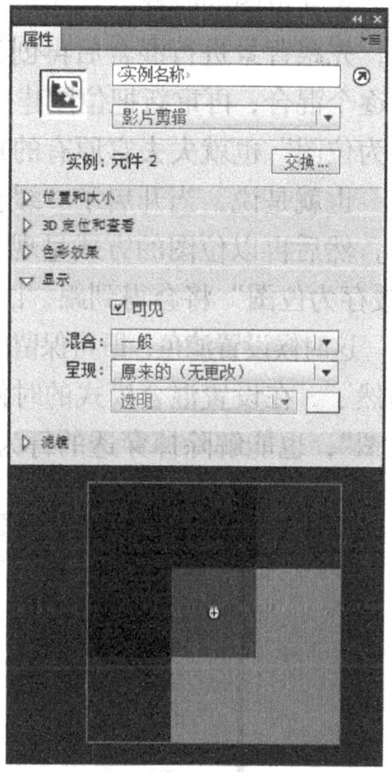

图 5-25　将两个影片剪辑合并为一个元件

Photoshop 中的编组默认使用穿透模式，它的效果与图 5-25 的一致，想要解除这种穿透关系，在 Photoshop 中设置成其他模式即可。

而 Flash IDE 的做法，就是将容器的混合模式设置为“图层”，它会使容器内部的各部件不再单独与舞台进行混合，因此只有容器内部各对象相交的区域才会被应用上混合模式的效果，如图 5-26 所示。

虽然设置为“图层”可以解除“穿透”，但这时我们已经不能跟 Photoshop 一样，在解除穿透的同时对容器本身设置自己的混合模式（如滤色）了，因为“图层”和“滤色”两者只能选其一。

其实，只要理解了“图层”混合的机制，问题便可迎刃而解。“图层”所做的事情实际上就是将容器内部的元素合并为一个整体进行操作，为此 Flash IDE 还有一个选项可以将容器看作一个整体，它位于混合选项下方的【呈现】|【缓存为位图】(cacheAsBitmap)。

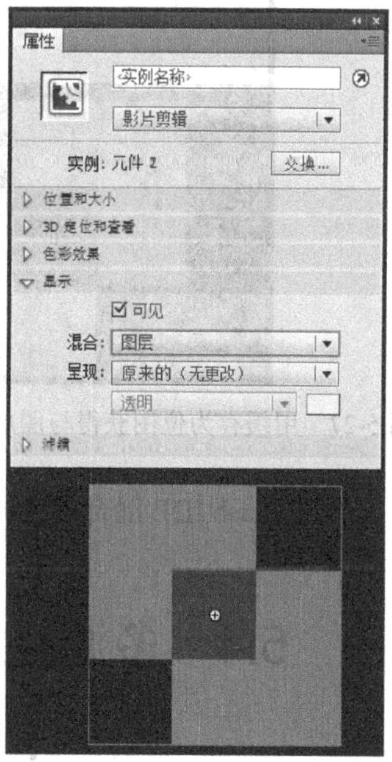

图 5-26　将容器设置为“图层”模式

使用该选项的初衷，在于优化矢量图形的渲染性能。大家都知道，矢量图记录的是曲线的方程，所以每次渲染，哪怕只是简单的移动，FlashPlayer

都要重新进行数学计算才能把图形绘制到舞台上，从而导致 CPU 负担加重。因此，我们为这种内部不经常变换的容器创建一张位图，容器移动的时候就不需要再重新绘制矢量图形，而只需移动这张位图，从而有效减轻了 CPU 的负荷。

看起来“缓存为位图”是个很有用的选项，可这跟穿透有什么关系呢？仔细想想，为整个容器建立位图的时候，它还可以跟背景进行混合吗？答案自然是否定的，如果按照穿透模式进行，先跟背景进行混合后再创建位图，那么它每次移动都需要重新把容器拆分为各个部件，然后逐个混合，再重新把位图建立起来，这时候频繁的位图创建反而不利于提升渲染的性能，“缓存为位图”也就失去它原有的意义了。

也就是说，当开启了“缓存为位图”选项以后，Adobe 一定会先对容器内部的元素进行合并，然后再以位图的方式呈现于舞台上，其操作方式、渲染顺序都跟“图层”模式一致，因此“缓存为位图”将会得到跟“图层”模式相一致的结果，如图 5-27 所示。

这时候设置滤色，既可保留内部的混合，又能让容器自己具有独立的混合模式，如图 5-28 所示。当然了，在设置混合模式的时候，“缓存为位图”都会自动开启，所以即使不显式设置“缓存为位图”，也能解除掉穿透的行为。

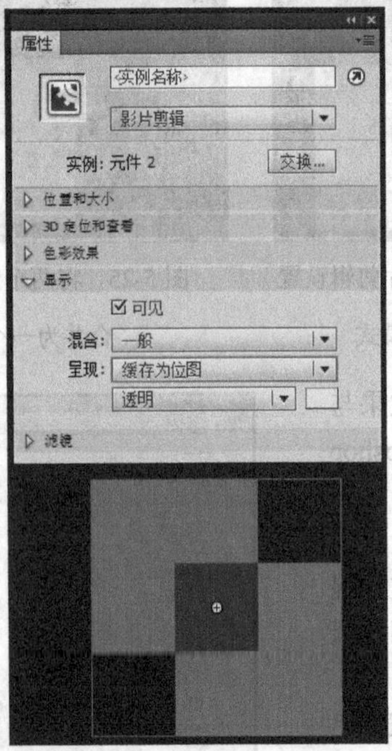

图 5-27 用缓存为位图获得与图层混合相一致的效果

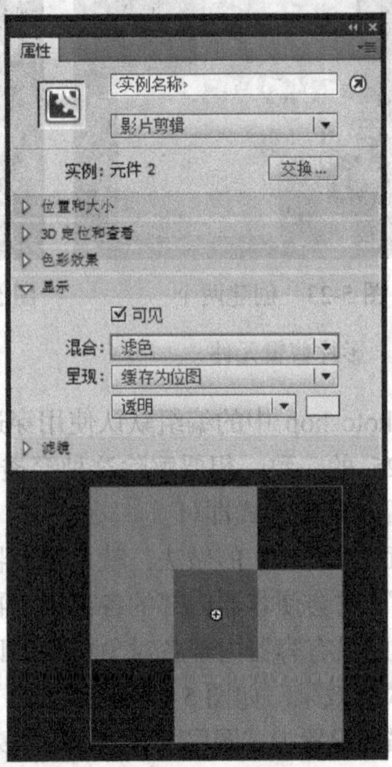

图 5-28 设置容器的混合模式为“滤色”

至此对 Flash IDE 混合模式的介绍暂告一段落。

5.4 多滤镜、多模式组合实现相对复杂的 Photoshop 图层样式

在前面的章节中，我们虽然在 Flash 里找到了 Photoshop 各种图层样式的影子，但在细节处理

上始终略逊一筹。

5.4.1 滤镜与原图形的分离

对图层样式混合选项的可控性是最典型的例子之一。在 Flash 里面，滤镜、填充都没有独立的混合模式，只能跟着影片剪辑亦步亦趋，导致 Flash 滤镜在光影控制方面严重受限。

因此，当务之急就是要把滤镜从原图中解放出来。

给滤镜做成单独的影片剪辑可以吗？嗯，是个不错的想法。但很可惜，滤镜依赖于图形，离开原图之后滤镜也就一片空白……对了，挖空！这不就是隐藏原图保留滤镜的常用做法吗？而且几乎所有的 Flash 简单滤镜都带了这一选项，一切似乎有了眉目。

下面我们就试着用挖空的思想来解决混合模式跟滤镜冲突的问题（如图 5-29 所示）。

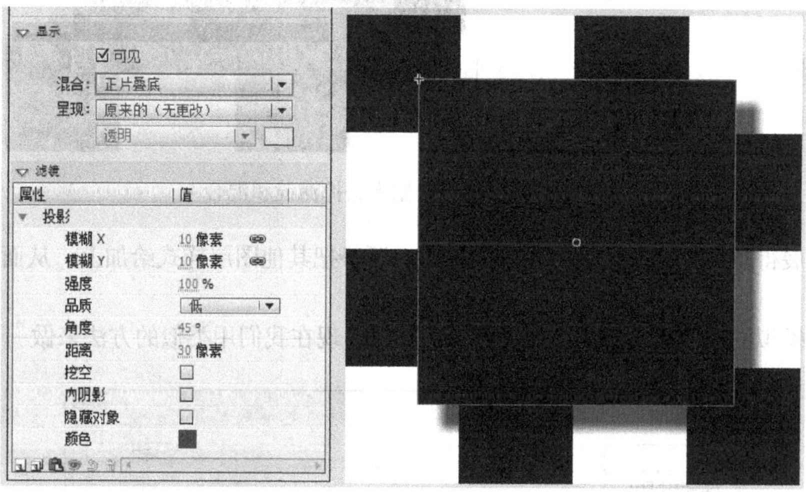

图 5-29 尝试对投影使用混合模式却对原图的颜色造成了影响

首先我们对影片剪辑进行挖空的操作，如图 5-30 所示。

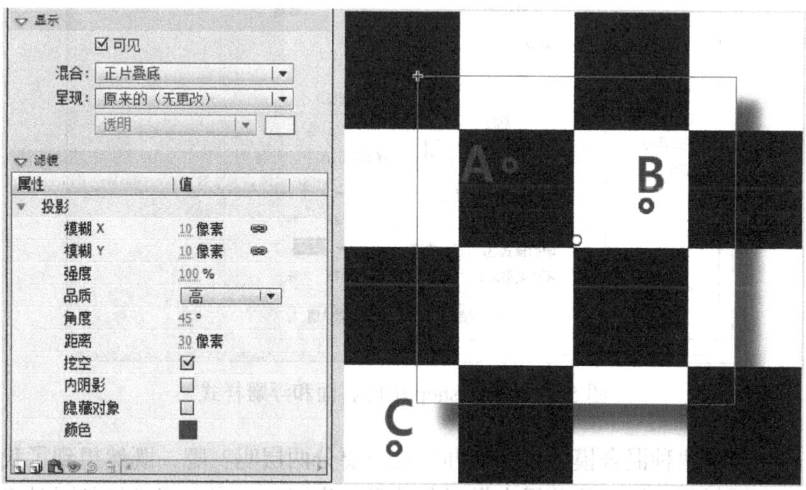

图 5-30 将影片剪辑挖空

不错，把受到影响的部分给剔除了，下面我们选中这个元件，依次按 Ctrl+C 和 Ctrl+Shift+V 在当前位置粘贴一个副本，同时把副本的投影滤镜去掉，混合模式也改成“一般”，如图 5-31 所示。

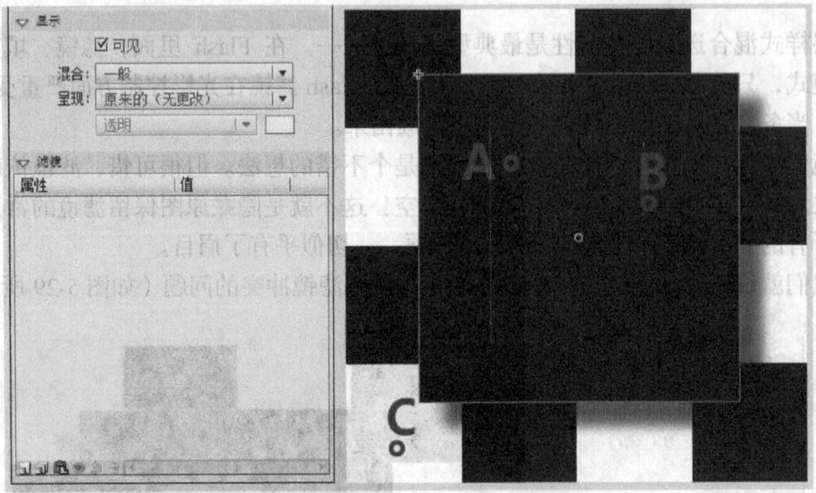

图 5-31　复制一个副本去掉滤镜和混合

事情进展得非常顺利，我们应当乘胜追击，顺势把其他图层样式给加上，从而一举攻克这一难题。

在之前模拟的过程中，我们还加了个斜面样式，现在我们用类似的方法来做一下。

图 5-32　Photoshop 中的斜面和浮雕样式

斜面样式包含了两种混合模式，怎么办？难道要分两层吗？嗯，既然想到了我们就不妨大胆地尝试一下，再复制一层影片剪辑来做斜角效果。为了突出混合模式具备同时营造高光与阴影的本领，我们决定把斜角滤镜的高光和阴影都设置为纯红色，alpha 等于 75%，但浮雕的感觉荡然无存，如图 5-33 所示。

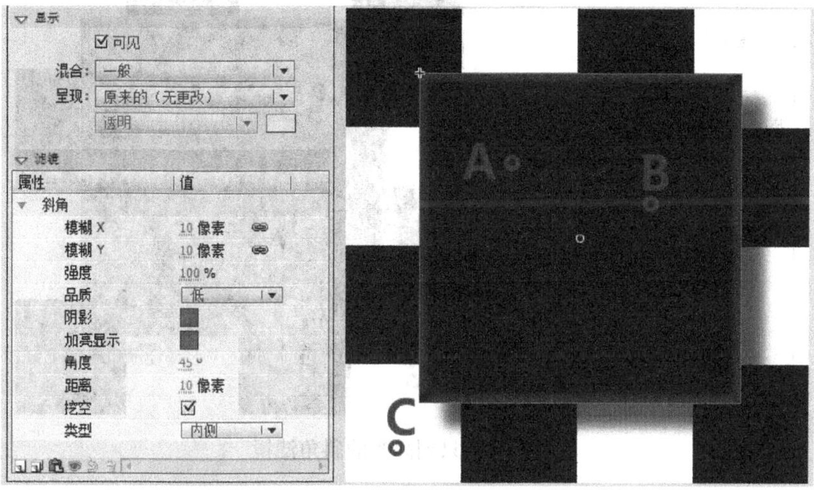

图 5-33　纯红色的斜角

而在 Photoshop 里，纯红色的斜面也能呈现出浮雕状的立体感，如图 5-34 所示。

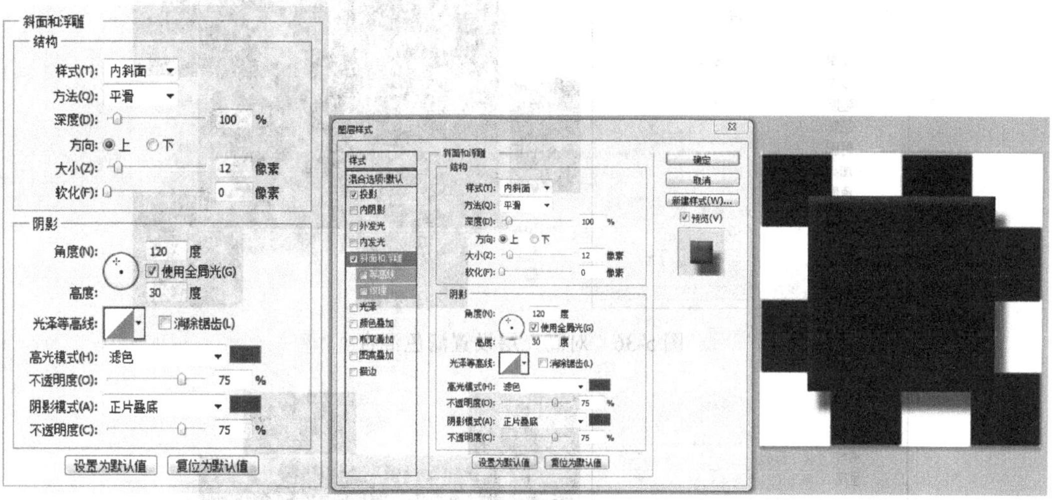

图 5-34　纯红色斜面在 Photoshop 中的效果

下面我们就尝试将它们分到不同的层。

可能做到吗？高光和阴影都在同一个滤镜里，怎么分离？

诚然，我们无法直接分离它们。但是，我们可以想办法隐藏掉其中一个色块，比如将高光和阴影其中一项的不透明度设置为 0%，就可以得到只有阴影或者高光的一个滤镜层了，如图 5-35 所示。

我们按 Photoshop 的默认参数把高光层的混合模式设置为“滤色”，效果如图 5-36 所示，成功将 Photoshop 斜面的高光区颜色模拟出来了，我们用同样的方法制作出它的阴影层，如图 5-37 所示。

Flash 斜角滤镜的色彩现在让我们非常满意！至此，Flash 混合图层样式的制作大功告成！

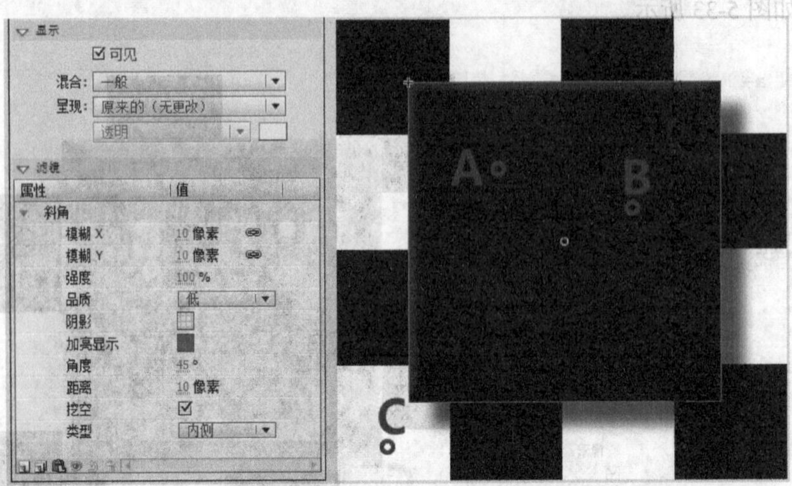

图 5-35　只剩高光的斜角滤镜

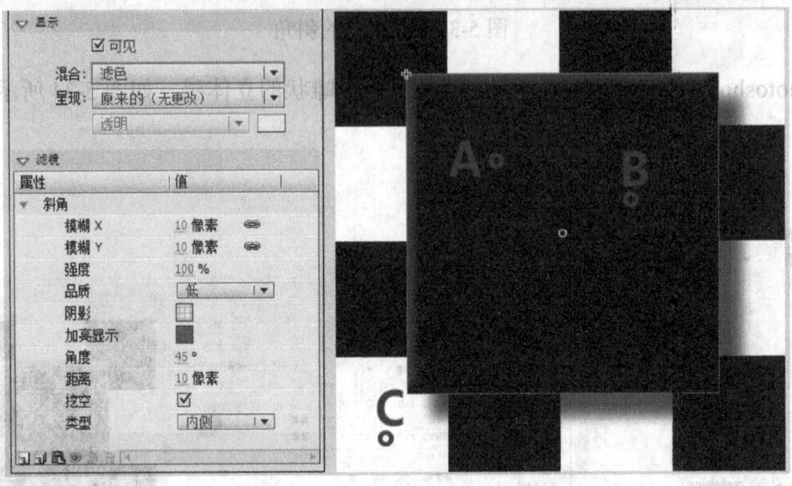

图 5-36　对高光层设置滤色混合

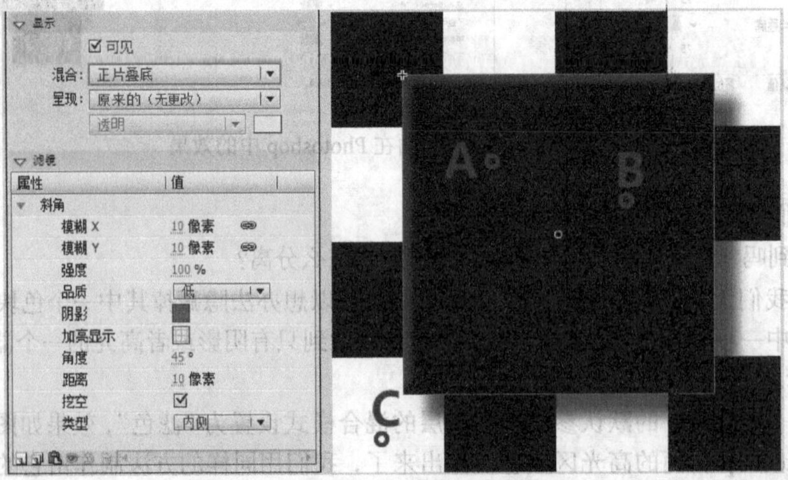

图 5-37　用同样的方法模拟出阴影层

5.4.2　Photoshop 样式叠放次序的探讨

我们再往深一层思考，现在虽然已经加了 3 个滤镜层，但是这 3 个滤镜的作用区域几乎没有交集，在视觉上互不影响，如果遇到作用域重叠的两个滤镜，那我们还能用这样的方法处理吗？

我们再添加一个内阴影滤镜，如图 5-38 所示。

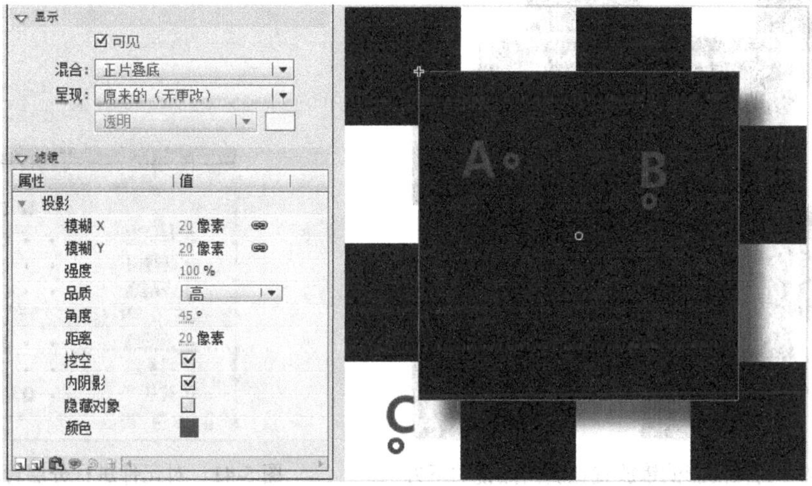

图 5-38　添加一个绿色的内阴影滤镜

内阴影把斜面反射出来的光给完全覆盖了，按照视觉常规，斜面应位于阴影之上。因为这种情况下的阴影更多情况下是斜面将部分光线反射或者吸收之后所形成的。所以，现在看起来更像是凹下去的效果，但是外投影却又告诉我们，这个方块应该是凸起的状态。两阴影之间的矛盾使得图形的整体感有点别扭。

我们也给 Photoshop 的方块添加一个内阴影，如图 5-39 所示。

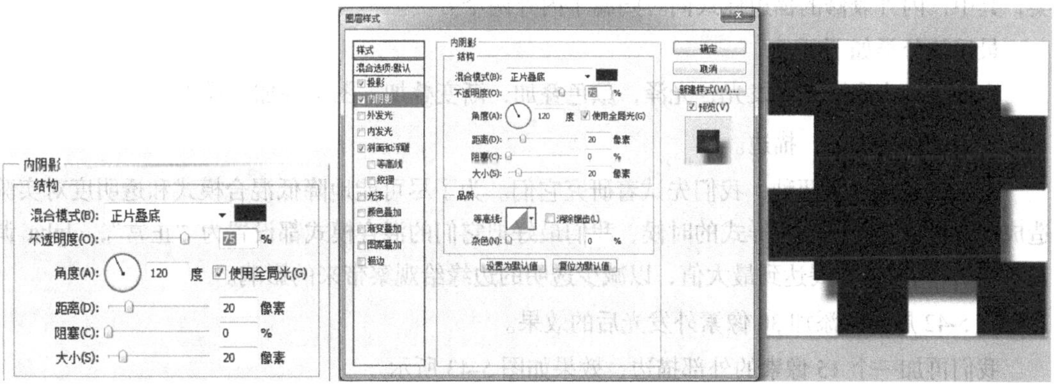

图 5-39　添加内阴影样式

显然，阴影位于斜面之下，而斜面本身在阴影的影响下，颜色也从淡紫变为暗红。

所以，我们需要把 Flash 的内阴影滤镜放在斜角滤镜的下面。选中阴影层，按两次 Ctrl+下箭头（或选择菜单项【修改】|【排列】|【下移一层】）使阴影位于斜面样式之下，如图 5-40 所示（如果大家已经把这些元件分配到了不同的图层，那就通过调整图层顺序来实现）。

随着滤镜种类的增加，在同一图层内调整叠放次序将会变得越来越麻烦。为此，我还是建议把各元件分散到不同的图层上（可以框选所有对象，然后选择右键菜单项【分散到图层】）并且给图层命名，以便查看和管理，如图 5-41 所示。

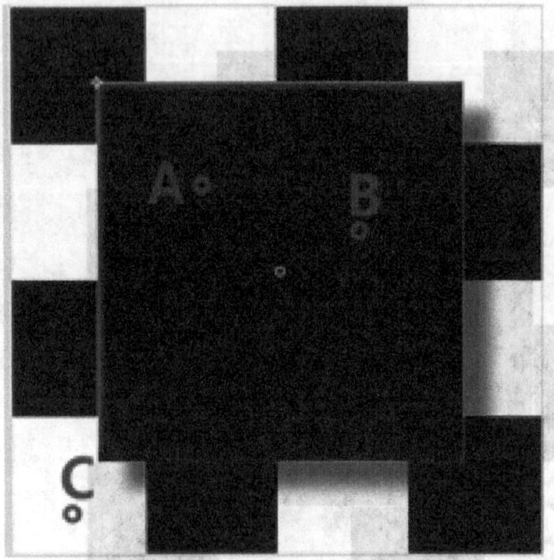

图 5-40　将内阴影滤镜放置在斜角滤镜的下方

图 5-41　对元件进行分层管理

从内阴影和斜面这两个样式的层叠关系，我们可以看到，滤镜的叠放次序并不能随便设置，而应遵循一定的层级规则。

下面我们探讨一下 Photoshop 各个样式的叠放次序。

首先最下层的非投影莫属了，因为只有投影在原图的下方。而斜面和浮雕则一定位于原图之上，这一点也是毋庸置疑的。

剩下的都跟原图位于同一高度，种类比较多，我们再按样式应用的区域分成内侧和外侧两类，其中，内外兼修的描边样式同时归属于内外两个分类。

最后的分类如下。

内侧类：内阴影，内发光，光泽，颜色叠加，渐变叠加，图案叠加，描边；

外侧类：外发光，描边。

外侧类样式只有两种，我们先试着研究它们。为了尽可能地降低混合模式和透明度对实验造成的干扰，在测试这些样式的时候，我们最好把它们的混合模式都设置为“正常”，alpha 调至 100%，同时让扩展达到最大值，以减少透明的边缘给观察带来的影响。

图 5-42 展示了添加 30 像素外发光后的效果。

我们再加一个 15 像素的外部描边，效果如图 5-43 所示。

可见描边位于发光层之上。如果将描边大小调至 30 像素，外发光将不可见，如图 5-44 所示。

所以，在模拟 Photoshop 图层样式时，如果外发光和描边共存，我们就应该把描边放在上层。

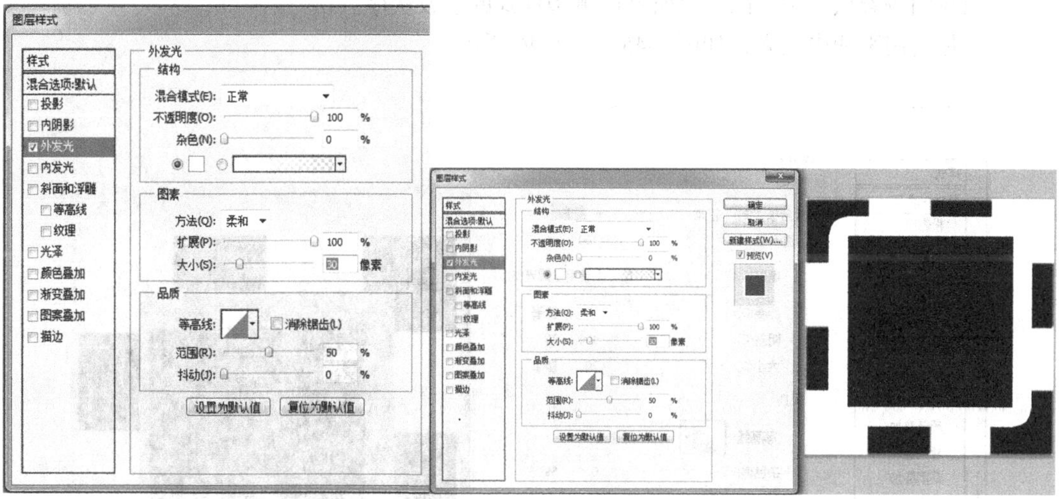

图 5-42　30 像素的外发光

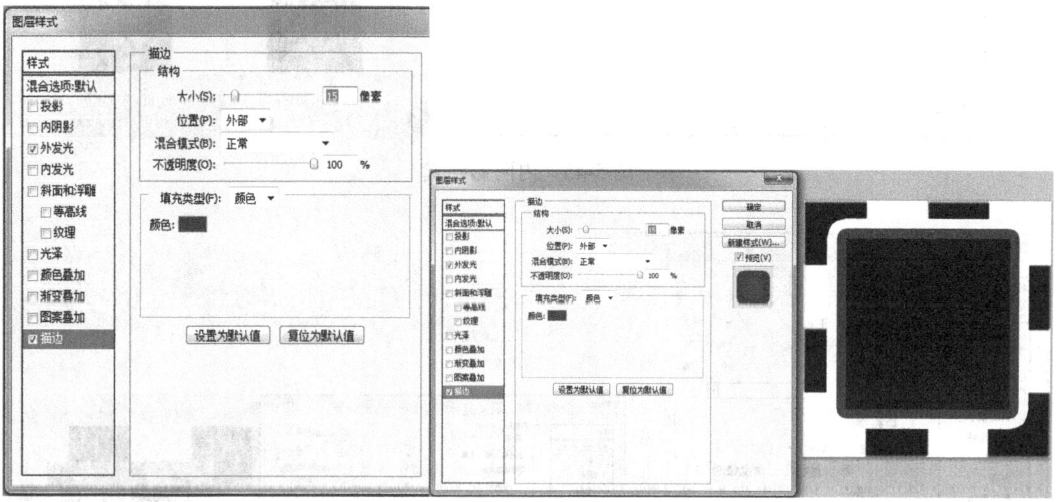

图 5-43　添加 15 像素的描边

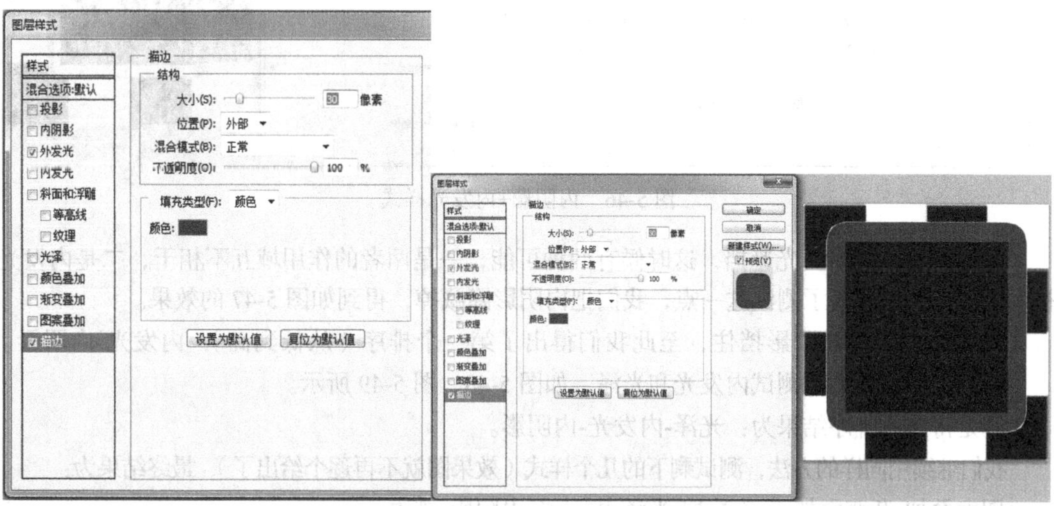

图 5-44　外发光被描边完全挡住

下面我们按着从上到下的顺序研究内侧型样式的叠放次序。

首先是内阴影和内发光，如图 5-45、图 5-46 所示。

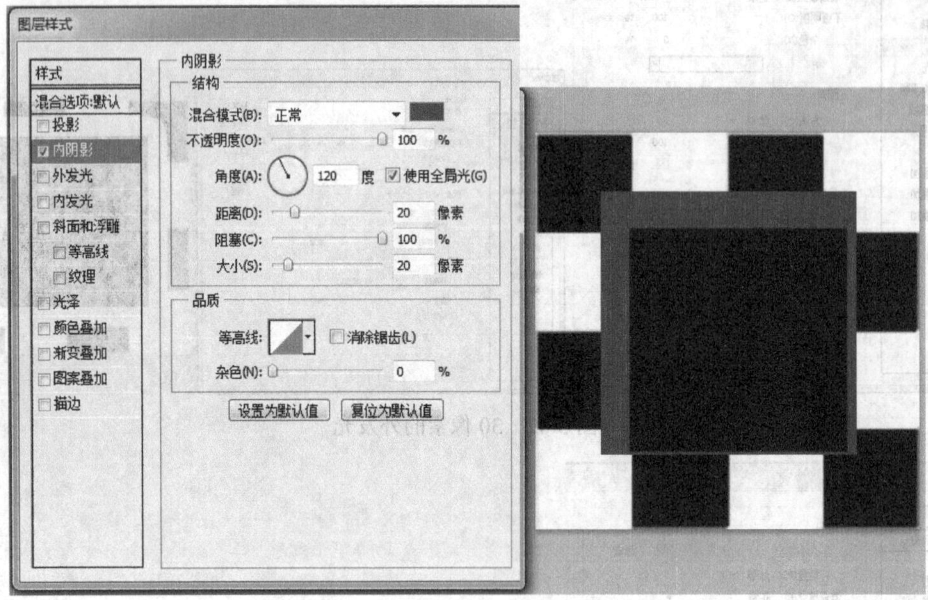

图 5-45　内阴影样式

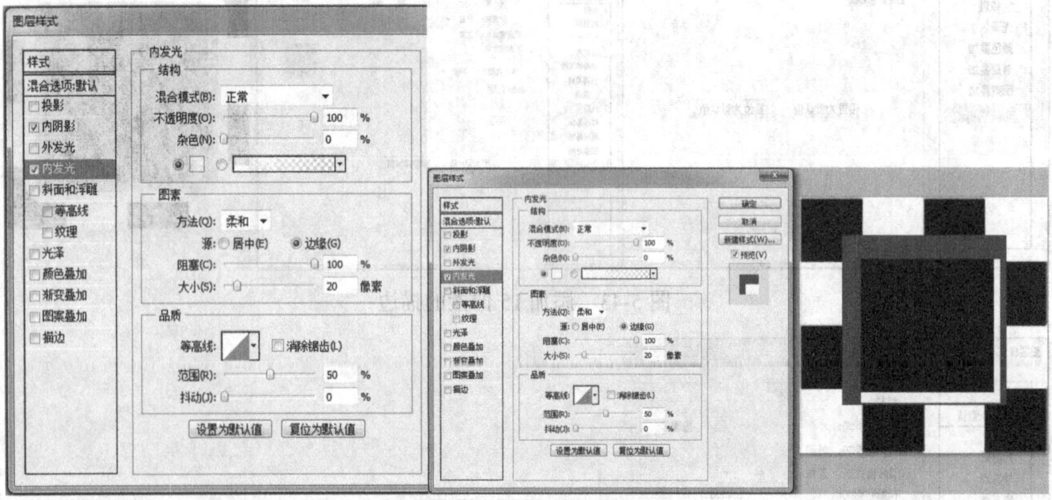

图 5-46　内阴影+内发光样式

内阴影没有被内发光遮挡，这时候有两种可能，一是两者的作用域互不相干，二是内发光被内阴影遮挡了。为了测试这一点，我们把内阴影隐藏掉，得到如图 5-47 的效果。

结果是内发光被阴影挡住，至此我们得出了第一个排序（从低到高）：内发光-内阴影。

我们用同样的方法测试内发光和光泽，如图 5-48、图 5-49 所示。

于是得到的排序结果为：光泽-内发光-内阴影。

我们继续用同样的方法，测试剩下的几个样式（效果图就不再逐个给出了），最终结果为：

图案叠加-渐变叠加-颜色叠加-光泽-内发光-内阴影-描边。

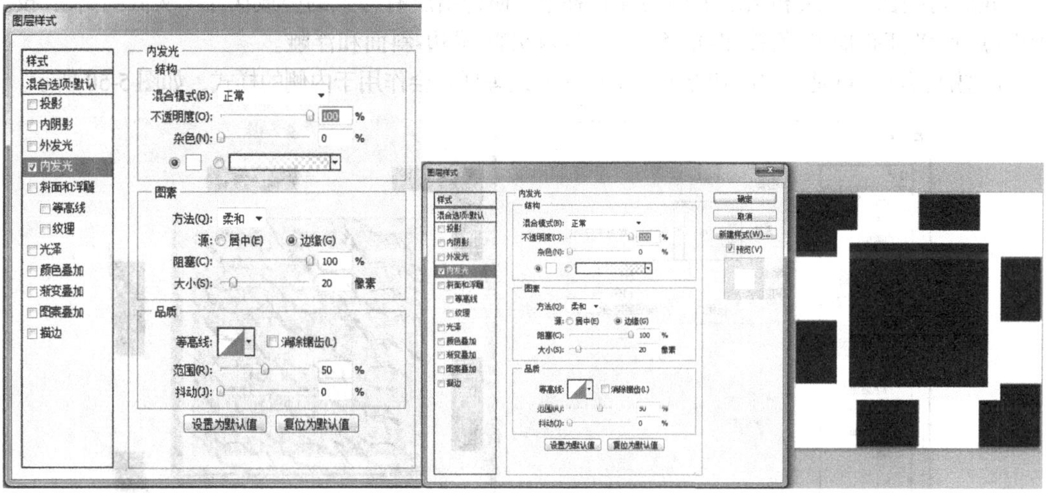

图 5-47　只有内发光的效果

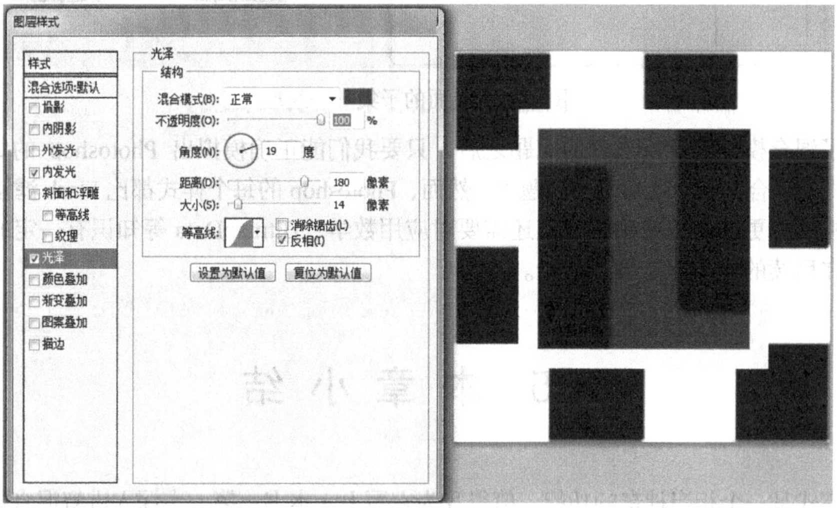

图 5-48　内发光+光泽

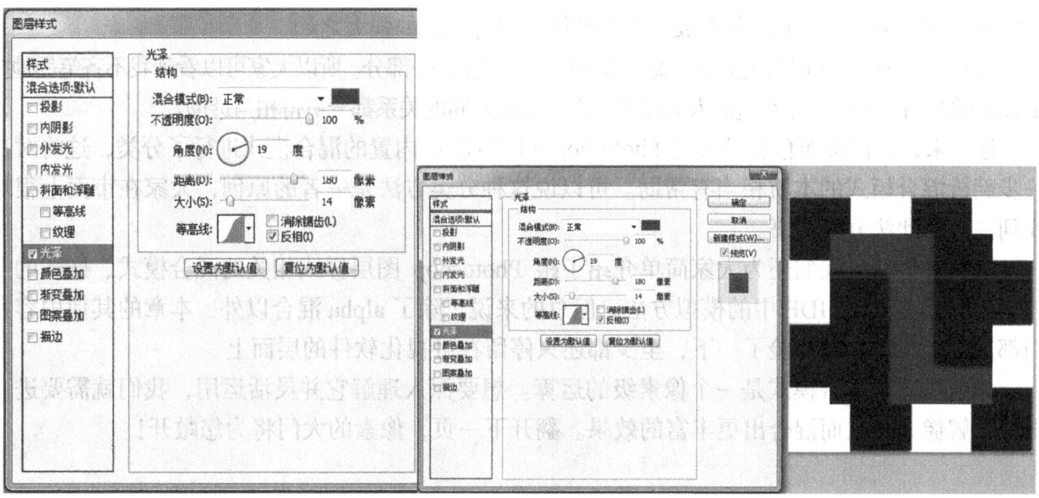

图 5-49　只有光泽

我们再把图形上层和图形下层的样式补上，便得出所有样式的叠放次序（从低到高）：投影-图案叠加-渐变叠加-颜色叠加-光泽-内发光-内阴影-描边-斜面和浮雕。

需要注意的一点是，斜面和浮雕的子集——纹理样式会作用于内侧的样式，如图 5-50 所示。

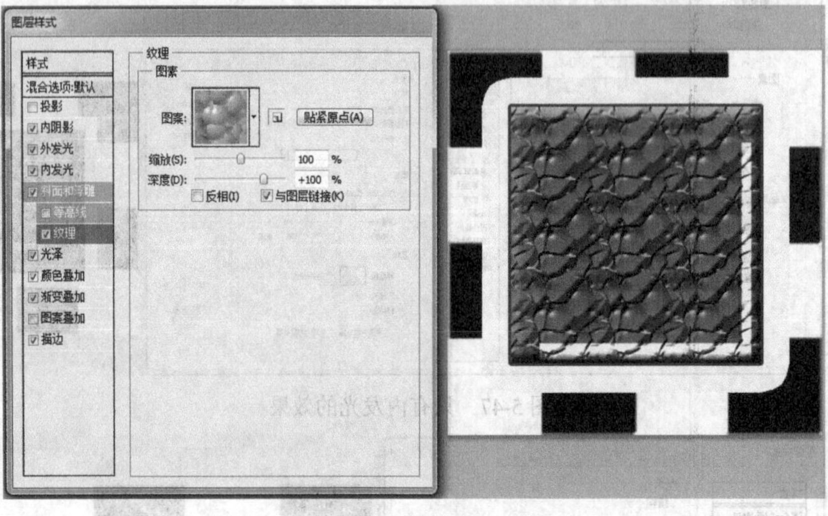

图 5-50　斜面的子集——纹理

解决了混合模式和叠放次序的问题之后，只要我们能正确模拟出 Photoshop 的每个样式，那么多样式的混合、叠加就都不成问题了。然而，Photoshop 的每个样式都比 Flash 滤镜要复杂得多，想要模拟得更加细致精确，我们还需要对应用数学、BitmapData 等知识有一定的了解，这些内容将在后续的章节逐一展开讨论。

5.5　本章小结

混合模式是一个相当神奇的功能，值得我为它写上 3 本书：第一本深入讲解混合模式的实现原理及作用机制，第二本介绍混合模式的常用技法及其应用场合，第三本走的是全实战路线，与滤镜或其他效果结合，通过各类成熟的作品体现混合模式的强大之处。

作为一本以讲解代码为主的书，我的重点自然会放在第一部分。所以大家可以看到我不吝笔墨地把 alpha 混合的计算公式、推导过程及其跟狭义混合模式之间的关系都分析得相当透彻。

接下来，我们按照色彩模式对 Photoshop 和 Flash 中内置的混合模式进行了分类，这将对进一步剖析混合模式的本质相当有帮助。可以说这种分类方法是笔者的原创，大家在市面上很难找到一本以此法分类的书。

本章的最后，我们还为大家简单介绍了跟 Photoshop 图层样式相关的混合模式、样式的叠放次序及其在 Flash IDE 中的模拟方法。但总的来说，除了 alpha 混合以外，本章的其他内容我们都只是走马观花地体验了一下，至少都还只停留在可视化软件的层面上。

如前所述，混合模式是一个像素级的运算。想要深入理解它并灵活运用，我们就需要进一步地了解像素，从而混合出更丰富的效果。翻开下一页，像素的大门将为您敞开！

第 6 章

活字思想——混合模式深度剖析

6.1 BitmapData 基础

作为炎黄子孙引以为豪的古代四大发明之一，中国印刷术的历史由来已久。尽管如此，印刷术也历经了近千年的发展，直到北宋时期活字印刷的诞生，才得以真正成型并广泛传播。究其原因，是活字印刷有效弥补了传统雕版印刷的种种不足。它将操作的单位由页细化到字，从而在提高字符可重用性、降低印刷材料占用空间的同时，也大幅提升了印刷工作的效率。

正如基于字符的活字印刷术促进了印刷业的进步一样，基于像素的 BitmapData 也一直推动着 ActionScript 的发展，至今已近 10 年。因为它跟活字一样，所操作的都是每个小巧的像素，而非像雕版一样笨拙的 DisplayObject。对于艺术编程、图像处理、游戏特效合成这些像素级的工作者而言，BitmapData 无疑是 Adobe 赐予我们最好的礼物了。

以像素为单位的混合模式就是一项伟大而惊艳的发明，它正是活字思想的一个重要体现。虽然前面章节所讨论的混合模式都在 DisplayObject 上进行，但究其本质，每一次混合计算都只影响到图形中的一个像素，且像素之间各自独立，互不影响。因此，它为设计师提供了更为广阔的发展空间，让我们在有限的像素内展现出无尽的创意。

本章将从 BitmapData 开始，循序渐进、由浅入深地为大家介绍混合模式的工作原理、实现方式及使用技巧。

6.1.1 BitmapData 与像素级处理

虽然使用 BitmapData 的本质跟活字印刷有着异曲同工之妙——都把一个个像素处理完成再整体呈现于舞台之上，但对于设计师和开发人员而言，把 BitmapData 想象成 Photoshop 中的一张画布会对我们的理解更有帮助。

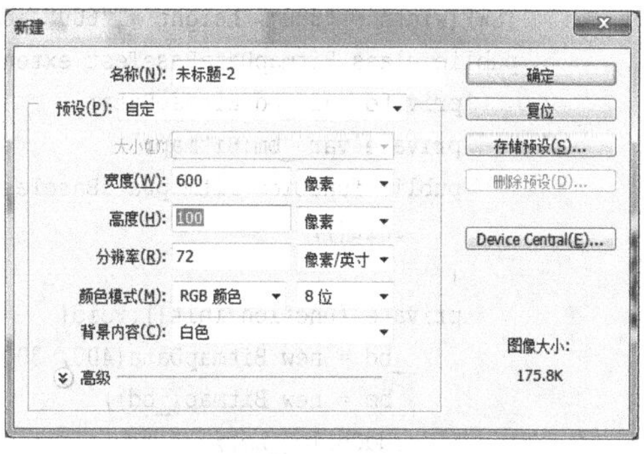

图 6-1 在 Photoshop 中新建文档

new BitmapData 相当于 Photoshop 中的新建画布操作。我们在 Photoshop 中新建一个空白文档（选择菜单项【文件】|【新建】或按快捷键 Ctrl+N），将弹出如图 6-1 的对话框。忽略名称、预定这些文档选项，我们往下看，里面包含了宽度、高度、分辨率、颜色模式、背景内容这几个属性。

同样，用 ActionScript 创建出来的 BitmapData 也具备这些初始属性。首先宽高必须有，即 width 和 height。至于分辨率，因为 ActionScript 的唯一度量单位是像素，所以不存在分辨率的设置问题。下一项是颜色模式，虽然 ActionScript 没有 CMYK、LAB 等模式，但它也有 RGB 和 ARGB 之分，其唯一区别就在于是否包含透明通道，所以用一个布尔变量 transparent 即可。最后就是背景内容了，Photoshop 中提供了白色、透明色、前景色和背景色共 4 个选项，不过 ActionScript 环境下不存在背景、前景这些概念，所以直接加一个颜色属性 fillColor 就足够了。当 transparent=true 时，fillColor 将包含 4 个通道，其中一个就用于存储颜色的不透明度。

BitmapData 的构造函数如下。

代码清单 6-1

```
BitmapData(width:int, height:int, transparent:Boolean = true, fillColor:uint = 0xFFFFFFFF)
```

它的参数跟我们上面讨论的属性内容完全一致。

因为后面两个是可选参数，所以我们只要设置好宽高，就能得到一张带透明通道的新画布了。

代码清单 6-2

```
var bd:BitmapData = new BitmapData(400, 300);
```

此时，bd 就是一张尺寸为 400*300 的位图。

BitmapData 的本质是存储平面上各点色彩信息的一个二维数组，而非显示对象，所以我们没办法直接让它显示到舞台上，而需要通过它的载体——Bitmap 进行显示。

代码清单 6-3

```
var bm:Bitmap = new Bitmap(bd);
addChild(bm);
```

Bitmap 类后面还有两个参数，稍后我们将展开讨论。

下面我们新建一个项目进行测试，新建一个 ActionScript 项目，名为 BitmapData BaseTest，代码如下。

代码清单 6-4

```
package{
    [SWF(width = "800", height = "600", backgroundColor = "#006600")]
    public class BitmapDataBaseTest extends Sprite{
        private var _bd:BitmapData;         //位图数据
        private var _bm:Bitmap;             //位图
        public function BitmapDataBaseTest(){
            init();
        }
        private function init():void{
            _bd = new BitmapData(400, 300);
            _bm = new Bitmap(_bd);
            addChild(_bm);
        }
    }
}
```

以上代码创建了一张尺寸为 400*300 的 BitmapData 并通过 Bitmap 将它添加到舞台上。为了验证背景是否透明，我们把文档的背景设置为深绿色，得到如图 6-2 的效果。

图 6-2　创建一个 BitmapData

结果不在我们的预料之中，BitmapData 的 transparent 属性默认为 true，如果是透明的图像，它在舞台上就应该完全不可见，但现在的它却被填充上了白色。所以我们看看最后一个参数 fillColor，它的默认值等于 0xFFFFFFFF，是一个 ARGB 颜色（不太清楚 ARGB 的读者可以重温第 1 章的相关内容）。因为 4 个通道的数值都等于 0xFF，所以它代表不透明度为 100%的白色，显示出来的自然就是完全不透明的纯白色了。

实际上，它已经拥有透明通道了。下面我用 fillRect 方法给图像中的一个区域填充透明色。

我们给 init 函数追加一句代码。

代码清单 6-5

```
_bd.fillRect(new Rectangle(50, 50, 50, 50, 0x80FF0000));
```

该代码给一个矩形区域填充 50%不透明度的红色方块，效果如图 6-3 所示。

填充上的是一个半透明的红色。因为该部分包含了不透明度，所以它会跟底色进行 alpha 混合而呈现出深红色的效果（具体混合算法在第 5 章已有介绍）。

所以，要坚信自己创建出来的图像已经支持透明通道。如果想再进一步验证，很简单，把 BitmapData 构造函数的第 3 个参数设置为 false，再对应一下效果即可，如图 6-4 所示。

图 6-3　填充透明色

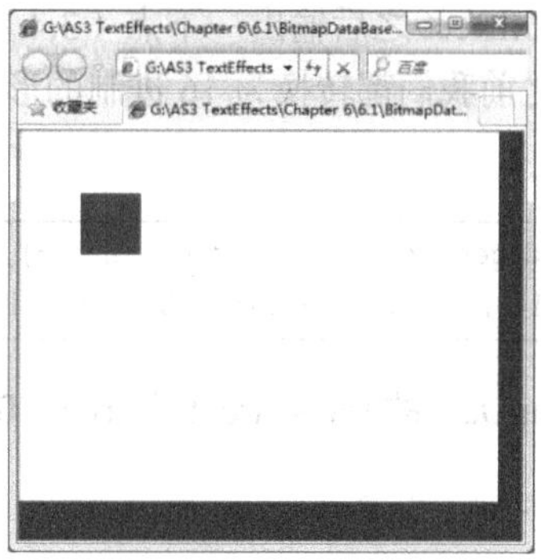

图 6-4　尝试给不透明图像填充透明色

透明通道被忽略了，矩形块显示为纯红色。由此可见，不对 transparent 参数进行设置时，得到的图像就是透明的，只是默认情况下，它被填充上不透明的白色而已。

所以，至今仍有少数人存在这样的一个误区：认为只有设置了第 4 个参数才可以获得透明的 BitmapData。确实，大多数情况下我们都希望一开始得到的图像就是全透明（如果要用透明图的话），所以要将第 4 个参数——fillColor 的 Alpha 通道设置为 0。

代码清单 6-6

```
_bd = new BitmapData(400, 300, true, 0x00000000);
```

这是大多数人的习惯，实际上，只要保证最高的那 8 个 2 进制位（即两个 16 进制位）都等于 0 就可以了，因此，写成 0x00FF0000 或者 0x00FFFFFF 都无伤大雅。

现在得到全透明的图像了，只有执行过 fillRect 的区域才显示出与背景不一致的颜色，如图 6-5 所示。

下面我们了解跟构造函数相对应的一些属性。

BitmapData 仅包含 4 个属性：width，height，transparent 和 rect，除了 fillColor 以外，其他都已一一对应上并且均为只读属性。就是说，宽高和透明通道在 BitmapData 创建完成以后就被锁定了，不允许再次修改，想要运行时更改尺寸或者不透明度，我们就需要创建一个新的 BitmapData，然后通过一些 API 来实现这些变化。所有这些我们稍后就会跟大家逐一探讨。

图 6-5　设置初始填充颜色后的效果

而 rect 为我们获取位图总区域提供了便捷的途径，它的返回值与 new Rectangle(0, 0, bd.width, bd.height)生成的矩形完全相等（equals=true）。在稍后讨论的一些 API 中我们将逐渐体会到该属性的人性化之处。

为什么 BitmapData 没有 fillColor 属性？考察图 6-5，被修改过的图像在不同的像素会有不同的颜色，所以一个 fillColor 属性已经无法表达图像上的色彩了，但相对应的，BitmapData 有两个更可爱的方法：getPixel(x,y)和 getPixel32(x,y)。

6.1.2　最像素级的方法——getPixel 和 getPixel32

它们均用于获取 BitmapData 在(x,y)处（相对于图像左上角）的像素颜色，唯一不同的是，前者获取的数值不包含透明通道，而后者则包含透明通道。

我们在 fillRect 之后输出一下点（3,4）和点（53,54）处的颜色，为了方便查看各通道的组成，在输出之前我们都转换为 16 进制的形式。

代码清单 6-7

```
trace(_bd.getPixel32(3, 4).toString(16), _bd.getPixel(3, 4).toString(16), _bd.getPixel32(53,
54).toString(16), _bd.getPixel(53, 54).toString(16));
```

当 BitmapData 的 transparent 为 true、fillColor=0x00000000 时，输出的结果为：

```
0 0 80ff0000 ff0000
```

如果我们把 transparent 改为 false，则输出：

```
ff000000 0 ffff0000 ff0000
```

点（3,4）没有发生任何变化，所以输出的结果仍为初始的黑色，而点（53,54）被填充了半透明红色，所以输出为红色。

此外，我们还可以看到，无论位图的 transparent 是否为 true，getPixel 的值始终相等，因为它只涉及 RGB 通道。而 getPixel32 则不一样了，透明的图像会在最高的 8 位处表现出不同的 alpha 值，而不透明图像则始终为 0xFF，即 100%不透明。

另一种特殊情况，如果 transparent=true，fillColor=0x00FF0000，则输出

```
0 0 80ff0000 ff0000
```

即 alpha=0 时，RGB 数值将无法正确获取。

6.1.3　对应的设置方法——setPixel 和 setPixel32

能读往往就能写，能获取一般也都可以设置，所以 get 和 set 就像一对情同手足的兄弟，像素处理自然也不例外。对应的，BitmapData 有它的 setPixel 和 setPixel32 方法。

对于不透明的位图而言，使用 setPixel 和 setPixel32 的效果完全一致。FlashPlayer 都会忽略掉存储 alpha 通道的那 8 位，直接按 setPixel 来处理。所以，我们用 setPixel32 以后，再在同一位置调用 getPixel32 将会得到全不透明的 32 位颜色。大多数情况下，不透明位图只使用 getPixel 和 setPixel，而很少操作 alpha 通道。

至于透明位图，用 setPixel 方法将只对当前点的 RGB 通道进行操作，alpha 通道保持不变。所以，当 transparent=true 时，如在 init 函数后追加如下代码。

代码清单 6-8

```
_bd.setPixel(54, 55, 0x000000);
```

在点（54,55）处就会得到 0x80000000 这个颜色，即半透明的黑。如果改在没有填充半透明红的全透明像素点执行 setPixel。

代码清单 6-9

```
_bd.setPixel(4, 5, 0x000000);
```

则我们得到的会是全透明的黑，在舞台上不可见。

setPixel32 则会操作所有通道，所以把 setPixel 改成 setPixel32 之后，在哪个位置都会显示为全透明的黑，所以我们想要用 setPixel32 填充半透明黑，就要补上 alpha 通道的值：

```
_bd.setPixel32(4, 5, 0x80000000);
```

但无论用 setPixel 还是 setPixel32，在透明位图上它们与 getPixel/getPixel32 都能完全对应上。不过在不透明位图上用 setPixel32/getPixel32，在透明位图上用 setPixel/ getPixel 往往不是明智之举。所以，如果没有比较特别的需求，我们建议还是尽可能地避免交叉使用。

> **小提示**　某些高手的研究显示，setPixel32 在方法在 alpha 通道值很低的情况下会出现一些相当诡异的误差，其具体规律尚未查明，有兴趣的读者可以自行测试，如果有新的发现，也欢迎来信与我们讨论。

以上几个以 pixel 命名的方法都有一个共同的特点：它们都精确到了位图中的最小单位——像素，每一次操作都只针对图像中尺寸最小的一格，所以它们是 BitmapData 所有方法中最原始、最简单也是最灵活的。我们只要对图形图像的特性有足够的了解，就可以用以上 4 个方法来处理图像，在艺术编程领域就几乎无所不能。

比如，我们想在位图上画一个 5*5 的十字图案，就要先把十字的图案摆放在方格上，得知需要上色的点后，即可用 setPixel32 方法进行绘制。

图 6-6　十字图案的像素组成

图 6-6 展示了一个 5*5 的十字图案，每一格代表一个像素。我们看到，只要给第 3 行和第 3 列的点都填上不透明的颜色，画布上就呈现出一个十字形了。从像素上看，我们需要给 9 个点上色，它们分别是（0,2），（1,2），（2,2），（3,2），（4,2），（2,0），（2,1），（2,3），（2,4）。

我们只要对这些点逐一地 setPixel32 一下便可得到这个十字形了，在代码里，我们把它移到（100,100）的位置，即每个点的 x 和 y 都加 100，这样可以看得更清楚一些。

代码清单 6-10

```
_bd.setPixel32(100, 102, 0xFF000000);
_bd.setPixel32(101, 102, 0xFF000000);
_bd.setPixel32(102, 102, 0xFF000000);
_bd.setPixel32(103, 102, 0xFF000000);
_bd.setPixel32(104, 102, 0xFF000000);
_bd.setPixel32(102, 100, 0xFF000000);
_bd.setPixel32(102, 101, 0xFF000000);
_bd.setPixel32(102, 103, 0xFF000000);
_bd.setPixel32(102, 104, 0xFF000000);
```

我们成功绘制了一个十字图案，如图 6-7 所示。但是就这么小、这么简单的一个图形，我们就花了 9 行代码。无论以后是要调整位置还是修改颜色，我们都要改 9 处地方，相当不便。如果图案再复杂些，哪怕仅仅是让十字的尺寸大那么一点点，那逐个像素的 setPixel 想必都会让我们相当地抓狂。

对于这样的一个十字图案而言，用 for 循环简化它会是件非常容易的事情，而且代码量不会因为图案尺寸的增大而急剧上升。

代码清单 6-11

```
for(var i:int = 100; i < 130; i ++){
    _bd.setPixel32(i, 115, 0xFF000000); //横向上色
    _bd.setPixel32(115, i, 0xFF000000); //纵向上色
}
```

效果如图 6-8 所示，上色的像素点多了，代码量反而比原来的少。

图 6-7 用 setPixel32 绘制一个十字图案

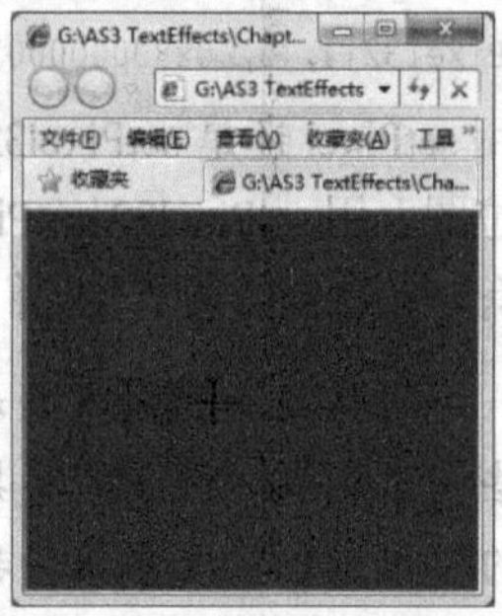

图 6-8 利用循环绘制一个更大的十字图案

如果我们想绘制一个线条粗一点的十字，就可以通过二重循环实现。

代码清单 6-12

```
for(var j:int = 114; j < 117; j ++){
    for(var i:int = 100; i < 130; i ++){
        _bd.setPixel32(i, j, 0xFF000000); //横向上色
        _bd.setPixel32(j, i, 0xFF000000); //纵向上色
    }
}
```

> **小提示** 二重循环的时候，先横向遍历、再纵向循环的效率会比反过来高一些，所以在上面的代码中，我们把纵向遍历变量 j 放到了外层循环里。

效果如图 6-9 所示。

如果需要让十字旋转 30 度，怎么办？在 BitmapData 里面，我们没有 rotation 可以用了，Matrix 也无法直接应用到十字上。所幸的是，我们都是单独设置每一个点，所以，对点进行 Matrix.transformPoint 转换即可完成这样的操作。

我们希望旋转的中心点是（115，115），根据第 4 章的实践经验，先把旋转的中心点平移到（0,0），然后再旋转，最后把中心点恢复到（115,115），就是一个既简单又直观的做法，此处我将继续沿用。

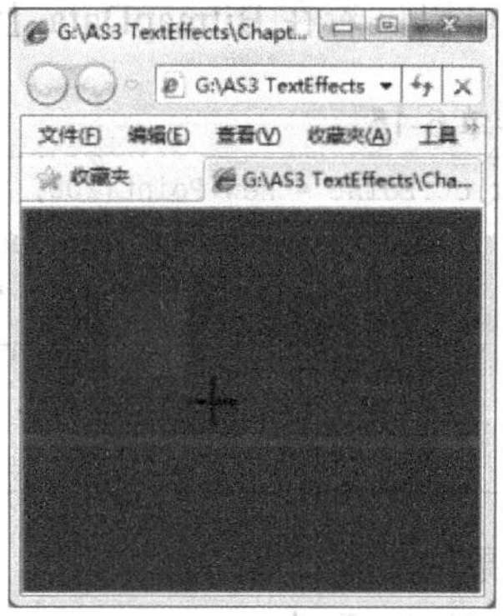

图 6-9　利用二重循环加粗十字图案的线条

代码清单 6-13

```
/**一个旋转 30 度的矩阵（参考点的 x 和 y 均为 115）**/
var mt:Matrix = new Matrix();
mt.translate(-115, -115);
mt.rotate(Math.PI / 6);
mt.translate(115, 115);
/**********/
for(var i:int = 100; i < 130; i ++){
    for(var j:int = 114; j < 117; j ++){
        var hpt:Point = mt.transformPoint(new Point(i, j));//执行矩阵变换
        _bd.setPixel32(hpt.x, hpt.y, 0xFF000000); //横向上色
        var vpt:Point = mt.transformPoint(new Point(j, i));//执行矩阵变换
        _bd.setPixel32(vpt.x, vpt.y, 0xFF000000); //纵向上色
    }
}
```

效果如图 6-10 所示。

我们在 rotate 下面追加一个缩放操作。

代码清单 6-14

```
mt.scale(0.5, 1);
```

还可以实现斜切的假 3D 效果，如图 6-11 所示。

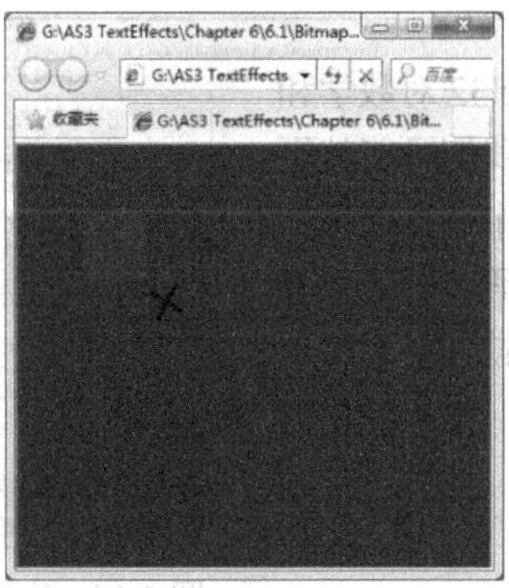

图 6-10　对十字图案旋转 30 度后的效果

图 6-11　对十字图案进行假 3D 变换

还可以试着在 BitmapData 上绘制一个圆，比较省数学细胞的做法自然就是极坐标了。

代码清单 6-15

```
var ct:Point = new Point(200, 100);                    //圆心
    for(var degree:int = 0; degree < 360; degree ++){    //循环 360 度
    var angle:Number = degree * Math.PI / 180;           //转弧度
    var pt:Point = ct.add(Point.polar(50, angle)); //半径 50
    _bd.setPixel32(pt.x, pt.y, 0xFFFF0000);
}
```

效果如图 6-12 所示。

我们可以看到，setPixel/setPixel32 虽然是最简单的位图数据操作函数，但每一个像素的位置和颜色都完全掌握在我们的手中。所以，BitmapData 数据操作的自由度比 DisplayObject 高了不少。比如，我们可以给半径赋予一个变量，让正圆产生一定程度的扭曲。

代码清单 6-16

```
var pt:Point = ct.add(Point.polar(50 + 2 * Math.sin(angle * 3), angle));
```

效果如图 6-13 所示。

图 6-12　用 setPixel32 绘制一个圆

图 6-13　对正圆进行一定的扭曲

如果我们把半径变化的幅度加大，就可以得到更多更有趣的图像（如图 6-14 所示）。

代码清单 6-17

```
var pt:Point = ct.add(Point.polar(50 + 100 * Math.sin(angle), angle));
```

我们已经看到，单单使用灵活性很大的 setPixel/setPixel32 对数学和计算机图形学的要求都比较高，如果是其他的复杂图形，我们可能就更倾向于先用绘图 API 把图形画好以后再送进 BitmapData 中进行处理。另一方面，逐个像素设置颜色需要我们书写大量的循环代码，运行效率自然也急剧下降，因而我们还需要一些快速处理 API 的支持。

图 6-14　高度扭曲的圆

6.1.4　批量上色方法——fillRect

fillRect 方法之前已经提到过，它会对指定矩形区域内的所有像素点

填充同一种颜色。所以，在不旋转的前提下，十字图案可以直接用 fillRect 进行填充而无需再执行二重循环。

代码清单 6-18

```
_bd.fillRect(new Rectangle(100, 114, 30, 3), 0xFF000000);
_bd.fillRect(new Rectangle(114, 100, 3, 30), 0xFF000000);
```

一样可以得到图 6-9 的效果，这比 setPixel32 方便很多。

我们再填充一个矩形区域看看。

代码清单 6-19

```
_bd.fillRect(new Rectangle(80, 80, 50, 50), 0xFFFFFF00);
```

运行效果如图 6-15 所示。十字图案被完全遮住了，所以我们尝试把黄色的不透明度设置为 50%。

代码清单 6-20

```
_bd.fillRect(new Rectangle(80, 80, 50, 50), 0x80FFFF00);
```

十字图案依然不知去向，如图 6-16 所示。因为 BitmapData 并不是一个容器，所以每次执行 fillRect/setPixel/setPixel32 的时候，BitmapData 都会把当前位置的像素直接替换成新的颜色，而不像容器型对象那样仅仅在原有图形的基础上叠一层半透明的纸。但更多时候我们要的就是在已有图形上贴半透明纸的效果。

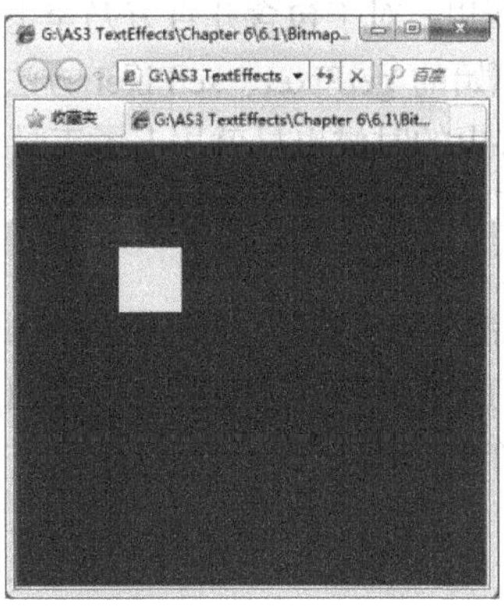

图 6-15 再绘制一个黄色矩形

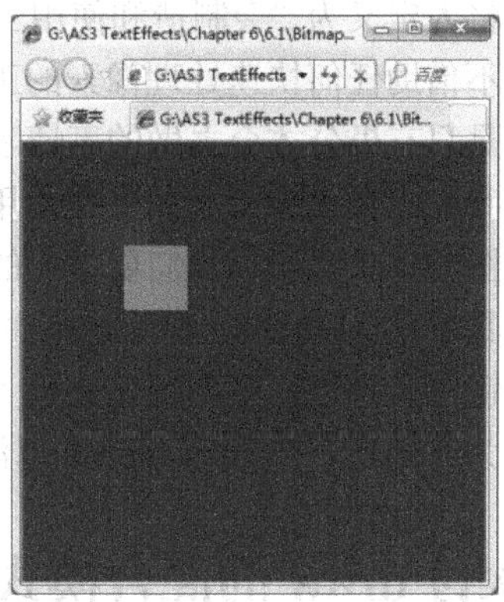

图 6-16 将黄色矩形的不透明度设置为 50%

我们在第 5 章已经学过了 alpha 混合，所以，只要通过 getPixel32 方法取得背景色，就可以使用之前封装好的 alpha 混合得到结果。

代码清单 6-21

```
for(var j:int = 80; j < 130; j ++){
    for(var i:int = 80; i < 130; i ++){
        var currentColor:uint = _bd.getPixel32(i, j);//当前点的颜色
        var blendColor:uint = 0x80FFFF00; //需要混合的颜色
        var resultColor:uint = BlendModeUtil.getNormalColor32(currentColor, blendColor); //利用封
装好的混合函数计算混合结果
        _bd.setPixel32(i, j, resultColor);
    }
}
```

效果如图 6-17 所示。

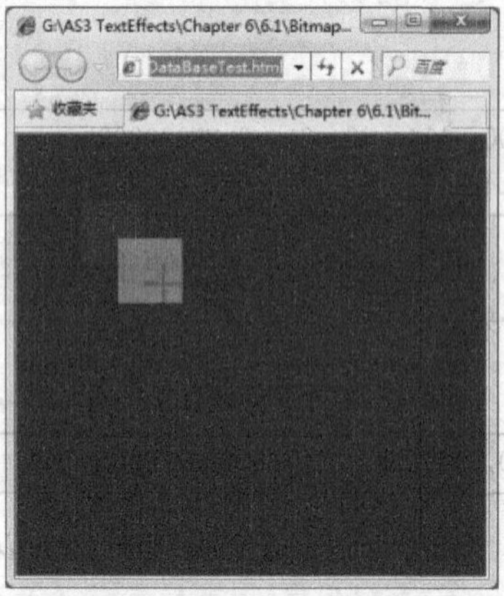

图 6-17　使用混合算法进行透明度上色

如果有现成的贴图、混合方法，而且效率比我们循环要快，那我们为什么不直接使用呢？所以接下来，我们就开始研究与混合相关的 API。

6.2　基于 BitmapData 的自定义混合模式

马克思将人定义为“会制造和使用工具的动物”。所以，对于包含几百万乃至上千万像素的一个图像，不借助任何快速处理像素的工具，直接用原始的 getPixel、setPixel 方法逐个像素地操作，想必是只有愚公才会去做的事情了，况且愚公移山的时候也早就用上了工具。

因此，我们也要学会善于制造和使用操作位图的工具。当然了，Adobe 已经帮我们制造好各种操作位图的工具。所以我们要学习的，就是如何使用它们。

这些工具都集成在 BitmapData 类中，其最大特点就在于可以将一个 BitmapData 通过各种混合方式一键写入到另一个 BitmapData 中。所以，我们现在将单个图形作为一个可重用的素材提取出来，为它创建一个 BitmapData 以测试多位图操作的 API。

6.2.1　探讨 draw 的混合模式算法

本章重点探讨混合模式，所以第一个出场的就是 draw 方法，其中所包含的混合模式参数为 blendMode。

从理论上说，该参数跟 DisplayObject 的 blendMode 属性所生成的效果完全一致。但因为 BitmapData 不是显示对象，所以它不能像 DisplayObject 那样加到显示列表了才与背景进行混合。对于不透明位图而言，混合的时候自然就以当前位图作为背景了。而透明位图呢？它还照样跟 RGB 通道进行混合吗？

首先测试全透明的情况。前面已经提到，用 getPixel32 取全透明色时，不管写入时的 RGB 通道是多少，它取出来的 RGB 值都等于 0。所以，如果我们用正片叠底或者变暗的模式进行混合，就一定只能得到黑色。

因为 6.1 节的十字图案较细，混合效果不明显，所以此处我们用圆进行测试。新建一个 ActionScript 项目，名为 BitmapDataDrawTest，代码如下。

代码清单 6-22

```
package{
    [SWF(width = "800", height = "600")]
    public class BitmapDataDrawTest extends Sprite{
        private var _mainBd:BitmapData; //主位图数据
        private var _mainBm:Bitmap; //主位图
        private var _mainSpr:Sprite; //存放主位图的容器
        public function BitmapDataDrawTest(){
            init();
        }
        private function init():void{
            initMainBd();
        }
        private function initMainBd():void{
            _mainBd = new BitmapData(400, 300, true, 0x00000000);
            _mainBm = new Bitmap(_mainBd);
            _mainSpr = new Sprite();
            _mainSpr.addChild(_mainBm);
            _mainSpr.addEventListener(MouseEvent.CLICK, mainSprClickHandler);
            addChild(_mainSpr);
        }
        private function mainSprClickHandler(event:MouseEvent):void{
            var circle:Shape = new CircleShape(50, 0x000000); //绘制一个圆
            var mt:Matrix = new Matrix();//建立缩放矩阵，比率在 1/2 到 2 之间随机
            var scaleCount:Number = Math.pow(2, Math.random() * 2 - 1);
            mt.scale(scaleCount, scaleCount);
            mt.translate(_mainBm.mouseX, _mainBm.mouseY);
            var ct:ColorTransform = new ColorTransform();
            ct.color = Math.random() * 0xFFFFFF;
            _mainBd.draw(circle, mt, ct, BlendMode.MULTIPLY, null, true);
        }
    }
}
```

把 draw 的第 3 个可选参数设置为 BlendMode.MULTIPLY 后，得到的效果如图 6-18 所示。可见，全透明时 RGB 并不会与底色混合，所以只有重叠的区域才出现较深的颜色，且重叠次数越多，颜色越深。

它看起来有点像 alpha 混合，所以我们再测试一个加亮型的 BlendMode，比如 SCREEN。

再次测试，我们就会得到如图 6-19 的效果，显然重叠的部分变亮了。可见 draw 内部确实使用了 BlendMode。

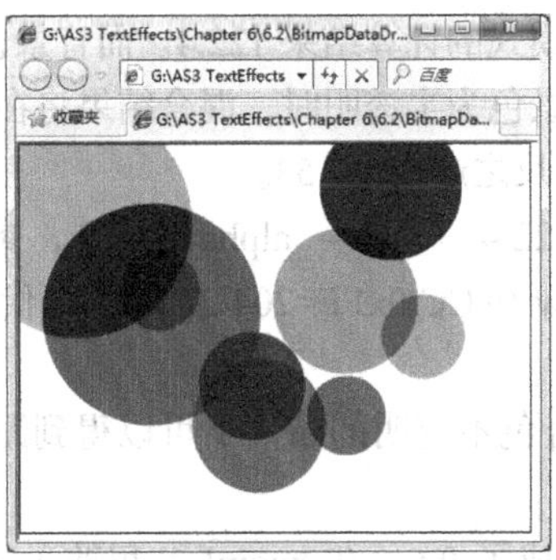

图 6-18　测试 BlendMode.MULTIPLY 的效果

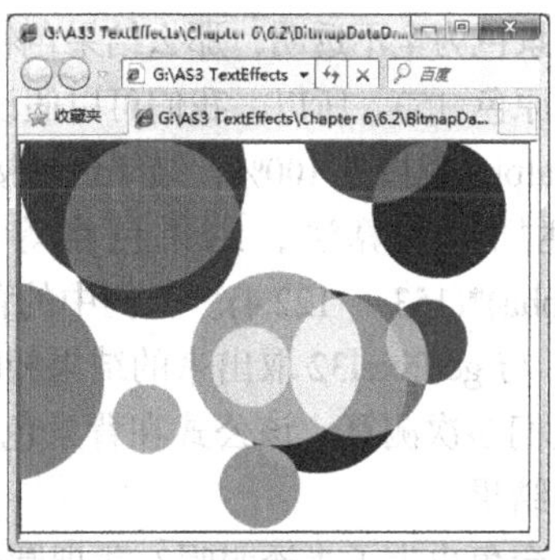

图 6-19　测试 SCREEN 混合模式

比较遗憾的一点是，draw 无法像 DisplayObject 那样使用 SHADER 进行混合，这多少会给我们造成一些限制。此外，ALPHA 和 ERASE 模式不可用于不透明的图像上。而且使用这两种透明度模式时，source 只能是 DisplayObject。

全透明的情况测试完毕，下面我们尝试使用半透明色进行测试。

我们把_mainBd 的初始填充颜色设置为 0xCC99CC00（在 initMainBd 的 fillRect 一句上进行修改）。然后为了方便测试混合机制，绘制的圆我们不用随机的颜色。

我们对 ColorTransform 变量声明后的代码进行如下调整。

代码清单 6-23

```
    var ct:ColorTransform = new ColorTransform();
    ct.color = 0x009900;
    _mainBd.draw(circle, mt, ct, BlendMode.MULTIPLY, null, true);
    mt.translate(200, 0);
    _mainBd.draw(circle, mt, ct, null, null, true);
    trace(_mainBd.getPixel32(_mainBm.mouseX, _mainBm.mouseY).toString(16), _mainBd.getPixel32
(_mainBm.mouseX + 200, _mainBm.mouseY).toString(16)); //输出混合圆与不混合圆在圆心处的颜色
```

测试结果如图 6-20 所示。可见，使用正片叠底混合以后，圆的颜色变深了。

输出的像素颜色为：ff008000 ff009900，没混合的直接输出了原始的深绿，而混合过的颜色，绿通道的值降低，颜色变深。

因为只有绿通道包含了非 0 的通道值，所以我们就把绿通道取出来进行研究。

背景色的 a=0xCC=204，g=0xCC=204

混合色的 a=0xFF=255，g=0x99=153

结果色的 a=0xFF=255，g=0x80=128

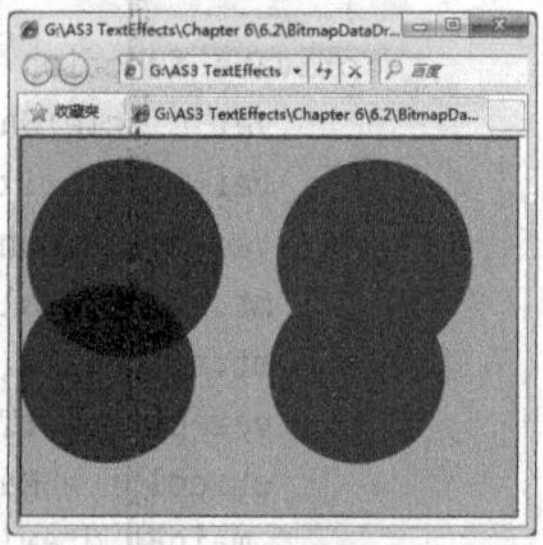

图 6-20　测试半透明情况下的混合

按照正片叠底算法，单纯的 RGB 混合，得到的结果 g 将是 204*153/255=122.4，与结果不符。这很正常，因为我们忽略了 alpha 通道。

那么我们配合 alpha 混合公式 $C_{12}=\dfrac{C_1\alpha_1(1-\alpha_2)+C_2\alpha_2}{\alpha_1+\alpha_2-\alpha_1\alpha_2}$ 能否直接得到结果呢？

我们已经知道，混合色的 alpha=100%，正常情况下，背景色的 alpha 无法对结果色造成影响。此时分子中的第一项为 0，而分母则等于 1，所以结果与背景色 alpha1 完全无关。

是公式的错误吗？非也。以上公式是在忽略混合模式的情况下推导出来的，因而有一定的局限性。而且不混合的话，上式完全正确。盖上不透明色之后，下面的色彩是什么都不重要了。

假设背景色为全不透明，那么结果色将会是混合模式的计算结果 122.4。而背景色全透明时，结果色等于原色 153。所以，我们可以假设一下，背景色为半透明时，混合结果将在这两个极端数值之间。alpha 越接近 100%，结果色越接近 122.4，反之越接近 153。

用线性插值的算法，结果色将等于 alpha*122.4 + (1 – alpha)* 153，或者表示为 122.4+(1-alpha)*(153 – 122.4)。上例中的背景色 alpha=0xCC/0xFF=204/255=0.8，代入算得结果色=128.52，与 getPixel32 取出来的结果相吻合。

经过我们多次测算，该公式在背景色透明、混合色不透明的条件下可以得到跟 getPixel32 完全一致的结果。

如果混合色也带了半透明呢？我把圆的 alpha 改成了 0.6（在 beginFill 里改），输出的结果为 ea349a00 eb35aa00，alpha 和 r 通道都出现了差异，不过误差只有 1 点。

混合后的颜色，alpha 通道值介于 234 和 235 之间。

利用 alpha 混合算法，我们可算出混合 alpha=1=(1－alpha1)(1－alpha2)=1－(1－0.8) (1－0.6)=0.92，乘以 255 以后就得到 234.6，确实介于 234 和 235 之间。所以在这个位置，出现 1 点误差可能是精度损失所致。但总的来说，无论有没使用 BlendMode，混合后的 alpha 都跟正常的 alpha 混合大致相等。

至于绿通道，利用 alpha 混合公式计算也会得到跟无混合 draw 相一致的结果：

g=(0xCC*0.8*(1－0.6)+0x99*0.6)/0.92=170.74=0xAA

而混合以后的颜色则变深了（0x9A）。根据我们在第 5 章积累下来的混合算法经验，混合的优先级是先 BlendMode 再 alpha。下面我们就尝试用这个方法进行计算。

忽略 alpha 的情况下，混合结果等于 0x99*0xCC/0xFF = 122.4

我们再将该结果与 alpha 进行混合，得

(0xCC * 0.8 * (1－0.6) + 122.4 * 0.6) / 0.92 = 150.78 = 0x96，与 draw 出来的数值相差了足足 4 点。

这样的误差值有点大，多半是算法错误引起的，而非精度问题。

为便于找到算法的漏洞，我们不妨把颜色值假设得极端点，比如背景色为 1%alpha 的全黑，而混合色为半透明的纯红。如果把模式设置成 multiply，那么混合色必然为全黑。

然而，如果说这种几乎看不见的黑色都可以把红色彻底染黑，那显然就不符合视觉的逻辑了。在这种情况下，红色应该只变暗那么一点点，也就是背景色的 alpha1%，但我们却认为这变暗的 1%就是结果色的全部，那计算的结果自然就不正确了。所以，我们应该把剩余的 99%叠加上去，让它与背景色进行无 BlendMode 的 alpha 混合。

回到之前测试的那两种颜色：0xCC 和 0x99，我们只把 blend 结果色 122.4 的 80%混合到背景色上，而另外的 20%则由原混合色 0x99（153）补上，于是算式修正为：

(0xCC * 0.8 * (1－0.6) + 122.4 * 0.6 * 0.8 + 0x99 * 0.6 * 0.2)/0.92=154.77=0x9A

得到的结果就与 draw 完全一致了。至此我们已得出最完整的混合模式算法：无论是否带透明通道，计算步骤都是先用 BlendMode 算法计算出结果色，然后再取结果色的 bgAlpha%+混合色的（100－bgAlpha）%与背景色进行一次 alpha 混合。

所以，只要对之前封装出来的混合算法作出一些细微的调整，我们就可以让它也适用于带透明通道的背景了。

代码清单 6-24

```
    var blendR:int = (blendColor >> 16) & 0xFF;
    var blendG:int = (blendColor >> 8) & 0xFF;
    var blendB:int = blendColor & 0xFF;
    alphaResultR = (bgR * bgA * (1 - blendA) + blendResultR * blendA * bgA + blendR * blendA * (1 - bgA))
/ alphaResultA;
    alphaResultG = (bgG * bgA * (1 - blendA) + blendResultG * blendA * bgA + blendG * blendA * (1 - bgA))
/ alphaResultA;
    alphaResultB = (bgB * bgA * (1 - blendA) + blendResultB * blendA * bgA + blendB * blendA * (1 - bgA))
/ alphaResultA;
```

我们可以看到，draw 的 BlendMode 算法比 DisplayObject 的 blendMode 还要复杂。因为背景可以带 alpha 通道，所以运算时要将混合色和结果色再进行一次重组。

至此对 BlendMode 基本原理的探讨终于划上了完美的句号。

6.2.2 内置混合模式回顾

在 ActionScript 中使用混合模式，有 DisplayObject.blendMode 属性以及 BitmapData. draw 方法的 blendMode 参数。利用这两大方法，大部分内置的混合模式都可以轻松应用到显示对象或者位图数据中。

比较遗憾的是，ActionScript 内置混合模式的种类相当有限。首先，RGB 类型的混合模式就比 Photoshop 的少；其次，基于 HSB 模型的混合模式在 ActionScript 领域还是一片空白。

无论是 DisplayObject 还是 BitmapData，blendMode 属性都是一个字符串，而不是一个计算公式。所以，诸如“颜色减淡”这种只存在于 Photoshop 一类软件中的混合模式，就无法直接通过设置 blendMode 来实现了。我们总不能自创一个字符串“colorFade”，然后让 FlashPlayer 帮我们自动识别出该字符串所对应的算法吧。

6.2.3 自定义混合模式的雏形

无论如何，我们都不必气馁，因为我们已经拥有了像素的操作权。内置混合模式没帮我们完成的事情，我们完全可以自己实现。而且我们早前就已经成功迈出了自定义混合的第一步——在本章的前面我们通过 getPixel32，setPixel32 等方法，结合 alpha 计算公式给图像成功填充上一个半透明的矩形。

那样的方式尽管比较笨拙，却给予了我们更多自由发挥的空间。因为它深入到了单个像素，我们可以掌控到每一个像素点的颜色值。

我们首先来回顾一下填充半透明矩形的那一段代码。

代码清单 6-25

```
for(var i:int = 80; i < 130; i ++){
    for(var j:int = 80; j < 130; j ++){
        var currentColor:uint = _bd.getPixel32(i, j);    //当前点的颜色
        var blendColor:uint = 0x80FFFF00;                //需要混合的颜色
        var resultColor:uint = BlendModeUtil.getNormalColor32(currentColor, blendColor);
        _bd.setPixel32(i, j, resultColor);
    }
}
```

代码的关键之处就在于，它不依赖于较高级的 fillRect、draw、copyPixels（后续章节会介绍）等方法，而是通过对每个像素进行色彩计算得到最终结果。

我们重新打开 BitmapDataBaseTest 项目，先把绘制十字和圆的代码屏蔽掉，只保留填充半透明矩形的代码，同时把 SWF 背景改为白色，基色设置为 0x80FF0000，混合色改为 0x8000CC00，便得到如图 6-21 的结果。

图 6-21 用 setPixel32 填充半透明矩形

如果想改用 multiply 混合模式进行填充，我们就要把 getNormalColor32 替换成 getMultiplyColor32。

代码清单 6-26

```
var resultColor:uint = BlendModeUtil.getMultiplyColor32(currentColor, blendColor);
```

得到的结果如图 6-21 所示，混合后的颜色确实变深了。

要进一步验证该做法的准确性，我们可以把结果色和混合色的 alpha 都改为 1，根据 multiply 的算法，重叠区域将显示为黑色，如图 6-23 所示。而若改用 screen 混合，那结果就是比较明亮的橙黄色，如图 6-24 所示。

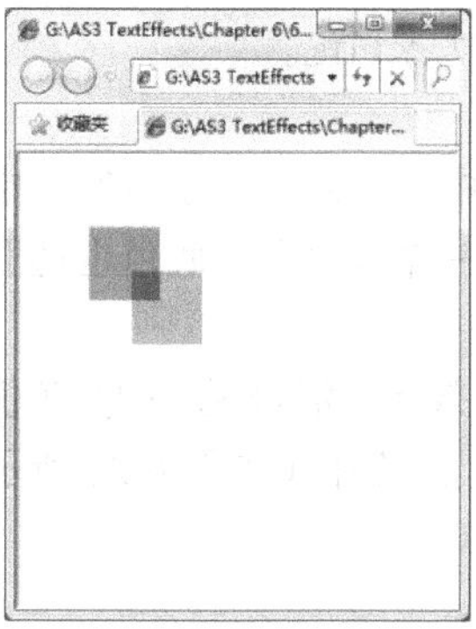

图 6-22 自己实现的 multiply 混合

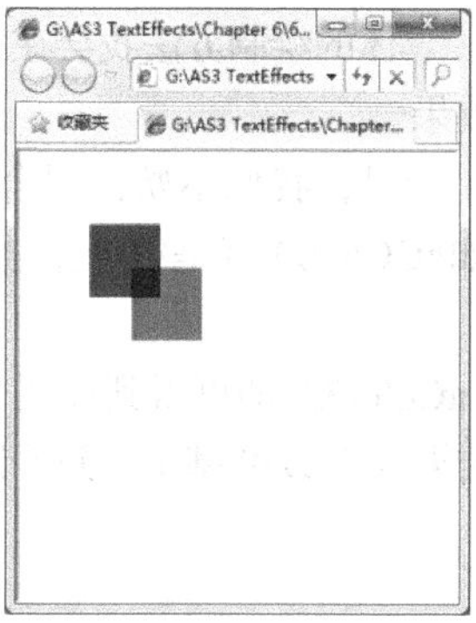

图 6-23 色彩不透明时的 multiply

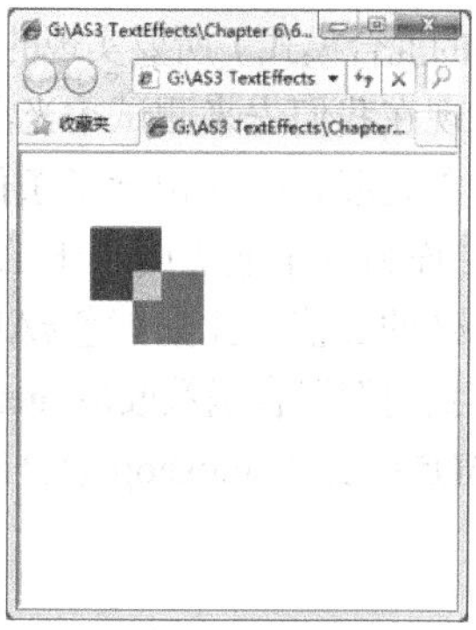

图 6-24 自己实现的 screen 混合

计算结果非常准确，但如果说这就是自己实现混合模式的成果，那就未免有点阿黄炒年糕，吃力不讨好了。我们完全可以用 draw，甚至是 DisplayObject 的 blendMode 来轻松完成图 6-21、图 6-22、图 6-23、图 6-24 中的效果。

6.2.4 使用自定义混合模式算法

所以接下来，我们就要发挥出自己编写混合模式算法的优势了——实现 ActionScript 没有给我们提供的混合模式。比如 Photoshop 的柔光，这个算法我们已经按照 Photoshop 中的公式写好了。

代码清单 6-27

```
//柔光算法
public static function softLight(bg:int, blend:int):uint{
   var value:int;
   if(blend < 128){
       value = bg + (2 * blend - 255) * (bg - bg * bg / 255) / 255; //当混合色 R<128 时，结果 R=基色 R+(2*混合色 R-255)*(基色 R-基色 R*基色 R/255)/255,
   }else {
       value = bg + (2 * blend - 255) * (Math.sqrt(bg / 255) * 255 - bg) / 255; //当混合色 R>=128, 结果 R=基色 R+(2*混合色 R-255)*(sqrt(基色 R/255)*255-基色 R)/255
   }
   return Math.min(255, Math.max(value, 0));
}
//柔光模式(SOFT_LIGHT)
public static function getSoftLightColor(bgColor:uint, blendColor:uint):uint{
   return getBlendResultColor(bgColor, blendColor, softLight);
}
```

```
//柔光模式(SOFT_LIGHT)
public static function getSoftLightColor32(bgColor:uint, blendColor:uint):uint{
   return getBlendResultColor32(bgColor, blendColor, softLight);
}
```

如此复杂的数学公式往往很让人抓狂，单看算法很难估摸它到底最终会实现什么样的色彩效果。所以初学 Photoshop 的设计师在使用混合模式的时候会更倾向于逐个去设置，试图从中找出最适合当前图像及预期效果的混合选项，从而积累更多的实战经验。

实际上，只要把算法绘制成趋势曲线，我们就可以很直观地看出某种混合模式（尤其是 RGB 类型的混合模式）所要实现的效果了，具体的绘制方法我会在 6.4 节和大家讨论。

现在我们先来测试柔光混合的效果。

柔光混合公式包含了条件判断，所以，我们不妨让混合色的其中一个通道大于 127（中性灰），而另一个通道则小于 127，比如#CC6600 就是符合上述条件的一个混合色，底色也选取不太特殊的数值，比如紫色#AB3796。

我们把混合函数改成 getSoftLightColor32 即可得到如图 6-25 的效果。混合区域的颜色值是#9F5D58，跟 Photoshop 混合出来的结果#A05D58 基本一致（误差在 1 点以内）（如图 6-26 所示）。

图 6-25　柔光混合的效果

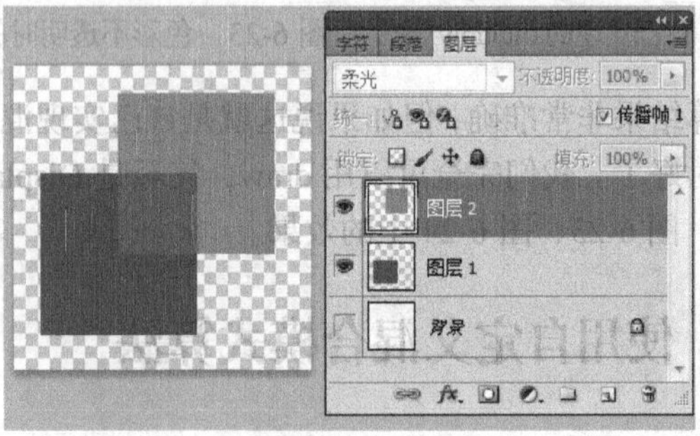

图 6-26　Photoshop 中的柔光混合

“好的开始是成功的一半”，此话再次得到了印证。因为实现了柔光混合以后，模拟 Photoshop 混合菜单中除最第一栏和最后一栏以外的所有选项都已经不成问题了。这些混合选项跟柔光一样，均为 RGB 类型，其处理机制都是先将颜色值拆分成 RGB 3 个通道然后再各自套用混合算法，所以其 ActionScript 实现方式都与柔光相一致。

所以下一步，我们把力量集中起来，一同攻克第一栏和最后一栏的技术难关。

6.2.5　溶解模式的 ActionScript 实现

Photoshop 混合模式菜单的第一栏为组合模式选项，其中正常对应 NORMAL。至于溶解，我们在第 5 章就已经测试过，它实际上是一种简单的随机行为。此时原有的 alpha 混合失效，alpha 值等于显示混合色的概率。而 alpha=100%时，效果与正常模式一致。

完整的实现代码如下。

代码清单 6-28

```
//溶解模式(DISSOLVE)
public static function getDissolveColor(bgColor:uint, blendColor:uint):uint{
   return getNormalColor(bgColor, blendColor); //无透明通道时，效果与 normal 一致
```

```
}
//溶解模式（含透明通道）(DISSOLVE)
public static function getDissolveColor32(bgColor:uint, blendColor:uint):uint{
   if(blendColor > 0){     //全透明色不进行混合
       var blendPossibility:Number = (blendColor >> 24 & 0xFF) / 0xFF; //alpha 等于显示混合色的概率
       var rand:Number = Math.random();
       /*分块随机*/
       if(rand < blendPossibility){
           return 0xFF000000 | blendColor; //因为 alpha 失效，所以要给混合色的 alpha 通道设置为最大值，即全不透明
       }else{
           return bgColor;
       }
   }else{
       rcturn bgColor;
   }
}
```

我们把混合函数改为上述的 getDissolveColor32，得到的效果如图 6-27 所示。因为 alpha=100%，所以全部显示混合色。

而当 alpha<100%（例如 50%，即 alpha 通道为 0x80）的时候，混合就会出现与 Photoshop 相一致的像素溶解效果，如图 6-28 所示。

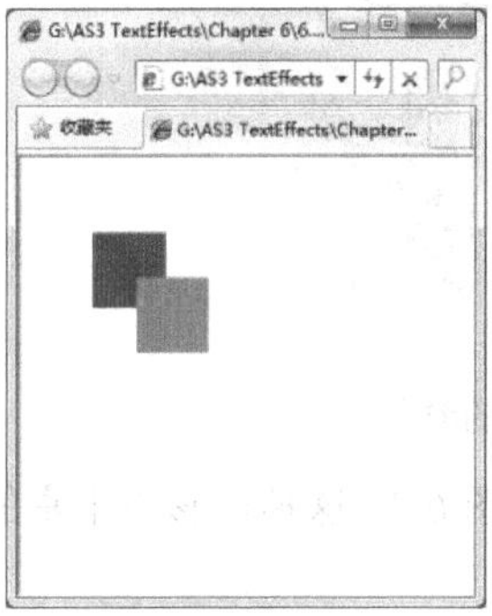

图 6-27　溶解模式之 alpha=100%

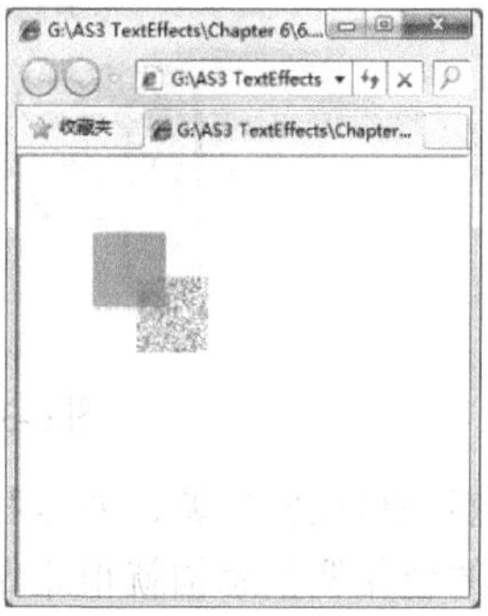

图 6-28　溶解模式之 alpha=50%

总体来说，被归类到组合型的溶解模式比 RGB 模式要简单得多，我们不费吹灰之力就把它给拿下了。此外，BitmapData 的 pixelDissolve 方法也能实现溶解混合，有兴趣的读者可以自行尝试。

6.3　HSB 混合模式的 ActionScript 实现

就好像游戏最后一关的 Boss 一样，排在最后一栏的 HSB 混合模式也是最难被 KO 的选项。但同时，我们也已经用最强大的工具——像素武装了自己，正如魂斗罗收获散弹枪以后威震四方、所向披靡。所以，最具挑战性的同时，HSB 一栏也将是最最有趣的一类混合。

6.3.1　彩虹琥珀字体的素材准备

图 6-29 是我们在 Photoshop 里用图层样式制作的一个琥珀质感字体，质感和纹理都做出来了，但是色彩比较单一暗沉，无法将琥珀那种光洁透亮的特质表现出来。

图 6-29　用图层样式制作的琥珀字体

因为混合方法比较复杂，所以想通过更改样式中的色值参数来实现调色，将会是一件非常困难的事情。有的读者可能会马上想到用 AdjustColor 或者 Photoshop 的色相面板进行调整，如图 6-30 所示。

图 6-30　用色相调整质感字体的颜色

色彩仍然显得比较单调，所以我们希望给纹理填上如图 6-31 这种色彩更丰富的彩虹渐变。此时，简单的色相调整恐怕就很难做到了。

图 6-31　需要融合到质感字体上的彩虹渐变

是时候让 HSB 模式一展身手了。我们在 Photoshop 里把渐变色放在质感字体的上层，然后将混合模式设置为“颜色”，效果如图 6-32 所示。

图 6-32　用颜色模式混合两个图层

怎么样，是不是有一种置身于珠光玉影之中的感觉呢？很漂亮吧！

Photoshop 对颜色模式的解释如下：

Hue 色相 HcScYc =$H_AS_AY_B$

可见 HSB 模式在混合的时候跟 Alpha 类混合，几乎没有数学运算的过程，只有属性的复制，但它在 Flash 里的实现却一点都不容易。因为 ActionScript 目前尚不能直接支持 HSB 色彩模型。AdjustColor 类虽然包含了类似于 HSB 的运算，但它只能将结果应用于一个图像上，而不支持混合。

要让 HSB 变换应用到显示对象上，我们就必须先将原始颜色转换为 HSB 模式，再混合，最后把混合到的 HSB 结果重新转回 RGB 来输出。

在 Photoshop 中我们使用颜色模式进行混合，它提取了背景层的灰度以及混合层的色相和饱和度。

6.3.2　测试用例的书写

我们新建一个 ActionScript 项目，名为 HSBBlendTest，开始编码之前先引入 PUBLIC_CLASSES 类库。

项目代码如下。

代码清单 6-29

```
package{
    [SWF(width = "800", height = "600")]
     public class HSBBlendTest extends Sprite  {
        [Embed(source = "assets/bg.png")]
        private var BgBmp:Class;             //背景层位图
        private var _bgBd:BitmapData;        //背景层位图数据
        [Embed(source = "assets/blend.png")]
        private var BlendBmp:Class;          //混合层位图
        private var _blendBd:BitmapData;     //混合层位图数据
        private var _resultBd:BitmapData;    //混合后的位图数据
        private var _resultBm:Bitmap;        //混合后的位图
        public function HSBBlendTest(){
            init();
        }
    }
}
```

以下是 init 函数的代码。

代码清单 6-30

```
private function init():void{
    _bgBd = new BgBmp().bitmapData;
    _blendBd = new BlendBmp().bitmapData;
    _resultBd = new BitmapData(_bgBd.width, _blendBd.height, true, 0x00000000);
    /**取成 vector 进行操作会比逐个 getPixel32，setPixel32 的运行效率高一些，但需要注意的是，只有当 Vector 所取
的矩形宽度相等时，此法才可用**/
    var bgVec:Vector.<uint> = _bgBd.getVector(_bgBd.rect);
    var blendVec:Vector.<uint> = _blendBd.getVector(_blendBd.rect);
```

```
    /**********/
    var resultVec:Vector.<uint> = new Vector.<uint>();
    for(var i:int = 0, len:int = bgVec.length; i < len; i ++){
        var bgColor:uint = bgVec[i];                //取出背景色
        var blendColor:uint = blendVec[i];          //取出混合色
        resultVec[i] = BlendModeUtil.getNormalColor32(bgColor, blendColor); //用正常模式进行混合
    }
    resultBd.setVector( resultBd.rect, resultVec);//将混合结果写入到最终位图
    _resultBm = new Bitmap(_resultBd);
    addChild(_resultBm);
}
```

因为两张位图的宽高相等，所以我们大胆地用一个一维的 Vector 把位图的色彩数据取出来进行操作。此举一方面可以减少循环的嵌套，另一方面可以防止代码频繁地用 setPixel32 和 getPixel32 进行读写，从而提高了代码的运行效率。

小提示 Vector.<uint>的访问速度相当快，原因我不在书中给出解释，有兴趣的读者可以来信与我讨论。

运行效果如图 6-33 所示，这是正常混合模式下的结果。

图 6-33　HSB 测试用例的运行效果

下面我们开始尝试使用颜色混合。根据颜色混合的描述，颜色模式取的是上层的色相、饱和度以及下层的明度。

6.3.3　色彩模式的选择及其实现

这里可供选择的色彩模式有两种：HSV 和 HSL，其中，HSV 可以被排除，因为上层的饱和度全为满值，而在 HSV 模式中，100%的饱和度不可能得到比较白的颜色，这跟 Photoshop 混合出来的效果不一致。

而下层的明度也不源于 HSB 混合模式，因为无论是 HSV 还是 HSL，红跟黄的亮度都始终相等。而混合后的结果却告诉我们，红黄之间的分界线依然保持清晰。

所以，背景色的明度应该用以下心理学公式进行计算。

Gray=0.299*r+0.587*g+0.114*b

而混合色的色相和饱和度则通过 HSL 模式取得。

根据 HSB 类混合模式的定义，这些混合模式都使用类似的算法，所以我们先封装一个 HSB 类混合的通用方法。

代码清单 6-31

```
    public static function getHSBColor32(bgColor:uint, blendColor:uint, blendH:Boolean, blendS:Boolean,
blendL:Boolean):uint{
    }
```

跟 RGB 混合模式一样，实现该方法的第一步，是取出各通道的数值。

代码清单 6-32

```
    /**取出背景色各通道的数值**/
    var bgA:Number = ((bgColor >> 24) & 0xFF) / 0xFF;
    var bgR:int = (bgColor >> 16) & 0xFF;
    var bgG:int = (bgColor >> 8) & 0xFF;
    var bgB:int = bgColor & 0xFF;
    /**********/
    /**取出混合色各通道的数值**/
    var blendA:Number = ((blendColor >> 24) & 0xFF) / 0xFF;
    var blendR:int = (blendColor >> 16) & 0xFF;
    var blendG:int = (blendColor >> 8) & 0xFF;
    var blendB:int = blendColor & 0xFF;
    /**********/
```

接下来就到 IISB 混合的核心部分了——利用 HSB 转换函数算出它们的色相和饱和度。至于亮度，我们则以心理学算法中的明度代之。

代码清单 6-33

```
    /*背景色的明度和 HSL 数值*/
    var bgLum:int = (0.299 * bgR + 0.587 * bgG + 0.114 * bgB) * 100 / 255;
    var bgHSL:Object = ConvertColor.RGBToHSL(bgR, bgG, bgB);
    /*混合色的明度和 HSL 数值*/
    var blendLum:int = (0.299 * blendR + 0.587 * blendG + 0.114 * blendB) * 100 / 255;
    var blendHSL:Object = ConvertColor.RGBToHSL(blendR, blendG, blendB);
```

接下来就是根据方法传入的参数来确定结果色的成分，即 H、S、B 分别取哪一层的颜色。

代码清单 6-34

```
    var resultRGB:Object = ConvertColor.HSLToRGB(blendH ? blendHSL.h : bgHSL.h, blendS ? blendHSL.s :
bgHSL.s, blendL ? blendLum : bgLum);                    //根据参数确定结果色的成分
    var alphaResultA:Number = (1 - (1 - bgA) * (1 - blendA));     //alpha 混合公式
    /**取出结果色中的 RGB 值**/
    var blendResultR:int = resultRGB.r;
    var blendResultG:int = resultRGB.g;
    var blendResultB:int = resultRGB.b;
    /**********/
```

以上代码在取出 HSB 属性的同时，也进行了 RGB 的转换。

如果不考虑 alpha 通道，那上面的 blendResultR、blendResultG 和 blendResultB 就可以直接合并了。但很显然，本测试用例中的两张图片都包含 alpha 通道，所以我们不能偷懒，还是要乖乖地把 alpha 混合写出来。

代码清单 6-35

```
    /**根据 BlendMode 混合公式（含 alpha 通道）进行混合**/
    var alphaResultR:int,alphaResultG:int,alphaResultB:int;
```

```
    alphaResultR = (bgR * bgA * (1 - blendA) + blendResultR * blendA * bgA + blendR * blendA * (1 - bgA))
/ alphaResultA;
    alphaResultG = (bgG * bgA * (1 - blendA) + blendResultG * blendA * bgA + blendG * blendA * (1 - bgA))
/ alphaResultA;
    alphaResultB = (bgB * bgA * (1 - blendA) + blendResultB * blendA * bgA + blendB * blendA * (1 - bgA))
/ alphaResultA;
    /**********/
    return (alphaResultA * 0xFF) << 24 | alphaResultR << 16 | alphaResultG << 8 | alphaResultB; //对
通道值进行合并，得到最终结果
```

至此，HSB 核心算法基本完成。

有了这样的一个基础，颜色混合方法的书写就变得非常简单了。

代码清单 6-36

```
//颜色模式（COLOR）
public static function getColorColor32(bgColor:uint, blendColor:uint):uint{
    return getHSBColor32(bgColor, blendColor, true, true, false);
}
```

接下来，我们把项目主类中的 getNormalColor32 改成 getColorColor32，就可以得到混合的效果了，非常漂亮的一个质感文本，如图 6-34 所示。

图 6-34　用 ActionScript 实现的颜色混合

6.3.4　七色彩虹效果的误差分析

不过，它跟 Photoshop 颜色混合的结果之间存在比较大的误差。ActionScript 版的颜色混合结果过于鲜艳，略显刺眼，而 Photoshop 的颜色混合则相对柔和一些。

我们尝试取下层的饱和度。

代码清单 6-37

```
getHSBColor32(bgColor, blendColor, true, false, false)
```

图 6-35　取下层的饱和度

这时我们就会得到如图 6-35 的结果，色彩的鲜艳程度是减弱了，但与此同时，图像的整体亮度也下降了不少，仍然与 Photoshop 中的效果有比较大的差别。而且取上层色相、下层饱和度和明度进行混合是色相模式的做法。

代码清单 6-38

```
//色相模式(COLOR)
public static function getHueColor32(bgColor:uint, blendColor:uint):uint{
    return getHSBColor32(bgColor, blendColor, true, false, false);
}
```

所以单纯把饱和度转移到下层的做法并不科学。

不过既然饱和度已经跟混合层不太一样，我们就不妨先忽略掉它，尽量在色相和明度上保持一致。

6.3.5 色相的修正方案

色相主要体现的是色彩各通道的比例，所以我们可认为混合后的 RGB 与混合层的 RGB 存在以下的关系。

```
resultR - resultB = blendR - blendB = A
resultG - resultB = blendG - blendB = B
```

这当中，resultR、resultG 和 resultB 均为未知数，所以，我们还需要再列出一条方程才可以进行求解。毋庸置疑，最后一条方程体现的就是混合明度等于背景明度。

```
0.299 * resultR + 0.587 * resultG + 0.114 * resultB = 0.299*bgR + 0.587 * bgG + 0.114 * bgB = C
```

bg 和 blend 都已知，所以 A、B、C 均为常量。

我们联立以上 3 条方程即可解出结果色。

```
resultR = 0.701 * A - 0.587 * B + C
resultG = -0.299 * A + 0.413 * B + C
resultB = -0.299 * A - 0.587 * B + C
```

所以，我们把 getHSBColor32 方法复制为 getExactHSBColor32 并对核心算法进行如下修改。

代码清单 6-39

```
var A:int = blendR - blendB;
var B:int = blendG - blendB;
var C:int = 0.299 * bgR + 0.587 * bgG + 0.114 * bgB;
var alphaResultA:Number = (1 - (1 - bgA) * (1 - blendA));
var blendResultR:int = 0.701 * A - 0.587 * B + C;
var blendResultG:int = -0.299 * A + 0.413 * B + C;
var blendResultB:int = -0.299 * A - 0.587 * B + C;
```

与此同时，我们将 getColorColor32 方法也修改为如下格式。

代码清单 6-40

```
return getExactHSBColor32(bgColor, blendColor, true, true, false);
```

再次运行，我们得到如图 6-36 的结果，色彩完全走样了。

图 6-36　用解方程法实现颜色混合

6.3.6　明度的调整

从表现上看，这多半是一些极端性错误所引起的。我们经过反复测试，终于发现是数值越界所致，解出来的 RGB 出现了小于 0 或者大于 255 的数值，所以我们要控制每个通道的上下限。

代码清单 6-41

```
var blendResultR:int = Math.max(0, Math.min(255, 0.701 * A - 0.587 * B + C));
var blendResultG:int = Math.max(0, Math.min(255, -0.299 * A + 0.413 * B + C));
var blendResultB:int = Math.max(0, Math.min(255, -0.299 * A - 0.587 * B + C));
```

限制以后，效果如图 6-37 所示。

图 6-37　控制上下限后的结果

色调基本上跟 Photoshop 的颜色混合很接近了，但是高光部分有所减弱，不像原来的背景层那么白。那是因为做了上下限控制以后，明度很可能会发生变化。假设解出来的结果色等于（275,12,107），那么控制上下限以后，结果色就变成了（255,12,107），明度较之前降低了(275－255)*0.298=5.96 点，于是就出现了白色变暗的现象。

为了保证明度跟背景一致，我们应该把多出来的那 20 点红通道值分配到绿和蓝通道上，也就是让等式 0.597*deltaG+0.114*deltaB=20 成立；同时为确保比例上的协调，我们还要求 deltaG/deltaB=12/107，即 12*deltaB－107*deltaG=0。

以上两条等式可以联立为一个二元一次方程组，求解比较容易，但实际情况往往要麻烦一些。我们需要记住是哪一个或者哪两个通道越界了，而且对于两个通道越界的情况，我们还得调整算法，再者，如果向上和向下越界并存，我们就必须加入更多的判断。

经过再三考虑，我们决定用比较偷懒的做法：用 HSL 模式将控制上下限所引起的明度差补上去。虽然从数学上分析，该做法很不严谨，但从定性分析的角度看，小范围修改 L 值并不会对色彩比例造成太大的影响。

代码清单 6-42

```
    var lumDiffer:int = C - (0.299 * blendResultR + 0.587 * blendResultG + 0.114 * blendResultB); //取出明度丢失的部分
    var blendHSL:Object = ConvertColor.RGBToHSL(blendResultR, blendResultG, blendResultB); //计算出结果色的 HSL 值
    blendHSL.l = Math.max(0, Math.min(100, blendHSL.l + lumDiffer * 100 / 255));//把丢失的明度加上去
    var blendRGB:Object = ConvertColor.HSLToRGB(blendHSL.h, blendHSL.s, blendHSL.l); //加好以后重新取出 RGB 值
    blendResultR = blendRGB.r;
    blendResultG = blendRGB.g;
    blendResultB = blendRGB.b;
```

经过这样的修正以后，明度就能很好地保持下来了，整体效果也跟 Photoshop 的颜色混合基本一致（如图 6-38 所示）。误差多少会有一点，因为明度算法跟 Photoshop 中的稍有差异。

得出颜色混合算法以后，我们就尝试在此基础上把其他几种 HSB 混合模式给实现出来。

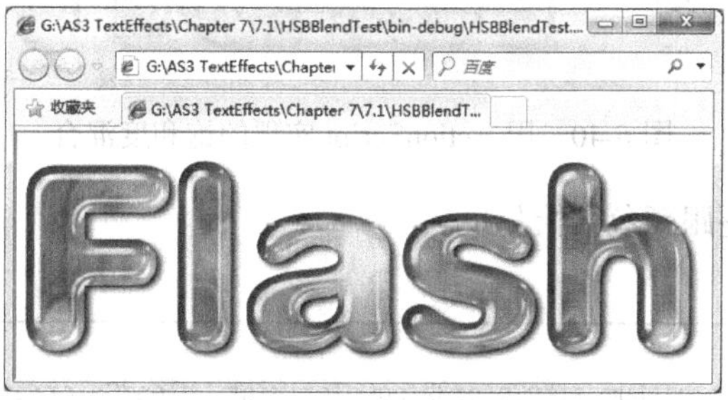

图 6-38　修正明度后的效果

6.3.7　测试不同的 HSB 混合模式

色相与颜色的区别在于前者的饱和度来源于背景层，所以我们把结果色中的饱和度换成背景的 S 值即可。

代码清单 6-43

```
    if(!blendS){
        var bgHSL:Object = ConvertColor.RGBToHSL(bgR, bgG, bgB);
        blendHSL.s = bgHSL.s;
    }
```

这时如果设置 blendS 为 false，我们就可以得到如图 6-39 的效果，整体色调比颜色混合要灰一点。

图 6-39　用 ActionScript 实现的色相混合

而饱和度取的是下层色相，所以我们不需要解方程，直接用原来的 getHSBColor32 方法来

完成即可。

代码清单 6-44

```
    //饱和度模式（SATURATION）
    public static function getSaturationColor32(bgColor:uint, blendColor:uint):uint{
        return getHSBColor32(bgColor, blendColor, false, true, false);
    }
```

效果如图 6-40 所示。

图 6-40　用 ActionScript 实现的饱和度混合

最后一项是明度，它跟颜色恰恰相反。

代码清单 6-45

```
    //明度模式（LUMOSITY）
    public static function getLumosityColor32(bgColor:uint, blendColor:uint):uint{
        return getExactHSBColor32(bgColor, blendColor, false, false, true);
    }
```

不过我们的 getExactHSBColor32 方法并未引入对明度模式的判断，所以需要加以调整。

代码清单 6-46

```
    var lumosity:Boolean = !blendH && !blendS;
    var A:int = lumosity ? (bgR - bgB) : (blendR - blendB);
    var B:int = lumosity ? (bgG - bgB) : (blendG - blendB);
    var C:int = lumosity ? (0.299 * blendR + 0.587 * blendG + 0.114 * blendB) : (0.299 * bgR + 0.587
* bgG + 0.114 * bgB);
    if(!blendS && !lumosity){
        var bgHSL:Object = ConvertColor.RGBToHSL(bgR, bgG, bgB);
        blendHSL.s = bgHSL.s;
    }
```

我们用 getLumosityColor32 进行混合，将得到如图 6-41 的效果，它跟 Photoshop 中的明度混合结果基本一致。

图 6-41　用 ActionScript 实现的明度混合

就本例而言，我个人最喜欢的还是通过颜色模式混合出来的五光十色的琥珀字体。

6.4　用 Excel 数学曲线剖析混合模式

几乎每位初学 Photoshop 或者 Flash 图像编程的朋友都可能有过这样的体会：尽管 Photoshop 所有混合模式的算法都能背得滚瓜烂熟，但实践起来依然一筹莫展。每次需要完美融合两张图片或者实现某一特定效果的时候，我们都要把混合模式的菜单项全部试一遍，直到某一瞬间灵感爆发，突然发现某个看起来很不错的混合模式跟预想中的效果比较接近或者对实现某个效果有一定帮助的时候，才知道自己还不一定理解该模式的混合原理，致使下一次遇到类似需求的时候，可能又要重新测试各种混合选项，虽然上一次的经验也许可以帮助我们排除掉部分与目标效果差距较大的模式、少走一些弯路。

不得不承认，混合模式的使用确实存在着很大的运气成分。虽然混合模式的概念和算法并不复杂，但当一条看似简单的数学公式作用于图片中数以万计的像素时，其形态将会千变万化、层出不穷，最终的混合效果也将难以预料。

尽管如此，混合模式依然有章可循，因为它们的算法（尤其是 RGB 类混合模式的算法）都相当明确。如果把算法图形化，比如绘制成直角坐标系上的图像，那么混合的算法原理便可一目了然。跟直接用两张来历不明并且可能没有什么代表性的图片相比，数学曲线更能深入到混合算法的本质及其对图片色彩的影响机制，从而给混合模式的应用提供更有效的理论指导。

相信大家在中学时都接触过平面直角坐标系里的函数图像，所以本节的内容对大家来说不会特别陌生。但对于混合模式而言，它又比那些数学函数复杂一些——公式中包含两个完全独立的变量（数学上称之为二元函数），加上运算结果，整个坐标系就需要 3 条坐标轴，因此它是个立体的图像，需要以曲面的形式展示出来，如图 6-42 所示。

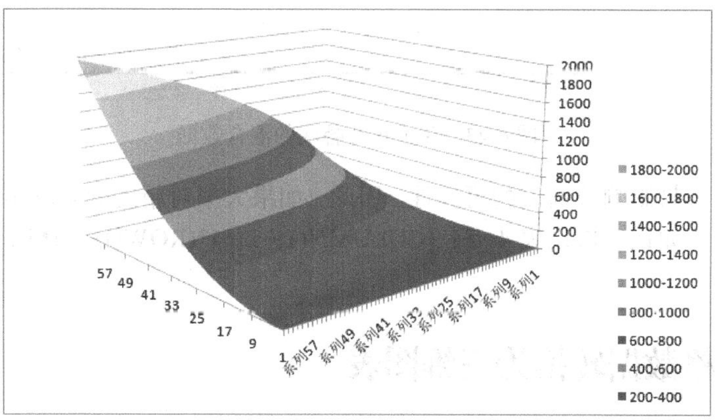

图 6-42　三维的混合模式图像

除了利用 ActionScript 提供的 3D 类（如 Vector3D，Matrix3D 等）进行 3D 曲面的绘制以外，我们还有更简单的方法——直接利用 Microsoft Excel 软件（以下简称 Excel）的图表功能。

虽然 Excel 的图表工具也是基于描点画图，但因为混合模式的函数已经相当明确，不需要用点来反推曲线，所以图表的数据点可以通过混合算法批量生成。

6.4.1 生成混合模式结果表格

以 multiply 混合为例，其混合函数为 bg*blend/255。

如果用行序号表示背景色、列序号表示前景色，那么混合模式的计算公式在 excel 里就可表示如下：=(COLUMN() − 1)*(ROW() − 1)/255。

COLUMN()返回行序号，而 ROW()返回列序号，其返回值均从 1 开始，但因为颜色通道值均以 0 为起点，所以函数返回值的后面都要减 1。

在第一个单元格上输入好该公式后，我们按住单元格右下角，把整个表格拖到 256 行 255 列（正确的做法应该是 256 列，但无奈曲面图表最多只能容纳 255 个列），得到一张 255*256 的数据表格，如图 6-43 所示。

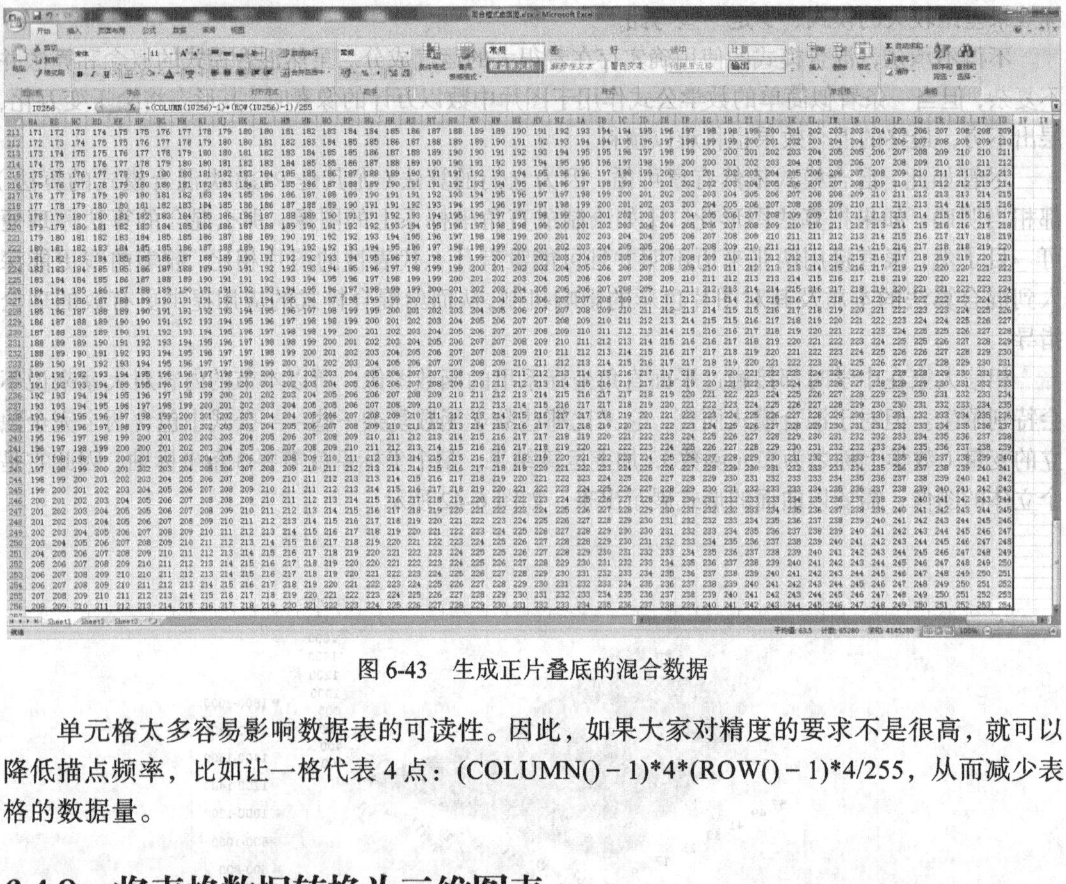

图 6-43　生成正片叠底的混合数据

单元格太多容易影响数据表的可读性。因此，如果大家对精度的要求不是很高，就可以降低描点频率，比如让一格代表 4 点：(COLUMN() − 1)*4*(ROW() − 1)*4/255，从而减少表格的数据量。

6.4.2 将表格数据转换为三维图表

下一步，我们把选项卡定位到【插入】一项，然后单击【其他图表】下拉按钮，在弹出的菜单中选择【曲面图】选项，即可通过表格中的数据点生成一张曲面图，如图 6-44 所示。

我们可以通过右击图表设置其视角，以便查看曲面的整体轮廓及弯曲方向，如图 6-45 所示。但当曲面较复杂（如图 6-46 的柔光函数）时，仅仅通过一张三维图表将很难分析出该函数的变化趋势（可能是我不怎么玩 3D 游戏，而且立体几何也没学好的缘故吧）。

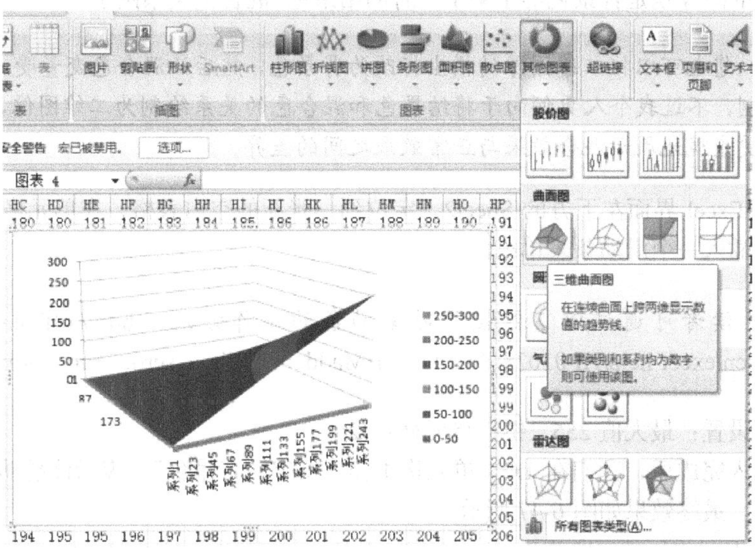

图 6-44　生成正片叠底混合函数的曲面图

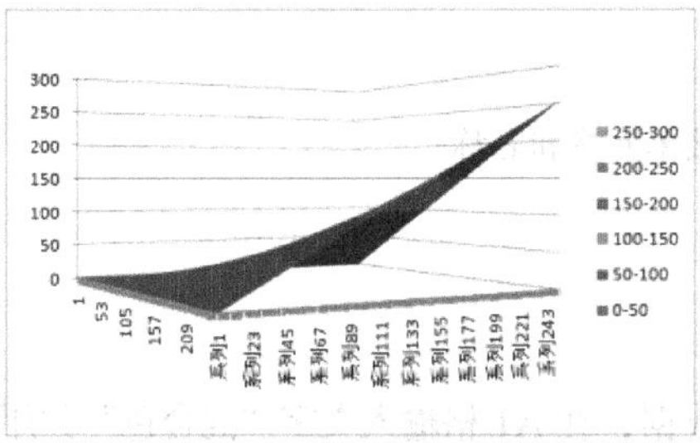

图 6-45　调整函数图像的视角

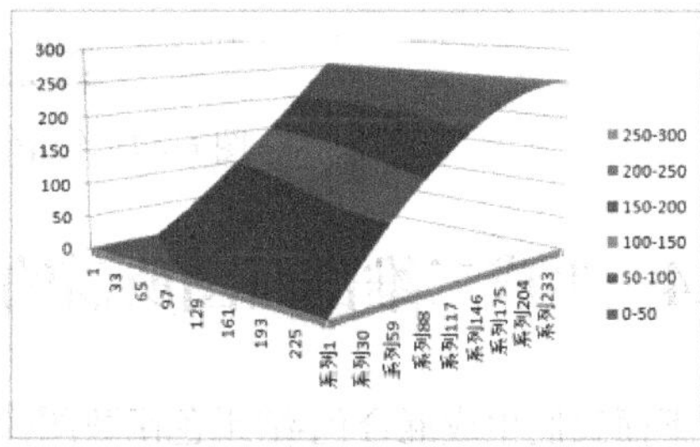

图 6-46　柔光函数的三维图像

柔光函数包含了条件，所以其 excel 表达式书写起来相当麻烦。

```
=MAX(0,MIN(255,(COLUMN()-1)+(2*(ROW()-1)-255)*IF(ROW()-1>127,COLUMNA1)-(COLUMN()-1)*
(COLUMN()-1)/255,SQRT((COLUMN()-1)/255)*255-(COLUMN()-1))/255))
```

要简化这段代码，我们可以把整个表拆分成上下两半，然后分别赋予不同的函数表达式以去掉 if 的运算。此外，插入中间变量单元格，编写宏代码等方法都可以帮我们精简它，有兴趣的读者可以自行尝试。

COLUMN() − 1 和 ROW() − 1 被多次调用也是导致柔光混合表达式书写不便的重要因素。为此，我们可以先分别用 BG 和 BL 代替以上两个表达式片断，在确保算法正确以后再统一替换。

我们将柔光函数应用于所有单元格，即可得到如图 6-46 的函数图像。

6.4.3　二维剖面图制作原理

既然三维图像不便于观察混合函数的变化趋势，我们就不妨取出这个立体形状的剖面进行分析，具体的做法跟调色板相类似——建立结果色-混合色坐标系以及背景色变量的一维滑动条。这样得到的图像就是背景色等于某个值时的结果色-混合色关系图了。

小提示 您也可以把二维图像的横坐标改为背景色，然后让混合色变量受一维滑动条的控制，不过我个人更倾向于将结果色和混合色的关系绘制为二维图像，因为这样可以更直观地展示混合效果与正常效果之间的差异。

我们单击 Excel 界面左下方的 Sheet2，定位到一张新的空白表格，在单元格 E25 到 I25 所定义的区域内插入一个滑动条表单组件。

小提示 读者可通过以下链接学习滚动条的制作方法：http://office.microsoft.com/zh-cn/excel-help/HP010236682.aspx#BMadd_or_edit_a_scroll_bar_(forms_toolb)。

基本属性设置：最大值 255，链接单元格：J25。

滚动条插入完成后，我们在 D25 单元格中输入文字“背景色”，表示该滑动条的作用是控制背景色的值。最终效果如图 6-47 所示。

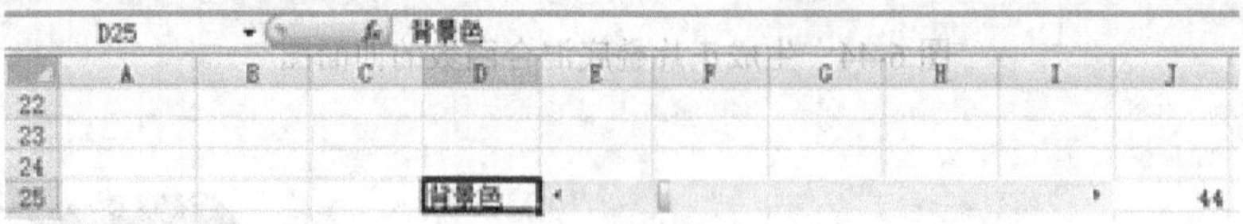

图 6-47　给滚动条设置链接单元格和名称

6.4.4　生成二维剖面图所需的数据

下面我们生成混合色-结果色函数图像所需要的数据，在 A1 格输入文字“混合色”并用函数 =ROW()-2 对单元格 A2~A257 填充混合色数值，在 B1 格输入“结果色”并用正片叠底函数 =$J$25*A2/255 填充单元格 B2~B257。

小提示 单元格列数或行数前带$代表访问单元格的绝对路径，所以无论函数被拖到哪个位置，它都始终引用 J25 这个单元格的数值；而 A2 则是相对于当前单元格 B2 的路径，当函数被拖动的时候，单元格的引用也会随之偏移，假如该函数从单元格 B2 拖到 B3，则引用 A2 会自动改为 A3。

为便于跟正常模式下的结果进行对照，我们再创建一列数据，将混合色原封不动地输出，因此 C2 的函数为=A2。

6.4.5　将剖面图数据转换为图表

我们选中 A、B、C 三列，选择【插入】选项卡，单击【图表】选项组中的【xy 散点图】。插入完成后，我们让图表刚好占满 D1~J24 这个矩形区间使工作表看起来更整齐，同时把线条的宽度调小，让图像曲线的变化细节看起来更加清晰，如图 6-48 所示。

此刻，混合函数的变换效果已经一目了然。结果色的数值比正常色都要低，而且越明亮的颜色受到的影响越大，所以混合后的图像会变暗，同时对比度减弱。拖动背景色滑块，我们可以发现背景色越暗，混合图像变暗的程度就越深，如图 6-49、图 6-50 所示。

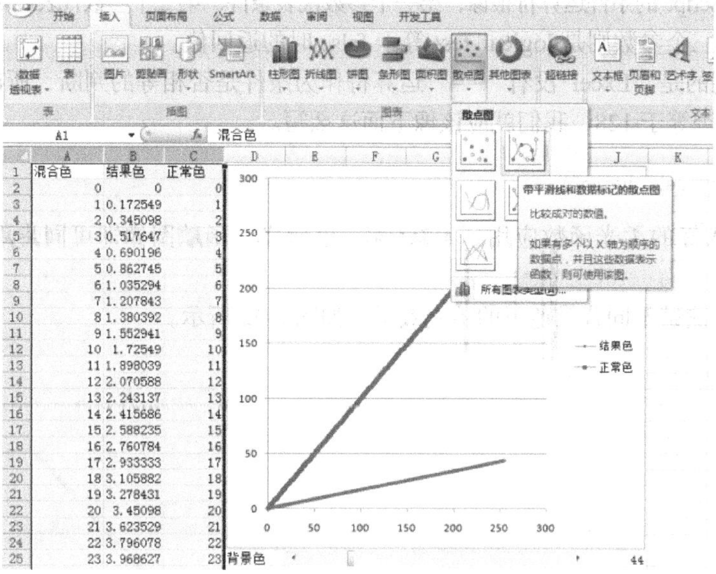

图 6-48　插入 xy 散点图

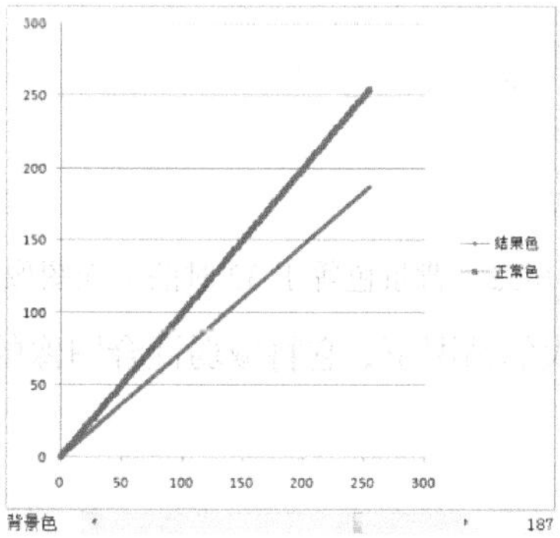

图 6-49　背景色等于 187 时的混合图像

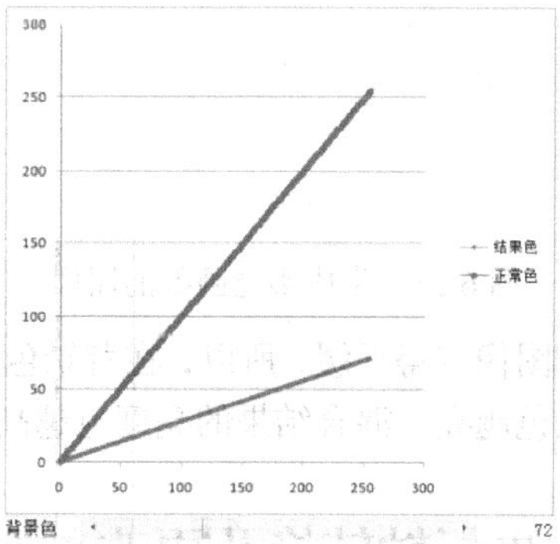

图 6-50　背景色等于 72 时的混合图像

当背景色等于最大值 255 时，混合色不受影响，与正常色完全相等；而当背景色等于 0 时，混合色将全部变黑。受篇幅所限，我们就不在本书中直接给出这两个状态下的图像了，读者可以自行测试。

6.4.6　测试柔光混合模式的函数图像

至此分析工具的制作暂告一段落。下面我们尝试观察其他混合模式（比如之前提到的柔光混合）对图像颜色的影响。

我们把 B2 单元格的函数修改为以下格式。

```
=MAX(0,MIN(255,($J$25)+(2*A2-255)*IF(A2>127,$J$25-$J$25*$J$25/255,SQRT($J$25/255)*255-$J$25)/255))
```

此处我们简单解释下 Excel 中的 if 函数。

```
IF(logical_test, [value_is_true], [value_is_false])
```

它跟 ActionScript 的条件运算符很像，第一个参数代表条件，第二个参数代表当 logical_test 等于 true 时的值，第三个参数则是 logical_test 等于 false 时的返回值。

有一点不同的是，Excel 没有“==”运算符作为条件是否相等的判断，所以，假如要判断某个变量 A2 是否等于 128，我们就应该像下面这么写。

```
IF(A2=128, value1, value2)
```

我们将输入好的柔光函数应用到 B2~B257 单元格，函数图像即可同步刷新，如图 6-51 所示。

拖动滑块，测试不同背景色下的柔光效果，如图 6-52 所示。

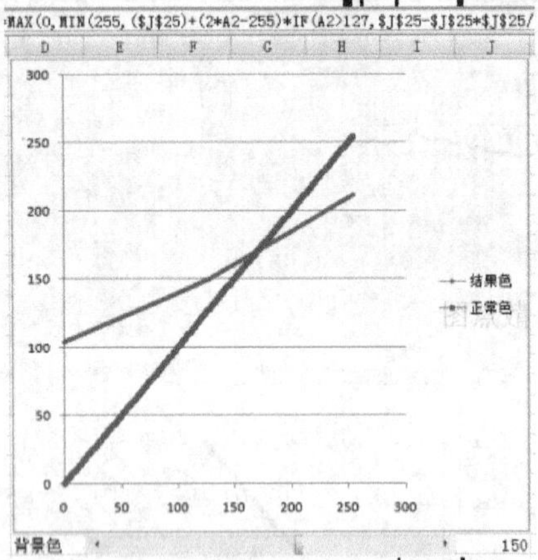

图 6-51　生成柔光函数的图像

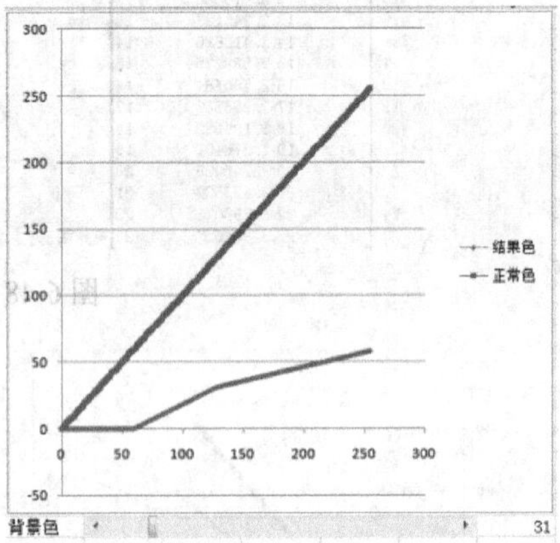

图 6-52　背景色等于 32 时的柔光图像

函数图像变得平缓，所以，在背景色变化幅度不大的情况下，它将减弱混合图像的对比度，同时背景色越亮，混合结果的亮度也越高。

6.4.7　坐标轴转换及更改剖面方向

从图 6-51 和图 6-52 我们还可以推知，如果背景的色彩对比度较强烈，柔光就会使混合结果的对比度增强。假如大家无法通过这两个图理解这一变化趋势，就可以把混合色和背景色对调一下，具体方法是将函数表达式中的$J$25 替换为 A2，而将 A2 全部改成$J$25。

```
=MAX(0,MIN(255,(A2)+(2*$J$25-255)*IF($J$25>127,A2-A2*A2/255,SQRT(A2/255)*255-A2)/255))
```

再次应用到 B 列的单元格上，我们将得到如图 6-53 和图 6-54 的结果。可见当混合色的数值不变时，柔光图像在背景色的影响下变得陡峭了，所以背景色可使混合结果的对比度增强。如图 6-53 所示，假设混合图像上有两点，其色彩值均为 26，而对应的背景色分别为 50 和 200，那么混合以后，结果将分别等于 0 和 175，对比度比背景色和混合色都要大，其增大的幅度主要与背景色的对比度有关。

但与此同时，在背景色与混合色比较接近或者背景色和混合色同时较亮/暗的区域，曲线的表现又略显平缓，也就是说，柔光不会过度拉开背景色和混合色的差距，加上背景色相近的情况下对比度减弱，所以阴影和高光都不会因为该模式而变得特别强烈（有意通过特殊数值进行对比度增强的自然不算），因此“柔光”一词将该模式的特性刻画得恰到好处。

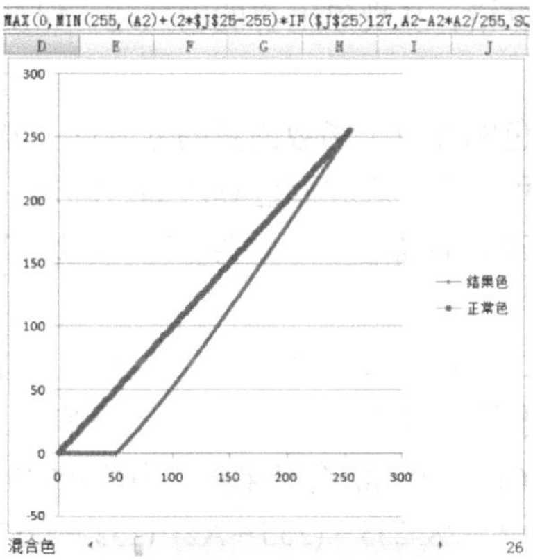

图 6-53　混合色等于 26 时的柔光图像

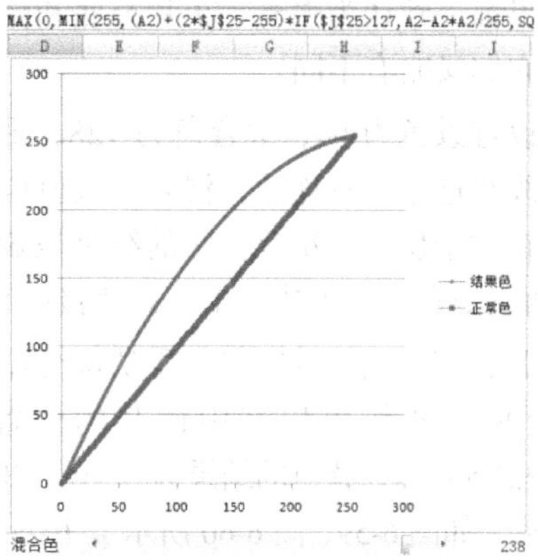

图 6-54　混合色等于 238 时的柔光图像

6.4.8　测试强光混合模式的函数图像

为了体现出柔光的“柔”，我们不妨用强光来进行比较，尽管 ActionScript 已经内置了这种模式。Excel 中的函数表达式如下。

```
=IF(A2>128, 255-(255-A2)*(255-$J$25)/128, A2*$J$25/128)
```

我们得到如图 6-55 的三维曲面和图 6-56、图 6-57、图 6-58 所示的二维图像。可见无论背景色位于哪个区间，曲线平缓的区域都在极端位置附近，所以亮色和暗色的比例都比柔光多，明暗的对比度也较柔光模式强。

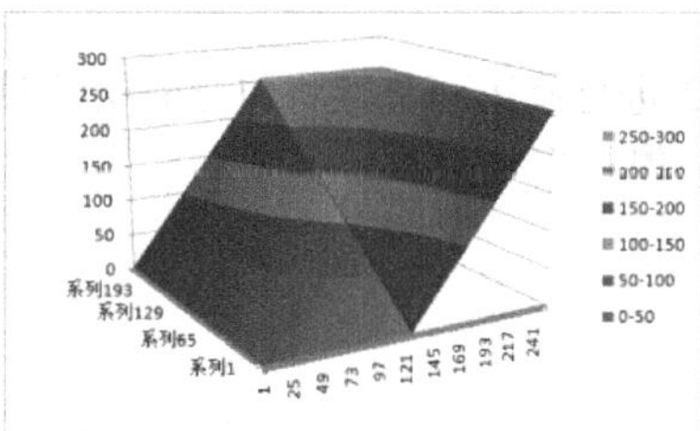

图 6-55　强光模式的三维图像

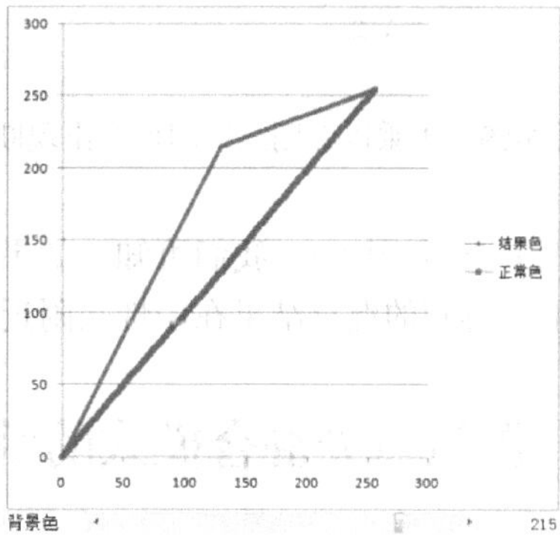

图 6-56　背景色等于 215 时的强光图像

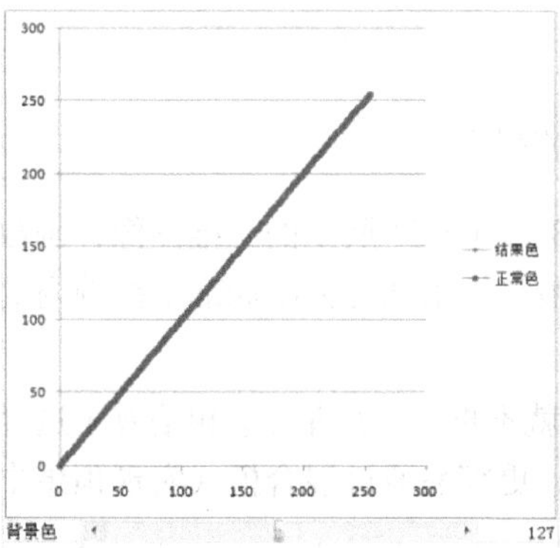

图 6-57　背景色等于 127 时的强光图像

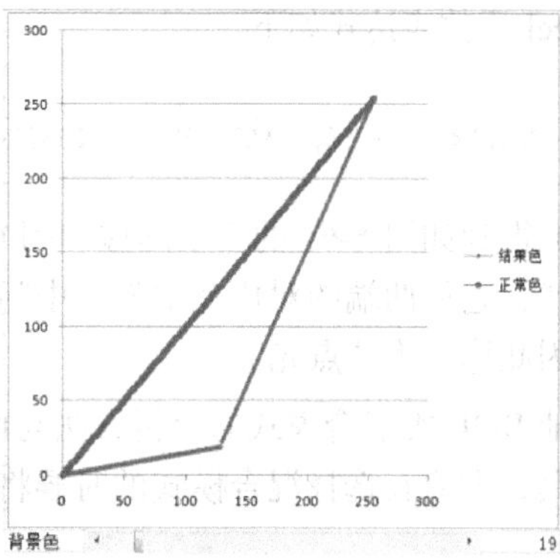

图 6-58　背景色等于 19 时的强光图像

业界都一致认为强光是正片叠底和滤色的结合，没错，从现象上看的确如此，但是从算法上看，它们又略有不同。

假设背景色为 64，混合色为 128，那么此时混合色刚好位于函数图像的分界点。如果我们希望曲线在这个位置连续，混合公式就应该确保该点用正片叠底和滤色算法都能得到一样的结果。但在这个位置，正片叠底的结果是 64*128/255 = 32，而滤色结果则为 255 – 192*128/255 = 160，两段函数图像无法在 128 处衔接起来。

因此我们在运算的时候，乘法部分需要再乘以 2，使正片叠底区间提亮，滤色区间变暗，从而让两条曲线可以在中性灰的位置得以正确连接（乘以 2 后，正片叠底的结果为 64*128*2/255=64，滤色的结果为 255 – 128*192*2/255=64），否则混合结果将在中性灰的位置出现一个断层（如图 6-59、图 6-60 所示），Excel 公式为=IF(A2>128, 255 – (255 – A2)*(255 – $J$25)/255, A2*$J$25/255)。

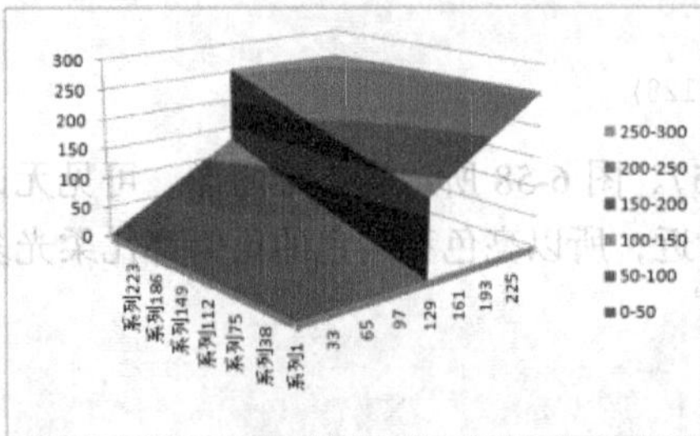

图 6-59　不乘以 2 则三维图像会出现断层

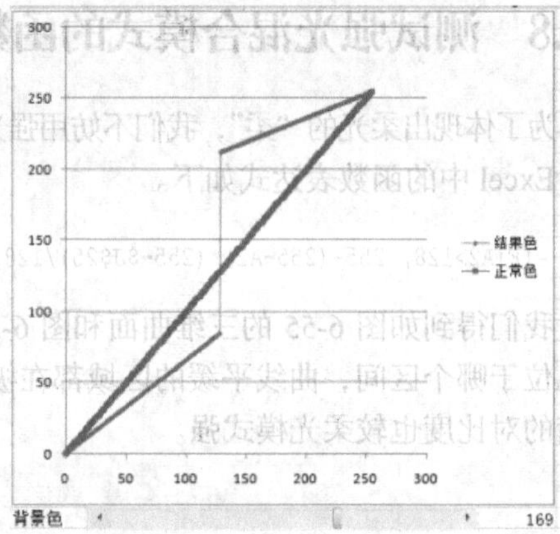

图 6-60　不乘以 2 则两个分段将无法正确衔接

从图 6-59 和图 6-60 我们可知，如果不通过乘以 2 进行修正而直接将包含断层的模式应用到图像上，得到的混合结果在中性灰附近的区域就会显得相当突兀。

6.4.9　测试点光混合模式的函数图像

最后我们再来分析另一种不存在于 ActionScript 中的 Photoshop 混合模式：点光。

Excel 函数表达式如下。

```
=IF($J$25<2*A2-255, 2*A2-255, IF($J$25<2*A2, $J$25, 2*A2))
```

我们得到如图 6-61 的三维图像和图 6-62、图 6-63、图 6-64 所示的二维图像，函数图像呈现折线状，它使两端的对比度增强，中间彻底减弱，最终结果就是突出局部小范围内的高光与阴影，因此称之为“点光”。

其他 RGB 类混合模式的分析方法与此类似，我们就不再一一列举了。相信有了这样的曲线分析工具，大家在选择混合模式的时候将会更加准确，更容易通过混合模式实现预想中的图像混合效果。

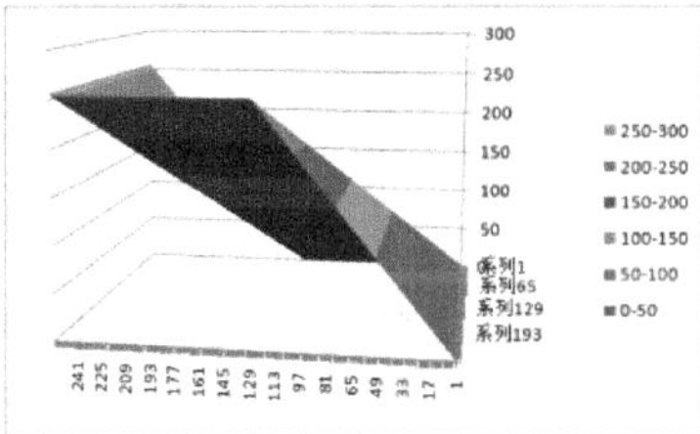

图 6-61　点光混合的三维图像

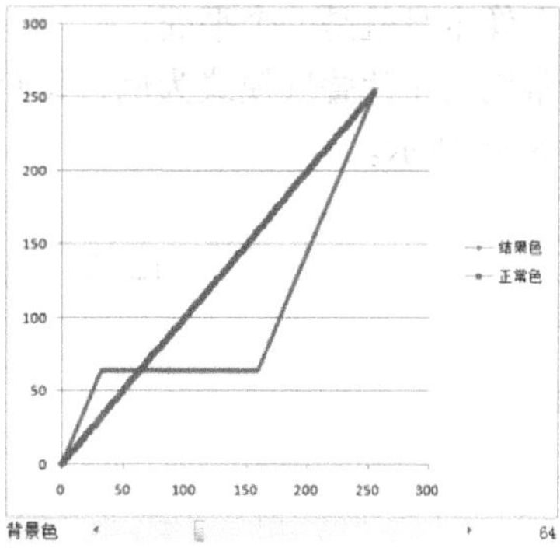

图 6-62　背景色等于 64 时的点光图像

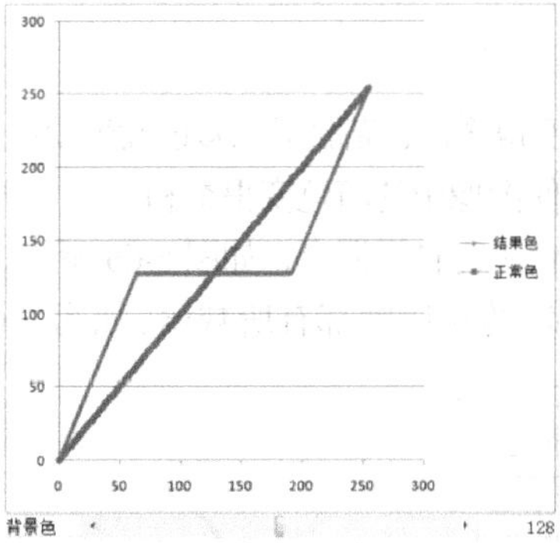

图 6-63　背景色等于 128 时的点光图像

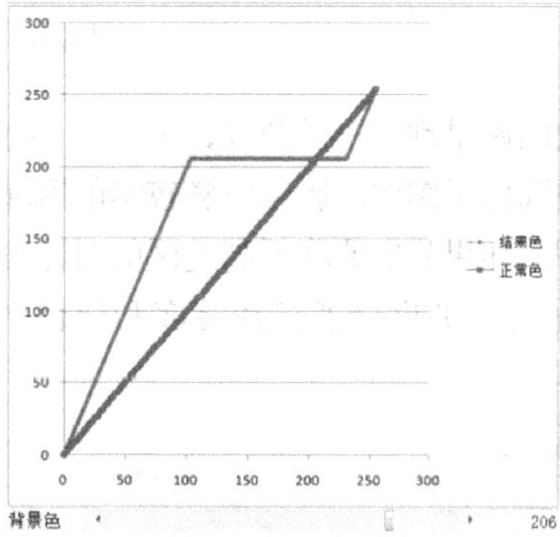

图 6-64　背景色等于 206 时的点光图像

6.5　混合模式高级技巧

优秀的设计师总能把混合模式玩得出神入化，更能把多图层混合运用到炉火纯青的境界。他们在 Photoshop 中复制数个图层，经过适当处理再对每个图层设置不同的混合模式，其结果总令人为之惊叹。但当大家问他们为什么要复制这些图层、混合模式选择的依据如何，他们往往很难给出一个科学的解释。

诚然，混合模式的使用是一门经验科学，是前人经过反复实践整理出来的实验成果，没有对错之分，只有好看与否。

但既然我们已经在 6.4 节给出了利用 Excel 分析混合模式的方法，本节我们就不妨继续沿用这一方法，分析各种高级混合技巧的工作原理。

6.5.1　自增混合

把两张完全一样的图像重叠在一起并且进行混合的过程，称为自增混合。与一般的混合相比，该混合最大的不同在于背景色与混合色始终相等，因此，混合的计算可以表示为 result=blend(bg,bg)。

公式中只有一个自变量，所以它的函数图像比一般混合少一条坐标轴，不存在三维空间和切面的概念，我们用平面直角坐标系就可以表示出来。

在当前 Excel 文档中新建一张工作表，用与 6.4 节相类似的方法制作混合函数的二维图表，不同的是正常色一列改为混合色，而且数值始终等于背景色。此外，本例无需创建滚动条，因为函数的图像本身就是一个平面。

以最常用的正片叠底模式为例，我们用公式=A2*B2/255 填充“结果色”一列，得到的函数图像如图 6-65 所示。

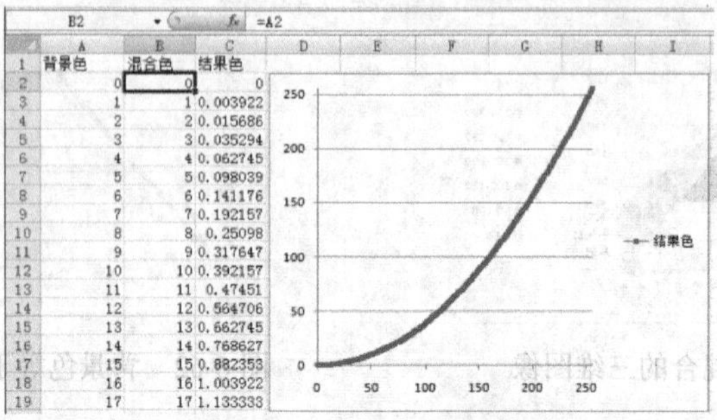

图 6-65　正片叠底的自增混合

函数图像呈现为一条曲线，在（0,0）附近的上升速度变得缓慢，克服了色彩过渡生硬这一缺点的同时，也降低了图像阴影（色彩较暗的区域）的对比度，使图像中的暗色变得柔和。

同理，如果我们要降低高光区的对比度，则可以用滤色进行自增混合，如图 6-66 所示。

强光模式则集合了正片叠底和滤色的特点，明暗区域的对比度都有所减弱，如图 6-67 所示。

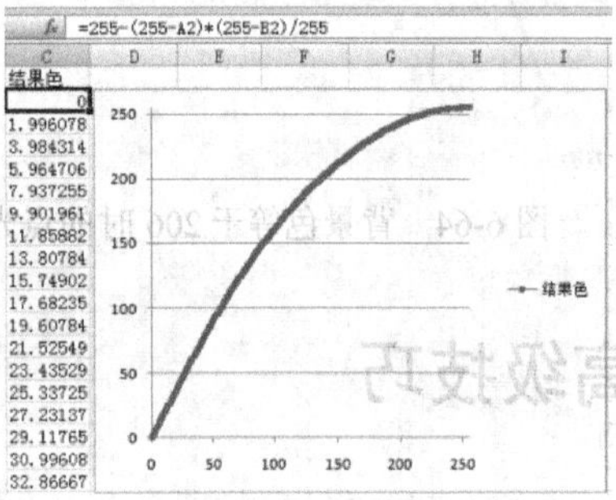

图 6-66　滤色自增混合

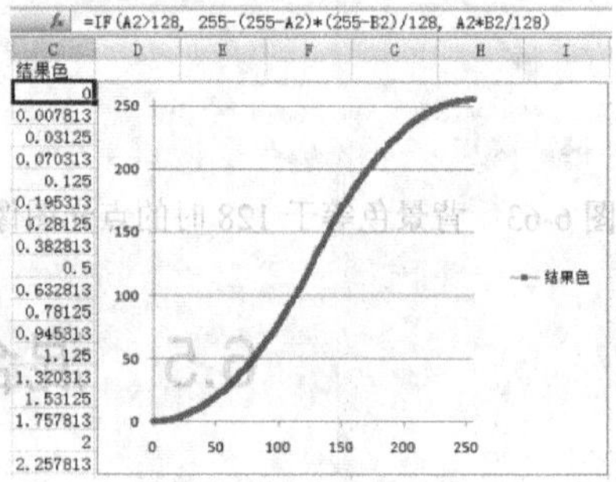

图 6-67　强光自增混合

无论是正片叠底、滤色还是强光，它们在自增混合的函数图像中都表现为将原来笔直的线条软化为光滑的曲线，应用于图片上，就是让生硬的过渡变得柔和，让暗色和亮色区域因为对比度的减弱而不至于太过刺眼。对于手工绘制的图片来说，以上 3 种自增混合都可以加强图片的真实感，让光效和阴影更加自然和流畅。

为什么几条看似简单的混合公式，在自增混合中会产生如此神奇的功效呢？下面我们不妨试着把自增混合公式整理成 y=f(x)的形式。

以正片叠底为例，自增混合的函数可表示为 multiply(bg,bg)=bg*bg/255=bg^2/255。可见正片叠底的自增混合是一个二次函数，平面坐标系中的图像是一段光滑的抛物线，而且它只取抛物线顶点附近的一个区域，所以在区间（0,255）内，曲线的坡度较小，不会过于陡峭，于是就能得到比较柔和的混合结果。

不过，并非每种混合模式都能得到很好的自增混合结果，比如减去和差值混合。

```
subtract(bg,bg)=bg-bg=0
difference(bg,bg)=abs(bg-bg)=0
```

可见无论是什么样的图片，应用减去/差值自增混合后，结果都一定等于纯黑，所以一般很少直接用它们的自增混合来实现某些特定效果。

6.5.2　反相混合

把两张互为反相的图像重叠在一起并且进行混合的过程称为反相混合。此时，blend 始终等于 255 − bg，故混合的计算可以表示为 result=blend(bg,255 − bg)。

要实现反相混合，我们就应将混合色进行降序排列的操作，图 6-68 展示了正片叠底反相混合的数据信息及其函数图像。

背景色	混合色	结果色
0	255	0
1	254	0.996078
2	253	1.984314
3	252	2.964706
4	251	3.937255
5	250	4.901961
6	249	5.858824
7	248	6.807843
8	247	7.74902
9	246	8.682353
10	245	9.607843
11	244	10.52549
12	243	11.43529
13	242	12.33725
14	241	13.23137
15	240	14.11765
16	239	14.99608
17	238	15.86667

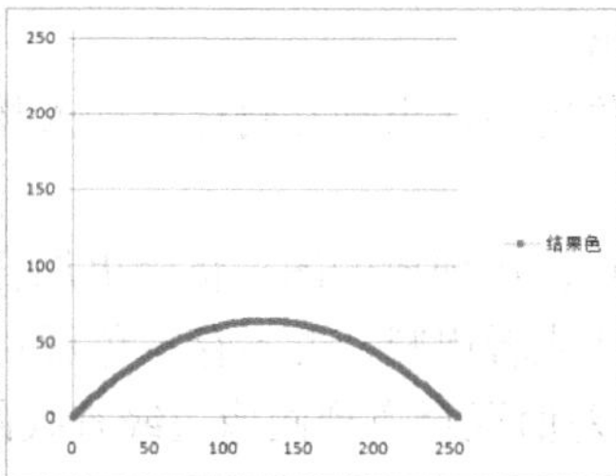

图 6-68　正片叠底反相混合

反相混合的结果色彩对比度减弱，而且渐变曲线过渡平缓，因此，正片叠底反相也能得到比较柔和的阴影。

我们将正片叠底算法代入到反相混合公式中，得到 multiply(bg, 255 − bg)=bg*(255 − bg) /255=255*bg − bg^2/255。它也是一条抛物线，不过顶点在中性灰 127 的位置，因此所有点都更靠近顶点，曲线的坡度也比自增混合小。

同理，滤色的反相混合将得到柔和的高光。

在 6.4 节中节我们用三维模式绘制了柔光模式的图像。在常规混合中，该模式的作用是降低高光和阴影的对比度。那如果我们改用反相混合，效果又会怎样呢？

我们用柔光函数 =MAX(0,MIN(255,(A2)+(2*B2 − 255)* IF(B2>127,A2 − A2*A2/255,SQRT(A2/255)*255 − A2)/255))填充“结果色”一列，得到如图 6-69 的函数图像。可见反相混合得到的效果恰恰跟常规混合相反，中性灰区域的对比度被减弱，而高光和阴影区的对比度则有所加强。

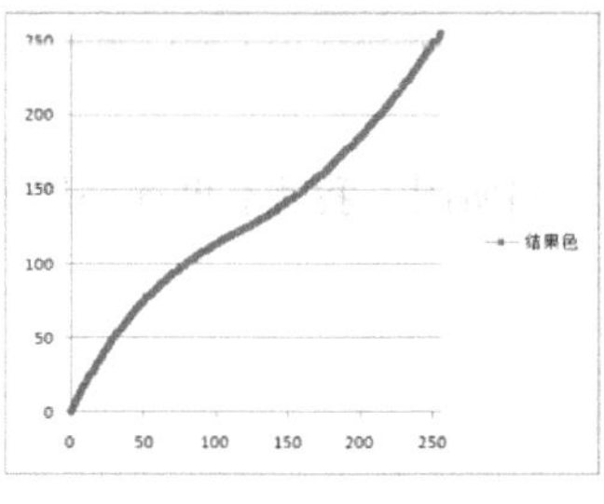

图 6-69　柔光的反相混合

该混合的函数有点复杂，我们需要分段讨论，忽略上下限控制，当混合色大于 127 时，混合函数为 softlight(bg，255 − bg)=bg+(2*(255 − bg) − 255)*(bg − bg*bg/255) =256bg − $3bg^2+2bg^3$/255，是一条 3 次公式，因此跟正片叠底相比，该模式的效果会更加细腻。

我们用类似的方法求混合色小于等于 127 的函数，得到 softlight(bg, 255 − bg)=bg+(2*(255 − bg) − 255)*(sqrt(bg/255)*255 − bg)/255=255*sqrt (255bg) − 2bg*sqrt(255bg) − bg+2bg2/255，函数中带有 1.5 次方的项，所以也会得到较细致的图像。

不过，这样的函数对于一般的设计师乃至对解析几何算法不太感冒的程序员来说都是一纸天书，不仅函数难记，而且即使记住了也不容易通过这一算式在脑海里构想出混合曲线的形状；如果混合的次数再多一些，其混合函数的复杂程度将更加难以想象。因此对于较复杂的混合模式来说，我们除了记住函数图像的大致轮廓以外，经验仍显得相当重要。

同自增混合一样，并非所有混合模式都可以直接通过反相混合得到很好的效果，比如线性减淡（ADD），它的反相混合结果为 add(bg, 255 − bg)=bg+(255 − bg) = 255，结果始终为白色。

6.5.3 错位混合

从上面的讨论我们可以看到，自增混合和反相混合并不适用于所有的混合模式，但这并不代表这些混合模式一无是处。有时候，经过适当的变换再进行混合，我们就可以得到意想不到的效果。

错位混合就是常见的变换技巧之一，它把需要进行混合的两个图层进行一定的错位，以避免过于纯粹的混合结果，比如差值自增混合、反相线性减淡混合等。错位后，混合将会在临近的像素之间进行。如果相邻像素间的色彩对比较强，那么这些像素的混合结果将会与错位前大相径庭，从而变得相当突出。

因为色彩对比较强的位置往往出现在物体（如人物，建筑等）的边缘，所以错位混合非常适合于制作边缘查找效果。

要凸显错位混合的优点，用现成的图片将会更加合适，因为在混合函数图像中，背景色与混合色都从左往右逐步递增或者递减，并不存在色彩对比较强的突变区域。

图 6-70 展示了用错位差值混合实现图像边缘查找的效果。虽然本节我们不太推荐用现成的图片来理解混合模式的原理，但对于错位混合来说，只要是有清晰边缘的图片，其混合结果都大同小异，所以此处用现成图片，还是比较有说服力的。

图 6-70　错位差值混合的效果

此外，错位混合有时还会用于制作重影、抖动等效果，但受篇幅所限，我就不再逐一展开了，有兴趣的读者可自行查阅相关资料。

6.5.4 正交混合

复制一个新图层，旋转 90 度以后再与原图层进行混合的方法叫作正交混合，它也是一种变换技巧，与错位混合相比，正交混合的变换幅度要大很多，背景色与混合色已经无法再用一个变量来表示，因此正交混合需要用三维图像来描述。

在 6.4 节里，用于生成三维图表的数据被放在一个 256 行 255 列的表格里，其中，行代表背景色，列代表混合色，而且行和列相互垂直，因此，6.4 节的三维图表实际上就是正交混合的体现，图表上的点在结果色一轴中的高度，在二维图像中就表现为色彩的明暗程度。

作为正交混合的一个应用，我们打算将行和列色彩的变化趋势做得复杂一些，比如处理成锯齿状。

```
IF(MOD(ROW()-1, 128)>64, 256 - 2 * MOD(ROW()-1, 128), MOD(ROW()-1, 128))
```

首先，行数取除以 128 的余数，所以以上表达式是一个以 128 为最小正周期的函数；其次，表达式分别对余数小于等于 64 和大于 64 的行应用了不同的算式。当余数小于等于 64 时，我们用函数 y=2x，函数值呈现直线上升的趋势，而当余数大于 64 时则用函数 y=256－2x，函数值开始以同样的速度下降，至此一个 128 长度的双向斜坡得以形成。在本例中，行和列的取值范围都为 0~255，因此，用上述表达式去填充三维曲面的数据表格，我们将会得到一张由两个双向斜坡组成的锯齿状波形图表，如图 6-71 所示。

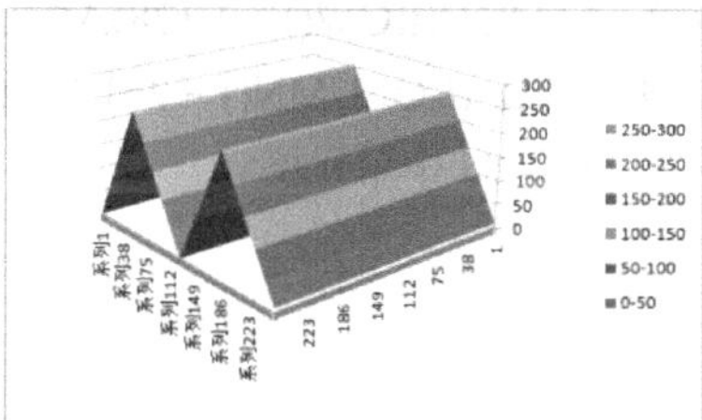

图 6-71　锯齿状波形函数的图像

以上表达式我们只引用了列号，所以该图像相当于正常混合模式时的效果。

如果要对这个锯齿状的波形图像进行正交正片叠底混合，我们只需对行数据也做同样的锯齿状处理，然后将行和列相乘并除以 255 即可。

```
IF(MOD(ROW()-1, 128)>64, 256 - 2 * MOD(ROW()-1, 128), MOD(ROW()-1, 128) *IF(MOD(ROW()-1, 128)>64,
256 - 2 * MOD(ROW()-1, 128), MOD(ROW()-1, 128)/255
```

小提示　生成锯齿状波形的函数有很多，比如绝对值、三角函数等等，大家不必拘泥于上述表达式的做法。

我们用该表达式填充表格中的数据，得到的三维图像如图 6-72 所示，

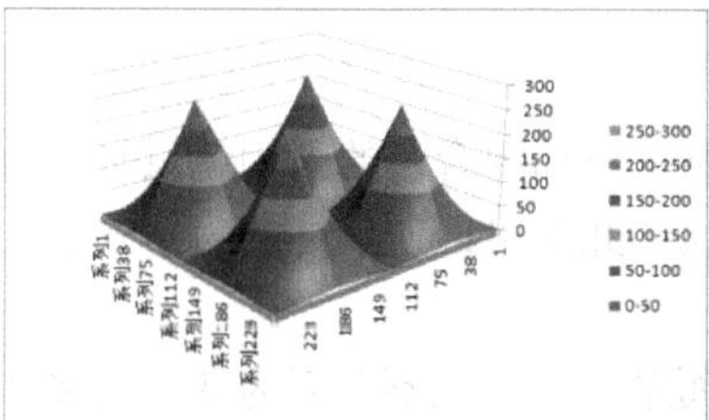

图 6-72　正片叠底的正交混合图像

图像为 4 个锥形，锥形的底面代表黑色。图像上的点从底面出发，沿着侧面逐渐上升到顶点，在平面图像上将表现为色彩逐渐变亮，而锥形的顶点也就成为了图像上的 4 个高光点。此外，图像上的每个锥形都包含了 4 条棱，而且都向内弯曲，使得顶点处比较尖锐，因此该图像在平面上的形态将呈现为 4 个闪亮耀眼的十字星光。

但事实上，正片叠底是一种变暗的混合，高光的区域实际上不是很多（从棱的弯曲方向可见一斑），光点的分布也比较稀疏。而相比之下，差值混合则不会大幅降低图像的整体亮度，相反，对比度可能会因此而得到一定的提升。

差值正交混合的表达式可表示为以下格式。

```
ABS(IF(MOD(ROW()-1,128)>64,512-4*MOD(ROW()-1,128),MOD(ROW()-1,128)*4)-IF(MOD(COLUMN()-1,128)>64
,512-4*MOD(COLUMN()-1,128),MOD(COLUMN()-1,128)*4))
```

结果如图 6-73 所示，光点明显增多，而且层次也变得复杂了（虽然锥形的棱都呈现为直线）。

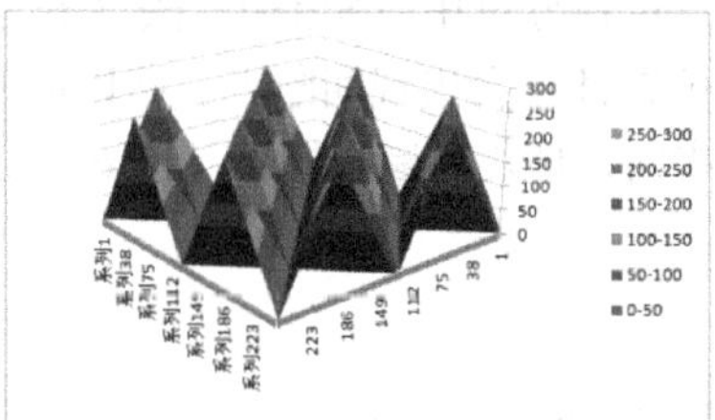

图 6-73　差值的正交混合图像

所以，差值正交混合除了用于生成较多的光点以外，还可以用来打造一些形态复杂的图形纹理，在后续的章节中，大家会看到该模式的应用。

在上面的测试中，我们发现，即使是很简单的混合函数，写到正交混合的表达式中也已经是太复杂了。我们可以想象，如果混合函数对背景色、混合色这两个变量的引用次数较多，那么最终的表达式将会更长，更不便于阅读，同时也增大了查错的难度。

```
比如柔光: MAX(0,MIN(255,(c)+(2*r-255)*IF(r>127,c-c*c/255,SQRT(c/255)*255-c)/255))
其中 c= IF(MOD(COLUMN()-1,128)>64,512-4*MOD(COLUMN()-1,128),MOD(COLUMN()-1,128)*4))
r= IF(MOD(ROW()-1,128)>64,512-4*MOD(ROW()-1,128),MOD(ROW()-1,128)*4)
```

如果我们直接将 c 和 r 所代表的函数直接替换到柔光的混合函数上，其最终的表达式必然会让我们无法直视，因为实在是太长了。

利用 Excel 的宏表函数 evaluate 可以轻松解决此问题，但由于本书的重点不是 Excel 的使用，所以此处我们使用一个笨方法来解决——创建辅助数据，把锯齿函数的计算放在其他单元格中进行，如图 6-74 所示，我分别用 IF(MOD(ROW() − 1,128)>64,512 − 4*MOD(ROW() − 1,128),MOD(ROW() − 1,128)*4)和 IF(MOD(COLUMN() − 261,128)>64,512 − 4*MOD (COLUMN() − 261,128), MOD(COLUMN() − 261,128)*4))填充了表格的 IZ 列和第一行的第 261~485 个单元格。

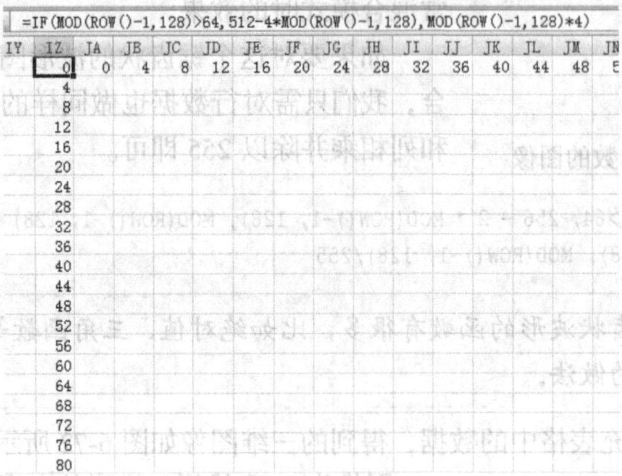

图 6-74　创建辅助数据

有了以上两组数据以后，我们在输入混合表达式时，对背景色和混合色的引用就只是输入一个单元格地址的事情了。与每次都复制冗长的锯齿函数相比，此举可以使最终的表达式更加简洁、清爽，提高可读性的同时，也为排错带来了便利。

例如正片叠底函数的表达式就可简化为 JA$1*$IZ1/255，而柔光函数也不会因为变量的多次引用而变得太复杂。

```
MAX(0,MIN(255,( JA$1)+(2*$IZ1-255)*IF($IZ1>127, JA$1- JA$1* JA$1/255,SQRT(JA$1/255)*255-JA$1)/255))
```

柔光正交混合的函数图像如图 6-75 所示，它对平直的锯齿起到了软化的作用。

本小节的最后，我们再来讨论一下划分——一个颇受设计师欢迎的混合模式，其公式如下所示。

```
result = blend/bg*255
IF(JA$1=0, 0, MAX(0,MIN(255, $IZ1/JA$1*255)))
```

公式虽然跟正片叠底一样简单，但其图像效果却因为背景色在分母中而变得相当令人出乎意料。分母很小的时候，混合的结果会变得很大，等于 0 的位置甚至会出现间断点。所以即使设置上限为 255 也于事无补，得到的是一个千疮百孔，形如喀斯特地貌的断层图像（图 6-76），因此该模式非常适合用来制作各种粗糙纹理或者裂纹效果。

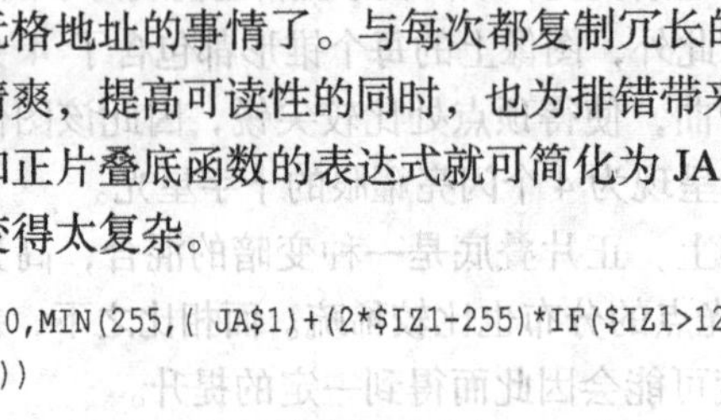

图 6-75　柔光正交混合的函数图像

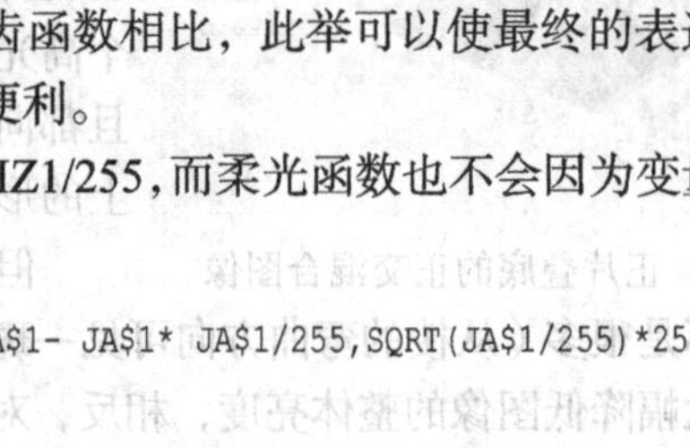

图 6-76　划分模式的正交混合图像

从以上几种混合模式我们可以看到，正交混合具有相当强的创造力，其本质跟自增混合和反相混合一样，都是混合函数与图层复合共同作用的结果，使原来简单的线性算法变得此起彼伏，千奇百怪，从而为各种创意效果的制作奠定了重要的基础。

虽然本书以函数图像作为工具讲解混合模式的作用原理，但这并不意味着我们需要深入到图像的算法之中，因为对于非数学专业的设计师或者程序员而言，分析二元函数曲面的几何特性相当困难，它涉及偏导数、全微分等高等数学知识。所以，通过直观的函数图像、从宏观的角度了解曲面的坡度变化趋势，对于混合模式的应用来说，就已经相当足够了。

6.5.5　滤镜混合

Photoshop 的滤镜是一门相当高深的学问，要把每一种滤镜的使用技巧、工作原理都阐述清楚，恐怕写十本书都未必足够。但因为滤镜+混合模式也是设计师们的常用技法之一，所以我们还是打算跟大家简单地探讨一下。

此处我们不会涉及诸如极坐标、纤维化等对图像形态造成太大破坏的滤镜，因为应用这类滤镜后的图像与原图像的差别太大，已经超出本节的讨论范围。

至于对图像轮廓破坏不大的滤镜，如模糊、杂色等，它实际上是错位混合的一种补充，用于弥补自增混合，反相混合过于纯粹的不足。

例如正片叠底的自增混合，虽然一定程度上可以使图像的色彩变得柔和，但颜色的过渡有时仍会略显生硬，此时，对其中一个图层进行模糊之后再进行混合就可以使最终效果更加细腻。

又如线性减淡的反相混合，结果一定等于白色，但如果先对其中一个图层进行模糊处理，那么边缘部分的像素就会发生比较明显的变化，此时再进行混合，就可以得到相对柔和的图像边缘。

类似的技巧还有很多，但受篇幅所限，我们就不在这里逐一展开讨论了。

6.6　本 章 小 结

为了通过代码实现 ActionScript 中没有的 Photoshop 混合模式，我特地开了这一章，从混合计算的最小单位——像素开始，深入探讨混合模式的工作机制及算法原理。这当中涉及大量的数学公式，其复杂程度足以令笔者本人都很难坚持阅读下去，所以我们已经把这些算法都封装成类。只要大家还使用 ActionScript3，那这些类对于大部分跟混合相关的需求来说，都已经相当足够了。

电刚被发现的时候，人们都不明白它的意义何在，直到电灯诞生的那一刻，大家才恍然大悟。本章所介绍的原理性知识也一样，乍一看它们似乎没有太大的应用价值。但实际上，没有这些理论的指导，且不说 Photoshop、AfterEffects 这类高端软件，就连国内的美图秀秀、会声会影等傻瓜式软件我们都没机会用得上。

那么问题来了。大家可能会说：“我不研究电灯的发明，也不从事图像软件的开发，那我学这么多原理又有何用？”没错，确实作用不大。所以在本章的最后两节，我们结合 Excel 软件给大家制作了一些以混合模式算法为基础、专门针对图像设计的小工具，为理论与实践搭建了又一座桥梁。但此处笔者也不得不承认，就应用领域来说，本章讲解得确实不太全面，毕竟篇幅有限。对这方面感兴趣的读者，可以在《Photoshop 混合模式深度剖析》一书中学习更多关于混合模式的实用技巧。

除了是对第 5 章的补充和延续，本章还是从 DisplayObject 到 BitmapData 的一个过渡。在后续的章节中，我将继续给大家介绍 BitmapData 的相关知识及其与 Photoshop 的关系。后面的内容会更加实用，也更加有趣、更加精彩。

第 7 章

自出机杼——叠加效果的制作

从前有个非常好胜的人，他希望什么东西都比别人强。有次他从市场上买了一只猫回来，就想给它起个霸气点的名字，以凸显自己所向无敌。一开始他给猫取名为“天”，心想一定无人能越了。

没过多久，有位朋友就告诉他：“天还赶不上云彩呢。”他琢磨了一下，觉得有道理。然后又想：风又能吹散云彩，那就干脆取名叫“风”吧。

那朋友又说：“屏风和隔扇都能把风给挡住哦。”“呃……那就叫‘屏风’吧。”“等等，屏风还怕被老鼠咬呢。”“啊……既然如此，那还是叫‘猫’好了。”

世上没有绝对的天下无敌，也没有绝对的一无是处。我们更多的是要讲求相互间的配合，从而充分发挥出各自的优势。艺术编程同样如此，就拿文本和贴图来说，文本线条丰富，但色彩单一，贴图则恰好弥补了文本的不足，缺点自然就是它一般都是矩形，缺乏骨架和轮廓。而 Photoshop 的叠加样式（颜色叠加、渐变叠加和图案叠加）则把以上两者的优点给有机结合起来了。

纵观 Photoshop 中的 3 种叠加效果，它们都有一个共同点：不修改图形本身的形状，而是直接在现有图形的基础上进行上色或者贴图，操作完成以后图形的整体轮廓不发生任何改变。由此我们不难推知，叠加效果的制作有一套通用的方案，在设计的时候也应力求“自出机杼，独出心裁”。本章就以渐变叠加为例，对此展开深入的论述。

7.1 为 Flash 内的文本应用渐变填充和位图填充

Flash 里，给矢量图形填充渐变色彩或者位图纹理的方法比较简单。用画图工具随便绘制一个图形，打开【颜色】面板（Alt+Shift+F9），填充类型选择“线性渐变”/“径向渐变”/“位图填充”即可（如图 7-1 所示）。不过 Flash 提供的渐变方式比较少，要模拟 Photoshop 里的渐变效果，我们仍需要掌握一些特殊的技巧。

狭义上的渐变，是指一种颜色到另一种颜色的平滑过渡。图 7-1 展示了从黑色到白色的渐变效果。渐变条左右两侧的黑白滑块，我们称之为渐变点。我们可以看到，在两渐变点之间，Flash 用线性插值的方法生成整个渐变区域，颜色在整个渐变条中呈现出匀速变化的趋势，这一点我们将在后续的章节中给出证明。

注意 Flash 并不仅仅只能做线性插值的渐变，放射填充的焦点偏移和线性 RGB 选项都可以影响到渐变的变化趋势。

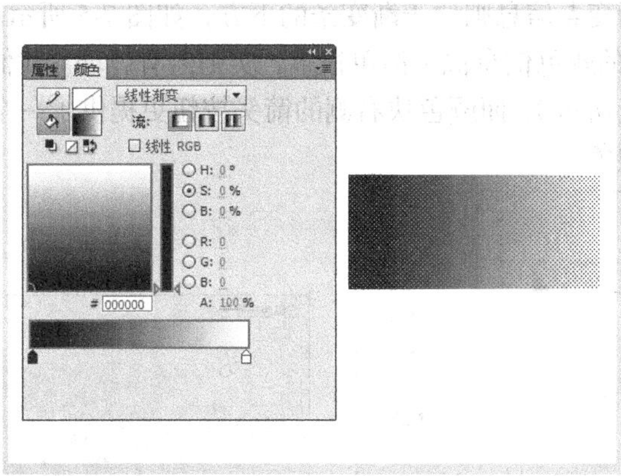

图 7-1　在 Flash 中使用线性渐变

7.1.1　Photoshop 渐变点编辑和 Flash IDE 渐变条的功能差异

下面我们以第 2 章的 Photoshop 渐变叠加为例简单讲解下渐变填充的操作方法。在此过程中，我们会对 Photoshop 渐变参数进行一些调整，以便让大家更全面地了解到渐变设置的一些选项并分析两款软件在渐变处理方面的一些差异。

我们首先回到之前做好的 PSD 文件，把渐变编辑器打开（如图 7-2 所示）。

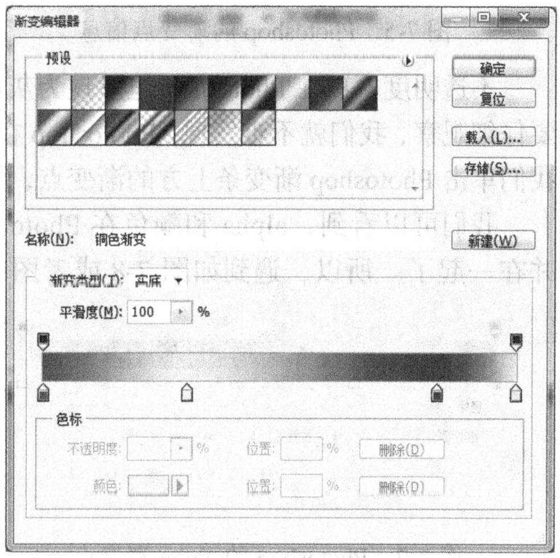

图 7-2　Photoshop 的渐变编辑器

两者在布局编排上的差异比较大，但毋庸置疑，两个面板的下方都有一个渐变编辑条，它们是相互对应的关系。

Flash 的默认渐变只有两种颜色，而我们在 Photoshop 里选择的渐变条则带了 4 种颜色，把鼠标移到 Flash 的渐变条上，在看到光标下方出现“+”符号的时候单击鼠标即可添加渐变点，如图 7-3 所示。

我们在 Photoshop 中也可以用类似的方法添加渐变点。

我们在 Flash 里按住渐变点往下拖，可以把不要的渐变点删掉。Photoshop 还可以用删除按钮来完成该操作。

我们在 Flash 的颜色面板上单击任意渐变点，颜色信息都会显示在渐变条上方，如图 7-4 所示。

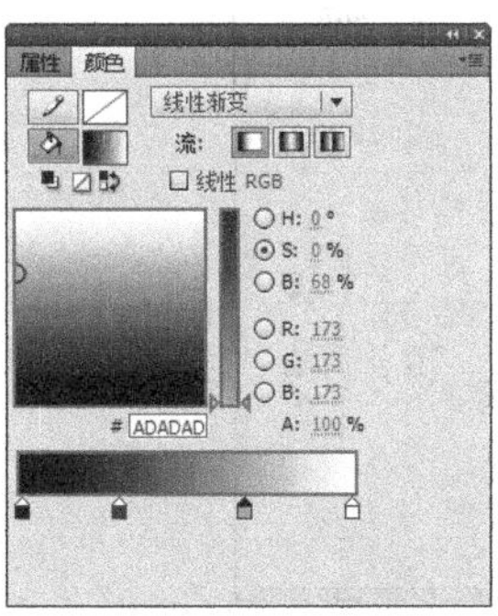

图 7-3　添加两个渐变点

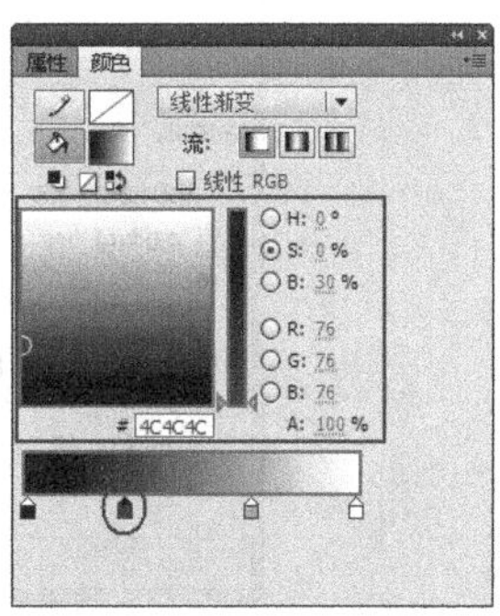

图 7-4　渐变点的颜色信息

而 Photoshop 中的渐变点信息则位于渐变条的下方，如图 7-5 所示。

乍一看，Photoshop 的颜色信息似乎简单很多，实则内有乾坤。我们单击颜色块，即可弹出通用的对话框（如图 7-6 所示），而颜色块右侧的箭头按钮更提供了一个弹出菜单，供我们快速设置 Photoshop 的常用颜色。

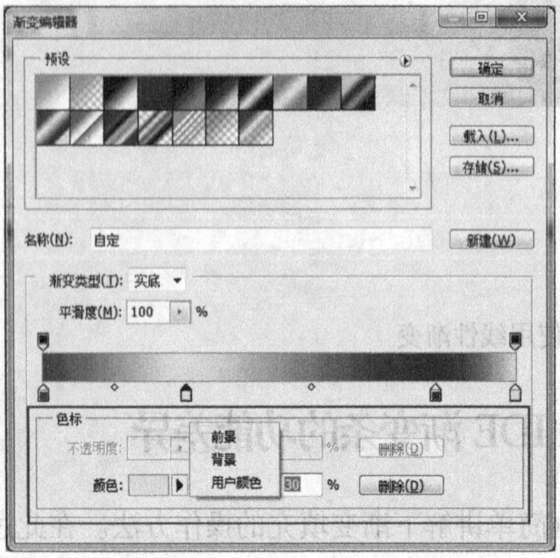

图 7-5　Photoshop 的渐变点信息

图 7-6　Photoshop 中的颜色信息

不透明度一项在 Photoshop 里呈现为灰色不可用的状态，Flash 则全部开放，原因何在？只要仔细观察，我们就不难发现，Photoshop 在渐变条的上下方都有渐变点，而 Flash 只在下方有。我们单击 Photoshop 渐变条上方的渐变点，效果如图 7-7 所示。

我们可以看到，alpha 和颜色在 Photoshop 里被拆分成两段相互独立的渐变，Flash 则合并在一起了。所以，遇到如图 7-8 或者图 7-9 那样的渐变，Flash 就不能直接模拟出来了。

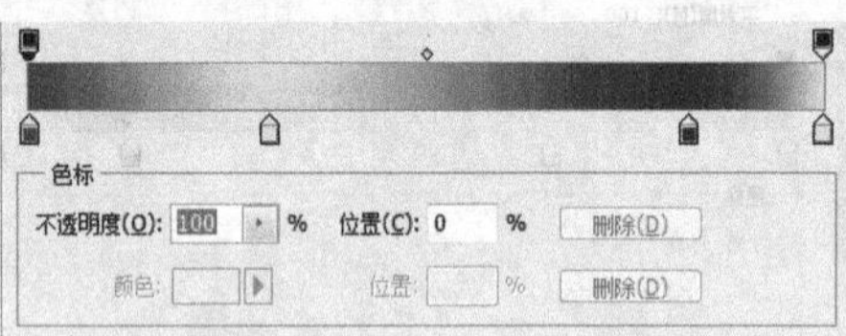

图 7-7　Photoshop 的 alpha 渐变点

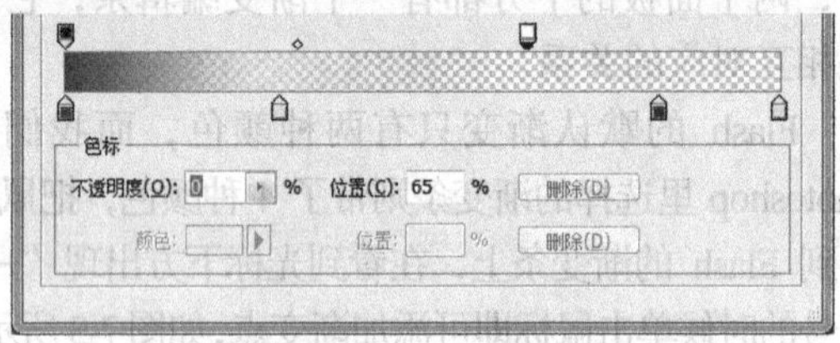

图 7-8　透明度渐变点与颜色渐变点出现错位，无法在 Flash 中合并

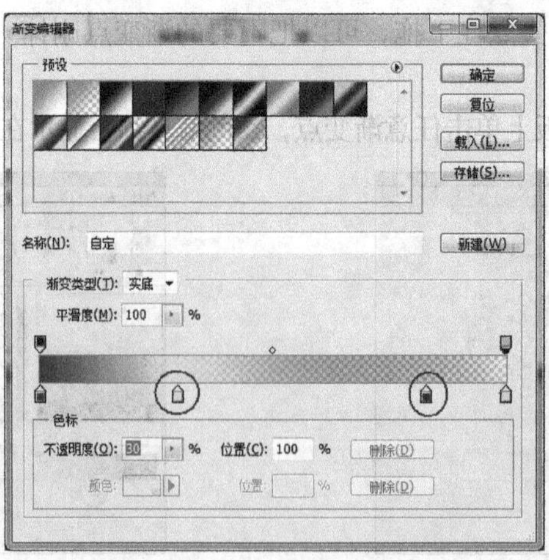

图 7-9　红色标记的两个渐变点无法直接得知其 alpha 值

7.1.2　如何在 Flash 里合成被分离的色彩渐变与 alpha 渐变

对于以上两种渐变，如果要在 Flash IDE 里面模拟，我们就要自己算出每个颜色渐变点的不透明度。以图 7-9 为例，我们要计算被红色标记的那两个点所在位置的 alpha 值。

我们首先看看 alpha 渐变点，左侧点为 100%，右侧点为 30%，整个渐变条的渐变幅度为 70%，即每右移 1%，alpha 就减少 0.7%。所以可得出算式 alpha=100%−位置*0.7%。

我们用该式子算出图 7-9 中被红色标记的那两个点所在位置的 alpha 值。

第一个红点位于 30%的位置（在渐变条下方可以看到准确的数值），所以该点的 alpha 值等于 100%−0.7%*30=79%。同理可算出第二个点的 alpha 值为 100%–0.7%*83%=41.9%。

至于颜色值，分别点开每个颜色渐变点下方的色块，颜色值就位于拾色器的下方。

把图 7-9 上那 4 个颜色渐变点的 ARGB 都算出来以后，我们就可以尝试在 Flash 里模拟它了。不过头疼的问题再度袭来，Flash IDE 下的渐变点无法精准定位，我们又只能凭着格子或者截屏工具进行不太准确的定位，如图 7-10 所示。

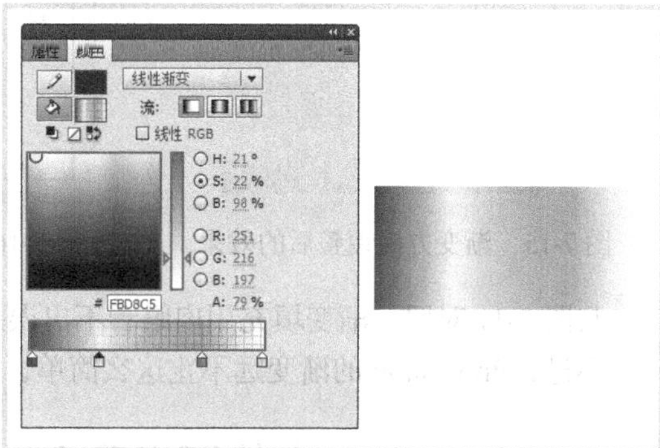

图 7-10　用 Flash 模拟 Photoshop 的渐变效果

为了更方便地对照 Flash 和 Photoshop 的渐变，我们把 Photoshop 里的字体颜色改为白色并且去掉除渐变叠加外的所有图层样式，（如图 7-11 所示），然后在 Flash 里单击渐变矩形以外的区域以取消对该图形的选定状态（如图 7-12 所示）。

图 7-11　Photoshop 中的渐变效果

图 7-12　Flash 的渐变效果

但是这样对照起来还是不方便，因为渐变的方向不一致。为此，我们把 Flash 的渐变也调整为上下方向。方法为：按快捷键 F 或者在工具栏上找到渐变变形工具（如图 7-13 所示）之后，单击选中渐变的矩形，便显示出一个带手柄的渐变填充控制框（如图 7-14 所示）。

图 7-13　渐变变形工具

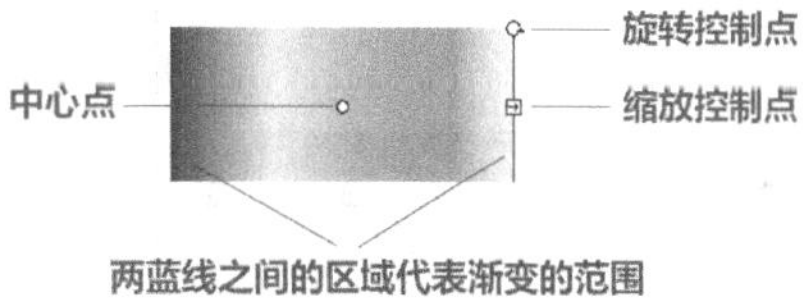

图 7-14　渐变控制框

根据图 7-14，我们不难总结出把渐变区调整到上下方向的做法：首先按住旋转控制点向左拖动，让蓝线逆时针旋转 90 度（在没改过 Flash 首选参数的前提下它会在拖动不精确的情况下也自动对齐到 90 度），然后按住缩放控制点向下拉，使两根蓝线刚好与矩形的上下边缘同时对齐。如果始终无法同时让两根线都对齐到上下边缘，就可以上下拖动渐变的中心点，使渐变中心点与矩形中心点对齐以后再作缩放。完成渐变调整后的效果如图 7-15 所示。

Photoshop 的渐变叠加方向及区域大小在渐变叠加样式面板中定义，如图 7-16 所示。但跟 Flash 渐变不同，Photoshop 的渐变不直接支持斜切变换。

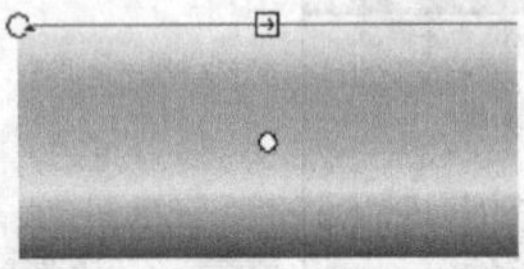

图 7-15　渐变方向调整后的效果

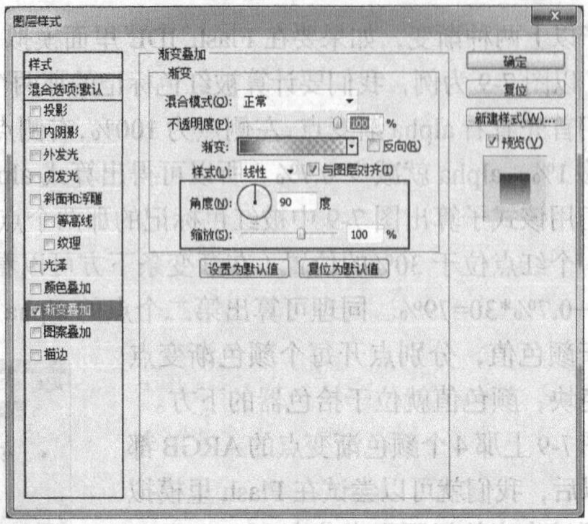

图 7-16　给 Photoshop 的渐变叠加进行变形的方法

与图 7-11 对照，渐变填充用肉眼看不出误差来，我们姑且认为本次模拟是成功的。

不过，Photoshop 的渐变远不止这么简单，我们回到渐变编辑器里继续探讨。

7.1.3　Photoshop 中的渐变重心

我们单击选中任意一个渐变点，会发现它的两侧分别多了一个菱形的小滑块，如图 7-17 所示。

拖动这些小滑块可以更改两渐变色的平均值在渐变条中的位置，我们在这里称之为渐变的重心点（如图 7-18 所示）。

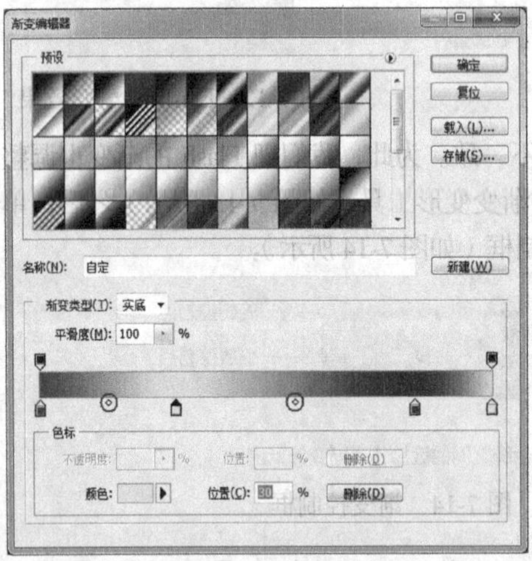

图 7-17　Photoshop 渐变条里的小滑块

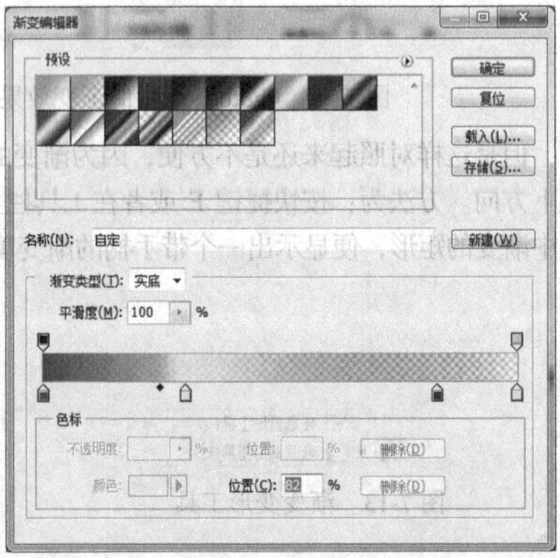

图 7-18　通过小滑块更改渐变的重心

两渐变点之间不再呈现线性过渡的趋势。图 7-18 最左侧两个渐变点的过渡趋势就表现为先快后慢，所幸的是，渐变点与小滑块之间仍然使用近似于线性的插值方法（这点我们会在后续章节给出证明），所以在 Flash 里依然有望模拟出来。

回到 Flash IDE，在最左侧两渐变点的中间位置（只能靠观察或者手工测量位置了）单击一下，添加一个渐变点，其色值将等于左右两颜色的平均值（按通道值计算），如图 7-19 所示。

然后我们将被添加的点往右拖到大约 82%的位置（Photoshop 里我们把小滑块的位置设置为 82%），如图 7-20 所示。

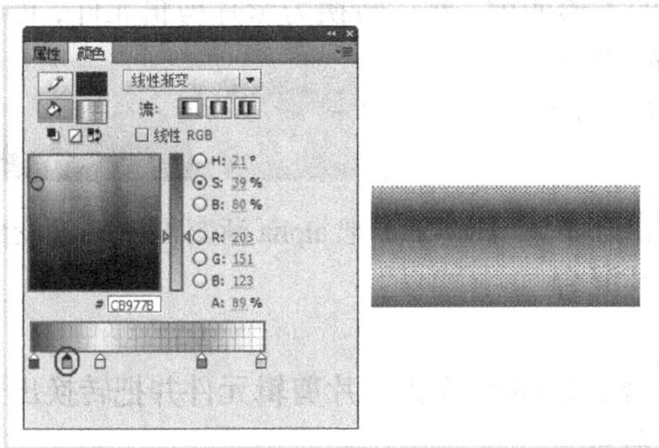

图 7-19　添加一个中值渐变点

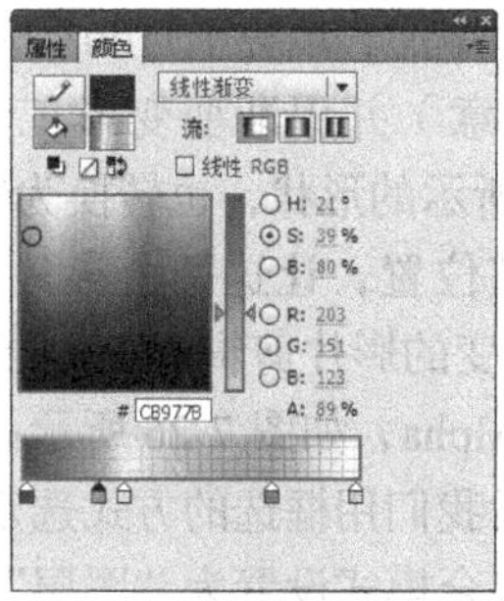

图 7-20　拖动中值点模拟 PS 的小滑块

图 7-21　Photoshop 调整中值后的效果

图 7-22　Flash 调整中值后的效果

用肉眼已经感觉到误差了，Flash 在渐变点间隔较小的过渡区域显得比较突兀。为了得知这个误差来源于模拟方式还是软件本身，我们在 Photoshop 里用添加渐变点的方法来代替小滑块的偏移，如图 7-23 所示。

效果如图 7-24 所示。

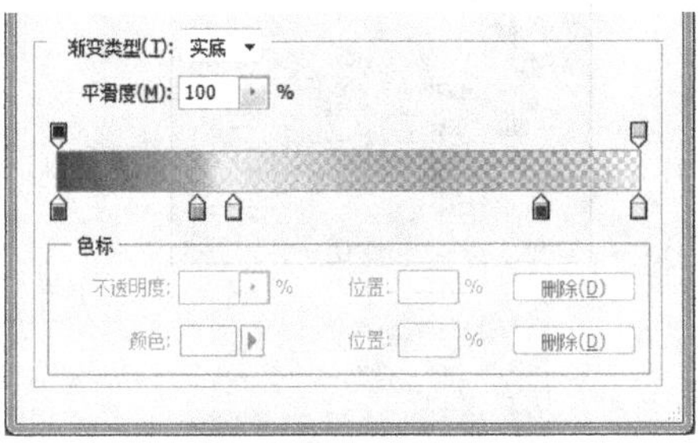

图 7-23　用添加渐变点的方法代替小滑块的偏移

图 7-24　加渐变点的模拟效果

在 Photoshop 里，加渐变点与小滑块偏移的效果相当接近，但是跟 Flash 的渐变存在误差。因此我们可以认为，模拟方式没有太大的问题，关键可能在于软件的差异或者其他因素的影响，但此处我们先不轻易下结论，先看完其他的选项再说。

7.1.4　在 Flash IDE 里用混合模式简化 Photoshop 的渐变合成

渐变调整到这一步，我们已经体会到模拟稍复杂一点的 Photoshop 渐变是何等的麻烦，生成过渡点需要进行大量的运算，而且不容易发现错误。再者，只要 Photoshop 里任意一点的位置发生了更改，Flash 模拟的结果就要推倒重来。那么，有没有办法可以避免这种情况或者降低麻烦的程度呢？

如果大家还记得混合模式的相关内容，那我相信您的脑海里就已经形成了初步的解决思路：两个渐变可以被分离到两个独立的显示对象进行编辑，然后用混合模式进行合成。

既然一个渐变条控制颜色，一个控制 alpha，那用 Alpha 的混合模式来实现两个独立渐变的过渡就顺理成章了。

首先我们把现有的渐变点都调成 100%的不透明度，然后转换为影片剪辑元件，再画一个大小一样的矩形，填充上 100%～30%的 alpha 渐变（颜色随意）并用渐变变形工具将渐变调整为如图 7-25 所示的形状，也转换为影片剪辑。

图 7-25　把 alpha 渐变和 RGB 渐变分离出来

调整位置，让这两个影片剪辑完全重合并将 alpha 渐变的影片剪辑置于上层，同时设置其混合模式为 Alpha，如图 7-26 所示。

然后我们用框选的方式选定以上两个对象，按 F8 转换为影片剪辑元件并把转换出来的影片剪辑的混合模式设置为“图层”，如图 7-27 所示。

结果跟之前计算出来的完全一致。

该方法的优点在于操作简便，灵活性高，可控性强，易于维护，缺点是需要做一个嵌套，而且必须将混合模式更改为“图层”，不利于植入其他的渐变选项，扩展性较差。在后续的章节中，我们会介绍一些用代码去控制渐变的方法，使大家的作品在克服以上缺点的同时仍保留着 Alpha 混合的一些优势。

言归正传，我们回到 Photoshop 的渐变编辑器中继续探讨。

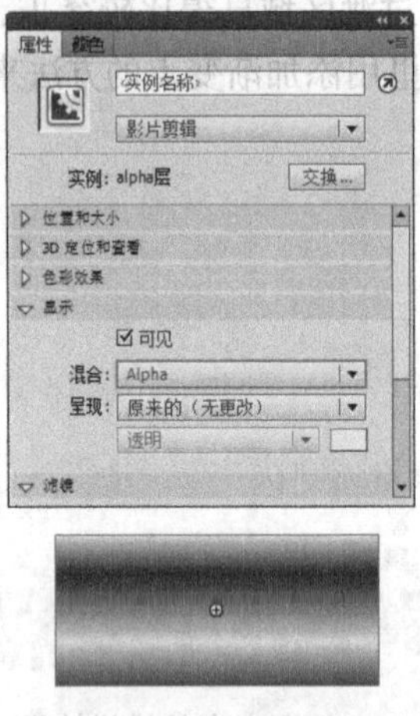

图 7-26　设置为 Alpha 混合模式

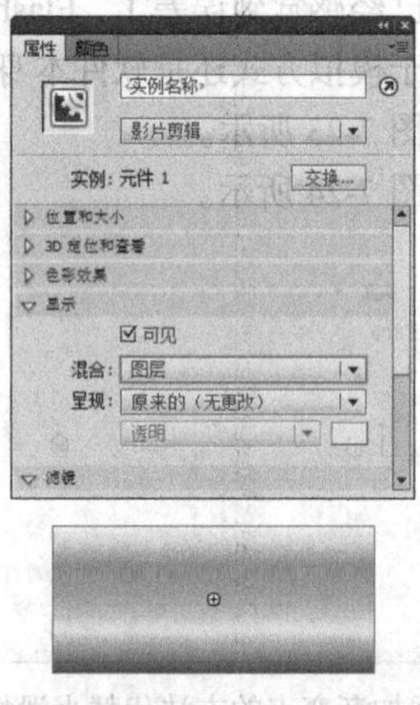

图 7-27　两影片剪辑合并于“图层”混合的容器

7.1.5 Photoshop 渐变样式的导出

面板最上方给出了一些预设的（可以叫作模板）以及我们最近使用过的一些渐变样式。Photoshop 内置了几套常用的渐变样式，我们可以直接单击使用并进行一些细节的编辑，还可以通过单击【预设】框架右上角的三角形添加更多的预设渐变，如图 7-28 所示。

制作好的渐变，我们可以通过单击【存储】按钮把样式保存为外部文件给其他用户使用，也可以导入其他用户制作好的渐变样式。

Flash 则比较低调，要单击渐变的样本块才能看到它们躲在左下方一个小小的角落里。而且 Flash 预设的样式较少，也不太美观。此外也不具备保存、载入、给渐变样式命名等附加功能，如图 7-29 所示。

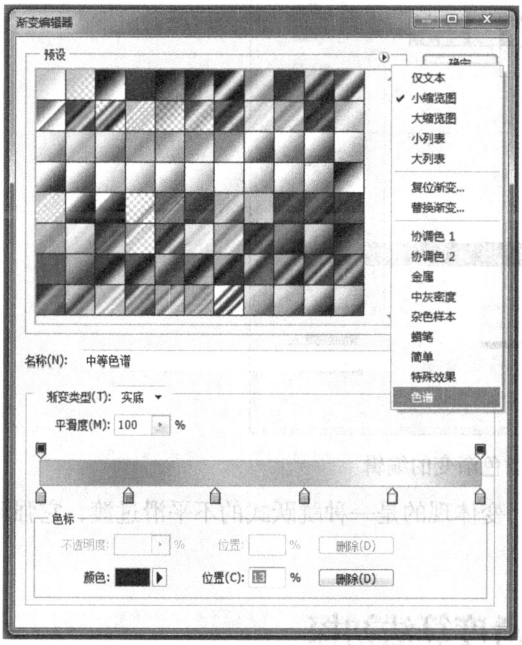

图 7-28　Photoshop 的渐变预设

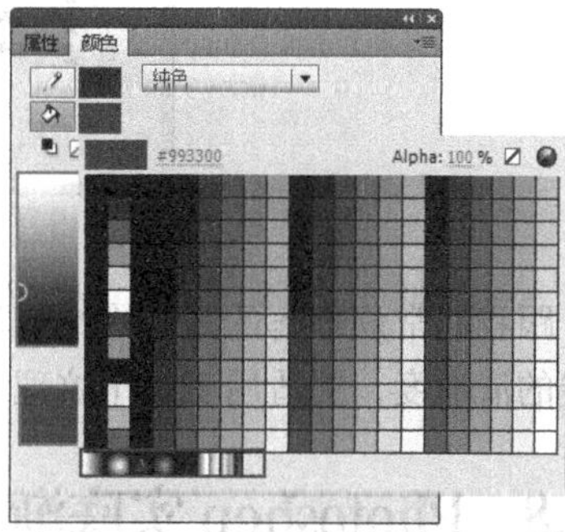

图 7-29　Flash 的渐变预设

不过没关系，只要学会如何把 Photoshop 做好的渐变样式给模拟出来，后续的操作就不会有太大的问题了。

7.1.6　Photoshop 的渐变样式与 Flash 的渐变类型

下一个是渐变类型，它是否跟 Flash 的渐变类型一致呢（如图 7-30、图 7-31 所示）？

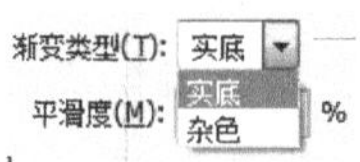

图 7-30　Photoshop 中的渐变选项

图 7-31　Flash 中的渐变选项

两套选项几乎完全不能对应上。其实 Photoshop 的渐变类型不在此处，而是在它的上一级面板中，如图 7-32 所示。

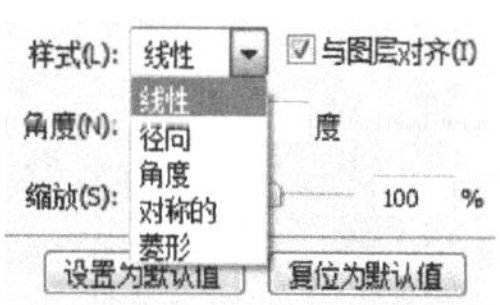

图 7-32　Photoshop 真正跟 Flash 对应的渐变类型选项

Photoshop 的渐变类型比 Flash 的多了三种。经测试，这 3 种样式里，除了“对称的”一项以外，余下的两种都无法直接在 Flash 里模拟出来，所以我们会在后续的章节中尝试用代码实现它们。

7.1.7　Photoshop 的渐变类型

Photoshop 渐变编辑器里面的【渐变类型】包含“实底”和“杂色”两个选项，实底基本上跟 Flash 的一致，而选定“杂色”以后，选项框下方就发生了翻天覆地的变化，如图 7-33 所示。

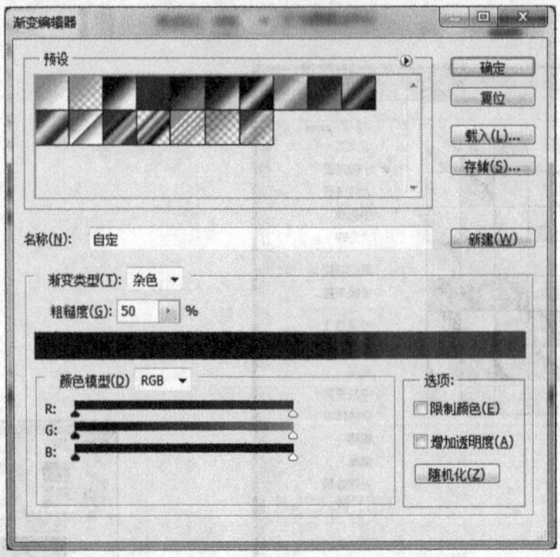

图 7-33　杂色渐变的编辑

跟我们常规理解的渐变恰恰相反，杂色渐变体现的是一种跳跃式的不平滑过渡，它强调分界线的清晰度，更适用于制作纹理。

7.1.8　Photoshop 实底渐变与平滑度算法初探

因为杂色渐变无法在 Flash 中直接制作，所以本节重点研究实底渐变。

当我们将渐变类型选定为“实底”时，类型下拉框的下方会附带一个【平滑度】选项，如图 7-34 所示。

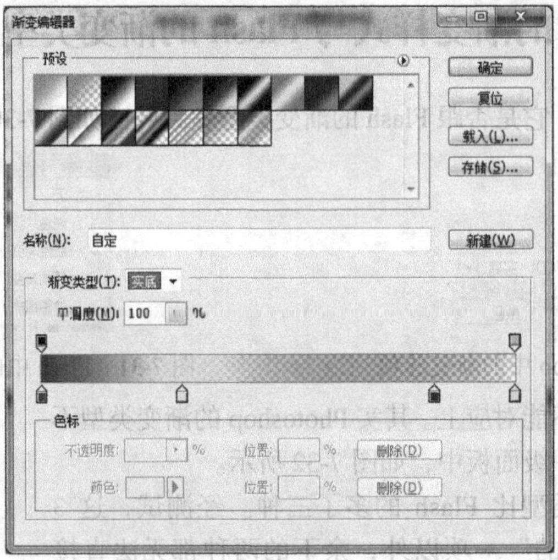

图 7-34　实底渐变的平滑度

那么，到底什么是平滑度？它又是如何让渐变看起来更加平滑的呢？我们从以下的贴子里找到了一个比较定性的答案：http://bbs.jcwcn.com/thread-241604-1-1.html。

其中最为关键的一段如下。

结论：渐变中的平滑度实际上是对渐变各通道阶值分布的一种非线性调整，当平滑度为 0 时，各通道阶值呈线性分布；当平滑度逐渐增加时，原来阶值的线性分布逐渐演变为非线性，即各个拐点处逐渐趋于平滑。通道阶值的这种变化表现在图像中，就是渐变的颜色过渡更加自然平滑。

平滑度的默认值为 100%，至此，我们可以解释 Flash 为什么在要模拟颜色点较多的渐变时会出现一定的误差了。因为在不受某些特殊参数的影响下，Flash 的渐变始终表现为匀速的变化趋势，在渐变点转折的位置就会呈现为角形，从而导致色彩较多的渐变没有 Photoshop 来得平滑。

在后续的章节中，我们会借助 BitmapData 等工具分析其平滑算法。大家可以先用直方图查看转折点附近的颜色分布以获得一个感性的认识。

将文字渐变叠加的平滑度调至 0%，效果如图 7-35 所示。为了便于对照，我们把平滑度为 100%的效果和 Flash 模拟出来的渐变效果放到同一页上进行对照。

图 7-35　平滑度 0%的渐变叠加

图 7-36　平滑度 100%的渐变叠加

在渐变点分布较密集、色彩变化比较频繁的区域，100%和 0%的差异非常明显（看红色标记的部分）。Flash 模拟出来的版本更接近于 Photoshop 里平滑度为 0%的渐变效果。平滑度等于 0%时，渐变的色彩变化趋势比较陡，让人感觉更像是一根凸起来的柱形管道。

总的来说，Photoshop 的渐变类型比 Flash 的要丰富得多，所幸 Flash 有代码相助，可以一定程度上弥补这些缺陷。关于用代码模拟 Photoshop 渐变的方法，我们会在后续章节做一个更加深入的讲解。

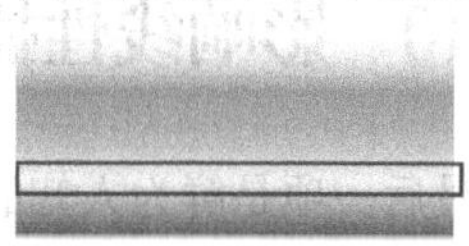

图 7-37　Flash 模拟出来的渐变

7.1.9　Flash IDE 的渐变【流】选项及其功能

我们回到 Flash IDE，把之前尚未提及的选项都过一遍。

首先是【流】选项，它用于指定超出渐变填充区域后的处理方式，3 个按钮分别为“扩展”、“反射”和“重复”。字面上不难理解，“扩展”指超出渐变区域以后的颜色用渐变区端点的颜色进行纯色填充，如图 7-38 所示；而“反射”就意味着超出区域后，用跟当前渐变色彩一致但方向相反的模式来继续填充，该方式可以实现渐变无限的平滑延伸，如图 7-39 所示；最后一项是“重复”，模式与反射相似，不同点在于渐变方向不翻转，类似于平铺效果，如图 7-40 所示，该选项相当于早期 Flash 版本的“溢出”功能，如图 7-41 所示。

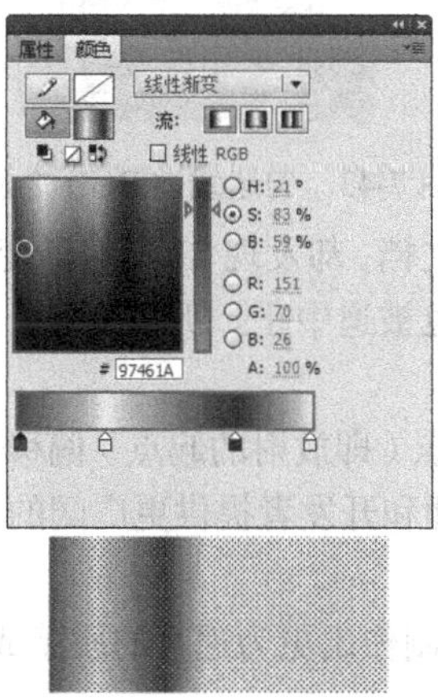

图 7-38　扩展模式

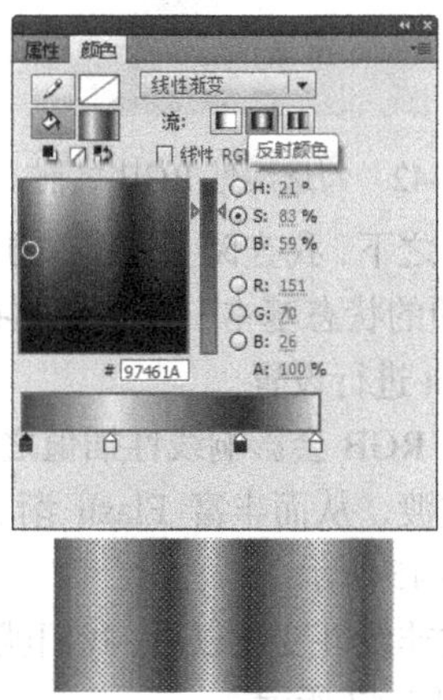

图 7-39　反射模式

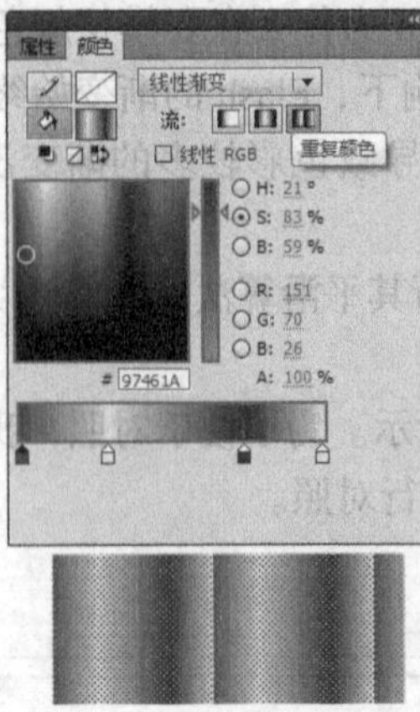

图 7-40　重复模式

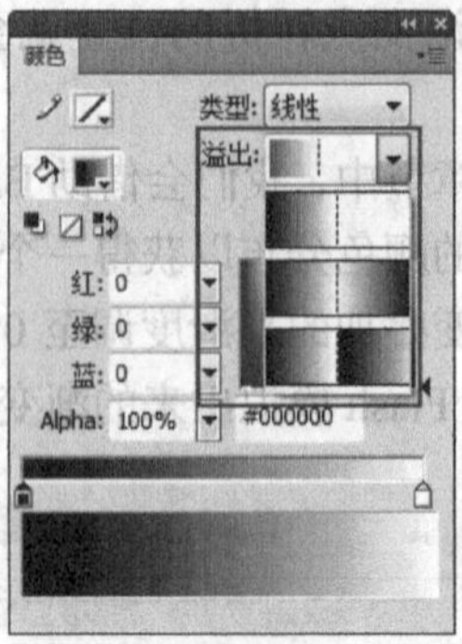

图 7-41　Flash CS4 的溢出选项框

这三种中，“反射”模式与 Photoshop 中“对称的”类型所实现的效果相类似。

7.1.10　影响线性插值的因素——线性 RGB 与焦点偏移

最后一项是鲜为人知的【线性 RGB】，何出此言？我苦苦搜索了 3 天都没找到一篇深入分析该选项的文章，基本上都用一句“兼容 SVG”就简单带过（多半是从帮助文档里原封不动复制过来的）。我勾选了【线性 RGB】之后，发现渐变过渡方式发生了微妙的改变，插值方式不再线性，但规律似乎比平滑度更加难以捉摸，如图 7-42、图 7-43 所示。

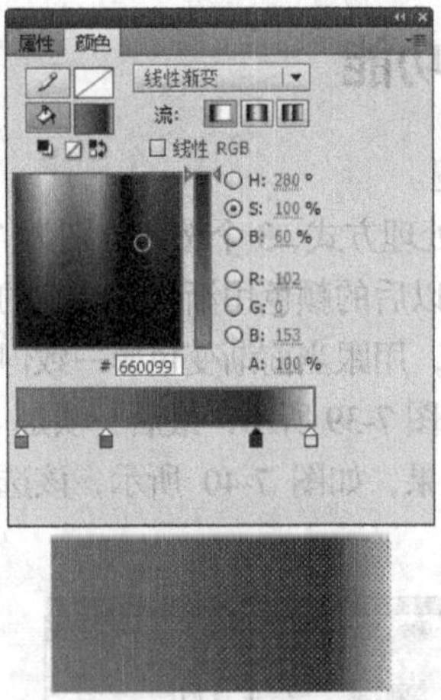

图 7-42　勾选线性 RGB 之前

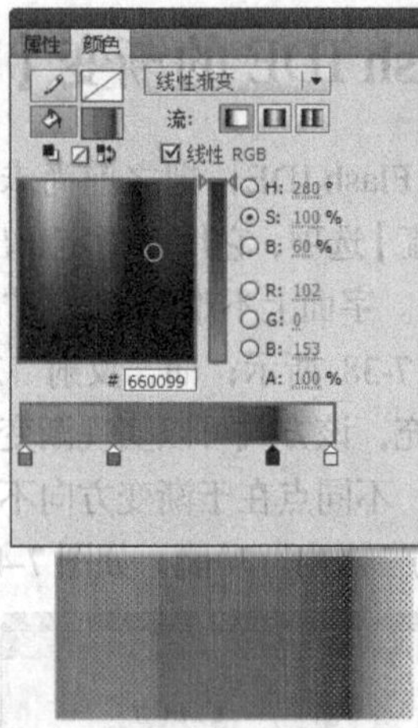

图 7-43　勾选线性 RGB 之后

百般无奈之下，我查阅了很多关于 SVG 图形的技术文档，却发现 SVG 的渐变跟没勾上【线性 RGB】选项的状态基本一致，至此我对该选项的研究也被迫中止。所幸的是，该选项可以通过 ActionScript 进行设置。

除了线性 RGB 会影响线性插值之外，放射填充的焦点（即放射的起点）偏移也能使渐变不按线性趋势过渡，从而丰富 Flash 渐变的效果，给设计师和开发者提供更广阔的发展空间，如图 7-44、图 7-45 所示。

有了这种非线性变化以后，我们就可以利用放射渐变制作出更为逼真的质感或透视效果了，如图 7-46、图 7-47 所示。

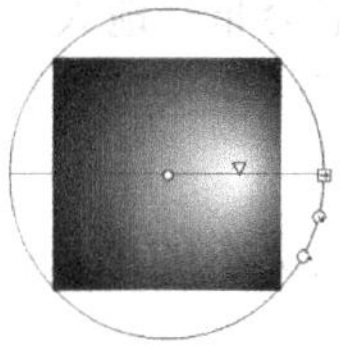

图 7-44　放射渐变中的焦点（三角手柄所在位置）

图 7-45　焦点偏移后的放射渐变

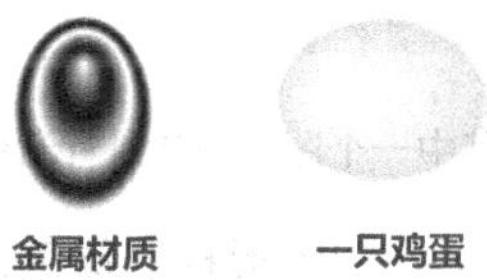

图 7-46　利用焦点偏移制作的质感效果

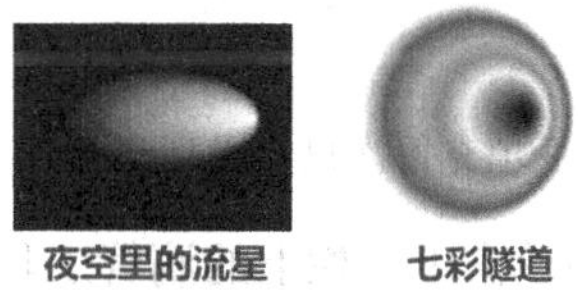

图 7-47　利用焦点偏移制作的透视效果

7.1.11　如何在 Flash IDE 里将渐变应用到文本上

渐变的实现方法暂告一段落，接下来我们将要面临的下一个问题是：如何把渐变样式应用到文本上？

目前 Flash IDE 仅支持在矢量图（包括线条和填充）中使用渐变，所以对文本应用渐变的方法之一就是将其转换为线条或者填充。

我们在现有的 fla 文档里输入一段文字，设置为传统的静态文本，字体用微软雅黑粗体，字号 80。输入完成后，用箭头工具选定文本，按两次 Ctrl+B（或选择右键菜单项【分离】，也可以选择菜单项【修改】|【分离】)，效果如图 7-48 所示。

图 7-48　分离后的效果

这时，我们如果在颜色面板中选择线性渐变填充，则效果如图 7-49 所示。

图 7-49　对分离后的文本设置线性渐变填充

下一步我们自然就会想到利用渐变变形工具对渐变进行旋转，但我们发现在这种状态下无法选中整个文字来做渐变的变形，因为 Flash 已经将文字拆解为一个个独立的图形了，如图 7-50 所示。

如果真的打算一个个地手动去做渐变变形，工作量一定会非常地大，而且渐变形状稍稍有点改动我们都必须再次重复这样的体力活儿，相当地不划算。在这里，我们教大家一个比较实用的技巧。

首先我们变形好其中的一个块（注意：渐变大小要跟文本的最大高度相等，如图 7-51 所示。）

图 7-50　渐变填充每次只能操作一个图形对象　　图 7-51　对其中一个图形形状进行渐变变形的操作

然后我们单击工具栏上的滴管工具，再单击刚才变形好的图形抽取颜色，此时光标会变成颜料桶的形状，意味着我们可以用刚才抽取的颜色来填充其他图形。注意，填充前我们必须将颜料桶选项的锁选定，如图 7-52 所示，不然填充的时候 Flash 仍会给每个图形创建独立的渐变，导致各形状之间相互脱节，如图 7-53 所示。

图 7-52　锁定填充　　图 7-53　不锁定填充的结果

填充完成后的效果如图 7-54 所示。

图 7-54　锁定渐变填充的效果

类似的技巧还有很多，比如先旋转文字再填充，然后再把文字旋转回来；或者先给文字描上边线，最后用边线来裁剪矩形的渐变获得渐变的文字等，这里就不再一一展开讨论了。

然而，它们几乎都存在着一些通病，比如渐变样式不便于维护、每次调整样式都要重复重复再重复，并且文字不可再编辑（有的人会用引导层来做备份），等等。而且最最关键的是，我们用代码模拟上述过程的难度很大，在 ActionScript 这种脚本语言里完成这一操作的可能性几乎为 0，所以，更常用的做法是通过遮罩层来实现。

下面我们用撤销的方法（Ctrl+Z）把文本还原到可编辑的状态（如果还原不了就删除重建），而且将文本剪切到一个新的图层上（也可以通过右键菜单项【分散到图层】来完成该操作，不过注意调整图层顺序）。

我们选中渐变填充的矩形，选择右键菜单项【任意变形】，通过拖动手柄将渐变矩形调整至跟文本一样的大小并让它们对齐，如图 7-55 所示。

图 7-55　调整渐变填充的矩形

我们右击文字所在的图层，选择【遮罩层】菜单项（也可以打开【图层属性】面板进行设置），效果如图 7-56 所示。

图 7-56　设置了遮罩后的效果

我们可以看到图层自动切换为锁定的状态，此时图层不可编辑，解锁后可以随意更改文字及渐变样式，然后再上锁查看效果，非常方便。

大家可以把遮罩层想象成一块部分镂空的带孔挡板，透过挡板，只有被挖空的部分可见，而遮罩层的内容就相当于被挖空的部分。换而言之，只有遮罩层和被遮罩层相交的部分，才会最终呈现在观众的眼前。

遮罩用代码也很好模拟，但是依然存在一些不足。它需要将文字拆分成两个对象，在某些细节处理上不太方便，渲染效率也比较一般。在后续的章节中，我们会用 BitmapData 等方法去实现这种遮罩型的渐变。

7.2　Flash 渐变代码的使用技巧

7.2.1　渐变属性与绘图 API 的对应关系

要用 ActionScript 实现 Flash IDE 中的渐变填充，我们可以使用 Graphics 类的 beginGradientFill 方法或者 flash.display 包里面的 GraphicsGradientFill 类，它们的参数和属性跟 Flash IDE 的渐变面板均一一对应，如图 7-57 所示。

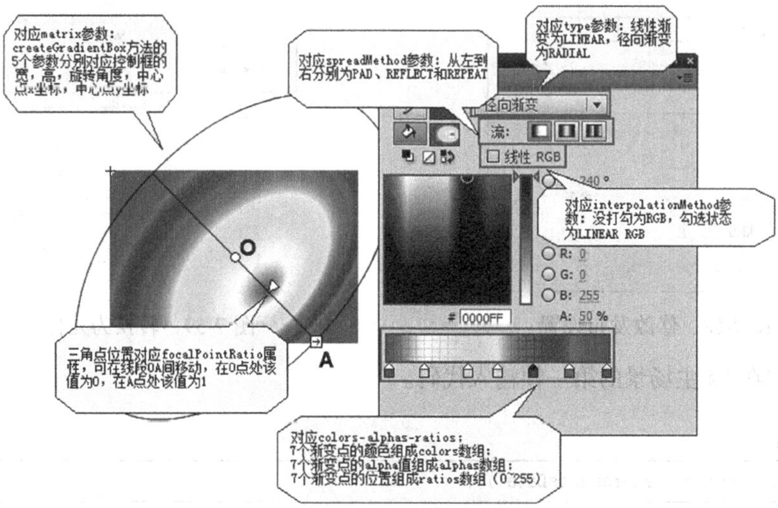

图 7-57　渐变绘图 API 各参数在 Flash IDE 颜色面板中的体现

7.2.2　利用 FlashPlayer 11 的新功能简化渐变信息的读取操作

从图 7-57 我们不难看出，渐变面板的参数相当地多，而且渐变点的信息需要逐个点出来查看，如果用手动的方式把 Flash IDE 中的渐变写入到代码中，那将是一件相当麻烦的事情。

所幸的是，现在我们不需要再做这种体力活了，因为 FlashPlayer11.6 为我们提供了新的利器——readGraphicsData。

尽管这一新特性很容易被冷落（对游戏开发帮助不大的功能往往都会落得如此下场），但它对于某些特殊的需求或者艺术编程界而言是一项重大的突破——以往的 FlashPlayer 只能通过 copyFrom 取得代码绘制的图形内容，时至今日，代码终于可以光明正大地获取到 Flash IDE 中绘制的图形，艺术和技术的距离再一次被拉近了！

要使用这一新功能，我们可以下载 Flash CC 或更高版本的 Flash IDE，或者下载 FlashPlayer 11.6 或更高版本的 playerglobal.swc，然后在较旧版本的 Flash IDE 中进行配置，其中前者用起来非常方便，不过下载需要比较长的时间（如果您已经下载完，或者有该版本 Flash IDE 的安装光盘那就另当别论），而后者的话，操作就略显麻烦了。

我不会花太多笔墨来介绍配置 FlashPlayer11.6 编译环境的方法，如果想继续用低版本 Flash IDE 进行创作，大家可以参阅以下博文进行编译环境的配置：http://blog.csdn. net/cb_cb/article/details/7194555。

大家也可以登录官方网站下载 FlashPlayer 的最新版本：http://www.adobe.com /support/flashplayer/downloads.html。

做好以上的准备工作以后，我们重新启动 Flash IDE，打开刚才的文件并且把发布设置更改为新配置好的高版本发布选项（修改之前建议先备份一下），如图 7-58 所示。

然后我们把渐变填充转换为影片剪辑元件，定义实例名为 mc，如图 7-59 所示。

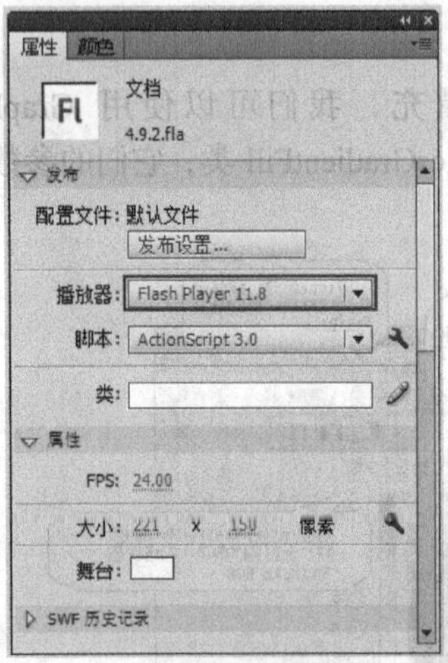

图 7-58　修改发布设置

图 7-59　转换为元件

然后我们在 fla 主场景的第一帧输入代码。

代码清单 7-1

```
trace(mc.graphics.readGraphicsData());
```

按 Ctrl+Shift+Enter 调试影片（用低版本 Flash IDE 的暂不能用 Ctrl+Enter 直接测试，否则使用的 FlashPlayer 仍然是低版本，Ctrl+Enter 调用的 Flash Player 是安装目录下的 authplay.dll，要为低版本 Flash IDE 配置这个文件是件相当困难的事件），我们将看到输出以下内容：

```
[object GraphicsGradientFill],[object GraphicsPath],[object GraphicsEndFill]
```

旧版本 FlashPlayer 几经周折才能读到的内容，在新版里只要一句代码就能获取出来，非常地简单利索，而且也不必再为重复 Ctrl+Enter 所引起的数据残留而烦恼（这种情况估计有些读者没遇到过），太爽快了有木有？！

readGraphicsData 返回的是一个 Vector.<IGraphicsData>，它跟 graphics 中的 drawGraphicsData 方法所要传入的参数类型完全一致，所以我们可以直接把 graphicsData 绘制到一个新的 Shape 上。

我们在帧上追加代码。

代码清单 7-2

```
var shape:Shape = new Shape();
shape.graphics.drawGraphicsData(mc.graphics.readGraphicsData());
addChild(shape).x = shape.width + 100;
```

调试影片，效果如图 7-60 所示。翘首以盼的矢量复制功能终于正式问世了！

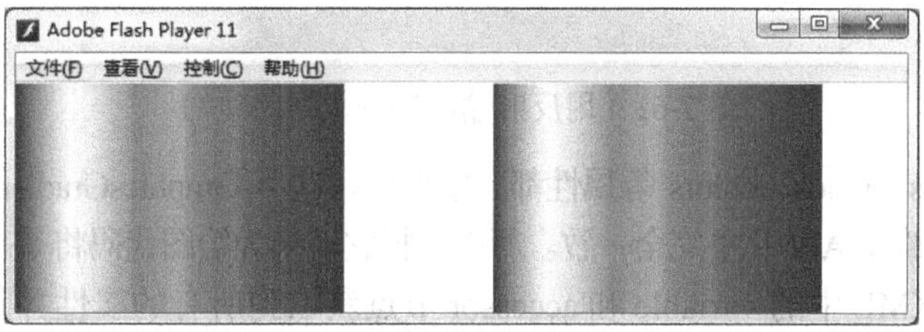

图 7-60　用 readGraphicsData 复制图形对象

作为一名艺术编程界的开发人员，此刻我已经按捺不住激动的心情。如果大家也跟我一样为这项新特性的诞生而兴奋不已的话，那就出去好好庆贺一番，也顺便给自己放松一下吧。

7.2.3　用代码生成代码

回归到理性中来。上例中的效果仅仅将已有图形中的渐变信息复制到程序创建的图形之中，我们尚未能在代码中看见渐变填充的任何属性，也就是说，目前的代码仍然需要依赖于可视化的图形，在纯代码项目中无法应用，更不用说对渐变图形进行复杂的交互操作了。

因此，我们希望实现这么一个功能，通过 readGraphicsData 等方法将可视化图形的数据读取出来，然后生成一段与可视化图形等效的代码。如本小节的标题一样,使用代码来生成代码。

此处的重点就在于数组中的第一个选项：object GraphicsGradientFill，它实现了 IGraphicsData 接口。

我们把 readGraphicsData 中的数据遍历一下，到达 GraphicsGradientFill 类型时就开始分析里面的内容。

代码清单 7-3

```
for each(var item:IGraphicsData in mc.graphics.readGraphicsData()){
    if(item is GraphicsGradientFill){
        var gradientFill:GraphicsGradientFill = item as GraphicsGradientFill;
        trace(describeType(gradientFill));
    }
}
```

我们用反射的方法输出这个填充的内容，得到如图 7-61 的结果。

图 7-61　用反射输出渐变数据的结构

可以看到，alphas、ratios、colors 等属性都已经直接在这个 GraphicsGradientFill 里了，而且其构造函数的参数跟渐变绘图 API 几乎完全一致。所以，把它转换为绘图代码将是一件非常轻松的事情。

我们通过遍历 XML 中的 variable 和 accessor 节点获取到所有的属性并且以拼接字符串的方式生成代码片断。

代码清单 7-4

```
var code:String = "var gradient:GraphicsGradientFill = new GraphicsGradientFill();\n";
for each(var item:IGraphicsData in mc.graphics.readGraphicsData()){
    if(item as GraphicsGradientFill){
        var xml:XML = describeType(item);
        for each(var node:XML in xml.accessor + xml.variable){
        code += "gradient." + node.@name + " = " + item[node.@name] + ";\n";
    }
}
trace(code);
```

运行效果如图 7-62 所示。输出窗口中的代码片断可以复制出来并粘贴到其他的代码项目中使用。不过我们仔细观察下，这段代码存在不少的语法错误。比如 type 是字符串类型，但是字符串的两侧均未添加双引号。另外，数组的内容应该用中括号括起来，而 Matrix 也不能把输出的字符串直接粘贴到代码中。

为此，我们还需要加入类型判断并作出相应的处理。

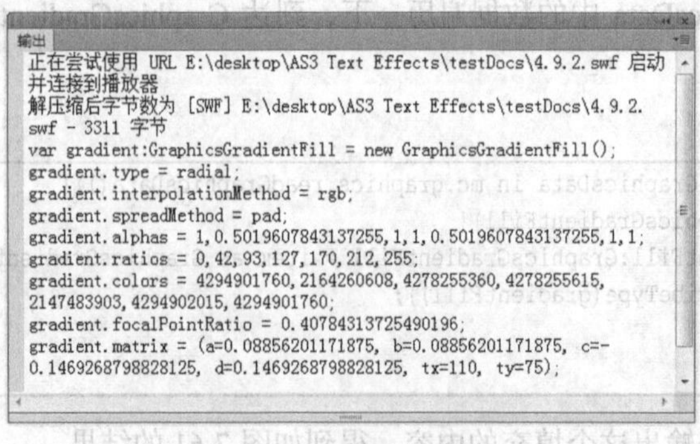

图 7-62　生成的代码片断

代码清单 7-5

```
    code += "gradient." + node.@name + " = ";
    var value:* = item[node.@name];
    switch(String(node.@type)){
        case "String":
            code += "\"" + value + "\""; //字符串需要用引号包起来
            break;
        case "Array":
            code += "[" + value + "]"; //数组需要用方括号包起来
            break;
        case "flash.geom::Matrix":
            code += "new Matrix(" + value.a + ", " + value.b + ", " + value.c + ", " + value.d + ", "
+ value.tx + ", " + value.ty + ")"; //矩阵需要用构造函数来创建
            break;
        default:
            code += value;
    }
    code += ";\n";
```

再次运行，语法错误已被修正，我们现在可以把这段代码复制到需要使用该渐变样式的代码项目中了。

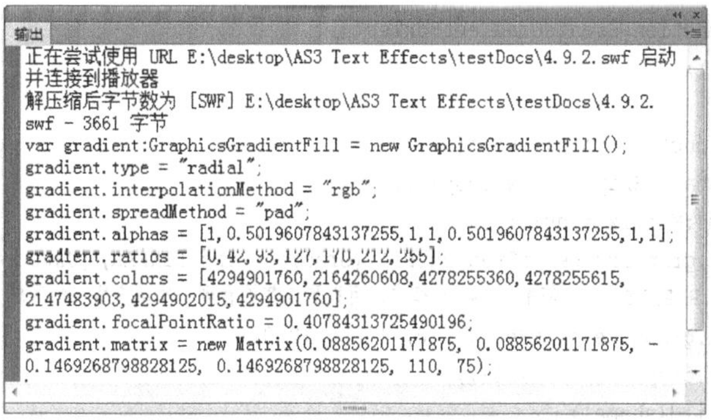

图 7-63　修正代码片断中的语法错误

不可否认的是，以上代码片断有点冗长，比如与默认值相等的属性就没必要再进行赋值，颜色值可以转为十六进制形式，属性的赋值操作可以在构造函数中进行从而减少代码行数，等等，受篇幅所限，此处就不再展开讨论了。

考虑到将可视化图形转换为可编辑的代码片断是一个比较常用的功能，我们在 PUBLIC_CLASSES 公共库中创建了 com.gemei.utils.DisplayCodeUtil 类，对相关的代码做了一些封装并且针对上述的一些问题对生成的代码片断进行了简化。读者可以自行查阅该类的源文件。在后续的章节中，我们还会给大家介绍更多与该类相关的内容。

GraphicsGradientFill 类的属性值中，大部分都不难理解，唯独 Matrix 中的数值比较奇怪，单从这堆小数来看，我们很难找出规律。实际上它跟 createGradientBox 方法有着相当密切的联系，下面就来深入探讨这一方法。

7.3　createGradientBox 算法大解密

Matrix 的 createGradientBox 是一个极具 Flash 特色的方法，它不存在任何数学上的定义，

作用也只有一个——方便控制渐变填充的变形。

在绘制渐变图形时，因为 beginGradientFill 先于 drawRect 等路径绘制行为，所以在设置 Matrix 的时候，我们无法得知绘制图形的大小，而且绘制矩形我们可以分开 N 步来进行。在代码里，想要像 Flash IDE 那样，拖一个图形就自动生成填充区域将是一件相当困难的事情。

createGradientBox 最终也只是修改矩阵的 6 个属性，那么它的数学原理到底如何？默认的矩阵又会怎样影响着填充？研究它又有何意义？不急，现在我们就为大家一一解密。

7.3.1 空矩阵和默认矩阵的填充效果

我们已经知道，就算不传矩阵，它都一样能绘制出渐变填充，只是没对齐到形状而已，所以，我们不妨绘制一个大一点的矩形进行观察。

新建一个 ActionScript 项目，名为 CreateGradientBoxTest，代码如下。

代码清单 7-6

```
package{
    [SWF(width = "2000", height = "1600")]
    public class CreateGradientBoxTest extends Sprite    {
        public function CreateGradientBoxTest(){
            init();
        }
        private function init():void{
            var shape:Shape = new Shape();
            var mt:Matrix = null;
            shape.graphics.beginGradientFill(GradientType.LINEAR, [0x000000, 0xFF0000], [1, 1], [0,
255], mt, SpreadMethod.REPEAT); //使用 Repeat 模式，可以更清楚地看到一次填充所占的区域
            shape.graphics.drawRect(0, 0, 1800, 1200);
            shape.graphics.endFill();
            addChild(shape);
        }
    }
}
```

空矩阵得到的结果如图 7-64 所示。如果改用放射填充，则效果如图 7-65 所示。

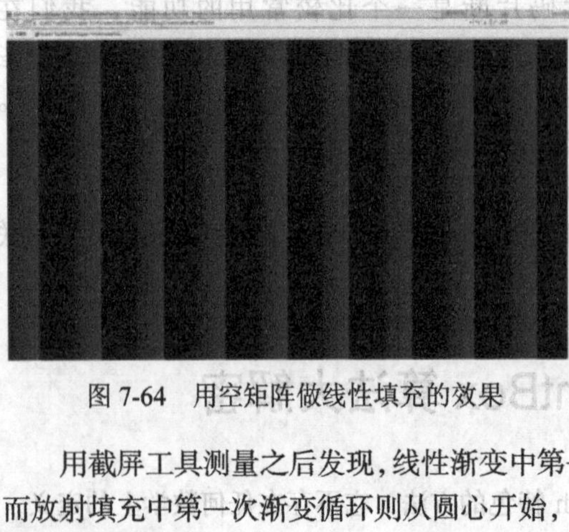

图 7-64　用空矩阵做线性填充的效果

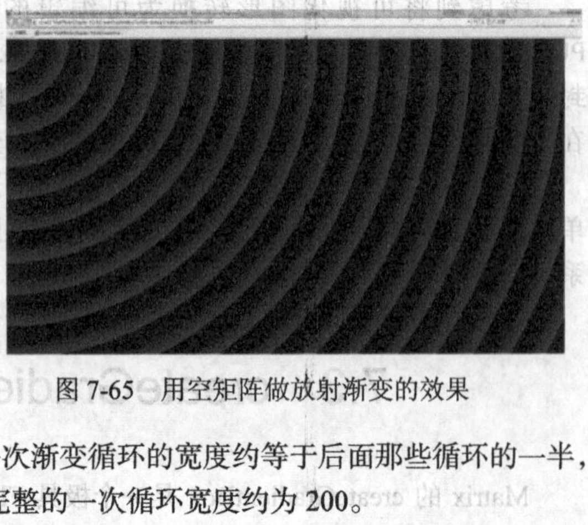

图 7-65　用空矩阵做放射渐变的效果

用截屏工具测量之后发现，线性渐变中第一次渐变循环的宽度约等于后面那些循环的一半，而放射填充中第一次渐变循环则从圆心开始，完整的一次循环宽度约为 200。

由此我们可以大胆推测，默认状态下，渐变控制框（Flash 渐变变形工具的控制框，不熟悉的可以重温 7.1 节的相关内容）的中心点对齐到（0,0）处并且宽度在 200 左右。但因为空矩阵无法访问，所以我们要改用单位矩阵进行研究。

一开始以为空矩阵和单位矩阵的效果应该一致，但结果却让我们大跌眼镜（如图 7-66，图 7-67 所示）。

图 7-66　用单位矩阵做线性渐变的效果

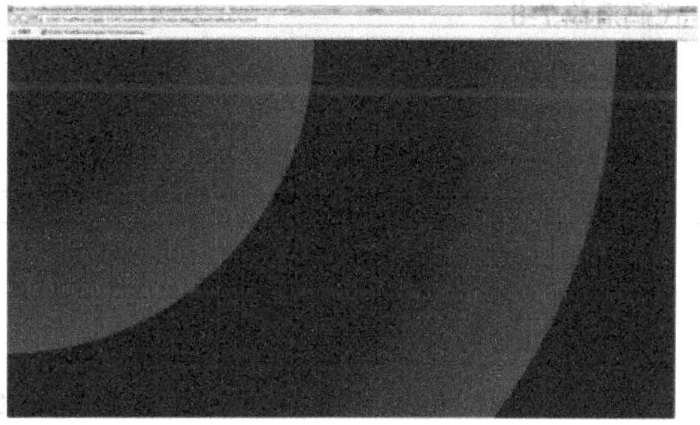

图 7-67　用单位矩阵做放射渐变的效果

事已至此，我们只能放弃对空矩阵的深入探讨，因为它没有可访问的属性，而且跟单位矩阵大相径庭，基本上已经无从下手。那么就从单位矩阵开始吧，经过测量，第一个渐变循环的宽度都在 820 左右，而且都以（0,0）作为控制框的中心点。何以见得？我们对矩阵进行一下缩放就知道了。

代码清单 7-7

```
var mat:Matrix = new Matrix();
mt.scale(0.5, 0.5);
```

我们得到如图 7-68 的效果，测量得第一个渐变循环的宽度约等于 410 像素。

而 mt.scale(0.25, 0.25)的效果如图 7-69 所示，测得第一个渐变循环的宽度在 200 左右。

图 7-68　矩阵缩小至 50%的效果

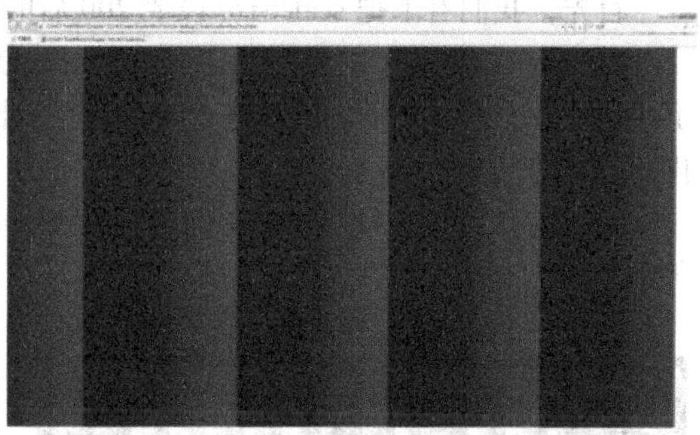

图 7-69　矩阵缩小至 25%的效果

从这样的一组数据我们可以发现，在不受其他因素影响的前提下，渐变循环的宽度与 Matrix 的 scale 值（即 a）成正比，而且空矩阵的效果与 mt.scale(0.25, 0.25)得出的结果基本一致。

由此也可以证明控制框的中心就在（0,0）处，否则我们很难得到如此准确的比例关系。

由此看来，在不缩放的前提下，整个渐变循环的宽度应大致等于 1640（820 是半个完整的渐变循环），但因为以上宽度都是笔者手工测量的数值，所以看起来并不严谨。

所以接下来，我们要把本小节的主角——createGradientBox 请到舞台上，让 Matrix 通过该方法进行变换，并且反过来输出 Matrix 的缩放属性 a 和 d。

7.3.2 矩阵变量与 createGradientBox 之间的关系

与此同时，为了验证渐变循环的宽高是否跟 a 和 d 成正比以及测试单位矩阵时渐变循环的宽度，我们再把 width/a 以及 height/d 的值都输出到控制台。

代码清单 7-8

```
var mt:Matrix = new Matrix();
var scaleSize:Number = 200;
mt.createGradientBox(scaleSize, scaleSize);
trace(mt.a, mt.d, scaleSize / mt.a, scaleSize / mt.d);
```

代码运行后将输出以下数值：

```
0.1220703125 0.1220703125 1638.4 1638.4
```

我们再测试 300，400，500，800，分别得到如下结果：

scaleSize = 300，输出 0.18310546875 0.18310546875 1638.4 1638.4

scaleSize = 400，输出 0.244140625 0.244140625 1638.4 1638.4

scaleSize = 500，输出 0.30517578125 0.30517578125 1638.4 1638.4

scaleSize = 800，输出 0.48828125 0.48828125 1638.4 1638.4

width/a 惊人的一致，都是 1638.4！而且和作者测量的结果仅有 1.6 像素的误差！

至此我们可以得出结论，使用单位矩阵时，一个渐变循环的宽度等于 1638.4。如果使用了缩放，则宽度等于 1638.4*a，高度自然就是 1638.4*d 了。

1638.4 这个数看起来不是很整齐，但我们如果把小数点去掉，就得到 16384，一个比较常用的二进制数了，它刚好等于 2 的 14 次方。

有了这一结论做支撑，后面的参数研究起来就方便很多了。接下来我们用放射渐变来测试，因为线性渐变要么只有宽，要么只有高。

首先，我们看下把 scaleSize 设成 200 后的效果，如图 7-70 所示。

跟直接 scale 最大的差别就在于，它对控制框的中心点做了偏移处理，x/y 的偏移量刚好等于 width/height 的一半。所以这个时候，控制框的左上角就刚好对齐到（0,0）点了，而这都是我们想要的结果。

如果觉得宽高一致不能说明问题，那我们可以让它们不相等，比如 200,400，效果如图 7 71 所示。

图 7-70　createGradientBox(200,200)

图 7-71　createGradientBox(200,400)

所以，createGradientBox（x,y）跟直接的 scale 还有一个区别，就是前者会设置 tx 和 ty 的值。读者可以自行验证这一点。

接下来，我们看第 3 个参数，rotation，顾名思义就是旋转角度了，不过需要注意的是此处使用的是弧度制。如果要旋转 45 度，那么我们传入的参数就是 Math.PI/4 或者 Math.PI * 0.25。

代码清单 7-9

```
mt.createGradientBox(200, 400, Math.PI / 4);
```

结果出乎我们的意料，跟图 7-71 的效果完全一致，看不到一点变化。

我们自然会想到第 4 章所提及的优先级问题。作为一个圆形，如果先旋转再缩放，那一定看不到任何效果；但如果我明确了顺序，先缩放好再旋转（参见代码清单 7-10），效果就立竿见影了，如图 7-72 所示。

代码清单 7-10

```
mt.createGradientBox(200, 400);
mt.rotate(Math.PI / 4);
```

可以旋转了，但并没有绕着预期的中心点进行旋转。原因很简单，createGradientBox 进行了 tx 和 ty 的偏移，从而影响了旋转的效果。

如果大家已经理解我们之前提到的一些运算优先级问题以及矩阵运算机制的话，相信很快就能找到解决问题的方法：先把 tx 和 ty 设置为 0 再旋转，旋转完成后再恢复原貌。

图 7-72　先缩放后旋转的效果

代码清单 7-11

```
mt.createGradientBox(200, 400);
var tx:Number = mt.tx;
var ty:Number = mt.ty;
mt.translate(-tx, -ty);
mt.rotate(Math.PI / 4);
mt.translate(tx, ty);
```

此时渐变就绕着（100,200）这个渐变中心进行旋转了，如图 7-73 所示。

至此基本可以确定，createGradientBox 是先旋转后缩放，因为执行 mt.createGradientBox (200, 400, Math.PI / 4);后，输出的矩阵是：

```
(a=0.08631674575031098, b=0.17263349150062193,
c=-0.08631674575031097, d=0.17263349150062196,
tx=100, ty=200)
```

而最终修正的矩阵为：

图 7-73　修正旋转中心后的效果

```
(a=0.08631674575031098, b=0.08631674575031097,
c=-0.17263349150062193, d=0.17263349150062196, tx=100, ty=200)
```

同样的操作，却得到不一样的矩阵结果（注意 b 和 c 这两个值），原因就只有操作顺序的问题了。有兴趣的读者可以自己用矩阵乘法作进一步的验证，我们就不再展开讨论了。

从这一操作我们可以看到，虽然 createGradientBox 省去了 scale 的计算，但它并不是万能的，实战中还需要结合矩阵的其他运算，所以我们才专门开了这么一个小节对该方法进行讲解。

至于 tx 和 ty，它们的优先级始终都在最后，所以在任何情况下，mt.createGradientBox(width, height, rotation, tx, ty)都等价于以下代码。

代码清单 7-12

```
mt.createGradientBox(width, height, rotation);
mt.translate(tx, ty);
```

我们用 mt.createGradientBox(200, 400, Math.PI / 4, 300, 300)和 mt.createGradientBox (200, 400, Math.PI / 4);mt.translate(300, 300)都得到如图 7-74 的效果。

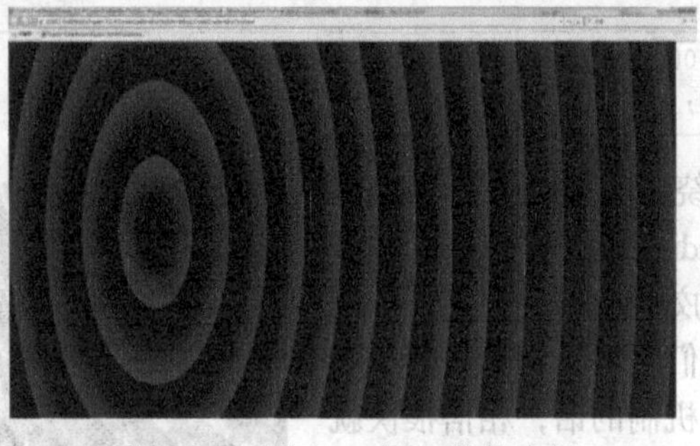

图 7-74　测试 tx 和 ty 的优先级

7.3.3　createGradientBox 的不足之处及其弥补方案

createGradientBox 另一个不足之处是无法创建斜切的渐变变形。但有了以上基础以后，相信大家都能很轻松地写出来。createGradientBox 方法主要是在生成指定宽高的控制框这一步为我们提供了便利，所以我们先用 createGradientBox 把宽高定好，然后再手动设置 b 和 c。

例如下面的代码就能让渐变在 x 方向上斜切 30 度，效果如图 7-75 所示。

代码清单 7-13

```
mt.createGradientBox(200, 400);
var tx:Number = mt.tx;
var ty:Number = mt.ty;
mt.c = Math.tan(Math.PI / 6); //x方向斜切30度
```

图 7-75　实现斜切的渐变变换

最后提一点，无论 matrix 之前做过多少变换，createGradientBox 都会从单位矩阵开始进行计算，如以下代码所示。

代码清单 7-14

```
mt.translate(100, 300);
mt.rotate(Math.PI / 3);
mt.createGradientBox(300, 500);
```

前面两行的变换结果将会被 createGradientBox 彻底干掉，就好像执行了一次 identity 一样。所以，如果我们想要用 createGradientBox 方法，那么其他的变换就必须放在该方法的后面，否则将全部报废。

至此对 createGradientBox 的讲解暂告一段落。

7.4　文本渐变填充的 ActionScript 实现

在前面的章节中，我们用遮罩实现了文本的渐变。现在我们是时候上升到 BitmapData 的层次了。

7.4.1　测试用例的书写

我们新建一个 ActionScript 项目，名为 BitmapDataColorTest，基本代码与第 6 章的 draw 项目没有太大区别，只是把背景色改成不太刺眼的浅黄，同时用 inflate 方法给 Bitmap 加上了一个边框。关于 inflate 方法，我们在后续的章节还会和大家深入探讨。

然后我们再把 draw 项目中的圆替换成文本，调整后的代码如下（变量声明省略）。

代码清单 7-15

```
package{
    [SWF(width = "800", height = "600")]
    public class BitmapDataColorTest extends Sprite{
    public function BitmapDataColorTest(){
        init();
        }
        private function init():void{
            initMainTxt();
            initMainBd();
            initShape();
        }
        private function initShape():void{
            _shape = new Shape();
            _shapeBd = new BitmapData(_main_txtBd.width, _main_txtBd.height, true, 0x00000000);
        }
    }
}
```

为方便大家阅读，正文里我把 initMainTxt 和 initMainBd 的实现代码从主类中分离出来。

以下是 initMainTxt 的代码，主要功能就是创建一个 TextField 并建立对应的 BitmapData。

代码清单 7-16

```
private function initMainTxt():void {
    _main_txt = new TextField();
    _main_txt.autoSize = TextFieldAutoSize.LEFT;
    _main_txt.text = "Flash 艺术编程";
    _main_txt.setTextFormat(new TextFormat("Microsoft YaHei", 40, null, true));
    //为了让 BitmapData 刚好可以容下 TextField 的内容，我将 BitmapData 的宽高设置为跟 TextField 一样的尺寸
    _main_txtBd = new BitmapData(_main_txt.width, _main_txt.height, true, 0x00000000);
    //由于宽高相等，所以直接对齐到左上角即可，无需设置 Matrix
    _main_txtBd.draw(_main_txt);
}
```

initMainBd 涉及前面提到的 inflate 方法，代码如下。

代码清单 7-17

```
private function initMainBd():void{
    _mainBd = new BitmapData(400, 300, true, 0xFF000000);
    var _mainRect:Rectangle = _mainBd.rect;
    _mainRect.inflate(-1, -1);
    _mainBd.fillRect(_mainRect, 0x30FFFF00);
    _mainBm = new Bitmap(_mainBd);
    _mainSpr = new Sprite();
    _mainSpr.addChild(_mainBm);
    _mainSpr.addEventListener(MouseEvent.CLICK, mainSprClickHandler);
    addChild(_mainSpr);
}
private function mainSprClickHandler(event:MouseEvent):void{
}
```

7.4.2 利用 ColorTransform 给文本填充多种颜色

ColorTransform 可以实现 BitmapData 的变色操作。但对于同一种颜色、同一个 ColorTransform 而言，其转换结果始终是个固定的数值，因此无法得到渐变的效果。所以我们只能够尝试对图像进行分块并为每个区域设置不同的 ColorTransform 来实现各自的色彩变化。

比如我们可以将文本拆分成上下两部分。

代码清单 7-18

```
private function mainSprClickHandler(event:MouseEvent):void{
    var cloneBd:BitmapData = _main_txtBd.clone();
    ct.color = Math.random() * 0xFFFFFF;
    cloneBd.colorTransform(new Rectangle(0, 0, cloneBd.rect.width, cloneBd.rect.height * 0.5), ct);
//填充上半矩形
    ct.color = Math.random() * 0xFFFFFF;
    cloneBd.colorTransform(new Rectangle(0, cloneBd.height * 0.5, cloneBd.rect.width,
cloneBd.rect.height * 0.5), ct); //填充下半矩形
    _mainBd.copyPixels(cloneBd, cloneBd.rect, new Point(_mainBm.mouseX - cloneBd.width * 0.5,
_mainBm.mouseY - cloneBd.height * 0.5), null, null, true);
}
```

效果如图 7-76 所示。如果我们希望两种颜色用渐变的方式进行平滑过渡，那又该怎么做呢？为便于研究，不妨换成固定的两种颜色：浅灰（0xCCCCCC）和深灰（0x666666），就得到如图 7-77 的效果。

图 7-76　用 ColorTransform 填充两种颜色

图 7-77　给文本填充两种固定的颜色

从 0xCC 平滑过渡到 0x66，用最简单的线性插值方法，结果应该刚好在这两个数值的中间：0x99。所以我们把矩形分成 3 块，中间那块填上接近中灰的 0x999999。

代码清单 7-19

```
    ct.color = 0xCCCCCC;
    cloneBd.colorTransform(new Rectangle(0, 0, cloneBd.rect.width, cloneBd.rect.height / 3), ct); //
填充上1/3矩形
    ct.color = 0x999999;
    cloneBd.colorTransform(new Rectangle(0, cloneBd.height * 1 / 3 , cloneBd.rect.width,
cloneBd.rect.height / 3), ct); //填充中1/3矩形
    ct.color = 0x666666;
    cloneBd.colorTransform(new Rectangle(0, cloneBd.height * 2 / 3 , cloneBd.rect.width,
cloneBd.rect.height / 3), ct); //填充下1/3矩形
```

我们得到如图 7-78 的效果。

如果我们再分细一点，在这 3 个色块两两之间再插入一种颜色，就得到如图 7-79 的效果，看起来它已经比较接近渐变了。

图 7-78　再插入一种颜色

图 7-79　继续插入过渡色

但新的问题也随之产生，上下两色块的高度比中间的少。明明高度的分配是均匀的，这又是为什么呢？我们把 ColorTransform 的 alphaOffset 调一下。

代码清单 7-20

```
    ct.alphaOffset = 64;
```

然后我们给_main_txtBd 的填充颜色设置成 0x01000000，一切就水落石出了，如图 7-80 所示。

大家如果对 TextLineMetrics 或者文本度量的类有了解的话，相信马上就能明白其中的道理了。文本的高度并没有占满整个 TextField 的区域，所以上下两色块对文本上色的像素数量比中间的少，自然也就变窄了。我们观察 Flash IDE 中的 TextField 选框也能得到同样的结论，如图 7-81 所示。

图 7-80　给透明区域上色

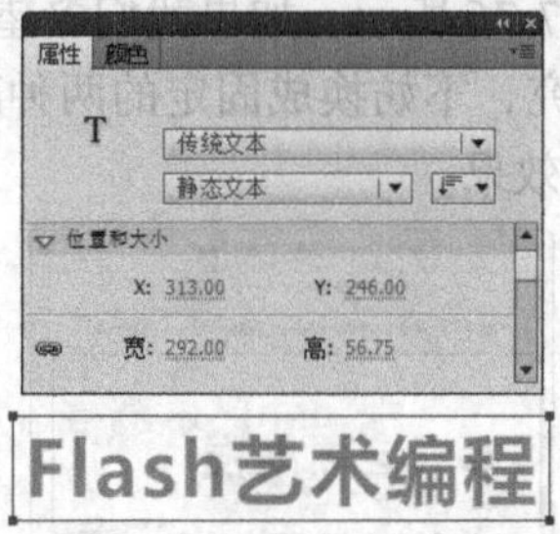

图 7-81　Flash IDE 中的文本选框

那么,如何精确定位到有填充颜色的区域呢？看起来我们要借助像素级别的BitmapData了。用 getPixel32 一个个像素的判断吗？自然不必，我们有更直接的方法。

7.4.3　精确定位需要上色的区域

这个方法是 BitmapData 的 getColorBoundsRect。

代码清单 7-21

```
public function getColorBoundsRect(mask:uint, color:uint, findColor:Boolean = true):Rectangle
```

我没办法用很形象的例子解释 mask 和 color 这两个参数的含义，可以简单理解为 mask 是 color 的一个上限，最终需要查找的颜色值将等于 mask & color。

在不需要进行任何过滤的前提下，我们将 mask 值设置为 0xFFFFFFFF 即可。这个时候，color 将不受到任何影响。

mask & color 算出来的颜色 value 将会在整个 BitmapData 中进行查找。

如果 findColor 参数为 true，则找到所有跟 value 完全相等的颜色，否则查找不相等的颜色。最后将符合条件的所有像素合并为一个矩形并返回给这个方法。

这么讲还是有点抽象，我们做点实际的东西吧。就拿上面的文本上色区域来说，我们要寻找的就是有实际像素的区域，姑且认为 draw 出来的图片只有全透明色和全不透明的黑色（实际上边缘的位置不一定是这两种颜色），我们希望找到填上黑色的区域，所以要求 mask & color 的结果等于 0xFF000000。

为简便起见，我们直接设置 color=0xFF000000，mack=0xFFFFFFFF。

下面我们测试下这个矩形区域，在 initMainTxt 函数的末端追加代码。

代码清单 7-22

```
trace(_main_txtBd.getColorBoundsRect(0xFFFFFFFF, 0xFF000000), _main_txtBd.rect);
```

输出的结果如下：

```
(x=6, y=11, w=258, h=38) (x=0, y=0, w=267, h=56)
```

我们可以看到，用 getColorBoundsRect 取出来的矩形比 BitmapData 本身的 rect 小了，它只保留了包含全黑像素的区域。

为了验证这个区域是否已被正确取出，我们对_main_txtBd 进行一下裁切。因为 bitmapData 的宽高无法动态改变，所以我们创建两个 BitmapData，一个尺寸等于 TextField 的宽高，而另一个则刚好可以容纳带颜色的部分，前者把 TextField 给 draw 进去之后，就由后者通过 copyPixels

把带颜色的区域复制过来。

initMainTxt 函数的代码修改如下。

代码清单 7-23

```
    private function initMainTxt():void{
        _main_txt = new TextField();
        _main_txt.autoSize = TextFieldAutoSize.LEFT;
        _main_txt.text = "Flash 艺术编程";
        _main_txt.setTextFormat(new TextFormat("Microsoft YaHei", 40, null, true));
        var tempBd:BitmapData = new BitmapData(_main_txt.width, _main_txt.height, true, 0x00000000);
//为了让 BitmapData 刚好可以容下 TextField 的内容，我将 BitmapData 的宽高设置为跟 TextField 一样的尺寸
        tempBd.draw(_main_txt);
        var colorRect:Rectangle = tempBd.getColorBoundsRect(0xFFFFFFFF, 0xFF000000);
        _main_txtBd = new BitmapData(colorRect.width, colorRect.height, true, 0x00000000);
        _main_txtBd.copyPixels(tempBd, colorRect, new Point());
         tempBd.dispose();
    }
```

效果如图 7-82 所示。带黑色的区域被丝毫不差地裁剪出来了。同时我们也看到它的局限性。如果 BitmapData 的色彩较多，甚至只是带了一点点透明，用以上方法来获取将会忽略掉黑色以外的所有颜色，导致裁切出来的区域不正确。

图 7-82 用 getColorBoundsRect 裁切后的效果

通过这个例子我们发现，其实我们要做的仅仅是把空白的边缘裁掉，也就是需要取出 alpha 不等于 0 的区域。根据我们前面的分析，getColorBoundsRect 部分的代码修改为 tempBd.getColorBoundsRect(0xFFFFFFFF, 0x00000000, false)，就一样能裁切出正确的区域来（不过要注意的是，测试的时候需要把原来的 0x01000000 填充色恢复为 0x00000000），而且通用性和准确性都比原来的 tempBd.getColorBoundsRect(0xFFFFFFFF, 0xFF000000)高。

通用性是毋庸置疑的，至于准确性，我们把文本内容改为 O 来测试，再输出一下裁切区域。

代码清单 7-24

```
    trace(tempBd.getColorBoundsRect(0xFFFFFFFF, 0xFF000000), tempBd.getColorBoundsRect(0xFFFFFFFF,
0x00000000, false));
```

我们就可以看出两者的差异了：

```
(x=4, y=13, w=29, h=31) (x=3, y=13, w=31, h=31)
```

使用不匹配色彩（findColor=false）进行裁切的矩形区域比使用匹配者（findColor=true）要稍大一些，因为字母 O 的边缘不是直线，所以在 draw 的时候，边缘部分可能会出现半个像素有颜色、而另外半个像素全透明的情况，但 BitmapData 的一个像素只能存储一种颜色。因此 FlashPlayer 一般会取这两个“半像素”的平均值，从而生成半透明的像素点，如图 7-83 所示。这样的像素点在不匹配法中被包含进去了，但匹配法却无法获取，所以使用 findColor=true，color=0xFF000000 的方法进行裁切就会损失掉一小部分像素。

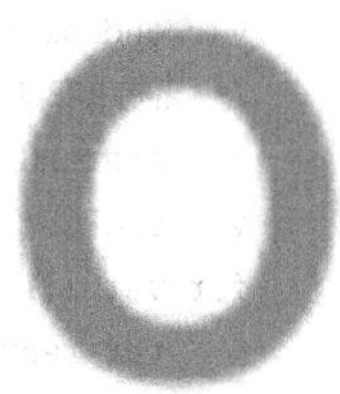

图 7-83 位图 O 的边缘有半透明的像素

如果位图的空白区域不是全透明色，而是 100%alpha 的白色（不透明位图非常常见），那么

我们只需要把 color 改成 0xFFFFFFFF（不透明位图 0xFFFFFF）即可。

可见，这个方法非常适合用来裁切位图的多余像素。它除了提高我们像素处理的精确度以外，还能减少位图的尺寸，提升运行效率。

在后续的章节中，我们会经常用到这样的 BitmapData，所以我们把上面的代码封装成一个名为 TextBitmapData 的类以便重用。

代码清单 7-25

```
package com.gemei.display{
    public class TextBitmapData extends BitmapData {
        public function TextBitmapData(text:String, format:TextFormat = null, needToCut:Boolean =
false){
        }
    }
}
```

具体的实现代码与本例的 initMainTxt 函数基本一致，此处就不再贴出来了。

定位到上色的区域以后，我们就可以回过头来看看渐变的实现。

7.4.4 利用 ColorTransform 实现渐变填充

我们尝试通过分块上色实现渐变效果，分块越多，越接近渐变。所以，当分块的数量达到极限，即每一小块的高度达到最小单位——1 个像素的时候，效果自然就是渐变了。所以，我们不能再把颜色写死，而是要利用线性插值的方法算出每个位置的颜色值。

假设总高度为 51，某个通道的颜色从 0xCC（204）到 0x66（102），那么通道的颜色变化为 -102 点，如果要让这-102 点在 51 的高度内均匀过渡，那么 y 值每增加 1 像素，通道值就要增加-102/51=-2，即减少 2 点，写成算式就是

```
value = 204 + y * (102 - 204) / 51
```

用变量代替一下，就得到：

```
value = startColor + y * (endColor - startColor) / height
```

下面我们就来实现一下，用两种随机的颜色。

代码清单 7-26

```
private function mainSprClickHandler(event:MouseEvent):void{
    var startColor:int = Math.random() * 0xFFFFFF;
    var endColor:int = Math.random() * 0xFFFFFF;
    /**先把 RGB 通道拆分出来再进行插值**/
    var startRGB:RGBColor = ColorUtil.getRGBObjectFromColor(startColor);
    var endRGB:RGBColor = ColorUtil.getRGBObjectFromColor(endColor);
    for(var i:int = 0, h:int = cloneBd.height; i < h; i ++){
        var resultR:int = startRGB.r + i * (endRGB.r - startRGB.r) / h;
        var resultG:int = startRGB.g + i * (endRGB.g - startRGB.g) / h;
        var resultB:int = startRGB.b + i * (endRGB.b - startRGB.b) / h;
        var resultColor:uint = ColorUtil.getColorFromRGBObject(new RGBColor(resultR, resultG,
resultB));
        ct.color = resultColor;
```

```
			cloneBd.colorTransform(new Rectangle(0, i, cloneBd.width, 1), ct);
		}
		/**********/
		_mainBd.copyPixels(cloneBd, cloneBd.rect, new Point(_mainBm.mouseX - cloneBd.width * 0.5,
_mainBm.mouseY - cloneBd.height * 0.5), null, null, true);
	}
```

这里用到了公共库里的一些类，所以需要在项目中把${PUBLIC_CLASSES}包含进来。这些类本身没有什么技术含量，仅仅是为了简化一些不必要的重复代码。

以上代码先把颜色拆分成 RGB 通道，然后利用上面推导出来的公式对各通道分别进行线性插值，最后再合并成一个颜色并应用到 ColorTransform 中，每个循环，ColorTransform 都只对高度仅 1 像素的矩形区域进行上色，所以效果看起来非常平滑，跟 Flash IDE 中的线性渐变没有什么两样，如图 7-84 所示。

但仅仅是最简单的线性渐变，就耗费了我们这么多的脑细胞，而且这种渐变本来就可以通过 ActionScript 提供的绘图 API 轻松实现。再者，如果我们想对线性渐变旋转一下，或者改为放射渐变，用 colorTransform+矩形拆分的方法恐怕就相当痛苦了。

那么我们可否有更简单的办法直接使用绘图 API 给文本进行渐变填充呢？

当然有，至少前面我们就给出了遮罩的方案，但它仅限于用 TextField 来做遮罩，如果我们需要先对文本做一些像素级操作以后再进行填充，遮罩恐怕就难以胜任了，如图 7-85 所示。

图 7-84 ColorTransform 实现的渐变填充

图 7-85 像素级处理后再进行渐变填充

接下来介绍的一些方法，虽然还不是最优方案，但可以帮我们彻底解决这一难题。

7.4.5 色彩混合方法——merge

虽然它的名字叫混合，但是并不跟 blendMode 完全对应，而且也不实现任何的 RGB 混合模式。该方法的执行结果和本质都与 alpha 混合很相似，但它又比 alpha 混合要强大一些。之所以不在 draw 之外做一个混合模式的操作，个人认为是这个方法的应用领域不广，单独实现它的必要性不是特别大。

merge 方法的参数如下。

代码清单 7-27

```
	public function merge(sourceBitmapData:BitmapData, sourceRect:Rectangle, destPoint:Point,
redMultiplier:uint, greenMultiplier:uint, blueMultiplier:uint, alphaMultiplier:uint):void
```

官方的帮助文档也以红通道为例给出了 merge 的算法。

```
	new redDest = [(redSrc * redMultiplier) + (redDest * (256 - redMultiplier))] / 256;
```

我们在第 5 章讲解 alpha 混合的时候也给出了 alpha 的混合公式，当背景不透明时，色彩值的算法如下。

```
result = blendColor * alpha + bgColor * (1 - alpha)
```

可见该算法跟 merge 非常接近，redSrc 相当于 blendColor，redDest 相当于 bgColor，而里面最重要的变量 redMultiplier 自然就对应 alpha 值了。然后，多出来的 256 部分是因为通道值的范围为 0~255，alpha 的通道值为 0~1，所以计算过程中需要做一下简单的数值变换。

之所以说 merge 比 alpha 混合要强大，是因为它可以给 4 个通道附上不同的混合度，而 alpha 则只能对 RGB 使用同一个混合度。

为了测试它的效果是否真的跟 alpha 混合相似，我们先用绘图 API 做一个渐变填充，然后把它 draw 成位图，最后跟文本位图进行混合。

所以，我们先给当前项目添加 shape 和 shapeBd 的全局变量声明。

代码清单 7-28

```
private var _shape:Shape;
private var _shapeBd:BitmapData;
```

然后我们在 init 函数中追加以下代码。

代码清单 7-29

```
initShape();
```

该函数对 Shape 进行初始化。

代码清单 7-30

```
private function initShape():void{
    _shape = new Shape();
    _shapeBd = new BitmapData(_main_txtBd.width, _main_txtBd.height, true, 0x00000000);
}
```

做好这样的准备以后，就可以在我们的主战场——mainSprClickHandler 上动刀了。

代码清单 7-31

```
private function mainSprClickHandler(event:MouseEvent):void{
    var startColor:int = Math.random() * 0xFFFFFF;
    var endColor:int = Math.random() * 0xFFFFFF;
    var mt:Matrix = new Matrix();
    mt.createGradientBox(_main_txtBd.width, _main_txtBd.height, Math.PI*0.5);
    /**清空重绘**/
    _shape.graphics.clear();
    _shape.graphics.beginGradientFill(GradientType.LINEAR, [startColor, endColor], [1, 1], [0,
255], mt);
    _shape.graphics.drawRect(0, 0, _main_txtBd.width, _main_txtBd.height);
    _shape.graphics.endFill();
    /**********/
    _shapeBd.fillRect(_shapeBd.rect, 0x00000000);
    _shapeBd.draw(_shape);
    cloneBd.merge(_shapeBd, cloneBd.rect, new Point(), 0x80, 0x80, 0x80, 0x80);
    _mainBd.copyPixels(cloneBd, cloneBd.rect, new Point(_mainBm.mouseX - cloneBd.width * 0.5,
_mainBm.mouseY - cloneBd.height * 0.5), null, null, true); //开始执行混合，这里给所有通道都设置成 50%的混合度
0x80，无需错位，所以用全矩形和(0,0)点
}
```

我们使用绘图 API 绘制了一个尺寸跟 BitmapData 相等的矩形，然后转换到 shapeBd 上，再执行 50%的混合。运行效果确实很像在黑字上叠上了一层半透明的渐变蒙板，如图 7-86 所示。如果我们将 Point 设置到位图的中心让它们错位一下，这种感觉就会更加明显，如图 7-87 所示。

图 7-86　50%的 merge 混合

图 7-87　错位混合的效果

根据 merge 的算法公式，multiplier 越大，色彩就越接近 shapeBd，反之就越向 main_txtBd 的靠拢，如图 7-88、图 7-89 所示。

图 7-88　80%（0xCC）的 merge 混合

图 7-89　20%（0xCC）的 merge 混合

可见，只要 4 个 multiplier 都相等，我们就始终不能实现在文本上填充渐变的效果。我们希望 alpha 接近于图 7-89，而 RGB 色彩则接近于图 7-88。

所以是时候要区分下 multiplier 的值了，我们让 RGB 都达到 80%，然后 alpha 只取 20%，效果又会怎样呢？

看起来已经非常接近我们想要的结果，如图 7-90 所示，所以不妨再极端一点，让 RGB 取 100%，alpha 取 0%，就得到一个我们期盼已久的渐变填充文本了（如图 7-91 所示）。

现在我们已经见识到 merge 的强大之处了。如果把文本的 textColor 设置为红色，然后 r 通道取 mainTxt_bd 的 80%（即 redMultiplier 设置为 0x33），那我们还可以得到一套比全随机要和谐一些的偏红随机色系，如图 7-92 所示。

图 7-90　alpha20%，RGB80%的效果

图 7-91　alpha0%，RGB100%的效果

既然 merge 的功能如此强大，我们仅仅用它来做渐变填充的文本就未免有点屈才了。所以，我们还是让 merge 去实现更复杂的效果吧。像文本渐变这种功能，我们取的 multiplier 都是极端数值，极端到它实际上只做了一件很简单的事情，就是把 main_txtBd 中的 alpha 通道直接搬到渐变填充的矩形上。

所以像通道搬运这种技术含量比较低的粗重活，我们就不要麻烦 merge 了，还是找个下属帮忙减轻下负担吧。

图 7-92　通过更改 redMultiplier 实现随机色彩的限制

7.4.6　通道搬运工 copyChannel——简化版的 merge 方法

Adobe 已经帮我们培养好这个 merge 的下属了，它就是 copyChannel 方法。

代码清单 7-32

```
public function copyChannel(sourceBitmapData:BitmapData, sourceRect:Rectangle, destPoint:Point, sourceChannel:uint, destChannel:uint):void
```

该方法非常干净，除了必要的源图像、矩形区域以及位置点以外，它就只剩两个参数了，一个是源通道，一个是目标通道，其类型是一个整数，但要记住哪个整数对应哪个通道是件很痛苦的事情，所以我们可以使用 BitmapDataChannel 提供的常量。

在本例中，sourceBitmapData 是渐变填充的 shapeBd，我们需要把它的颜色搬到最终要贴到主位图的 cloneBd（main_txtBd 的副本）上。所以，具体的操作就是把 shapeBd 的 RGB 通道分别复制到 cloneBd 所对应的通道上。

代码清单 7-33

```
cloneBd.copyChannel(_shapeBd, _shapeBd.rect, new Point(), BitmapDataChannel.RED, BitmapDataChannel.RED);
cloneBd.copyChannel(_shapeBd, _shapeBd.rect, new Point(), BitmapDataChannel.GREEN, BitmapDataChannel.GREEN);
cloneBd.copyChannel(_shapeBd, _shapeBd.rect, new Point(), BitmapDataChannel.BLUE, BitmapDataChannel.BLUE);
```

效果如图 7-93 所示，它跟我们之前 merge 出来的效果完全一致。

我们还可以尝试跨通道复制，比如把 shapeBd 的红通道复制到蓝通道。

代码清单 7-34

```
cloneBd.copyChannel(_shapeBd, _shapeBd.rect, new Point(), BitmapDataChannel.RED, BitmapDataChannel.RED);
cloneBd.copyChannel(_shapeBd, _shapeBd.rect, new Point(), BitmapDataChannel.GREEN, BitmapDataChannel.GREEN);
cloneBd.copyChannel(_shapeBd, _shapeBd.rect, new Point(), BitmapDataChannel.RED, BitmapDataChannel.BLUE);
```

这样就可以大幅度降低蓝色出现的概率，从而提高随机色彩的协调性，如图 7-94 所示。

图 7-93　用 copyChannel 实现渐变填充

图 7-94　将红通道复制到蓝通道

言归正传，现在的代码看起来似乎比原来的 merge 更复杂了，需要写 3 行才能实现，而 merge 只需一行。

其实只要善于变通，我们就可以立马想出解决方案。位图也就 4 个通道，从 shapeBd 搬过来需要 3 次，就意味着从 main_txtBd 搬过去只需要 1 次，那我们何不反过来操作一下呢？这样我们就只需要复制 alpha 通道了。

代码清单 7-35

```
    _shapeBd.copyChannel(cloneBd, cloneBd.rect, new Point(), BitmapDataChannel.ALPHA,
BitmapDataChannel.ALPHA);
    _mainBd.copyPixels(_shapeBd, cloneBd.rect, new Point(_mainBm.mouseX - cloneBd.width * 0.5,
_mainBm.mouseY - cloneBd.height * 0.5), null, null, true);
```

以上代码一样可以得到如图 7-93 的效果。至此，Photoshop 中的渐变叠加样式已经被初步模拟出来了。至于图案叠加，用 beginBitmapFill 代替一下 beginGradientFill 即可。

这个例子很容易让我们想到 Photoshop 中的蒙版。没错，alpha 通道跟蒙版的概念非常相似，我们如果给文本加一个模糊，然后尝试将文本位图的 alpha 通道复制到 RGB 中，就可以得到 Photoshop 设计人员所熟悉的蒙版了。

我们在初始化_main_txt 后面追加代码。

代码清单 7-36

```
    _main_txt.filters = [new BlurFilter(6, 6, 3)];
```

然后我们在 mainSprClickHandler 函数添加一个用于显示蒙版的 BitmapData。

代码清单 7-37

```
    var maskBd:BitmapData = new BitmapData(_shapeBd.width, _shapeBd.height, false, 0x000000);
    maskBd.copyChannel(_shapeBd, _shapeBd.rect, new Point(), BitmapDataChannel.ALPHA, BitmapDataChannel.RED);
    maskBd.copyChannel(_shapeBd, _shapeBd.rect, new Point(), BitmapDataChannel.ALPHA, BitmapDataChannel.GREEN);
    maskBd.copyChannel(_shapeBd, _shapeBd.rect, new Point(), BitmapDataChannel.ALPHA, BitmapDataChannel.BLUE);
    _mainBd.copyPixels(maskBd, maskBd.rect, new Point(_mainBm.mouseX - cloneBd.width * 0.5,
_mainBm.mouseY + cloneBd.height * 0.5), null, null, true);
```

得到如图 7-95 的效果，文字下方显示出透明通道的灰阶。可以看到，蒙版的亮度恰好对应文本的不透明度，这与 Photoshop 中的蒙版概念完全一致。

这里的通道复制，其根本目的就是将色彩和不透明度区分开来，它既没有跨通道，也没有对 RGB 进行拆分。所以，copyChannel 对于实现这样的效果来说还是略显复杂了。

而且 copyChannel 还有一个缺陷，就是对于渐变部分出现的 alpha，copyChannel 会视若无睹。所以，无论大家将渐变的 alpha 设置为[1,0,5]还是[1,1]，最终出来的效果都不会受到任何影响。也就是说，copyChannel 出来的蒙版会提升填充的不透明度，这跟 Photoshop 蒙版的概念不完全吻合。

图 7-95 将 alpha 通道制作成蒙版

那么，有没有专门针对这种遮罩效果的处理方案呢？渐变填充的 alpha 又能不能保留？

7.4.7 针对性更强的通道复制——copyPixels 方法

copyPixels 方法中的 alphaBitmapData 参数很容易为 ActionScript 的开发人员所忽略。事实上，利用这参数进行渐变填充文本的通道分离将会更加合适，因为它允许我们传入一个用于复制透明通道的 BitmapData。

之前实现遮罩的方法如下。

代码清单 7-38

```
    _shapeBd.copyChannel(cloneBd, _shapeBd.rect, new Point(), BitmapDataChannel.ALPHA,
BitmapDataChannel.ALPHA);
    _mainBd.copyPixels(_shapeBd, _shapeBd.rect, new Point(_mainBm.mouseX - cloneBd.width * 0.5,
_mainBm.mouseY - cloneBd.height * 0.5), null, null, true);
```

如果我们不执行 copyChannel，而是直接将 cloneBd 作为 alphaBitmapData 传入到 copyPixels 中，代码将简化为如下格式。

代码清单 7-39

```
    _mainBd.copyPixels(_shapeBd, _shapeBd.rect, new Point(_mainBm.mouseX - cloneBd.width * 0.5,
_mainBm.mouseY - cloneBd.height * 0.5), cloneBd, new Point(), true);
```

运行效果与简化前完全一致，而且该做法还可以保留渐变中原有的透明信息。

我们把 beginGradientFill 的 alphas 参数改为[1, 0.5]，将得到如图 7-96 的效果。copyChannel 则会忽略渐变填充中的 alpha 通道，如图 7-97 所示。

图 7-96 利用 alphaBitmapData 实现的渐变填充文本

图 7-97 copyChannel 会使渐变填充的 alpha 通道丢失

所以，从某种意义上说，alphaBitmapData 更符合 Photoshop 的蒙版概念。

虽然用 copyChannel 也可以解决 alpha 通道丢失的问题，比如先将渐变的 alpha 通道复制到文本上，然后再将复制后的结果图像合并到原始的文本位图中。但无论从开发效率、运行效率还是代码可读性等角度考虑，都应该尽量使用 copyPixels 方法的 alphaBitmapData 参数，除非可以预先确定渐变图像的 alpha 通道恒等于 255。

与 merge 相比，copyChannel/copyPixels 做的事情简单很多，所以运行效率也比 merge 高出不少。BitmapData 的像素计算在 CPU 中进行，所以像 merge 那种哪怕仅仅是简单线性插值的浮点数运算效率都远比不上复制通道时的整数位运算。因此，在可以实现同一效果的前提下，我们应优先考虑操作简单、功能较少的方案。

7.4.8 更直观的做法——alpha 混合模式

相比之下，本节所介绍的方法更加直观和容易理解，但我们不太推荐使用，因为它用的是 draw 方法，而且还需要利用 alpha 类的混合模式，性能损耗较大。

具体代码如下。

代码清单 7-40

```
    _shapeBd.draw(new Bitmap(cloneBd), null, null, BlendMode.ALPHA);
    _mainBd.copyPixels(_shapeBd, _shapeBd.rect, new Point(_mainBm.mouseX - cloneBd.width * 0.5,
_mainBm.mouseY - cloneBd.height * 0.5), null, null, true);
```

代码将 shapeBd（背景层）和 cloneBd（混合层）进行 alpha 混合，即 RGB 全取 shapeBd， alpha 则等于 cloneBd 和 shapeBd 两者 alpha 的乘积。于是，cloneBd（即文本）的空白部分将会因此而擦除掉，而只保留字符部分，从而达到蒙版遮罩的效果。

之所以不推荐该做法，是因为此处不但用了复杂的 draw 函数，而且还要特地为了 alpha 模式创建一个 Bitmap 显示对象，对内存和 CPU 都相当不利。所以在后续的章节中，但凡用到文本渐变填充或者图案填充，我们都会优先选择 copyPixels 中的 alphaBitmapData。

7.5 本章小结

说白了，叠加效果的本质就是一个遮罩/蒙版，专门开一章来介绍似乎有点小题大作，但笔者认为这正是本章的价值所在。正因为该效果足够简单，所以实现起来可以有很多种方法。以此为中心展开讨论，可以让读者对 BitmapData 的各种 API 尤其是较偏门的可选参数有更加深入的理解，在制作某些特定效果的时候，思路可以更加广阔。

在 Photoshop 的 3 种叠加效果中，最最复杂的莫过于渐变叠加了。虽然 Flash 也有渐变填充，但其种类过于单一，效果也不如 Photoshop 的平滑细腻，导致 Flash IDE 在模拟 Photoshop 渐变的过程中屡屡受阻。

在探讨混合模式的章节中，我们深入到像素的级别，分析并实现了很多在 ActionScript 中没有定义的 Photoshop 混合选项。所以接下来，我们也用同样的方式，以像素为研究单位，深入解读 Photoshop 的渐变算法和实现原理。

第 8 章

触类旁通——细读 Photoshop 渐变算法

电影《逆世界》讲述了完全颠倒并相互排斥的两个星球，在一种来自过渡世界、象征爱的物质——粉红花蜜的作用下得以彻底逆转并且完美结合的一则故事。全片气势恢宏，情节紧凑，以波澜壮阔的双星世界为背景，跨越空间的爱恋为主线，谱写了一段人类与社会抗争，最终以爱的力量完胜万有引力的爱情神话。

如果美术和程序分别代表此影片所描述的两个世界，让 ActionScript 和 Photoshop 分别饰演该片的男女主角，那么最适合扮演粉红花蜜这一角色的，自然就是非常有爱的艺术编程核心类——BitmapData 了。

自本章起，我们将站在 Photoshop 的高度，以 ActionScript 的 BitmapData 为主要工具，与大家一起征服强大的 Photoshop 图像算法。

为了承上启下，我们先从相对简单的线性渐变开始。

一切准备就绪，让我们都来当一回导演吧，Action!

8.1 利用 BitmapData 分析渐变趋势

在利用 Flash IDE 模拟 Photoshop 渐变的过程中，我们发现，即使是最简单的双色实底渐变，在 Flash IDE 中也表现得不太完美，例如平滑度、渐变重心等细节问题。

通过 BitmapData 基础知识的学习，我们现在可以深入到像素对色彩的分布及变化趋势进行一系列的探讨了。

为了简化数据提取的过程，我们统一使用 256 宽度的横向线性渐变图片，对一横行的颜色值进行描点绘图。

8.1.1 分析工具类的书写

我们把分析工具封装成一个类并且放入到公共库里以便重用。

代码清单 8-1

```
package com.gemei.utils.gradient{
    //渐变趋势分析器
    public class GradientAnalyzer{
        public function GradientAnalyzer(){
        }
        /*@param source 分析的源
         @param graphics 目标Graphics对象
```

```
     @param lineIndex 被分析数据所在行数，默认为第一行*/
        public function draw(source:IBitmapDrawable, graphics:Graphics, lineIndex:int = 0):void{
        }
    }
}
```

调用该工具类的 draw 方法时，代码会将 BitmapData 中第 lineIndex+1（默认为 0+1）行的数据提取出来，然后将每个像素点的颜色值拆成 4 个通道进行描点画线，线条的颜色与通道名称相对应，而 alpha 通道则用黑色表示。

受篇幅所限，我们没在书中给出 draw 方法的实现代码，读者可自行查阅配套源码中的 GradientAnalyzer.as 文件。

有了这样的一个工具类之后，我们就可以创建一个项目测试渐变的分析趋势了。

8.1.2 利用工具类绘制 ActionScript 默认渐变的趋势线

我们新建一个 ActionScript 项目，名为 GradientAnalyzeTest，代码如下。

代码清单 8-2

```
package{
    [SWF(width = "800", height = "600")]
    public class GradientAnalyzeTest extends Sprite{
        private var _gradientShape:Shape;
        private var _gradientCurveShape:Shape;
        public function GradientAnalyzeTest(){
            init();
        }
        private function init():void{
            initGradientShape();
            initGradientCurveShape();
        }
        private function initGradientShape():void{
            _gradientShape = new Shape();
            var mt:Matrix = new Matrix();
            mt.createGradientBox(256, 20);
            _gradientShape.graphics.beginGradientFill(GradientType.LINEAR, [0xFF0000, 0x0080FF], [1,
1], [0, 255], mt);
            _gradientShape.graphics.drawRect(0, 0, 256, 20);
            _gradientShape.graphics.endFill();
            _gradientShape.x = 20;
            _gradientShape.y = 300;
            addChild(_gradientShape);
        }
        private function initGradientCurveShape():void{
            _gradientCurveShape = new Shape();
            new GradientAnalyzer().draw(_gradientShape, _gradientCurveShape.graphics);
            _gradientCurveShape.x = 20;
            _gradientCurveShape.y = 30;
            addChild(_gradientCurveShape);
        }
    }
}
```

该段代码绘制了一个尺寸为256*20的矩形线性渐变并且在其上方放入渐变趋势的分析曲线。我们可以看到，ActionScript 默认的渐变趋势在各个通道上都呈现为一条直线，如图 8-1 所示。

如果插值方式改为LINEAR_RGB（线性RGB选项，beginGradientFill 的 interpolationMethod 参数），则渐变的过渡方式变成一条曲线，如图 8-2 所示。

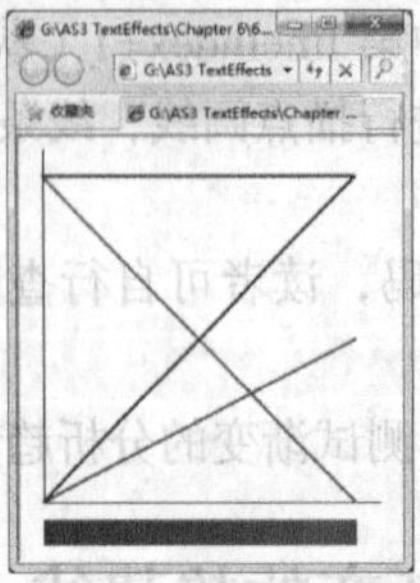

图 8-1　测试渐变趋势线

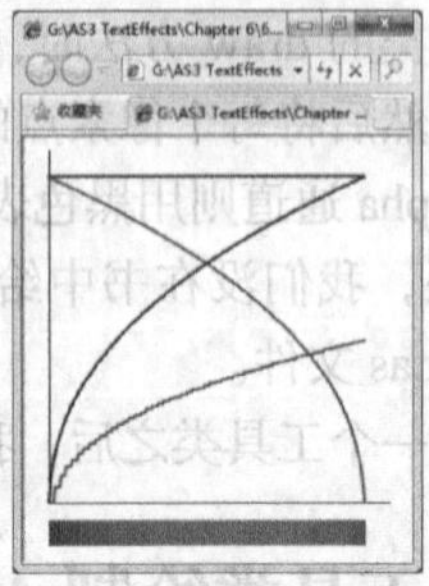

图 8-2　线性 RGB 的渐变趋势

线性 RGB 得到的渐变结果相对柔和，中间部分不会呈现出较沉、较灰的色彩。只可惜笔者至今尚未把线性 RGB 的算法研究出来。

下面我们测试 Photoshop 中的渐变。就目前来说，我们只能直接把 Photoshop 中的渐变效果导出为位图，然后再嵌入或者加载到 ActionScript 项目中进行分析。

8.1.3　利用工具类绘制 Photoshop 默认渐变的趋势线

我们在 Photoshop 中新建一个 256*20 的 psd 文档，然后填充上与 Flash IDE 设置相一致的渐变样式，如图 8-3 所示。

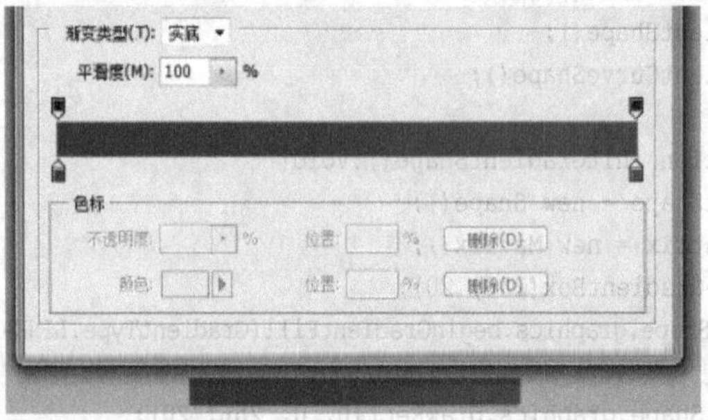

图 8-3　在 Photoshop 中创建渐变填充

我们把该 PSD 文档存储为图片（建议使用无损的 PNG 格式）并将其复制到 GradientAnalyzeTest 项目的 src/assets 文件夹下，命名为 gradient.png。

然后我们添加一个全局变量，嵌入这张图。

代码清单 8-3

```
[Embed(source="assets/gradient.png")]
private var _gradientClass:Class;
```

我们再把 beginGradientFill 一句替换为（最好只是注释掉，不要删除）如下代码。

代码清单 8-4

```
_gradientShape.graphics.beginBitmapFill(new _gradientClass().bitmapData);
```

此处我们先无视效率问题（直接把 BitmapData 传入到分析器是效率最高的做法）。

再次运行，我们就可以得到如图 8-4 的效果。跟 Flash IDE/ActionScript 的渐变相比，它多了一些平滑处理，处理的位置均位于渐变点附近的区域。

在前面模拟渐变的时候，我们曾经提到过一个平滑度的概念，而且经过测试，当平滑度为 0%的时候，Photoshop 中的渐变就跟 Flash IDE 的一致了。

我们将 Photoshop 的渐变平滑度调整为 0%，得到如图 8-5 的效果。它跟 ActionScript 渐变的趋势线效果一致，都是一条直线。

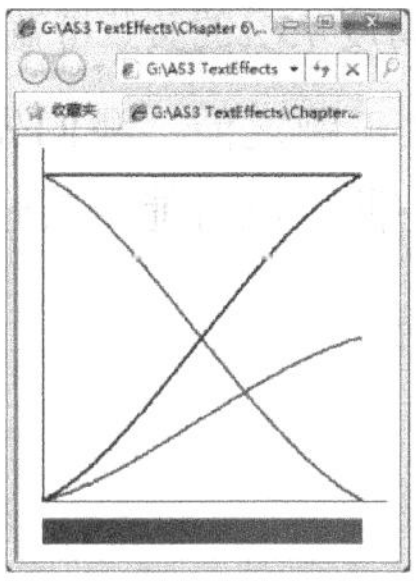

图 8-4　Photoshop 的渐变趋势线

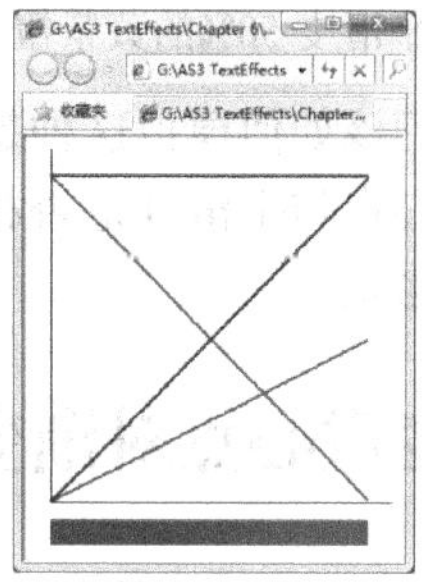

图 8-5　平滑度 0%的 Photoshop 渐变趋势线

8.2　实底渐变平滑度概述

8.2.1　测试 Photoshop 中的渐变平滑度参数

为了突出平滑度的优势，我们决定使用相对复杂的渐变。Photoshop 内置的“黄，紫，橙，蓝渐变”似乎是一个不错的测试用例。我们把这个渐变的 0%和 100%平滑度的效果分别导出为 PNG 图片，然后嵌入到 ActionScript 中进行趋势线的绘制，得到如图 8-6 和图 8-7 的效果。

平滑度为 0%时，趋势线在渐变点所在的位置处出现了不光滑的边角，于是在渐变效果上的体现就是渐变点附近的过渡比较突兀，渐变区域比较窄。而平滑度为 100%就不会出现这样的问题，紫色和橙色的过渡都比较缓和，渐变区域均比较宽。当然，这并不代表我们必须使用 100%的平滑度，有时候，我们可以利用 0%平滑度所渲染出的强烈对比来实现光滑表面的高光区效果。

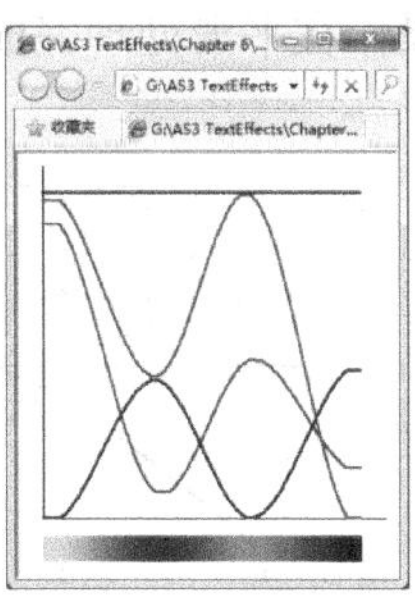

图 8-6　平滑度 100%的黄紫橙蓝渐变

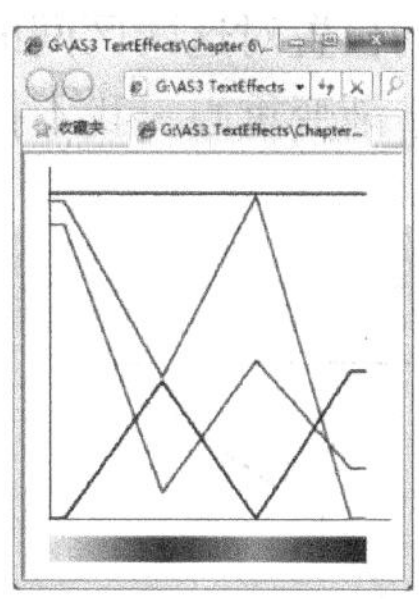

图 8-7　平滑度 0%的黄紫橙蓝渐变

平滑度越高，渐变趋势线的平滑处理力度越强，得到的曲线就越光滑。图 8-8、图 8-9 分别展示了平滑度为 50%和 75%的趋势线图像。

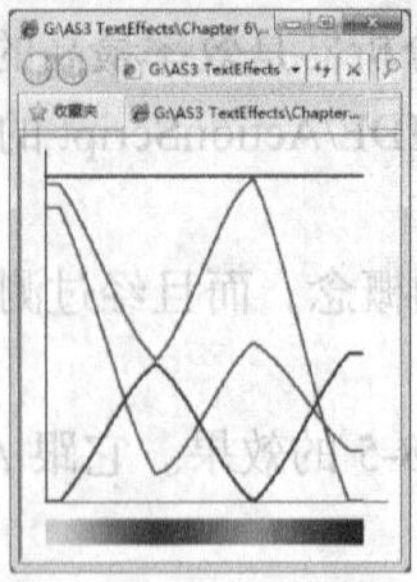

图 8-8　平滑度 50%的黄紫橙蓝渐变

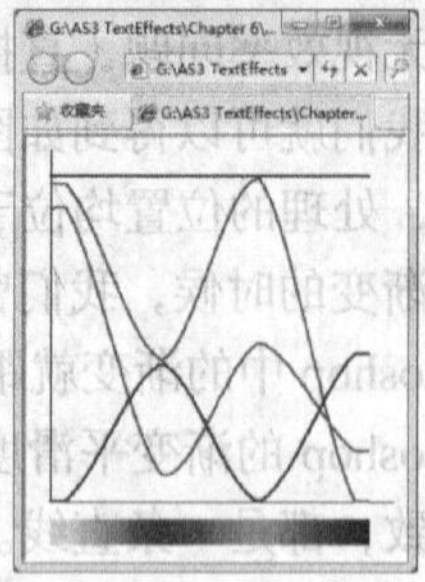

图 8-9　平滑度 75%的黄紫橙蓝渐变

那么，我们该如何模拟这种趋势线平滑的渐变呢？在进入正题之前，我们先来解决一个小问题：渐变重心点与平滑度是否相关？因为它也是控制点的一种，也可能对线性的趋势以及平滑的算法造成影响。

8.2.2　渐变重心点对渐变趋势的影响

为便于测试渐变重心的偏移会否影响线性插值，我们把平滑度设置为 0%，然后对调整重心点位置以后的结果进行趋势分析，如图 8-10 所示。

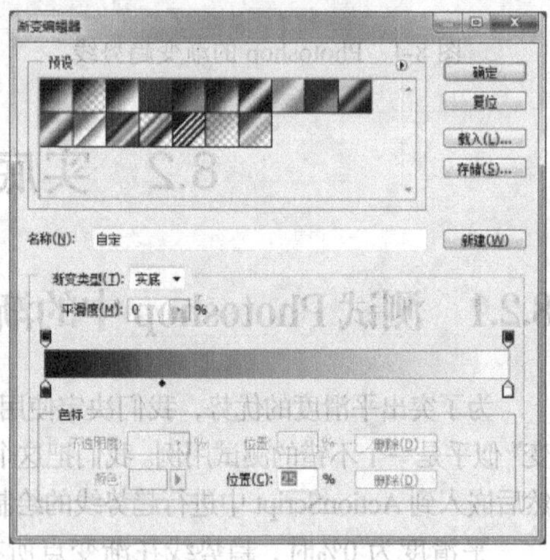

图 8-10　调整重心点位置

我们把这样的渐变导出为 PNG 图片，嵌入到 ActionScript 中进行测试，发现它并没有想象中的复杂，跟简单添加一个渐变点的效果没有什么两样，如图 8-11 所示。

同样让我们感到庆幸的是，把平滑度恢复到 100%后，曲线在重心位置处的平滑的处理方法也跟普通的渐变点基本一致，如图 8-12 所示。

为进一步验证重心点在插值方式上是否与普通渐变点一致，我们对比较复杂的渐变如黄紫橙蓝渐变也进行一下重心点偏移的趋势分析，得到如图 8-13 和图 8-14 的结果。

通过这个较为复杂的渐变，我们可以看出，重心点实际上与插值方式没有任何关系，它以中点为界，将两点间的渐变趋势线切割为水平方向等长的两段曲线，然后通过调整分界点（两段曲线的交点）的位置对这两区间的长度进行缩放。该步操作在平滑处理完成后进行，算法比较简单，所以关于渐变重心，我不打算再详细讲解。

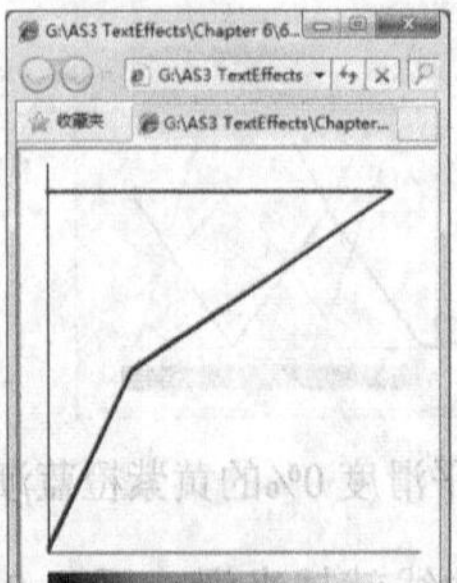

图 8-11　重心点偏移后的黑白渐变当平滑度=0%

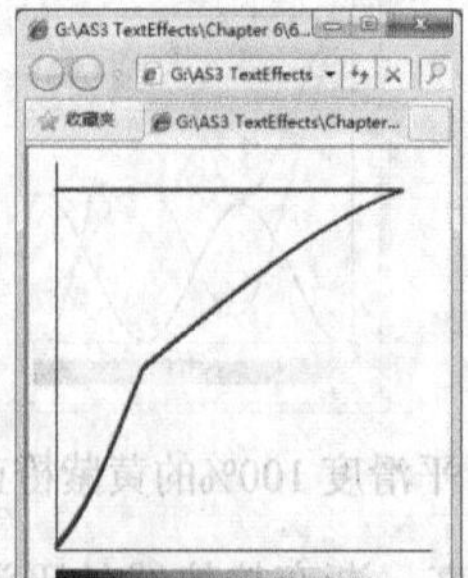

图 8-12　重心点偏移后的黑白渐变当平滑度=100%

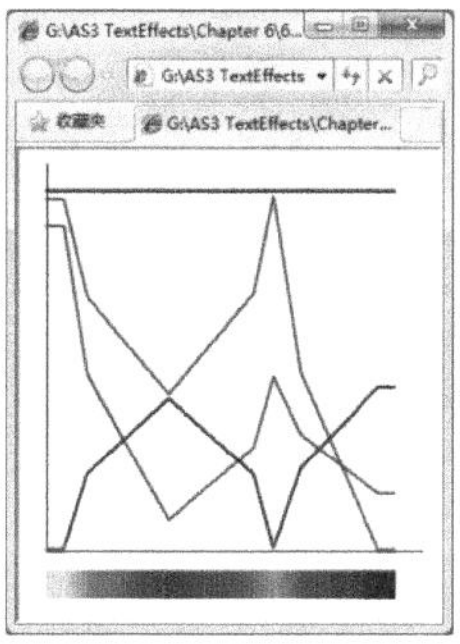

图 8-13 重心点偏移后的黄紫橙蓝渐变当平滑度=0%

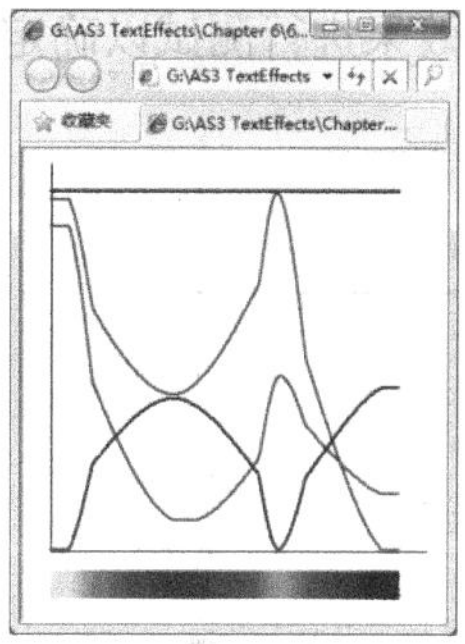

图 8-14 重心点偏移后的黄紫橙蓝渐变当平滑度=100%

下面回到正题：如何用 ActionScript 模拟 Photoshop 的平滑渐变？

8.2.3 简易的平滑渐变模拟技巧

如果渐变的尺寸和色彩都固定并且都是线性渐变，那么最简单、最偷懒的做法就是先在 Photoshop 中做好这个渐变样本，然后在 ActionScript 中使用 beginBitmapFill 进行重复填充即可。至于 spreadMethod 参数，处理起来也不会太难，具体做法如下。

REPEAT 模式：把 beginBitmapFill 的 repeat 参数设置为 true（默认值）即可。

PAD 模式：把 beginBitmapFill 的 repeat 参数设置为 false 即可。

REFLECT 模式：创建一个宽度等于渐变样本两倍的 BitmapData，先用 copyPixels 在（0,0）处贴一个样本，然后在（样本宽度,0）处利用 xscale=-1 的矩阵进行一下 draw 操作，即可得到用于 beginBitmapFill 的渐变样本。

代码清单 8-5

```
var reflectBd:BitmapData = new BitmapData(gradientBd.width * 2, gradientBd.height, true, 0x00000000);
reflectBd.copyPixels(gradientBd, gradientBd.rect, new Point());
reflectBd.draw(gradientBd, new Matrix(-1, 0, 0, 1, gradientBd.width * 2, 0));
```

而对于放射状渐变或者 Photoshop 中比较复杂的渐变来说，我们就需要取出样本中的一横行，读得其所有像素的颜色，然后再根据填充的类型算出渐变填充每个点的颜色值，最后用 setPixel32/palleteMap 等方法生成整个渐变填充，这点我们稍后将会详细讲解。

此外，线性 RGB 的渐变趋势也呈现为一条曲线，那么它是否会对多个渐变点进行平滑处理呢？下面我们把 beginGradientFill 的代码改一下，填入黄，紫，橙，蓝渐变并设置 interpolationMethod 为 LINEAR_RGB。

代码清单 8-6

```
    _gradientShape.graphics.beginGradientFill(GradientType.LINEAR, [0xF9E600, 0x6F156C, 0xFD7C00,
0x002874], [1, 1, 1, 1], [12.8, 89.6, 166.4, 243.2], mt, SpreadMethod.PAD, InterpolationMethod.LINEAR_RGB);
```

将得到如图 8-15 的效果。可见，渐变点处并没有因为设置为线性 RGB 而变得光滑，所以，它的平滑过渡只适用于只有两种颜色的渐变。

而且，使用线性 RGB 以后，中间过渡的区域很可能由于通道值相交而出现饱和度降低、色彩变成灰色的情况。例如，#FFBC00, #00BCFF 这两种颜色的过渡用 LINEAR_RGB 反而得不到比较鲜艳的过渡（如图 8-16、图 8-17 所示）。因此，在决定使用何种方式之前，我们应该先对各种方式的效果进行测试以确定最佳方案。

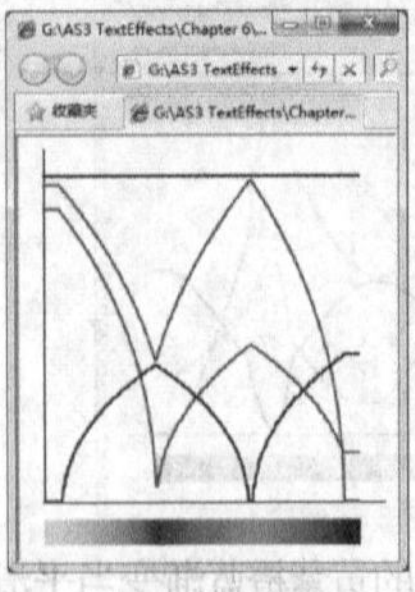

图 8-15　使用线性 RGB 后的黄紫橙蓝渐变

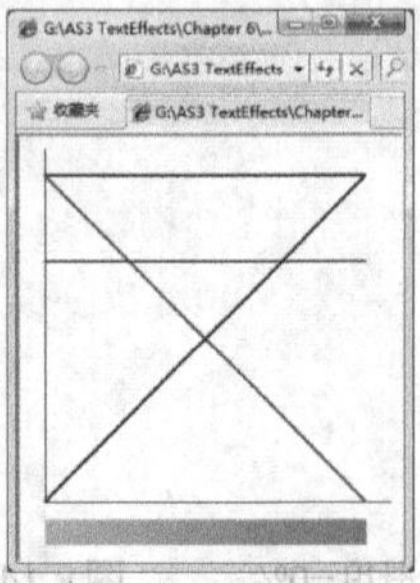

图 8-16　不使用线性 RGB 的渐变效果

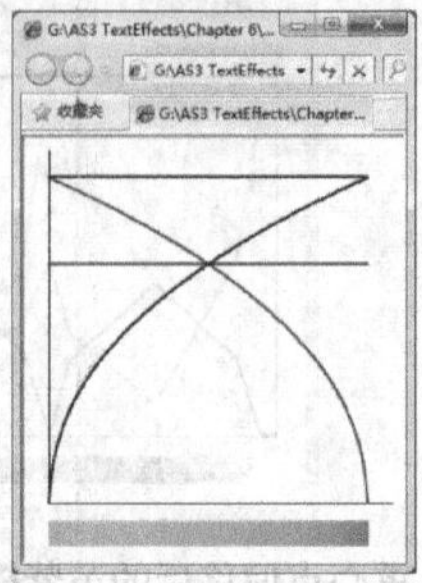

图 8-17　线性 RGB 处理后出现灰色区域

8.3　渐变点平滑算法探讨

8.3.1　平滑算法的定性分析

从 8.1 节和 8.2 节的渐变趋势线图像可知，所谓的平滑，实际上就是用光滑曲线代替锯齿线对各个渐变点进行连接的操作。

与直线不同，过两点可以有无数条光滑的曲线，所以平滑连接曲线的方法也有很多种。图 8-18 的 Photoshop 等高线和图 8-19 的 Flash 补间编辑器就分别展示了两种不同的曲线平滑连接方法。

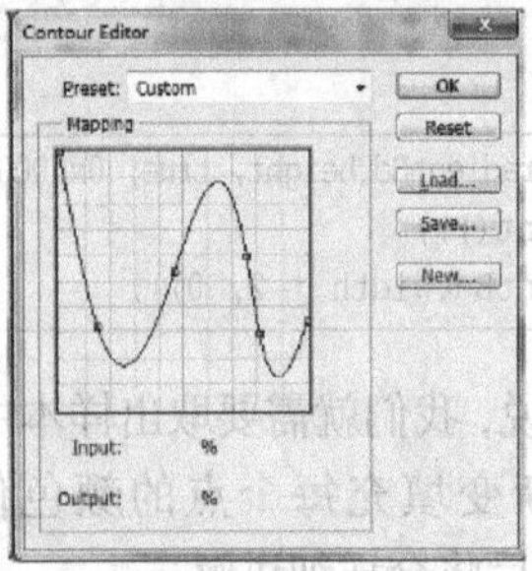

图 8-18　Photoshop 等高线

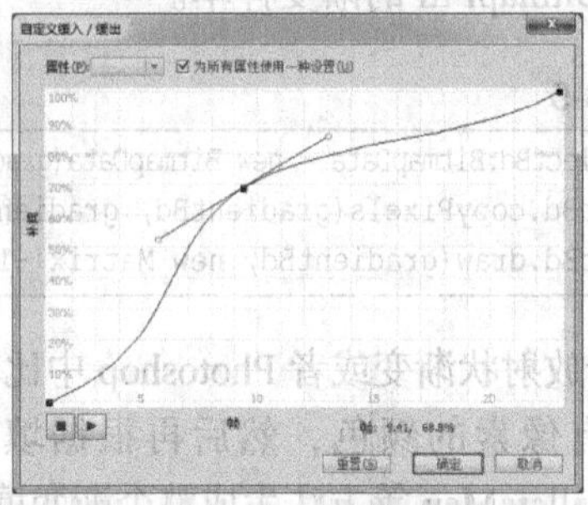

图 8-19　Flash 补间编辑器

那么 Photoshop 平滑度是用什么样的曲线进行平滑的呢？这可以从渐变趋势线的特征得出一些定性结论。如图 8-20 和图 8-21，平滑处理后的曲线仅在连接点附近的位置变得圆滑了，其他地方的斜率并没有发生太大的变化，看起来就像是被磨钝的铅笔一样。

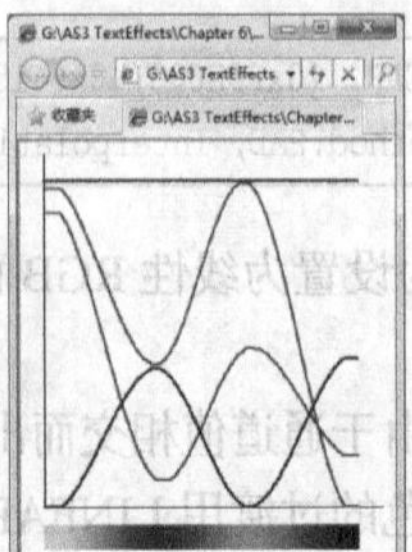

图 8-20　平滑度 100%的黄紫橙蓝渐变

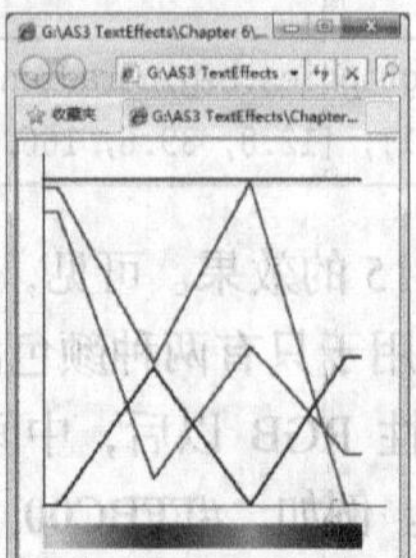

图 8-21　平滑度 0%的黄紫橙蓝渐变

据此我们可以排除 Photoshop 等高线的连接算法，因为与直线相比，等高曲线的坡度发生了相当明显的变化，已经不再是简单的转角平滑处理，而且在连接点的位置都确定的情况下，Photoshop 等高线并没有控制平滑程度的因子。

再看 Flash 的补间编辑器，曲线的斜率并没有因为平滑处理而发生太大的改变，而且在端点处还附带了两个控制点用来控制曲线平滑的幅度。因此相比之下，使用 Flash 补间编辑器的曲线平滑算法更为合适。

相信经常使用 Flash IDE、Photoshop 或者 Illustrator 进行绘图的朋友对图 8-19 的曲线名称都相当熟悉，它就是久负盛名的美学曲线——贝塞尔曲线。

从图 8-19 可见，除了首尾两端点以外，该曲线的每个端点都包含两个独立的控制点（但两控制点和端点都在同一直线上，否则端点处的过渡将不平滑），换而言之，每两点之间的连接都受到两个控制点的影响。在数学上，这样的曲线被称作三次贝塞尔曲线。

因此，我们尝试使用贝塞尔曲线的插值方法进行平滑处理。

8.3.2 平滑算法定量测试用例的书写

为了便于探讨贝塞尔曲线的特征，在使用较复杂的渐变（如黄、紫、橙、蓝渐变）之前，我会先用较特殊的数值来进行测试。

Flash CS 系列软件附带的 fl.motion.BezierEase 类以及 greensock 内置的 BezierPlugin 类都提供了三次贝塞尔的算法实现代码，但就测试而言，使用 FlashPlayer11 内置的 Graphics.cubicCurveTo 方法会更加方便。

我们新建一个 ActionScript 项目，名为 CubicCurveToTest，代码如下。

代码清单 8-7

```
package{
    public class CubicCurveToTest extends Sprite{
        private var _curveLine:Shape; //用于绘制曲线的图形对象
        private var _controlLine:Shape; //用于绘制控制线的图形对象
        private var _startPoint:Point = new Point(30, 30); //起点坐标
        private var _curveCommands:Vector.<int> = new Vector.<int>();//曲线绘图命令集
        private var _curveDatas:Vector.<Number> = new Vector.<Number>();//曲线绘图数据集
        private var _controlCommands:Vector.<int> = new Vector.<int>();//控制线绘图命令集
        private var _controlDatas:Vector.<Number> = new Vector.<Number>();//控制线绘图数据集
        public function CubicCurveToTest(){
            init();
        }
        private function init():void{
            stage.scaleMode = StageScaleMode.NO_SCALE;
            stage.align = StageAlign.TOP_LEFT;
            addCurvePoints();
            _controlLine = new Shape();
            _controlLine.graphics.lineStyle(1, 0x999999); //设置线条样式，可以想象这一方法就是选好指定
粗细的画笔，然后蘸上颜料
            firstMoveTo(_controlLine.graphics); //移动画笔
            _controlLine.graphics.drawPath(_controlCommands, _controlDatas);
            _curveLine = new Shape();
            _curveLine.graphics.lineStyle(1, 0x666666);
            firstMoveTo(_curveLine.graphics);
            _curveLine.graphics.drawPath(_curveCommands, _curveDatas);
```

```
            addChild(_controlLine);
            addChild(_curveLine);
        }
    }
}
```

init 函数共调用了 3 个自定义方法，具体代码如下。

代码清单 8-8

```
private function firstMoveTo(graphics:Graphics):void{
    graphics.moveTo(_startPoint.x, _startPoint.y);
}
//在这里定义曲线上所有的点
private function addCurvePoints():void{
    addCurvePoint(80, 50, 75, 75, 100, 100);
    addCurvePoint(125, 125, 170, 105, 200, 100);
    addCurvePoint(225, 110, 260, 105, 300, 120);
}
//给贝塞尔曲线添加一个点
private function addCurvePoint(controlX1:Number, controlY1:Number, controlX2:Number,
controlY2:Number, anchorX:Number, anchorY:Number):void{
    /**添加一个 cubicCurveTo 指令**/
    _curveCommands.push(GraphicsPathCommand.CUBIC_CURVE_TO);
    _curveDatas.push(controlX1, controlY1, controlX2, controlY2, anchorX, anchorY);
    /**********/
    /**添加一个 lineTo 指令（连接到控制点）**/
    _controlCommands.push(GraphicsPathCommand.LINE_TO);
    _controlDatas.push(controlX1, controlY1);
    /**********/
    /**添加一个 moveTo 指令（连接到端点）**/
    _controlCommands.push(GraphicsPathCommand.MOVE_TO);
    _controlDatas.push(controlX2, controlY2);
    /**********/
    /**添加一个 lineTo 指令（连接到端点）**/
    _controlCommands.push(GraphicsPathCommand.LINE_TO);
    _controlDatas.push(anchorX, anchorY);
    /**********/
}
```

确定一段三次贝塞尔曲线需要两个端点，两个控制点，共计 4 个点。但在本例中，每段贝塞尔曲线都首尾相接。因此除了第一段以外，其他的贝塞尔曲线都只需定义 3 个点，第 4 个点直接取上一段贝塞尔曲线的末端点即可。

考虑到本次测试要加入多个端点，我封装了一个 addCurvePoint 方法并使用 Graphics 的批量绘图命令简化操作流程，同时连结端点和控制点，以便观察贝塞尔曲线的整体走向。此外，该方法沿用 flash.display.Graphics 类的代码风格，将 x 和 y 分解到两个独立的参数上，所以 addCurvePoint 应包含 2*3=6 个参数。

代码还针对第一段贝塞尔曲线进行了特殊处理，通过 firstMoveTo 方法给整条曲线加入第一个端点。

我们在 addCurvePoints 方法中加入 3 段独立的三次贝塞尔曲线，运行效果如图 8-22 所示。

图 8-22　绘制 3 段三次贝塞尔曲线

在这条贝塞尔曲线中，第一、二段之间的连接相当光滑，而二、三段之间则出现了较明显的转角。为了让曲线跟平滑渐变的趋势线一样处处平滑，我们不妨从图上的直线入手，观察端点与控制点之间的关系，从而找到平滑处理的正确方法。

在第一、二段之间的端点上，我们可以看到有一小段直线与端点相切，而第二三段之间的端点则出现了两段直线，它们都从端点出发并连接到对应的控制点，且两线段之间形成了一个夹角。

实际上，不管是在哪个端点，我们用的都是 addCurvePoint 方法，所以绘制的直线数量应该一致。实际上，第一、二段之间的端点处也延伸出了两条线段，只不过由于端点和两控制点都在同一直线上，没有形成夹角，所以看起来才会觉得是一段直线。

据此可知，想要让曲线在端点处可以平滑过渡，方法就是让端点和与之相连的两个控制点都在同一直线上并且让两控制点位于端点的两侧（在同侧就会 180 度调头）。

一条直线永远只有一个倾斜度，因此只要让端点延伸出来的两段直线的倾斜度（也就是斜率）相等，就可以让三点共线了，之后，曲线在该点处也就变得平滑。因为在贝塞尔曲线中，端点和控制点的连线与曲线相切，即曲线在端点处的走向与直线一致，所以，只要直线没有转角，就意味着曲线也会平滑。

下面我们就来计算一下端点处各段直线的斜率。

一二段之间的端点，左侧线段的斜率为(100−75)/(100−75)=1，右侧线段的斜率为(125−100)/(125−100)=1，两侧斜率相等，且分布在端点两侧，因此曲线在此处没有转角。

二三段之间的端点，左侧线段的斜率为(100−105)/ (200−170)= −0.17，右侧线段的斜率为(110−100)/(225−200)=0.4，两侧斜率不等，因此倾斜度会发生突变，从而形成比较尖锐的转角。

为了让两侧的斜率相等，我们可以通过修改控制点或者端点坐标的办法来实现，考虑到端点对两侧都有影响，我决定修改左侧线段控制点的 y 坐标。

显然，当两侧斜率相等时，有

$$(100-y)/(200-170)=0.4$$

解得 y=88

我们将该值替换到第二次 addCurvePoint 调用的参数中，得

代码清单 8-9

```
addCurvePoint(125, 125, 170, 88, 200, 100);
```

再次运行，二三段之间的过渡也变得平滑了，如图 8-23 所示。

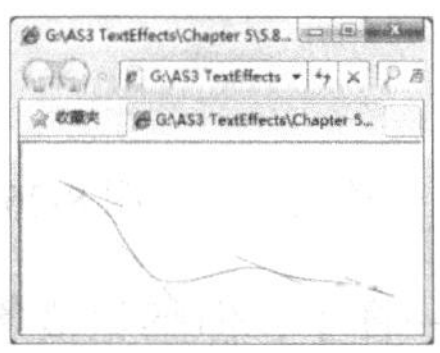

图 8-23 修正斜率后的效果

8.3.3 平滑算法定量测试用例的完善

这时读者可能会有疑问了：为什么改的是 y 坐标而不是 x 坐标呢？为什么斜率要等于右侧的 0.4 而不是左侧的 0.17？这些斜率是怎么确定的？是笔者自己臆测出来的吗？

没错！所有控制点的坐标都是笔者臆测出来的结果，没有任何科学根据。在平滑度处理这一问题上，只有端点是既定数据，而控制点并没有在渐变信息中直接给出。

因此，我们完全可以让右侧斜率适应左侧：

```
(y-100)/(225-200)=-0.17
```

解得 y=95.83

此时后两段贝塞尔曲线的参数应调整如下。

代码清单 8-10

```
addCurvePoint(125, 125, 170, 105, 200, 100);
addCurvePoint(125, 125, 212.5, 105, 200, 100);
```

一样可以得到平滑的结果，如图 8-24 所示。

我们还可以同时调整左右两侧的斜率为其他数值。只要两侧的斜率相等，曲线就可以平滑，而且就算斜率固定，我们也可以通过同时修改 x，y 值得出不同的控制点坐标。可见，即使规定了用三次贝塞尔曲线对各端点进行平滑连接，其连接方式也还是有无数多种。但在平滑渐变这一应用问题上，只要给出了平滑度，其趋势线就能确定下来，因此我们还需要继续寻求进一步确定控制点坐标的方法。

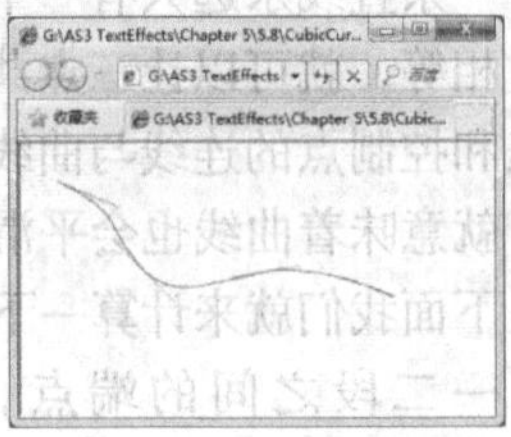

图 8-24　用另一种方法修正斜率

如前所述，平滑度处理所做的事情，只是把渐变趋势线中的尖角部分磨平削钝。因此，曲线的大致走向不能因平滑处理而发生翻天覆地的变化。

如图 8-25，我们用不同的贝塞尔曲线对 A，B，C 三点进行平滑连接。显然上面的连接方式与 ABC 的整体走向更为接近，并且没有加入太多的坡度变化，所以上面的连接方式与平滑度算法更加吻合。

作为曲线上的一点，B 点处的切线方向（也就是 B 点的方向）跟直线 AC 应保持基本一致，所以不妨连结 AC 并且将 AC 平移到 B 点上，让 B 点处的斜率跟直线 AC 相等，同时让 AC 的中点对齐到 B 点，使 B 点两侧的弯曲程度比较接近，如图 8-26 所示。

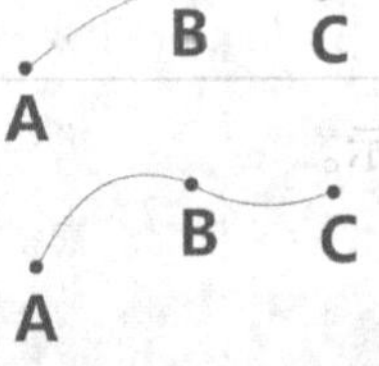

图 8-25　用不同的贝塞尔曲线平滑连接 3 个端点

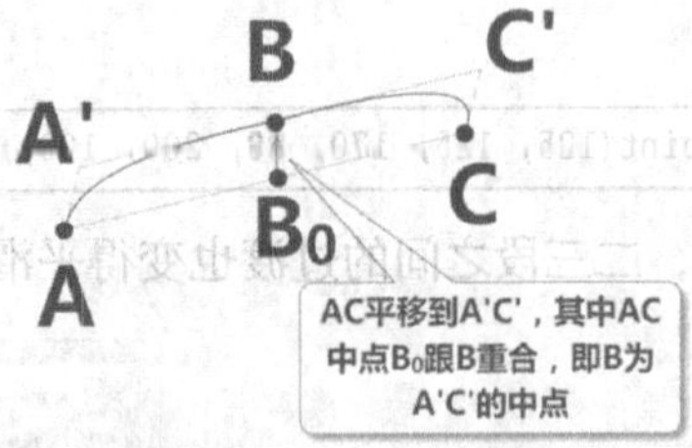

图 8-26　用平移法获得控制点

曲线在 B 点处的走向跟直线 AC 一样了，但感觉整条曲线明显向着 A 和 C 端点扭曲，为此，我把 A'C'缩短一半，减小控制点和端点之间的距离，以取得曲率上的均衡，如图 8-27 所示。

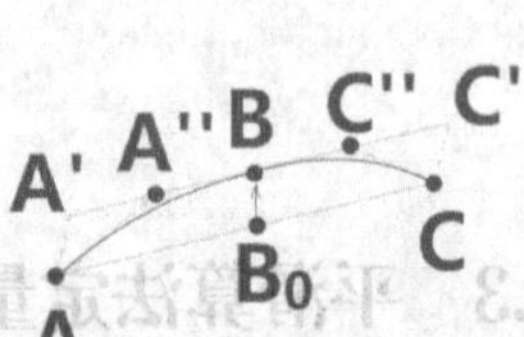

图 8-27　取中点获得曲率上的均衡

经过修正，平滑连接的效果就自然很多了。下面我就以黄、紫、橙、蓝渐变的红通道为例，实现渐变的平滑处理。

首先 startPoint 调整为如下格式。

代码清单 8-11

```
private var _startPoint:Point = new Point(12.8, 0xFF - 0xF9 + 20);
```

我们加了个 0xFF 进行反相，同样是为了翻转 y 轴的方向，而加 20 的目的就在于看清部分因平滑处理而越界的点。

然后我们修改 addCurvePoints 方法。

代码清单 8-12

```
//在这里定义曲线上所有的点
private function addCurvePoints():void{
    var points:Vector.<Point> = new Vector.<Point>();//只定义点的坐标，控制点通过程序计算出来
    points.push(_startPoint);
    points.push(new Point(12.8, 0xFF - 0xF9));
    points.push(new Point(89.6, 0xFF - 0x6F + 20));
    points.push(new Point(166.4, 0xFF - 0xFD + 20));
    points.push(new Point(243.2, 0xFF - 0x00 + 20));
    var lastControlPoint:Point; //上一次循环记录下来的控制点
    //3 个点以上才需要做平滑，所以循环次数可以减 2
    for(var i:int = 0, len:int = points.length - 2; i < len; i ++){
        var firstPoint:Point = points[i]; //第一个点
        var secondPoint:Point = points[i + 1]; //第二个点
        var thirdPoint:Point = points[i + 2];//第三个点
        var firstMiddlePoint:Point = Point.interpolate(firstPoint, secondPoint, 0.5); //取得第一
和第二点之间的中点
        var secondMiddlePoint:Point = Point.interpolate(secondPoint, thirdPoint, 0.5); //取得第二
和第三点之间的中点
        var linkMiddlePoint:Point = Point.interpolate(firstMiddlePoint, secondMiddlePoint, 0.5);
//取得以上两中点连线之间的中点
        var offsetPoint:Point = secondPoint.subtract(linkMiddlePoint); //计算第二个点与
linkMiddlePoint 之间的差值（理解成向量可能更准确一些），因为平移后 linkMiddlePoint 对齐到第二个点
        var firstMiddleOffsettedPoint:Point = firstMiddlePoint.add(offsetPoint); //按照偏移量移动
firstMiddlePoint
        var secondMiddleOffsetedPoint:Point = secondMiddlePoint.add(offsetPoint); //按照偏移量移动
secondMiddlePoint
        //以上两个点将成为贝塞尔曲线的控制点
        var controlPoint1:Point; //定义控制点坐标
        var controlPoint2:Point = firstMiddleOffsettedPoint; //第一个控制点用于本段贝塞尔曲线的绘制
        //如果 lastPoint 为空，则意味着还没进过循环，只能绘制二次贝塞尔曲线
        if(lastControlPoint == null){
            controlPoint1 = controlPoint2;
        }else{
        //否则的话，取上一次的 secondMiddleOffsetedPoint 作为第一个控制点
            controlPoint1 = lastControlPoint;
        }
        //因为第一个点与起点重合，所以第一个点不需要绘制曲线
        addCurvePoint(controlPoint1.x, controlPoint1.y, controlPoint2.x, controlPoint2.y,
secondPoint.x, secondPoint.y); //而端点则是第二个点
        //如果已经到了末端，则要追加最后一段曲线
        if(i == len - 1){
```

```
            var controlPoint:Point =
thirdPoint.add(secondPoint.subtract((secondMiddleOffsetedPoint)));
            addCurvePoint(secondMiddleOffsetedPoint.x, secondMiddleOffsetedPoint.y,
controlPoint.x, controlPoint.y, thirdPoint.x, thirdPoint.y);
        }
        //第二个控制点将用于下一段三次贝塞尔曲线的绘制
        lastControlPoint = secondMiddleOffsetedPoint;
    }
}
```

得到如图 8-28 的结果了，它的形状确实很像平滑度处理后的曲线，不过平滑的幅度有点大。

解决方案就是让控制点到目标点的距离近一点。之前我们取的是连线的中点，现在可以尝试改为 4 等分点。

代码清单 8-13

```
var firstMiddlePoint:Point = Point.interpolate(firstPoint, secondPoint, 0.25);
var secondMiddlePoint:Point = Point.interpolate(secondPoint, thirdPoint, 0.75);
```

经过这样的变换，我们得到的曲线已经跟 Photoshop 平滑度 100%的曲线很接近了，如图 8-29 所示。

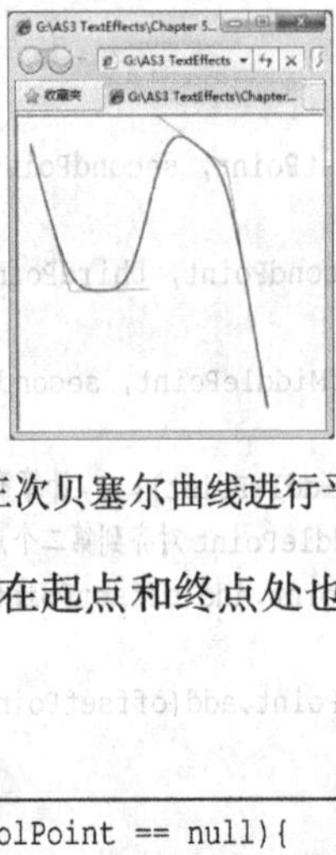

图 8-28 用三次贝塞尔曲线进行平滑处理

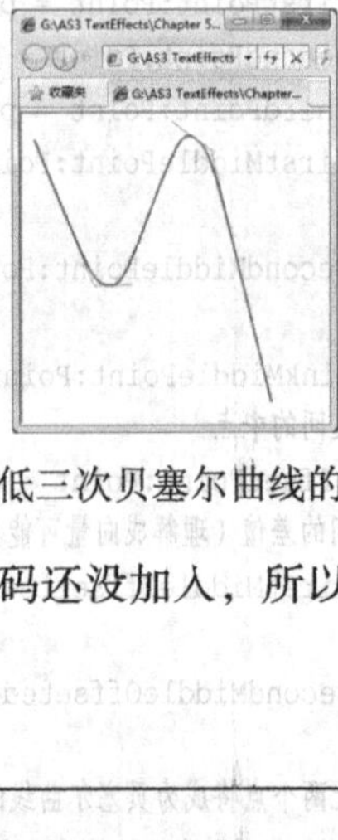

图 8-29 降低三次贝塞尔曲线的平滑度

平滑度处理在起点和终点处也加入了控制点，以上代码还没加入，所以我们再调整一下代码。

代码清单 8-14

```
if(lastControlPoint == null){
    controlPoint1 = firstPoint.add(secondPoint.subtract(firstMiddleOffsettedPoint));
}
```

代码中，secondPoint.subtract(firstMiddleOffsetPoint)代表控制点与端点的位置差值，我们把这个差值叠加到起点上，就可以得到起点的控制点坐标了。

同理我们在终点处也进行同样的计算。

代码清单 8-15

```
if(i == len - 1){
    var controlPoint:Point = thirdPoint.add(secondPoint.subtract((secondMiddleOffsetedPoint)));
    addCurvePoint(secondMiddleOffsetedPoint.x, secondMiddleOffsetedPoint.y, controlPoint.x,
controlPoint.y, thirdPoint.x, thirdPoint.y);
}
```

可得到如图 8-30 的效果。

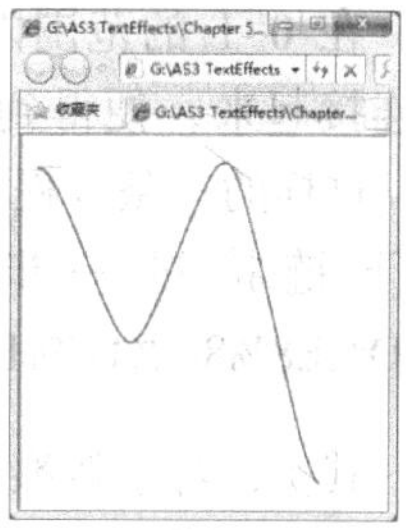

图 8-30　在起点和终点处也加上控制点

我们以 1/4 分点作为 100%平滑度的标准，则 1/8 分点就是 50%的平滑度，而 1/4*3/4=3/16 分点自然就代表 75%的平滑度了。如果取的是 0 分点，那么控制点跟端点重合，曲线将不作平滑处理。

我们用 1/8 分点和 3/16 分点测试曲线的形状，效果如图 8-31 和图 8-32 所示。

上面的代码对于只有两个端点的曲线来说仍然无效，因为贝塞尔曲线的平滑算法要求 3 个端点，所以这个时候我们需要手动添加控制点。

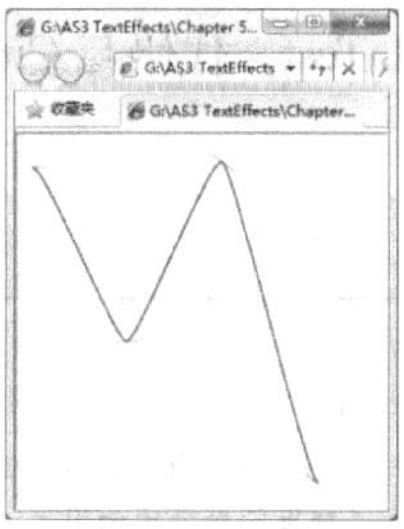

图 8-31　1/8 分点的二次贝塞尔曲线

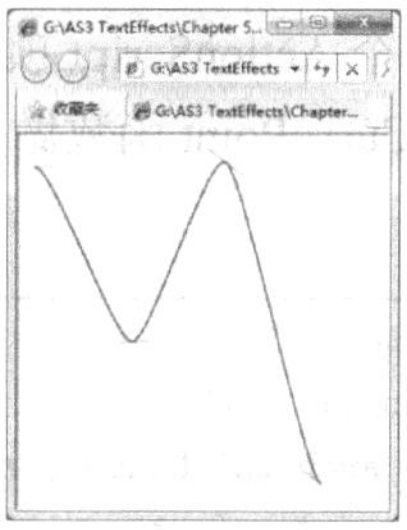

图 8 32　3/16 分点的三次贝塞尔曲线

代码清单 8-16

```
if(points.length == 2){
    addCurvePoint(points[0].x * 0.75 + points[1].x * 0.25, points[0].y, points[0].x * 0.25 + 
points[1].x * 0.75, points[1].y, points[0].x, points[0].y, points[1].x, points[1].y);
    return;
}
```

我们无法用严谨的数学公式验证贝塞尔曲线模拟 Photoshop 平滑度的科学性与准确性，但就曲线的变化趋势来看，这一做法至少有一定的可行性，而且也跟 Photoshop 的平滑度一样，达到了转角处平滑的目的，两者的平滑幅度也比较接近。

小提示　您可以运用统计学知识对渐变趋势线和贝塞尔曲线进行差异显著性检验，有兴趣的读者可以自行尝试。

8.3.4　平滑度曲线方程的书写

cubicCurveTo 方法提供了三次贝塞尔曲线的绘制功能，但并没有在 ActionScript 层给出曲线上每一个点的坐标，但贝塞尔平滑度算法的实现需要有坐标值的支持。

与大家熟知的 y=f(x)模式的方程不同，贝塞尔曲线使用的是参数方程，它通过 x=x(t), y=y(t)这样的形式表示曲线上的点：

$$B(t) = P_0(1-t)^3 + 3P_1t(1-t)^2 + 3P_2t^2(1-t) + P_3t^3, t \in [0,1]$$

如果要具体到 x 和 y，那么方程就可以表示如下：

$$x(t) = x_0(1-t)^3 + 3x_1t(1-t)^2 + 3x_2t^2(1-t) + x_3t^3$$
$$y(t) = y_0(1-t)^3 + 3y_1t(1-t)^2 + 3y_2t^2(1-t) + y_3t^3$$

在 0~1 的范围内，t 取不同的值，可以得到不同的数对（x，y），把这些数对画成点并且连接起来，便得到曲线的图像，取的点越多，各个 t 之间的差值越小，曲线就越精确。

这样的一条方程可能会让我们有点迷惘，因为它看起来有点复杂，所以大家可以通过访问以下链接进一步了解该曲线的演化过程：http://zh.wikipedia.org/wiki/%E8%B2%9D%E8%8C%B2%E6%9B%B2%E7%B7%9A。

其实，对于熟悉二项式定理或者杨辉三角的朋友来说，要理解贝塞尔曲线的方程不会有太大的困难，因为其形式跟以上两个数学概念都非常相似。

受篇幅所限，我就不在数学层面上讲解太多了，在此我只会尝试给出 ActionScript 的实现代码。

我们新建一个 ActionScript 项目，名为 CubicCurveFormulaTest，代码与 CubicCurveTo 基本一致，只对 addCurvePoint 函数做一些修改。

代码清单 8-17

```
    //给贝塞尔曲线添加一个点
    private function addCurvePoint(controlX1:Number, controlY1:Number, controlX2:Number, controlY2:Number, anchorX1:Number, anchorY1:Number, anchorX2:Number, anchorY2:Number):void{
        for(var t:int = 0; t <= 100; t ++){//对参数 t 进行循环（为了降低精度问题造成的损失，我用整数做循环，计算的时候再除以循环次数）
            var tNum:Number = t / 100;
            var xPos:Number = BezierUtil.getCubicCurveValue(tNum, anchorX1, controlX1, controlX2, anchorX2);
            var yPos:Number = BezierUtil.getCubicCurveValue(tNum, anchorY1, controlY1, controlY2, anchorY2);
            _curveCommands.push(GraphicsPathCommand.LINE_TO);
            _curveDatas.push(xPos, yPos);
        }
        /**添加一个 lineTo 指令（连接到控制点）**/
        _controlCommands.push(GraphicsPathCommand.LINE_TO);
        _controlDatas.push(controlX1, controlY1);
        /**********/
        /**添加一个 moveTo 指令（连接到端点）*/
        _controlCommands.push(GraphicsPathCommand.MOVE_TO);
        _controlDatas.push(controlX2, controlY2);
        /**********/
        /*添加一个 lineTo 指令（连接到端点）*/
        _controlCommands.push(GraphicsPathCommand.LINE_TO);
        _controlDatas.push(anchorX2, anchorY2);
        /**********/
    }
```

里面用到的 getCubicCurveValue 函数代码如下。

代码清单 8-18

```
    /*根据 t 计算贝塞尔曲线的点坐标（适用于 x 和 y 的计算）
     @param t 参数 t，  @param p0 第一个端点，  @param p1 第一个控制点
     @param p2 第二个控制点，  @param p3 第二个端点*/
    public static function getCubicCurveValue(t:Number, p0:Number, p1:Number, p2:Number, p3:Number):Number{
        var ti:Number = 1 - t;
```

```
    return p0 * ti * ti * ti + 3 * p1 * t * ti * ti + 3 * p2 * t * t * ti + p3 * t * t * t;
}
```

为便于重用，我把这个方法封装到公共库的工具类 com.gemei.geom.BezierUtil 里。

我彻底摆脱了对 cubicCurveTo 方法的依赖，而改为通过贝塞尔曲线方程的循环计算出曲线上的所有点来进行绘制。参数 tNum 从 0 循环到 1，共循环 101 次，即每段贝塞尔曲线都由 100 条很短的线段连接而成，其中，getCubicCurveValue 函数就是贝塞尔曲线算法的核心，它实现了我之前给出的方程算法。

因为 Graphics 的画笔位置暂不能通过 ActionScript 获取，所以我们给 addCurvePoint 方法加入了一个端点，这样贝塞尔曲线的算法才得以实现。

因此，调用 addCurvePoint 部分的代码要加上起点坐标，如下所示。

代码清单 8-19

```
addCurvePoint(controlPoint1.x, controlPoint1.y, controlPoint2.x, controlPoint2.y, firstPoint.x, firstPoint.y, secondPoint.x, secondPoint.y);
//如果已经到了末端，则要追加最后一段曲线
if(i == len - 1){
    addCurvePoint(secondMiddleOffsetedPoint.x, secondMiddleOffsetedPoint.y, secondMiddleOffsetedPoint.x, secondMiddleOffsetedPoint.y, secondPoint.x, secondPoint.y, thirdPoint.x, thirdPoint.y);
}
```

运行效果跟 cubicCurveTo 没有什么两样，因为它们使用了同样的算法。不同的是我们可以得到点的具体坐标了，可以用它来控制更多的图形变换。在后续的章节中，本书会给出更多的实例。

getCubicCurveValue 函数的参数顺序跟 cubicCurveTo 有比较大的出入，是因为我们对照着贝塞尔曲线的标准方程进行书写。这样做的好处之一就在于扩展的时候比较方便。如果要书写 4 次或者通用曲线的方程，那么，这样的参数顺序就可以比较容易跟当前的函数保持基本一致。

例如，通用贝塞尔曲线的算法代码如下。

代码清单 8-20

```
/*通用的贝塞尔曲线方程
  @param t 参数 t
  @param pArr 点的集合，首点与末点为端点，其他为控制点*/
public static function getBezierCurveValue(t:Number, ...pArr:Array):Number{
    var ti:Number = 1 - t;
    var value:Number = 0; //用于累加的数值
    var times:int = pArr.length - 1; //曲线的次数
    if(times < 0){   //点数不够
        return 0;
    }
    for(var i:int = 0, len:int = pArr.length; i < len; i ++){
        var p:* = pArr[i];
        if(isNaN(Number(p))){ //非数字的参数按 0 处理
            p = 0;
        }
        var mul:Number = 1; //二项式展开的因子
        var mulTimes:Number = Math.min(i, times - i); //看看排列组合的算法就明白了
        /*这部分也是排列组合的算法实现*/
```

```
        for(var j:int = 0; j < mulTimes; j ++){
            mul *= times - j;
            mul /= j + 1;
        }
        value += mul * p * Math.pow(ti, times - i) * Math.pow(t, i); //算出因子以后，用幂函数将当前点的因子计算出来并乘以点的位置p
    }
    return value;
}
```

它适用于任何次数的贝塞尔曲线（当然要在数值范围不越界的前提下），该方法也被封装到BezierUtil类里。

该函数实现了贝塞尔曲线的通用公式：

$$\binom{n+1}{i}(1-t)b_{i,n}=\binom{n}{i}b_{i,n+1},\quad (1-t)b_{i,n}=\frac{n+1-i}{n+1}b_{i,n+1}$$

$$\binom{n+1}{i+1}tb_{i,n}=\binom{n}{i}b_{i+1,n+1},\quad tb_{i,n}=\frac{i+1}{n+1}b_{i+1,n+1}$$

$$B(t)=(1-t)\sum_{i=0}^{n}b_{i,n}(t)P_i+t\sum_{i=0}^{n}b_{i,n}(t)P_i$$

$$=\sum_{i=0}^{n+1}\frac{n+1-i}{n+1}b_{i,n+1}(t)P_i+\sum_{i=0}^{n}\frac{i+1}{n+1}b_{i+1,n+1}(t)P_i$$

$$=\sum_{i=0}^{n+1}(\frac{i}{n+1}P_{i-1}+\frac{n+1-i}{n+1}P_i)b_{i,n+1}(t)=\sum_{i=0}^{n+1}b_{i,n+1}(t)P'_i$$

所以，三次贝塞尔曲线同样可以用以上方法进行绘制。

不过此处就不详细解释该函数了，毕竟里面涉及的数学知识比较杂，三言两语说不清楚，有兴趣的读者可自行查阅相关教材。

此外，我们还可以再给BeizerUtil类定义一个二次贝塞尔曲线算法。

代码清单 8-21

```
public static function getSquareCurveValue(t:Number, p0:Number, p1:Number, p2:Number):Number {
    var ti:Number = 1 - t;
    return p0 * ti * ti + 2 * p1 * t * ti + p2 * t * t;
}
```

8.3.5 参数方程的映射处理

参数方程还有一个比较麻烦的地方：它没有一个x，y之间的关系式，导致它在很多计算过程中都相当不便。此处我们介绍一个简单的方法：通过把（x，y）写入到一个dictionary中来构建映射关系。

代码清单 8-22

```
/*生成映射关系表
 @param pArr 点的集合，首点与末点为端点，其他为控制点*/
public static function getSimpleBezierMap(targetMap:*, ...pArr:Array):*{
    targetMap ||= new Dictionary();
```

```
        var xArr:Array = [];
        var yArr:Array = [];
        /**除以 2 再乘以 2 是为了保证 x 和 y 的数量相等**/
        for(var i:int = 0, len:int = int(pArr.length / 2) * 2; i < len; i ++){
            var p:* = pArr[i];
            if(isNaN(Number(p))) p = 0; //非数字的参数按 0 处理
                (i %2 == 0) ? xArr.push(p) : yArr.push(p);
            }
        }
        /**********/
        /**对参数 t 进行循环（为降低精度问题造成的损失，我用整数做循环，计算的时候再除以循环次数）**/
        for(var t:int = 0; t <= 100; t ++){
            var tNum:Number = t / 100;
            var xPos:Number = getBezierCurveValue.apply(null, [tNum].concat(xArr));
            var yPos:Number = getBezierCurveValue.apply(null, [tNum].concat(yArr));
            targetMap[int(xPos)] = yPos;
        }
        /**********/
        return targetMap;
    }
```

以后，想要知道 xPos 处的 yPos，我们就可以直接访问 dictionary 的 xPos 属性。当然，这里存在着很大的限制。

首先 xPos 不一定连续，所以很多 xPos 都没有可以映射的值。为此，我们在 return 前追加一段用于插值的代码。

代码清单 8-23

```
var min:int = Math.min(xArr[0], xArr[xArr.length - 1]);
var max:int = Math.max(xArr[0], xArr[xArr.length - 1]);
CurveUtil.interpolate(targetMap, min, max);
```

为了提高插值部分的可重用性，我们不妨把它单独抽象成一个 interpolate 函数并且放到一个新类 CurveUtil 里（因为它也适用于其他函数）。

代码清单 8-24

```
public static function interpolate(map:*, min:int, max:int):void{
}
```

该方法把不连续的点用线段连接起来，然后用一次函数算出中间的过渡值，受篇幅所限，具体的代码就不在此处给出来了，读者可自行查阅配套源码的源文件。

8.3.6 平滑上下限的控制及算法封装

经过贝塞尔平滑处理后的渐变趋势线，有可能出现数值越界的情况，如图 8-33 所示。这与渐变的模式不相符，此时我们应将数值限制在曲线段两端点的 y 值之间，如图 8-34 所示。

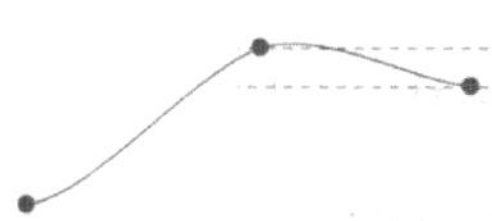

图 8-33 越界现象

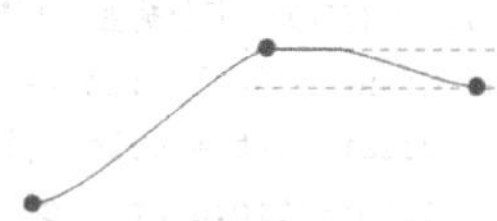

图 8-34 修正越界的点

有了以上的实验数据以后，我们就可以开始动手模拟 Photoshop 的平滑度渐变了，首先要做的，是把平滑算法封装到公共类库里。

我们把 CubicCurveFormulaTest 项目中的平滑算法抽取出来并且封装到 BezierUtil 类里。

代码清单 8-25

```
    //根据端点创建平滑的贝塞尔曲线
    public static function getSmoothBezierByAnchorPoints(points:Vector.<Point>, smoothness:Number = 1,
targetMap:* = null):*{
        smoothness = Math.max(0, Math.min(smoothness, 1));
        targetMap ||= new Dictionary();
        return targetMap;
    }
```

因为 Photoshop 渐变的平滑度需要控制上下限，所以我们给 BezierUtil. GetSmoothBezierByAnchorPoints 方法定义了一个 limitValue 参数，代表是否要做 y 值上下限的控制。受篇幅所限，上下限的控制代码就不贴到书上了，读者可自行查阅配套源码中的源文件。

smoothness 参数代表曲线的平滑度，但因为该方法并不针对 Photoshop 平滑渐变，所以这一参数跟 Photoshop 中的平滑度数值不对应。smoothness=1 时，平滑控制点的位置直接由端点连线的中点平移所得，而 Photoshop100%平滑度取的是四等分点，因此 100%平滑度对应 smoothness 的 0.5。

为避免概念上的混淆，我们可以在此基础上新增一个针对 Photoshop 平滑度的方法。

代码清单 8-26

```
    package com.gemei.ps.gradient{
        public class PhotoshopGradientUtil{
            public static function getSmoothBezierByAnchorPoints(points:Vector.<Point>, smoothness:Number = 1,
targetMap:* = null):*{
                return BezierUtil.getSmoothBezierByAnchorPoints(points, smoothness * 0.5, true,
targetMap);
            }
        }
    }
```

Photoshop 的平滑度一定要控制上下限，所以无需再定义 limitValue 参数。

看起来还不太好用，所以我们再封装一个与 beginGradientFill 参数类型相类似的方法。

代码清单 8-27

```
    //获得一个渐变色彩数组
    public static function getGradientMap(colors:Array, alphas:Array, colorRatios:Array,
alphaRatios:Array, gradientSize:int = 256, smoothness:Number = 1, targetMap:* = null):*{
        var rColors:Vector.<Point> = new Vector.<Point>();
        var gColors:Vector.<Point> = new Vector.<Point>();
        var bColors:Vector.<Point> = new Vector.<Point>();
        var proportion:Number = gradientSize / 256;
        //对 color 进行拆分，并分别生成平滑的渐变曲线
        for(var i:int = 0, len:int = colors.length; i < len; i ++)     {
            var color:uint = colors[i];
            var colorRatio:uint = colorRatios[i] * proportion + 0.5;
            var currentColorObject:RGBColor = ColorUtil.getRGBObjectFromColor(color);
```

```
            rColors.push(new Point(colorRatio, currentColorObject.r));
            gColors.push(new Point(colorRatio, currentColorObject.g));
            bColors.push(new Point(colorRatio, currentColorObject.b));
        }
        /**getInterpolatedMap包含了平滑度处理，边缘填充，断点插值等功能**/
        var rMap:Dictionary = getInterpolatedMap(rColors, colorRatios, proportion, gradientSize,
smoothness);
        var gMap:Dictionary = getInterpolatedMap(gColors, colorRatios, proportion, gradientSize,
smoothness);
        var bMap:Dictionary = getInterpolatedMap(bColors, colorRatios, proportion, gradientSize,
smoothness);
        /**********/
        /**由于color和alpha由不同的ratio控制，所以要单独写一次**/
        var aColors:Vector.<Point> = new Vector.<Point>();
        //生成alpha平滑的渐变曲线
        for(var j:int = 0, jLen:int = alphas.length; j < jLen; j ++){
            var alpha:uint = alphas[j] * 255;
            var alphaRatio:uint = int(alphaRatios[j] * proportion + 0.5);
            aColors.push(new Point(alphaRatio, alpha));
        }
        var aMap:Dictionary = getInterpolatedMap(aColors, alphaRatios, proportion, gradientSize,
smoothness);
        var totalMap:* = targetMap;
        totalMap ||= new Dictionary();
        /**对计算好的通道进行合并**/
        for(var pos:int = 0; pos < gradientSize; pos ++){
            totalMap[pos] = aMap[pos] << 24 | rMap[pos] << 16 | gMap[pos] << 8 | bMap[pos];
        }
        return totalMap;
    }
```

因为各通道都执行类似的操作（平滑度计算、断点插值、边缘插值等），而且这部分的代码也不少，所以我封装了一个独立的方法 getInterpolateMap，如下所示。

代码清单 8-28

```
    private static function getInterpolatedMap(colors:Vector.<Point>, ratios:Array, proportion:Number,
gradientSize:int = 256, smoothness:Number = 1):Dictionary{
        /**获取渐变点的定义区域**/
        var min:int = ratios[0];
        var max:int = ratios[ratios.length - 1];
        var edgeMin:int = min * proportion + 0.5;
        var edgeMax:int = max * proportion + 0.5;
        /**********/
        var map:Dictionary = getSmoothBezierByAnchorPoints(colors, smoothness);//调用平滑算法
        /**对渐变数组中的断点和超出定义域的部分进行插值**/
        CurveUtil.interpolate(map, min, max);
        CurveUtil.insertEdgeValue(map, 0, gradientSize, edgeMin, edgeMax);
        /**********/
        return map;
    }
```

与 beginGradientFill 最大的不同就在于我们把 alpha 从 ratios 中分离出来，使之与 Photoshop 渐变编辑器的设计理念相吻合。

smoothness 则对应渐变编辑器中的平滑度，有效值为 0~1（含 0 和 1）之间的任意数字。

8.3.7 用 ActionScript 模拟渐变的平滑度

封装好平滑算法以后，我们再构建平滑渐变的测试用例，通过 BitmapData 把无平滑度的线性渐变模拟出来。

我们新建一个 ActionScript 项目，名为 SmoothGradientTest，代码如下。

代码清单 8-29

```
package{
[SWF(width = "800", height = "600")]
    public class SmoothGradientTest extends Sprite{
        private var _gradientSize:int = 300;            //渐变区域的尺寸
        private var _gradientVec:Vector.<uint>;          //存放渐变色彩的数组
        private var _gradientBd:BitmapData;              //显示渐变用的位图
        private var _gradientBm:Bitmap;
        public function SmoothGradientTest(){
            init();
        }
    }
}
```

然后我们在 init 中实现无平滑度的渐变。为了突出算法，此处暂不调用前面封装好的 getGradientMap 方法，而是直接把线性插值等操作都写到主类上。

代码清单 8-30

```
private function init():void{
    _gradientVec = new Vector.<uint>;
    _gradientBd = new BitmapData(300, 300, true, 0x00000000);
    var startColor:uint = 0xFFFF0000;                //第一个渐变点的颜色
    var endColor:uint = 0x80FFFF00;                  //第一个渐变点的颜色
    var startColorObject:RGBColor = ColorUtil.getRGBObjectFromColor(startColor);
    var endColorObject:RGBColor = ColorUtil.getRGBObjectFromColor(endColor);
    var currentColorObject:RGBColor = new RGBColor();
    for(var p:int = 0; p < _gradientSize; p ++){     //用线性插值的方法生成渐变颜色数组
        var proportion:Number = p / _gradientSize;
        currentColorObject.r = startColorObject.r * (1 - proportion) + endColorObject.r * proportion;
        currentColorObject.g = startColorObject.g * (1 - proportion) + endColorObject.g * proportion;
        currentColorObject.b = startColorObject.b * (1 - proportion) + endColorObject.b * proportion;
        currentColorObject.a = startColorObject.a * (1 - proportion) + endColorObject.a * proportion;
        var currentColor:uint = ColorUtil.getColorFromRGBObject(currentColorObject);
        _gradientVec[p] = currentColor;
    }
    for(var i:int = 0, w:int = _gradientBd.width; i < w; i ++){//遍历BitmapData中的所有像素进行上色
        var color:uint = _gradientVec[i % _gradientSize];
        for(var j:int = 0, h:int = _gradientBd.height; j < h; j ++){
```

```
                _gradientBd.setPixel32(i, j, color);
            }
        }
        _gradientBm = new Bitmap(_gradientBd);
        addChild(_gradientBm);
    }
```

运行效果如图 8-35 所示，它跟用 beginGradientFill 创建出来的渐变填充没什么两样，不同的是我们这次已经深入到了像素。所以，只要了解各种渐变的算法，我们就可以突破绘图 API 的诸多限制，实现出效果更平滑、更精确、样式更为丰富的渐变填充。

注意到代码在 setPixel32 一句中对下标取了余数，这意味着如果 BitmapData 在 x 轴上出现第 301 个像素，代码将会重新从 gradientVec 中的第 1 个颜色开始进行填充，从而实现了 repeat 模式的渐变。如果我们将 BitmapData 的尺寸扩大到 500*300，就可以得到重复填充的效果，如图 8-36 所示。

图 8-35 用 BitmapData 实现渐变填充

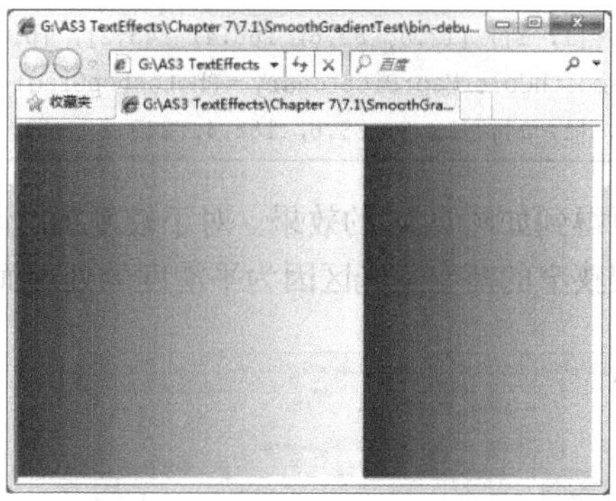

图 8-36 repeat 模式的渐变填充

我们如果要使用 PAD 模式，则只需要把 i%_gradientSize 改成 Math.min(i, _gradientSize - 1)。而 REFLECT 模式则稍显复杂，我们需要加一些判断，如下所示。

代码清单 8-31

```
(i%(_gradientSize*2) < _gradientSize) ? (i%_gradientSize) : (_gradientSize - 1 - (i%_gradientSize))
```

受篇幅所限，书上就不给出这两种模式的运行效果图了。

测试用例书写完成，下面我们引入 8.3.6 节封装好的平滑算法，把 init 函数修改为如下所示。

代码清单 8-32

```
    private function init():void{
        _gradientBd = new BitmapData(500, 300, true, 0x00000000);
        var colorMap:Dictionary = PhotoshopGradientUtil.getGradientMap([0xFF0000, 0x00FF00], [1, 0.5], [0,
255], [0, 255], _gradientSize, 0); //生成平滑度分别为 0%和 100%的两个映射表以便观察平滑处理对渐变的影响
        var smoothColorMap:Dictionary = PhotoshopGradientUtil.getGradientMap([0xFF0000, 0x00FF00], [1,
0.5], [0, 255], [0, 255], _gradientSize, 1);
        for(var i:int = 0, w:int = _gradientBd.width; i < w; i ++)        {//遍历 BitmapData 中的所有像素进行上色
            var index:int = (i%(_gradientSize*2) < _gradientSize) ? (i%_gradientSize) : (_gradientSize - 1 -
(i%_gradientSize));
            var color:uint = colorMap[index];
            var smoothColor:uint = smoothColorMap[index];
            for(var j:int = 0, h:int = _gradientBd.height; j < h; j ++){
```

```
            //把 BitmapData 切成上下两半，分别显示平滑度=0%和 100%的渐变效果
            _gradientBd.setPixel32(i, j, j < h / 2 ? color : smoothColor);
        }
    }
    _gradientBm = new Bitmap(_gradientBd);
    addChild(_gradientBm);
}
```

以上代码将 BitmapData 切成上下两半，分别显示平滑度为 0%和平滑度 100%的渐变效果。可见两种渐变之间存在着一些微妙的差异：经平滑处理后的渐变，控制点附近的色彩过渡趋于平缓（如图 8-37 所示），与 Photoshop 平滑度的概念一致。

下面我们再来模拟比较复杂的渐变样式，比如上面提到的黄，紫，橙，蓝渐变。

代码清单 8-33

```
var colorMap:Dictionary = PhotoshopGradientUtil.getGradientMap([0xF9E600, 0x6F156C, 0xFD7C00, 0x002874], [1, 1], [12.8, 89.6, 166.4, 243.2], [0, 255], _gradientSize, 0);
var smoothColorMap:Dictionary = PhotoshopGradientUtil.getGradientMap([0xF9E600, 0x6F156C, 0xFD7C00, 0x002874], [1, 1], [12.8, 89.6, 166.4, 243.2], [0, 255], _gradientSize, 1);
```

此时得到如图 8-38 的效果。对于较复杂的渐变而言，平滑度的功效可谓立竿见影。原来很突兀、很狭窄的渐变高光区因为平滑度的处理而柔和了很多。

图 8-37　比较线性渐变在平滑处理前后的差异

图 8-38　测试黄紫橙蓝渐变的平滑度

得到了一个经平滑度处理的渐变数组并且在线性渐变中测试通过以后，我们就可以用它来模拟样式更丰富的渐变了。

8.4　平滑渐变的扩展与应用

8.4.1　线性平滑渐变的仿射转换

首先我们试着让线性渐变旋转。这时候，我们可能很容易想到 Matrix 的 createGradientBox 方法。不过很遗憾地告诉大家，此法现在已经不适用了，因为该方法使用了默认尺寸为 1638.4*1638.4 的渐变控制框（详见第 7.3 节），而此处我们用的是自定义的 gradientSize 做渐变尺寸。

不能用 createGradientBox 也没什么，Matrix 还有一大堆方法可供选择，比如绕中心旋转 45 度，我们就可以用 rotate 旋转，同时通过 translate 来修正旋转中心。

代码清单 8-34

```
var mt:Matrix = new Matrix();
mt.translate(-250, -150);
mt.rotate(Math.PI/4);
mt.translate(250, 150);
```

接下来，因为我们操作的是像素点，所以下一步就用 Matrix 的 transformPoint 方法实现点的位置转换。

代码清单 8-35

```
var pt:Point = mt.transformPoint(new Point(i, j));
```

最后就是对转换后的点设置颜色。

代码清单 8-36

```
pt.setPixel32(pt.x, pt.y, smoothColor);
```

经过这样的调整，运行效果如图 8-39 所示。它确实旋转了，但是 BitmapData 的很多像素点都还没有上色。因为有相当一部分的 Point 已经旋转到 BitmapData 以外，它们在 BitmapData 所在的区域找不到对应的点，所以总的来说，被填充上颜色的像素数量较旋转前少了，于是出现了空白区。

要保证每个像素都能填充上颜色，最好的解决方法就是把 pt.x,pt.y 恢复为 i,j。此时，要知道点（i,j）是什么颜色，就要算出它是从哪个点旋转过来的，因此我们应该旋转−45 度，看看旋转前（i,j）处于什么位置。

往相反方向旋转，在矩阵数学中体现为逆矩阵运算，所以我们应该在矩阵变换完成之后追加一句代码如下。

代码清单 8-37

```
mt.invert();
```

而取 smoothColor 的操作要放到 j 循环里面 transformPoint 之后，因为此时同列不同行的颜色已经不再相等了。

代码清单 8-38

```
var index:int = int(pt.x); //转换后，index 可能会出现负数，所以要加到非负数为止
while(index < 0){
    index += _gradientSize * 2;
}
index = (index%(_gradientSize*2) < _gradientSize) ? (index%_gradientSize) : (_gradientSize - 1 - (index%_gradientSize));
var smoothColor:uint = smoothColorMap[index];
_gradientBd.setPixel32(i, j, smoothColor);
```

我们再次运行，BitmapData 内的所有像素都被填充上颜色了，如图 8-40 所示。

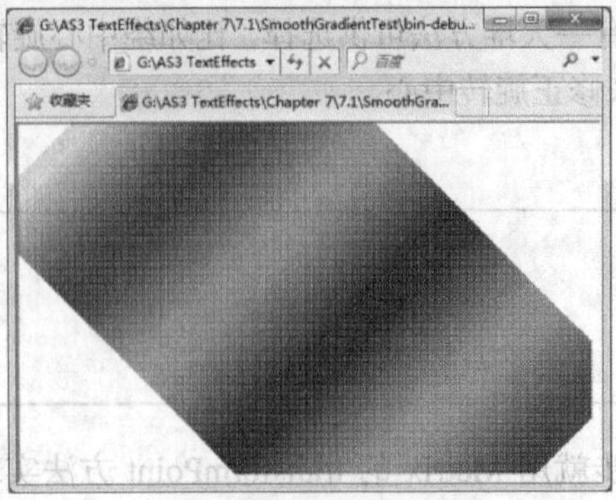

图 8-39　旋转后的渐变填充

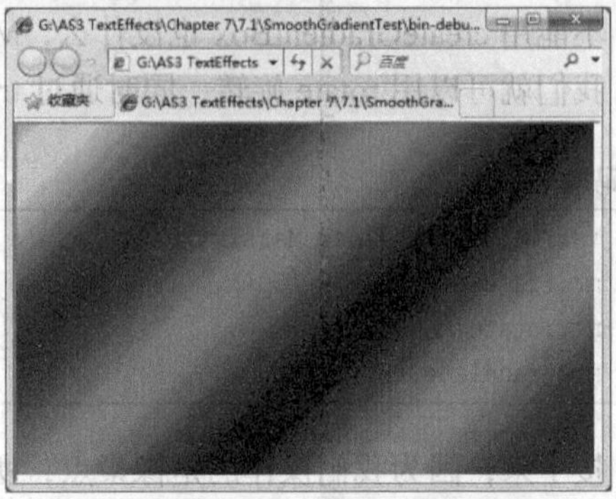

图 8-40　修正填充方式后的效果

苦心钻研出来的技术成果肯定不能让它大材小用，所以接下来我们继续往更复杂的渐变进军，比如放射状渐变。

8.4.2　平滑放射渐变及焦点偏移的模拟

该种渐变在某点处的色彩数值取决于该点到渐变中心的距离。假设渐变中心就是图片的中心点（250,150），那么，index 的计算公式就可表示如下。

代码清单 8-39

```
var index:int = Point.distance(new Point(i, j), new Point(250, 150));
index = (index%(_gradientSize*2) < _gradientSize) ? (index%_gradientSize) : (_gradientSize - 1 -
(index%_gradientSize));
```

我们用以上式子计算 index 的数值，将得到如图 8-41 的结果。

如果想得到一个椭圆的渐变，我们就可以用上面提到的 Matrix，也可以直接对坐标进行拉伸。

代码清单 8-40

```
var index:int = Point.distance(new Point(i, (j - 150) * 2), new Point(250, 0));
```

就可以得到如图 8-42 的效果。

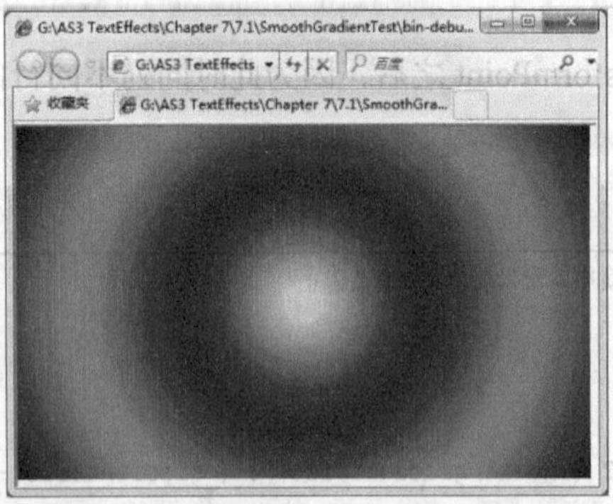

图 8-41　用 BitmapData 实现的放射渐变

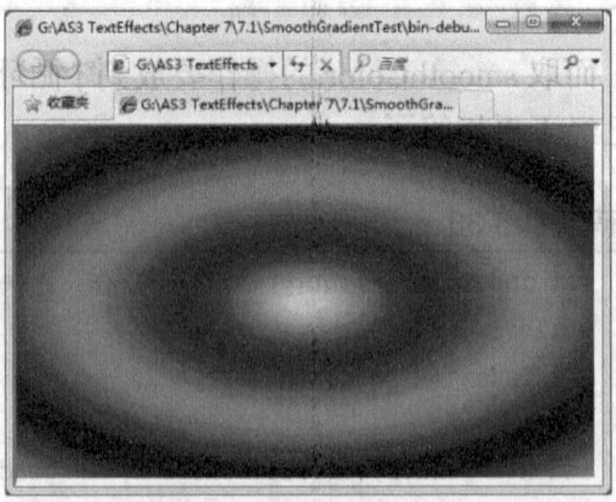

图 8-42　实现椭圆渐变

虽然放射渐变焦点不是 Photoshop 的特性，但既然我们已经能从像素的层面去绘制渐变了，就应充分发挥出代码的优势来。

如图 8-43 所示，我们可以看到指示渐变方向的有向线段都是焦点 P_f 和圆上任意一点所连成的线段。所以，圆内任意一点 P_0 的颜色索引就等于 P_f 在线段 P_fP 的位置比例。换而言之，只要求出 P_fP_0/P_fP 的值，就可以知道 P_0 该取什么颜色了。

下面我们就以渐变的圆心（不是焦点）为原点，水平向右为 x 轴正方向，建立平面直角坐标系（如图 8-44 所示），其中，P_f（f，0）和 P_0（x_0，y_0）是已知点，P 点（x，y）的位置未知。

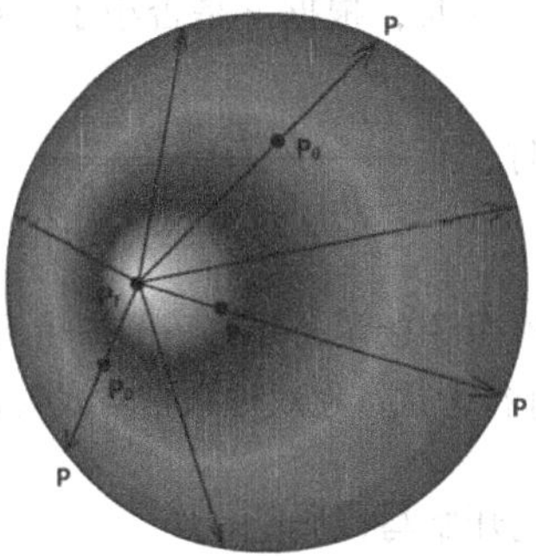

图 8-43　调整焦点后的渐变放射方向

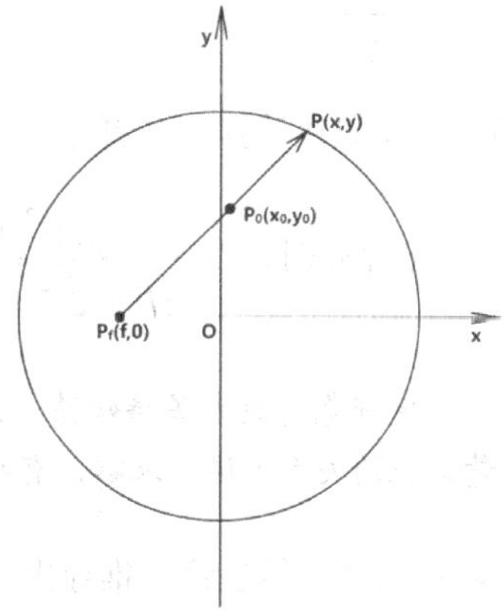

图 8-44　根据放射状渐变建立的数学模型

为了简化运算，我们不妨让圆的半径等于 1，那么 f 的取值范围就是-1~1，与 focalPointRatio 的有效值范围完全一致。

这时候，圆的方程为 $x^2+y^2=1$，而直线的方程就可表示为 $y=k(x-f)$，其中 k 代表直线的斜率 $\frac{y_0}{x_0-f}$，是一个常量。

联立以上两条方程，解得

$$y=\frac{-kf\pm k\sqrt{1+k^2(1-f^2)}}{1+k^2}$$

方程有两个解，其中一个就是交点 P 的坐标。而另一个则是 P_fP 反向延长线与圆的交点。我们需要在这两个解中把 P 找出来。

从图 8-44 可以看到，只要点 P_0 在 x 轴上方，点 P 就一定也位于 x 轴上方，反之亦然，即 P_0 和 P 始终分布在 x 轴的同侧。因此，判断的标准就是 y_0 与 y 的符号一致。

所以当 $y_0>0$ 时，$y=\frac{-kf+k\sqrt{1+k^2(1-f^2)}}{1+k^2}$，所求比例 $P_fP_0/P_fP=\frac{y_0(1+k^2)}{-kf+k\sqrt{1+k^2(1-f^2)}}$，

而当 $y_0<0$ 时，所求比例则为 $\frac{y_0(1+k^2)}{-kf-k\sqrt{1+k^2(1-f^2)}}$。

如果 $y_0=0$，则已知点在 x 轴上，P_fP_0 的延长线及反向延长线与圆的交点都在 x 轴上。此时两个交点一定是(-1,0)和(1,0)，而所求的点 P 则要求分布在直线 x=f 的同侧，所以，当 $x_0<f$ 时，所求点 P 为(-1,0)，比例值=$\frac{x_0-f}{-1-f}$，反之 P 等于(1,0)，比例值为 $\frac{x_0-f}{1-f}$。

所以，当 k=0 时，$P_fP_0/P_fP=\frac{y_0(1+k^2)}{-kf+k\sqrt{1+k^2(1-f^2)}}$ 不适用。还有另一种情况，就是当 P_fP_0 垂直于 x 轴时，k 为无穷大，也不适用，考虑到 k=0 已经不能使用该式子，我们不妨用斜率的倒数进行

计算，设t=1/k，于是上式可化为：$P_fP_0/P_fP=\dfrac{y_0(1+(1/t)^2)}{-f/t\pm 1/t\sqrt{1+(1/t)^2(1-f^2)}}$。

分子分母同时乘以 t^2，得到 $P_fP_0/P_fP=\dfrac{y_0(t^2+1)}{-ft\pm\sqrt{t^2+(1-f^2)}}$，

其中，$t=\dfrac{x_0-f}{y_0}$。

最终结论，我们在计算时需要分 3 种情况来处理：y_0=0 时，根据 x 是否小于 f 取 $\dfrac{x_0-f}{-1-f}$ 或 $\dfrac{x_0-f}{1-f}$，否则当 y_0>0 时，有 $\dfrac{y_0(t^2+1)}{-ft+\sqrt{t^2+(1-f^2)}}$，$y_0$<0 时，有 $\dfrac{y_0(t^2+1)}{-ft-\sqrt{t^2+(1-f^2)}}$

小提示 想避免讨论太多特殊情况的话，您可以运用向量数学的知识（如三角形面积与向量叉积的关系）进行求解，有兴趣的读者可以自行尝试，也欢迎来信与我讨论。

令人长呼一口气的算法终于推导出来了，下面我们就开始写代码吧。

代码清单 8-41

```
var f:Number = -0.4; //f=focalPointRatio
var centerX:int = 250;
var centerY:int = 150;
//遍历 BitmapData 中的所有像素进行上色
for(var i:int = 0, w:int = _gradientBd.width; i < w; i ++){
    for(var j:int = 0, h:int = _gradientBd.height; j < h; j ++){
        var x0:Number = (i - centerX) / _gradientSize;        //x 与坐标轴的距离
        var y0:Number = (j - centerY) / _gradientSize;        //y 与坐标轴的距离
        var interpolation:Number;                             //插值比例
        if(y0 == 0){
            interpolation = (x0 - f) / ((x0 > f) ? (1 - f) : (-1 - f));
        }else{
            var t:Number = (x0 - f) / y0;
            var sign:int = (y0 > 0) ? 1 : (-1);
            interpolation = y0 * (t * t + 1) / (-f * t + sign * Math.sqrt(t * t + (1 - f * f)));
        }
        var index:int = Math.round(interpolation * _gradientSize);
        index = (index%(_gradientSize*2) < _gradientSize) ? (index%_gradientSize) : (_gradientSize - 1 - (index%_gradientSize));
        var smoothColor:uint = smoothColorMap[index];
        _gradientBd.setPixel32(i, j, smoothColor);
    }
}
```

我们用 ActionScript 把上面的算法实现出来了，效果如图 8-45 所示。感觉到了吗？它比我们直接在 Flash IDE 里拖的渐变要柔和得多，如梦似幻的七彩隧道，若隐若现，引人无限遐想。

除了比 Flash IDE 中的渐变要平滑很多以外，这个渐变似乎也没太多的特色，那我们再来点新花样如何？比如让 interpolation 取倒数。这样，在距离焦点较近的位置，interpolation 的变化就会相当急剧，渐变圈的密度变大，而在焦点周边一个比较小的区域内，渐变圈由于密度过大而被充分搅拌，形成一个螺旋状的花纹，隧道的轮廓变得清晰，如图 8-46 所示。

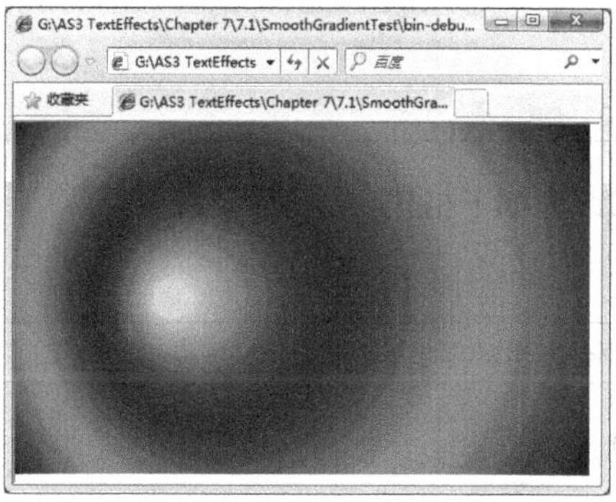

图 8-45　BitmapData 实现平滑放射渐变

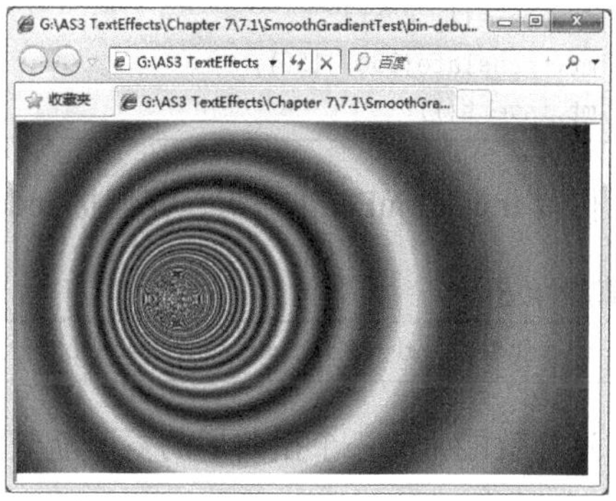

图 8-46　interpolation 取倒数的效果

因为渐变圈密度增大，所以感觉色彩变得比较杂。为此我们不妨换一种色彩种类较少的铜色渐变，则效果如同置身于金钟罩之下，如图 8-47 所示。

还是没太大意思？嗯，渐变方向仍然按照放射渐变的固有轨迹扩展，添加更多的渐变点也能勉强模拟出来。

那我们再尝试点别的怎么样？比如 Photoshop 中的菱形渐变（其实更有意思的是角度渐变，不过模拟的人实在太多了，所以我们不打算再重复，但稍后我们会借用角度渐变的思想进行一些创意性的渐变制作），如图 8-48 所示。

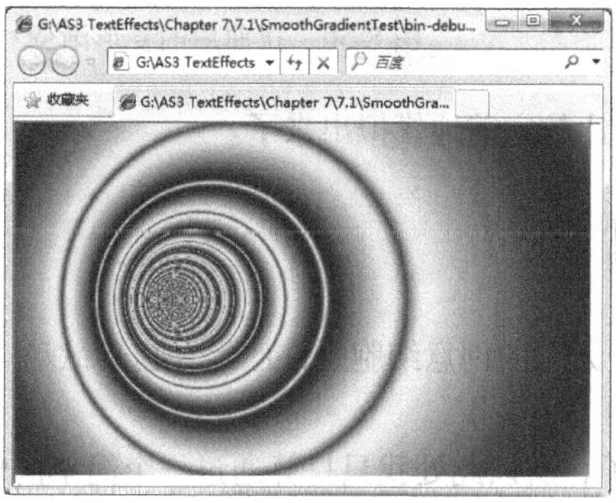

图 8-47　铜色渐变的效果

图 8-48　菱形渐变的效果

8.4.3　Photoshop 内置渐变的模拟

它其实也是放射渐变，不同的是它扩散出来的形状不是圆，而是矩形。所以我们计算像素点到中心的距离的方法要做一些调整，它等于垂直距离和水平距离中的较大者。

代码清单 8-42

```
var index:int = Math.max(Math.abs(i - centerX), Math.abs(j - centerY));
```

得到如图 8-49 的效果，很简单吧。

我们还可以用上面提到的矩阵法对渐变进行旋转、斜切等操作。

代码清单 8-43

```
var mt:Matrix = new Matrix();
mt.translate(-250, -150);
mt.rotate(Math.PI / 6);
```

```
mt.scale(1, 0.5);
mt.translate(250, 150);
mt.invert();
```

保留 transformPoint 一句，我们把 index 的算法修改为如下格式。

代码清单 8-44

```
var index:int = Math.max(Math.abs(pt.x - centerX), Math.abs(pt.y - centerY));
```

这样就能生成一个扭曲了的菱形渐变，如图 8-50 所示。

图 8-49　BitmapData 实现菱形渐变

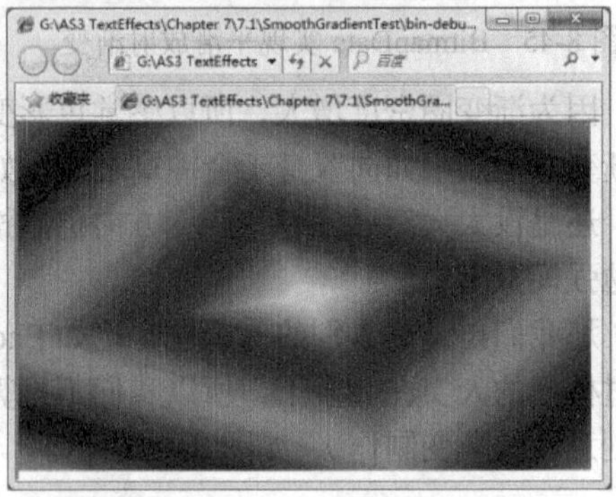

图 8-50　扭曲后的菱形渐变

至此，我们已经可以把 Photoshop 的渐变比较完美地模拟出来了。

8.4.4　创意式渐变制作方法举例

机械式的模拟往往是件比较无聊的事情，大家的创意细胞也许已经在蠢蠢欲动。不用等了，现在就让它们迸发出来吧！

相比之下，笔者的艺术天赋就没你们高了，所以此处我只打算通过一个简单的螺旋渐变实例来达到抛砖引玉的效果。

如图 8-51，螺旋渐变的特点是一边旋转一边展开，P_1 和 P_2 中的 r 和 θ 各不相等，但它们都在同一根螺旋线上，所以这两点的颜色应当相等。不难看出，对于这两个点，有 $r_1<r_2$，$\theta_1<\theta_2$，即角度和半径同时增大。当然了，如果螺旋的方向与此相反，则 r 将随 θ 的增大而减小，如图 8-52 所示。

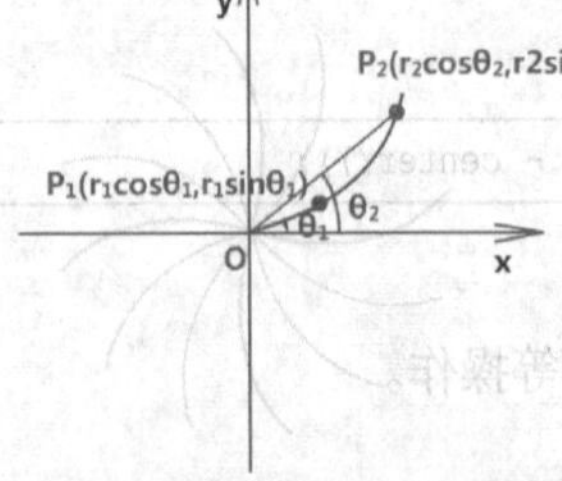

图 8-51　螺旋渐变的逻辑分析

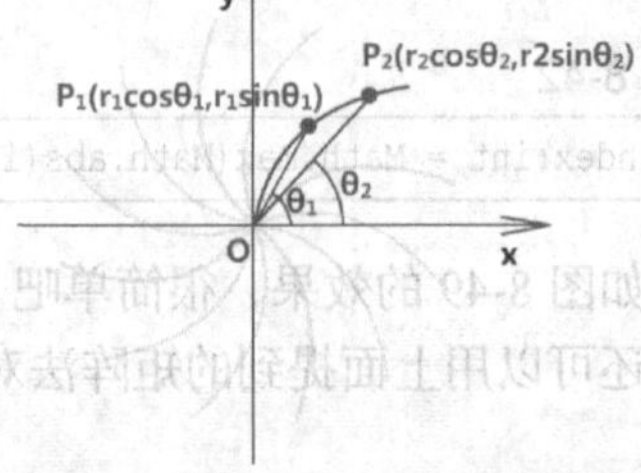

图 8-52　相反方向的螺旋样式

我们可以用极坐标实现这样的算法，也可以手动计算角度。

代码清单 8-45

```
var xPos:int = i - centerX;
var yPos:int = j - centerY;
var angle:Number = Math.atan2(yPos, xPos);
var index:int = angle / Math.PI * _gradientSize - Math.sqrt(xPos * xPos + yPos * yPos);
while(index < 0){
    index += _gradientSize * 2;
}
```

运行结果如图 8-53 所示。不错吧，我们得到一个风火轮式的渐变螺旋效果！我们也可以把距离前的符号换成正的来测试下反向的螺旋渐变，如图 8-54 所示。

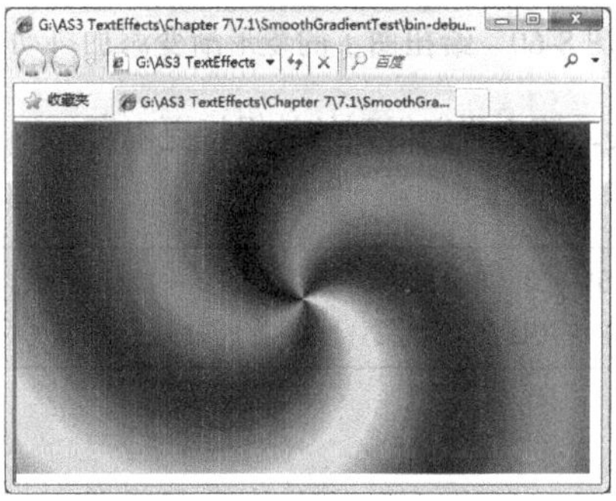

图 8-53 正向的螺旋渐变

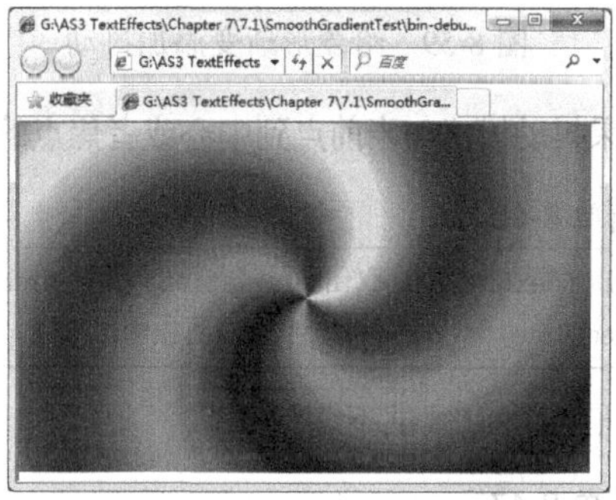

图 8-54 反向的螺旋渐变

在此基础上，我们还可以给螺旋加入一些使之抖动的元素，如+ 10 * Math.sin(angle * 10)，从而营造出一种烟雾缭绕的气氛，如图 8-55 所示，也可以把振动频率再调高一些，如 10 * Math.sin(angle * 20)，让画面呈现出一派春意盎然，山花烂漫的景象，如图 8-56 所示。

我们也可以对之前做的几种渐变做一下抖动变换，得到如图 8-57、图 8-58、图 8-59 的效果。

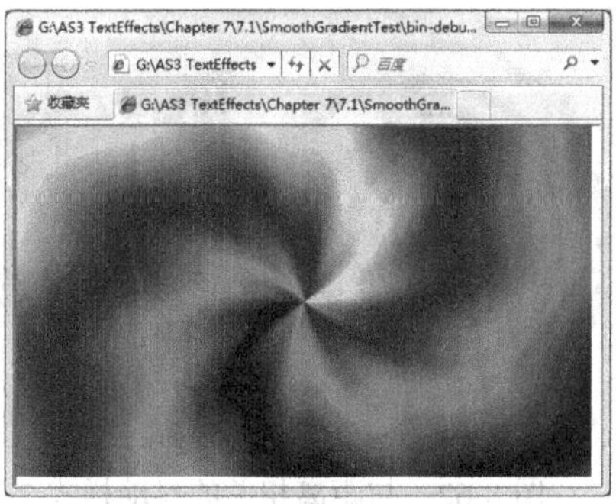

图 8-55 加入抖动后的螺旋渐变

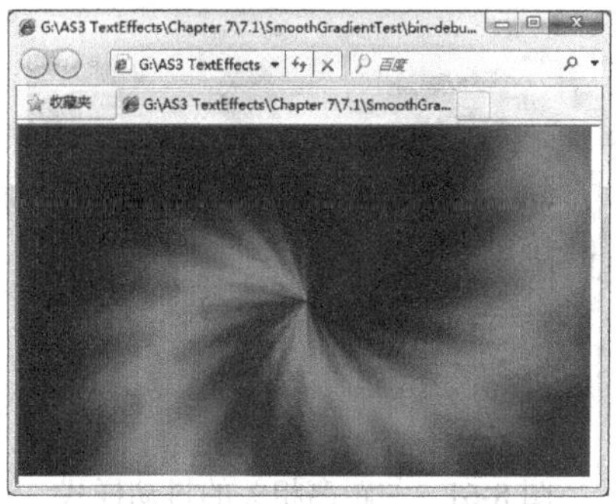

图 8-56 增大振幅后的螺旋渐变

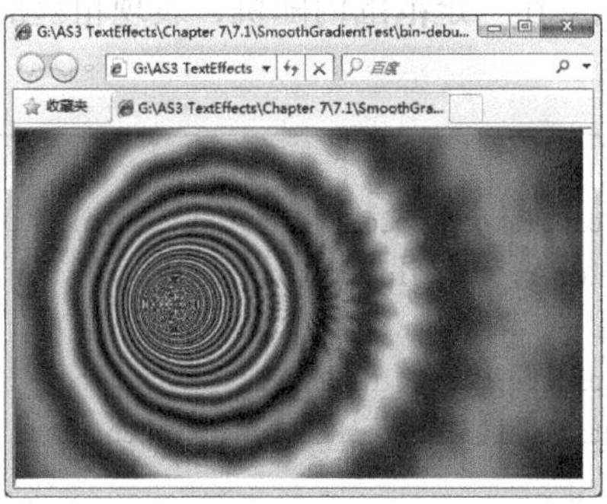

图 8-57 给放射渐变添加基于圆心的抖动

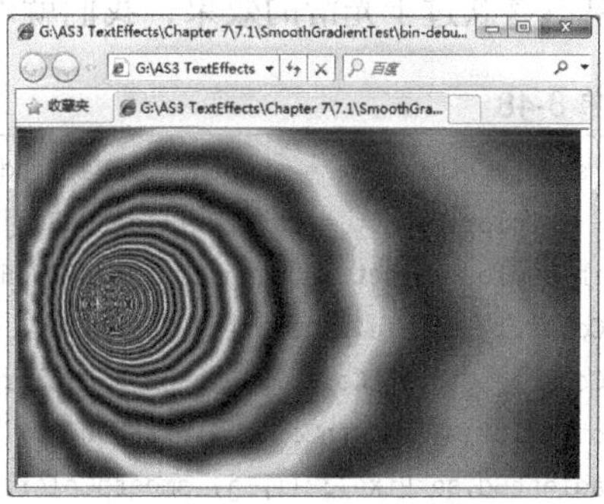

图 8-58 给放射渐变添加基于焦点的抖动

图 8-59　给菱形渐变添加抖动

图 8-60　给扭曲了的菱形渐变添加抖动

如果抖动模式与当前点到中心或者焦点的距离相关，那么我们得到的效果将更丰富。

代码清单 8-46

```
var index:int = int(interpolation * _gradientSize + 0.5)+ 10 * Math.sin(angle * 20 - Math.sqrt((xPos - f * _gradientSize) * (xPos - f * _gradientSize) + yPos * yPos) % (Math.PI * 2));//(图8-61)
```

我们还可以试试下面代码。

代码清单 8-47

```
var index:int = int(interpolation * _gradientSize + 0.5)+ 10 * Math.sin(angle * 20 - Math.sqrt((xPos - f * _gradientSize) * (xPos - f * _gradientSize) + yPos * yPos) / 10);//(图8-62，一个动感十足的七彩风火轮)
```

图 8-61　与距离相关的抖动样式

图 8-62　与距离相关的抖动样式 2

如果不喜欢过于光滑的效果，我们就可以让色彩在一定范围内随机，表现粗糙的质感。

代码清单 8-48

```
var smoothColor:uint = smoothColorMap[index];
var rgbColor:Object = ColorUtil.getRGBObjectFromColor(smoothColor);
var hsbColor:Object = ConvertColor.RGBToHSL(rgbColor.r, rgbColor.g, rgbColor.b);
hsbColor.l += Math.random() * 20 - 10;
rgbColor = ConvertColor.HSLToRGB(hsbColor.h, hsbColor.s, hsbColor.l);
smoothColor = (smoothColor & 0xFF000000) | ColorUtil.getColorFromRGBObject(rgbColor);
_gradientBd.setPixel32(i, j, smoothColor);
```

该方法让读取出来的色彩加入-10～10 的随机亮度，色彩的纯度有所下降，看起来就像墙壁上的一幅喷画，如图 8-63 所示。

如果我们改成色相随机，代码如下。

代码清单 8-49

```
hsbColor.h += Math.random() * 40 - 20;
```

则画面的立体感加强，稍加改进即可用于模拟千年古道、铜绿锈迹等效果，如图 8-64 所示。

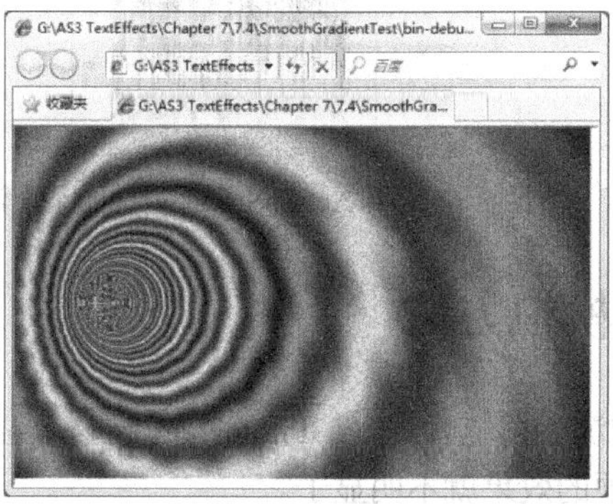

图 8-63 亮度随机后的螺旋渐变

图 8-64 色相随机后的螺旋渐变

8.5 关于 Photoshop 的杂色渐变

8.5.1 杂色渐变模拟基础

杂色渐变是 Photoshop 教程比较容易忽略的一个知识点。究其原因，可能是这种渐变的可控性较差，随机出来的色彩效果也往往不尽如人意（如图 8-65 所示）。

也正因为它的随机性，所以要在 ActionScript 中模拟出 Photoshop 里调整好的杂色渐变几乎是不可能的事情，但我们还是来看看怎样实现 ActionScript 的杂色渐变。

提到随机和杂色的实现，自然非噪声莫属了，所以接下来，我们也会用这种方法来完成一些杂色效果的制作。

我们对 GradientAnalyzeTest 的填充部分作如下改动。

代码清单 8-50

```
var noiseBd:BitmapData = new BitmapData(256, 1, true, 0x00000000);
noiseBd.noise(1);
_gradientShape.graphics.beginBitmapFill(noiseBd);
```

运行就可以得到如图 8-66 的效果，它跟 Photoshop 的杂色渐变有着异曲同工之妙。但不管我们如何刷新，它的效果都始终不会变。原因在于它是伪随机，是个固定的映射关系，一个 randomSeed 值永远只能得到一个随机结果。

要让每次随机，我们可以把 new Date().time 传入到 randomSeed 参数中。

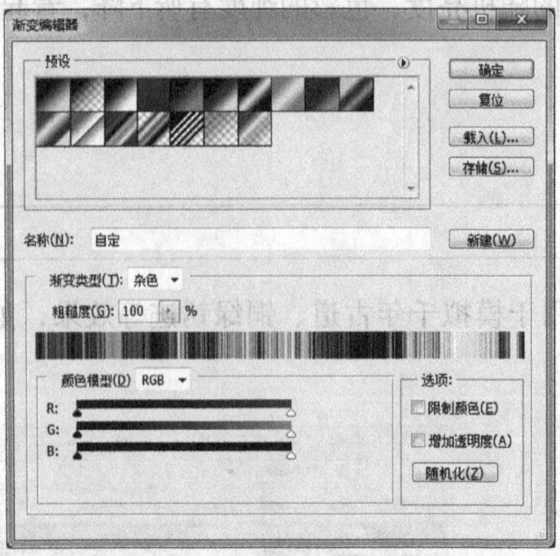

图 8-65 Photoshop 中的杂色渐变

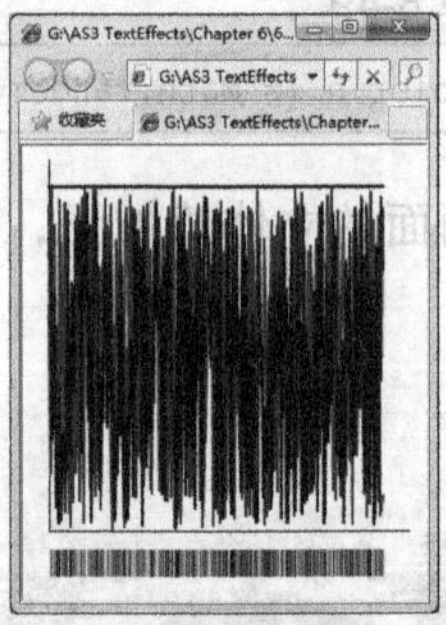

图 8-66 用 ActionScript 实现的杂色渐变

8.5.2 杂色渐变的一些基本选项及其模拟方法

我们还发现，ActionScript 模拟出来的色彩比较沉。据笔者观察，Photoshop 在这个位置有意提高了一下色彩的饱和度，不然【限制颜色】选项的效果就不明显了。

虽然限制颜色在算法机制上的处理（按官方文档解释就是将色彩转换为 CMYK 模式）与 noise 随机有着天渊之别，但从效果上看，两者的相似度却相当地高，如图 8-67 所示。

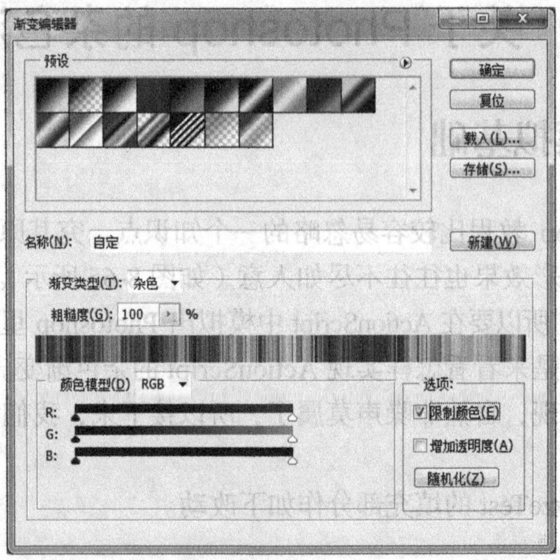

图 8-67 限制颜色后的杂色渐变

如果想模拟高饱和度的杂色渐变，我们就可以利用 HSB 模式或者 AdjustColor 的 saturation 进行调整。

我们在 noise 方法后追加如下代码。

代码清单 8-51

```
var adj:AdjustColor = new AdjustColor();
adj.brightness = adj.hue = adj.contrast = 0;
adj.saturation = 100;
```

```
    noiseBd.applyFilter(noiseBd, noiseBd.rect, new Point(), new
ColorMatrixFilter(adj.CalculateFinalFlatArray()));
```

得到的色彩比原来鲜艳了（如图 8-68 所示）。

我们再来看看下面的两个选项。

第一个是增加透明度，它代表是否要为杂色渐变加入透明度的随机，在 ActionScript 中想要实现它也不难，只要给 noise 的 channelOptions 加上 alpha 通道即可。

代码清单 8-52

```
    noiseBd.noise(new Date().time, 0, 255, BitmapDataChannel.RED | BitmapDataChannel.GREEN |
BitmapDataChannel.BLUE | BitmapDataChannel.ALPHA);
```

我们可以用 15 代替这串又长又臭的通道常量合并代码，代价是降低程序的可读性。当然，用注释来弥补这一缺陷会是一个不错的选择，不过我们更倾向于直接在代码中体现它的语义。

我们得到如图 8-69 的效果。对照 Photoshop 的【增加透明度】选项（图 8-70），可以发现，Photoshop 偏向全透明和全不透明的色彩比较多。

图 8-68　用 AdjustColor 提高饱和度

图 8-69　对 alpha 通道进行随机

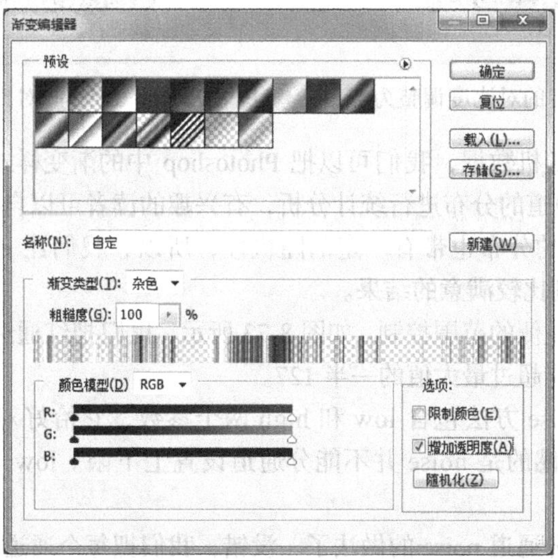

图 8-70　Photoshop 中的增加透明度

所以，如果我们想让模拟出来的结果与 Photoshop 的更为接近，就可以利用颜色映射 API——paletteMap 进行后期的调整。

我们在 applyFilter 后面追加如下代码。

代码清单 8-53

```
var contrast:Number = 2; //对比度值（0代表无对比，0~1代表对比度减弱，1代表对比度不变化，大于1代表对比度增强）
for(var i:int = 0; i < 256; i ++){
    var value:Number = contrast * i - 127 * (contrast - 1); //对比度矩阵算法
    palleteMapArr.push(Math.min(255, Math.max(0, value)) << 24); //处理一下上下限
}
noiseBd.paletteMap(noiseBd, noiseBd.rect, new Point(), null, null, null, palleteMapArr); //只对alpha 通道进行映射
```

如果大家还记得我们之前讲过的对比度矩阵算法及其原理，那以上的代码对大家来说应该就没有任何难度了。此处我们再简单解释下。contrast 越大，i 之间的差距就越大，对比度也就越强烈，就会有越多的数值向 0 和 255 这两个极端分化。后面的偏移量-127*（contrast-1）为修正值，以确保中性灰不受对比度影响。最后我们自然就是把处理后的数值控制在 0~255 的范围之内了。

contrast=2 时，得到如图 8-71 的效果，全透明和全不透明的色彩数量仍不及 Photoshop 的多。经我们测试，contrast=4 时，透明度的分布就跟 Photoshop 的比较接近了，如图 8-72 所示。

图 8-71　将 alpha 的对比度调整为 2

图 8-72　将 alpha 的对比度调整为 4

想要得到更准确的随机数据，我们可以把 Photoshop 中的渐变样式导出为图片，然后结合直方图等知识对 alpha 通道的分布进行统计分析，有兴趣的读者可以自行研究。

不过因为不透明度的分布也带有一定的随机性，所以，我们让 contrast 在一个范围（比如 4~8）内随机也能得到比较满意的结果。

我们再来分析一下左侧的范围控制。如图 8-73 所示，我们把红通道限制在数值较大的一个小范围内，而蓝通道不能超过最大值的一半 127。

我们已经知道，noise 方法包含 low 和 high 两个参数，它恰好对应 Photoshop 滑动条中的两个小滑块。然而遗憾的是 noise 并不能分通道设置上下限。low 和 high 将会应用于所有通道上。

想必大家都能想到分通道 noise 的做法了。没错，我们把每个通道的 noise 结果做好之后，用 copyChannel 合并一下即可实现跟 Photoshop 相一致的功能。

图 8-73　控制色彩范围

我们把生成 noise 的代码修改为如下所示。

代码清单 8-54

```
var noiseBd:BitmapData = new BitmapData(256, 1, true, 0x00000000);
var noiseChannelBd:BitmapData = new BitmapData(256, 1, true, 0x00000000); //生成单通道 noise 用的 BitmapData
noiseChannelBd.noise(new Date().time, 0, 255, BitmapDataChannel.ALPHA); //alpha 通道不限制
noiseBd.copyChannel(noiseChannelBd, noiseChannelBd.rect, new Point(), BitmapDataChannel.ALPHA, BitmapDataChannel.ALPHA);
noiseChannelBd.noise(new Date().time, 230, 255, BitmapDataChannel.RED); //红通道限制在 230~255 之间
noiseBd.copyChannel(noiseChannelBd, noiseChannelBd.rect, new Point(), BitmapDataChannel.RED, BitmapDataChannel.RED); //随机完成后复制到目标位图上
noiseChannelBd.noise(new Date().time, 0, 255, BitmapDataChannel.GREEN); //绿通道不限制
noiseBd.copyChannel(noiseChannelBd, noiseChannelBd.rect, new Point(), BitmapDataChannel.GREEN, BitmapDataChannel.GREEN);
noiseChannelBd.noise(new Date().time, 0, 127, BitmapDataChannel.BLUE); //蓝通道限制在 0~127 之间
noiseBd.copyChannel(noiseChannelBd, noiseChannelBd.rect, new Point(), BitmapDataChannel.BLUE, BitmapDataChannel.BLUE);
```

图 8-74　分通道限制色彩范围

需要注意的一点是，alpha 必须放在最前面，因为 BitmapData 最初为全透明，此时设置 RGB 数值将会失效。这也就意味着，如果我们一开始给 noiseChannelBd 赋上不完全透明的填充色，那 noise 的执行顺序就可以随意而为之了。

我们得到如图 8-74 的效果，它随机出来的色彩跟 Photoshop 的基本一致。

除了通过 RGB 进行色彩限制以外，Photoshop 还提供了 HSB、LAB 等模式的范围控制，如图 8-75 所示。对于不直接支持 HSB 的 ActionScript 来说，我们要如何实现 HSB 模型的杂色呢？

图 8-75 HSB 颜色模型

8.5.3 利用 BitmapData 的变换 API 实现 HSB 杂色

最简单的方法自然就是自己把随机好的 H、S 和 B 转换为 RGB，然后逐一地 setPixel32 到目标图像上，但该方法不能利用 noise 的特性。如果有个办法可以将两者的功能结合起来，那想必是相当完美的事情了。

还记得 BitmapData 提取数据的多种方法（getVector/getPixels 等）吗？其实我们只要对 noise 后的 BitmapData 进行数据提取、然后赋值到 HSB 上，就可以实现 noise 与 HSB 的无缝结合了。

我们让 noiseChannelBd 的 transparent 等于 false，然后都在蓝通道上进行 noise 操作（因为蓝通道位于最低的 8 位，位运算处理相对方便）。

代码清单 8-55

```
var noiseBd:BitmapData = new BitmapData(256, 1, true, 0x00000000);
    /**生成单通道 noise 用的 BitmapData**/
    noiseBd.noise(new Date().time, 0, 255, BitmapDataChannel.ALPHA); //alpha 仍然可以直接 noise
    var noiseChannelBd:BitmapData = new BitmapData(256, 1, false, 0x000000);
    noiseChannelBd.noise(new Date().time, 0, 255, BitmapDataChannel.BLUE); //色相不限制
    var hVec:Vector.<uint> = noiseChannelBd.getVector(noiseChannelBd.rect);
    noiseChannelBd.noise(new Date().time, 180, 255, BitmapDataChannel.BLUE); //饱和度限制在 180~255 之间
    var sVec:Vector.<uint> = noiseChannelBd.getVector(noiseChannelBd.rect);
    noiseChannelBd.noise(new Date().time, 160, 255, BitmapDataChannel.BLUE); //亮度限制在 160~255 之间
    var bVec:Vector.<uint> = noiseChannelBd.getVector(noiseChannelBd.rect);
    for(var i:int = 0, w:int = noiseChannelBd.width; i < w; i ++){
        var rgbObject:Object = ConvertColor.HSBToRGB((hVec[i] & 0xFF) * 360 / 255, (sVec[i] & 0xFF) *
100 / 255, (bVec[i] & 0xFF) * 100 / 255); //用 getVector 取出来的结果都在 0~255 之间，进入转换函数前，需要
把 H、S、B 的范围分别处理为 0~360，0~100，0~100
        noiseBd.setPixel(i, 0, rgbObject.r << 16 | rgbObject.g << 8 | rgbObject.b);
    }
```

我们依然使用 noise 进行数值的随机，然后把随机出来的结果分别赋值到 H、S 和 B 上，最后通过 HSB 转 RGB 的公式算出最终要设置到目标图像上的颜色值。得到的效果如图 8-76 所示，它跟 Photoshop 出来的结果一样，随机出来的大部分都是饱和度和亮度都比较高的色彩。

至于 LAB 模型，其做法与 HSB 类似，这里就不再赘述了。

最后我们再来看一下粗糙度。

之前我们的测试都在 100%粗糙度的情况下进行，那么，如果我们将粗糙度降低会怎么样呢？

图 8-76　noise 实现的 HSB 杂色

8.5.4　杂色渐变的粗糙度

图 8-77、图 8-78 分别展示了粗糙度=50%和 0%时的效果。我们可以看到，杂色的清晰度随着粗糙度的降低而减弱，当粗糙度达到 0%时，杂色完全消失，变得跟实色渐变一模一样，唯一不同的只是色彩依然通过 Photoshop 进行随机。

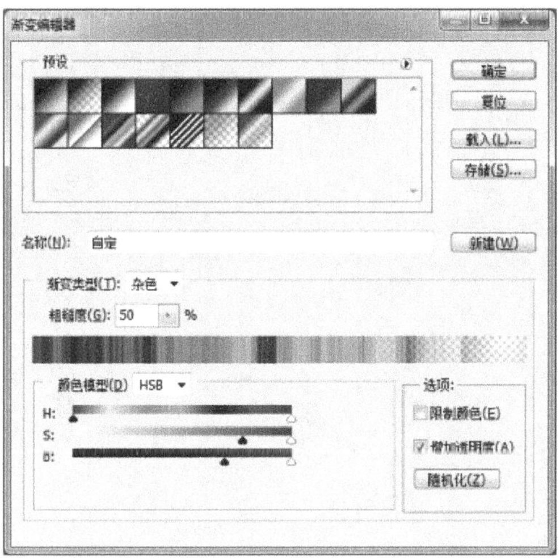

图 8-77　粗糙度为 50%的杂色渐变

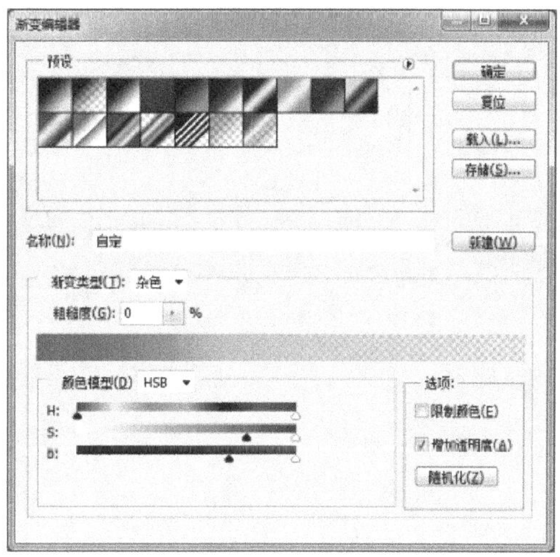

图 8-78　粗糙度为 0%的杂色渐变

从平滑的实色渐变逐渐过渡到粗糙的杂色渐变，其运动过程很难通过简单的数学公式进行描述，但我们在拖动的过程中隐隐感觉到，杂色渐变的效果在淡出，而实色渐变的效果在淡入，于是，我们可以尝试分别为这两个极端位置的效果创建独立的 BitmapData，然后根据粗糙度的值进行 alpha 混合或者 merge 混合，或者再结合模糊滤镜让杂点变得不太清晰。

受篇幅所限，该参数我们就不和大家一起测试了，有兴趣的读者可以自行模拟这一选项。

8.6　本 章 小 结

渐变是我们首个以 BitmapData 为工具进行定量分析且尚未公开的 Photoshop 图像算法（混合模式可以认为已经公开，尽管公开得不是很彻底）。所谓“万事开头难”，在正式进入主题之前，我们可是做了不少准备工作，如渐变趋势线绘制工具、贝塞尔曲线算法等。这些也将是其他 Photoshop 图像算法的重要基础，所以我们把它们都封装成工具类，然后我们就可以一劳永逸了。

有了以上这些工具，我们发现渐变算法的分析过程相当轻松，于是就有更多的精力去尝试更多有趣好玩的创意式渐变。所以总的来说，本章的大部分内容都很有意思。通过这一章的学习，我们已经可以用纯代码制作出一些好看的效果了。

从第 9 章开始，我会对 Photoshop 中各种非叠加类型的图层样式算法进行较为深入的研究，这当中也涉及到本章的一些算法。但大家不需要记住它们的运算公式，以后只要调用它们就行了。此外，非叠加类型的图层样式基本上都带有巧夺天工的等高线，所以我们会先花一章的篇幅把等高线部分给模拟出来。

第 9 章 高屋建瓴——解读 Photoshop 图层样式与等高线

科技与艺术的碰撞往往不局限于图像处理的相关学科，它还渗透于各种喜欢用图形说话的科学领域。地理学中常用的等高线就是个典型的案例，它在平面图形内，以色彩梯度+分界线数值的形式，定性定量地把地球乃至宇宙中其他星体表面各处的海拔高度较为准确地描绘出来，渲染出各种此起彼伏、山河焕彩的壮丽画面。

作为艺术大师代表的 Photoshop，这一伟大的技术成果又怎能不收入囊中呢？！所以，在 Photoshop 软件发展到里程碑版本 7.0 的时候，Adobe 就加入了等高线这一功能。它散布于图层效果的每一个角落，作为一个通用的特性应用于不同的样式之中。

所以，在进入单个图层样式的讲解之前，我们应该先把作为共性部分的等高线原理研究一下，然后再开始不同样式的个性化探讨。

不过话说回来，单凭一条等高线并不能实现一个完整的图层效果，它需要依附在样式层上才能发挥作用，而包含等高线的样式层一般都通过扩展或者收缩轮廓来实现，实现的算法都跟集合有关。所以本章我们将从最简单的矩形集合开始，逐步深入到图层效果与等高线的算法实现上。

9.1 矩形与集合

如果为了用 ActionScript 实现以上的两个效果而去深入探讨它们的算法基本上没有任何意义，但我们还是为此开了这一节，原因有二。第一，它是其他复杂图层样式的基础，研究其算法对后续章节内容的理解非常有帮助；第二，掌握它们的算法以后，我们就可以减少对 ActionScript 独有 API 的依赖，使程序轻松移植到其他支持图像编程的语言上。

9.1.1 矩形的集合运算

从图形学的角度上看，字符就是一个由多条轮廓曲线所围成的图形，本质与矩形一样，只不过矩形的轮廓线是两组相互平行的线段，而字符的轮廓线比较复杂，无法用很规则、很简单的方式进行描述。

我们已经知道，矩形可看作一个集合，而字符跟矩形的本质一致，所以说，字符实际上也是一种集合，是不规则图形所指定的集合。

因此，在正式进入样式的探讨之前，我们先来学习一下与矩形集合相关的知识。

9.1.2 区域与集合的体现——ctangle

在 Rectangle 类中，与集合相关的基本方法主要包括平移和缩放。

平移方法：offset(dx:Number, dy:Number):void / offsetPoint(point:Point):void。

缩放方法：inflate(dx:Number,dy:Number):void/inflatePoint(point:Point):void。

以上两个方法都是对矩形进行简单的平移操作，不同的是前者传入两个参数 x，y，而后者传入的是一个 Point 对象，实际应用中，这两种方式的使用频率都较高，因此我们定义两个不同的方法以避免不必要的数据转换。在此过程中，width 和 height 都不会发生任何变化。

inflate 为以中心点进行缩放的操作提供了一个便捷的途径，它对矩形左右两侧拉大 dx 像素（dx 为负数时代表缩小），上下方向拉大 dy 像素，所实现的效果如图 9-1 所示，红色为原矩形，绿色为 inflate 后的矩形。

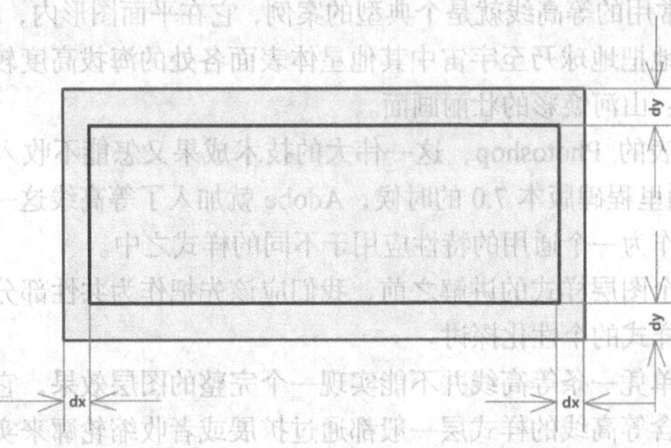

图 9-1 图解 inflate 和 inflatePoint 方法的实现过程

inflate 方法可以通过对 topLeft 执行 offset(-dx,-dy)，并对 bottomRight 执行 offset(dx,dy)得到：

代码清单 9-1

```
left -= dx;
right += dx;
top -= dy;
bottom += dy;
```

最终结果是让宽度和高度分别增大两倍的 dx 和两倍的 dy。

9.1.3 矩形与点的位置关系

矩形的 4 个顶点围成了一个包含边界的区域，在代数学上，它是一个集合。因此，Rectangle 类也给出了集合运算的一些方法。

元素与集合的关系函数：contains(x:Number, y:Number):Boolean/containsPoint(point: Point):Boolean。

它的含义是指定点是否包含在矩形内。虽然从几何学的角度看，这一描述并不严谨，但它比较人性化、易理解。实际上，点和矩形的关系应包含 3 种：矩形内、矩形上和矩形外。毋庸置疑，点在矩形内时，contains 一定是 true，矩形外则返回 false，唯独矩形上这种边界状态值得斟酌，我们写段代码测试一下。

代码清单 9-2

```
var rect:Rectangle = new Rectangle(0, 0, 400, 400);
trace(rect.contains(400, 0)); //顶点上
trace(rect.contains(200, 0)); //水平线上
trace(rect.contains(0, 200)); //竖直线上
```

输出均为 false，可见当点在矩形上时，contains 方法始终返回 false。

图 9-2 展示了点与矩形的三种位置关系及其对应的 contains 值。

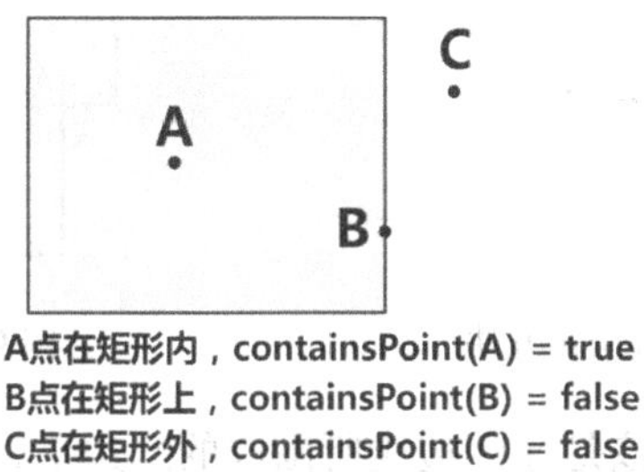

图 9-2 点与矩形的三种位置关系

9.1.4 两矩形的位置关系及其集合运算函数

两矩形集合的位置关系及其运算函数：containsRect(rect:Rectangle):Boolean/intersection(toIntersect:Rectangle):Rectangle/intersects(toIntersect:Rectangle):Boolean/union(toUnion:Rectangle):Rectangle。

首先，从帮助文件的描述我们不难得出，intersects(rect)和!intersection(rect).isEmpty()等价，所以 intersects 方法不会再单独拿出来讲。

矩形集合的位置关系包括外离、外切、相交、内切、内含，如图 9-3 所示。

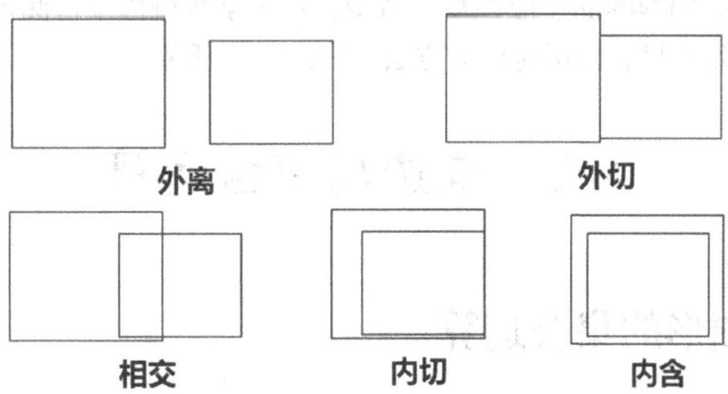

图 9-3 矩形的五种位置关系

我们可以通过 Rectangle 的内置函数获取两矩形的位置关系。

如果 intersection 返回的是一个空矩形或者 intersects 返回 false，则两矩形的位置关系必然是外离或者外切，至于是外离还是外切，在 ActionScript 内不必太关心，因为外切虽然存在一条公共线，但它无法构成一个实际的矩形，对于程序而言，它们俩是一致的。

如果是 true，则两矩形的位置关系将是图 9-3 的下面三种之一，其中，与外离外切相类似，内切和内含在 ActionScript 内不需要严格区分。

如果 containsRect 方法返回 true，则位置关系为内切或者内含，否则为相交。至此，位置关系已经被确定下来。

得到位置关系以后，我们还需要获取两矩形的交集以确定重叠的区域，从而最大限度地减少像素计算的面积，或者获得两个矩形的并集，将两矩形的数据合并到一起并提交给 FlashPlayer。

计算交集用 intersection 函数，它的处理方式如图 9-4 所示。

计算并集用 union 函数，它的处理方式如图 9-5 所示。

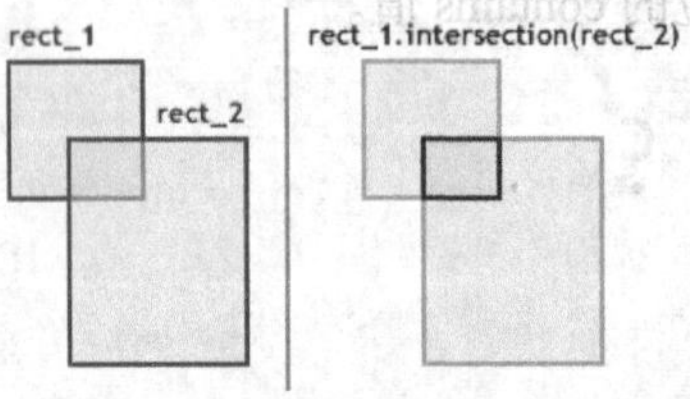

图 9-4　图解 intersection 方法

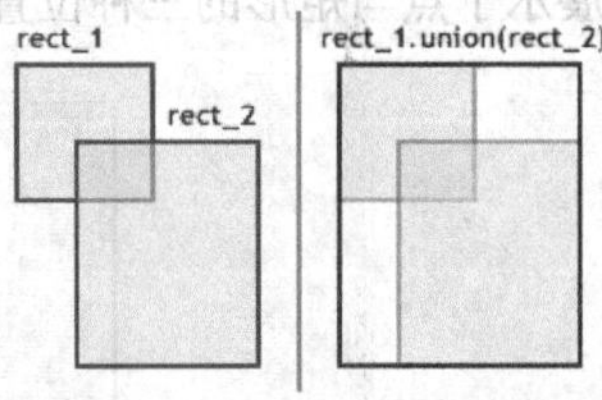

图 9-5　图解 union 方法

严格的并集概念返回的应该是绿色边线所围成的八边形，而不再是一个矩形对象。如果 union 的次数多一些，其形状将会更加复杂，但因为 Rectangle 对象并不支持这些形状，所以最终的输出结果仍然是只有 4 个数值的 Rectangle 对象。

点与集合的关系，在 Rectangle 中，只要判断点的位置是否在左右边缘及上下限之间，所以简单的大于号、小于号就能轻松实现。

但这对于轮廓复杂的字符来说就不适用了。举个简单的例子，如果字符轮廓是一个标准的圆形字母 O，外半径为 5，内半径为 3，那么我们就要用判断距离的方法，看当前点到圆心的距离是否在 3~5 之间。如果中间带了一横杠，我们还需要用 Rectangle 的方法来进行检测。

以上还只是相当理想化的一个轮廓。我们知道一般的字符轮廓，哪怕只是个简单的 O，也不是标准的圆。这时候我们如果还根据曲线轮廓进行判断，那将是非常麻烦甚至不可能的事情。

熟悉 ActionScript 编程的朋友应该都很清楚，用像素级碰撞来检测不规则图形的相交是最最明智的做法，所以此处我们也用这样的方法来完成这一任务。

9.2　描边与集合运算

9.2.1　不规则图形的集合运算

把字符轮廓绘制成 BitmapData 以后，我们就可以用 BitmapData.hitTest 进行像素级的碰撞检测。不过对于点碰撞而言，我们更倾向于直接用 BitmapData.getPixel32 获得不透明度来判断点是否在轮廓以内，等于 0 表示在轮廓外，否则在轮廓内（严格点还可以指定一个 alpha 阈值，不过对于单色文本而言，这么做的必要性不大）。

下面我们新建一个 ActionScript 项目，尝试用像素法查找 BitmapData 的边缘。为了便于对照，我们先用矩形来完成这一任务。

项目的基础代码比较简单，这里就不给注释了。

代码清单 9-3

```
package{
    [SWF(width = "800", height = "600")]
    public class BitmapDataStrokeTest extends Sprite{
        private var _main_txt:TextField;
        private var _main_txtBd:BitmapData;
        private var _totalBd:BitmapData;
        private var _totalBm:Bitmap;
        public function BitmapDataStrokeTest(){
            init();
        }
        private function init():void{
            initTotalBd();
            initMainTxtBd();
            fillStroke();
        }
        private function initTotalBd():voi{
            _totalBd = new BitmapData(400, 300, true, 0x00000000);
            _totalBm = new Bitmap(_totalBd);
            addChild(_totalBm);
        }
        private function initMainTxtBd():void{
            _main_txtBd = new BitmapData(400, 300, true, 0x00000000);
            _main_txtBd.fillRect(new Rectangle(100, 100, 200, 100), 0xFF9966FF);
        }
    }
}
```

我们创建了一个 BitmapData 并且在中心处填充一个紫色的矩形，接下来就执行最核心的 fillStroke 方法了，它通过遍历给矩形进行像素级的描边。

代码清单 9-4

```
private function fillStroke():void{
    _totalBd.lock();
    _totalBd.copyPixels(_main_txtBd, _main_txtBd.rect, new Point());
    for(var j:int = 0, h:int = _main_txtBd.width; j < h; j ++){
        for(var i:int = 0, w:int = _main_txtBd.width; i < w; i ++){
            checkPixel(i, j);
        }
    }
    _totalBd.unlock();
}
private function checkPixel(i:int, j:int):void{
    var currentPixel:uint = _main_txtBd.getPixel32(i, j);
    if(currentPixel > 0){ //如果不完全透明，则有可能是边缘像素，所以进入判断
        //循环检测周边的 8 个像素
        for(var xPos:int = i - 1; xPos < i + 2; xPos ++){
            for(var yPos:int = j - 1; yPos < j + 2; yPos ++){
                if(xPos != i || yPos != j){ //自己不需要检测
                    var pixel:uint = _main_txtBd.getPixel32(xPos, yPos);
                    if(pixel == 0){ //如果是全透明色，则意味着当前点是边缘点
                        //给边缘位置填上黑色
                        _totalBd.setPixel32(xPos, yPos, 0xFF000000);
```

```
                    break;
                }
            }
        }
    }
}
}
```

这是一个繁琐的四重循环（我们已经把里面两重抽到一个独立的方法里了）：前两重遍历 BitmapData 的所有像素，如果检测到不透明的像素点，则进入后两重循环中，它检查自己周边的 8 个像素，如果发现周边存在全透明的像素，那就意味着它是个边缘像素，与外界直接接触。

接下来，我们给检测出来的透明像素都填上黑色，于是边缘的像素就被包围了，从而形成一个描边的效果，如图 9-6 所示。

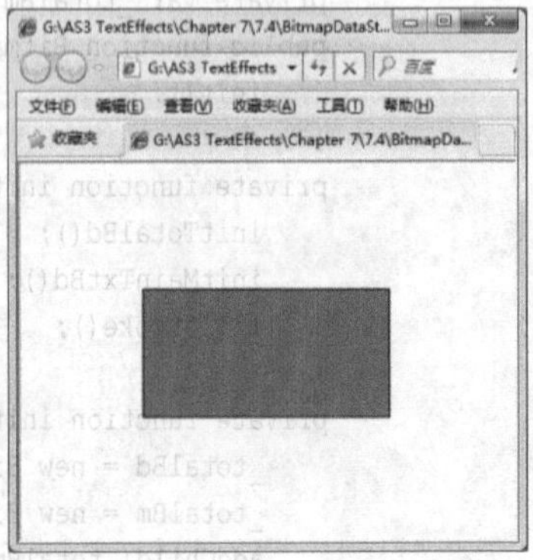

图 9-6　遍历像素点进行描边

这当中，getPixel32 在此处的作用相当于矩形集合的 contains 操作，有颜色代表 contains 为 true，否则为 false。

从效果和集合运算的角度看，它跟直接扩充矩形 1 像素没有任何区别，所以此处我们完全可以用 inflate 代替这繁琐的循环检测。

代码清单 9-5

```
private function initMainTxtBd():void{
    _main_txtBd = new BitmapData(400, 300, true, 0x00000000);
    var rect:Rectangle = new Rectangle(100, 100, 200, 100);
    var rect2:Rectangle = rect.clone();
    rect2.inflate(1, 1);
    _main_txtBd.fillRect(rect2, 0xFF000000);
    _main_txtBd.fillRect(rect, 0xFF9966FF);
    _totalBd.copyPixels(_main_txtBd, _main_txtBd.rect, new Point());
}
```

这时候，我们不执行 fillStroke 方法也能得到完全一样的效果。

9.2.2 集合运算与描边的关系

所以说，描边过程实际上就是正向的 inflate，它的作用就在于对边缘进行扩充，让整个轮廓胀一圈，数学上我们称之为“膨胀”，它是集合的一种运算。

有膨胀自然就有收缩，它与膨胀恰好相反，所以它等于反向的 inflate。

代码清单 9-6

```
rect2.inflate(-1, -1);
```

这时候 rect2 比 rect 小，所以矩形的填充顺序要对调一下。

代码清单 9-7

```
_main_txtBd.fillRect(rect, 0xFF000000);
_main_txtBd.fillRect(rect2, 0xFF9966FF);
```

我们再次运行，看起来没什么差别，因为只相差 1 个像素，效果不明显。

但是很显然，这时候的紫色区域在 4 个方向上都缩小了 1 像素，就像边缘被撕掉了一层，因此数学上有个更形象的名词——腐蚀，它是膨胀的反向运算（不能叫逆运算，因为无论膨胀后腐蚀，还是腐蚀后膨胀，得到的集合都跟原始集合不相等了）。

下面我们把 initMainTxtBd 方法还原回来，重新激活 fillStroke 方法，如果想要用遍历的方法实现腐蚀效果，很简单，直接设置当前像素，而非它周边的 8 个像素点。

代码清单 9-8

```
    _totalBd.setPixel32(i, j, 0xFF000000);
    break checkPixel;
```

用遍历像素的方法给矩形描边没有太大的意义，所以接下来我们改成 TextField。

代码清单 9-9

```
    private function initMainTxtBd():void{
        _main_txt = new TextBitmapData("Flash 艺术编程", new TextFormat("Microsoft YaHei", 80, 0xFF9966FF,
true));
    }
```

然后，totalBd 的尺寸也要改成跟_main_txt 的尺寸一致，所以 initTotalBd 的调用需要放在 initMainTxtBd 之后。

得到的效果如图 9-7 所示。

图 9-7　给文本描边

下面我们先来总结下本实例中遍历像素法的膨胀和腐蚀代码。

膨胀代码如下所示。

代码清单 9-10

```
    _totalBd.setPixel32(xPos, yPos, 0xFF000000);
```

腐蚀代码如下所示。

代码清单 9-11

```
    _totalBd.setPixel32(i, j, 0xFF000000);
    break checkPixel;
```

现在我们已经用遍历像素的方法给文本设置了 1 像素的描边，那么问题来了，如果要描更粗的边呢？

一个很简单的做法就是执行多次 fillStroke 方法，但就目前的代码而言，fillStroke 只能用膨胀法，而且检测像素用的位图不能是 main_txtBd 了，否则不管怎么样循环，检测出来的都是原始文本的边缘。

基于这样的考虑，每描边一次，我们都需要把上一次描边的结果复制出来，因此我们先把 copyPixels 一句提到 initTotalBd 函数里，然后对 fillStroke 的代码作出以下调整。

1）首先，我们在_totalBd.lock();一句后追加代码。

代码清单 9-12

```
var checkBd:BitmapData = _totalBd.clone();
```

2）接着，我们把_totalBd.getPixel32 全部替换为 checkBd.getPixel32。

然后，我们在 init 函数里循环调用 5 次 fillStroke，就得到如图 9-8 的效果。

图 9-8　给文本描上 5 像素的边

虽然得到了 5 像素的描边，但我们可以看到，处理方法相当蹩脚，不仅每次都要创建副本，而且还要重新对整个 BitmapData 循环一遍，先抛开效果不说，光运行效率就被严重拖垮了。

我们能不能优化成只填充一次呢？比如检测到了就直接填充 5 个像素？答案自然是肯定的。当然，与此同时我们也面临新的挑战：要根据当前点与周边点的位置关系确定填充的延伸方向。比如左边缘向左延伸，下边缘往下延伸，等等，也就是说，8 个点不能再一视同仁了，这点让我们相当头疼。我们决定让 4 个方向都延伸并且用 fillRect 进行填充。

代码清单 9-13

```
_totalBd.fillRect(new Rectangle(i - 5, j - 5, 10, 10), 0xFF000000);
break;
```

这时候，轮廓内的像素也一定会受到影响，所以我们干脆改用腐蚀法以减少循环次数。

用 fillRect 替代以后，我们只需要调用一次 fillStroke 就能得到如图 9-9 所示的效果，膨胀的同时，轮廓内的像素也被腐蚀了。

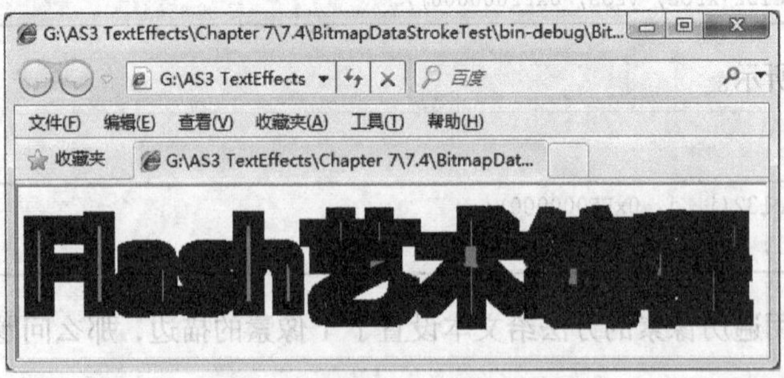

图 9-9　用 fillRect 进行描边

被腐蚀的边如何修复？我们很快就想到了解决方案，在 fillStroke 完成以后，再重新 copyPixels 一次 main_txtBd 即可把被腐蚀的部分还原回来。

我们在 unlock 前追加一句。

代码清单 9-14

```
_totalBd.copyPixels(_main_txtBd, _main_txtBd.rect, new Point(), null, null, true);
```

得到如图 9-10 的效果，描边次数从 5 次减少到 1 次，而且描边的质量也没有因此而下降。

图 9-10　fillRect 描边后再添加一层原始文本

不过，这样的品质还远远没有达到我们的要求。我们都知道，不管是 Flash IDE 的发光滤镜还是 Photoshop 的描边样式，其边缘都趋于圆滑，并不会像图 9-10 那样依然保留着文本轮廓的转角。

究其原因，是我们用了直角矩形进行描边，既然如此，我们就不妨改用圆角矩形。但因为矩形只有 10 像素那么小，所以我们干脆直接使用圆形。

为此，我们最好创建一个圆形的 BitmapData，您可以像之前那样，逐个像素地把圆形给填出来，不过更实在的做法还是直接使用绘图 API。

首先我们添加全局变量声明。

代码清单 9-15

```
private var _strokeBrushBd:BitmapData; //描边位图
```

然后我们添加函数声明。

代码清单 9-16

```
private function initStrokeBrushBd():void{
    var brushShape:Circle = new Circle(5, 0x000000);
    brushShape.graphics.beginFill(0x000000, 1);
    brushShape.graphics.drawCircle(5, 5, 5);
    brushShape.graphics.endFill();
    _strokeBrushBd = new BitmapData(10, 10, true, 0x00000000);
    _strokeBrushBd.draw(brushShape);
}
```

接着我们在 init 函数的 fillStroke 方法前追加代码。

代码清单 9-17

```
initStrokeBrushBd();
```

这样我们就得到了一个实心圆的 BitmapData，其半径等于 5。现在我们把它应用到 fillStroke 上，把 checkPixel 里面的 fillRect 代码调整为如下所示。

代码清单 9-18

```
    _totalBd.copyPixels(_strokeBrushBd, _strokeBrushBd.rect, new Point(i - _strokeBrushBd.width * 0.5,
j - _strokeBrushBd.height * 0.5), null, null, true);
```

再次运行，转角处已经有变圆的趋势了，如图 9-11 所示。

图 9-11　用实心圆进行描边

为了更好地体验圆滑的描边，我们可以把圆的半径调大到 10，不过这时候描边已经扩展到文本宽度以外，所以我给 totalBd 加宽 10 像素，便得到如图 9-12 的效果。

现在，我们用一个圆和一个文本获得了圆滑的文本描边。在这个过程中，我们使用了两个集合：文本图像和描边用的实心圆笔刷。我们可以把它们看作独立的两个集合，其中，文本图像叫作被处理对象，实心圆笔刷则称为结构元素。所以，以上的描边行为可以用集合语言描述如下：用结构元素对被处理对象进行膨胀操作。

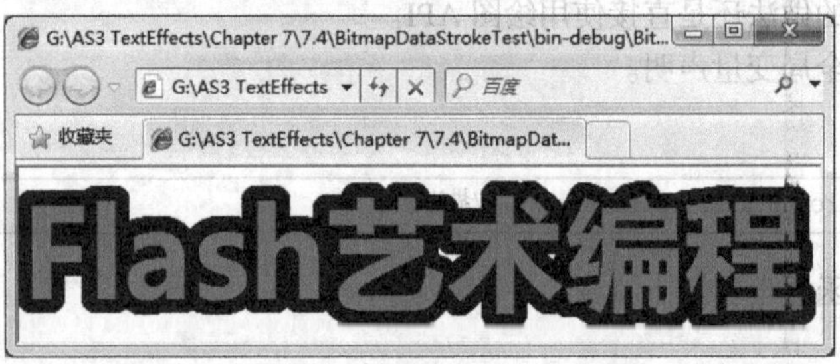

图 9-12　描边粗细调至 10 像素

当然了，膨胀的操作范围并不仅仅局限于被处理对象的边缘，所有使被处理对象和结构元素（即文本和实心圆）有交集的像素都要进行结构元素（实心圆）的填充，但对于描边操作而言，对边缘进行膨胀就足够了。

经过刚才的测试，我们发现用实心圆进行膨胀的同时也对文本做了腐蚀的操作，也就是内描边。所以要实现内描边，我们不用从头做起，只需要把外描边层去掉，保留内描边即可。

要覆盖掉的像素跟外描边恰好相反，类似于遮罩，因此设置一下 alphaBitmapData 就能实现我们所需要的效果。

代码清单 9-19

```
    _totalBd.copyPixels(_totalBd, _totalBd.rect, new Point(), _main_txtBd, new Point());
```

因为 80 号微软雅黑字体的笔画也就 10 像素左右，所以 10 像素的内描边对于当前字符来说有点粗了。

我们把实心圆的半径调至 3，再次运行，效果如图 9-13 所示。

图 9-13　粗细为 3 的内描边

虽然我们得到了比较圆滑的描边，但过于硬朗的边缘仍然容易暴露出设备字体或者位图自身的锯齿问题。所以接下来我们研究模糊以及淡出的相关算法。

9.3　常用的模糊算法

9.3.1　用修改集合色彩的方法实现模糊

在前面的章节，我们学习了通过 BlurFilter，卷积矩阵对图像进行模糊的方法，其中 BlurFilter 实质上就是卷积矩阵的一个子集，算法上完全可以为卷积矩阵所取代。

现在我们的描边实现方法已经达到了像素的级别，所以，对描边进行模糊的思路也应当有所拓展，比如我们可以充分行使对结构元素（实心圆）的控制权，在上色之前就先把模糊的效果绘制出来。

模糊是一个透明淡出的过程，所以我们的实心圆自然也就应该做成从圆心的全不透明到边缘的全透明渐变，此处我们可以先忽略平滑度。

代码清单 9-20

```
    private function initStrokeBrushBd():void{
        var brushShape:Shape = new Shape();
        var mt:Matrix = new Matrix();
        mt.createGradientBox(10, 10);
        brushShape.graphics.beginGradientFill(GradientType.RADIAL, [0x000000, 0x000000], [1, 0], [0,
255], mt);
        brushShape.graphics.drawCircle(5, 5, 5);
        brushShape.graphics.endFill();
        _strokeBrushBd = new BitmapData(10, 10, true, 0x00000000);
        _strokeBrushBd.draw(brushShape);
    }
```

然后我们改回膨胀式填充（把 fillStroke 最后一句 copyPixels 的 alphaBitmapData 去掉），得到如图 9-14 的效果。

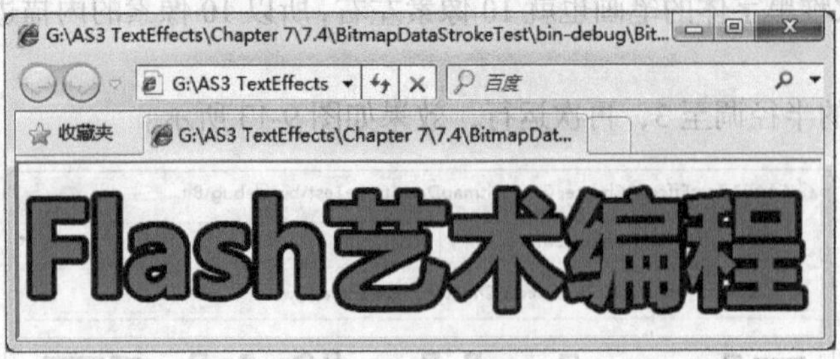

图 9-14　改用渐变圆进行膨胀操作

是不是令人大失所望？除了外缘呈现出一点点毛边之外，我们压根儿就没感觉到模糊淡出的存在。

因为我们给边缘上的每一个像素都填充了一个半径为 10 的圆，所以这些圆会密密麻麻地叠在边线所在的位置上，使得多个半透明的圆重叠，于是透明度越来越低，最终变得完全不透明。

这个问题其实一开始就已经存在，只不过对于全不透明的圆而言，影响不大，所以一开始我们并没有察觉出来。

要证明这一结论很简单，我们把渐变圆的起始 alpha 降低到 0.1 即可，如图 9-15 所示。

我们可以看到，调为 0.1 之后，部分像素变透明了。

找到问题的根源，就开始着手解决，我们绝不能设置成 0.1 就万事大吉。要知道，alpha 的混合比较复杂，用 10 个 alpha=0.1 的圆进行叠加肯定得不到一个很好的线性淡出效果。

图 9-15　将渐变圆的起始 alpha 改为 0.1

正确的做法应该是，叠加的时候先比较被叠加层和叠加层的 alpha 值，然后把 alpha 值较大的应用到被叠加层，这样两个层的 alpha 就不会在叠加的时候发生累加了。

听起来有点像 LIGHTEN 的混合模式，不过 alpha 通道并不遵循混合模式的算法，所以我们要把计算过程放到 RGB 通道上，然后通过 copyChannel 转移到 alpha 通道。

所以，首先我们将渐变填充调整为从纯蓝到纯黑，alpha 则始终为 1。

代码清单 9-21

```
brushShape.graphics.beginGradientFill(GradientType.RADIAL, [0x0000FF, 0x000000], [1, 1], [0, 255], mt);
```

然后我们将膨胀操作的代码调整为如下所示。

代码清单 9-22

```
_totalBd.draw(_strokeBrushBd, new Matrix(1, 0, 0, 1, i - _strokeBrushBd.width * 0.5, j - _strokeBrushBd.height * 0.5), null, BlendMode.LIGHTEN);
```

在膨胀循环执行完之后我们就可以复制通道并且把蓝通道置黑了。

代码清单 9-23

```
    _totalBd.copyChannel(_totalBd, _totalBd.rect, new Point(), BitmapDataChannel.BLUE,
BitmapDataChannel.ALPHA);
    _totalBd.paletteMap(_totalBd, _totalBd.rect, new Point(), null, null, []);
```

再次运行，我们得到如图 9-16 的效果，淡出的感觉已经有了，但是很奇怪，描边层出现了很多沿淡出方向延伸的射线，使得整个层呈现出放射状的形态。

我们如果把渐变圆的半径调大一倍，那么这种放射的感觉会更加强烈，尤其是斜线和转角处，相当地刺眼，如图 9-17 所示。

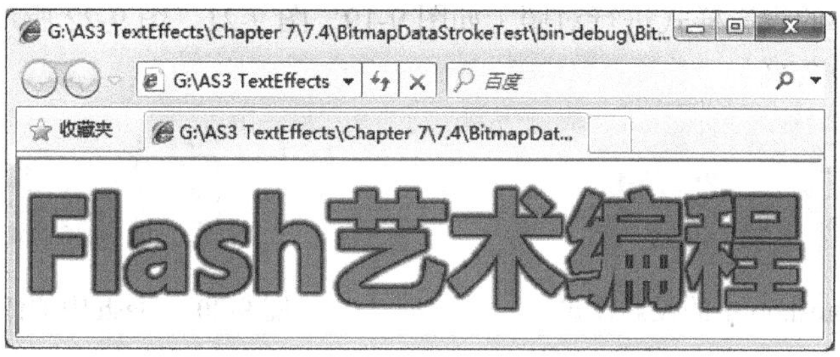

图 9-16　用混合模式修正描边的淡出

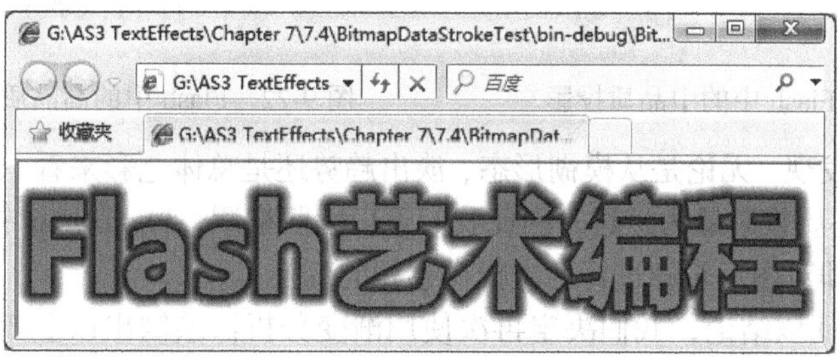

图 9-17　将渐变圆的半径扩大到 10

为什么会出现这样的情况呢？是因为没有设置平滑度吗？我们经过反复的实践，终于得出以下结论：放射状现象的产生跟平滑度无关，主要是交界处的色彩突变所引起的。

如图 9-18 所示，我们在 Photoshop 里用变暗模式混合了两个黑白渐变，其平滑度都是 100%。我们不难看出，即使设置了平滑度，两渐变在相交区域的中心位置也一样会出现不光滑的转角。这样的转角多了以后，就会形成图 9-17 那样尖锐的射线或者锯齿了。

图 9-18　用变暗模式混合两个渐变

尽管这样的渐变显得很不柔和，但它胜在渐变淡出的数值相当精确，所以在一些预处理中非常有用。Photoshop 也没有完全弃用这种淡出方式，在后续的章节里，我们会在 Photoshop 中找到这种精确淡出渐变的身影。

在实际应用中，我们往往不要求模糊效果可以精确保留原图形的轮廓，因此更常用的模糊算法就是接下来为大家介绍的均值滤波法。

9.3.2 用均值滤波法实现模糊

说直白些，均值滤波法就是一个行数等于列数并且所有元素都等于 1 的卷积矩阵，所以它不是什么新的知识，我们已经在 4.5 节给大家深入讲解了模糊卷积矩阵的相关算法，同时也了解到，BlurFilter 的原理与该矩阵的算法基本一致，所以此处不再赘述。

小提示 在均值滤波中，我们一般把矩阵称作窗口，把矩阵尺寸称作窗口大小。

接下来我们测试 DropShadowFilter（模糊方式与 BlurFilter 一致）在不同品质下的效果并且分别与 Photoshop 中的投影样式进行对照（如图 9-19、图 9-21、图 9-22 所示，投影大小和距离均为 10，alpha 均为 75%）。

图 9-19 Photoshop 中的投影样式

图 9-20 Flash 中的低品质投影

图 9-21 Flash 中的中品质投影

图 9-22 Flash 中的高品质投影

经过对照我们发现，无论是从模糊形态、淡出趋势还是总体色彩来看，Photoshop 的投影样式都跟 Flash 的中品质投影最为接近，因此我们可以大胆推测，Photoshop 中的投影模糊方式就是二次均值滤波（即对图形轮廓进行两次模糊卷积的变换）。

为了进一步验证该结论，我们决定再次使用渐变分析器绘制出以上四种模糊的渐变趋势线。但直接利用文本来研究，其难度会比较大，因为文本的轮廓很复杂，不利于数据采样工作的进行。为此，我们新建一个 384 * 600 的透明 psd 文档并且在画布的（128,256）处绘制一个尺寸约为 512*300 的红色矩形，接着给图层设置投影样式，如图 9-23 所示。

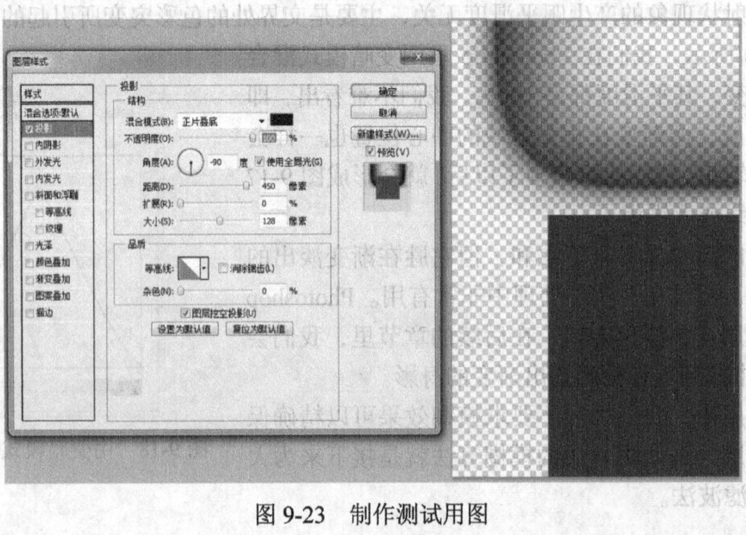

图 9-23 制作测试用图

PSD 文件保存为为等高线渐变分析.psd。

我们把图片导出为 gradient.png 以后，复制到 GradientAnalyzeTest 项目的 assets 目录下，然后将 gradientShape 的填充代码修改为如下所示。

代码清单 9-24

```
_gradientShape.graphics.beginBitmapFill(new _gradientClass().bitmapData);
```

绘制结果如图 9-24 所示。

我们在 Flash IDE 中也制作类似的投影并且导出到渐变分析器中进行绘制，得到如图 9-25、图 9-26、图 9-27 的结果。

显然，Flash 中品质滤镜与 Photoshop 投影样式的匹配度最高。因此，在用 ActionScript 滤镜模拟 Photoshop 的投影时，我们应当将品质设置为中，这样就可以得到最接近 Photoshop 投影样式的结果。

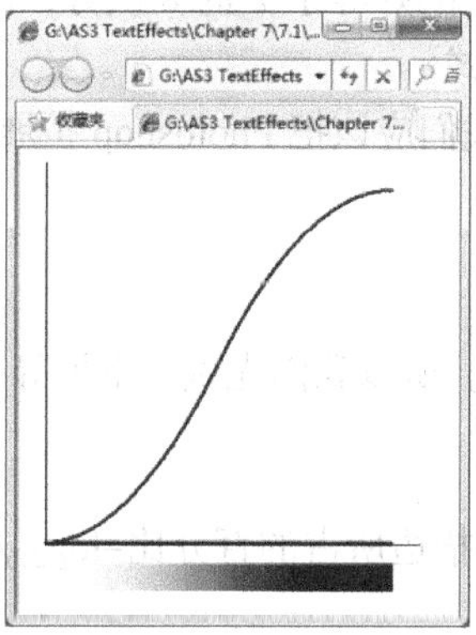

图 9-24　Photoshop 投影渐变趋势

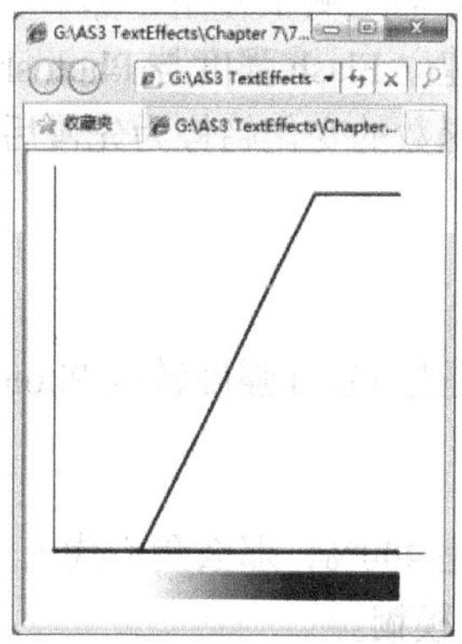

图 9-25　Flash 低品质投影的渐变趋势

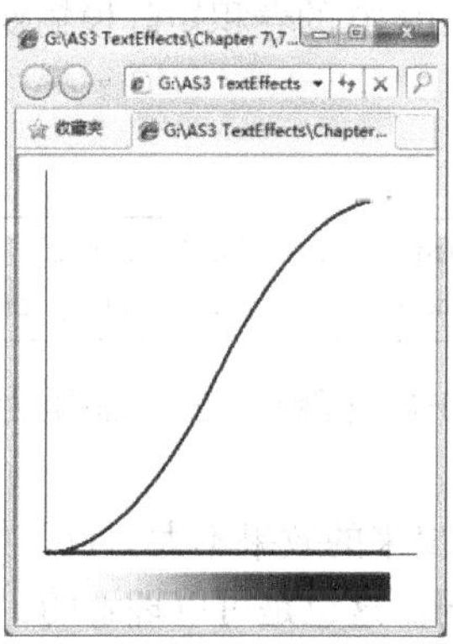

图 9-26　Flash 中品质投影的渐变趋势

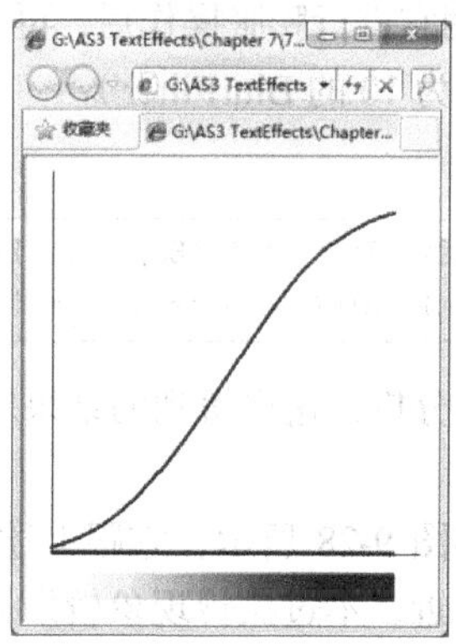

图 9-27　Flash 高品质投影的渐变趋势

9.3.3　描边与模糊的关系

本节所介绍的两种样式——描边和模糊，它们在 Flash IDE 和 Photoshop 里都存在着一种此消彼长的关系。

控制这个关系的属性一般是滤镜的强度值。当强度等于初始值 100%时，滤镜层只有模糊的效果；随着强度的增大，模糊的范围逐渐减少，描边的范围不断扩大，就好像描边把模糊效果逐步挤压到滤镜层的边缘一样。

如果单纯使用膨胀法，那么我们只需要调整渐变圆黑色点的 ratio 值即可实现模糊和描边的比例分配。不过因为膨胀法并不适用于一般的模糊，所以此处暂不展开讨论。

根据以上的分析，我们可以得知，Flash 简单滤镜的轮廓淡出是膨胀描边和均值滤波模糊共同作用的结果。所以如果想要从像素的级别去实现描边+模糊的图形轮廓，那我们就要把膨胀法和均值滤波法同时应用到图形轮廓的处理上。

膨胀和滤波的比例取决于强度的数值，当强度为 100%的时候，只有滤波，而强度达到最大值 25500%时，就只剩下描边了。但根据第 2 章我们对强度的测试结果来看，描边和模糊的比例跟强度值不成线性关系，强度 500%时，描边就已经占了上风，而当强度达到 1000%的时候，我们都几乎看不到模糊的影子了。

Photoshop 中的扩展值则从一个比较线性的角度反映出两者之间的比例关系，所以换算关系式主要取决于 Flash 滤镜强度先快后慢的变化特征。

先快后慢的函数有很多，但 255（25500%）这个数字很容易让我们联想到二进制中的位，如果下标不从 0 而是从 1 开始，那么这个数就是 256，刚好等于 2 的 8 次方，因此，我尝试使用指数函数来建立 Flash 强度与 Photoshop 扩展的关系式。

不过指数函数的变化趋势为先慢后快，所以此处我们应该把 Photoshop 扩展值放到指数上，得到如下形式。

$$256^{*ps} = flash。$$

接下来就是把 Flash 强度转成 Photoshop 的百分比，所以我们先做一下恒等变换。

$$ps = \log_{256}flash$$

假设强度是 400%，那么我们代入上式就可以得出描边所占的百分比=$\log_{256}4$ *100%=25%，即 3/4 描边 1/4 模糊。

下面我们在BitmapDataStrokeTest项目中进行测试。首先把渐变圆改回半径为5的实心圆（此处代码省略）。用它进行膨胀操作后，再对它执行 1 次 10*10 的卷积矩阵模糊变换（或者使用品质为低，模糊值为 10 的 BlurFilter）。

代码清单 9-25

```
_totalBd.applyFilter(_totalBd, _totalBd.rect, new Point(), new BlurFilter(10, 10));
_totalBd.copyPixels(_main_txtBd, _main_txtBd.rect, new Point(), null, null, true);
```

根据上面的分析，这样得到的结果应该跟强度 400%、模糊值 20、品质为低的发光滤镜效果相一致。

运行效果如图 9-28 所示，它跟上述的发光滤镜做出来的效果不太一致，如图 9-29 所示，比例方面尚算接近，不过振铃现象较发光滤镜有所减弱。这也是可以理解的，因为我们没有用 20*20 的卷积矩阵进行模糊。

图 9-28　膨胀法+均值滤波法实现的高强度发光

图 9-29　高强度的发光滤镜

想要模拟得更加准确，我们就必须在振铃模糊的基础上进行膨胀法的描边处理，但鉴于 ActionScript 中已提供了现成的滤镜选项，加上其算法原理对于 Photoshop 复杂样式的模拟也没有太大帮助，笔者就不打算再和大家深入探讨了。

本节所讨论的一些算法及原理可能会让大家感到有点头晕（至少笔者自己也晕了很长一段时间），但是在接下来的时间里，我们可以把这堆让人蛋疼的数学公式抛诸脑后。大家只需要记住一个关键点：Photoshop 样式中的模糊效果相当于 Flash IDE 简单滤镜的中品质模糊，然后就可以深入探讨如何模拟振奋人心的 Photoshop 等高线效果了。

9.4　Photoshop 等高线总述

9.4.1　等高线的基本方程及其 ActionScript 实现

乍一看，用于平滑度处理的贝塞尔曲线也适用于等高线编辑器。但实际上，用贝塞尔曲线进行光滑连接的时候，我们更多的是要尽量保持各点之间的连接方向，减少由于平滑处理而造成的变形。等高线则不一样，它往往需要创造更多的坡度变化，从而实现比较复杂的波形图像，打造更丰富的图层样式和图像亮度调整效果，这点在图 9-30 中表现得尤为突出。

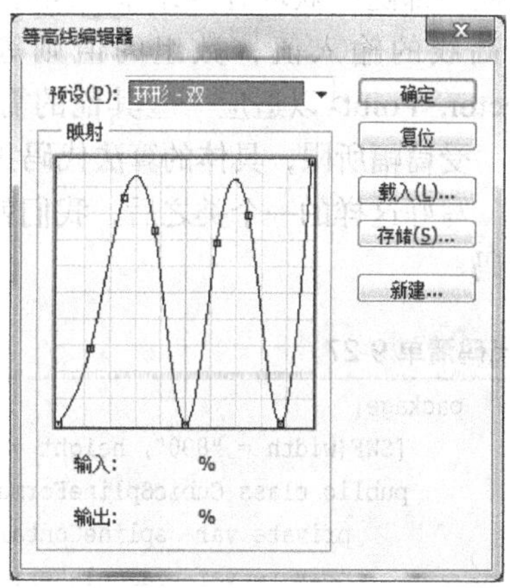

图 9-30　Photoshop 中的等高线编辑器

这条曲线叫作 CubicSpline（想当年，我在茫茫网海中苦苦搜寻了 3 个月才得知这一曲线的名称，非常不容易），其任务非常明确，就是将多个点用光滑的曲线连接起来，而且不依赖控制点等附加条件。尽管如此，它的算法一点都不比贝塞尔曲线简单，甚至更加复杂。至少它的平滑算法用到了高等数学中的微积分知识。

同样的，具体算法我不会详细地讲解，大家可以访问以下链接了解其推导过程。

```
http://boson4.phys.tku.edu.tw/numerical_methods/nm_units/interpolation_n_extrapolation_cubic_sp
line.htm
```

其实笔者也不是看得特别明白，一来里面用了太多高等数学的知识，二来最终求解二阶导数的一步也讲得不是很细，所以最终还是参考了各种用其他语言实现的版本才得以勉强完成ActionScript版本的代码。

我们新建一个ActionScript项目，名为CubicSplineFormulaTest。为了方便以后在模拟等高线时可以重用CubicSpline的算法，我们在这个项目里引用了${PUBLIC_CLASSES}目录并且在里面的com.gemei.geom包中新建一个CubicSplineCalculator类，该类只负责实现算法，所以在外部访问的时候，它只做两件事情：第一，接收外部传入的端点数组；第二，将计算结果数组输出。

代码清单 9-26

```
package com.gemei.geom{
    //CubicSpline计算器
    public class CubicSplineCalculator{
        private var results:Vector.<Number> = new Vector.<Number>(101, true); //存放计算结果的数组
        private var _splinePoints:Vector.<Point>;//CubicSpline的端点数组
        public function CubicSplineCalculator(){
        }
        //传入端点数组，算出结果曲线点的集合
        public function calculate(splinePoints:Vector.<Point>):Vector.<Number>{
            return results;
        }
    }
}
```

该类提供了一个calculate公共方法，它允许我们传入连接曲线用的端点数组并把计算出来的结果返回到函数值上，该结果是一个长度为256的Number数组（数组下标范围为0~255，含255，之所以不用编辑器界面上的0%~100%，是因为等高线数据文件的数值范围是0~255而非0~100，用这样的范围兼容性会好一些）。然后我们再给出一个getCurrentResult的方法方便外部随时获取计算结果，同时避免重复的参数传入和数值计算。其中，数组下标相当于等高线的输入值，数组的值则等于输出。有需要的读者可以将Vector.<Number>改成Vector.<Point>以适应一些其他的需求。

受篇幅所限，具体的算法代码我们没有在书中给出，读者可自行查阅配套源码的源文件。

写好这样的一个类之后，我们就可以使用它来绘制曲线了。回到主类，我们开始编写基础代码。

代码清单 9-27

```
package{
    [SWF(width = "800", height = "600")]
    public class CubicSplineFormulaTest extends Sprite{
        private var _splineContainer:Sprite;  //存放曲线图形的容器
        private var _calculator:CubicSplineCalculator;  //曲线计算器
        //改属性存储需要用CubicSpline连接的所有点（可以在Photoshop的等高编辑器中导出）
        private var _splinePoints:Vector.<Point> = Vector.<Point>([new Point(0, 0), new Point(15,
68), new Point(47, 46), new Point(76, 41), new Point(81, 71), new Point(100 , 66)]);
        public function CubicSplineFormulaTest(){
            init();
        }
        private function init():void{
```

```
            initContainer();
            for each(var item:Point in _splinePoints){ //从0~100标准化到0~255
                item.x *= 2.55;
                item.y *= 2.55;
            }
            drawAnchorPoints();
            drawCurve();
        }
        private function initContainer():void{
            _splineContainer = new Sprite();
            _splineContainer.x = 50;
            _splineContainer.y = 50;
            addChild(_splineContainer);
        }
    }
}
```

基础代码创建完成后，我们就可以开始核心代码的书写了。

代码清单 9-28

```
//绘制用于连接曲线的端点
private function drawAnchorPoints():void{
    for(var i:int = 0,len:int = _splinePoints.length;i < len;i ++) {
        _splineContainer.addChild(new Circle(3, 0x666666, _splinePoints[i].x, _splinePoints[i].y));
    }
}
//开始绘制
private function drawCurve():void   {
    /**计算 CubicSpline 的所有插值点**/
    _calculator = new CubicSplineCalculator();
    var results:Vector.<Number> = _calculator.calculate(_splinePoints);
    /**********/
    /**绘图命令和数据集**/
    var commands:Vector.<int> = new Vector.<int>();
    var datas:Vector.<Number> = new Vector.<Number>();
    for(var i:int = 0; i <= 100; i ++){//将所有点都追加到绘图命令集里
        commands.push(i == 0 ? GraphicsPathCommand.MOVE_TO : GraphicsPathCommand.LINE_TO); //第
一个点用 moveTo，后面全部用 curveTo
        datas.push(i, results[i]);
    }
    /**********/
    /**清空原有绘图命令，并将新的绘图命令集应用到容器上**/
    _splineContainer.graphics.clear();
    _splineContainer.graphics.lineStyle(1, 0x666666);
    _splineContainer.graphics.drawPath(commands, datas);
    /**********/
}
```

我们把 calculate 函数的返回值取出来并且用 lineTo 的方法进行连接，同时加上了原始的端点坐标以便与 Photoshop 中的等高线编辑器进行对照。我们从 Photoshop 中取到所有的端点并且对输出值进行了反相（因为 Photoshop 等高线编辑器的 y 轴向上，与 Flash 相反）。

运行结果如图 9-31 所示，它跟 Photoshop 里的结果基本一致，如图 9-32 所示。

手动输入端点数据总是件吃力不讨好的体力活，如果我们可以直接读入 Photoshop 的等高线数据文件并且将端点信息解析出来，那么工作量将会得到有效简化。

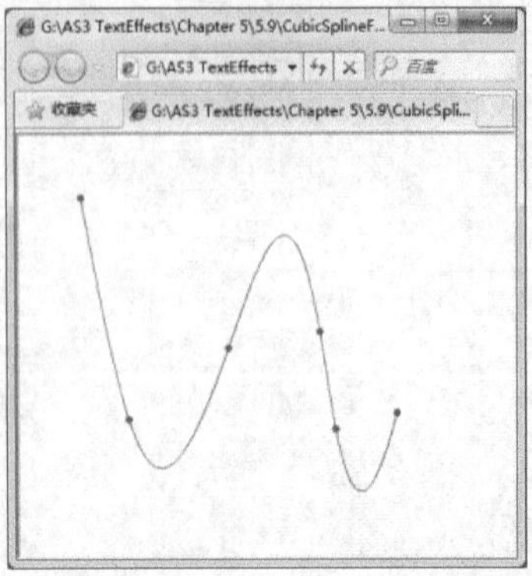

图 9-31　ActionScript 模拟等高线图像

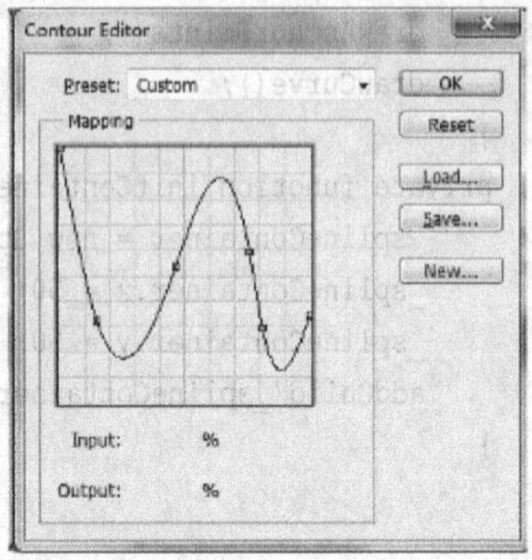

图 9-32　Photoshop 等高线编辑器的效果

9.4.2　Photoshop 等高线数据文件的解析

与大家比较熟知的 SWF 一样，存储 Photoshop 等高线信息的 SHC 也是公开的文件格式，大家可以通过以下链接找到它的说明文档：http://www.adobe.com/devnet-apps/photoshop/fileformatashtml/。

所以要解析 SHC 的话，第一步就是先封装一个等高线结构类，里面包含等高线的所有属性；第二步，将 Photoshop 输出的等高线文件(.shc)以二进制的形式读入；第三步，取得 ByteArray 后，按照格式说明文档将相关属性赋值到 VO 的对应属性上。

从格式说明书我们可知，Photoshop 导出的等高线文件后缀名为 shc，文件头 4 个字节为字符串 8BFS。

接下来我们用两个字节存储等高线的版本——version，然后再用 4 个字节来存储等高线的数量——count。

由此可见，SHC 文件允许存储多条等高线，我们用列表变量存储——contour。

根据这样的一个说明，我们可以封装一个 ContourList 类并且包含版本号 version、等高线数量 count 和等高线列表 contours 这三个变量。

代码清单 9-29

```
package com.gemei.ps.styles.data{
    //等高线列表对象
    public class ContourList{
        public var count:int;                              //等高线的数量
        public var version:int;                                 //等高线的版本号
        public var contours:Vector.<Contour>;         //等高线集合
        public function ContourList(){
        }
    }
}
```

等高线列表中的每一个对象都是等高线，它们的结构基本相同，所以我们再自定义一个 Contour 类，类的结构可以继续对着说明书来进行封装。

首先，每个等高线都带上了一个版本号——version，然后是等高线的名称——name。接下来就是读取等高线上的点了，先是点的数量——count，然后自然就是点的列表——points。

遍历完成之后还有两个字段——minInputRange 和 maxInputRange，具体用途暂时未知。

于是我们得到下面的类。

代码清单 9-30

```
package com.gemei.ps.styles.data{
    //单个等高线对象
    public class Contour{
        public var version:int;                    //等高线的版本
        public var name:String;                    //等高线的名称
        public var count:int;                      //连接点的数量
        public var points:Vector.<ContourPoint>;   //连接点的集合
        public var maxInputRange:int;              //最大输入值
        public var minInputRange:int;              //最小输入值
        public function Contour(){
        }
    }
}
```

每个点都包含输入值、输出值和是否平滑过渡点（第 2 版）三个属性，所以我们再封装一个 ContourPoint 类。为了让程序员看起来更直观，我们用 x、y 代替了 input 和 output。

代码清单 9-31

```
package com.gemei.ps.styles.data{
    public class ContourPoint{
        public var x:int;                //输入值
        public var y:int;                //输出值
        public var continous:Boolean;    //是否为平滑过渡点
        public function ContourPoint(){
        }
    }
}
```

我们把这些书写好的结构类放入到${PUBLIC_CLASSES}的对应目录下。下面做第二步，载入文件，新建一个 ActionScript 项目，名为 ContourTest，代码如下。

代码清单 9-32

```
package{
    public class ContourTest extends Sprite{
        public function ContourTest(){
            init();
        }
        private function init():void{
            var urlL:URLLoader = new URLLoader();
            urlL.dataFormat = URLLoaderDataFormat.BINARY;//使用二进制模式加载
            urlL.addEventListener(Event.COMPLETE, completeHandler);
            urlL.load(new URLRequest("curve.shc"));
        }
        private function completeHandler(event:Event):void{
            var bytes:ByteArray = event.target.data as ByteArray;
            trace(bytes.length);
```

```
        }
    }
}
```

程序初始化即加载一个 SHC 格式的等高线文件，加载完成后，获得文件内的二进制数据 bytes。如果现在就运行这段代码，那一定会报错，因为我们还没有导出 Photoshop 的等高线文件。

我们随便在一个 PSD 文件里打开等高线编辑面板，选择“画圆步骤”等高线，单击【存储】按钮，保存的文件名为 curve.shc，如图 9-33 所示。

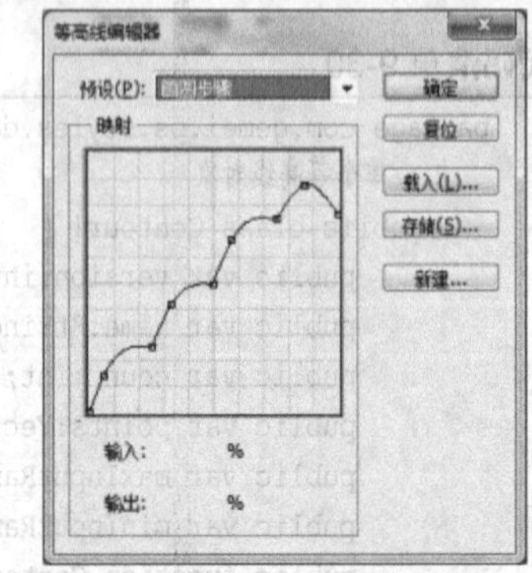

图 9-33　选择“画圆步骤”等高线

保存好以后，我们将 curve.shc 文件复制到 bin-debug 目录下，此时再运行文件就不会报错了，而且还输出了 SHC 文件的大小：81 字节。

然后我们就要把 bytes 解析成 ContourList 对象。如果想把解析行为给封装起来，则做法至少有以下两种：一是新建一个 ContourList 解析类并定义一个返回 ContourList 对象的解析函数，或者把创建好的 ContourList 对象传入解析类中进行操作，二是直接在 ContourList 类中新增一个 parse 方法。

两种方法没有绝对的好坏，主要看个人习惯或者项目规范，在这里我们不妨参照 FXGParser 的模式，选择第二种方案。

一切准备就绪，我们就可以按照 SHC 文件格式文档书写 parse 方法的代码了（篇幅所限，就不把具体实现过程贴上来了，读者可自行参阅配套源码中的源文件）。

代码清单 9-33

```
public function parse(data:ByteArray):void{
}
```

parse 方法完成后，我们回到 ContourTest 主类，在 completeHandler 函数里追加如下代码。

代码清单 9-34

```
var contourList:ContourList = new ContourList();
contourList.parse(bytes); //解析文件的 ByteArray
var lineCounter:int = 0;
trace("本文件共包含" + contourList.count + "条等高线。");
for each(var contour:Contour in contourList.contours){
    lineCounter ++;
    trace("第" + lineCounter + "条等高线包含" + contour.count + "个连接点。");
    var pointCounter:int = 0;
    for each(var point:ContourPoint in contour.points) {
        pointCounter ++;
    var info:String = "第" + pointCounter + "个连接点的坐标是 (" + point.x + ", " + point.y + ")";
        if(point.continous){
            info += ", 它是一个平滑过渡点。";
        }else{
            info += ", 它不是一个平滑过渡点。";
        }
        trace(info);
    }
}
```

代码将解析好的列表数据通过一个二重循环（第一重为等高线，第二重为连接点）遍历并 trace 出来。我们运行代码，控制台将输出以下内容。

```
81
本文件共包含 1 条等高线。
第 1 条等高线包含 9 个连接点。
第 1 个连接点的坐标是（0, 0），它是一个平滑过渡点。
第 2 个连接点的坐标是（15, 36），它是一个平滑过渡点。
第 3 个连接点的坐标是（64, 64），它不是一个平滑过渡点。
第 4 个连接点的坐标是（84, 106），它是一个平滑过渡点。
第 5 个连接点的坐标是（127, 126），它不是一个平滑过渡点。
第 6 个连接点的坐标是（146, 169），它是一个平滑过渡点。
第 7 个连接点的坐标是（192, 190），它不是一个平滑过渡点。
第 8 个连接点的坐标是（221, 224），它是一个平滑过渡点。
第 9 个连接点的坐标是（255, 195），它是一个平滑过渡点。
```

从横坐标数据（输入值）我们可以得知，存储在 ByteArray 里的坐标取值范围并不是 Photoshop 中的 0%~100%，而是 0 ~ 255。为了检验这个结果是否正确，我们把 x 和 y 都除以 2.55，让数字的取值范围变成 0 ~ 100 再输出，以便和 Photoshop 的等高线编辑器进行对照。

代码清单 9-35

```
var info:String = "第" + pointCounter + "个连接点的坐标是（" + point.x / 2.55 + ", " + point.y / 2.55 + "）";
```

这次输出的点坐标就变成了如下所示。

```
第 1 个连接点的坐标是（0, 0），它是一个平滑过渡点。
第 2 个连接点的坐标是（5, 14），它是一个平滑过渡点。
第 3 个连接点的坐标是（25, 25），它不是一个平滑过渡点。
第 4 个连接点的坐标是（32, 41），它是一个平滑过渡点。
第 5 个连接点的坐标是（49, 49），它不是一个平滑过渡点。
第 6 个连接点的坐标是（57, 66），它是一个平滑过渡点。
第 7 个连接点的坐标是（75, 74），它不是一个平滑过渡点。
第 8 个连接点的坐标是（86, 87），它是一个平滑过渡点。
第 9 个连接点的坐标是（100, 76），它是一个平滑过渡点。
```

我们发现某些坐标有 1%的误差，比如第二个点，代码输出的是 5，14，但是 Photoshop 里显示是 6，14。经过一系列的测试，发现原因就在于取整方式的不同，我们用了向下取整，而 Photoshop 则是四舍五入，所以，只要把 int 改成 Math.round 即可得到与 Photoshop 完全一致的数值了。

至于平滑过渡点的对照方法，我们查看图 9-34 左下方的【边角】复选框即可，勾选代表不平滑，不勾选则意味着使用平滑过渡。

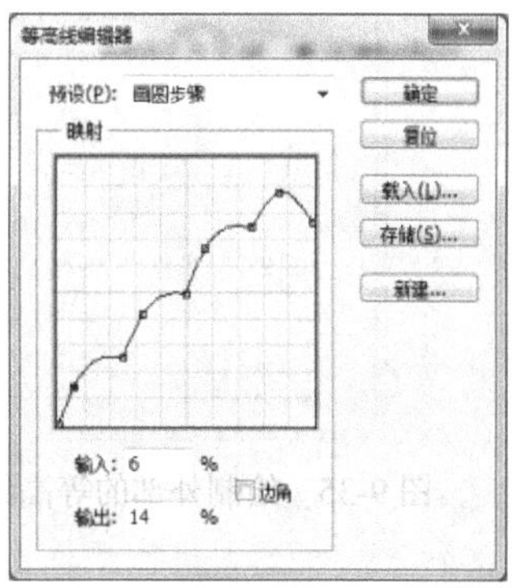

图 9-34　查看等高线单个点的坐标

等高线的输出已经完成。如果我们可以据此把曲线里的 y 和 x 的关系式（或者称之为函数）计算出来，那么在用代码模拟等高线的时候，就不必再手动输入每个点的位置了，非常方便。

那这条曲线的函数该如何计算？稍后我们会作进一步的介绍。

Photoshop 其他跟样式相关的数据文件（比如图层效果、渐变填充等）都可用类似的方法进行解析并存储到一个数据结构类中，在此就不一一列举了。

9.4.3 读取 Photoshop 导出的等高线文件并进行绘制

我们调整一下主类的 init 函数。

代码清单 9-36

```
private function init():void{
    initContainer();
    var urlL:URLLoader = new URLLoader();
    urlL.dataFormat = URLLoaderDataFormat.BINARY;
    urlL.addEventListener(Event.COMPLETE, completeHandler);
    urlL.load(new URLRequest("curve.shc"));
}
private function completeHandler(event:Event):void{
    var bytes:ByteArray = event.target.data as ByteArray;
    var contourList:ContourList = new ContourList();
    contourList.parse(bytes); //解析文件的 ByteArray
    var lineCounter:int = 0;
    _splinePoints = new Vector.<Point>();
    for each(var item:ContourPoint in contourList.contours[0].points){
        _splinePoints.push(new Point(item.x, 255 - item.y)); //需要反相一下，以确保坐标方向一致
    }
    drawAnchorPoints();
    drawCurve();
}
```

曲线一样可以绘制出来，如图 9-35 所示，但我们会发现它跟 Photoshop 中显示的效果有比较明显的出入，如图 9-36 所示，因为我们忽略了等高线文件中的边角属性。当某个点的边角属性为 true，即 continous 属性为 false 的时候，该点就不应进行平滑处理。

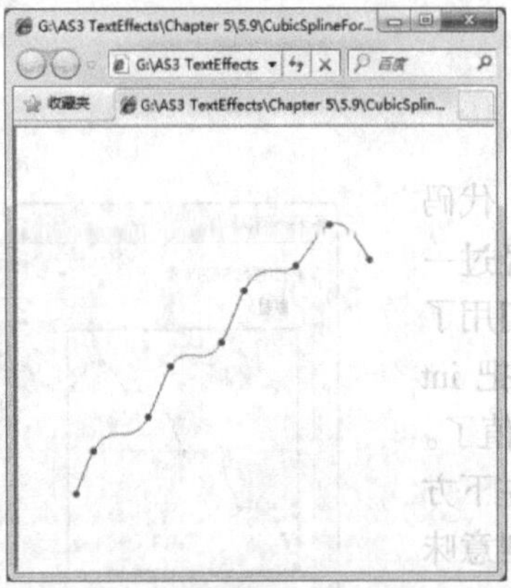

图 9-35　绘制外部的等高线文件数据

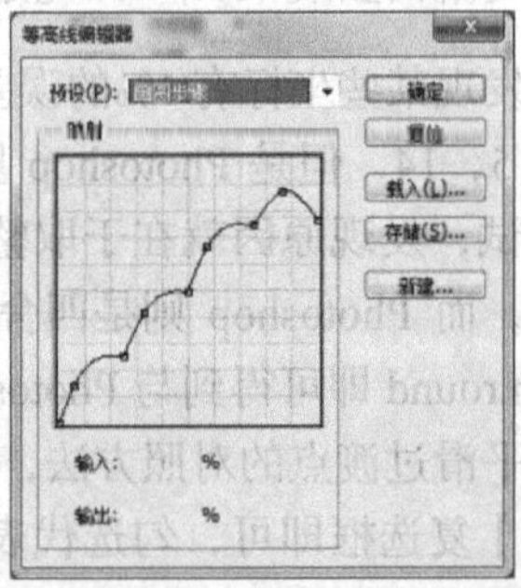

图 9-36　Photoshop 中的显示结果

9.4.4 边角点的修正

怎么办？我们的算法是处处平滑的，而算法改起来又非常困难，所以解决的办法自然就是分成多段 CubicSpline 来进行绘制了，这样的做法既能解决边角处的连接，又能跟 continous 这

一词的语义（continous 意为“连续的”）相吻合。

接下来，我们要执行多次 drawCurve 方法。为了让 drawCurve 不清空上一条曲线，我们需要把 clear 和 lineStyle 的调用提到 completeHandler 上，只在 drawCurve 前执行一次，而 drawCurve 函数只执行 drawPath 命令。

我们在 completeHandler 的 for 循环里追加如下代码。

代码清单 9-37

```
if(!item.continous){ //不连续的点代表 CubicSpline 的终点，需要执行绘制
    drawCurve();
    drawAnchorPoints();
    _splinePoints = new Vector.<Point>();//绘制完毕后创建新的绘制数据集
    _splinePoints.push(new Point(item.x, 255 - item.y));
}
```

代码加入了对 continous 的判断，如果为边角点则直接绘制并且新建数组，继续记录端点，运行结果如图 9-37 所示。

我们发现绘制了一些多余的线段，没错，这段代码会自动将左右两边无端点的部分补满。所以，想要去掉这些线段，我们还得在 drawCurve 函数里做一下限制。

首先我们给 drawCurve 函数定义如下两个参数。

代码清单 9-38

```
private function drawCurve(startPoint:int = 0, endPoint:int = 255):void
```

然后我们在调用的时候加上起点和终点。

代码清单 9-39

```
drawCurve(_splinePoints[0].x, _splinePoints[_splinePoints.length - 1].x);
```

运行之后，我们将得到如图 9-38 的结果。

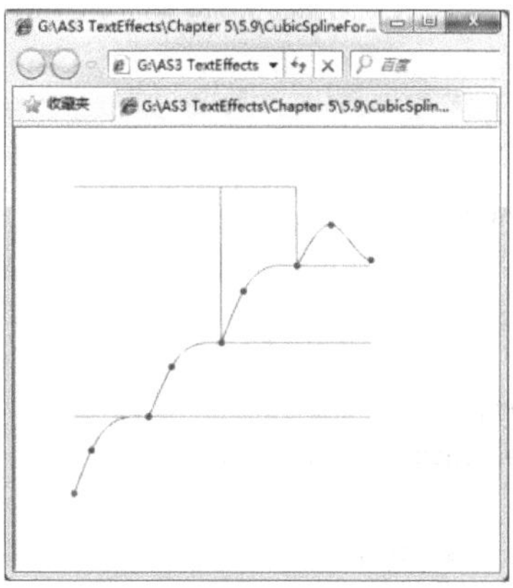

图 9-37　分段绘制后的效果

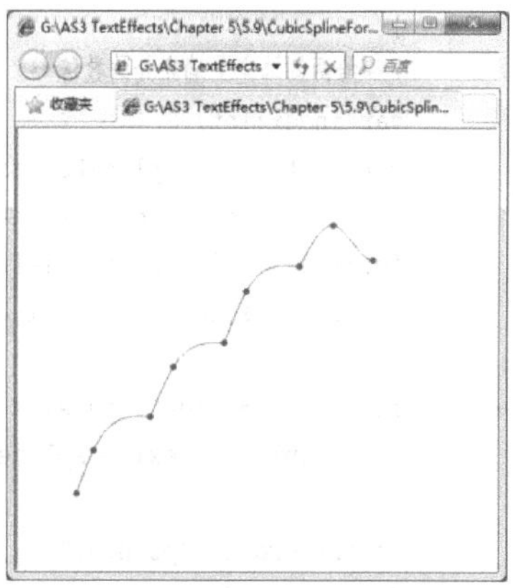

图 9-38　去掉多余线段后的效果

最后一段比较奇怪，弯曲的方向与 Photoshop 显示的不一致，似乎受到了首末两端补充的那两个点的影响。

我们再把两端补充的点拉远一些，曲线受到的影响就变小了，跟 Photoshop 的效果也接近了很多。

代码清单 9-40

```
_splinePoints.unshift(new Point(_splinePoints[0].x - 255, _splinePoints[0].y));
_splinePoints.push(new Point(_splinePoints[_splinePoints.length - 1].x + 255,
_splinePoints[_splinePoints.length - 1].y));
```

运行效果如图 9-39 所示。

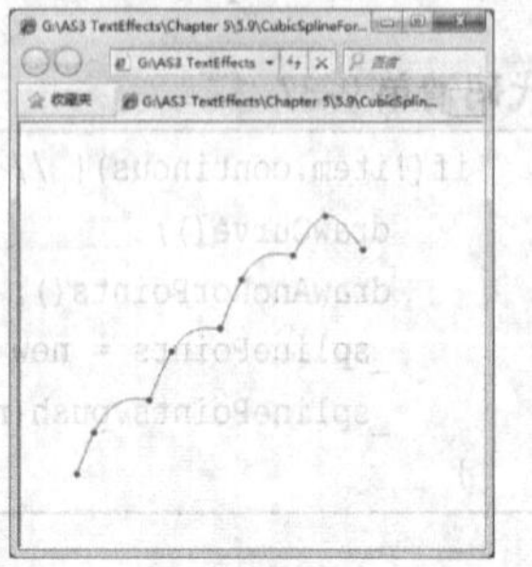

图 9-39　修正补充点后的效果

曲线绘制完成，但是判断边角点、Point 的遍历和转换操作等代码都在 CubicSplineCalculator 的外部进行，给该工具类的重用造成了极大的不便，所以我们应该把这部分代码也封装到工具类里。考虑到此举需要引入 Photoshop 相关的 ContourPoint 类，会给工具类的结构造成一定的破坏，最后我们决定新建一个 ContourCalculator 类去完成以上代码的封装。

代码清单 9-41

```
package com.gemei.ps{
    public class ContourCalculator{
        /*传入端点数组，算出结果曲线点的集合*/
        public function calculate(splinePoints:Vector.<ContourPoint>):Vector.<Number>{
            var results:Vector.<Number> = new Vector.<Number>(256);
            var points:Vector.<Point> = new Vector.<Point>();//等高线上的所有点
            for each(var point:ContourPoint in splinePoints){
                points.push(new Point(point.x, point.y));
                if(!point.continous){
                    generatePoints(points[0].x, points[points.length - 1].x, points, results); //
不连续的点代表 CubicSpline 的终点，需要执行绘制
                    points = new Vector.<Point>();//绘制完毕，重建绘制数据集
                    points.push(new Point(point.x, point.y));
                }
            }
            /**给两侧填充上端点处的数值**/
            var index:int;
            var left:int = splinePoints[0].x;
            var right:int = splinePoints[splinePoints.length - 1].x;
            for(index = 0; index < left; index ++){
                results[index] = splinePoints[0].y;
            }
            for(index = right; index < 256; index ++){
                results[index] = splinePoints[splinePoints.length - 1].y;
            }
            generatePoints(points[0].x, 255, points, results);
            /**********/
            return results;
        }
        private function generatePoints(startPoint:int, endPoint:int, srcPoints:Vector.<Point>,
outputPoints:Vector.<Number>):void{
            var results:Vector.<Number> = new CubicSplineCalculator().calculate(srcPoints);
            for(var i:int = startPoint; i <= endPoint; i ++){
```

```
                    outputPoints[i] = results[i];
                }
            }
        }
    }
```

这当中，generatePoints 在逻辑上相当于前面的 draw Curve 功能。

因为等高线的端点不一定都填满横坐标的整个区间（比如图 9-40 的等高线），所以在 calculate 方法的最后，我们用 for 循环来扩充等高线的有效区域，以确保整个输入区间都有值。

至此 CubicSpline 的绘制工作圆满结束，Photoshop 等高线效果终于向我们招手了！

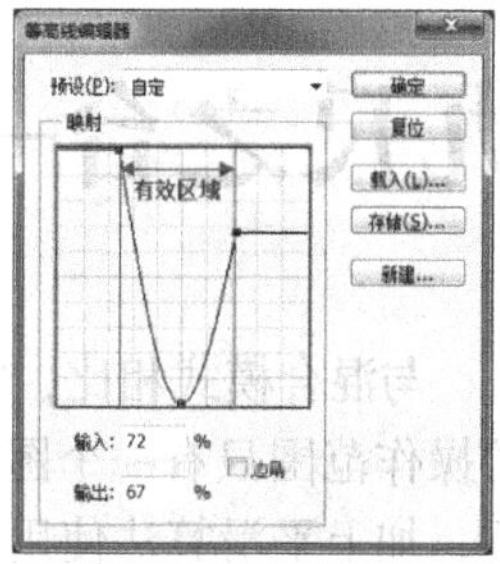

图 9-40　有效区域未填满整个输入区间的等高线

9.5 本 章 小 结

读小学的时候，我最怕做的一件事情就是写总结了。一方面，自己懂的东西太少，一两百字的总结都折腾上两三个小时才勉强凑得出来；另一方面，在写的过程中，我的心情总在厌烦和无聊之间不断地循环往复，完全不明白写总结是为了什么。

现在我长大了，但此刻我还是很怕为本章写总结。不是自己挤不出字，也不是觉得迷茫，而是因为——本章就是对 Photoshop 所有非叠加样式的一个很好的总结！这总结已经写了一万多字，没必要再总结下去了！

如果一定要写点东西的话，那本章的内容就是三大核心算法：描边、模糊、等高线。我们会在后续的章节中不断地用到它们，首次用到这些算法的，就是我们第 10 章要探讨的样式——投影。

第 10 章

九尺之台——投影等高线与荧光灯效果

与混合模式相比，Photoshop 等高线创建出来的效果往往更令人出乎意料。虽然它最核心的操作范围只有一个图层中的单个样式，但等高线的函数图像可以通过等高线编辑器自由调整，加上平滑算法使用了对振幅有一定增强作用的 CubicSpline，而且经等高线处理后的图层样式还可以进行混合模式的变换，因此，总的来说，等高线所创造的效果要比混合模式更加丰富多彩。

正因为等高线如此强大，所以其算法也比混合模式复杂得多。虽然我们可以利用 ActionScript 的一些简单滤镜模拟出一些诸如投影等高线的简单样式，但对于稍复杂的等高线效果，我们依然束手无策。

本章的重点为 BitmapData，所以我们不妨先尝试把之前用滤镜模拟出来的等高线效果转换为 BitmapData 的版本。

小提示 受篇幅所限，我们只讨论二值图像（比如纯色文本图像）的等高线变换，对于非二值图像（主要是 alpha 通道包含多个数值的图像），本书就不和大家深入探讨了。

10.1　基于 BitmapData 的简易投影等高线效果

10.1.1　基于滤镜的等高线

在第 3 章中，我们利用渐变发光滤镜模拟了一些投影等高线效果，如图 10-1、图 10-2 所示。

图 10-1　用渐变发光模拟投影等高线

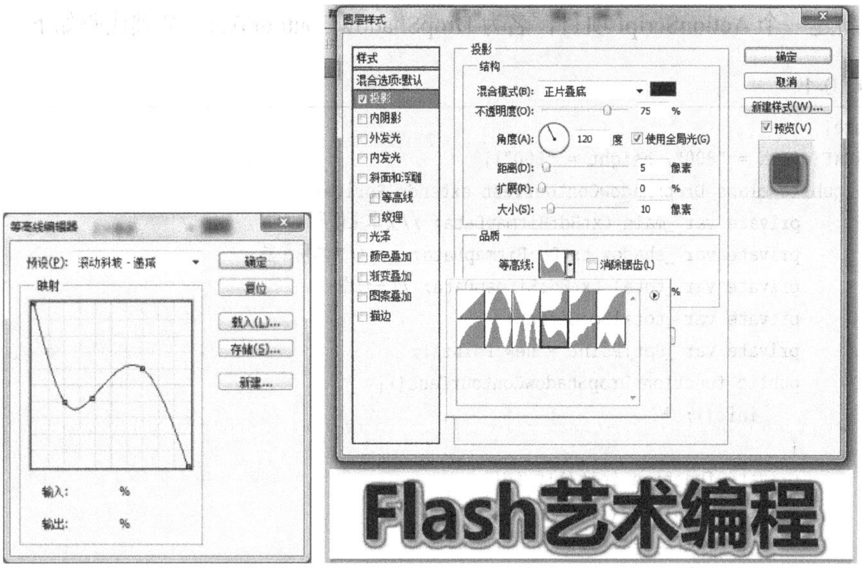

图 10-2 Photoshop 中对应的等高线效果

模拟的效果并不十分理想，而且手动取渐变点非常麻烦，不易维护，再加上一个渐变发光最多只能处理 15 个渐变点，所以用渐变发光精确模拟平滑型等高线的难度相当地高。

不过，在精度要求不高的场合，我们可以通过将滤镜品质设置为“中”的方法来获得更光滑的渐变效果，因为 Photoshop 的模糊与中品质的滤镜最为接近，如图 10-3 所示。

言归正传，下面我们一起探讨如何更精确地模拟出平滑型的 Photoshop 等高线。

图 10-3 将滤镜品质设置为“中”

10.1.2 BitmapData 实现等高线映射

在第 9 章研究 CubicSpline 等高线方程的时候，我们发现，等高线输入值和输出值的范围为 0～255，它恰好等于一个通道的取值范围。

按照这样的标准来理解，我们可以认为输入值就是设置等高线前的 alpha 值，输出值则是设置等高线后的 alpha 值，两者通过一个二维函数图像构成了一个映射关系。

对于通道值而言，我们一般都只取整数，所以输入值和输出值都可以各自构成一个长度为 256 的数组并构成一对一的映射关系。BitmapData 类中有一个很神奇的方法可以实现这样的映射操作，它就是艺术编程人员都非常喜欢的 paletteMap。

我们将输入值传入到映射数组的索引，输出值自然就是映射数组元素的值了。

我们新建一个 ActionScript 项目，名为 DropShadowContourTest，基础代码如下。

代码清单 10-1

```
package{
    [SWF(width = "800", height = "600")]
     public class DropShadowContourTest extends Sprite{
        private var _main_txtBd:BitmapData; //文本主体层
        private var _shadow_txtBd:BitmapData;     //文本阴影层
        private var _total_txtBd:BitmapData; //主位图
        private var _totalBm:Bitmap;
        private var _0pt:Point = new Point();
        public function DropShadowContourTest(){
            init();
        }
        private function init():void{
            initMainTxtBd();
            disposeFilters();
            _totalBm = new Bitmap(_total_txtBd);
            addChild(_totalBm);
        }
        private function initMainTxtBd():void{
            _main_txtBd = new TextBitmapData("Flash 艺术编程", new TextFormat("Microsoft YaHei",
80, 0x000000, true));
        }
    }
}
```

设置滤镜的代码全部在 disposeFilters 函数中进行。

代码清单 10-2

```
    private function disposeFilters():void{
        var shadowFilter:DropShadowFilter = new DropShadowFilter(20, 60, 0, 1, 10, 10, 1, BitmapFilter-
Quality.MEDIUM, false, true); //需要一个只显示滤镜效果的层，因此要把挖空或者隐藏对象参数设置为 true
        var filterRect:Rectangle = _main_txtBd.generateFilterRect(_main_txtBd.rect, shadowFilter); //
计算滤镜的作用范围，以便创建面积足够大的阴影位图和主位图
        var filterRectPt:Point = filterRect.topLeft;
        _shadow_txtBd = new BitmapData(filterRect.width, filterRect.height, true, 0x00000000);
//创建阴影位图
        _shadow_txtBd.copyPixels(_main_txtBd, _main_txtBd.rect, filterRectPt);
        _shadow_txtBd.applyFilter(_shadow_txtBd.clone(), _shadow_txtBd.rect, _0pt, shadowFilter);
            _total_txtBd = new BitmapData(filterRect.width, filterRect.height, true, 0x00000000);
        var ct:ColorTransform = new ColorTransform();//给原图像填上紫色
        ct.color = 0x9966FF;
        _main_txtBd.colorTransform(_main_txtBd.rect, ct);
        _total_txtBd.copyPixels(_shadow_txtBd, _shadow_txtBd.rect, _0pt); //将投影层贴到主位图上
        _total_txtBd.copyPixels(_main_txtBd, _main_txtBd.rect, _0pt.subtract(filterRectPt), null, null,
true); //将文本层贴到主位图上
    }
```

注意，以上代码用了中等品质的投影滤镜以尽可能地接近 Photoshop 中的投影。运行效果如图 10-4 所示，看起来没什么特别，就是一个带投影的文本，简单几行就可以做出来。

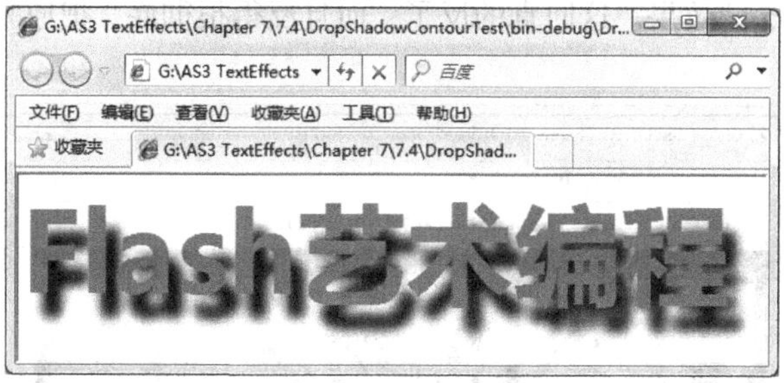

图 10-4　测试用例的效果

如果只是为了做一个这样的文本框，那创建这么多 BitmapData 确实没有任何必要，但接下来我们要做像素级的事情了——对投影层进行等高线变换，而文本层不受到任何影响。这样一来，文本和投影的分离自然就在所难免了。

我们给投影滤镜设置挖空属性 knockout=true，使滤镜层不包含原图像的信息。此外，“隐藏对象”属性 hideObject 也能去掉原图像，不过不会对滤镜层跟原图重叠的部分进行剔除。具体的差别在第 2 章我们已经深入探讨过，此处不再重复。

在模拟 Photoshop 的投影时，如果投影样式面板中的【图层挖空投影】复选框被勾上，那么我们就设置 knockout=true，否则设置 hideObject=true。

下面我们重点关注需要进行等高线变换的层：_shadow_txtBd。

根据之前对等高线输入值输出值的分析，我们应创建一个长度为 256 的数组，它将用于 alpha 通道的变换。首先我们建立最简单的、不会引起数值改变的映射关系，就是让数组的下标跟数组元素的值完全相等，不过要注意将通道值移到最高的 8 位。

我们在 applyFilter 后面追加代码。

代码清单 10-3

```
var paletteMapArr:Array = getPaletteMapArr();
_shadow_txtBd.paletteMap(_shadow_txtBd, _shadow_txtBd.rect, _0pt, null, null, null, paletteMapArr);
```

为了方便后面针对等高线算法的一些讨论，我们最好把生成等高线的代码放到 getPaletteMapArr 函数里面。

代码清单 10-4

```
private function getPaletteMapArr():Array{
    var paletteMapArr:Array [];
    for(var i:int = 0; i < 256; i ++){
        paletteMapArr[i] = i << 24;
    }
    return paletteMapArr;
}
```

添加以后对代码没有任何影响，因为此时输入完全等于输出。

接下来我们尝试着修改映射关系，一个最简单而且最常用的变换就是用最大值 255 进行反相。

代码清单 10-5

```
paletteMapArr[i] = 255 - i << 24;
```

我们得到如图 10-5 的效果。这回真的反了，而且反得很彻底，把原来透明的像素都反成了全不透明。

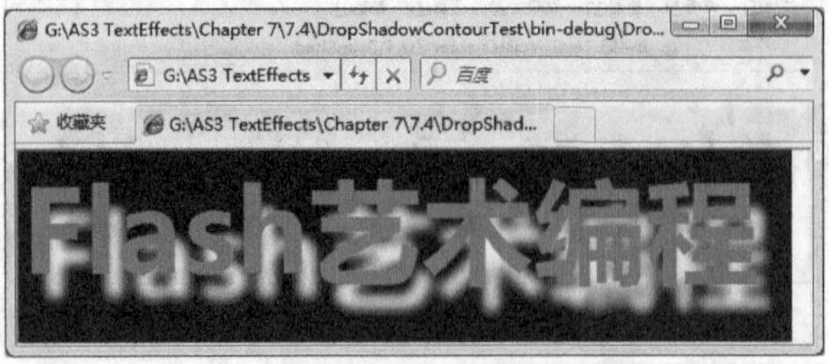

图 10-5　paletteMap 映射后的效果

适用于此处的一个解决方法就是忽略掉全透明的像素，让 alpha=0 的点不进行反相的操作。

代码清单 10-6

```
var paletteMapArr:Array = [0];
for(var i:int = 1; i < 256; i ++){
    paletteMapArr[i] = i << 24;
}
```

小提示 对于滤镜层本身就包含全透明色彩的滤镜效果（如渐变发光）而言，此法不适用。

不错，把全透明的像素忽略以后，我们看到了一个像素翻转了的投影，它跟我们用渐变发光模拟出来的效果已经非常接近了，如图 10-6 所示。

图 10-6　去掉透明像素后的反相映射

同时我们也看到映射后的缺陷：边缘的过渡很生硬，而且出现较明显的锯齿，Photoshop 则绝不会出现这样的情况，如图 10-7 所示。

图 10-7　Photoshop 中的反相等高线效果

> **小提示**　为公平起见，我们将 Photoshop 文本的抗锯齿方式设置为“消除锯齿无”，以排除字体平滑因素对结果的影响。

为进一步搞清事情的真相，我们尝试把模糊值放大到 25，观察 Photoshop 和 ActionScript 在边缘处理的方式上的差异。

在 Photoshop 中，模糊值等于 25 时，虽然边缘比较柔和，但是即将淡出的区域出现了一条比较明显的分界线，如图 10-8 所示。相比之下，paletteMap 方法反相后的效果仍然要生硬得多，如图 10-9 所示。

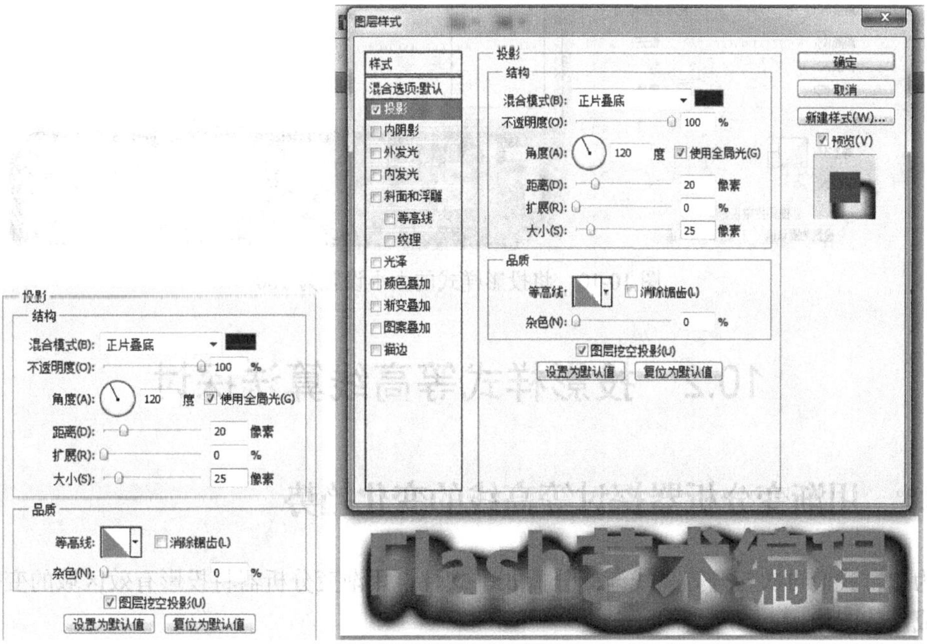

图 10-8　把 Photoshop 的模糊值调整为 25

看起来轮廓的内部形态跟 Photoshop 的比较接近，只是外边缘上缺乏了一些淡出的色彩而已。

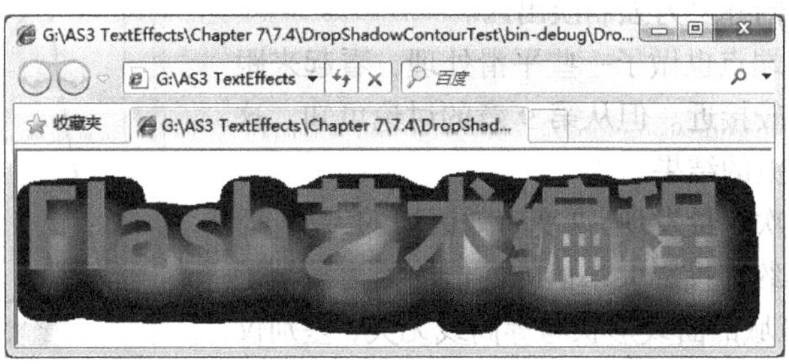

图 10-9　对模糊值等于 25 的投影进行反相操作

为了进一步解决边缘的锯齿问题，我们在 Photoshop 里把模糊参数调到很大的数值来测试效果，发现模糊值越高，透明淡出的区域就越大，两者之间似乎存在一定的比例关系，如图 10-10 所示。

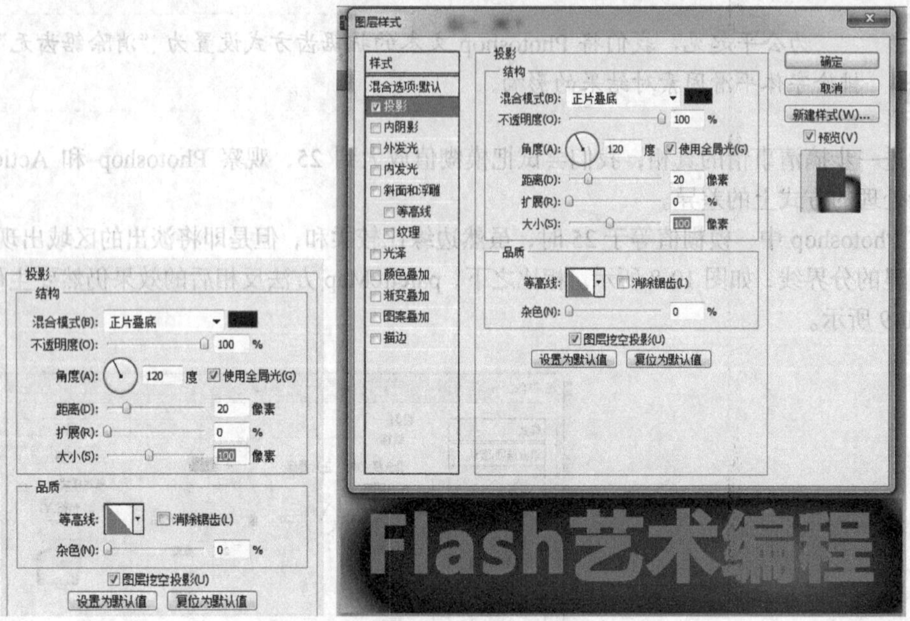

图 10-10　将投影样式的大小设置为 100

10.2　投影样式等高线算法探讨

10.2.1　用渐变分析器探讨等高线的变化趋势

为此，我们再次打开等高线渐变分析.psd 文件，用渐变分析器将投影有效区域的变化趋势绘制成函数图像。

运行效果如图 10-11 所示，投影样式的渐变趋势线已经不再是 Photoshop 软件中显示的那条 45 度斜向下的直线那么简单了，在渐变区域的左约 1/4 处，曲线急转直下，往 alpha=0 处连接，而不再像等高线图像那样继续沿着斜线上升，这个区域我们称之为强制淡出区。

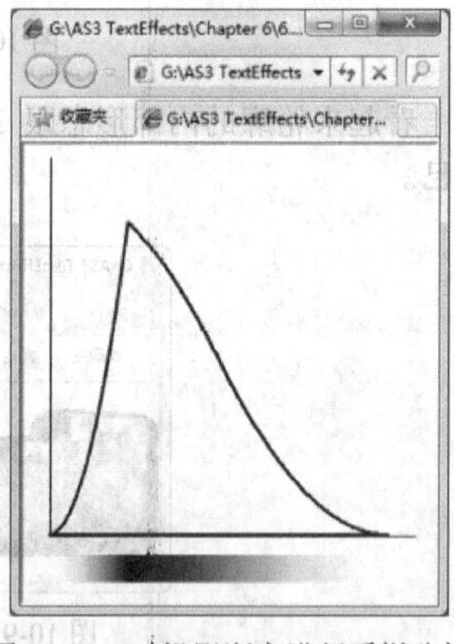

图 10-11　对投影渐变进行采样分析

此外，曲线的两端点也做了一些平滑处理，看起来跟渐变平滑度的方式比较接近。但从第 9 章的讨论可知，这个平滑是二次均值滤波的结果。

我们经过反复多次测量发现，渐变有效区域的大小（即曲线部分的宽度）都约为投影大小值的两倍（因为模糊了两次），而强制淡出区域的曲线形状与等高线无关，差别仅仅是被裁切位置的不同。

得到的结果如图 10-13 所示。

所以，强制淡出的起点就应该位于淡出曲线函数与平滑后的等高线函数之交点，不过计算二次滤波曲线与 CubicSpline 的交点对我们来说是件难度非常高的事情，所以此处我们用了一个比较偷懒的方法，在 0%～25%的区间内取两函数的较小值。

下面我们把均值滤波曲线的方程推导出来。

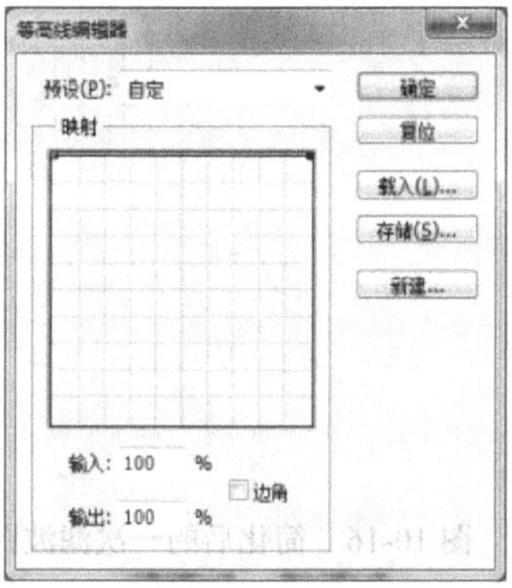

图 10-12 100%输出的等高线

图 10-13 用渐变分析器绘制 100%输出等高线

10.2.2 均值滤波曲线方程的推导

有了这样的一个理论支持以后，我们就可以先计算二次均值滤波后的曲线方程了。

模糊值为 128 的一次均值滤波呈现为一条直线，它的作用域只有 128 像素，如图 10-14 所示。

根据均值滤波算法（模糊卷积算法），我们进行二次均值滤波时，曲线上的每个点（x，y）都取（x-64，x+64）范围内所有 y 值的平均数（如果 x 值超出范围则对图 10-13 两侧的水平线进行延伸），就可以得到如图 10-15 所示的结果。

我们可以发现，无论是一次均值滤波还是二次均值滤波，它们都关于曲线的中点（128,128）成中心对称图形（即图像绕点（128,128）旋转后得到的图形与原图形完全重合），所以我们不妨把这个点对齐到坐标轴的原点以简化我们的计算过程，如图 10-16 所示。

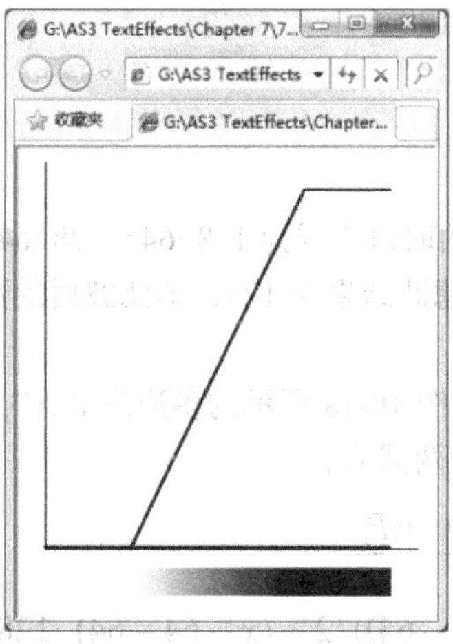

图 10-14 Flash 低品质投影的趋势线

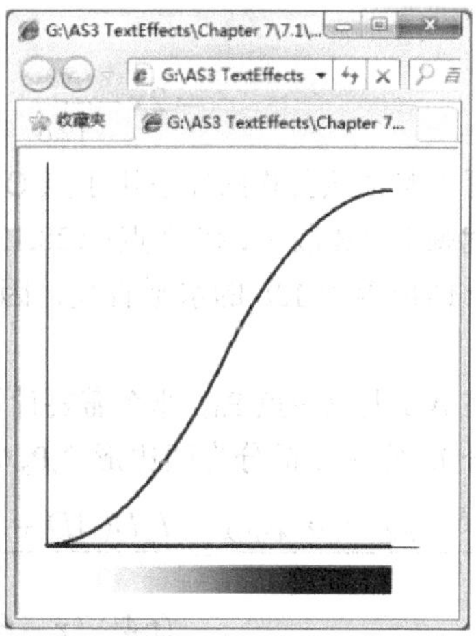

图 10-15 Photoshop 投影样式的渐变趋势线

此时整个图像关于 O 点对称，所以我们只需要把 y 轴其中一侧的方程推导出来，然后就可以通过简单的取反得出另一侧的算法了。

我们比较喜欢右侧，因为这一边的数值都是正数，处理起来会顺手一些。

我们首先看看 O 点，根据均值滤波的定义，它要取 A'～A（−128～128）这一范围内所有 y 值的平均数，可以看到，两侧的数值刚好一正一负，因此完全抵消，均值后的结果仍然等于 0。

然后我们来看一下 A 点（64,128），滤波的取值范围为 64−64～64+64=0～128，即折线 OAB 的 y 值平均数，它等于这个区域内的 y 值总和/128。

折线 OAB 所有 y 值的和，可以表示为图 10-16 中所有红色线段长度的总和，即四边形 OABC 的面积（如果大家还不能理解，可以去了解下定积分的相关知识），所以 A 点处的滤波结果如下所示。

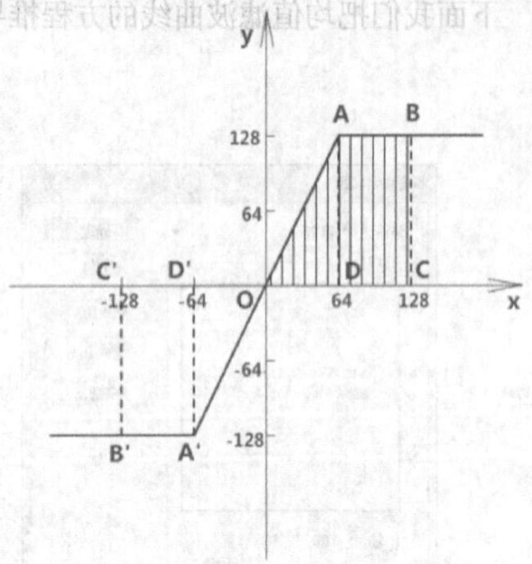

图 10-16　简化后的一次滤波图像

$$\frac{S_{OABC}}{128}=\frac{BC(AB+OC)/2}{128}=\frac{128(64+128)/2}{128}=96$$

所以，经过滤波以后，A 点的数值变小了，拉近了与 O 点的距离，使模糊变得更柔和。

接下来我们尝试在线段 OA 上任意取一点 P_0（x，y），如图 10-17 所示，此时滤波的取值范围是 x−64～x+64，在此范围内 y 值的总和就应等于四边形 OAP_1P_2 的面积减去三角形 OP_3P_4 的面积（因为线段 OP_3 上的所有点都在 y 轴以下，数值均为负数）。

此时有 P_1=（x+64，128），P_3=（x−64，2（x−64）），因为 x 在 OA 内，所以 x−64 一定小于 0。

由此可以得出 P_0 点的滤波结果如下。

$$\begin{aligned}\frac{S_{OAP_1P_2}-S_{OP_3P_4}}{128}&=\frac{P_1P_2(AP_1+OP_2)/2-OP_4\quad P_3P_4/2}{128}\\&=\frac{128(x+64-64+x+64)/2-(x-64)\quad 2(x-64)/2}{128}\\&=2x-\frac{x^2}{128}\end{aligned}$$

我们可以验证该公式同样适用于点 O 和点 A。

最后就剩下 AB 段了，在 B 点（128,128）处，滤波的取值范围为 128−64～128+64=64～192，这一段为 y 值恒等于 128 的水平直线，因此 B 点处的滤波结果为 128，即滤波后的数值与滤波前相等。

如果在 AB 上取一点 P_0，那么需要计算的面积就是图 10-18 所示的多边形 $P_5AP_1P_2P_4$ 了（红色阴影部分），它可以拆分为四边形 P_4P_5AD 和 AP_1P_2D 两部分。

$$\begin{aligned}\frac{S_{P_4P_5AD}+S_{AP_1P_2D}}{128}&=\frac{P_4D(AD+P_4P_5)/2+P_2D\quad P_1P_2}{128}\\&=\frac{(64-(x-64))(128+2(x-64))/2+(x+64-64)\quad 128}{128}\\&=2x-\frac{x^2}{128}\end{aligned}$$

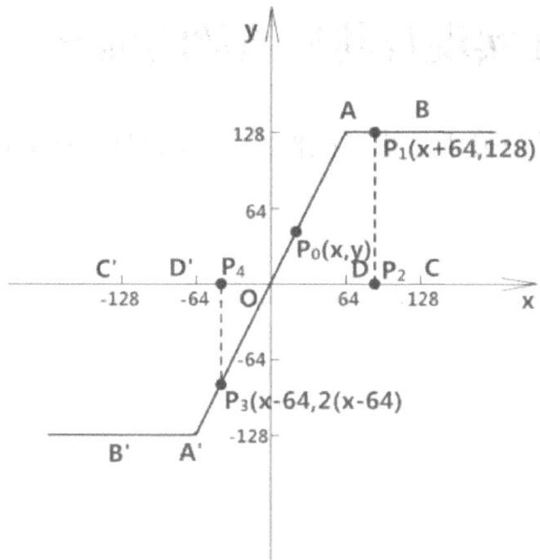

图 10-17　在线段 OA 上取一点

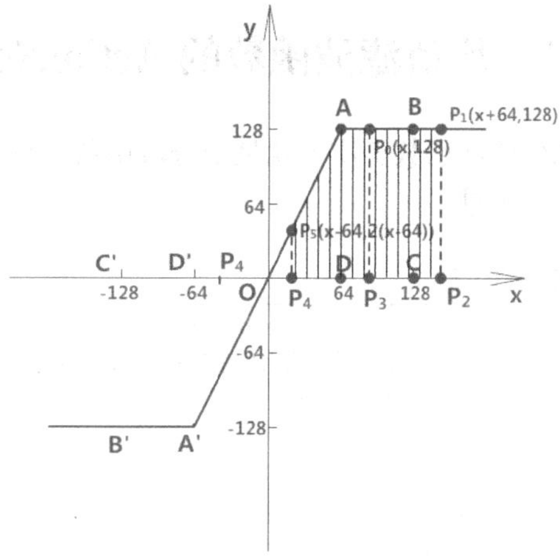

图 10-18　在 AB 上取一点

这一公式同样适用于点 A 和点 B。

所以在 OAB 段（即 0<=x<128 的区段），均值滤波函数的方程如下所示。

$$f(x)=2x-\frac{x^2}{128}$$

推导出 OAB 段以后，OA'B'段的算式便水到渠成了，我们取一下相反数即可轻松得到结果。

$$f(x)=-\left[2(-x)-\frac{(-x)^2}{128}\right]$$

$$=2x+\frac{x^2}{128}$$

我们在区间[-128，128]的两侧各补充上一条水平线，得到最终的二次滤波函数方程如下所示。

$$y=f(x)=\begin{cases}-128 & x<-128\\ 2x+\dfrac{x^2}{128} & -128\leqslant x<0\\ 2x-\dfrac{x^2}{128} & 0\leqslant x<128\\ 128 & x\geq 128\end{cases}$$

接下来需要对方程进行平移，因为之前我们把（128,128）点对齐到坐标原点上了。

$$y=f(x)=\begin{cases}-128+128 & x<0\\ 2(x-128)+\dfrac{(x-128)^2}{128}+128 & 0\leqslant x<128\\ 2(x-128)-\dfrac{(x-128)^2}{128}+128 & 128\leqslant x<256\\ 128+128 & x\geqslant 256\end{cases}$$

大家可以利用 ActionScript 的绘图 API 或者 Excel 的图表功能绘制这个函数的图像，观察下函数曲线是否跟二次均值滤波的结果相一致。

10.2.3 均值滤波函数的 ActionScript 实现及其反函数的推导

均值滤波函数实质上就是个分段函数，每一段都是关于 x 的二次曲线，所以要用 ActionScript 实现它并不难。

代码清单 10-7

```
function meanFilter(x:Number):Number{
    x -= 128; //水平方向上先将 128 平移到 0 点处
    var baseValue:Number;
    /**开始分段**/
    if(x < -128)    {
        baseValue = -128;
    }else if(x < 0)    {
        baseValue = 2 * x + x * x / 128;
    }else if(x < 128)    {
        baseValue = 2 * x - x * x / 128;
    }else    {
        baseValue = 128;
    }
    /**********/
    return baseValue + 128;            //在竖直方向上加入平移的偏移量
}
```

此处我们没有把平移后的结果代入到程序中，而是直接利用平移的思想进行书写，这样代码看起来会清晰很多。

接下来我们推导它的反函数。顾名思义，反函数的作用就是将滤波的结果进行还原。

为什么还要倒退呢？我们已经知道，Photoshop 投影模糊用的是二次均值滤波法，所以我们在模拟投影的第一步时就会得到一个经过二次滤波的投影，其淡出形态已非线性，这对于我们后续的等高线处理将会非常的不便。

所以接下来需要探讨的问题就是：如何将二次滤波的投影还原为线性（一次滤波）投影，这是二次滤波的逆向过程，亦即通过 y–x 关系式反推 x–y 关系式的过程。

为了简化运算，此处我们同样用偏移过的方程进行推导。

$$y=f(x)=\begin{cases}-128 & x<-128\\ 2x+\dfrac{x^2}{128} & -128\leqslant x<0\\ 2x-\dfrac{x^2}{128} & 0\leqslant x<128\\ 128 & x\geqslant 128\end{cases}$$

方程在[−128,128]区间以外，有无限个数都对应−128 或者 128，反过来以后就无法构成 1 对 1 的关系，因此在[−128,128]外，以上函数不存在反函数，但由于重点就在[−128,128]这一区间内，所以我们只需关注中间的两个分段。

首先看第一段 $y=2x+\dfrac{x^2}{128}$，我们需要据此求出它的反函数 $x=f^{1}(y)$，于是 x 成了该方程的未知数，需要把它解出来。

它是一个关于 x 的一元二次方程，整理成标准形式，得：

$$x^2+256x-128y=0,$$

把 y 看作已知数，解得

$$x=-128\pm\sqrt{128y+128^2},$$

因为本段的 x>=−128，所以只需保留正平方根的那个解：$x=-128+\sqrt{128^2+128y}$。

我们用同样的方法，求得第二段反函数为：$x=128-\sqrt{128^2-128y}$。

我们合并以上两个分段，得：

$$x=f^{-1}(y)=\begin{cases}x=-128+\sqrt{128^2+128y} & -128\le y<0\\ x=128-\sqrt{128^2-128y} & 0\le y<128\end{cases},$$

最后我们对函数进行平移操作，得到：

$$x=f^{-1}(y)=\begin{cases}x=-128+\sqrt{128^2+128(y-128)}+128 & -128\le y<0\\ x=128-\sqrt{128^2-128(y-128)}+128 & 0\le y<128\end{cases}。$$

有了这样一个关系式以后，中品质的投影转换为线性淡出投影就不在话下了。

10.2.4　强制淡出区的曲线方程

下一步就是把强制淡出区的曲线推导出来。有了上面的基础，相信这对于大家来说都不是什么难题了。

如图 10.19 所示，我们把强制淡出区的完整曲线显示到渐变分析器中，可以看到，它只取了均值滤波的左半段曲线，起点从(−128,−128)平移到(0,0)，中点从(0,0)平移到(64,256)，也就是说，整段曲线被压扁了 1/2，同时拉长到原来的两倍。

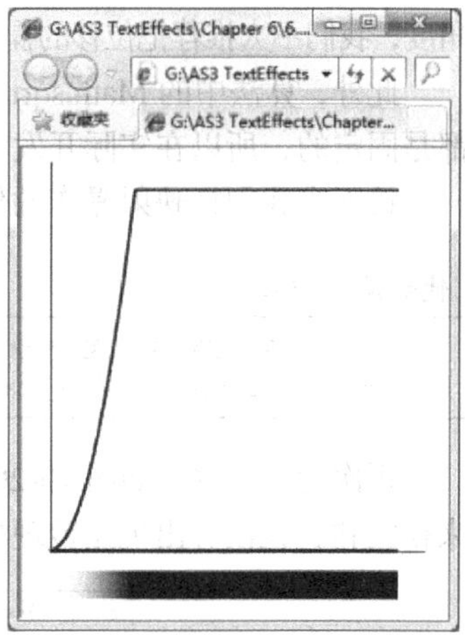

图 10-19　完整的强制淡出曲线

$$y=f(x)=2\left[2(2x-128)+\frac{(2x-128)^2}{128}\right]+256=\frac{x^2}{16}$$

然后我们也把它的反函数求出来。

$$x=f^{-1}(y)=4\sqrt{y}$$

接下来我们就可以开始用 ActionScript 实现等高线的第一步：创建一个线性淡出的投影。

10.3　用 ActionScript 模拟荧光灯的等高线轮廓

10.3.1　创建精确的线性淡出投影

回到 DropShadowContourTest 项目，我们先利用二次均值滤波的反函数将二次滤波投影转为线性淡出投影，方法自然就是映射用的 paletteMap 函数了。

我们利用之前推导出来的简化版公式进行计算。

$$x=f^{-1}(y)=\begin{cases}x=-128+\sqrt{128^2+128y} & -128\leqslant y<0\\ x=128-\sqrt{128^2-128y} & 0\leqslant y<128\end{cases}$$

代码清单 10-8

```
//线性投影转换
private function getLinearMapArr():Array{
    var linearMapArr:Array = [];
    for(var i:int = 0; i < 256; i ++){
        var offsetX:int = i - 128; //把 128 平移到 0 点上
        if(offsetX < 0){
            linearMapArr[i] = -128 + Math.sqrt(128 * 128 + 128 * offsetX);
        }else{
            linearMapArr[i] = 128 - Math.sqrt(128 * 128 - 128 * offsetX);
        }
        linearMapArr[i] += 128; //y 轴需要向上平移 128 像素
        linearMapArr[i] <<= 24; //转移到 alpha 通道上
    }
    return linearMapArr;
}
```

因为用的是简化版函数，所以在实际运算的过程中，我们需要对 x, y 进行相应的平移操作。循环的最后，我们对计算的结果进行左位移运算，以便让数值应用到 alpha 通道上。站在封装的角度，我们不太推荐把位移的操作放在这一算法函数里，此处完全是为了方便测试。

此外，算法中的 Math.sqrt 容易影响运行效率，而二次滤波的线性转换对于任何等高线来说都是固定的，所以在实际开发中，这个数组只需要算一次。

接下来我们把映射操作的代码调整为如下所示。

代码清单 10-9

```
var linearMapArr:Array = getLinearMapArr();
_shadow_txtBd.paletteMap(_shadow_txtBd, _shadow_txtBd.rect, _0pt, null, null, null, linearMapArr);
```

再次运行，效果如图 10-20 所示，模糊幅度增大了一倍，但是它比 20 模糊值的一次滤波要来得柔和，也没有出现振铃现象。

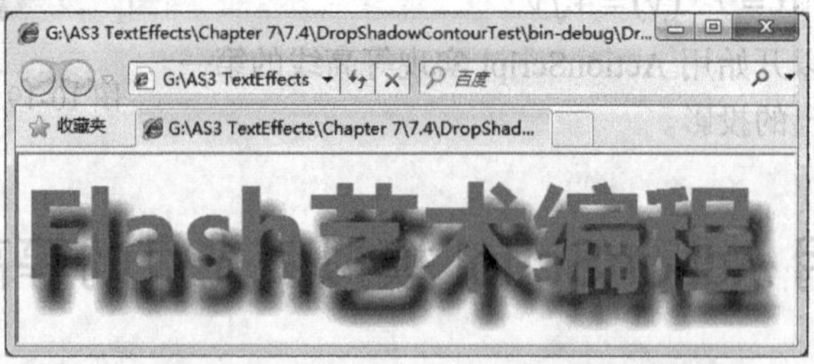

图 10-20　将二次滤波投影转换为线性淡出投影

10.3.2　对线性淡出投影进行基本的等高线变换

要利用这一个线性投影进行等高线变换，我们首先应考虑线性等高线，它所要做的事情就是把一次转换还原为二次，其方式有以下两种：x 方向挤压（如图 10-21 所示）和 y 方向拉伸（如图 10-22 所示）。

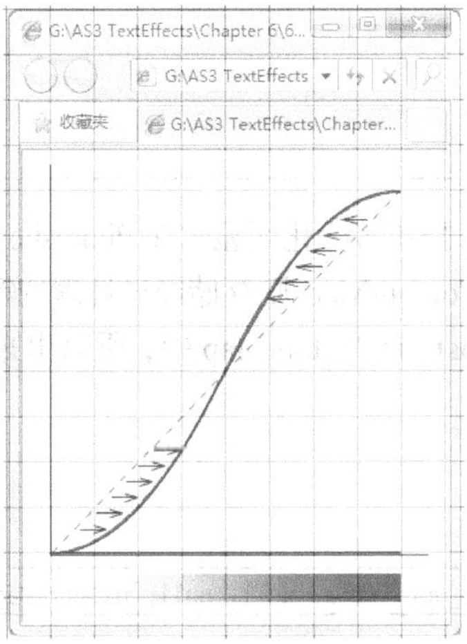

图 10-21 x 方向挤压等高线

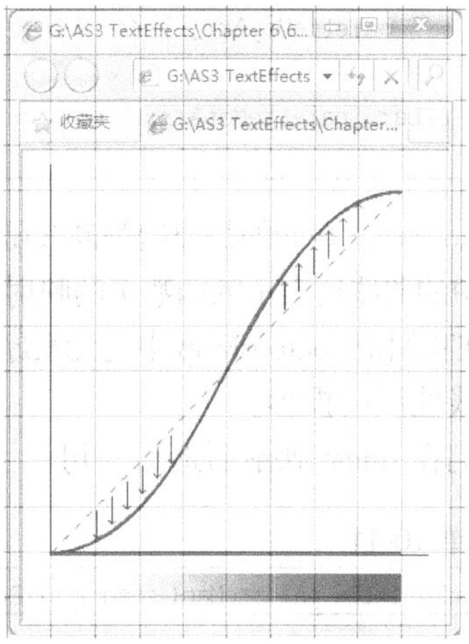

图 10-22 y 方向拉伸等高线

为此我们做了一个特征性的测试，如图 10-23、图 10-24 所示，把滚动斜坡-递减等高线效果放入到渐变分析器中，发现左右两侧的斜坡都往中间挤压了，曲线的形状变窄。据此我们可以确定，一次到二次的转换是 x 方向挤压的结果。

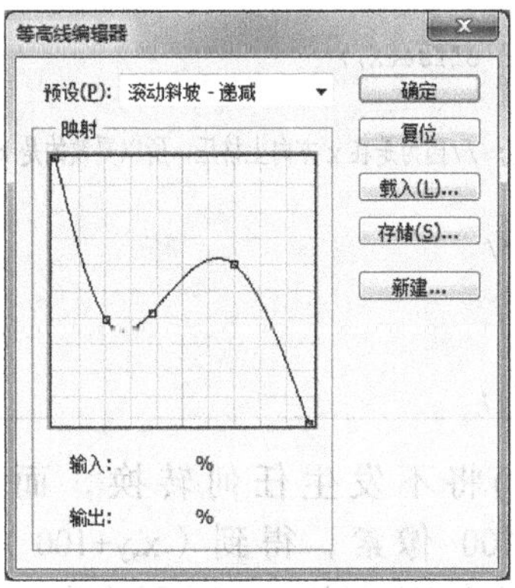

图 10-23 滚动斜坡-递减等高线

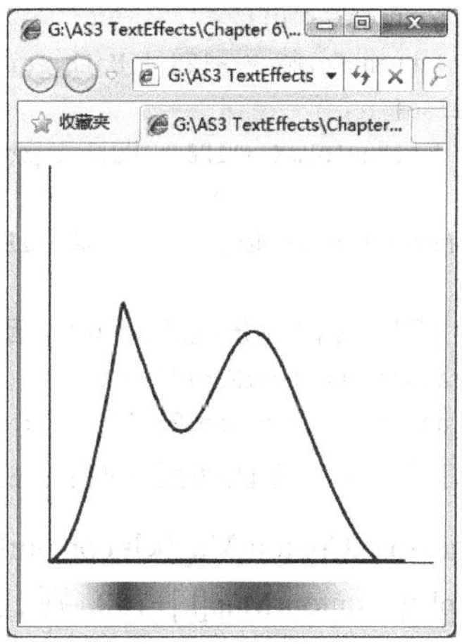

图 10-24 滚动斜坡-递减等高线的绘制

为便于操作，我们对 getPaletteMapArr 方法进行了如下调整。

代码清单 10-10

```
private function getPaletteMapArr():Array{
    var contourMap:Vector.<Number>=new Vector.<Number>(256);//等高线映射表
    var transformContourMap:Array = [];//平滑转换后的等高线映射表
    for(var t:int = 0; t < 256; t ++){
        contourMap[t] = t;
    }
    for(var k:int = 0; k < 256; k ++){
        transformContourMap[k] = contourMap[k];
    }
```

```
    var paletteMapArr:Array = [];
    for(var i:int = 0; i < 256; i ++)     {
        paletteMapArr[i] = transformContourMap[i];
        paletteMapArr[i] <<= 24;
    }
    return paletteMapArr;
}
```

contourMap 存储的是原始等高线函数（即未进行平滑、挤压等变化而显示在 Photoshop 等高线编辑器中的曲线所表示的函数）的映射关系，而 transformContourMap 则存储经过处理的等高线映射。现在我们把 contourMap 中的元素原封不动地复制到 transformContourMap 中，所以出来的效果仍然是线性淡出投影。

我们在 linear 映射后追加一句。

代码清单 10-11

```
_shadow_txtBd.paletteMap(_shadow_txtBd, _shadow_txtBd.rect, _0pt, null, null, null, paletteMapArr);
```

然后我们就可以对原始等高线进行变换操作了。

代码清单 10-12

```
for(var k:int = 0; k < 256; k ++){
    var offsetX:int = k - 128;
    var transformX:int;
    if(offsetX < 0){
        transformX = -128 + Math.sqrt(128 * 128 + 128 * offsetX);
    }else{
        transformX = 128 - Math.sqrt(128 * 128 - 128 * offsetX);
    }
   transformContourMap[transformX + 128] = contourMap[k]; //因为是在x方向上挤压，所以更改的是key值（代表x）
}
    /*挤压后，可能有部分x值失去了映射，因此需要做一次插值操作*/
    transformContourMap[0] = 0;
    transformContourMap[255] = 255;
    CurveUtil.interpolate(transformContourMap, 0, 255);
```

让 transformContourMap[k]=contourMap[k]，点(x,y)将不发生任何转换，而 transformContourMap[k]=contourMap[k]+100 则让点向上平移 100 像素，得到（x,y+100）。于是，transformContourMap[transformX + 128] = contourMap[k] 的作用就是把(x,y)水平移动到(transformX + 128，y)处。又因为 transformX+128 的结果向着 128 靠拢，所以最终得到的是数值挤压的效果。

再次运行，效果如图 10-25 所示，它把线性投影还原回二次均值滤波投影了。

图 10-25　线性投影的还原

这样绕一圈以后，我们又回到了原点，虽然两次变换的方向和算法都不尽相同。那么，我们还有必要进行线性的转换吗？下面我们不妨把第一次变换也改成挤压的模式，然后进行合并。

首先第一次变换可表示为：

$$linearMapArr[f^{-1}(x)] = x,$$

而第二次变换则在 linearMapArr 基础上进行，于是有：

$$transformContourMap[linearMapArr[f^{-1}(x)] = contourMap[x],$$

两式合并后，得到的结果竟然就是

$$transformContourMap[x] = contourMap[x]。$$

从这点上看，线性淡出投影创建这一步完全可以跳过，直接用等高线进行映射即可。但很遗憾的是，我们还需要计算该曲线与强制淡出区的交点，所以此处还是不能偷懒。

10.3.3　引入强制淡出区

下面我们就尝试改成反相等高线，显然，这一次需要引入强制淡出区，否则边缘无法淡出。

代码清单 10-13

```
for(var t:int = 0; t < 256; t ++){
    contourMap[t] = 255 - t;
}
```

代码清单 10-14

```
transformContourMap[0] = 255 - 0;
transformContourMap[255] = 255 - 255;
```

代码清单 10-15

```
for(var i:int = 0; i < 256; i ++){
    if(i < 64){
        paletteMapArr[i] = Math.min(i * i / 16, transformContourMap[i]);
    }else{
        paletteMapArr[i] = transformContourMap[i];
    }
    paletteMapArr[i] <<= 24;
}
```

再次运行，得到如图 10-26 的结果，反相后的等高线成功淡出，我们距离胜利已经不远了！

图 10-26　引入强制淡出区以后的反相等高线

10.4 等高线映射的后续处理——灯光色彩及轮廓微调

10.4.1 调整等高线效果的色彩与透明度

以上的模拟都只针对 100%alpha 的黑色投影，但在 Photoshop 中，投影有独立的颜色和透明度。所以，我们也应该把这个功能实现出来。

根据我们第 3 章模拟简易等高线的经验，Photoshop 的 alpha 是在等高线计算完成以后再整体应用透明变换的，其实投影颜色也一样。

所以，这部分处理起来并不难，我们将 alpha 值在位移到对应的通道之前先乘以投影的不透明度。

代码清单 10-16

```
var shadowAlpha:Number = 0.75;
paletteMapArr[i] *= shadowAlpha;
```

至于颜色，因为在进行位移之后，RGB 通道都被腾空出来，所以我们只要将位移后的结果与 RGB 颜色合并一下，就可以得到最终结果了。

代码清单 10-17

```
paletteMapArr[i] <<= 24;
paletteMapArr[i] |= 0xFF0000;
```

我们再次运行，效果如图 10-27 所示，投影呈现出了 75%不透明的红色。

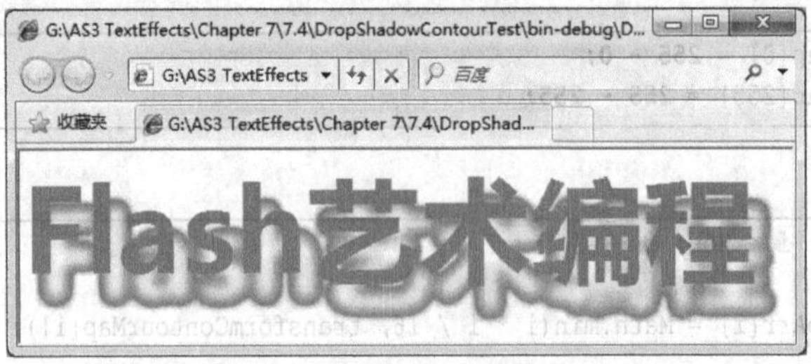

图 10-27 给投影填充红色

10.4.2 利用插值曲线模拟复杂的等高线效果

费了九牛二虎之力所实现的等高线算法，仅用来做反相效果未免有点大材小用，所以接下来，我们当然要模拟更加复杂的 Photoshop 等高线。

首先来模拟滚动斜坡-递减等高线，我们把 Photoshop 等高线导出为 curve.shc（单击等高线编辑器界面的【存储】按钮进行导出），然后将文件复制到项目的 src/assets 目录下。这次我们改用 Embed 嵌入的方式来获取等高线文件中的数据。

我们首先添加全局变量声明，嵌入 SHC 文件。

代码清单 10-18

```
[Embed(source = "assets/curve.shc", mimeType = "application/octet-stream")]
private var CurveBytes:Class;
```

mimeType="application/octet-stream"代表二进制嵌入，所以 CurveBytes 是 ByteArrayAsset 的一个子类，它的实例是一个 ByteArray。

然后我们改用 CubicSpline 生成 contourMap。

代码清单 10-19

```
var contourList:ContourList = new ContourList();//取得等高线的计算结果
contourList.parse(new CurveBytes());
var contourMap:Vector.<Number> = new ContourCalculator().calculate(contourList.contours[0].points); //等高线映射表
var transformContourMap:Array = [];    //平滑转换后的等高线映射表
```

以上代码被封装到一个名为 getTransformContourMap 的私有方法中。这样，getPaletteMapArr 方法只需要调用如下一句代码，就可以生成完整的等高线映射表。

```
var transformContourMap:Array = getTransformContourMap();
```

getTransformContourMap 方法就是对上述算法的一个封装，此处不再重复，对此有疑问的读者可以参考配套源码中的源文件。

运行效果如图 10-28 所示，我们再对照下 Photoshop 里面的（如图 10-29 所示）——多么令人激情澎湃的一个结果啊！

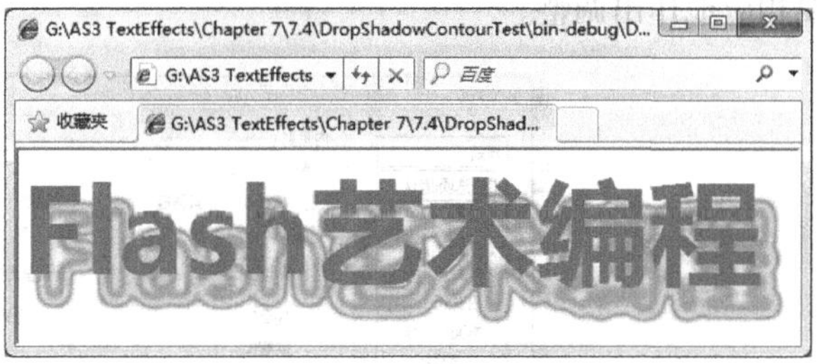

图 10-28　模拟滚动斜坡-递减等高线

图 10-29　Photoshop 的滚动斜坡-递减样式

我们把投影距离调小一点，好好欣赏一下自己的成果吧（如图 10-30 所示）!

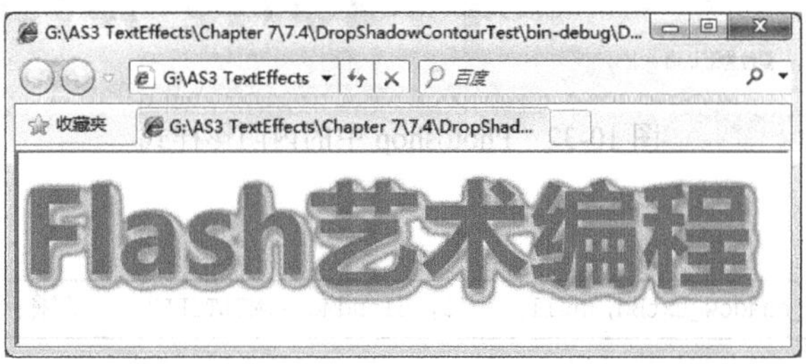

图 10-30　把投影距离调小，侧面隐约透出淡红的荧光

此外，扩展可对应强度（在扩展/阻塞值不大时尚算比较准确），杂色可用溶解体现，我们

已做过测试并得出相关结论了，这些结论在加入等高线后仍然适用。

10.4.3 内阴影等高线效果的实现

与投影相比，内阴影只是显示区域的不同，前者显示滤镜层在文本轮廓以外的像素，后者则显示文本轮廓以内的部分。在 ActionScript 中，我们只要把滤镜的 inner 属性改为 true，然后将滤镜层置于文本层上，即可得到内阴影的等高线效果，如图 10-31 所示。

图 10-31　内阴影等高线效果

等高线的轮廓形状基本一致了，但是 Photoshop 中的阴影色彩要比我们模拟的深一些，如图 10-32 所示。毫无悬念，问题的根源就在于混合模式。Photoshop 内阴影样式的默认混合为正片叠底，所以我们也要相应地作出调整。

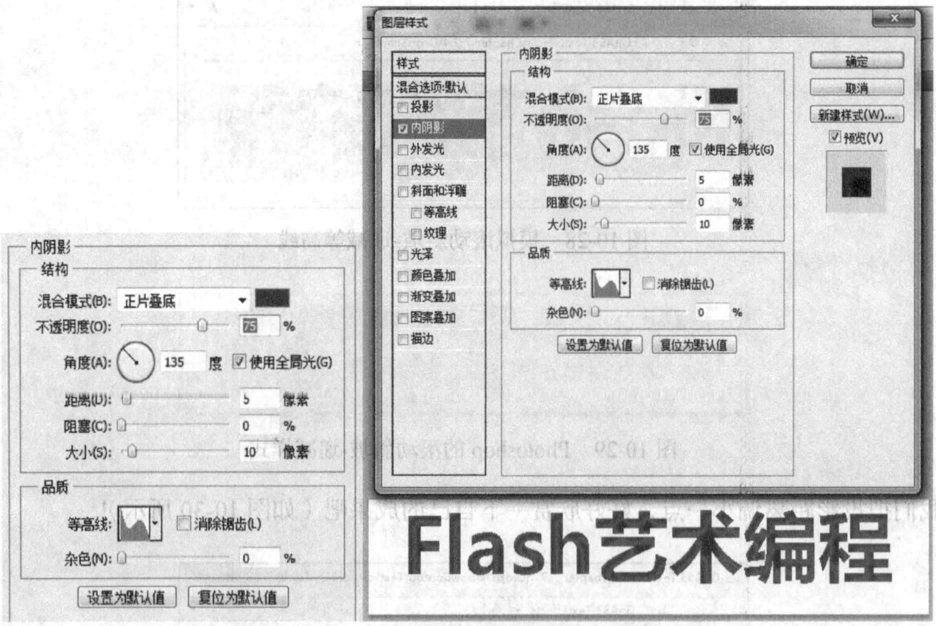

图 10-32　Photoshop 中的内阴影样式

代码清单 10-20

```
_total_txtBd.draw(_shadow_txtBd, null, null, BlendMode.MULTIPLY);   //将投影层贴到主位图上
```

我们再次运行，阴影就会和紫色的字进行混合，从而得到跟 Photoshop 内阴影默认设置相一致的效果，如图 10-33 所示。

图 10-33　将阴影层的混合模式设置为正片叠底

如果担心 draw 操作影响运行效率，大家就可以用我们之前封装好的 BlendMode 类事先计算好混合色，然后直接用 copyPixels 把阴影贴到文本之上。

代码清单 10-21

```
var resultColor:int = BlendModeUtil.getMultiplyColor(0x9966FF, 0xFF0000);
paletteMapArr[i] |= resultColor;
```

这样我们就只需要计算一次而不用再劳烦 draw 帮我们逐个像素地混合了，而且运行效果也跟图 10-33 所示完全一致。

当然了，此法只适用于文本和阴影层都只有一种颜色的情况，色彩多了以后还是要用 draw 方法进行混合操作。

10.5　本 章 小 结

我们已经看到，看似简单的投影样式处理起来就已经不是件很容易的事了。但是，有了这样一个基础以后，我们在模拟其他样式的等高线时就会相对轻松很多。之所以说相对，是因为有更复杂的在等着我们。不过既然大家已经把这个漂亮的投影等高线拿下了，并且制作出一款很好看的荧光灯字体，就不妨长呼一口气，出去吃顿大餐；犒赏一下自己吧！

第 11 章

肉食原料——发光等高线与可爱的蛋糕字体

还记得第 3 章的那顿素食宴么？想当初，在只有素食原料的情况下，我们也模拟出了不少“肉类”，但这“肉”模仿得再像，也还是会有很多人吃不惯，至少口感就已经大打折扣了。

所以今天，我们不妨大开杀戒，用 Photoshop 中的“肉食原料”——发光样式及其等高线，来研制一款真正意义上的蛋糕吧！让“酒肉穿肠过”，但“佛祖心中留”！

本章我们会利用发光样式来完成蛋糕字体的制作，但如果单从 ActionScript 或者 Flash IDE 的角度去理解发光，那我想这一章都不用写了。因为在 Flash 里，发光等同于距离为 0 的投影滤镜，实现了投影也就能把发光做出来。

而事实上，Photoshop 中的发光可不是我们想象中的那么简单。尽管我们可以用发光样式制作出上一章的投影效果（如图 11-1 所示，因为发光默认将图层挖空而且无法调整距离，所以无法显示完全），但它附带了投影样式里所不包含的一些特有选项，因此 Photoshop 的发光要比 Flash 里面的复杂得多。

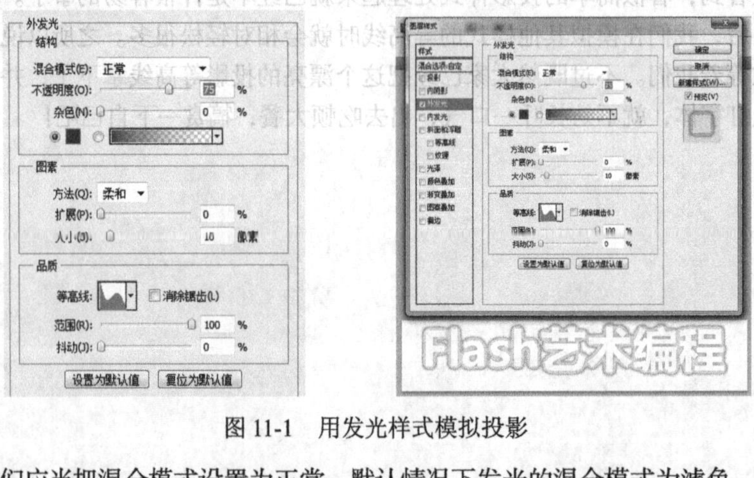

图 11-1　用发光样式模拟投影

注意，我们应当把混合模式设置为正常。默认情况下发光的混合模式为滤色，这将导致发光效果在白色背景下不可见，因为白色与任何颜色进行滤色混合的结果都等于白色。

下面我们把投影所不具备的选项都找出来。

首先，【结构】框架里面的颜色选项可以设置为渐变填充，使用后我们会发现它跟 Flash 中的渐变发光很像，而且支持等高线变换。

接下来是【图案】框架、扩展和大小在投影中均有对应项，而方法则是发光所独有的参数，稍候我们会单独研究它。

至于【品质】框架、范围和抖动都是投影所不具备的，因此我也会给大家展开讨论。

综上所述，我们需要研究的选项包括：渐变色、方法、范围和抖动。

先把范围调至 100%（至于为什么要先改成 100%，稍后我会解释），我们逐一探讨这几个参数。

11.1　发光中的渐变色选项

11.1.1　渐变与等高线的关系

我们继续使用黄橙紫监渐变进行测试，在设置为线性等高线的情况下，渐变发光的效果如图 11-2 所示。

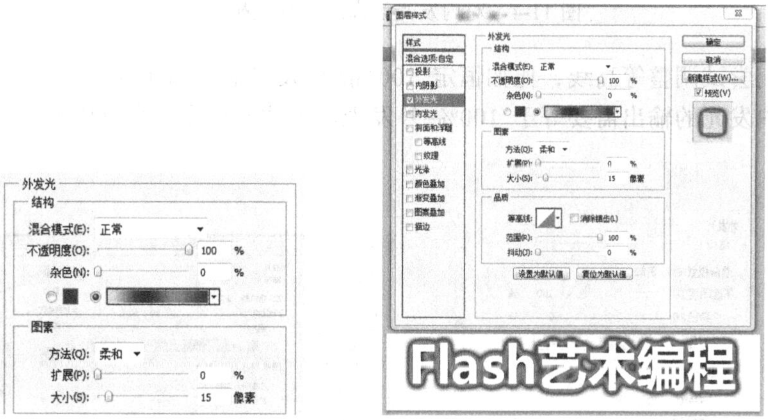

图 11-2　Photoshop 中的渐变发光

位于渐变条右半段的色彩被显示到发光层的外边缘。我们可以推知，只要使用内发光，就可以把左半侧的渐变色完整地显示到文本轮廓的内层了，如图 11-3 所示。

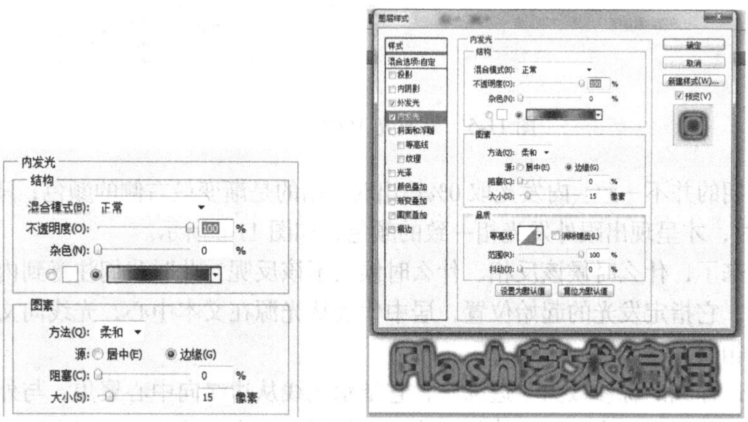

图 11-3　加入内发光后的效果

但结果仍以渐变条右侧的颜色为主，这时候，我们很容易就想到，只要对内侧的等高线进行反相即可得到效果，内外发光浑然一体，与投影样式有着异曲同工之妙，如图 11-4 所示。

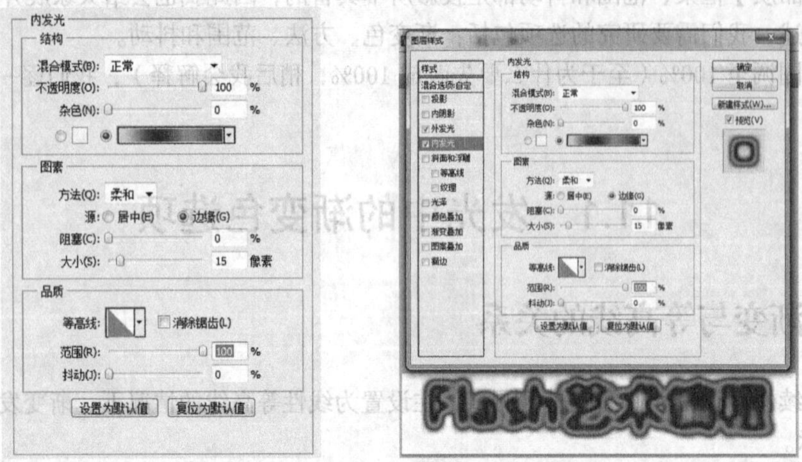

图 11-4　对内发光等高线进行反相操作

下面我们尝试调整等高线，比如恒定 100%的外发光输出和 0%的内发光输出（根据上面的测试，内发光的输出需要等于 100%–外发光输出才能形成一个整体），效果如图 11-5 所示。

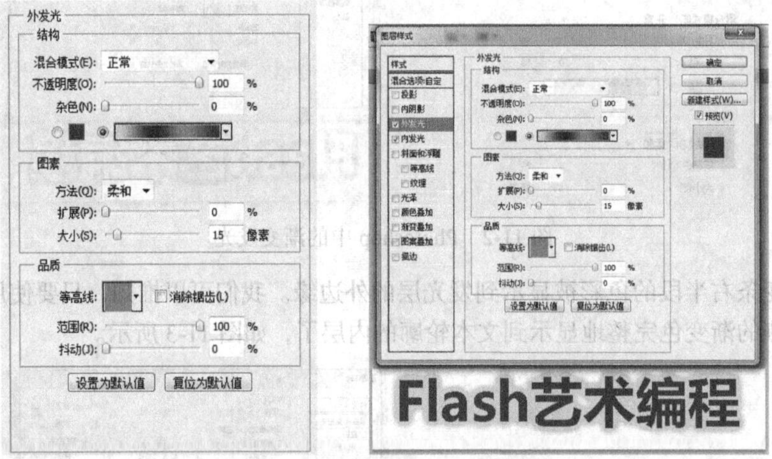

图 11-5　外发光 100%内发光 0%

结果跟预期的并不一致。内发光取 0%输出时，用的是渐变最右侧的颜色；只有当内发光同样等于 100%时，才呈现出跟外发光相一致的颜色，如图 11-6 所示。

那么问题来了，什么时候该反相、什么时候又不该反呢？此时我们注意到内发光一个特有的选项——源，它指定发光的起始位置，居中代表从光源在文本中心，光线向文本轮廓扩散，而边缘则刚好相反。

内发光默认样式的源参数为“边缘”，它指示光线从边缘向中心聚焦，与外发光的方向恰好相反。所以，使内外发光融为一体的正确方法是把内发光的源改成“居中”，让两种发光的方向一致，而不是对内发光的等高线进行反相操作。

所以，只要我们把内发光等高线改成跟外发光一致并且将源设置为“居中”，就一样能得到内外发光融合的效果，如图 11-7 所示。

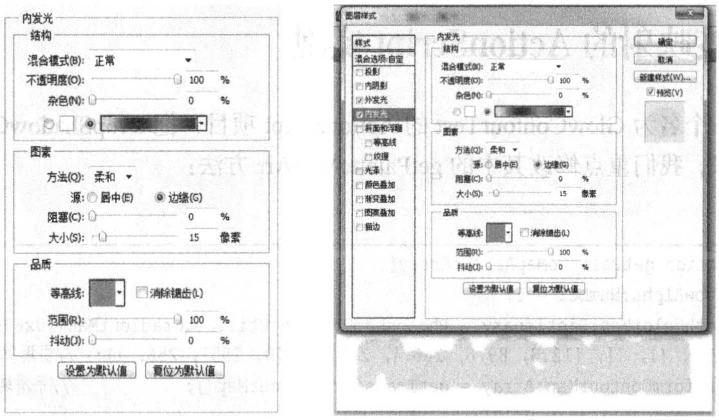

图 11-6　内发光也设置为 100%输出

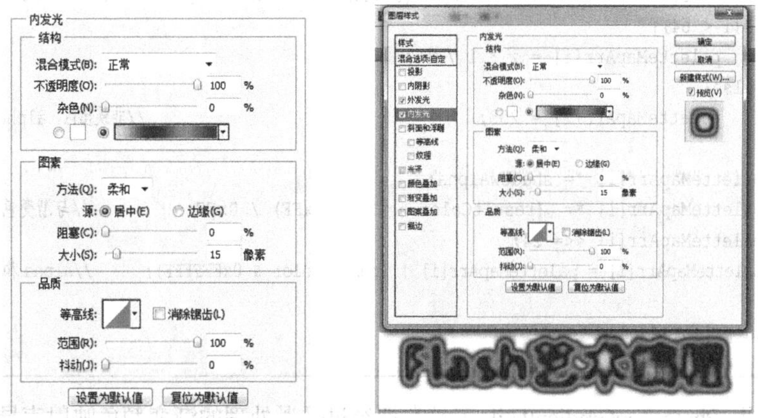

图 11-7　将【源】选项修改为居中

得到了完整的渐变以后，我们就可以开始尝试进行等高线变换了。

图 11-8 展示了反相等高线的发光效果。与线性等高线相比，反相后的渐变圈刚好翻转了，也就是说，发光等高线的输出值等于渐变条在输出值位置处的颜色。

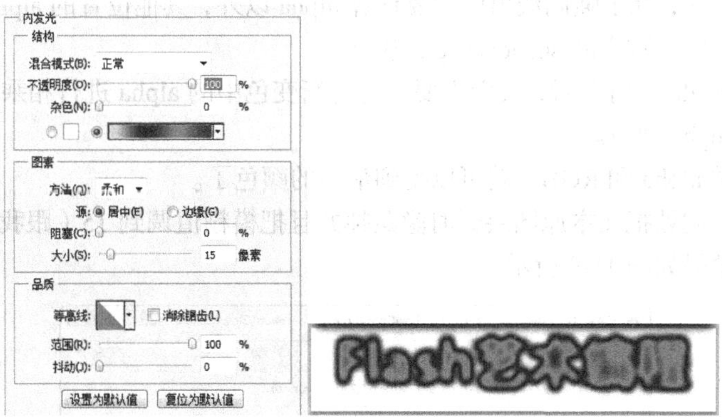

图 11-8　反相等高线的发光效果

而与投影一致的是，外发光和外投影都有一个强制淡出的区域，而且模糊的形态一样，都是二次均值滤波的结果。

下面我们就根据以上测试的结果，用 ActionScript 把渐变发光等高线的效果模拟出来。

11.1.2 渐变映射的 ActionScript 实现

我们新建一个名为 GlowContourTest 的 ActionScript 项目，把 DropShadowContourTest 项目的代码复制过来，我们重点修改其中的 getPaletteMapArr 方法：

代码清单 11-1

```
private function getPaletteMapArr():Array{
    var shadowAlpha:Number = 1;
    var smoothColorMap:Dictionary = PhotoshopGradientUtil.getGradientMap([0xF9E600, 0x6F156C, 0xFD7C00, 0x0058FF], [1, 1], [12.8, 89.6, 166.4, 243.2], [0, 255], 256, 1);  //引用黄橙紫蓝渐变数据
    var transformContourMap:Array = getTransformContourMap();             //平滑转换后的等高线映射表
    var paletteMapArr:Array = [0];
    for(var i:int = 0; i < 256; i ++) {
   var resultColor:uint = smoothColorMap[int(transformContourMap[i])]; //根据等高线数据取得指定的颜色值
        if(i < 64){
            paletteMapArr[i] = i * i / 16;
        }else{
            paletteMapArr[i] = 255;                                      //非淡出区, alpha 始终取最大值
        }
        paletteMapArr[i] *= shadowAlpha;
        paletteMapArr[i] *=  (resultColor >> 24 & 0xFF) / 0xFF;          //与渐变色中的 alpha 相乘
        paletteMapArr[i] <<= 24;
        paletteMapArr[i] = paletteMapArr[i] | (resultColor & 0xFFFFFF);     //alpha 和渐变色中的 RGB 合并
    }
    return paletteMapArr;
}
```

首先我们用 PhotoshopGradientUtil 工具类把经过平滑处理的渐变颜色映射表导入到本项目的 smoothColorMap 变量中；然后在计算 resultColor 一句里，通过 transformContourMap[i]取得代表渐变条取色位置的等高线输出值；最后在刚才导入的 smoothColorMap 中搜寻位置等于 transformContourMap[i]处的颜色，就得到当前的 RGB 数值了。

光有 RGB 还不够，我们还要引入 alpha 值。对于渐变发光而言，alpha 值的处理要比纯色发光和投影简单一些，除了强制淡出区需要计算 alpha 以外，其他位置的 alpha 都等于样式本身的不透明度参数，即函数中的 shadowAlpha 属性。

计算好淡出的 alpha 值以后，我们需要让它与渐变色中的 alpha 进行相乘，因为渐变颜色映射表本身也带了 alpha 通道。

我们最后合并 alpha 和 RGB，就可以得到最终的颜色了。

为便于测试，此处把文本原图层暂时隐藏掉并且把模糊值调到 15（跟我们在 Photoshop 中的设置一样），效果如图 11-9 所示。

图 11-9　用 ActionScript 模拟渐变发光等高线

然后跟 Photoshop 中相同设置的效果进行对照，如图 11-10 所示。

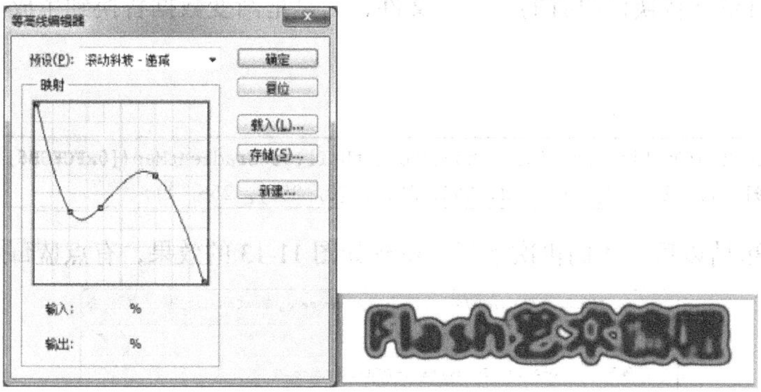

图 11-10　Photoshop 中的滚动斜坡-递减等高线效果

我们发现轮廓形态基本一致，但是色彩的变化趋势刚好反了过来，说明 Photoshop 外发光和中心内发光的渐变方向都是从右往左读取渐变条数据的，所以在 ActionScript 中也需要把顺序倒过来一下，做法很简单，把 transformContourMap[i]反相成 255- transformContourMap[i]即可。

代码清单 11-2

```
var resultColor:uint = smoothColorMap[255 - int(transformContourMap[i])];
```

我们再次运行，效果就跟 Photoshop 的一样了，如图 11-11 所示。

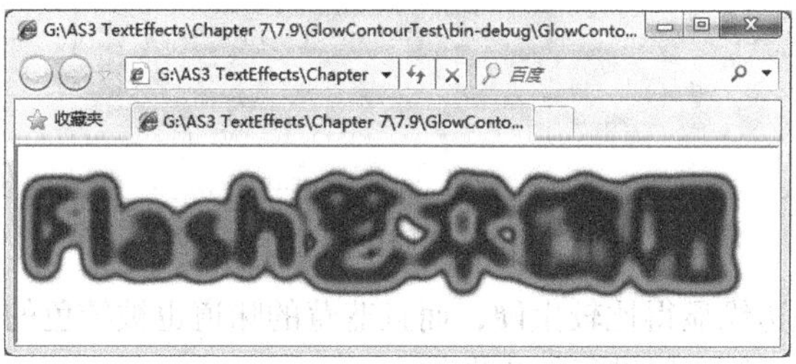

图 11-11　更改读取颜色的方向

与投影相比，渐变发光极大地丰富了侧面或光圈的色彩。不过黄紫橙蓝渐变用在此处未免有点难看，我们不妨换一些对比没那么强烈的渐变，比如蜡笔系列中的“黄、粉红、紫色渐变”并且把等高线更改为锥形，如图 11-12 所示。

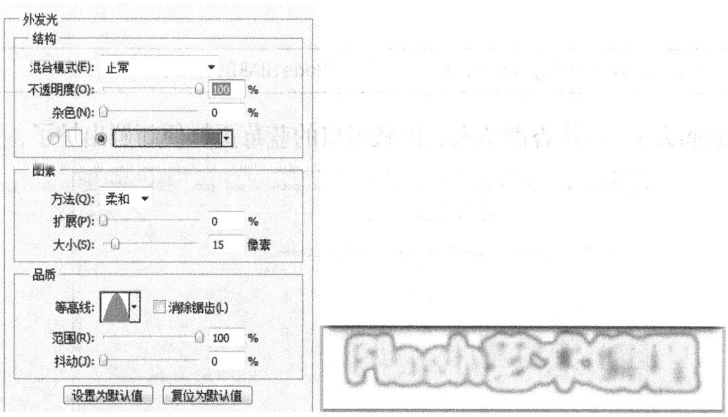

图 11-12　黄、粉红、紫色渐变的效果

要转到 ActionScript 项目中，我们只需要做两件事情：一是将锥形等高线导出为 curve.shc 并复制到 asset 目录下替换掉原有的等高线文件，二是把渐变数据替换到生成 smoothColorMap 方法的参数中。

代码清单 11-3

```
var smoothColorMap:Dictionary = PhotoshopGradientUtil.getGradientMap([0xFCECB6, 0xF5C7B7, 0xEE9AAF,
0xBC7EAD, 0x8865A9], [1, 1], [0, 64, 128, 192, 255], [0, 255], 256, 1);
```

做好这两件事情以后，我们再次运行，得到如图 11-13 的效果，有点蓝莓蛋糕的味道了。

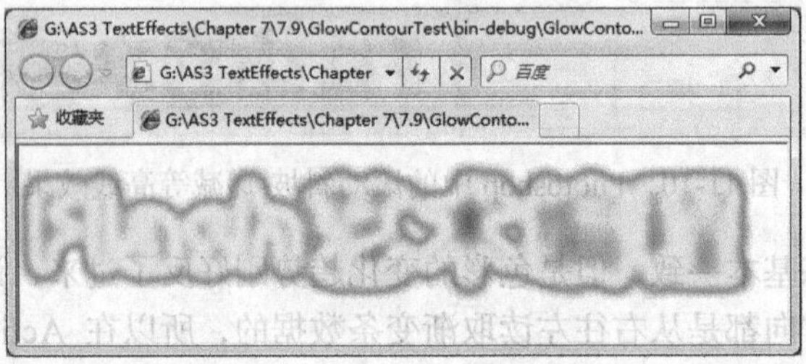

图 11-13　调整等高线后的效果

接下来我们可以把文本层重新贴到发光层之上（如图 11-14 所示）。

图 11-14　把原图层显示出来

立体感出来了，但边缘显得比较生硬，而且蓝莓的味道也被纯色的文字层弱化了不少。所以，我们先用模糊滤镜对原图层进行软化操作。

代码清单 11-4

```
_main_txtBd.applyFilter(_main_txtBd, _main_txtBd.rect, _0pt, new BlurFilter(3, 3));
```

然后我们用 HARDLIGHT 模式使之与发光层混合，从而使色彩较深的蓝莓透出到蛋糕的表面。

代码清单 11-5

```
_total_txtBd.draw(_main_txtBd, null, null, BlendMode.HARDLIGHT);
```

经过这样的处理以后，一款香滑诱人、松软可口的蓝莓蛋糕便新鲜出炉了，如图 11-15 所示。

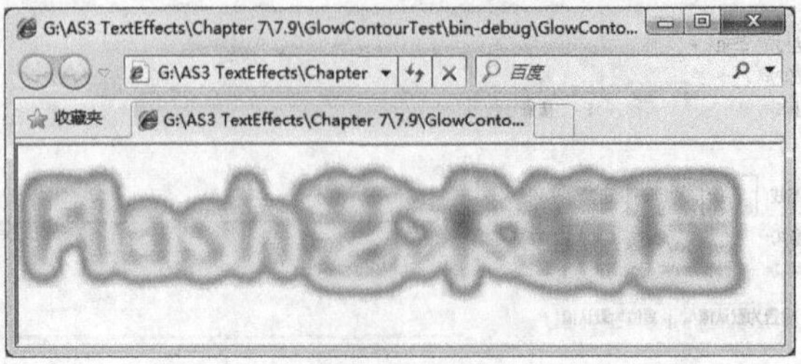

图 11-15　优化原图层后的效果

11.2　精确发光与蓬松效果

11.2.1　Photoshop 精确发光的特性

Photoshop 发光样式的参数有两个可选的值：“柔和”和“精确”。在上面的测试中，我们一直使用该属性的默认值“柔和”，下面我们尝试把它改成“精确”，如图 11-16 所示。

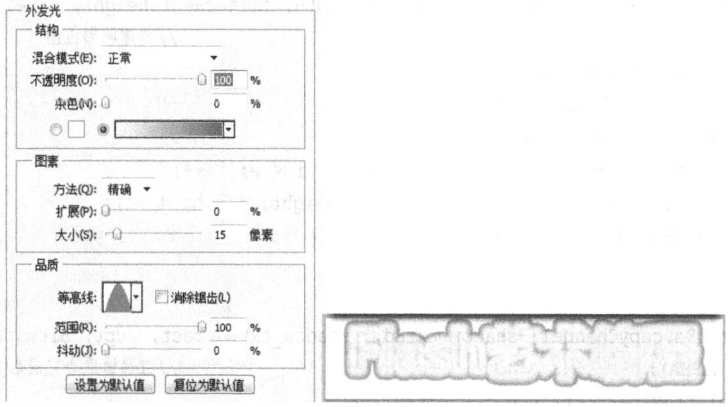

图 11-16　将发光方法改为“精确”

是不是有种似曾相识的感觉？没错，精确模式用的就是我们之前研究的膨胀法！从形态上看，它更能表现出蛋糕的那种蓬松感，那我们不妨把膨胀法应用到本项目里面。

与柔和用的二次均值滤波不同，膨胀法没有内置的 ActionScript 滤镜，所以我们要按照算法、以渐变圆为结构元素，把膨胀的功能实现出来。

11.2.2　精确发光的 ActionScript 实现

我们首先添加全局变量声明。

代码清单 11-6

```
private var _brushBd:BitmapData;                    //结构元素（渐变圆笔刷）的位图
private var _brushRadius:int = 30;                  //渐变圆笔刷的半径
```

然后我们添加一个 initBrushBd 函数，如下所示。

代码清单 11-7

```
private function initBrushBd():void{
    var mt:Matrix = new Matrix();
    mt.createGradientBox(_brushRadius * 2, _brushRadius * 2);
    var brushShape:Shape = new Shape();
    brushShape.graphics.beginGradientFill(GradientType.RADIAL, [0xFF0000, 0x000000], [1, 1], [0,
255], mt);                                   //此处不使用平滑度，因为我们要的是一个线性淡出的光圈
    brushShape.graphics.drawCircle(_brushRadius, _brushRadius, _brushRadius);
    brushShape.graphics.endFill();
    _brushBd = new BitmapData(_brushRadius * 2, _brushRadius * 2, true, 0x00000000);
    _brushBd.draw(brushShape);
}
```

写好之后，我们在 init 的 disposeFilters 前追加对它的调用。

disposeFilters 函数则需要进行大改动了，因为我们此处不能使用 dropShadowFilter 生成投影。

代码清单 11-8

```
private function disposeFilters():void{
    var filterRect:Rectangle = _main_txtBd.rect;
    filterRect.inflate(_brushRadius, _brushRadius);                //膨胀法的影响范围
    var filterRectPt:Point = filterRect.topLeft;
    _shadow_txtBd = new BitmapData(filterRect.width, filterRect.height, true, 0xFF000000);
                                                                   //创建阴影位图
    var mt:Matrix = new Matrix();
    var offsetX:int = _brushRadius;
    var offsetY:int = _brushRadius;
    for(var i:int = 0, w:int = _main_txtBd.width; i < w; i ++){
        for(var j:int = 0, h:int = _main_txtBd.height; j < h; j ++){
            checkPixel(i, j, mt);
        }
    }
    _shadow_txtBd.copyChannel(_shadow_txtBd, _shadow_txtBd.rect, _0pt, BitmapDataChannel.RED,
BitmapDataChannel.ALPHA);                                          //红通道混合完成后复制到 alpha 通道
    var rgbPaletteMapArr:Array = new Array(256);
    _shadow_txtBd.paletteMap(_shadow_txtBd, _shadow_txtBd.rect, _0pt, rgbPaletteMapArr);
                                                                   //并且把所有像素的红通道值设置为 0
    _total_txtBd = new BitmapData(filterRect.width, filterRect.height, true, 0x00000000);
    var ct:ColorTransform = new ColorTransform();                  //给原图像填上紫色
    ct.color = 0x9966FF;
    _main_txtBd.colorTransform(_main_txtBd.rect, ct);
    _total_txtBd.copyPixels(_shadow_txtBd, _shadow_txtBd.rect, _0pt, null, null, true);
                                                                   //将投影层贴到主位图上
}
```

代码中，checkPixel 函数实现了第 9 章提到的膨胀算法，如下所示。

代码清单 11-9

```
private function checkPixel(i:int, y:int, mt:Matrix):void{
    if(_main_txtBd.getPixel32(i, j) > 0) {
        for(var xPos:int = i - 1; xPos <= i + 1; xPos ++){
            for(var yPos:int = j - 1; yPos <= j + 1; yPos ++){
                if(_main_txtBd.getPixel32(xPos, yPos) == 0){
                    mt.tx = i - offsetX;
                    mt.ty = j - offsetY;
                    _shadow_txtBd.draw(_brushBd, mt, null, BlendMode.LIGHTEN);
                    break;
                }
            }
        }
    }
}
```

为了便于观察膨胀法线性光圈的形态，以上代码暂时去掉等高线的映射，这样得到的就是一个 alpha 从 1 淡出到 0 的线性渐变光圈了。

运行效果如图 11-17 所示，跟 Photoshop 的相比，差别还是比较大，如图 11-18 所示。

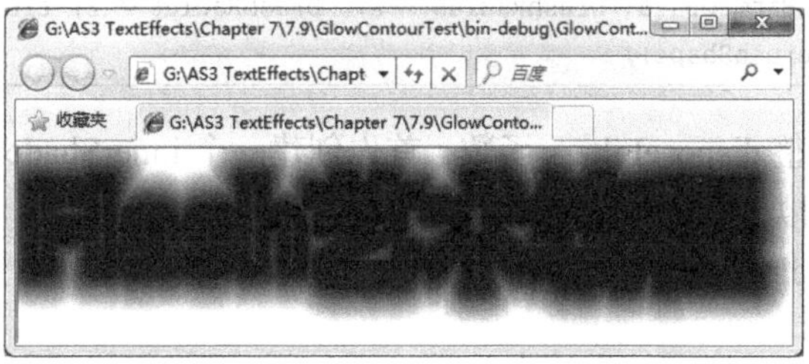

图 11-17　ActionScript 的精确发光

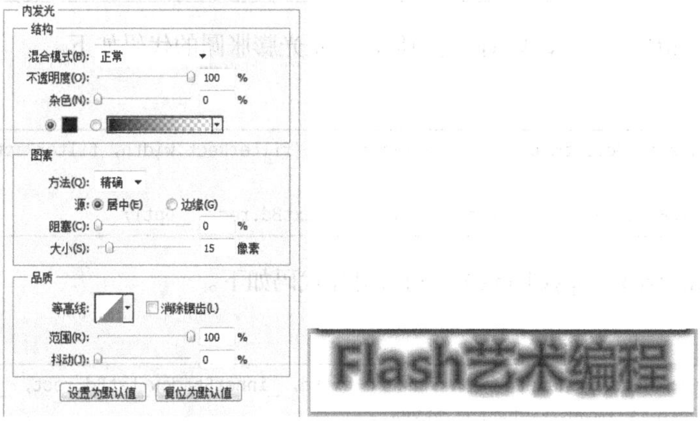

图 11-18　Photoshop 的精确发光

11.2.3　精确发光的参数修正

我们看到，Photoshop 的渐变趋势是中心 100%向外淡出，文本轮廓处的 alpha 为 50%；我们模拟的渐变则是从文本轮廓开始同时向内外两侧淡出，轮廓处的 alpha 为 100%，所以 ActionScript 做出来的是一个线框发光的效果，与 Photoshop 的中心放射特性不吻合。

所以，我们的渐变圆，需要向外淡出、向内淡入、但是我们都知道放射渐变在方向上几乎没有任何的选择性，要么全淡出，要么全淡入，两者不能兼顾，既然如此，我们再次突破尝试一下——直接拆成两个独立的位图。

这时，内发光应该从 50%向 100%淡入、外发光则从 50%到 0%淡出，所以我们应该做两个不同的渐变 Shape 并且生成相应的 BitmapData。

首先我们添加如下全局变量声明。

代码清单 11-10

```
private var _innerShadow_txtBd:BitmapData;
private var _innerBrushBd:BitmapData;
```

然后我们在 initBrushBd 函数后面追加创建内发光渐变圆的代码。

代码清单 11-11

```
brushShape.graphics.clear();
brushShape.graphics.beginGradientFill(GradientType.RADIAL, [0x800000, 0xFF0000], [1, 1], [0, 255], mt);
brushShape.graphics.drawCircle(_brushRadius, _brushRadius, _brushRadius);
```

```
brushShape.graphics.endFill();
_innerBrushBd = new BitmapData(_brushRadius * 2, _brushRadius * 2, true, 0x00000000);
_innerBrushBd.draw(brushShape);
```

接下来我们再次调整 disposeFilters 函数，首先创建一个 innerShadow_txtBd，然后让它完成一些跟 shadow_txtBd 相类似的事情，包括以下几项。

1）在 shadow_txtBd = new BitmapData 一句后追加如下代码。

代码清单 11-12

```
_innerShadow_txtBd = new BitmapData(filterRect.width, filterRect.height, true, 0xFFFF0000);
```

2）在 mask_txtBd.draw 操作后面追加创建内发光膨胀圆的代码如下。

代码清单 11-13

```
var innerMask_txtBd:BitmapData = new BitmapData(filterRect.width, filterRect.height, true,
0x00000000);
innerMask_txtBd.copyPixels(_main_txtBd, _main_txtBd.rect, _0pt);
```

3）在 shadow_txtBd.copyChannel 一句后追加代码如下。

代码清单 11-14

```
_innerShadow_txtBd.copyChannel(_innerShadow_txtBd, _innerShadow_txtBd.rect, _0pt,
BitmapDataChannel.RED, BitmapDataChannel.ALPHA);
```

4）在 shadow_txtBd.paletteMap 一句后追加如下代码。

代码清单 11-15

```
_innerShadow_txtBd.paletteMap(_innerShadow_txtBd, _innerShadow_txtBd.rect, _0pt,
rgbPaletteMapArr);
```

最后我们用 copyPixels 对外发光层进行像素挖空，对内发光层进行像素剔除，在 shadow-_txtBd.copyPixels 一句后追加如下代码。

代码清单 11-16

```
innerShadow_txtBd.copyPixels(_innerShadow_txtBd, _innerShadow_txtBd.rect, _0pt, innerMask_txtBd, _0pt);
```

接着我们在_total_txtBd.copyPixels 一句后追加如下代码。

代码清单 11-17

```
_total_txtBd.copyPixels(_innerShadow_txtBd, _innerShadow_txtBd.rect, _0pt, null, null, true);
```

与此同时，checkPixel 函数也要作出相应调整。

我们在 shadow_txtBd 的 draw 操作后面追加代码如下。

代码清单 11-18

```
_innerShadow_txtBd.draw(_innerBrushBd, mt, null, BlendMode.DARKEN); //因为淡出改为淡入，所以混合模式
也要从 LIGHTEN 改成 DARKEN
```

我们再次运行，得到如图 11-19 的效果，它跟 Photoshop 的精确发光形态相当接近了。

图 11-19 修正渐变淡出方式后的效果

11.2.4 精确发光与等高线映射

我们把设置等高线的代码恢复回来，追加到 copyPixels 设置遮罩的代码前面，如下所示。

代码清单 11-19

```
var paletteMapArr:Array = getPaletteMapArr();
_shadow_txtBd.paletteMap(_shadow_txtBd, _shadow_txtBd.rect, _0pt, null, null, null, paletteMapArr);
_innerShadow_txtBd.paletteMap(_innerShadow_txtBd, _innerShadow_txtBd.rect, _0pt, null, null, null, paletteMapArr);
```

注意，此处没再用 linearMap 进行转换，因为我们用渐变圆实现的就是一个线性淡出的膨胀发光圈。

再次运行，我们得到如图 11-20 的结果，跟 Photoshop 里面的等高线效果一样！

图 11-20 应用渐变+等高线后的效果

下面我们把原图层也恢复上去，理论上原图层应该夹在内外发光之间，但对于这个蛋糕的效果来说，原图层放在最顶层更加合适。

代码清单 11-20

```
_total_txtBd.draw(_main_txtBd, null, null, BlendMode.HARDLIGHT);
```

效果如图 11-21 所示，光圈跟文本叠得很整齐。

图 11-21 加入原图层后的效果

所以我们也像 DropShadowFilter 那样稍稍偏移一下滤镜层，以增强文本的立体感。

代码清单 11-21

```
var offsetPt:Point = Point.polar(5, Math.PI / 3);
_total_txtBd.copyPixels(_shadow_txtBd, _shadow_txtBd.rect, offsetPt, null, null, true);
_total_txtBd.copyPixels(_innerShadow_txtBd, _innerShadow_txtBd.rect, offsetPt, null, null, true);
```

显然，该设置与距离 5、角度 60 的投影等价。

与此同时，我们把文本的模糊也恢复回来，如下所示。

代码清单 11-22

```
_main_txtBd.applyFilter(_main_txtBd, _main_txtBd.rect, _0pt, new BlurFilter(3, 3, 1));
```

我们得到如图 11-22 的结果，可见膨胀法更易于表现蛋糕蓬松柔软的质感。

图 11-22　膨胀法得到的蛋糕字体

11.3　发光品质与蛋糕表面质感的打造

11.3.1　发光范围的控制

下一个参数是范围，默认值为 50%，但我们一开始先让大家调整到 100%，为什么？让我们看一下范围等于 50%时的效果，如图 11-23 所示。

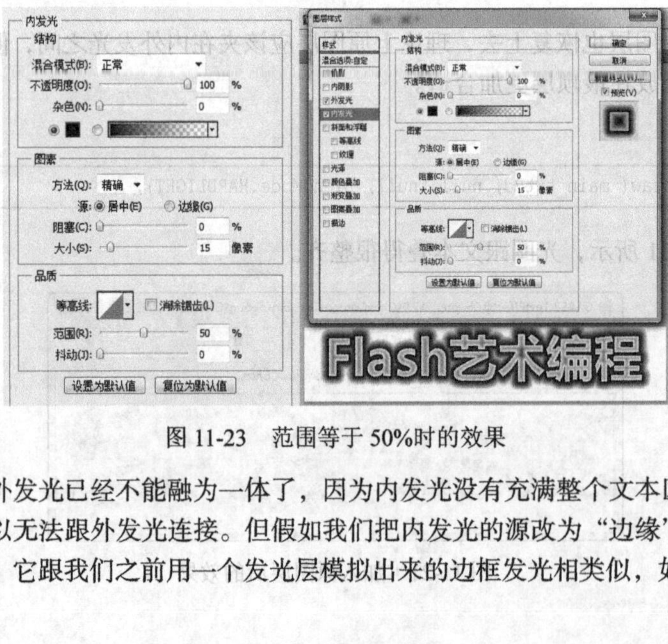

图 11-23　范围等于 50%时的效果

我们发现内外发光已经不能融为一体了，因为内发光没有充满整个文本区域，而且光源在文本的中心，所以无法跟外发光连接。但假如我们把内发光的源改为“边缘”，那内外发光依然可以平滑过渡，它跟我们之前用一个发光层模拟出来的边框发光相类似，如图 11-24 所示。

现在我们试着把发光范围改小，比如外发光改成 20%，其作用就一目了然了——范围参数控制的是模糊区域的大小。从这点上说，它跟强度/扩展/阻塞参数的作用有点像，但实际上，它们在算法方面还是存在着一些差异，扩展往往会挤压滤镜层的轮廓使其发生变形，而范围则对轮廓形状的影响不大，如图 11-25 所示。

要在 ActionScript 里模拟这样的效果很简单，我们在讲描边算法的时候已略有提及，就是将渐变区的范围调窄一些，如下所示。

代码清单 11-23

```
brushShape.graphics.beginGradientFill(GradientType.RADIAL, [0xFF0000, 0x000000], [1, 1], [255 * 0.6, 255], mt);
```

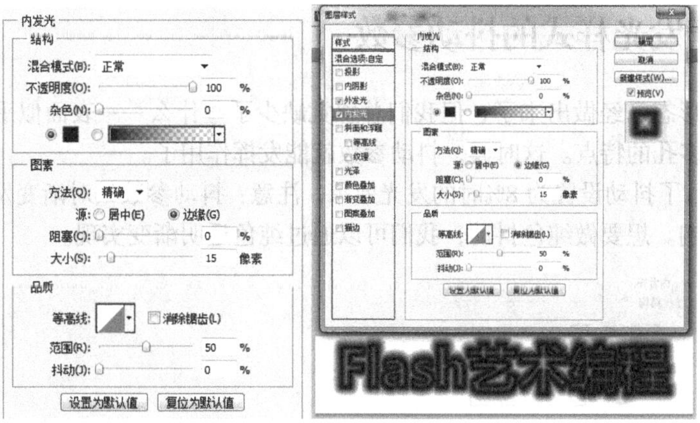

图 11-24　把内发光的源改为“边缘”

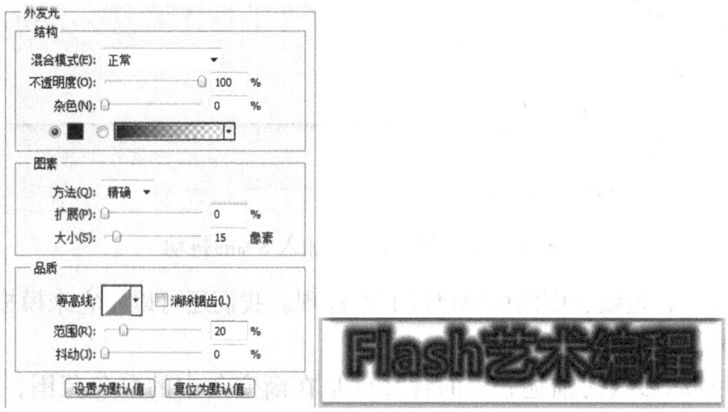

图 11-25　范围参数对发光的影响

因为此时全不透明的色彩已经暴露到外缘，所以渐变色要从原来的中性红 0x800000 恢复至纯红 0xFF0000。

至于 0.6 是怎样得出来的，我们也稍作解释。首先，50%范围时的发光效果跟原始渐变[0,255]一致，其次，100%范围跟无渐变的效果一样，所以比例应该这么算：范围从 0.5~0，渐变左侧的控制点应该在 0~255 范围内变动，从 0.5~0.2，范围共减少 0.3，变化幅度为 0.3/0.5*100%=60%，因此左侧渐变点的位置应等于 255*0.6。

运行效果如图 11-26 所示。

现在我们把等高线映射等操作恢复回来，同时把 0xFF0000 改成 0x800000（保证色彩的范围一致），就可以得到薄一点的蛋糕字体，如图 11-27 所示。不过我们还是更喜欢相对厚一点的版本，因为看起来要更饱满一些。

图 11-26　ActionScript 模拟的 20%外发光

图 11-27　变薄了的蛋糕字体

接下来，我们把范围调回到 100%，继续测试最后一个参数——抖动。

11.3.2　关于发光样式的抖动参数

蛋糕的基本形态已经做出来了，但我们总感觉缺少了些什么——表面似乎光滑了点，未能体现出蛋糕蓬松多孔的特点。这时候，抖动参数就能发挥作用了。

图 11-28 展示了抖动设置为 8%时的发光效果。注意：抖动参数只对渐变发光有效，纯色发光不受此属性影响。想要做纯色抖动，我们可以通过纯色透明渐变实现。

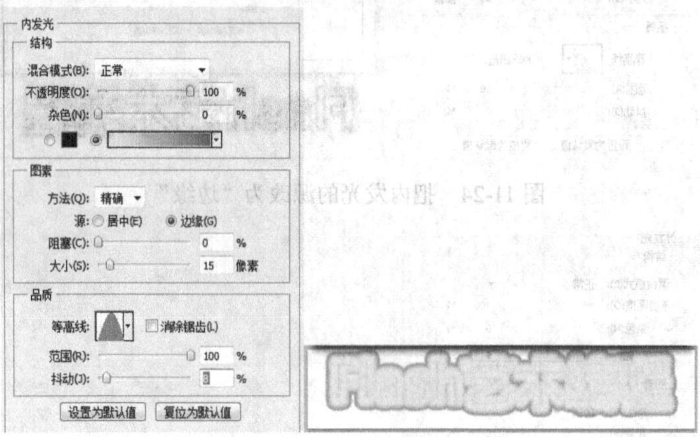

图 11-28　给发光效果加入 8%的抖动

经过抖动处理后，蛋糕表面的质感已经有所体现。我们还可以用它来模拟海绵泡沫、绣花枕头等表面不太光滑的物体。

根据官方对抖动参数的描述，它的含义就是在渐变条中的取色范围，假设抖动设置为 8%，当前取色点在渐变条的位置为 25%，那么当前点将会在 25% ± 8%处随机取色。

paletteMap 中的数组不支持随机数值，所以我们只能在映射前对线性淡出光圈做点处理。处理的方法有很多，比如逐个像素 getPixel32/setPixel32，或者与一个经过 noise 处理的 BitmapData 进行混合。

虽然用内置的 noise 方法效率可以高一些，但因为其可控性较差，所以我们再三斟酌后仍然决定逐个像素地进行操作。此处我们不妨用 getVector/setVector 提升运行效率。

代码清单 11-24

```
private function randomAlpha(targetBd:BitmapData, range:Number):void{
    var targetVec:Vector.<uint> = targetBd.getVector(targetBd.rect);
    for(var i:int = 0, len:int = targetVec.length; i < len; i ++){
        targetVec[i] += ((Math.random() * range * 2 - range) * 255) << 24;
```

```
        }
        targetBd.setVector(targetBd.rect, targetVec);
    }
```

因为外发光和内发光都要进行抖动的变换，所以我们抽象成一个独立的方法以便复用。

现在我们就在渐变映射前追加抖动的代码。

代码清单 11-25

```
randomAlpha(_shadow_txtBd, 0.08);
randomAlpha(_innerShadow_txtBd, 0.08);
```

暂时隐藏掉原图层，我们测试一下，得到如图 11-29 的结果——全透明的像素也都发生抖动了。怎么办？我们先试试把 alpha=0 的像素都过滤掉，如下所示。

代码清单 11-26

```
if(targetVec[i] > 0){
```

另一方面，我们发现 ± 8%的随机范围有点大了，杂色效果比 Photoshop 中的明显，因此 8%解释成 ± 4%似乎更为合理。

代码清单 11-27

```
targetVec[i] += ((Math.random() * range - range * 0.5) * 255) << 24;
```

再次运行，效果如图 11-30 所示，透明像素被过滤掉了，但我们发现，在强制淡出区，抖动依然较明显，导致边缘不太柔和。

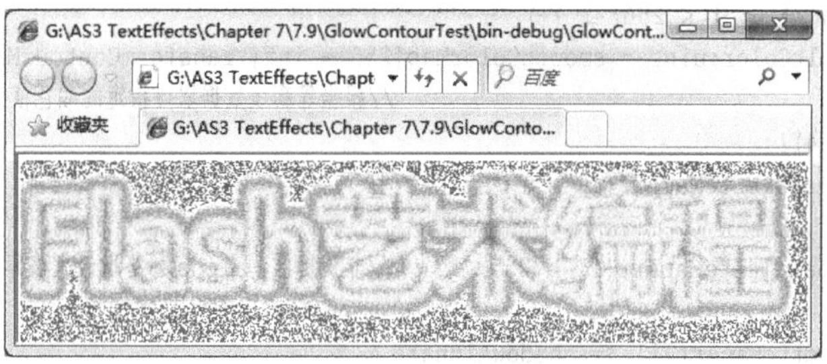

图 11-29　加入抖动后的效果

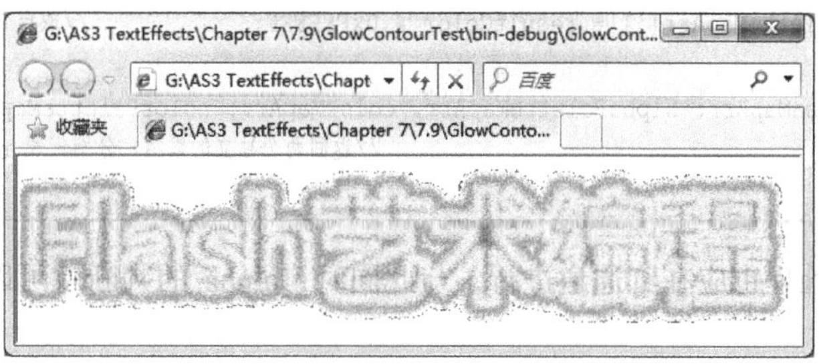

图 11-30　过滤掉全透明像素后的效果

为了进一步搞清楚抖动对强制淡出区工作方式的影响，我们在 Photoshop 中把外发光的大小调至 50 像素，发现色彩的抖动在强制淡出区依然正常进行，但是 alpha 通道并未受到抖动的影响，如图 11-31 所示。

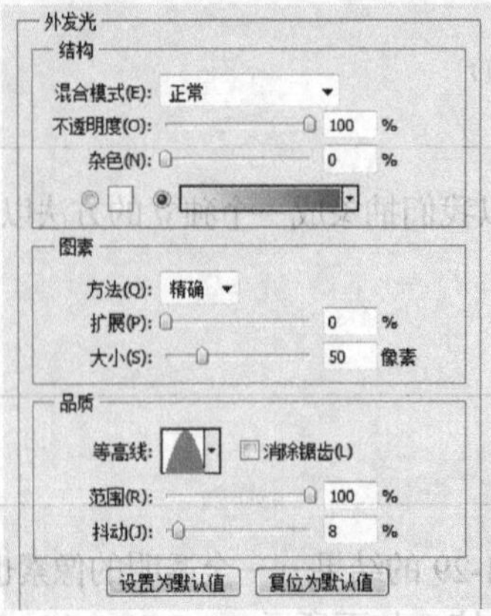

图 11-31　大小为 50 的渐变发光

也就是说，alpha 通道和 RGB 通道的映射必须分开进行。所以我们保留着线性淡出光圈的红通道，用它来做色彩映射，而 alpha 通道则用来做 alpha 映射。

而 getPaletteMapArr 方法我们也应该进行一下拆分，如下所示。

代码清单 11-28

```
private function getPaletteMapArrs():Object{
    var shadowAlpha:Number = 1;
    var smoothColorMap:Dictionary = PhotoshopGradientUtil.getGradientMap([0xFCECB6, 0xF5C7B7, 0xEE9AAF, 0xBC7EAD, 0x8865A9], [1, 1], [0, 64, 128, 192, 255], [0, 255], 256, 1); //引用黄橙紫蓝渐变
    var transformContourMap:Array = getTransformContourMap();
    var colorPaletteMapArr:Array = [];
    var alphaPaletteMapArr:Array = [];
    for(var i:int = 0; i < 256; i ++)  {
        var resultColor:uint = smoothColorMap[255 - int(transformContourMap[i])];
                                                    //根据等高线数据取得指定的颜色值
        if(i < 64){
            alphaPaletteMapArr[i] = i * i / 16;
        }else{
            alphaPaletteMapArr[i] = 255;        //非淡出区，alpha 始终取最大值即 shadowAlpha
        }
        alphaPaletteMapArr[i] *= shadowAlpha;
        alphaPaletteMapArr[i] *=  (resultColor >> 24 & 0xFF) / 0xFF; //与渐变色中的 alpha 相乘
        alphaPaletteMapArr[i] <<= 24;
        colorPaletteMapArr[i] = resultColor & 0xFFFFFF;          //取出 RGB 通道
    }
    return {alphaMapArr: alphaPaletteMapArr, colorMapArr: colorPaletteMapArr};
                                                    //返回两个独立的数组，分别代表 alpha 映射和 RGB 映射
}
```

然后，抖动的处理也应在红通道进行，与此同时，alpha 的判断就可以去掉了，因为 alpha 已经强制淡出。

代码清单 11-29

```
private function randomAlpha(targetBd:BitmapData, range:Number):void{
    var targetVec:Vector.<uint> = targetBd.getVector(targetBd.rect);
    for(var i:int = 0, len:int = targetVec.length; i < len; i ++){
        var red:uint = targetVec[i] >> 16 & 0xFF;
```

```
            red = Math.max(0, Math.min(255, (red + (Math.random() * range - range * 0.5) * 255)));
            targetVec[i] = red << 16 | targetVec[i] & 0xFF00FFFF;
        }
        targetBd.setVector(targetBd.rect, targetVec);
    }
```

回到 disposeFilters 函数，rgbPaletteMapArr 的映射代码需要删除，我们同时将等高线映射的代码修改为如下所示。

代码清单 11-30

```
    var paletteMapArrs:Object = getPaletteMapArrs();
    var alphaPaletteMapArr:Array = paletteMapArrs.alphaMapArr;
    var colorPaletteMapArr:Array = paletteMapArrs.colorMapArr;
    _shadow_txtBd.paletteMap(_shadow_txtBd, _shadow_txtBd.rect, _0pt, colorPaletteMapArr, null, null,
alphaPaletteMapArr);
    _innerShadow_txtBd.paletteMap(_innerShadow_txtBd, _innerShadow_txtBd.rect, _0pt,
colorPaletteMapArr, null, null, alphaPaletteMapArr);
```

现在颜色和 alpha 的映射已经分离出来了，我们再次运行，效果如图 11-33 所示，淡出的 alpha 抖动已被彻底消除。

我们把原图层放回去，就可以得到如图 11-33 的效果。

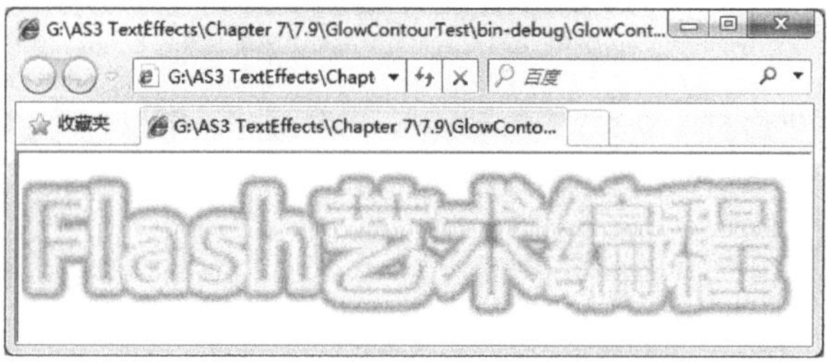

图 11-32　通道分离后的效果

图 11-33　加入原图层后的抖动发光效果

经过抖动处理的蓝莓蛋糕，看起来更加美味可口了，至此我们对发光等高线原理的讲解也将告一段落。如果大家已经学会了蛋糕字体的制作，那么就好好休息一下，顺便买个好吃的蛋糕解解饿吧！

11.4　本 章 小 结

学到本章，我们终于不用再对着那些烦人的数学公式了！此处我们更多的是在套用前面制作好的各种算法，所以整个开发过程就像直接在 Photoshop 里面操作一样轻松。

如果大家还是觉得很头晕（毕竟很多算法没还封装好，所以代码部分阅读起来可能还是有点痛苦），那我就再把本章所探讨过的选项及其算法再列举一次：

（1）渐变映射——渐变与平滑度算法；

（2）精确发光——集合的膨胀法；

（3）发光范围——渐变圆的色彩调整；

（4）抖动参数——随机杂点算法。

可见，除了属性名称以外，本章的其他内容都没有涉及新的技术点，完全都是已有算法的一些应用。相信经过这样的一个梳理之后，大家在重温本章代码的时候，思路将会更加清晰。

第 12 章，我们来探讨在 Flash IDE 中没有直接对应项且效果看起来特别复杂的 Photoshop 图层样式——光泽。到底它有多复杂？模拟它有没什么捷径？有了前面的基础，研究起来会不会容易些呢？翻开下一页，我将为大家逐一解答。

第 12 章 光泽样式——等高线与扭曲效果的实现

如果按照 Photoshop 中的样式类别顺序进行介绍，那现在应该轮到斜面和浮雕样式，而非光泽。但实践证明，斜面和浮雕要比光泽样式复杂得多，而且斜面和浮雕还包含两个子集。所以，经再三考虑，我们决定把光泽样式提到前面来介绍。

所谓“世事无绝对，只有真情趣”，色彩的明暗也不例外。所以，想要体现出色彩的光感，除了把高光的颜色加亮以外，我们还可以使用反衬的手法，通过较暗的阴影使原来的颜色看起来更加明亮。

发光的默认样式通过滤色混合把光线的色彩提亮，用的是前者的思想。而接下来要讲的光泽默认样式则是后者的体现。如图 12-1 所示，光泽颜色默认为纯黑并以正片叠底模式与背景进行混合，但在光感方面却一点也不逊色于发光样式。如果我们把【反相】复选框的勾选状态去除，其光感将更加强烈，如图 12-2 所示。

图 12-1　Photoshop 默认的光泽样式看起来像正在熔炉里冶炼的金属

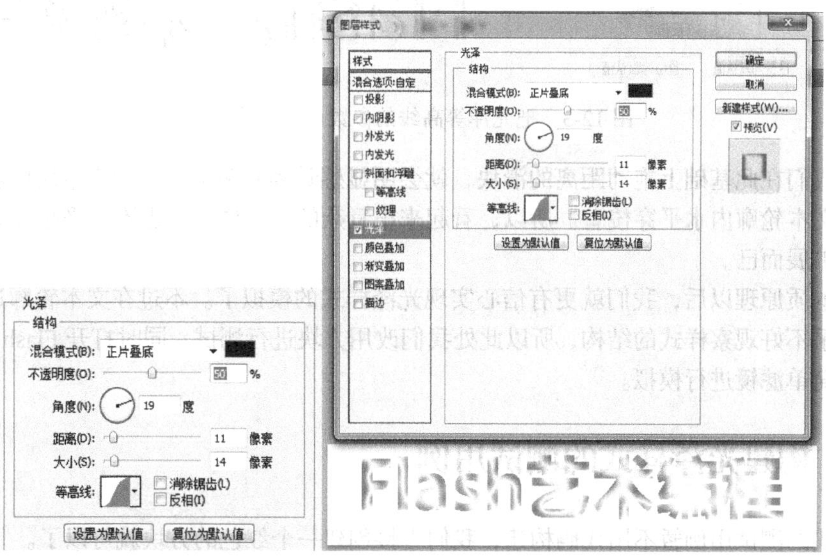

图 12-2　取消反相后的光泽样式

12.1 光泽样式的结构与基本参数

12.1.1 光泽样式的基本构成

默认样式效果上那些蜿蜒曲折的波浪纹理可能会把大家吓到。确实单从目前的效果来看，光泽样式的算法是比较复杂，但是，再怎么复杂，它也是一个个像素组合出来的结果，没什么大不了的！

还记得第 3 章里讲过的奇葩滤镜参数吗？当轮廓足够复杂、参数数值足够大的时候，既定的样式就会在有限的空间内发生严重的变形，从而获得各种意想不到的奇葩效果。

我们完全有理由相信，光泽默认样式的原理也基于此理论。所以我们不妨先把光泽参数调得简单一些，比如角度、大小归 0，alpha 用 100%，等高线改用线性，等等，如图 12-3 所示。

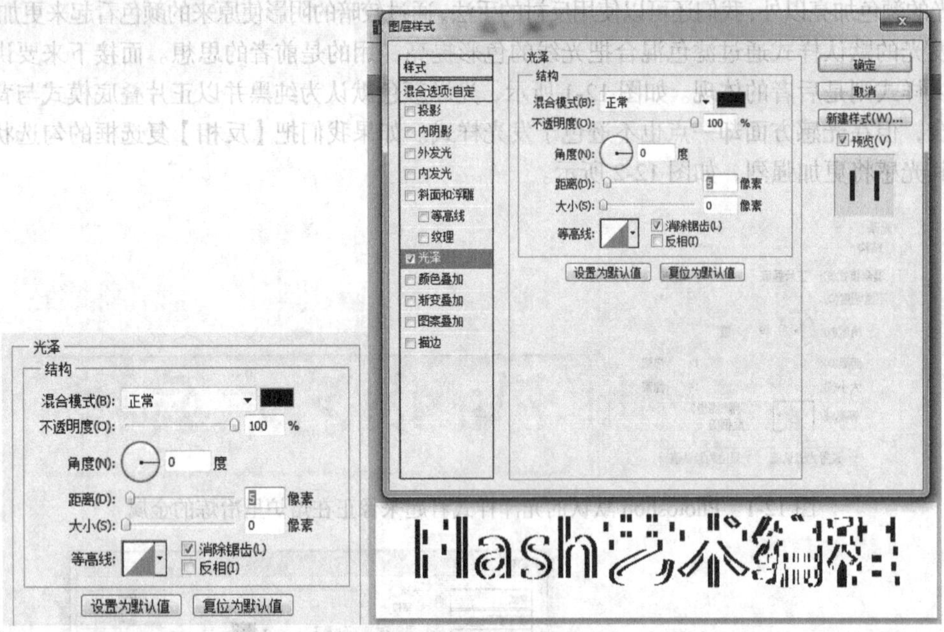

图 12-3　把光泽等高线的参数调得简单一些

然后我们在此基础上拖动距离的滑块，就会明显感觉到有两个镂空的文本层向着互不相同的方向在文本轮廓内水平穿梭着。所以，看起来很复杂的光泽样式，也不外乎是 Flash 简单滤镜的一个扩展而已。

得知本质原理以后，我们就更有信心实现光泽样式的模拟了。不过在文本轮廓这个狭小的区域内似乎不好观察样式的结构，所以此处我们改用方块进行测试，同时打开 Flash IDE，尝试用里面的简单滤镜进行模拟。

12.1.2 构建光泽样式的测试用例

本样式的测试用例暂不用代码构建，我们直接创建一个红色的方块就可以了。

如图 12-4 所示，过于简单的参数设置有时也不便于观察光泽样式的一些特性。所以，我们不妨让光泽样式的两个层在竖直方向上也加上一点错位——设置成 45 度似乎是个不错的做法，如图 12-5 所示。

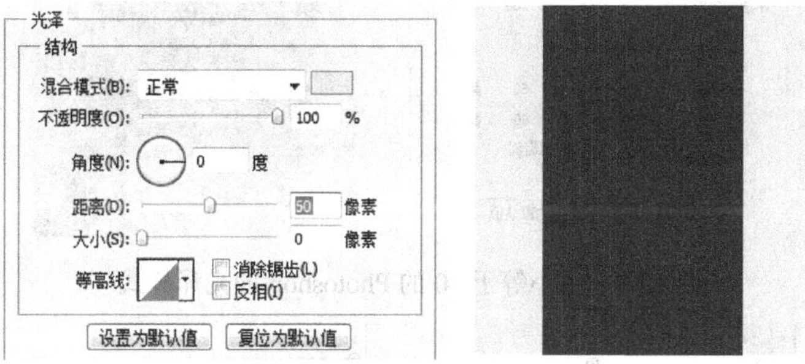

图 12-4　最简单的 Photoshop 光泽样式

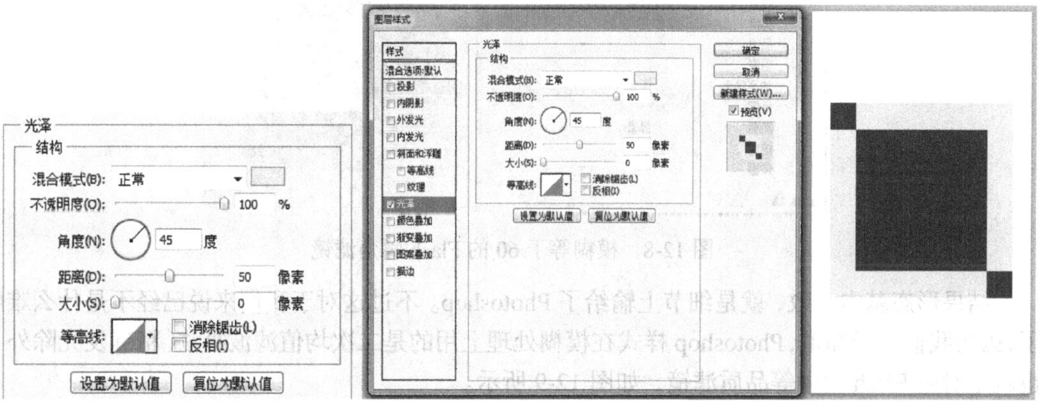

图 12-5　45 度的 Photoshop 光泽样式

大家可以试着转动角度指针或者拖动距离滑块，以观察样式层的变化规律。

发现了没？它就是一个模糊值等于 0 的 BevelFilter！我们完全可以在 Flash IDE 里用斜角滤镜把这样的效果模拟出来，如图 12-6 所示。

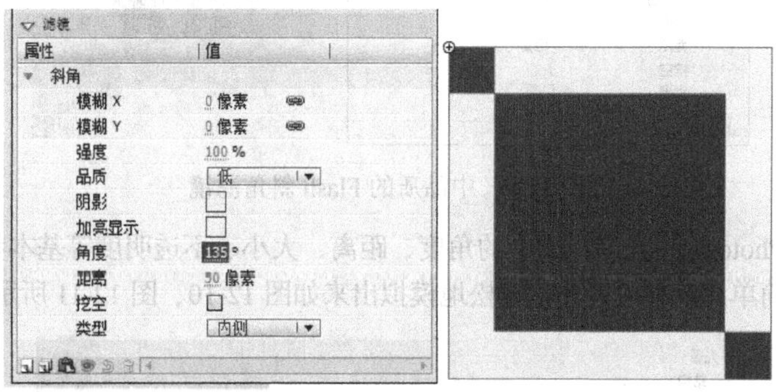

图 12-6　用 Flash 的斜角滤镜模拟简单的光泽样式

下面我们就尝试以斜角滤镜为模板，构建更复杂的光泽样式。

12.1.3　光泽样式的基本参数及其 Flash 实现

根据第 2 章模拟 Photoshop 样式的经验，Photoshop 样式的大小参数一般都对应 Flash 滤镜的模糊属性，所以我们把大小和模糊都调到 60 试试看，如图 12-7、图 12-8 所示。

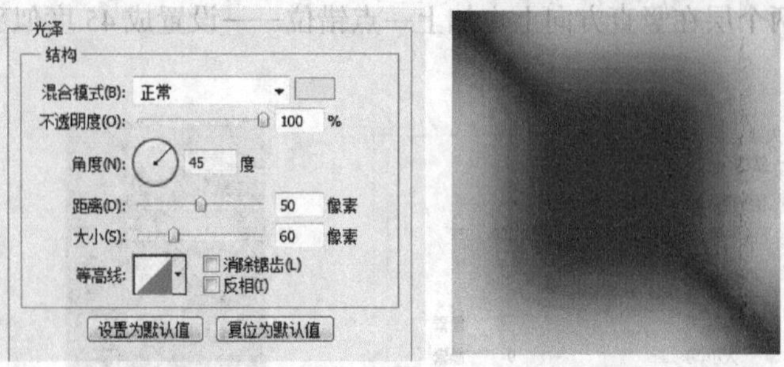

图 12-7　大小等于 60 的 Photoshop 的光泽样式

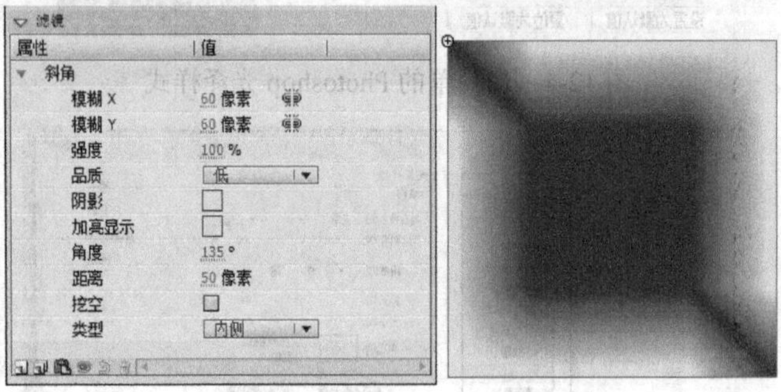

图 12-8　模糊等于 60 的 Flash 斜角滤镜

结果形态基本一致，就是细节上输给了 Photoshop。不过这对于我们来说已经不是什么难题了，因为我们已经知道，Photoshop 样式在模糊处理上用的是二次均值滤波算法（精确发光除外），也就是对应 Flash 的中等品质滤镜，如图 12-9 所示。

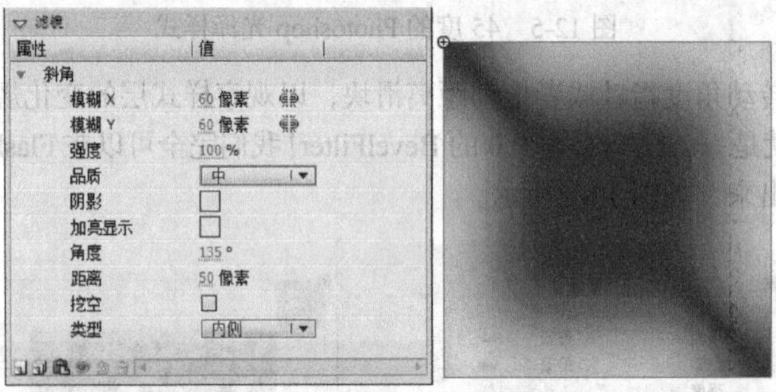

图 12-9　中品质的 Flash 斜角滤镜

所以，不管 Photoshop 光泽样式中的角度、距离、大小、不透明度等基本参数数值有多么奇葩，Flash IDE 的简单滤镜都可以非常轻松地模拟出来如图 12-10、图 12-11 所示。

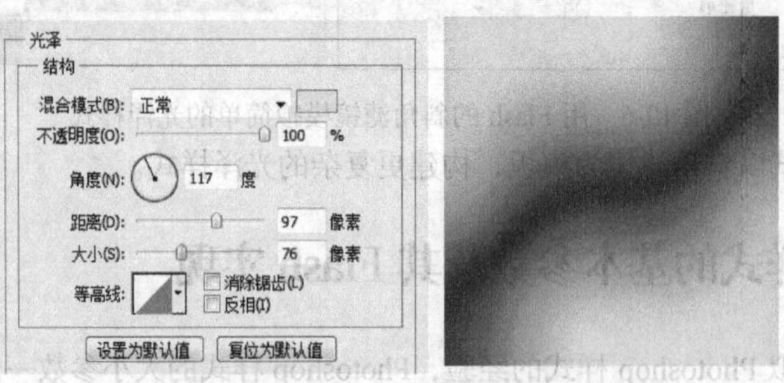

图 12-10　随意调整 Photoshop 光泽样式的基本参数

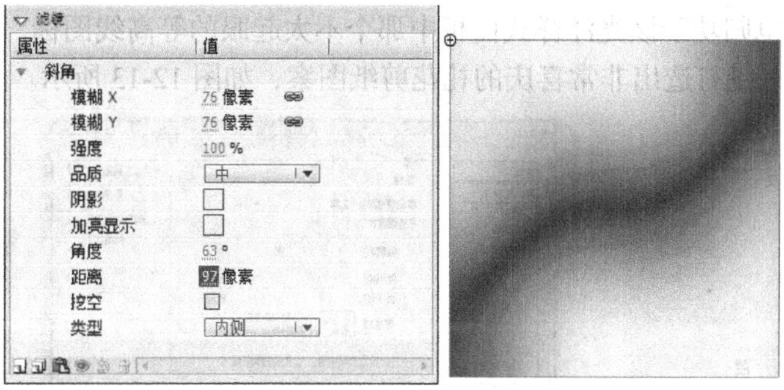

图 12-11　用斜角滤镜模拟稍复杂的光泽样式

12.1.4　光泽等高线基础属性对样式的影响

在正式进入等高线的工作原理探讨之前，我们先来看看等高线附加的两个参数。

首先是消除锯齿，它使拐点较多的等高线更加平滑，具体实现在 CubicSpline 的算法中进行，所以此处不再详述。

然后轮到反相选项，在本章的开头我们就已经测试过了，勾选以后，Photoshop 会对样式中的 alpha 通道进行反相，如图 12-12 所示。

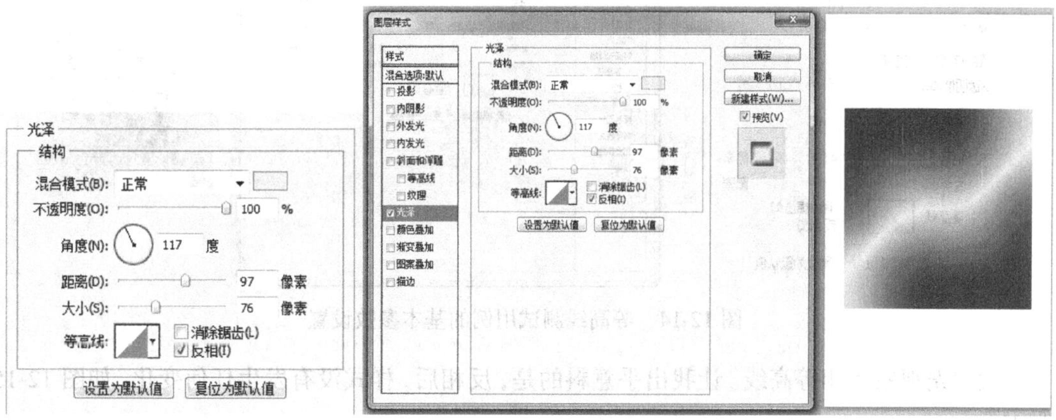

图 12-12　光泽样式中的反相选项

反相选项只是一个满值-当前值的操作，对于 ActionScript 来说没有太大难度，用 ColorTransform、ColorMatrixFilter 等都能实现。引入等高线以后，我们还可以通过反相输出值的方式达到反相选项的效果。

所以接下来我们就进入正题——光泽等高线的工作原理。

12.2　光泽中的等高线

12.2.1　光泽等高线的工作原理探讨

根据经典的二八定律，20%的功能往往要花上 80%的时间才能得以完成。该定律在光泽样式中再次得到了很好的体现，除了其原理需要耗费 80%的精力来进行研究以外，光泽样式所打造出来的质感 80%也归功于该光泽样式面板中那个不太起眼的等高线图标。比如，我们可以用“环形–双”等高线一键打造出非常喜庆的礼花剪纸图案，如图 12-13 所示。

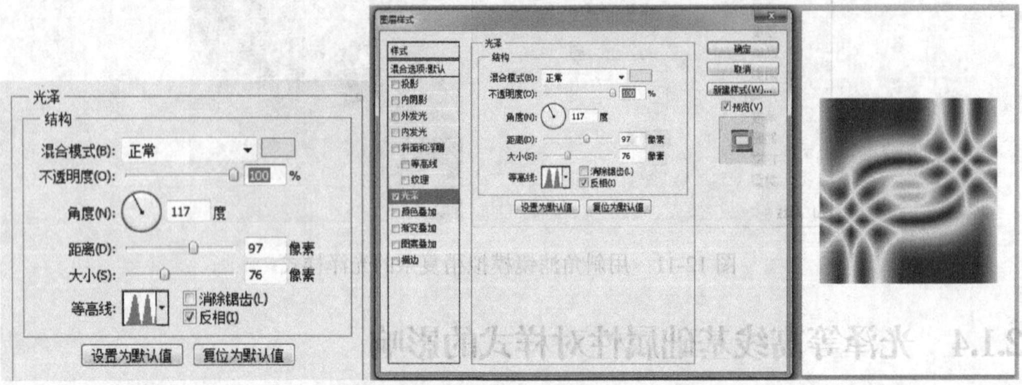

图 12-13　给光泽样式设置环形–双等高线

但是为了方便在 Flash IDE 里进行模拟，测试过程中我们暂不选用过于复杂的等高线。与此同时，我们把基本参数的数值调小一点，从而减少样式扭曲对我们造成的干扰，如图 12-14 所示。

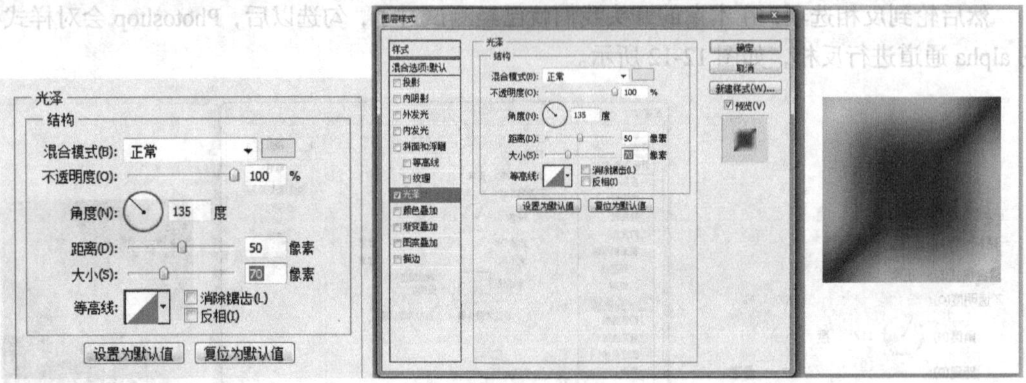

图 12-14　等高线测试用例的基本参数设置

我们先观察反相等高线。让我出乎意料的是，反相后，样式没有发生任何变化，如图 12-15 所示。

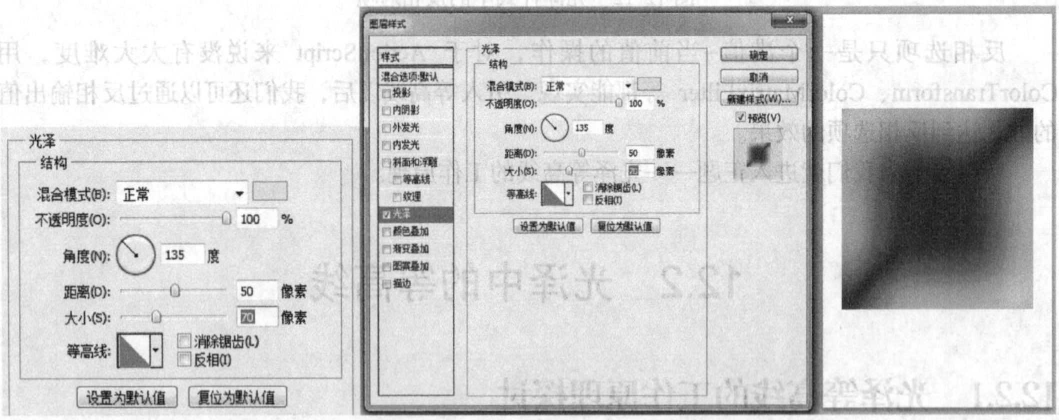

图 12-15　反相等高线的效果

这样的结果让我们相当困惑，再分别尝试恒等于 0%、50%和 100%的等高线，出来的样式更加惊人——样式层始终处于不可见的状态，如图 12-16、图 12-17、图 12-18 所示。

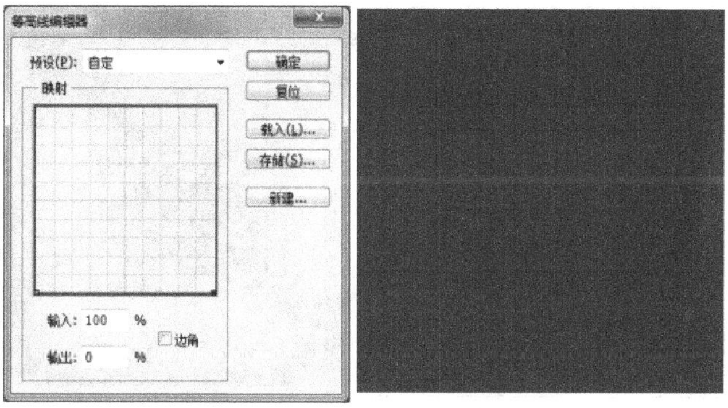

图 12-16　0%输出等高线的效果

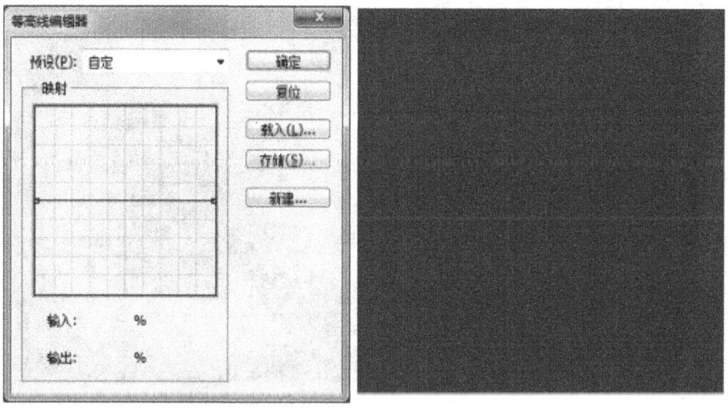

图 12-17　50%输出等高线的效果

光泽等高线的研究工作一度陷入了困境……

我们并未因此而气馁，继续尝试更多特征性的等高线，但盲目的测试往往更容易让人迷茫，所以我们先试着从恒等和反相等高线的效果中寻求出一些规律来。

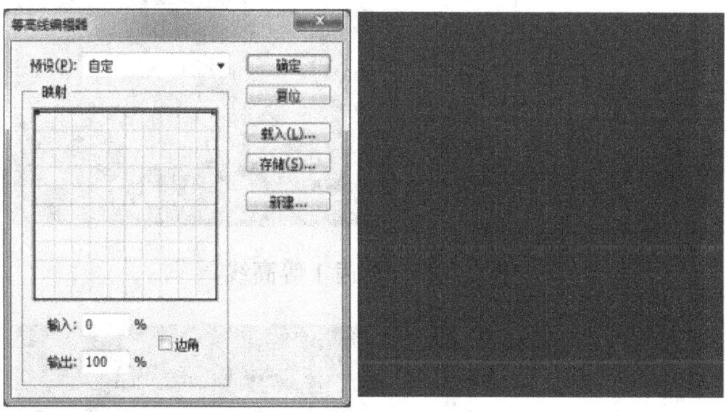

图 12-18　100%输出等高线的效果

比如，以下两条结论完全适用于以上 5 种简单的等高线：

（1）互为反相的两条等高线效果一致；

（2）在不越界的情况下，竖直方向上平移等高线，样式的效果不变。

为了验证以上两条规律是否适用于其他类型的等高线，我们开始在光泽等高线编辑器上进行大量针对性的测试，发现无论等高线有多复杂，都始终满足以上两个条件。

图 12-19 和图 12-20 展示了两条互为反相的等高线作用于同一图形的效果，而图 12-21 和

图 12-22 则体现出了光泽样式的第二条规律：竖直方向上平移等高线不会对光泽的效果造成影响。

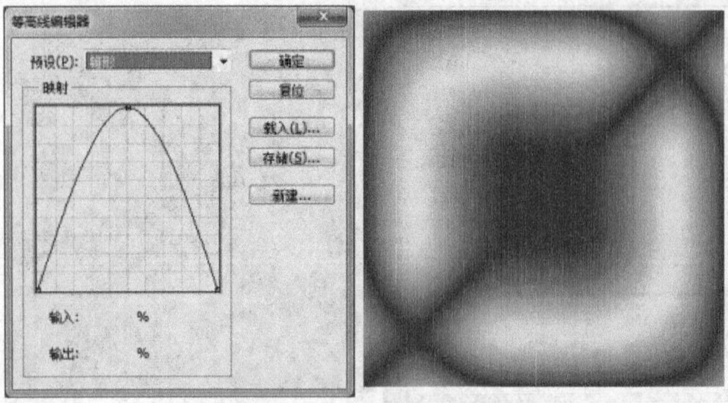

图 12-19　锥形等高线的效果

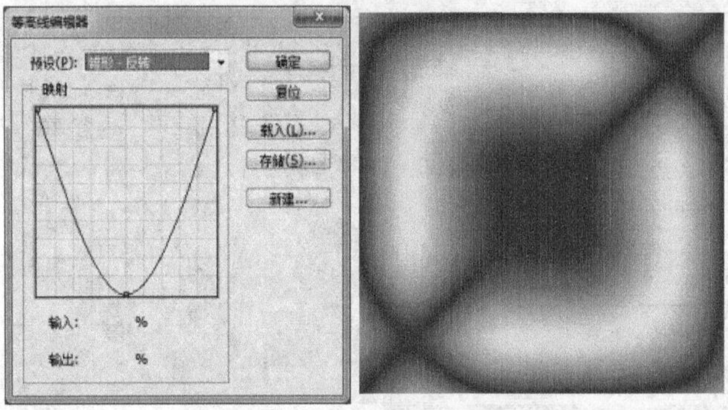

图 12-20　锥形–反转等高线的效果

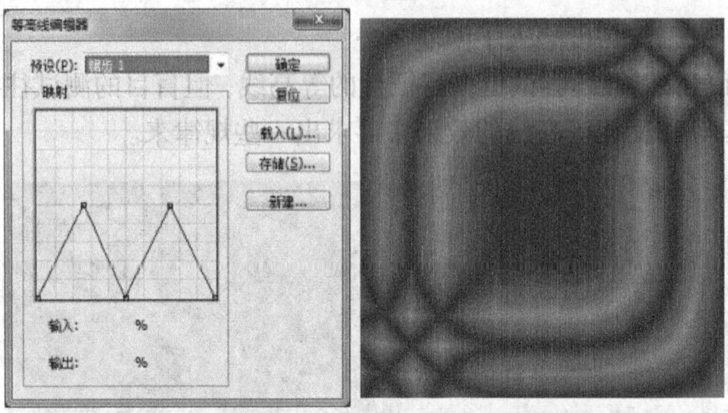

图 12-21　锯齿 1 等高线

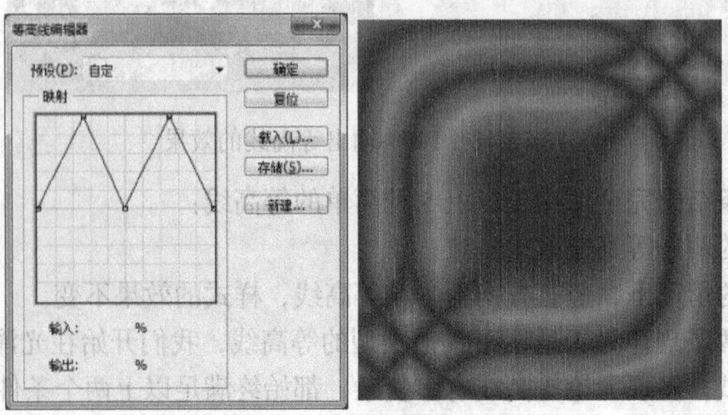

图 12-22　平移后的锯齿 1 等高线

现在，我们可以基本认定以上两条规律对于任何光泽等高线都适用。不过，这样的规律对我们来说有什么用呢?

我们已经知道，光泽样式是两个独立的滤镜层相互混合的结果。如果它们以相减的模式进行混合，那么第一条规律就可以解释通了，因为平移并不会影响两样式层的颜色差值。

在 Photoshop 内置的混合模式中，减去（SUBTRACT）和差值（DIFFERENCE）都基于相减的算法。而根据第二条规律，我们可以把前者排除掉，因为反相会影响 SUBTRACT 混合的结果，而不会影响 SUBTRACT 的绝对值 DIFFERENCE。

为进一步验证以上猜测的正确与否，我们不妨回到 Flash IDE，尝试模拟出两样式层相互叠加的效果。

12.2.2　光泽等高线在 Flash IDE 中的模拟

我们用渐变斜角代替斜角滤镜并设置好一些基本的参数，如图 12-23 所示。

渐变左右两个半段分别代表阴影和高光部分的颜色，根据光泽样式的特点，渐变中心点两侧的色彩分布一定关于中心点对称，因为光泽样式的两个样式层在形态上完全一致。

我们给渐变两侧都分别加上 0-50-0-50-0 的黄色透明渐变，得到如图 12-24 的效果。

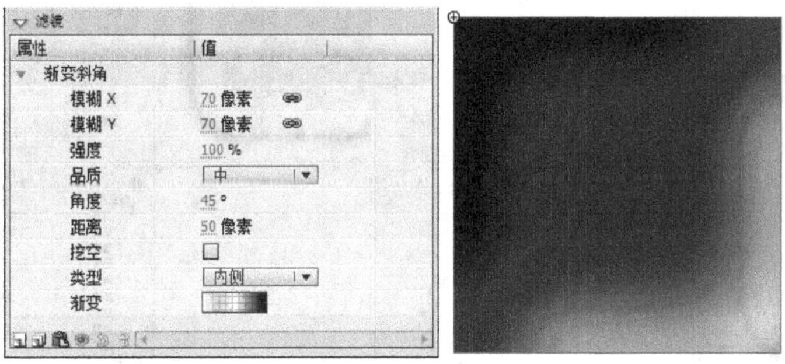

图 12-23　设置渐变斜角滤镜的基本参数

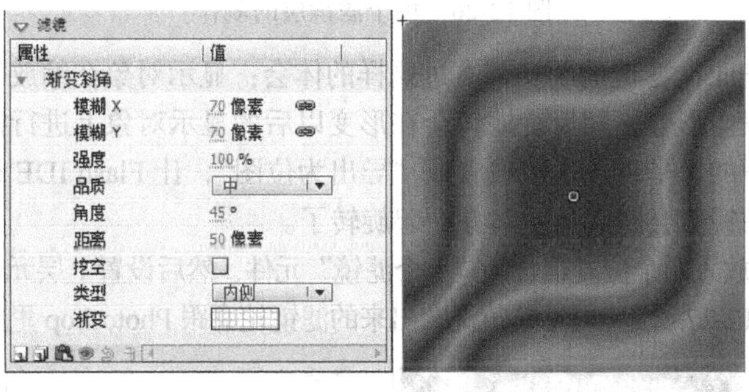

图 12-24　用渐变斜角滤镜模拟锯齿等高线

两个滤镜层并没有发生交叉，而是呈现出交界处相互排挤的现象，可利用的只剩下不相交的部分了。但因为两滤镜层实际上是一个整体，而且被扭曲的部分很难修正，所以我们只能忍痛割爱，弃用这个看起来似乎已经比较接近最终效果的双层滤镜。

既然如此，我们就改用渐变发光滤镜，然后自己实现混合。

考虑到 Flash IDE 内置的混合模式不支持 alpha 通道的 DIFFERENCE 混合，本例我们用黑底白光来实现光泽轮廓的模拟。

接下来我们按照图 12-25 的等高线样式，设置滤镜的渐变属性。

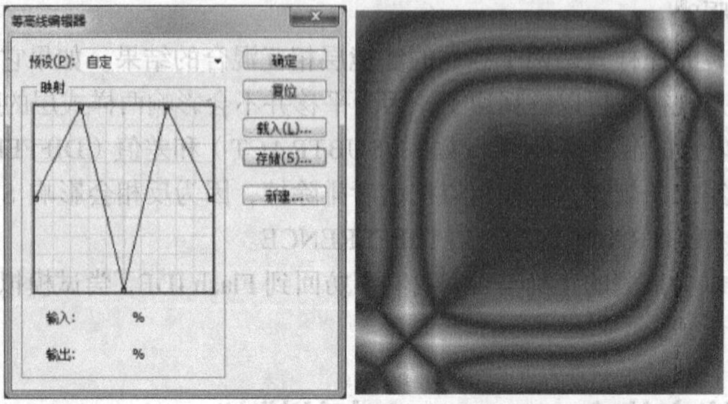

图 12-25　光泽样式的效果

考察用于混合的两个滤镜层，除了距离以外，它们的基本属性和渐变数据都完全相等。因此为了测试上的方便，我们不妨把滤镜效果包含到元件内部，使两个滤镜层的渐变填充始终保持同步，如图 12-26 所示。

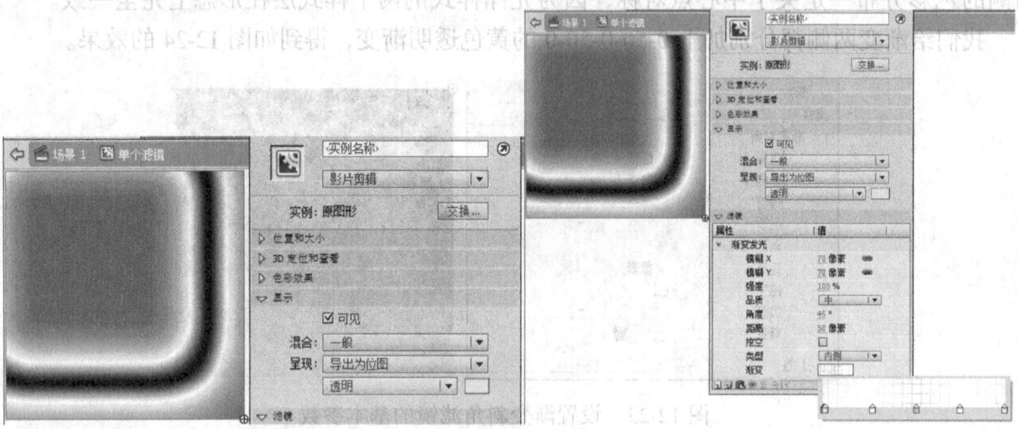

图 12-26　单个滤镜层的制作

相信经常使用 Flash 滤镜的朋友都有过这样的体会：显示对象在缩放或者旋转的时候，滤镜效果并不会随之发生形变，相反，滤镜会在形变以后的显示对象上进行操作。因此，我们可以把【显示】窗格下的【呈现】选项设置成“导出为位图”，让 Flash IDE 认为滤镜层已经转换为一张图片，这样滤镜就会跟着显示对象一起旋转了。

我们在主场景中放入两个位置重合的“单个滤镜”元件，然后设置上层元件混合模式为“差值”并旋转 180 度，如图 12-27 所示，可见差值混合出来的滤镜轮廓跟 Photoshop 里的光泽效果是一样的！

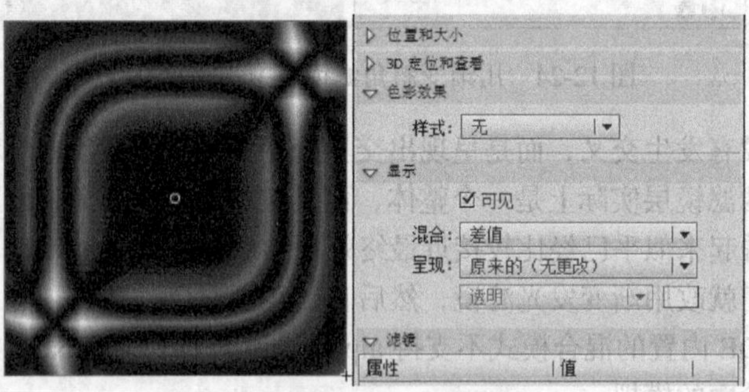

图 12-27　在主场景上放置两个滤镜层

Flash IDE 模拟的光泽是从白到黑，即 RGB 通道从 255 过渡到 0 的渐变。而 Photoshop 中的光泽样式则是从全不透明到全透明，即 alpha 从 255 淡出到 0 的结果。因此，我们只要用 ActionScript 把差值混合的结果复制到 alpha 通道上，就可以得到 Photoshop 的光泽效果了！

12.3　光泽等高线的 ActionScript 实现

12.3.1　测试用例的书写

新建一个 ActionScript 项目，名为 SatinContourTest，与之前的项目不同，我们不以 TextField 作为研究的基本对象，取而代之的是一个红色的方块。

基础代码如下。

代码清单 12-1

```
package{
    [SWF(width = "800", height = "600")]
    public class SatinContourTest extends Sprite{
        private var CurveBytes:Class;
        private var _mainBd:BitmapData; //主位图
        private var _totalBd:BitmapData; //最终要显示到舞台上的位图
        private var _totalBm:Bitmap;
        public function SatinContourTest(){
            init();
        }
        private function init():void{
            initMainBd();
            initTotalBd();
        }
        private function initMainBd():void{
            _mainBd = new BitmapData(256, 256, true, 0xFFFF0000);
        }
        private function initTotalBd():void{
            _totalBd = new BitmapData(_mainBd.width, _mainBd.height, true, 0x00000000);
            _totalBd.copyPixels(_mainBd, _mainBd.rect, new Point());//首先贴上底图
            _totalBd.copyPixels(getGlowBd(), _mainBd.rect, new Point(), null, null, true);
            _totalBm = new Bitmap(_totalBd);
            addChild(_totalBm);
        }
    }
}
```

getGlowBd 函数则为本例的核心所在。

代码清单 12-2

```
    /*生成一个高光样式层
    * @param countourMap 要使用的等高线（为了适应不同类型，我使用*来匹配）*/
    private function getGlowBd(distance:Number = 40, angle:Number = 45, color:uint = 0xFFFF00,
alpha:Number = 1, blur:Number = 40, countourMap:* = null, invert:Boolean = false):BitmapData{
        var sourceBd:BitmapData = _mainBd.clone();
        sourceBd.colorTransform(sourceBd.rect, new ColorTransform(0, 0, 0)); //先处理成黑色
```

```
        var glowBgBd:BitmapData = sourceBd.clone();
        glowBgBd.applyFilter(sourceBd, sourceBd.rect, new Point(), new DropShadowFilter(distance,
angle, 0xFF0000, 1, blur, blur, 1, BitmapFilterQuality.MEDIUM, true));
        var glowBlendBd:BitmapData = sourceBd.clone();
        glowBlendBd.applyFilter(sourceBd, sourceBd.rect, new Point(), new DropShadowFilter(- distance,
angle, 0xFF0000, 1, blur, blur, 1, BitmapFilterQuality.MEDIUM, true));
        glowBgBd.draw(glowBlendBd, null, null, BlendMode.DIFFERENCE); //用差值模式混合背景层和混合层
        var totalBd:BitmapData = new BitmapData(_mainBd.width, _mainBd.height, true, 0x00000000); //
混合完成后将红通道复制到alpha 通道上
        totalBd.copyChannel(glowBgBd, glowBgBd.rect, new Point(), BitmapDataChannel.RED,
BitmapDataChannel.ALPHA);
        /*alpha 混合完成后开始上色*/
        var ct:ColorTransform = new ColorTransform();
        ct.color = color;
        totalBd.colorTransform(totalBd.rect, ct);
        return totalBd;
    }
```

代码创建了两个距离互为相反数、其他属性完全一致的样式层，而这两个滤镜层又通过两个渐变发光滤镜层以减去模式混合而成。因此，除了等高线映射以外，实现流程中的其他步骤都已经完成了。

12.3.2 等高线映射的实现

运行项目，效果如图 12-28 所示，它看起来就像一个斜角滤镜，与光泽等高线的形态相一致。当然了，这不是我们的最终目标，不然还不如直接用斜角滤镜。所以接下来我们要导入 Photoshop 中的等高线数据。

我们把图 12-29 中的锯齿等高线导出为 curve.shc，然后将该文件复制到 ActionScript 项目中的 src/assets 目录下。

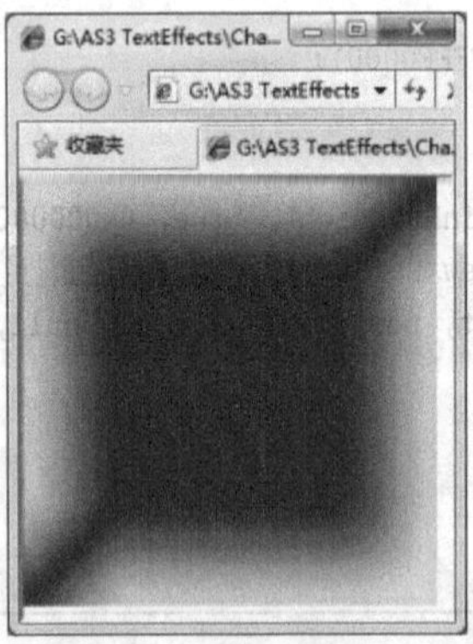

图 12-28　用 ActionScript 模拟光泽样式

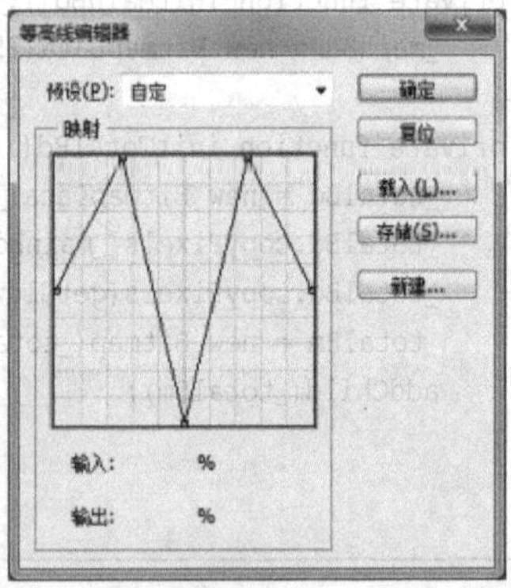

图 12-29　需要导出的等高线

我们引入 PUBLIC_CLASSES 公共库，同时给项目添加全局变量声明。

代码清单 12-3

```
    [Embed(source = "assets/curve.shc", mimeType = "application/octet-stream")]
    private var CurveBytes:Class;
    private var _contourMap:Vector.<Number>;
    private var _calculator:ContourCalculator;
```

然后我们利用公共库中的等高线解析类将等高线数据解码为 Dictionary。

代码清单 12-4

```
private function initCurve():void{
    var bytes:ByteArray = new CurveBytes();
    var contourList:ContourList = new ContourList();
    contourList.parse(bytes); //解析等高线文件
    _calculator = new ContourCalculator();
    _contourMap = _calculator.calculate(contourList.contours[0].points); //等高线映射表
}
```

该函数的调用追加到 init 函数的最前面。

至此，等高线数据生成完毕，我们把数据传入到 getGlowBd 函数里，同时将其他基本参数的值调整到跟 Photoshop 中的一致：

代码清单 12-5

```
_totalBd.copyPixels(getGlowBd(50, 45, 0xFFFF00, 1, 70, _contourMap), _mainBd.rect, new Point(), null,
null, true);
```

下一步，我们在 getGlowBd 函数里建立等高线映射，先在 getGlowBd 的最前面追加代码。

代码清单 12-6

```
var paletteMapArr:Array = [];
for(var i:int = 0; i < 256; i ++)   {
    paletteMapArr[i] = _contourMap[i] << 16; //映射操作在红通道上进行
}
```

然后我们在 glowBgBd.draw 后面加上等高线的映射。

代码清单 12-7

```
glowBgBd.paletteMap(glowBgBd, glowBgBd.rect, new Point(), paletteMapArr); //等高线映射
```

glowBlendBd 的处理方法与之类似。

代码清单 12-8

```
glowBlendBd.paletteMap(glowBlendBd, glowBlendBd.rect, new Point(), paletteMapArr);
```

映射操作完成，我们按 F11 欣赏一下自己的成果吧（图 12-30）!

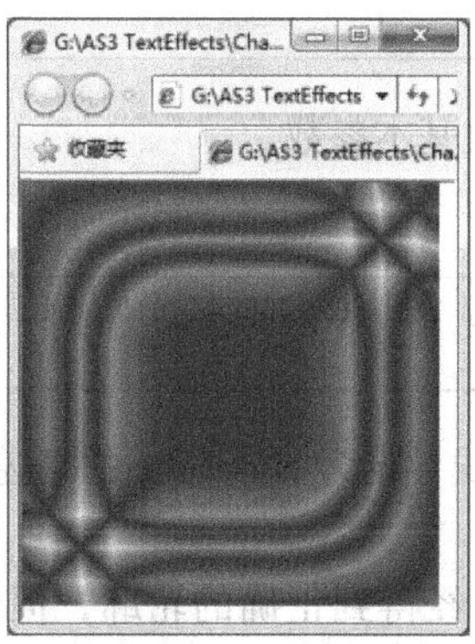

图 12-30　用 ActionScript 模拟的光泽等高线

12.3.3 模拟更多复杂的光泽样式

我们可以把等高线替换成图 12-31 的样式，效果如图 12-32 所示，可见 ActionScript 的模拟结果与 Photoshop 中的光泽样式基本一致。

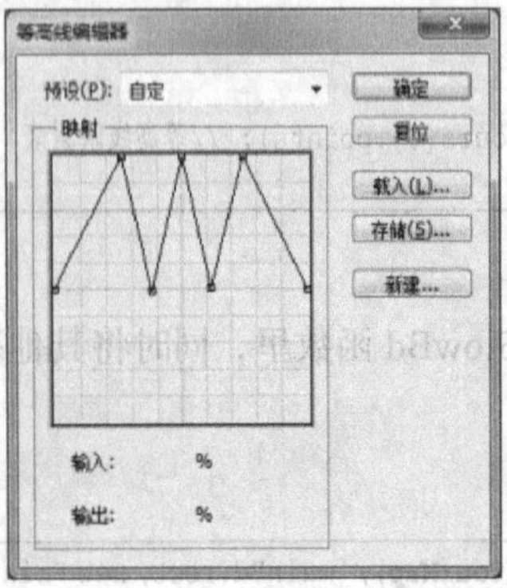

图 12-31 另一种光泽等高线样式

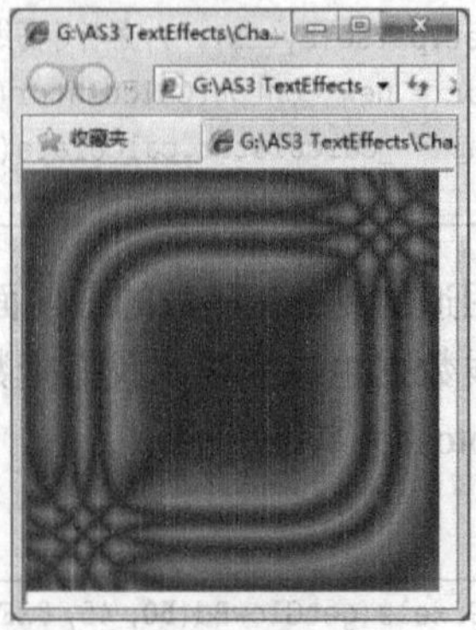

图 12-32 用 ActionScript 模拟图 12-31 的光泽等高线

方块测试通过，一切已经水到渠成。接下来我们就尝试换成本章开头给出的文本光泽效果，如图 12-33 所示。

图 12-33 设置了默认光泽样式的文本

要模拟这一光泽效果，我们要做的第一件事就是把红色方块换成文本位图。

代码清单 12-9

```
private function initMainBd():void{
    _mainBd = new TextBitmapData("Flash 艺术编程", new TextFormat("Microsoft YaHei", 80, 0xFFFFFF, true));
}
```

然后我们在 ActionScript 里修改基本参数。

代码清单 12-10

```
_totalBd.copyPixels(getGlowBd(11, 161, 0x000000, 0.5, 14, _contourMap, true), _mainBd.rect, new Point(), null, null, true);
```

我们接着把图 12-33 中的等高线导出为 curve.shc 并覆盖到 ActionScript 项目的 src/assets 目录下。

运行效果如图 12-34 所示，已经得到正确的轮廓，但色彩恰好与 Photoshop 中的光泽样式相反。

原因相当地明确，我们没按照 Photoshop 的设置进行反相处理，所以我们还需要给 getGlowBd 方法加入反相的操作。

代码清单 12-11

```
if(invert){
    ct.alphaMultiplier = -1;
    ct.alphaOffset = 255;
}
```

再次运行，效果如图 12-35 所示。反相以后，文本内部被划出了几道伤疤。这是因为原滤镜层的全透明像素，会被 colorTransform 忽略掉。

图 12-34　用 ActionScript 模拟文本光泽效果

图 12-35　反相后的光泽等高线

为了让文本不因反相而破相，我们需要再进行一下比对，然后给所有全透明的像素点都填上全不透明的颜色。实现该操作的方法有很多，此处我用阈值检测函数 threshold 把 BitmapData 中 alpha=0 的像素点筛选出来，然后替换成 alpha=100%的颜色。

代码清单 12-12

```
if(invert){
    totalBd.threshold(totalBd, totalBd.rect, new Point(), "==", 0x00000000, 0xFF000000 | color, 0xFFFFFFFF, true);
}
```

我们把以上代码追加到 colorTransform 操作的后面。

运行效果如图 12-36 所示，文本轮廓以外的空白区域也被替换成了全不透明的颜色，这显然不是我们想要的，因此需要在 threshold 一句的后面加入遮罩的操作。

代码清单 12-13

```
totalBd.copyPixels(totalBd, totalBd.rect, new Point(), mainBd, new Point());
```

我们再次运行，效果如图 12-37 所示。

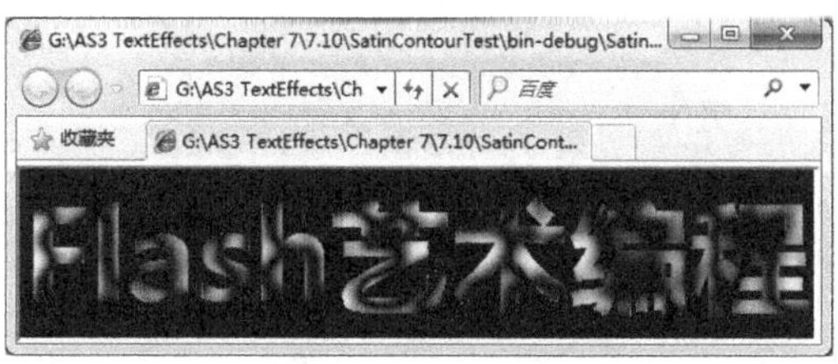

图 12-36　阈值检测后的结果

图 12-37　修正 alpha 后的效果

最后我们再对整个样式层做一次 alpha 变换。

代码清单 12-14

```
totalGlowBd.colorTransform(totalGlowBd.rect, new ColorTransform(1, 1, 1, alpha));
```

这样我们就得到最终的光泽效果了（图 12-38）!

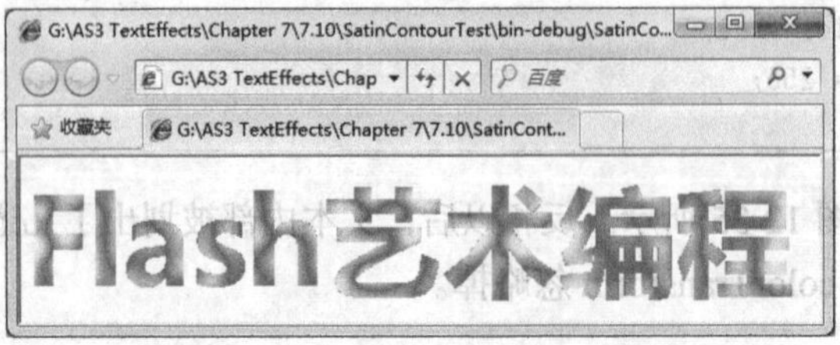

图 12-38　设置 alpha 等于 50%

至于混合模式一项，其模拟方法与投影等高线的混合选项相类似，此处不再重复。

12.4 本 章 小 结

本章虽然篇幅很短，只有 5000 字左右，但这可是浓缩了我们好几个月的心血。书上的分析过程看似比较自然流畅，但光是两滤镜层的混合模式，就进行了大量的测试，走了不少弯路，其关键问题就在于一开始我压根儿就没考虑到把 alpha 通道放入到 RGB 中，导致自己屡战屡败。

所以在我们看来，DIFFERENCE 这个单词的价值一点都不低于爱因斯坦在机器损坏处划上的那一笔。单词本身可能只值 1 美元，但当它被设置到光泽样式上，其价值就得再加 9999 美元了。

至于其他的部分，跟第 11 章一样，都是已有算法的一些应用，不过我的心里面总是不太踏实，在通道转移的过程中，觉得自己似乎绕了比较大的一个圈子，操作次数较多，可能做了不少无用功，性能方面也许会有所降低。有兴趣的读者可以帮我完善一下，尽量减少通道复制时的执行次数，毕竟我自己被混合模式折腾太久，思维有点短路了，哈哈。

最后一个样式就是斜面和浮雕了。尽管默认样式的效果很简单，乍一看跟斜角滤镜没有太大区别，但参数面板和选项却多得吓人。站在技术的角度看，这才是真正意义上的复杂，同时也是我们把该样式放在后面讲解的重要原因之一。

第 13 章

斜面浮雕——等高线及立体效果的实现

斜面和浮雕是 Photoshop 中最复杂的图层样式，也是打造各种逼真质感效果的关键所在，所以其参数设置相当复杂，程序实现的技术难度也相当高。

该样式自 Photoshop5.0 的简单斜角（图 13-1）起，发展至今已有 10 多年的时间（图 13-2），其功能才得以基本成型，所以要把新版本的每个参数都讲完，恐怕再写一本书都不够。加上水平有限，本章我们只挑选部分参数，对平滑型斜面进行一些较简单的定性分析。有兴趣的读者可以自行深入研究，也欢迎来信与我们讨论。

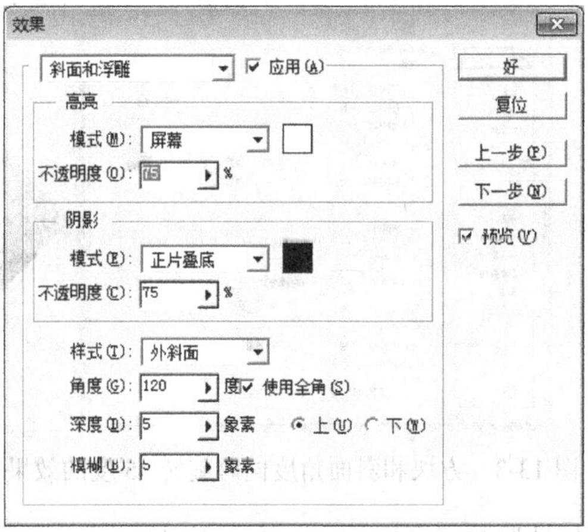

图 13-1　Photoshop5.0 的斜面和浮雕样式

如果都使用默认值，我们就会发现斜面和浮雕样的构造跟 Flash 斜角滤镜非常相似，而且当模糊值较小时，两者的细节差异几乎无法用肉眼分辨出来。

13.1　平滑斜面基本参数选讲

用 Flash 斜角模拟 Photoshop 斜面时，我们发现【方法】参数对 Photoshop 斜面效果的影响最大，其中，默认的“平滑”方法与 Flash 斜角的效果最为接近，所以该类斜面有望用 Flash 的斜角滤镜模拟出来。

13.1.1　斜面样式的基本结构

为此，我用最简单的方块、花费了大概 3 个月的时间进行了大量的研究和统计分析，把斜面渐变的曲线算法用数学公式勉强拟合了出来。本以为自己已经成功破解这一难题，但随着越来越多参数的介入，我们很不幸地发现，总结出来的公式只适用于旋转角度为0的方块。但无论如何，我们也会把目前的研究成果发布到配套源码中供大家参考。

如图 13-2 所示，我们用旋转角度为 0 的方块观察 135 度斜面的效果，乍一看确实可用斜角滤镜大致模拟出来，按理说，此时将角度和方块都同时旋转 45 的话，得到的效果应该跟当前一致，但事实却并非如此，如图 13-3 所示。

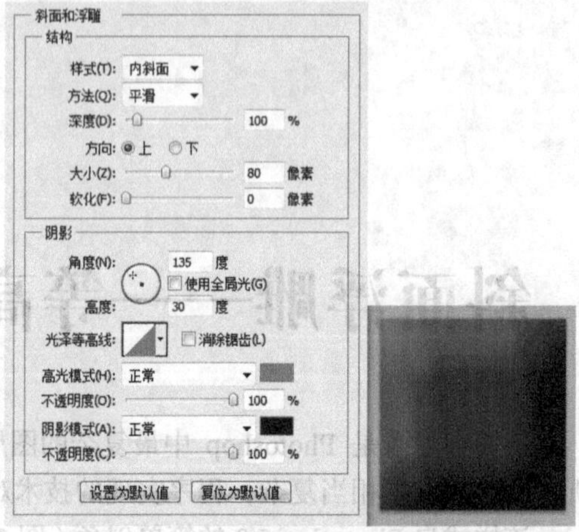

图 13-2　Photoshop135 度平滑斜面

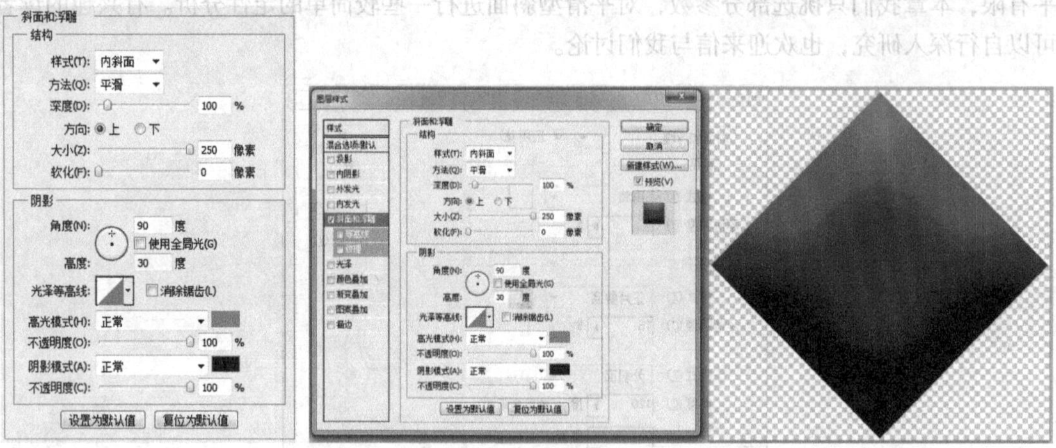

图 13-3　方块和斜面角度同时旋转 45 度的效果

到目前为止，我们还只是调整了角度这么一个简单的参数，色彩和形态上的差异就已经比较明显了。不难想象，如果再修改其他参数，此处的误差将会越来越大。为此，我们不得不暂时搁置对斜面结构的研究工作。

不过在研究的过程中，我们还是有一些收获，下面就给大家分享一下。

13.1.2　Photoshop 斜面与 Flash 斜角在角度处理上的区别

在 Flash 的斜角滤镜中，180 度和 90 度都是一个特殊位置。此时 4 条边只有两条有效果，而 135 度则刚好夹在这两者之间，4 条边都带了样式。在从 90 度平滑过渡到 180 度的过程中，上下两边的色彩逐渐变淡，慢慢转向左右两侧。

Photoshop 中的角度就并非如此了。图 13-4 和图 13-5 分别展示了角度为 90 度和 180 度时的斜面效果及其趋势线。

可见，90 度斜面并没有使左右两侧的样式效果完全消失，无论从趋势线还是效果图来看，90 度斜面样式都在左右两侧留下了一些残影，让整体看起来仍然有较强的立体感。这也是 Photoshop 和 Flash 差别较大的细节之一。

残影的模糊值跟大小参数相等，因此，我们想以定性的标准在 Flash IDE 中模拟这个残影还是比较简单的，在斜角下方加入一个内阴影滤镜即可，如图 13-6 所示。

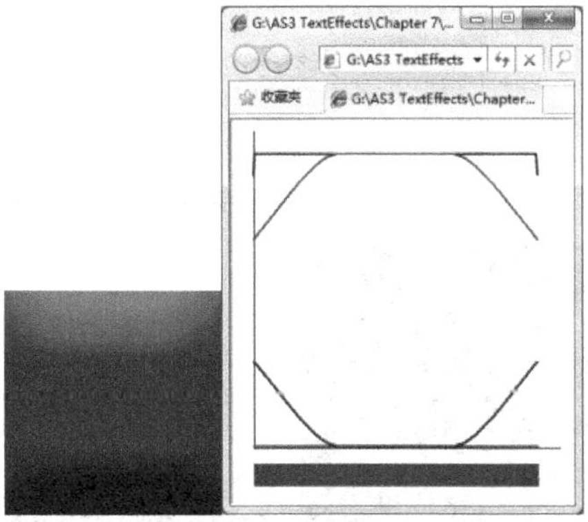

图 13-4 90 度斜面的趋势线

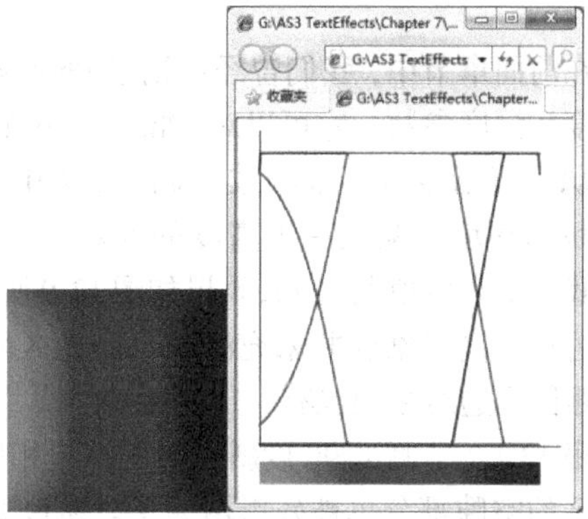

图 13-5 180 度斜面的趋势线

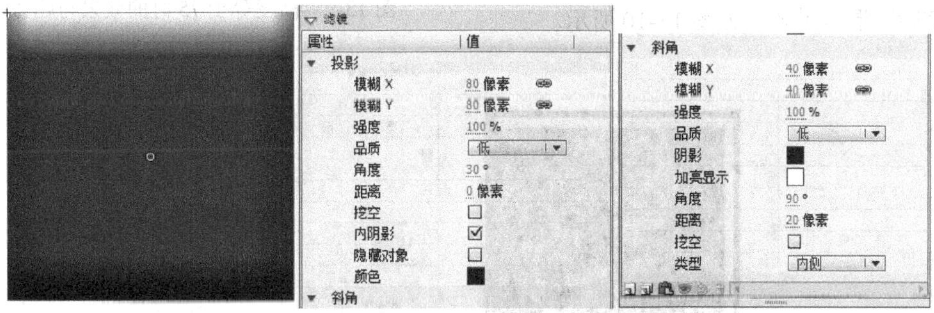

图 13-6 用内阴影滤镜模拟斜面中的残影

不过，高光与残影重叠的感觉并不好。为此，我们将斜角的高光部分抽离出来，以对残影进行擦除操作。

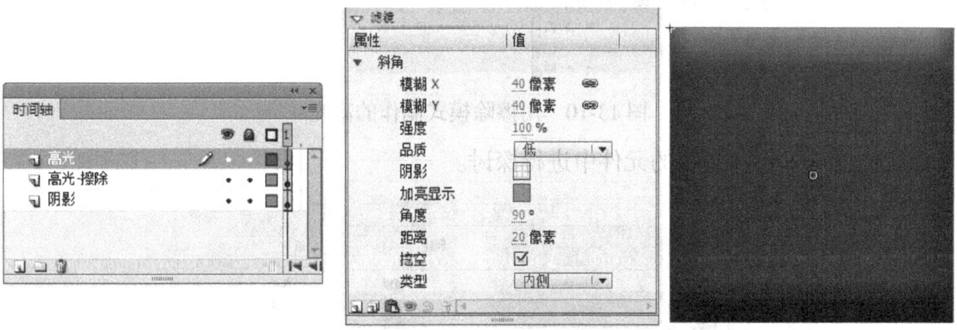

图 13-7 分层处理的效果

我们发现半透明的部分因为擦除得不干净，所以高光和阴影的分界线仍然不明显。为此，我们把擦除层里面的高光斜角距离调大至 40，效果如图 13-8 所示。

此处我并未对距离参数进行定量分析，但不可否认的是，基本的感觉已经出来了。所以在实战过程中，大家可以运用以上方法，通过测试调整不同的参数值，得出与 Photoshop 相接近的结果。

图 13-8 把擦除层滤镜的距离调大

13.1.3 深度和高度参数给予我们的启示

在前面章节中，我们曾经讨论过 Photoshop 的高度和深度参数，它可以对 Photoshop 斜面的光源和清晰度进行很细致的调整。本节我们在方块的环境下测试一下高度的参数。

我们把高度值调到 75，效果如图 13-9 所示。

可见，高光渐变并未充满整个高光区域，而且跟图像边缘之间也有一定的距离。

跟 13.1.2 节测试 90 度斜面时的结果相似，高光区的空隙部分也被残影填充了。所以要定性模拟上面的效果，我们也可以使用 Flash 提供的“擦除”混合模式，如图 13-10 所示。

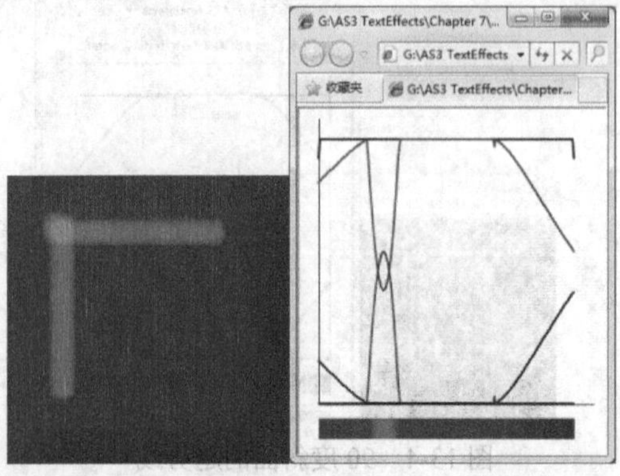

图 13-9　高度等于 75 时的效果与趋势线

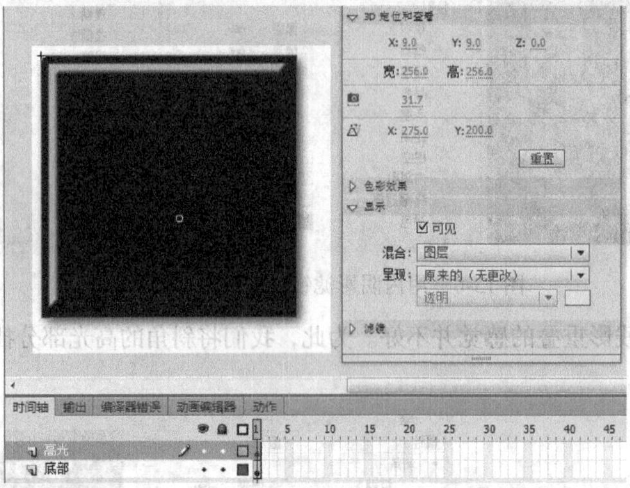

图 13-10　用擦除模式制作的高光

下面我们就深入到高光层的元件中进行探讨。

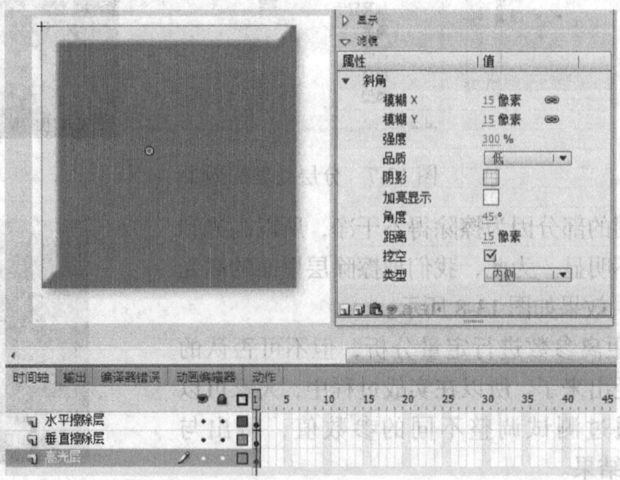

图 13-11　高光层的结构

如图 13-11 所示，高光由 3 个图层组成。最底下的高光层是一个原始的斜角，虽然强度已经达到 300%，但它跟原图像的边缘完全贴紧，因此高光的效果并不突出。而高光层的上方则是两个相互垂直的斜角滤镜，它们都使用了 ERASE 模式，分别对斜角滤镜中贴近原图像上边缘和左边缘的像素进行擦除，如图 13-12 所示。

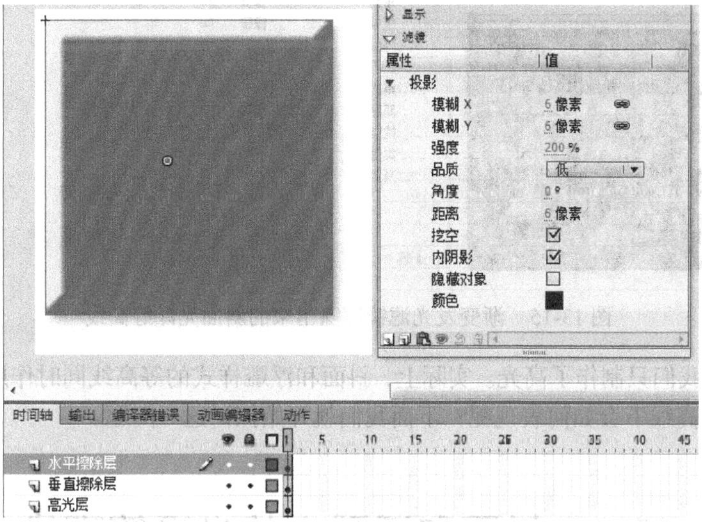

图 13-12　擦除层的属性

因为元件内部并没有“图层”混合的设置，所以图 13-12 并未显示出擦除的效果，只有当我们返回到主场景时，擦除混合才能正确地显示出来。

图 13-13　用擦除模式制作的水晶字体

这种高光同样可以应用于水晶字体的制作中，如图 13-13 所示。与之前介绍的内侧渐变发光滤镜相比，该方法得到的高光位置更接近斜面与水平面的交界处，高光更为集中，线条的粗细更加均匀，斜面的分界线相对来说也清晰一些。

两种高光效果各有千秋，设计师可以根据自己的喜好以及实际应用场合，选择合适的高光样式对文字或者其他图形进行美化处理。对于实心图形（如方块、实心圆等），我们认为使用本节的擦除发光样式效果会更佳（如图 13-14 所示，用内侧渐变发光滤镜将使高光区面积过大，效果远不如本节的擦除高光来得真实）。

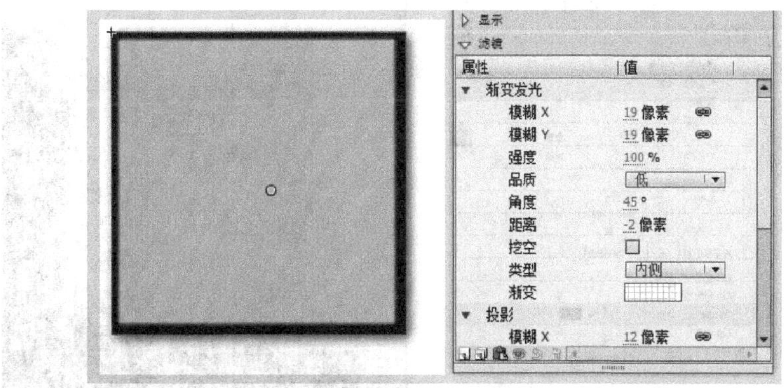

图 13-14　用内侧渐变发光滤镜给方块添加高光

在对精度要求不高的场合，我们还可以用渐变发光滤镜或者前面学过的投影等高线来做擦除层，从而近似地模拟出斜面的光泽等高线效果，如图 13-15 所示。

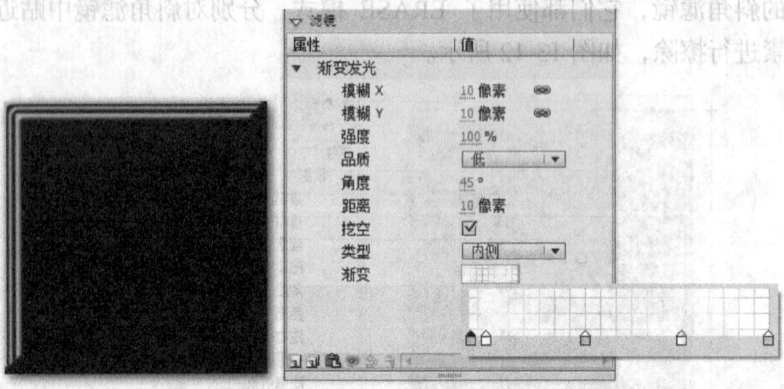

图 13-15　渐变发光滤镜擦除出来的斜面光泽等高线

不过，此处我们只制作了高光。实际上，斜面和浮雕样式的等高线同时作用于高光和阴影，它们在同一条等高线下会如何表现呢？下面我们就开始探讨这一问题。

13.2　斜面和浮雕中的光泽等高线

斜面和浮雕样式的复杂性也在等高线设置方面得到了充分的体现。就已有的图层样式来看，只有斜面和浮雕包含了两个相对独立但又相互关联的等高线选项，这大大丰富了斜面和浮雕样式的图层效果，为设计出复杂的斜面样式奠定了坚实的基础。

本节先介绍直接显示在【斜面和浮雕】面板上的光泽等高线。

13.2.1　测试用例的调整

如图 13-16 所示，我们回到 Photoshop 的【斜面和浮雕】设置面板，将高度等参数恢复到初始值，同时将阴影设置为 100%alpha 的黑色，高光设置为 100%的白色并且修改方块的填充颜色为深绿（也可以使用自己喜欢的颜色）。

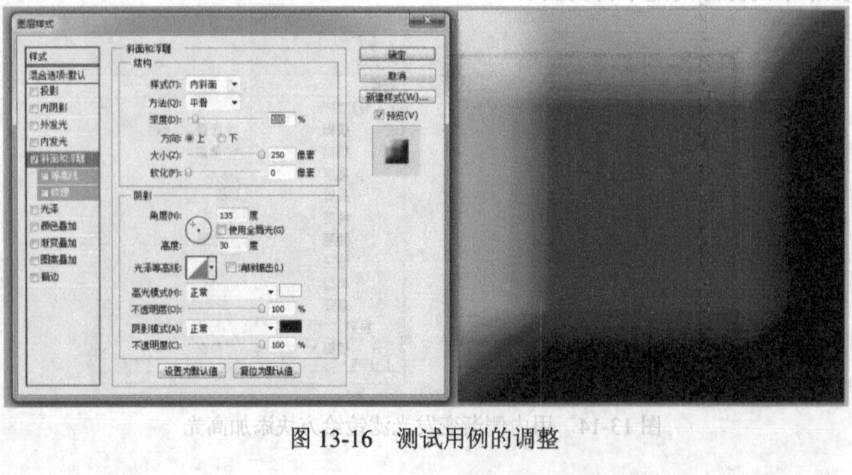

图 13-16　测试用例的调整

13.2.2 测试几种特殊的等高线

我们首先测试一些特殊的等高线，比如反相（如图 13-17 所示），高光和阴影恰好翻转了过来，这一结果也在预料之中。

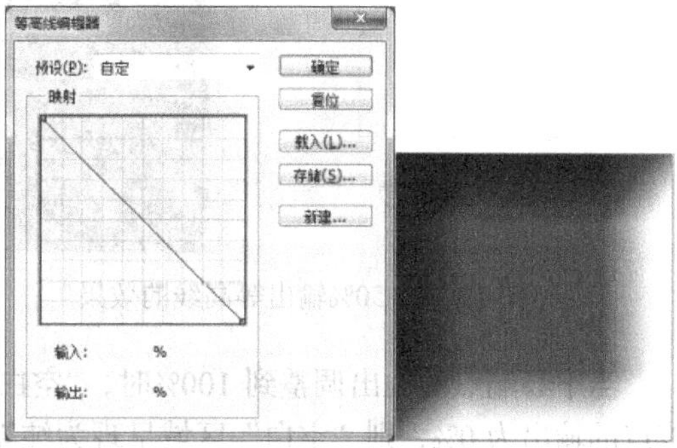

图 13-17 反相等高线的效果

据此可以推知，100%输出等高线将会呈现为全白，0%输出等高线将呈现为全黑，测试结果也验证了这一说法。但令人百思不得其解的是，这两条等高线不但作用于斜面和浮雕样式的高光和阴影区，而且还把样式的空白区域一同处理掉了，如图 13-18、图 13-19 所示。

以上测试结果彻底颠覆了我们对斜面和浮雕样式的认识。它告诉我们，斜面和浮雕样式的作用范围是图像上的所有像素，而不仅仅是平时所见的高光和阴影区域。那么在斜面和浮雕样式中，高光和阴影以外的“空白”区域（以下简称“‘空白’区域”）是如何跟等高线发生关系的呢？

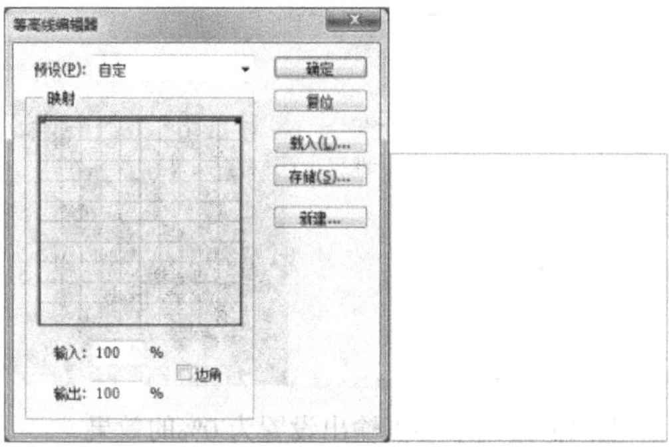

图 13-18 100%输出等高线的效果

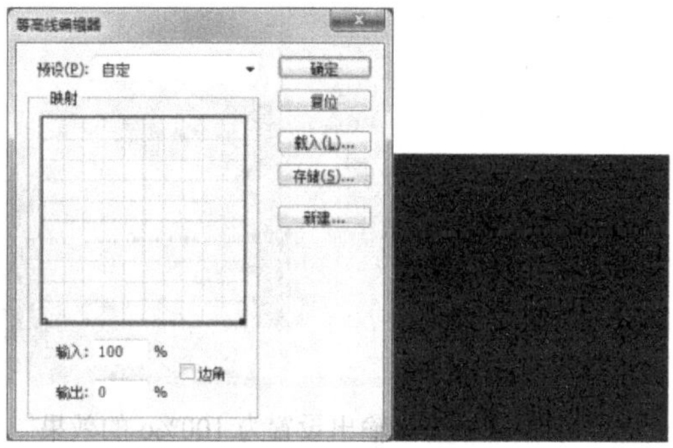

图 13-19 0%输出等高线的效果

我们可以试着平移等高线，让等高线从 100%逐步平移到 0%，观察图层效果的变化。

13.2.3 光泽等高线作用原理分析

经过反复测试，我们归纳出如下的规律：等高线从 100%向 50%平移的过程中，整个图层都显示高光的颜色并且呈现逐渐变淡的趋势；等丁 50%时，图层样式完全不可见；而从 50%到 0%，整个图层都显示阴影的颜色并且逐渐加深到 100%的不透明度。

也就是说，50%是高光和阴影的分水岭，该位置既不显示高光也不显示阴影，如图 13-20 所示。

由此看来，50%的位置似乎与“空白”区域的色彩关系最为密切。为了进一步验证该想法，我们将几种使“空白”区域不显示任何颜色的等高线罗列出来，然后试图考察它们之间的共同点。

这几条等高线分别为线性、反相和 50%输出。很显然，它们都经过中心点（50%，50%），那么，是不是这个中心点就控制着“空白”区域的颜色呢？接下来我们不妨在 50%输出等高线的中心位置添加一个点并将【边角】选项勾上，然后调整该点的纵坐标，观察斜面效果的变化，如图 13-21 所示。

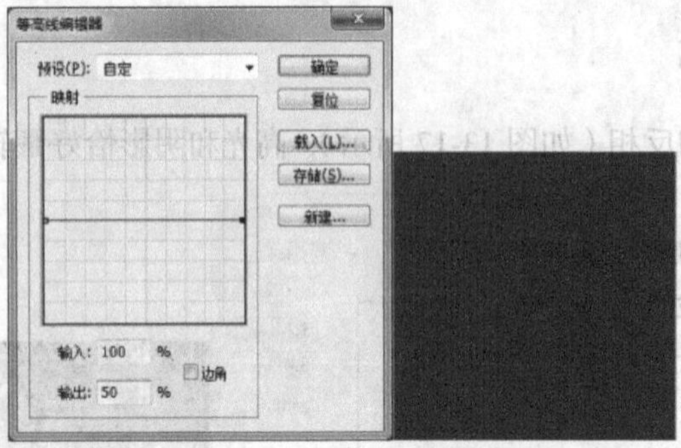

图 13-20　50%输出等高线的效果

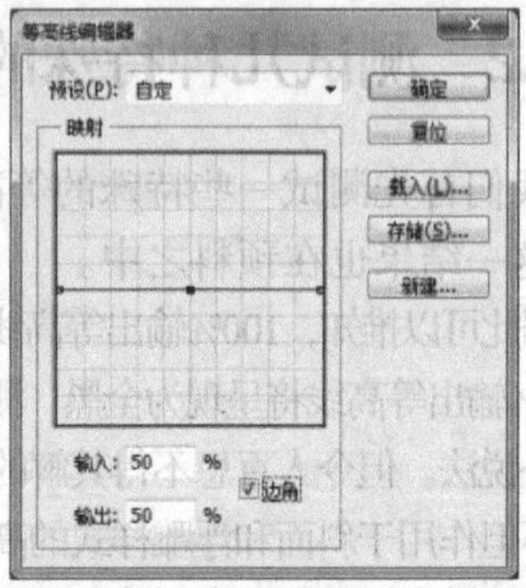

图 13-21　给等高线添加一个端点

当中心端点的输出调整到 100%时，“空白”区域完全变白，如图 13-22 所示，相反，如果该点的输出为 0%，则“空白”区域呈现为纯黑，如图 13-23 所示。在以上的调整过程中，高光和阴影区的色彩变化都没有“空白”区域来得显著。至此我们可以确定，等高线上输入 50%的点就是用于控制“空白”区域的颜色。

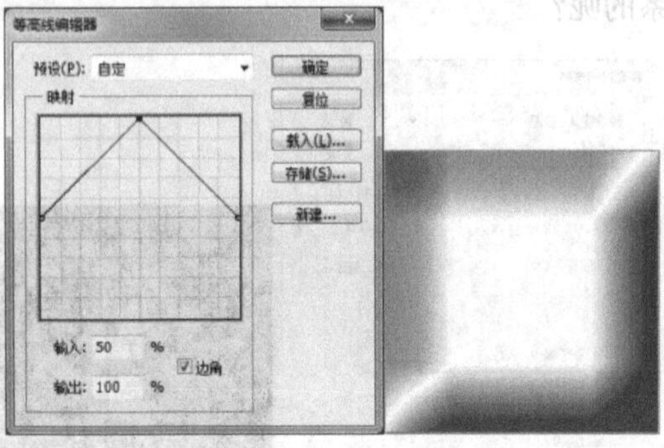

图 13-22　中心点输出设置为 100%o 的效果

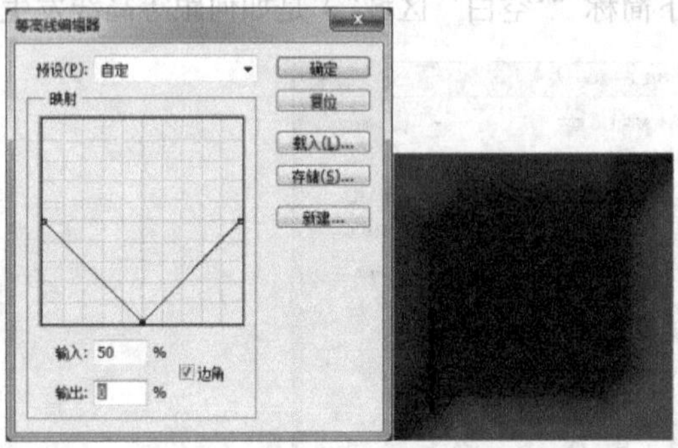

图 13-23　中心点输出设置为 0%的效果

现在我们尝试调整左右两端点的输出值，观察图层效果的变化，发现调整左端点时，阴影区的变化幅度最大，如图 13-24 所示。反之当调整右端点时，变化最明显的就是高光区，如图 13-25 所示。

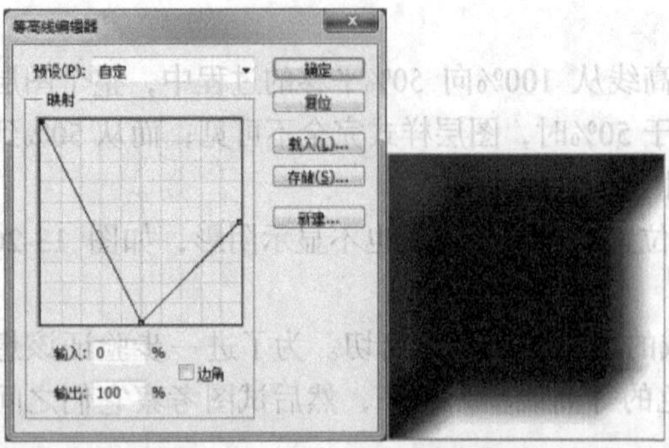

图 13-24　调整左端点输出值

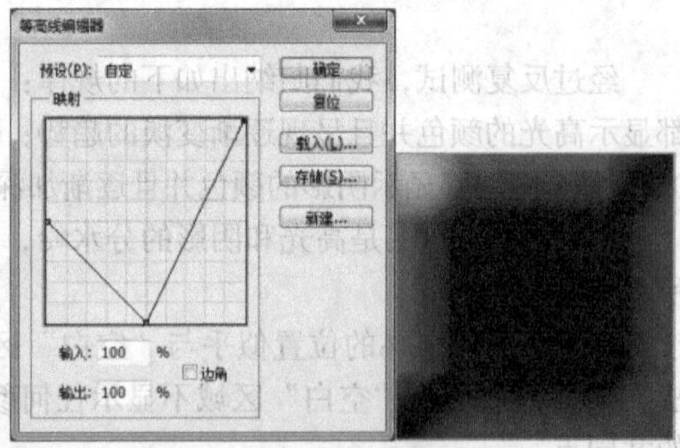

图 13-25　调整右端点输出值

经过以上一系列的测试，光泽等高线的作用机制已经相当清晰了，现在我们对输入值总结如下：

1）0%～50%为阴影区域的控制范围；

2）50%处控制“空白”区域的色彩；

3）50%～100%为高光区域的控制范围。

与之相对应的，就是输出值的处理了：

1）输出值小于 50%时，取阴影的颜色，越接近 0%，alpha 越大；

2）输出值等于 50%时，色彩完全透明；

3）输出值大于 50%时，取高光的颜色，越接近 100%，alpha 越大。

图 13-26 展示了斜面光泽等高线上的点与被处理图像上的点所包含的对应关系，其中输入值代表要操作的点在数轴上的位置，输出值则代表数轴上的点在线性等高线状态下所对应的颜色值。

这么说似乎过于抽象，我们还是举例说明。假设等高线上有一点（25%，75%），则在图 13-26 中，要进行等高线变换的点就是数轴上的 A（25，0），输出值为 75，则意味着 A 点取的是 B 点（75，0）处的颜色。所以经过等高线映射后，A 点的颜色将从原来的半透明黑变为半透明白。

需要特别指出的是，数轴在“空白”区域处的值始终等于 50，而且“空白”区域的颜色处处相等。

至此光泽等高线的作用原理应该相当明确了，但我们在后期调整其他参数的过程中，又发现了新的问题。

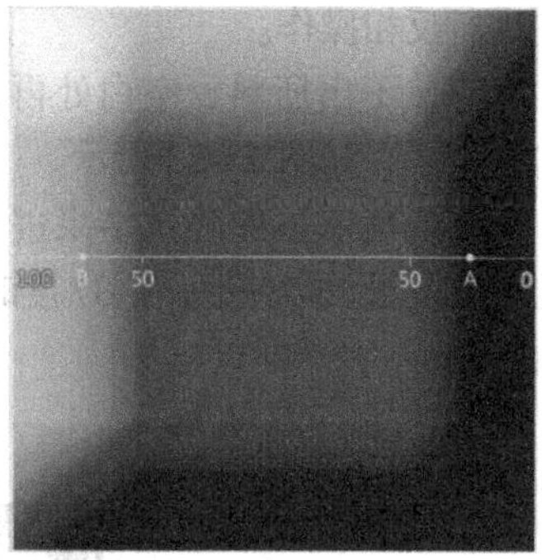

图 13-26　斜面光泽等高线作用机制示意图

13.2.4　高度参数对光泽等高线的影响

如图 13-27 所示，我们把高度参数调整至 45，反相等高线的效果已经跟 30 度时大相径庭了。最大的差异就在于，空白区被填充上了颜色，原来的阴影区域则有一部分被填充上全透明的颜色，如图 13-27 所示。

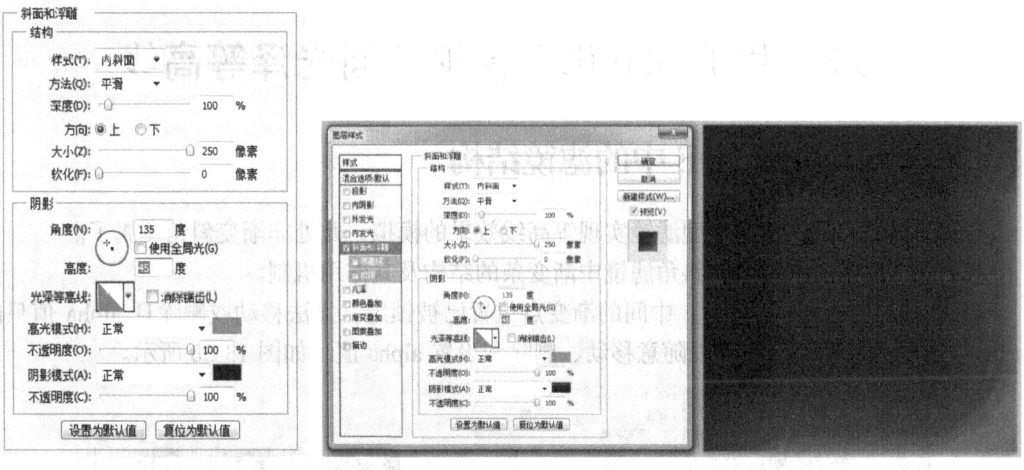

图 13-27　高度 45 时的反相等高线

这是什么原因引起的呢？认真观察一下我们就不难发现，尽管空白处被填充上了蓝色，但从整体的角度看，其色彩的变化趋势仍然是从绿-蓝翻转为蓝-绿，空白的区域也还存在。因此，我们有理由相信，光泽等高线的作用方式并未因为高度的更改而发生本质上的变化，至少高光和阴影的分界线仍然存在，只是它已经不等于 50%了。

如果不是 50%，那这个值该等于多少？从 30 度时分界线位置等于 50%这一已知条件来看，这当中极有可能存在着一个三角函数的关系，因为 30 度的正弦值恰好等于 1/2。

既然如此，我们不妨尝试把 45 度正弦值（即 71%的位置）固定下来并以此为界对左右两侧分别进行反相操作。

果然不出所料，空白处再也没被填充上任何颜色了，如图 13-28 所示。

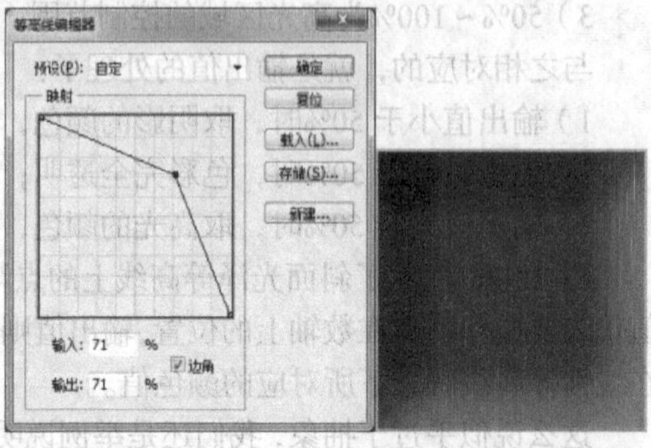

图 13-28　固定 71%处后的反相等高线效果

其他角度下的测试结果进一步验证了以上的猜测。图 13-29 展示了 37 度时固定 60%（sin(37 度)=0.6）处的反相等高线效果。

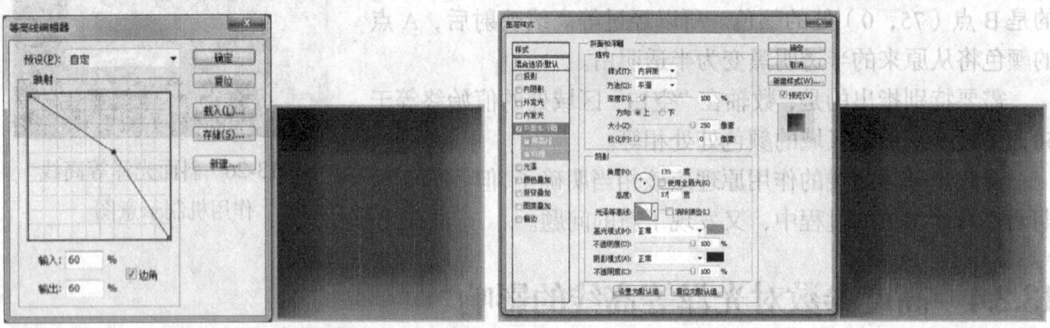

图 13-29　37 度时固定 60%处的反相效果

得知基本原理以后，我们就可以探讨如何用 Flash IDE 来模拟光泽等高线了。不过受篇幅所限，本书不把高度参数列入到讨论范围中，希望读者在模拟斜面光泽等高线的时候注意高度参数对最终效果的影响。

13.3　用 Flash IDE 模拟斜面光泽等高线

13.3.1　分析 Flash IDE 中的滤镜结构

与光泽样式一样，用渐变型滤镜实现等高线效果的模拟，此处非渐变斜角莫属了。

我们先来简单了解下渐变斜角滤镜中渐变条的结构及其作用机制。

默认的渐变条包含 3 个点，中间的渐变点位置已被锁定，无法移动或删除且 alpha 值只能为 0，左右两侧的渐变点则可以随意移动、删除和设置 alpha 值，如图 13-30 所示。

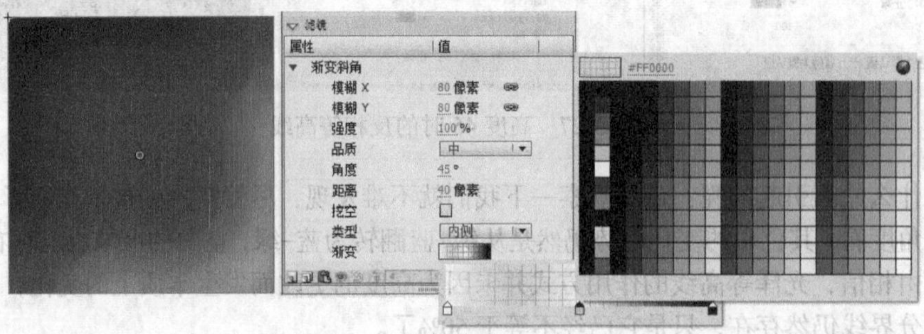

图 13-30　默认的渐变斜角滤镜

渐变点在中点左侧移动时，阴影区域的效果将发生变化，反之，调整中点右侧的渐变点将会影响高光区域的色彩。因此渐变条上的位置跟等高线编辑器的输入值完全对应，即以 50%为界，左侧代表阴影，右侧代表高光。

“空白”区域的颜色则由 50%处的渐变点来控制，但该点的 alpha 已被锁定为 0，因此在 Flash IDE 中，无论我们如何设置渐变，“空白”区域都不会显示出任何颜色。

事实上，50%处的 alpha 值可以通过代码进行修改，但在很长的一段时间内，因为我们缺乏创新的精神和勇气，所以在用代码设置渐变斜角的时候，也都中规中矩地设置 ratio 等于 50%、alpha 等于 0%的这样一个渐变点，导致我们对斜角滤镜作用域的认识一直都存在着误区，以为“空白”区域不在斜角滤镜的作用范围之内。

如果我们当时可以勇于创新、大胆尝试，去修改这一“固有”渐变点的话，也许就更能充分发挥渐变斜角的优势，打造出更丰富的滤镜效果，在研究 Photoshop 斜面光泽等高线的作用机制时，也能少走很多弯路。

用代码来观察斜角滤镜的效果并不方便（除非我们制作了一个可视化的测试程序），因此，我们目前的测试仍以 Flash IDE 为主，代码仅仅负责修改渐变条中间的那个“固有”渐变点。

比如想把图 13-30 中“固有”渐变点的 alpha 调整为 100%，那么我们可以先给方块元件一个实例名 mc，然后在帧上输入如下代码。

代码清单 13-1

```
var filter:* = mc.filters[0];
var alphas:Array = filter.alphas;
alphas[1] = 1;
filter.alphas = alphas;
mc.filters = [filter];
```

然后我们按 Ctrl+Enter 运行，即可得到“空白”区域也被填充上红色的效果，如图 13-31 所示。

图 13-31 用代码强制更改“固有”渐变点的不透明度

当然，以上代码是在已知“固有”渐变点所在索引（下标编号）的情况下写出来的。如果我们在“固有”渐变点左侧再添加一个渐变点（例如图 13-32 中的渐变），那么以上的代码就难以奏效了。要使该代码在任意渐变点数量下都能适用，我们要对代码继续进行完善，先判断“固有”渐变点所在索引，然后再对相应的 alpha 值进行操作。

那么如何知道哪个是“固有”渐变点呢？从上面的分析我们可以知道，“固有”渐变点的位置和 alpha 在 Flash IDE 中已被锁定，无法更改，因此，位置等于 50%、alpha=0%就是“固有”渐变点的特征。

另一方面，因为其他渐变点的 alpha 都有可能为 0%，所以 alpha=0%是该点为“固有”渐变点的必要不充分条件，因此不能作为判断的依据；至于位置等于 50%，我们曾经尝试过，无论再怎么仔细和小心，都很难把渐变点刚好拖到 50%的位置（用 JSFL 进行强制设置的不考虑），因此判断位置等于 50%的方法基本可行。

渐变点位置存储于 GradientBevelFilter 的 ratios 参数中，其元素的取值范围为 0~255，因此，固有渐变点的 ratio 值等于 255 的一半，也就是 128。

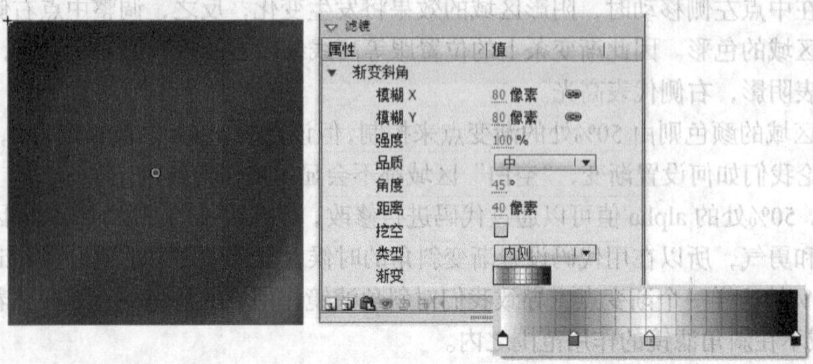

图 13-32　再添加一个渐变点

有了以上的理论支持后，我们就可以开始动手调整代码了，如下所示。

代码清单 13-2

```
var filter:* = mc.filters[0];
var alphas:Array = filter.alphas;
var index:int = filter.ratios.indexOf(128);
if(index != -1){
    alphas[index] = 1;
    filter.alphas = alphas;
    mc.filters = [filter];
}
```

其实对于 Flash IDE 中的渐变斜角滤镜而言，index 值绝对不会等于-1，加上去只是为了增加一点容错能力以防万一。

我们再次运行，“空白”区域又被正确填充上了红色，如图 13-33 所示。

下面我们就开始用 Flash IDE 的斜角滤镜模拟相对简单的 Photoshop 等高线。

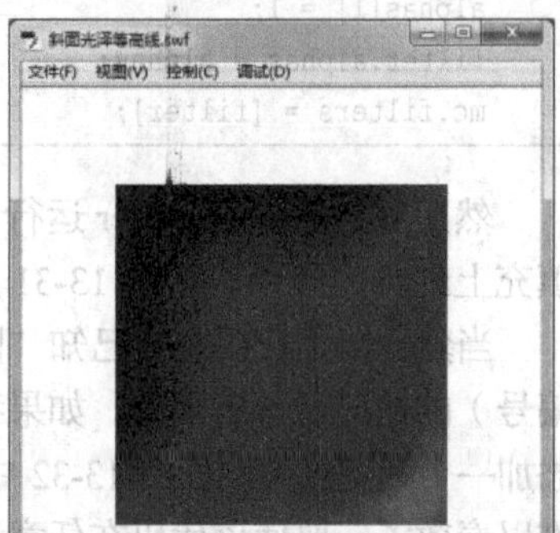

图 13-33　算法修正后的运行效果

13.3.2　模拟斜面光泽等高线

与前面讨论过的几种图层样式相类似，Photoshop 等高线中的输出（纵坐标）对应的就是 alpha 值的映射。不过对于斜面样式而言，其映射处理会相对复杂一些，需要以输出值 50%作为分界线来区分阴影和高光。

我们以图 13-34 中的等高线为例，在等高线编辑器下看似只有两个锯齿状波形 5 个端点，但实际上，等高线与水平中线（即 50%输出等高线）的交点也应被视为一个端点，而且由于这些端点在向下渐变时要求为 0%的黑色，向上渐变时要求为 0%的白色，所以，最终的结果应包含 4 个波形 13 个端点，如图 13-35 所示。

所以在 Flash IDE 中，渐变条应包含 13 个渐变点，如图 13-36 所示。

效果似乎跟 Photoshop 中的有点差距，斜角的轮廓看起来比 Photoshop 的斜面要“光滑”一些。回顾 13.2 节关于斜面构造的知识，再检查一下渐变斜角的参数，不难得知是【品质】参数的设置问题。斜面样式的阴影部分与之前所介绍的几个样式不同，阴影的模糊次数不是两次，而是一次，高光的模糊算法也非均值滤波。

考虑到 Flash IDE 中比较难把高光算法模拟出来，此处我们先把品质设置为“低”，让阴影的形态更接近 Photoshop 中的效果，如图 13-37 所示。

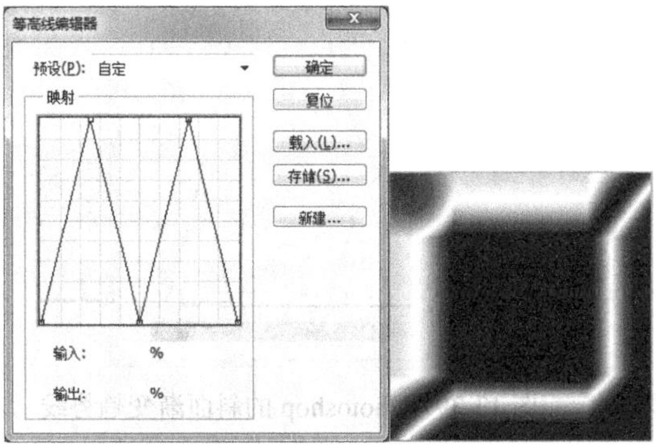

图 13-34　锯齿状等高线的效果

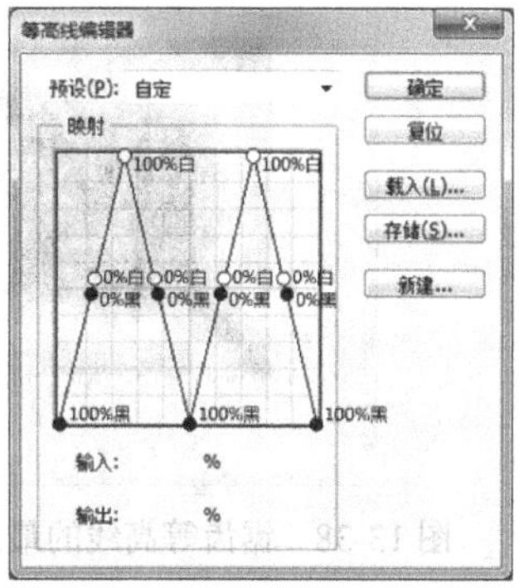

图 13-35　将等高线映射为渐变点

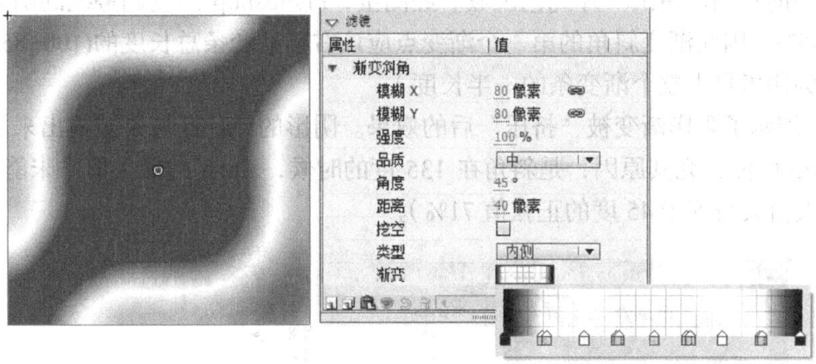

图 13-36　设置渐变参数

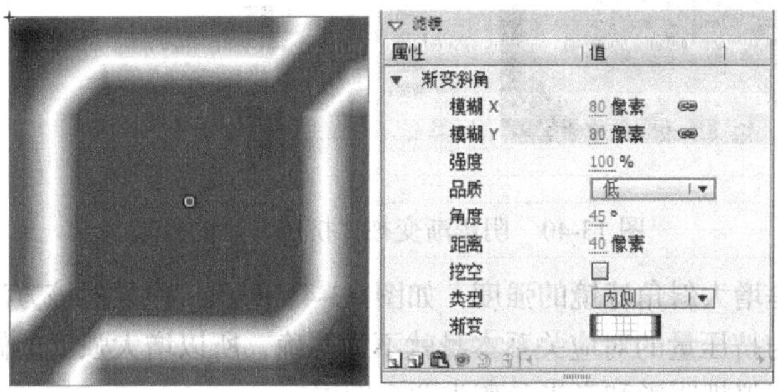

图 13-37　将品质设置为低

此时的斜角形态跟 Photoshop 中的斜面已经比较接近了，但因为等高线在 50%的位置，输出并不等于 50%，所以需要对“空白”区域的颜色进行调整。之前已经写好了处理的代码，我们按 Ctrl+Enter 运行一下即可看到结果，如图 13-38 所示。

高光形态与 Photoshop 仍然有较大的出入，哪怕是线性渐变的阴影，也出现了比较严重的错位，因此我们有必要分析一下斜面的渐变趋势线。

图 13-39 所示是深度 100%、高度 30、角度 135 下的斜面渐变趋势线，其中，阴影部分虽为线性变换，但渐变过渡并未填满整个阴影区。而 Flash 中的渐变过渡则刚好占满阴影部分，这也就可以解释为什么 Photoshop 的斜面在应用等高线变换后右下角仍然留着一块纯黑的区域

而 Flash 的斜角却没有。

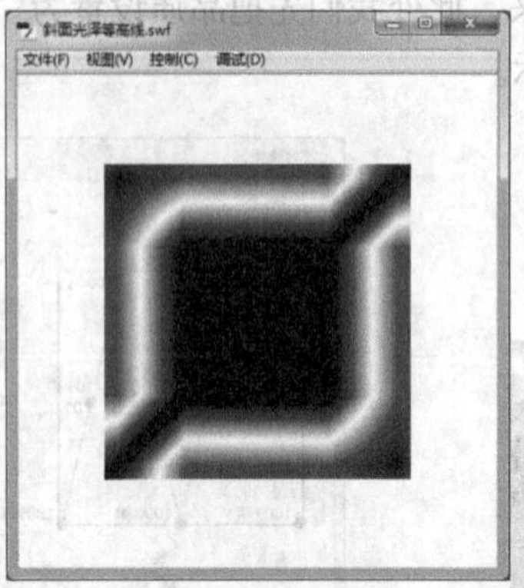

图 13-38　锯齿等高线的最终模拟结果

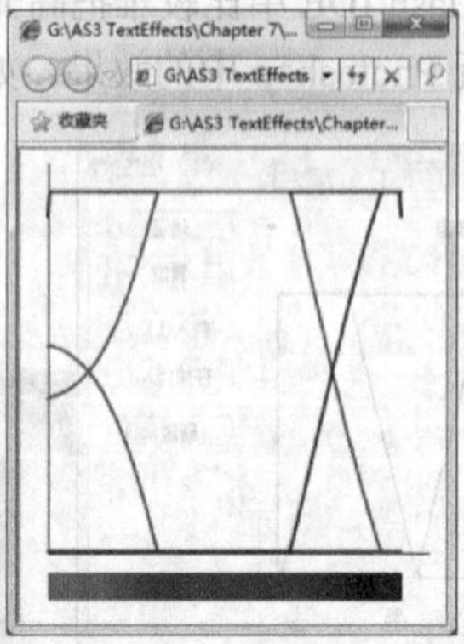

图 13-39　Photoshop 的斜面渐变趋势线

所以解决的办法是，让阴影部分的渐变点向中间靠拢（也就是把整个渐变向中间“挤”一下），使渐变条的左侧也留出一片纯色区域。经测量，Photoshop 渐变趋势线的阴影淡出区约占整个阴影的 85%，因此渐变斜角的第一个渐变点应该右移渐变条总长度的(100−85)/2*1%=7.5%（除以 2 是因为阴影只占整个渐变条的一半长度）。

图 13-40 展示了阴影渐变被“挤压”后的效果。阴影的纯色区域是被腾出来了，但黑色还没有 Photoshop 的深，究其原因，是斜角在 135 度的时候，alpha 的最大值并未能达到 100%所致（alpha 最大值大约等于 45 度的正弦值 71%）。

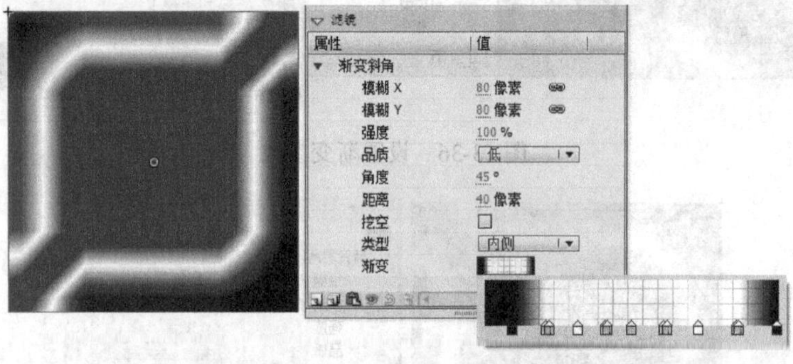

图 13-40　阴影渐变被“挤压”后的效果

解决办法之一是增大斜角滤镜的强度，如图 13-41 所示。但显然该方法对斜角结构的影响很大，而且强度值与挤压量的对应关系本身就不太明确，所以增大强度的做法可行性不高。实在要用的话，我们建议把阴影和高光分离为两个图层。

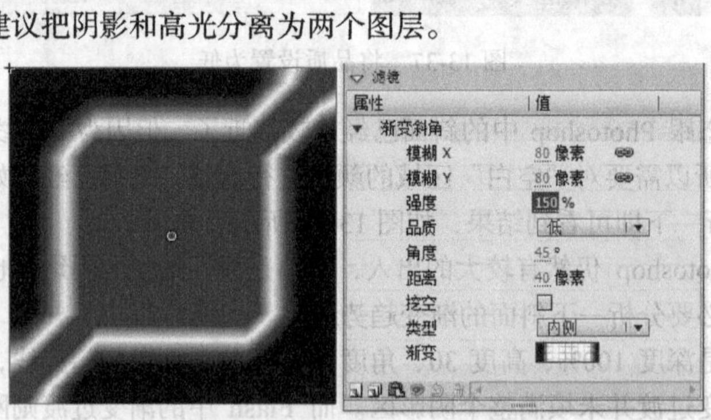

图 13-41　用增大强度的方法加深阴影的颜色

将强度恢复到 100%，接下来我们尝试调整高光部分。

高光为非线性渐变，在 Flash IDE 中，我们尝试用线性渐变近似地模拟一下。

高光斜坡最高点的位置为 141，它占整个高度的 141/255*100%=55.3%，假设斜坡最后上升到 255（即 100%的高度），那么它所占的宽度就等于高光区宽度的 1/55.3%=180.8%>100%。也就是说，高光渐变条的变形方式应与阴影相反，它需要的是拉伸而不是挤压。

拉伸以后，右侧部分的渐变点将会被拖到渐变条右边缘以外，渐变点的数量也随之减少，如图 13-42 所示。

此时的形态已经基本接近 Photoshop 中的斜面了，唯独高光因为采用了线性渐变来模拟非线性效果，所以在尺寸方面出现了一些误差。

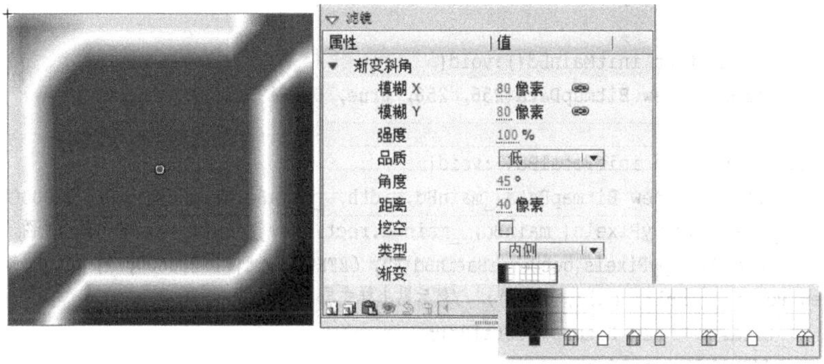

图 13-42 “拉伸”高光渐变点后的效果

13.4 斜面光泽等高线的 ActionScript 实现

13.4.1 测试用例的书写

我们新建一个 ActionScript 项目，名为 BevelSatinContourTest，与第 12 章的光泽等高线项目一样，先将用到的等高线（如图 13-43 所示）在 Photoshop 中导出为 curve.shc 并复制到项目的 src/assets 目录下，同时给项目引入 PUBLIC_CLASSES 公共库。

然后我们就可以开始为项目编写基础代码了。

代码清单 13-3

```
package{
    public class BevelSatinContourTest extends Sprite    {
        [Embed(source = "assets/curve.shc", mimeType = "application/octet-stream")]
        private var CurveBytes:Class;
        private var _contourMap:Vector.<Number>;
        private var _calculator:ContourCalculator;
        private var _mainBd:BitmapData;  //主位图
        private var _totalBd:BitmapData; //最终要显示到舞台上的位图
        private var _totalBm:Bitmap;
        public function BevelSatinContourTest(){
            init();
        }
        private function init():void{
```

```
            stage.scaleMode = StageScaleMode.NO_SCALE;
            stage.align = StageAlign.TOP_LEFT;
            initCurve();
            initMainBd();
            initTotalBd();
        }
        private function initCurve():void{
            var bytes:ByteArray = new CurveBytes();
            var contourList:ContourList = new ContourList();
            contourList.parse(bytes);
            _calculator = new ContourCalculator();
            _contourMap = _calculator.calculate(contourList.contours[0].points);//等高线映射表
        }
        private function initMainBd():void{
            _mainBd = new BitmapData(256, 256, true, 0xFF198154);
        }
        private function initTotalBd():void{
            _totalBd = new BitmapData(_mainBd.width, _mainBd.height, true, 0x00000000);
            _totalBd.copyPixels(_mainBd, _mainBd.rect, new Point());//首先贴上底图
            _totalBd.copyPixels(getBevelSatinBd(45, 0xFFFFFF, 1, 0x000000, 1, 80, _contourMap),
_mainBd.rect, new Point(), null, null, true); //然后贴上样式层
            _totalBm = new Bitmap(_totalBd);
            addChild(_totalBm);
        }
        //生成一个斜面样式层
        private function getBevelSatinBd(angle:Number = 45, highlightColor:uint = 0xFFFFFF,
highlightAlpha:Number = 1, shadowColor:uint = 0x000000, shadowAlpha:Number = 1, blur:Number = 40,
countourMap:* = null):BitmapData{
            var sourceBd:BitmapData = _mainBd.clone();
            sourceBd.applyFilter(_mainBd, sourceBd.rect, new Point(), new BevelFilter(blur * 0.5, angle,
highlightColor, highlightAlpha, shadowColor, shadowAlpha, blur, blur, 1, 1, "inner", false));
            return sourceBd;
        }
    }
}
```

代码对导入的等高线进行了解析，但并未应用到样式层上，目前的样式层只应用了一个普通的斜角滤镜。

我们运行项目，效果如图 13-44 所示，一个很普通的斜角效果。

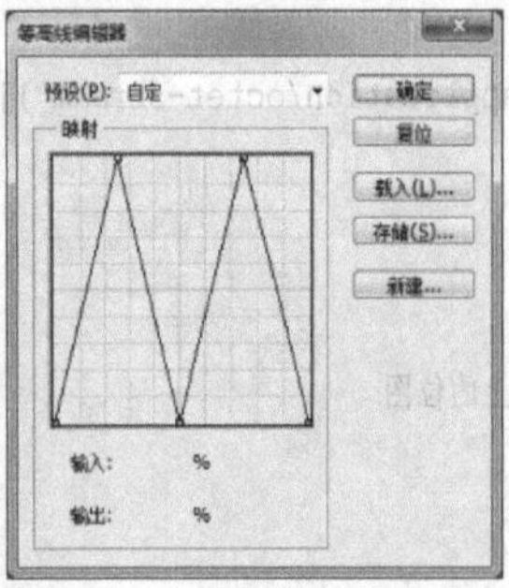

图 13-43　需要导入到 ActionScript 项目中的等高线

图 13-44　测试用例的运行效果

下一步就是引入等高线数据、实现 paletteMap 变换了。但我们在此过程中发现，对这样的一个滤镜层做映射处理是件相当困难的事情。如果用 RGB 通道来映射，那么整个高光区的通道值都是 0xFF，而阴影区则始终为 0x00。但实际上，不同的 alpha 值需要有不同的映射。如果我们改用 alpha 通道，那么同一个 alpha 值就会在高光区和阴影区同时出现，使高光区和阴影区的映射无法被正确区分。

可见，色彩和淡出方式都相对简单的斜角滤镜在色彩映射方面的可控性比较差。为此，我们改用灵活性较高的渐变斜角滤镜，直接使用 alpha 从 0%到 100%的渐变，而且不添加使斜角在高光和阴影都具有淡出分界的“固有”控制点。

代码清单 13-4

```
sourceBd.applyFilter(_mainBd, sourceBd.rect, new Point(), new GradientBevelFilter(blur * 0.5, angle,
[0x000000, 0x000000], [0, 1], [0, 255], blur, blur, 1, 1, "inner", true));
```

小提示　如果将 applyFilter 的第一个参数设置为 sourceBd，则会偶尔出现错位的 bug，为此我们用 mainBd 作为参数传入到该方法。

我们再次运行，效果如图 13-45 所示，阴影和高光似乎倒过来了，是某个参数设置不对吗？其实不然，此处我们用的是黑色的 alpha 渐变，黑色越深，代表 alpha 值越大。所以，用这样的图进行 paletteMap 映射，高光区的 alpha 越大，就意味着高光的颜色越浓，色彩也就越明亮。

下面我们就开始实现等高线的 paletteMap 映射处理。

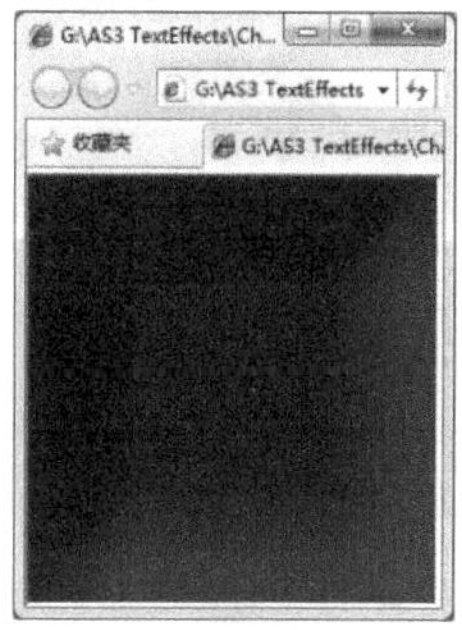

图 13-45　测试用例的调整

13.4.2　等高线的映射处理

因为映射高光色和阴影色都在同一个等高线上进行，所以映射的过程中需要将高光色和阴影色都附入到映射数组中，不能等到映射结束再整体上色。

按照斜面光泽等高线的映射规则，大于 50%（即 127.5）的输出代表高光，否则为阴影，所以第一步我们需要先比较输出值与 127.5 的大小。

从 127.5 到 255，高光的 alpha 从 0 渐变到 1（用通道值表示就是 0 到 255），这是一个简单的线性变换关系，如下所示。

```
alpha = (output - 127.5) * 255 / (255 - 127.5) = (output- 127.5) * 2 (output 代表输出值，alpha 用通道值，取值范围为 0~255)
```

类似地，对于阴影区间 0~128，alpha 与输入值的关系如下。

```
alpha = (127.5 - output) * 255 / (255 - 127.5) = (127.5 -output) * 2
```

总结起来我们也可以用以下通式代替。

```
alpha = Math.abs(output- 127.5) * 2
```

该通式一定程度上可以使代码变得精简，但要以牺牲运行效率为代价。

从以上的分析可知，在色彩映射的计算中，alpha 和 RGB 的关系相对独立，因此在编写代码的过程中，我们也将这两类通道分离到相互独立的变量中。

我们在 getBevelSatinBd 方法的 return sourceBd 前追加如下代码。

代码清单 13-5

```
var paletteMapArr:Array = [];
for(var i:int = 0; i < 256; i ++){
    var output:int = _contourMap[i];
    var color:uint = output > 127 ? highlightColor : shadowColor;
    var alpha:uint = Math.abs(output - 127.5) * 2;
    paletteMapArr[i] = alpha << 24 | color;
}
```

最后我们再用 paletteMap 方法将 paletteMapArr 映射到 sourceBd 中。

代码清单 13-6

```
sourceBd.paletteMap(sourceBd, sourceBd.rect, new Point(), null, null, null, paletteMapArr);
```

我们再次运行，效果如图 13-46 所示。至此，ActionScript 版本的斜面光泽等高线效果基本完成。

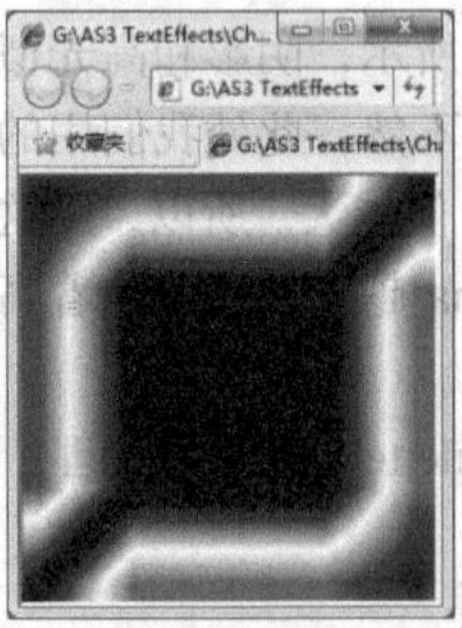

图 13-46　用 ActionScript 模拟的斜面光泽等高线

13.4.3　模拟相对复杂的斜面光泽等高线

图 13-47 的等高线效果因为不包含曲线而且渐变点数量不超过 15 个，所以用渐变斜角滤镜也能轻松模拟出来，为了充分发挥 paletteMap 和等高线的优势，接下来我们不妨尝试模拟相对复杂的斜面光泽等高线，比如图 13-47 中的“画圆步骤”。

我们把等高线导出并复制到 ActionScript 项目中的 assets 目录下，重新编译、运行，得到如图 13-48 的结果。

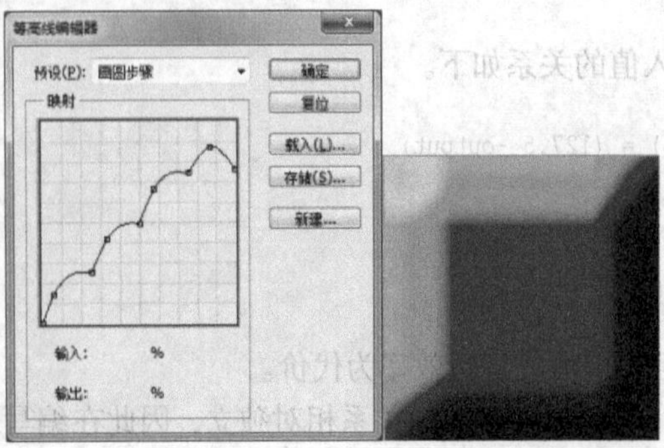

图 13-47　画圆步骤等高线

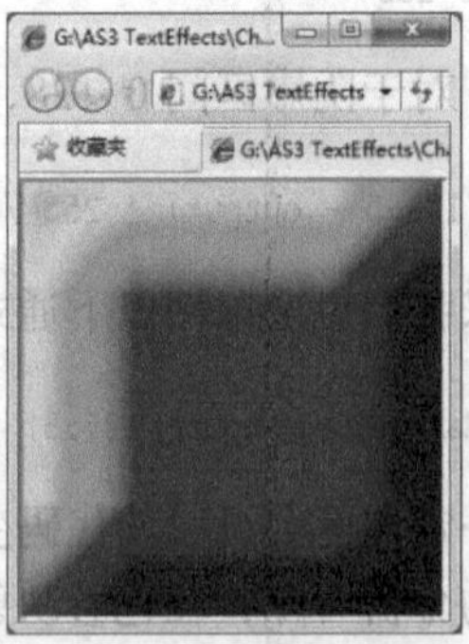

图 13-48　用 ActionScript 模拟的画圆步骤等高线效果

不得不承认，ActionScript 模拟出来的斜面跟 Photoshop 中的效果仍然存在一定的出入，原因同上，是斜面构造算法的差异所致。

这样的误差将随着等高线坡度和复杂度的提高而逐渐增大，例如环形-双等高线，ActionScript 与 Photoshop 之间的差异更为显著，如图 13-49、图 13-50 所示。

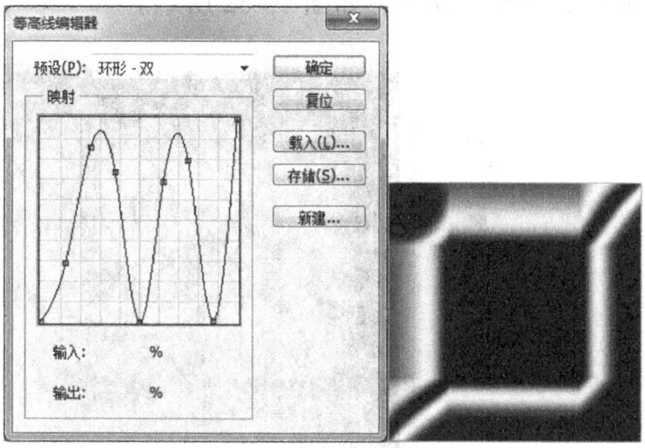

图 13-50　环形-双等高线

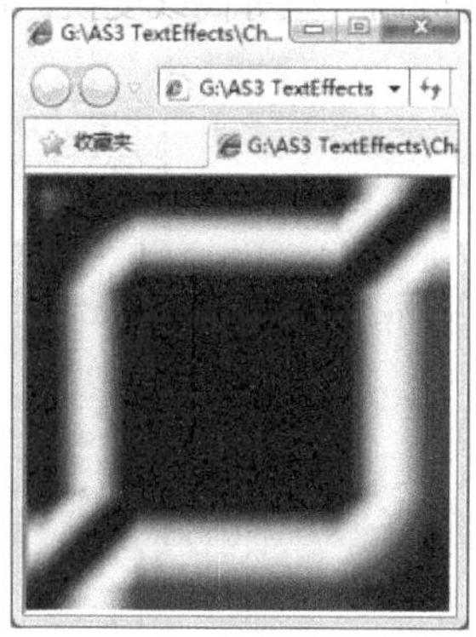

图 13-51　用 ActionScript 模拟环形-双等高线

我们可以发现，不仅是非线性的高光构造存在较大误差，而且本身为线性的阴影部分在位置上也出现了严重的错位，因此我们需要根据 Photoshop 导出的趋势线对斜角滤镜的渐变、强度等参数进行有针对性的调整。受篇幅所限，本书就不再展开讨论了，在后面的实战开发中，大家会看到一些典型的案例。

13.5　斜面和浮雕中的等高线子集

斜面和浮雕等高线复杂性的另一方面体现在等高线子集的选项上，它独立于斜面和浮雕样式的主面板，用于实现另一种模式的等高线映射。

13.5.1　等高线子集的基本功能

我们把高度参数恢复到 30，光泽等高线恢复为线性，然后勾选【斜面和浮雕】选项下方的【等高线】选项，如图 13-51 所示。

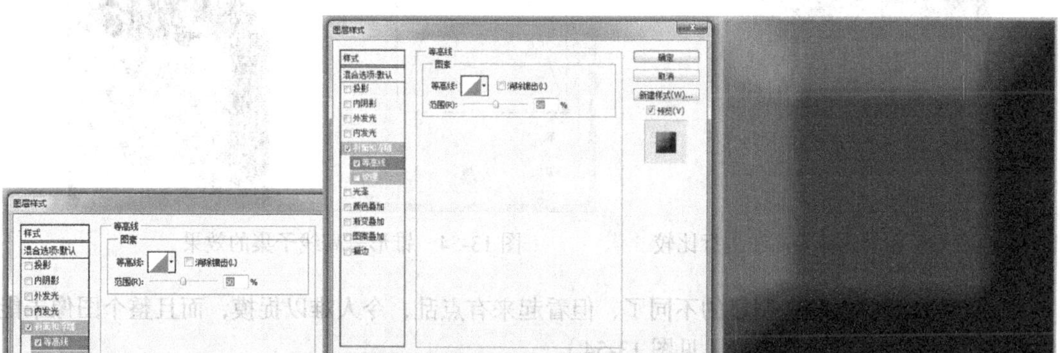

图 13-51　斜面和浮雕中的等高线子集

出乎意料的是，即使使用的是默认的线性等高线，其效果也已经发生了变化。根据之前我们研究其他样式的经验，出现这种情况的原因可能就是等高线图标下面的范围参数一开始不等于 100%。

我们把范围调至 100%后，效果就跟勾选【等高线】子集之前完全一样了。接下来，我们在此基础上应用一些等高线变换，例如我们最常用的反相等高线，如图 13-52 所示。

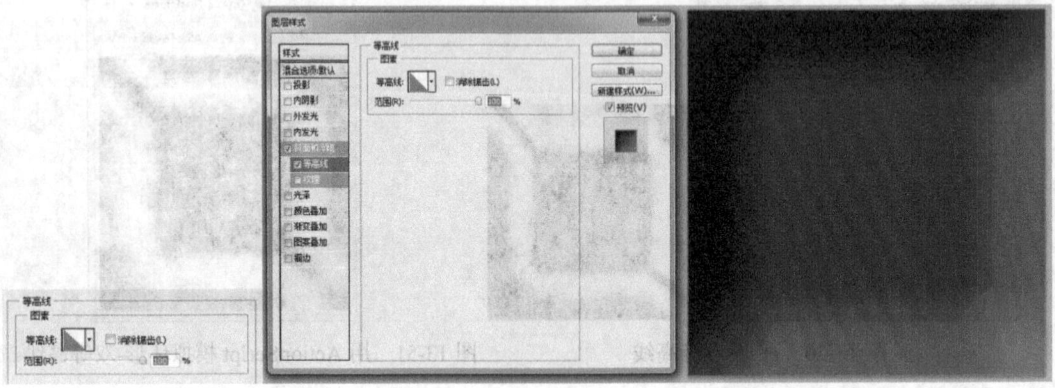

图 13-52　等高线子集的反相

跟光泽等高线不是一样吗？效果都是阴影和高光翻转。其实不然，如果我们拿反相的光泽等高线来对照一下，这其中的差异就能看出来了，如图 13-53 所示。除了 alpha 值不一样以外，最显著的不同之处，就在于高光在转角处的形态。

在没有应用任何等高线的情况下，高光区在顶点处因为光线的高度集中而形成一个亮度更高的球形聚光区。这一区域的位置在光泽等高线的作用下并未发生任何变化，但在等高线子集中，这一球形高光会因为等高线的反相而跟颜色一样同时被翻转到右下角。也就是说，光泽等高线是颜色的映射，而等高线子集所实现的，则是点的映射。

这么说还是过于抽象，我们不妨用复杂点的等高线来测试，比如线性下方的锥形，如图 13-54 所示。

图 13-53　与反相的光泽等高线进行比较

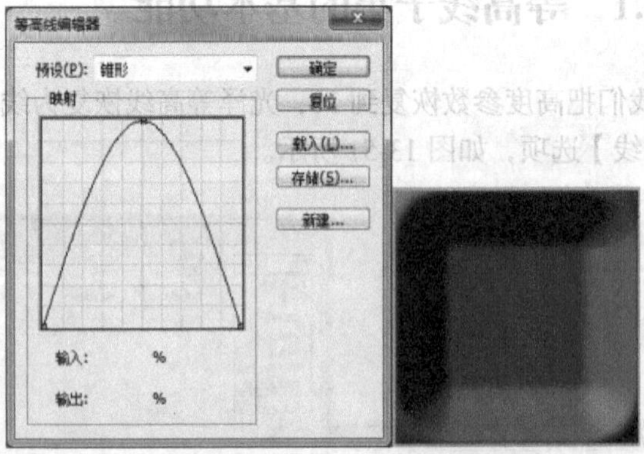

图 13-54　锥形等高线子集的效果

我们可以感觉到比较明显的不同了，但看起来有点乱，令人难以捉摸，而且整个图像未能体现出锥形等高线的整体趋势（见图 13-54）。

为此，我们尝试将范围参数调整回默认值 50，效果如图 13-55 所示。

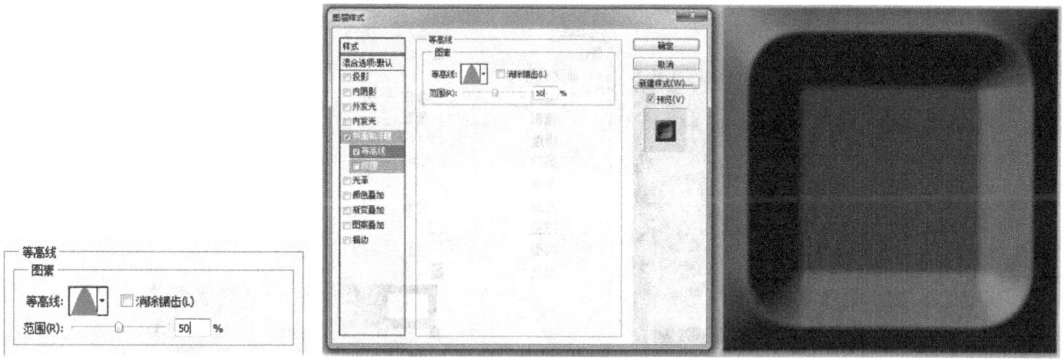

图 13-55　将范围调整为 50%

我们可以很明显地感觉到，该等高线让斜面自外而内有一个先向上凸起再向下凹陷的变化趋势。光泽等高线再复杂，它的斜面形状都始终保持平坦。而等高线子集修改的则是斜面自身的形状和立体结构，使斜坡高度的变化趋势与等高线的形状完全吻合。

于是，斜面样式在最高点处有一条很明显的分界线，它将斜面分割成上坡和下坡两个部分，斜面中截然相反的两个方向，使 Flash IDE 的渐变斜角滤镜也难以胜任。

13.5.2　等高线子集的模拟方案

不过，办法总比问题多。如果不考虑高光和阴影之间的分界线，那么，我们用一个渐变斜角还是能把这种趋势表现出来，细分一下，其实就是绿-蓝-透明-绿-蓝这样的一个渐变，如图 13-56 所示。

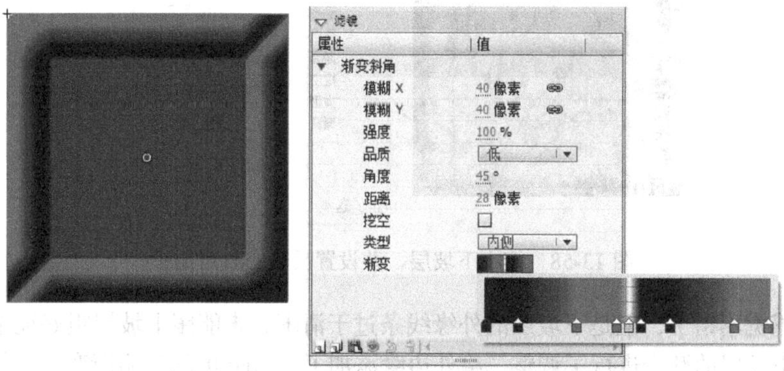

图 13-56　用一个渐变斜角滤镜模拟出来的等高线子集

在忽略分界线处效果的情况下，色彩的变化趋势算是被成功模拟出来了。不过，分界线似乎对整体效果的影响很大，因此还是有继续完善的必要。

高光和阴影的分界线始终连在一起，而且在斜坡方向改变的时候，分界线处的颜色没有发生变化，因此上下坡的感觉并不明显。

这是由斜角滤镜的自身特点所决定的，我们无法让滤镜在分界线上拥有多种颜色。既然如此，那拆分成两个滤镜就是优先考虑的方案了。

我们首先将外层部分模拟出来，即把内侧的下坡斜角剔除，然后将滤镜的模糊和距离值减小到原来的一半，如图 13-57 所示。

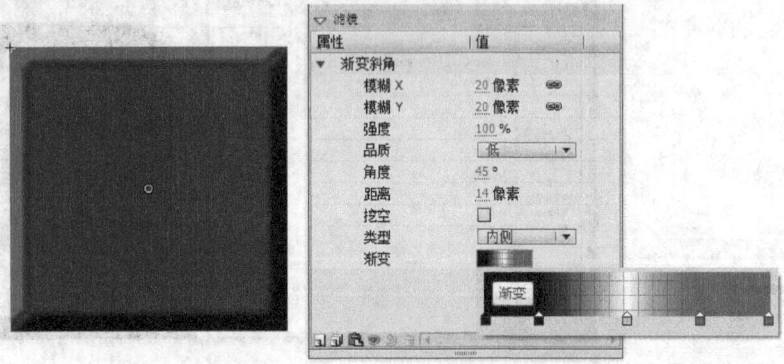

图 13-57　将下坡部分剔除

然后就是内侧的下坡部分了，它的外边缘应该跟上坡部分的内边缘重合，从而实现两斜坡之间的平滑衔接。

那么，如何让下坡斜角滤镜的外缘对齐到上坡滤镜的内缘呢？最好的办法自然就是复制原图层并且适当缩小它，使其外边缘恰好对齐到上坡滤镜层的内边缘。

本例中，斜角的模糊值为 20，因此我们将上下左右 4 个边缘都缩小 20 像素，然后将上坡的滤镜效果复制到新图层并将距离值设置为负数，使高光和阴影的位置互换，如图 13-58 所示。

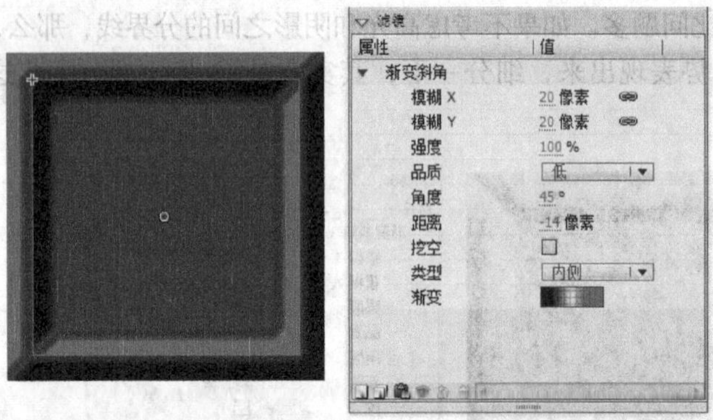

图 13-58　缩小下坡层，并设置反向的斜角滤镜

现在的感觉不错了，但是下坡层的外缘线条过于清晰，未能跟上坡层很好地融合起来，为此，我们对下坡层的渐变进行了调整，给外边缘添加了 alpha=0 的透明渐变点，使上下坡之间的过渡就变得柔和了，如图 13-59 所示。

我们用直接缩小图形的方法来制作内层（下坡层）的斜角。毋庸置疑，此法对纯色方块非常奏效，矩形的 inflate 运算也说明了这一点。但对于复杂点的图形来说，直接缩放显然不能得到正确的结果，如图 13-60 所示。

整体缩放容易导致图像错位，而我们所需要的，是在不移动任何像素的情况下给外边缘剥掉一定的厚度，从而进入到边缘的内部，因此，用腐蚀法是个不错的选择。在 Flash IDE 中，我们可以用内描边（或内阴影）+擦除来实现这一效果。

我们复制并删除下坡层的滤镜，转换为影片剪辑元件，然后把刚才复制出来的滤镜粘贴到当前的元件中，效果如图 13-61 所示，外层的上坡滤镜被完全覆盖。

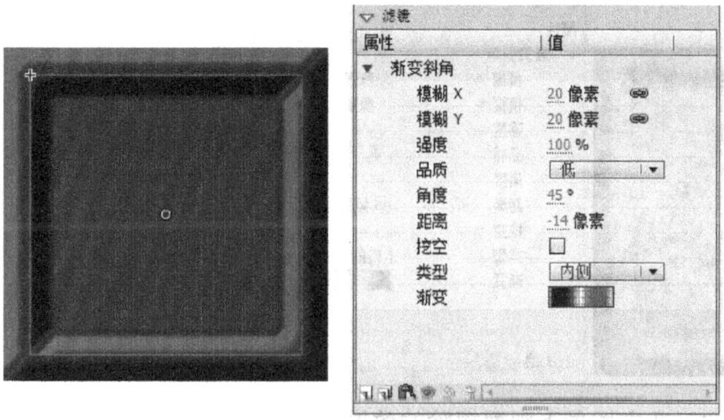

图 13-59　给下坡层的边缘添加透明渐变点

图 13-60　尝试用直接缩放的方式获得内层的图形

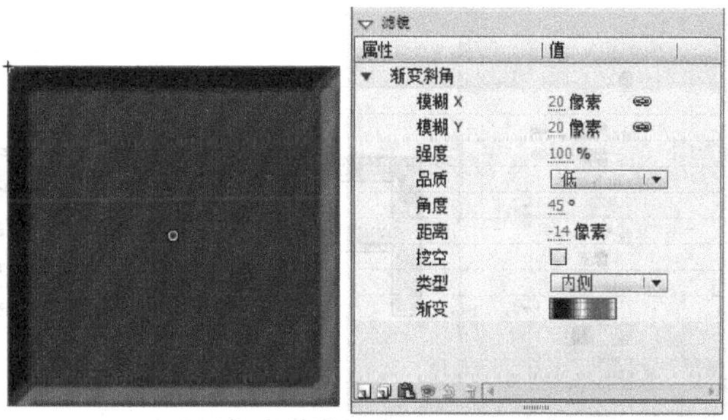

图 13-61　转换为元件后重新应用滤镜

下面我们用擦除的方法使外缘收缩，进入刚刚转换好的元件，在里面复制一层，然后设置内阴影滤镜并将混合模式设置为“擦除”，如图 13-62 所示。

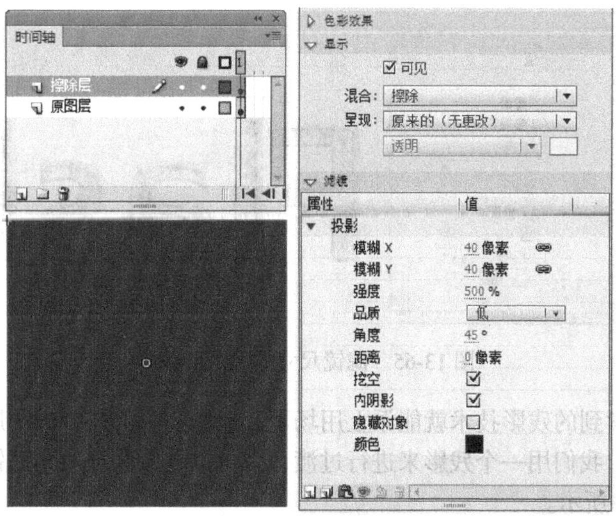

图 13-62　添加擦除层

我们回到主场景，效果就出来了，如图 13-63 所示。

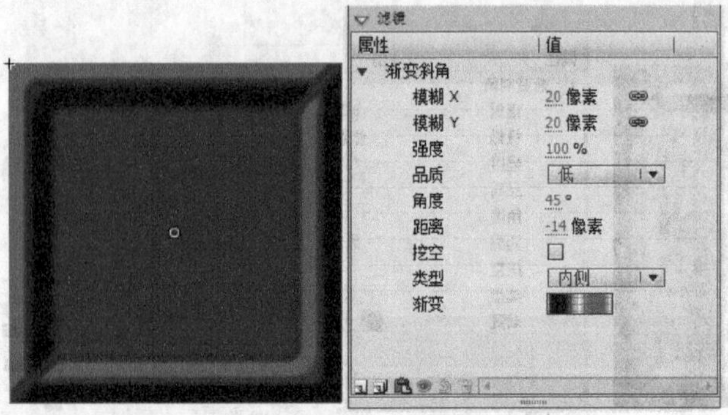

图 13-63　在主场景下观察擦除的效果

以上做法对于轮廓较复杂的图形（如文本）也同样适用（图 13-64），不过需要对滤镜的大小进行适当的调整。

图 13-64　将子集等高线应用到文本

我们必须勇敢地承认，以上做法在细节处理方面仍然有所欠缺，因为此处用的是斜角滤镜，而该滤镜本身就比较粗糙，在高光和阴影的交界处尤为明显，如果将模糊值扩大一倍，细节的丢失就看得相当清楚了，如图 13-65 所示。

图 13-65　滤镜尺寸放大后的效果

此时，前面所学到的残影技术就能派上用场了，残影实际上是个内阴影，它不存在高光与阴影的交接。因此，我们用一个残影来进行过渡，就可以有效弥补斜角滤镜在光影衔接方面的不足了，如图 13-66 所示。

我们站在定性的角度，实现了等高线子集效果的基本形态。如果等高线比较复杂，我们就可以通过创建更多的层来实现。但因为缺乏定量分析的支持，所以我们还无法通过 ActionScript 对 Photoshop 导出的等高线进行精准的数据映射。想要用 ActionScript 模拟等高线子集，就目前来说，我们还需要结合实际情况具体问题具体分析，先构建出大致的轮廓，然后再进行细节的微调。

图 13-66　利用残影来实现平滑过渡

13.6　等高线子集的 ActionScript 实现

从上面的讨论来看，我们确实没有必要再开这一节了，因为我们模拟过程里所用到的完全是 Flash IDE 的滤镜，当中并未涉及任何 Photoshop 的算法。但为了确保本章的完整性，我们还是用 ActionScript 把 Flash IDE 的模拟效果实现出来。

Flash 部分完成以后，这里面就可以为斜角滤镜设置等高线映射，从而让过渡更为平滑，但受篇幅所限，这里就不把这一步给实现出来了。

13.6.1　测试用例的书写

我们新建一个 ActionScript 项目，名为 BevelContourTest，引入 PUBLIC_CLASSES 目录以后，就可以开始书写代码了。

代码清单 13-7

```
package{
    public class BevelContourTest extends Sprite{
        public function BevelContourTest(){
            init();
        }
        private function init():void{
            stage.scaleMode = StageScaleMode.NO_SCALE;
            stage.align = StageAlign.TOP_LEFT;
            initMainBd();
            applyBevel();
        }
        private function initMainBd():void{
            _main_txtBd = new TextBitmapData("Flash 艺术编程", new TextFormat("Microsoft YaHei", 160,
null, true));
            _mainBd = new BitmapData(_main_txtBd.width, _main_txtBd.height, true, 0x00000000);
            _mainBm = new Bitmap(_mainBd);
```

```
var originBd:BitmapData = _main_txtBd.clone();
            var ct:ColorTransform = new ColorTransform();
            ct.color = 0xFF0000;
            originBd.colorTransform(originBd.rect, ct);
            _mainBd.copyPixels(originBd, originBd.rect, new Point());
            addChild(_mainBm);
        }
        private function applyBevel():void    {
        }
    }
}
```

这段代码的内容都比较基础，作用就是创建一个文本位图并且创建一个副本，变成红色以后就绘制到主位图中并显示到舞台上。

以上代码留出了一个空白的方法 applyBevel，所有的滤镜操作都会在这里进行。

13.6.2 等高线的代码实现

然后我们就逐一实现 Flash IDE 中设置的滤镜。

首先是外侧的上坡斜面，代码如下。

代码清单 13-8

```
var tempBm:Bitmap = new Bitmap();//此处笔者用 Bitmap.filters 偷懒了下
var gradientBevelFilter:GradientBevelFilter = new GradientBevelFilter(3.5, 45,    [0x990000,
0x990000, 0x990000, 0xFF0000, 0xFF9900, 0xFF9900, 0xFF9900], [1, 1, 1, 0, 1, 1, 1], [0, 32, 96, 128, 160,
192, 255], 5, 5, 1, 1, "inner", true); //用于构建斜面的斜角滤镜
tempBm.bitmapData = _main_txtBd;
tempBm.filters = [gradientBevelFilter]; //构建外层的上坡斜面
```

然后是内侧的下坡斜面，除了对 GradientBevelFilter 滤镜进行反向操作（修改 distance 的符号，即正负性），此处还需要做两件事，一是使用擦除模式腐蚀掉外边缘，二是将斜角滤镜边缘的 alpha 设置为 0，使两斜面之间的过渡更加平滑。

代码清单 13-9

```
var innerBd:BitmapData = _main_txtBd.clone();//构建内层的下坡下面
var eraseShadowFilter:DropShadowFilter = new DropShadowFilter(0, 45, 0x000000, 1, 5, 5, 5, 1, true,
true); //用于实现内侧下坡斜面的擦除滤镜
tempBm.filters = [eraseShadowFilter];
innerBd.draw(tempBm, null, null, BlendMode.ERASE); //用擦除的方式剥掉外缘一定数量的像素
gradientBevelFilter.distance *= -1; //对斜角滤镜进行反向操作
var alphas:Array = gradientBevelFilter.alphas; //淡出斜角边缘，加强与上坡斜面的融合度
alphas[0] = alphas[alphas.length - 1] = 0;
gradientBevelFilter.alphas = alphas;
tempBm.bitmapData = innerBd;
tempBm.filters = [gradientBevelFilter];
_mainBd.draw(tempBm);
```

最后自然就是补上残影了，如下所示。

代码清单 13-10

```
    var shadowFilter:DropShadowFilter = new DropShadowFilter(0, 45, 0x990000, 1, 5, 5, 3, 1, true, true);
//用于修正光影交界的残影滤镜
    tempBm.filters = [shadowFilter];
    _mainBd.draw(tempBm);
```

我们运行程序，效果如图 13-67 所示，它跟 Flash IDE 中的效果基本一致。

图 13-67　测试用例的运行效果

13.7　本章小结

笔者曾经抱怨市面上同类图书对 Photoshop 图层样式以及 Flash 滤镜的算法分析得过于简陋和粗糙，导致细节方面损失不少，于是立志要把这部分研究得足够透彻，然后再把相关的成果撰写到这本书上。

然而残酷的现实告诉我，一个连 Photoshop 团队都花上十多年才完善好的斜面和浮雕样式，绝不可能在短时间内就轻易模拟出来，不然我们早就当上 Adobe 的技术总监了。

折腾至今，我们不会再数落同类图书的种种不是，自己都做不好的事情，凭什么就要求别人必须做到呢？

另一方面，对于文本来说，斜面的厚度不可能很大，所以在大多数情况下，我们也不用做得太过细致，利用斜角滤镜+等高线往往就能得到不错的结果。不过我们依然敢大胆地跟大家说，本章所模拟出来的等高线效果还是要比别人的精细一些。

斜面和浮雕以外的世界大着呢，我们何必为这么一片树叶而放弃整个森林？在模拟各图层样式的过程中，我们学习了不少算法和原理。既然如此，我们就开始第 14 章，运用学过的知识，制作属于自己的图层样式吧！

第 14 章

举一反三——创建自定义图层样式

北宋年间，一位名叫陶谷的翰林学士想到外地去做官，便托人在宋太祖赵匡胤面前推荐自己。不料赵匡胤一听说是陶谷，便笑着说："这位老先生起草文件时总是照抄前人的旧本，只不过改头换面地编编而已。"于是，陶谷没有被任用。这些话后来传到陶谷的耳朵里，他不禁大失所望，原以为皇上很倚重自己，为报知遇之恩，他兢兢业业，勉力工作，谁知自己辛辛苦苦地起草文告，却落得这样的下场。他深刻体会到了帝王的薄情，不觉心灰意懒，于是写了一首诗自嘲，其诗道："官职须由生处有，才能哪管用时无；堪矣翰林陶学士，年年依样画葫芦。"

回顾一下，前几章我们不也在做"照葫芦画瓢"的事情么？虽然其中的算法是多次实验和测试总结出来的成果，但对于用户来说，效果跟 Photoshop 并无异样。

现在，大家已经掌握了 Photoshop 图层样式的算法原理，也可以运用学到的算法成功模拟出大部分的图层样式，因此，是时候运用这些知识在 Photoshop 图层样式的基础上有所创新了。

14.1 用形态学方法模拟手工绘制的高光点

设计师在制作某些效果的时候，为了弥补程序在细节方面的不足，往往会用手动的方式对图层样式的光影或者填充做一些修饰性的处理。图 14-1 是某知名设计师制作的品牌 Logo，其高光点不但填充了自上而下淡出的线性渐变，而且高光的宽度也随着位置的下降而逐渐缩小，跟一般的滤镜或者图层样式相比显得更加自然。

图 14-1 手工绘制的高光点

这样的高光点是用图层样式制作出来的吗？非也，实际上，那是设计师针对不同字型逐个进行手工绘制的成果，是一件很考设计师功力和耐力的针线活，容不得半点马虎。

但是，如果只考察图上的字母，我们又会发现各高光点的形态并无大异，而且其位置跟渐变发光也很相似，不同的只是高光随位置的下移而逐渐收窄。因此，运用渐变发光滤镜的算法，将有望模拟出这种高光，实现该类质感文本的批量制作，虽然在精细度上始终不如手工绘制。

14.1.1 滤镜版的高光效果及其与手工高光的差异

在前面的章节中，我们学习了用腐蚀法对图形的轮廓进行收缩并且知道内侧渐变发光也基

图 14-2　用渐变发光滤镜制作的高光效果

于腐蚀法进行实现。所以此处我依然尝试用腐蚀法实现图 14-1 中的高光点。

图 14-2 展示了经过渐变发光滤镜腐蚀后所得到的水晶高光，与手工绘制的相比，其高光轮廓被腐蚀的程度和高光的透明度在各个位置的表现都比较均匀，未能达到光线聚焦的效果；站在技术的角度看，渐变发光滤镜的高光并未呈现出自上而下淡出的趋势，因此需要实现这一变换；而形态方面，因为由始至终都使用同一个结构元素进行腐蚀，所以腐蚀后的结果未能通过弱化下方的色彩来突出顶部的高光。

综上所述，想在渐变发光的基础上进行改造，我们就需要做两件事：第一是引入渐变色彩，第二是调整腐蚀算法。

渐变用 alphaBitmapData 蒙版即可实现，我们在讲解渐变填充的时候已有提及，此处不再赘述。

而调整腐蚀算法则是本例的重点，我们希望字符下方的高光能被完全腐蚀掉，而上方高光的被腐蚀程度也要随着位置的下移而逐渐加深，也就是说，结构元素需要逐渐增大，换而言之，就是用比较大的圆来腐蚀下方的高光。

Flash 简单滤镜所做的都是均匀膨胀和均匀腐蚀，所以此处我们不能再直接使用滤镜来简化操作了，必须深入到像素的级别，用自己实现的腐蚀算法进行操作。

14.1.2　测试用例的制作

新建一个 ActionScript 项目，名为 BitmapDataHighlightTest，我们先把基础内容构建好。

代码清单 14-1

```
package{
    public class BitmapDataHighlightTest extends Sprite{
        private var _main_txt:TextField;
        private var _main_txtBd:BitmapData;
        private var _totalBd:BitmapData;
        private var _totalBm:Bitmap;
        private var _strokeBrushBd:BitmapData;
        private var _strokeBrushBm:Bitmap;
        private var _gradientBd:BitmapData;
        public function BitmapDataHighlightTest(){
            init();
        }
        private function init():void{
            stage.scaleMode = StageScaleMode.NO_SCALE;
            stage.align = StageAlign.TOP_LEFT;
            initStrokeBrushBd();
            initMainTxtBd();
            initTotalBd();
            fillStroke();
        }
    }
}
```

init 里面包含了各种初始化函数，其中大部分都没有太新太难的知识点。

initBrushBd 函数创建了一个圆形的结构元素，如下所示。

代码清单 14-2

```
private function initStrokeBrushBd():void{
    var brushShape:Shape = new Shape();
    brushShape.graphics.beginFill(0x000000, 1);
    brushShape.graphics.drawCircle(5, 5, 5);
    brushShape.graphics.endFill();
    _strokeBrushBd = new BitmapData(16, 16, true, 0x00000000);
    _strokeBrushBd.draw(brushShape, new Matrix(1, 0, 0, 1, 3, 3));
    _strokeBrushBd.applyFilter(_strokeBrushBd, _strokeBrushBd.rect, new Point(), new BlurFilter(3, 3, 2));
    _strokeBrushBm = new Bitmap(_strokeBrushBd);
}
```

initMainTxtBd 函数创建与文本相关的位图，如下所示。

代码清单 14-3

```
private function initMainTxtBd():void{
    _main_txt = new TextField();
    _main_txt.autoSize = TextFieldAutoSize.LEFT;
    _main_txt.defaultTextFormat = new TextFormat("Microsoft YaHei", 80, 0xFF9966FF, true);
    _main_txt.filters = [new GlowFilter(0x9966FF, 1, 5, 5, 6)];
    _main_txt.text = "MUEN";
    _main_txtBd = new BitmapData(_main_txt.width + 10, _main_txt.height, true, 0x00000000);
    _main_txtBd.draw(_main_txt);
}
```

initTotalBd 创建最终要显示到舞台上的位图，这当中也包含渐变填充的部分。

代码清单 14-4

```
private function initTotalBd():void{
    var _gradientShape:Shape = new Shape();
    var mt:Matrix = new Matrix();
    mt.createGradientBox(_main_txtBd.width, _main_txtBd.height, Math.PI / 2);
    _gradientShape.graphics.beginGradientFill(GradientType.LINEAR, [0xFBAB1B, 0xFCEA07], [1, 1],
[0, 255], mt);
    _gradientShape.graphics.drawRect(0, 0, _main_txtBd.width, _main_txtBd.height);
    _gradientBd = new BitmapData(_main_txtBd.width, _main_txtBd.height, true, 0);
    _gradientBd.draw(_gradientShape);
    _gradientBd.copyPixels(_gradientBd, _gradientBd.rect, new Point(), _main_txtBd, new Point());
    addChild(new Bitmap(_gradientBd)).filters = [new DropShadowFilter(2, 45, 0x1E4CA7, 1, 15, 15,
10), new DropShadowFilter(2, 45, 0x000000, 0.5, 3, 3, 1, 3)];
}
```

以上代码为前面创建好的文本框加上了渐变填充（此处忽略平滑度）和描边，颜色从设计师提供的 PSD 文件中抽取，得到的效果如图 14-3 所示，现在就差最关键的高光点了。

图 14-3　测试用例的运行效果

14.1.3　基于像素的高光滤镜效果

与之前制作描边相类似，我们定义一个 fillStroke 方法实现渐变填充，操作的对象同样是_totalBd，所以需要先在 initTotalBd 函数中追加以下代码。

代码清单 14-5

```
_totalBd = new BitmapData( main txt.width + 10, _main_txt.height, true, 0x00000000);
_totalBm = new Bitmap(_totalBd);
_totalBm.x = -1;
_totalBm.y = -2;
_totalBd.copyPixels(_main_txtBd, _main_txtBd.rect, new Point());
addChild(_totalBm);
```

至于 fillStroke，它的代码与之前描边项目的相似。

代码清单 14-6

```
private function fillStroke():void{
    _totalBd.lock();
    var checkBd:BitmapData = _totalBd.clone();
    for(var i:int = 0, w:int = checkBd.width; i < w; i ++){
        for(var j:int = 0, h:int = checkBd.height; j < h; j ++){
            checkPixel(i, j);
        }
    }
_totalBd.colorTransform(_totalBd.rect, new ColorTransform(0, 0, 0, 1, 255, 255, 255));
_totalBd.unlock();
}

private function checkPixel(i:int, j:int):void{
    var currentPixel:uint = checkBd.getPixel32(i, j);
    //如果不完全透明，则有可能是边缘像素，所以进入判断
    if(currentPixel > 0){
        //循环检测周边的 8 个像素
        for(var xPos:int = i - 1; xPos < i + 2; xPos ++){
            for(var yPos:int = j - 1; yPos < j + 2; yPos ++){
                if(xPos != i || yPos != j)    { //自己不需要检测
                    var pixel:uint = checkBd.getPixel32(xPos, yPos);
                    //如果是全透明色，则意味着当前点是边缘点
                    if(pixel == 0){
```

```
                    var scale:Number = 1; _totalBd.draw(_strokeBrushBm, new Matrix(scale, 0, 0, scale,
i - _strokeBrushBd.width * scale * 0.5, j - _strokeBrushBd.height * scale * 0.5), null, BlendMode.ERASE, null);
                    break;
                }
            }
        }
    }
  }
}
```

边缘检测的方法依然没变，所要更改的只是结构元素的尺寸。

注意，以上代码用 draw 代替了之前的 copyPixels，那是因为稍后将要根据位置的高低对结构元素设置不同的尺寸。但因为此处我们传入了 1，所以它的效果跟 copyPixels 没什么两样，如图 14-4 所示。

图 14-4　均匀腐蚀的效果

14.1.4　为滤镜效果引入坐标变量

该效果跟用渐变发光滤镜模拟出来的高光完全一致，为了在形态上弱化字符下方的高光，即用更大的圆来腐蚀下方，我们让 scale 值受 y 坐标的控制，y 值越大，scale 值就越大，从而让下方被腐蚀的程度加深，高光的面积减小。

例如我们想让 scale 值每向下 100 像素就增大 1 点，那么 scale 的算法就应表示为如下所示。

代码清单 14-7

```
var scale:Number = 1 + j / 100;
```

用这样的 scale 来腐蚀文本，得到的效果如图 14-5 所示。

下方确实被腐蚀得差不多了，但整体感觉不太美观，似乎是圆半径的增长速度过快所致，使得高光末端看起来比较钝。为此，我们降低 j 的系数，使腐蚀圆的半径增大得慢一些，如下所示。

代码清单 14-8

```
var scale:Number = 1 + j / 200;
```

效果如图 14-6 所示。

图 14-5　不均匀腐蚀的效果

图 14-6　降低腐蚀圆半径增长速度后的效果

效果看起来有所改善了，不过对于像 U 这种没有笔画交叉的字符来说，腐蚀的程度就有点深了，所以我们继续把 j 的系数调小，比如 1/500。

代码清单 14-9

```
var scale:Number = 1 + j / 500;
```

我们得到如图 14-7 的效果。

U 的上方还是被腐蚀得比较严重，即初始的 scale 值 1 对于 U 字母来说也已经偏大了。所以接下来我们需要把初始的 1 调小，比如 0.75。

代码清单 14-10

```
var scale:Number = 0.75 + j / 500;
```

效果如图 14-8 所示。

图 14-7　继续降低腐蚀圆半径的增长速度

图 14-8　降低 scale 的初始值

U 被腐蚀的程度明显降低，但与此同时，腐蚀圆半径的增长速度似乎偏慢，因此我们可以将 j 的系数适当调大，比如 1/200。

代码清单 14-11

```
var scale:Number = 0.75 + j / 200;
```

效果如图 14-9 所示。

腐蚀半径的增长速度没有明显加快，但是 U 的被腐蚀程度已经较深，怎么办？根据上面的实践经验，解决的方法是继续减小初始值，同时把 j 的系数调大。

代码清单 14-12

```
var scale:Number = 0.5 + j / 100;
```

效果如图 14-10 所示。

图 14-9　继续调大 j 的系数

图 14-10　继续调整参数

此时的高光轮廓基本成型，但距离成品还有点远，拿不出手。与设计师制作的效果相比，代码模拟的半成品主要存在以下两个问题：

1）高光的边缘凹凸不平，显得比较粗糙；

2）高光点应集中在左上角，但现在的高光在水平方向呈现出均匀分布的状态。

第一个问题，除了模糊，我们实在想不出其他办法。至于第二个问题，我们只要在计算腐蚀圆半径的时候引入 x 位置，就可以让高光轮廓自左向右收缩了。

14.1.5 对高光效果的半成品进行优化

先来解决第一个问题，我们在_totalBd.unlock()之前追加模糊的代码即可。

代码清单 14-13

```
_totalBd.applyFilter(_totalBd, _totalBd.rect, new Point(), new BlurFilter(2, 2));
```

效果如图 14-11 所示，结果并不是很理想，边缘变得不清晰了，也还是不够平滑。不过此处暂时不必过于担心，因为稍后我们还要设置渐变填充。

要解决第二个问题，就要求腐蚀圆随 x 值的增加而变大。常用的解决方案有两种，一种是用勾股定理或者 Point.distance 计算当前像素到位图左上角的距离，另一种则是直接将 x 和 y 分别乘以适当的系数后相加，得到一个“距离”的数值。

此处我们使用第一种方法，所以 scale 的算法可表示如下。

代码清单 14-14

```
var dis:Number = Math.sqrt(i * i + j * j);
var scale:Number = dis / 100;
```

效果如图 14-12 所示，高光的轮廓确实随横坐标的增大而收缩。但是新的问题来了，横坐标并没有基于单个字符进行计算，而是把 4 个字母都看成一个整体，所以后面几个字母距离原点都很远，导致高光被完全腐蚀掉。

图 14-11　对高光应用模糊滤镜

图 14-12　引入 x 值后的效果

因此，我们需要知道当前像素属于哪个字符，然后计算出该像素到所属字符左上角的距离，处理起来往往相当麻烦。一般情况下，将文本中的字符拆分成独立的图像会更加方便，所以此处我们不妨先让文本框只显示 1 个字符，然后对这个字符的高光进行腐蚀参数的调整。

我们去掉“UEN”3 个字母后，得到如图 14-13 的效果。

x 方向的腐蚀半径增长速度似乎慢了点，为此，我们不妨给 x 赋予一个大于 1 的系数，从而提升腐蚀圆半径在水平方向上的增长速度。

代码清单 14-15

```
var dis:Number = Math.sqrt(4 * i * i + j * j);
var scale:Number = dis / 100;
```

效果如图 14-14 所示。

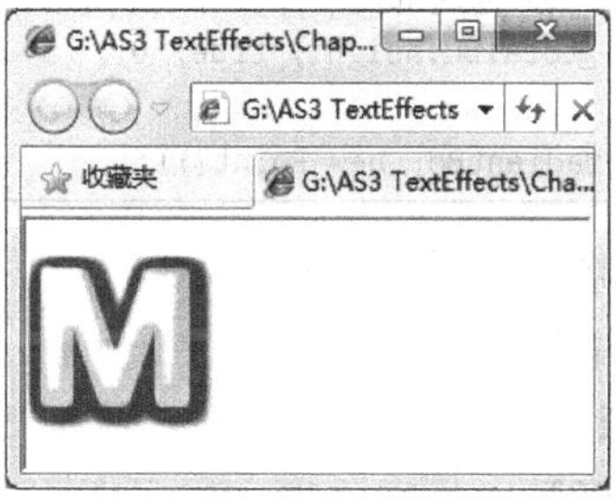

图 14-13 只显示一个字符的效果

图 14-14 提高腐蚀圆半径在 x 方向上的增长速度

现在的感觉是腐蚀圆半径在两个方向上的增长速度都有点慢，所以我们不妨调大 dis 的系数。

代码清单 14-16

```
var dis:Number = Math.sqrt(4 * i * i + j * j);
var scale:Number = dis / 75;
```

效果如图 14-15 所示，高光区在右侧出现了一些污点，究其原因，是笔画的转角处或者两笔画交点的位置比较粗，腐蚀圆不易到达，怎么办？

数学形态学中有一种通用的方法可以去除这些杂点，就是对图像进行先腐蚀后膨胀的操作，其原理是，图像中面积较小的点在腐蚀的过程中被去掉了，但是面积较大的区域只是略微缩小，再次执行膨胀操作的时候，被完全腐蚀掉的污点将无法被还原，但腐蚀之前面积较大的区域则因为膨胀而被还原，从而达到了去除污点、保留较大面积高光的目的。

此外，先对字符进行一次均匀腐蚀然后再执行不均匀腐蚀也是一种解决方案，但受篇幅所限，以上实现过程我们就不在书上给出了，有兴趣的读者可以自行完善。

此处我们将文本的加粗格式删除，从而减少字符在转角处的厚度，得到的效果如图 14-16 所示，右侧不再有残留的污点。

图 14-15 提高腐蚀圆在两个方向上的增长速度

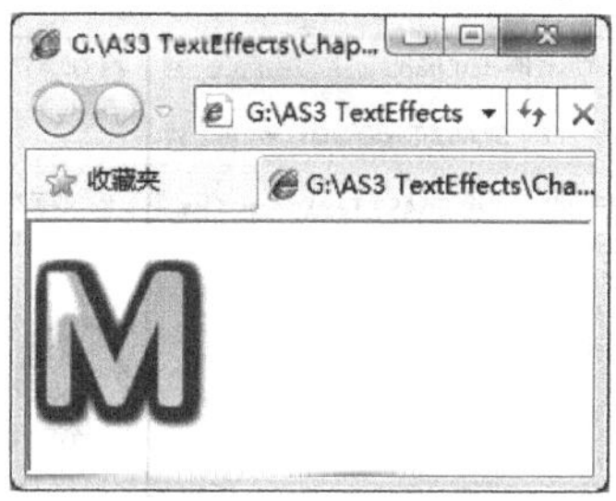

图 14-16 去掉加粗格式后的效果

现在的高光轮廓算是比较好看了，下面引入渐变色彩。

14.1.6 为高光效果添加渐变填充

我们在_totalBd.unlock()前追加如下代码。

代码清单 14-17

```
var _gradientShape:Shape = new Shape();
var mt:Matrix = new Matrix();
mt.createGradientBox(_totalBd.width, _totalBd.height * 0.75, Math.PI / 2);
```

```
_gradientShape.graphics.beginGradientFill(GradientType.LINEAR, [0xFFFFFF, 0xFFFFFF], [1, 0], [0, 255], mt);
_gradientShape.graphics.drawRect(0, 0, _totalBd.width, _totalBd.height);
var gradientBd:BitmapData = new BitmapData(_totalBd.width, _totalBd.height, true, 0);
gradientBd.draw(_gradientShape);
_totalBd.copyPixels(_totalBd, _totalBd.rect, new Point(), gradientBd, new Point());
```

以上代码创建了一个 alpha 淡出的垂直线性渐变(此处忽略平滑度处理)并利用 alphaBitmapData 将渐变位图的不透明度应用到纯白色的高光上。得到的效果如图 14-17 所示，渐变效果出来了，但 alpha 值似乎偏低，高光最上方的 alpha 看起来并没有达到 100%这么高，而下方的 alpha 也不至于 0%这么低。

图 14-17　加入 alphaBitmapData 后的效果

在渐变填充一章中，我们在给文本填充渐变色的时候也遇到了类似的问题，其原因很明确，就是没有裁切掉位图边缘的透明区域。不过错有错着，这样得到的渐变反而比较自然，所以填充方面的问题暂时忽略。

下面我们测试下其他字母的效果，比如之前用到的 U、E、N，如图 14-18 所示。

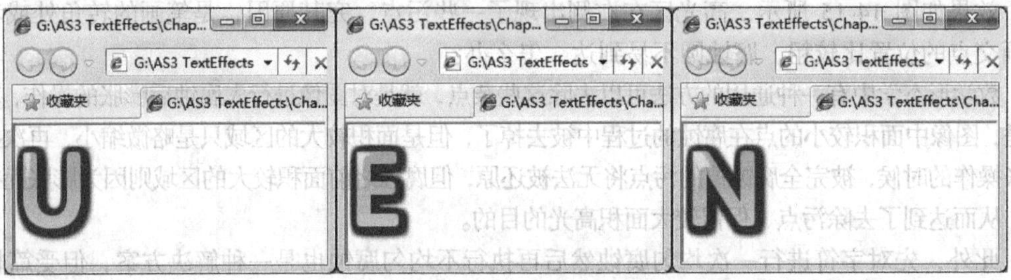

图 14-18　字母 U、E、N 的高光效果

结果差强人意，但由于没有修正裁切区域，以上代码无法让部分小写字母显示出高光，或者显示的高光很微弱，如图 14-19 所示。

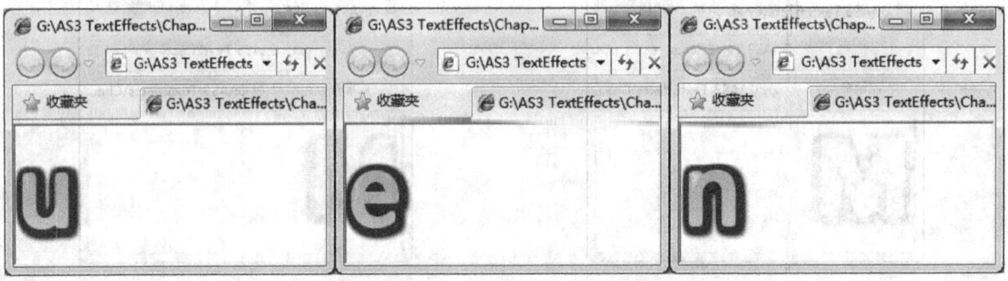

图 14-19　小写字母 u，e，n 的效果

不过这不是大问题，所以我们暂时跳过，下面测试中文字符的高光效果，如图 14-20 所示。

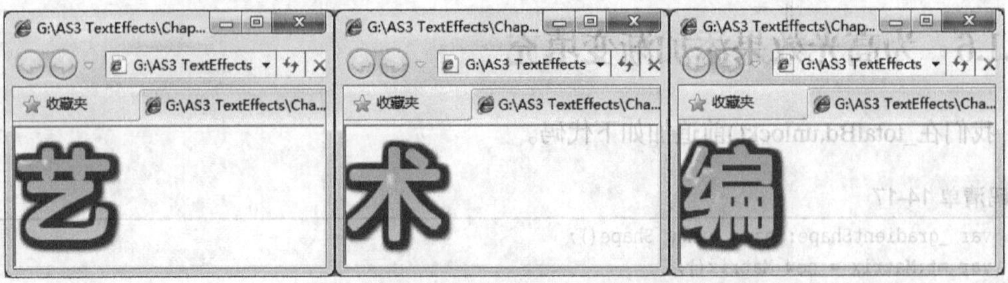

图 14-20　中文字符的高光效果

受中文字符轮廓复杂性的影响，高光效果在不同的文字下表现得参差不齐，数学形态学的简单算法已经很难适应不同结构的中文字符。将位图转换为矢量或者解析 TTF 文件等方法可以在一定程度上提高程序对字符轮廓的识别能力，但受篇幅和笔者水平所限，我们无法在这一层面上和大家作更进一步的探讨。所以，我们最后选择了一个折衷的方案，就是降低腐蚀圆半径在水平方向上的增长速度，确保各种中文字符都能获得比较理想的高光区域，同时加入水平渐变以弥补水平方向收缩速度慢的不足。

14.1.7　中文字符的处理方案

首先我们给 x 方向引入一个比 1 小的系数。

代码清单 14-18

```
var dis:Number = Math.sqrt(0.25 * i * i + j * j);
```

然后我们将垂直方向的填充更改为水平填充。

代码清单 14-19

```
mt.createGradientBox(_totalBd.width, _totalBd.height * 0.75);
```

我们再次测试，效果如图 14-21 所示，高光得到了比较好的保留，整体效果还算不错。

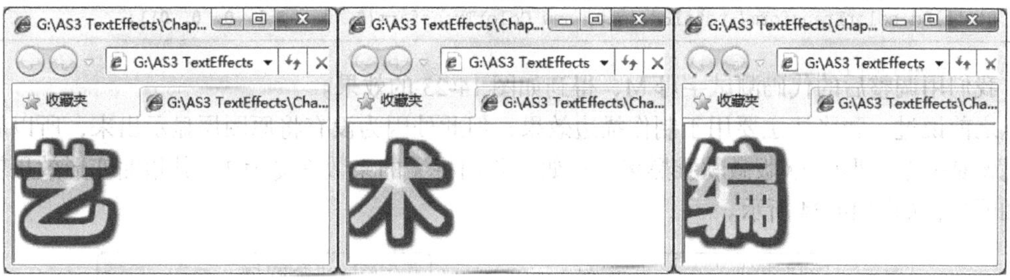

图 14-21　针对中文字符进行修正

接下来的任务就是回过头来测试修正的方案是否适用于英文字符 U、E、N，得到如图 14-22 的效果，高光轮廓不但没有受损，而且亮度还有所增强。可见此方案在修正中文字符高光的同时，也使英文字符的显示效果得到了进一步的优化，实乃双赢之举。

图 14-22　测试中文修正方案对英文字符的影响

至此，对自定义高光效果的研究已经划上了比较完美的句号，虽然我们未在本节给出同时显示多个带高光字符的代码，但相信这对于大家来说已经不是什么难题了，而且在后续的章节中，我们会对此作更进一步的完善。

14.2 字符的不均匀描边

与不均匀腐蚀相对应，本节我们将和大家讨论不均匀膨胀。

膨胀和腐蚀的边缘检测算法完全一致，因此，我们只要对上一节的项目做一些小修改，即可实现不均匀膨胀的效果。

14.2.1 测试用例的制作

从前面一些章节的讨论可知，膨胀法和腐蚀法在 ActionScript 代码上只是混合模式的差别，所以此处我们尝试将 BlendMode 修改为 LIGHTEN。

代码清单 14-20

```
_totalBd.draw(_strokeBrushBm, new Matrix(scale, 0, 0, scale, i - _strokeBrushBd.width * scale * 0.5,
j - _strokeBrushBd.height * scale * 0.5), null, BlendMode.LIGHTEN, null);
```

同时我们将 colorTransform 的颜色调整为纯黑，如下所示。

代码清单 14-21

```
_totalBd.colorTransform(_totalBd.rect, new ColorTransform(0, 0, 0, 1, 0, 0, 0));
```

我们用调整后的代码测试字母 M，得到如图 14-23 的效果。

之前说过，膨胀法主要用于制作描边效果，但此处因为没有将原图层显示出来，所以看起来更像是一个变形的 Q 版微软雅黑字符；如果我们将 x 的系数恢复为 1，其扭曲变形效果就会更加明显，如图 14-24 所示。

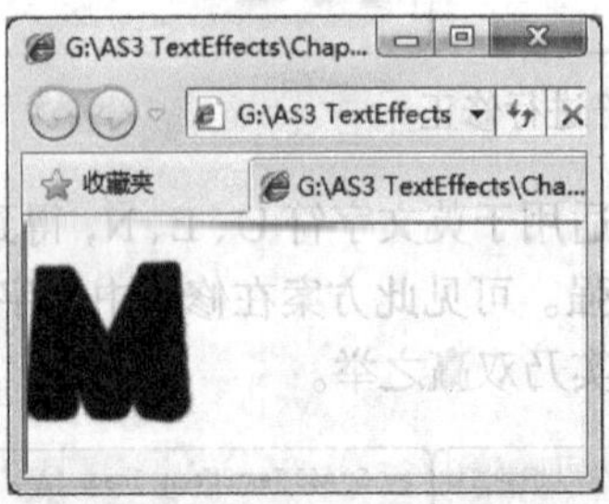

图 14-23 测试不均匀膨胀的效果

图 14-24 增大扭曲幅度后的效果

14.2.2 外描边效果的实现

不过，扭曲归扭曲，现在的字符笔画已经有比较明显的粘连了，所幸的是，描边对轮廓清晰度的要求并不高，我们只要将原图层补上（见代码清单 14-22），文字就依然清晰可辨，如图 14-25 所示。

代码清单 14-22

```
_totalBd.copyPixels(_main_txtBd, _main_txtBd.rect, new Point(), null, null, true);
```

可见文字的描边随着像素位置的右移和下移而不断变粗，从而达到了不均匀描边的效果。与绝对均匀的描边相比，该描边透视感更强，形态更加自然，更适合于模拟手写风格的字符效果。

不过此时左上角的描边有点细，整体感不够圆润，为此我们不妨再给 scale 加上 0.25。

代码清单 14-23

```
var scale:Number = 0.25 + dis / 75;
```

我们得到如图 14-26 的效果，左上角的描边变粗了，但右下方却变得更粗，显得有点头轻脚重，比较别扭。

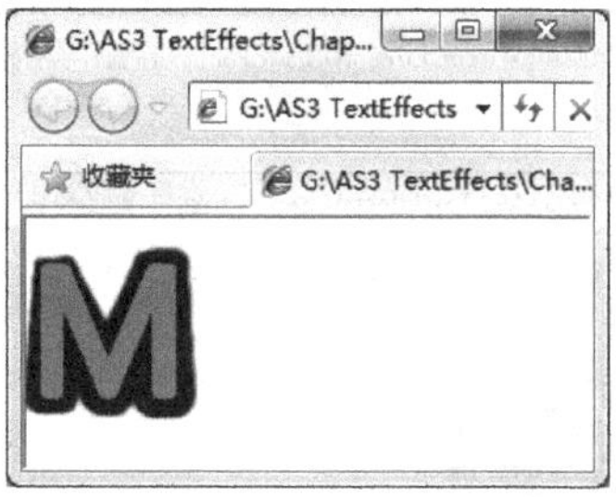

图 14-25　加上原图层后的效果

图 14-26　给 scale 值加上 0.25

所以我们尝试把 dis 的系数减小，同时将 0.25 调大以抵消系数的衰减，从而让左右看起来更加均衡，如下所示。

代码清单 14-24

```
var scale:Number = 0.4 + dis / 100;
```

效果如图 14-27 所示。

我们还可以通过反相 x 或 y 实现不同角度的透视效果，如图 14-28 所示。

代码清单 14-25

```
var dis:Number = Math.sqrt((_totalBd.width - i) * (_totalBd.width - i) + j * j);
```

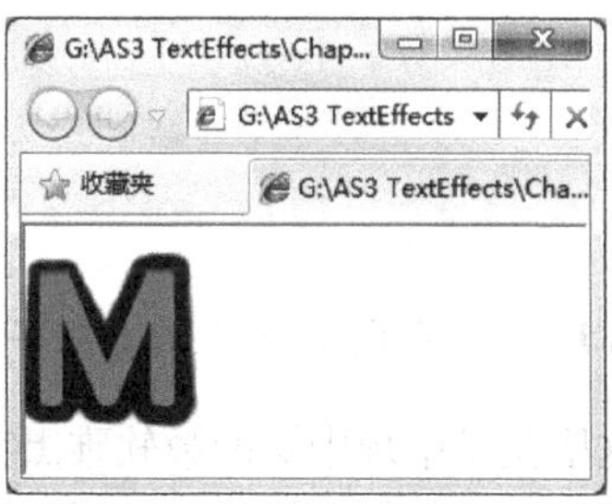

图 14-27　调整系数获得相对均匀的效果

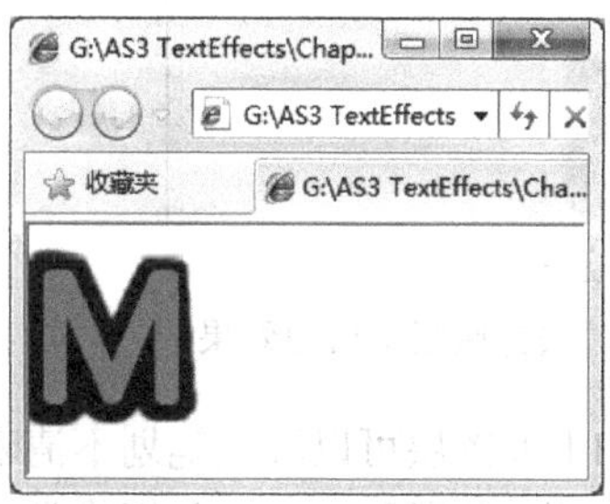

图 14-28　对 x 方向进行反相操作

下面我们不妨换成中文字符测试效果（图 14-29），看起来也相当不错。

轮廓基本成型，我们可以重新上色了，现在就把隐藏掉的渐变填充文本重新显示出来并且去掉基于 GlowFilter 的描边滤镜。

代码清单 14-26

```
addChild(new Bitmap(_gradientBd));
```

以上代码位于 initTotalBd 函数中。

描边效果则放在渐变填充文本的下方，如下所示。

代码清单 14-27

```
addChildAt(_totalBm, 0);
```

最后我们给 colorTransform 方法填上之前用于 GlowFilter 的颜色。

代码清单 14-28

```
_totalBd.colorTransform(_totalBd.rect, new ColorTransform(0, 0, 0, 1, 0x1E, 0x4C, 0xA7));
```

我们再次运行，效果如图 14-30 所示。

图 14-29　将外描边应用与中文字符

图 14-30　给描边效果上色

字形的扭曲有了，而且文字内容也清晰可辨，任务似乎已经完成。但事实上，文本的辨识度仍依赖于未经变形的原始字符，如果原始字符被隐藏，那么文字的笔划将被揉成一团，无法辨认，如图 14-31 所示。

不过，对于笔划较简单的英文字符来说，去掉原图层可能会得到意想不到的效果。图 14-32 展示了一款基于微软雅黑的 Q 版字体。

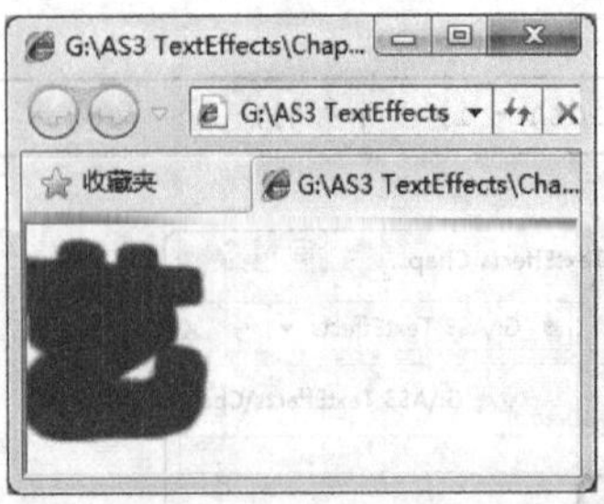

图 14-31　去掉原图层后的效果

图 14-32　基于微软雅黑的 Q 版字体

虽然加上原图层可以解决笔划不清晰的问题，但这毕竟是中规中矩的微软雅黑字体，与描边效果不协调。所以下一步，我们将尝试对原图层进行一下类似的变换，比如用内描边法对字符的边缘进行腐蚀操作。

14.2.3　内描边的制作及其局限性

内描边用的就是上面提到的腐蚀法，其边缘检测算法与外描边一致，所以我们不妨把内描边的操作也放到 fillStroke 里进行。

首先，我们在该方法的首尾分别加入_gradientBd 的 lock 和 unlock 操作。

然后我们就在边缘检测的 for 循环语体内与外描边一起实现内描边的腐蚀，但外描边的结构元素沿用了 14.1 节的高光腐蚀，对于本节的字形调整来说，半径未免会有点大，因此我们再创建一个独立于外描边的缩放变量，名为 innerScale。

代码清单 14-29

```
var innerScale:Number = scale;
_gradientBd.draw(_strokeBrushBm, new Matrix(innerScale, 0, 0, innerScale, i - _strokeBrushBd.width
* innerScale * 0.5, j - _strokeBrushBd.height * innerScale * 0.5), null, BlendMode.ERASE, null);
```

我们运行得到如图 14-33 的效果，可见直接使用 scale 值，原图层将被腐蚀得体无完肤。

解决的办法是降低 innerScale 的值，比如减少一半。

代码清单 14-30

```
var innerScale:Number = scale * 0.5;
```

我们再次运行，效果如图 14-34 所示。

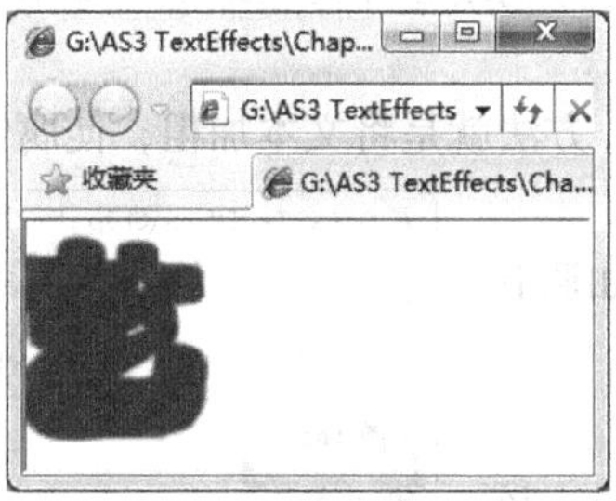

图 14-33　给原图层添加内描边

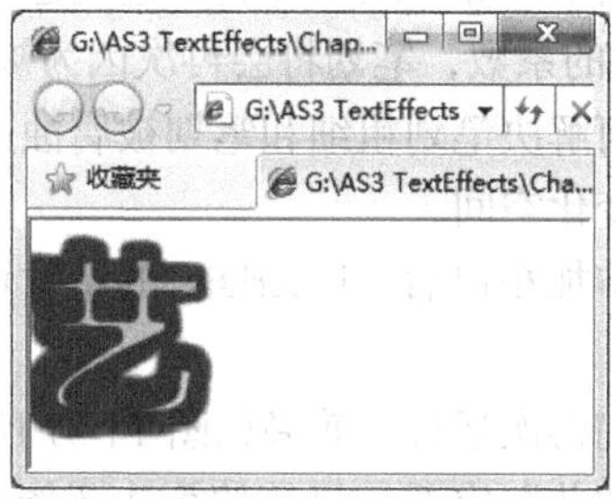

图 14-34　降低腐蚀圆的半径

腐蚀行为得到了弱化，但仍有部分笔划因为腐蚀而被断开，所以腐蚀圆的半径要继续减小。另一方面，现在的效果出现了一个比较奇怪的现象：外描边半径越大，字符的笔划反而越细，两者的透视变化趋势不统一。虽然目前的效果可以用来模拟一些假 3D 的扭曲，但此处我们还是选择走常规路线，使原图层和外描边在透视方向上达成一致。

原因非常简单，现在的 scale 和 innerScale 成正比例关系，也就是说，膨胀圆的半径越大，腐蚀圆的半径就越大，字符被腐蚀的程度就越深，笔划也就变得越细，所以，此处要求 innerScale 要随着 scale 的变大而减小。

为了数值调整上的方便，我们最好再创建一个 innerDis 变量，使 innerScale 不易受 scale 的约束。

代码清单 14-31

```
var innerDis:Number = Math.sqrt(i * i + j * j);
var innerScale:Number = innerDis / 400;
```

与 dis 不同，innerDis 没有对 x 坐标进行反相，所以腐蚀圆半径的变化趋势与膨胀圆相反。

我们再次运行，效果如图 14-35 所示。

变化趋势不是太明显，因此我们可以将 innerDis 的系数调大一些，比如 1/200。

代码清单 14-32

```
var innerScale:Number = innerDis / 200;
```

另外，字符边缘跟膨胀的时候一样，出现了一些毛边，因此我们还需要加入一个模糊滤镜。

代码清单 14-33

```
_gradientBd.applyFilter(_gradientBd, _gradientBd.rect, new Point(), new BlurFilter(1.5, 1.5));
```

运行效果如图 14-36 所示。

图 14-35　修正腐蚀圆算法后的效果

图 14-36　加入模糊后的效果

我们发现原图层的被腐蚀速度还是较慢，但字符的部分笔划已经比较细了，如果继续调大 innerDis 的系数，笔划将会再次因为被腐蚀而断开。

如何解决笔划粗细和笔划被腐蚀速度较慢的矛盾呢？方法就是将文本加粗，使腐蚀行为有更大的变化空间。

文本加粗以后，innerDis 的系数可以继续调大，比如调到 1/125。

我们再次运行，效果如图 14-37 所示。

图 14-37　文本加粗后的效果

从“艺”字看，目前的算法还能勉强合适。但实际上，该算法并不适合笔划较复杂的汉字，如“编程”的“编”字，因为笔划增多，将意味着腐蚀圆的分布变得密集，导致字符轮廓容易被破坏（如图 14-38 所示）。所以，此法只适用于结构较简单的字符，如英文字母 M（如图 14-39 所示）。

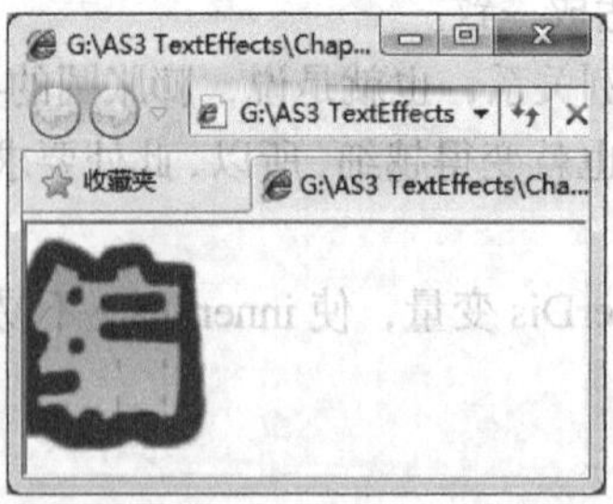

图 14-38　用同样的算法测试“编”字的效果

图 14-39　用同样的算法测试英文字母 M 的效果

14.3　提取字符骨架以实现更丰富的字形效果

无论是腐蚀法还是膨胀法，它们在处理字符轮廓细节方面始终都不尽人意，其根本原因就在于字符（尤其是汉字）的结构五花八门且复杂程度不一，导致形态相对简单的结构元素无法适应不同种类的字符。

以笔划比较简单的“木”字为例，我们尝试用均匀腐蚀法对其进行处理，试图得到笔划较细的一个“木”字，效果如图 14-40 所示。

笔划变细了，但是字符在 4 个笔划的交点附近显得比较臃肿，线条不如其他位置来得清晰硬朗。那么，到底是什么原因导致交点处未能被腐蚀得比较干净呢？下面我们尝试把“木”字的笔划逐一绘制出来以演示笔划的增加对腐蚀操作的影响。

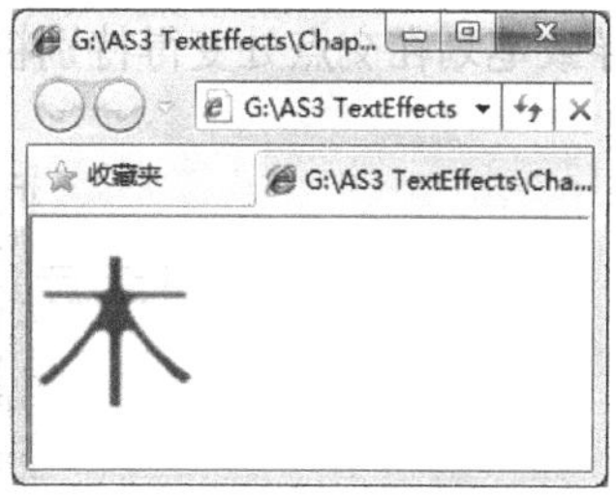

图 14-40　用均匀腐蚀法处理“木”字

14.3.1　字符骨架与字体轮廓的关系

图 14-41 用粗细为 1 像素的线条展示了“木”字的基本笔划结构。它以最准确、最简洁的方式反映出字符“木”的笔划组成和基本形态，如果将字符比作一个人，那么图 14-41 就相当于这个人的骨骼结构，或者叫骨架。

大多数字体都在这样一个骨架的基础上加以适当变形并赋予肌肤及修饰物（如衣服）所得，从而构成一个“有血有肉”的鲜活字体。我们以微软雅黑为例，以该骨架为中心，笔划较粗的线条就是这个字符的肉体部分，如图 14-42 所示。

图 14-41　“木”字的基本笔划结构

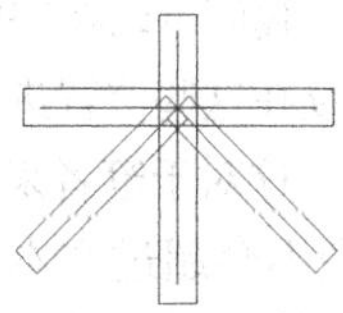

图 14-42　在骨架上赋予“肌肉”后的效果

骨架经过以上处理以后，其组成就不再像图 14-41 那么简单了，除了字符的笔划组成和基本形态以外，它还包含了笔划的粗细、修饰程度等因素。这为提取字符的结构并作进一步的处理带来了很大的不便。

为此，我们希望找到一个方法，可以实现从图 14-42 到图 14-41 的变换，从而获得一个纯粹的字符结构图像。本节开头，我们尝试用腐蚀法进行处理，结果失败了，原因何在？下面我们就结合图 14-42 进行分析。

首先我们去掉除第一笔以外的加粗线条，然后尝试用圆进行腐蚀，效果如图 14-43 所示（其中，红色线框代表腐蚀前的轮廓，蓝色线框代表腐蚀后的结果，下同），可见，只有一笔“横”的情况下，腐蚀的过程比较顺利，出来的线条粗细仍然非常均匀。如果腐蚀圆的大小选取恰当，则图像有希望被腐蚀为一个只有 1 像素粗细的骨架。

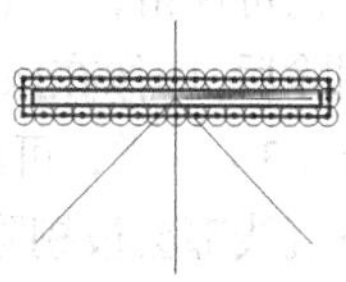

图 14-43　只有一笔时的腐蚀效果

下面我们加入第二笔“竖”，受该笔划的宽度影响，原来位于第一笔中间的两个腐蚀圆将不再起作用（以灰色填充表示），因为此时第二笔在水平方向上“撑开”了一定的距离，让腐蚀圆无法触及笔划“横”的中心区域。所幸的是，即使此处不再受腐蚀圆的控制，其结果也一样让人满意（如图 14-44 所示，其中红色填充的圆代表笔划的转角处，也是腐蚀操作在交点处所能到达的极限位置）。

但当加入第三笔“撇”以后，情况就不妙了，图 14-44 左下角的红色圆所在位置也不属于图像的边缘了，所以无法再被腐蚀。与此同时，转角的边缘也被挤到了距离中心更远的位置，导致笔划在交点处变得特别粗，如图 14-45 所示。

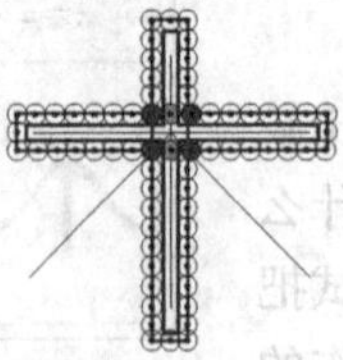

图 14-44　加入第二笔后的腐蚀效果

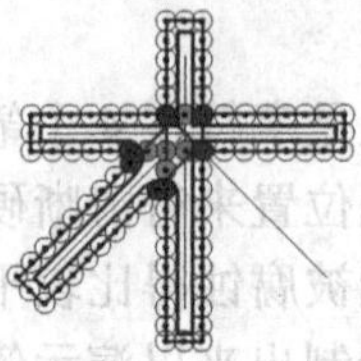

图 14-45　加入第三笔后的腐蚀效果

第四笔的情况跟第三笔类似，此处不再重复。

仅仅是一个简单的“木”字，就在处理第三笔的时候出现问题。不难想象，如果我们换成结构更复杂的其他汉字，其问题将会更为严重。可见腐蚀法并未反映出字符的本质结构，所以在字符处理方面的局限性相当明显，从 14.2 节的不均匀描边处理过程就已经有所体现。

14.3.2　深入到像素及字符结构的算法

腐蚀法未能识别出笔划在不同位置的粗细，对字符的所有位置都一视同仁，所以处理出来的结果也相当地不匀称。

为解决这一问题，我们可以在完成一次腐蚀以后对腐蚀结果进行判断，如果发现笔划在某些位置仍然较粗，则需要继续在这些位置进行腐蚀操作。但是，如何判断哪些位置需要继续被腐蚀，下一次腐蚀的半径又是多少，这对于笔者来说，是一道相当有难度的数学题。

为确保腐蚀半径不会超过文本的粗细，同时为便于对图像的结构进行判断，我们决定逐个像素进行腐蚀，这在数学形态学上也有个专业术语，叫作“细化”，它专为提取图像骨架而设，主要应用于文本字符处理。

细化算法对“骨架”一词作出了简单的定义，将骨架理解为图像的中轴线，如矩形的中轴线为长方向上的中轴线，正方形的中轴线是它的中心点，圆的中轴线是它的圆心，等等。

要得到图形的骨架，我们就需要从图形轮廓的边缘开始，对每个像素点进行逐一甄别和剔除。那么，如何判断一个点可否被剔除呢？方法就是判断与之相邻的 8 个点，以考察该点与周边像素的关系，现在我们举例说明。

如图 14-46 所示，图中（1）显然不能被剔除，该点位于图像的内部，剔除后，就只剩一个被掏空的外壳了，与提取骨架的要求恰恰相反，同理（2）也不能剔除；至于（3），可以剔除，剔除后，骨架的形状仍可保留；但（4）就不可以，因为（4）与（3）不同，剔除后，图像在该点处会被断开，连续性会受到破坏；（5）与（3）一样，可以剔除；（6）则不能剔除，它是线条的末端，如果剔除了它，那么到最后，整条直线都会被剔除掉；（7）不能剔除，一个孤立的点，其骨架就是它本身，应予以保留。

图 14-46　几个典型的例子

总的来说，判断依据包括以下几点：

1）图像内部的点不能剔除；

2）孤立的点不能剔除；

3）线条的末端不能剔除；

4）图像边界上的点，如果剔除后不会导致线条断开，则该点可以剔除。

通过程序来实现以上几点判断会有一定的困难，甚至是不可能的，因为这当中包含了一些感官系统的认识。所幸的是，一个像素周边只有 8 个点，点的颜色不是白就是黑，所以每个点与周边像素的关系只有 2^8=256 种。那么我们完全可以写死一个下标最大值为 255 的数组来存放，其中数组的下标代表关系的编号，数组的值代表是否可剔除，如下所示。

代码清单 14-34

```
var erasable_arr:Array = new Array(256);
```

255 用 8 位二进制数来理解，8 个位分别代表 8 个不同的像素，某个位等于 1 代表对应的像素为白色（透明），否则该像素为黑色（不透明）。

图 14-46 中，（1）周边的 8 个像素都是黑色，因此 8 个位都等于 0，所以对应的数组下标也等丁 0。数组中的值，如果以 1 代表可剔除，0 代表不可剔除，则数组的第 0 项应等于 0，表示该点不可剔除，如下所示。

```
erasable_arr [0] = 0;
```

至于（2），8 个点的颜色分别为 1,0,1,0,0,1,0,0，从低位开始，排列成一个二进制数，就是 00100101，也就是十进制的 37，该点不可剔除，所以我们根据（2）又可以在数组中加入如下记录。

```
erasable_arr [37] = 0;
```

同理，（3）的下标为 173，值为 1。

```
erasable_arr [173] = 1;
```

类似地，对于（4）～（7），有如下记录。

```
erasable_arr [231] = 0;  erasable_arr [237]=1;  erasable_arr [254]=0;  erasable_arr [255]=0;
```

我们可以用类似的方法给数组中的其他下标赋值，但上面的写法会使代码变得相当冗长，严重影响程序的可读性。一般情况下，我们更倾向丁用[元素 1,元素 2,......元素 N]的形式进行书写，如下所示。

```
var erasable_arr:Vector.<int> =
new <int>[0,0,1,1,0,0,1,1, 1,1,0,1,1,1,0,1,
1,1,0,0,1,1,1,1, 0,0,0,0,0,0,0,1,
0,0,1,1,0,0,1,1, 1,1,0,1,1,1,0,0,
1,1,0,0,1,1,1,1, 0,0,0,0,0,0,0,1,
1,1,0,0,1,1,0,0, 0,0,0,0,0,0,0,0,
0,0,0,0,0,0,0,0, 0,0,0,0,0,0,0,0,
1,1,0,0,1,1,0,0, 1,1,0,1,1,1,0,1,
0,0,0,0,0,0,0,0, 0,0,0,0,0,0,0,0,
0,0,1,1,0,0,1,1, 1,1,0,1,1,1,0,1,
1,1,0,0,1,1,1,1, 0,0,0,0,0,0,0,1,
0,0,1,1,0,0,1,1, 1,1,0,1,1,0,0,1,
1,1,0,0,1,1,1,1, 0,0,0,0,0,0,0,0,
1,1,0,0,1,1,0,0, 0,0,0,0,0,0,0,0,
1,1,0,0,1,1,1,1, 0,0,0,0,0,0,0,0,
1,1,0,0,1,1,1,0, 1,1,0,1,1,1,0,0,
1,1,0,0,1,1,1,0, 1,1,0,0,1,0,0,0];
```

写好这一数组以后，我们就可以据此对图像进行细化处理了，方法是，遍历图像中的所有包含颜色的像素，根据它周边 8 个点的颜色计算出该像素在数组中对应的下标，然后取得数组在该位置的值并进行剔除操作。

思路非常清晰，下面我们就开始书写代码。

14.3.3 测试用例的书写

我们新建一个 ActionScript 项目，名为 ThinningTest，代码如下。

代码清单 14-35

```
package{
    public class ThinningTest extends Sprite{
        private var _main_txt:TextField;
        private var _main_txtBd:BitmapData;     //文本位图
        private var _totalBd:BitmapData; //主位图
        private var _totalBm:Bitmap;
        //是否为可去点的索引映射表
        private var _erasable_arr:Vector.<int> =
            new <int>[0,0,1,1,0,0,1,1, 1,1,0,1,1,1,0,1,
                1,1,0,0,1,1,1,1, 0,0,0,0,0,0,0,1,
                0,0,1,1,0,0,1,1, 1,1,0,1,1,1,0,0,
                1,1,0,0,1,1,1,1, 0,0,0,0,0,0,0,1,
                1,1,0,0,1,1,0,0, 0,0,0,0,0,0,0,0,
                0,0,0,0,0,0,0,0, 0,0,0,0,0,0,0,0,
                1,1,0,0,1,1,0,0, 1,1,0,1,1,1,0,1,
                0,0,0,0,0,0,0,0, 0,0,0,0,0,0,0,0,
                0,0,1,1,0,0,1,1, 1,1,0,1,1,1,0,1,
                1,1,0,0,1,1,1,1, 0,0,0,0,0,0,0,1,
                0,0,1,1,0,0,1,1, 1,1,0,1,1,1,0,1,
                1,1,0,0,1,1,1,1, 0,0,0,0,0,0,0,0,
                1,1,0,0,1,1,0,0, 0,0,0,0,0,0,0,0,
                1,1,0,0,1,1,1,1, 0,0,0,0,0,0,0,0,
                1,1,0,0,1,1,1,0, 1,1,0,1,1,1,0,0,
                1,1,0,0,1,1,1,0, 1,1,0,0,1,0,0,0];
        public function ThinningTest(){
            init();
        }

        private function init():void{
            stage.scaleMode = StageScaleMode.NO_SCALE;
            stage.align = StageAlign.TOP_LEFT;
            initMainTxtBd();
            initTotalBd();
            thinning();
        }
        private function initTotalBd():void{
            _totalBd = new BitmapData(_main_txt.width + 10, _main_txt.height, true, 0x00000000);
            _totalBm = new Bitmap(_totalBd);
            _totalBd.copyPixels(_main_txtBd, _main_txtBd.rect, new Point());
            addChildAt(_totalBm, 0);
        }
        private function initMainTxtBd():void{
            _main_txt = new TextField();
```

```
                _main_txt.autoSize = TextFieldAutoSize.LEFT;
                _main_txt.defaultTextFormat = new TextFormat("Microsoft YaHei", 80, 0x000000, true);
                _main_txt.text = "Flash 艺术编程";
                _main_txtBd = new BitmapData(_main_txt.width + 10, _main_txt.height, true, 0x00000000);
                _main_txtBd.draw(_main_txt);
            }
        }
    }
```

以上部分为基础代码，我们不打算深入讲解。

至于核心部分，就是细化处理的 thinning 函数了。

代码清单 14-36

```
private function thinning():void{
    _totalBd.lock();
    for(var i:int = 0, w:int = _totalBd.width; i < w; i ++){
        for(var j:int = 0, h:int = _totalBd.height; j < h; j ++){
            var pixel:uint = _totalBd.getPixel32(i, j);
            var erasableIndex:uint = 0; //当前点与周边 8 个点的位置关系索引
            if(pixel >= 0xFF000000){
                //对周边的 8 个点都进行检测，并按照位运算法则叠加到 erasableIndex 变量上
                erasableIndex |= (getAlphaValue(_totalBd, i - 1, j - 1) << 0);
                erasableIndex |= (getAlphaValue(_totalBd, i, j - 1) << 1);
                erasableIndex |= (getAlphaValue(_totalBd, i + 1, j - 1) << 2);
                erasableIndex |= (getAlphaValue(_totalBd, i - 1, j) << 3);
                erasableIndex |= (getAlphaValue(_totalBd, i + 1, j) << 4);
                erasableIndex |= (getAlphaValue(_totalBd, i - 1, j + 1) << 5);
                erasableIndex |= (getAlphaValue(_totalBd, i, j + 1) << 6);
                erasableIndex |= (getAlphaValue(_totalBd, i + 1, j + 1) << 7);
                //等于 1 代表可擦除
                var canErase:Boolean = _erasable_arr[erasableIndex] == 1;
                if(canErase){
                    _totalBd.setPixel32(i, j, 0x00000000);
                }
            }
        }
    }
    _totalBd.unlock();
}
//当前像素点的透明度状况，不透明为 0，透明为 1
private function getAlphaValue(bd:BitmapData, i:int, j:int):int{
    return bd.getPixel32(i, j) >= 0xFF000000 ? 0 : 1;
}
```

thinning 函数用逐个像素循环的模式实现了 14.3.2 节的细化算法。对图像上的每一个点，以上代码都对周边 8 个点的透明度进行分析并且记录到 erasableIndex 对应的位上，然后根据最终的 erasableIndex，在_erasable_arr 中找到对应的可剔除值并进行相应的剔除操作。在这一实现过程中，从像素点透明度得出一个表示透明与否的布尔值的运算重复了 8 次，为便于重用，我们最好把这一运算封装到 getAlphaValue 方法中。

我们满怀期待地按下 F11，文字确实变成了细线，可这细线并不位于字符的中心，而是大部分位于字符轮廓的右边缘，小部分在左边缘，如图 14-47 所示。

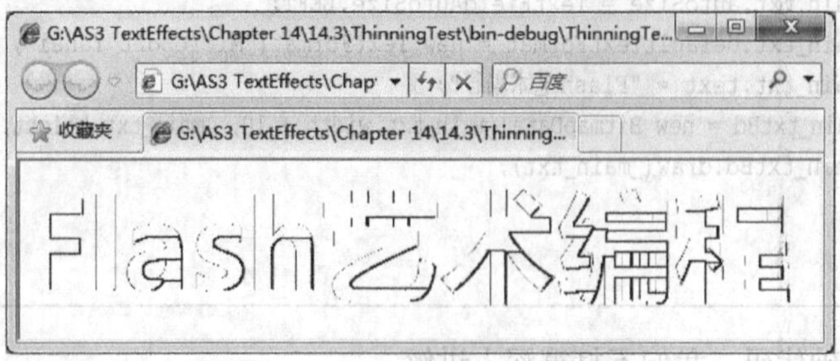

图 14-47　细化测试用例的运行效果

14.3.4　算法缺陷分析

原因何在？下面我们不妨以最简单的汉字“一”为例对上述代码进行分析，如图 14-48 所示。

图 14-48 中一格代表一个像素。我们给 24*4 的矩形区域填充上黑色，就构成了一个“一”字。细化算法将会从图片的左上角（包含透明的区域）开始自上而下、从左到右进行扫描。第一个被扫描到的黑点位于一字的左上方（即图 14-48 中用蓝色矩形框住的一格）。

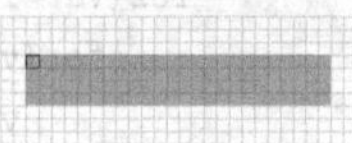

图 14-48　一字的像素组成

考察周边的 8 个点，我们可以发现它不属于图像的骨架，因此可以剔除，然后程序将会继续向下扫描，定位如图 14-49 所示。

图 14-49　剔除第一个点后的效果

图 14-50　受上一个点的影响该点的可剔除性发生了变化

按照预期的想法，该点也应该被剔除，依次类推，第一列的所有点都被剔除了。

此后每一列的情况都与第一列相同，所以所有点都被剔除了，直到最后一列，“一”字只剩下一条粗细为 1 像素的直线，最上面的点是直线的端点，不能剔除，而它下方的点也不能剔除，因为剔除以后，直线将会断开，如此向下循环，最后一列上的点都没被删除，也就是最右侧的一条直线被完好无损地保留了下来，但这并非我们预期的结果。

事实上，细化操作的表象与腐蚀很相似，都是从外向内剔除像素的过程，所以当一字的左上角被剔除以后，左上角下方的点不应该立即被剔除。而目前的代码则按从上到下、从左到右的方式进行扫描，与细化的处理方式存在差别。

为了避免第二行第一个点在删除“一”字左上角之后的下一步就被细化程序剔除，我们需要判断该点是否与上一个被剔除的点一样都位于字符轮廓的最外一圈。此时的代码正在进行自上而下的扫描，因此判断的方法就是检查该点的上下方是否都为黑点，是则代表该点位于上一个点的内侧，暂不能剔除，否则可以去掉。

但很显然，即使我们使用了以上的方法进行判断，第二行第一个点依然可以被剔除。所以在判断的时候，我们要以上一个点被剔除前的图像（即原始图像）作为判断的标准。这样一列扫描下来，就只有最上面和最下面的点被剔除了。

14.3.5　算法的修正方案

为了让图像上的点被剔除后仍能用原始图像进行细化判断，我们应为 totalBd 创建一个副本 cloneBd 作为计算 erasableIndex 的基准并进行判断。

首先我们在_totalBd.lock 一句后追加如下代码。

代码清单 14-37

```
var cloneBd:BitmapData = _totalBd.clone();
```

然后我们在 canErase 变量声明的后面追加一个判断。

代码清单 14-38

```
//再根据上下方的点判断当前点是否符合剔除条件，其中一个点透明则意味着当前点可剔除
canErase &&= ((getAlphaValue(cloneBd, i, j - 1) == 1) || (getAlphaValue(cloneBd, i, j + 1) == 1));
```

运行效果如图 14-51 所示。看起来，图像的外边缘被剥去了一圈。如果我们在此基础上继续处理、逐层深入，那么得到的最终结果就是细化后的图像骨架了。

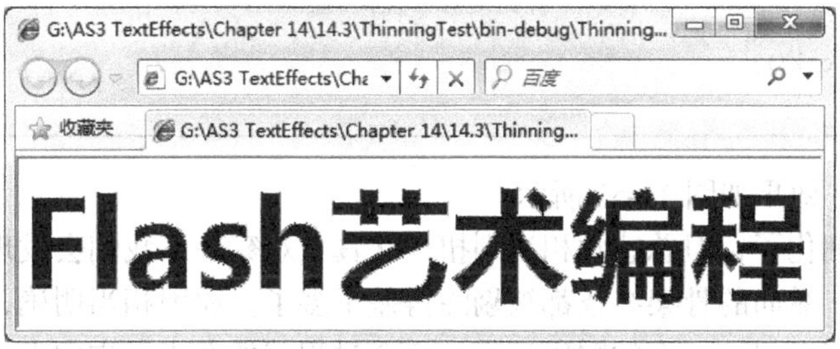

图 14-51　算法调整后的效果

14.3.6　循环扫描的处理及优化

至于要循环处理多少次才算完成，此处有两个方案。

1）每次都对整个图像进行扫描，记录每次被剔除的像素数量，如果等于 0，则说明没有像素需要被处理了。

2）每次扫描的范围都减少一圈，直到宽度或者高度缩小到 1 为止。此法的依据是：最外层的像素如果有符合剔除条件的，在上一次扫描的时候就已经被处理掉，因此下一次扫描可以忽略。

此处我们来试试方案 2，与方案 1 相比，该方法可以有效减少不必要的循环检测，从而提高程序处理的速度。

代码清单 14-39

```
private function thinning():void{
    _totalBd.lock();
    var cloneBd:BitmapData = _totalBd.clone();
    var ver:int = 0;
    while(true){
        for(var i:int = 0, w:int = _totalBd.width; i < w; i ++){
            for(var j:int = ver, h:int = _totalBd.height - ver; j < h; j ++){
                var pixel:uint = _totalBd.getPixel32(i, j);
                var erasableIndex:uint = 0; //当前点与周边 8 个点的位置关系索引
                if(pixel >= 0xFF000000){
                    //对周边的 8 个点都进行检测，并按照位运算法则叠加到 erasableIndex 变量上，具体代码前面已给出，此处省略
                    var canErase:Boolean = _erasable_arr[erasableIndex] == 1;  //等于 1 代表可擦除
```

```
                        //再根据上下方的点判断是否符合剔除条件，其中一个点透明则意味着当前点可剔除
                        canErase &&= ((getAlphaValue(cloneBd, i, j - 1) == 1) || (getAlphaValue(cloneBd,
i, j + 1) == 1))
                        if(canErase){
                            _totalBd.setPixel32(i, j, 0x00000000);
                        }
                    }
                }
            }
            ver ++;
            if(ver > _totalBd.height * 0.5)     {
                break;
            }
            cloneBd = _totalBd.clone();
        }
        _totalBd.unlock();
    }
```

我们再次运行，效果如图 14-52 所示。

文字轮廓是被细化了，但总感觉相当别扭，认真点观察一下我们会发现，细化出来的骨架线条都以横向为主，纵向的骨架线条都被剔除得差不多了。原因相当明确，在上面的代码中，剔除的操作始终按着上-下-上-下的顺序进行，整个过程就像在水平方向上把图像削薄一样，出来的结果自然就以横向的线条为主了。

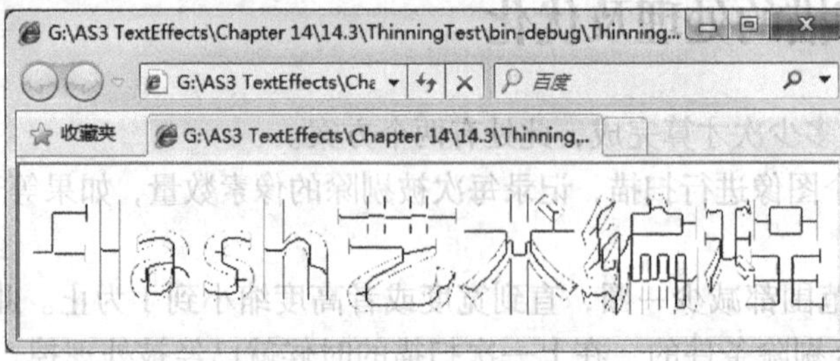

图 14-52　多次细化后的效果

14.3.7　双向循环扫描法

由此我们不难推知，如果将上面代码中二重循环的顺序颠倒一下，得到的细化结果将以纵向的线条为主。为了同时兼顾两个方向，在处理的时候，我们可以让以上两种循环交替进行，即进行一次横向扫描之后执行一次纵向扫描，然后再回到横向扫描，如此反复，就可以让两个方向的骨架线条都得到很好的保留。

为便于记录当前扫描的方向，我们可以创建一个 direction 变量，有效值只有两个，分别为 ver 和 hor。

代码清单 14-40

```
private var direction:String = VER;
private const VER:String = "ver";
private const HOR:String = "hor";
```

此外，由于要实现两种方向不同的扫描，因此我们需要在代码中写两个二重循环（也有不分开的写法，但一般都会导致程序的可读性下降）。而循环体内的代码较长，如果仅仅因为循环方式的不同而把这部分冗长的代码复制一遍，那么写出来的程序既不方便阅读也不利于调试，为此我们应将循环体内的代码抽离成一个方法以便重用，如下所示。

代码清单 14-41

```
    private function operatePixel(totalBd:BitmapData, cloneBd:BitmapData, i:int, j:int,
direction:String):void{
        var pixel:uint = _totalBd.getPixel32(i, j);
        var erasableIndex:uint = 0; //当前点与周边 8 个点的位置关系索引
        if(pixel >= 0xFF000000){
            //对周边的 8 个点都进行检测，并按照位运算法则叠加到 erasableIndex 变量上，具体代码前面已给出，此处省略
            //等于 1 代表可擦除
            var canErase:Boolean = _erasable_arr[erasableIndex] == 1;
            //再根据上下方的点判断是否符合剔除条件，其中一个点透明则意味着当前点可剔除
            switch(direction){
                case VER:
                    canErase &&= ((getAlphaValue(cloneBd, i, j - 1) == 1) || (getAlphaValue(cloneBd,
i, j + 1) == 1));
                    break;
                case HOR:
                    canErase &&= ((getAlphaValue(cloneBd, i - 1, j) == 1) || (getAlphaValue(cloneBd,
i + 1, j) == 1));
                    break;
            }
            if(canErase){
                _totalBd.setPixel32(i, j, 0x00000000);
            }
        }
    }
```

有了这样的一个方法之后，交替扫描的代码就可以轻松完成了。

代码清单 14-42

```
    private function thinning():void{
        _totalBd.lock();
        var cloneBd:BitmapData = _totalBd.clone();
        var ver:int = 0;
        var hor:int = 0;
        var i:int, j:int, w:int, h:int;
        outerLoop:while(true){
            switch(direction){
                case VER:
                    for(i = 0, w = _totalBd.width; i < w; i ++)    {
                        for(j = ver, h = _totalBd.height - ver; j < h; j ++){
                            operatePixel(_totalBd, cloneBd, i, j, direction);
                        }
                    }
                    ver ++;
                    if(ver > _totalBd.height * 0.5){
                        break outerLoop;
                    }
                    direction = HOR; //切换到另一个方向
```

```
                break;
            case HOR:
                for(j = ver, h = _totalBd.height - ver; j < h; j ++){
                    for(i = 0, w = _totalBd.width; i < w; i ++)   {
                        operatePixel(_totalBd, cloneBd, i, j, direction);
                    }
                }
                hor ++;
                if(hor > _totalBd.width * 0.5){
                    break outerLoop;
                }
                direction = VER; //切换到另一个方向
                break;
        }
        cloneBd = _totalBd.clone();
    }
    _totalBd.unlock();
}
```

循环体内的代码已被抽离出来，而且新增了一个二重循环，同时实现了两个方向之间的切换，因此 thinning 方法的改动较大，此处不再用粗体字标记被修改的部分。

此时的循环嵌套已经达到 3 层，为了方便跳出最外层的循环，我们给最外层的循环加入了 outerLoop 标签。此外，我们还将循环体中重复用到的变量提到循环的前面，以免编译时报出重复声明的警告。

我们再次运行，效果如图 14-53 所示。

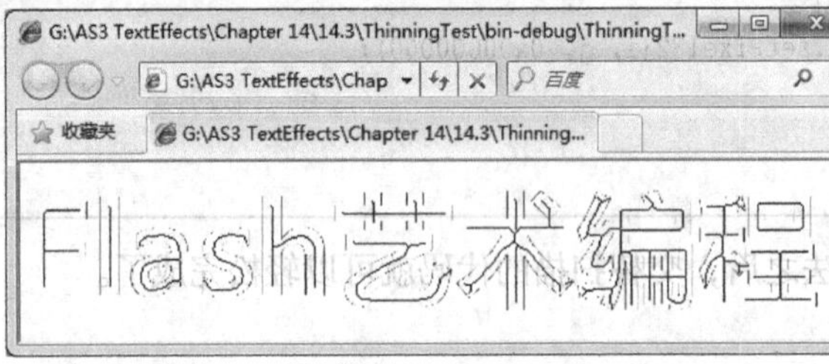

图 14-53　设置为交替扫描后的效果

14.3.8　后续的细节处理

骨架已被提取出来，但在文本轮廓的外边缘仍有一些污点残留。我们仔细观察一下即可发现，这些污点的颜色都比较浅（边缘上的点往往不能占满一个像素，但因为一个像素只能有一个 alpha 值，所以这些点的 alpha 等于黑色在该像素所占的比例），所以在细化判断的时候会被 pixel >=0xFF000000 这一个条件忽略，自然也就无法被剔除了。

为了让这些点也能参与到细化剔除的判断之中，我们放宽此处的条件，任何 alpha 大于 0（即 pixel>=01000000）的像素都进行可剔除性的判断。与此同时，getAlphaValue 的判断也作出相应的调整。

代码清单 14-43

```
private function getAlphaValue(bd:BitmapData, i:int, j:int):int{
    return bd.getPixel32(i, j) >= 0x01000000 ? 0 : 1;
}
```

我们再次运行，效果就相当地干净清爽了，如图 14-54 所示。

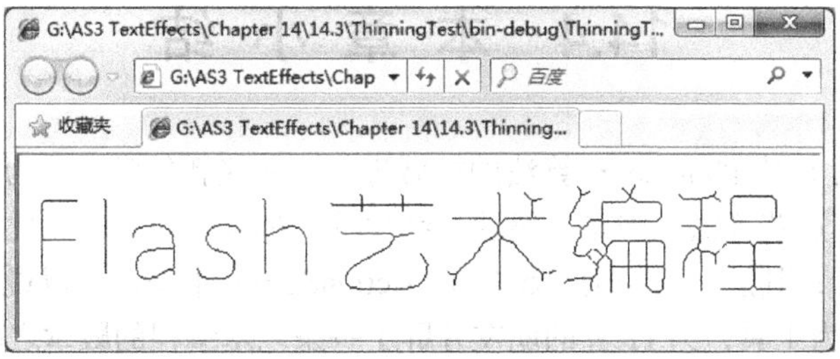

图 14-54　放宽剔除条件后的效果

其实现在的结果还不是很完美，因为一些斜线的笔划经过处理后，出现了一些本来不应该存在的分叉，导致骨架的线条看起来不太流畅。

要彻底解决上述问题，比较完善的方法是加入不同角度的斜向扫描。但无论从运行效率，还是编码难度来说，该方法的可行性都不高。所以我们打算偷懒一下：既然最终的目标是让文字变细，那我们就不要用加粗的文字来制作原始图像了。

代码清单 14-44

```
_main_txt.defaultTextFormat = new TextFormat("Microsoft YaHei", 80, 0x000000, false);
```

我们去掉文字的加粗格式后，效果如图 14-55 所示。

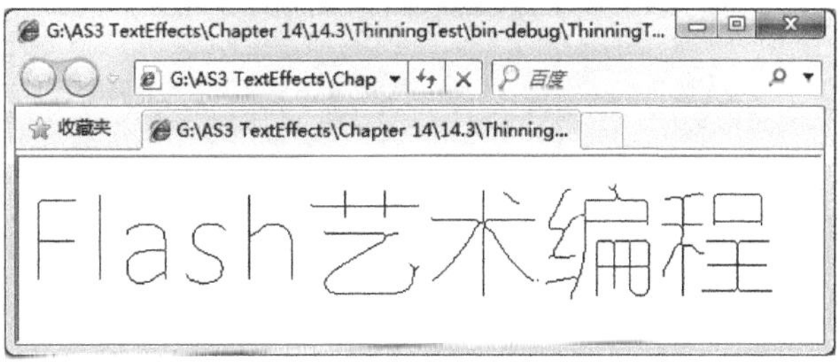

图 14-55　去掉加粗格式后的效果

斜线笔划的分叉基本上被去除了（虽然还是有那么一点点），细化处理大功告成！

受笔划粗细问题的影响，腐蚀法不能在腐蚀强度（腐蚀半径）较大的时候仍然保留着字符的笔划结构，导致无法制作线条清晰的高光效果。本节的细化算法则有效弥补了这一不足，它把字符“腐蚀”到粗细仅为 1 像素的线条，使我们可以通过加粗等方法得到所需粗细的高光轮廓或者字符骨架。

例如设置 5 像素的描边，我们就可以得到一个比腐蚀法更为细致清晰的内侧渐变发光滤镜效果。

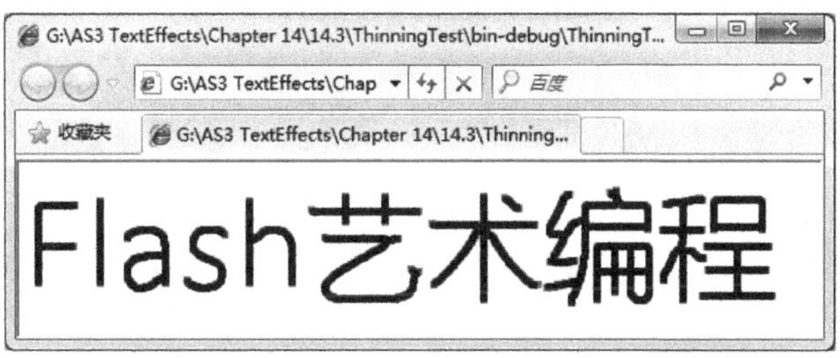

图 14-56　对细化后的文字设置 5 像素的描边

14.4 本章小结

本章在理论层面上对 Photoshop 算法的扩展进行了一些新的尝试，为图层效果的创新奠定了相当重要的基础。这些算法（膨胀、腐蚀、细化等）都基于像素，因此它们适用于其他支持图像编程的高级语言，其意义已经远远超过了 ActionScript 本身。可以说，本章我以像素为基石、以 ActionScript 为工具，为 IT 界的朋友开辟了一条艺术编程的殿堂之路。

第 15 章 真枪实战——让滤镜效果动起来

"养兵千日，用兵一时"，我之所以费煞苦心地让 Flash/ActionScript 去学习 Photoshop 中的图层效果、混合模式等图像处理的知识，无非就是为了让 Flash 可以深得 Photoshop 的真传，然后发挥出自己在交互程序、游戏等方面的优势，让它们可以互补余缺，相得益彰。

对于样式层变动较频繁的动画而言，如果细腻度要达到 Photoshop 的级别，那对于 FlashPlayer 来说，无疑是一个沉重的负担（从前几章我们就已经见识到 Photoshop 算法的复杂性了）。因此，作为两者结合的第一例，本章只研究 ActionScript 的滤镜动画。虽然此处尚未引入任何跟 Photoshop 相关的算法，但是，一些奇葩参数设置的灵感却源自 Photoshop 这位艺术大师。

15.1 将 Flash 滤镜转换为代码

想要通过 ActionScript 控制滤镜的变化，首要的任务自然就是将通过可视化编辑器制作出来的滤镜效果用代码书写出来。

我们不打算对里面的参数进行逐一讲解，毕竟滤镜类的属性和 Flash IDE 里的滤镜参数基本上都可以一一对应，在代码里只要按着 Flash 里设置好的参数一个个地填写进去即可生成代码设置的滤镜，但是，我们仍会有针对性地解释其中的一些要点。

首先，关于强度，它在 Flash IDE 里用百分比表示，在 ActionScript 里则用 Number 来存储。所以，100%在 ActionScript 里应设置为 1.0。需要注意的一点是：强度的默认值在 Flash IDE 和 ActionScript 里未必相等，比如发光滤镜的默认强度为 100%，但是 GlowFilter 的默认值则为 2.0，即默认发光滤镜的强度为默认 GlowFilter 的一半。所以，如果因为 Flash 里用了默认的强度而忽略了对 GlowFilter 类的设置，那么模拟的结果将会出错。图 15-1 展示了默认的发光滤镜和 GlowFilter 之间的差异。

其次，Flash 里用下拉框供用户选择的参数值，在 ActionScript 的滤镜属性里都有相应的常量类来指示这些属性的有效值，比如区分内外侧的类型参数 type，有效值就在常量类 BitmapFilterType 里面。

与强度一样，类型的默认值在 Flash IDE 和 ActionScript 里面不一定一致。

图 15-1 Flash 默认滤镜（上）和 GlowFilter 默认值（下）的差异

最后我们还想提的一点是渐变滤镜的模拟技巧。在 ActionScript 里，渐变条的设置通过 alphas、colors 和 ratios 3 个参数共同完成。alphas 和 colors 存储所有渐变点的透明度和颜色，而 ratios 则表示各个渐变点的位置。三者相关性很强，colors 数组中的第一个元素对应于 alphas 数组中的第一个元素以及 ratios 数组中的第一个元素，依此类推。所以这三个数组的长度最好相等，否则长度多出来的部分会被 FlashPlayer 忽略。

另外，ratios 将不受 Flash IDE 中一些条件的约束，比如渐变发光的最外侧以及渐变斜角中点等位置的不透明度必须为 0，但是在 ActionScript 里可以不受这些规矩制约，为特殊的要求或者奇葩的效果制作带来了便利。但无论如何，ratios 里的元素都必须从小到大改进排序，否则滤镜效果可能会失效。

因为渐变点的位置不好观察，而且一个个颜色点地查看 color 和 alpha 也非常麻烦，所以笔者在这里教大家一个小技巧：将做好的渐变滤镜导出为 FXG 后（在 Flash IDE 中选择菜单项【文件】|【导出】|【导出图像】，在弹出的对话框中选择保存类型为 Adobe FXG，导出完成后可用记事本打开，它是个 XML 格式的文本），三个数组的值便可一览无余。

以下是渐变发光滤镜导出的 FXG 片断。

```
<GradientGlowFilter blurX="10" blurY="10" distance="5">
 <GradientEntry ratio="0" color="#FFFFFF" alpha="0"/>
 <GradientEntry ratio="0" alpha="0"/>
 <GradientEntry ratio="0.023529412" alpha="0.74901961"/>
<GradientEntry ratio="0.098039216" alpha="0.47843137"/>
 <GradientEntry ratio="0.19607843" alpha="0.29803922"/>
 <GradientEntry ratio="0.28627451" alpha="0.26666667"/>
 <GradientEntry ratio="0.40392157" alpha="0.29803922"/>
 <GradientEntry ratio="0.50588235" alpha="0.41960784"/>
 <GradientEntry ratio="0.60392157" alpha="0.47843137"/>
 <GradientEntry ratio="0.69803922" alpha="0.44705882"/>
 <GradientEntry ratio="0.79607843" alpha="0.35686275"/>
 <GradientEntry ratio="0.90196078" alpha="0.14901961"/>
 <GradientEntry ratio="1" alpha="0"/>
</GradientGlowFilter>
```

代码中，ratio 值每个都要乘以 255。

下面我们进入正题。

15.1.1 测试用例的书写

在不考虑混合模式等因素的前提下，对 DisplayObject 使用滤镜的方法比较简单，我们只要定义好用到的滤镜，然后按序放入数组即可。

我们上面用到的例子当中，只有一个 GradientGlowFilter。所以，在代码中，我们只需编写如下代码这么做就能把滤镜应用到 textField 上了。

代码清单 15-1

```
var glow:GradientGlowFilter = new GradientGlowFilter();
textField.filters=[glow];
```

当然了，不是写上这两句代码就万事大吉，我们还需要给文本设置 textFormat 以及修改滤镜的属性。

下面我们就开始着手书写代码吧。

新建一个 ActionScript 项目，名为 FlashFilterToASTest。我们先创建一个 TextField 并且把宽度和高度设置为跟 fla 里的一致，同时赋予蓝色 80 号微软雅黑加粗的字体格式，代码如下。

代码清单 15-2

```
package{
    public class FlashFilterToASTest extends Sprite    {

        private var _textField:TextField;    //文本框
        public function FlashFilterToASTest(){
            init();
        }
        private function init():void{
            stage.scaleMode = StageScaleMode.NO_SCALE;
            stage.align = StageAlign.TOP_LEFT;
            _textField = new TextField(); //创建一个Textfield
            /**根据 Flash IDE 里的属性进行设置**/
            _textField.selectable = false;
            _textField.width = 550;
            _textField.height = 109;
            /**********/
            _textField.defaultTextFormat = new TextFormat("Microsoft YaHei", 80, 0x0000FF, true);
//微软雅黑，80 号字，蓝色，加粗
            _textField.text = "Flash 艺术编程";
            addChild(_textField);
        }
    }
}
```

运行效果如图 15-2 所示。

字体名称在这里没有做浏览器兼容处理，如果大家使用的是 Google Chrome 内核的浏览器并且之前没有改过 Google 浏览器的相关设置，那么字体将有可能显示为宋体。在后续的章节中，我会给大家介绍处理兼容问题的一些方法。

下面我们就要开始设置 GradientGlowFilter 的属性了。

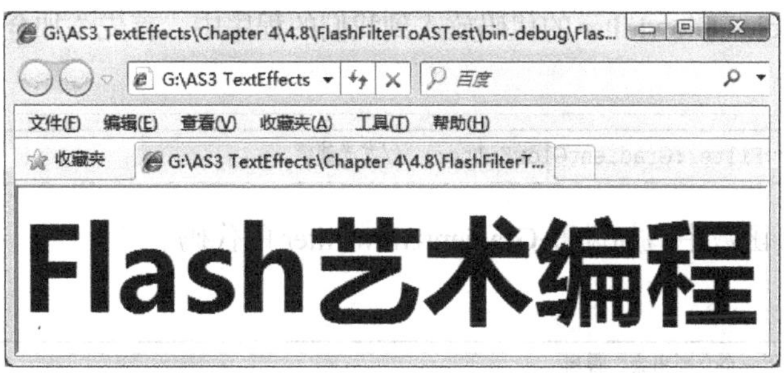

图 15-2　用 ActionScript 创建一个 TextField

15.1.2 用 ActionScript 实现 Flash IDE 中的滤镜

数字类属性我们对着 Flash IDE 或者 FXG 文件来填写即可，注意 type 要设置成 outer，另外注意下强度（Flash 和 ActionScript 的强度默认值一致，可以不予理会）。

代码清单 15-3

```
blurX = 10; blurY = 10; distance = 5; type = BitmapFilterType.OUTER;
```

接下来我们要给滤镜里的 3 个数组填充数据。

把 alphas 从上到下一个个列出来，得到以下代码。

代码清单 15-4

```
alphas = [0, 0, 0.75, 0.48, 0.30, 0.27, 0.30, 0.42, 0.48, 0.45, 0.36, 0.15, 0];
```

colors 则不是每个节点都带了值，没 color 属性的，color 将等于 int 的默认值 0，于是有以下代码。

代码清单 15-5

```
colors = [0xFFFFFF, 0x000000, 0x000000, 0x000000, 0x000000, 0x000000, 0x000000, 0x000000, 0x000000,
0x000000, 0x000000, 0x000000, 0x000000];
```

ratios 需要都乘以 255，所以我们要先做一下预处理。

代码清单 15-6

```
var ratios:Array = [0, 0, 0.024, 0.098, 0.196, 0.286, 0.404, 0.506, 0.604, 0.698, 0.796, 0.902, 1];
for(var i:int = 0, len:int = ratios.length; i < len; i++){
    ratios[i] *= 255;
}
glow.ratios = ratios;
```

我们也可以用 Array 的 forEach 方法来执行批量乘以 255 的操作。

代码清单 15-7

```
ratios.forEach(multiply255);
private function multiply255(element:int, index:int, arr:Array):void{
    arr[index] = element * 255;
}
```

我们把设置 GradientGlowFilter 的代码放入到我们的程序中，首先添加全局变量声明。

代码清单 15-8

```
private var _glowFilter:GradientGlowFilter; //发光滤镜
```

然后我们在 init 函数中追加设置 GradientGlowFilter 的代码。

代码清单 15-9

```
//把 alphas 从上到下一个个列出来，得到
var alphas:Array =  [0, 0, 0.75, 0.48, 0.30, 0.27, 0.30, 0.42, 0.48, 0.45, 0.36, 0.15, 0];
```

```
//而 colors 则不是每个节点都带了值，没 color 属性的，color 将等于 int 的默认值 0。于是有
var colors:Array = [0xFFFFFF, 0x000000, 0x000000, 0x000000, 0x000000, 0x000000, 0x000000, 0x000000,
0x000000, 0x000000, 0x000000, 0x000000, 0x000000];
/**ratios 需要都乘以 255，所以要先做一下预处理：**/
var ratios:Array = [0, 0, 0.024, 0.098, 0.196, 0.286, 0.404, 0.506, 0.604, 0.698, 0.796, 0.902, 1];
for(var i:int = 0, len:int = ratios.length; i < len; i++){
    ratios[i] *= 255;
}
/**********/
_glowFilter = new GradientGlowFilter(5, 45, colors, alphas, ratios, 10, 10, 1, 1, BitmapFilterType.OUTER);
_textField.filters = [_glowFilter];     //应用滤镜
```

效果如图 15-3 所示。

图 15-3　给文本设置渐变发光

费了九牛二虎之力，Flash 滤镜总算成功转换为纯代码了。

15.2　简化滤镜代码的转换工作

15.2.1　Flash IDE 滤镜代码的读取

在上面的例子中，我们虽然只应用了一款滤镜，但是手工转代码的过程就已经很费劲儿了，尤其是控制渐变的 3 个数组，只能一个个地手工填写。如果渐变点再多一些，那不但重复性的工作量大，而且出错了也不容易查找；发现效果不满意，想在 Flash IDE 里重新调整一下的话，代码的数值又得重填。

所以，如果我们要用上面的方法来转换如图 15-4 这款设置了 5 个滤镜的字体，那想必是件相当头疼的事情。

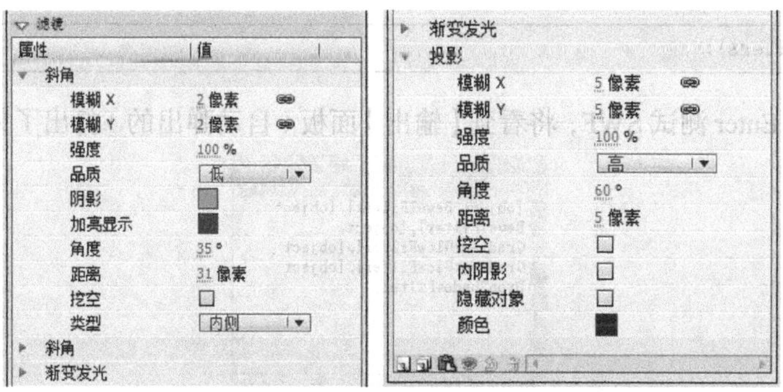

图 15-4　用 5 个滤镜制作出来的字体

图 15-4　用 5 个滤镜制作出来的字体（续）

那么，我们有没更简便的方法（如不通过 FXG），不用手动填数据就能实现代码转换呢？

答案当然是肯定的！ 既然 Flash IDE 和 ActionScript 都能生成完全一样的字体到 SWF 里运行，那么，我们何不就地取材，直接从 Flash IDE 中拿到滤镜的数据呢？

为了让代码访问 Flash IDE 的内容更加方便，我们把舞台上的文本框改为动态文本并在属性面板里输入实例名 txt，如图 15-5 所示。

图 15-5　调整为动态文本

然后，我们就可以用 ActionScript 代码访问它了。

在时间轴面板上点中第一帧，打开【动作】面板（【窗口】|【动作】或 F9，不喜欢在帧上写代码的读者可自行转到文档类），输入如下代码。

代码清单 15-10

```
trace(txt.filters);
```

我们按 Ctrl+Enter 测试 SWF，将看到【输出】面板（自动弹出的）打出了如图 15-6 的内容。

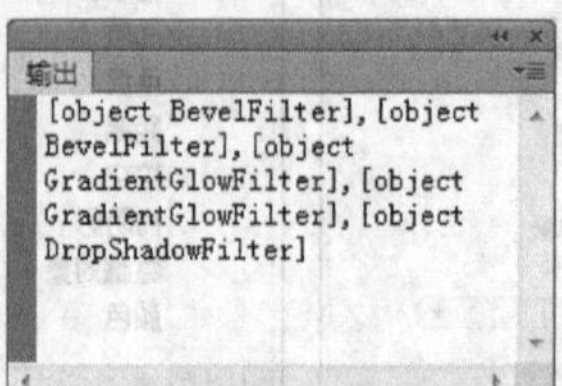

图 15-6　直接输出滤镜

5 个滤镜都存放于 txt.filters 里面了，我们用遍历的方法一个个地取出来。

代码清单 15-11

```
for each(var filter:BitmapFilter in txt.filters){
    trace(filter);
}
```

面板中依然输出 5 个 filter，但这次是单个滤镜逐一输出。

下一步就是取出类名所包含的属性值。

我们尝试用反射的方法获取所有属性（对反射尚不了解的读者可自行翻阅基础教材）。

代码清单 15-12

```
var index:int = 0;
for each(var filter:BitmapFilter in txt.filters){
    var content:XML = describeType(filter); //取出包含对象所有属性，方法等的 XML
    /*content.accessor 中的单个节点格式如下:
    <accessor name="highlightAlpha" access="readwrite" type="Number"
declaredBy="flash.filters::BevelFilter"/>*/
    for each(var item:XML in content.accessor){
        trace(item.toXMLString());
    }
}
```

从输出的节点来看，该有的属性都有了，最后一步就是读出名称、属性值然后拼接字符串了。

我们把 trace(item.toXMLString());一句替换成如下代码。

代码清单 15-13

```
trace("filter." + item.@name + " = " + filter[item.@name] + ";");
```

五个中一个滤镜的属性如图 15-7 所示。

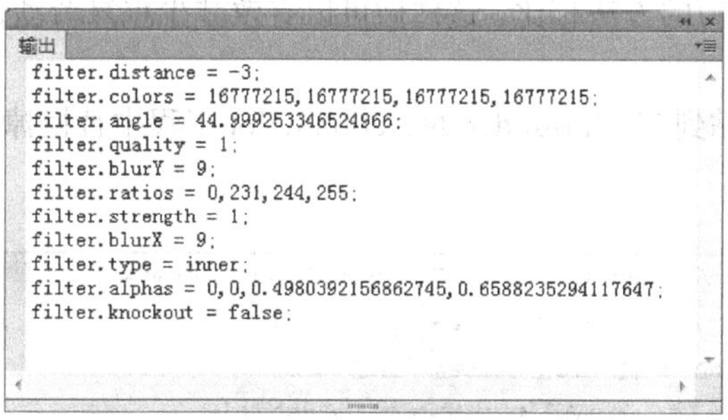

图 15-7 单个滤镜的代码片断

我们可以看到，数组没有上方括号标记，字符串没有加引号，所以我们要针对不同的数据类型对代码进行修正。

代码清单 15-14

```
if(item.@type == "Array"){
    trace("filter." + item.@name + " = [" + filter[item.@name] + "];");
}else{
    trace("filter." + item.@name + " = " + filter[item.@name] + ";");
}
```

修正以后的输出结果如图 15-8 所示。

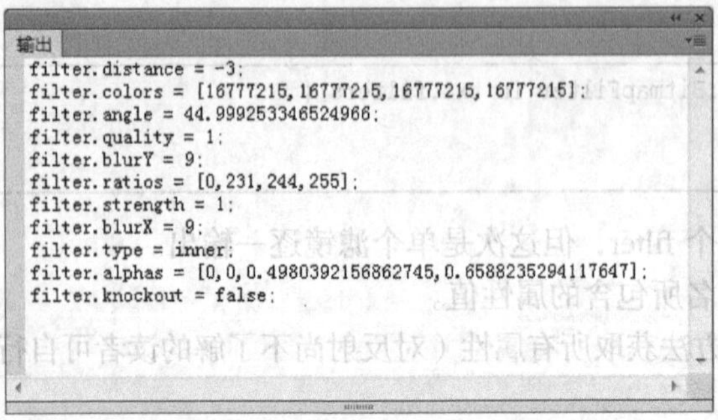

图 15-8　修正输出的代码片断

15.2.2　批量生成滤镜代码的方法

然后，我们还需要把声明 filter 类的代码给写上去，同时创建数组。

代码清单 15-15

```
trace("import flash.filters.*;");
trace("var filtersArr:Array = [];");
var index:int = 0;
for each(var filter:BitmapFilter in txt.filters){
    //循环体内部的代码前面已经给出，此处不再重复
    trace("filtersArr.push(filter" + index + ");");
    index ++;
}
trace("_textField.filters = filtersArr;");
```

按 Ctrl+Enter，输出的代码就可以直接复制到我们的 ActionScript 项目中使用。跟对着 Flash IDE 或者 FXG 文件来填写的方法相比，这样做可以有效减少重复劳动，大大地简化滤镜转换的流程。

我们把生成的代码贴到 Flash Builder 的 ActionScript 工程中替换掉原来的滤镜，运行效果如图 15-9 所示。

图 15-9　将滤镜代码粘贴到代码工程后的运行结果

纹理的效果出来了，但明显比 Flash IDE 里的文字多了一些蓝色的成分，是滤镜效果出现了偏差？其实不然，因为我们还没把 TextFormat 给同步过来。FLA 文件里的字是橙色#FF6600，但是代码里写的是蓝色#0000FF。因此我们只要把 ActionScript 工程里的字体颜色也改成#FF6600，效果就一致了，如图 15-10 所示。

图 15-10　字体颜色调整后的效果

至此滤镜代码片断输出的功能基本完成，不过现在帧上的代码有点多。为便于以后重用，我们将这部分代码封装到 PublicClasses 里面的 DisplayCodeUtil 类里，同时做了大量的结构优化工作，包括过滤不必要的默认属性，用构造函数简化代码片断，多容器嵌套的递归读取，类代码的封装，等等。这里面用到了很多相当实用的技巧，大家可以把它们运用到大中型游戏的架构设计、UI 编辑器制作、游戏资源批处理工具等应用领域中。

此处我们本来有大概 20 页的心得可以跟大家分享，但由于篇幅所限，加上这已经不是本书的重点，我们唯有忍痛割爱，在最终与大家见面的版本中把这些内容给彻底删掉了。不过请大家放心，这部分的代码我们已经放到配套源码里面，注释也比较详细，有兴趣的读者还可以来信与我们讨论。

牢骚发完了，回归正题。封装好的代码使用起来非常方便，只要 Flash IDE 里绑定了 PublicClasses 公共库，我们就可以通过一两句帧代码把包含艺术字体的 FLA 文件轻松地转换成与之等效的代码片断。

15.2.3　代码片断工具类的使用

下面我们以自己制作的一款水果糖字体为例介绍上述工具类的使用方法，在 15.3 节我们还会用这款字体制作一些简单的滤镜动画。该字体包含了最简单的投影、Flash 奇葩纹理以及 Photoshop 等高线模拟等滤镜，涵盖面广，而且字型也比较美观，如图 15-11、图 15-12 所示。

图 15-11　在 Flash IDE 里制作的彩虹糖字体

图 15-12　在 Flash IDE 里制作的葡萄味水果糖字体

首先，我们打开葡萄味水果糖字体的 FLA 文件（多口味的彩虹糖字体在 FLA 中处理起来比较麻烦，后续章节再作介绍），在帧动作面板输入生成滤镜代码片断的语句。

代码清单 15-16

```
trace(DisplayCodeUtil.getContainerCode(this, "this", bevelShadow_mc.txt));
```

输出的代码如图 15-13 所示。

我们在 Flash Builder 里新建一个 ActionScript 项目，名为 FilterAnimationTest，把分割线以上的代码粘贴到自定义的 init 函数中，分割线以下的包外类代码粘贴到文件的最下方（记得把字体名字改成英文名并设置粗体属性为 true），同时在构造函数里调用一次 init。

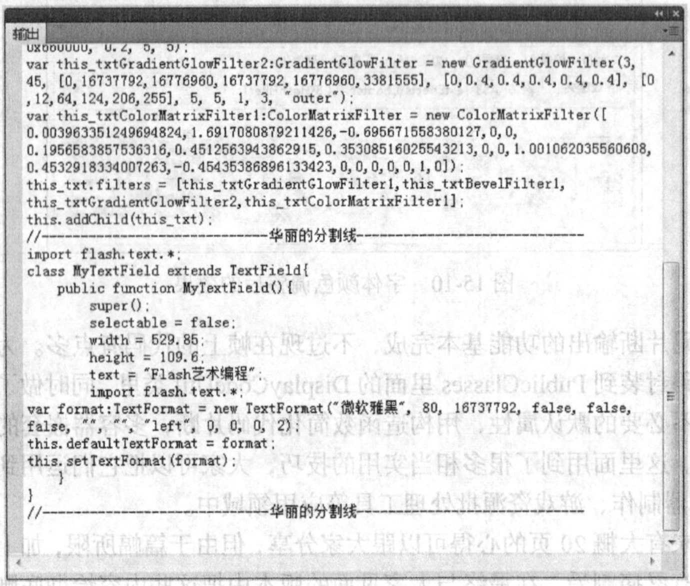

```
0x000000, 0.2, 5, 5);
var this_txtGradientGlowFilter2:GradientGlowFilter = new GradientGlowFilter(3,
45, [0,16737792,16776960,16737792,16776960,3381555], [0,0.4,0.4,0.4,0.4,0.4], [0
,12,64,124,206,255], 5, 5, 1, 3, "outer");
var this_txtColorMatrixFilter1:ColorMatrixFilter = new ColorMatrixFilter([
0.003963351249694824,1.6917080879211426,-0.695671558380127,0,0,
0.1956583857536316,0.4512563943862915,0.35308516025543213,0,0,1.001062035560608,
0.4532918334007263,-0.45435386896133423,0,0,0,0,0,1,0]);
this_txt.filters = [this_txtGradientGlowFilter1,this_txtBevelFilter1,
this_txtGradientGlowFilter2,this_txtColorMatrixFilter1];
this.addChild(this_txt);
//-----------------------------华丽的分割线------------------------------
import flash.text.*;
class MyTextField extends TextField{
    public function MyTextField(){
        super();
        selectable = false;
        width = 529.85;
        height = 109.6;
        text = "Flash艺术编程";
        import flash.text.*;
var format:TextFormat = new TextFormat("微软雅黑", 80, 16737792, false, false,
false, "", "", "left", 0, 0, 0, 2);
this.defaultTextFormat = format;
this.setTextFormat(format);
    }
}
//-----------------------------华丽的分割线------------------------------
```

图 15-13　葡萄味水果糖字体的代码片断

运行结果如图 15-14 所示。

FLA 中的文字彻底转换为代码了，下面我们开始为该文字制作滤镜动画。

图 15-14　转换为代码后的运行结果

15.3　滤镜动画制作举例

在 ActionScript 里制作动画，我们一般都通过监听 Sprite 的 enterFrame 或者 Timer 的 timer 事件，如果需要和鼠标交互，我们还可以通过 mouseMove 等行为触发显示对象的变化。

下面我们就声明一个 enterFrame 和一个 mouseMove 的侦听。

我们在 init 函数后面追加以下两行代码。

代码清单 15-17

```
addEventListener(Event.ENTER_FRAME, enterFrameHandler);
stage.addEventListener(MouseEvent.MOUSE_MOVE, mouseMoveHandler);
```

同时我们声明对应的侦听函数如下。

代码清单 15-18

```
private function enterFrameHandler(event:Event):void{
}
private function mouseMoveHandler(event:MouseEvent):void{
}
```

为了让这两个监听函数都可以访问到每一个 txt 和 filter，在正式制作动画之前，我们需要先把这些 txt 和 filter 的声明提到类的全局变量中，同时删除冗余的 this 前缀（读者也可以自行完善 DisplayCodeUtil 类，让这部分代码自动提前，甚至直接生成文档类代码）。

代码清单 15-19

```
    private var txt2:MyTextField = new MyTextField();
    private var txt2GradientGlowFilter1:GradientGlowFilter = new GradientGlowFilter(3, 45, 
[0,16737792,16776960,16737792,16776960,3381555], [0,0.4,0.4,0.4,0.4,0.4], [0,12,64,124,206,255], 5, 5, 
1, 3, "outer");
    private var txt2DropShadowFilter1:DropShadowFilter = new DropShadowFilter(8, 60, 0x660000, 0.3, 8, 
8, 1, 1, false, true);
    private var txt:MyTextField = new MyTextField();
    private var txtGradientGlowFilter1:GradientGlowFilter = new GradientGlowFilter(-2, 45, [16777215, 
16750848,16777215], [0,0,0.34901960784313724], [0,247,255], 6, 6);
    private var txtBevelFilter1:BevelFilter = new BevelFilter(-17, 205, 0xFFCC00, 0.2, 0x660000, 0.2, 5, 5);
    private var txtGradientGlowFilter2:GradientGlowFilter = new GradientGlowFilter(3, 45, 
[0,16737792,16776960,16737792,16776960,3381555], [0,0.4,0.4,0.4,0.4,0.4], [0,12,64,124,206,255], 5, 5, 
1, 3, "outer");
    private var txtColorMatrixFilter1:ColorMatrixFilter = new ColorMatrixFilter([0.003963351249694824, 
1.6917080879211426,-0.695671558380127,0,0,0.1956583857536316,0.4512563943862915,0.35308516025543213, 
0,0,1.001062035560608,0.4532918334007263,-0.45435386896133423,0,0,0,0,0,1,0]);
```

然后，我们的动画之旅都将从 enterFrameHandler 和 mouseMoveHandler 这两个函数出发。还等什么？马上启程吧！

15.3.1　简单的 ps 样式动画

在这款字体中，最简单的样式莫过于投影滤镜了，我们就先尝试修改它的属性。

投影滤镜应用在 txt2 里，变量名为 txt2DropShadowFilter1，我们不妨试着在 enterFrame 里修改 angle，让投影不断旋转。

代码清单 15-20

```
txt2DropShadowFilter1.angle += 10;
```

运行后我们发现没有任何动静，原因在于修改某个 filter 的属性并不能发出事件告诉显示对象说滤镜已经被修改。所以，我们只好勉为其难地在 enterFrame 里重新给 txt2 设置滤镜。

代码清单 15-21

```
txt2.filters = [txt2GradientGlowFilter1,txt2DropShadowFilter1];
```

投影可以旋转了，第一个滤镜动画创建成功，如图 15-15 所示！虽然并不美观，但这至少告诉我们，这是制作滤镜动画的正确方法之一，按着这样的方式继续深入，必然可以制作出更加绚丽的滤镜效果。

图 15-15　旋转的投影滤镜

下面我们就尝试做点更符合视觉逻辑的动画，比如文字的浮起和凹陷。方法很简单，动态修改 distance 的属性即可并且保持角度不变。

代码清单 15-22

```
private var distanceSpeed:Number = 1;      //投影移动的速度
private function enterFrameHandler(event:Event):void{
    txt2DropShadowFilter1.distance += distanceSpeed;
    txt2.filters = [txt2GradientGlowFilter1,txt2DropShadowFilter1];
}
```

经测试发现，投影在逐步远离文字，而且一去不复返，如图 15-16 所示。所以，我们需要控制一个移动范围，比如正负 10 个像素。

图 15-16　渐行渐远的背影

在 enterFrameHandler 后面追加如下代码。

代码清单 15-23

```
if(txt2DropShadowFilter1.distance > 10){
    distanceSpeed *= -1;
}else if(txt2DropShadowFilter1.distance < -10)    {
    distanceSpeed *= -1;
}
```

我们再次测试，阴影只在上下 10 像素范围内挪动，但该效果无法体现出文字高低起伏的动态变化，而更像是光源角度的改变。因此我们需要保证阴影位置不变，移动的只是文字本身。

投影与文字是一个整体，无法单独移动文字，因此笔者的方案是，先设置 distance 值，然后再让文字移动-distance 像素以抵消阴影的位置偏移。因为影子斜着移动，与水平面成 60 度角，所以我们计算 x 和 y 时还需要用三角函数或极坐标把距离值分散到两个方向上。如果对三角函数知识不太了解，大家就可以翻阅《ActionScript 3.0 动画教程》的第 3 章，那里相当详细地阐述了三角学的相关知识及其应用领域。

修正后的代码如下所示。

代码清单 15-24

```
private function enterFrameHandler(event:Event):void{
    txt2DropShadowFilter1.distance += distanceSpeed;
    var xSpeed:Number = distanceSpeed * Math.cos(txt2DropShadowFilter1.angle * Math.PI / 180); //
计算 x 和 y 方向的分量
    var ySpeed:Number = distanceSpeed * Math.sin(txt2DropShadowFilter1.angle * Math.PI / 180);
    /**分别让 txt 和 txt2 做同样的偏移**/
    vtxt.x -= xSpeed;
    txt.y -= ySpeed;
    txt2.x -= xSpeed;
    txt2.y -= ySpeed;
    /**********/
    if(txt2DropShadowFilter1.distance > 10){
        txt2DropShadowFilter1.distance = 10;
        distanceSpeed *= -1;
        //经测试，阴影距离太大时的凹陷效果不太理想，所以凹陷状态暂时取消
    }else if(txt2DropShadowFilter1.distance < 0){
        distanceSpeed *= -1;
    }
    txt2.filters = [txt2GradientGlowFilter1,txt2DropShadowFilter1];
}
```

起伏的感觉已经有了，但是如果观察时间长一些，您就会发现字体逐渐往上偏，如图 15-17 所示，查遍整个计算，似乎都找不出错误，而且误差体现为累积性，来回一两次不容易看出来。究其原因，是三角函数中出现了大量小数，而计算机无法 100%准确地存储这些数值。重复计算多次以后，误差便逐渐积累起来了。

图 15-17　动画循环多次后位置开始出现比较明显的偏差

在上面的代码中，文本的 x 和 y 都通过叠加 xSpeed 和 ySpeed 进行更新，而这正是形成误差的罪魁祸首。因此，我们要尽可能地避免这种 speed 的多次赋值。

最好的一个办法是直接用 distance 计算出偏移量，因为它是整数，不易产生误差。然后我们把偏移量叠加到文本的原始位置上。此法使每次运算都不积累上一帧产生的误差，从而有效提高数值的精确度。

代码调整如下所示。

代码清单 15-25

```
private function enterFrameHandler(event:Event):void{
    txt2DropShadowFilter1.distance += distanceSpeed;
    /**计算 x 和 y 方向的分量**/
    var xOffset:Number = txt2DropShadowFilter1.distance * Math.cos(txt2DropShadowFilter1.angle * 
Math.PI / 180);
    var yOffset:Number = txt2DropShadowFilter1.distance * Math.sin(txt2DropShadowFilter1.angle * 
Math.PI / 180);
    /**********/
    /**分别让 txt 和 txt2 做同样的偏移（35 和-10 是原始位置）**/
    txt.x = 35 - xOffset;
    txt.y = -10 - yOffset;
    txt2.x = 35 - xOffset;
    txt2.y = -10 - yOffset;
    /**********/
    if(txt2DropShadowFilter1.distance > 10){
        txt2DropShadowFilter1.distance = 10;
        distanceSpeed *= -1;
        //经测试，阴影距离太大时的凹陷效果不太理想，所以凹陷状态暂时取消
    }else if(txt2DropShadowFilter1.distance < 0){
        distanceSpeed *= -1;
    }
    txt2.filters = [txt2GradientGlowFilter1,txt2DropShadowFilter1];
}
```

把 35 和-10 写死在代码上并不是一个明智的做法，原始位置用一个变量或者管理器保存起来会更为合适。但为了不让代码结构给我们造成太大的干扰，我们还是直接把数值填到相应的位置上了。

此时再运行，较大的误差已不复存在。

但动画效果仍不够流畅，在反方向移动的那一瞬有点突兀，有种撞到硬物后瞬间反弹的感觉，而画面上却没有任何硬物与之触碰。为了让此处的过渡更加细腻，我决定使用弹簧运动的模式，大家可以在《ActionScript 3.0 动画教程》一书中找到更多关于这类运动的算法知识。

代码如下。我们在注释里简单讲解了下算法机制，该运动方式与三角正弦曲线相吻合，有兴趣的读者可运用微分方程等知识自行求证。

代码清单 15-26

```
private var distanceSpeed:Number = 0;      //投影移动的速度
private var distanceAcceleration:Number = 0;     //投影移动的加速度
private var k:Number = 0.1;       //弹簧的劲度系数
private function enterFrameHandler(event:Event):void {
    //距离中点位置 5 越远，弹簧拉伸幅度越大，物体受力越大，加速度也便越高
    distanceAcceleration = - k * (txt2DropShadowFilter1.distance - 5);
    distanceSpeed += distanceAcceleration;      //将加速度叠加于速度之上
    txt2DropShadowFilter1.distance += distanceSpeed;
    /**计算 x 和 y 方向的分量，具体代码前面已给出，不再重复**/
    /**分别让 txt 和 txt2 做同样的偏移，具体代码前面已给出，不再重复**/
    if(txt2DropShadowFilter1.distance > 10){
        txt2DropShadowFilter1.distance = 10;
```

```
        distanceSpeed *= -1;
        //经测试，阴影距离太大时的凹陷效果不太理想，所以凹陷状态暂时取消
    }else if(txt2DropShadowFilter1.distance < 0){
        distanceSpeed *= -1;
    }
    txt2.filters = [txt2GradientGlowFilter1,txt2DropShadowFilter1];
}
```

经过上面的优化以后，反弹时的过渡便平滑很多了。

我们可以看到，一个最简单程序动画就占用了 10 多行的代码，如果继续添加其他更复杂的效果，其代码量将会更大。假如所有动画代码都混在 enterFrameHandler 里，程序的可读性就会大大降低。所以，在制作下一个效果之前，我们先把投影动画抽离到一个独立的函数 updateShaodw 中。

代码清单 15-27

```
private function enterFrameHandler(event:Event):void{
    updateShadow();
    txt2.filters = [txt2GradientGlowFilter1,txt2DropShadowFilter1];
}
```

15.3.2 奇葩滤镜打造的万花筒

单纯的一个阴影移动未免有些单调，接下来我们试着在纹理上花点心思。

本例的纹理实为无心插柳之作，大家在第 2、第 3 章里有仔细玩味过斜角滤镜的角度和距离参数吗？您更喜欢距离行走时纹理的错落别致还是角度旋转时光影的交相辉映？都喜欢？那就一起吧！

首先，我们在 enterFrameHandler 里追加一个 updateBevel 的函数。

代码清单 15-28

```
private function enterFrameHandler(event:Event):void{
    updateShadow();
    updateBevel();
    txt.filters =
[txtGradientGlowFilter1,txtBevelFilter1,txtGradientGlowFilter2,txtColorMatrixFilter1];
    txt2.filters = [txt2GradientGlowFilter1,txt2DropShadowFilter1];
}
```

下面我们开始着手书写 updateBevel 的具体代码。

代码清单 15-29

```
private function updateBevel():void{
    txtBevelFilter1.angle += 3;
}
```

运行的时候我们感觉上下移动的幅度过大，与斜角的旋转混在一起显得比较凌乱，而减少投影的移动幅度却又出现明显的抖动。最后我们让 updateShadow 恢复回原始版本的 angle 旋转并且与斜角旋转方向相反，效果反而协调了好多。

代码清单 15-30

```
private function updateShadow():void{
    txt2DropShadowFilter1.angle-= 3;
}
```

我们再用跟投影类似的如下方法设置距离的来回振动。

代码清单 15-31

```
private function updateBevel():void{
    txtBevelFilter1.angle += 3;
    //-17 是 bevelFilter 的初始 distance
    distanceAcceleration = - k * (txtBevelFilter1.distance + 17);
    distanceSpeed += distanceAcceleration;      //将加速度叠加于速度之上
    txtBevelFilter1.distance += distanceSpeed;
}
```

这里的处理比 shadow 要简单，因为不需要再设置文本的 x 和 y 了。我们只要把加速度叠加到速度上，再将速度与 distance 属性进行相加，就可以得到想要的效果了。

我们运行一下，一个流光溢彩的万花筒特效就出来了。我们还能试着给斜角换一些颜色，甚至用渐变斜角取代 BevelFilter，也许能做出更漂亮的作品呢！

15.3.3 流光等高线特效

纹理的流动给静态的水果糖赋予了一条新的生命，为字体创造了生机。然而目前的效果似乎容易产生审美疲劳，由始至终，纹理都只局限在一个平面内，并没有把整颗立体的糖果给带动起来。

由渐变发光渲染而成的波浪侧面是构成字体 3D 透视的重要组成部分，本节我们让这一部分也随之流淌。

那么，渐变发光要如何实现流动？也是改距离吗？我们稍稍地想一下就知道不太可能，渐变发光实则是投影的加强版，修改距离的结果只会是整个滤镜层的平移，如图 15-18 所示。

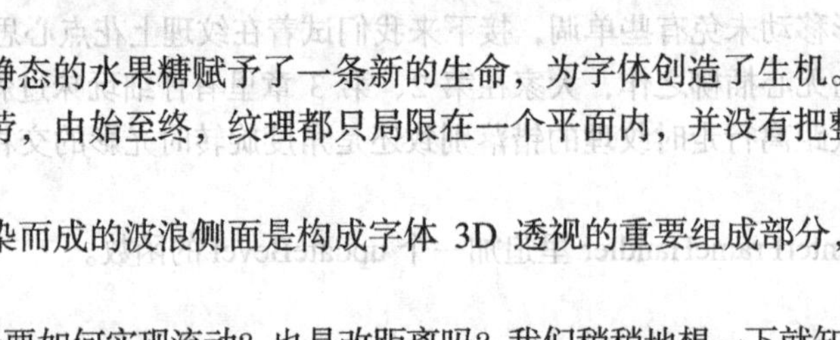

图 15-18　将渐变发光的距离调至 20 后的效果

事已至此，我们只能对渐变区域动手了。3 个数组之中，colors 和 alphas 都只处理颜色，如果我们更改此部分，结果只会是色光的渐变动画，而无法让渐变的波浪发生流动，所以目标属性非 ratios 莫属了。

ratios 要怎么改才能实现流动？答案自然是批量移动每个渐变点，从而让每条渐变的框线都得以对外发散或者向内收敛，而超出的部分则要减去上限 255，让 ratios 的每一个元素都不越界的同时，也实现了循环的流动。

上层文本包含两个渐变发光滤镜，其中第一个用于生成字体的高光，第二个才用于绘制侧面，因此该滤镜的名称为 txtGlowGradientGlowFilter2。

我们用循环数组的方法设置该滤镜 ratios 每一个点的位置，代码如下。

代码清单 15-32

```
private function updateGradientGlow():void{
    var ratios:Array = txtGradientGlowFilter2.ratios;//取得 ratios 数组的引用
    for(var i:int = 0, len:int = ratios.length; i < len; i ++){
        ratios[i] = (ratios[i] + 2) % 255;
    }
    txtGradientGlowFilter2.ratios = ratios;
}
```

运行效果并不理想，等高线呈现出收缩的趋势并逐渐消失，过一段时间又突然恢复到原来的大小，如图 15-19、图 15-20 所示。

图 15-19 动态的等高线效果

图 15-20 动态的等高线在收缩

为进一步搞清事情的真相，我们试着把距离调大至 20，同时将变化过程的数组输出到控制台，变化速率由原来的 2 扩大到 25。在测试过程中，我们改用 stage 的 mouseUp 事件触发 updateGradientGlow 函数，得到如图 15-21、图 15-22、图 15-23 及图 15-24 的效果。

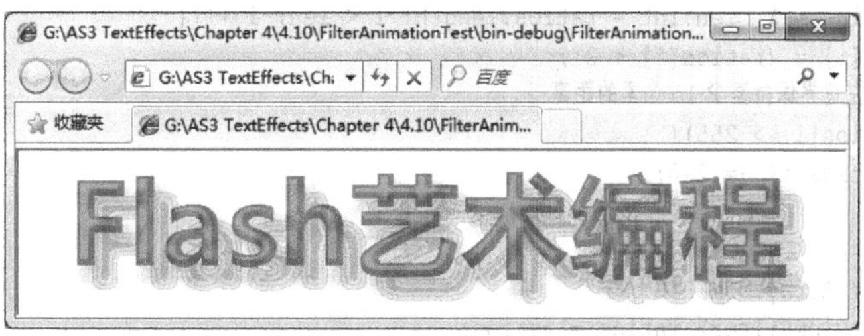

图 15-21 初始状态 ratios = 0,12,64,124,206,255

图 15-22 ratios = 25,37,89,149,231,25

图 15-23 ratios = 50,62,114,174,1,50

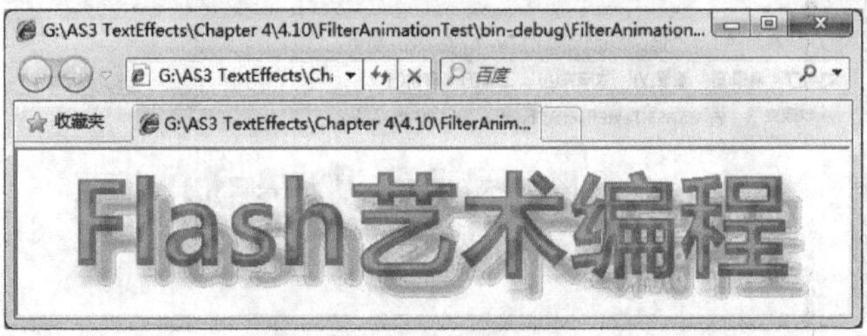

图 15-24 ratios = 75,87,139,199,26,75

从以上 4 张效果图及相关的渐变数据，我们可以发现动画代码当中存在以下问题：

1）ratios 在折返（把越出右边界的数字回滚到左边界的过程）之后没有从小到大排序；

2）渐变的最左侧和最右侧不再是 0～255，导致渐变范围减少；

3）距离小的时候，整个滤镜层会被原始图形完全挡住。

针对以上问题，我们逐一给出解决方案：

1）排序用 Array.sort 方法即可解决；

2）0 这个点始终不流动并且避免数组内其他元素靠近它；

3）如果第二点能够完美解决，那就不存在这一问题了。

修正的代码如下。

代码清单 15-33

```
private function updateGradientGlow():void{
    var ratios:Array = txtGradientGlowFilter2.ratios;//取得 ratios 数组的引用
    for(var i:int = 1, len:int = ratios.length; i < len; i ++){
        ratios[i] = (ratios[i] + 2);
//让中间渐变点跟左边界保持至少 15 像素的距离
        if(ratios[i] > 255){
            ratios[i] -= 240;
        }
    }
    ratios.sort(Array.NUMERIC);
    txtGradientGlowFilter2.ratios = ratios;
}
```

效果如图 15-25 所示。

萎缩现象依旧存在，但现在我们已经察觉到收缩效果不像之前那么生硬，收敛过程会在边缘位置印下一个痕迹，然后才慢慢淡出。最后一个点实质上已经起到作用，只不过因为它的 alpha=0，所以只能形成淡出的渐变而无法继续保持斜面清晰的轮廓。

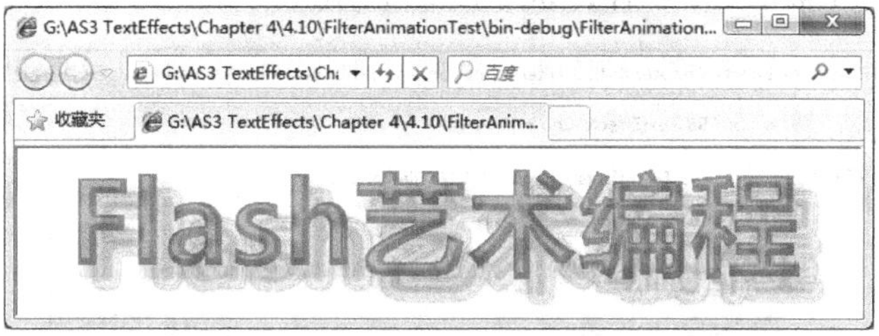

图 15-25 修正后的效果

所以，如果我们把 ratios 的第 2 个元素也限制住，那等高线的收缩现象就可以得到有效的控制了，让循环的初始值为 2，效果如图 15-26 所示。

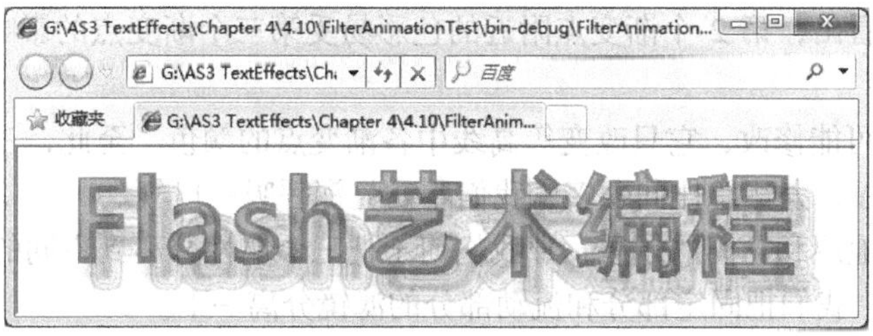

图 15-26 让 ratios 的第二个点也不流动

我们可以将距离恢复到 3 来测试流光动画了。

流动的边缘已被锁定，但折返时波浪线消失和出现得有点突然，因为波浪线只在模糊的作用范围内流动，所以它走到模糊区的内边缘后便不得不消失。而此时的波浪线尚未收敛到字的下方，只好在显眼的地方消失，至于出现的位置，则因为 ratios 不等于 0，所以没有从外逐渐向内流动的感觉。

反复忖度一番，一条缓兵之计在我们的脑海里基本成型——在极端位置让不透明度降低至 0%，使得即将折返的时候让波浪线淡出，折返完成后再缓缓淡入。

代码清单 15-34

```
private function updateGradientGlow():void{
    var ratios:Array = txtGradientGlowFilter2.ratios;//取得 ratios 数组的引用
    var alphas:Array = txtGradientGlowFilter2.alphas;
    for(var i:int = 2, len:int = ratios.length; i < len; i ++){
        //让中间渐变点跟左边界保持至少 15 像素的距离
        ratios[i] = (ratios[i] + 2);
        if(ratios[i] > 255){
            ratios[i] = 12;
        }
        //alpha 在 127 处最大，在 0 和 255 处最小，等于 0。公式不复杂，Math.abs(ratios[i] - 127)的值为 0～127，
我们需要把它的最大值缩放到 0.4，便乘以 0.4/127 即 4/1270
        alphas[i] = 0.4 - Math.abs(ratios[i] - 127) * 4 / 1270;
    }
    ratios.sort(Array.NUMERIC);
```

```
    txtGradientGlowFilter2.alphas = alphas;
    txtGradientGlowFilter2.ratios = ratios;
}
```

虽然消失得比之前自然了点，但总体来说，完善得比较牵强，甚至破坏了等高线原有的纹理，侧面看起来更像是被挖空了一样，如图 15-27 所示。

图 15-27　设置 alpha 淡出后的等高线效果

alphas 和 colors 都与渐变有着密不可分的关系，容易牵一发而动全身，所以处理时必须非常谨慎。我们不难看出，第 2 个渐变点附近的色彩易受第三个渐变点的影响，所以 alpha 也不宜改动。

而 colors 更不可能修改，它只改变等高线中各渐变点的颜色。至此，三者之间的矛盾已无法调和。但不用气馁，办法总比问题多，我们不妨先深呼吸一口气。

既然不能很好地调和它们的矛盾，那我们何不把三个属性分离到不同的滤镜中呢？嗯，也许是个不错的 idea，我们把固定部分和流动部分的滤镜分离一下。

我们分离成两个渐变发光滤镜，但是两个滤镜共存时，第二个滤镜会作用于已应用第一个滤镜效果的图像上，所以，在当前文本上复制个一样的渐变发光滤镜，将会使整个侧面变厚，而非两个滤镜层重叠在一起，如图 15-28 所示。

图 15-28　应用了两次外侧渐变发光后的效果

虽然没达到预期的目的，但这样的字体也比较别致可爱，大家可以自行发挥想象力，对这样的字体予以进一步的挖掘与加工。

我们还想过用内外抵消的方法来实现滤镜重叠，结果一样失败，但总会有意外的收获。我们将第二个外侧渐变发光改为内侧后，即呈现出透明塑料的质感，如图 15-29 所示。

图 15-29　内外侧渐变发光联合打造的塑料质感字体

回到正题，我们继续实现等高线的流动。既然无法在一个文本框上应用，那我们就多创建一个文本框并且把渐变发光滤镜中第二个渐变点以后的所有点都抽离出来置于新建的文本上，同时将文本挖空，因为我们只需要滤镜层的效果。

下面，我们可以直接在之前生成好的代码片断中将渐变数组进行拆解，或者回到 Flash IDE 中把滤镜调好再重新生成代码片断。

我们用直接拆解的方法来修改代码。

代码清单 15-35

```
    private var txt2:MyTextField = new MyTextField();
    private var txt2GradientGlowFilter1:GradientGlowFilter = new GradientGlowFilter(3, 45, [0,
16737792,16776960,16737792,16776960,3381555], [0,0.4,0.4,0.4,0.4,0.4], [0,12,64,124,206,255], 5, 5, 1,
3, "outer");
    private var txt2DropShadowFilter1:DropShadowFilter = new DropShadowFilter(8, 60, 0x660000, 0.3, 8,
8, 1, 1, false, true);
    private var txt:MyTextField = new MyTextField();
    private var txtGradientGlowFilter1:GradientGlowFilter = new GradientGlowFilter(-2, 45, [16777215,
16750848,16777215], [0,0,0.34901960784313724], [0,247,255], 6, 6);
    private var txtBevelFilter1:BevelFilter = new BevelFilter(-17, 205, 0xFFCC00, 0.2, 0x660000, 0.2, 5, 5);
    private var txtGradientGlowFilter2:GradientGlowFilter = new GradientGlowFilter(3, 45, [0,16737792,
16776960,16737792,16776960,3381555], [0,0.4,0,0,0,0], [0,12,64,124,206,255], 5, 5, 1, 3, "outer");
    private var txtColorMatrixFilter1:ColorMatrixFilter = new
ColorMatrixFilter([0.003963351249694824,1.6917080879211426,-0.695671558380127,0,0,0.1956583857536316
,0.4512563943862915,0.35308516025543213,0,0,1.001062035560608,0.4532918334007263,-0.4543538689613342
3,0,0,0,0,1,0]);
    private var txt3:MyTextField = new MyTextField();
    private var txt3GradientGlowFilter1:GradientGlowFilter = new GradientGlowFilter(3, 45, [0,16737792,
16776960,16737792,16776960,3381555], [0,0,0.4,0.4,0.4,0.4], [0,12,64,124,206,255], 5, 5, 1, 3, "outer", true);
    private function init():void{
        stage.scaleMode = StageScaleMode.NO_SCALE;
        stage.align = StageAlign.TOP_LEFT;
        txt2.x = 35;
        txt2.y = -10;
        txt2.filters = [txt2GradientGlowFilter1,txt2DropShadowFilter1];
        this.addChild(txt2);
        txt.x = 35;
        txt.y = -10;
        import flash.filters.*;
        txt.filters = [txtGradientGlowFilter1,txtBevelFilter1,txtGradientGlowFilter2,txtColorMatrixFilter1];
        this.addChild(txt);
        txt3.x = 35;
        txt3.y = -10;
        txt3.filters = [txt3GradientGlowFilter1, txtColorMatrixFilter1];
        this.addChild(txt3);
        addEventListener(Event.ENTER_FRAME, enterFrameHandler);
        stage.addEventListener(MouseEvent.MOUSE_MOVE, mouseMoveHandler);
        stage.addEventListener(MouseEvent.MOUSE_UP, mouseUpHandler);
    }
```

经过以上的拆解，我们在控制 ratios 的时候就可以自由很多了，因为外边缘已经不再受流动 ratios 的影响。我们甚至可以不用折返而换成走马灯的效果，从而更便于控制。我们不断地从左边界生成渐变点并向右行走，至右边界时移除。

代码清单 15-36

```
    /**自定义相关的数组**/
    private var myRatios:Array = [];
    private var myColors:Array = [];
    private var myAlphas:Array = [];
```

```
/**********/
private var t:int; //计时变量
private function updateGradientGlow():void{
  //交替推入两种颜色
  if(t % 32 == 0){
      myRatios.unshift(12);//初始位置在 12，因为 0 点处需要固定一个不透明度恒为 0 的渐变点
      myColors.unshift(0xFF6600);
      myAlphas.unshift(0);
  }else if(t % 16 == 0){
      myRatios.unshift(12);
      myColors.unshift(0xFFFF00);
      myAlphas.unshift(0);
  }
  for(var i:int = 0, len:int = myRatios.length; i < len; i ++){
      myRatios[i] += 2; //ratios 里的流动点每次右移 2/255
      myAlphas[i] += 0.1; //alpha 每次加 0.1，实现淡入效果
      if(myAlphas[i] > 0.4){
          myAlphas[i] = 0.4;
      }
      //为了不过度挤压 255 这个点，我在 240 的位置就让渐变点移除
      if(myRatios[i] > 240){
          myRatios.splice(i, 1);
          myAlphas.splice(i, 1);
          myColors.splice(i, 1);
      }
  }
  /**起点和终点固定不流动，流动的点计算好以后再让它们跟固定点拼接起来**/
  txt3GradientGlowFilter1.alphas = [0].concat(myAlphas).concat([0]);
  txt3GradientGlowFilter1.ratios = [0].concat(myRatios).concat([255]);
  /**********/
  txt3GradientGlowFilter1.colors = [0xFFFF00].concat(myColors).concat([0xFFFF00]);
  t ++;  //累积计时
}
```

首先看一下这两个判断。

代码清单 15-37

```
if(t % 32 == 0){
}else if(t % 16 == 0){
```

当 t 为 32 的倍数（0、32、64……）时符合 t%32==0，当 t 为 16 的倍数（0,16,32,48,64）时符合 t%16==0。即 else if 会在 t 是 16 的倍数但不是 32 的倍数时执行。同时因为 t 每帧都加 1，所以每 16 帧，程序都会向渐变的 3 个数组各推入一个点并且交替推入黄和绿两种颜色，即每 32 帧流入一条初始 alpha=0 的等高波浪线，使渐入的过渡比较平滑。

ratios 每帧右移两点，我们把它调大，流动速度也会随之提高，速度跟数值成正比。

该代码无需处理折返行为，快到达右边界（240）时，程序会自动将相应的渐变点从数组中移除。

最后，我们在流动数组的首尾分别接上 0 和 255 两个渐变点，然后把最终的数组赋值给滤镜的相关属性。

思路很明确，条理很清晰，结果又将如何？我们测试一下。

一开始闪动较频繁（如图 15-30 所示），直到等高线数量基本确定下来之后才形成较稳定的循环（如图 15-31 所示），这是因为渐变点被首尾牵连住了，渐变点数量较少时会被拉出较长的渐变，导致渐变点数量变化时会有跳跃的感觉。

图 15-30　一开始的效果不自然，闪动很厉害

图 15-31　稳定的循环流动

怎么办？最好的办法自然是让代码在初始时生成一个足够长的数组，可以用 updateGradientGlow 方法里的代码自行计算，但我们偷懒了一下，直接在流动效果稳定之后，把这 3 个数组 trace 出来并粘贴到初始值上。

我们生成的数组片断如下。

代码清单 15-38

```
private var myRatios:Array = [22,54,86,118,150,182,214];
private var myColors:Array = [16737792,16776960,16737792,16776960,16737792,16776960,16737792];
private var myAlphas:Array = [0.4,0.4,0.4,0.4,0.4,0.4,0.4];
```

我们再次测试，初始不流畅的部分已被剪掉，流光动画的全程都比较平滑了。

此时的等高线向上流动，我们希望改一下方向，让鲜美果汁伴随着饱满果粒的交融缓缓渗出于糖果的四周，让人垂涎欲滴、回味无穷。

代码清单 15-39

```
private function updateGradientGlow():void{
    //交替推入两种颜色
    if(t % 32 == 0){
        myRatios.push(240);
        myColors.push(0xFF6600);
        myAlphas.push(0);
}else if(t % 16 == 0){
        myRatios.push(240);
        myColors.push(0xFFFF00);
        myAlphas.push(0);
```

```
        }
        for(var i:int = myRatios.length - 1;  i >= 0; i --){
            myRatios[i] -= 2; //ratios里的流动点每次左移2/255
            myAlphas[i] += 0.1; //alpha每次加0.1，实现淡入效果
            if(myAlphas[i] > 0.4){
                myAlphas[i] = 0.4;
            }
            //为了不过度挤压0这个点，我在20的位置就让渐变点移除
            if(myRatios[i] < 20){
                myRatios.splice(i, 1);
                myAlphas.splice(i, 1);
                myColors.splice(i, 1);
            }
        }
        //起点和终点固定不流动，流动的点计算好以后再让它们跟固定点拼接起来
        txt3GradientGlowFilter1.alphas = [0].concat(myAlphas).concat([0]);
        txt3GradientGlowFilter1.ratios = [0].concat(myRatios).concat([255]);
        txt3GradientGlowFilter1.colors = [0xFFFF00].concat(myColors).concat([0xFFFF00]);
        t ++;    //累积计时
    }
```

代码中，数组的推入方向发生了变化。因为这次渐变点添加的位置从左改到右了，而ratios里的值也改成递减进行，所以相应地，判断移除的条件也要从原来的大于240改成小于20。

此外，我们还可以尝试让等高线出现的频率高一些，比如把t%32和t%16分别改成t%10和t%5，这时候等高线更密集了，而且由于挤压过度，流动的方向不像之前那么单一了，等高线轮廓也更加丰富多彩，配合水平流动，整体效果浑然天成，如图15-32所示（注意：修改后最好重新生成一下myColors，myAlphas和myRatios数组，因为渐变点密了，数组的长度需要加大）。

图15-32　渐变点生成频率提高后的效果

代码清单15-40

```
    private var myRatios:Array = [22,32,42,52,62,72,82,92,102,112,122,132,142,152,162,172,182,
192,202,212,222,232];
    private var myColors:Array = [16776960,16737792,16776960,16737792,16776960,16737792,16776960,
16737792,16776960,16737792,16776960,16737792,16776960,16737792,16776960,16737792,16776960,16737792,1
6776960,16737792,16776960,16737792];
    private var myAlphas:Array = [0.4,0.4,0.4,0.4,0.4,0.4,0.4,0.4,0.4,0.4,0.4,0.4,0.4,0.4,0.4,
0.4,0.4,0.4,0.4,0.4,0.4,0.4];
```

“Photoshop效果”在程序的驱动下优雅地流动起来了，但我们依然找不到使用代码实现动画的理由，因为Photoshop也能生成GIF，After Effects能生成视频，Flash IDE也能通过帧补间实现滤镜动画。

所以本节最后，我们把鼠标行为加入到本动画中，实现人机交互，相信这是非代码环境所无法比拟的功能了！

我们用 stage.mouseY 与文本中点的垂直距离来决定流动的速度，鼠标在文本之上时，等高线流动方向向上，反之向下。

我们可以暂时不用 mouseMove 事件处理这一效果，在 enterFrame 的时候读取一下就 OK 了（为了更方便地测试到两个不同的流向，我们建议大家把文本的 y 坐标设大点，比如 50）。

代码清单 15-41

```
private function updateGradientGlow():void{
var centerY:Number = txt.y + txt.height * 0.5; //获得文本中心点的 y 值
var distance:Number = centerY - stage.mouseY; //计算鼠标与文本中心点的垂直距离
var speed:Number = Math.max(-4, Math.min(distance / 10, 4)); //设置流动速度，距离越大速度越快，绝对值上限为 4
//交替推入两种颜色
if(t % 5 == 0){
    var color:uint = (t % 10 == 0) ? 0xFF6600 : 0xFFFF00;
    var ratio:int = speed > 0 ? 20: 240; //速度为正，波浪从内向外，反之向内
    var alpha:Number = 0;
    //根据速度决定追加的位置是头部还是尾部
    if(speed > 0){
        myColors.unshift(color);
        myAlphas.unshift(alpha);
        myRatios.unshift(ratio);
    }else{
        myColors.push(color);
        myAlphas.push(alpha);
        myRatios.push(ratio);
    }
}
for(var i:int = myRatios.length - 1; i >= 0; i --){
    myRatios[i] += speed; //ratios 里的流动点每次移动 2/255
    myAlphas[i] += 0.1; //alpha 每次加 0.1，实现淡入效果
    if(myAlphas[i] > 0.4)    {
        myAlphas[i] = 0.4;
    }
    //为了不过度挤压 0 和 255 这两个点，我在 20 和 240 这两个位置就让渐变点移除
    if(myRatios[i] < 20 || myRatios[i] > 240){
        myRatios.splice(i, 1);
        myAlphas.splice(i, 1);
        myColors.splice(i, 1);
    }
}
```

我们上下移动鼠标，糖果字侧面的波浪纹便可随手而流、随心而动，程序魅力的光芒尽现，照亮着每一位正在为梦想前行的朋友。

动画是很好看了，与此同时代码也变得相当凌乱。全局变量满天飞，各种变量名也非常晦涩难懂，而且 3 个动画的代码也揉杂在一起，不易分辨。

很抱歉，我们在代码里给大家留下了这么一个烂摊子，但我相信你们可以收拾得很好。

15.4 本章小结

跟前面几章相比，这一章的内容确实简单了不少，而且大部分内容都跟 Photoshop 无关。不过这当中也包含一些难点和实用技巧，现总结如下：

1）将 Flash IDE 中的图形导出为 FXG，从而为查看滤镜参数带来便利；

2）在 Flash IDE 中编写代码获取滤镜参数值并生成等效的代码片断；

3）运行时更新滤镜参数从而实现动态滤镜效果；

4）通过在渐变数组中动态增删元素来实现平滑过渡的等高线动画。

制作出 Flash 滤镜的动画之后，对应的，我们将在第 16 章研究 Photoshop 图层样式的动画。

第 16 章

项目分享——制作 Photoshop 艺术字生成器

从第 15 章的讨论可知，受代码运行效率等因素的影响，细腻度较高的 Photoshop 图层效果不适合制作成动画，那么我们之前学习的 Photoshop 算法是不是就没办法在 FlashPlayer 里一展拳脚了呢？

答案必然是否定的，不然我们也不会花这么多笔墨给大家介绍 Photoshop 图层样式的算法原理。虽然 ActionScript 的 BitmapData 在图形渲染方面的速度始终不是十分理想，但如果复杂算法执行的频率不高，比如在画板应用中每单击一次按钮才生成一张图片，或者在网页游戏里启动的时候就把需要用到的艺术字体预先生成好，那么 ActionScript 还是可以胜任的。

对于学习了大量 Photoshop 算法知识的我们，用 ActionScript 制作一款艺术字生成器，将各种绚丽有趣的特效字体整合其中，既能帮助大家回顾图层效果的实现过程，理解复杂算法的封装处理，又能作为实用性的产品发布到互联网供用户下载。用户可以使用我们的这款工具动态生成自己喜欢的艺术字体，然后通过聊天软件分享给好友或者群组。

16.1 产品分析及基础功能的测试

16.1.1 产品策划简析

尽管市面上类似的产品已经屡见不鲜，例如可在线生成艺术字的彩字秀闪图网站 http://www.czxiu.com/，基于移动客户端的图聊软件咔咕图聊 http://www.pc6.com/softview/SoftView_74302.html，等等，功能也都比较完善，但它们不是生成的字体不太美观，就是需要依赖存储于服务端的海量图片素材，对于网速不好的朋友来说，稳定性无疑要受到严重影响。

而本章介绍的艺术字体生成器几乎不依赖任何素材（除了微软雅黑等少数字体以外），艺术字体的生成完全在客户端进行，不受网速影响，而且输出图像的视觉效果也相当不错（这可不只是我一个人说的哦）。此外，ActionScript 制作的程序可以比较方便地移植到移动端运行，这也是该软件的优势之一。

艺术字体生成器的操作界面一般都比较简单，一个输入框+一个生成按钮+一个效果预览就已经具备这类软件最基本的功能——为输入的文字内容一键生成艺术字体。大家可以在程序里编写多种字体样式，每次单击的时候都从中随机选取一种，每次单击生成的都是全新的艺术字体，每次给到用户的都是不一样的视觉体验。

不过话说回来，随机性太强的效果对用户来说往往不是特别友好，比如用户想生成一款金属字体，但随机结果却总是给出水晶字体、石化字体等，好不容易随机出金属字体来了，又发现字号或者金属的颜色没达到用户预期的效果。那么，这样的一款工具可以说是相当失败的。

为此，我们应该再添加一些基本设置，比如字体样式、字号大小等，然后在颜色等方面做一下随机处理，这样在保证了基本效果的同时，又能让用户对我们的软件保持一定的新鲜感。

作为锦上添花的功能，我们不打算在测试用例中给出，因为测试用例的用途仅仅在于解决该工具的一些技术难点。

下面我们就开始着手书写测试用例。

16.1.2 项目基本设置

因为这款软件需要与聊天工具进行图片数据的交互，而在安全沙箱下运行的 SWF 很难获得这样的执行权限，所以本例在新建的 ActionScript 项目的时候，需要把【应用程序类型】设置为“桌面”（即 AIR 程序）。

小提示 尽管 SWF 可以通过剪贴板与外部程序交互，但限制仍然很大，剪贴板的数据格式只能是纯文本或者 HTML 文本，这对于需要传输图片数据的应用来说远远不够。

桌面程序拥有更多的操作权限，例如支持更多格式的剪贴板数据读写，本地文件的加载和写入，安全沙箱级别的降低，等等，这些都可以帮助我们更好地完成本章的任务。发布后的产品是一个以 air 为后缀的程序安装包，用户安装后即可在桌面上双击快捷方式运行。

但 AIR 的安装需要对应的运行时环境支持，所以一般情况下，开发者应该发布成 exe，让 Adobe 在安装的时候检测用户电脑的软件配置，然后自动下载相应的环境包。我们也可以在发布的时候将运行时环境直接打包到最终的产品中，从而减少用户在安装过程中的等待时间。

16.1.3 基础界面构建

我们新建的项目名为 TextGeneratorTest，代码如下。

代码清单 16-1

```
package{
    [SWF(width = "550", height = "600")]
    public class TextGeneratorTest extends Sprite{
        private var _input_txt:TextField;           //输入文本
        private var _generate_btn:Sprite;          //生成按钮
    private var _preview_bmp:Bitmap;           //预览图片
        public function TextGeneratorTest(){
            init();
        }
        private function init():void{
            initInputTxt();
            initGenerateBtn();
            initPreviewBmp();
        }
    }
}
```

init 中所调用的 3 个函数，其代码都有一定的长度，分别如下所示。

代码清单 16-2

```
private function initInputTxt():void{
    _input_txt = new TextField();
    _input_txt.type = TextFieldType.INPUT;
    _input_txt.multiline = _input_txt.wordWrap = true;
    _input_txt.border = true;
    _input_txt.defaultTextFormat = new TextFormat("Microsoft YaHei");
    _input_txt.x = _input_txt.y = 20;
    _input_txt.width = 510;
    _input_txt.height = 200;
    addChild(_input_txt);
}
```

代码清单 16-3

```
private function initGenerateBtn():void{
    _generate_btn = new Sprite();
    _generate_btn.graphics.beginFill(0xCCCCCC, 1);
    _generate_btn.graphics.drawRect(0, 0, 60, 20);
    _generate_btn.graphics.endFill();
    _generate_btn.x = 20;
    _generate_btn.y = 230;
    _generate_btn.buttonMode = _generate_btn.useHandCursor = true;
    addChild(_generate_btn);
}
```

代码清单 16-4

```
private function initPreviewBmp():void{
    _preview_bmp = new Bitmap();
    _preview_bmp.x = 20;
    _preview_bmp.y = 260;
    addChild(_preview_bmp);
}
```

我们曾经很纠结要不要直接在 Flash IDE 里绘制这样的界面，或者用现成的组件库来减少这里的代码量。这么写实在是太浪费纸张了，而且还只是绘制了不能再简单的二个界面元素（如图 16-1 所示，按钮连个标签都没有）。

跟前面的例子不一样，本次的测试用例不以浏览器的形式打开，而以一个带有自己窗口的 AIR 程序（也不是独立的 FlashPlayer，因为标题也不是大家熟悉的 Adobe Flash Player X 了）代之，但至少我们可以看到，代码的写法跟 ActionScript 没有任何区别。

下一步，我们希望通过单击按钮将输入的文字内容转换为位图并发送到剪贴板供第三方程序（主要是聊天工具）读取。

图 16-1 测试用例的运行效果

16.1.4 生成位图数据

将文字内容转换为位图的操作没有涉及任何新的知识，所以此处我们只贴出代码，不给出太多的解释。

首先我们给 initGenerateBtn 函数追加代码。

代码清单 16-5

```
_generate_btn.addEventListener(MouseEvent.CLICK, generateClickHandler);
```

然后我们书写 generateClickHandler 方法。

代码清单 16-6

```
private function generateClickHandler(event:MouseEvent):void{
    var textBd:BitmapData = new BitmapData(_input_txt.width, _input_txt.height, true, 0x00000000);
    textBd.draw(_input_txt);
    _preview_bmp.bitmapData = textBd;
}
```

我们再次运行，在文本框中输入文字，单击按钮，效果如图 16-2 所示。

我们发现边框也被绘制到 BitmapData 中了，解决方法很简单，在 draw 之前将 TextField 的 border 属性设置为 false，draw 操作完成后再恢复为 true 即可。

代码清单 16-7

```
_input_txt.border = false;
textBd.draw(_input_txt);
_input_txt.border = true;
```

为了让测试过程不至于太过单调，我们给生成的文本位图添加一个简单的描边效果。

我们在 draw 后面追加一句代码如下。

代码清单 16-8

```
textBd.applyFilter(textBd.clone(), textBd.rect, new Point(), new GlowFilter(0xCC0000, 1, 3, 3, 10));
```

我们得到的就是一个带描边、无边框的文本位图了，如图 16-3 所示。

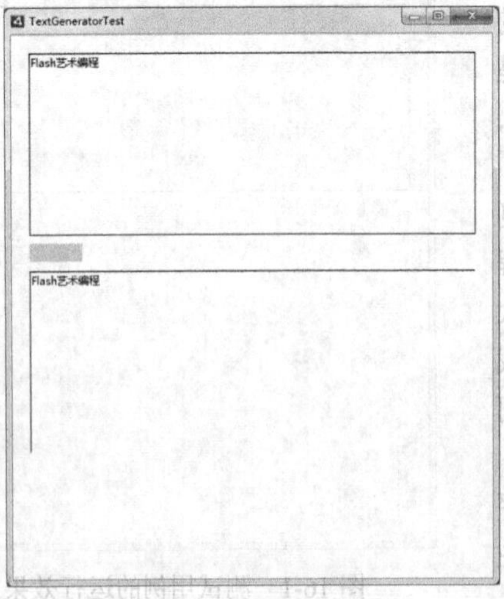

图 16-2 生成位图数据

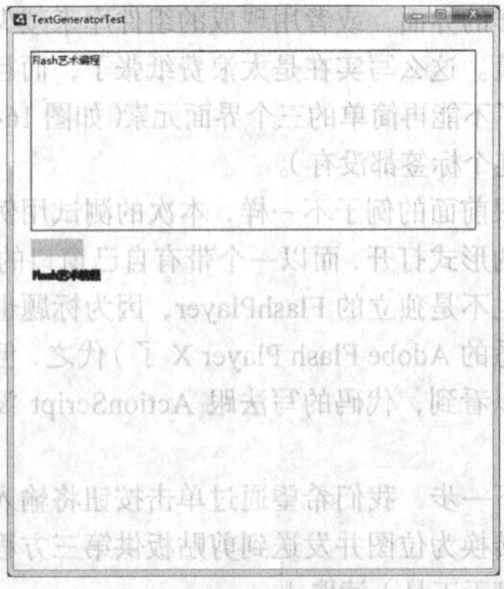

图 16-3 去边框加描边后的效果

在人类眼里，上帝是万能的，但他并不会因此而胡作非为，把自己的意愿强加到别人身上。同样的，这个比 SWF 强大好多倍的 AIR 程序也不会在不经我们批准的情况下自作主张地把界面上的图像传输到操作系统的剪贴板。

所以下一步要实现的就是把显示在 AIR 界面里的 BitmapData 写入到操作系统的剪贴板。

16.2　通过剪贴板实现数据交互

将复杂数据写入到剪贴板虽然是 AIR 程序才具有的功能（相对于 SWF 来说），但其语法与 ActionScript 并无异样，所不同的只是我们需要学习一个新的类 Clipboard，它只在 AIR 程序内可用。

基本上，只要善于查阅帮助文档，或者懂得使用搜索引擎，那利用 Clipboard 类向剪贴板写入一个 BitmapData 就不是什么难题了。

16.2.1　直接传输位图数据及其不足

Clipboard 为全局静态类，它包含一个 generalClipboard 实例，所获取到的就是对系统剪贴板的引用。通过调用它的 setData 方法，我们就可以写入位图数据。

代码清单 16-9

```
Clipboard.generalClipboard.setData(ClipboardFormats.BITMAP_FORMAT, textBd);
```

我们把以上代码追加到 generateClickHandler 方法中。

如果想进一步了解 AIR 在剪贴板操作中还支持哪些数据格式，可以查阅常量类 ClipboardFormats，里面包含了 AIR 程序支持的所有剪贴板数据格式。此处我们使用了位图格式 BITMAP_FORMAT。

再次运行，输入文字，单击按钮，界面的效果与之前无异，但当我们在支持图文混编的文本输入框（如 QQ 的聊天框）里按下 Ctrl+V 的时候，就可以把 AIR 程序中的图片粘贴出来了，如图 16-4 所示。

图 16-4　从剪贴板中粘贴出来的图片

描边文字已经成功读出，但存在两个问题：

1）多余的部分没有被裁剪掉（为节省篇幅，粘贴到书中的图片已经进行了一些裁剪）；

2）图片被无故填充上黑色的背景。

第一个问题比较好解决，我们用之前提到的 getColorBoundsRect 方法进行一下裁剪即可。

至于第二个问题，我们曾经纠结了将近一周的时间。

首先我们曾经尝试将 BitmapData 构造函数的第四个参数修改为 0x00FFFFFF，希望能得到一个白色的背景，但根据 BitmapData 的像素读取规则，全透明像素的 RGB 通道始终为 0，所以位图数据的内容不会因为这样的调整而发生改变。

然后，我们又尝试使用半透明的 0x80FFFFFF，得到的是一张粉红背景的图像——似乎受到发光滤镜的影响了。于是我们暂时去掉应用发光滤镜的代码，得到的图像呈现为灰色背景，而不是 RGB 通道所定义的白色，直到将 alpha 通道设置为 0xFF，背景的颜色才彻底“消失”。但事实上，我们只要把图片粘贴到有色的背景上（此处姑且定义白色为无色），就会发现图像被填充上了白底。

可见，不管设置成什么样的颜色，最后生成的 BitmapData 都不再包含 alpha 通道。系统会将当前图像的 alpha 通道与 RGB 分别合并一次，然后得到一张只包含 RGB 三个通道的图片，而且背景色会受到 alpha 通道值的影响。

我们还曾经试图通过修改 setData 方法的第三个参数 serializable 来达到修正透明通道的目的，其实这个参数与第三方程序几乎没有任何关系。但是，在那个正处于黑暗中摸索前行的年代，任何生僻的属性和参数我们都需要尝试一下，直到碰壁的次数多了才有望重见天日。

一个折衷的处理方案就是给 BitmapData 填充上白色的背景，使其适应大部分聊天软件或者文本编辑工具。但随着人类审美水平的提高，纯白色背景的文本框已经逐渐不能满足用户日益刁钻的口味了，越来越多的文本框（如 QQ，MSN 等软件的聊天输入框）都会衬以各种个性化的图形背景，此时一张带白底的艺术字图片会显得相当突兀。所以，修正透明通道的工作仍显得相当重要。

在 QQ 中复制粘贴聊天表情的操作相信已经为大家所熟知，这当中不乏各类背景透明的 GIF 闪图，它们在复制粘贴的过程中，alpha 通道始终都不会丢失，这就意味着，只要我们在聊天框中右击透明图像进行复制，然后对写入的剪贴板数据进行分析，接着按照分析出来的结构在 AIR 程序中实现出来，就很有希望实现透明图像的复制粘贴了。

16.2.2 用第三方软件测试透明图像在剪贴板中的存储方式

我们可以在 QQ 聊天框中单击工具条上的【发送图片】按钮，然后选择本地的一张透明 GIF 或者 PNG 图片，被选定的图片将会显示在输入框中。我们不必发送它，就可以直接右击图片进行复制，然后剪贴板就存放了这张图片的内容。大家可以通过 Ctrl+V 粘贴到别的聊天框或者其他文本编辑器（如 Word）里面，就会发现，粘贴出来的图片还是透明的。

下面我们就尝试分析这张粘贴出来之后 alpha 通道仍被正确保留的图片，在剪贴板里到底如何存储。我们可以用一些不太地道的剪贴板数据分析软件来获取其中的内容，但既然更专业的 AIR 程序已经提供了读取剪贴板数据的 API，那为何不直接使用呢？

Clipboard 对象定义了 setData，自然就会有 getData 方法与之对应。

代码清单 16-10

```
public function getData(format:String, transferMode:String = "originalPreferred"):Object
```

代码中 format 参数与 setData 中的 format 参数含义相一致，但对于读取而言，我们事先并不知道剪贴板内的数据究竟是何种格式。难道要一个个地去尝试么？

所幸的是，Adobe 早就为我们考虑了这个问题，除了 getData 以外，Clipboard 还定义了一个 formats 属性，它是一个数组，当中包含当前剪贴板中所有可用的数据格式名称。

为便于测试，我们直接在当前项目的 init 函数内追加读取剪贴板数据的代码。

代码清单 16-11

```
trace(Clipboard.generalClipboard.formats);
```

我们关掉当前正在运行的 AIR 程序，再用上述方法在 QQ 的聊天框内复制一张透明图片，然后重新运行，控制台将输出如下内容。

```
air:rtf,air:html,air:bitmap
```

剪贴板内包含了 3 种数据格式，其中最后一种就是我们刚才使用的 bitmap 格式，此处可以忽略。

第一种格式是 RTF，全称为 RICH_TEXT_FORMAT，意为富文本格式，它在 ActionScript 中的数据类型为二进制数组 ByteArray。

所谓富文本，就是包含字体样式（如字体名称、大小、颜色等，每个字符的样式可以不相同）、图文混排数据的一段功能较纯文字强大的一段文本。从某种意义上说，它跟 Word 里面的文本格式相类似。

因为 Word 文档以二进制的形式进行存储，所以，虽然它不是加密格式，但我们也需要了解与 doc 格式和富文本相关的数据编码。没从事过这类应用开发而且也没兴趣研究这方面（我自己也没多大兴趣）的朋友一般都不会去深入学习它们。因此，富文本对于大部分 ActionScript 开发人员（包括我本人）来说都比较陌生。

而相比之下，第二种格式——HTML 对大家来说就熟悉多了，就算大家没有 HTML 网页制作的经验，也应该都在 ActionScript 里接触过 TextField 的 htmlText 了吧。如果大家真的没接触过，没关系，HTML 以纯文本的方式进行编码，阅读起来非常直观，而且此处涉及的 HTML 知识都相当简单，相信都难不倒大家。

我们定位到 HTML 格式以后，就可以在 init 函数里追加代码了。

代码清单 16-12

```
trace(Clipboard.generalClipboard.getData(ClipboardFormats.HTML_FORMAT));
```

我们再次运行，控制台输出如下内容。

```
<!--StartFragment --><DIV>
<IMG src="file:///E:\My Documents\Tencent
Files\5*******2\Image\Image69\8ET@PEVJ`CBN2$PI{YM7$9K.gif" >
</DIV>
```

首先，<!-- -->标记与 XML 中的含义完全一致，都代表注释文本，因此可以忽略。而第二个标签则是 DIV，它只包住了一个 IMG 标签，因此也可以去掉。所以重点就在于最里面的 IMG 标签了，它包含一个 src 属性，很显然，src 的值（即引号内的部分）就是一个完整的图片路径，我们可以按照该路径在自己的机器上找到这张图片（具体路径跟 QQ 号码等因素有关，所以不能直接按书上给出的路径找。

可见要模拟这样的剪贴板数据，我们需要做的事情有两件：

1）把图片数据存储到本地磁盘中并且把图片路径记录下来；

2）按照<img src="图片路径">的写法拼接字符串，并且以 HTML 的格式写入到系统剪贴板。

16.2.3 模拟第三方软件生成的剪贴板数据

目前常用的图片文件格式主要有 GIF、JPG 和 PNG 三种，要将 AIR 程序内的位图数据编码成上述这些可以被其他图片查看器直接打开的文件，理论上要求我们对以上几种图像的编码知识有一定的了解。但实际上，前辈们已经帮我们做好了这件事情，封装了各种编码库，所以我们只需要了解如何使用这些工具类。

如果大家使用的是 Flash Builder4.7/Flash CC 或更高版本，或者已经在较低版本的 Flash Builder 或者 Flash Develop 配置了 AIR3.3 或者更高版本的 SDK，那么大家就可以直接用 BitmapData 的新功能——encode 方法轻松实现 JPG 和 PNG 的编码，否则就需要下载 Adobe 官方开发的开源编码类 JPGEncoder 和 PNGEncoder。

至于 GIF 格式，由于它质量较差，而且颜色表的计算复杂度相当高（需要从数以万计的像素中统计出与当前图像匹配度最高的 256 种颜色），在 ActionScript 中的运行效率不佳，所以 Adobe 并没有提供 GIF 的编码类。但作为常用的图片动画格式，GIF 也被广泛应用于聊天的表情当中，因此业内还是有高手帮我们实现了 GIF 动画的编解码功能。

大家可以下载这个类库（http://www.bytearray.org/?p=95），了解基本的一些用法，本书就不展开讨论了。

作为基础测试，我们不打算搞得太复杂，此处暂时使用 Adobe 的 PNGEncoder 将位图数据编码为透明的 PNG 文件数据，编码完成后，我们用 AIR 提供的 File 和 FileStream 类将其写入到本地磁盘，具体用法就不详细解释了。

将下载好的类库放入到 PUBLIC_CLASSES 目录下，然后我们把它链接到当前项目中，就可以书写这部分的代码了。

下面就开始用代码模拟这一过程，因为本次的改动较大，加上要引入裁剪空白区域的操作，所以我们给出 generateClickHandler 的完整代码。

代码清单 16-13

```
private function generateClickHandler(event:MouseEvent):void{
    var textBd:BitmapData = new BitmapData(_input_txt.width, _input_txt.height, true, 0x00000000);
    _input_txt.border = false;
    textBd.draw(_input_txt);
    textBd.applyFilter(textBd, textBd.rect, new Point(), new GlowFilter(0xCC0000, 1, 3, 3, 10));
    var colorRect:Rectangle = textBd.getColorBoundsRect(0xFFFFFFFF, 0x00000000, false); //裁剪操作
    var cutTextBd:BitmapData = new BitmapData(colorRect.width + 1, colorRect.height + 1, true, 
0x00000000); //加 1 是为了防止图像为全透明时出错
    cutTextBd.copyPixels(textBd, colorRect, new Point());
    _input_txt.border = true;
    _preview_bmp.bitmapData = textBd;
    var bytes:ByteArray = PNGEncoder.encode(cutTextBd); //使用 PNGEncoder 编码位图数据
    var file:File = new File("file:///D:\\test.png");//创建文件对象，指定要存储的位置
    var fileStream:FileStream = new FileStream();//创建文件流
    fileStream.open(file, FileMode.WRITE);
    fileStream.writeBytes(bytes, 0, bytes.length); //用文件流将编码好的 ByteArray 写入到指定的文件对象中
    fileStream.close();//操作完成后关闭文件流
    Clipboard.generalClipboard.setData(ClipboardFormats.HTML_FORMAT, "<img src=\"file:///D:
\\test.png\">");//拼接一段 html 字符串，并引用刚才保存下来的文件
}
```

可以看到，我们用 file:///的格式来填写路径，这样可以最大程度上使我们的数据格式跟 QQ 软件保持一致。

再次运行，输入文字后单击按钮，我们就可以在 D 盘的根目录下（硬盘没有 D 分区的朋友请换成别的可用分区）看到显示在 AIR 程序上的那张图片了，如图 16-5 所示。

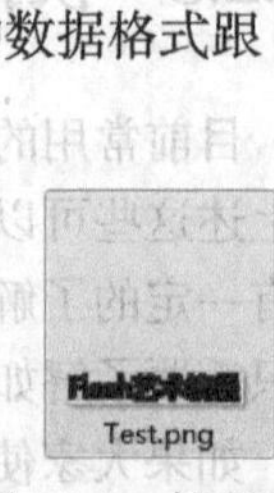

图 16-5　保存到本地磁盘中的图片

此时我们在 QQ 聊天框里按下 Ctrl+V，聊天框里就会插入这张图片，而且它的背景是透明的。所以不管聊天框的背景（包括目前在 PC 版本上也推出的气泡背景）有多复杂，文字图片的底色始终都不可见。

16.2.4　剪贴板数据的优化

在手机 QQ 刚开始普及的时候，腾讯为了帮用户节省流量而将 PNG 图片压缩为不带透明通道的 JPG 格式（已添加到表情的除外），导致对方看到的图片总是带着白底，看起来不太舒服。这时候，我们可以考虑使用既支持透明背景、文件体积也不大的图像，GIF 自然成为首选。

我们将编码部分的代码调整为如下所示。

代码清单 16-14

```
var gifEncoder:GIFEncoder = new GIFEncoder();
gifEncoder.start();
gifEncoder.setTransparent(0x000000); //将黑色设置为透明色
gifEncoder.addFrame(cutTextBd); //该 gif 不需要动画，所以只需要加 1 帧
gifEncoder.finish();
var bytes:ByteArray = gifEncoder.stream;//将编码的数据存储到 bytes 中
```

然后我们将图片路径的扩展名改成 GIF。

需要特别指出的是 setTransparent 方法，GIF 实际上不包含透明通道，它的 alpha 仅仅通过一个全局的透明属性来控制，该值是一个 24 位 RGB 颜色，只要跟该属性指定的颜色相一致的像素，都会被设置为全透明，所以在 GIF 图片中，像素的颜色要么全透明，要么全不透明，不存在半透明的说法。

我们再次运行，生成的图片如图 16-6 所示，可见文本被挖空了。

原因就在于 transparent 属性设置为 0 以后，图像中的所有黑色像素都将用全透明来替代，默认为黑色的文本自然也就难逃一劫了。

一个比较偷懒的解决方法，就是将文本颜色稍稍地调整一下（通过修改 TextFormat 或者 textColor 实现），比如 0x010101，那么文本就不会再被替换成全透明色了，如图 16-7 所示。

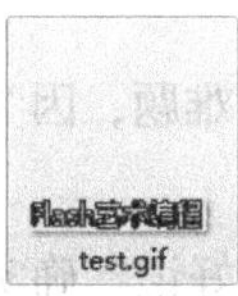

图 16-6　改用 gif 编码后的效果

图 16-7　修正文本填充色后的效果

这也就意味着，如果需要实现透明渐变的效果，那么 GIF 将很难胜任。但是，改用 GIF 编码以后，在发送到聊天框的时候，腾讯将不再对其进行压缩（其实本书出版期间，腾讯公司就已经把 PNG 的自动压缩功能去掉了），因为 GIF 的体积一般来说都比较小。而且压缩成 JPG 后，GIF 的动画帧将会完全丢失。这对于用户来说，是绝对不能接受的一件事情。

小提示　GIF 一般通过设置全透明点和全不透明点的比例来实现透明度的模拟，比如透明度 30%，就用 3 个透明点和 7 个不透明点表示，跟 Photoshop 中的溶解模式很像，所以得到的图像效果一般比较粗糙。

考虑到 GIF 和 PNG 各有优缺点，我们可以在最终发布的产品中将这两种图片格式设置为不同的选项供用户选择，此外再增加一个 GIF 动画选项，让用户可以通过本软件生成 GIF 动图。

16.2.5 临时数据的管理

在上面的测试中，我始终使用 test.png 和 test.gif 作为保存的文件名。因此，每生成一次艺术字体，上一次的图片文件就会被替换掉，而剪贴板中只保存了图片的地址。所以覆盖图片等于间接破坏了上一次生成的图片数据。如果这些数据尚未成功发送给对方或者第三方程序，那么覆盖的操作将可能导致图片发送不完整甚至失败。

为了避免前后两次的图片数据发生冲突，我们应该每次都让程序使用不同的文件名，一个较常用的方法是将当前时间和一个随机数拼接到文件名之后。

代码清单 16-15

```
    var filePath:String = "file:///D:\\test_" + (new Date().time) + "_" + int(Math.random() * 1000000)
+ ".gif";
    var file:File = new File(filePath);
```

代码清单 16-16

```
    Clipboard.generalClipboard.setData(ClipboardFormats.HTML_FORMAT, "<img src=\"" + filePath + "\">");
```

因为这个路径写起来比较长，所以我们不妨用一个 filePath 变量来存储。

再次运行，用户每单击一次生成按钮，程序都会生成一张新的图片，如图 16-8 所示。

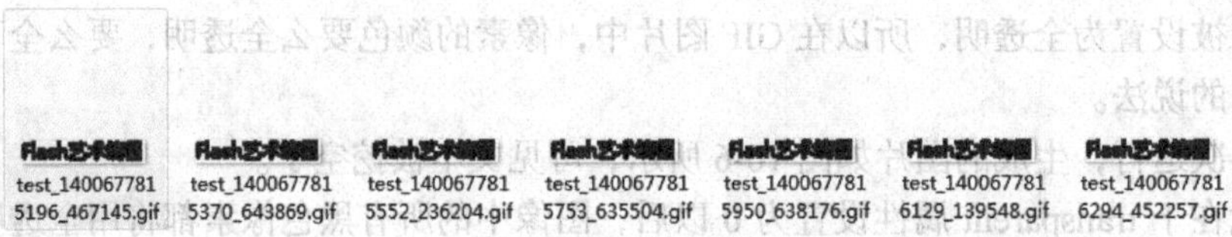

图 16-8　为文件名加入时间戳和随机数后的效果

图片数据不再冲突了，但这以生成大量临时文件，牺牲磁盘的存储空间为代价。而且图片直接存放在根目录下，用户体验很不友好。所以我们也应该像 QQ 一样，把图片存储到专用的目录下，而且用完以后应该删除掉。

那么，AIR 程序的专用目录在哪里呢？放心，这不是什么难题，因为 Adobe 已经给我们提供了相关的 API。

File 类的静态属性 applicationStorageDirectory（名字太长不好记？确实如此，不过还好，Flash Builder 可以帮我们自动补全）返回的就是当前 AIR 程序的专用目录，大家可以在这里存放与该程序相关的文件。因为该目录是在程序运行时动态生成的，所以它不会因为应用程序的卸载而被删除。

此时，设置 filePath 的代码应调整如下。

代码清单 16-17

```
    var appStorageDirectory:File = File.applicationStorageDirectory;
    appStorageDirectory.createDirectory();
    var filePath:String = appStorageDirectory.nativePath + "\\test_" + (new Date().time) + "_" +
int(Math.random() * 1000000) + ".gif";
```

再次运行，生成字体图片时，D 盘的根目录已经没有新的文件生成了。但当我们试着按 Ctrl+V 复制到 QQ 上时，却发现没有粘贴上任何内容，不过换到 Word 又好用了。所以，图片数据和 HTML 文本还是被成功写入到剪贴板上了，只是 QQ 没有识别出来。

为此，我们试着将 filePath 输出到控制台上，考察新生成的路径格式与之前的区别。

输出的路径如下。

```
C:\Users\Administrator\AppData\Roaming\TextGeneratorTest\Local Store\test_1400680147214_184160.gif
```

最大的改变之一是 file 前缀不存在了，因此，我们在 filePath 前面补上它。

代码清单 16-18

```
var filePath:String = "file:///" + appStorageDirectory.nativePath + "\\test_" + (new Date().time)
+ "_" + int(Math.random() * 1000000) + ".gif";
```

路径的格式跟 QQ 复制出来的相吻合了，但还是不能识别，是不是很沮丧？别急，下面我们不妨测试一下其他应用程序写入到剪贴板的数据，比如 Word 就是个不错的测试软件。

我们在 Word 里进行跟 QQ 相类似的操作，然后在 AIR 中读取剪贴板的 HTML 文本，得到的结果非常地长，此处我只把路径给出来：file:///C:\Users\ADMINI～1\AppData\Local\Temp\msohtmlclip1\01\clip_image001.gif。

这样的路径在 QQ 中可以被识别出来，其中最大的差别在于 Word 生成的目录中包含了一个名为 ADMINI～1 的文件夹。该文件夹在我们的电脑上并不存在，其实它是 ADMINISTRATOR 的缩写，在计算机领域称作短路径，大家可以通过搜索引擎了解相关的内容。

那么，在 AIR 里如何获得这个短路径呢？答案是没办法获取。虽然我们曾经尝试通过手动拼接的方式生成短路径，但这样的操作往往会导致错误的结果，尤其是当同一目录下存在名字相似的两个长文件夹时，我们无法知道短路径的序号到底是 1 还是其他数字。

但是，就目前来说，我们还不能确定短路径就是解决问题的关键，所以不妨再观察下路径中的其他特殊符号。除了路径分隔符以外，AIR 程序生成的路径使用了下划线和空格这两个符号，其中，下划线在 Word 生成的路径里也存在，所以很有可能是空格的问题。

我们用%20 对空格进行转义。

代码清单 16-19

```
var filePath:String = "file:///" + appStorageDirectory.nativePath.split(" ").join("%20") + "\\test_"
+ (new Date().time) + "_" + int(Math.random() * 1000000) + ".gif";
```

再次运行，QQ 终于识别到了，真不容易！

路径的转移已经成功，不过这些文件都是临时使用的，放应用程序的存储目录似乎不太合适，改到操作系统临时目录可能会更好。

代码清单 16-20

```
var appStorageDirectory:File = File.createTempDirectory();
```

当然了，存储到哪个目录下没有硬性规定，我们可以完全根据个人的喜好来选择，不过一般不建议存放在程序目录 applicationDirectory 下（默认就不允许存储，但有的人喜欢用各种方式绕过这一限制，导致程序卸载出错）。

将临时图片存放到临时目录下，会更利于操作系统在清理垃圾的时候顺便删除。我们也可以在应用程序关闭的时候就把这里的垃圾清理掉，在稍后开发正式版产品的时候，我们会把这一功能实现出来。

至此，艺术字生成器的基本技术难点似乎都已经解决，剩下的只是艺术字体算法的整合。但事实却没有想象中的简单，Photoshop 级别的图像算法相当复杂，所以此处还需要对程序的性能进行测试，以确保最终的产品在生成复杂的效果时依然可以流畅运行。

因为本次测试只使用一个描边滤镜，算法比较简单，所以为了加重程序的负担，我们决定用一段比较长的文本进行测试，在我们的 I5 机器上，出现了假死的状态（如图 16-9 所示，注意标题栏上的“未响应”三字）。

在脚本的领域，类似的问题已经被前辈们讨论过不知道多少次，它的出现，往往是程序的执行时间过长，超过了一帧的时间，导致界面无法按时刷新所致。最常用的解决办法就是将位图处理的代码分散到多个帧上进行（或者用 setTimeout 错开代码执行的时间）。我们也曾经在游戏开发过程中使用过这样的方法，但随着代码的逐渐深入，就会发现此法的局限性非常大。

首先，如果处理的代码非常复杂，拆分起来将会非常麻烦，而且要书写很多临时变量来实现多段代码的数据交接，对代码的结构造成极其严重的破坏。

其次，也是最最关键的，有很多需要执行较长时间的操作无法在 ActionScript 中进行拆分，比如用 BitmapData 对象 draw 入尺寸较大的图片，解析很长的 XML 或者 JSON 字符串等，一句代码就已经消耗了超过一帧的执行时间，再多的帧拆分和 setTimeout 都于事无补。

我们在刚规划本书的时候，一直被这个问题折腾得相当痛苦。直到数个月后，FlashPlayer11.4 推出的多线程 API 终于让我们从迷茫和困顿中解脱出来。这样的好东西，不分享出来，就真心对不起购买我们这本书的每位读者了。

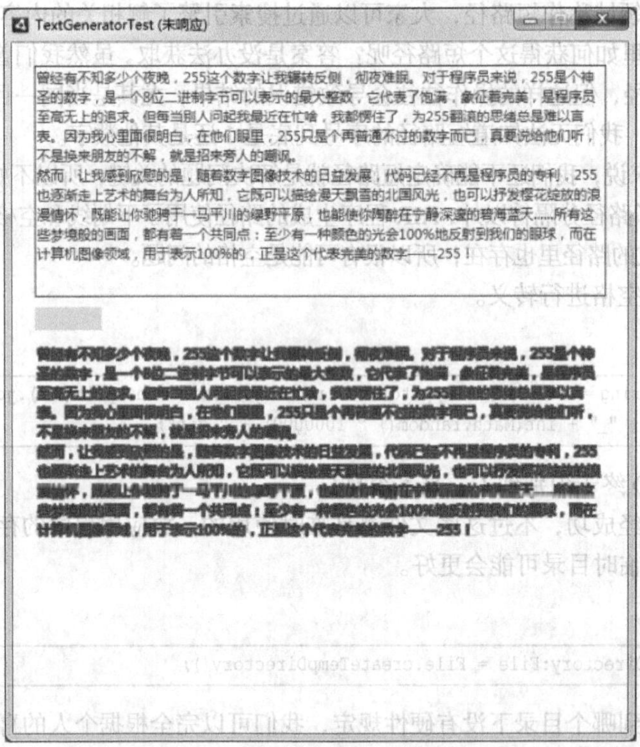

图 16-9　大量文本的处理导致程序假死

16.3　使用 FlashPlayer11.4 的多线程 API 优化用户体验

16.3.1　ActionScript 多线程的特点和优势

多线程 API 是 FlashPlayer11.4/AIR3.4 推出的新功能，它允许我们将耗时较长的操作转移到所谓的“后台”程序中偷偷地运行，以确保界面不会因为执行超时而出现假死。对于 ActionScript 来说，这是一项相当了不起的突破（尽管对于其他程序来说只是雕虫小技）。

我们可以把位图绘制、编码的操作全部转移到这个“后台”程序中，这样，即使操作的耗时还是比较长，但因为界面没有假死，所以我们可以在界面上汇报后台处理的进度，还能在处理的时候附带一个有趣的 Loading 动画，让用户在等待处理的过程中不至于太过枯燥（不过这些创意性的内容还是留给大家自由发挥吧，我们只管把功能实现出来）。

在 ActionScript 中，我们可以把每个线程想象成一台独立的电脑， Worker 类就充当着电脑的角色。在主界面运行的代码，一般称作主线程，而后台运行的叫子线程。那么，要让多台电脑之间协同工作，我们就可以通过网线进行信息的传输。同样地，Worker 之间也可通过“网线”进行连接，在 ActionScript 中称之为“通道”，即 MessageChannel。

16.3.2 建立子线程的基本方法

既然 Worker 是一台独立于主线程的电脑，那么在建立子线程的时候，我们就需要创建一个独立的 SWF。但对于小型项目来说，为了使用多线程而将代码拆分成多个 SWF 将会降低开发效率，也为调试带来一些不便。所以 Adobe 为创建了线程提供了 3 种不同的方式，除了加载 SWF、嵌入 SWF 以外，我们也可以用自身来创建子线程，但不管是何种方式，主线程和子线程都是两个独立运行的 SWF。

因为创建子线程的方式较多，所以子线程的 SWF 不以 Loader 的形式存在，而是通过更深层的 ByteArray 传递到 Worker 中。例如以下代码就用自身来创建子线程（要写在显示对象上）。

代码清单 16-21

```
var worker:Worker = WorkerDomain.current.createWorker(loaderInfo.bytes);
```

小提示 在 Flash Builder4.6 或更低版本中，调试版的 SWF 不能作为子线程运行，因此我们需要在项目属性-ActionScript 编译器面板中加入参数-debug=false。

我们在当前项目中添加全局变量声明。

代码清单 16-22

```
private var _worker:Worker; //子线程
```

然后我们在 init 函数中追加如下代码。

代码清单 16-23

```
initWorker();
```

initWorker 的内容如下。

代码清单 16-24

```
private function initWorker():void{
    _worker = WorkerDomain.current.createWorker(loaderInfo.bytes);
}
```

当程序初始化时，initWorker 函数会把当前 SWF 的 ByteArray 传递到线程管理器里面并生成一个与当前程序完全一样的 SWF 在后台运行，所以后台的 SWF 也会执行到 initWorker 函数，然后继续创建子线程。这是一个无限循环，理论上说，系统的资源会因此而消耗殆尽。所幸的是，FlashPlayer 会检测当前 SWF 是否位于子线程，如果是的话，则不会再继续执行此类操作，所以程序还是可以正常运行。

然而不可否认的是，创建界面一类的代码还是在后台执行了一遍。如果程序的初始化再复杂一些，那么不必要的性能损耗还是很大。一般来说，子线程和主线程所做的事情都不太一样（不然子线程就没有存在的意义了）。我们应该在子线程中避免重复执行主线程里已经运行过的代码。

但因为子线程和主线程使用的是同一套代码，所以必须有个方法判断当前 SWF 是否为主线程。这件事情，Adobe 已经做好了，我们通过 Worker.current.isPrimordial 属性进行判断即可。

代码清单 16-25

```
private function init():void{
    if(Worker.current.isPrimordial){
        initInputTxt();
        initGenerateBtn();
        initPreviewBmp();
        initWorker();
    }else{
    }
}
```

读者可以将 if 内的代码转移到 else 里面再运行，看下界面是否还能被正常创建。

在子线程里，Worker.current.isPrimordial 属性为 false，所以界面创建的代码不会在子线程里执行。但是为了与主线程交互，我们需要在 else 里书写一些获取主线程信息的代码。

16.3.3 子线程与主线程的连接

如前所述，线程交互主要通过通道进行，所以我们需要为两个线程创建一条通道。但因为子线程不能直接访问到主线程，所以通道的创建仍然要交给主线程来做。

首先我们添加全局变量声明。

代码清单 16-26

```
private var _messageInChannel:MessageChannel; //消息通道（主-子）
private var _messageOutChannel:MessageChannel; //消息通道（子-主）
```

然后我们在 init 的 if 内追加如下代码。

代码清单 16-27

```
_messageInChannel = Worker.current.createMessageChannel(_worker);
_messageOutChannel = _worker.createMessageChannel(Worker.current);
```

之所以要创建两条通道，是因为 ActionScript 中的线程通道是单向的，要么主线程向子线程传输，要么子线程向主线程传输，两者不能共存。在上面的代码中，_messageInChannel 是前者，_messageOutChannel 是后者，即调用方为起点，参数为目的地。

为了让子线程能够取得这两条通道，我们还要通过共享属性写入它们。

代码清单 16-28

```
_worker.setSharedProperty("inChannel", _messageInChannel);
_worker.setSharedProperty("outChannel", _messageOutChannel);
```

在 else 里面，也就是子线程执行的部分，我们用 getSharedProperty 取得它们。

代码清单 16-29

```
_messageInChannel = Worker.current.getSharedProperty("inChannel");
_messageOutChannel = Worker.current.getSharedProperty("outChannel");
```

这里有个可能会让大家费解的地方，前面明明是_worker.setProperty，这里为什么要用 Worker.current 来取呢？实际上，这两段代码不在同一个 SWF 里面，主线程的_worker 就是子线程的 Worker.current。我们可以通过_worker = Worker.current 提高这部分代码的可读性。

在这样的几行代码里面，我们发现，简单的几个变量就已经有点让人混淆了。不难想象，再加入通道数据的发送、接收、监听等功能后，程序的代码就会变得非常混乱，可读性也会因此而降低不少。所以，在正式的项目开发中，我们一般不建议把主线程和子线程写到同一个 SWF 里面，实在要这么用的话，也应该把主线程和子线程的代码分散到两个独立的类里面进行。不过，对于像笔者这样的马大哈来说，拆分了也很容易犯一些低级错误，比如习惯性地在子线程里往全局单例写入一些数据，然后让主线程直接读取这个单例的信息，结果自然不会正确，因为两个线程在不同的 SWF 中，它们是两个完全独立的单例，不能通过静态方法直接访问。

不过，作为测试用例，此处我们不考虑进行拆分。

16.3.4 线程间的数据交互

为了实现两个线程间的数据交互，我们通过 MessageChannel 进行传输，发送方用 send 方法发送数据，而接收方则可通过 receive 方法获取。但如何知道发送方何时有数据传出来呢？跟 ActionScript 的其他功能相类似，用事件监听即可。

显然，主线程应监听 messageOutChannel，而子线程则监听 messageInChannel。

我们在 if 语体内追加如下代码。

代码清单 16-30

```
_messageOutChannel.addEventListener(Event.CHANNEL_MESSAGE, outChannelMessageHandler);
```

然后在 else 部分追加如下代码。

代码清单 16-31

```
_messageInChannel.addEventListener(Event.CHANNEL_MESSAGE, inChannelMessageHandler);
```

然后我们定义相关的监听函数。

因为目前使用的不是调试模式，而子线程又不能直接控制界面显示的内容，所以比较容易测试的是子线程向主线程的数据传输。

我们给 else 语体追加如下代码。

代码清单 16-32

```
_messageOutChannel.send("来自子线程的数据");
```

然后我们给 outChannelMessageHandler 方法加入以下代码。

代码清单 16-33

```
_input_txt.text = _messageOutChannel.receive();
```

如果没有意外的话，再次运行，输入文本框里就会出现“来自子线程的数据”这么一行文字了，但结果告诉我们，文本框里并没有显示任何内容。

事实上，Worker 创建以后并不会立即运行。很多时候，开发者可能并不希望子线程创建后就自动运行，因为在实际的项目里面，子线程并不需要一开始就启动。因此，想让它初始化的时候就运行，我们还需要在 if 语体内调用 worker 的 start 方法。

代码清单 16-34

```
_worker.start();
```

绕了这么大个圈子，界面总算把子线程传过来的文字显示出来了。

下一步要实现的，就是主线程向子线程的传输数据，我们在 generateClickHandler 里进行操作。为了简化测试环境，我们暂时把该方法里面的代码全部注释掉并写入以下代码。

代码清单 16-35

```
_messageInChannel.send(5);
```

此时，子线程的_messageInChannel 将会触发 CHANNEL_MESSAGE 事件，因此我们尝试在 inChannelMessageHandler 里获取 5 这个数字。

代码清单 16-36

```
var num:Number = _messageInChannel.receive();
```

因为子线程无法直接操作主线程上的界面，所以我们需要把 num 传输到主线程上。为了体现出它确实经过子线程，我们不妨先对 num 做一下开平方运算再向外传输。

代码清单 16-37

```
num = Math.sqrt(num);
_messageOutChannel.send(num);
```

我们再次运行，单击按钮，文本框将会显示出 5 的算术平方根 2.23606797749979。至此，基本的数据交互测试已经完成。

如果仅仅为了做一次开平方的计算，用子线程无疑是事倍功半，因为直接在 generateClickHandler 里写入_input_txt.text = String(Math.sqrt(5));也能得到同样的效果，而且也不会因为这么一次运算而导致界面假死。再者，子线程是异步行为，后续的处理将会比直接在主线程中计算要麻烦得多。所以接下来我们要让子线程发挥出它在高负荷处理时的作用，就比如本例中的 draw 和编码操作。

16.3.5 用子线程处理耗时较长的代码

因为要绘制的对象是 TextField，所以我们应往 messageInChannel 写入 TextField，然后在 inChannelMessageHandler 方法里把它读取出来。

generateClickHandler 方法的代码调整为如下所示。

代码清单 16-38

```
_messageInChannel.send(_input_txt);
```

然后 inChannelMessageHandler 的代码修改为如下所示。

代码清单 16-39

```
private function inChannelMessageHandler(event:Event):void{
    var textField:TextField = _messageInChannel.receive();
    var textBd:BitmapData = new BitmapData(textField.width, textField.height, true, 0x00000000);
    textField.border = false;
    textBd.draw(textField);
    textBd.applyFilter(textBd, textBd.rect, new Point(), new GlowFilter(0xCC0000, 1, 3, 3, 10));
    var colorRect:Rectangle = textBd.getColorBoundsRect(0xFFFFFFFF, 0x00000000, false);
    var cutTextBd:BitmapData = new BitmapData(colorRect.width + 1, colorRect.height + 1, true, 0x00000000);
    cutTextBd.copyPixels(textBd, colorRect, new Point());
    textField.border = true;
    var gifEncoder:GIFEncoder = new GIFEncoder();
    gifEncoder.start();
    gifEncoder.setTransparent(0x000000);
    gifEncoder.addFrame(cutTextBd);
    gifEncoder.finish();
    var bytes:ByteArray = gifEncoder.stream;
    _messageOutChannel.send("艺术字体生成完毕");
}
```

限于篇幅，此处的注释已被删除。

我们再次运行，单击按钮，效果并未跟预期的一致，输入框尚未显示出“艺术字体生成完毕”的字样。但当我们把前面的代码全部删除以后，这句话就能显示出来了。这意味着上面的代码运行时发生异常，然后被迫终止。

因为子线程的错误不会发送到主线程上，所以我们需要通过 try-catch 进行捕获。

代码清单 16-40

```
try{
    //此处输入 inChannelMessageHandler 的全部代码
}catch(e:Error){
    _messageOutChannel.send("艺术字体生成出错，错误信息: " + e.message);
}
```

我们再次运行，单击按钮，文本框将显示如下内容。

```
艺术字体生成出错，错误信息: Error #1034: Type Coercion failed: cannot convert Object@bc7cb81 to
flash.text.TextField.
```

很显然，第一句就出错了，因为整段代码只有该句需要进行 TextField 的类型转换，如果把第一句去掉，或者用 new Text Field()代替_messageInChannel.receive()子线程代码就不会出错了。

代码清单 16-41

```
var textField:TextField = new TextField();
```

但是，就算把错误修正了又能怎样？这是一个全新的 TextField，里面并不包含主线程中的文本信息，所以最终在子线程中生成的，必然只是一张空白的位图。

所以接下来我们还是需要解决 TextField 的传递问题，但很遗憾，经查阅帮助文档后发现，通道并不支持 TextField 的传输，它只支持简单数据类型以及由简单数据类型组成的数组或者 Object（registerClassAlias 可以使其有所扩展，但局限性仍然很大），也就是 AMF3 编码规范里所指定的数据类型（与之相类似的，LocalConnection、ByteArray 深复制都基于 AMF/AMF3 编码）。虽然它还支持 MessageChannel 和 ByteArray 这两种数据，但 TextField 跟 MessageChannel 是毫不相干的两个对象。至于 ByteArray，尽管将 TextField 编码成 ByteArray 也是个解决的方法，但相比之下，直接将_input_txt 的 text 字符串传进去不是更加方便吗？

所以，我们先把 generateClickHandler 的代码调整为如下所示。

代码清单 16-42

```
_messageInChannel.send(_input_txt.text);
```

然后，我们将 inChannelMessageHandler 的第一句替换为以下代码。

代码清单 16-43

```
var textField:TextField = new TextField();
textField.width = 510;
textField.height = 200;
textField.defaultTextFormat = new TextFormat("Microsoft YaHei", null, 0x010101);
textField.text = _messageInChannel.receive();
```

再次运行，子线程也没有抛出错误。

下一步要做的事情，就是把子线程生成的位图数据传输到主线程并显示出来。但 BitmapData 不能直接通过 MessageChannel 进行传输，因此只能转换为 ByteArray 传输出来。

虽然通过 GifEncoder 编码的 ByteArray 已经有质量的损失，但考虑到这样的 ByteArray 更符合最终输入到剪贴板的结果，我们就不打算再用绝对无损的 getPixels 方法生成 ByteArray 了，在 inChannelMessageHandler 方法的 try 语体内追加如下代码。

代码清单 10-44

```
bytes.shareable = true; //根据帮助文档的描述，必须将共享属性设置为 true 才能在通道内传输
_messageOutChannel.send(bytes);
```

为了让 bytes 可以显示到界面上，我们可以在接收的地方用一个 Loader 去加载这个 ByteArray，然后取出其中的 BitmapData（不是通过 getPixels 取得，因此需要用 Loader 解码）。

回到 outChannelMessageHandler 方法，我们发现此处把接收到的数据都当作字符串处理了，但现在我们接收到的数据既有字符串也有 ByteArray。为了便于管理通道中的数据，在正式项目的开发中，我们建议将不同类型的数据放到不同的通道中进行传输，或者自己对数据的格式进行一些组织（在后面构建框架的时候我们会这么做）。但作为测试，我们不在这里做太多的处理，只通过类型判断来区分它们。

代码清单 16-45

```
private function outChannelMessageHandler(event:Event):void{
    var data:* = _messageOutChannel.receive();
    if(data is ByteArray){
```

```
            var loader:Loader = new Loader();
    loader.contentLoaderInfo.addEventListener(Event.COMPLETE, completeHandler);
            loader.loadBytes(data);
        }else{
            _input_txt.text = String(data);
        }
    }
```

completeHandler 方法的代码如下。

代码清单 16-46

```
private function completeHandler(event:Event):void{
    event.currentTarget.removeEventListener(Event.COMPLETE, completeHandler);
    _preview_bmp.bitmapData = event.target.content.bitmapData;
}
```

代码书写到这一步，按照正常的逻辑来看，理应大功告成，但实际上却又抛出了新的异常，如下所示。

```
ArgumentError: Error #3735: This API cannot accept shared ByteArrays.
at flash.display::Loader/_loadBytes()
at flash.display::Loader/loadBytes()
at TextGeneratorTest/outChannelMessageHandler()
```

loadBytes 不允许加载共享属性为 true 的 ByteArray，于是我们尝试将 ByteArray 的 shareable 属性改回 false，但发现这是个不可逆的过程，shareable 一旦被设置为 true，以后就无法还原，但线程的传输又要求该属性为 true。百般无奈之下，我们只能通过创建一个新的 ByteArray 来修正这一问题。

代码清单 16-47

```
var bytes:ByteArray = new ByteArray();
bytes.writeBytes(data, 0, data.length);
loader.loadBytes(bytes);
```

我们再次运行，问题终于彻底解决了！我们尝试输入一段很长的文本，发现文本不管有多长，在等待文本生成的过程中，界面都不会出现卡顿或者假死的情况。

16.3.6　线程处理进度的显示

为了让用户在等待的过程中可以随时观察到后台处理的进度，我们应该在处理的过程中将进度实时汇报给主线程以便显示到界面上。

汇报进度并不需要什么新的技术，说白了，进度信息也不过是一段文本，一样可以通过 MessageChannel 传输出来。但因为 draw 方法只有一句代码，无法在 ActionScript 上进行拆分，所以此处我们不妨在 inChannelMessagHandler 方法中加入一段没实际用途的循环来进行测试。

代码清单 16-48

```
for(var i:int = 0; i < 10000; i ++){
    var cloneBd:BitmapData = textBd.clone();
    cloneBd.applyFilter(cloneBd, cloneBd.rect, new Point(), new GlowFilter(0xCC0000, 1, 3, 3, 10));
```

```
        _messageOutChannel.send("正在处理: " + i + "/10000");
    }
```

再次运行，输入一定数量的文本（不一定要很长）后单击按钮，子线程的进度就会实时汇报给主线程了，界面并没有因为 10000 次的滤镜处理而被卡住，而且循环中的代码也不像传统的 ActionScript 那样只显示最后一次循环的文本内容。

再者，我们可以看到，MessageChannel 在线程通讯中只是一个数据的搬运工，至于里面的内容是什么，它并不关心。这也就意味着，处理进度的计算完全掌握在我们手中，我们完全可以把/10000 改成/20000，它都照样原封不动地给传递出来。这种跟业务松耦合的架构设计，非常有利于我们对子线程功能的进一步扩展。

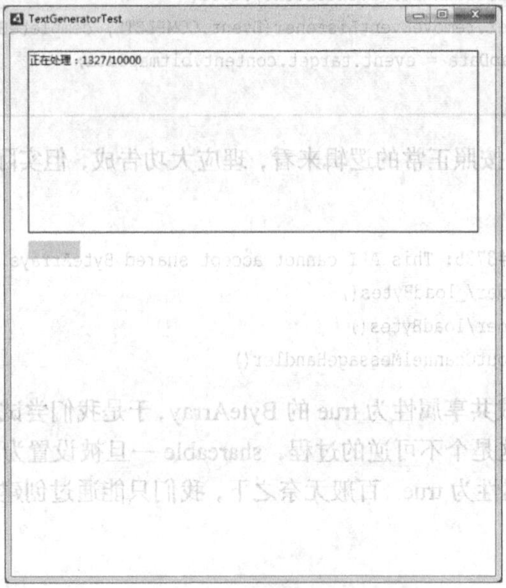

图 16-10　将子线程的处理进度发送给前端

此外，为了让子线程更加纯粹，便于日后子线程代码的分离，文本的内容最好不要在子线程里定死，此时我们就可以用传输 Object 的方式把进度发送给主线程。

代码清单 16-49

```
_messageOutChannel.send({finished: i, total: 10000});
```

然后我们让主线程根据进度值进行字符串的拼接。

代码清单 16-50

```
private function outChannelMessageHandler(event:Event):void{
    var data:* = _messageOutChannel.receive();
    if(data is ByteArray){
        //此处代码省略
    }else if(data is String){
        _input_txt.text = String(data);
    }else{
        _input_txt.text = "正在处理: " + data.finished + "/" + data.total;
    }
}
```

经过这样的处理之后，位图处理的代码跟业务之间的耦合度就降低了很多，从而使代码的可重用性得到有效提升。

16.3.7 子线程与安全策略

现在我们还没把写入到剪贴板的功能移植到子线程上。为此，我们把保存图片文件、拼接字符串并写入到剪贴板的代码追加到子线程的 inChannelMessageHandler 方法上。

代码清单 16-51

```
var appStorageDirectory:File = File.createTempDirectory();
/*中间的代码省略*/
fileStream.close();
```

但很不幸，这段代码在子线程中抛出异常了，如下所示。

```
艺术字体生成出错，错误信息：fileWrite
```

虽然没有显示错误号，但从 fileWrite 这个单词来看，我们不难判断是文件写入出错。实际上，默认情况下，子线程作为一个独立的 SWF，它的安全沙箱级别比网页的 SWF 还高。它甚至不能加载同目录下的任何文件，就更别说与 File 相关的操作了。想要获得相应的权限，我们可以在 AIR 程序中把 createWorker 方法的第二个参数设置为 true。

不过，考虑到保存文件和写入到剪贴板的操作对资源的消耗并不高，在主线程上执行不会导致界面假死，我们最后还是决定写在 outChannelMessageHandler 方法的 if(data is ByteArray) 语体内以便于文件的管理。

我们再次运行，输入文字后单击按钮，界面不假死，而且写入到剪贴板的功能也都被恢复回来。至此，所有的技术难点都已经得到很好的解决，可以进入正式产品的开发工作中了！

16.4 软件基础框架的构建

上面的测试用例对于一个正式的产品来说，结构实在是太差了，界面、逻辑、核心的图像处理都写在同一个类里面，这对于后续的维护和扩展都相当不利。

16.4.1 基础界面的搭建

先说界面，在上面的测试用例中，我们仅仅创建了 3 个简单显示对象，就已经占用了将近 25 行代码。可想而知，在正式的产品开发中，如果仍然按照这样的方式进行书写，那么由界面所带来的代码量将会极速膨胀。因此，常用的一些控件（如按钮，输入框等）都应该封装在独立的组件类中，深入下去就是要开发一套 UI 组件库。

UI 组件并不是本书的重点，也不是本软件的技术难点所在，因此我们不详细介绍组件开发的相关知识。此处我们直接使用 Flash CS6 自带的组件库，在 Flash IDE 内进行可视化的编辑，而且给每个需要交互的组件加上合适的实例名，如图 16-11 所示。

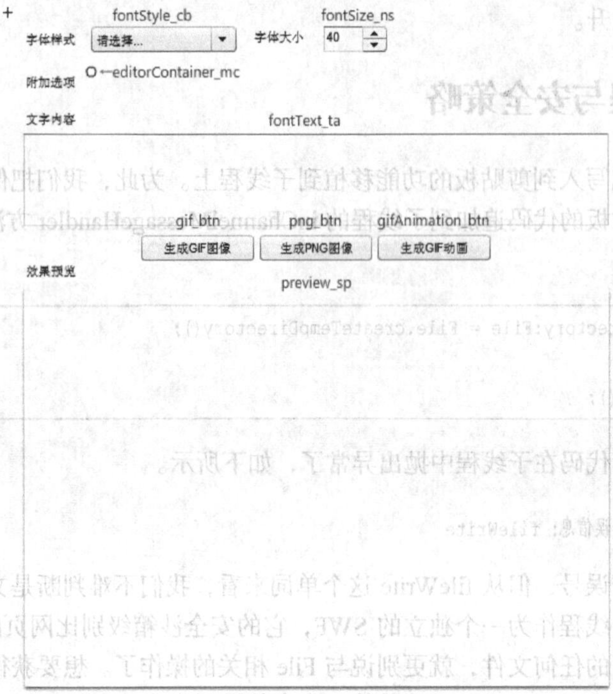

图 16-11 主界面的组成

在这个界面中，输入框和预览图自然必不可少，考虑到有的图片在软件界面里可能显示不全，我们不妨用 ScrollPane 组件让高度过大的图片可以滚动浏览。

然后，生成按钮从测试用例中的 1 个变成 3 个，原因我们前面已经解释过，分别为提供 GIF 和 PNG 两个选项，此外再加一个 GIF 动画选项。

再到艺术字格式的相关选项，我们把所有可用的样式都显示到下拉框中供用户选择。接着我们在右侧加入了字体大小的数字框，给用户选择字体大小，但因为字体过大或者过小的效果都不太理想，所以最后我们把字号的范围限制在了 20~60 之间。

本来我们还想再添加一个字体名称的下拉框，但因为在测试效果的时候一直都使用微软雅黑字体，其他的字体很少用到，而且很多艺术字的样式在更换字体以后不甚美观，需要对各种字体进行针对性的调整，导致在成千上万的字体中无法给出通用的算法，经再三斟酌，我们决定暂不加入字体选择的功能。

【附加选项】标签的右侧有一个小圆点，它其实是个空白的影片剪辑元件。考虑到某些字体样式有一些特殊的设置，比如水滴字体的水珠大小，三维字体的灯光亮度等，而这些是某种字体样式特有的选项，需要根据字体样式的自身特征进行定制，此处我们只放置一个空白的容器，在选择到特定的样式时才有选择性的载入到界面上。

这个界面我在 FLA 里制作成一个链接名为 skin_mc 的元件，因此，我们只要把 FLA 导出为 SWC 并且把 SWC 文件复制到 AIR 项目中进行绑定，就可以在代码里通过 new skin_mc()创建出这个界面的实例了。

我们彻底推翻测试用例的架构，新建一个 ActionScript 项目，名为 ColorTextGenerator，编写代码前，先在项目属性的库路径中加入通过 fla 导出的 swc 文件。

代码如下。

代码清单 16-52

```
package{
    [SWF(width = "550", height = "600")]
    public class ColorTextGenerator extends Sprite{
        private var _content:skin_mc;        //界面皮肤
        private var _previewLoader:Loader; //预览用的位图
        public function ColorTextGenerator(){
            init();
        }
        private function init():void{
            initVariables();
            initContentSkin();
        }
        private function initVariables():void{
            var fmt:TextFormat = FontUtil.getYaHeiFormat(12, false);
            StyleManager.setStyle("textFormat", fmt);
            StyleManager.setStyle("disabledTextFormat", fmt);
        }
        private function initContentSkin():void{
            _content = new skin_mc();
            _previewLoader = new Loader();
            _content.preview_sp.source = _previewLoader;
            addChild(_content);
        }
    }
}
```

以上代码的主要功能是把 fla 里的元件添加到舞台上。此外，因为 Flash 组件默认的字体大小为 10 号，所以我们通过全局的 StyleManager 给字体统一调整为 12 号微软雅黑。

FontUtil.getYaHeiFormat 包含了对系统字体的识别功能，让没有安装微软雅黑字体的系统显示出黑体并且适当把字号调大（同等字号下，黑体字大概是微软雅黑字体的 0.9 倍大）。

然后，我们还手动创建了一个 Loader 并绑定到 ScrollPane 上。此处本来也可以通过 Flash 的 UILoader 组件进行可视化创建，但笔者始终用不惯那玩意儿，所以还是选择了原生的 Loader。

16.4.2 剪贴板工具类

如前所述，要将透明图片、GIF 动画写入到剪贴板，我们需要先把文件保存到本地磁盘，然后通过 HTML 文本引用到它。这样的操作包含一定数量的代码，而且功能也相对独立，因此可以封装成工具类。因为跟业务的关系并不紧密，所以它可以移植到其他项目中。

实现的方法在前面已经有详细的介绍，我们就不再重复了，此处只给出该工具类定义的方法和参数，具体的代码可以查阅配套源码中的源文件。

代码清单 16-53

```
package com.gemei.desktop{
    public class ClipboardUtil{
        //将位图数据保存为 png 格式并存放到指定的目录，同时写入到剪贴板
        public static function setPngBitmapData(bd:BitmapData, tempPath:String):void{
        }
```

```
        //与 setPngBitmapData 相类似，不同的是该方法传入的是编码好的 ByteArray，而不是 BitmapData，两个方法在代码里有重用的部分
        public static function setPngByteArray(bytes:ByteArray, tempPath:String):void{
        }
        //将位图数据保存为 gif 格式并存放到指定的目录，同时写入到剪贴板，与 png 不同的是，此处的 bitmapData 是个数组，因此支持生成多帧的 gif 动画，delay 代表每帧停留的时间
        public static function setGifBitmapData(bds:Vector.<BitmapData>, tempPath:String, delay: int = 50, quality:int = 10):void{
        }
        //与 setGifBitmapData 相类似，不同的是该方法传入的是编码好的 ByteArray，而不是 BitmapData 数组
        public static function setGifByteArray(bytes:ByteArray, tempPath:String):void{
        }
    }
}
```

前面我们还遗留了一个问题：生成的临时图片并没有在适当的时候被删除，那么适当的时候该怎么定义呢？

我们无法确定用户什么时候用完这张图片或者已经成功把图片发送出去，而设置图片在生成数秒后删除似乎也不太合理。几经斟酌，我们最终决定让程序在用户关闭软件的时候将软件在本次运行过程中所生成的图片全部清空，毕竟用户在关闭的时候，一般就意味着不再使用里面的图片了。

为便于统一删除，我们最好把图片都保存到同一个文件夹里。

首先我们添加全局变量声明。

代码清单 16-54

```
private var _tempFilePath:String;
```

然后我们在 initVariables 函数里追加如下代码。

代码清单 16-55

```
_tempFilePath = File.createTempDirectory().nativePath.split(" ").join(" ");
```

然后，当软件窗口关闭时，_tempFilePath 内的图片要全部被删除。对于 AIR 程序来说，监听软件窗口关闭的方法非常简单，因为 Adobe 已经提供了现成的事件。

代码清单 16-56

```
stage.nativeWindow.addEventListener(Event.CLOSE, closeHandler);
```

一般来说，只要不是异常关闭，close 事件都会触发。

下面我们就在 closeHandler 事件里加入删除文件的代码。

代码清单 16-57

```
private function closeHandler(event:Event):void{
    var folder:File = new File(_tempFilePath);
    if(folder.exists){
        try{
            folder.deleteDirectory(true);
        }catch(e:Error){
        }
    }
}
```

不过就目前来说，临时文件夹还不会生成任何图片，因为写入到剪贴板的操作尚未进行，它应该在单击生成按钮的时候调用。因为此处需要通过多线程进行处理且要求支持多种样式，所以为便于扩展，我们在这里做了一些规划。

16.4.3　样式制作的接口与管理

我们一开始就没考虑把本工具的字体样式和种类都定死，所以它必须有一个良好的架构，使其支持字体样式的随意增删。为了保证在样式的更新过程中软件的核心代码不会受到太大的影响，我们应该将样式的基本设置和图像处理算法放在单独的类里面完成，以便跟软件的主逻辑分离出来，使样式的更新操作对主程序的影响降到最低。

只写到单独的类里还不够，如果这些样式类代码没有一套固定的规范，那么每新增一个样式，主程序可能都要通过 switch 判断样式的具体内容，然后进行有针对性的操作，这样的架构可以说是比较失败的。

所以，样式类的代码应该有一套格式相对固定的写法，使主程序每次都只需要按照固定的一套流程调用样式类的属性和方法，就可以完成字体样式的生成工作。至于里面的具体算法和逻辑，主程序完全不用关心。

这时候，面向接口编程就有用武之地了。我们要求每个字体样式都按照指定接口的规范来书写。这样，每个新增的样式都可以很方便地植入到主程序里。而主程序除了通过一句话将这个样式加入到样式列表以外，其他的代码都不需要做任何的改动，主程序的代码也就稳定下来了。即使出错，我们也只需要检查单个样式的代码，主程序本身不会受到任何牵连。

下面我们就来分析这个接口的设计。

首先，样式的名称 name 应该有，它应该作为区分不同字体样式的唯一标识存在于样式的代码中。

然后就是字体的大小，虽然这个地方理论上应该通过全局进行统筹，但事实上，对于不同的样式来说，使之获得最佳效果的字体大小并不一样，它需要样式类进行个性化设置。为了让不同的字体样式在初始化的时候都可以获得比较好的输出结果，我们可以加入 defaultFontSize 属性。

在界面搭建的时候，我们加入了一个附加选项的界面，它也应该根据不同的样式进行定制。所以我们也应该将附加选项的属性定义到这一接口中，将它设计为 DisplayObject 类型，但考虑到 DisplayObject 需要一开始就初始化，我们将其定义为 Class 类型，必要的时候才通过 Class 对应的构造函数 new 出来。这个属性名叫 otherOptionsEditorClass。

下一个选项其实是我在制作了数个样式时才想起要加的，就是 supportAnimation，在制作字体样式的过程中，我们发现，并不是每种字体样式都适合制作成 GIF 动画，所以就通过该选项决定当前样式是否支持生成动画，不支持的话，主界面上的【生成 GIF 动画】按钮将不可用。

然后就是算法部分了。首先有将文本生成艺术字体图片的方法 generateBitmapData，艺术字体算法的实现一般都在这里完成，返回值是一个 BitmapData。

相对于单张图片，我们还需要定义一个 generateBitmapAnimation 方法，用于生成多帧图片。在制作过程中，以上两个方法应该有一部分可重用的代码，但具体怎么重用，要根据算法本身的特点而定，所以接口中我们最好不把它们两个方法结合到一块。

不同的字体样式，其动画可能会有不同的帧率，因此最后一个属性就是 animationFrameDelay 了。

在以上的属性或方法中，生成图片的操作可能耗时较长，我们应该将其放入到子线程里进行。因为我们不提倡用 swf 自身来做子线程，所以 generateBitmapData 和 generateBitmapAnimation 需要放在子线程的 swf 里做。为此，我们不得不把以上设计的接口强制拆分成两个并且存放于不同的项目中，导致新增样式的操作需要在两个的项目里分别新建一个类，有点麻烦。我们必须勇敢地承认，此处是本软件架构的一大败笔，所以希望有兴趣的读者可以帮忙完善一下。

最后设计出来的两个接口代码如下，其中前者在主线程中定义，而后者则被编译到子线程。

代码清单 16-58

```
package com.gemei.generator.core{
    public interface IFontStyleGeneratorOptions{
        function get supportAnimation():Boolean; //是否支持生成动画
        function get name():String;          //样式的名称
        function get defaultFontSize():int;      //默认的字体大小
        function get otherOptionsEditorClass():Class; //附加选项的编辑器（需要实现 IfontStyleOther-
OptionsEditor 接口）
    }
}
```

代码清单 16-59

```
package com.gemei.generator.core{
    public interface IFontStyleGenerator{
        //生成文本位图
        function generateBitmapData(text:String, fontSize:int = 36, textWidth:int = 500,
isGif:Boolean = false, otherOptions:* = null):BitmapData;
        //生成文本位图动画
        function generateBitmapAnimation(text:String, fontSize:int = 36, textWidth:int = 500,
isGif:Boolean = false, otherOptions:* = null):Vector.<BitmapData>;
        function get animationFrameDelay():int; //动画的帧率
    }
}
```

isGif 参数是我们在开发的后期才加上去的。GIF 对半透明阴影的支持不是特别好，我们尝试了很多办法，得到的“半透明”效果都比较差。经再三考虑，我们决定加上这一参数，让样式算法在 isGif=true 的时候不加入太多的半透明渐变。

在制作新样式的时候，如果不需要继承其他与字体样式无关的类，那么继承一个跟以上接口相对应的基础类将会方便很多。除了不用在新样式里强制写入没有任何实现代码的方法以外，基础类一般还可以附带一些常用的功能，以便在我们书写样式时直接调用。

例如，IFontStyleGenerator 对应的基础类 AbstractFontStyleGenerator 就定义了两个可供父类调用的常用方法，让算法代码在适当的位置发送图像处理的进度。

代码清单 16-60

```
protected function sendProgress(finished:int, total:int):void{
    _generateProgressChannel.send({finished: finished, total: total});
}
protected function sendLog(...args:Array):void{
    _logChannel.send(args);
}
```

此处我们再简单介绍下附加选项的界面。因为不同样式的附加选项不同，而主界面又不应该关注附加选项界面的具体内容，所以附加选项界面也应通过接口进行规范。

代码清单 16-61

```
package com.gemei.generator.ui.core{
    public interface IFontStyleOtherOptionsEditor{
        function get otherOptionsData():*;//获得当前编辑器的数据
        function get enabled():Boolean;
        function set enabled(value:Boolean):void;
    }
}
```

此处我们破天荒地使用了*类型来匹配。因为不同样式的附加选项差异太大，很难用一种比较合适的数据格式统一起来。但需要注意的一点是，因为附加选项的属性需要通过主界面传输到子线程，所以我们建议全部使用简单数据类型。实在要通过自定义类提高可读性的话，我们也可以通过 registerClassAlias 实现类型的同步，此处就不展开讨论了。

在样式接口中，我们没有定义把 BitmapData 编码成 ByteArray 的相关方法，因为它独立于图像处理的算法，应该在位图数据生成后再统一调用。

16.4.4　在主界面中调用样式

为了便于讲解界面上的代码，我们将附加选项提到前面来讲。

对于不存在附加选项的样式来说，它没有附加选项的界面，但为了方便统一处理，我们也应该制作一个默认的附加选项界面，里面仅仅显示一个“无”字。

我们将这个界面定义到主程序上。

代码清单 16-62

```
private var _defaultOtherOptionsEditor:IFontStyleOtherOptionsEditor;
```

然后我们给 init 函数追加代码。

代码清单 16-63

```
initStyles();
```

initStyles 函数的第一句为如下所示。

代码清单 16-64

```
_defaultOtherOptionsEditor = new DefaultFontStyleOtherOptionsEditor();
```

受篇幅所限，DefaultFontStyleOtherOptionsEditor 类的代码就不在这里贴出来了，读者可自行查阅配套源码中的源文件。

附加选项的界面需要随着样式的更改而切换，因此我们还需要加入一个切换附加选项界面的方法。

代码清单 16-65

```
private var _currentGeneratorOptions:IFontStyleGeneratorOptions; //当前要使用的样式生成器
private var _currentOtherOptionsEditor:IFontStyleOtherOptionsEditor;
private function get currentOtherOptionsEditor():IFontStyleOtherOptionsEditor{
    return _currentOtherOptionsEditor;
```

```
    }
    private function set currentOtherOptionsEditor(value:IFontStyleOtherOptionsEditor):void{
        _currentOtherOptionsEditor = value;
        _content.editorContainer_mc.removeChildren();
        _content.editorContainer_mc.addChild(DisplayObject(value));
    }
```

下一步就是通过调用 currentOtherOptionsEditor 实现附加选项界面的切换。这一般在用户通过下拉框选择字体样式的时候触发，所以需要先给下拉框加入一些字体样式。

因为字体样式通过类来定义，所以我们不妨先给添加样式定义了一个专用的数组和方法。

代码清单 16-66

```
private var _styles_arr:Array; //样式集合
private function addStyle(id:String, styleClass:Class):void{
    var style:IFontStyleGeneratorOptions = new styleClass();
    _styles_arr.push({id: id, label: style.name, data: style, editor: null});
}
```

该方法每调用一次，就创建一个样式实例，而且将相关的属性都添加到_style_arr 数组中，其中，editor 属性为 null，这就意味着附加选项界面不会立即被创建，我们会在用户选中指定的字体样式时再创建出来。如果用户第二次选择到该样式，editor 属性将不为 null，我们就不用再重复创建这个界面了。

下面就尝试通过该方法创建一个字体样式。

我们新建一个 ActionScript 类，名为 MetalFontGeneratorOptions，代码如下。

代码清单 16-67

```
package com.gemei.generator.styles{
    public class MetalFontGeneratorOptions extends AbstractFontStyleGeneratorOptions{
        public function MetalFontGeneratorOptions(){
            super();
        }
        override public function get name():String{
            return "金色年华";
        }
        override public function get defaultFontSize():int{
            return 48;
        }
    }
}
```

然后我们给主程序的 initStyle 函数追加代码。

代码清单 16-68

```
_styles_arr = [];
addStyle("metal", MetalFontGeneratorOptions);
_content.fontStyle_cb.dataProvider = new DataProvider(_styles_arr);
```

运行项目，下拉框将会出现一个名为“金色年华”的选项，此时的下拉框可以触发事件了，所以接下来，我们在 initContentSkin 函数里追加下拉框的事件监听。

代码清单 16-69

```
_content.fontStyle_cb.addEventListener(Event.CHANGE, fontStyleChangeHandler);
fontStyleChangeHandler 的定义如下
//更改样式
private function fontStyleChangeHandler(event:Event):void{
    var selectedItem:* = _content.fontStyle_cb.selectedItem;
    _currentGeneratorOptions = selectedItem.data;
    if(selectedItem.editor == null){
        //没有定义附加选项界面时，显示默认的“无”
if(_currentGeneratorOptions.otherOptionsEditorClass == null){
            selectedItem.editor = defaultOtherOptionsEditor;
        }else{
            selectedItem.editor = new _currentGeneratorOptions.otherOptionsEditorClass();
        }
    }
    currentOtherOptionsEditor = selectedItem.editor;
    _content.fontSize_ns.value = _currentGeneratorOptions.defaultFontSize; //将当前字体样式的默认大
小设置到数字框里
    judgeAnimation();//根据是否支持 gif 动画，设置 gif 动画按钮的可用性
}
private function judgeAnimation():void{
    _content.gifAnimation_btn.enabled = _currentGeneratorOptions.supportAnimation;
}
```

这样，一个字体样式的基本设置就算是完成了，不过这样会让人感觉很奇怪：算法都还没写，怎能算完成呢？

没错，最最复杂的算法才是关键。但正因为它复杂，所以这部分的代码需要放到子线程里做。

16.4.5 在子线程中定义样式算法

我们新建一个 ActionScript 项目（非 AIR），名为 BitmapGeneratorWorker，设置项目的 debug 参数为 false，代码如下。

代码清单 16-70

```
package{
    public class BitmapGenerateWorker extends Sprite{
        public function BitmapGenerateWorker(){
            init();
        }
        private function init():void{
            initStyles();
        }
        private function initStyles():void{
            addStyle("metal", MetalFontGenerator);
        }
        public function addStyle(id:String, styleClass:Class):void{
            GeneratorManager.getInstance().addStyle(id, styleClass);
```

```
        }
    }
}
```

相比之下，子线程的主代码要简单很多，因为它不需要做界面的处理工作。

因为样式列表需要在其他类中调用，所以我们把列表封装到了 GeneratorManager 单例中，里面只包含一些字典数据的简单封装，所以具体的代码就不在书上贴出来了，读者可自行查阅配套源码中的源文件。

这当中用到了一个 MetalFontGenerator 类，它继承 AbstractFontStyleGenerator，里面正是包含了图像处理的具体实现代码。

与主线程相似，子线程在添加新的字体样式时，也是先定义一个样式的类，然后在主类里通过 addStyle 将自定义的类添加到样式列表。

16.4.6 线程通讯管理与主线程管理器

双方都准备就绪，我们可以实现它们之间的交互了。

如前所述，线程通讯的代码一般都比较多、比较复杂，哪怕被拆分到了不同的 SWF 中。所以，我们最好为两个 SWF 都分别建立相应的线程管理类。

在整个通讯过程中，主动方始终为主线程，因为只有当用户单击了界面上的按钮，子线程的动作才会触发。为便于讲解，我们先从主线程的管理类开始。

单击按钮后，子线程需要获取以下内容：

1）文本内容和字体样式，这两个是最基本的属性，不能缺失。

2）字体大小和附加选项，这些属性也在前端通过界面指定，因此也需要传给子线程。

3）图像的格式（GIF/PNG/GIF 动画），由于编码操作也放在子线程中进行，子线程也要根据用户设置的选项来指定对应的编码方法。

返回的是一张或多张 BitmapData，但它通过子线程异步执行，因此不能直接写返回值，而应通过事件或者回调函数来获取处理所得的数据，同时还应该定义进度监听的函数。

此外，因为 BitmapData 无法在线程内直接传输，所以取回来的图像数据是 shareable=true 的 ByteArray。

下面我们来看下主线程管理器的代码，变量也不少。

代码清单 16-71

```
package com.gemei.generator.managers{
    public class BitmapWorkerManager{
        [Embed(source = "workers/BitmapGenerateWorker.swf", mimeType = "application/octet-stream")]
        private var BitmapGenerateWorkerBytes:Class;
        private var _generateWorker:Worker;
        private var _generateChannel:MessageChannel;
        private var _generateProgressChannel:MessageChannel;
        private var _generateCompleteChannel:MessageChannel;
        private var _encodeProgressChannel:MessageChannel;
        private var _encodeCompleteChannel:MessageChannel;
        private var _errorChannel:MessageChannel;
        private var _logChannel:MessageChannel;
        private var _running:Boolean;
```

```
        private var _onProgress:Function;
        private var _onComplete:Function;
        private var _type:String;
        public function BitmapWorkerManager(){
            init();
        }
        private function init():void{
            /*此处省略一些创建线程的代码*/
            _generateWorker.start();
        }
    }
}
```

然后我们来看看渲染的部分，比较简单，因为逻辑代码都不在这里。

代码清单 16-72

```
    //生成文本位图
    public function generateBitmapData(generatorId:String, text:String, type:String,
onComplete:Function, fontSize:int=36, textWidth:int = 500, onProgress:Function = null, otherOptions:*
= null):void{
        if(_running){
            return;
        }
        _running = true;
        _type = type;
        _onProgress = onProgress;
        _onComplete = onComplete;
        _generateChannel.send({generatorId: generatorId, text: text, type: type, fontSize: fontSize,
textWidth:textWidth, otherOptions: otherOptions});
    }
    //生成文本位图动画
    public function generateBitmapAnimation(generatorId:String, text:String, onComplete:Function,
fontSize:int=36, textWidth:int = 500, onProgress:Function = null, otherOptions:* = null):void{
        /*与 generateBitmapData 相似，此处省略*/
    }
```

代码对通道部分没有给出太多的注释，因为我们打算放在下面讲解。

generateChannel 是本工具唯一一条负责将主线程数据传输给子线程的通道，因为主线程的数据格式比较单一，除了本节开头所讲的那三部分之外，没有其他的了。一条线程就足以胜任该工作。

但子线程的数据格式就不是那么简单了。

首先，在处理图像和编码的过程中，子线程需要将处理的进度发送给子线程，它包含 moduleFinished、moduleTotal、finished、total 共 4 个属性，前两个代表总进度，后两个代表单个处理项的进度。

本项目包含两个处理项：渲染和编码，所以 moduleTotal 始终为 2，moduleFinished=0 时，代表正在渲染，等于 1 时正在编码，等于 2 代表处理完成。负责传输这类数据的，是 generateProgressChannel 和 encodeProgressChannel。

代码清单 16-73

```
private function generateProgressChannelMessageHandler(event:Event):void{
    var _params:Object = _generateProgressChannel.receive();
    _onProgress && _onProgress(0, 1, _params.finished, _params.total);
}
private function encodeProgressChannelMessageHandler(event:Event):void{
    var _params:Object = _encodeProgressChannel.receive();
    _onProgress && _onProgress(1, 2, _params.finished, _params.total); //第一个参数1代表图像渲染完成，正在编码
}
```

然后，我们还需要对应的“完成消息”通道。本来想跟进度共用一条通道，但考虑到完成消息需要传输 ByteArray，我们还是拆分了出来。它们分别是 generateCompleteChannel 和 encodeCompleteChannel。

代码清单 16-74

```
private function generateCompleteChannelMessageHandler(event:Event):void{
    _onProgress && _onProgress(1, 2, 0, 1);
}
private function encodeCompleteChannelMessageHandler(event:Event):void{
    var _params:ByteArray = _encodeCompleteChannel.receive();
    _onComplete && _onComplete(_params);
    _running = false;
}
```

最后，为了方便子线程在 Flash Builder4.6 或更低版本的 IDE 下调试，我们加入了 logChannel 和 errorChannel 来接收一些调试信息。

代码清单 16-75

```
private function errorChannelMessageHandler(event:Event):void{
    trace("Error:" + _errorChannel.receive());
}
private function logChannelMessageHandler(event:Event):void{
    trace(_logChannel.receive());
}
```

至此对通道的讲解暂告一段落。

值得一提的是，此处我们添加了一个名为 running 的属性，通过它使管理器不能同时执行多项处理任务。这么做的目的是防止相关的数据在线程处理的过程中被相互覆盖，从而引发不必要的错误。如果想要它同时处理多项任务，我们就可以通过创建多个管理器实例来实现，有兴趣的读者可自行扩展。

代码书写完成后，就可以通过以下代码在主文件里对管理器进行初始化了。

代码清单 16-76

```
_workerManager = new BitmapWorkerManager();
```

16.4.7 子线程的数据收发

子线程通过 getSharedProperty 获取通过主线程创建的通道，然后接收来自主线程的信息。

代码清单 16-77

```
package com.gemei.generator.workers{
    public class EncodeWorker{
        private var _generateChannel:MessageChannel;
        private var _generateCompleteChannel:MessageChannel;
        private var _encodeProgressChannel:MessageChannel;
        private var _encodeCompleteChannel:MessageChannel;
        private var _errorChannel:MessageChannel;
        public function EncodeWorker(){
            init();
        }
        private function init():void{
            /*获取通道的代码省略*/
        }
    }
}
```

对应的，渲染部分需要有个接收的方法。

代码清单 16-78

```
private function generateMessageChannelHandler(event:Event):void{
    var params:Object = _generateChannel.receive();
    var generatorId:String = params.generatorId;
    var text:String = params.text;
    var fontSize:int = params.fontSize;
    var textWidth:int = params.textWidth;
    var otherOptions:* = params.otherOptions;
    var type:String = params.type;
    var generator:IFontStyleGenerator =
GeneratorManager.getInstance().getStyleGenerator(generatorId);
    var bytes:ByteArray;
    switch(type){
        case "png":
            var pngBd:BitmapData = generator.generateBitmapData(text, fontSize, textWidth, false,
otherOptions);
            _generateCompleteChannel.send({});
            bytes = pngBd.encode(pngBd.rect, new PNGEncoderOptions());
            break;
        case "gif":
            var gifBd:BitmapData = generator.generateBitmapData(text, fontSize, textWidth, true,
otherOptions);
            _generateCompleteChannel.send({});
            bytes = encodeGif(Vector.<BitmapData>([gifBd]));
            break;
        case "gifAnimation":
            var gifBds:Vector.<BitmapData> = generator.generateBitmapAnimation(text, fontSize,
textWidth, true, otherOptions);
            _generateCompleteChannel.send({});
            bytes = encodeGif(gifBds, generator.animationFrameDelay);
            break;
    }
```

```
        bytes.shareable = true;
        _encodeCompleteChannel.send(bytes);
    }
    private function encodeGif(bds:Vector.<BitmapData>, frameDelay:int = 50):ByteArray{
        /*编码实现的代码省略*/
    }
```

总的来说，子线程的线程管理类比较简单，因为它只需要监听一个通道的消息。

在这段代码中，子线程在图像处理完成以后都会通过_generateCompleteChannel 通道将渲染完毕的事件发送给主线程。generateComplete 的进度已经相当明确且不需要接收任何位图数据，因此传输一个空白的 Object 即可。

而编码完成后，子线程会将生成好的 ByteArray 传输给主线程，让主线程写入到剪贴板，同时在界面上创建预览。

进行到这一步，可能有的读者会觉得奇怪了：为什么此处没有汇报图像处理进度的代码呢？这是因为对于不同的字体样式来说，图像处理的进度计算方法不尽相同。如果写死在管理器里，那对后续的扩展将是百害而无一利。所以，进度的汇报工作应直接交给字体样式的算法代码去做。

另外，子线程管理类不关心字体样式的具体实现，对于任何样式，它都一概调用 generateBitmapData/generateBitmapAnimation 来生成所需的图像。因此新增样式的时候，我们只需实现 IFontStyleGenerator 接口（一般情况下，可直接继承 AbstractFontStyleGenerator 类）并且在上述两个方法中书写具体的实现代码，就可以轻松地接入到线程管理器中进行图像输出了。

至此，软件基础框架搭建完成。

16.5 常用方法的封装

框架写好以后，字体样式的扩展基本不成问题。但根据我们多年的开发经验来看，框架的作用主要在于为多人协同开发提供便利以及降低后期的维护成本，它对提高具体算法和实现层代码的编写效率并没有太大帮助。事实上，字体样式再复杂、再个性化，有很多基础代码的写法还还是比较一致的。

16.5.1 位图转换

比如要将一段文字生成字体为微软雅黑的文字图片，我们就需要在字体样式的算法类里书写以下代码。

代码清单 16-79

```
var textField:TextField = new TextField();
textField.autoSize = TextFieldAutoSize.LEFT;
var hasYaHei:Boolean = false;
for(var font:Font in Font.enumerateFonts(true)){
    if(font.fontName == "微软雅黑"){
        hasYaHei = true;
        break;
    }
```

```
}
textField.defaultTextFormat = new TextFormat(hasYaHei ? "Microsoft YaHei" : "SimHei", hasYaHei ? 80 : 88);
textField.text = str;
var bitmapData:BitmapData = new BitmapData(textField.width, textField.height, true, 0x00000000);
bitmapData.draw(textField);
```

仅仅是这么简单的一个功能，我们就需要书写 14 行代码。而这样的基础功能，想必很多字体样式都会用到。如果我们每次都重复写一遍，那就等于做了很多无用功，而且发现错误了还要逐个改过来，非常麻烦。

所以，要想顺利地进行字体样式的制作，除了一个良好的框架以外，可重用的工具类库也显得相当重要。

为此，我们封装了一些常用的工具类，以便提高制作字体样式的效率。

代码清单 16-80

```
package com.gemei.generator.utils{
    public class FontStyleGeneratorUtil{
        //默认的字体格式
        private static var _defaultTextFormat:TextFormat = FontUtil.getYaHeiFormat(80);
        /**
         * 获得修剪后的位图数据
         * @param sourceBitmapData 要修剪的源
         * @param scale 缩放比率
         * @param inflateLeft 修剪后需要在左侧添加的像素数量（增加宽度）
         * @param inflateTop 修剪后需要在上方添加的像素数量（增加高度）
         * @param inflateRight 修剪后需要在右侧添加的像素数量（增加宽度）
         * @param inflateBottom 修剪后需要在下方添加的像素数量（增加高度）
         * @param autoDispose 是否需要自动清除掉原来的位图数据
         */
        public static function getClipBitmapData(sourceBitmapData:BitmapData, scale:Number = 1,
inflateLeft:uint = 0, inflateTop:uint = 5, inflateRight:uint = 0, inflateBottom:uint = 5, autoDispose: Boolean
= true):BitmapData{
        }
        //生成一张基本的文本位图
        public static function getTextBitmapData(textField:TextField, inflateLeft:uint = 0,
inflateTop:uint = 0, inflateRight:uint = 0, inflateBottom:uint = 0):BitmapData{
        }
        public static function getTextField(text:String, textWidth:int = 500, bold:Boolean = true,
fontSize:int = 80, randomRange:uint = 0, externalFormat:TextFormat = null):TextField{
        }
        public static function getRealCharBoundries(srcTextField:TextField, charIndex:int): Rectangle{
            var textRect:Rectangle = srcTextField.getCharBoundaries(charIndex);
            if(!srcTextField.stage && textRect){
                textRect.setTo(texRect.x *20,
                texRect.y *20,textRect.width * 20,
                textRect.height * 20);
            }
            return textRect;
        }
    }
}
```

这里基本上没有什么新的技术点，仅仅是对常用功能进行了一些封装，所以具体的实现代码我们都没有贴出。不过我们保留了一个 getRealCharBoundries 方法，非常奇怪的一个现象：在 AIR 程序里，没有添加到舞台上的文本框，通过 getCharBoundries 方法获得的字符矩形区域大小和位置都跟准确值不一致，它们始终等于准确值的 1/20，所以要加个*20 来修正。

大家可以通过以下代码在 AIR 程序中进行测试，比较矩形区域在 TextField 添加到舞台前后的差异。

代码清单 16-81

```
var textField:TextField = new TextField();
textField.text = "Flash";
trace(textField.getCharBoundries(0));
addChild(textField);
trace(textField.getCharBoundries(0));
```

16.5.2 字体工具

至于文本的字体格式，我们也做了一些简单的封装，比如判断操作系统是否安装了指定的字体，针对替代字体对字号进行调整，等等。它们都被封装到 FontUtil 类里。

代码清单 16-82

```
package com.gemei.utils{
    public class FontUtil{
        private static var _fontList:Array;
        private static var _fontMap:Dictionary;
        //判断当前系统是否已经安装了指定名称的字体
        public static function hasFont(fontName:String):Boolean{
            _fontMap ||= new Dictionary();
            if(_fontMap[fontName] != undefined){
                return _fontMap[fontName];
            }
            _fontList ||= Font.enumerateFonts(true);//获取当前已安装字体的列表
            var value:Boolean = false;
            for each(var item:Font in _fontList){
                //如果列表里出现字体名称相匹配的项
                if(item.fontName == fontName){
                    value = true;
                    break;
                }
            }
            _fontMap[fontName] = value;
            return value;
        }
        public static function getYaHeiFormat(size:Number, bold:Boolean = true, targetFormat:TextFormat
= null):TextFormat{
            targetFormat ||= new TextFormat();
            var hasYaHei:Boolean = hasFont("微软雅黑");
            targetFormat.font = hasYaHei ? "Microsoft YaHei" : "SimHei";
            targetFormat.size = hasYaHei ? size : (size / 0.9);
```

```
            targetFormat.bold = bold;
            return targetFormat;
        }
    }
}
```

一些常用的工具方法封装好以后，我们就可以在第 17 章开始尝试在该框架内制作一些简单的艺术字体效果了。

16.6　本章小结

面向对象、设计模式和架构规划都不是笔者的强项，但为了更好地组织各种复杂的 Photoshop 图像算法和冗长的 ActionScript 实现代码，我们还是专门开了这么一章，给大家分享自己在以上领域的一些不太深刻的见解。

这当中主要包括面向接口编程、抽象类、全局管理、事件模型等。因为用了不少专业名词，所以大家在阅读的过程中，可能会觉得自己看的已经不是艺术编程的书了，而是一本介绍设计模式并且介绍得很没水平的书，见笑了。

然后我们再来总结一下本章用到的一些核心技术。

首先是关于剪贴板的数据管理。这部分绝对是笔者的原创成果，至少我们没在 ActionScript 界看到有人做过类似的事情，即使做了，也没有本章的分析来得深入。

然后就是多线程的技术了。在笔者开始策划这本书的时候，这还是一个很新的知识点，所以我们还是花了一定的篇幅来给大家讲解相关的基础知识。不难发现，ActionScript 的多线程多少有点难用，所以我们也做了比较多的封装。这里也涉及架构的问题，我们觉得自己封装得不怎么样，但对于这个项目来说已经够用了。

第 17 章我会给大家展示这款工具的用法并且运用前面学过的 Photoshop 算法原理，设计出各种高大上的艺术字体。大家会发现，有了本章的这个基础框架以后，艺术字的编码工作就会像在 Photoshop 里面的可视化操作一样轻松。

第 17 章
珠联璧合——制作 Photoshop 艺术字样式

“宝刀锋从磨砺出，梅花香自苦寒来”。经历了痛苦的第 16 章——只有枯燥代码而没有实际效果的一章后，我们是时候把学到的知识和封装好的工具应用到实处，享受这些来之不易的成果了！

质感是 Photoshop 图层样式的特长之一，所以本章所介绍的，均为质感强烈、形态饱满的艺术字体。

17.1 金碧辉煌的金属字体

作为质感字体的代表，金属字体被广泛应用于不同的行业。因为这类字体光感强烈，容易吸引观众的眼球，所以，无论是在大型的写实游戏中，还是在繁华路段的店铺招牌上，抑或在金碧辉煌的酒店大厅里，都不难找到金属字体的影子。

17.1.1 金属字体的制作要领和基本设置

金属质感主要通过高光与暗影的强烈反差来表现。所以，只要色彩处理到位，金属的光感就能打造出来。

正因如此，制作金属字体的方法也有很多。Photoshop 乃至 Flash 绘画的入门教程都喜欢通过简单的线性渐变来模拟金属的色彩，制作方法简单易上手，效果也不错，性价比颇高，非常适合新手学习。

不过，随着学习的逐步深入和制作水平的逐渐提高，线性渐变所制作出来的金属字体开始不能满足大家的审美需求了。过于平整的金属表面以及中规中矩的直线光束都是直接影响真实性的重要因素。为了弥补这些不足，相对高级点的 Photoshop 教程会利用斜面和浮雕样式来适应图像的轮廓，同时配以适当的等高线实现不规则的高光阴影效果，从而使金属字体与现实中的效果更加吻合。

想要在 ActionScript 中将 Photoshop 的等高线效果丝毫不差地模拟出来，不仅难度很大，而且运行的耗时也较长。考虑到金属字体的光影并没有太规则的轮廓，模拟的时候更多的是讲求感觉，所以我们利用第 3 章学过的知识，通过为渐变斜角设置奇葩参数的方法，就可以轻松实现较为真实的金属字体效果了。

我们在主线程的 com.gemei.generator.styles 包中新建一个继承自 AbstractFontStyle Generator-Options 的类 MetalFontStyleGeneratorOptions（第 16 章我们也提到过这个类了，不过为了把制作流程完整地阐述一遍，这里还是重复了一下），然后覆盖 name 和 defaultFontSize 属性。

代码清单 17-1

```
override public function get name():String{
    return "金色年华";
}
override public function get defaultFontSize():int{
    return 60;
}
```

将字号设置为 60（本软件的上限）对于聊天来说偏大了，建议不超过 50，不过此处我们之所以设置到这么大，实际上还跟我们稍后选择的字体有关。

为了凸显金属字体线条硬朗的质感，我们不使用方正柔和的微软雅黑字体，而以笔法较为雄健有力的楷体系列代之，此处使用 Microsoft Office 自带的华文行楷字体。如果大家的机器没有安装该字体，就可以用操作系统自带的楷体替代。（抱歉，我们使用了除黑体和微软雅黑字体以外的素材，不过既然微软雅黑在金属质感方面的表现力不太强，这里就破例一下吧）。

17.1.2 金属字体的基本结构

因为本例不使用 Photoshop 样式，所以我们可以先在 Flash IDE 中把金属字体的效果编辑好，然后按照滤镜的参数在 ActionScript 中逐一填写，或者使用我们提供的 DisplayCodeUtil 工具类导出相应的代码片断。

图 17-1 展示了金属字体在 Flash IDE 中的结构，它只包含一个影片剪辑元件和 5 个应用在其上的简单滤镜。

图 17-1 Flash IDE 中的金属字体效果

尽管金色显得比较高贵奢华，但作为一款字体工具来说，由始至终都只生成一种颜色未免有点单调，所以我们尝试使用调整颜色滤镜来获得更多颜色的金属字体。

但由于高光和阴影都直接反映在金属字体的表面，因此文字的固有颜色与光影的关联度很高，简单的色相调整都会对金属的质感造成严重的破坏，使其黯然失色，不堪入目（图 17-2）。

图 17-2　用调整颜色滤镜调整金属字体的颜色

为此，我们将 Flash IDE 中的黄金字体导出为 png 并导入到 Photoshop 中尝试通过色相变换以及颜色混合等方法实现金属字体的色彩变化，但结果都依然不尽人意。

既然金属字体对颜色的要求如此之高，我们就干脆直接制作好几种不同的颜色，然后对它们分别进行有针对性的调整，使该样式在支持多种色彩的同时，也能让金属的质感得到很好的保留。

因为只是颜色上的调整，所以不同颜色的金属字体可以共用同一套滤镜模板。我们所需要做的，只是将与颜色相关的部分抽离出来进行单独定义。

首先，文字的颜色也属于金属字体颜色的组成部分，所以需要作为可变信息提取到滤镜模板外部。

其次，渐变发光所构建的金属线条以及用描边滤镜（发光）制作的文字边缘轮廓也被附上了明暗不同的黄色，因此也需要抽离出来。

总的来说，被抽离的信息包含 3 个属性：文字颜色、描边颜色和发光数组，我们可以把这些属性封装到一个包外类中。

代码清单 17-2

```
class ColorInfo{
    public var textColor:uint; //文字颜色
    public var strokeColor:uint; //描边颜色
    public var gradientColors:Array; //渐变数组
    public function ColorInfo(textColor:uint = 0x000000, strokeColor:uint = 0x000000, gradientColors:Array
= null){
        this.textColor = textColor;
        this.strokeColor = strokeColor;
        this.gradientColors = gradientColors;
    }
}
```

17.1.3　随机颜色的实现

回到包内，我们建立一个 ColorInfo 类型的数组，用于存放不同的金属颜色信息。

代码清单 17-3

```
private var _randomInfos_vec:Vector.<ColorInfo>; //存放金属颜色信息的数组
```

然后我们在构造函数中调用 init 函数，创建不同的金属颜色。

代码清单 17-4

```
    private function init():void{
        _randomInfos_vec = new Vector.<ColorInfo>();
        _randomInfos_vec.push(new ColorInfo(0x996600, 0x8E6B00, [0x663300, 0x996600, 0x996600, 0xFFFF00, 0xFFFF99])); //黄金字体
        _randomInfos_vec.push(new ColorInfo(0x006600, 0x006600, [0x003300, 0x009900, 0x009933, 0x00CC00, 0xDDFFDD])); //墨绿色金属，类似于汽车，手机外壳的效果
        _randomInfos_vec.push(new ColorInfo(0x993399, 0x660066, [0x330033, 0x9999FF, 0xFFFFFF, 0xCC99CC, 0xFFDDFF])); //紫金效果
        _randomInfos_vec.push(new ColorInfo(0x000099, 0x003399, [0x000033, 0x0099FF, 0x000033, 0x33CCFF, 0xCCFFFF])); //蓝光，铬金属效果
        _randomInfos_vec.push(new ColorInfo(0x993300, 0x660000, [0x330000, 0x990000, 0x996600, 0xCC0000, 0xFFFFFF])); //红铜效果
        _randomInfos_vec.push(new ColorInfo(0x333333, 0x666666, [0x111111, 0x999999, 0x999999, 0xCCCCCC, 0xFFFFFF])); //银白色金属
    }
```

17.1.4　金属字体的 ActionScript 实现

如前所述，本例的金属字体包含 5 个滤镜，所以我们最好先在全局都声明一下，参数都按照 Flash IDE 中的数值进行填写。

代码清单 17-5

```
    private var _innerShadowFilter:DropShadowFilter = new DropShadowFilter(-4, 45, 0xFFFFFF, 0.8, 5, 5, 1, 1, true);
    private var _highlightGlowFilter:GradientGlowFilter = new GradientGlowFilter(-4, 45, [0xFFFFFF, 0xFFFFFF, 0xFFFFFF, 0xFFFFFF, 0xFFFFFF], [0, 0, 0.1, 0.1, 1], [0, 82, 128, 220, 255], 12, 12, 1, 1, "inner");
    private var _metalBevelFilter:GradientBevelFilter = new GradientBevelFilter(5, 60, [0x663300, 0x996600, 0x996600, 0xFFFF00, 0xFFFF99], [1, 0.3, 0, 1, 1], [0, 100, 125, 160, 255], 3, 2.4, 4, 2);
    private var _metalGlowFilter:GlowFilter = new GlowFilter(0xFFFFFF, 1, 8, 8, 6);
    private var _totalShadowFilter:DropShadowFilter = new DropShadowFilter(3, 45, 0x000000, 0.3, 6, 6, 1, 2);
```

做好这些准备工作以后，我们就可以覆盖 generateBitmapData，进入到具体的实现中了。

代码清单 17-6

```
    override public function generateBitmapData(text:String, fontSize:int=36, textWidth:int=500, isGif:Boolean = false, otherOptions:* = null):BitmapData{
        var originSize:int = 120;
        var scale:Number = fontSize / originSize * 1.2; //字号要缩小的比例（为 1 时，字号是 120）
        var index:int = int(Math.random() * _randomInfos_vec.length);
        var randomItem:ColorInfo = _randomInfos_vec[index];//随机选取一种颜色
        var hasXingKai:Boolean = FontUtil.hasFont("华文行楷");
        var extFormat:TextFormat = new TextFormat(hasXingKai ? "STXingKai" : "KaiTi", null, randomItem.textColor, !hasXingKai); //STXingKai 为华文行楷的英文名，行楷比较粗，所以不需要再加粗，但若使用楷体，则需要加粗
        //经笔者测试，华文行楷字体（尤其是中文字体）的字距较大（实际上是空白区域较大），因此我强制缩小了行距（但这一操作会使英文字距变得较小）
        extFormat.letterSpacing = hasXingKai ? -7 : 0;
        extFormat.blockIndent = 10; //华文行楷有点倾斜，容易越界，所以需要通过缩进强制修正
        var srcTextField:TextField = FontStyleGeneratorUtil.getTextField(text, textWidth / scale, false, originSize, 0, extFormat);
```

```
        srcTextField.width += 10;
        var sourceBitmapData:BitmapData = FontStyleGeneratorUtil.getTextBitmapData(srcTextField);
        sendProgress(1, 3);
        var finalBitmapData:BitmapData = new BitmapData(sourceBitmapData.width, sourceBitmapData.height,
true, 0x00000000);
        //将随机到的颜色信息套入到已有的滤镜模板中
        _metalBevelFilter.colors = randomItem.gradientColors;
        _metalGlowFilter.color = randomItem.strokeColor;
        applyFilters(sourceBitmapData, [_metalBevelFilter, _highlightGlowFilter, _metalGlowFilter,
_innerShadowFilter]);
        finalBitmapData.draw(_tempBm);
        sendProgress(2, 3);
        finalBitmapData = FontStyleGeneratorUtil.getClipBitmapData(finalBitmapData, scale, 0, 5, 5, 5);
        if(!isGif){
            //为加强效果，最终对整张位图再应用一次投影滤镜
            finalBitmapData.applyFilter(finalBitmapData.clone(), finalBitmapData.rect, _0pt, _total-
ShadowFilter);
        }
        sendProgress(3, 3);
        return finalBitmapData;
    }
```

因为该样式算法的代码不多，而且实现步骤也相当明确，所以我们没有将这部分代码拆成多块进行解释，而是通过注释进行说明。不过有几点我们认为还是需要再提一下。

首先，我们并没有将字体大小直接传给 TextFormat，而是先设置固定的字号，在转换为位图并实现了滤镜变换之后，才对位图进行整体的缩放。此举显然容易导致图像失真，但之所以这么做，是因为模糊值、大小固定的滤镜并不适合所有字号（如图 17-3 所示），如果字号更改了，那么滤镜的相应参数也要随之作出调整。而且最关键的是，这些参数的大小往往跟字号不成正比，制作时需要对每个字号都进行有针对性的设置，非常麻烦，因此我们决定使用固定的字号进行操作。后面讲到的样式都会使用类似的方法来处理。

图 17-3　直接把文本字号设置为 50

我们在基类定义了 applyFilters 方法，以便对 BitmapData 进行滤镜设置，应用的对象是基类中的_tempBm，滤镜应用完成以后，用 draw 方法就可以得到带滤镜的图像了。以后我们会经常用到这一方法。

本例生成的字体效果如图 17.4 所示，它跟 Flash IDE 中的效果基本一致。

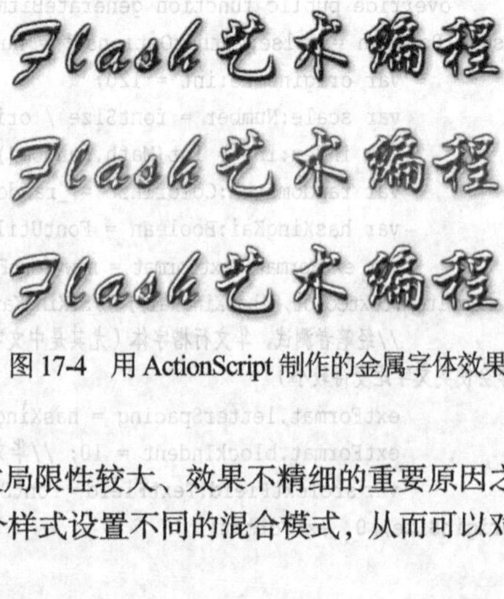

图 17-4　用 ActionScript 制作的金属字体效果

总体来说，本例的算法比较简单，而且因为金属效果并不适合同时使用多种颜色，即每次生成的金属字体都只有一种颜色，所以程序并没有逐个字符地进行处理，而是对整个文本应用滤镜，处理速度较快，因此进度的汇报也做得比较简单，仅仅在每次 bitmapData 变换后发送一下，在字符数量不太多、机器配置不太差的环境下，进度基本上都是一闪而过。

本例将所有滤镜都应用到同一个对象上，也是导致局限性较大、效果不精细的重要原因之一。在第 2 章中，我们已经看到，Photoshop 允许为每个样式设置不同的混合模式，从而可以对

细节进行更加细致的调整；而要在 ActionScript 和 Flash IDE 里实现的话，方法之前也有提及，就是拆分成多个图层。

图 17-5 展示了用多个图层进行混合的金属字体效果，比本例要精细一些，在 ActionScript 中的实现方法与本例相类似。受篇幅所限，我们就不再深入讲解了，但会将该字体的 fla 提供给大家，有兴趣的读者可以自行制作。

图 17-5　多图层混合的金属字体效果

小提示　大家可以通过 DisplayCodeUtil 类提取滤镜参数。

由于本例的滤镜做得比较死，所以我们没有给该样式制作动画。

17.2　清澈透明的水滴字体

17.2.1　水滴字体的透视原理与基本组成

与金属字体的挺拔硬朗相对应，本节我们来学习一款相对柔软的字体。都说女人柔情似水，因此，以水来体现“柔”这一特质就再合适不过了。

纵观互联网上各大 Photoshop/Flash 网站，制作水效果的教程多不胜数。但这当中，有不少的做法让我们感到相当不舒服，比如把背景设置为很深的颜色（或者干脆直接黑色），然后用来反衬“白色的水”（早期的 Flash 下雨效果就很流行这一手法），或者以此突出高光的效果。所以这些所谓的“水效果”在浅色背景下都惨不忍睹。

而根据生活常识，我们很清楚地知道，光洁透亮的白色墙壁乃至玻璃的表面，无色透明的水珠一样清晰可辨。它不会因为背景跟反光点颜色的对比度没拉开而变得模糊。那么水珠在浅色或透明的背景下是怎样为我们的眼睛所见的呢？

图 17-6 展示了浅色背景下的水珠效果。可见，即使背景为纯白色，水珠的内部也出现了淡灰色的区域，这并非物体赋予它的颜色，而是由于部分光线被水珠表面反射，导致穿透水珠的光线减少，从而让物体受光较弱的区域在内部形成了阴影。

图 17-6　浅色背景下的水珠

仔细观察，这些阴影主要都分布在水珠的边缘，用内阴影和外阴影即可轻松模拟出来；至于高光，如果不在乎细节的话，用渐变斜角滤镜或者投影擦除都可以实现，因此本例也不使用 Photoshop 的任何算法。

“流水不腐，户枢不蠹”，流动的水容易让人联想到朝气蓬勃、欣欣向荣的景象，因此我们决定不妨给本例制作动画。

水珠适合用圆体系列的字体来表现，不过我们还是用回微软雅黑字体，用非粗体，配以适当的描边，也能在一定程度上达到圆润的效果。

如图 17-7 所示，我们在 Flash IDE 中把设置了 5 像素描边的微软雅黑文本转换成影片剪辑元件，然后用内阴影、外投影和渐变斜角高光把水珠晶莹剔透的质感给成功模拟出来了。

然而，即使我们通过描边实现了圆润的文字边缘，字符轮廓的整体感觉还是比较“硬”，所以看起来更像玻璃或者即将融化的冰块。

图 17-7　用内阴影，外投影和斜角联合打造的透明质感字体

大多数情况下，液体的形状多少都会有点不规则（毫无外力作用时呈现为球形，但这种理想状态在现实中并不多见），描边滤镜虽然能使尖角变圆变钝，但未能让轮廓线条的形状发生比较大的变化。如果要体现出液体“软”的感觉，文本的整体变形将在所难免。

在搜索引擎中输入“AS3 水波效果”，我们可以找到很多与水相关的教程或者实例，其中，perlinNoise 和 DisplacementMapFilter 往往是这类代码的主角。

perlinNoise 可以生成较光滑、与自然景观效果相吻合的噪声图像，而 DisplacementMapFilter 则一般用于图像的变形操作，两者在艺术编程中都起着举足轻重的作用。但受篇幅所限，我们无法在书中深入展开，有兴趣的读者可以来信与我们讨论。

另外，既然命名为水滴字体，只是做一下整体的变形就未免有点不负责任。所以我们决定给文本的底部随机挂上一些即将滴落的水珠。图 17-8 展示了在 Flash IDE 内为文字手动添加水珠的效果。

图 17-8　在 Flash IDE 中手动添加水珠

不过，在 Flash IDE 中的测试并未因此而划上句号。我们还需要测试该字体在深色背景下的效果是否正确。

图 17-9 展示了透明字体在黑色背景下的效果，问题果然出现了。此时阴影和背景的颜色完全一致，因此原来跟高光形成对比的阴影在黑色背景下完全不可见，从而导致透明的质感无法在深色背景下得到体现，文本在阴影处的轮廓也因此而缺失。

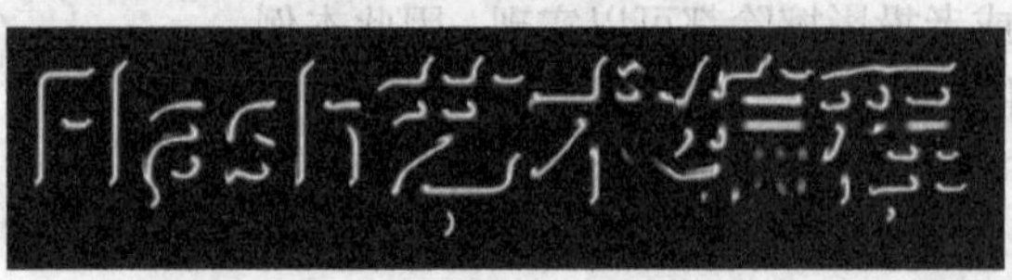

图 17-9　黑色背景下的透明字体

要修正这样的一个 Bug，关键就在于让字符在阴影处的轮廓不因背景的加深而消失。最好的办法就是让斜角滤镜的阴影也显示为白色，如图 17-10 所示。

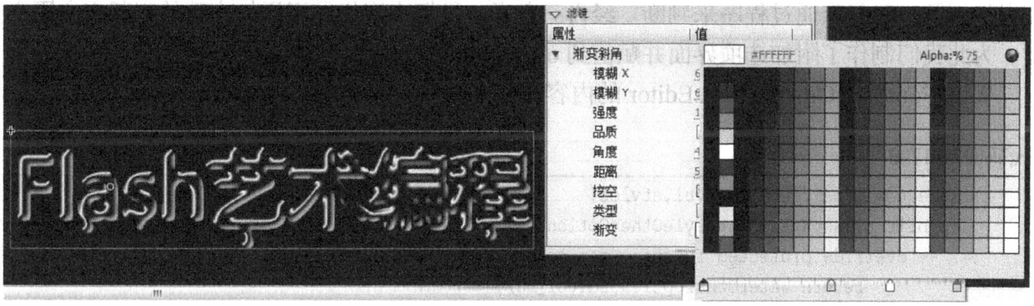

图 17-10　将斜角滤镜的阴影也设置为白色

然后我们尝试将背景还原为白色。因为内斜角与外投影并不冲突，所以原来的阴影并没有因为斜角的白色而受到太大的影响，如图 17-11 所示。

图 17-11　将背景还原为白色

此时已经没有太大问题，就只剩 perlinNoise 和 DisplacementMapFilter，它们无法在 Flash IDE 里通过可视化操作来完成，因此是时候把目光转移到代码实现上面了。

17.2.2　水滴字体样式的基本设置

主线程中的样式设置如下。

代码清单 17-7

```
package com.gemei.generator.styles{
    public class WaterFontGeneratorOptions extends AbstractFontStyleGeneratorOptions{
        public function WaterFontGeneratorOptions(){
            super();
        }
        override public function get name():String{
            return "柔情似水";
        }
        override public function get defaultFontSize():int{
            return 45;
        }
        override public function get supportAnimation():Boolean{
            return true;
        }
        override public function get otherOptionsEditorClass():Class{
            return WaterFontStyleOtherOptionsEditor;
        }
    }
}
```

与上一例最大的不同之一，本例我们需要把 supportAnimation 设置为 true，因为稍后我们将为该样式制作动画。

在测试的过程中，我们发现有时不给文本添加水珠效果反而更好看，但好看与否这种主观性较强的问题一般很难通过程序来判断。经再三考虑，我们决定将是否添加水珠的判断交由用户去做。为此我们制作了附加选项界面并赋值到 otherOptionsEditorClass 中。

WaterFontStyleOtherOptionsEditor 的内容比较简单，它只包含一个 CheckBox 组件。

代码清单 17-8

```
package com.gemei.generator.ui.styles{
    public class WaterFontStyleOtherOptionsEditor extends AbstractFontStyleOtherOptionsEditor{
        override protected function get contentClass():Class{
            return waterOtherOptionsEditor_mc;
        }
        public function WaterFontStyleOtherOptionsEditor(){
            super();
        }
        override public function get otherOptionsData():*{
            return {addWaterDrip: (_content as waterOtherOptionsEditor_mc).waterDrip_cb.selected};
        }
    }
}
```

代码中，content 是在 FLA 里制作好的元件，里面包含一个名为 waterDrip_cb 的 CheckBox。

加入这样的一个类以后，子线程中 generateBitmapData 的 otherOptions 参数将会获得一个包含 addWaterDrip 属性的对象，可用于判断用户是否把【添加水珠】的复选框给勾上了。

17.2.3 透明效果的 ActionScript 实现

进入到子线程的实现了，与金属字体一样，我们先创建一个继承 AbstractFontStyle Generator 类的 WaterFontGenerator，然后通过全局变量声明的方式创建一些滤镜。

代码清单 17-9

```
package com.gemei.generator.styles{
    public class WaterFontGenerator extends AbstractFontStyleGenerator{
        public function WaterFontGenerator(){
            super();
        }
    }
}
```

与金属字体相类似，我们先把用到的滤镜在全局里定义一下。

代码清单 17-10

```
    /**稍后会用到的一些滤镜**/
    private var _blurFilter:BlurFilter = new BlurFilter(2, 2);
    private var _strokeFilter:GlowFilter = new GlowFilter(0x000000, 1, 6, 6, 10);
    private var _outerShadowFilter:DropShadowFilter = new DropShadowFilter(2, 60, 0x000000, 0.5, 5, 5,
1, 2, false, true);
    private var _innerShadowFilter:DropShadowFilter = new DropShadowFilter(6, 60, 0x000000, 0.25, 10,
10, 1, 1, true, true);
```

```
    private var _highlightFilter:GradientBevelFilter = new GradientBevelFilter(5, 45, [0xFFFFFF,
0xFFFFFF, 0xFFFFFF, 0xFFFFFF, 0xFFFFFF, 0xFFFFFF], [1, 0, 1, 0], [0, 128, 192, 255], 6, 6, 1, 1,
BitmapFilterType.INNER, true);
    /**********/
```

然后就到实现 generateBitmapData 函数了。与上一例不同的是，本例需要制作动画。而对于同一个样式来说，动画一般都在静态图像的基础上进行变换。所以，静态图像的生成算法最好能封装到一个独立的方法中。

代码清单 17-11

```
    private function generateBaseBitmap(text:String, fontSize:int=36, textWidth:int = 500,
otherOptions:* = null):BitmapData{
        var originSize:int = 80;
        var scale:Number = fontSize / originSize;
        //将文本转换成图片
        var srcTextField:TextField = FontStyleGeneratorUtil.getTextField(text, textWidth / scale,
!FontUtil.hasFont("微软雅黑"), originSize);
        var srcBitmapData:BitmapData = FontStyleGeneratorUtil.getTextBitmapData(srcTextField);
        var finalBitmapData:BitmapData = new BitmapData(srcBitmapData.width + 10, srcBitmapData. height
+ 35, true, 0x00000000);
        applyFilter(srcBitmapData, _strokeFilter); //加入描边，实现圆角效果
        srcBitmapData.draw(_tempBm);
        /**水滴字的组成：外阴影，内阴影，内部高光，表面高光**/
        applyFilter(srcBitmapData, _outerShadowFilter); //外阴影部分
        finalBitmapData.draw(_tempBm);
        applyFilter(srcBitmapData, _innerShadowFilter); //内阴影部分
        finalBitmapData.draw(_tempBm);
        applyFilter(srcBitmapData, _highlightFilter); //高光部分
        finalBitmapData.draw(_tempBm);
        /**********/
        srcTextField = null;
        srcBitmapData.dispose();
        return finalBitmapData;
    }
```

以上代码将 Flash IDE 中的滤镜都实现到 ActionScript 中了，然后我们在 generate-BitmapData 方法中调用它。

代码清单 17-12

```
    override public function generateBitmapData(text:String, fontSize:int=36, textWidth:int = 500,
isGif:Boolean = false, otherOptions:* = null):BitmapData{
        var finalBitmapData:BitmapData = generateBaseBitmap(text, fontSize, textWidth, otherOptions);
        return finalBitmapData;
    }
```

该样式目前的运行效果如图 17-12 所示。

图 17-12 ActionScript 实现的透明效果

下一步就是用前面提到的 perlinNoise 和 DisplacementMapFilter 加入软化的滤镜。

17.2.4 液化效果的 ActionScript 实现

我们在 generateBaseBitmap 方法的 srcTextField=null 前追加如下代码。

代码清单 17-13

```
    var mapBd:BitmapData = new BitmapData(finalBitmapData.width, finalBitmapData.height);
    mapBd.perlinNoise(50, 10, 8, new Date().time, true, true, BitmapDataChannel.RED, true);
    finalBitmapData.applyFilter(finalBitmapData.clone(), finalBitmapData.rect, _0pt, new Displacement-
MapFilter(mapBd, _0pt, BitmapDataChannel.RED, BitmapDataChannel.RED, 5, 8, DisplacementMapFilter-
Mode.CLAMP));
    mapBd.dispose();
```

受篇幅所限，我们不对以上代码进行过于详细的讲解，不过关键的参数我们还是会提一下。

perlinNoise 的前两个参数分别用于控制横向和纵向的波长（虽然这一说法并不严谨），数值越小，抖动频率越高。

第 4 个参数 seed，我们设置为 new Date().time，以确保每次的随机种子值都不一样，因为 perlinNoise 用的是伪随机算法，如果 seed 值保持不变，则生成的图像始终一致。

DisplacementMapFilter 构造函数的倒数第三和倒数第二个参数分别用于控制字体在 x 和 y 方向上的扭曲程度。

通过调整以上几个参数，我们可以得到扭曲程度不同的水珠字体图像，读者可以自行测试。

我们再次测试，效果如图 17-13 所示。

液体的感觉已经有了，但细节上出现了一些问题。扭曲以后，阴影与字体轮廓的形状不甚一致，导致整体效果比较“脏”，因为这时候阴影在某些位置看起来更像污渍。

既然如此，我们就不能让阴影和字符轮廓因为软化滤镜而发生错位。解决的方法就是先扭曲再应用投影。这样，阴影和字符轮廓的扭曲就能始终保持同步了。

我们把跟软化相关的滤镜提到 3 个简单滤镜的前面并且把 finalBitmapData 全部替换为 srcBitmapData，将得到如图 17-14 的结果，感觉比之前清澈透明了很多。

图 17-13　加入软化滤镜后的效果

图 17-14　滤镜顺序调整后的效果

17.2.5 用 ActionScript 动态添加水珠

Photoshop 或者 Flash 教程在制作这类效果的时候，一般都会让读者使用笔刷/画笔/涂抹工具或者图形/影片剪辑元件把水珠手动添加到轮廓边缘的适当位置，而很少通过图层样式或者滤镜自动生成。

尽管时下的图像识别技术已经比较成熟，但是想通过程序得到一个合理、美观的水珠布局，难度还是相当地大。如图 17-15 所示，A 和 B 两点都位于文字轮廓的下边缘，因此都符合添加水珠的条件。但显然，加到 A 点上会好看很多。这是因为 B 点处的轮廓较复杂，线条密度较大，加上水珠后容易导致笔划发生粘连。

虽然我们可以通过一些评估方法让水珠优先加到 B 点，但即便如此，得到的结果也未必能令人满意。比如图 17-6 中的“门”字，A 点处（门楣）的轮廓复杂度比 B 点（门脚）高。但此时水珠挂在 A 点处更加合理，因为它对轮廓整体形态的影响没 B 点大。

图 17-15 “桶”字下边缘的两个点

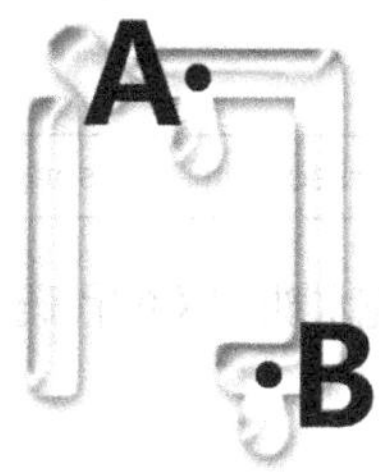

图 17-16 “门”字下边缘的两个点

随着笔划种类的逐步增加和字符结构的逐渐复杂，轮廓的判断难度也将不断增大。而且是否美观不是我们一个人说了算，程序也无法给出很客观的答案。因此用手动的方式进行添加，个人认为非常合理。

不过作为一款傻瓜级的工具，我们不能要求用户手动添加水珠，所以还是由程序生成适当数量的水珠。至于是否好看由用户说了算，不满意则重新随机生成，直到满意为止。经过我们测试，一般随机 3 ~ 5 次就能得到比较不错的结果。

此外，每个字的面积都不大，因此每个字我们最多只添加一颗水珠，而且添加的概率只有 50%。这就意味着，本次样式需要对每个字进行循环。

为了让水珠一定出现在文本轮廓的下边缘，我们让水珠的 y 坐标始终等于文本矩形的底部。

代码清单 17-14

```
//循环 TextField 里的字
for(var i:int = 0, len:int = text.length; i < len; i++){
    var textRect:Rectangle = FontStyleGeneratorUtil.getRealCharBoundries(srcTextField, i); //获得当前字所占的矩形区域
    var char:String = text.charAt(i);
    if(!textRect || char == " " || char == "　" || char == "\n"){
        continue;
        }
    _pt.x = _mt.tx = textRect.x;
    _pt.y = _mt.ty = textRect.y;
    /**将单个字的 BitmapData 给截取出来（因为要填充水珠，所以要多留一些空间）**/
    var sourceTextBd:BitmapData = new BitmapData(textRect.width, textRect.height, true, 0x00000000);
    sourceTextBd.copyPixels(srcBitmapData, textRect, _0pt);
    /**********/
    //生成水滴的算法，50%的概率出现水滴
    if(otherOptions && otherOptions.addWaterDrip && Math.random() < 0.5){
        var posX:int = Math.random() * textRect.width + _pt.x;
        var posY:int = textRect.bottom;
        var dripLength:int = Math.random() * 5;//加入随机数使水珠长度不完全一致
        srcBitmapData.fillRect(new Rectangle(posX, posY, 2, 6 + dripLength), 0xFF000000); //用fillRect 实现像素级的水珠绘制（分两段绘制）
        srcBitmapData.fillRect(new Rectangle(posX - 2, posY + dripLength + 6, 5, 5), 0xFF000000);
    }
    sourceTextBd.dispose();    //移除不用的 BitmapData
}
```

以上代码追加到描边滤镜之前，运行效果如图 17-17 所示。可见水珠并没有像预期的那样直接挂在文字的下边缘，而是被悬空了，其原因之前也分析过：文字的轮廓往往不能占据它边框的整个高度，解决办法则是用像素级的 getColorBoundsRect 代替文本级的 getCharBoundries。

代码清单 17-15

```
var colorRect:Rectangle = sourceTextBd.getColorBoundsRect(0xFFFFFFFF, 0x00000000, false);
```

然后我们填充水珠相关的代码，把 textRect 都替换为 colorRect，得到如图 17-18 的效果。

图 17-17　水珠字体的运行效果

图 17-18　用 colorRect 代替 textRect 后的效果

结果比之前改善了一些，但仍然有比较多的水珠没有贴紧文字的边缘。可以看到，虽然我们用 colorRect 进行了裁剪，但这并不代表图像下边缘的所有像素都被填充上了颜色，如字母 F，它的下边缘只有左侧的几个像素包含了不透明的颜色，如果被随机到了右侧，那么水珠将无法贴紧文字的边缘。

为此，我们需要获得更加精确的像素信息，检查文本在当前横坐标处的下边缘位置。此处我们用了比较暴力的算法——裁切出一个宽度只有 1 的 BitmapData，然后获取其 colorRect。

代码清单 17-16

```
var colorBounds:Rectangle = sourceTextBd.getColorBoundsRect(0xFFFFFFFF, 0x00000000, false);
if(colorBounds.isEmpty()){
    continue;
}
var w:int = colorBounds.width;
bound:for(var time:int = 0; time < 10; time++){
    var pos:int = Math.random() * w;
    var testBounds:Rectangle = new Rectangle(pos, colorBounds.y, 1, colorBounds.height);
    testBd.copyPixels(sourceTextBd, testBounds, _0pt);
    var testColorBounds:Rectangle = testBd.getColorBoundsRect(0xFFFFFFFF, 0x00000000, false);
    if(!testColorBounds.isEmpty()){
        //用 fillRect 实现像素级的水珠绘制
        var dripPos:int = Math.random() * 5;
        srcBitmapData.fillRect(new Rectangle(pos + _pt.x, colorBounds.y + _pt.y + testColorBounds. bottom,
1, 6 + dripPos), 0xFF000000);
        srcBitmapData.fillRect(new Rectangle(pos + _pt.x - 2, colorBounds.y + _pt.y + testColorBounds.
bottom + dripPos + 6, 5, 5), 0xFF000000);
        break bound;
    }
}
```

这里需要特别说明的是里面的循环，用宽度为 1 像素的矩形进行裁切有可能会得到一个完全空白的图像（如“川”字，相邻的两笔划之间会有宽度较大的空隙），此时的 getColorBoundsRect 将返回一个空的矩形，bottom 等于 0。如果不做判断，水珠将有可能悬空于两笔划之间并且位于图像的最顶端，这并非预期的效果，理应剔除并重新随机一个数字进行尝试。

为防止多次尝试失败导致执行时间过长，我们需要加点限制，不允许每个字符的重试次数高于 10 次，如果随机 10 次都未能循环到一个有效的位置，程序将会放弃为该字符添加水珠。

我们再次运行，水珠都正常悬挂在文本的边缘了，如图 17-19 所示。

图 17-19 修正边缘检测后的效果

因为本例用到了 for 循环，所以进度在循环里汇报会比较合适。

我们在文字循环内部追加一句代码如下。

代码清单 17-17

```
sendProgress(i + 1, len);
```

界面就会根据当前已处理的字符数显示进度了。

静态图像的生成代码已经完成，下面我们开始尝试制作动画。

17.2.6 生成水滴字体的 GIF 动画

GIF 动画由多张位图组成，因此我们可以通过循环调用 generateBaseBitmap 来生成，比如要生成 10 帧的 gif 动画，代码就可以这样写。

代码清单 17-18

```
    override public function generateBitmapAnimation(text:String, fontSize:int=36, textWidth:int=500,
isGif:Boolean = false, therOptions:*=null):Vector.<BitmapData>{
        var bds:Vector.<BitmapData> = new Vector.<BitmapData>();
        for(var i:int = 0; i < 10; i ++){
            var bd:BitmapData = generateBaseBitmap(text, fontSize, textWidth, otherOptions);
            bds.push(bd);
            sendProgress(i + 1, 10);
        }
        return bds;
    }
```

怎么样？是不是很简单？可先别高兴得太早，我们先运行一下观察效果，问题果然不少。

首先，水滴流动的效果不流畅，跳跃性很大。因为每帧都用不同的随机种子，它们之间的关系并不连续，所以效果不佳。对于同一个 GIF 动画来说，每帧都应该使用同样的 seed 值。

其次，由于每帧都重新随机水珠的位置，所以水珠并未因此产生流动的效果，而只呈现为简单的出现消失，而且频闪较严重。

再次，由于 generateBaseBitmap 方法中有个进度汇报，导致每帧图片都向主线程汇报完整的进度，使进度条重复 0%～100%的进度汇报 n 次（这里 n=10），这显然对用户来说不友好。

以上问题中，前面两条对最终效果的影响最大，必须进行修正。经过总结，我们不难发现，其根本原因就在于每帧都重新随机，导致帧与帧之间衔接不自然。所以，对于动画来说，generateBaseBitmap 应该只执行一次，与动画相关的变化应该抽离出来。

perlinNoise 和 DisplacementMapFilter 是使水珠字体流动的关键，因此这部分应该在生成动画的方法中控制。但是它位于 generateBaseBitmap 方法的中间，这样一抽离就会导致后续的处理流程中断。所以，后面应用简单滤镜的操作也不得不分离出来。为了提高水波效果和简单滤镜这两部分的可重用性，我们可以将它们从 generateBaseBitmap 中抽离出来并分别写成可重用的私有方法。

代码清单 17-19

```
//设置置换图滤镜，实现扭曲变形，这是让字体变软的关键
private function distortBitmap(targetBd:BitmapData, mapBd:BitmapData, seed:uint, scaleX:Number = 5, scaleY:Number = 5):void{
    mapBd.perlinNoise(50, 10, 8, seed, true, true, BitmapDataChannel.RED, true, [new Point(offset)]);
    targetBd.applyFilter(targetBd, targetBd.rect, _0pt, new DisplacementMapFilter(mapBd,_0pt, BitmapDataChannel.RED, BitmapDataChannel.RED, scaleX, scaleY, DisplacementMapFilterMode.CLAMP));//最终对整张位图应用一次扭曲滤镜
}
//应用透明效果
private function applyTransparent(targetBd:BitmapData, filterBd:BitmapData):void{
    applyFilter(filterBd, _outerShadowFilter);
    targetBd.draw(_tempBm);
    applyFilter(filterBd, _innerShadowFilter);
    targetBd.draw(_tempBm);
    applyFilter(filterBd, _highlightFilter);
    targetBd.draw(_tempBm);
}
```

然后 generateBitmapData 方法也应作出相应的调整。

代码清单 17-20

```
override public function generateBitmapData(text:String, fontSize:int=36, textWidth:int = 500, isGif:Boolean = false, otherOptions:* = null):BitmapData{
    var textBitmapData:BitmapData = generateBaseBitmap(text, fontSize, textWidth, otherOptions);
    var mapBd:BitmapData = new BitmapData(textBitmapData.width, textBitmapData.height);
    distortBitmap(textBitmapData, mapBd, new Date().time);
    var finalBitmapData:BitmapData = new BitmapData(textBitmapData.width, textBitmapData.height, true, 0x00000000);
    applyTransparent(finalBitmapData, textBitmapData);
    finalBitmapData = FontStyleGeneratorUtil.getClipBitmapData(finalBitmapData, fontSize / 80);
    return finalBitmapData;
}
```

静态图像的测试没问题之后，我们就可以回到动画制作上了。

从上面的 GIF 动画测试可知，对于 perlinNoise 方法来说，要实现流动的效果，调整 seed 参数几乎是不可行的。但如果每次都是用相同的 seed 值，那么得到的噪声图像则始终不变。为此，我们尝试通过调整 offset 参数来达到效果。

为了让 distortBitmap 可以支持偏移，我们为该方法添加 offset 参数是在所难免的事情。

代码清单 17-21

```
private function distortBitmap(targetBd:BitmapData, mapBd:BitmapData, seed:uint, scaleX:Number = 5, scaleY:Number = 5, offset:int = 0):void{
    mapBd.perlinNoise(50, 10, 8, seed, true, true, BitmapDataChannel.RED, true, [new Point(offset)]);
    targetBd.applyFilter(targetBd, targetBd.rect, _0pt, new DisplacementMapFilter(mapBd,_0pt, BitmapDataChannel.RED, BitmapDataChannel.RED, scaleX, scaleY, DisplacementMapFilterMode.CLAMP));
}
```

这样，我们就可以通过传递不同的 offset 参数实现水珠的流动了：

代码清单 17-22

```
override public function generateBitmapAnimation(text:String, fontSize:int=36, textWidth:int= 500,
isGif:Boolean = false, otherOptions:*=null):Vector.<BitmapData>{
    var bds:Vector.<BitmapData> = new Vector.<BitmapData>();
    var seed:int = new Date().time; //确保使用同一个 seed 值
    var bd:BitmapData = generateBaseBitmap(text, fontSize, textWidth, otherOptions);
    var scale:Number = fontSize / 80;
    var mapBd:BitmapData = new BitmapData(bd.width, bd.height);
    for(var i:int = 0; i < 10; i ++){
        var bdClone:BitmapData = bd.clone();
        distortBitmap(bdClone, mapBd, seed, 5, 5, i * 10);
        var transparentBd:BitmapData = new BitmapData(bdClone.width, bdClone.height, true,
0x00000000);
        applyTransparent(transparentBd, bdClone); //设置透明效果
        //根据字号进行缩放。此处使用不透明图像，是因为 gif 对半透明的支持太差了
        var finalBd:BitmapData = new BitmapData(transparentBd.width * scale + 1, transparentBd.
height * scale + 1, false, 0xFFFFFF);
        finalBd.draw(transparentBd, new Matrix(scale, 0, 0, scale), null, null, null, true);
        bds.push(finalBd);
        bdClone.dispose();
        transparentBd.dispose();
        sendProgress(i + 1, 10);
    }
    mapBd.dispose();
    return bds;
}
```

我们给 offset 参数传递了数值 i*10，也就是说，每两帧之间的偏移 10 为像素。

再次运行，流动的效果实现了，不过在最后一帧跳转到第一帧的时候出现了一次跳跃，究其原因，是 i*10 这样的值定得过于随意了，为得到无缝循环的动画，我们应该认真计算一下。

实际上，perlinNoise 自身的滚动就是无缝式的。假如要对一张宽度为 100 的位图进行 perlinNoise 变换，那么 offset 的绝对值不管有多大，其偏移量都始终等于 offset 除以 100 的余数。也就是说，当 offset 到达 100 的时候，偏移量就会自动折返到 0 点的位置。因此，我们只要让 i*10 的最大值达到位图的宽度即可。

对于本例而言，10 帧图片，偏移量就应该等于 i*bd.width/10，可见，这样做会使水珠字体的流动随着位图宽度的增大而变快，流动速度的可控性变差。

如果想让流速恒定，那看起来就只能通过帧数控制入手了，因此我们应将代码调整为如下所示。

代码清单 17-23

```
var speed:int = 10;
var num:int = mapBd.width / speed;
for(var i:int = 0; i < num; i ++){
        var bdClone:BitmapData = bd.clone();
        distortBitmap(bdClone, mapBd, seed, 5, 8, i * speed);
        /**此处代码省略**/
    sendProgress(i + 1, num);
}
```

我们再次运行，效果比之前好了很多，不过仍然会有少许跳跃。经反复测试，我们发现是 perlinNoise 的循环机制在右边缘处的过渡不太完善所致，即滚动的时候，右边缘处会出现轻微的跳跃。本来我们希望通过学习 perlinNoise 算法来找出问题的根源并进行修正，但无奈精力有限，在本书完稿之日，笔者都还没有抽出时间去深入研究它。此处我们用了一个偷懒的做法：把 mapBd 的宽度调大一些，让跳跃的右边缘不作用于文本位图。

代码清单 17-24

```
var mapBd:BitmapData = new BitmapData(bd.width + 100, bd.height);
```

经过这样的修正，生成的 GIF 动画就如行云流水般顺畅了。

最后我们完善一下 baseBitmap 的进度汇报问题。

从架构上看，进度汇报本来应该独立于位图生成方法，但因为它与 for 循环紧密结合，所以很难完全抽离出来。所以，我们要适当破坏下封装好的 generateBaseBitmap 方法，加入与进度相关的一些参数，表示当前生成的图片是否用于动画。

代码清单 17-25

```
private function generateBaseBitmap(text:String, fontSize:int=36, textWidth:int = 500, otherOptions: * = null, num:int = 1):BitmapData
```

该方法中的进度汇报代码也调整为如下格式。

代码清单 17-26

```
sendProgress(i + 1, len * num);
```

本例在制作 GIF 动画的过程中，对静态图像的生成代码进行了比较大规模的重构。这在实际开发过程中（尤其是完善细节时）是相当常见的事情，大家不必因此而对自己的系统架构失去信心。毕竟实现层的内容直接影响最终效果的美观程度，并非由程序框架所决定。

通过以上两个案例，我们学习了如何在字体样式的框架里利用 Flash 内置滤镜制作一些简单的艺术字体样式，熟悉了一些基本的代码写法。接下来，我们就可以结合前面学过的 Photoshop 算法，制作出更加细腻的字体效果了。

17.3 Photoshop 图层效果的封装

在前面分析 Photoshop 图层效果的章节中，我们封装了一些诸如等高线解析、渐变平滑度计算等的常用类，但在测试具体某个图层样式的时候，我们基本上都在主程序里面书写相关的算法，而且里面的逻辑非常复杂，代码也特别长，每次重写必然相当麻烦。为了实用上的方便，也让大家在制作字体样式的时候可以把精力集中在设计而非具体的算法上，我们对图层效果也进行了一些封装。

通过前面的讨论，我们已经知道，用滤镜可以近似地模拟一些图层效果。因此，如果可以把图层效果的算法封装成一个滤镜，那么使用起来就相当方便了。

然而，理想很丰满，现实却很骨感，想要用 ActionScript 把图层效果做成 Filter 几乎是一件不可能的事。虽然滤镜的基类是 BitmapFilter，我们可以继承它的基类，但是，它并没有提供任何接口和方法，让我们可以往里面写入的实现代码算法。

FlashPlayer10 推出了 PixelBender 滤镜 ShaderFilter，它不仅是 BitmapFilter 的子类，使用方法跟其他滤镜没有本质区别，而且我们还可以在里面书写像素级别的图像处理方法。所以从表面上看，它似乎已经解决了将算法转换成滤镜的问题。

但很可惜，ShaderFilter 的局限性非常地大。首先，我们不能使用自定义函数，这导致递归一类的算法不能实现；其次，无法使用数组，矩形等常用数据类型，而且不支持循环语句。对于图层效果这类比较复杂的算法来说，缺少这些基本功能，代码书写起来将会非常困难，甚至写不出来。我们最终决定放弃 ShaderFilter 而以自己搭建的一套框架代之。

17.3.1 图层效果的接口制作

首先，滤镜的基础类是 BitmapFilter，所以我们也应该给图层效果定义一个基类，取名可以是 PSStyle。不过笔者比较倾向于先书写一个接口 IPSStyle。

与 BitmapFilter 一样，IPSStyle 不定义任何属性，图层效果的属性完全由扩展它的子类来定义。

然后考虑它的调用方式，滤镜在 ActionScript 中的调用方法主要有两种：DisplayObject. filters 和 BitmapData.applyFilter。如果想要模拟这一做法，我们就应该分别扩展 DisplayObjcct 和 BitmapData，然后分别定义 styles 和 applyStyle 方法。

但众所周知，DisplayObject 的继承结构已经比较复杂了，想要直接在 DisplayObject 上继承的话，我们就得把不同类型的显示对象都继承一遍，比如 StyleSimpleButton 扩展 SimpleButton、StyleSprite 扩展 Sprite 等。结果将会导致整个结构相当混乱，算法的可重用性降低，而且容易破坏项目中固有的继承结构。所以此处我们需要做一点变通，把调用方式反过来，在图层效果的类里操作 DisplayObject 或者 BitmapData，使图层效果以一个附加工具的形式存在于整个项目中，从而便于移植和扩展。

代码清单 17-27

```
function getStyleBitmapFrom(source:IBitmapDrawable):BitmapData;
```

可见，此方法并没有直接对原始图像进行变换，而是根据传入的图像或者显示对象生成一张全新的位图。对于 Photoshop 图层效果来说，它们一般都不会破坏图层的初始数据，而以复制一个副本并附加到原始图层的方式代之。

注意，我们使用的数据类型为 IBitmapDrawable，它把 DisplayObject 和 BitmapData 这两个继承关系不甚密切的类统一为一个类型，设计该接口的初衷在于为 BitmapData.draw 方法的 source 参数定义一个固定的类型，使代码既能适应不同的图形数据，又能让编译器进行类型检测，从而提高代码的运行效率。

我们无法自行实现 IBitmapDrawable 接口，虽然编译器不会因此而报错，但是如果运行的时候，将一个实现了 IBitmapDrawable 接口但没继承 BitmapData 或者 DisplayObject 的类传递到 draw 方法里，它将会绘制失败并抛出如下异常。

```
ArgumentError: Error #2005: 参数 0 的类型不正确。其类型应为 IBitmapDrawable。
```

返回值为一个 BitmapData，因为不管它传入的是显示对象还是 BitmapData，在处理的过程都要深入到像素。不过我们发现，只返回一个 BitmapData 有时并不够用，比如外发光样式，效果层需要往图像的左上方向扩展。此时如果我们将输出图像的左上角与原图像的左上角对齐，那么最终的效果一定会出现错位。这时我们需要根据图像往左上角扩展的像素数量对位置进行修正。无奈 BitmapData 不能存放坐标点，所以我们再封装一个包含 BitmapData 和位置偏移这两个属性的类。

代码清单 17-28

```
package com.gemei.ps.base{
    public class BitmapDataVO{
        public var bitmapData:BitmapData;
        public var offset:Point;
    }
}
```

于是 IPSStyle 的接口方法也调整为如下所示。

代码清单 17-29

```
function getStyleBitmapFrom(source:IBitmapDrawable):BitmapDataVO;
```

跟 FontStyleGenerator 相似，我们也为该接口书写了一个基类。

将 IBitmapDrawable 转换为 BitmapData，本来是一个 draw 就可以搞定的事，但直接调用 draw 会有两个问题：一是对 BitmapData 进行 draw 操作，会造成不必要的性能损耗；二是对于显示对象来说，如果 DisplayObject 的注册点不在左上角，那么绘制出来的 BitmapData 就会因为错位而显示不完全。考虑到这个操作经常会用到，我们又写了一个工具方法，里面包含了对类型的判断和注册点的修正处理，返回的 BitmapDataVO 包含修正后的偏移量信息。但受篇幅所限，具体实现我们就不在这里给出来了。

代码清单 17-30

```
package com.gemei.utils{
    public class BitmapDataUtil{
        public static function getBitmapDataVOFrom(source:IBitmapDrawable):BitmapDataVO{
            var vo:BitmapDataVO = new BitmapDataVO();
            return vo;
        }
    }
}
```

17.3.2 等高线算法的封装

在研究等高线算法实现等章节中，我们书写了很多跟算法相关的代码，包括线性转换、强制淡出、位图映射等。这些在图层效果的实现过程中会经常用到，所以有必要封装一下。

首先，等高线算法的封装自然必不可少，我们把它们都封装到 PhotoshopContourUtil 类里，下面我们按照功能对其进行分类并加以说明。

首先是数据格式的转换。

代码清单 17-31

```
//将等高线文件数据转换为端点数据
public static function getContourFromBytes(bytes:ByteArray):Vector.<ContourPoint>{
    return null;
}
//将等高线文件数据转换为数组
public static function getContourMapFromBytes(bytes:ByteArray):Vector.<Number>{
```

```
    return null;
    }
    //根据等高线中的关键点算出整个区间内的等高线映射数据
    public static function getContourMapFromContour(contour:Vector.<ContourPoint>):Vector.<Number>{
        return null;
    }
```

这部分的代码并不复杂，但因为之前放在了不同的类里进行操作，使用时不便于查找，所以我把它们都整理到该工具类里。

然后就是等高线映射的算法封装了，具体实现相当复杂，封装的必要性非常大。

代码清单 17-32

```
    //纯色淡出等高线的映射数组
    public static function getOuterContourMapsFromColor(sourceContourMap:Vector.<Number>, color:uint,
alpha:Number = 1):Vector.<PaletteMapVO>{
        return null;
    }
    //纯色非淡出等高线的映射数组
    public static function getInnerContourMapsFromColor(sourceContourMap:Vector.<Number>, color:uint,
alpha:Number = 1):Vector.<PaletteMapVO>{
    return null;
    }
    //渐变淡出等高线的映射数组
    public static function getOuterContourMapsFromGradient(sourceContourMap:Vector.<Number>, colorMap: *,
alpha:Number = 1):Vector.<PaletteMapVO>{
        return null;
    }
    //渐变非淡出等高线的映射数组
    public static function getInnerContourMapsFromGradient(sourceContourMap:Vector.<Number>, colorMap: *,
alpha:Number = 1):Vector.<PaletteMapVO>{
        return null;
    }
```

以上 4 个方法都用于生成等高线映射的 paletteMap。看到这里，大家可能会觉得我们做复杂了，等高线的核心算法其实都差不多，没有必要写这么多个方法。其实不然，如果大家还记得前面跟等高线算法相关的章节就应该知道，哪怕只是最“简单”的投影，内外阴影的处理也有所不同，外阴影在边缘处必须强制淡出，而内阴影则没有这个必要。所以，它们在算法上还是有一定的差异，需要区别看待。此外，渐变发光在抖动因素的影响下也有不同的映射方式，此处也进行了区分。但是，在实现上，我们还是把相同的部分封装成可重用的私有方法，具体可以参阅配套源码中的源文件。

这些方法都不直接操作 BitmapData，而仅仅返回 paletteMap 的映射信息。因为很多的等高线变换都不是一步到位（如投影需要线性转换、等高线映射和强制淡出 3 步），所以返回的是一个以 PaletteMapVO 为元素类型的数组。

每个 PaletteMapVO 都包含 4 个数组，分别对应 4 个不同的通道。

代码清单 17-33

```
    package com.gemei.display.data{
        public class PaletteMapVO{
            public var redArray:Array;
```

```
        public var greenArray:Array;
        public var blueArray:Array;
        public var alphaArray:Array;
    }
}
```

有了这样的 4 个方法以后，在样式的具体实现中，我们只需要调用它们，然后遍历返回的数组并且逐一进行 paletteMap 操作，就可以得到等高线映射后的图像了。

然而，我们在实践过程中发现，以上的流程书写起来并不是特别方便，因此我们再封装几个直接操作图像的方法。

代码清单 17-34

```
    //进行纯色等高线变换
    public static function mapTransform(bitmapData:BitmapData, contourMap:Vector.<Number>, color:uint, alpha:Number, fadeOut:Boolean = true):void{
    }
    //进行渐变+等高线变换
    public static function mapGradientTransform(bitmapData:BitmapData, contourMap:Vector.<Number>, colorMap:*, alpha:Number, fadeOut:Boolean = true):void{
    }
    //paletteMap 的批量操作
    public static function mapTransfromByPaletteMapVO(bitmapData:BitmapData, paletteMaps:Vector.<PaletteMapVO>):void{
        for each(var map:PaletteMapVO in paletteMaps){
            bitmapData.paletteMap(bitmapData, bitmapData.rect, new Point(), map.redArray, map.greenArray, map.blueArray, map.alphaArray);
        }
    }
```

17.3.3 渐变算法的封装

另外的一大块，自然就是渐变算法了。虽然之前在 PhotoshopGradientUtil 类里我们封装过生成渐变映射的方法，但是在应用层面上，要根据数组进行像素操作还是需要书写不少代码。为此，我们还封装了一些实用性较强的方法。不过受精力所限，笔者未能在完稿之日将杂色渐变的部分封装出来，有兴趣的读者可以自行完善。

在使用 beginGradientFill 的时候，我们可以通过 type 来定义不同的渐变，此处我们也可以封装类似的方法来生成渐变的图像。

代码清单 17-35

```
    //根据预置的渐变样式获得一个BitmapData
    public static function getGradientBitmapData(gradientType:String, gradient:Gradient, width:int, height:int, matrix:Matrix = null, spreadMethod:String = "pad"):BitmapData{
        return null;
    }
```

Photoshop 渐变的样式比 Flash 多，而且包含平滑度信息，因此无法通过 beginGradientFill(gradientType...)的方式来制作渐变，所以 gradientType 的具体算法需要我们手动实现。

至于渐变数组，由于 Photoshop 中的渐变比 ActionScript 分得更加细致（颜色和 alpha 不共用同一个 ratios），为了让参数数量不至于太多，我们不妨把所有渐变数组都封装到一个名为 Gradient 的类中（实际上封装得并不严格，重心点一类的数据我们没有进行定义，笔者此处偷懒了）。

至于 matrix，为了让大家可以继续使用 createGradientBox 方法，我们使用了与 beginGradientFill 相一致的算法来实现（不过在我的算法里，空矩阵跟单位矩阵没有区别），即当用户传入单位矩阵时，渐变框的尺寸为默认的 1638.4*1638.4。

1638.4 这个数值后面会经常用到，为此我们定义了如下一个常量。

代码清单 17-36

```
//默认的渐变尺寸（该数字并非作者杜撰出来的，详情可参阅书中 createGradientBox 算法大揭秘一节）
public static const DEFAULT_GRADIENT_SIZE:int = 1638;
```

虽然 Photoshop 中没有 spreadMethod 的概念，但这是 ActionScript 的优势所在，不应丢弃。

参数就解释到这里，下面我们来讲一下渐变算法的实现。

不同的 gradientType 有不同的算法，我们可以用 switch...case 的模式进行区分。但是 Photoshop 中的渐变比较多，而且在前面的章节中，我们还介绍了一些自定义渐变。此时，switch...case 的方式显然不利于扩展，因此我们使用了设计模式中的策略模式，将算法制作成接口。

代码清单 17-37

```
package com.gemei.ps.gradient.core{
    //Photoshop 渐变算法接口
    public interface IPSGradient{
        //获取指定的点在渐变数组中的索引
        function getPos(x:int, y:int):int;
        //部分渐变样式若不使用特定的延伸模式，将会得到相当诡异的结果，为了避免用户在使用这些样式时产生一些不必要的误解，此处需要强制指定某些样式的延伸模式
        function get forceSpreadMethod():String;
    }
}
```

有了这样的一些接口以后，我们就可以书写不同类型的渐变算法了。

比如线性渐变，它的实现代码如下。

代码清单 17-38

```
package com.gemei.ps.gradient{
    //线性渐变算法
    public class LinearGradient extends AbstractPSGradient{
        override public function getPos(x:int, y:int):int{
            //减去渐变尺寸的一半是为了适应 Matrix 的 createGradientBox 方法
            return x + PhotoshopGradientUtil.DEFAULT_GRADIENT_SIZE * 0.5;
        }
    }
}
```

可见算法写起来相当简单，不过大家可能会感到奇怪：为什么没有 matrix、spreadMethod 等的判断呢？这个也跟算法有关。

实际上，对于不同的渐变，matrix、spreadMethod 的算法都基本一致。因此，我们把它放到 PhotoshopGradientUtil 公共类里实现会更加合适。

再来看放射渐变，它跟渐变点到中心点的距离有关。

代码清单 17-39

```
package com.gemei.ps.gradient{
    //放射渐变
    public class RadialGradient extends AbstractPSGradient{
        override public function getPos(x:int, y:int):int{
            //直接计算当前点到中心的距离（乘以 2 是因为 width 和 height 取的是直径，但距离值代表的只是半径）
            return Math.sqrt(x * x + y * y) * 2;
        }
    }
}
```

这两个渐变都比较简单，下面我们来看下带焦点偏移的放射渐变，虽然在 Photoshop 里没有这种类型。

代码清单 17-40

```
package com.gemei.ps.gradient{
    //自定义放射渐变（主要加入AS中的焦点控制）
    public class CustomRadialGradient extends AbstractPSGradient{
        public var focalPointRatio:Number = -0.5;    //焦点偏移（有效值为-1～1）
        public var invert:Boolean = false;//是否取倒数，设置为 true 后渐变光圈会更丰富
        public function CustomRadialGradient(focalPointRatio:Number = -0.5, invert:Boolean = true){
            super();
            this.focalPointRatio = focalPointRatio;
            this.invert = invert;
        }
        override public function getPos(x:int, y:int):int{
            var f:Number = focalPointRatio;
            var gs:Number = PhotoshopGradientUtil.DEFAULT_GRADIENT_SIZE;
            var x0:Number = x / gs * 2; //x与坐标轴的距离
            var y0:Number = y / gs * 2; //y与坐标轴的距离
            var angle:Number = Math.atan2(y, x - f * gs);
            var interpolation:Number; //插值比例
            //通过解一元二次方程求得的插值比例（具体解法在书中已有详述）
            if(y0 == 0){
                interpolation = (x0 - f) / ((x0 > f) ? (1 - f) : (-1 - f));
            }else{
                var t:Number = (x0 - f) / y0;
                var sign:int  = (y0 > 0) ? 1 : (-1);
                interpolation = y0 * (t * t + 1) / (-f * t + sign * Math.sqrt(t * t + (1 - f * f)));
            }
            //是否取倒数
            if(invert){
                interpolation = 1 / interpolation;
            }
            var index:int = Math.round(interpolation * gs);
            return index;
        }
    }
}
```

这里面的算法在前面的章节中已有详述，此处不再重复。

我们再来看一个 ActionScript 中没有的渐变——DegreeGradient。

代码清单 17-41

```
package com.gemei.ps.gradient{
    //角度渐变算法(Photoshop 中内置的渐变算法之一)
    public class DegreeGradient extends AbstractPSGradient{
        override public function getPos(x:int, y:int):int{
            return PhotoshopGradientUtil.DEFAULT_GRADIENT_SIZE * (Math.atan2(y, x) / Math.PI / 2) ;
        }
    }
}
```

在创意式渐变制作一节中，我们还给大家介绍了给不同类型的渐变添加抖动的方法。如果希望每一种渐变类型都支持抖动，那么我们就要在不同的样式中重复定义抖动的参数和书写抖动的算法，非常不便。将抖动定义到抽象类中进行继承又会破坏抽象类的纯粹性，导致整个项目的架构变得不稳定。

设计模式的一个重要原则是"少用继承，多用组合"，因此，我们也用组合的方式加入抖动。为了让抖动渐变也能作为一个独立的算法存在，此处我们使用装饰器模式。

代码清单 17-42

```
package com.gemei.ps.gradient{
    //抖动渐变算法
    public class ShakingGradient extends AbstractPSGradient {
        public var subPSGradient:IPSGradient;
        public var shakingAmplitude:Number = 10;
        public var shakingFrequency:Number = 20;
        public var centerOffset:Point = new Point();
        public function ShakingGradient(subPSGradient:IPSGradient, shakingAmplitude:Number = 10,
shakingFrequency:Number = 20, centerOffset:Point = null){
            super();
            this.subPSGradient = subPSGradient;
            this.shakingAmplitude = shakingAmplitude;
            this.shakingFrequency = shakingFrequency;
            this.centerOffset = centerOffset ? centerOffset : new Point();
        }
        override public function getPos(x:int, y:int):int{
            var angle:Number = Math.atan2(y - centerOffset.y, x - centerOffset.x);
            return subPSGradient.getPos(x, y) + shakingAmplitude * Math.sin(angle * shakingFrequency); //
使用正弦函数添加抖动
        }
    }
}
```

大家可以为 subGradient 传入任何渐变算法，这使得抖动算法可以应用于任何已有的渐变样式中。

为了让 gradientType 跟渐变算法可以绑定起来，我们在 PhotoshopGradientUtil 类里创建了一个 Dictionary 进行映射。

代码清单 17-43

```
//内置渐变样式表
private static function getDefaultGradientDictionary():Dictionary{
    var dic:Dictionary = new Dictionary();
    dic[PhotoshopGradientType.LINEAR] = new LinearGradient();
    dic[PhotoshopGradientType.RADIAL] = new RadialGradient();
    dic[PhotoshopGradientType.DEGREE] = new DegreeGradient();
    dic[PhotoshopGradientType.DIAMOND] = new DiamondGradient();
    dic[PhotoshopGradientType.SYMMETRIC] = new SymmetricGradient();
    return dic;
}
```

与此同时，为了让用户可以使用自定义渐变，我们再封装一个支持传入自定义渐变的方法。

代码清单 17-44

```
//根据渐变信息获得一个 BitmapData
public static function getCustomGradientBitmapData(psGradient:IPSGradient, gradient:Gradient,
width:int, height:int, matrix:Matrix = null, spreadMethod:String = "pad"):BitmapData{
    return null;
}
```

该有的算法都写好以后，图层效果算法的书写就会非常方便了。

下面我们以投影样式为例进行说明。

17.3.4 图层效果参数的定义

我们在 PUBLIC_CLASSES 公共库的 com.gemei.ps.styles 包里新建一个名为 Drop ShadowStyle 的类，代码如下。

代码清单 17-45

```
package com.gemei.ps.styles{
    public class DropShadowStyle extends AbstractPSStyle{
        public var blendMode:String = PhotoshopBlendMode.NORMAL;
        public var color:uint = 0x000000; //颜色
        public var alpha:Number = 0.75; //不透明度
        public var angle:Number = 120; //角度
        public var distance:Number = 5;   //距离
        public var extend:Number = 1; //扩展
        public var size:Number = 5; //大小
        public var contour:* = null; //等高线
        public var antialias:Boolean = false; //消除锯齿
        public var noise:Number = 0; //杂色
        public var knockout:Boolean = true; //挖空
        public function DropShadowStyle(){
            super();
        }
    }
}
```

我们按照 Photoshop 投影样式的选项在该类中逐一地进行定义，同时为其赋上默认值（严格来说应该用 getter/setter 定义，此处完全为了节省篇幅）。不过，【使用全局光】这一选项被我们忽略了。离开 PSD 文件之后，它的存在意义已经不大，因为角度值会随着全局光源的变化而更新，我们不需要在 ActionScript 里获取它。

至于混合模式属性，混合的结果受其他图层的色彩所影响，因此在单个样式里无法计算出最终的结果，所以混合模式的处理要放到样式算法类的外面。我们之所以定义这么一个属性，完全是为了方便 Photoshop 整体图层效果的封装与实现。

跟 ActionScript 的滤镜一样，我们为构造函数定义上所有与样式属性相对应的参数。但受篇幅所限，我们就不在书上贴出来了，读者可以自行查阅配套源码中的源文件。

17.3.5 图层效果算法的书写

等高线变换等操作我们都已经在前面封装好了，而且均值滤波算法就是中等品质的投影滤镜，因此算法写起来非常简单，几行代码即可完成。

代码清单 17-46

```
override public function getStyleBitmapFrom(source:IBitmapDrawable):BitmapDataVO{
    //用投影滤镜进行变换
    var dropShadowFilter:DropShadowFilter = new DropShadowFilter(distance, 180 - angle, 0x000000,
1, size, size, Math.pow(255, extend),BitmapFilterQuality.MEDIUM, false, knockout, true);
    var vo:BitmapDataVO = BitmapDataUtil.getFilterBitmapDataVOFrom(source, dropShadowFilter);
    var bitmapData:BitmapData = vo.bitmapData;
    //进行等高线或者纯色变换
    PhotoshopContourUtil.mapTransform(bitmapData, _contourMap, color, alpha);
    vo.bitmapData = bitmapData;
    return vo;
}
```

其他的轮廓型样式算法与此相类似，我们就不在书上给出了。不过，精确发光使用了膨胀法，具体的实现代码需要我们自行书写。为便于重用，我们也封装了一个专门的类：PhotoshopStyleUtil，读者可以自行查阅里面的代码。

至于叠加型样式，其关键在于 alphaBitmapData 的使用，我们以渐变叠加样式为例，其算法为如下。

代码清单 17-47

```
override public function getStyleBitmapFrom(source:IBitmapDrawable):BitmapDataVO{
    var bitmapDataVo:BitmapDataVO = BitmapDataUtil.getBitmapDataVOFrom(source);
    var bitmapData:BitmapData = bitmapDataVo.bitmapData;
    if(gradient){
        var cutRect:Rectangle = bitmapData.getColorBoundsRect(0xFFFFFFFF, 0x00000000, false);
        var useGradient:Gradient = invert ? gradientInvert : gradient;
        //使位图中带色彩的区域与渐变控制框对齐
        //rotation 取负值的原因是：Photoshop 在渐变叠加选项中的 y 轴与 Flash 坐标系中的 y 轴相反，
        _matrix.createGradientBox(cutRect.width, cutRect.height, - angle * Math.PI / 180, offset.
x + cutRect.x, offset.y + cutRect.y);
        //为了让渐变绕中心点缩放，scale 前需要进行偏移操作，待 scale 操作结束后再恢复
```

```
            _matrix.translate(- bitmapData.width * 0.5, - bitmapData.height * 0.5);
            _matrix.scale(scale, scale);
            _matrix.translate(bitmapData.width * 0.5, bitmapData.height * 0.5);
            //用渐变工具类生成渐变位图
            var gradientBitmapData:BitmapData = PhotoshopGradientUtil.getGradientBitmapData(type,
useGradient, bitmapData.width, bitmapData.height, _matrix);
            //将原始文本的bitmapData用作渐变的alpha蒙版
            gradientBitmapData.copyPixels(gradientBitmapData, gradientBitmapData.rect, new Point(),
bitmapData, new Point());
            bitmapDataVo.bitmapData = gradientBitmapData;
        }
        //最后对整个位图进行alpha变换
        bitmapDataVo.bitmapData.colorTransform(bitmapDataVo.bitmapData.rect, new ColorTransform(1, 1,
1, alpha));
        return bitmapDataVo;
    }
```

其他的叠加型样式算法代码与此类似，书中不再给出。

另外，我们还封装了用指定混合模式对两图像进行混合的blend方法，它位于BitmapDataUtil类中，读者可自行参阅配套源码中的源文件。

以上实现都在ActionScript中进行，想要提高运行效率的话，您可以将其移植到PixelBender中。其中，较为容易移植的是渐变算法和RGB混合模式，有兴趣的读者可以自行完善。

封装好一系列的Photoshop图层效果算法以后，我们所能做的，自然就是细腻度更高、可以跟Photoshop媲美的艺术字体了！

17.4 美味诱人的水果糖字体

17.4.1 Flash版水果糖字体的完善方案

在第16章，我们给大家展示了用Flash简单滤镜制作的一款水果糖字体。滤镜要实时渲染，因此这款字体在图像细节上作出了一定的牺牲。

而到了本章，所有图片都预先生成完毕，发布的成品不需要再通过代码计算进行绘制，而以一张张静态图片代之，所以对性能的要求有所降低，为视觉效果的提升腾出了更多的空间。

本例我们将用Photoshop图层效果算法代替Flash的简单滤镜，制作出更为精细的水果糖字体效果。

用Flash滤镜制作的水果糖字体中，糖果的侧面用了渐变发光滤镜来模拟投影等高线。如果改用地道的Photoshop等高线，那么效果将会变得更加柔和细致。糖果正面的果汁纹理则通过斜角/渐变斜角滤镜来实现，受差值混合和等高线映射的执行顺序影响，该滤镜很难制作出丰富的纹理效果，所以此处我们改用光泽样式将会更加合适。至于高光部分，因为斜面和浮雕的模拟难度较大，加上该效果更多的是一种感觉，所以我们仍然用渐变发光滤镜模拟。

另外，作为深受儿童和小女生喜欢的食品，色彩做得丰富一些对用户会更有吸引力。因此我们不妨为每个字符设置不同的颜色，也就是说，本例也需要循环遍历文本中的每个字符。

17.4.2 基本选项设置

基本选项设置如下。

代码清单 17-48

```
package com.gemei.generator.styles{
    public class RainbowCandyFontGeneratorOptions extends AbstractFontStyleGeneratorOptions{
        override public function get name():String{
            return "彩虹糖の梦";
        }
        override public function get defaultFontSize():int{
            return 52;
        }
    }
}
```

17.4.3 图层效果和滤镜的初始化

基础的图层效果和滤镜代码如下。

代码清单 17-49

```
package com.gemei.generator.styles
    public class RainbowCandyFontGenerator extends AbstractFontStyleGenerator{
        //用投影等高线一章提到的滚动斜坡-递减等高线
        [Embed(source = "assets/curve_rollingDecrease.shc", mimeType = "application/octet-stream")]
        private var rollingBytes:Class;
        //经测试，在光泽样式上使用双锯齿等高线可以得到不错的纹理效果
        [Embed(source = "assets/curve_sawtooth2.shc", mimeType = "application/octet-stream")]
        private var sawToothBytes:Class;
        /**稍后会用到的一些滤镜和样式**/
        private var _smoothBlurFilter:BlurFilter = new BlurFilter(1.5, 1.5);
        private var _dropShadowStyle:DropShadowStyle;
        private var _highlightFilter:GradientGlowFilter = new GradientGlowFilter(-4, 45, [0xFFFFFF,
0xFFFFFF, 0xFFFFFF], [0, 0, 0.6], [0, 225, 255], 9, 9, 1, 1, BitmapFilterType.INNER, true);
        private var _totalShadowFilter:DropShadowFilter = new DropShadowFilter(3, 45, 0x000000, 0.3,
4, 4, 1, 2, false, true);
        private var _blurFilter:BlurFilter = new BlurFilter(6, 6);
        private var _satinStyle:SatinStyle;
            /**********/
        public function RainbowCandyFontGenerator(){
            super();
            init();
        }
        private function init():void{
            _dropShadowStyle = new DropShadowStyle(0xFF9900, 1, 120, 5, 0, 8);
            _dropShadowStyle.knockout = false;
            _dropShadowStyle.contourBytes = new rollingBytes();
            _satinStyle = new SatinStyle(0xFF0000, 0.7, 19, 6, 5);
            _satinStyle.invert = false;
```

```
            _satinStyle.contourBytes = new sawToothBytes();
        }
    }
}
```

与以上两例不同，此处除了调用 ActionScript 内置的 Filter 以外，还使用了基于 Photoshop 算法的图层效果。

17.4.4 图层效果的实现

下面我们就来看看这些图层效果的使用方法。

代码清单 17-50

```
override public function generateBitmapData(text:String, fontSize:int=36, textWidth:int=500, isGif:Boolean = false, otherOptions:* = null):BitmapData{
}
```

代码有点长，所以我们分段给出。

首先根据 TextFormat 生成文本的 BitmapData，这一步跟完全基于 Flash 简单滤镜的艺术字没有太大差别。

代码清单 17-51

```
var originSize:int = 80;
var scale:Number = fontSize / originSize;//字号要缩小的比例（为1时，字号是80）
var extFormat:TextFormat = new TextFormat();
extFormat.letterSpacing = 4;
extFormat.leading = FontUtil.hasFont("微软雅黑") ? null : 6;
var srcTextField:TextField = FontStyleGeneratorUtil.getTextField(text, textWidth / scale, !FontUtil.hasFont("微软雅黑"), originSize, 0, extFormat);
var sourceBitmapData:BitmapData = FontStyleGeneratorUtil.getTextBitmapData(srcTextField);
var finalBitmapData:BitmapData = new BitmapData(sourceBitmapData.width + 10, sourceBitmapData.height + 10, true, 0x00000000);
var ct:ColorTransform = new ColorTransform();
ct.color = 0xFF6600;
sourceBitmapData.colorTransform(sourceBitmapData.rect, ct);
```

然后我们就开始逐字遍历。

代码清单 17-52

```
//循环 TextField 里的字
for(var i:int  = 0, len:int = text.length; i < len; i++){
}
```

在这个循环内，我们首先要做的跟前面的例子一样，都是取出字符所占的边框并将位图对应的区域裁切出来。

代码清单 17-53

```
var textRect:Rectangle = FontStyleGeneratorUtil.getRealCharBoundries(srcTextField, i); //获得当前字所占的矩形区域
```

```
    var char:String = text.charAt(i);
    if(!textRect || char == " " || char == "  "){
        continue;
    }
    _mt.tx = textRect.x;
    _mt.ty = textRect.y;
    /**将单个字的 BitmapData 给截取出来**/
    var sourceTextBd:BitmapData = new BitmapData(textRect.width + 10, textRect.height + 10, true,
0x00000000);
    sourceTextBd.copyPixels(sourceBitmapData, textRect, _pt);
    /**********/
    sourceTextBd.applyFilter(sourceTextBd, sourceTextBd.rect, _0pt, _smoothBlurFilter); //由于设备字体
很多时候带锯齿，故模糊一下（当然这做法并不规范，作者在此处偷懒了）
```

下面就到本实例的重点了。根据前面用 Flash 滤镜制作糖果字体的经验，我们得知，彩虹糖字体的组成包括 3 部分，自下而上依次为：投影，纹理图案，白色高光。

样式变量已经在全局声明好并且通过 init 函数成功初始化了，所以此处我们可直接调用它，即把原始图像传入到 getStyleBitmapFrom 方法中。

代码清单 17-54

```
    var shadowBdVo:BitmapDataVO = _dropShadowStyle.getStyleBitmapFrom(sourceTextBd); //投影部分
```

我们得到一个被应用了图层效果的 BitmapDataVO，其中包含一张图片及其偏移量（即这张图片应该偏移多少像素）。设置偏移量的原因前面已经提及，此处不再赘述。

接下来我们用 copyPixels 方法将生成的效果层根据偏移量复制到现有图像上，就相当于图层效果被应用到当前图像。

代码清单 17-55

```
    var shadowBd:BitmapData = shadowBdVo.bitmapData;
    finalBitmapData.copyPixels(shadowBd, shadowBd.rect, textRect.topLeft.add(shadowBdVo.offset), null,
null, true);
    shadowBd.dispose();
```

如果要为图层效果设置混合模式，我们可以用 draw 代替 copyPixels，或者使用我们封装的 BitmapDataUtil.blend 方法。相比之下，后者的功能更加强大，因为我们把 ActionScript 中没有的 Photoshop 混合模式都实现了，当然了，代价就是牺牲运行效率。

在上述 3 个样式层中，只有投影位于原始图层下方，所以下一步我们就要贴上原始图层。

代码清单 17-56

```
    //原始图层
    var originBd:BitmapData = sourceTextBd.clone();
    finalBitmapData.draw(_tempBm, _mt);
```

轮到纹理层了，如前所述，我们用光泽样式代替斜角滤镜，做法与投影层相类似.

代码清单 17-57

```
    _satinStyle.angle = int(Math.random() * 4) * 90 + (30 + Math.random() * 30); //纹理图案，随机一定的
角度，使果汁的流动方向不至于太单调
    var textureBdVo:BitmapDataVO = _satinStyle.getStyleBitmapFrom(sourceTextBd);
```

```
    var textureBd:BitmapData = textureBdVo.bitmapData;
    finalBitmapData.copyPixels(textureBd, textureBd.rect, textRect.topLeft.add(textureBdVo.offset),
null, null, true);
```

白色高光则继续用渐变发光滤镜进行模拟。

代码清单 17-58

```
    applyFilter(sourceTextBd, _highlightFilter); //高光部分
    finalBitmapData.draw(_tempBm, _mt);
```

至此，单个字的样式制作已经完成，我们应该向主线程发送进度了。

代码清单 17-59

```
    sourceTextBd.dispose();      //移除不用的 BitmapData
    sendProgress(i + 1, len);
```

现在我们可以跳出循环，执行最终的缩放、裁切、加投影等操作了，做法跟前面两个例子一模一样，此处不再重复讲解。

代码清单 17-60

```
    finalBitmapData = FontStyleGeneratorUtil.getClipBitmapData(finalBitmapData, scale, 0, 5, 5, 5);
    if(!isGif){
      //为加强效果，最终对整张位图再应用一次投影滤镜
        var finalClone:BitmapData = finalBitmapData.clone();
        finalBitmapData.applyFilter(finalBitmapData.clone(), finalBitmapData.rect, _0pt, _totalShadowFilter);
        finalBitmapData.copyPixels(finalClone, finalClone.rect, _0pt, null, null, true);
        }
    return finalBitmapData;
```

运行效果如图 17-20 所示，经过 Photoshop 算法的处理以后，侧面变得柔和饱满，而正面的纹理更加丰富，给予人甜美果汁在其内缓缓流淌的感觉，令人垂涎三尺。

图 17-20　基于 Photoshop 图层效果的水果糖字体

17.4.5　给水果糖字体赋予不同的颜色

给图像填色/变色有很多方法，如 AdjustColor 调整色相、Photoshop 颜色混合等，此处我们先试一下 AdjustColor。

AdjustColor 的 Hue 属性负责调整色相，因此调整颜色的代码如下。

代码清单 17-61

```
    var adjust:AdjustColor = new AdjustColor();
    adjust.brightness = adjust.contrast = adjust.saturation = 0;
    var colorFilter:ColorMatrixFilter = new ColorMatrixFilter();
```

以上代码的作用仅仅是声明和创建，在对每个字体进行设置的时候都不用改变，因此可放

在 for 循环以外。

以下两句则要求放在 for 以内进行颜色随机。

代码清单 17-62

```
adjust.hue = Math.random() * 360 - 180;;
colorFilter.matrix = adjust.CalculateFinalFlatArray();
```

获得了 colorFilter 以后，我们就应该在每一层被执行 draw 或者 copyPixels 之前应用一下该滤镜，如下所示。

代码清单 17-63

```
shadowBd.applyFilter(shadowBd, shadowBd.rect, _0pt, colorFilter);
```

代码清单 17-64

```
applyFilter(originBd, colorFilter);
```

代码清单 17-65

```
textureBd.applyFilter(textureBd, textureBd.rect, _0pt, colorFilter);
```

我们再次运行，效果如图 17-21 所示。

图 17-21　加入了 AdjustColor 后的效果

颜色可以随机了，但总感觉有些颜色不太好看，而且如果相邻两字的色相相同或者相近、没有错开的话，整体的色彩看起来就会略显单调。为此，我们可以想办法把不好看的颜色排除掉并且记录上一个字随机到的色相值，要求下一个字的色相与上一个字的差不小于某个数值。

我们在 for 循环的外围添加如下代码。

代码清单 17-66

```
//上一次的色相值，用处：确保两个相邻的字颜色能拉开一定的差距
var lastHue:Number = -999;
```

然后我们将设置色相的代码调整为如下所示。

代码清单 17-67

```
do{//随机色相值，直至跟上一个字的色相值相差达到 30 或以上
    var hueValue:Number = Math.random() * 360 - 180;
}while(Math.abs(((hueValue + 180) % 360) - ((lastHue + 180) % 360)) < 30 || hueValue > 5 && hueValue < 75);
lastHue = hueValue;     //赋值当前色相值
adjust.hue = hueValue; //设置随机色相值
```

while 判断里面，“或”运算前的一段代表让相邻二字的色相错开至少 30 像素，后半段则排除 5～75 之间的色相值。经测试，这部分随机出来的颜色为黄绿色系。根据心理学公式，我们知道，相同亮度下，黄绿部分的视觉亮度比其他颜色要强很多，所以 AdjustColor 会通过降低亮度值的方式适应该区段的色相，从而生成了与整体效果不太协调的褐色。

图 17-22　错开相邻字符色相并排除黄绿色系以后的效果

我们再次运行，整体感和谐了很多，如图 17-22 所示。

我们可以看到，AdjustColor 实现的色相随机存在一定的局限性。想要进一步完善，我们可以通过制作一款浅色字体填补黄绿色区段或者将 AdjustColor 的心理学公式调整为平均亮度算法，有兴趣的读者可以自行尝试。

下一例，我们来测试用颜色混合进行上色的效果。

17.5 晶莹剔透的彩虹琥珀字体

在第 6 章中，我们以彩虹琥珀字体为例演示了颜色混合的效果，但受当时的知识所限，未能将其中的图层效果实现出来，现在我们就从一张白纸开始把这个字体样式完整地实现出来。

本例与上一例的结构相似，不同的是我们以渐变的颜色混合代替 AdjustColor，同时用擦除模式代替渐变发光滤镜制作高光，因此本例不需要逐字遍历。

17.5.1 基本选项设置

基本选项设置如下。

代码清单 17-68

```
package com.gemei.generator.styles{
    public class AmberFontGeneratorOptions extends AbstractFontStyleGeneratorOptions{
        override public function get name():String{
            return "七彩琥珀";
        }
        override public function get defaultFontSize():int{
            return 56;
        }
    }
}
```

17.5.2 图层效果和滤镜的初始化

本例用到的滤镜和图层效果有点多，所以我们给出的注释会稍详细一点。

代码清单 17-69

```
[Embed(source = "assets/curve_amberSatin.shc", mimeType = "application/octet-stream")]
private var amberSatinBytes:Class; //Photoshop 中自定义的光泽等高线
private var _smoothBlurFilter:BlurFilter = new BlurFilter(1.5, 1.5); //消除文字锯齿用
private var _strokeFilter:GlowFilter = new GlowFilter(0xFF3300, 1, 5, 5, 5); //添加描边
private var _highlightFilter:BevelFilter = new BevelFilter(5, 45, 0xFFFFFF, 0.75, 0x000000, 0, 1,
5, 5, 2, "inner", true); //斜面高光层
private var _highlightEraseFilter:DropShadowFilter = new DropShadowFilter(2.5, 45, 0xFFFFFF, 1, 3,
3, 3, 1, true, true); //高光擦除层
private var _shadowFilter:BevelFilter = new BevelFilter(-7.5, 45, 0xFFFFFF, 0.25, 0x000000, 0, 1,
6, 6, 2, "inner", true); //斜面阴影层
private var _shadowEraseFilter:GradientGlowFilter = new GradientGlowFilter(-1.5, 45, [0xFFFFFF, 0xFFFFFF,
0xFFFFFF, 0xFFFFFF, 0xFFFFFF], [0, 1, 0, 1, 0], [0, 64, 128, 192, 255], 5, 5, 1, 2, "inner", true); //阴影擦除
```

```
    private var _innerShadowFilter:DropShadowFilter = new DropShadowFilter(10, 45, 0x000000, 0.5, 10,
10, 1, 1, true, true); //内阴影层
    private var _totalShadowFilter:DropShadowFilter = new DropShadowFilter(3, 45, 0x000000, 0.3, 4, 4,
1, 2, false, true); //投影层
    private var _satinStyle:SatinStyle; //纹理样式
    private var _gradientStyle:GradientOverlayStyle; //渐变填充
    private function init():void{
        _satinStyle = new SatinStyle(0x000000, 0.6, 180, 19, 20);
        _satinStyle.invert = false;
        _satinStyle.contourBytes = new amberSatinBytes();
        var gradient:Gradient = new Gradient([0xFF0000, 0xFFFF00, 0x00FF00, 0x00FFFF, 0x0000FF, 0xFF00FF,
0xFF00000], [1, 1], [0, 42.5, 85, 127.5, 170, 221.5, 255], [0, 255]);
        _gradientStyle = new GradientOverlayStyle(1, gradient, false, null, "linear");
    }
```

17.5.3 图层效果简析

上面的代码中所使用的光泽等高线如图 17-23 所示。

至于高光，因为直接模拟斜面和浮雕的困难较大，所以我们尝试用擦除的模式来模拟。

图 17-24 展示了 Photoshop 中的斜面效果，可见它在高光区和阴影区都有光线反射，其中高光区与第 13 章的投影擦除斜角效果基本一致，而阴影区的大部分位置都包含了两条相互平行的反射光线，用双峰的渐变发光滤镜即可模拟出来，但为了体现出斜面的效果，渐变发光滤镜应当像高光区的投影滤镜一样，充当擦除层的角色。

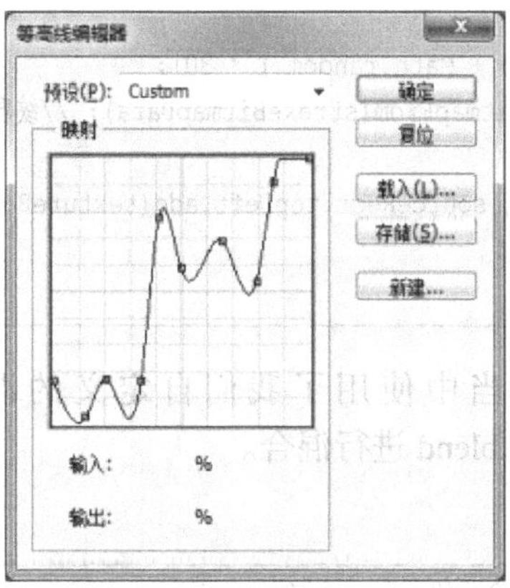

图 17-23 Photoshop 中的光泽等高线

图 17-24 Photoshop 中的斜面效果

至此，所有的技术难点都基本上得到解决，我们可以开始着手写代码了。

17.5.4 图层效果的 ActionScript 实现

除了描边之外，实现代码前面的部分跟之前的字体样式没有太大区别。

代码清单 17-70

```
var originSize:int = 80;
//字号要缩小的比例(为1时，字号是80)
```

```
    var scale:Number = fontSize / originSize;
    var extFormat:TextFormat = new TextFormat();
    extFormat.letterSpacing = 2;
    extFormat.leading = FontUtil.hasFont("微软雅黑") ? null : 4;
    var srcTextField:TextField = FontStyleGeneratorUtil.getTextField(text, textWidth / scale, true,
originSize, 0, extFormat);
    var sourceBitmapData:BitmapData = FontStyleGeneratorUtil.getTextBitmapData(srcTextField);
    var sourceRect:Rectangle = sourceBitmapData.rect;
    //由于设备字体很多时候带锯齿，故模糊一下（当然这做法并不规范，作者在此处偷懒了）
    sourceBitmapData.applyFilter(sourceBitmapData, sourceRect, _0pt, _smoothBlurFilter);
    var finalBitmapData:BitmapData = new BitmapData(sourceBitmapData.width + 10, sourceBitmapData.
height + 10, true, 0x00000000);
    var ct:ColorTransform = new ColorTransform();
    ct.color = 0xFFCC00;
    sourceBitmapData.colorTransform(sourceBitmapData.rect, ct);
    //设置描边，让边缘变得圆滑
    var strokeBitmapData:BitmapData = sourceBitmapData.clone();
    strokeBitmapData.applyFilter(strokeBitmapData.clone(), sourceRect, _0pt, _strokeFilter);
```

然后我们就逐个样式层地进行书写，忽略最终应用的投影滤镜，位于最底部的就是原始图层和纹理图层。

代码清单 17-71

```
    var total:int = 5; //进度总数
    //琥珀字体的基本组成：白色高光，纹理图案，渐变图层和投影
    finalBitmapData.copyPixels(sourceBitmapData, sourceRect, _0pt, null, null, true); //原始图层
    sendProgress(1, total);
    _satinStyle.angle = int(Math.random() * 4) * 90 + (30 + Math.random() * 30);
    var textureBdVo:BitmapDataVO = _satinStyle.getStyleBitmapFrom(strokeBitmapData); //纹理图案
    var textureBd:BitmapData = textureBdVo.bitmapData;
    finalBitmapData.copyPixels(textureBd, textureBd.rect, sourceRect.topLeft.add(textureBdVo.offset),
null, null, true);
    sendProgress(2, total);
```

然后就是实现渐变纹理的颜色混合了，这当中使用了我们自定义的混合模式 PhotoshopBlendMode.COLOR 并且通过 BitmapDataUtil.blend 进行混合。

代码清单 17-72

```
    _gradientStyle.scale = (sourceBitmapData.width < 200) ? 200 / sourceBitmapData.width : 1; //渐变层
    _gradientStyle.angle = Math.random() * 360; //angle随机，让每次都能获得角度不一样的渐变
    var gradientBdVo:BitmapDataVO = _gradientStyle.getStyleBitmapFrom(strokeBitmapData);
    var gradientBd:BitmapData = gradientBdVo.bitmapData;
    BitmapDataUtil.blend(finalBitmapData, gradientBd, PhotoshopBlendMode.COLOR); //使用颜色模式混合
    sendProgress(3, total);
```

最后自然就是位于最上层、实现质感的高光了。此处分为 3 层：用于反衬的内阴影、斜面高光区以及斜面阴影区。滤镜在前面都已经声明，此处我们直接调用即可。

代码清单 17-73

```
    applyFilter(strokeBitmapData, _innerShadowFilter); //内阴影（主要用途是突出高光）
    finalBitmapData.draw(_tempBm, _mt);
```

```
    sendProgress(4, total);
    var highlightBd:BitmapData = new BitmapData(sourceBitmapData.width, sourceBitmapData.height, true, 
0x00000000); //斜面高光部分
    applyFilter(sourceBitmapData, _highlightFilter);
    highlightBd.draw(_tempBm, _mt);
    applyFilter(sourceBitmapData, _highlightEraseFilter); //斜面高光擦除部分
    highlightBd.draw(_tempBm, _mt, null, BlendMode.ERASE);
    finalBitmapData.copyPixels(highlightBd, highlightBd.rect, _0pt, null, null, true);
    var shadowBd:BitmapData = new BitmapData(sourceBitmapData.width, sourceBitmapData.height, true, 
0x00000000); //斜面阴影部分
    applyFilter(sourceBitmapData, _shadowFilter); //斜面阴影擦除部分
    shadowBd.draw(_tempBm, _mt);
    applyFilter(sourceBitmapData, _shadowEraseFilter);
    shadowBd.draw(_tempBm, _mt, null, BlendMode.ALPHA);
    finalBitmapData.copyPixels(shadowBd, shadowBd.rect, _0pt, null, null, true);
    sendProgress(5, total);
```

如果大家觉得以上代码看起来不好理解的话，就可以重温第 13 章的相关内容。

最后应用投影的方法与上例一样。

代码清单 17-74

```
    //移除不用的 BitmapData
    sourceBitmapData.dispose();
    finalBitmapData = FontStyleGeneratorUtil.getClipBitmapData(finalBitmapData, scale, 0, 5, 5, 5);
    if(!isGif){
        //为加强效果，最终对整张位图再应用一次投影滤镜
        var finalClone:BitmapData = finalBitmapData.clone();
        finalBitmapData.applyFilter(finalClone, finalBitmapData.rect, _0pt, _totalShadowFilter);
        finalBitmapData.copyPixels(finalClone, finalClone.rect, _0pt, null, null, true);
    }
    return finalBitmapData;
```

至此，琥珀字体的每个样式层都已经用 ActionScript 实现出来了，效果如图 17-25 所示。

图 17-25 琥珀字体的运行效果

与上一例相比，本例成功填充上了视觉亮度较高的黄和绿，而且整体感并没有因为这两种颜色的介入而变得不协调。可见，利用颜色混合以后，色彩的可控性得到了有效的加强。

本例实际上是某 Photoshop 教程字体的简化版，原版的层级关系要复杂得多，不过总的来说都是一些体力活。受篇幅所限，我们就不再深入展开了。

对于应用了不少图层效果的 Photoshop 字体特效来说，我们还可以运用上面所学到的知识，在图层的级别上（目前我们做的是效果级别）封装一套图层效果的实现代码，有兴趣的读者可以自行完善。

17.6 松软可口的蛋糕字体

以上制作的几款字体样式，其表面都比较光滑，现在我们尝试制作表面相对粗糙的字体。第 11 章介绍的蛋糕字体就是个不错的例子，其中发光样式的抖动参数就是实现粗糙表面的关键所在。

17.6.1 色彩随机方案及基本选项设置

总的来说，蛋糕字体的饱和度和亮度都比较高，而且本身的色彩就已经比较多，因此我们不打算逐字进行颜色随机，而以整体随机代替。但测试时发现，整体随机有时并不能得到很好的色彩，所以最后我们决定在界面上设置附加选项，让用户决定是否随机颜色：

代码清单 17-75

```
package com.gemei.generator.styles{
    public class CakeFontGeneratorOptions extends AbstractFontStyleGeneratorOptions{
        override public function get name():String{
            return "蛋糕物语";
        }
        override public function get defaultFontSize():int{
            return 45;
        }
        override public function get otherOptionsEditorClass():Class{
            return CakeFontStyleOtherOptionsEditor;
        }
    }
}
```

17.6.2 图层效果和滤镜的初始化

本例的图层效果和滤镜在前面的章节都已经深入讲解过，此处不再赘述。

代码清单 17-76

```
    [Embed(source="assets/curve_cone.shc", mimeType = "application/octet-stream")]
    private var coneBytes:Class; //Photoshop 中的锥形等高线
    private var _outerGlowStyle:OuterGlowStyle; //外发光样式
    private var _innerGlowStyle:InnerGlowStyle; //内发光样式
    private var _gradient:Gradient; //本例用的是蜡笔系列渐变
    private var _adjustColor:AdjustColor; //调整色相的滤镜（只有当用户勾选【随机颜色】选项时才生效）
    private var _smoothBlurFilter:BlurFilter = new BlurFilter(1.5, 1.5);//消除锯齿滤镜
    private var _totalShadowFilter:DropShadowFilter = new DropShadowFilter(3, 60, 0x000000, 0.2, 5, 5,
1, 2); //最终要应用的投影滤镜
    private function init():void{
        _gradient = new Gradient([0xFCECB6, 0xF5C7B7, 0xEE9AAF, 0xDE7EAD, 0xFF65A9], [1, 1], [0, 64,
128, 192, 255], [0, 255], 1); //该数据来源于 Photoshop 中的渐变
        var contourBytes:ByteArray = new coneBytes();
        _outerGlowStyle = new OuterGlowStyle(1, 0, 0x000000, GlowStyleMethod.EXACT, 0, 16, null, false, 1);
        _outerGlowStyle.mode = GlowStyleMode.GRADIENT; //使用渐变模式的发光
        _outerGlowStyle.gradient = _gradient;
        _outerGlowStyle.contourBytes = contourBytes;
        contourBytes.position = 0;
        _innerGlowStyle = new InnerGlowStyle(1, 0, 0x000000, GlowStyleMethod.EXACT, GlowStyleSource.
CENTER, 0, 6, null, 1); //参数跟第 11 章中的设置一样
        _innerGlowStyle.mode = GlowStyleMode.GRADIENT; //使用渐变模式的发光
        _innerGlowStyle.gradient = _gradient;
```

```
        _innerGlowStyle.contourBytes = contourBytes;
        _adjustColor = new AdjustColor();
        _adjustColor.brightness = _adjustColor.contrast = _adjustColor.saturation = 0;
    }
```

需要特别指出的是，样式库在解析 ByteArray 的时候，游标会不断右移并且不会在解析完成以后自动重置。本例中的两个发光样式使用的是同一个等高线，因此我们需要在第一个样式解析完成后将 position 属性设置为 0（注意代码中加粗的部分）。

17.6.3 蛋糕字体的 ActionScript 实现

因为本例使用的图层效果较少，其复杂之处都在于它们的参数设置以及单个样式的算法，而这些内容我们都已经封装好了，所以外部的调用都显得比较简单。

但无论有多么简单，常规设置都依然是必不可少的一步。

代码清单 17-77

```
    override public function generateBitmapData(text:String, fontSize:int=36, textWidth:int=500,
isGif:Boolean = false, otherOptions:* = null):BitmapData{
        var originSize:int = 80;
        var scale:Number = fontSize / originSize;    //字号要缩小的比例（为1时，字号是80）
        var txtFmt:TextFormat = new TextFormat();
        txtFmt.letterSpacing = 8;
        var srcTextField:TextField = FontStyleGeneratorUtil.getTextField(text, textWidth / scale, true,
originSize, 0, txtFmt);
        var sourceBitmapData:BitmapData = FontStyleGeneratorUtil.getTextBitmapData(srcTextField);
    }
```

然后就可以进入正题了：用渐变发光样式（内+外）制作膨胀+抖动的效果。

代码清单 17-78

```
    //抖动值在0.03和0.15之间随机，从而使每次都能获得粗糙程度不同的蛋糕表面
    var rand:Number = 0.03 + Math.random() * 0.12;
    _outerGlowStyle.shaking = rand;
    _innerGlowStyle.shaking = rand;
    var outerBitmapDataVO:BitmapDataVO =  outerGlowStyle.getStyleBitmapFrom(sourceBitmapData);
    var outerBitmapData:BitmapData = outerBitmapDataVO.bitmapData;
    sendProgress(1, 3);
    var finalBitmapData:BitmapData = new BitmapData(outerBitmapData.width, outerBitmapData.height,
true, 0x00000000);
    finalBitmapData.copyPixels(outerBitmapData, outerBitmapData.rect, _0pt);
    var innerBitmapDataVO:BitmapDataVO = _innerGlowStyle.getStyleBitmapFrom(sourceBitmapData);
    var innerBitmapData:BitmapData = innerBitmapDataVO.bitmapData;
    finalBitmapData.copyPixels(innerBitmapData, innerBitmapData.rect,
_0pt.subtract(outerBitmapDataVO.offset), null, null, true);
    sendProgress(2, 3);
```

在本例中，我们为抖动参数设置了一定的随机范围（见红色高亮部分），从而使代码每次都

生成松软程度不同的蛋糕样式。至于为什么是 0.03 ~ 0.15，没什么好解释的，都是不断测试不同的数值，直到得出满意的效果为止。

经膨胀法处理之后，字符的笔划一般都会发生各种粘连。为确保文字清晰可辨，在第 11 章，我们在膨胀层（发光层）的上方添加一个原始图层，同时通过设置 HARDLIGHT 混合模式以加强融合度，此处继续沿用该方法。

代码清单 17-79

```
var mt:Matrix = new Matrix();
mt.tx = - 1 - outerBitmapDataVO.offset.x;
mt.ty = - 1 - outerBitmapDataVO.offset.y;
var originBitmapData:BitmapData = sourceBitmapData.clone();
originBitmapData.colorTransform(originBitmapData.rect, new ColorTransform(0, 0, 0, 0.6, 0xFF, 0x78, 0x00));
originBitmapData.applyFilter(originBitmapData, originBitmapData.rect, _Opt, new BlurFilter(3, 3));
finalBitmapData.draw(originBitmapData, mt, null, BlendMode.HARDLIGHT);
```

接下来我们为定制的附加选项【随机颜色】书写实现代码。做法很简单：先判断用户是否已勾选该选项，然后在对应的 if 语体内对 finalBitmapData 应用 ColorMatrix 滤镜进行调色。

代码清单 17-80

```
if(otherOptions && otherOptions.randomColor){
    _adjustColor.hue = Math.random() * 360 - 180;
    finalBitmapData.applyFilter(finalBitmapData, finalBitmapData.rect, _Opt, new ColorMatrixFilter
(_adjustColor.CalculateFinalFlatArray()));
}
sendProgress(3, 3);
```

最后自然也少不了添加投影滤镜的操作。

代码清单 17-81

```
finalBitmapData = FontStyleGeneratorUtil.getClipBitmapData(finalBitmapData, scale, 0, 5, 5, 5);
//为加强效果，最终对整张位图再应用一次投影滤镜
if(!isGif){
    finalBitmapData.applyFilter(finalBitmapData.clone(), finalBitmapData.rect, _Opt, _totalShadowFilter);
}
return finalBitmapData;
```

本例的运行效果如图 17-26 所示，为我们呈现了一款松软可口的蛋糕字体。

图 17-26　蛋糕字体的运行效果

17.7　基于自定义图层效果的高光字体

作为自定义图层效果的应用，本章的最后，我们不妨将高光水晶字体样式整合到本工具中，

具体的算法前面已经深入讲解过，此处不再详述。不过需要注意的是，高光点腐蚀半径的计算应该基于单个字符，如果把文本看作一个整体来进行腐蚀，那么右侧以及下方字符的高光将会被明显削弱（如图 17-27 所示），所以在制作本样式时，我们最好逐个字符地遍历处理（如果不想拆分字符，那也可以通过结合 getCharBoundries 方法来获取当前点所属的字符）。

本例是把某知名设计师制作出来的 LOGO 移植到代码上，因此色彩的搭配都经过专业人士的精雕细琢。为了更好地保留作品的原貌，我们不打算对它进行色调的变换。

图 17-27　把文本看作一个整体进行腐蚀的效果

17.7.1　基本选项设置

基本选项设置如下。

代码清单 17-82

```
package com.gemei.generator.styles{
    public class KnifeFontGeneratorOptions extends AbstractFontStyleGeneratorOptions{
        override public function get name():String{
            return "刀哥专属";
        }
        override public function get defaultFontSize():int     {
            return 42;
        }
    }
}
```

17.7.2　图层效果和滤镜的初始化

前面的例子我们都用 GlowFilter 实现描边，此处尝试使用基于自定义膨胀法的 StrokeStyle。滤镜和图层效果初始化的代码如下。

代码清单 17-83

```
private var _fillGradientStyle:GradientOverlayStyle;
private var _fillGradient:Gradient; //用于文本的渐变填充
private var _highlightGradientStyle:GradientOverlayStyle;
private var _highlightGradient:Gradient; //用于高光点的渐变填充
private var _highlightStyle:HighlightStyle; //自定义的高光图层效果
private var _strokeStyle:StrokeStyle;    //描边效果
private var _smoothBlurFilter:BlurFilter = new BlurFilter(1.5, 1.5);
private var _totalShadowFilter:DropShadowFilter = new DropShadowFilter(3, 45, 0x000000, 0.25, 4,
4, 1, BitmapFilterQuality.MEDIUM);
private var _blurFilter:BlurFilter = new BlurFilter(3, 3);
private function init():void{
    _highlightStyle = new HighlightStyle(0xFFFFFF, 1, 5, 1, true, 0, 0);
    _fillGradient = new Gradient([0xFBAB1B, 0xFCEA07], [1, 1], [0, 255], [0, 255]);
    _fillGradientStyle = new GradientOverlayStyle(1, _fillGradient, true);
```

```
        _highlightGradient = new Gradient([0xFFFFFF, 0xFFFFFF], [1, 0], [0, 255], [0, 255], 0.5);
        _highlightGradientStyle = new GradientOverlayStyle(0.85, _highlightGradient, true, null,
"linear", 90, 0.75);
        _strokeStyle = new StrokeStyle(10, StrokePosition.OUTER, 1, StrokeFillType.COLOR);
        _strokeStyle.color = new ColorOverlayStyle(0x1E4CA7);
    }
```

我们给图层效果的用途都写上了注释，所以正文部分不再阐述。

17.7.3 高光字体的 ActionScript 实现

第一步，还是按照字体样式的常规开发流程，将 TextField 转换为 BitmapData，不同的是，此处使用的描边较粗，因此我们给上下左右 4 个边缘都添加了 30 像素的边距。

代码清单 17-84

```
    var originSize:int = 80;
    //字号要缩小的比例（为 1 时，字号是 80）
    var scale:Number = fontSize / originSize;
    var extFormat:TextFormat = new TextFormat();
    extFormat.letterSpacing = 4;
    var srcTextField:TextField = FontStyleGeneratorUtil.getTextField(text, textWidth / scale, true,
originSize, 0, extFormat);
    var sourceBitmapData:BitmapData = FontStyleGeneratorUtil.getTextBitmapData(srcTextField, 30, 30, 30, 30);
    var finalBitmapData:BitmapData = sourceBitmapData.clone();
```

然后就开始逐字循环，其中大部分代码相信大家都比较熟悉了，所以我们不再给出太多的解释。但为了方便大家阅读，我们还是打算拆分成两部分：裁切位图和应用样式。

裁切位图的代码如下。

代码清单 17-85

```
    //循环 TextField 里的字
    for(var i:int  = 0, len:int = text.length; i < len; i++){
        //获得当前字所占的矩形区域
        var textRect:Rectangle = FontStyleGeneratorUtil.getRealCharBoundries(srcTextField, i);
        var char:String = text.charAt(i);
        if(!textRect || char == " " || char == "　" || char == "\n"){
            continue;
        }
        textRect.offset(30, 30);
        _mt.tx = _pt.x = textRect.x;
        _mt.ty = _pt.y = textRect.y;
        //将单个字的 BitmapData 给截取出来
        var sourceTextBd:BitmapData = new BitmapData(textRect.width + 10, textRect.height + 10, true, 0x00000000);
        sourceTextBd.copyPixels(sourceBitmapData, textRect, _0pt);
        //由于设备字体很多时候带锯齿，故模糊一下（当然这做法并不规范，作者在此处偷懒了）
        sourceTextBd.applyFilter(sourceTextBd, sourceTextBd.rect, _0pt, _smoothBlurFilter);
    }
```

应用样式的代码如下（注意：由于是逐字循环，因此以下代码仍然放在循环语体内）。

代码清单 17-86

```
    //前面我们已经测试过，数字和英文字母用 60 度角会好看一些
    var charCode:int = text.charCodeAt(i);
    _fillGradientStyle.angle = (charCode > 0 && charCode < 256) ? 60 : 90;
    var fillGradientBdVo:BitmapDataVO = _fillGradientStyle.getStyleBitmapFrom(sourceTextBd);
    var fillGradientBd:BitmapData = fillGradientBdVo.bitmapData;
    finalBitmapData.copyPixels(fillGradientBd, fillGradientBd.rect, _pt.add(fillGradientBdVo.offset),
null, null, true);
    //高光部分: 用不均匀腐蚀法实现
    var highlightBdVo:BitmapDataVO = _highlightStyle.getStyleBitmapFrom(sourceTextBd);
    var highlightBd:BitmapData = highlightBdVo.bitmapData;
    var highlightGradientBdVo:BitmapDataVO = _highlightGradientStyle.getStyleBitmapFrom(highlightBd);
    highlightBd = highlightGradientBdVo.bitmapData;
    finalBitmapData.copyPixels(highlightBd, highlightBd.rect, _pt, null, null, true);
    //移除不用的 BitmapData
    highlightBd.dispose();
    sourceTextBd.dispose();
    sendProgress(i + 2, len + 1);
```

以上代码只完成了高光的绘制，并未实现描边。考虑到描边用的是自己实现的方法，运行效率不如底层的好，我们最好把这部分也看作单独的进度进行计算，这也是我在循环里给 total 的 len 加上 1 的原因。

代码清单 17-87

```
    var strokeBitmapDataVo:BitmapDataVO = _strokeStyle.getStyleBitmapFrom(finalBitmapData); //实现描边
    var strokeBitmapData:BitmapData = strokeBitmapDataVo.bitmapData;
    strokeBitmapData.applyFilter(strokeBitmapData, strokeBitmapData.rect, new Point(), _blurFilter); //对
膨胀法产生的锯齿进行模糊操作
    var finalClone:BitmapData = finalBitmapData.clone();
    finalBitmapData.copyPixels(strokeBitmapData, strokeBitmapData.rect, strokeBitmapDataVo.offset, null,
null, true);
```

最后我们还是要加一下投影，这段代码相信大家早看腻了，所以不再解释。

代码清单 17-88

```
    finalBitmapData.copyPixels(finalClone, finalClone.rect, _0pt, null, null, true);
    finalBitmapData = FontStyleGeneratorUtil.getClipBitmapData(finalBitmapData, scale, 0, 5, 5, 5);
    if(!isGif){
        //为加强效果，最终对整张位图再应用一次投影滤镜
        finalBitmapData.applyFilter(finalBitmapData.clone(), finalBitmapData.rect, _0pt, _totalShadowFilter);
    }
    sendProgress(len + 1, len + 1);
    return finalBitmapData;
```

实现代码总算完成了，运行一下，好好欣赏自己的劳动成果吧（如图 17-28 所示）！

图 17-28　高光字体的运行效果

17.8 本 章 小 结

本章以质量优先为原则，为大家展示了各种字体样式的制作方法。与第 16 章的滤镜动画相比，本章所制作的字体更加细腻，质感更加强烈，甚至可与 Photoshop 制作出来的效果相媲美。

然而，受代码执行效率的影响，Photoshop 图层效果无法像 Flash 滤镜那样进行动画效果的制作。尽管我们可以通过 for 循环生成 GIF 动画，但那毕竟是序列图，无法与用户进行交互，生成后也无法重新对效果进行随机，ActionScript 乃至程序的优势无法充分发挥出来。

既然如此，我们就更应该把本章以及前两章所学到的知识结合起来，融会贯通，从而制作出 Photoshop 品质的 ActionScript 交互动画或者各种好玩的游戏。

第 18 章

美丽邂逅——为音乐游戏制作 Photoshop 品质的音乐浪花效果

本章我们就结合前 3 章所学的知识，制作一款高品质的动画效果。虽然本例所展示的只是一个相对纯粹的 ActionScript 动画，但其中所运用到的编程技术和思想，在游戏、网站等产品开发中同样适用。

比如音乐休闲游戏《High 歌溅舞》就是基于本章图像技术的一款游戏作品。有兴趣的读者可以通过访问以下链接玩到这款游戏（想在本书直接看到效果图的朋友，可以浏览本书开头的彩色插图页）：http//www.4399.com/flash/15.761.htm。

想要展现制作者的创意，加强成品的视觉冲击力，对于纯代码特效而言，使用粒子+鼠标交互将是一个相当不错的选择。然而，这类效果在互联网上已经数不胜数，各种运动轨迹以及交互模式都已经相当常见。因此，要制作出一款独创性很强、可以在众多动画效果中脱颖而出的作品，对于缺乏创意细胞的我来说，简直比登天还难。

于是我们尝试从鼠标粒子系统这种固有框架的约束中解放出来，加入一些额外的元素。在正式制作这款效果之前，我们先给大家简单分享下本章作品的灵感来源。

18.1 创作灵感与结构分析

18.1.1 创作灵感

笔者曾经非常喜欢玩音乐类的游戏，工作的时候也习惯一边听音乐一边写代码，有时甚至会跟着音乐打节拍。某天笔者在欣赏国外某款基于重力系统和鼠标单击驱动的粒子效果时，就不由自主地跟着自己所听的音乐，按歌曲的节奏点起了鼠标。

也正是这一无聊的举动，恰恰激发了笔者的创作灵感——我完全可以用音乐的节拍代替手动的鼠标单击。至此，音乐这一新元素就融入到传统的粒子系统中了（抱歉，我又使用了素材，不过音乐这种素材确实很美，难抵它的诱惑）。

另外，笔者还发现，虽然粒子效果已经相当普遍，但它们一般都以火焰或者烟雾为主题。根据亚里士多德的四元素说，世界万物都由土，水，气，火四种元素组成。既然火和气都已经被广泛使用了，那我们就试着换成另外的两种元素。考虑到该效果与音乐游戏结合，用水可以更好地体现出来，因此我最终将其定位为音乐的海浪效果。

由音乐和水这两个关键词，笔者很快就想到了坐落于澳大利亚、四面环海的音乐殿堂——悉尼歌剧院。于是，笔者以此为背景，让平静的海面随着歌剧院音乐的节奏掀起朵朵浪花，再为周边的元素配以饱和度较高的色彩，让整个场景为观众上演一曲青春明快的交响乐，给用户以电影般的试听体验。

不过，考虑到本例中的音乐并非由作者本人提供，而是通过用户选择自己喜爱的歌曲进行播放，直接引用歌剧院的素材可能不太适合诸如流行歌曲这样的音乐风格，笔者决定使用相对简单的线条来搭建一个立体的结构。

我们用音乐播放器中较为常用的歌名和艺术家信息等文字进行构建，效果如图 18-1 所示。

图 18-1　音乐海浪的运行效果

小提示

粒子效果的制作本身就是一门不简单的学问。受篇幅所限，我们无法在书上从零开始教大家制作粒子动画，不过笔者会在配套源码中给出两款相对简单的粒子实例源代码（效果如图 18-2 和图 18-3 所示），读者可以自行查阅。

此外，笔者的《从零开始学粒子》教程已经发布，欢迎大家前往以下链接进行学习：http://bbs.9ria.com/thread-402946-1-1.html。

图 18-2　粒子效果 1

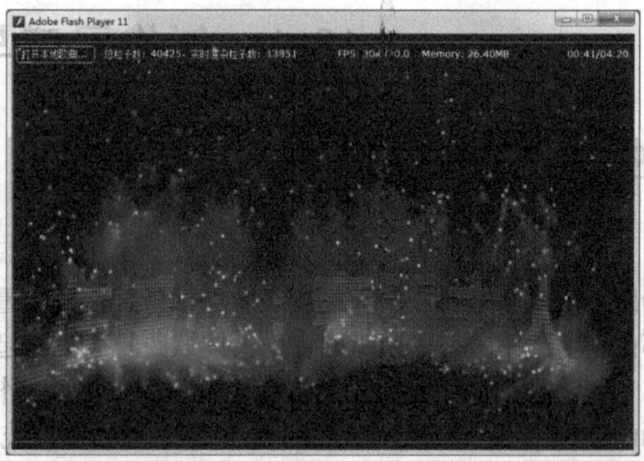

图 18-3　粒子效果 2

下面我们就来分析一下音乐海浪效果的结构组成。

18.1.2　基本的结构组成与实现方案

界面的尺寸定为 800*500，忽略 UI 部分，整个场景包含以下图层。

1）背景层，一个从深紫到纯黑的放射渐变。

2）海水层，一个海水流动的效果，会随着音乐的节奏变形，从而产生不同高度的波浪。

3）歌手层，显示歌手的信息，包括歌手名和歌牌图片。它们在三维空间上相互垂直，从而构建出基础的立体结构。

4）歌名层，显示于歌手名的前方，通过位置的错开加强整个场景的层次感。

5）倒影层，歌手和歌名的层在水下都有倒影层，它们应该都位于海水层的下方。受海水吸收光线的影响，倒影的 alpha 应该较原始图层小。另外由于折射等原因，倒影应随着海水的流动而发生一些小幅度的扭曲变形。

6）浪花水珠层，单纯的海水层变形很难表现出浪花飞溅的感觉，因此应该独立制作一些水花和水珠跳跃的效果。不过我们在此处没有花太多的工夫，比如深度排序，部分水珠应该被文字层挡住，但是我们并没有进行分层处理，毕竟这需要涉及较多的 3D 操作，而且每帧都要渲染。考虑到运行效率和开发难度等因素，我们把该层的图形都放在整个场景的最上方。

为加强文字和海浪在界面和听觉上的融合度，我们给文字加入与音乐波形同步的发光滤镜，从而营造出音响振动的效果。

从以上的分析可见，整个场景包含的元素比较多，而且要将每个元素都做得细致完美的话，我们要书写比较长的代码进行细节上的调整。为此，我们最好把每个元素的绘制代码都放在单独的类里，以提高代码的可读性。这些类都在生产 BitmapData，主场景会把它们整合到一张 BitmapData 中，得到最终的效果。受笔者水平所限，我们未能使用 GPU 加速的方案——通过 Starling 进行渲染，有兴趣的读者可以尝试进行优化。

限于篇幅，我们就不介绍 UI 部分的制作以及音乐加载的实现了，读者可以自行查阅配套源码中的源文件。不过值得一提的是，笔者在获取音乐文件的 ID3 标签（如歌名、歌手等信息）时，使用的是解析二进制数据的方法，通过读取文件内的编码信息以大幅降低 ID3 的乱码率，同时成功取出了 mp3 文件内的歌牌图片。在此非常感谢 leerowa 大大，他编写的解码类给予了我很大的启发：http://download.csdn.net/download/leerowa/389296。

我们在此基础上进行了一些完善，比如修正部分歌牌图片解析出错的 Bug，获取每个标签的正确编码，强化数据类型，优化 ID3 结构，等等。读者可以自行查阅配套源码中的 ID3Reader 类。

本例我们使用前面章节尚未涉及的 Flash Develop 进行开发，帧频率默认为 30。在接下来的讲解中，大家将会看到 Photoshop 算法跟滤镜动画相结合的一些技巧。

18.2 背景层的制作

背景层使用的是一个放射状渐变，用 beginGradientFill 即可完成，不过既然前面学习了 Photoshop 平滑渐变的算法，我们自然就要用它来提升图像的品质。

该层只需要在 swf 启动的时候绘制一次，此后无需进行任何调整，属于一劳永逸的事情，因此我们可以大胆使用自己封装的复杂算法，而不必担心运行效率的问题。

代码清单 18-1

```
package com{
    public class BackgroundBitmapData extends BitmapData {
        private var _gradient:Gradient;
        public function BackgroundBitmapData(width:int, height:int){
```

```
            super(width, height, false);
            var mt:Matrix = new Matrix();
            mt.createGradientBox(width * 1.8, height * 2, 0, - width * 0.3, - height * 0.7);
            _gradient = new Gradient([0x220045, 0x000000], [1, 1], [0, 255], [0, 255], 1);
            PhotoshopGradientUtil.getGradientBitmapData(PhotoshopGradientType.RADIAL, _gradient,
width, height, mt, "pad", this);
        }
    }
}
```

背景图片用的是第 17 章封装的渐变函数，所以此处需要书写的代码比较少。

18.3 水波层的绘制和实现流程

跟第 17 章介绍的水滴字体相似，水波层的实现核心仍然是科学家 Ken Perlin 的伟大发明——perlinNoise，对于倒影上的字体，我们会结合 DisplacementMapFilter 对其进行变形，但水波怎么办？该用什么图片进行置换呢？

18.3.1 基础水波图像的构建

事实上，我们只要调整好 perlinNoise 的参数，生成的噪声图像就可以直接作为水波来使用了。

例如，我们使用代码清单 18-2 所示的参数创建一张 800*275 的 BitmapData，就能得到如图 18-4 的效果，波光粼粼的水面效果基本成型。

代码清单 18-2

```
noiseBd.perlinNoise(80, 10, 8, new Date(), true, true, BitmapDataChannel.RED, true);
```

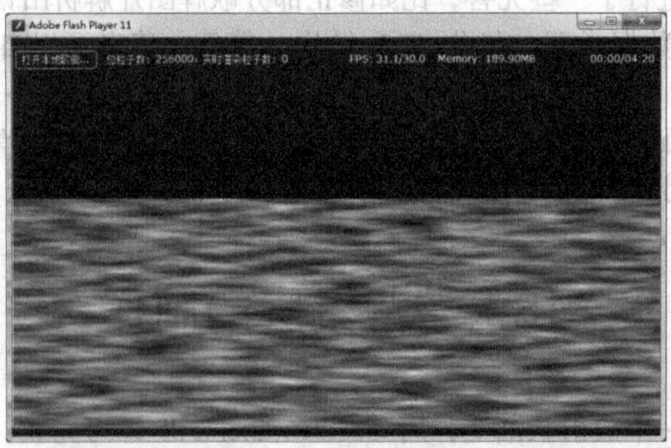

图 18-4 用 perlinNoise 创建的水波噪声图像

我们在这样的基础上进行调整，就可以得到想要的水波图像了。

18.3.2 水波效果的细节优化

首先，整体的颜色比较白，所以目前的效果更像丝绸、牛奶或者湖水。为了得到比较透明的海水效果，我们用 colorTransform 方法把 alpha 设置成 0.6，不过很显然，该方法会令水的光感有所减弱，但透明的感觉已经出来了，如图 18-5 所示。

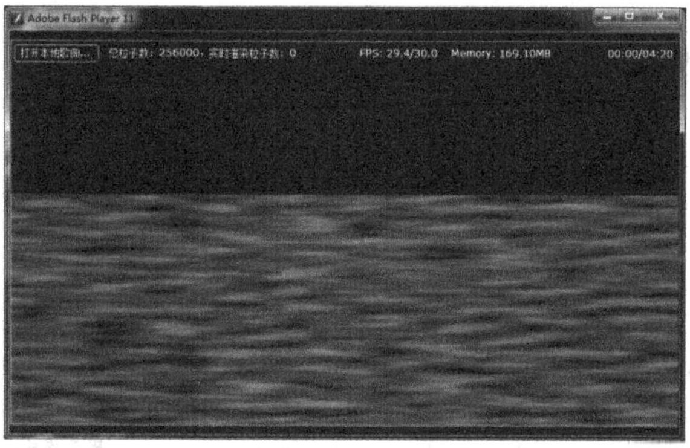

图 18-5　降低 alpha 后的效果

我们可以运用前面学过的 paletteMap、colorTransform、ColorMatrix 等方法加强图像的对比度以突出光感。不过此处为了提高水波跟其他元素的融合度，我们决定在运行时使用 blendMode 将水波图像混合到整个场景中。虽然此举对性能的损耗较大，但只要不使用基于 BitmapData 的自定义混合模式，最终渲染出来的动画还是比较流畅的，而且视觉效果也相当不错。

在 ActionScript 内置的混合模式中，加强对比度的主要有 OVERLAY 和 HARDLIGHT。它们的算法很接近，唯一不同的是前者以背景色作为判断颜色深浅的标准，后者则使用前景色。

本例的背景色比较暗，而且没有太强烈的对比，因此 OVERLAY 可以排除。

我们用 HARDLIGHT 模式混合到背景后，得到的效果如图 18-6 所示。

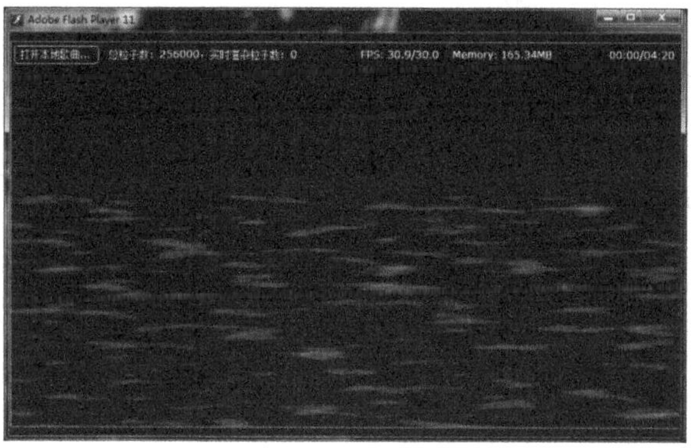

图 18-6　使用 HARDLIGHT 进行混合后的效果

清澈透明的感觉已经出来了，而且背景自身的渐变也跟海水得到了很好的融合，一派“秋水共长天一色”的景象。

不过，因为 BitmapData 是矩形，加上边缘没有进行羽化操作，所以海平面的水平线看起来过于笔直，略显生硬。

针对以上两个问题，我们进行如下的操作。

1）在边缘处加入透明渐变并且以 alphaBitmapData 的形式进行混合，即羽化效果。

2）简单的边缘模糊只能使水平线处的过渡变得自然些，而未能使直线变得弯曲。为此我们不妨再用 DisplacementMapFilter 对边缘进行适当扭曲。海水图像本身就由 perlinNoise 生成，因此使用的置换图不需要再用 perlinNoise，而可用简单的正弦波取代。

perlinNoise 的算法极其复杂，耗时较长，在第 17 章制作水滴字体的时候我们就已经小有体会。而本例所需的水波动画，无论是帧数还是面积，都远远高于制作水滴字体时的版本，因此它不适合实时渲染，应该在开始运行的时候就全部绘制好。

18.3.3 水波图像的 ActionScript 实现

与制作水滴字体一样，噪声图像的渲染操作应该放在子线程里进行。

水波类的基础变量如下。

代码清单 18-3

```
package {
    public class Main extends Sprite {
        private var _enterChannel:MessageChannel;            //用于接收前台消息的通道
        private var _progressChannel:MessageChannel;         //用于将后台进度发送给前台的通道
        private var _bitmapBytesChannel:MessageChannel;      //用于将后台生成的位图数据发送给前台的通道
        private var _completeChannel:MessageChannel;         //用于将处理完成的消息发送给前台的通道
        /*常用的一些数据类*/
        private var _ct:ColorTransform = new ColorTransform(1, 1, 1, 0.6);
        private var _0pt:Point = new Point();
        private var _mt:Matrix = new Matrix();
        public function Main(
            init();
        }

    }
}
```

init 函数主要用于创建线程交互用的通道，代码如下。

代码清单 18-4

```
private function init():void{
    _enterChannel = Worker.current.getSharedProperty("enterChannel");
    _enterChannel.addEventListener(Event.CHANNEL_MESSAGE, enterChannelMessageHandler);
    _bitmapBytesChannel = Worker.current.getSharedProperty("bitmapBytesChannel");
    _progressChannel = Worker.current.getSharedProperty("progressChannel");
    completeChannel = Worker.current.getSharedProperty("completeChannel");
}
```

只有 enterChannel 需要接收来自于主线程的消息（其他通道都是往主线程发消息），其监听函数的名称为 enterChannelMessageHandler。

代码清单 18-5

```
private function enterChannelMessageHandler(event:Event):void{
}
```

水波效果是通过循环代码生成的序列帧动画，但无论渲染的是第几帧，羽化效果、正弦扭曲相关的位图都可以共用，因此这部分可以放在循环以外。

代码清单 18-6

```
private function enterChannelMessageHandler(event:Event):void{
    var params:Object = _enterChannel.receive();
    var sinWaveDistortBd:BitmapData = new BitmapData(params.bdWidth, params.bdHeight, false, 0);
                                    //加入一定的正弦波扭曲，让水波表面不至于太过平整
```

```
        for(var xPos:int = 0; xPos < params.bdWidth; xPos ++){
            sinWaveDistortBd.fillRect(new Rectangle(xPos, 0, 1, params.bdHeight), Math.sin(xPos / params.bdWidth * Math.PI * 2) * 127 + 127);
        }
        /*用于羽化图像边缘的渐变形状*/
        _mt.createGradientBox(params.bdWidth, 10, -Math.PI * 0.5);
        var gradientBd:BitmapData = PhotoshopGradientUtil.getGradientBitmapData(PhotoshopGradientType.LINEAR, new Gradient([0xFFFFFF, 0xFFFFFF], [1, 0], [0, 255], [0, 255], 1), params.bdWidth, 10, _mt);
        var noiseBd:BitmapData = new BitmapData(params.bdWidth + params.scrollSpeed * 10, params.bdHeight);
    //生成水波噪声用的位图（之所以要加params.scrollSpeed * 10，是因为循环滚动在后面的一些像素中显得不太平滑（不平滑的原因尚未查明）
        var noiseBdRect:Rectangle = noiseBd.rect;   //因此要先把水波噪声图片做大些，然后再把多余的部分裁切掉
        var seed:int = new Date().time;             //让每次生成的水波样式都不一样
        /*在循环生成水波位图时用*/
        var offsets:Array = [];
        offsets[0] = _0pt.clone();
        offsets[1] = _0pt.clone();
        var copyPoint:Point = new Point(0, params.waveAmplitude); //留出50像素的空白以容纳水波跳跃时产生的波形
    }
```

此外，噪声图像的尺寸始终一致，所以我们也不必在循环里重复创建。

循环部分将共用前面渲染好的羽化效果及置换图像。

代码清单 18-7

```
    //计算需要生成的位图数量
    var bitmapCount:int = noiseBd.width / params.scrollSpeed + 1;
    for (var i:int = 0; i < bitmapCount; i ++){
        var waterBd:BitmapData = new BitmapData(params.bdWidth, params.bdHeight + params.waveAmplitude, true, 0x00000000);
        offsets[0].x = i * params.scrollSpeed;  //设置滚动偏移
        noiseBd.perlinNoise(80, 10, 8, seed, true, true, BitmapDataChannel.RED, true, offsets);
        noiseBd.colorTransform(noiseBdRect, _ct);
        noiseBd.copyPixels(noiseBd, new Rectangle(0, 0, params.bdWidth, 10), _0pt, gradientBd, _0pt);
                                                //加入10像素的羽化，使边缘看起来不会太突兀
        waterBd.copyPixels(noiseBd, noiseBdRect, copyPoint);
        //加入一定的正弦波扭曲，让水波表面不至于太过平整
        waterBd.applyFilter(waterBd, waterBd.rect, _0pt, new DisplacementMapFilter(sinWaveDistortBd, _0pt, 0, BitmapDataChannel.BLUE, 1, 5, DisplacementMapFilterMode.IGNORE));
        //传送前必须转为可共享的ByteArray（目前发现最方便的做法）
        var bitmapBytes:ByteArray = waterBd.getPixels(waterBd.rect);
        bitmapBytes.shareable = true;
        //每处理完一张图都向前台发送位图数据和进度消息
        _bitmapBytesChannel.send(bitmapBytes);
        _progressChannel.send( { finished: i + 1, total: bitmapCount } );
        waterBd.dispose();//数据传送出去之后，后台的副本就可以扔掉了
    }
    //把临时使用的一些位图数据移除掉
    noiseBd.dispose();
    sinWaveDistortBd.dispose();
    //将处理完成的消息发送给前台
    _completeChannel.send( { } );
```

循环操作结束后，就可以把临时数据清理掉并且向前端发送完成事件。

代码清单 18-8

```
//把临时使用的一些位图数据移除掉
noiseBd.dispose();
sinWaveDistortBd.dispose();
//将处理完成的消息发送给前台
completeChannel.send( { } );
```

本节的核心代码均已设置为加粗字体，其他部分主要都是跟初始化和多线程有关的操作，已经不是本章的重点了。

18.3.4 后续的处理

稍后与音乐波形同步时，水面可能会掀起一些向上凸起的水花，为了让位图的尺寸能容得下它们，不至于被裁剪掉，我们应该在最后给每张噪声位图的上边缘都加入了 50 像素的空白。

最终效果如图 18-7 所示。

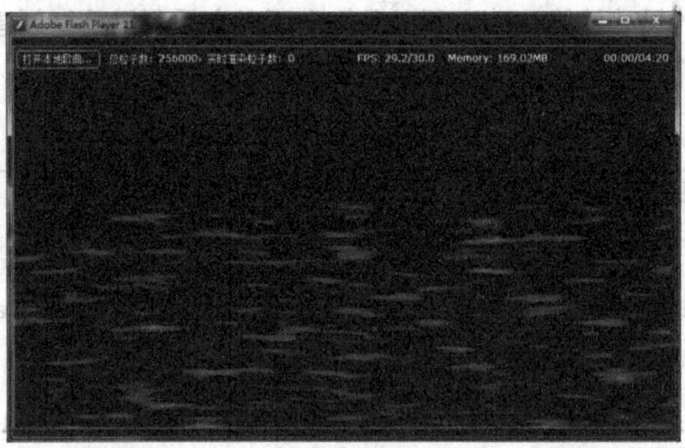

图 18-7 加入 alpha 蒙版和正弦扭曲后的效果

这些图像都在后台生成，然后传输到前端进行显示。受篇幅所限，前端接收的代码我们就不直接在书上给出了，读者可自行参阅配套源码中的源文件。

该水波在运行的时候不再发生变化，乍一看制作成位图素材似乎更加合适，因为这样做可以简化渲染的操作，减少用户的等待时间。但事实上，我们在 perlinNoise 中使用了 new Date().time 作为随机种子值。因此，使用代码的好处就在于，用户每一次打开该动画，看到的都是不同的水波效果，每一次都是全新的视觉体验。

18.4 歌名图片的制作

虽然歌名图片的层级高于歌手名的图片，但从预览效果可知，歌名的结构相对简单些，所以我们把歌名提到前面来讲。

歌名是一个使用了渐变填充的线框文本，为了提高效果的细腻度，我们使用 Photoshop 的平滑渐变算法并且以较细的描边实现较为细致的光丝效果。

18.4.1　线框效果的制作

我们将线框复制出多层并且错开一定的位置，以加强平面文字的层次感。

代码清单 18-9

```
    _gradient = new Gradient( [0x113EDF, 0x4523B6, 0x582199, 0xCC34D5], [1, 1, 1, 1], [0, 96, 160, 255],
[0, 96, 160, 255], 0.5);                    //从 Photoshop 导过来的渐变
    _main_txt.filters = [new GlowFilter(0x9966CC, 1, 1.5, 1.5, 3, 1, false, true)];
    _gradientBd && _gradientBd.dispose();
    _textBd.draw(_main_txt);
    var colorRect:Rectangle = _textBd.getColorBoundsRect(0xFFFFFFFF, 0x00000000, false);
    //将被挖空文本的 alpha 通道复制到渐变图像上，从而形成霓虹灯字体的效果
    _mt.createGradientBox(_main_txt.width, _main_txt.height * 0.5, Math.PI * 0.5);
    _gradientBd = PhotoshopGradientUtil.getGradientBitmapData(PhotoshopGradientType.LINEAR, _gradient,
_main_txt.width, _main_txt.height, _mt, SpreadMethod.REFLECT);
    _gradientBd.copyPixels(_gradientBd, _gradientBd.rect, _0pt, _textBd, _0pt);
    //复制多层并稍稍错开，增加字体的层次感
    var framesBd:BitmapData = new BitmapData(colorRect.width + 80, colorRect.height + 80, true, 0x00000000);
    for (var i:int = 0; i < 6; i ++){
        //加 40 是为了让模糊的部分显示完全
        _randomPt.setTo(40 + Math.random() * 4 - 2 - colorRect.x, 40 + Math.random() * 5 - colorRect.y - 2.5);
        framesBd.copyPixels(_gradientBd, _gradientBd.rect, _randomPt, null, null, true);
    }
```

以上代码实现出来的效果如图 18-8 所示。

图 18-8　渐变填充的线框文本

18.4.2　用随机的发光点加强光感

可见，单纯的蓝紫渐变并未能形成很强的光感，因此我们可以再随机添加一些亮度较高的光点，然后将光丝层作为 alpha 蒙版将线框以外的部分剔除掉。

代码清单 18-10

```
    var glowBd:BitmapData = new BitmapData(framesBd.width, framesBd.height, true, 0x00000000);
                                                    //再添加一些光点
    _glowGradient = new Gradient([0xFFFFFF, 0xFFCC99, 0xFF9900], [1, 0], [0, 64, 255], [0, 255], 0.2);
    var glowCount:int = colorRect.width / 10;       //根据文本宽度计算光点数量
    for (var n:int = 0; n < glowCount; n ++){
        var scale:Number = 0.5 + Math.random() * 0.5;
        var scaleKey:int = scale * 100;
        //使用了对象池的思想
        var currentGlowUnitBd:BitmapData = _glowCaches_vec[scaleKey];
        if (!currentGlowUnitBd){
```

```
            _mt.createGradientBox(20 * scale, 20 * scale);
            currentGlowUnitBd = PhotoshopGradientUtil.getGradientBitmapData(PhotoshopGradientType.RADIAL,
_glowGradient, 20 * scale, 20 * scale, _mt);
            _glowCaches_vec[scaleKey] = currentGlowUnitBd;
        }
        var randomCounter:int = 0;
        do{                                         //该循环是为了让光点都能附着于文本的轮廓线上
            _randomPt.setTo(40 + n * colorRect.width / glowCount, 40 + Math.random() * Math.sqrt(Math.random())
* colorRect.height);
            randomCounter ++;
        }while(framesBd.getPixel32(_randomPt.x + 10, _randomPt.y + 10) < 0x80000000 && randomCounter < 100)
        glowBd.copyPixels(currentGlowUnitBd, currentGlowUnitBd.rect, _randomPt, null, null, true);
    }
```

加上光点后的效果如图 18-9 所示。

光感确实得到了增强，但光点并非手动添加，因此位置的随机性较强。虽然我们做了一些设定让光点的分布相对均匀，但有些位置的亮度仍然较低。

图 18-9　添加随机发光点后的效果

18.4.3　通过混合模式加强光感

Photoshop 设计师在遇到这种问题的时候，都喜欢通过自增混合或者滤镜混合（详见第 6.5 节）来对效果进行加强。此处我们也使用类似的方法——模糊滤镜+滤色自增混合。

代码清单 18-11

```
    //复制一层霓虹灯字体，予以模糊滤镜，并以滤色模式叠加到原字体上以加强光感
    var blurFramesBd:BitmapData = framesBd.clone();
    //因为此处不用实时渲染，所以可大胆地把品质设置为高
    blurFramesBd.applyFilter(blurFramesBd, blurFramesBd.rect, _0pt, new BlurFilter(20, 20, BitmapFilter
Quality.HIGH));
    framesBd.draw(blurFramesBd, null, null, BlendMode.SCREEN);
    //感觉光感还不够强的话，可以再混合一次
    framesBd.draw(blurFramesBd, null, null, BlendMode.SCREEN);
```

经过以上处理以后，光感的增强就不再局限于光点集中的区域，整个光丝字体都被提亮了，如图 18-10 所示。

至此，歌名图像生成完毕。按理说，歌名 BitmapData 生产类的代码书写应该可以划上句号了。但我们知道，歌名的倒影就是降低以上图像的 alpha 并且进行翻转的结果，所以也应该在本类中进行实现。

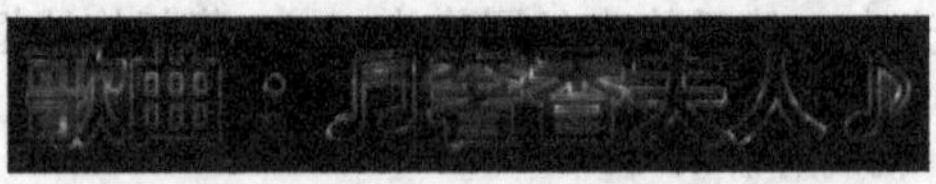

图 18-10　模糊滤镜+滤色自增混合的效果

18.4.4　倒影图像的绘制

有的读者可能会觉得降低 alpha 和翻转的操作完全可以放在外面进行，但以上两个看似简单的变换（尤其是位图翻转）却对性能的消耗比较大，最好不要实时渲染。所以在歌名的原始图像生成好以后，我们就马上在该类中把倒影的图像绘制出来。

代码清单 18-12

```
    var reflectBd:BitmapData = new BitmapData(framesBd.width, framesBd.height, true, 0x00000000);
    _mt.identity();
    _mt.d = -1;                           //制作倒影图像的第一步：对原始图像进行垂直翻转
    _mt.ty = framesBd.height;
    reflectBd.draw(framesBd, _mt);
    var reflectGlowBd:BitmapData = new BitmapData(glowTextBd.width, glowTextBd.height, true, 0x00000000);
    reflectGlowBd.draw(glowTextBd, _mt);
    //倒影的颜色应随着位置的下移，即海水深度的增加而逐渐变淡，因此需要创建倒影的淡出渐变
    _mt.createGradientBox(framesBd.width, framesBd.height, Math.PI * 0.5);
    _gradientBd.dispose();
    _gradientBd = PhotoshopGradientUtil.getGradientBitmapData(PhotoshopGradientType.LINEAR, _fadeOutGradient,
framesBd.width, framesBd.height, _mt);
    //将以上淡出渐变应用到被翻转的图像上，即得倒影图像
    reflectBd.copyPixels(reflectBd, reflectBd.rect, _0pt, _gradientBd, _0pt);
```

18.4.5　发光专用图层的制作

在音乐播放的过程中，我们会为歌名添加随音乐波形跳动的发光滤镜，但是，此处生成的文本图像是被挖空的线框文字，因此原始文本的内外侧都成了图像轮廓的外缘，外发光效果将同时出现在文本边缘的两侧（如图 18-11 所示），想要剔除其中一侧的发光将会是一件很困难的事情。至于内发光，效果将会是对线框进行上色（如图 18-12 所示），而无法制作出真正意义上的发光效果。

图 18-11　直接对线框设置外发光滤镜的效果

图 18-12　直接对线框设置内发光滤镜的效果

所以到最后，我们还需要为发光层专门绘制一张 BitmapData。

代码清单 18-13

```
    var glowTextBd:BitmapData = new BitmapData(_main_txt.width + 80, _main_txt.height + 80, true, 0);
    _main_txt.filters = [new BlurFilter(3, 3)];
    glowTextBd.draw(_main_txt, new Matrix(1, 0, 0, 1, 40 - colorRect.x, 40 - colorRect.y));
```

同时，倒影中的发光也不能忽略。

代码清单 18-14

```
    var reflectGlowBd:BitmapData = new BitmapData(glowTextBd.width, glowTextBd.height, true, 0x00000000);
    _mt.identity();
    _mt.d = 1;
    reflectGlowBd.draw(glowTextBd, _mt);
```

至此，与歌名相关的所有图像都已绘制完毕。我们可以看到，这个生产类包含了 4 张 BitmapData，因此该类不宜继承 BitmapData，而应该直接继承 Object 或者另外封装一个 VO 类来存放这些图像。

代码清单 18-15

```
package com{
    public class SongNameBitmapVO{
        public var normalBd:BitmapData;
        public var reflectBd:BitmapData;
        public var normalGlowBd:BitmapData;
        public var reflectGlowBd:BitmapData;
    }
}
```

小提示 不写 extends 的情况下，类默认继承 Object。

代码清单 18-16

```
package com {
    public class SongNameBitmapGenerator{
        //受篇幅所限，变量声明，初始化的代码不在书中给出，读者可以自行查阅配套源码中的源文件
        //将文本处理成 BitmapData
        public function getSongNameBitmapDataVO(text:String, maxWidth:int):SongNameBitmapVO{
            /*实现代码前面已经给出，此处不再重复*/
            var vo:SongNameBitmapVO = new SongNameBitmapVO();
            vo.normalBd = framesBd;
            vo.reflectBd = reflectBd;
            vo.normalGlowBd = glowTextBd;
            vo.reflectGlowBd = reflectGlowBd;
            return vo;
        }
    }
}
```

在主文件中，我们会把这个 VO 的 BitmapData 读出来并绘制到适当的地方。

歌名图片的代码就讲解到这里，下面我们开始讲歌手图片的制作。

18.5 歌手图片的制作

基本的制作思想与歌名图片相似，不同的是歌手图片是一个由相互垂直的两平面所构成的三维对象。理论上，制作这样的图像应通过 3D 矩阵和向量等方法来完成，受笔者水平所限，我们没有使用这些技术，而是通过最简单的 DisplayObject.rotationX 和 rotationY 属性来完成任务。

18.5.1 基础框架的构建——变量的组织

在绘制单个图层的时候，我们也只是通过对 DisplayObject 进行显示隐藏，然后结合 draw 方法来实现，其中几乎没有运用任何高级的 3D 算法和技巧。

代码清单 18-17

```
package com {
    public class SongArtistBitmapGenerator{
        [Embed(source = "../assets/defaultHead.png")]
        private var DefaultUserHead:Class; //默认歌牌
        private var _defaultUserHeadBd:BitmapData;
        private var _Opt:Point = new Point();//常用的数据类
        private var _mainContainer:Sprite; //主容器
        private var _mainPerspectiveProjection:PerspectiveProjection;
        /**歌牌存放地**/
        private var _artistPicContainer:Sprite;
        private var _artistPicSubContainer:Sprite;
        private var _artistPicSubReflectContainer:Sprite;
        private var _artistPicBd:BitmapData;
        private var _artistPicBm:Bitmap;
        private var _artistPicReflectBm:Bitmap;
        private var _artistPicLoader:Loader;
        /**********/
        /**歌牌遮罩**/
        private var _artistMaskShape:Shape;
        private var _artistMaskBd:BitmapData;
        /**********/
        /**文本框**/
        private var _main_txt:TextField;
        private var _main_txtContainer:Sprite;
        private var _main_txtSubContainer:Sprite;
        private var _main_txtSubReflectContainer:Sprite;
        private var _main_txtBd:BitmapData;
        private var _main_txtBm:Bitmap;
        private var _main_txtReflectBm:Bitmap;
        private var _main_txtFrameBm:Bitmap;
        private var _main_txtFrameReflectBm:Bitmap;
        /**********/
        public function SongArtistBitmapGenerator(){
            init();
        }
        private function init():void{
            _defaultUserHeadBd = new DefaultUserHead().bitmapData;
            initMainContainer();
            initMainTxtContainer();
            initArtistPicContainer();
            initArtistMask();
        }
}
```

18.5.2　基础框架的构建——3D 文本的绘制

这部分没有多少技术含量，用的全是基础属性 rotationX、rotationY。我们只要把相关的显示对象都加到同一容器上，就可以通过 BitmapData 的 draw 方法绘制出 3D 的图像。

代码清单 18-18

```
private function initMainContainer():void{
    _mainContainer = new Sprite();
    _mainPerspectiveProjection = new PerspectiveProjection();
}
```

下面我们就执行 initMainTxtContainer 函数，把相关的内容添加到_mainContainer 上。3D 文本包含原始图像和反射图像，它们都基于同一个 TextField。

代码清单 18-19

```
private function initMainTxtContainer():void{
    _main_txt = new TextField();
    _main_txt.selectable = false;
    var hasYaHei:Boolean = FontUtil.hasFont("微软雅黑");
    var format:TextFormat = new TextFormat(hasYaHei ? "Microsoft YaHei" : "SimHei", hasYaHei ? 72 : 80,
0xFFFFFF, true);
    _main_txt.defaultTextFormat = format;
    _main_txt.autoSize = TextFieldAutoSize.LEFT;
}
```

然后我们就可以在该文本的基础上创建原始图像了。

我们在 intiMainTxtContainer 函数后追加以下代码。

代码清单 18-20

```
_main_txtSubContainer = new Sprite();
_main_txtSubContainer.rotationX = - 15;
_main_txtSubContainer.rotationY = - 25;
_main_txtBm = new Bitmap();
_main_txtSubContainer.addChild(_main_txtBm);
_main_txtFrameBm = new Bitmap();
_main_txtSubContainer.addChild(_main_txtFrameBm);
```

反射图像的创建方法与之类似，只是要把 scaleY 乘以-1 并且适当降低 alpha 值。

代码清单 18-21

```
_main_txtSubReflectContainer = new Sprite();
_main_txtSubReflectContainer.rotationX = 15;
_main_txtSubReflectContainer.rotationY = - 25;
_main_txtReflectBm = new Bitmap();
_main_txtReflectBm.scaleY = - 1;
_main_txtSubReflectContainer.addChild(_main_txtReflectBm);
_main_txtFrameReflectBm = new Bitmap();
_main_txtFrameReflectBm.scaleY = - 1;
_main_txtFrameReflectBm.alpha = 0.4;
_main_txtSubReflectContainer.addChild(_main_txtFrameReflectBm);
```

最后我们把两个层都加到_mainContainer 上，因为懒得用计算的方法修正各种坐标，所以我们搞了很多层嵌套。

代码清单 18-22

```
_main_txtContainer = new Sprite();
_main_txtContainer.addChild(_main_txtSubReflectContainer);
_main_txtContainer.addChild(_main_txtSubContainer);
_main_txtContainer.x = 105;
_mainContainer.addChild(_main_txtContainer);
```

18.5.3　基础框架的构建——3D 歌牌的绘制

该部分的制作方法与 3D 文本相类似，只是把文字换成了图片。首先是原始图像，一开始它是张空白的 BitmapData。

代码清单 18-23

```
private function initArtistPicContainer():void{
    _artistPicBd = new BitmapData(100, 100, true, 0xFFFF0000);
    _artistPicSubContainer = new Sprite();      _artistPicSubContainer.x = 100;
    _artistPicSubContainer.y = 0;
    _artistPicSubContainer.rotationY = 50;
    _artistPicSubContainer.rotationX = -15;
    _artistPicSubContainer.filters = [new GradientGlowFilter(0, 0, [0x9710CD, 0x9710CD, 0x0032F1, 0x960037],
[0, 0.8, 0.8, 0.8], [0, 24, 97, 255], 10, 10, 1, BitmapFilterQuality.HIGH, BitmapFilterType.OUTER)];
    _artistPicBm = new Bitmap(_artistPicBd);
    _artistPicBm.x = - 100;
    _artistPicBm.y = - 100;
    _artistPicBm.alpha = 0.6;
    _artistPicSubContainer.addChild(_artistPicBm);
}
```

然后就是倒影部分了。

代码清单 18-24

```
_artistPicSubReflectContainer = new Sprite();
_artistPicSubReflectContainer.x = 100;
_artistPicSubReflectContainer.y = 0;
_artistPicSubReflectContainer.rotationY = 50;
_artistPicSubReflectContainer.rotationX = 15;
_artistPicSubReflectContainer.filters = [new GradientGlowFilter(0, 0, [0x9710CD, 0x9710CD, 0x0032F1,
0x960037], [0, 0.3, 0.3, 0.3], [0, 24, 97, 255], 10, 10, 1, BitmapFilterQuality.HIGH, BitmapFilterType.OUTER)];
_artistPicReflectBm = new Bitmap(_artistPicBd);
_artistPicReflectBm.x = -100;
_artistPicReflectBm.y = 100;
_artistPicReflectBm.scaleY = - 1;
_artistPicReflectBm.alpha = 0.2;
_artistPicSubReflectContainer.addChild(_artistPicReflectBm);
```

这两部分都创建好之后，我们就可以把它们都加到_mainContainer 上。

代码清单 18-25

```
_artistPicContainer = new Sprite();
_artistPicContainer.addChild(_artistPicSubReflectContainer);
```

```
_artistPicContainer.addChild(_artistPicSubContainer);
_mainContainer.addChild(_artistPicContainer);
_artistPicLoader = new Loader();
_artistPicLoader.contentLoaderInfo.addEventListener(Event.COMPLETE, completeHandler);
_artistPicLoader.contentLoaderInfo.addEventListener(IOErrorEvent.IO_ERROR, ioErrorHandler);
```

解析 mp3 的过程中，程序会读入歌牌图片，它一般是个 JPG 格式的 ByteArray，大家可以根据 JPG 文件格式说明书将其解码为 BitmapData，但我们更倾向于直接调用 Loader 的 loadBytes 方法，所以最后我们创建了一个 Loader 来完成后续的任务。

代码清单 18-26

```
_artistPicLoader = new Loader();
_artistPicLoader.contentLoaderInfo.addEventListener(Event.COMPLETE, completeHandler);
_artistPicLoader.contentLoaderInfo.addEventListener(IOErrorEvent.IO_ERROR, ioErrorHandler);
```

歌牌的图片为直角（相对圆角而言）矩形，经过 3D 扭曲之后，转角处可能会变得比较尖锐，容易给观众造成不安，所以我们不妨用圆角矩形代替。

实现的方法有很多种，此处我们用较为简单的遮罩来实现。

代码清单 18-27

```
//实现圆角的遮罩
private function initArtistMask():void{
    _artistMaskShape = new Shape();
    _artistMaskShape.graphics.beginFill(0x000000, 1);
    _artistMaskShape.graphics.drawRoundRect(0, 0, 100, 100, 10, 10);
    _artistMaskShape.graphics.endFill();
    _artistMaskBd = new BitmapData(100, 100, true, 0x00000000);
    _artistMaskBd.draw(_artistMaskShape);
}
```

总的来说，18.5.2 节和 18.5.3 节的 3D 效果都比较简单，因此我们可以先在 Flash IDE 中把具体的数值测试好，然后再往代码里写。

18.5.4 渐变线框效果的制作

歌名处我们使用了渐变叠加来实现上色，而歌牌和歌手则改用渐变发光滤镜，从而在方向上与歌名的文字区分开来。此处我们使用 Photoshop 的 OuterGlowStyle。

因为布局已经被上面这段长而简单的代码构建好，所以接下来的渲染位图操作就相对简单些了。

首先我们要做的是发光样式的声明和初始化。

代码清单 18-28

```
private var _glowStyle:OuterGlowStyle;
private function initGlowStyle():void{
    _glowStyle = new OuterGlowStyle(1, 0, 0x000000, GlowStyleMethod.SOFT, 0, 4, null, false, 0.5);
    _glowStyle.mode = GlowStyleMode.GRADIENT;
    _glowStyle.gradient = new Gradient([0x960037, 0x9966FF, 0x3300FF, 0x9710CD], [0, 0.4], [0, 24,
128, 255], [0, 24], 1);
}
```

接下来就跟歌名的做法一样，生成包含多个 BitmapData 的 VO 对象。不同的是，此处要做 loadBytes 的异步处理，因此无法在以上方法中直接把 VO 值返回出来，而需要监听加载完成事件，因此我们需要传入一个 onComplete 函数。

代码清单 18-29

```
    private var _onComplete:Function;
    public function getSongArtistBitmapDataVO(text:String, imgBytes:ByteArray = null,
onComplete:Function = null):void{
        _onComplete = onComplete;
    }
```

至于绘图部分，实现的思路和歌名部分相类似，所以不再给出详细的注释，但考虑到代码较长，我们还是做一下分段。

我们首先生成原始的文本位图。此处我们做了一下处理，如果歌手的名字较短，就在前面加上“歌手：”这 3 个字符，否则画面会不太协调。毕竟这些文字是场景的主角，它们的尺寸对整体的影响很大。

图 18-13 展示了歌手名较短时的效果，看起来有点头轻脚重的感觉。

图 18-13　歌手名较短时的效果

经测试，当英文字符数量小于 9 个（即中文字符数量小于 4.5 个）时，我们就有加长文字的必要。本例的歌手名设置为 72 号字，即 1 个英文字符约占 36 像素的宽度（当然了，这个算法不太精确）。换而言之，当文本宽度小于 36*9=324 时，我们就认为文字较短并在前面加上“歌手：”3 个字符。

> **小提示**　没有安装微软雅黑字体的机器会以黑体替代，此时字符的尺寸会有所变化。为确保问题宽度不受字体影响，我们没有以字符数量作为判断标准，而以 textWidth 代之。

代码清单 18-30

```
    _main_txt.text = text;
      //文本较短时，加上歌手二字，使文本长度与场景更加协调
      if(_main_txt.textWidth < 324){
        text = "歌手: " + text + "";
      }
      _main_txt.text = text;
    _main_txtBd && _main_txtBd.dispose();
    _main_txtBd = new BitmapData(_main_txt.width + 20, _main_txt.height + 10, true, 0x00000000);
      _main_txtBd.draw(_main_txt, new Matrix(1, 0, 0, 1, 10, 10));
```

原始文本绘制完成后，我们就可以制作线框效果了，具体做法与歌名图片基本一致，此处不再赘述。

代码清单 18-31

```
      var bitmapDataVo:BitmapDataVO = _glowStyle.getStyleBitmapFrom(_main_txtBd)
      var singleFrameBd:BitmapData = bitmapDataVo.bitmapData;
```

```
var textBd:BitmapData = new BitmapData(singleFrameBd.width + 40, singleFrameBd.height + 40, true, 0x00000000);
var framesBd:BitmapData = new BitmapData(singleFrameBd.width + 40, singleFrameBd.height + 40, true, 0x00000000);
for (var i:int = 0; i < 4; i ++){
    var pt:Point = new Point(20 + Math.random() * 4, 20 + Math.random() * 4);
    textBd.copyPixels(_main_txtBd, _main_txtBd.rect, pt, null, null, true);
    framesBd.copyPixels(singleFrameBd, singleFrameBd.rect, pt.add(bitmapDataVo.offset), null, null, true);
}
var colorRect:Rectangle = framesBd.getColorBoundsRect(0xFFFFFFFF, 0x00000000, false);
_main_txtBd.applyFilter(_main_txtBd, _main_txtBd.rect, _0pt, new GlowFilter(0xFF66FF, 1, 10, 10, 1, 3,
false, true));
_main_txtBd.applyFilter(_main_txtBd, _main_txtBd.rect, _0pt, new BlurFilter(4, 4, 3));
framesBd.draw(_main_txtBd, new Matrix(1, 0, 0, 1, 20, 20), null, BlendMode.SCREEN);
_main_txtBm.bitmapData = _main_txtReflectBm.bitmapData = textBd;
_main_txtFrameBm.bitmapData = _main_txtFrameReflectBm.bitmapData = framesBd;
_main_txtBm.y = _main_txtFrameBm.y = - colorRect.bottom + 2;
_main_txtReflectBm.y = _main_txtFrameReflectBm.y = colorRect.bottom - 2;
```

最后是歌牌部分。对于 mp3 来说，并非所有的歌曲都包含歌牌信息，所以我们参照了时下主流音乐播放器的做法，歌牌不存在时使用一张默认的头像图片（抱歉，我们又引用素材了，不过这张素材比较简单，真要追求纯代码的话可以自己用绘图 API 画出来）来填充歌牌的区域。

小提示 就目前来看，大部分的新歌都不再往 mp3 里放歌牌了。对于同一张专辑来说，里面的 mp3 一般都共用一张歌牌，如果每首歌都放置一份副本，那无疑会增大整张专辑所占用的磁盘空间。此外，在 mp3 里加入歌牌，可能会扰乱便携式 mp3 播放器对音乐文件的解析，导致歌曲无法正常播放。

代码清单 18-32

```
_artistPicLoader.unloadAndStop();        //及时卸掉不用的图片是个良好的编码习惯
if (!imgBytes || imgBytes.length == 0){
    outputArtistPic(_defaultUserHeadBd);
}else{
    _artistPicLoader.loadBytes(imgBytes);
}
```

18.5.5 歌牌图片的异步处理及输出

歌牌加载完成后，我们要做的就是将所需图像输出到一个 VO 结构中。

代码清单 18-33

```
private function ioErrorHandler(event:IOErrorEvent):void{
    outputArtistPic(_defaultUserHeadBd);
}
private function completeHandler(event:Event):void{
    outputArtistPic(event.target.loader.content.bitmapData);
}
```

加载完成、解析错误、图片数据不存在时都需要绘制歌牌图片（后面两种情况将绘制默认歌牌），所以我们把绘制歌牌的操作封装到一个名为 outputArtistPic 的方法中。

代码清单 18-34

```
private function outputArtistPic(bd:BitmapData):void{
}
```

值得一提的是，我们对 3D 透视系统的灭点坐标进行了调整，让它在 x 方向上对齐到显示对象的中心点，从而使整个 3D 框架看起来更加匀称；至于 y 方向，我们设置为-100，而非显示对象的正中心。此举可以一定程度上加强图像的透视感。

图 18-14　同一个三维图像在不同位置下的效果

图 18-14 展示了同一个三维图像在不同位置下的效果，其中灭点在舞台中央，可见对于本例而言，当图像的中心点对齐到灭点时，图像的透视结构最为合理。

以下代码展示了设置灭点坐标的方法。

代码清单 18-35

```
//调整透视系统
_mainContainer.transform.perspectiveProjection = null;
var bound:Rectangle = _mainContainer.getBounds(_mainContainer);
_mainPerspectiveProjection.projectionCenter = new Point(_mainContainer.width * 0.5 - bound.x, -100);
_mainContainer.transform.perspectiveProjection = _mainPerspectiveProjection;
var offsetMatrix:Matrix = new Matrix(1, 0, 0, 1, - bound.x, - bound.y);
```

透视参数设置完成后，我们就可以开始歌牌图片的绘制工作了。代码大部分是一些体力活，在输出的过程中，我们要记住哪些图层被隐藏过，哪些图层需要在绘制下一张 BitmapData 重新显示出来。说白了，此处最需要的就是耐心。

绘制共分 3 步。第 1 步是将歌牌的图片数据写入到_artistPicBd 中，使关联到该 BitmapData 的 Bitmap 对象都同步更新。

代码清单 18-36

```
//调整透视系统
_artistPicBd.lock();
var scale:Number = 100 / bd.width;
_artistPicBd.draw(bd, new Matrix(scale, 0, 0, scale), null, null, null, true);
_artistPicBd.copyPixels(_artistPicBd, _artistPicBd.rect, _0pt, _artistMaskBd, _0pt);
_artistPicBd.unlock();
```

第 2 步则绘制歌手名称的原始图层。

代码清单 18-37

```
//隐藏倒影层的内容，绘制出原始图层
var normalBd:BitmapData = new BitmapData(bound.width, bound.height, true, 0x00000000);
var normalGlowBd:BitmapData = new BitmapData(bound.width, bound.height, true, 0x00000000);
_main_txtSubReflectContainer.visible = _artistPicSubReflectContainer.visible = false;
_main_txtSubContainer.visible = _artistPicSubContainer.visible = true;
//原始图层还要区分发光层和线框层
_main_txtFrameBm.visible = true;
_main_txtBm.visible = false;
```

```
    normalBd.draw(_mainContainer, offsetMatrix);
    _main_txtFrameBm.visible = false;
    _main_txtBm.visible = true;
     normalGlowBd.draw(_mainContainer, offsetMatrix);
```

第 3 步自然就是把倒影层绘制出来了。

代码清单 18-38

```
    //隐藏原始图层的内容，绘制出倒影层
    _main_txtSubReflectContainer.visible = _artistPicSubReflectContainer.visible = true;
    _main_txtSubContainer.visible = _artistPicSubContainer.visible = false;
    var reflectBd:BitmapData = new BitmapData(bound.width, bound.height, true, 0x00000000);
    var reflectGlowBd:BitmapData = new BitmapData(bound.width, bound.height, true, 0x00000000);
    //倒影图层还要区分发光层和线框层
    _main_txtReflectBm.visible = false;
    _main_txtFrameReflectBm.visible = true;
    reflectBd.draw(_mainContainer, offsetMatrix);
    _main_txtReflectBm.visible = true;
    _main_txtFrameReflectBm.visible = false;
    reflectGlowBd.draw(_mainContainer, offsetMatrix);
    _main_txtSubContainer.visible = _artistPicSubContainer.visible = true;
```

至此跟歌手相关的图片全部绘制完毕，我们可以把生成的图像传入到回调函数中，等待外部进行后续的渲染处理了。

代码清单 18-39

```
    var outputVO:SongArtistBitmapVO = new SongArtistBitmapVO();
      var normalColorRect:Rectangle = normalBd.getColorBoundsRect(0xFFFFFFFF, 0x00000000, false);
                                                    //开始裁切操作
      var normalCutBd:BitmapData = new BitmapData(normalColorRect.width, normalColorRect.height, true, 0x00000000);
      var normalGlowCutBd:BitmapData = new BitmapData(normalColorRect.width, normalColorRect.height,
true, 0x00000000);
      normalCutBd.copyPixels(normalBd, normalColorRect, _0pt);
      normalGlowCutBd.copyPixels(normalGlowBd, normalColorRect, _0pt);
      outputVO.normalOffset = normalColorRect.topLeft;
      var reflectColorRect:Rectangle = reflectBd.getColorBoundsRect(0xFFFFFFFF, 0x00000000, false);
      var reflectCutBd:BitmapData = new BitmapData(normalColorRect.width, reflectColorRect.height, true,
0x00000000);
      var reflectGlowCutBd:BitmapData = new BitmapData(normalColorRect.width, reflectColorRect.height,
true, 0x00000000);
      reflectCutBd.copyPixels(reflectBd, new Rectangle(normalColorRect.x, reflectColorRect.y,
normalColorRect.width, reflectColorRect.height), _0pt);
      reflectGlowCutBd.copyPixels(reflectGlowBd, new Rectangle(normalColorRect.x, reflectColorRect.y,
normalColorRect.width, reflectColorRect.height), _0pt);
      outputVO.reflectOffset = new Point(normalColorRect.x, reflectColorRect.y);
```

但因为图片做过 3D 扭曲，所以原始图层和倒影图层的位置关系不再是原始层.y+原始层.height = 倒影层.y 这么简单了。为此我们还通过 BitmapData 的 getColorBoundsRect 方法生成一些度量的信息再进行输出。

代码清单 18-40

```
        //受笔者 3D 图像定位技术水平的影响，我无法通过计算得出 3D 旋转后应该如何对齐，所以此处用 getColorBoundsRect 方法获取文本的基线
        var testBaselineBd:BitmapData = new BitmapData(1, normalCutBd.height, true, 0x00000000);
        testBaselineBd.copyPixels(normalCutBd, new Rectangle(normalCutBd.width - 10, 0, 10, normalCutBd.height), _0pt);
        outputVO.baseline = testBaselineBd.getColorBoundsRect(0xFFFFFFFF, 0x00000000, false).bottom;
        _main_txtSubContainer.visible = _artistPicSubContainer.visible = true;
        _main_txtSubReflectContainer.visible = _artistPicSubReflectContainer.visible = true;
        outputVO.normalBd = normalCutBd;
        outputVO.normalGlowBd = normalGlowCutBd;
        outputVO.reflectBd = reflectCutBd;
        outputVO.reflectGlowBd = reflectGlowCutBd;
        testBaselineBd.dispose();
        normalBd.dispose();
        reflectBd.dispose();
        _onComplete && _onComplete(outputVO);
```

至此，场景的基本元素已绘制作好了。不过接下来，我们还需要准备与水花效果相关的图像。

18.6　水珠图像和水波置换图的准备

本例我们通过对水波图像进行局部的凸起扭曲来实现跳跃式的波浪效果，同时配以适当数量的水珠将浪花的感觉模拟出来。

18.6.1　水珠图像的制作和渲染分析

水珠图像的制作前面已有提及，方法比较简单，就是绘制好圆点，加入挖空的斜角/渐变斜角滤镜即可。

代码清单 18-41

```
package com{
    public class WaterDripBitmapData extends BitmapData{
        private var _dripShape:Shape;
        public function WaterDripBitmapData(width:int, height:int){
            super(width, height, true, 0x00000000);
            _dripShape = new Shape();
            //绘制两个圆，一个圆可能略显单调
            _dripShape.graphics.beginFill(0xFFFFFF, 1);
            _dripShape.graphics.drawCircle(1, 1, 1);
            _dripShape.graphics.endFill();
            _dripShape.graphics.beginFill(0xFFFFFF, 1);
            _dripShape.graphics.drawCircle(2.5, 2.5, 2.5);
            _dripShape.graphics.endFill();
            draw(_dripShape, new Matrix(width / 6, 0, 0, height / 6));
```

```
            applyFilter(this, rect, new Point(), new BevelFilter(4, 75, 0xFFFFFF, 0.75, 0xFFFFFF,
0.75, 4, 4, 1, 1, "inner", true));
        }
    }
}
```

因为本例的水珠始终在深色背景下渲染，所以我们没有加上内阴影一类的滤镜来做反衬。但实际应用的时候，这样的一张位图并未能满足制作的要求。

如图 18-15 所示，当两颗水珠重叠在一起的时候，如果只是简单地把两张水滴的图片放到一块，那效果将会很不自然。按照我们的生活常识，这种情况下两颗水珠应该合并为一颗。

不过话说回来，本例的效果水珠数量相当地多，如果一重叠就合并，那么结果将导致有些水珠的体积过大。此外，判断两颗水珠是否相交，需要进行像素级别的碰撞检测，在每帧都渲染的情况下，将会严重影响运行效率。

还记得第 17 章水滴字体的制作方法吗？我们并没有对单个水珠设置斜角滤镜，而是直接让水珠和文本在纯色状态下合并，最后再对整个图像应用一次斜角滤镜，生成出来的效果也相当不错。图 18-16 展示了使用该方案后两颗水珠的重叠效果，可见融合度较之前提高了不少。

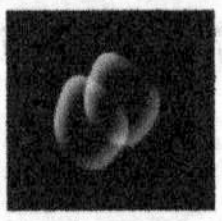

图 18-15　两颗水珠重叠在一起的效果

图 18-16　将两个水珠看成一个整体来应用滤镜的效果

现在我们继续沿用这一方案，斜角滤镜不在初始化的时候设置，因此最后一句 applyFilter 需要删除，滤镜的应用将放在外部进行。

18.6.2　水波置换图原理

在前面的章节中，我们给大家介绍了置换图的一些应用，但当时都只是一笔带过。考虑到此处的功能稍显复杂，我们简单介绍下置换的原理。

帮助文件对 DisplacementMapFilter 的原理描述如下。

```
dstPixel[x, y] = srcPixel[x + ((componentX(x, y) - 128) * scaleX) / 256, y + ((componentY(x, y) -
128) *scaleY) / 256]]
```

这当中较为关键的一个数值就是 128，即中性灰的颜色，如果令 componentX(x,y)和 componentY(x,y)都等于 128，则上面的公式就成了如下格式。

```
dstPixel[x, y] = srcPixel[x, y]
```

此时的被置换图像将会被原封不动地输出。下面我们来看看 componentX(x,y)和 componentY(x,y)的含义。

componentX(x, y) 是从 mapBitmap 属性获得 (x - mapPoint.x ,y - mapPoint.y) 处的 componentX 属性颜色值。

也就是说，它们等于置换图中指定像素点的颜色。也就是说，如果我们使用一张纯色中性灰的 BitmapData，即颜色通道值始终等于 128 的位图来进行置换的话，则被置换图像不会发生任何变化。

所以没有音乐波形触发即海面处于平静状态时，置换图应该是一张纯灰色的 BitmapData。

代码清单 18-42

```
_waveBd = new BitmapData(_bdWidth, _bdHeight * (1 - YPOS_PROPORTION) + _waveAmplitude, false, 0x808080);
```

这句代码在主类的初始化函数里执行，_bdWidth 和 _bdHeight 是舞台初始时的宽高，写成变量便于重用，以后主类里也会经常用到它们。

YPOS_PROPORTION 是一个比例值，代表海面水平线的 y 值所在的高度与场景总高度之比，具体数值可以根据个人的喜好进行调整，此处我们设置为 0.4。

_waveAmplitude 代表水波的最大振幅，此处设置成 50。

这张置换图的尺寸与水波图片的尺寸完全相等，下面回到原理分析。

如果 componentX(x,y)或者 componentY(x,y)不等于 128，那么结果会是怎样呢？

我们将最大值 255 代入到置换公式的 componentY 中，而 componentX 继续等于 128，简化后得到如下结果。

```
dstPixel[x, y] = srcPixel[x, y + 0.5 * scaleY]
```

scaleX 和 scaleY 是 DisplacementMapFilter 中的属性，代表 x 和 y 方向的缩放比率。为便于讨论，此处我们不妨给 scaleY 取一个大于 0 的数，比如 10，那么，被置换后，y 点的颜色就等于置换前图像在 y+5 处的颜色。换而言之，当前点会将源图像下方 5 像素的颜色显示出来，也就是把 y+5 点处的颜色提升到 y 点处，结果就是使图像向上偏移或者扭曲。

同理，如果 componentY(x,y)取一个小于 0 的数，比如 0，那么结果就是如下所示。

```
dstPixel[x, y] = srcPixel[x, y - 0.5 * scaleY]
```

从以上的分析可知，此时的图像应该向下滑动或扭曲。

对于水波而言，水花的高度应在水面之上（虽然不排除边缘部分的高度会略有下降），所以我们应该在需要产生水花的位置填充上一张面积不大的白色置换图，称之为置换图单元。

当然了，全不透明的纯白位图绝对不能满足要求，对于纯色的置换图来说，其 y 值的偏移量处处相等，因此结果必然是像素的整体偏移和错位，而非一个自外而内逐渐扭曲至最高点的波形。

因此，置换图单元的色彩应该呈现出渐变的趋势。因为波形的高度从外到内逐渐增大，所以使用白色的 alpha 放射渐变就非常合适了。

18.6.3 水波置换图单元的制作

从 18.6.2 节的讨论可知，水波置换图最好做成放射渐变。不过，为了让水波的形状更加丰富，我们制作了 3 种置换图单元。

1）加入焦点偏移的平滑放射渐变，使用偏移的好处是使最高点不出现在波形的正中心，看起来更加自然。

2）自定义一个锐化的放射渐变，该渐变对普通渐变的趋势线进行向下弯曲的操作，使整个波形看起来比较尖锐，从而与真实水花的形态更加吻合。

3）螺旋渐变，使用它可以加强波形的扭曲程度。

这 3 种渐变的代码如下。

代码清单 18-43

```
_waveGradients = new Vector.<IPSGradient>(3, true);
//加入0.3的焦点偏移，是为了让波形看起来不要过于对称
_waveGradients[0] = new CustomRadialGradient( -0.3, false);
```

```
_waveGradients[1] = new SharpRadialGradient();
_waveGradients[2] = new SpiralGradient(180);
```

代码中，SharpRadialGradient 的算法为。

代码清单 18-44

```
package com{
    public class SharpRadialGradient extends AbstractPSGradient{
        override public function getPos(x:int, y:int):int{
            var gs:int = PhotoshopGradientUtil.DEFAULT_GRADIENT_SIZE;
            var dis:Number = Math.sqrt(x * x + y * y) * 2;
            dis /= gs;
            dis = Math.sqrt(dis);
            dis *= gs;
            return dis;
        }
    }
}
```

定义好这三种渐变以后，我们就可以通过循环把这些渐变的置换图单元创建出来。

代码清单 18-45

```
_colorGradient = new Gradient([0xFFFFFF, 0xFFFFFF], [1, 0], [0, 255], [0, 255]);
var matrix:Matrix = new Matrix();
matrix.createGradientBox(WAVE_UNIT_WIDTH, WAVE_UNIT_HEIGHT);
_waveUnitBds = new Vector.<BitmapData>(3, true);
for (var i:int = 0; i < 3; i ++){
    _waveUnitCaches_vec[i] = new Vector.<BitmapData>(101, true);
    _waveUnitBds[i] = PhotoshopGradientUtil.getCustomGradientBitmapData(_waveGradients[i],
_colorGradient, WAVE_UNIT_WIDTH, WAVE_UNIT_HEIGHT, matrix);
}
```

这三种渐变的效果如图 18-17 所示。

我们可以看到，螺旋渐变的边缘并没有自然淡出，因为螺旋的渐变方式并非从内到外。为此，我们需要加入一个 alpha 蒙版。

图 18-17　水波置换图单元的效果

代码清单 18-46

```
var circleBd:WaveCircleBitmapData = new WaveCircleBitmapData(WAVE_UNIT_WIDTH, WAVE_UNIT_HEIGHT);
_waveUnitBds[2].copyPixels(_waveUnitBds[2], _waveUnitBds[2].rect, _0pt, circleBd, _0pt);
```

WaveCircleBitmapData 的代码如下，它绘制了一个纯色的圆并且以模糊的方式来羽化边缘。

代码清单 18-47

```
package com{
    public class WaveCircleBitmapData extends BitmapData{
        private var _waveShape:Shape;
        public function WaveCircleBitmapData(width:int, height:int){
            super(width, height, true, 0x00000000);
            _waveShape = new Shape();
            _waveShape.graphics.beginFill(0x000000, 1);
```

```
                _waveShape.graphics.drawEllipse(width * 0.1, height * 0.1, width * 0.8, height * 0.8);
                _waveShape.graphics.endFill();
                draw(_waveShape);
                applyFilter(this, this.rect, new Point(), new BlurFilter(width * 0.2, height * 0.2));
            }
        }
    }
```

经过这样的处理以后，螺旋渐变位图就被应用上经羽化处理的圆形蒙版了，如图 18-18 所示。

置换图单元已经准备好，在音乐播放的时候，我们会把这些图像单元附加到置换图的适当位置上。

为了增强可控性，我们不直接在纯中性灰的 waveBd 上绘制这些图像单元，而是创建一张完全透明、尺寸跟 waveBd 相等的 BitmapData。

图 18-18　应用了蒙版后的螺旋渐变

代码清单 18-48

```
    _waveTransparentBd = new BitmapData(_bdWidth, _bdHeight * (1 - YPOS_PROPORTION) + _waveAmplitude,
true, 0x00000000);
```

至此，所有元素都已准备就绪，下面我们开始我们在主场景中进行绘制。

18.7　波形数据的分析与置换图的绘制

18.7.1　波形数据的生成与存储

受篇幅所限，选择歌曲、音频解码方面的代码就不在书中直接贴出了，我们直接从 enterFrameHandler 开始讲解。

代码清单 18-49

```
    //歌曲播放过程中持续调度
    private function enterFrameHandler(event:Event):void{
        _channel && _sound && _musicUIView.showTime(_channel.position, _sound.length);
        _musicUIView.showFps();
        generateWaveData();
        drawBmp();
        saveWaveData();
    }
```

以上代码的重点在于 drawBmp 方法，里面完成了所有的实时渲染操作。而位于它上方和下方的分别是音乐波形数据的生成和存储。

存储波形数据的作用在于绘制波形的时候与上一帧的数据进行比较，只有在当前帧的波形数值大于上一帧对应的数值时，海面上才会掀起朵朵跳动的浪花，否则水波应该逐渐平伏至静止状态。

获取音乐波形数据的方法名叫 SoundMixer.computeSprectrum，它返回的是一个长度为 512 的 ByteArray，其中前 256 个数代表左声道，后 256 个数代表右声道。对于本例而言，如果每个数字都进行比对而且都生成波浪的话，那么在宽度为 800 的界面上，一帧最多可以产生 512

朵水花，而每朵浪花的宽度能达到 100。可想而知，水花的密度会是多么地大，场景将会何其拥挤。

为了解决这一问题，我们不妨对波形数据进行分组，每组 32 个数，用于计算波形高度的是这组数字的总和。这样，波形的数量就由原来的 512 个降低至 512/32=16 个，对于本例而言，这样的数量会合适很多。

代码清单 18-50

```
//生成波形数据
private function generateWaveData():void{
    _waveBytes.clear();
    SoundMixer.computeSpectrum(_waveBytes);
    for (var i:int = 0; i < 16; i ++){
        var value:Number = 0;
        for (var j:int = 0; j < 32; j ++){
            value += _waveBytes.readFloat();
        }
        _thisWaveVec[i] = value;
    }
}
//保存当前的波形数据，以便跟下一帧的波形进行对照
private function saveWaveData():void{
    for (var i:int = 0; i < 16; i ++){
        _lastWaveVec[i] = _thisWaveVec[i];
    }
}
```

18.7.2 置换图的绘制与优化

下面我们就进入到最核心的部分——drawBmp 的实现了，该方法不带任何参数。

代码清单 18-51

```
//渲染主位图
private function drawBmp():void{
    _mainBd.lock();                                    //操作前先锁定位图
    var renderParticleCount:int = 0;                   //记录被实时渲染的粒子数量
    var totalParticleCount:int = 0;                    //记录粒子总数量
    _mainBd.copyPixels(_bgBd, _bgBd.rect, _0pt);  //填上背景色，开始重绘
    for (var i:int = 0; i < 16; i ++){
        //如果两次的波形数值差足够大，则触发水珠跳跃动作
        if (_thisWaveVec[i] - _lastWaveVec[i] > 4){
        }
    }
    //解锁位图以更新界面
    _mainBd.unlock();
}
```

我们声明了两个用于存储粒子数量的变量。对于开发人员来说，显示出这些内容有助于对我们的代码性能进行更为准确的评估和分析。

然后我们在 mainBd 里绘制上背景图像，它始终位于最下层并且始终不会变。

在这段代码中，如果 if 内的条件成立，则触发生成水波的动作。所以下面我们就在 if 内书写代码。

首先计算出水花应该出现的位置。16 朵水花，平均分配到 800 宽度中，每一朵的间距就是 800/16。不过，为了让水花的间距不至于太过整齐，我们加入了随机因子 Math.random()*32，同时在 y 方向上完全随机。

代码清单 18-52

```
_proportion = 16 / _bdWidth;
var xPos:int = i / _proportion + Math.random() * 32;  //根据波形数据索引算出需要触发跳跃的位置，并加入随机因子
var yPos:int = _waveAmplitude + Math.random() * (_bdHeight * (1 - YPOS_PROPORTION) + _waveAmplitude * 2);
                                                        //y 坐标位置在水波范围内随机
```

然后就要计算出生成的水波高度了，它应与波形数值前后两帧的差成正比。另外，因为它通过透明渐变的置换图控制，所以其最大值始终等于 1。

代码清单 18-53

```
var singleAmplitue:Number = Math.min(1, (_thisWaveVec[i] - _lastWaveVec[i]) / 32); //根据波形数值
差算得波形扭曲置换图的 alpha (波形数值差越大，置换图的色彩就越浓，alpha 也就越大
var waveUnitAlpha:Number = singleAmplitue;
```

再下一步，我们根据上面计算好的高度，将指定透明度的置换图单元绘制到波形置换图上。最简单便捷的方法就是通过 draw 方法的 colorTransform 参数进行实现，但前面的章节已经提到，draw 是一个非常耗性能的操作，因此不宜在实时渲染中使用。

此时，我们可以先对置换图单元进行 colorTransform 操作，然后再用效率相对高的 copyPixels 方法实现绘制。但很遗憾的是，colorTransform 对 CPU 的消耗也不少。

其实对于 alpha 来说，精确到两位小数就足够了。也就是说，由始至终我们只需要用到 0.00 ~ 1.00 共 100 种不同 alpha 值的置换图单元，我们完全可以在初始化的时候就绘制好。

不过，为了减少初始化时用户的等待时间，我们使用对象池的方式进行置换图单元的缓存。

> **小提示** 以此处为例，所谓“对象池”，就是指一开始不创建任何图像，需要的时候就进行创建并且缓存到一个所谓的“池”里面，下次要再使用该图像时可直接从“池”中获取，无需再重复创建。

代码清单 18-54

```
/**波形扭曲置换图的标识符**/
var waveKey:int = waveUnitAlpha * 100;
var randomKey:int = Math.random() * 3;
/**********/
var waveUnitBd:BitmapData = _waveUnitCaches_vec[randomKey][waveKey];
//找不到就创建一个新的 (对象池的思想)
if (waveUnitBd == null){
   waveUnitBd = _waveUnitBds[randomKey].clone();
   _ct.alphaMultiplier = sqrtWaveUnitAlpha;
   waveUnitBd.colorTransform(waveUnitBd.rect, _ct);
   _waveUnitCaches_vec[randomKey][waveKey] = waveUnitBd;
}
_waveUnitPt.setTo(xPos - HALF_WAVE_UNIT_WIDTH, yPos - HALF_WAVE_UNIT_HEIGHT);
_waveTransparentBd.copyPixels(waveUnitBd, waveUnitBd.rect, _waveUnitPt, null, null, true);
```

18.7.3 置换图的后续处理

如前所述，置换图需要以中性灰作为基础背景，因此在 for 循环执行完以后，我们需要将透明的位图绘制到灰色背景之上。

代码清单 18-55

```
_waveBd.fillRect(_waveBdRect, 0x808080);
_waveBd.copyPixels(_waveTransparentBd, _waveBdRect, _0pt, null, null, true);
```

如果将 waveBd 赋予到一张 Bitmap 并添加到舞台上，则随着音乐节奏的响起，该图像将会被击打出一个个白色的圆形光晕，如图 18-19 所示。

因为没有再执行其他的操作，所以这些光晕在绘制到 waveTransparentBd 以后将会永久存在。不难想象，随着时间的推移，这些光晕会越积越多，哪怕音乐停止了也不会逐渐消失，最终整张置换图将趋向于纯白色，如图 18-20 所示。

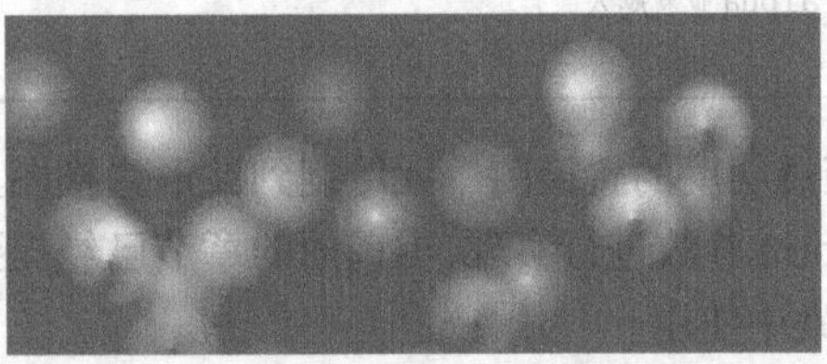

图 18-19　置换图的运行效果

图 18-20　置换图随着时间推移的效果变化

根据置换图的作用原理，它将会使水波图像呈现出整体上移的趋势，也就是涨潮的效果，跟预期的想法并不一致。

因此，我们需要有个操作，使置换图的色彩逐渐回复至中性灰的状态，也就是让变化的部分——_waveTransparentBd 恢复至完全透明。

实现该功能的做法不止一种，比如我们可以通过设置 colorTransform 的 alphaOffset 为一个负数，使位图的 alpha 值每帧都有所下降，也可以通过 BlurFilter 使浓度较深的色彩逐渐向外扩散直至消失。

相比之下，后者的效果会更加自然，毕竟 colorTransform 对每个像素都进行相同的线性淡出，看起来会略显生硬。不过，因为模糊用的是均值滤波法，所以图像的色彩总浓度不会因为模糊而明显下降(只有边缘部分的像素因为扩散到图像以外才略有减小)，所以淡出的速度较慢。为此，我们不妨双管齐下，把 colorTransform 也应用到置换图中。

代码清单 18-56

```
_waveBlurFilter = new BlurFilter(6, 6);
_waveTransparentBd.applyFilter(_waveTransparentBd, _waveBdRect, _0pt, _waveBlurFilter);
_waveColorTransform = new ColorTransform(1, 1, 1, 1, 0, 0, 0, -2);
_waveTransparentBd.colorTransform(_waveBdRect, _waveColorTransform);
```

追加以上代码后，运行效果如图 18-21 所示，置换图单元将随着时间的推移而逐渐淡出，应用到水波图像后，海浪也将因此得以平伏。

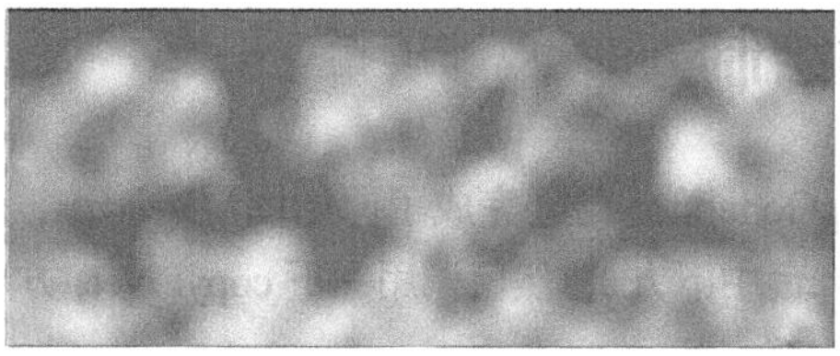

图 18-21　每帧都应用模糊滤镜和 ColorTransform

18.7.4　将置换图应用到水波上

下面我们就通过以下代码来看一下置换图应用到水波图像上的效果。

代码清单 18-57

```
//创建一个副本
var waterBd:BitmapData = _waterCaches_vec[_offsetX].clone();
//并且将音乐波形的扭曲置换应用上去
waterBd.applyFilter(waterBd, waterBd.rect, _0pt, _waveFilter);
//用 hardLight 模式绘制到舞台上，突出水波的高光和暗面
_mainBd.draw(waterBd, _waterMatrix, null, BlendMode.HARDLIGHT);
```

代码中_waterCaches_vec 用于存储通过子线程创建出来的水波图像。

效果如图 18-22 所示。为便于对照，我们再给出一张应用置换图之前的水波图像，如图 18-23 所示。

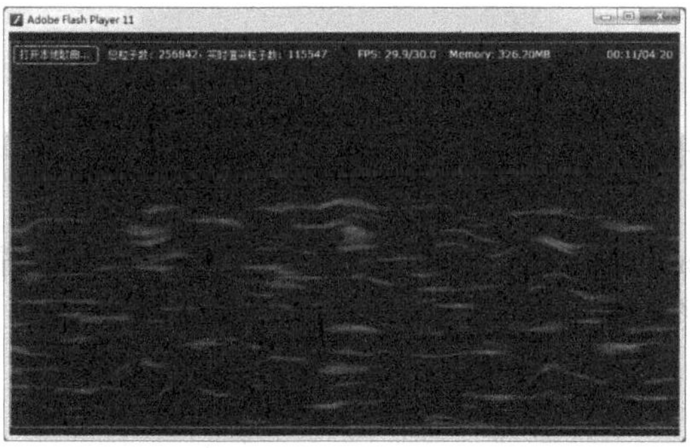

图 18-22　将置换图应用到水波图像上

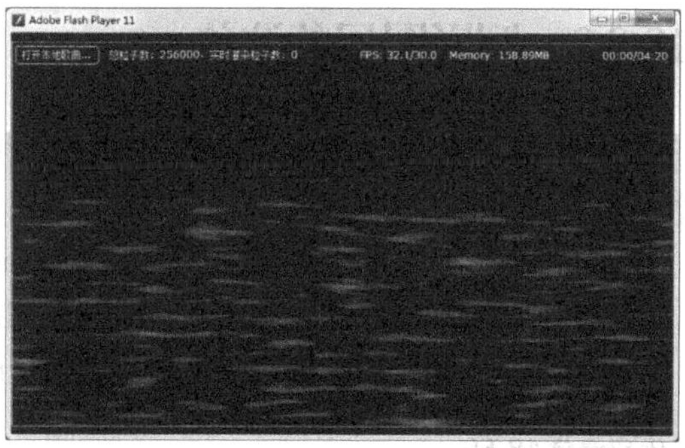

图 18-23　应用置换图之前的水波效果

然后就应该搭配上水珠了，不过水珠属于粒子系统的内容，略显复杂，所以我们先介绍歌曲信息图片绘制到主场景上的方法。

18.8　歌曲信息图像的渲染

歌曲信息包含歌曲标题与歌手名字两部分，它们的绘制方式基本一致，所以书中我们只给出歌名的绘制方法。

歌名包括原始图层和倒影图层两部分，下面我们将逐一进行讲解。

18.8.1 原始图层的绘制

之前的 songNameBitmapGenerator 已经完成了原始图层的制作，因此主场景的绘制相当简单：把位置确定好（比如定位在舞台中下方），然后调用一下 copyPixels 方法即可。

代码清单 18-58

```
    _songNamePt.setTo((_bdWidth - _songNameTxtBd.width) * 0.5, _bdHeight * (1 - YPOS_PROPORTION * 0.5) -
_songNameTxtBd.height + 60);
    _mainBd.copyPixels(_songNameTxtBd, _songNameTxtBdRect, _songNamePt, null, null, true);
```

运行效果如图 18-24 所示。

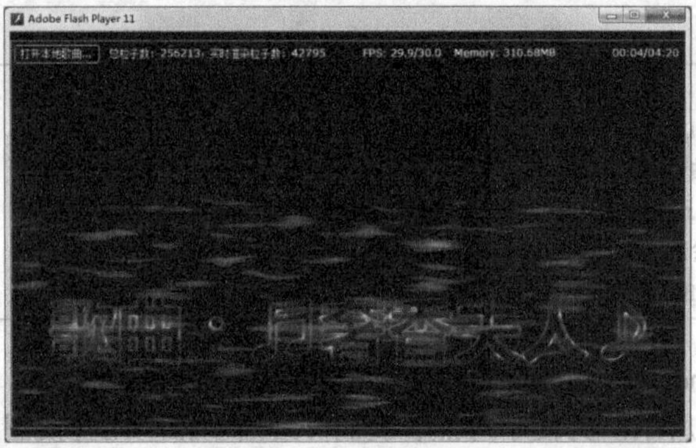

图 18-24　绘制歌名图层

18.8.2 倒影图层的渲染

相比之下，倒影图层就没那么简单了。它会因为水波的折射而发生微小的弯曲变形，这一特征需要在实时渲染中体现出来。

与水波相似，此处我们使用的也是 DisplacementMapFilter。但因为倒影在海平面处于静置状态的时候也会抖动，所以用 waveBd 作为置换图显然不太合适。

既然倒影是因为水波的缓慢流动而产生扭曲，那我们就干脆用水波来做置换图。

代码清单 18-59

```
    //歌名的倒影
    var songNameReflectBd:BitmapData = _songNameTxtReflectCaches_vec[_offsetX];
    if (songNameReflectBd == null){
        songNameReflectBd = _songNameTxtReflectBd.clone();
        songNameReflectBd.applyFilter(songNameReflectBd, songNameReflectBd.rect, _0pt,
            new DisplacementMapFilter(_waterCaches_vec[_offsetX], new Point(0, - _waveAmplitude),
BitmapDataChannel.BLUE, BitmapDataChannel.BLUE, 8, 8));
        _songNameTxtReflectCaches_vec[_offsetX] = songNameReflectBd;
    }
    _mainBd.copyPixels(songNameReflectBd, songNameReflectBd.rect, _songNameReflectPt, null, null, true);
```

该代码应该放在复制水波图像的前面，因为倒影位于水下。

运行效果如图 18-25 所示。

我再次运用了对象池的思想。水波图像只有 101 张，而且文字内容只有 1 种，因此被置换的图像只有 101*1 张=101 张，所以缓存起来不会占用太多内存，而且可以有效降低 CPU 的损耗。

不过，这就意味着倒影的扭曲跟音乐的节奏无关，也就是说，效果上作出了一定的牺牲。为了弥补这一不足，同时提高文字与音乐的融合度，使场景看起来更加热闹，我们给歌名文字加入喇叭效果，也就是随音乐跳动的发光滤镜。

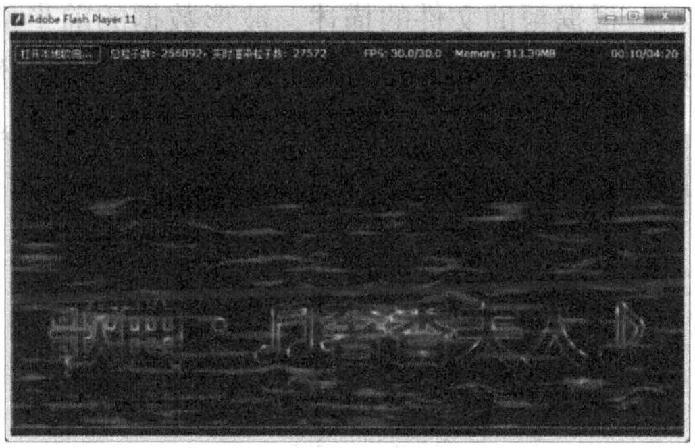

图 18-25　加入倒影层的效果

18.8.3　给文字添加音响效果

我们把没被挖空的文字层调出来并设置淡黄色的发光滤镜。

代码清单 18-60

```
_tempBm.bitmapData = songNameGlowReflectBd;
_tempBm.filters = [new GlowFilter(0xFFFFD0, 0.4, 音频振幅, 音频振幅, 3, 1, false, true)];
_mt.identity();
_mt.translate(_songNameReflectPt.x, _songNameReflectPt.y);
_mainBd.draw(_tempBm, _mt);
_tempBm.filters = null;
```

> **小提示**
>
> 设置 filters 的代码可以用 applyFilter 代替，但无奈 applyFilter 的 Bug 出现频率太高了，我们只能以 Bitmap 代之。
>
> bmd.applyFilter(bmd.clone())或者 new BitmapData(w,h).applyFilter(bmd)等方法都可以修正这样的一个 Bug，但这会导致副本被频繁创建，效率也会有所下降。

这当中需要确定的是音频振幅的数值，以算出发光滤镜的尺寸。因此接下来我们需要回到绘制置换图单元的循环代码中。

众所周知，音响的喇叭一般有两个，分别代表左右两个不同的声道。此处我们也做一下区分，让歌手图像跟左声道同步，而右声道则关联到歌曲图像上。

首先我们在波形分析的 for 循环前添加变量声明。

代码清单 18-61

```
var leftAmplitudes:Number = 0;
var rightAmplitudes:Number = 0;
```

然后我们在 for 循环内 singleAmplitue 的赋值后追加如下代码。

代码清单 18-62

```
if (i < 8){
    leftAmplitudes += singleAmplitue;
}else{
    rightAmplitudes += singleAmplitue;
}
```

根据帮助文件的描述，波形数据的前半部分代表左声道，后半部分则为右声道。我们之前把波形数据分成了 16 组，左右声道的分界自然就是 i=8 所在的位置了。

与 waveAmplitude 相类似，leftAmplitudes 和 rightAmplitudes 也需要一个缓慢淡出的过程，此处我们可以用乘以 0.9 的方式让振幅逐渐归零。

代码清单 18-63

```
if (leftAmplitudes > _lastLeftAmplitudes){
    _lastLeftAmplitudes = leftAmplitudes;
}else{
    _lastLeftAmplitudes *= 0.9;
}
if (rightAmplitudes > _lastRightAmplitudes){
    _lastRightAmplitudes = rightAmplitudes;
}else{
    _lastRightAmplitudes *= 0.9;
}
```

得到了振幅以后，我们就可以给 glowFilter 的 blurX 和 blurY 赋值了。为了让效果再生动一些，我们不妨让 blurY 等于 blurX 的 1.5 倍。

代码清单 18-64

```
new GlowFilter(0xFFFFD0, 0.4, rightAmplitudes * 6, rightAmplitudes * 9, 3, 1, false, true);
```

倒影层也做类似的处理，所不同的是我们要先给未挖空的倒影文字创建对象池。

歌手层的制作方法与之相似，此处不再赘述。不同的是歌手层我们用内发光且 blurX 大于 blurY。

文字图层全部绘制好以后，效果如图 18-26 所示。

图 18-26　加入音响效果

此时的文字效果已经比较完善了。不过经过我们长时间测试发现，一首完整的歌曲（尤其是鼓音较强的音乐）观看下来，淡黄色的发光滤镜容易导致审美疲劳。但我们无论怎样调整颜色（甚至以多色的渐变发光来取代单色滤镜），都始终得不到满意的结果。

既然同一组颜色经不起时间的考验，那么我们就考虑让颜色每隔一段时间更换一下，结果会不会好一些呢？

18.8.4　配色方案的完善

为了保证颜色的更换过程不至于太突兀，我们在换色的过程中应该注意以下要点：

1）色彩的亮度和饱和度的变化幅度不宜过大；

2）切换颜色的时候，应该从当前颜色缓慢过渡到另一种颜色，过程要比较平缓，不要让用户感觉到色彩的突变。

至此，色彩的切换方案基本上得以确定，就是色相的缓慢过渡，我们可以利用 HSB/HSL 模式来实现，不过根据色彩的心理学理论，用 AdjustColor 会更加合适。

代码清单 18-65

```
_hue += 0.5;
_adjustColor.hue = _hue;
var glowColorLeft:uint = getAdjustedColor(0xFFFFD0, _adjustColor);
_adjustColor.hue = _hue + 120;
var glowColorRight:uint = getAdjustedColor(0xFFFFD0, _adjustColor);
```

getAdjustColor 方法主要负责色彩的矩阵转换。

代码清单 18-66

```
private function getAdjustedColor(srcColor:uint, adjustColor:AdjustColor):uint{
    var matrix:Array = adjustColor.CalculateFinalFlatArray();
    var srcR:uint = (srcColor >> 16) & 0xFF;
    var srcG:uint = (srcColor >> 8) & 0xFF;
    var srcB:uint = srcColor & 0xFF;
    var resultR:uint = Math.max(0, Math.min(255, matrix[0] * srcR + matrix[1] * srcG + matrix[2] * srcB));
  var resultG:uint = Math.max(0, Math.min(255, matrix[5] * srcR + matrix[6] * srcG + matrix[7] * srcB));
    var resultB:uint = Math.max(0, Math.min(255, matrix[10] * srcR + matrix[11] * srcG + matrix[12] * srcB));
    return resultR << 16 | resultG << 8 | resultB;
}
```

读到这里，有些读者可能会觉得，为什么不直接用 ColorMatrixFilter 来实现变色呢？还要自己写算法，多费劲啊，运行效率也不如底层的好。其实对于本例来说，自己计算反而优于使用滤镜。因为此处使用的都是纯色（至少 RGB 通道的值始终不变）的 GlowFilter，也就是说，每个像素点的 RGB 值都一样（全透明点除外，但此处可以忽略）。如果使用 ColorMatrixFilter，那么图像中的每个点都要进行完全一样的矩阵乘法运算。假设图像的平均尺寸为 500*100，本例一共 4 张这样的图，像素的总数量为 500*100*4=20 万。因此，使用 ColorMatrixFilter 的运算量将会是自己写算法的 20 万倍，可见对于单色图像而言，自己写算法反而比滤镜要好。

此外，为了让两个文本的颜色不至于太过同步，我们让它们的色相值错开 120 度，将 glowColorLeft 属性应用到歌手图片的发光滤镜中，glowColorRight 则对应歌曲图片。最终的效果如图 18-27 所示。

图 18-27　调整色相后的效果

最后就剩下水珠的制作了，不过这部分相对来说，难度有点大。

18.9　水珠图像的渲染

如果把水珠看作粒子，那么水花就相当于一个小型的粒子系统。因此，我们首先要考虑的，自然就是单个水珠的粒子了。

18.9.1 粒子的基本结构

以大家熟悉的 PM2.5 为例，它就是一种典型的粒子，不但可用肉眼观察得到，而且无时无刻不在我们赖以生存的空气中做着各种不规则的运动。抽象到代码中，它就是一个显示对象，而且具有位置、速度、质量、大小等属性（其实这种说法不太严谨）。

但因为本项目使用的是全位图渲染，即所有水珠都绘制到同一张 BitmapData 上，所以此处已经没有显示对象的概念，但粒子的其他属性还是存在。为此我们构建一个粒子的类来存储这些属性。

代码清单 18-67

```
package com{
    public class WaterDripParticle{
        public var x:Number;                    //水珠的 x 坐标
        public var y:Number;                    //水珠的 y 坐标
        public var speedX:Number = 0;    //水珠在 x 方向上的速度
        public var speedY:Number = 0;    //水珠在 y 方向上的速度
    }
}
```

在实际应用中，以上几个属性往往不能满足需求，比如水珠在重力的作用下加速下落需要通过加速度来控制，水珠在飞溅到空中的时候需要通过 alpha 值的设置使其逐渐在空气中消散，等等。不过现在都把这些属性列出来似乎有点无中生有的感觉，所以我们还是在制作的过程中再给大家逐步完善。

18.9.2 触发粒子发射（水花飞溅）的代码

水花/水珠的飞溅应该随着水波的触发而产生，所以水珠的生成代码也应该放在音乐波形触发的 if 语体内。

代码清单 18-68

```
var totalNum:int = 10;                              //在触发跳跃的位置生成 10 个水珠
for (var num:int = 0; num < totalNum; num ++){
    var waterDripParticle:WaterDripParticle = new WaterDripParticle();
    //x 方向在波形中心处左右随机 5 像素
    waterDripParticle.x = xPos + Math.random() * 10 - 5;
    waterDripParticle.y = yPos + _bdHeight * YPOS_PROPORTION - _waveAmplitude;
    waterDripParticle.scale = 1;
    //随机数值都是经过多次测试得出来的，只为获得更良好的视觉体验，故没有任何科学依据
    waterDripParticle.scaleSpeed = 0.01 + Math.random() * 0.02;
    waterDripParticle.speedX = Math.random() * 8 - 4;
    waterDripParticle.speedY = - (10 + Math.random() * 12) * waveUnitAlpha;
    waterDripParticle.accelerationY = 0.75;
}
```

这段代码为每个水波创建了 10 颗水珠并为水珠赋予一些初始属性。

我们使用了一些之前没提到的属性：speedX，speedY，水珠在 x 和 y 方向上的速度（没使用向量，所以是不太地道的做法）。

scale：水珠的缩放比率。经过测试我们发现，用 alpha 淡出不如 scale 缩小至消失来得自然，因此以 scale 代替 alpha；而且使用 scale 还有一个好处，就是可以让不同的水珠有不同的尺寸，整体感更真实。

scaleSpeed：控制水珠的消失速度。因为用 scale 代替了 alpha，所以速度也要作出相应的调整。

accelerationY：y 方向的加速度。如前所述，粒子在重力作用下加速下落，因此我们需要这一变量。

在后面的编码过程中，我们还需要加入更多的变量来控制它们的运动。不过为了便于测试，我们先把以上变量的功能实现出来并且把效果显示到舞台上。

18.9.3　用链表优化粒子的循环

这些粒子都是 for 循环内的局部变量，离开以后就会被自动销毁。因此，我们应该把它们放入到一个数组中。

不过，当数组长度较大时，遍历数组的效率非常低。本例中，一帧最多可以创建 16*10=160 个水珠，它们在完成抛物线运动以后才消失。所谓“一波未平，一波又起”，这些水珠尚未来得及离开舞台，新的一波水珠又会在下一帧产生。如此循环，很快粒子的数量就可能上万，使用数组，代码的运行速度将跟不上帧速率。

事实上，无论是使用 Array、Vector、Object 还是 Dictionary，它们在遍历访问的时候，效率都存在着一些瓶颈。所以，此处我们使用 ActionScript 底层尚未定义的一种结构——链表来实现遍历操作，跟 ActionScript 内置的集合类型相比，链表的遍历速度要快很多。至于它为什么快，这里面包含一定的学问。受篇幅所限，我们无法在书中跟大家深入探讨，有兴趣的读者可以自行查阅相关资料，也欢迎来信与我们讨论。

小提示　关于以上几种数据类型（包括链表）的运行效率，笔者也有一些不太深刻的理解，详情可访问以下链接：http://bbs.9ria.com/thread-403225-1-1.html。

回到正题，链表的访问是顺序式的，集合中的每个元素都包含着对上一个元素和下一个元素的引用。因此需要为粒子类定义 prev 和 next 属性，其类型均与当前类一致。

然后，为了让程序一开始遍历的时候就能够定位到链表中的第一个元素，我们还需要在第一个元素被创建的时候用一个变量把它记录下来。

总的来说，将粒子存放到链表的代码如下。

代码清单 18-69

```
//链表的插入操作
if (!_firstWaterDripParticle){
_firstWaterDripParticle = _finalWaterDripParticle = waterDripParticle;
}else{
 waterDripParticle.prev = _finalWaterDripParticle;
 _finalWaterDripParticle.next = waterDripParticle;
 _finalWaterDripParticle = waterDripParticle;
}
```

粒子生成完毕，下面我们就跳出声音波形数据分析的循环语体，在外部开始执行链表循环。

代码清单 18-70

```
//从水珠链表的第一项开始遍历
var currentWaterDripParticle:WaterDripParticle = _firstWaterDripParticle;
while (currentWaterDripParticle){
    renderParticleCount ++;                //统计粒子数量
    totalParticleCount ++;
    //准备绘制下一个水珠
    currentWaterDripParticle = currentWaterDripParticle.next;
}
```

以上代码演示了链表的循环方式。它从 firstParticle 开始，每循环一次就执行一次 next，直到 next=null，即链表到达末端为止，其间我们对粒子的数量进行了统计。

不过，现在运行还看不到任何效果，因为我们还没有执行水滴绘制的操作。

18.9.4 水珠的绘制

下面我们就来实现它，首先就是根据粒子的速度、初始位置等属性，在循环里计算粒子所在的坐标，然后将水珠的图像绘制到一张 BitmapData 中。

代码清单 18-71

```
//每帧都给水珠加上水珠的加速度
currentWaterDripParticle.speedY += currentWaterDripParticle.accelerationY;
//将当前的速度叠加到水珠的位置变量中
currentWaterDripParticle.x += currentWaterDripParticle.speedX;
currentWaterDripParticle.y += currentWaterDripParticle.speedY;
//水珠每帧都在缩小
currentWaterDripParticle.scale -= currentWaterDripParticle.scaleSpeed;
var scale:Number = currentWaterDripParticle.scale;
var dripKey:int = scale * 100;             //当前水珠的标识
var waterDripUnitBd:BitmapData = _waterDripUnitCaches_vec[dripKey];
//找不到就创建一个新的水珠实例
if (!waterDripUnitBd){
    waterDripUnitBd = new BitmapData(WATER_DRIP_WIDTH * scale, WATER_DRIP_HEIGHT * scale, true, 0x00000000);
    _ct.alphaMultiplier = scale;
    _mt.identity();
    _mt.a = _mt.d = scale;
    waterDripUnitBd.draw(_waterDripUnitBd, _mt, _ct, null, null, true);
    _waterDripUnitCaches_vec[dripKey] = waterDripUnitBd;
}
//将水珠的中心点对齐到水珠粒子的(x,y)点
_waterDripPt.setTo(currentWaterDripParticle.x - HALF_WATER_DRIP_WIDTH * scale,
currentWaterDripParticle.y - HALF_WATER_DRIP_HEIGHT * scale);
_waterDripBd.copyPixels(waterDripUnitBd, waterDripUnitBd.rect, _waterDripPt, null, null, true);
```

我们将以上代码追加到 currentWaterDripParticle = currentWaterDripParticle.next;一句之前。循环执行完之后，我们运行如下代码。

代码清单 18-72

```
_mainBd.copyPixels(_waterDripBd, _bdRect, _0pt, null, null, true);
```

效果如图 18-28 所示，水珠粒子在夜空中划出了一道道抛物线的轨迹。

与一开始操作_waveTransparentBd 一样，我们没有为_waterDripBd 加入淡出的处理，但代码几乎每一秒都在创建新的水珠粒子实例。所以水珠的数量也会越积越多，最终填满整个屏幕，如图 18-29 所示。

图 18-28 加入水珠粒子后的效果

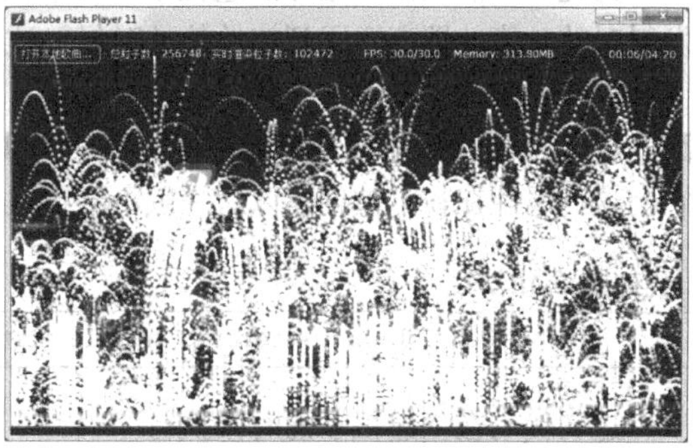

图 18-29 水珠累积的效果

所以，对于_waterDripBd，我们也应该每帧进行淡出。方法有 colorTransform 和 BlurFilter 两种。对于水珠而言，它无论怎样淡出，表面都应始终保持光滑，轮廓都应始终保持清晰，所以 BlurFilter 不适用于为水珠淡出。

现在只剩下 colorTransform 了，之前我们通过设置一个小于 0 的 alphaOffset 来实现，现在我们尝试用 alphaMultiplier，让位图的 alpha 值每帧都乘以一个小于 1 的正数，从而让不透明度无限趋向于 0。

代码清单 18-73

```
_waterDripBd.colorTransform(_bdRect, new ColorTransform(1, 1, 1, 0.8, 0, 0, 0, 0));
```

再次运行，效果如图 18-30 所示，看起来跟烟花绽放的轨迹非常地相似。

至于为什么会有这种感觉，我们不妨从程序的角度来分析一下。

首先是颜色，由于尚未使用水珠专用的斜角滤镜，所以我们现在看到的是不透明白色到全透明的淡出过程，跟烟雾扩散的色彩淡出方式基本一致。

图 18-30 加入 alpha 淡出后的效果

然后就是运动轨迹了，虽然加入了透明淡出，但对于粒子对象来说，代码并没有控制它们什么时候应该移除。当粒子的抛物线轨迹到达最高点时，它会一直下落，哪怕下落到粒子发射的起点以下也不会消失。对于水花来说，粒子下降到原点之后应该与海面相交并重新汇入大海，而非在空中继续降落，这也是导致目前的粒子效果不像浪花的重要原因。

18.9.5 水珠的移除机制

为此，我们应该在循环的过程中对每个粒子的位置都进行判断。当粒子的 y 值大于等于它发射时的 y 值，即高度回到初始值的时候，这个粒子就应该从链表中移除。

粒子的 y 值在不断地变化，运动的过程中，代码已经不记得粒子初始时的 y 值等于多少了。因此在创建粒子的时候，我们需要添加一个初始 y 属性，用于判断水珠当前的 y 坐标是否大于它。这一属性在粒子被创建以后一般不会再发生改变。

代码清单 18-74

```
waterDripParticle.y = waterDripParticle.initY;
```

这句代码在创建粒子的时候执行。

此外，如果粒子的尺寸被缩放到 0，那么代码也应该将其移除，渲染一个没有任何内容的位图有什么意义呢？

综上所述，判断水珠粒子是否应被移除的代码如下。

代码清单 18-75

```
//水珠缩小到 1 像素以下或者水珠落回原位置时，移除该水珠
if(WATER_DRIP_WIDTH * scale < 1 || WATER_DRIP_HEIGHT * scale < 1 || currentWaterDripParticle.y >
currentWaterDripParticle.initY){
    //以下为链表的删除节点操作（该操作可以封装到一个类里，但出于运行效率的考虑，我还是直接写到主类中）
    if (currentWaterDripParticle.prev){
        currentWaterDripParticle.prev.next = currentWaterDripParticle.next;
    }else{
        _firstWaterDripParticle = currentWaterDripParticle.next;
    }
    if (currentWaterDripParticle.next){
        currentWaterDripParticle.next.prev = currentWaterDripParticle.prev;
    }else{
        _finalWaterDripParticle = currentWaterDripParticle.prev;
    }
    //该水珠不用再绘制，故可直接进入下一次循环
    currentWaterDripParticle = currentWaterDripParticle.next;
    continue;
}
```

加入这样的判断以后，水珠就不会再落到发射点以下的位置了。

然后我们再给整张_waterDripBd 应用斜角滤镜。

代码清单 18-76

```
_waterDripFilter = new BevelFilter(4, 75, 0xFFFFFF, 0.75, 0xFFFFFF, 0.75, 4, 4, 1, 1, "inner", true);
                                    //水珠加入斜角滤镜，突出其光感
_tempBm.bitmapData = _waterDripBd;
```

```
_tempBm.filters = [_waterDripFilter];
_mainBd.draw(_tempBm);          //将处理完成的水珠位图贴到主位图上
```

此处也可以用 applyFilter 代替，但需要注意的是，调用方和第一个参数不能是同一个 BitmapData，否则会出现错位的 Bug。

运行效果如图 18-31 所示。

图 18-31　加入移除判断和斜角滤镜后的效果

现在水花和音响效果都做好了，跟音乐的融合度也不错，但整体感还是不太真实。水和文字在同一个场景中，但它们在舞台上却各自为政，互不相干，就好比一盘没有组织的散沙。

常在河边走，哪有不湿鞋？按照一般人的理解，海面上的霓虹灯字体会因为浪花的冲刷而变得湿润，同时附着一定数量的水珠。但在这个效果里面，不管水花之间打架打得多么激烈，文字的表面都始终滴水不沾，相当地干爽。

18.10　让霓虹字尽情畅快地沐浴在音乐的海浪之中吧

要让文字变得“湿润”，最简单的做法自然就是让水珠附着或者悬挂于文字的表面。那么，什么样的水珠满足附着的条件呢？

18.10.1　找到符合条件的水珠粒子

很显然，水珠附着于文字表面之前，要先跟文字的图像发生接触，而是否接触则涉及碰撞检测。我们知道，像素级的碰撞检测对性能的损耗非常地大，而且与文字发生碰撞的水珠可能只是跟文本擦肩而过，所以水珠与文本发生碰撞是它附着到文本表面的必要不充分条件。

可见，附着的行为只是一个随机事件，因此碰撞检测不必做得过于精确。

此处我们的做法是：判断水珠的中心点也就是粒子的 x，y 所在的点与文本是否有接触，即检查文本位图.getPixel32(粒子.x，粒子.y)是否大于指定的数值。

判断的代码如下。

代码清单 18-77

```
//当文本位图当前像素点的 alpha 大于 80%时，就会有 10%的概率附着于文字表面
if (Math.random() < 0.1 && currentWaterDripParticle.scale > 0.4){
    var songNameOffsetX:int = currentWaterDripParticle.x - _songNamePt.x;
    var songNameOffsetY:int = currentWaterDripParticle.y - _songNamePt.y;
    if (songNameOffsetX > 0 && songNameOffsetX < _songNameTxtBdWidth && songNameOffsetY > 0 && songNameOffsetY
< _songNameTxtBdHeight){
        var songNameIndex:int = songNameOffsetY * _songNameTxtBdWidth + songNameOffsetX;
        if (_songNameTxtBd_vec[songNameIndex] > 0xC0000000){
            //与歌名发生碰撞
        }
    }else{
        var songArtistOffsetX:int = currentWaterDripParticle.x - _songArtistPt.x;
        var songArtistOffsetY:int = currentWaterDripParticle.y - _songArtistPt.y;
```

```
        if (songArtistOffsetX > 0 && songArtistOffsetX < _songArtistBdWidth && songArtistOffsetY
> 0 && songArtistOffsetY < _songArtistBdHeight){
            var songArtistIndex:int = songArtistOffsetY * _songArtistBdWidth + songArtistOffsetX;
            if (_songArtistBd_vec[songArtistIndex] > 0xC0000000){
                //与歌手图片发生碰撞
            }else{
                //没发生任何像素碰撞
            }
        }
    }
}
```

我们把一个本来很简单的 getPixel32 写得相当复杂，其目的只有一个：提高实时渲染的效率。

频繁调用 getPixel32 对性能来说并不友好，但如果将其转换为纯粹的数字集合 Vector.<uint>，那么效率将会得到显著提升。

我们作一下边界判断，在 BitmapData.rect 以外的点都无需进行像素级的碰撞检测，连位图的矩形区域都没有落入，怎么可能跟图像有交点呢？把这些点都排除在外，需要检测的像素数量将会大幅下降，从而减少程序所做的无用功。

判断的代码写好了，我们就可以在各项条件内对水珠进行有针对性的操作。

18.10.2 水珠与霓虹字的有机结合

因为歌名是二维图像，相对简单，所以首先讲歌名图像对水珠运动状态的影响。

水珠跟歌名发生接触以后，如果要附着到歌名的表面，那么原有的速度应该丢失，然后在摩擦力的作用下，随着文本的轮廓缓缓滑落到水底。

代码清单 18-78

```
//原有的速度丢失
currentWaterDripParticle.speedY = 0;
currentWaterDripParticle.speedX = 0;
currentWaterDripParticle.accelerationY = 0.3; //给出一个比原来的加速度
//水珠在文本表面滑落的过程中，尺寸不应该再缩小了，否则看起来不真实
currentWaterDripParticle.scale = 1;
currentWaterDripParticle.scaleSpeed = 0;
//此时不管水珠粒子的发射起点在哪，我都让水珠最终的落入点恰好等于歌名图片的下边缘，这样附着的水珠跟文字的位置关系才会正确
currentWaterDripParticle.initY = _songNamePt.y + _songNameTxtBd.height - 40;
```

然后到歌手图像了，它是 3D 图像，因此滑落的方向应该跟 rotationY 这样的三维属性进行同步。但歌手图片的生产类并没有将这些信息传递到主类，因此我们只做了近似的方向模拟。

代码清单 18-79

```
currentWaterDripParticle.speedY = 0;
currentWaterDripParticle.scaleSpeed = 0;
currentWaterDripParticle.scale = Math.min(1, currentWaterDripParticle.scale * 1.5);
//我近似地认为75像素处是歌牌与歌手文本的分界线
if (currentWaterDripParticle.x - _songArtistPt.x < 75){
    //与歌牌碰撞的话，速度向左(因为歌牌 rotationY 的方向为左)
    currentWaterDripParticle.speedX = - 0.7 - Math.random() * 0.3;
```

```
        currentWaterDripParticle.accelerationY = 0.7;
        currentWaterDripParticle.initY = _songArtistPt.y + _songArtistBd.height + (currentWaterDripParticle.x - _songArtistPt.x - 50) / 3 - 10;
    }else{
        //与歌名碰撞的话，速度向右
        currentWaterDripParticle.speedX = 0.3;
        currentWaterDripParticle.accelerationY = 0.2;
        currentWaterDripParticle.initY = _songArtistPt.y + _songArtistBd.height - (currentWaterDripParticle.x - _songArtistPt.x - 50) / 10 - 10;
    }
```

18.10.3 水珠运动状态的恢复

如果不发生碰撞或者尚未碰撞过，则加速度应该恢复至原始的 0.75。为了便于后续测试时对属性值进行调整，提高代码的可读性，我们在粒子类中为这个原始的加速度定义一个 initAccelerationY 变量，初始时等于 accelerationY。

也就是说，如果不发生像素碰撞，accelationY 就应该等于 initAccelerationY。

代码清单 18-80

```
currentWaterDripParticle.accelerationY = currentWaterDripParticle.initAccelerationY;
```

再次测试，水珠有附着效果了，但是还有个问题，从附着的文本中滴落的水珠没有恢复原来的缩小操作，因为我们在附着的时候设置了 scaleSpeed=0，所以还需要添加一句代码如下。

代码清单 18-81

```
currentWaterDripParticle.scaleSpeed = currentWaterDripParticle.initScaleSpeed;
```

缩小操作是恢复了，但对于这时候的水珠来说，这个缩放速度稍快了一点，我们希望改得慢一点，代码如下。

代码清单 18-82

```
currentWaterDripParticle.scaleSpeed = currentWaterDripParticle.initScaleSpeed * 0.3;
```

这样的操作将会使所有当前不发生碰撞的水珠都同时降低缩小的速度，不管它是否从文本中滑落。为了区分这一点，我们再给粒子类添加一个属性：hitTextBefore，如果有跟文本发生过碰撞并且附着的话，这个属性就设置为 true。

所以，我们在发生碰撞的两个条件语体内，都需要追加一句代码如下。

代码清单 18-83

```
currentWaterDripParticle.hitTextBefore = true;
```

然后我们在无像素碰撞的条件语体内写入以下代码。

代码清单 18-84

```
if (currentWaterDripParticle.hitTextBefore) {
currentWaterDripParticle.scaleSpeed = currentWaterDripParticle.initScaleSpeed * 0.3;
}
```

再次运行，效果就相当不错了（如图 18-32 所示）!

图 18-32　加入水珠附着后的效果

18.11　粒子数量的统计与显示

最后，我们将统计到的粒子数量显示到界面上。对于程序员来说，自己写的代码可以在满帧的状态下流畅渲染数以万计的粒子，是一件非常有成就感的事情。

18.11.1　水珠数量的显示

受篇幅所限，UI 制作的代码就不在书中给出了。此处只给出主场景对该界面的调用。

代码清单 18-85

```
_musicUIView.showParticles(renderParticleCount, totalParticleCount);
```

结果让人稍稍有点失望，只要所选的音乐不太激烈、节奏也不是特别快的话，水珠的数量一般也就在 1000 左右，如图 18-33 所示。而我们知道，这些水珠并不是性能消耗的大户，最占 CPU 的是水波的置换操作。为此，我们把被置换的像素都计入到粒子总数当中。

图 18-33　统计水珠数量

18.11.2　巧用 Adobe 鲜为人知的 API 统计被置换的像素

前面已经提到，通道值不等于 128 的像素都会执行置换操作，对于本例来说，因为我们已经将中性灰的部分分离出来，所以统计的自然就是_waveTransparentBd 中 alpha=0 的像素数量。

正常来说，我们需要遍历所有像素进行计算。所幸的是，Adobe 给我们提供了一个现成的方法：histogram（我想不跟 Photoshop 打交道的程序员们可能都不会去接触它），它返回的是一个二维数组 Vector.<Vector.<Number>>。

数组中，第一维包含 4 项，分别代表 R、G、B、A 这 4 个通道，而第二维的长度则始终等于 256，它代表通道值等于该索引的像素数量。

本例我们要用到的是 alpha 通道，因此获取的代码如下。

代码清单 18-86

```
var waveHistogram:Vector.<Vector.<Number>> = _waveTransparentBd.histogram(_waveBdRect);
var alphaVec:Vector.<Number> = waveHistogram[3];
```

我们获取位图总的像素数量，然后将 alpha=0 的部分剔除掉，就得到被置换的像素数量了。

代码清单 18-87

```
renderParticleCount += _waveBdSize - alphaVec[0];
totalParticleCount += _waveBdSize;
```

代码中，_waveBdSize 等于_waveBd 的 width 和 height 的乘积。

另外，alpha 通道值很小的像素因为置换值不大，所以最后的结果可能也不被置换。为此，我们再适当扣除一部分 alpha 通道小于等于 3 的点。

代码清单 18-88

```
renderParticleCount -= alphaVec[3] * 0.25 + alphaVec[2] * 0.5 + alphaVec[1] * 0.75;
```

每帧都统计一次，粒子的数字会闪动得比较频繁，很容易让人看得眼花，加上 histogram 也是一个很耗性能的方法，所以我们设置为每 30 帧（即 1 秒）刷新一次粒子数量。

代码清单 18-89

```
//将粒子渲染状况显示到文本上
if (_musicUIView.canShowParticles){
    var waveHistogram:Vector.<Vector.<Number>> = _waveTransparentBd.histogram(_waveBdRect);
    var alphaVec:Vector.<Number> = waveHistogram[3];
    renderParticleCount += _waveBdSize - alphaVec[3] * 0.25 - alphaVec[2] * 0.5 - alphaVec[1] * 0.75 - alphaVec[0];
    totalParticleCount += _waveBdSize;
    _musicUIView.showParticles(renderParticleCount, totalParticleCount);
}
```

代码中，canShowParitcles 的实现代码如下。

代码清单 18-90

```
public function get canShowParticles():Boolean{
    //fpsCount 每帧加 1，COUNT_INTERVAL 是一个常量值，我设置为 15。
    return (_fpsCount - 1) % (COUNT_INTERVAL * 2) == 0;
}
```

我们再次运行，粒子的数量多了不少，如图 18-34 所示，而且还能在 30 帧的状态下流畅运行。一直专注于性能优化的我们，在这样的结果面前，心情是不是特别舒畅愉悦呢？

图 18-34　统计被置换的像素

如果您的答案是肯定的话，那现在就该放松一下了，选择一首喜爱的歌曲，品尝着让人为之心醉的拿铁咖啡，静下心来观赏由 Photoshop 和 ActionScript 在 BitmapData 指挥下演奏的一曲青春交响乐吧！

小提示　histogram 这个方法虽然比较偏冷门，但是您可以通过它来制作一些比较有创意的游戏，比如我在 9ria 线上活动的参赛作品《我擦，我擦，我擦擦擦》就是运用了该函数的一个代表作：http://bbs.9ria.com/forum.php?mod=viewthread&tid=418619&page=3#pid3242374。

18.12　本 章 小 结

通过本章的学习，相信大家以后可以灵活运用本书所学到的知识，结合你们的精彩创意，创作出属于自己的优秀作品。与此同时，本章我们还为大家介绍了一些相当实用的性能优化技巧，希望大家学以致用，把它们运用到游戏、网站、软件等应用的开发上，力求让大家参与的项目跟本书的宗旨一样，在程序和设计方面都尽善尽美，让科技与艺术来一场美丽的邂逅！

第 19 章，笔者将会以自己独立开发的一款休闲游戏为例，向大家展示艺术编程知识在游戏领域的应用，力求达到抛砖引玉的效果。

第 19 章

看你有多濺——基于 Photoshop 图像算法的休闲游戏规划

自互联网兴起以来，曾经让我们为之骄傲的中国汉字文化竟有意无意地成为了网络应用发展的沉重包袱。因为汉字笔划复杂、种类繁多，且数量巨大，所以我们在开发游戏等应用的时候，一般都不会把中文字体的所有字符都嵌入到成品中，不然最终发布的文件会变得很大，导致用户进入游戏之前需要等待很长时间。

为了尽可能地突破中文字体的瓶颈，国内不少程序达人在这方面进行了大量的技术研究并提出各种有针对性的解决方案。如果可以确定项目中用到哪些字符并且数量较少的话，直接嵌入指定的数个字符即可，否则就需要动态嵌入了。例如为每个字符生成一个文件，运行的时候根据需要进行选择性的载入；又比如把字体文件放在服务器上，让客户端实时发送请求，然后由服务端读取指定的字符数据并往客户端回传。

随着图像压缩技术的日益成熟，以位图来存储字体的方式也逐渐被应用到互联网的各类产品之中。虽然生成的文件仍然较大，但只要字号控制得当并且选择合适的压缩方式，依然有望得到体积较小的字体文件。

但总的来说，以上方法依然存在较大的局限性，动态嵌入需要服务器的支持。对于中小型游戏而言，成本较高并且不易在其他平台传播，也无法让用户下载到本地来玩。至于位图字体，生成的文件在大多数情况下依然超过 1MB 且使用的字符数量不能太多。

要突破以上的这些限制，最好的方法就是直接调用操作系统提供的设备字体，既不受字符数量的限制，又不会增大成品的体积，听起来似乎是个万全之策。然而遗憾的是，设备字体的种类相当有限，在这标榜个性、独立风格的年代，设备字体显然不能满足一些创意化的需求。

以上这些因素导致国内网页游戏的字体选择受限，正文内容多半使用操作系统提供的宋体，虽然设计师通常都为其配以描边，但总的来说，仍然显得比较单调。

那么，我们可否运用本书所学的知识，在设备字体的基础上加以美化，得到一款动态生成的艺术字体并且运用到游戏里面呢？本章我们就以笔者的原创游戏《看你有多濺》为例加以阐述。与此同时，我们还会给大家介绍与本游戏相关的一些图像技术。

19.1 游戏策划简析

19.1.1 创意的来源及风格定位

笔者是一名技术狂人，要想出好的创意来，是件相当困难的事情，而且在独立开发游戏的过程中，也往往偏向于从技术出发，纠结于某个想法在技术上能否实现，或者能否在游戏里用上某项技术，简而言之，就是一切以技术为主导。

对于商业化的游戏产品而言，这绝对是一个坏到掉渣的习惯。不过就本书来说，为了更充分地展示 Photoshop 算法在游戏里的应用，笔者还是决定策划这样一款为技术而生的游戏。

前面提到，字体问题是制约游戏画质的一个重要因素，所以我们需要尝试以设备字体为材料，制作出一款适合于游戏的字体。

Photoshop 内置的图层样式可以为单薄的设备字体增色不少。然而，我们不难发现，图层样式基本上都只作用于文字的填充色，并没有从本质上改变字符的形状，所以样式再华丽，我们也还是很容易根据轮廓识别出它就是系统自带的字体。

在学习了图层样式的实现原理以后，我们就可以对算法加以改进，从而制作出更加丰富的图层效果。在第 14 章，我们就给大家介绍了不均匀膨胀法、不均匀腐蚀法和细化算法，它们都在一定程度上改变了字符轮廓的形态。

图 19-1 展示了通过不均匀膨胀法生成的 Q 版雅黑字体。跟原始的微软雅黑相比，是不是活泼了很多呢？

如果大家想制作一款卡通、明快风格的休闲游戏，那这款 Q 版雅黑字体将会非常合适，至少优于操作系统常用的设备字体。

但是，这样的字体有通过程序动态生成的必要吗？直接嵌入或者做成图片不更方便？下面我们就以稍后讲到的游戏为例，讲述用程序生成的好处。

如图 19-2 所示为游戏《看你有多濒》的成绩界面，里面显示了当前用户的昵称。为便于该游戏在国内的平台运营，我们必须使它支持中文名字，所以任何字符都有被使用到的可能，直接嵌入或者做成图片显然不切实际。

图 19-1 基于微软雅黑的 Q 版字体

图 19-2 用 Q 版雅黑显示用户昵称

而动态嵌入的方式也存在很大的局限性。受条件所限，发布游戏的时候平台往往只允许我们上传单个.swf 文件，这也就意味着我们还需要另外一台自己的服务器（至少要有虚拟主机）去存放这些待加载的字符，提高运营成本的同时，跨域访问也为游戏带来很多不稳定的因素。

如果直接使用微软雅黑，不进行不均匀膨胀操作，那么昵称的字体在这里将会非常别扭，跟游戏界面不太搭调，如图 19-3 所示。这时，为了让其他文字跟昵称的样式保持统一，我们还要把界面上的大部分字体都改成未经处理的微软雅黑，于是新的问题出现了——活泼明媚的画面风格因为字体变得端庄而受到严重的破坏，如图 19-4 所示。

图 19-3　用微软雅黑显示用户昵称

图 19-4　把整个界面的字体都改成微软雅黑

无奈之下，设计师们只好尽可能地让界面不在游戏界面中显示昵称，或者放在一个不太显眼的角落，抑或对游戏元素进行调整，最终导致游戏的品质无法得到有效的提升。

为了调和以上的种种矛盾，我们就必须在运行的过程中根据玩家的实际情况，通过程序算法动态生成相应的 Q 版字体。

然而 Q 版字体的算法需要在 ActionScript 层遍历所有像素（有兴趣的朋友可以用 PixelBender 或者 FlasCC 来实现），运行效率较差。因此在实际的开发过程中，我们需要通过位图缓存、多线程等技术进行优化。这些内容我们将会在后面为大家逐一展开。

既然要使用 Q 版雅黑，那么游戏的基调也就确定下来了，就是一款卡通或 Q 版风格的休闲游戏。

但游戏风格并不能决定游戏的题材，对于大多数游戏来讲，这两者可以完全不相关，比如三国题材完全可以做成 Q 版的萌三国，而休闲类的泡泡龙也可以跟祖玛一样配以写实风格且神秘感十足的游戏背景。

跟游戏风格定位一样，我们将继续通过技术来设计游戏的题材。

19.1.2　游戏题材的确定

做什么样题材的游戏，多半情况下取决于作者的个人喜好以及市场需求。因为这款游戏为技术而开发，而技术产品化、产品商业化又需要经历一段相当漫长的路程，所以这里只谈个人喜好。

笔者自己非常喜欢第 18 章的海浪效果，所以很希望这当中的水花能成为这款游戏的主角。于是随音乐而跳跃的水花就改为通过鼠标单击（如果移植到移动端，则改成触屏操作），自然而然地，这水花也就是玩家的武器了。

但水花可以用来攻击什么样的敌人呢？这问题曾经让笔者纠结了很长一段时间。毕竟以水作为武器的游戏，相对来说不太常见。

所幸的是，世间万物相生相克，在中国古代的五行理论中，就有“水能克火”之说。因此，把敌人设计为跟火相关的人或物，距离成功就近了一大步。

依赖于火才能正常运作的事物有很多，比如喷气式飞机、火箭、热气球等，只要它们身上的火被灭了，就无一幸免地要坠落。考虑到热气球掉下来的效果不易做得美观，而喷气式飞机用火来表现又有点别扭，最后我就把敌方定位为登天中的火箭。

然后游戏的玩法也确定下来了：通过单击鼠标溅起水花，让水珠击中火箭尾巴上的火使火焰熄灭，火箭自然就坠落到海面上，与此同时，玩家获得分数奖励。游戏全程都通过鼠标单击，因此玩法可以轻松移植到移动端上。

至此，游戏系统基本成型，但这个时候我们还没能往细处想，比如火箭的出现频率和上升速度，水花溅起的高度，难度提升的策略等。不过在玩家体验游戏之前，我们很难凭空给出一套合理的数值，因此我们需要先把游戏做出来（至少要制作一个测试的 demo），然后进行较为粗略的测试，确定数值的大致范围后再反复体验（最好叫上好友帮忙测试），才能把数值调得更加精准。

受篇幅所限，我们不可能从一张白纸开始给大家讲解游戏里的每一行代码。而且对于跟图像处理无关的部分，实现起来往往有很多种方法，当中还涉及架构，性能优化等问题，都要讲清楚的话，恐怕还要再写一本书了。笔者认为自己在这款游戏的架构方面存在着很多不足，写出来只会贻笑大方。再者，以 ActionScript 为语言、跟架构相关的图书也不少，《菜鸟与诸神》就是其中的佼佼者。

和第 18 章一样，我们使用 Flash Develop 进行开发，帧频为默认值 30fps。开始编码之前，先给项目引入 greensock 的 TweenLite 库，稍候我们会用到它。

下面我们先讲解 Q 版字体的生成代码，这是一个工具类，在游戏的很多地方都能用到，因此可以独立出来。

19.2 Q 版字体的制作

Q 版字体的实现原理在第 14 章已经讲得很详细了，此处不再赘述。这里首先要做的事情就是像 Photoshop 图层样式那样，把这款字体封装成一个实现 IPSStyle 接口的类。

19.2.1 将 Q 版字体的核心算法封装成类

这个类没有什么太新的知识点，所以我们先直接贴出基础代码。

代码清单 19-1

```
package com.gemei.ps.styles{
    public class HighlightStyle extends AbstractPSStyle{
    private static var _strokeBrushes_dic:Dictionary = new Dictionary();
        public var blendMode:String = PhotoshopBlendMode.SCREEN;
        public var color:uint = 0xFFFFFF;           //颜色
        public var alpha:Number = 0.75;             //不透明度
        public var size:Number = 5;                 //大小
        public var scale:Number = 1;                //缩放比率
        public var inner:Boolean = true;            //是否为内描边
        public var offsetXPercent:Number = 0;       //高光的中心点偏移量（x 方向）
        public var offsetYPercent:Number = 0;       //高光的中心点偏移量（y 方向）
        private var _brushShape:Shape;              //膨胀圆
        private var _strokeBrushBd:BitmapData;      //跟膨胀圆对应的位图数据
        private var _strokeBrushBm:Bitmap;          //创建 Bitmap 纯粹为了 alpha 混合
        private var _ct:ColorTransform = new ColorTransform();
        public function HighlightStyle(color:uint = 0xFFFFFF, alpha:Number = 0.75, size:Number = 
5, scale:Number = 1, inner:Boolean = true, offsetXPercent:Number = 0, offsetYPercent:Number = 0){
        super();
```

```
            //此处省略各种赋值代码
            init();
            }
            private function init():void{
                initStrokeBrush();
            }
            override public function clone():IPSStyle{
                var newStyle:HighlightStyle = new HighlightStyle(color, alpha, size, scale, inner,
offsetXPercent, offsetYPercent);
                newStyle.blendMode = blendMode;
                return newStyle;
            }
        }
    }
```

上述代码中 initStrokeBrush 的代码如下。

代码清单 19-2

```
private function initStrokeBrush():void{
    _brushShape = new Shape();
    _brushShape.graphics.beginFill(0x000000, 1);
    _brushShape.graphics.drawCircle(5, 5, 5);
    _brushShape.graphics.endFill();
    _strokeBrushBd = new BitmapData(16, 16, true, 0x00000000);
    _strokeBrushBd.draw(_brushShape, new Matrix(1, 0, 0, 1, 3, 3));
    _strokeBrushBd.applyFilter(_strokeBrushBd, _strokeBrushBd.rect, new Point(), new BlurFilter(3, 3, 2));
    _strokeBrushBm = new Bitmap(_strokeBrushBd, "auto", true);
}
```

至于具体的实现部分，此处我们略微提一下，每次都使用 draw 来绘制膨胀圆，因此效率方面并不理想，想要优化的话（这里只讲 ActionScript 方面的优化），我们可以把不同缩放比率的圆给缓存起来，在绘制的时候调用 copyPixels 即可，但经过笔者测试，即使每隔 0.01 个 scale 缓存一个圆，最后得出的结果还是带了不少锯齿，而事后加入模糊的话又容易导致边缘不清晰。考虑到大部分字符都只需绘制一次而且可以通过多线程来优化，我们最后仍然采用 draw 的方式进行绘制。

代码清单 19-3

```
override public function getStyleBitmapFrom(source:IBitmapDrawable):BitmapDataVO  {
    var bitmapDataVo:BitmapDataVO = BitmapDataUtil.getBitmapDataVOFrom(source);
/**此处省略具体的实现代码**/
    var bitmapData:BitmapData = bitmapDataVo.bitmapData;
    return bitmapDataVo;
}
```

受篇幅所限，实现代码就不给出来了，读者可自行参阅配套源码中的源文件。

接着我们给大家讲讲 offsetXPercent 和 offsetYPercent 这两个参数的用途。它代表一个相对于宽高值的点，范围一般在 0~1 之间。假设 offsetXPercent 为 0.5，那么这个点的 x 坐标就等于位图宽度的一半。该点决定膨胀圆半径在不同位置的大小，距离该点越远，膨胀圆的半径越大。实际上，笔者并不满意这种做法。更灵活的方式是让膨胀圆的大小可以通过外部函数进行控制，有兴趣的读者可以自行完善。

19.2.2 定义 Q 版字体样式

以上代码仅仅封装了一个图层样式的算法，它跟具体的业务无关，任何字体乃至图像都可以使用它。这时候，外部的代码就要指定使用何种字体、字号格式、描边颜色等。所以，如果直接调用 HighLightStyle，那么我们必定要在每次使用 Q 版字体的时候重复书写一大段设置字体格式的代码，相当不便。

而在一款游戏里面，字体类型、描边样式应该要保持和谐统一。在这样的情况下，封装一款针对当前游戏的字体样式，使用起来就会方便很多。

当然了，样式过于一致又可能会使画面变得单调、缺乏层次感。为此，我们有必要在颜色、描边粗细等细节上为不同地方的字体适当拉开一些差距，从而丰富界面的色彩，加强游戏的视觉冲击力。

我们可以像 TextFormat 那样，封装一个存放 Q 版字体样式属性的类，此处我们把它命名为 QQFontFormat。

代码清单 19-4

```
package com.gemei.rocketshooter.text{
    //QQ 字体格式（模仿 TextFormat 类的做法）
    public class QQFontFormat{
        public var fontSize:int;            //字体大小
        public var size:int;                //结构元素的大小（如果不懂这个的话，就用默认值 2 好了）
        public var letterSpacing:Number;    //字符间距
        public var fontColor:uint;          //字体颜色
        public var strokeColor:uint;        //描边颜色
        public var strokeThickness:int;     //描边的厚度
        public var multiline:Boolean;       //是否为多行
        public var width:int;               //文本的宽度（只有当 multiline=true 时有效）
        public var align:String;            //对齐方式
        public function QQFontFormat(fontSize:int = 30, size:Number = 2, letterSpacing:Number = 0,
fontColor:uint = 0xFFFFFF, strokeColor:uint = 0x1C4AA5, strokeThickness:int = 10, multiline:Boolean = false,
width:int = 500, align:String = "left"){
            //此处省略一系列将参数赋值到属性上的代码
            this.align = align ? align : "left";
        }
    }
}
```

此处，笔者必须勇敢地向大家坦白，这个样式的属性都是在走一步算一步的过程中逐步添加和完善的。毕竟在刚刚开始规划的时候，很多细节都还没考虑在内。比如字距，一开始我们写死为 2 像素，感觉尚可。但随着界面元素的增多，我们逐渐发现有些地方的文字用 2 像素的字距并不合适，看着有点挤，然后就尝试调大一点，结果又影响到之前排好的那些文本。最后笔者才决定加入字距这一属性，使其适应不同界面上的文字。

QQFontFormat 是一个纯粹的数据存放类，因此在这里添加属性一般不会破坏整个项目的架构，大家一开始无需把样式的属性考虑得太过细致，等有需要的时候再追加到 QQFontFormat 里就可以了。

字体格式定义好之后，我们就可以着手封装该游戏的 Q 版字体了。

19.2.3　封装一款针对当前游戏的 Q 版字体

这个字体全局都会用到，不过考虑到它是工具类，我们没有使用纯静态的方式，而以单例代之。

代码清单 19-5

```
package com.gemei.rocketshooter.text{
    //QQ字体生成器
    public class QQFontGenerator{
        //单例模式的控制
        private static var _canNew:Boolean;
        public function QQFontGenerator(){
            if (!_canNew){
                throw new Error("singleton");
            }
            init();
        }
        private function init():void{
        }
    }
}
```

跟 Photoshop 字体样式生成器相类似，该类也需要两个 TextField 来存放文本内容，一个用于显示整段文本，而另一个则用于显示单个字符，如下所示。

代码清单 19-6

```
private var _textField:TextField;                //显示所有文本的TextField
private var _charTextField:TextField;            //显示单个字符的TextField
```

然后我们引入封装好的 Q 版字体算法。

代码清单 19-7

```
private var _highlightStyle:HighlightStyle;      //高光/描边样式
```

前面提到，这个算法比较耗时，而且有些地方（比如得分变更）需要实时变化。所以，膨胀处理后的位图应该缓存到一个对象池里面。

代码清单 19-8

```
private var _charBds_dic:Dictionary;             //字符位图对象池
```

膨胀处理完成以后，我们就需要做变色的操作（其实为 highlightStyle 指定颜色也可以）。

代码清单 19-9

```
private var _colorTransform:ColorTransform;   //色彩转换
```

定义好变量以后，我们就可以初始化这些变量的值了。

代码清单 19-10

```
private function init():void{
    _textField = new TextField();
```

```
        _charTextField = new TextField();
        _textField.autoSize = _charTextField.autoSize = TextFieldAutoSize.LEFT;
        //如果系统没有安装微软雅黑，则用黑体替代，并且字号放大到原来的1.1倍左右（同字号的情况下，黑体的大小约为微软雅黑的0.9倍）
        _textField.defaultTextFormat = _charTextField.defaultTextFormat = new TextFormat(Global.fontName, Global.hasYaHei ? 80 : 89, 0xFFFFFF, !Global.hasYaHei);
        _charBds_dic = new Dictionary();
        _colorTransform = new ColorTransform();
        _highlightStyle = new HighlightStyle(0xFFFFFF, 1, 2, 1, false);
    }
```

Global 是游戏全局信息和配置数据的存放地，这当中包括字体的信息。Global.hasYaHei 属性指示用户的操作系统是否安装了微软雅黑字体，在没有安装的情况下，将会用黑体替代。不过这个判断不需要在这里写，我们在 Global 类里已经做好。

然后就轮到这款字体的核心代码了，我们来定义一个 getQQFontFontBitmapData 方法。

代码清单 19-11

```
    /**
    * 生成指定内容的QQ字体文本
    * @param  str 文本内容
    * @param  format QQ字体格式
    * @param  onProgress 进度汇报的回调函数（只在子线程下有用）
    */
    public function getQQFontBitmapDataFromString(str:String, format:QQFontFormat = null, onProgress:Function = null):BitmapData{
    }
```

文字内容+字体样式即可生成指定文字的 Q 版字体图片，不过该方法并不支持富文本（即一段文字包含多种格式），但就本游戏而言，这样的功能已经够用了。

以上方法加入了一个名为 onProgress 的回调函数。不知道大家是否还记得第 16 章的彩字生成器软件，我们在生成字体的过程中会不断汇报进度，让用户可以实时了解后台线程的处理情况。本游戏的做法与之类似。

onProgress 函数可以由外部传入，这样可以让 QQ 字体生成器的代码从线程处理中解耦出来，让主线程和子线程都可以使用该工具类。

19.2.4 具体的实现方法

方法定义好了，我们现在开始实现，首先要根据 QQFontFormat 设置字体的格式。

代码清单 19-12

```
    format ||= new QQFontFormat();                    //format为空时使用默认值
    /*把QQFontFormat的一些属性转移到TextFormat中*/
    var originSize:int = Global.hasYaHei ? 80 : 89;
    var scale:Number = format.fontSize / 80;
    var fmt:TextFormat = new TextFormat(null, originSize);
    fmt.leading = format.multiline ? 20 : 0;
    fmt.letterSpacing = format.letterSpacing / scale;
    fmt.align = format.align;
    _textField.defaultTextFormat = _charTextField.defaultTextFormat = fmt;
```

```
_textField.multiline = _textField.wordWrap = format.multiline;
_textField.width = format.width / scale;
_textField.text = str;                          //设置文本内容
/**先绘制出整个文本**/
var textBd:BitmapData = new BitmapData(_textField.width, _textField.height, true, 0x00000000);
textBd.draw(_textField);
/**********/
var totalBd:BitmapData = new BitmapData(textBd.width + 200, textBd.height + 200, true, 0x00000000);
/**为描边样式应用 QQFontFormat 的相关属性**/
_highlightStyle.color = format.fontColor;
_highlightStyle.size = format.size;
/**********/
```

这里的代码跟彩字生成器的做法相当像，此处就不再详解了。

接下来自然就是逐字循环，每循环一次，子线程都应该向主线程汇报一次进度。

代码清单 19-13

```
/**遍历所有字符，逐个进行描边处理**/
for (var i:int = 0, len:int = str.length; i < len; i ++){
    var textRect:Rectangle = _textField.getCharBoundaries(i);
    if (textRect == null){
        onProgress && onProgress(i + 1, len);
        continue;
    }
    var char:String = str.charAt(i);
    var charBdVO:BitmapDataVO = _charBds_dic[char] as BitmapDataVO; //尝试从缓存中找
    /**找不到了就创建新的**/
    if (charBdVO == null){
        _charTextField.text = char;
        var charBd:BitmapData = new BitmapData(_charTextField.width, _charTextField.height, true, 0x00000000);
        charBd.draw(_charTextField);
        charBdVO = _highlightStyle.getStyleBitmapFrom(charBd);
        _charBds_dic[char] = charBdVO;                  //处理好以后缓存起来
    }
    totalBd.copyPixels(charBdVO.bitmapData, charBdVO.bitmapData.rect, new Point(textRect.x + 100,
textRect.y + 100).add(charBdVO.offset), null, null, true);    //将描边结果写入到最终的位图上
    onProgress && onProgress(i + 1, len);
}
```

我们不难发现，这段循环跟彩字生成器的做法没有太大区别，都是遍历单个字符，然后逐字渲染，同时根据当前字符索引和字符总数报出进度。不同的是，我们加入了对象池，把膨胀法处理所得的图像缓存起来。

现在膨胀部分的代码已经完成，可以加入上色、描边等操作了。这里不需要用 Photoshop 算法，而且作用于整个文本，速度很快，所以无需继续汇报进度。

代码清单 19-14

```
/**设置文本的填充颜色**/
_colorTransform.color = format.fontColor;
textBd.colorTransform(textBd.rect, _colorTransform);
/**********/
totalBd.copyPixels(textBd, textBd.rect, new Point(100, 100), null, null, true);
var totalBm:Bitmap = new Bitmap(totalBd);
```

```
    /**加入描边**/
    var filters:Array = [new GlowFilter(format.strokeColor, 1, format.strokeThickness * scale, format.strokeThickness * scale, 10, 1), new DropShadowFilter(6 * scale, 60, 0x000000, 0.2, 4 * scale, 4 * scale, 1, 2)];
    totalBm.filters = filters;
    /**********/
    totalBm.smoothing = true;
    var totalBmSpr:Sprite = new Sprite();
    totalBmSpr.addChild(totalBm);
    totalBm.scaleX = totalBm.scaleY = scale;
    var outputBd:BitmapData = new BitmapData(totalBmSpr.width, totalBmSpr.height, true, 0x00000000);
    outputBd.draw(totalBmSpr); //对描边后的位图对象进行 draw 操作
    totalBm.bitmapData.dispose();
    totalBm = null;
    totalBmSpr = null;
```

至此，Q 版字体的代码书写理应告一段落。但实测的时候我们发现，只要文字里面包含如数字、英文之类的半角字符，就会出现非常刺眼的锯齿。为此，在设置 totalBm.filters = filters 之前，我们加了一个判断，只要 str 包含半角字符，就要再追加一个模糊滤镜。

代码清单 19-15

```
    if (hasHalfChar(str)){
        filters.unshift(new BlurFilter(1.3, 1.3));  //不知道为什么，如果文本中出现半角字符，最后生成的图片就会有很明显的锯齿，所以被迫加了点模糊
    }
```

hasHalfChar 函数很简单，就是判断是否包含 ASCII 码在 0~255 之间的字符，如下所示。

代码清单 19-16

```
    private static function hasHalfChar(str:String):Boolean{
        for (var i:int = 0, len:int = str.length; i < len; i ++){
            var code:int = str.charCodeAt(i);
            if (code >= 0 && code <= 255){
                return true;
            }
        }
        return false;
    }
```

我们再次测试，基本上没有大问题了，可以着手开发其他功能。

19.3 全局字体设置与浏览器兼容问题

19.3.1 管理全局字体

目前 Windows XP 系统在国内尚未被完全淘汰。而 XP 系统并未内置微软雅黑字体，一般只有我们把 Office 升级至 2007 或更高版本以后，微软雅黑字体才会被安装到操作系统的字体目录下。

如果直接使用微软雅黑字体作为字体名称，则未安装该字体的机器会用默认的宋体替代，效果必然大打折扣。为此，我们应该选择一款效果与微软雅黑相接近的字体来达到近似的效果。

最终我们使用了加粗的黑体，效果如图 19-5 所示，虽然看起来不如微软雅黑美观，但跟宋体相比，也不至于太过单薄。

也就是说，我们在指定字体名称之前，需要先判断操作系统是否安装了微软雅黑字体，然后据此确认最终要使用的字体名称。实现这一流程的代码量也不少，而且很多地方需要用到。因此，我们把这一操作放到全局类里面会比较合适。

我们新建了一个 Global 类，以后跟全局配置相关的内容都会往这里放。

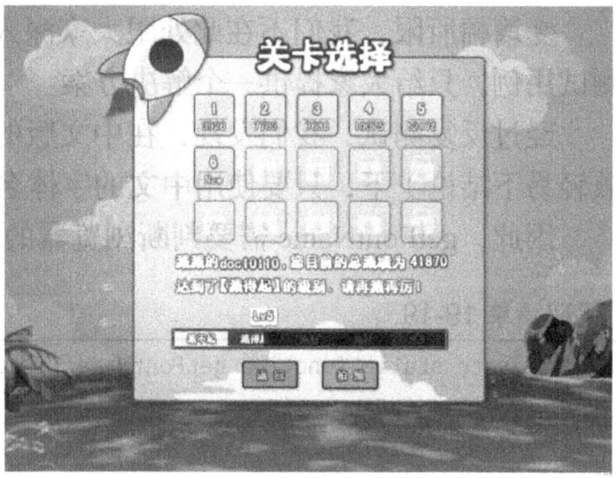

图 19-5　使用黑体字的效果

代码清单 19-17

```
package com.gemei.rocketshooter.utils{
    //全局配置信息和公共数据（静态方式访问，大型项目建议改用单例模式）
    public class Global  {
    }
}
```

现在我们就往里面加入字体管理的代码。

代码清单 19-18

```
public static var hasYaHei:Boolean;      //当前操作系统是否安装了微软雅黑字体
public static var fontName:String;  //全局统一使用的字体名称
public static function init():void{
    hasYaHei = FontUtil.hasFont("微软雅黑");
    fontName = getFontName();
}
private static function getFontName():String{
    return hasYaHei ? "Microsoft YaHei" : "SimHei";
}
```

作为美国的产品，FlashPlayer 在中国有一个很特别的 Bug。就目前来说，除了 FlashPlayer10.0 和 10.1 以外，其他版本都不识别中文名称的字体。所以，要在 FlashPlayer 中使用中文字体，要么把发布版本设置为 10 或 10.1，要么使用中文字体的英文名。由于本游戏需要使用 FlashPlayer11.4 的多线程，我们只能选择后者。

不过，使用英文名称并未能彻底解决以上问题。因为除了 FlashPlayer 以外，字体还受到浏览器的影响。所以接下来，我们要探讨一下跟浏览器相关的兼容问题。

19.3.2　解决浏览器的兼容问题

为了适应 Chrome 浏览器的外观，Google 公司对 FlashPlayer 进行了一些修改。细心的网友估计可以通过右键菜单的样式看出 FlashPlayer 在 Chrome 下跟在其他浏览器下的一些不同之处。

除了右键菜单以外，Chrome 版 FlashPlayer 的设备字体也被捆绑到浏览器的字体设置里面了。我们只要在 Chrome 浏览器的地址栏里输入 chrome://settings/fonts，修改里面的字体，就可以影响到 FlashPlayer 里面的一部分 TextField 了。

受篇幅所限，我们不在此处跟大家深入探讨浏览器兼容方面的细节，也不在这里给出任何测试用例，只给大家提供一个解决方案。

经过反复测试，我们发现，在中文版的 Chrome 浏览器（英文版的没系统测试过，所以不敢轻易下结论）下，只要使用中文的字体名称，其字体格式就不会受到浏览器设置的影响了。

因此，getFontName 需要判断浏览器的类型，代码如下。

代码清单 19-19

```
private static function getFontName():String{
    if (_isGoogle){
        return hasYaHei ? "微软雅黑" : "黑体";
    }else{
        return hasYaHei ? "Microsoft YaHei" : "SimHei";
    }
}
```

_isGoogle 变量指示当前 SWF 是否位于 Chrome 浏览器下，我们在 Global.init 函数里执行这一检测并为其赋值。

代码清单 19-20

```
try{
    _isGoogle = ExternalUtil.getBrowserName() == BrowserName.CHROME;
}catch (e:Error){
    _isGoogle = true;
}
```

我们在测试过程中发现，在 Google 浏览器下执行浏览器检测的函数很容易报错，这时候我会认为它的运行环境就是 Google 浏览器。不过经不同的玩家测试发现，这样的代码有时会出现误判。

所幸的是，我在撰写本书的后期找到了一个完美的解决方案——通过 Capabilities.manufactorer 属性即可知道当前的 FlashPlayer 是否被 Google 修改过。但由于本书的配套文件尚未使用该方法，因此我在书中给出的还是浏览器类型的判断代码。

代码清单 19-21

```
package com.gemei.rocketshooter.external{
    //跟 JS 交互的类
    public class ExternalUtil{
        private static var _browserName:String;
        public static function getBrowserName():String  {
            /*如果不可用，则意味着当前运行的环境是独立的 FlashPlayer*/
            if(!ExternalInterface.available){
                return BrowserName.STANDALONE_PLAYER;
            }
            if(!_browserName){
                var browserNameAgent:String = String(ExternalInterface.call("eval", "navigator.
userAgent"));         //使用 eval 方法实现在 as 里完成 JS 的功能（在百度到的 JS 代码基础上修改而成）
                if (/msie/i.test(browserNameAgent) && (/opera/.test(browserNameAgent) == false)) {
                    _browserName = BrowserName.IE;
                } else if (/firefox/i.test(browserNameAgent)) {
                    _browserName = BrowserName.FIRE_FOX;
                } else if (/chrome/i.test(browserNameAgent) && /webkit/i.test(browserNameAgent) &&
/mozilla/i.test(browserNameAgent)) {
```

```
                    _browserName = BrowserName.CHROME;
                } else if (/opera/i.test(browserNameAgent)) {
                    _browserName = BrowserName.OPERA;
                } else if (/webkit/i.test(browserNameAgent) && !(/chrome/i.test(browserNameAgent) &&
/webkit/i.test(browserNameAgent) && /mozilla/i.test(browserNameAgent))) {
                    _browserName = BrowserName.SAFARI;
                } else {
                    _browserName = BrowserName.UNKNOW;
                }
            }
            return _browserName;
        }
    }
}
```

这段代码由 JS 的浏览器判断函数改编而成。为了最大程度上利用 JS 的代码，我们使用了 eval 方法，它可以根据字符串实时生成相应的表达式。但因为 JS 不是本书的重点，所以我们就不再深入探讨了，有兴趣的读者可自行查阅相关资料。

基础的配套设施完善以后，我们就可以着手搭建游戏的框架了。

19.4 游戏基础框架的搭建

19.4.1 基础配置及通讯方式

这里的基础配置没有太特别的内容，就是一个 gameWidth 和 gameHeight，它们指定游戏的尺寸。游戏中的各个模块在布局的时候，如果都以这两个参数作为参考标准，则在调整游戏宽高的过程中，所有模块都会随之适应而无需再逐个调整。

代码清单 19-22

```
public static var gameWidth:int = 760;              //游戏的宽度
public static var gameHeight:int = 570;             //游戏的高度
```

在完善本款游戏的过程中，笔者加入了一个左右键交替单击的玩法，于是我们在 Global 类里追加一个游戏模式的定义。

代码清单 19-23

```
public static var gameMode:String = GameMode.SINGLE; //游戏的模式
```

GameMode 是个常量类，包含 SINGLE 和 DOUBLE 两个常量。

至此，基础的配置信息也就定义好了。看到这里，有的读者可能就会有疑问：那玩家的一些基础属性在哪里呢？生命、等级、时间等变量怎么都还没有定义？没错，我们确实还没给出这方面的内容，因为笔者没有把它们归类到基础配置信息中，而是作为游戏的玩家信息定义到另外一个类中，稍后我们会为大家展开论述，现在先谈一下通讯的方式。

所谓“麻雀虽小，五脏俱全”，本章讲的虽然是一款小游戏，但游戏封面、说明面板、游戏主界面、结束面板、提示信息等基础模块都具备了。因此，一个合理的通讯方式，可以使整个游戏的代码结构看起来更加清晰，维护起来也更加容易。

以上模块基本上都通过主界面来添加。因此，主界面可以作为模块间通讯的纽带。模块中的任何操作都可以向主界面发送，然后其他模块都通过主界面进行统一调度。

乍一看，这做法似乎非常合理。但事实上，随着模块数量的增加、功能的逐步完善，主界面的代码量将会因此而急剧上升，导致可读性严重下降，修改起来也相当不便。

为此，我们应该尽可能地让模块从主界面中解耦出来。很常见的一个做法就是通过 MVC 模式，把通讯行为放入到 C（Controller，控制器）层。

但毕竟这是一款小游戏，使用 MVC 的架构未免有点小题大做。再者，如果每个通讯行为都构建一个控制器，那么最终的结果就是使类的数量呈现出几何级数的膨胀趋势，导致项目变得臃肿。

对于本游戏而言，比较合适的做法就是在 Global 类中进行数据交互，而且我们不希望在这个全局类中写入太多的通讯代码，而仅仅是创建一个中转站，让数据可以通过全局进行传输。至于具体的内容是什么，Global 并不关心。

说到这里，相信有的读者已经想到了，使用 ActionScript 内置的事件发送器 EventDispatcher 即可实现这一功能。没错，我们用的就是它，如下所示。

代码清单 19-24

```
private static var _eventDispatcher:EventDispatcher = new EventDispatcher();
//全局事件发送器
public static function get eventDispatcher():EventDispatcher{
    return _eventDispatcher;
}
```

有了这样的一个属性以后，模块之间就可以直接通讯了。假如用户单击了游戏封面中的【开始游戏】按钮，模块就可以向全局发送一个开始游戏的事件。

代码清单 19-25

```
startButton.addEventListener(MouseEvent.CLICK, startClickHandler);
private function startClickHandler(event:MouseEvent):void{
    Global.eventDispatcher.dispatchEvent(new Event("startGame"));
}
```

然后，游戏主界面就可以监听该事件并开始游戏。

代码清单 19-26

```
Global.eventDispatcher.addEventListener("startGame", startGameHandler);
private function startGameHandler(event:Event):void{
    //此处执行开始游戏的代码
}
```

不过在真正的项目中，代码要比这里复杂一些。在封面切换到游戏主界面时，我们会做一些缓动动画来实现两界面的无缝切换。此外，事件的类型我们都定义了相关的常量（在 GameEvent 类中）。

下面就来讲讲刚才提到的游戏信息，它被定义到一个名为 GameInfo 的类中。

19.4.2 游戏信息类的定义

根据这款游戏的设计方案，游戏的信息主要包括击落火箭数、未被击落的火箭数、血量、持续时间等。

代码清单 19-27

```
package com.gemei.rocketshooter.utils{
    //游戏信息存放类（静态方式访问，大型项目中建议用单例代替）
    public class GameInfo{
        private static var _score:int = 0;                  //游戏得分
        public static function get score():int{
            return _score;
        }
        public static function set score(value:int):void{
            _score = value;
            Global.eventDispatcher.dispatchEvent(new GameEvent(GameEvent.UPDATE_SCORE));
        }
        private static var _life:int = 100;                 //玩家血量
        public static function get life():int{
            return _life;
        }
        public static function set life(value:int):void{
            if (_life >= 30 && value < 30){
                Global.eventDispatcher.dispatchEvent(new GameEvent(GameEvent.LIFE_NOT_ENOUGH));
            }
            _life = Math.max(0, Math.min(100, value));
            Global.eventDispatcher.dispatchEvent(new GameEvent(GameEvent.UPDATE_LIFE));
            if (_life == 0){
                Global.eventDispatcher.dispatchEvent(new GameEvent(GameEvent.GAME_OVER));
            }
        }
        private static var _hitCount:int = 0;               //击落的火箭数
        public static function get hitCount():int{
            return _hitCount;
        }
        public static function set hitCount(value:int):void{
            _hitCount = value;
            Global.eventDispatcher.dispatchEvent(new GameEvent(GameEvent.UPDATE_HIT_COUNT));
        }
        private static var _missCount:int = 0;              //miss掉的火箭数
        public static function get missCount():int{
            return _missCount;
        }
        public static function set missCount(value:int):void{
            _missCount = value;
            Global.eventDispatcher.dispatchEvent(new GameEvent(GameEvent.UPDATE_HIT_COUNT));
        }
        private static var _level:int = 1;                  //玩家等级
        public static function get level():int{
            return _level;
        }
        public static function set level(value:int):void{
            if (_level < value){
                Global.eventDispatcher.dispatchEvent(new GameEvent(GameEvent.LEVEL_UP));
            }
            _level = value;
```

```
            Global.eventDispatcher.dispatchEvent(new GameEvent(GameEvent.LEVEL_CHANGE));
        }
        public static var pauseTime:int = 0;                //暂停的持续时间
        public static var gameTimeStr:String = "00:00";     //游戏持续时间
    }
}
```

几乎每个属性我们都通过 getter/setter 的方式进行访问，目的就在于当这些属性发生变更时，可以及时向全局发出通知并让相关模块作出相应的更新。

游戏结束后，所有的变量都应该回归到原始的状态，因此我们给 GameInfo 类定义了一个 reset 方法。

代码清单 19-28

```
//重置所有变量
public static function reset():void{
    pauseTime = 0;
    score = 0;
    life = 100;
    hitCount = 0;
    missCount = 0;
    level = 1;
}
```

19.4.3 游戏主类的编写

所谓主类，就是程序的入口。因为 SWF 本身就是一个可视化的程序，所以入口都继承 Sprite。

于是，对于初学者来说，直接在主类添加模块等可视对象是最直观、也是最简便的做法。

但因为本游戏涉及多线程、用户信息加载等内容，它们都需要直接或间接通过主类来调用，所以它的结构又比一般的小游戏复杂一些。这时候，如果与显示相关的大量代码也写在主类上，那么主类的代码就会很长，可读性也会比较差。

所以，我们把显示相关的内容都放入到另外一个类中，这个类可以继承 Sprite，然后主类直接 addChild 它，也可以让它不继承任何类（实际上就是继承最顶级的 Object）并将主类以参数的形式传入，使该类可以直接往主界面添加模块。

此处我们选择了不继承任何类的方式并把该类命名为 TotalViewManager，它在主类里有一个实例，如下所示。

代码清单 19-29

```
package{
    //正常大小为 760*570，弄成 550 是因为在本地播放器（即独立播放器）下，隐藏菜单会导致舞台多出 20 像素
    [SWF(width="760",height="550",backgroundColor="#FFFFFF")]
    //看你有多溅游戏主类
    public class Main extends Sprite{
        private var _viewManager:TotalViewManager;
    }
}
```

关于界面，不得不提的一点是，FlashPlayer 自升级到 10.1 以来，为了节约在移动端运行时

所消耗的电量，会在最小化的时候自动切换到休眠模式，帧频会大幅下降。

这对于某些游戏或者应用来说是件好事。就本游戏而言，它却能严重破坏游戏的节奏。火箭上升速度变慢将导致场景中的火箭因无法及时从舞台中移除而大量堆积，使画面变得非常混乱。

所以我们加入了让帧频不因最小化而降低的代码，很经典的做法，播放空白的声音。

代码清单 19-30

```
var sound:Sound = new Sound(new URLRequest(""));
sound.play();
sound.close();
```

它的基本原理是，最小化时声音仍在播放。如果音乐因为最小化而导致播放变慢的话，那感觉一定非常别扭。所以有声音的时候，帧频不能变慢。

但测试显示，加入以上代码后，帧频仍然有所下降，大概由 30fps 降至 8fps 左右。这是因为这样的声音通过声卡进行播放，它又不是数据流，所以 FlashPlayer 完全有理由让声音跟画面不同步。

为此，我们借用了论坛某高人的做法，通过 FlashPlayer10 的动态生成声音功能，让声音的播放在 CPU 中进行，此时的声音就被迫与帧频同步了。

代码清单 19-31

```
sound.addEventListener(SampleDataEvent.SAMPLE_DATA, sampleDataHandler, false, 0, true);
private function onSampleDataHandler(event:SampleDataEvent):void{
    event.data.position = event.data.length = 4096 * 4;
}
```

这些代码已经被封装到那位高人的工具类里面，我们只需直接调用它。

代码清单 19-32

```
private var _renderManager:RenderManager; //保证最小化休眠模式时帧频不变的管理器
```

界面的结构已规划好，下面是用户信息加载。说白了这跟游戏的关联不太大，而且在不同的平台下可能有不同的做法。为了减少切换平台对主类的影响，我们把用户加载的行为也放入到一个类里面。在平台移植的时候，我们只需修改 UserLoader 类即可接入到不同的第三方平台。

代码清单 19-33

```
private var _userLoader:UserLoader;        //用户信息加载器
private var _loadTime:int;                 //用户信息加载器的启动时间
```

除加载器以外，我们还定义了一个 loadTime 属性，它用于判断加载超时，如果超过 5 秒都还没有响应的话，就跳过这一步并且让用户名显示为“游客”。

接下来到线程部分了。跟第 18 章的音乐浪花效果一样，该游戏需要一个 Receiver 和一个 Processor。不过本例的线程管理较第 18 章复杂，它不仅仅用来渲染水波效果，而且还要担负起生成 Q 版字体、绘制火焰动画等重任。所以我们需要有一个规范化的进度与数据管理系统，才能使它得以正常运行。我们会在后面详细讲解这部分的内容。

回到主类，上一例我们把子线程写到一个单独的 SWF 里，这次我们尝试让主线程和子线程共用一个 SWF，所以 Receiver 和 Processor 都在同一个类里创建实例。

代码清单 19-34

```
private var _workerProcessor:RocketTotalWorkerProcessor;      //线程处理器（子线程用）
private var _workerReceiver:RocketTotalWorkerReceiver;   //线程数据接收器（主线程用）
```

至此，主类的变量声明已经完成，下面我们开始进入到主类的构造函数。

FlashDevelop 创建的 AS 项目默认会监听自身的 addedToStage 事件。但因为本例的子线程也以该类的 Main 函数作为入口，而子线程又没有舞台的概念，所以必须把监听去掉。

代码清单 19-35

```
public function Main():void{
    init();
}
```

不过到了 init 函数，我们就可以根据当前 SWF 是否为主线程（isPrimordial 属性）来决定是否要监听 addedToStage 事件。

代码清单 19-36

```
private function init():void{
     Global.init();
     /*只有当 swf 用作主线程的时候才需要初始化界面*/
     if (Worker.current.isPrimordial){
         tabEnabled = tabChildren = false;
         stage ? initStage() : addEventListener(Event.ADDED_TO_STAGE, addedToStageHandler);
         addEventListener(Event.ENTER_FRAME, enterFrameHandler);
         initRender();
         _viewManager = new TotalViewManager(this);
         _userLoader = new UserLoader("http://www.9ria.com/member/gettdhuserauth2.php");
         _userLoader.addEventListener(Event.COMPLETE, userCompleteHandler);
         _loadTime = getTimer();
         _userLoader.load();
     }
     else{
         _workerProcessor = new RocketTotalWorkerProcessor();
     }
}
```

对于主线程来说，除了线程处理器以外，其他内容都需要进行初始化。而子线程则刚好相反，我们只需初始化线程处理器，而不必执行构建界面、加载用户信息等操作。

addedToStageHandler 没有什么特别的内容了，都是一些常规的设置，除了要监听鼠标右击事件以外（因为我们需要在游戏里使用右键），跟其他的游戏没什么两样。

代码清单 19-37

```
private function addedToStageHandler(event:Event):void{
     removeEventListener(Event.ADDED_TO_STAGE, addedToStageHandler);
     initStage();
}
private function initStage():void{
     stage.showDefaultContextMenu = false;
     stage.scaleMode = StageScaleMode.NO_SCALE;
```

```
        stage.align = StageAlign.TOP_LEFT;
        stage.addEventListener(MouseEvent.RIGHT_MOUSE_DOWN, rightMouseDownHandler);  //个人还是很喜
欢 Flash 的右键菜单，代表对 Adobe 的支持。不过这次我要在游戏里使用它，没办法。抱歉啊 Adobe。
    }
    private function rightMouseDownHandler(event:MouseEvent):void{
    }
```

initRender 用于创建抗休眠对象的实例。

代码清单 19-38

```
    private function initRender():void{
        _renderManager = new RenderManager();
    }
```

然后就到莫名其妙的 enterFrameHandler 了，这监听的用途在哪呢？其实它跟用户信息加载有关。在 9ria 论坛上发布的附件与后台交互的时候，响应往往非常地慢。为了让用户在这段时间内可以感觉到进度的存在，我们留出了 5 秒，进度共占总进度（总进度=用户信息加载进度+子线程处理进度）的 10%。于是监听主类 enterFrame 事件的唯一用途就在于发送一个进度事件，如下所示。

代码清单 19-39

```
    private function enterFrameHandler(event:Event):void{
        //加载用户信息也列入到初始化的进度计算中，占总进度的 10%
        Global.eventDispatcher.dispatchEvent(new ProgressEvent(ProgressEvent.PROGRESS, false, false,
Math.min(50000, getTimer() - _loadTime), 50000));
    }
```

当用户信息加载完成以后，我们需要做的事情有两件：一是绘制用户名的图片，二是启动线程。

代码清单 19-40

```
    private function userCompleteHandler(event:Event):void{
        removeEventListener(Event.ENTER_FRAME, enterFrameHandler);
        DisplayDataCenter.userNameBd = DisplayDataCenter.getUserNameBd(Global.userName);  //用户名加载
完成后，生成用户名的字体图片
        initWorker();//启动线程初始化
    }
```

代码中 DisplayDataCenter 类的主要职责是存放通过子线程渲染的图像数据。为便于统一管理，我们不妨把用户名的图片也放到这个类里面了。

该类生成用户名图片的函数代码如下。

代码清单 19-41

```
    public static var userNameBd:BitmapData;          //带用户名的图片
    public static function getUserNameBd(userName:String):BitmapData{
        var generator:QQFontGenerator = QQFontGenerator.getInstance();
        var fontFormat:QQFontFormat = new QQFontFormat(18, 2, 0, 0xFFFFFF, 0x976401);
        var fontFormatBlue:QQFontFormat = new QQFontFormat(18, 2, 0, 0xFFFFFF);
        var spr:Sprite = new Sprite();
```

```
    var bmp1:Bitmap = new Bitmap(generator.getQQFontBitmapDataFromString("溅溅的", fontFormat));
    spr.addChild(bmp1);
    var bmp2:Bitmap = new Bitmap(generator.getQQFontBitmapDataFromString(userName, fontFormatBlue));
    bmp2.x = bmp1.x + bmp1.width - 1;
    bmp2.y = bmp1.y + bmp1.height - bmp2.height;
    spr.addChildAt(bmp2, 0);
    var bmp3:Bitmap = new Bitmap(generator.getQQFontBitmapDataFromString(", ", fontFormat));
    bmp3.x = bmp2.x + bmp2.width;
    bmp3.y = bmp2.y + bmp2.height - bmp3.height;
    spr.addChild(bmp3);
    var totalBd:BitmapData = new BitmapData(spr.width, spr.height, true, 0x00000000);
    var bound:Rectangle = spr.getBounds(spr);
    totalBd.draw(spr, new Matrix(1, 0, 0, 1, - bound.x, - bound.y));
    return totalBd;
}
```

我们首次使用了生成 Q 版字体的工具类 QQFontGenerator，可见这个工具类封装好了以后，使用起来相当的简单。

该方法生成的图像如图 19-6 所示。

图 19-6　通过程序动态生成的用户名图片

最后就是线程的启动了，如下所示。

代码清单 19-42

```
private function initWorker():void{
    _workerReceiver = new RocketTotalWorkerReceiver(loaderInfo.bytes);
    _workerReceiver.addEventListener(ProgressEvent.PROGRESS, workerProgressHandler);
    _workerReceiver.addEventListener(Event.COMPLETE, workerCompleteHandler);
    _workerReceiver.addEventListener(WorkerEvent.WORKER_ERROR, workerErrorHandler);
    setTimeout(_workerReceiver.start, 250); //不知道为什么，如果一初始化就执行 worker，就会有 30%左右的几率
启动失败（有些人的机子上失败率更高），所以要延迟一下
}
private function workerProgressHandler(event:ProgressEvent):void{
    Global.eventDispatcher.dispatchEvent(new ProgressEvent(ProgressEvent.PROGRESS, false, false,
event.bytesLoaded / event.bytesTotal * 90 + 10, 100));   //向全局发出进度消息（主要由 loadingView 接收）
}
private function workerErrorHandler(event:WorkerEvent):void{
    Global.eventDispatcher.dispatchEvent(event); //向全局发出错误信息（主要由 loadingView 接收）
}
private function workerCompleteHandler(event:Event):void{
    Global.eventDispatcher.dispatchEvent(new WorkerEvent(WorkerEvent.WORKER_COMPLETE)); //向全局
发出子线程处理完成的消息（很多地方都要接收，各种界面都要获取 QQ 字体图片，同时做相关的布局处理）
    _workerReceiver.removeEventListener(Event.COMPLETE, workerCompleteHandler);
}
```

这段代码初始化了子线程数据的接收器并监听其发出的各种事件，然后通过全局转发，让 Loading 界面显示相关的进度。子线程处理完成后，主类向全局发送 WORKER_COMPLETE 事件，让 Loading 播放淡出动画，同时让各模块开始从 DisplayDataCenter 中获取自己所需要的图片并进行布局。

所以接下来，我们会给大家讲解界面的制作方法。不过受篇幅所限，我们只能列举几个有代表性的面板，而不可能把每个模块的每句代码都写出来。读者可以自行查阅配套源码中的源文件来获取本游戏项目的完整代码。

19.5　界面制作举例

19.5.1　背景的渲染

背景跟第 18 章一样，都是一个平滑的放射渐变，只是颜色从原来较为深邃的紫黑色调整为明亮清新的浅蓝色。它会一直作为游戏的总背景显示在游戏画面的最下层。

代码清单 19-43

```
package com.gemei.rocketshooter.display.bg{
    //背景位图
    public class BgBitmapData extends BitmapData{
        public function BgBitmapData(){
            super(Global.gameWidth, Global.gameHeight, false);
            var matrix:Matrix = new Matrix();
            matrix.createGradientBox(1.6 * width, 1.6 * width, 0, - 0.3 * width, - 0.3 * height
- height * 0.5);              //这里的数字凭的是感觉，以下参数将会使渐变中心点在舞台的中心点偏上一些的位置
            PhotoshopGradientUtil.getGradientBitmapData(GradientType.RADIAL, new Gradient([0x9AEEFF,
0x0ABAFB], [1, 1], [0, 255], [0, 255], 1), width, height, matrix, "pad", this);  //使用 Photoshop 平滑
算法绘制出比 Flash 的 beginGradientFill 要柔和一些的渐变背景
        }
    }
}
```

19.5.2　Loading 界面的制作

总的来说，本例的 Loading 跟第 18 章的做法并无大异。不同的是字体，需要由原来的 TextField 改为 Q 版字体的图片，所以处理方式上稍有不同。另外，从 Loading 切换到封面的时候，我们加入了一些缓动的效果，使其过渡得更加平滑。

Loading 界面的效果如图 19-7 所示。

图 19-7　Loading 界面的效果

背景的填充色不属于 Loading 界面的组成部分，它通过 19.5.1 节的 BgBitmapData 创建。所以 Loading 的组成包括火箭 Logo、Loading 标题以及显示进度的数字。

如果使用原始的 TextField，那我们就可以放心的把两行文字合并到一个多行文本里。但对于 Q 版字体图片来说，每一次更新都意味着性能的损耗，为了尽可能地减少进度改变时的运算量，我们认为把不变的部分抽取出来，让文字标题只渲染一次会更加合适。

综上所述，该界面的基本变量如下。

代码清单 19-44

```
package com.gemei.rocketshooter.display.loading {
    //Loading 界面
```

```
    public class LoadingView extends Sprite{
        private var _width:int;                                      //该界面的宽度
        private var _height:int;                                     //该界面的高度
        private var _labelBmp:Bitmap;                                //标签位图
        private var _progressBmp:Bitmap;                             //显示进度数字的位图
        private var _logoBmp:Bitmap;                                 //显示游戏 Logo 的位图
        private var _generator:QQFontGenerator;                      //Q 版字体生成器
        private var _qqFormat:QQFontFormat = new QQFontFormat(35);   //本界面的字体格式
        public function LoadingView(){
            init();
        }
    }
}
```

这里的_width 和_height 实际上就是 Global 的 gameWidth 和 gameHeight，考虑到这个变量在 Loading 数字居中对齐的时候要重复调用，我们就把它们赋值到本类的私有属性里面了。

下面就书写 init 函数，对以上变量进行初始化。

代码清单 19-45

```
private function init():void{
    _width = Global.gameWidth;
    _height = Global.gameHeight;
    _generator = QQFontGenerator.getInstance();
    _labelBmp = new Bitmap(_generator.getQQFontBitmapDataFromString("正在努力为您初始化...", _qqFormat));
    addChild(_labelBmp);
    _progressBmp = new Bitmap(_generator.getQQFontBitmapDataFromString("0%", _qqFormat));
    addChild(_progressBmp);
    _logoBmp = new Bitmap(new RocketLogoBitmapData(0.25));
    addChild(_logoBmp);
    _labelBmp.x = int((_width - _labelBmp.width + _logoBmp.width) * 0.5);
    _labelBmp.y = int((_height) * 0.5 - _labelBmp.height - 10);
    _logoBmp.x = int(_labelBmp.x - _logoBmp.width);
    _logoBmp.y = int(_labelBmp.y + _labelBmp.height - _logoBmp.height * 0.5);
    resize();
}
private function resize():void{
    _progressBmp.x = int((_width - _progressBmp.width) * 0.5 + 10);
    _progressBmp.y = int(_height * 0.5);
}
```

可以看到，在 init 函数里面，我们没有对进度的数字进行布局，而是写到了一个独立的 resize 函数里。那是由于它的位置要随着数字宽度的变化而改变，从而导致很多地方都需要调用 resize 函数里的两行代码，比如汇报进度和显示错误信息。

代码清单 19-46

```
//显示初始化的进度
public function showProgress(finished:int, total:int):void{
    _progressBmp.bitmapData = _generator.getQQFontBitmapDataFromString(int(finished / total * 100) +
"%", _qqFormat);
```

```
        resize();
    }
    //显示错误信息
    public function showError(text:String):void{
        _progressBmp.bitmapData = _generator.getQQFontBitmapDataFromString(text ? text : "", _qqFormat);
        resize();
    }
```

子线程初始化完成以后，如果不做缓动动画，那我们让主界面直接隐藏掉该界面，然后立即调用开始游戏的函数即可。伪代码大致如下。

代码清单 19-47

```
    _loadingView.visible = false;
    startGame();
```

但如果带了缓动动画，那我们就必须等待 Loading 淡出完成了才能继续执行 startGame。至于什么时候完成，这完全由 LoadingView 决定。这时候，最规范的做法就是让 LoadingView 发出事件，然后由主界面监听。

代码清单 19-48

```
    _loadingView.addEventListener(Event.COMPLETE, loadingCompleteHandler);
    _loadingView.playComplete();
    private function loadingCompleteHandler(event:Event):void{
        startGame();
    }
```

看起来麻烦了不少。所以，对于小游戏来说，在交互范围不大的情况下，把 startGame 作为回调函数传入到 LoadingView 里将是更简便的做法。

代码清单 19-49

```
    _loadingView.playComplete(startGame);
```

下面我们就来看看 playComplete 的具体代码。

代码清单 19-50

```
    private var _blurObj:Object = {blur: 1};            //用于模糊缓动的对象
    /**
     * 播放 Loading 完成的淡出动画
     * @param onComplete 淡出动画播放完成后执行的操作
     */
    public function playComplete(onComplete:Function):void{
        TweenLite.to(_logoBmp, 0.5, { y: - _logoBmp.height, x : _logoBmp.x + (_logoBmp.y + _logoBmp.height),
alpha: 0, onComplete: onComplete , delay: 0.1} );
        TweenLite.to(_labelBmp, 0.6, { x: _labelBmp.x - 100, alpha: 0} );
        TweenLite.to(_progressBmp, 0.4, { x: _progressBmp.x + 100, alpha: 0, delay: 0.2} );
    }
```

我们把 onComplete 回调函数传入到 TweenLite 缓动对象的 onComplete 属性中，这就意味着缓动动画执行完成之后，onComplete 将会被调用，于是，由主类传入的 startGame 函数就会在缓动结束后执行。

Loading 界面就是用来监听子线程的进度，显示出来的时候，子线程还没开始启动，因此界面上的 Q 版字体无法送入到子线程里面进行渲染（其实方法还是有，只是太麻烦了，所以我们就偷懒了一下）。

而接下来的一些面板，它们都在线程初始化完成之后才显示出来。因此，相关的一些字体图片可以交由子线程绘制，下面我们就举例说明。

19.5.3 游戏面板背景的绘制

跟一些大型的网页游戏一样，小游戏的面板也有一套样式基本固定的皮肤/UI 库，只是结构相对简单一些。

图 19-8 和图 19-9 分别展示了该游戏的说明面板和成绩面板，可见面板背景的外观基本一致，仅仅是标题的不同以及尺寸上的微小差别。

图 19-8 游戏说明面板

图 19-9 游戏成绩面板

为此，我们为该背景封装了一个名为 PanelBgView 的基类，游戏面板的背景都可以继承它。

代码清单 19-51

```
package com.gemei.rocketshooter.display.symbols.ui{
    //通用的面板背景
    public class PanelBgView extends Sprite{
        private var _bgShape:Shape;                         //背景的 Shape
        private static var _fillBd:BitmapData; //用于填充背景的位图（就是一个 Photoshop 的柔和渐变）
        private var _bgBmp:Bitmap;                          //背景位图
        /*面板的背景加入一朵云来丰富色彩*/
        private var _cloudShape:Shape;
        private var _cloudBmp:Bitmap;
        private var _titleBmp:Bitmap;                       //标题图片
        private var _width:int;                             //面板的宽度可以通过子类控制
        private var _height:int;                            //面板的高度也一样
        private var _rocketShape:RocketInstructionShape;    //面板上的火箭图标
        private var _titleKey:String;                       //标题在文字位图字典中的键值
        /*整个容器（用来做位图缓存）*/
        private var _container:Sprite;
        private var _totalBd:BitmapData;
        private var _totalBm:Bitmap;
```

```
        /**
         * @param  titleKey 标题在文字位图字典中的键值
         * @param   width 面板的宽度
         * @param  height 面板的高度
         */
        public function PanelBgView(titleKey:String, width:int = 350, height:int = 320){
            _titleKey = titleKey;
            _width = width;
            _height = height;
            super();
            init();
        }
    }
}
```

此处我们把不同的部分写到构造函数的参数里面，让子类自行设置（另一种方法是通过重写 getter 实现，在稍后讲解的道具类里面，我们会用到这种方式）。

需要特别指出的是，面板的标题我们没有用 title 属性，而以 titleKey 代之。因为标题是通过子线程绘制的 Q 版字体图片，已经不是纯文本了，所以需要用 Kcy 来映射（其实可以直接用标题文字来做 Key，不过为了避免文字内容相同但字体样式不同的两张图片发生冲突，我们最后还是采用单独的 Key 来作映射）。

我们对界面的相关元素都做了声明，但大家可能会发现一个很别扭的地方：我们给_fillBd 加入了静态修饰符 static。其实这是一个优化的策略，由于_fillBd 是用 Photoshop 平滑算法渲染出来的渐变，处理起来比较耗时。如果用实例变量，那么每初始化一个背景，渐变就要重新渲染一次，从而造成不必要的性能损耗。

现在我们可以开始书写 init 函数了。

代码清单 19-52

```
private function init():void{
    _container = new Sprite();
    initBg();
    initCloud();
    initRocketShape();
    initTitle();
}
```

这个界面的元素较多，如果都直接往 init 上写，那么 init 函数的代码就会变得比较长。所以此处我们以显示对象为单位，把它拆分为多个函数。

代码中，_container 是存放该面板所有元素的总容器，让所有的界面元素都往该容器上添加。此举的目的在于把多个元素合并为一张位图，从而减少运行时的 CPU 占用。毕竟面板背景是个静态层，里面的内容一旦初始化好了就无需再作任何变动。

然后我们看一下 initBg。前面说过，这一层用 Photoshop 渐变算法绘制，因此 BitmapData 不应在 initBg 函数中渲染，而应该提到变量声明的位置上。

代码清单 19-53

```
private static var _fillMatrix:Matrix = getFillMatrix();
private static function getFillMatrix():Matrix{
    var fillMatrix:Matrix = new Matrix();
```

```
        fillMatrix.createGradientBox(860, 860, 0, 61 - 430, 75 - 430);
        return fillMatrix;
    }
    private static var _fillBd:BitmapData = PhotoshopGradientUtil.getGradientBitmapData(GradientType.
RADIAL, new Gradient([0xFDFFCC, 0xFFB266], [1, 1], [0, 255], [0, 255], 1), 440, 420, _fillMatrix); //
用于填充背景的位图（就是一个 Photoshop 的柔和渐变）
```

initBg 函数则直接调用它即可。

代码清单 19-54

```
    private function initBg():void{
        _bgShape = new Shape();
        _bgShape.graphics.lineStyle(2, 0x976832, 1);
        _bgShape.graphics.beginBitmapFill(_fillBd, null, false, true);
        _bgShape.graphics.drawRoundRect(0, 0, _width, _height, 10, 10);
        _bgShape.graphics.endFill();
        _bgShape.x = - _width * 0.5;
        _bgShape.y = - _height * 0.5;
        _bgShape.filters = [new DropShadowFilter(3, 60, 0x000000, 0.2, 5, 5, 1, 2)];
        _container.addChild(_bgShape);
    }
```

需要注意的是，绘制圆角矩形这一步还是不能偷懒，毕竟不同的面板，尺寸不完全一致。

至于面板的火箭图标 initRocketShape 以及丰富背景色彩的云朵图案 initCloud 则是纯粹的矢量图形，比较简单。我们就不直接在书中贴出代码了，读者可以自行查阅配套源码中的源文件。

最后一项 initTitle 则要重点讲解，因为它涉及多线程以及一些异步的处理。

首先，标题的 BitmapData 在界面初始化的时候尚未被子线程的代码绘制出来，因此在 initTitle 中，我们只能先创建一个空白的 Bitmap 对象。

代码清单 19-55

```
    private function initTitle():void{
        _titleBmp = new Bitmap();//标题图片不在初始化时渲染，而是交给子线程来做
        _container.addChild(_titleBmp);
    }
```

下一步就是监听子线程的完成事件，只要该事件被触发，就意味着后台的图片数据全部生成完毕，我们就可以在 DisplayDataCenter 中获取到面板所需要的 BitmapData 了。

我们给 init 函数追加以下代码。

代码清单 19-56

```
    initEvents();
```

initEvents 函数的代码如下。

代码清单 19-57

```
    private function initEvents():void{
        Global.eventDispatcher.addEventListener(WorkerEvent.WORKER_COMPLETE, workerCompleteHandler);
    }
    private function workerCompleteHandler(event:WorkerEvent):void{
```

```
        _titleBmp.bitmapData = DisplayDataCenter.bitmaps_dic[_titleKey] as BitmapData;  //子线程处理完成以后，就可以从全局字典里拿到相应的文字位图了
        _titleBmp.smoothing = true;
        _titleBmp.x = - _width * 0.5 + 100;
        _titleBmp.y = - _height * 0.5 - _titleBmp.height * 0.5;
    }
```

取出标题的图片以后，面板背景所需的可视化元素都构建好了，无需再作任何变更，所以最后我们把整个背景绘制成一张位图并将其添加到显示列表。

代码清单 19-58

```
/**又一个没封装好的位图缓存操作**/
_totalBd = new BitmapData(_container.width + 10, _container.height + 10, true, 0x00000000);
var bound:Rectangle = _container.getBounds(_container);
_totalBd.draw(_container, new Matrix(1, 0, 0, 1, - int(bound.x), - int(bound.y)));
_totalBm = new Bitmap(_totalBd, "auto", true);
_totalBm.smoothing = _smoothing;
_totalBm.x = bound.x;
_totalBm.y = bound.y;
addChild(_totalBm);
/********/
```

以上代码追加到 workerCompleteHandler 函数中。

面板在打开的时候，我们会播放一个缩放的缓动效果，此时作为 Bitmap 的背景很有可能出现锯齿。为此，在缩放的过程中，我们需要让这张 Bitmap 的 smoothing 等于 true，直至缓动结束。所以我们给该类定义了一个_smoothing 属性，它指示该背景是否要开启平滑处理，如下所示。

代码清单 19-59

```
private var _smoothing:Boolean; //是否要开启平滑
public function get smoothing():Boolean{
     return _smoothing;
}
public function set smoothing(value:Boolean):void{
     _smoothing = value;
     _totalBm && (_totalBm.smoothing = value);
}
```

面板背景的代码书写完毕，但现在这个类还不能正常运行，因为我们只监听了线程的处理完成事件，而子线程的工作方式及其具体代码都还没实现出来。

19.6 本章小结

不经意间，我们已经在介绍这款游戏的制作上花了将近一章的篇幅，但这还仅仅是个开始。作为一款策划和技术都具有一定独创性的游戏，《看你有多溅》在素材的准备方面也相当另类，所有的图片乃至艺术字体都通过代码来生成。这对于游戏制作的新手乃至一直按常规流程进行游戏开发的老手来说，可能都不太习惯。

因此，为了让读者加深对本游戏开发模式的理解，我们对本游戏在素材制作、浏览器兼容、框架搭建等方面都进行了详细而深入的讲解。伸个懒腰，我们看下本章的页数，居然已经将近30页，如果就这么继续写下去，想必大家都会读得很累。所以我们也希望大家在读完本章之后，先好好休息一下，然后以崭新的精神面貌开始新一章的学习。

第20章，我们将紧接本章的内容，介绍跟子线程相关的代码。

第20章 看你有多溅——基于多线程的"服务端技术"

不知道从什么时候开始，全国各大电视台都开始热播各类以抗日为背景的电视剧。所以，即使不以战争为主线，各位编剧们也都让自己的作品跟抗日扯上那么一丁点关系。但无论题材多么地天花乱坠，剧情多么地峰回路转，电台、发报机、窃听器等通讯工具几乎都是这类片子不可或缺的元素。因为在那个战火纷飞的年代，不要说手机、电脑这样的高端货，就连像样的家庭电话都不多见。

如果穿越到那个年代，我想那些古老的通信设备一定会让我们为之着迷。它们都为信息传播而生，而制作这些机器所用到的，正是跟信息密不可分的各种技术，也就是今天和我们天天打交道的IT，即Infomation Technology，信息技术。

当然了，笔者并不具备穿越的本领，也不懂那些古老的技术，只是觉得多线程的通讯机制跟那些机器的工作模式比较相似。如果将发送方比作发报机，把接收方比作电台（当然这样的比喻不太准确），那么再复杂的代码也都会因此而变得清晰。

为防止情报在传输的过程中被敌方截获并将具体内容分析出来，发送方和接收方一般都持有一部相同的密码本，发报者按照密码本指定的规则对信号进行加密，收报员则按规则对其进行解密并还原出相关的信息。对于已经开源的游戏来说，数据加密的必要性已经不太大了，但多线程数据传输的过程却与前面所讲的无线电通讯一样，发送前都需要先将其转化为非明文的信号，到达目的地以后方可解码为原始的数据。

再者，《看你有多溅》的数据类型比较多，即使不需要加解密，其编解码规则也要制订好，否则容易导致信号错乱，造成不必要的错误或异常。从这点上说，它跟服务端的通讯也很像，所以在本章的标题里，我们也把多线程通讯称作"服务端技术"。

下面，我们就开始探讨《看你有多溅》的"服务端技术"吧！

20.1 线程管理单元的创建与使用

与前面两个实例相比，本例的线程数据较多，结构也要复杂一些。它既不像彩字生成器那样一段文字对应一张图片（包括GIF动画在内），也不像音乐浪花效果里的线程处理器由始至终都只在渲染水波。该游戏的线程处理器不仅包含Q版字体的绘制，还需要完成水波的渲染工作，同时还要生成火焰、水波纹等位图动画，线程数据种类繁多，处理方式也不尽相同。

因此，我们需要一个比较健壮的线程管理系统，确保在功能复杂多样的情况下，代码的结构仍能保持清晰，并且易于扩展，从而让跟线程相关的代码都能按部就班地运行。

这时候，面向接口编程又可以再次派上用场了。如果把子线程的每项操作都封装成类并且都实现同样的接口，那么线程管理器只需要维护一个列表并且调用相同的方法，就可以从宏观的角度统筹一系列的线程操作了。至于每一项的内部工作方式如何，管理层无需关心。看起来，这样的架构相当于把数据编解码和信号传输这两步操作有效地区分开来了。

下面我们就从接口开始，讲解本游戏线程管理的框架结构，它的侧重点在于信号传输。

20.1.1 线程单元的接口和基类

为方便后续讨论，我们把线程内的每一项业务称为线程单元，比如渲染水波动画就是一项业务，生成 QQ 字体图片也一样，均可被称作线程单元。它们的实现代码将会被放置到不同的类里面，但这些类都实现同一个接口。

对于线程管理器而言，它只负责启动线程单元，然后监听其进度，所以这个接口非常简单，只需要一个 start 方法，同时继承 IeventDispatcher，如下所示。

代码清单 20-1

```
package com.gemei.rocketshooter.workers.core{
    //线程数据处理器接口
    public interface IRocketWorkerProcessor extends IEventDispatcher{
        //启动该处理器
        function start(data:Object = null):void;
    }
}
```

我们也可以用回调函数代替 IeventDispatcher，但本接口的事件不像 Loading 界面那样只有一个淡出完成事件，而且通讯范围小。线程单元可能需要发出进度、完成、错误等事件，而且汇报进度不是线程处理器的根本目标，它还要把处理好的数据发送到主线程上。这样一来，事件的种类就多了不少。使用回调函数的话，扩展起来将会相当麻烦。

start 方法中的 data 是我们预留的一个备用参数，当主线程有需要向子线程传输数据的时候，该参数就有可能用得上。但就目前来说，我们还没用过它。

跟彩字生成器一样，制作一个包含一些基础功能的抽象类可以为后续的扩展带来便利，如下所示。

代码清单 20-2

```
package com.gemei.rocketshooter.workers.core{
    //线程数据处理器基类
    public class AbstractRocketWorkerProcessor extends EventDispatcher implements IRocketWorkerProcessor {
        public function AbstractRocketWorkerProcessor(){
            super();
        }
        //启动该处理器
        public function start(data:Object = null):void {
        }
        //子类若想向主线程发出进度消息，就可以用这个方法快速实现
        protected function dispatchProgress(bytesLoaded:int, bytesTotal:int):void{
            dispatchEvent(new ProgressEvent(ProgressEvent.PROGRESS, false, false, bytesLoaded, bytesTotal));
```

```
            }
            //子类若想向主线程发出完成消息，就可以用这个方法快速实现
            protected function dispatchComplete():void{
                dispatchEvent(new Event(Event.COMPLETE));
            }
            //子类若想向主线程发出错误信息，就可以用这个方法快速实现
            protected function dispatchError(str:String):void{
                dispatchEvent(new WorkerEvent(WorkerEvent.WORKER_ERROR, false, false, str));
            }
        }
    }
```

我们封装了一系列的发送事件方法，虽然看起来很简单，但在实际开发的过程中，调用这些方法会比书写 dispatchEvent(new XXEvent...)来得方便。

下一个要讨论的问题就是数据的传输。本游戏的子线程产物跟上面的两个实例一样，基本上都是 BitmapData，因此可继续通过 shareable=true 的 ByteArray 进行传输。考虑到生成的 BitmapData 只在内存中运行而无需保存为图片文件，本例我们不采用彩字生成器的编码算法，而使用跟音乐浪花效果的例子一样的方式，用 getPixels 方法把位图数据原封不动地传到主线程上。

但是，getPixels 方法生成的 ByteArray 不包含位图的尺寸信息，所以想在主线程里把它还原为 BitmapData，除了要有一段完整的 ByteArray 以外，还得知道位图的宽度和高度值。在第 18 章的音乐浪花效果里，子线程由始至终都在渲染水波动画，且宽高固定，所以当时我们只需要把宽高写死，就能把 BitmapData 还原出来。然而，本章的游戏就没那么简单了。抛开固定的一些动画不说，只 Q 版字体图片就包含多种尺寸，而且宽高比也不一致，所以无法把宽高直接写死在代码里。

为此，传输到子线程的图像数据必须包含 width 和 height 的具体数值。如果不考虑数据格式的问题，那我们用一个 Object 存储起来就可以了。

代码清单 20-3

```
{width: bitmapData.width, height:bitmapData.height, data: bitmapData.getPixels(bitmapData.rect)}
```

但很遗憾，这会导致该对象在通道里面的传输变得困难。发送一个 Object，FlashPlayer 会采用不支持 ByteArray 的 AMF3 编码，因此该方式会导致数据在编码的过程中丢失（虽然可以通过 registerClassAlias 实现类映射，但限制仍然很大，稍复杂的数据依然不能被正确编码到 ByteArray 中）。

所以我们要反过来，用 ByteArray 来存储 Object。相比之下，ByteArray 更灵活，而且纯粹的 ByteArray 已经不存在数据类型的问题了。

在 ActionScript 里，将 Object 转换为 ByteArray 有现成的方法 ByteArray.writeObject，它用的也是 AMF3 编码，不过因为此时的 Object 已不包含 ByteArray，而只是存放一些简单的变量，所以数据可以丝毫不差地被还原回来。

现在，位图数据的编码已经没有问题了。但主线程并不了解每张图片的具体用途，到底是火焰动画上的一帧，还是用在游戏界面上的 Q 版字体，主线程的代码全然不知。所以在发出图片数据的时候，我们应该再附带一些说明信息。基类里，我们定义了一个 type 参数，标识该线程单元的类型，如下所示。

代码清单 20-4

```
//处理器的类型（也可以认为是区分该处理器的唯一标识）
protected function get type():int{
    return 0;
}
```

然后，发送数据的方法就可以在基类里实现了。

代码清单 20-5

```
//子类若想向主线程发出子线程处理好的数据，就可以用这个方法快速实现
protected function sendBytes(bytes:ByteArray, extData:Object = null):void{
    var outputBytes:ByteArray = new ByteArray();
    outputBytes.writeObject( { type: type } );
    outputBytes.writeObject(extData ? extData : {});
    outputBytes.writeBytes(bytes, 0, bytes.length);
    outputBytes.shareable = true;   //这句很重要，不设置的话，ByteArray将不能在线程之间传输
    dispatchEvent(new WorkerDataEvent(WorkerDataEvent.WORKER_DATA, false, false, outputBytes));
}
```

需要注意的是，extData 仍然只能存放 AMF3 编码范围内的数据格式。

WorkerDataEvent 的代码如下。

代码清单 20-6

```
package com.gemei.rocketshooter.events{
    //线程数据事件
    public class WorkerDataEvent extends Event{
        //从子线程发过来的数据
        public var data:ByteArray;
        public function WorkerDataEvent(type:String, bubbles:Boolean=false, cancelable:Boolean=false,
data:ByteArray = null){
            super(type, bubbles, cancelable);
            this.data = data;
        }
        public static const WORKER_DATA:String = "workerData"; //收到子线程发过来的数据
        override public function clone():Event{
            return new WorkerDataEvent(type, bubbles, cancelable, data);
        }
        public override function toString():String{
            return formatToString("GameEvent", "type", "bubbles", "cancelable", "eventPhase");
        }
    }
}
```

以上是在子线程中运行的发送方。与之相对应的，自然就是运行在主线程的接收方了。

20.1.2 线程单元接收器的接口和基类

接收器的任务就是接收并处理来自子线程的数据，如下所示。

代码清单 20-7

```
package com.gemei.rocketshooter.workerreceive.core{
    //线程数据接收器接口
    public interface IRocketWorkerReceiver  {
        //处理接收过来的数据
        function disposeData(data:ByteArray, header:Object = null):void;
    }
}
```

代码中，header 对应 sendBytes 中的 extData。data 则是数据的具体内容，一般是通过 bitmapData.setPixels 导出的 ByteArray。type 则由全局的管理器统一调度，无需再传入到具体的线程单元中。

至于它的基类，目前我们还没给它加入任何功能，仅仅是实现了下 disposeData 方法。

代码清单 20-8

```
package com.gemei.rocketshooter.workerreceive.core{
    //线程数据接收器基类
    public class AbstractRocketWorkerReceiver implements IRocketWorkerReceiver{
        public function AbstractRocketWorkerReceiver(){
        }
        //处理接收过来的数据
        public function disposeData(data:ByteArray, header:Object = null):void{
        }
    }
}
```

下面我们以火焰动画为例，讲讲以上两个基类的用法。

20.1.3　用线程单元渲染火焰动画

火焰动画通过 perlinNoise 实现，所以代码的基本结构跟第 18 章的水波比较像，不同的是噪声图像在此处的角色是 DisplacementMapFilter 的置换图，而非直接显示出来。

代码有点长，所以我们拆分为基础代码和具体实现两部分，基础代码如下。

代码清单 20-9

```
package com.gemei.rocketshooter.workers{
    //火焰动画图片处理器
    public class FireWorkerProcessor extends AbstractRocketWorkerProcessor{
        //处理器的类型（也可以认为是区分该处理器的唯一标识）
        override protected function get type():int{
            return WorkerType.FIRE;
        }
        private var _shape:RocketFireShape;                //火焰的矢量图
        private var _noiseBd:BitmapData;                   //对火焰进行置换扭曲的噪声图像
        private var _offsets:Array;                        //噪声函数偏移量
        /*常用的变量*/
        private var _0pt:Point;
        private var _offset:int;
        private var _displacementMapFilter:DisplacementMapFilter; //对火焰进行置换扭曲的滤镜
        public function FireWorkerProcessor(){
            super();
            init();
        }
        private function init():void{
            _offsets = [];
            _offsets.push(new Point());
            _offsets.push(new Point());
            _offsets.push(new Point());
```

```
            _offsets.push(new Point());
            _Opt = new Point();
            _displacementMapFilter = new DisplacementMapFilter(null, _Opt, BitmapDataChannel.RED,
BitmapDataChannel.RED, 0, 10, DisplacementMapFilterMode.IGNORE);
        }
    }
}
```

具体的实现都放在 start 方法中进行。

代码清单 20-10

```
override public function start(data:Object = null):void{
    super.start(data);
    _shape = new RocketFireShape();
    /*把火焰的矢量缓存起来*/
    var shapeBd:BitmapData = new BitmapData(_shape.width + 1, _shape.height + 1, true, 0x00000000);
    shapeBd.draw(_shape);
    _noiseBd = new BitmapData(shapeBd.width, shapeBd.height + 100, true, 0x00000000);
    var speed:int = - 2;                        //噪声图像每帧都偏移两像素
    var seed:int = new Date().time;         //每次运行都使用不同的随机种子值，从而获得不一样的噪声效果
    for (var i:int = 0, len:int = shapeBd.height * 0.5; i < len; i ++){
        _offsets[0].y += speed;
        _offsets[2].y += speed;
        _noiseBd.perlinNoise(10, 10, 4, seed, true, false, 7, true, _offsets); //这里的参数，基本
上都是试出来的，没什么科学依据，觉得看着顺眼了就是
        _displacementMapFilter.mapBitmap = _noiseBd;
        var shapeCloneBd:BitmapData = shapeBd.clone();
        shapeCloneBd.applyFilter(shapeCloneBd, shapeCloneBd.rect, _Opt, _displacementMapFilter); //
为原始火焰创建副本，并进行噪声扭曲以生成一帧的图像
        /*每帧处理完成了，都把数据发给主线程，同时汇报进度情况*/
        sendBytes(shapeCloneBd.getPixels(shapeCloneBd.rect), { width: shapeCloneBd.width, height:
shapeCloneBd.height } );
        dispatchProgress(i ++ , len);
    }
    /*最后发出处理完成的消息*/
    dispatchProgress(len, len);
    dispatchComplete();
}
```

这段代码演示了进度、数据发送和完成事件的使用方法。每处理完一帧图片，程序都会根据已处理的图片数量和图片的总数量向主线程汇报进度，同时把生成出来的图片传输到主线程的接收单元中（这当中包含了图片的尺寸信息），循环结束后，发出 dispatchComplete 事件，通知线程管理器，该单元的处理工作已经完成。

而跟 BitmapData 相关的操作，相信大家并不陌生，所以我们只在代码里给出足够详细的注释，而不再给大家深入讲解了。

20.1.4　火焰动画图片的接收与存储

接收、存储过程不需要任何计算，它的任务仅仅是根据传过来的宽和高，把 ByteArray 还

原为 BitmapData，所以代码相当简单。

代码清单 20-11

```
package com.gemei.rocketshooter.workerreceive{
    //接收子线程传过来的火焰动画图片
    public class FireWorkerReceiver extends AbstractRocketWorkerReceiver{
        public function FireWorkerReceiver(){
            super();
        }
        //处理火焰动画数据
        override public function disposeData(data:ByteArray, header:Object = null):void{
            super.disposeData(data, header);
            var bitmapData:BitmapData = new BitmapData(header.width, header.height, true, 0x00000000); //
根据子线程指定的宽高创建 BitmapData
            bitmapData.setPixels(bitmapData.rect, data); //写入位图数据
            DisplayDataCenter.fireBds_vec.push(bitmapData); //放入全局缓存池
        }
    }
}
```

这个类在主线程里运行，而 fireBds_vec 是 DisplayDataCenter 的一个静态变量。至此，通过子线程渲染出来的火焰动画就被存放到全局里面了。我们可以随时把它调用出来并以动画的形式播放。播放过程仅仅是位图的轮换，而不需要再进行任何复杂的运算，所以总的来说，执行效率相当地高。

20.1.5　水波动画的渲染

说实话，本游戏的水波跟第 18 章的海浪在原理上没有太大差别，只是在细节处理上略有差异。比如为了加强场景的立体感，我们加了一点球面扭曲，同时水波的流动方向由原来的从右到左改为自上而下。

此外我们还根据游戏的需要进行了一些调整，浅色背景下，太过透明的水反而不太好看，所以我们填充了较天空深一点的蓝色渐变作为水的背景。

受篇幅所限，此处我们只给出 start 方法的核心函数 disposeWaterWave。

代码清单 20-12

```
private function disposeWaterWave():void{
    _disortBd = new BitmapData(_width, _height + 50, false, 0x808080); //生成球面扭曲用的位图
    /*扭曲的中心点在位图的中上方*/
    var focalX:int = _width * 0.5;
    var focalY:int = _height * 0.4;
    for (var ypos:int = 0, height:int = _disortBd.height; ypos < height; ypos ++){
        for (var xpos:int = 0, width:int = _disortBd.width; xpos < width; xpos ++){
            //0x80 属于中性灰部分
            //0x30*XXX 部分与 x 坐标相关，距离中心越近，扭曲的程度就越高，于是整体就产生向上扭曲的效果
            //0x4F*YYY 部分主要与 y 坐标相关，距离中心越近，扭曲的程度就越高，所以会有一个中心凸起的效果
            _disortBd.setPixel(xpos, ypos, 0x80 + 0x30 * (1 - (xpos - width * 0.5) * (xpos - width *
0.5) / width / width * 4) + 0x4F * (1 - (ypos - height * 0.5) * (ypos - height * 0.5) / height / height * 4)
* (1 - (xpos - width * 0.5) * (xpos - width * 0.5) / width / width * 4));
        }
    }
```

```
        /*+50 的目的有两个: 羽化扭曲和错位修正*/
        _totalBd = new BitmapData(_width, _height + 50, true, 0x00000000);
        _gradientMatrix.createGradientBox(_width, _height, Math.PI * 0.5, 0, 75);
        var gradientBd:BitmapData = PhotoshopGradientUtil.getGradientBitmapData(GradientType.LINEAR,
new Gradient([0x006DDC, 0x03A9F3], [1, 1], [0, 255], [0, 255], 1), _width, _height + 50, _gradientMatrix);
//生成 Photoshop 级别的平滑渐变
        var cutHeight:int = 50;
        var waveBd:BitmapData = new BitmapData(_width, _height + cutHeight, true, 0x00000000);
        var waveCutBd:BitmapData = new BitmapData(_width, _height + _offset, true, 0x00000000);
        var offset:int = 0;
        var seed:uint = new Date().time;  //每次运行都使用不同的随机种子值，从而获得不一样的噪声效果
        /*绘制一个带曲边的四边形，并且用它来遮罩，让水波看起来有球面的感觉*/
        var maskShape:Shape = new Shape();
        maskShape.graphics.beginFill(0x000000, 1);
        maskShape.graphics.moveTo(0, _height * 0.2);
        maskShape.graphics.lineTo(0, _height);
        maskShape.graphics.lineTo(_width, _height);
        maskShape.graphics.lineTo(_width, _height * 0.2);
        maskShape.graphics.cubicCurveTo(_width * 5 / 6, _height * 0.1, _width * 2 / 3, 0, _width * 0.5, 0);
        maskShape.graphics.cubicCurveTo(_width * 1 / 3, 0, _width * 1 / 6, _height * 0.1, 0, _height * 0.2);
        maskShape.graphics.endFill();
        var maskBd:BitmapData = new BitmapData(_width, _height + _offset, true, 0x00000000);
        maskBd.draw(maskShape, _offsetMatrix);
        maskBd.applyFilter(maskBd, maskBd.rect, new Point(), new BlurFilter(0, 10, 2));  //模糊一下，
使边缘不至于太生硬
        var step:int = 2;                                        //每一帧的偏移量
        var count:int = (_height + cutHeight) / step;           //算出总帧数
        for (var i:int = 0; i <= (_height + cutHeight); i += step){
            _totalBd.fillRect(_totalBd.rect, 0x00000000);                    //首先清空上一帧的位图数据
            _offsets[0].y = _offsets[2].y = _offsets[4].y = _height + cutHeight - i;
            waveBd.perlinNoise(100, 15, 6, seed, true, true, 7, true, _offsets); //然后对 waveBd 实现噪声变换
            waveBd.applyFilter(waveBd, waveBd.rect, _0pt, new DisplacementMapFilter(_disortBd, _0pt,
BitmapDataChannel.BLUE, BitmapDataChannel.BLUE, 10, 50));              //应用球面扭曲
            waveBd.colorTransform(waveBd.rect, new ColorTransform(1, 1, 1, 0.8)); //适当设置一点透明度
（不然看着有点刺眼）
            /*绘制渐变位图，用作水波的背景*/
            var gradientCloneBd:BitmapData = gradientBd.clone();
            _totalBd.copyPixels(gradientCloneBd, gradientCloneBd.rect, _0pt);
            var waveAndGradientBd:BitmapData = gradientBd.clone();       //制作带渐变遮罩的水波位图
            waveAndGradientBd.draw(waveBd, null, null, BlendMode.HARDLIGHT); //用 hardlight 模式增强对比度
            _totalBd.draw(waveAndGradientBd, null, null, BlendMode.LIGHTEN); //暗色部分要去掉，所以要用
lighten 模式写入到最终的位图上
            _totalBd.copyPixels(_totalBd, _totalBd.rect, _0pt, maskBd, _0pt); //设置球面遮罩
            /*处理完成了，清空临时的数据，并将生成的位图和进度消息发送出去*/
            gradientCloneBd.dispose();
            sendBytes(_totalBd.getPixels(_totalBd.rect));
            dispatchProgress(i + step, Math.max(i + step, count * step));
        }
        /*清空临时数据*/
        waveBd.dispose();
        _totalBd.dispose();
        dispatchComplete();                                       //全部处理好了之后，发送一条完成信息
    }
```

这里面包含了大家很熟悉的 alpha 蒙版、混合模式、perlinNoise 等技术，如果不熟悉的话，可以重温前面的相关章节，这里就不再重复了。

另外，与火焰动画渲染单元不同的是，我们没有在图片数据包里加入宽高的信息，所以接收部分跟第 18 章一样，用写死的尺寸。

20.1.6　用线程单元绘制 Q 版字体

本游戏需要显示文字的地方很多。面板标题、游戏说明、玩家成绩等，几乎无处不见文字的身影，它们都使用之前制作好的 Q 版字体。这当中有相当一部分内容在一开始就确定下来了，它们都没有实时渲染的必要，因此放入到子线程内渲染的 Q 版文字也不少。

然而，对于线程单元来说，它并不知道游戏中的各个面板需要显示什么内容，所以我们需要定义一个列表，让面板在创建的时候把需要用到的文字写入到列表内。但子线程并不执行面板的初始化操作，这就意味着这些文字需要通过主线程传递进去。

对于一个小游戏来说，笔者认为这样的做法太过麻烦，而且很容易把异步处理的架构搞得非常复杂。于是我们偷懒了一下，直接把这个列表写到 Global 类中，让子线程和主线程都可以同时访问到（实际上这个列表在子线程和主线程都存放了一个副本）。

代码清单 20-13

```
private static var _bitmapStrings_dic:Dictionary;
public static function get bitmapStrings_dic():Dictionary{
    if (_bitmapStrings_dic == null){
        _bitmapStrings_dic = getBitmapStringsDic();
    }
    return _bitmapStrings_dic;
}
//需要在子线程里渲染的 QQ 字体都放在这里
private static function getBitmapStringsDic():Dictionary{
    var dic:Dictionary = new Dictionary();
    /*面板中的标题*/
    var panelTitleFormat:QQFontFormat = new QQFontFormat(45, 2, 0, 0xFFFFFF, 0x724500, 18);
    dic[BitmapStringType.GAME_OVER_TITLE] = new QQTextInfo("游戏结束", panelTitleFormat);
    dic[BitmapStringType.INSTURCTION_TITLE] = new QQTextInfo("游戏说明", panelTitleFormat);
    dic[BitmapStringType.INSTRUCTION] = new QQTextInfo("     点击水波，溅起的水花就能把火箭击落！火箭坠落时有
几率分解出以下物品: ", new QQFontFormat(18, 2, 0, 0xFFFFFF, 0x976401, 14, true, 268));   //游戏说明文字
    //下面还有很多很多的文字需要送到子线程里，但受篇幅所限，就不一一列出来了
    return dic;
}
```

这里的 QQTextInfo 包含 text 和 format 两个属性，跟 QQFontGenerator.getQQFontBitmapDataFromString 的两个参数相对应，从而方便 Q 版字体线程单元进行批量处理。

代码清单 20-14

```
package com.gemei.rocketshooter.text{
    //QQ 文本信息（该类主要在子线程里用，这样封装一下，方便维护）
    public class QQTextInfo {
        public var text:String;                //文本内容
        public var format:QQFontFormat;        //文本格式
```

```
        public function QQTextInfo(text:String, format:QQFontFormat = null){
            this.text = text;
            this.format = format;
        }
    }
}
```

做好待处理的字符列表后，Q 版字体处理单元就可以遍历列表逐个渲染了。该类的基础代码如下。

代码清单 20-15

```
package com.gemei.rocketshooter.workers {
    //QQ 字体图片处理器
    public class QQFontWorkerProcessor extends AbstractRocketWorkerProcessor{
        //处理器的类型（也可以认为是区分该处理器的唯一标识）
        override protected function get type():int{
            return WorkerType.QQ_FONT;
        }
        private var _generator:QQFontGenerator;          //QQ 字体生成器
        private var _currentCount:int;                   //当前已生成的字符数
        private var _totalCount:int;                     //总的字符数
        public function QQFontWorkerProcessor(){
            super();
            init();
        }
        private function init():void{
            _generator = QQFontGenerator.getInstance();
        }
    }
}
```

以下代码展示了该类的核心部分。

代码清单 20-16

```
override public function start(data:Object = null):void{
    super.start(data);
    var dic:Dictionary = Global.bitmapStrings_dic;        //从全局字典中获得需要处理的文字
    var total:int = 0;
    var item:QQTextInfo;
    /*遍历字典里的所有项，以进行字数统计*/
    for (var key:String in dic){
        item = dic[key] as QQTextInfo;
        total += item.text.length;
    }
    _totalCount = total;
    /*开始处理字符了*/
    var counter:int = 0;
    _currentCount = 0;
    //再次遍历字典
    for (var key2:String in dic){
```

```
            /*每一项都用 QQFontGenerator 渲染出 QQ 字体图片，同时发出进度消息*/
            item = dic[key2] as QQTextInfo;
            var bitmapData:BitmapData = _generator.getQQFontBitmapDataFromString(item.text, item.format,
onProgress);
            sendBytes(bitmapData.getPixels(bitmapData.rect), { key: key2, text: item.text, width:
bitmapData.width, height: bitmapData.height } );                    //将生成好的图片发送给主线程
            bitmapData.dispose();
        }
        dispatchComplete();
    }
    private function onProgress(finished:int, total:int):void{
        dispatchProgress(++ _currentCount , _totalCount);          //每处理完一个字符，都发出一条进度消息
    }
```

不难发现，我们在渲染开始之前加入了字数的统计，其实这是后期才加上去的。最初的版本把进度都平均分配到了每一段文字上。但测试的时候我们发现，字体图片的渲染耗时随着字符数量的增加而急剧上升，为了让进度信息更加准确，我们把进度的计算精确到了单个字符。

字数的处理进度需要在 QQFontGenerator 工具类里获取，为此我们给该类传入了 onProgress 回调函数。

Q 版字体的线程数据比前面的位图动画要复杂一些，所以我们也需要给附加的数据传入多一点的信息。这当中包括字体图片对应的键值以及原始的文本内容。

20.1.7　Q 版字体的接收和存储

这里就不用多说了，跟前面存储动画的方法相类似，我们只是把存放地的类型从原来的 Vector 改成 Dictionary。

代码清单 20-17

```
package com.gemei.rocketshooter.workerreceive{
    //接收 QQ 字体图片数据
    public class QQFontWorkerReceiver extends AbstractRocketWorkerReceiver{
        public function QQFontWorkerReceiver()  {
            super();
        }
        //处理 QQ 字体图片数据
        override public function disposeData(data:ByteArray, header:Object = null):void {
            super.disposeData(data, header);
            var bitmapData:BitmapData = new BitmapData(header.width, header.height, true, 0x00000000);
                                                        //根据子线程指定的宽高创建 BitmapData
            bitmapData.setPixels(bitmapData.rect, data);              //写入位图数据
            DisplayDataCenter.bitmaps_dic[header.key] = bitmapData;    //放入全局缓存池
        }
    }
}
```

通过这几节的讲解，相信大家都已经熟悉线程单元的使用方法了。现在我们就把这些单元串联到一个全局的管理器里统一调度。

20.2 线程管理器的实现

20.2.1 主线程管理器的基本结构

我们从子线程出发，介绍了线程单元的数据传输。这里我本来也打算先讲解子线程的部分，但因为通道必须在一线程上创建，所以就只能把主线程提到前面来讲了。

跟音乐浪花效果一样，主线程只需向子线程发送一个启动通知，而子线程则包括进度、完成、错误及数据通道，所以通道的组成与第 18 章的例子基本一致。

代码清单 20-18

```
package com.gemei.rocketshooter.workerreceive{
    //线程数据接收器管理类
    public class RocketTotalWorkerReceiver extends EventDispatcher{
        private var _workerBytes:ByteArray; //子线程要使用的 ByteArray(本游戏用的是自身的 swf 数据)
        private var _subWorker:Worker;                         //子线程对象
        private var _totalReceiveChannel:MessageChannel;      //总的接收通道(主线程->子线程)
        private var _progressChannel:MessageChannel;          //进度信息接收通道(子线程->主线程)
        private var _completeChannel:MessageChannel;          //完成消息接收通道(子线程->主线程)
        private var _dataChannel:MessageChannel;              //数据接收通道(子线程->主线程)
        private var _errorChannel:MessageChannel;             //错误信息接收通道(子线程->主线程)
        public function RocketTotalWorkerReceiver(workerBytes:ByteArray){
            super();
            _workerBytes = workerBytes;
            init();
        }
    }
}
```

变量组织好以后，我们就可以执行相关的初始化操作了，具体做法跟上一例类似，不再赘述。

代码清单 20-19

```
private function init():void{
    initWorkers();
}
private function initWorkers():void{
    _subWorker = WorkerDomain.current.createWorker(_workerBytes);
    /*所有通道都必须在主线程中创建，然后以 sharedProperty 的形式共用*/
    _totalReceiveChannel = Worker.current.createMessageChannel(_subWorker);
    _subWorker.setSharedProperty("totalReceiveChannel", _totalReceiveChannel);
    _progressChannel = _subWorker.createMessageChannel(Worker.current);
    _progressChannel.addEventListener(Event.CHANNEL_MESSAGE, progressMessageHandler);
    _subWorker.setSharedProperty("progressChannel", _progressChannel);
    //其他通道的创建方法跟 progressChannel 相类似，书中不再直接贴出代码
    _subWorker.start();                              //一切准备就绪以后，子线程就可以启动了
}
public function start():void{
    /*线程启动是异步行为，因此有监听状态的必要*/
    if (_subWorker.state == WorkerState.RUNNING){
```

```
            _subWorker.removeEventListener(Event.WORKER_STATE, workerStateHandler); //只有当启动成功了才能移除监听
            _totalReceiveChannel.send( { } );           //并且向子线程发出通知
        }else{
            _subWorker.addEventListener(Event.WORKER_STATE, workerStateHandler);
        }
    }
    private function workerStateHandler(event:Event):void{
        start();
    }
    //收到进度信息时调度
    private function progressMessageHandler(event:Event):void{
        var progressInfo:Object = _progressChannel.receive();
        dispatchEvent(new ProgressEvent(ProgressEvent.PROGRESS, false, false, progressInfo.finished,
progressInfo.total));
    }
    //收到错误信息时调度
    private function errorMessageHandler(event:Event):void{
        var str:String = String(_errorChannel.receive());
        dispatchEvent(new WorkerEvent(WorkerEvent.WORKER_ERROR, false, false, str));
    }
```

20.2.2 主线程管理器的数据分发

至于数据部分，其组成就不像音乐浪花效果那样只有水波图片那么简单了，所以我们需要根据数据的具体类型分开处理。在线程单元中，我们已经把 type 写入到数据的开头，所以此处可以根据 type 进行分发。

方法有很多种，可以用 switch...case 或者字典映射。考虑到前者在扩展的过程中容易导致代码急剧膨胀，我们最好使用一个字典来建立 type 和 Receiver 的对应关系。

代码清单 20-20

```
    private var _receivers_dic:Dictionary; //线程接收器的集合
```

然后我们给 init 函数追加代码。

代码清单 20-21

```
    initReceivers();
```

我们在 initReceiver 函数中把线程单元接收器加入到字典里面。

代码清单 20-22

```
    //初始化各种接收器
    private function initReceivers():void{
        _receivers_dic = new Dictionary();
        addReceiver(WorkerType.WATER_WAVE, new WaterWaveWorkerReceiver());
        addReceiver(WorkerType.QQ_FONT, new QQFontWorkerReceiver());
        addReceiver(WorkerType.FIRE, new FireWorkerReceiver());
        addReceiver(WorkerType.HILL_WAVE, new HillWaveWorkerReceiver());
    }
    //为指定类型绑定接收器
```

```
private function addReceiver(type:int, receiver:IRocketWorkerReceiver):void{
    _receivers_dic[type] = receiver;
}
```

接下来，我们就可以管理 dataChannel 的数据了。

代码清单 20-23

```
//收到线程数据时调度
private function dataMessageHandler(event:Event):void{
    var data:ByteArray = _dataChannel.receive() as ByteArray;
    disposeData(data);
}
//处理收到的数据
private function disposeData(bytes:ByteArray):void{
    bytes.position = 0;
    var typeInfo:Object = bytes.readObject();                  //先读出数据头，获得处理器类型
    var receiver:IRocketWorkerReceiver = _receivers_dic[typeInfo.type];
    if (receiver){
        /*然后分别取出信息头和具体数据，并交由指定的 receiver 来处理*/
        var header:Object = bytes.readObject();
        receiver.disposeData(bytes, header);
    }
}
```

可见管理器所做的仅仅是分派任务，至于每个单元里面具体都做些什么，它无需了解。所以扩展起来非常容易，并且不会对架构造成破坏。

同样的，子线程管理器也不需要关心线程单元的具体实现代码。

20.2.3 子线程管理器的基本结构

首先我们对应上主线程管理器创建的通道。

代码清单 20-24

```
package com.gemei.rocketshooter.workers{
    //线程处理器管理类
    public class RocketTotalWorkerProcessor{
        private var _totalReceiveChannel:MessageChannel;      //总的消息通道（主线程->子线程）
        private var _progressChannel:MessageChannel;          //进度消息接收通道（子线程->主线程）
        private var _completeChannel:MessageChannel;          //完成消息接收通道（子线程->主线程）
        private var _dataChannel:MessageChannel;              //线程数据接收通道（子线程->主线程）
        private var _errorChannel:MessageChannel;             //错误信息接收通道（子线程->主线程）
        public function RocketTotalWorkerProcessor(){
            super();
            init();
        }
        private function init():void{
            initChannels();
        }
    }
}
```

initChannels 函数通过 getSharedProperty 获得由主线程创建的通道。

代码清单 20-25

```
private function initChannels():void{
    /*在子线程中无法创建到主线程的通道，所以此处都通过 getSharedProperty 获得通过主线程创建的通道*/
    _totalReceiveChannel = Worker.current.getSharedProperty("totalReceiveChannel") as MessageChannel;
    _totalReceiveChannel.addEventListener(Event.CHANNEL_MESSAGE, receiveChannelHandler);
    _progressChannel = Worker.current.getSharedProperty("progressChannel") as MessageChannel;
    _completeChannel = Worker.current.getSharedProperty("completeChannel") as MessageChannel;
    _dataChannel = Worker.current.getSharedProperty("dataChannel") as MessageChannel;
    _errorChannel = Worker.current.getSharedProperty("errorChannel") as MessageChannel;
}
```

20.2.4　子线程管理器的单元管理

线程单元在处理数据的时候，都会发出进度、错误、完成等一系列异步的事件，这跟加载一个文件的过程非常地像。所以我们可以把加载文件的思想应用到线程单元的管理上。

加载多个文件，最常用的两种方式是顺序加载和并列加载。如果说程序是客运站的售票窗口，文件代表乘客，那么加载文件就等同于乘客购票的过程。

这时候，顺序加载就好比客运站只开放一个售票窗口，只能同时进行一次交易。乘客们购票时都必须排队，等待前面的乘客逐个交易完成。

而并列加载就不一样。每当有新乘客光顾，客运站就新开一个售票窗口，乘客可以立即购票而无需排队等候。但毕竟售票窗的数量毕竟有限，如果乘客数量较多时，客运站仍然采用并列加载的方式，那肯定处理不过来，从而导致某些乘客被排挤在外。

为了让以上两种方式可以互通有无，相得益彰，最好的处理方法就是双管齐下，把乘客分流到多个队列里，可让多名乘客同时购票，但数量不能超过售票窗口的总数。这也是目前大部分网页游戏所采取的加载策略。此外还可以采取叫号模式，实现动态分流。

不过，为了开发的方便，同时减少意外错误的发生率，此处我们使用纯粹的顺序加载方式。

但不管使用何种方式，我们都应该把这些线程单元放置到一个列表中等待处理。

代码清单 20-26

```
private var _processors_vec:Vector.<IRocketWorkerProcessor>;        //处理器集合
```

为便于统计进度，我们加入了一些诸如当前已处理的单元数、总单元数、每个单元的处理耗时等变量。

代码清单 20-27

```
/*存放每个处理器复杂度的数组*/
private var _difficulty_vec:Vector.<int>;
private var _posDifficulty_vec:Vector.<int>;
private var _totalSize:int = 0;                                      //总复杂度
private var _currentIndex:int = 0;                                   //当前已处理的数目
```

代码中，复杂度类似于文件大小，而单元数量则对应文件数。

从这点上看，复杂度应作为线程单元的属性存在，而非通过全局管理器决定。但考虑到复杂度只是一个相对的数值，并不能反映真正的操作用时（换一台机器就会有不同的结果），加上部分处理单元的工作量会随着内容的更新而发生变化（比如Q版字体，增删文字内容都会对执行时间造成影响），我们就把它放到全局管理器里面了。而且把复杂度写到全局还有一个好处，就是能更直观地反映各线程单元的复杂度差异，谁的工作量最大、大多少都可以一目了然，调整起来也方便一些。

现在我们给 init 函数追加代码。

代码清单 20-28

```
initProcessors();
```

initProcessors 函数的代码如下。

代码清单 20-29

```
private function initProcessors():void{
    _processors_vec = new Vector.<IRocketWorkerProcessor>();
    _difficulty_vec = new Vector.<int>();
    _posDifficulty_vec = new Vector.<int>();
    //水波线程最耗时，100 帧的水波动画，每次都要执行 perlinNoise
    addItem(new WaterWaveWorkerProcessor(), 3000);
    //其耗时也不短，主要取决于字符的数量
    addItem(new QQFontWorkerProcessor(), 1800);
    //火焰和水波纹耗时较短，因为它们的面积都很小
    addItem(new FireWorkerProcessor(), 100);
    addItem(new HillWaveWorkerProcessor(), 100);
}
//添加线程处理器
private function addItem(item:IRocketWorkerProcessor, difficulty:int):void{
        _processors_vec.push(item);
        _difficulty_vec.push(difficulty);
        _totalSize += difficulty;
        //posDifficulty 用于记录从第 1 个线程单元到当前单元的总复杂度
        _posDifficulty_vec.push(_totalSize);
    }
```

要启动这些线程，就得等待主线程的通知，因此在 receiveMessageHandler 方法里面，我们需要调用 start 方法。

代码清单 20-30

```
/**收到来自主线程的通知以后**/
private function receiveChannelHandler(event:Event):void{
    start();
}
//开始启动子线程操作
private function start():void{
    _currentIndex = 0;          //从第 0 个开始
    disposeWorker();
}
private function disposeWorker():void{
    //每个都监听相关的事件
    var item:IRocketWorkerProcessor = _processors_vec[_currentIndex];
    item.addEventListener(ProgressEvent.PROGRESS, itemProgressHandler);
    item.addEventListener(Event.COMPLETE, itemCompleteHandler);
```

```
        item.addEventListener(WorkerDataEvent.WORKER_DATA, itemWorkerDataHandler);
        item.addEventListener(WorkerEvent.WORKER_ERROR, itemWorkerErrorHandler);
        try{
            item.start();
        }catch (e:Error){
            _errorChannel.send(e.message);
        }
    }
```

以上代码会从列表的第 1 个线程单元开始执行 start 方法并监听其发出的各种事件，其中，进度、错误和数据事件都只做一些简单的转发，使相关的状态信息通过管理器的中转往主线程送达。

代码清单 20-31

```
    //接收线程处理器发出的进度事件
    private function itemProgressHandler(event:ProgressEvent):void{
        var posDifficulty:int = _currentIndex > 0 ? _posDifficulty_vec[_currentIndex - 1] : 0;
        //进度计算跟每个线程的复杂度有关，并非平均分配，否则结果将不太准确
        _progressChannel.send( {finished: posDifficulty + _difficulty_vec[_currentIndex] * event.bytesLoaded /
event.bytesTotal, total: _totalSize } );
    }
    //接收线程处理器发出来的数据
    private function itemWorkerDataHandler(event:WorkerDataEvent):void{
        _dataChannel.send(event.data);              //直接往外传即可
    }
    //接收线程处理器发出来的错误信息
    private function itemWorkerErrorHandler(event:WorkerEvent):void{
        _errorChannel.send(event.text);
    }
```

需要注意的是，管理器接收到的进度事件仅仅针对当前的线程单元，并未能反映总进度。所以在这个事件处理函数中，我们根据各线程单元的复杂度及其总和计算出一个总的处理进度。

> **小提示**　另一种做法是把进度分成数量总进度(finish/total 的形式)和当前单元具体进度(percent%的形式)两部分来显示，但笔者认为此举容易导致界面变复杂，在可以统计到总进度的情况下应尽量避免使用。

完成事件的处理则相对复杂一些，单个线程单元处理完成并不代表全部完成。这时候管理器仍需发送进度事件，只有当全部线程单元都处理好了，才能向主线程发出完成的事件。

代码清单 20-32

```
    //接收线程处理器发出的完成事件
    private function itemCompleteHandler(event:Event):void{
        var item:IRocketWorkerProcessor = event.currentTarget as IRocketWorkerProcessor;
        item.removeEventListener(ProgressEvent.PROGRESS, itemProgressHandler);
        item.removeEventListener(Event.COMPLETE, itemCompleteHandler);
        item.removeEventListener(WorkerEvent.WORKER_ERROR, itemWorkerErrorHandler);
        item.removeEventListener(WorkerDataEvent.WORKER_DATA, itemWorkerDataHandler);
        /*在所有处理器操作完成之前*/
        if (_currentIndex < _processors_vec.length - 1){
            _progressChannel.send( {finished: _posDifficulty_vec[_currentIndex], total: _totalSize} ); //
对于主线程来说，都属于没完成，因此仍然需要发送进度信息
```

```
            _currentIndex ++;
            disposeWorker();
        }else{
            _completeChannel.send( { } );           //全部处理器都完成任务了，才算真正完成
        }
    }
```

对于主线程来说，只要收到来自 complete 通道的事件，就意味着由子线程负责的所有位图数据都已经渲染完毕。这时候，前面所提到的一些 UI（如 19.5.3 节中的面板背景）就可以继续构建，从而得到一个完整的界面。

在结束线程相关的讲解之前，我们再补充一点：测试的过程中笔者发现，在 Chrome 浏览器下，TextField 无法在子线程里正确运行。不管给它设置什么样的 text，文本框都呈现为一片空白（可能是 Chrome 浏览器下 FlashPlayer 的设备字体读取方式跟常规 FlashPlayer 不同所致），所以笔者被迫把 TextField 的部分从 QQFontGenerator 中分离出来，放到主线程的管理器里执行。不得不承认，这个始料未及的 Bug 的确对我们代码的结构造成了较为严重的破坏，一定程度上反映出我们的架构能力仍有待进一步提高。

现在我们回到主线程，看看游戏中的界面如何通过 TotalViewManager 整合到游戏里。

20.3 管理界面

20.3.1 将相关界面添加到显示列表

TotalViewManager 在程序启动之际就被创建出来，接着游戏里的所有界面都会被添加到通过主类传入的 target 对象（实际上就是主类自己）中，然后通过控制显示隐藏，配以淡入淡出来实现界面的切换。对于大型游戏来说，这样的做法容易造成不必要的性能损耗。正确的做法应该是在界面需要被用到的时候才进行创建，不用的时候就移除（至少要从显示列表中移除，然后存放到对象池里）。但因为这个游戏并不大，所以笔者又偷懒了一次。

代码清单 20-33

```
package com.gemei.rocketshooter.display{
    //全局界面管理器/
    public class TotalViewManager{
        private var _gameWidth:int = Global.gameWidth;          //游戏宽度
        private var _gameHeight:int = Global.gameHeight;        //游戏高度
        private var _target:Sprite;                             //要操作的界面容器
        private var _bgView:BgView;                             //背景
        private var _loadingView:LoadingView;                   //Loading 界面
        private var _coverView:CoverView;                       //游戏封面
        private var _readyView:ReadyView;                       //readyGo 界面
        private var _gameInfoView:GameInfoView;                 //游戏信息界面
        private var _gameView:GameView;                         //游戏主体界面
        private var _instructionView:InstructionView;           //游戏说明界面
        private var _gameOverView:GameOverView;                 //游戏结束界面
        private var _floatView:FloatView;                       //浮动文字界面
        private var _guideView:ItemGuideView;                   //引导提示界面
        //全局界面管理器
```

```
        public function TotalViewManager(target:Sprite){
            _target = target;
            init();
        }
        private function init():void{
            /*new 一堆界面，这下面的一坨函数没有必要加注释了，都是 new 和 addChild*/
            initBg();
            initLoading();
            initGameView();
            initGameInfoView();
            initCover();
            initInstruction();
            initReadyGo();
            initGameOverView();
            initGuideView();
            initFloatView();
        }
        private function initBg():void{
            _bgView = new BgView();
            _target.addChild(_bgView);
        }
        private function initCover():void{
            _coverView = new CoverView();
            _target.addChild(_coverView);
        }
        private function initLoading():void{
            _loadingView = new LoadingView();
            _target.addChild(_loadingView);
        }
        //其他界面的添加方法与以上几个类似，书上不再给出
    }
}
```

至于界面之间的通讯，我们可以通过 Global 定义的事件发送器 eventDispatcher 来实现（因为任何地方都可以访问到它），而不必再通过 TotalViewManager 来进行中转，TotalViewManager 只负责子线程的进度显示以及处理完成后的界面切换，之后的事情就全交由界面自己去完成了。

20.3.2　显示子线程的处理进度

首先我们给 init 函数追加代码。

代码清单 20-34

```
initEvents();
```

然后我们在 initEvents 里执行线程进度的监听。

代码清单 20-35

```
private function initEvents():void{
    Global.eventDispatcher.addEventListener(ProgressEvent.PROGRESS, progressHandler);
    Global.eventDispatcher.addEventListener(WorkerEvent.WORKER_COMPLETE, workerCompleteHandler);
```

```
        Global.eventDispatcher.addEventListener(WorkerEvent.WORKER_ERROR, workerErrorHandler);
    }
    private function progressHandler(event:ProgressEvent):void{
        _loadingView.showProgress(event.bytesLoaded, event.bytesTotal);
    }
    private function workerErrorHandler(event:WorkerEvent):void{
        _loadingView.showError(String(event.text));
    }
    private function workerCompleteHandler(event:WorkerEvent):void{
    //子线程处理完之后，播放 loading 的退出动画
        _loadingView.playComplete(onLoadingPlayComplete);
    }
    private function onLoadingPlayComplete():void{
        _target.contains(_loadingView) && _target.removeChild(_loadingView);
        startMain();//退出完了就正式进入游戏
    }
    private function startMain():void{
        _bgView.appear();
        _coverView.appear();
        _gameView.appear();
    }
```

除了显示进度以外，这段代码还以 Loading 为例，演示了回调函数的使用方法。大家可以结合前面介绍的 Loading 界面来理解其实现原理。

startMain 中，我们调用了封面、背景和游戏主界面的 appear 方法，让它们都显示到舞台上（本游戏中，游戏主界面和封面并没有太明显的区分，它们已经融为一体，浑然天成，所以一开始就可以全部显示出来）。

而这些 appear 方法并非设置一下 visible 这么简单，它们都定义了一系列的淡入淡出操作（大多通过 TweenLite 实现），使界面切入得相当的流畅自然。

20.4 本 章 小 结

不得不说，多线程的通讯跟当年的发报机、电台等设备一样，都充满着神秘的传奇色彩，都通过编解码、信号传输等方式推动着历史车轮的前进。没有它们，就没有今天的信息技术。

但无论有多么神奇，这些技术跟游戏过程也就是游戏的主体部分都没有半点关系，大家可能都已经有点不耐烦了。但如果大家可以坚持阅读到这里的话，那恭喜您，因为接下来我们就给大家介绍游戏主体部分的核心技术及制作要领。

第 21 章

看你有多溅——游戏主体与核心技术

终于到主体部分了！本游戏的规则相当简单：点击水波，溅起水花，当水珠碰到火箭尾巴上的火焰时，火焰会被扑灭，火箭随之坠落，在同一个地方点得越频繁，水花就溅得越高。

都说“家家有本难念的经”，玩法简单的游戏一样有它的技术难点，细节处理也不是一件很容易的事情。

本书的重点为交互程序及图像算法，所以本章我们也会把关注点聚焦于这两个领域，具体来说，就是碰撞检测和图形优化（包括视觉优化和效率优化）。

21.1　游戏主体部分的制作

游戏过程没有太复杂的逻辑算法，有难度的部分只剩下水珠跟火焰的碰撞检测了，至少运行效率的优化就不是一件简单的事情。

21.1.1　游戏主体部分的组成

游戏主界面的效果如图 21-1 所示。

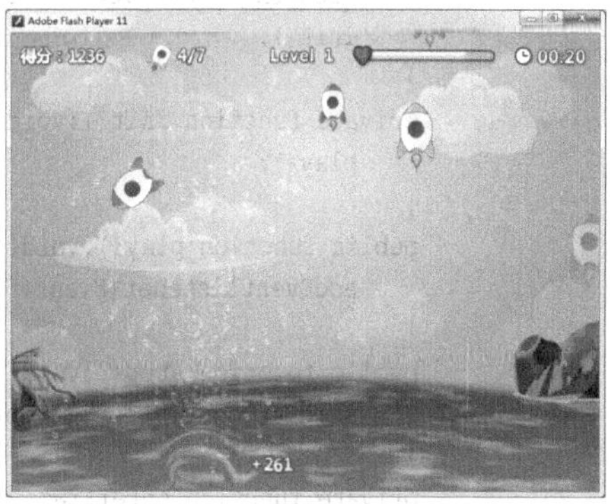

图 21-1　游戏主界面的效果

去掉游戏顶部的信息栏（这是另外一个界面）和背景的云朵（云朵在背景界面里，跟封面共用），游戏主界面的组成主要包括以下几部分：

1）水波动画：它在子线程已经渲染好，直接取出来播放即可；

2）水花粒子：实现方法跟音乐浪花效果的水花一样，只是触发方式由频谱触发改为鼠标点击；

3）用于丰富场景元素的景物：包括左侧的叶片和右侧的小石山，尽管它们跟游戏无关，仅仅起到装饰的作用，但为了追求细节完美我们还是做了一些处理。比如水珠碰到石山以后会顺着小山坡缓缓滑落，水波和石山的交界处也制作了一些波纹的动画。前者涉及碰撞检测和运动路径的变更，而后者则跟多线程有关，所以还是有一定的技术含量。

4）随机生成的火箭：游戏开始后，每隔 1.5 秒就在一定范围内随机生成一枚火箭并缓慢上升。为了便于管理，我们需要创建一个容器和一个数组/Vector 来存放它们。而火箭本身则是一个单独的显示对象，它包括火箭的主体部分以及尾巴的火焰。前者通过 graphics 绘制并缓存为位图，后者则是一个通过子线程渲染的位图动画。

可以看到，游戏场景有3个地方用到了位图动画，所以我们有必要封装一个BitmapAnimation类以便重用，同时有效减少游戏主体部分的代码量。

现在我们就从 BitmapAnimation 类开始吧。

21.1.2 位图动画类的书写

通过子线程渲染的位图动画，最终都会存放到 DisplayDataCenter 里面的一个 Vector 变量中，它们都支持无缝的循环播放，因此该类需要接收的外部变量就是一个 Vector.<BitmapData>。

该类本身是一个显示对象，每次显示一帧 BitmapData，所以继承 Bitmap 就再合适不过了。

代码清单 21-1

```
package com.gemei.rocketshooter.animation{
    //位图动画类（这个类做的比较简单，没实现位置偏移修正啥的，所以只适合本项目）
    public class BitmapAnimation extends Bitmap{
        private var _bds_vec:Vector.<BitmapData>;
        //需要轮播的位图数组
        public function get bds_vec():Vector.<BitmapData>{
            return _bds_vec;
        }
        public function set bds_vec(value:Vector.<BitmapData>):void{
            _bds_vec = value;
            _length = _bds_vec ? _bds_vec.length : 0;
            enterFrameHandler(null);
        }
        private var _currentFrame:int;              //当前的帧数（0为下标）
        private var _length:int;                    //当前的总帧数
        public function BitmapAnimation (bds_vec:Vector.<BitmapData> = null){
            super();
            _bds_vec = bds_vec;
            _length = _bds_vec ? _bds_vec.length : 0;
            init();
        }
        private function init():void{
            play();
        }
        public function play():void{
            addEventListener(Event.ENTER_FRAME, enterFrameHandler);
        }
        public function stop():void{
            removeEventListener(Event.ENTER_FRAME, enterFrameHandler);
        }
        private function enterFrameHandler(event:Event):void{
            if (_bds_vec != null){
                bitmapData = _bds_vec[_currentFrame];
                _currentFrame ++;
                if (_currentFrame > _length - 1){
                    _currentFrame = 0;
                }
            }
        }
    }
}
```

跟大型页游里的位图动画类相比，这个类算是非常简单的了。它既没有位置偏移的修正功能，也没有诸如 gotoAndPlay 一类的基础方法，所以只适用于本游戏。想要移植到其他项目，大家还得根据实际需求进行适当的扩展。

有了这样的一个类以后，位图动画的调用就非常方便了。下面我们就来构建游戏主界面 GameView 并且将水波动画加入其中。

21.1.3　游戏主界面的构建及水波动画的添加

在主界面里，要播放水波的动画很简单，我们创建一个 BitmapAnimation，然后传入水波的 Vector 即可。但因为水波动画在子线程里渲染，而这个界面在子线程启动之前就已经被创建了，所以设置 Vector 的操作需要推迟到子线程完成渲染操作之后。

代码清单 21-2

```
package com.gemei.rocketshooter.display.game{
    //游戏主界面
    public class GameView extends Sprite{
        private var _waterBmp:BitmapAnimation;          //显示水波的位图
        private var _waterLineY:int = 380;              //海平线的 y 坐标
        public function GameView(){
            super();
            init();
        }
        private function init():void{
            initWater();
        }
        private function initWater():void{
            _waterBmp = new BitmapAnimation();
            _waterBmp.alpha = 0;
            _waterBmp.stop();
            _waterBmp.y = _waterLineY;
            addChild(_waterBmp);
        }
    }
}
```

以下代码展示了子线程渲染完成以后的操作。

代码清单 21-3

```
private function workerCompleteHandler(event:WorkerEvent):void{
    //水波的位图通过 perlinNoise 生成，比较耗时，因此需要等子线程处理完成才能获取得到
    _waterBmp.bds_vec = DisplayDataCenter.waterBds_vec;
}
```

21.1.4　水波跳跃动画和水花的制作

如前所述，这里没有什么新的知识点，只是方式上的一些调整。

此外，为丰富场景的视觉体验，游戏处于闲置状态（比如游戏结束，显示封面）的时候，我们不妨也让场景每 500 毫秒溅起几朵水花。

代码清单 21-4

```
//电脑定时模拟点击水波的操作，让界面在闲置状态时也会溅起一些水花
private var _clickTimer:Timer;
```

综上所述，以上操作被调用到的地方也不少。考虑到这里的代码量比较大，我们最好把它封装成一个名为 clickWave 的方法。

代码清单 21-5

```
/**
 * 点击产生一朵水花
 * @param  xPos 水花的 x 坐标
 * @param  yPos 水花的 y 坐标
 * @param  yRelative 如果为 true，则水花的高度与点击的位置相关，一般在用户点击，或者坠落溅起水花的时候启用
 * @param canHitRocket 是否与火箭进行碰撞检测，像自动模拟，道具特效等水珠，如果都跟火箭碰撞，就很有可能让玩家感到困惑
 */
private function clickWave(xPos:int, yPos:int, yRelative:Boolean = true, canHitRocket:Boolean = true):void{
}
```

代码中 yRelative 和 canHitRocket 是笔者在自己体验游戏和接受用户反馈的过程中新增的可选参数，其作用在注释里已经讲得比较清楚了。

以下为该函数前半部分的具体实现代码，跟音乐浪花效果基本一致，不再赘述。

代码清单 21-6

```
_needToBlur = true;
var randomIndex:int = Math.random() * 3;
var singleAmplitue:Number = 0.5 + 0.5 * Math.min(1, (yRelative ? Math.sqrt((yPos - 50) / 140) *
(Global.gameMode == GameMode.SINGLE ? 1 : 0.225) : 0.6));
var waveUnitAlpha:Number = singleAmplitue;
//经过测试，单纯的线性计算得出的效果不够热闹，所以取一下平方根，使比较小的数字变大一些(waveUnitAlpha是个小于1的非负数)
var sqrtWaveUnitAlpha:Number = Math.sqrt(Math.abs(waveUnitAlpha));
var waveKey:int = waveUnitAlpha * 100;          //波形扭曲置换图的标识符
_mousePt.setTo(xPos - HALF_WAVE_UNIT_WIDTH, yPos - HALF_WAVE_UNIT_HEIGHT);
var waveUnitBd:BitmapData = _waveUnitCaches_vec[randomIndex][waveKey];
//找不到就创建一个新的
if (waveUnitBd == null){
    waveUnitBd = _waveUnitBds[randomIndex].clone();
    _colorTransform.alphaMultiplier = waveUnitAlpha;
    waveUnitBd.colorTransform(waveUnitBd.rect, _colorTransform);
    _waveUnitCaches_vec[randomIndex][waveKey] = waveUnitBd;
}
_waveUnitPt.setTo(xPos - HALF_WAVE_UNIT_WIDTH, yPos - HALF_WAVE_UNIT_HEIGHT);
_mapTransparentBd.copyPixels(waveUnitBd, waveUnitBd.rect, _mousePt, null, null, true);
```

for 循环生成水珠的代码跟浪花效果也无大异，但是在本游戏里，生成水花的操作在很多地方都会被调用到，所以创建水珠对象即链表的插入操作会被频繁调用，为此，我们先封装一个名为 addParticle 的方法。

代码清单 21-7

```
//链表的插入操作
private function addParticle(particle:WaterDripParticle):void{
    if (!_firstWaterDripParticle){
        _firstWaterDripParticle = _finalWaterDripParticle = particle;
    }else{
        particle.prev = _finalWaterDripParticle;
        _finalWaterDripParticle.next = particle;
        _finalWaterDripParticle = particle;
    }
}
```

然后我们再回到 clickWave 方法，追加 for 循环相关的代码。

代码清单 21-8

```
var totalNum:int = 15;   //在触发跳跃的位置生成 15 个水珠
var pixelAlpha:int = _mapTransparentBd.getPixel32(xPos, yPos) >> 24 & 0xFF;
for (var num:int = 0; num < totalNum; num ++){
    var waterDripParticle:WaterDripParticle = new WaterDripParticle();
    waterDripParticle.x = xPos + Math.random() * 4 - 2; //x 方向在波形中心处左右随机 5 像素
    waterDripParticle.y = waterDripParticle.initY = yPos + _waterLineY;
    waterDripParticle.scale = 1;
    //随机数值都是经过多次测试得出来的，只为获得更良好的视觉体验，故没有任何科学依据
    waterDripParticle.scaleSpeed = waterDripParticle.initScaleSpeed = 0.001 + Math.random() * 0.002;
    waterDripParticle.speedX = Math.random() * 8 - 4;
    waterDripParticle.speedY = - Math.max(4 + Math.random() * 4, (15 + Math.random() * 15) * pixelAlpha
* pixelAlpha / 255 / 255);
    waterDripParticle.accelerationY = waterDripParticle.initAccelerationY = 0.75;
    waterDripParticle.canHitRocket = canHitRocket;
    addParticle(waterDripParticle);
}
```

至于水花图像、粒子系统和相关变量的初始化，其实现代码跟第 18 章的例子基本一致，此处就不再贴出来了。

21.2　游戏核心技术精讲

21.2.1　水珠与石山的碰撞检测及运动轨道的变更

这部分也没有什么新的技术点，第 18 章我们就实现了水珠跟歌名图片、专辑封面等场景元素的碰撞检测，按理说只要移植过来就能用了，但实际情况却比音乐浪花效果的场景要复杂一些。

在上一例中，场景中的所有元素都呈现为矩形。虽然有的做了 3D 扭曲，但因为各部分之间几乎没有交集，所以我们仍可直接用矩形来进行分块，然后再各自进行像素级的碰撞检测。

再来看下本例的小石山，各个面的形状都不规则，而且还包含曲面，如图 21-2 所示。

我们给石山的各个斜面填充不同的颜色。很显然，各色块所占据的矩形区域之间有比较多的交集（如图 21-3 所示），所以单纯的矩形分块很难解决碰撞检测的问题。

图 21-2　游戏中需要与水珠碰撞的小石山

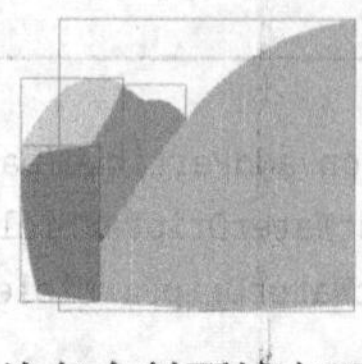

图 21-3　给各个斜面填充不同的颜色

为了解决不同斜面之间的冲突，我们把石山分解成多个独立的对象，使各色块之间的碰撞检测互不影响。不过我们不需要对原始的图形上动刀，而只需单独绘制碰撞专用的色块，它们在游戏场景中不可见。

水花碰到色块以后，为了让水珠的滑落方向跟斜面的朝向基本一致，我们还需要根据色块的形状调整水珠的运动速度。

直接根据矢量图形中的线条进行计算无疑是件很困难、甚至是不可能的事情。所以我们干脆给每个面都写死一个速度和一个加速度，毕竟此处对精度的要求不是特别高，而且过于精准的流速容易给人一种表面太光滑的感觉，与石山表面粗糙的特征不符，导致出来的效果反而不够真实。

这时候，一个色块就包含了形状轮廓、水珠与之碰撞后的速度以及该形状所占据的矩形区域等信息。至于碰撞的检测方法，既可以用 hitTestPoint（水珠可看作一个点），也可以将其绘制成位图并进行像素判断。前者以 CPU 换内存，而后者则恰恰相反，此处我们选择了后者。

无论用何种方式来实现碰撞，这个色块都包含上述的各种属性，因此有封装成一个类的必要。

代码清单 21-9

```
package com.gemei.rocketshooter.display.symbols.hill{
    //小山中的碰撞检测区域
    public class HillHitArea{
        //代表碰撞区域的图形对象（最初想做成 IBitmapDrawable 使其可以兼容 BitmapData 类型，但由于我要用到
DisplayObject 的 getBounds 方法，所以这想法就被搁置下来了）
        private var _source:DisplayObject;
        private var _scale:Number;                              //缩放比率
        private var _speedX:Number;                             //水珠碰到这块区域之后的 x 速度
        public function get speedX():Number{
            return _speedX;
        }
        private var _speedY:Number;                             //水珠碰到这块区域之后的 y 速度
        public function get speedY():Number{
            return _speedY;
        }
        private var _accelerationY:Number;                      //水珠碰到这块区域之后的 y 加速度
        public function get accelerationY():Number{             //（x 方向暂时用不上）
            return _accelerationY;
        }
        //位图中的像素信息（转成 Vector，效率要比 bitmapData.getPixel32 高很多）
        private var _pixels_vec:Vector.<uint>;
        public function get pixels_vec():Vector.<uint>{
            return _pixels_vec;
        }
```

```
            private var _rect:Rectangle;
            public function get rect():Rectangle{
                return _rect;
            }
            public function HillHitArea(source:DisplayObject, speedX:Number, speedY:Number = 1, accelerationY:Number =
0, scale:Number = 1){
                //此处省略将参数赋值到属性中的代码
                init();
            }
        }
    }
```

上述代码中 init 函数的代码如下。

代码清单 21-10

```
    private function init():void{
        /*又是一个没封装好的位图缓存操作*/
        var bound:Rectangle = _source.getBounds(_source);
        var offsetX:int = bound.x;
        var offsetY:int = bound.y;
        var bitmapData:BitmapData = new BitmapData(_source.width * _scale, _source.height * _scale, true, 0x00000000);
        bitmapData.draw(_source, new Matrix(_scale, 0, 0, _scale, - offsetX * _scale, - offsetY * _scale));
//按比例缩放，并根据图形的偏移量进行裁切
        /**记录下所有跟碰撞检测相关的数据**/
        _pixels_vec = bitmapData.getVector(bitmapData.rect);
        _rect = bitmapData.rect;
        _rect.offset(offsetX, offsetY);
        /**********/
    }
```

无论是基于矢量轮廓还是位图像素，碰撞检测都比较耗时。所以我们需要像第 18 章一样，尽可能地减少检测的次数。如图 21-4 的示，场景上的所有水珠都在小石山所在的矩形边框以外，用单纯的位置判断即可排除与小石山发生碰撞的可能。

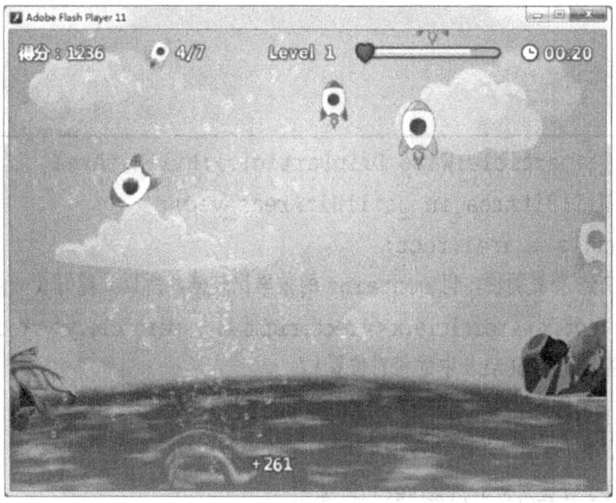

图 21-4　水珠与小石山相距甚远，没有做碰撞检测的必要

我们在代码里加入了 rect 属性，确定每个区块的矩形区域，从而有效减少不必要的检测次数。

下面这个方法会在游戏主界面初始化时被调用。

代码清单 21-11

```
private function initHill():void{
    /**用于显示的小山位图**/
    _hillBitmap = new Bitmap(new HillBitmapData(0.7));
    _hillBitmap.x = Global.gameWidth - _hillBitmap.width;
    _hillBitmap.y = 355;
    _hillBitmap.alpha = 0;
    addChild(_hillBitmap);
    /**放 4 个碰撞区域，碰撞后水珠的运动方向各不相同，从而实现水珠顺着斜面滑落的效果**/
    _hillHitAreas_vec = new Vector.<HillHitArea>();
    _hillHitAreas_vec.push(new HillHitArea(new HillBallFaceShape(), - 1.3, 1.3, 0.05, 0.7));
    _hillHitAreas_vec.push(new HillHitArea(new HillSideFace1Shape(), 1, 2, 0, 0.7));
    _hillHitAreas_vec.push(new HillHitArea(new HillSideFace2Shape(), 0.6, 3, 0, 0.7));
    _hillHitAreas_vec.push(new HillHitArea(new HillTopFaceShape(), - 0.8, 1.5, 0, 0.7));
    /**碰撞区域都需要对齐到小山的位图上，所以要加入偏移**/
    _hillPoint = new Point(_hillBitmap.x, _hillBitmap.y);
    for each(var item:HillHitArea in _hillHitAreas_vec){
        item.rect.offsetPoint(_hillPoint);
    }
    /**小山与水面交界处的波纹动画**/
    _hillWaveBitmap = new BitmapAnimation();
    _hillWaveBitmap.alpha = 0;
    _hillWaveBitmap.x = int(Global.gameWidth - new HillWaveShape().width * 0.7);
    _hillWaveBitmap.y = 443;
    addChild(_hillWaveBitmap);
}
```

该函数把小石山的图片添加到游戏的主界面上，同时把 4 个朝向不同的斜面都加入到碰撞检测的列表之中。因为小石山图片的位置不跟舞台的坐标原点（0,0）对齐，所以我们对这些区块的 rect 属性进行了位置上的修正。

这些区块在运行的过程中都会与进入其矩形边界的水珠进行碰撞检测，为提高可读性，我们专门写了一个方法。

代码清单 21-12

```
private function hitHill(particle:WaterDripParticle):HillHitArea{
    for each(var area:HillHitArea in _hillHitAreas_vec){
        var rect:Rectangle = area.rect;
        /**用 contains 方法会更简便，但 contains 的效率比较差，所以只能写长一点了**/
        if (particle.x >= rect.x && particle.x <= rect.right &&    particle.y >= rect.y && particle.y <= rect.bottom){
            /*取得粒子在 BitmapData 中的相对位置*/
            var relationX:int = particle.x - rect.x;
            var relationY:int = particle.y - rect.y;
            /*取得当前粒子位置对应的热区 Vector 索引
             用 Vector 也是出于对效率的考虑，直接 getPixel32 效率太差*/
            var index:int = relationY * rect.width + relationX;
            /*alpha>80%，认为粒子与热区发生了碰撞*/
            if (area.pixels_vec[index] > 0xCC000000){
                return area;
```

```
            }
        }
    }
    return null;
}
```

因为取的是 Vector 中的数值，所以运行效率会比 getPixel32 高出一大截。

该检测方法在渲染水珠的时候会被循环调用，代码如下。

代码清单 21-13

```
if (currentWaterDripParticle.speedY > 0 && Math.random() > 0.5){
    var area:HillHitArea = hitHill(currentWaterDripParticle);
    /*碰到小山了，就顺着碰撞区域指定的速度进行滑动*/
    if (area != null && currentWaterDripParticle.hitArea != area){
        currentWaterDripParticle.speedX = area.speedX;
        currentWaterDripParticle.speedY = area.speedY;
        currentWaterDripParticle.accelerationY = area.accelerationY;
        currentWaterDripParticle.initY = _hillBitmap.y + _hillBitmap.height;
        currentWaterDripParticle.hitArea = area;
        currentWaterDripParticle.hitBefore = true;
    }
    if (area == null && currentWaterDripParticle.hitBefore){
        currentWaterDripParticle.speedY = 3;
        currentWaterDripParticle.accelerationY = 1;
    }
}else{
}
```

形式跟音乐浪花效果中的代码并无大异，不同的是我们加入了对速度的判断。毕竟这是个游戏，水珠的上升过程不能被一个不太起眼的修饰元素阻断，否则会给玩家以不适感，实在要做的话，我们可以运用此技术制作一些障碍物，在难度较高的关卡中出现。

21.2.2　水珠与火焰的碰撞检测方案

这个游戏的规则是，当水珠碰到火箭尾巴上的火焰时，火焰会被扑灭，然后火箭坠落。

继续把水珠看作一个点，那我们只要继续沿用上面的思路就可以了。但此处跟游戏过程的关系相当密切，因此对精确度的要求也高一些。上面的碰撞代码则未能很好地解决 FlashPlayer 基于帧的“穿墙”问题。

如图 21-5 所示，如果水珠的运动速度较快，那即使水珠的运动轨迹已经穿过火焰的中轴线到达另一侧，程序也会因为前后两帧的位置 P_1 和 P_2 都未跟火焰发生碰撞而把这种情况给忽略掉。

这个问题必须解决，因为它跟游戏逻辑有关，而非一个可有可无的动画效果。

我们可以在线段 P_1P_2 上取多个点，逐个与火焰进行像素级的碰撞检测。但不难想象，这样的运算量会有多大。如果水珠速度再快一些，线段 P_1P_2 就会更长，需要取的点就更多，碰撞检测的次数就会呈现出几何级数的上升趋势，最终会把 FlashPlayer 拖垮。

那能否通过数学计算等方式减少 FlashPlayer 的运算次数？答案自然是肯定的，因为 P_1P_2 是一条线段，它在几何的世界里并不复杂。

相比之下，火焰就没有这么简单了，特别是经过柏林噪声置换以后，它的边缘相当地不规则，如图 21-6 所示。

图 21-5　水珠的“穿墙”现象

图 21-6　加入柏林噪声置换后的火焰

这时候我们就需要在精度和效率之间作出取舍了。我们知道，火焰周边的不规则颗粒实际上都是一些零散的火星，已从火焰的主体中脱落。水珠碰到它们不应导致火焰本身被扑灭。

忽略这些不规则的边缘，火焰的轮廓就很简单了，就是由 3 段首尾相接的曲线弧围成的图形，如图 21-7 所示。

如果把它们看作圆弧，那么问题就转化为圆与线段的相交问题，公式的推导很简单。不过由于圆是二次方程，求解过程中涉及开方运算，对于程序来说，性能的损耗也不小。

所以笔者在此基础上继续进行简化，用线段来代替曲线，如图 21-8 所示。

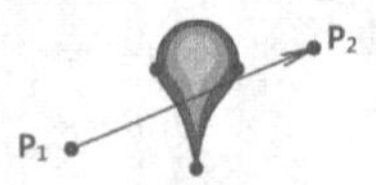

图 21-7　火焰图形的外围轮廓

图 21-8　用线段近似地模拟曲线

线段数量越多，结果就越接近曲线，同时运算量也越大，在开发过程中我们应该根据实际情况找到合适的平衡点。

线段相交的算法比曲线要简单得多，但在初等数学里面，只有直线相交的公式，所以在求出交点以后，还需要判断交点是否在线段内，而这一判断用代码来实现往往会比较复杂。

此外，直线方程系统在处理与坐标轴平行的直线时比较麻烦（在初等解析几何里面，我们很难摆脱斜率的概念。而当直线平行于 y 轴时，斜率为无穷大，无法直接套用公式），编写代码的时候需要特殊处理。

综上所述，这些因素都会使代码量剧增，运行效率也因此而有所下降。

解析几何学在线段的基础上提出了有向线段的概念，而在高等数学中则被升华到向量的高度。由于向量的研究对象就是线段，所以线段相交的检测自然就是它的强项了。

21.2.3　基于向量的线段相交算法

我们本打算花一节的篇幅给大家介绍用向量判断线段是否相交的算法及其较直线方程的优势，但最终都因为篇幅所限而不能和大家深入探讨，此处只能给出一个精简版的推导过程。

如图 21-9 所示，连结 PA 和 PB，我们可以看到，当 PP'和 AB 相交时，PP'将会被夹在 PA 和 PB 之间。同理，连结 P'A 和 P'B，也得出类似的结论。据此我们可以给出一个线段相交的判断方法。

如图 21-10 所示，如果 PA 与 PB 分布在 PP'的两侧（即 PP'被夹在 PA 和 PB 之间），那么 PP'就只能局限在∠BPA（或其对顶角）的范围内转动了（即 P'只能在灰色阴影所指定的区域内变动），此时 PP'所在的直线就一定会先线段 AB 相交，否则 PP'所在的直线就不可能落在线段 AB 内。

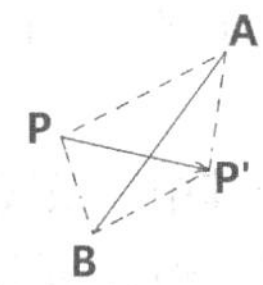

图 21-9　考察线段的旋转方向

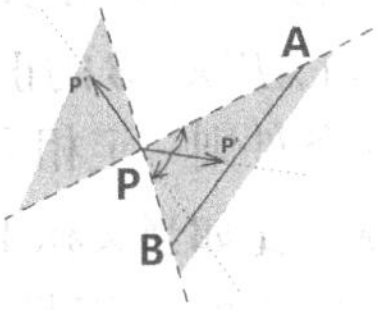

图 21-10　P'在阴影范围内时直线 PP'一定与线段 AB 相交否则一定不相交

同理，如果要让 AP 和 AP'分布在 AB 的两侧，那么 PP'就只能局限在∠PAP'（或其对顶角）的范围内转动了，此时 AB 所在的直线就一定会跟线段 PP'相交，如图 21-11 所示。

如果以上两个条件同时满足，则两条线段就因为相互约束而相交了。

反之，如果有其中一项条件不满足，比如 PA 和 PB 分布在 PP'的同侧，即 PP'没夹在 PA 和 PB 之间，线段就不能相交了，如图 21-12 所示。

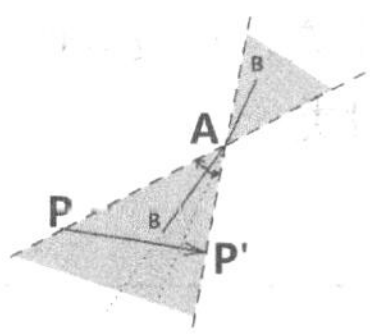

图 21-11　B 在阴影范围内时直线 AB 一定与线段 PP'相交否则一定不相交

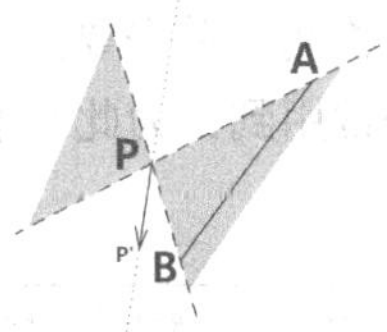

图 21-12　P'不落在阴影范围内时直线 PP'跟线段 AB 就不相交了

而如果 PP'跟 PA 或者 PB 在同一直线上，则直线 PP'将会与线段 AB 交于端点 A 或端点 B，如图 21-13 所示。

所以，总的来说，要判断两条线段是否相交，我们就只需要在两条线段上各找一点，与另一条线段的两个端点连结，考察连结出来的这两条线段是否夹住了当前线段即可。

那么，如何判断连结出来的两条线段是否夹住了当前的线段呢？我们回过头看看图 21-10，可以看到，从 PP'到 PA 为逆时针旋转，而从 PP'到 PB 则是顺时针旋转。两者的夹角方向相反；而图 21-12，PP'无论到 PA 还是 PB，其旋转方向均为逆时针。

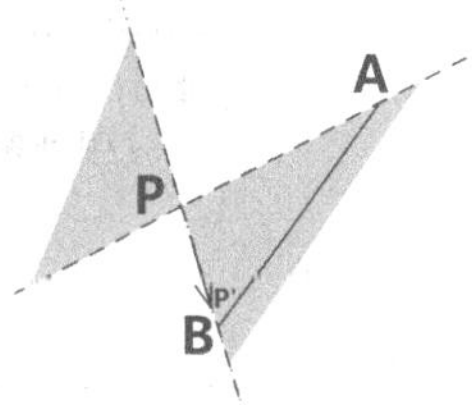

图 21-13　直线 PP'与线段 AB 相交于点 B

所以夹角方向相反就意味着 PP'被夹在了 PA 和 PB 之间，否则就在 PA 和 PB 所夹的区域之外。因此我们把求线段的互夹关系转化为计算夹角的方向了。

本来夹角是一个涉及三角函数的问题，其运算量不比开方少，不过对于向量来说，却是相当简单的一件事情。

向量的叉积运算仅通过四则运算就能得两向量夹角的正弦值，而且还包含了角度的方向：

$$v_1 \times v_2 = y_2 x_1 - x_2 y_1 = |v_1||v_2| \sin\alpha$$

这是个很神奇的公式，在本书精简之前，我们给出了很详细的推导过程。但受篇幅所限，这部分只能省略了，有兴趣的读者可以来信与我们讨论。

在这一公式中，$|v_1||v_2|$ 一定是正数（忽略长度等于 0 的情况），所以 $v_1 \times v_2$ 的正负性与 $\sin\alpha$ 一致。也就是说，只要算出 $y_2 x_1 - x_2 y_1$ 的值，就可以得出夹角的方向。

综上所述，根据叉积的正负性，可得知两线段的相交情况，现总结如下：

1）$PA\times PP'$ 与 $PB\times PP'$ 正负性是否不一致，即（$PA\times PP'$）（$PB\times PP'$）<0 是否成立。

2）$AP\times AB$ 与 $AP'\times AB$ 的正负性是否不一致，即（$AP\times AB$）（$AP'\times AB$）<0 否成立。

满足以上两个条件则一定相交，否则一定不相交。

至于特殊情况，比如当叉积出现 0 时，线段的交点将可能位于其中一条线段的端点上。此时我们就要根据实际的应用场合定义这种情况是否属于相交。但需要注意的是，只要（$PA\times PP'$）（$PB\times PP'$）或者（$AP\times AB$）（$AP'\times AB$）其中一项大于 0，哪怕有别的叉积等于 0，它也一定不相交。

21.2.4 向量碰撞检测的实现

向量是游戏里经常用到的数学对象，所以很多人都把它封装成一个类，本书当然也不例外。这个类通常被命名为 Vector2D，我们把它放到了配套源码公共库的 com.gemei.geom 包中，读者可以自行查阅。

要实现碰撞检测，首先要建立相应的线段。对于火焰来说，它被近似地看作一个多边形，所以线段会被经常用到，为此我们应该封装一个简单的线段类。

代码清单 21-14

```
package com.gemei.rocketshooter.geom{
    //线段类（用于火箭跟水珠的碰撞检测，原理为判断线段相交）
    public class Line{
        public var x1:Number;               //第一个端点的 x 坐标
        public var y1:Number;               //第一个端点的 y 坐标
        public var x2:Number;               //第二个端点的 x 坐标
        public var y2:Number;               //第二个端点的 y 坐标
        public function Line(x1:Number = 0, y1:Number = 0, x2:Number = 0, y2:Number = 0){
            //此处省略将参数赋值到属性中的代码
        }
    }
}
```

需要注意的是，线段跟向量不一样。这里的线段没有方向并且端点固定，向量则包含方向而且没有端点的概念，可以随意平移。

我们可以用这个 Line 类在继承 Sprite 的火箭类里构建出一个与火焰形状基本吻合的多边形。

代码清单 21-15

```
package com.gemei.rocketshooter.display.game{
    private var _scale:Number = 1;
    private var _hitLines:Vector.<Line>;//用于跟水珠做碰撞检测的线段集合（只要水珠穿过了其中一根，就认为碰
撞到火箭尾巴上的火了）
    public function get hitLines():Vector.<Line>{
        return _hitLines;
    }
    public function Rocket(scale:Number = 1, colorIndex:int = 0){
            super();
            _scale = scale;
            _colorIndex = colorIndex;
            init();
```

```
        }
        private function init():void{
            initHitLines();
        }
        private function initHitLines():void{
            _hitLines = new Vector.<Line>();
            /*火箭的火焰可近似地认为是四边形
              把多边形下面的两条边，以及对角线都加入到碰撞检测的数组中*/
            _hitLines.push(new Line( -14 * _scale, 0, 14 * _scale, 0));
            _hitLines.push(new Line( 0, -16 * _scale, 0, 32 * _scale));
            _hitLines.push(new Line( -14 * _scale, 0, 0, 32 * _scale));
            _hitLines.push(new Line( 14 * _scale, 0, 0, 32 * _scale));
        }
    }
}
```

受篇幅所限，此处仅列出与线段相关的代码，实际的 Rocket 类还包含显示对象的创建、位图缓存、火焰动画播放等功能，读者可以打开配套源码自行查阅。

以上代码创建了 4 条用于相交检测的线段，其端点位置还跟 scale 变量有关。这是因为游戏中的火箭大小会在一定的范围内随机，而里面的火焰也会随之缩放，所以对应的端点也要作出相应的调整。

下面我们来看看游戏主界面如何实现基于线段相交的判断。

代码清单 21-16

```
    if (currentWaterDripParticle.canHitRocket){
        for (var i:int = _rockets_vec.length - 1; i >= 0; i --){
            var item:Rocket = _rockets_vec[i];
            if (item.ascending){
                var differX:Number = currentWaterDripParticle.x - item.x;
                var differY:Number = currentWaterDripParticle.y - item.y;
                //这里用向量检测水珠的碰撞（本来先做范围判断，效率要高一些，不过考虑到向量本身也只是简单的四则运算，
加上去了也优化不了太多，就暂时没管了）
                lineInner:for each(var line:Line in item.hitLines){
                    //粒子运动前后的两个点
                    var p1x:Number = particleLastX;
                    var p1y:Number = particleLastY;
                    var p2x:Number = currentWaterDripParticle.x;
                    var p2y:Number = currentWaterDripParticle.y;
                    //火焰的连线
                    var r1x:Number = line.x1 + item.x;
                    var r1y:Number = line.y1 + item.y;
                    var r2x:Number = line.x2 + item.x;
                    var r2y:Number = line.y2 + item.y;
                    //粒子运动路径的端点检测
                    vp1r1.setXY(r1x - p1x, r1y - p1y);
                    vp1r2.setXY(r2x - p1x, r2y - p1y);
                    vp1p2.setXY(p2x - p1x, p2y - p1y);
                    var pHit:Boolean = vp1r1.crossProd(vp1p2) * vp1r2.crossProd(vp1p2) < 0; //这句是
碰撞检测的核心代码，检查两叉积的符号是否一致
                    if (pHit){
                        //火焰连线的端点检测
                        vr1p1.setXY(p1x - r1x, p1y - r1y);
                        vr1p2.setXY(p2x - r1x, p2y - r1y);
                        vr1r2.setXY(r2x - r1x, r2y - r1y);
```

```
                    var rHit:Boolean = vr1p1.crossProd(vr1r2) * vr1p2.crossProd(vr1r2) < 0;
                    if (rHit){
                        disappearRocket(item, currentWaterDripParticle.initY);
                        break lineInner;            //碰到其中一跟线，就不用再继续检测了
                    }
                }
            }
        }
    }
}
```

代码把相关的线段和点都列出来了，这当中包括描述火焰轮廓的多边形以及水珠运动前和运动后所在的点。我们连接水珠运动前后的位置，可以得到一条线段。而检测工作所需要做的，就是判断这根线段是否跟多边形的边有交点，只要有其中一条边跟这线段相交了，就意味着水珠已经跟火焰发生了碰撞，从而使其坠落。

21.2.5 火箭坠落的处理

上述代码中调用到的 disappearRocket 就是火箭坠落的方法，具体代码如下。

代码清单 21-17

```
//让指定的火箭坠落
private function disappearRocket(rocket:Rocket, initY:int):void{
    if (!rocket.ascending){
        return;
    }
    rocket.hitY = initY;                        //定义一个落点
    rocket.speed = 5;                           //然后以 5m/s 的速度加速坠落
    rocket.disappear();
    GameInfo.hitCount ++;                       //累积击落数
    var score:int = 100 / rocket.scale + (getTimer() - rocket.createTime) * 0.001;
    GameInfo.score += score;                    //累积分数
    rocket.score = score;
    rocket.ascending = false;                   //已处于坠落状态，所以 ascending（正在上升）=false
}
```

代码中 initY 是火箭的最终落点。因为本游戏的海平面和天空构成了 2.5D 的空间，所以火箭落脚点的 y 坐标需要有一个可变的值，而不能始终位于舞台的底线，不然效果会跟整体不太协调。

火箭坠落后，程序通过全局的 GameInfo 更新玩家成绩并发出相应的事件，使信息栏同步更新。这当中涉及的都是一些基本的数值显示和 Q 版字体的使用，没有什么新的知识点，所以此处不再赘述。

21.3 为游戏锦上添花

21.3.1 道具效果的设计及规划

在点击鼠标击落火箭这种单调的玩法下，一个完善的道具系统可以为游戏增色不少，丰富玩家

的体验。如果运气不错并且道具使用得当的话，玩家将极有可能凭借一件道具瞬间扭转局面，化险为夷并反败为胜，在大起大落中感受刺激的体验，收获胜利的快感。

这时候，道具种类的设计以及操作的方式就显得相当重要了。前者体现道具对游戏过程的影响力，而后者则影响玩家的手感，下面我们分而述之。

道具的种类及其出现频率，前期往往很难考虑得很细致。尽管市面上不少游戏都有道具系统供游戏设计者参考，我们还是很难直接移植到自己的游戏系统里。毕竟游戏环境不同，玩法也存在很大的差异（尤其像本章这种原创游戏，要找到类似的参考游戏更是难上加难），想在前期就规划得很完美，其可能性几乎为零。

实际上，作为一款产品，游戏的道具系统往往都是在反复测试和接受用户反馈的过程中逐步完善起来的。因此，一个易于扩展和修改的道具系统架构就显得尤为重要了，没有一个健壮的系统，我们的代码在需求变更的时候就会不堪一击。

道具本身是一个可见的对象，因此就显示的部分，我们只要创建一个基础类，然后让具体的道具继承即可。

代码清单 21-18

```
package com.gemei.rocketshooter.display.item{
    //道具的基础类
    public class BaseItem extends Sprite{
        private var _bitmapData:BitmapData;        /*显示用的位图*/
        private var _bitmap:Bitmap;
        /*
         * 以下一系列物理量，跟显示没有直接关系，不适宜直接在这里定义
         * 最好的做法是用一个控制类去将这些属性和道具组合在一起，
         * 我只是因为图快，并且能提升一点点运行效率才直接写到这里来，大型项目不推荐这么做*/
        public var speedX:Number = 0;              //x 方向的速度
        public var speedY:Number = 0;              //y 方向的速度
        public var accelerationY:Number = 0;       //y 方向的加速度
        public var hitY:Number;                    //落脚点
        public var watering:Boolean;               //是否已落水
        public var score:int;                      //道具的得分（目前只有金币需要有）
        public function BaseItem(bitmapData:BitmapData = null) {
            super();
            _bitmapData = bitmapData;
            init();
        }
        private function init():void{
            buttonMode = useHandCursor = true;
            mouseChildren = false;
            _bitmap = new Bitmap(_bitmapData, "auto", true);
            _bitmap.x = _bitmap.y = - _bitmap.width * 0.5;
            addChild(_bitmap);
        }
    }
}
```

为了获得更好的体验，让道具与场景融为一体，我们可以把道具设计成火箭坠落时在落脚点向上弹起，然后让玩家拾取。所以道具的 Sprite 里只包含道具的位图（如果要为道具制作动画效果，就可以把 Bitmap 换成 BitmapAnimation），以尽量减少矢量移动所造成的性能损耗。

点击道具会触发效果，这个效果除了视觉方面以外，更重要的是对游戏过程加以瞬发式的影响，比如炸毁场景中的所有火箭、让火箭上升速度变慢等，这些都跟全局相关，写到显示类中控制起来并不方便。

为此，游戏主界面需要有一套绑定道具类型和道具效果的机制，要求灵活性高，易于扩展。用到这样的词汇，想必大家都会想到面向接口编程了。没错，接口是一个相当不错的做法。

但说来惭愧。因为道具系统笔者在后期才加入，所以我没有把这部分的代码规划好。虽然我像线程接收器那样，通过 type 绑定了行为，但这些行为多半跟游戏场景的关系相当密切，导致我们很难把这些代码封装到独立的类里面，最终只能写成游戏主界面里的私有函数了。

这样的做法只是权宜之计，随着道具种类的增加，游戏主界面的代码量将会因为这套架构的不完善而迅速膨胀。

不过目前的版本只有 4 种道具，所以此架构尚可勉强应付。

下面我们给出道具系统的构建代码。

代码清单 21-19

```
private function initItem():void{
    _items_vec = new Vector.<BaseItem>();
    _itemContainer = new Sprite();
    addChild(_itemContainer);
    //初始时为了做引导，道具容器的鼠标事件需要先屏蔽一下
    _itemContainer.mouseChildren = _itemContainer.mouseEnabled = false;
    //注册各种道具效果
    registerEffect(AddLifeItem, addLifeEffect);
    registerEffect(BombItem, bombEffect);
    registerEffect(DecelerateItem, decelerateEffect);
    registerEffect(AddPointItem, addPointEffect);
}
//注册道具效果
private function registerEffect(itemClass:Class, effectFunc:Function):void{
    _itemEffects_dic[itemClass] = effectFunc;
}
```

以上代码创建了一个字典，以建立道具类（并非实例）与效果函数的映射。乍一看，把函数改成 Class 也未尝不可，但实际上，有的效果用 class 会导致书写起来相当痛苦。以炸屏为例，该函数的实现如下。

代码清单 21-20

```
//炸屏效果，清空场景上的所有火箭
private function bombEffect(item:BaseItem):void{
    for each(var rocket:Rocket in _rockets_vec){
        disappearRocket(rocket, 450 + Math.random() * 100);
    }
    Global.eventDispatcher.dispatchEvent(new BombEvent(BombEvent.BOMB, false, false, new Point(item.x,
item.y)));
}
```

道具触发的效果需要遍历定义在游戏主界面上的火箭数组并逐个执行私有方法 disappearRocket，跟主界面类的变量和函数的耦合度都很高。即使通过事件解耦，for 循环的代码仍然无法被抽离到其他地方。想要把这段代码放到别的类里运行，我们还要把相关的变量传

出去。如此一来，代码反而更加复杂、更难维护。所以在项目重构之前，我们会继续以函数的形式扩展道具。

道具的出现频率不能过于均匀，毕竟不同道具对游戏的影响力不同，像炸屏的影响力就远远大于其他道具，因此需要让它的出现几率小一些。

实现的方法有很多，比如我们创建一个数组，然后通过元素数量的不同进行控制。

代码清单 21-21

```
//道具类型数组，出道具的时候会随机从以下类型中选取其中一个，想要某款道具出现的几率高一点，可以通过在数组里重复添加同样的类来实现
private var _itemClasses_vec:Vector.<Class> = Vector.<Class>([AddLifeItem, BombItem, DecelerateItem, AddPointItem, AddPointItem, AddPointItem, AddPointItem, AddLifeItem]);
```

玩家使用道具，对应的效果函数就会被调用。那么，玩家通过什么样的操作获得和使用道具呢？这是我们接下来要探讨的问题。

21.3.2　玩家如何操作道具

玩家的操作方式是影响用户体验的重要因素。作为交互程序的领域之一，游戏的操作感（狭义上可以理解为手感）将很大程度上影响玩家的体验，从而直接决定用户对这款游戏的接受程度。

然而，手感是一个主观的感受，那我们该如何去衡量它的好坏呢？总的来说，简单、舒适、人性化就是解决这一问题的关键词。当然，这里所指的简单并非要降低游戏难度，而是尽可能地减少额外的操作，让玩家把注意力都集中在游戏上。至于舒适，也不是意味着降低游戏的刺激感和紧张感，而是应该尽可能地让玩家从心理上收获这些体验，而非通过复杂繁琐的鼠标或键盘操作来牵制玩家。

本游戏的基本操作是鼠标点击水波，如果游戏中的道具通过键盘操作来获取并使用，那么玩家就需要同时操作鼠标和键盘，对用户来说，操作的复杂度就会高了不少。尽管快捷键是一种很流行的模式，但随着移动端应用的日益普及，键盘的操作已经逐渐被淘汰，所以跟道具相关的操作还是放到鼠标上比较合适（这仅仅是个人观点）。

为配合道具的运动效果，我们把操作方式设置为鼠标单击获取道具，同时触发效果。虽说获取和使用是两个独立的过程，但为了降低操作的复杂度，我们可以把这两个过程合并到一个单击事件里。

可能有的玩家会更希望道具可以先存储起来，需要的时候再使用它们。不过就本游戏而言，因为同屏的火箭数量不多，所以加入存储功能的话，玩家就会制定策略，存储对自己最有利的道具，并且只在最危急的关头使用，导致游戏难度大幅降低，同时也失去很大的不可预知性，游戏的趣味性也随之下降。

小提示　加入数量限制也是个不错的做法，不过笔者尚未实现，有兴趣的读者可以自行完善。

至于单击行为，我们最容易想到的就是 CLICK 事件了。因为 CLICK 包括按下和弹起两个过程，所以即使玩家不小心按到了，也还有撤销的机会。但笔者发现，CLICK 事件很不灵光，老出现鼠标都变手形了，点下去还是没有任何反应的情况。

为此，笔者曾咨询过相关的专家，他们都给我们提了很多有建设性的方案，比如增大热区、降低道具的移动速度等，均取得了一定的改善。

回到 BaseItem 类，给 init 函数追加增大热区的代码。

代码清单 21-22

```
var hitSprite:Sprite = getHitAreaShape(hitAreaRadius);
hitSprite.visible = false;
addChild(hitSprite);
hitArea = hitSprite;
```

以下代码里面用到了绘制热区的函数，同时定义了热区的半径。

代码清单 21-23

```
//获得指定半径的一个圆
private static function getHitAreaShape(radius:int = 18):Sprite{
    var shape:Sprite = new Sprite();
    shape.graphics.beginFill(0x000000);
    shape.graphics.drawCircle(0, 0, radius);
    shape.graphics.endFill();
    return shape;
}
//热区半径
protected function get hitAreaRadius():int{
    return 27;
}
```

然而问题仍然存在，笔者尝试了好多方案都未能完美解决。直到某高人给我们解释了点击事件的机制以后，我们才恍然大悟——由于 CLICK 实际上包含两个阶段：按下和弹起，而这两个操作都要求鼠标在对象之上。对于运动的物体来说，可能在按下去的那一瞬间，鼠标确实悬浮于道具之上，但弹起的时候，道具可能已经跑到别的位置上，接触不到鼠标，于是 CLICK 事件就不起作用了。

经高人指点后，我们把 CLICK 事件改成 MOUSE_DOWN，操作起来果然顺畅了好多！

尽管改成 MOUSE_DOWN 意味着玩家无法撤销一些失误的点击，但在这个节奏较快并且有点无脑的游戏里，玩家不会在点击的那一瞬间考虑这一操作的正确与否，估计移动鼠标之前就想好了，所以改成 MOUSE_DOWN 基本上不会对玩家造成任何影响，而且还提高了玩家操作的流畅性。

我们来看代码。

代码清单 21-24

```
//随机生成一个道具
private function addItem(x:int, y:int, score:int):void{
    var itemClass:Class = _itemClasses_vec[int(Math.random() * _itemClassLength)];
    var item:BaseItem = new itemClass();
    item.x = x;
    item.y = y;
    item.score = score;
    item.speedY = - Math.random() * 7 - 9;
    item.speedX = Math.random() * 8 - 4;
    item.accelerationY = 0.3;
    item.hitY = y;
```

```
        item.watering = false;
        //由于运动中的道具总是很难被 click 到，所以改用 mouseDown 了（灰常感谢大米的方案）
        item.addEventListener(MouseEvent.MOUSE_DOWN, itemClickHandler);
        _items_vec.push(item);
        _itemContainer.addChild(item);
    }
```

addItem 方法会在火箭坠落到海面上并且分解出道具的时候被调用。它在火箭所在的位置创建一个道具并且附以斜上方向的初速度，然后在重力的作用下坠落到海平面上，在这一过程中，玩家可以点击道具触发相应的效果。

下面我们来看看 itemClickHandler 的代码。

代码清单 21-25

```
    //道具被点击后，触发相应的效果
    private function itemClickHandler(event:MouseEvent):void{
        var item:BaseItem = event.currentTarget as BaseItem;
        item.mouseEnabled = false;
        item.removeEventListener(MouseEvent.MOUSE_DOWN, itemClickHandler);
        var totalNum:int = 24;
        _items_vec.splice(_items_vec.indexOf(item), 1);
        _itemContainer.removeChild(item);
        var func:Function = _itemEffects_dic[getDefinitionByName(getQualifiedClassName(item))];
        if (func != null){
            func(item);
        }
    }
```

代码首先获得对当前道具的引用，然后通过反射获得这个道具所属的类，再根据道具效果字典取得相应的效果函数并进行调用。

游戏的过程中，玩家可能会觉得由道具触发的场景效果有点单调。所以我们不妨在道具消失的地方创建了一朵水花来加强视觉冲击力。

代码清单 21-26

```
    for (var num:int = 0; num < totalNum; num ++){
        var waterDripParticle:WaterDripParticle = new WaterDripParticle();
        //x 方向在波形中心处左右随机 5 像素
        waterDripParticle.x = item.x + Math.random() * 8 - 4;
        waterDripParticle.y = item.y;
        waterDripParticle.initY = item.hitY;
        waterDripParticle.scale = 1;
        //随机数值都是经过多次测试得出来的，只为获得更良好的视觉体验，故没有任何科学依据
        waterDripParticle.scaleSpeed = waterDripParticle.initScaleSpeed = 0.002 + Math.random() * 0.001;
        waterDripParticle.speedX = Math.random() * 8 - 4;
        waterDripParticle.speedY = - 6 - Math.random() * 6;
        waterDripParticle.accelerationY = waterDripParticle.initAccelerationY = 0.75;
        waterDripParticle.canHitRocket = false;
        addParticle(waterDripParticle);
    }
```

这里提一个小细节，除了金币以外，其他的道具都被包在一颗晶莹透亮的大水珠里，点击以后产生的水花就刚好体现出大水珠被点破之后散落一地的效果，视觉上相当地流畅、爽快，如图 21-14、图 21-15 所示。

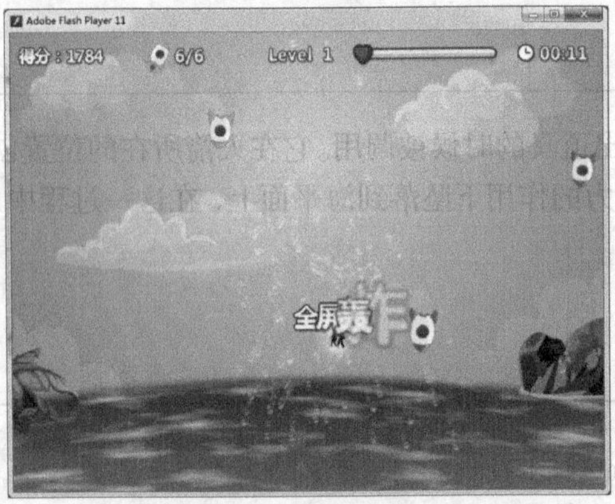

图 21-14　道具的外壳都是透明的球体

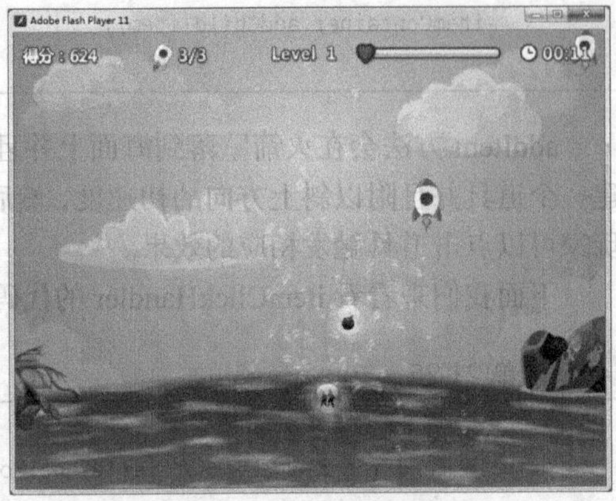

图 21-15　点击道具后的效果

此外，我们还看到一个“全屏轰炸”的文字特效。这里我们把文本拆分成单个字符，然后把它们放大并错开时间逐字缩小到原始尺寸，通过透视错觉加强画面的层次感及震撼力。

这个效果在一些文字提示（比如难度提升、游戏结束等）中也用到了，所以我们封装了一个名为 FloatText 的类。

21.3.3　悬浮字体特效的制作

跟 Q 版字体一样，FloatText 也有自己的样式，不过此处的属性种类较少，我们就没有再封装 QQFontFormat，而是直接定义为 FloatText 的属性。

代码清单 21-27

```
package com.gemei.rocketshooter.float{
    //悬浮的特效文字（带逐字缩放效果）
    public class FloatText extends Sprite{
        private var _textContainer:Sprite;                         //文本的容器
        private var _text:String;                                  //文本内容
        private var _sprites_vec:Vector.<Sprite>;                  //sprite 的集合（一个字一个 Sprite，其实用
Bitmap 更好，只是自己觉得要修正注册点很烦）
        private var _generator:QQFontGenerator;                    //QQ 字体生成器
        private var _fontFormat:QQFontFormat;                      //QQ 字体格式
        private var _fontSize:int;                                 //字体大小
        private var _initScale:Number;          //初始时的字体缩放比率（就是说要从多少的 scale 缩放到 1）
        private var _offset:Point;                                 //淡出时要移动的偏移量
        private var _spaceProportion:Number;                       //字间距比例
        private static var _bitmaps_dic:Dictionary;                //位图对象池
        private static var _tempSpr:Sprite = new Sprite();         //临时的 Sprite，专为 bitmapData.draw 而设
        public function FloatText(text:String = "Float", fontSize:int = 50, offset:Point = null,
initScale:Number = 4, spaceProportion:Number = 1){
            super();
            mouseEnabled = mouseChildren = false;
```

```
            //这里忽略一些把参数赋值到属性上的代码
            _offset = offset ? offset : new Point(50, 0);
            _bitmaps_dic = new Dictionary();
            init();
        }
    }
}
```

然后我们会创建出多个位图对象，每张位图都包含一个 Q 版字体的字符。考虑到这部分比较基础，而且运用了前面提到的对象池技术，代码较长，我们就不在书上贴出来了。

至于字体的播放流程，就是先把每个字符的 alpha 调整为 0 并设置 scale 等于指定的 initScale 值，然后错开时间逐字缩放。1 秒后执行模糊淡出操作，同时允许移动整个文本以加强动感，具体的移动数值可以由外部指定，默认为水平右移 50 像素。

代码清单 21-28

```
    //播放悬浮字特效
    public function play():void{
        var counter:int = 0;
        for each(var item:Sprite in _sprites_vec){
            item.scaleX = item.scaleY = _initScale;          //先缩放到初始的 scale
            TweenLite.to(item, 0.35, { scaleX: 1, scaleY: 1, alpha: 1, ease: Bounce.easeOut, delay: counter * 0.1 } );
                                                             //然后用弹性函数缓动到 1
            counter ++;
        }
        setTimeout(disappear, (counter * 0.1 + 1) * 1000);   //弹性缓动结束后 1 秒，悬浮字模糊淡出
    }
    private function disappear():void{
        TweenLite.to(_textContainer, 0.2, { x: _offset.x, y: _offset.y, alpha: 0, onUpdate: fadeOutUpdateHandler,
onComplete: fadeOutCompleteHandler} );
    }
    private function fadeOutUpdateHandler():void{
        _textContainer.filters = [new BlurFilter((1 - alpha) * 20, 4)];   //淡出的过程增大模糊值
    }
    private function fadeOutCompleteHandler():void{
        /**完成以后，重置状态**/
        _textContainer.filters = [];
        _textContainer.x = 0;
        _textContainer.alpha = 1;
        for each(var item:Sprite in _sprites_vec){
            item.alpha = 0;
        }
        //发出播放完成事件，一些不需要重用的悬浮字将会在父级被移除
        dispatchEvent(new Event(Event.COMPLETE));
    }
```

因为悬浮字的数量不确定，运行的过程中会动态增删，所以最后我们加了一个 COMPLETE 事件，指示动画播放完成。对于不需要再使用的悬浮字对象，父级会把它从显示列表中移除。

至此，本游戏的核心代码以及技术难点全部介绍完毕。

21.4 本 章 小 结

不难看出，在整个开发过程中，笔者力求让画面的每一个细节都做到尽善尽美。虽然在这个跟时间赛跑的快餐时代，一切都应以大局为重，盲目专注细处容易使工作效率下降。但与此同时我们也应该认识到，在互联网信息急速膨胀的今天，品质对产品竞争力的影响也不容小觑。所谓细节决定成败，想要在众多同类型产品中脱颖而出、独树一帜，就要站在艺术家的高度，把每一件产品都看作艺术品，在品质和细节方面都多花一点心思。

然而，爱因斯坦说过："没有艺术的科学是残缺的，没有科学的艺术是盲目的。"想把艺术的精粹发挥得淋漓尽致，需要科学的支持，而科学也只有融入到艺术的领域，才能充分体现出它的价值所在。正因如此，笔者创作了本书，本着"以科技引领艺术，用艺术美化科学"的宗旨，为读者成功架起登峰造极的天梯。